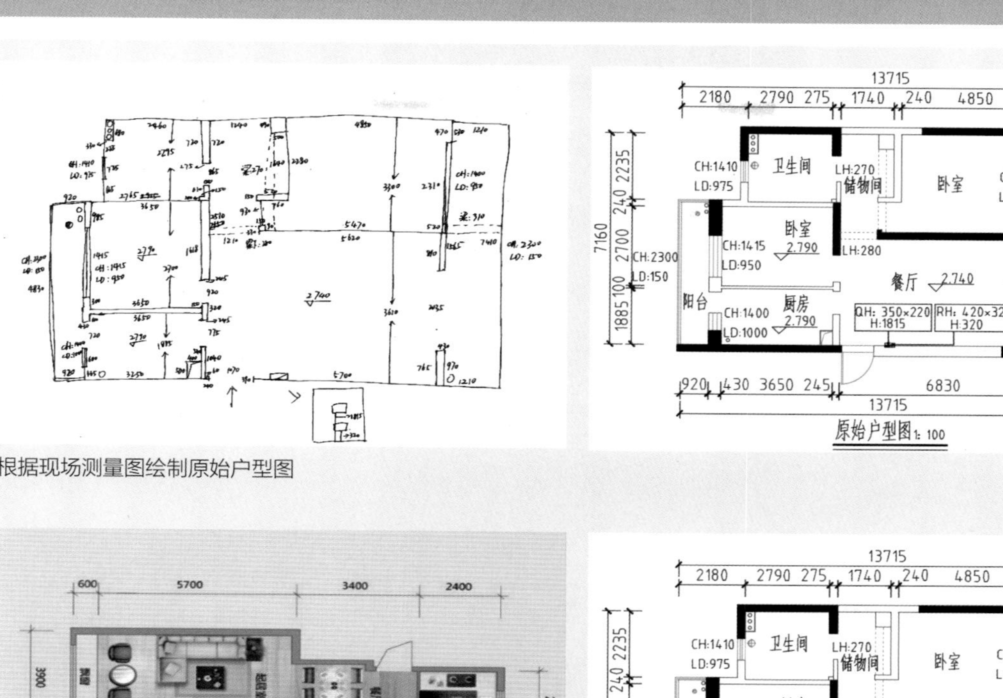

根据现场测量图绘制原始户型图

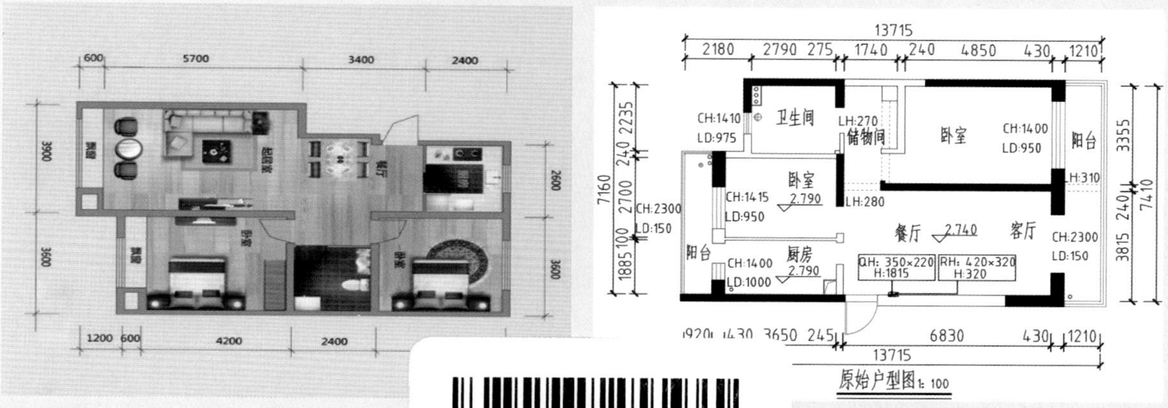

根据商家宣传单绘制原始户型图

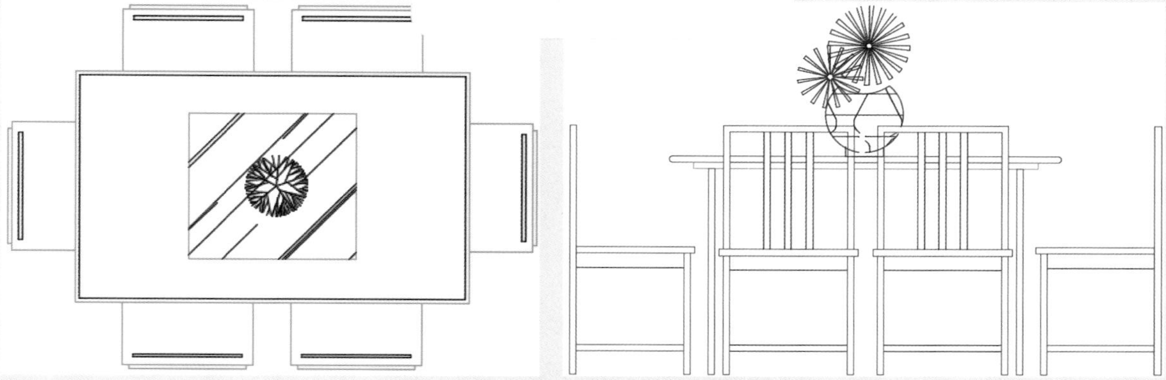

餐桌的平面图和立面图

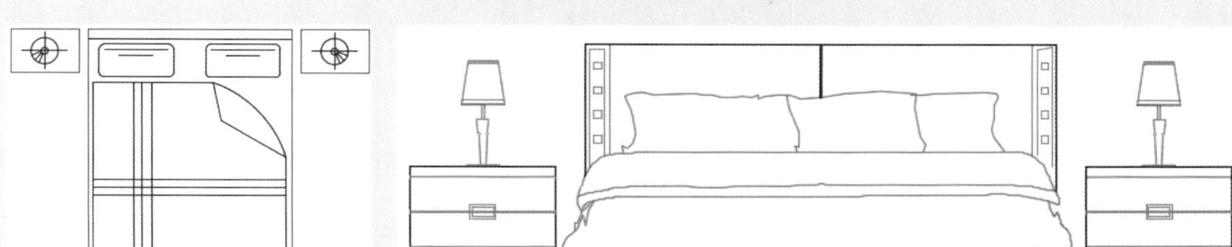

床的平面图和立面图

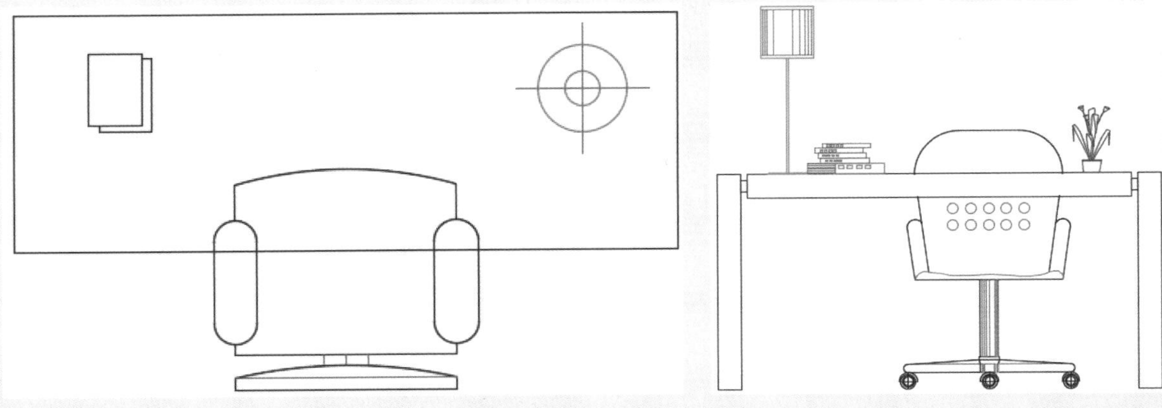

书桌的平面图和立面图

书桌的平面图和立面图

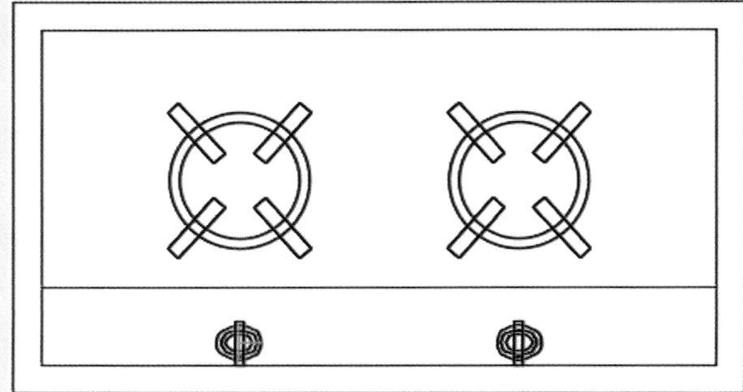

燃气灶

洗菜盆

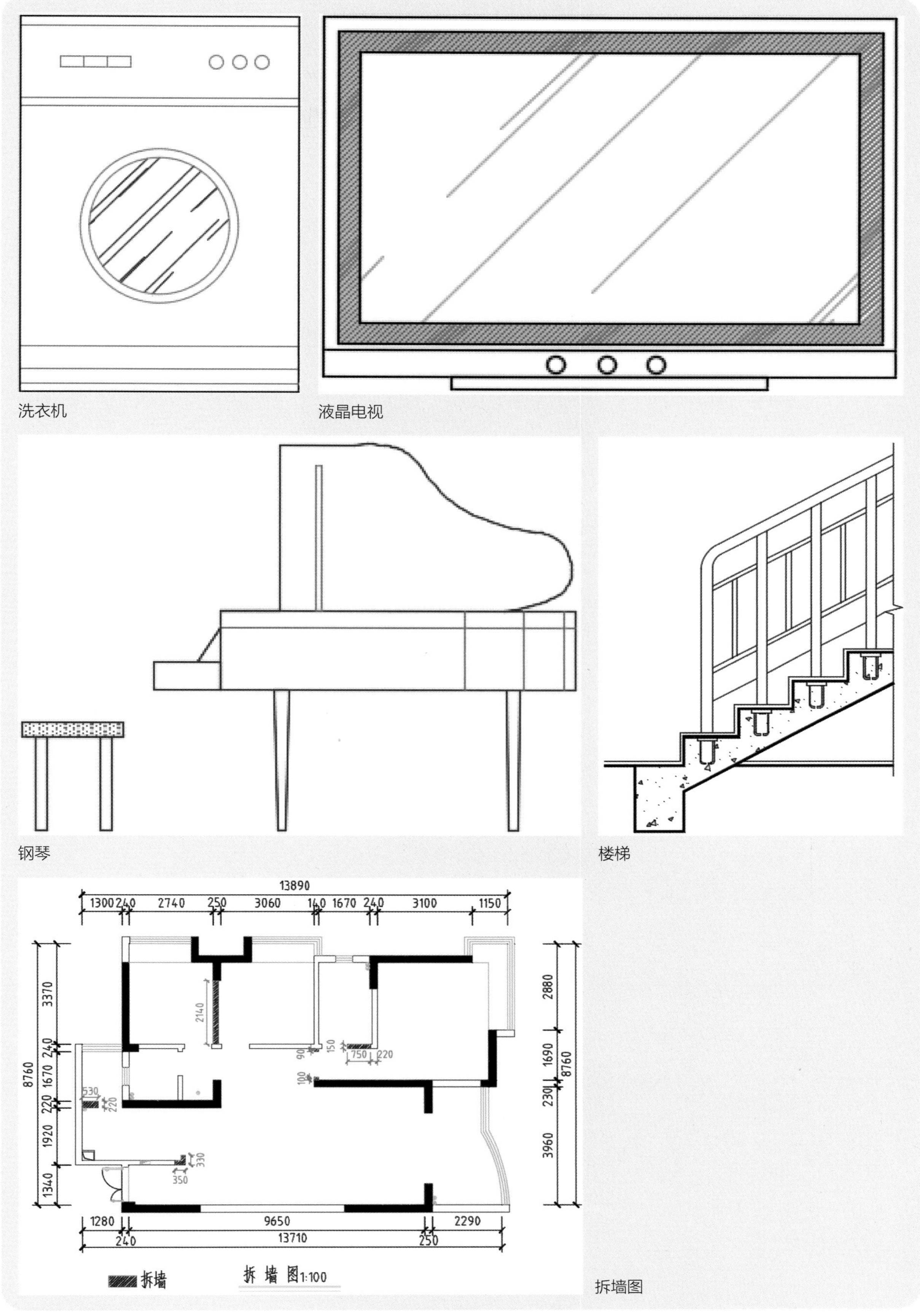
洗衣机
液晶电视
钢琴
楼梯
13890
1300
240
2740
250
3060
140
1670
240
3100
1150
3370
240
1670
220
1920
1340
8760
2880
1690
230
3960
8760
2140
530
220
90
150
750
220
100
330
350
1280
240
9650
13710
250
2290
拆墙
拆 墙 图1:100
拆墙图

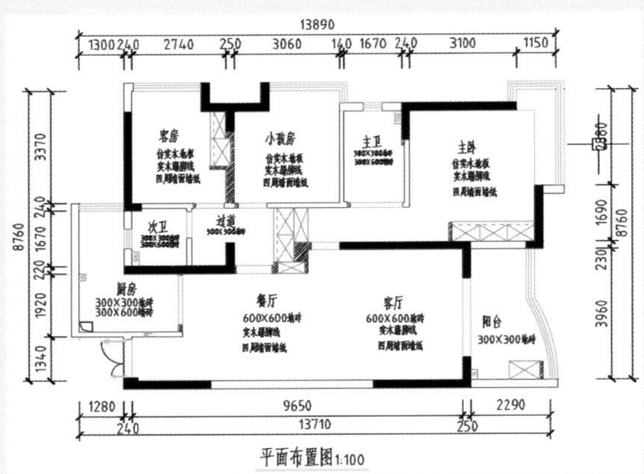

现代风格三室两厅的平面布置图

地面材质图1:100

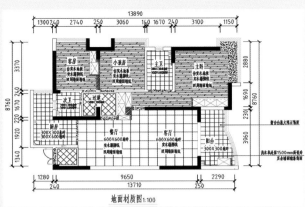

现代风格三室两厅的地面材质图

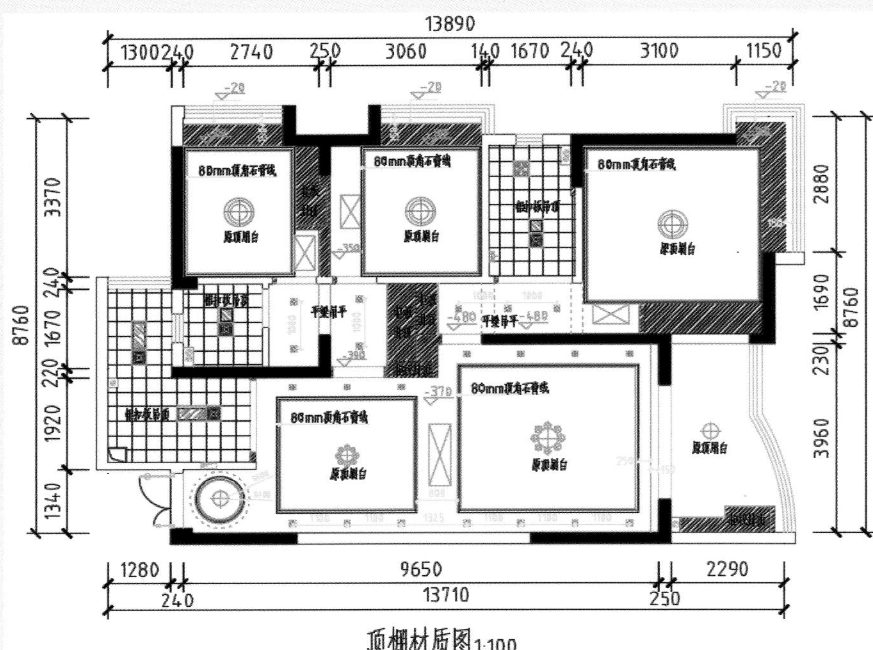

现代风格三室两厅的顶棚材质图

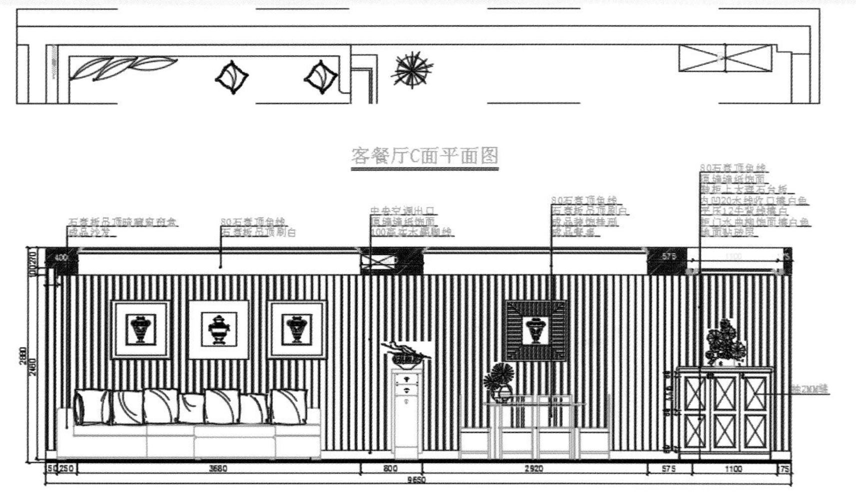

现代风格三室两厅的客、餐厅立面图

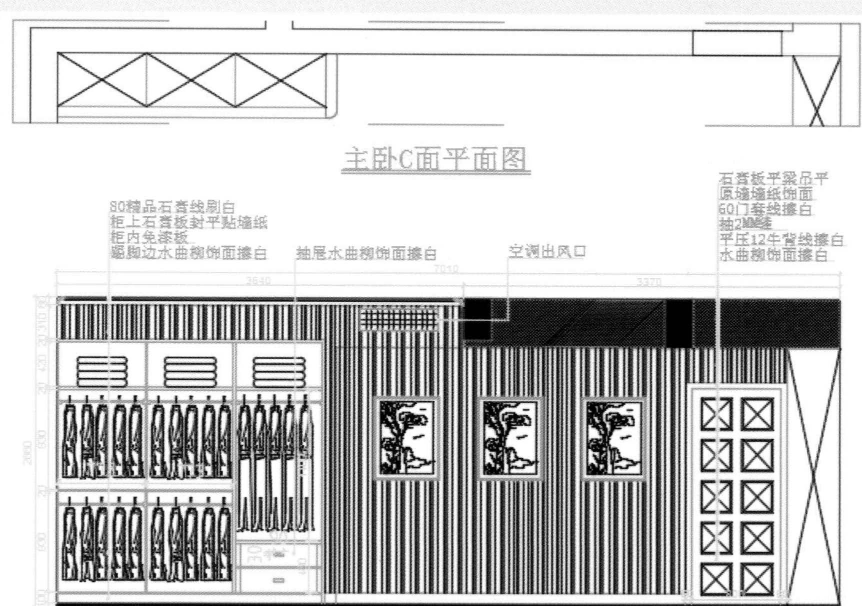

现代风格三室两厅的主卧立面图

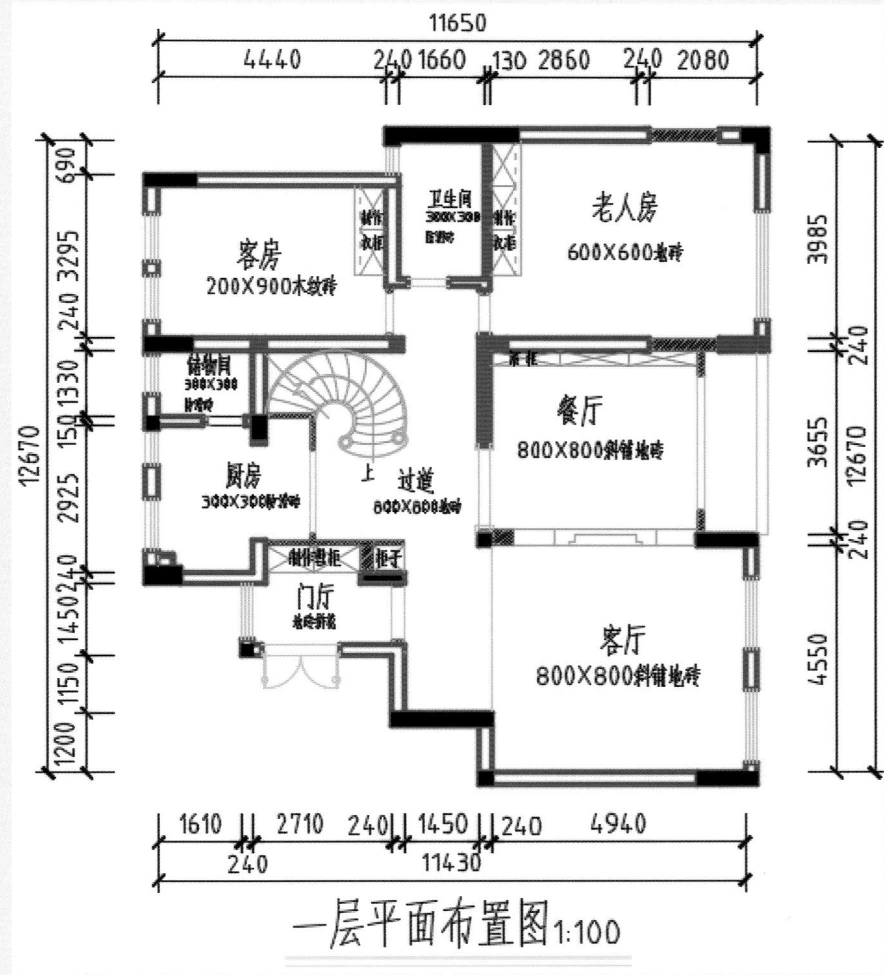

别墅一层平面布置图

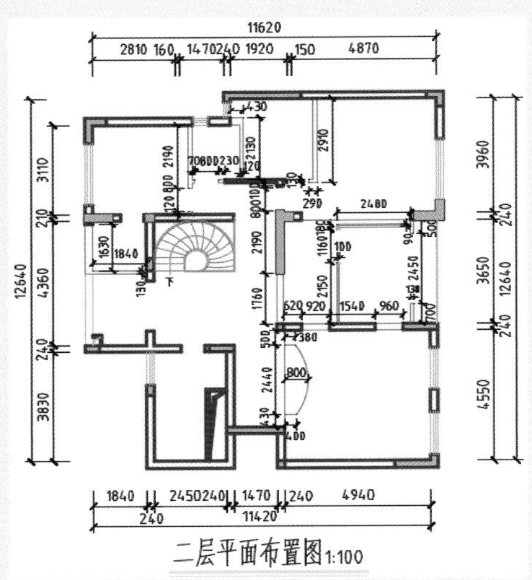

别墅二层平面布置图

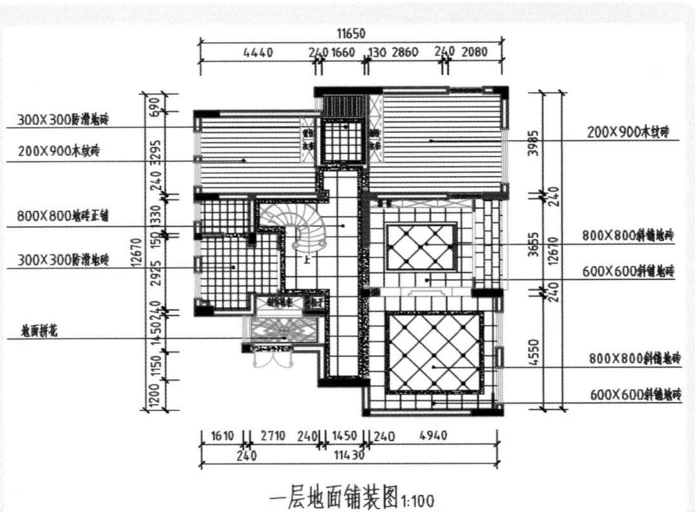

别墅一层地面铺装图

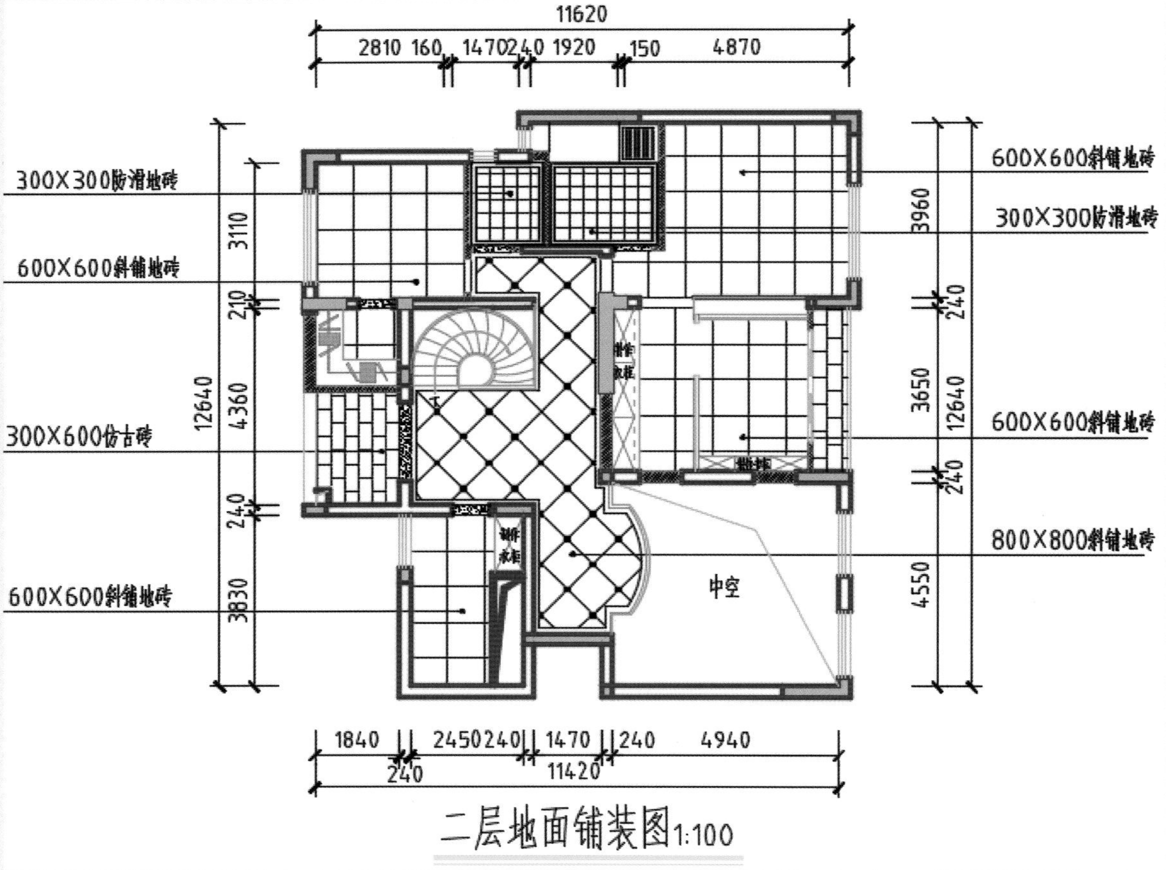

300X300防滑地砖
600X600斜铺地砖
300X600仿古砖
600X600斜铺地砖
600X600斜铺地砖
300X300防滑地砖
600X600斜铺地砖
800X800斜铺地砖
中空

二层地面铺装图1:100

别墅二层地面铺装图

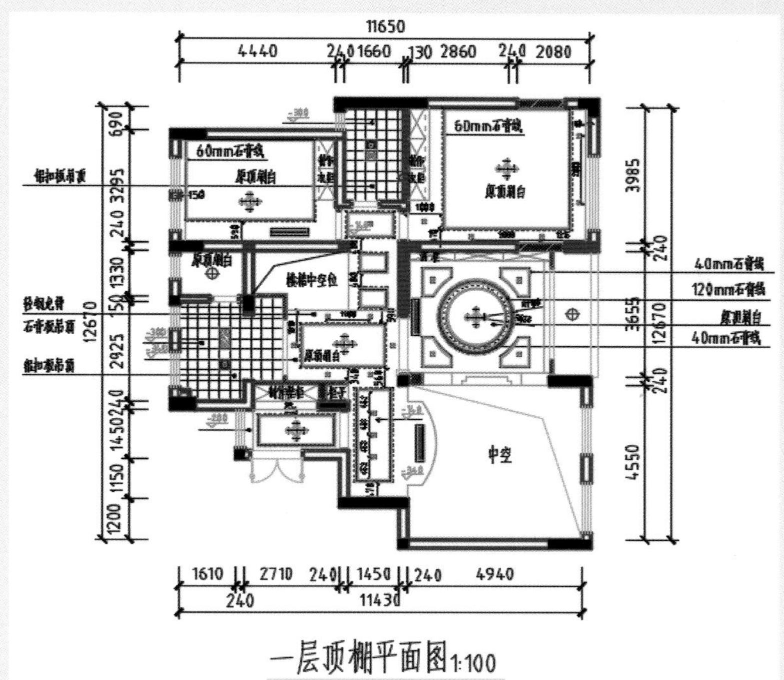

别墅一层顶棚平面图

11620

2810 160 1470 240 1920 150 4870

铝扣板吊顶

铝扣板吊顶

轻钢龙骨石膏板吊顶

原顶刷白

原顶刷白

60mm石膏线

原顶刷白

原顶外墙漆

制作衣柜

轻钢龙骨石膏板吊顶

原顶刷白

轻钢龙骨石膏板吊顶

镀金石膏板天花

原顶刷白

轻钢龙骨石膏板吊顶

240 650 3110 210 4360 240 3830

12640

3960 240 3650 12640 240 4550

1840 2450 240 1470 240 4940

240 11420

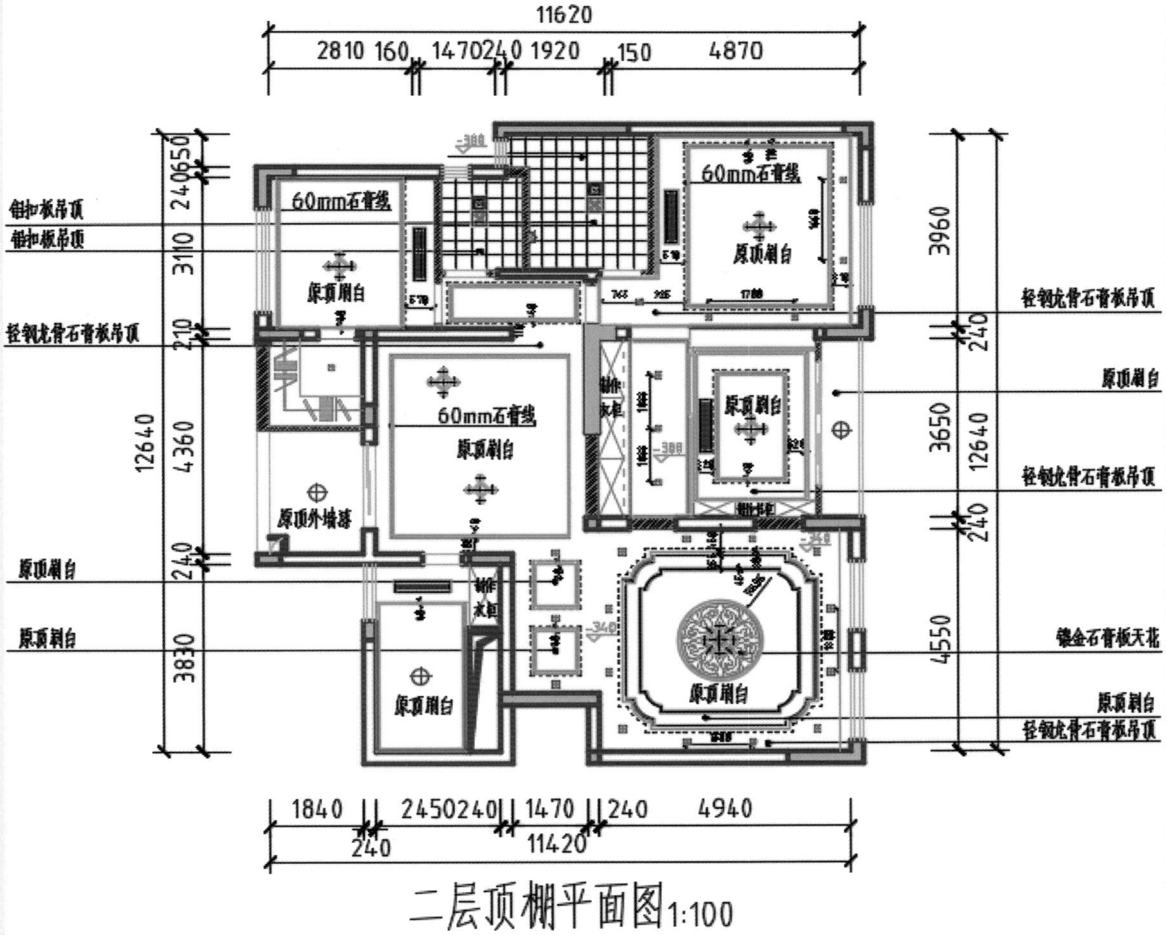

二层顶棚平面图1:100

别墅二层顶棚平面图

资源内容说明

配套高清视频精讲（共 149 集）

【练习5-1】设置点样式创建刻度.m...
【练习5-2】定数等分.mp4
【练习5-3】通过定数等分布置家具...
【练习5-4】通过定数等分获得加工...
【练习5-5】定距等分.mp4
【练习5-6】使用直线绘制五角星.m...
【练习5-7】绘制与水平方向呈30°...
【练习5-8】根据投影规则绘制相贯...
【练习5-9】绘制水平和倾斜构造线...
【练习5-10】绘制圆完善零件图.m...
【练习5-11】绘制圆弧完善景观图...
【练习5-12】绘制葫芦形体.mp4
【练习5-13】绘制台盆.mp4
【练习5-14】绘制圆环完善电路图...
【练习5-15】指定多段线宽度绘制...
【练习5-16】通过多段线绘制斐波...
【练习5-17】设置墙体样式.mp4
【练习5-18】绘制墙体.mp4
【练习5-19】编辑墙体.mp4
【练习5-20】使用矩形绘制电视机...
【练习5-21】绘制外六角扳手.mp4

配套全书例题素材

【练习5-1】设置点样式创建刻度.d...
【练习5-1】设置点样式创建刻度-...
【练习5-2】定数等分.dwg
【练习5-2】定数等分-OK.dwg
【练习5-3】通过定数等分布置家具...
【练习5-3】通过定数等分布置家具...
【练习5-4】通过定数等分获得加工...
【练习5-4】通过定数等分获得加工...
【练习5-5】定距等分.dwg
【练习5-5】定距等分-OK.dwg
【练习5-6】使用直线绘制五角星.d...
【练习5-6】使用直线绘制五角星-O...
【练习5-7】绘制与水平方向呈30°...
【练习5-8】根据投影规则绘制相贯...
【练习5-8】根据投影规则绘制相贯...
【练习5-9】绘制水平和倾斜构造线-...
【练习5-10】绘制圆完善零件图.dwg
【练习5-10】绘制圆完善零件图-O...
【练习5-11】绘制圆弧完善景观图...
【练习5-11】绘制圆弧完善景观图-...
【练习5-12】绘制葫芦形体.dwg
【练习5-12】绘制葫芦形体-OK.dwg
【练习5-13】绘制台盆.dwg
【练习5-13】绘制台盆-OK.dwg
【练习5-14】绘制圆环完善电路图...
【练习5-14】绘制圆环完善电路图-...
【练习5-15】指定多段线宽度绘制...
【练习5-15】指定多段线宽度绘制...
【练习5-16】通过多段线绘制斐波...
【练习5-18】绘制墙体.dwg
【练习5-18】绘制墙体-OK.dwg
【练习5-19】编辑墙体-OK.dwg
【练习5-20】使用矩形绘制电视机...
【练习5-20】使用矩形绘制电视机-...
【练习5-21】绘制外六角扳手.dwg
【练习5-21】绘制外六角扳手-OK...

附录与工具软件（共 5 个）

autodeskdwf-v7.msi

COINSTranslate.exe

附录1——AutoCAD常见问题索引.doc

附录2——AutoCAD行业知识索引.doc

附录3——AutoCAD命令索引.doc

超值电子书（共 9 本）

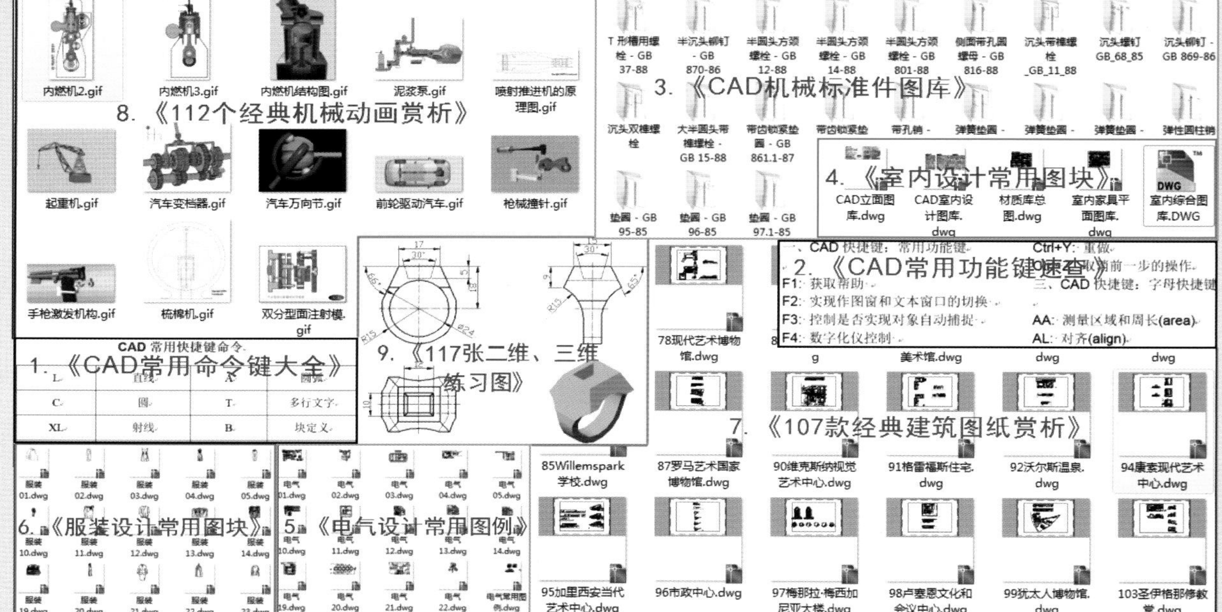

中文版

AutoCAD 2016

室内设计

从入门到精通

CAD辅助设计教育研究室　编著

人 民 邮 电 出 版 社
北 京

图书在版编目（CIP）数据

中文版AutoCAD 2016室内设计从入门到精通 / CAD辅助设计教育研究室编著. -- 北京 : 人民邮电出版社, 2017.11(2023.7重印)
ISBN 978-7-115-45792-9

Ⅰ. ①中… Ⅱ. ①C… Ⅲ. ①室内装饰设计－计算机辅助设计－AutoCAD软件 Ⅳ. ①TU238.2-39

中国版本图书馆CIP数据核字(2017)第146272号

内 容 提 要

本书是一本帮助室内设计相关专业的读者实现 AutoCAD 2016 软件从入门到精通的自学教程。全书采用“基础＋手册＋案例”的写作方法，一本书相当于三本书。

本书分为 4 篇共 18 章，第 1 篇为入门篇，主要介绍室内设计行业与 AutoCAD 2016 的基本知识，包括室内制图与设计、AutoCAD 2016 入门、文件管理、坐标系与辅助绘图工具等；第 2 篇为绘图篇，介绍了 AutoCAD 二维图形的绘制和编辑，以及精确绘图工具、尺寸标注、文字与表格等功能；第 3 篇为进阶提高篇，介绍了图层与显示、块与设计中心、图形信息查询、图形打印和输出等高级内容；第 4 篇为行业应用篇，介绍了室内设计工作中装修材料的选择、装修预算、现场量房的方法等，还包括基本模板的创建、室内设计常用图块的绘制，以及现代风格三室两厅和独栋别墅设计两个综合案例，详细介绍了 AutoCAD 2016 在室内设计中的应用。

本书配套资源丰富，不仅有生动详细的高清讲解视频，还有各类习题的素材文件和效果文件，以及 9 本电子书，可以增强读者的学习兴趣，提高学习效率。

本书适合 AutoCAD 初、中级读者学习使用，可作为广大 AutoCAD 初学者和爱好者学习 AutoCAD 的专业指导教材，对室内设计相关专业的技术人员来说也是一本不可多得的参考书和速查手册。

◆ 编　　著　CAD 辅助设计教育研究室
责任编辑　张丹阳
责任印制　陈　犇
◆ 人民邮电出版社出版发行　北京市丰台区成寿寺路 11 号
邮编　100164　电子邮件　315@ptpress.com.cn
网址　http://www.ptpress.com.cn
固安县铭成印刷有限公司印刷
◆ 开本：787×1092　1/16　彩插：4
印张：30　2017 年 11 月第 1 版
字数：866 千字　2023 年 7 月河北第 23 次印刷

定价：69.00 元

读者服务热线：(010)81055410　印装质量热线：(010)81055316
反盗版热线：(010)81055315
广告经营许可证：京东市监广登字20170147号

在当今的计算机工程界，恐怕没有一款软件比AutoCAD更具有知名度和普适性了。Auto CAD是美国Autodesk公司推出的集二维绘图、三维设计、参数化设计、协同设计及通用数据库管理和互联网通信功能为一体的计算机辅助绘图软件包。自1982年推出以来，AutoCAD从初期的1.0版本，经多次版本更新和性能完善，现已发展到AutoCAD 2016版本。它不仅在机械、电子、建筑、室内装潢、家具、园林和市政工程等工程设计领域得到了广泛的应用，而且在地理、气象、航海等特殊图形的绘制方面，甚至在乐谱、灯光和广告等领域也得到了广泛的应用。目前，AutoCAD已成为计算机CAD系统中应用最为广泛的图形软件之一。

同时，AutoCAD也是一个最具有开放性的工程设计开发平台，其开放性的源代码可以供各个行业进行广泛的二次开发，目前国内一些著名的二次开发软件，如适用于机械的CAXA、PCCAD系列；适用于建筑设计的天正系列；适用于服装设计的富怡CAD系列……这些无不是在AutoCAD的基础上进行本土化开发的产品。

编写目的

根据AutoCAD强大的功能和深厚的工程应用底蕴，我们力图编写一套全方位介绍AutoCAD在各个工程行业应用实际情况的丛书。具体就每本书而言，我们都将以AutoCAD命令为脉络，以操作实例为阶梯，帮助读者逐步掌握使用AutoCAD进行本行业工程设计的基本技能和技巧。

本书内容安排

本书是一本介绍利用AutoCAD 2016进行室内设计的应用教程，主要讲解AutoCAD在室内制图中的具体应用，同时还会结合绘图内容介绍一定的室内设计和装修知识。

而为了让读者更好地学习本书的知识，我们在编写时特地对本书进行了整合分类，将本书的内容划分为4篇共18章，具体编排如下表所示。

篇 名	内 容 安 排
入门篇 （第1章~第4章）	本篇内容主讲一些行业基础知识与AutoCAD的基本使用方法，具体章节介绍如下。 第1章：介绍室内设计中的基本知识与通用图形规范。 第2章：介绍AutoCAD基本界面的组成与执行命令的方法等基础知识。 第3章：介绍AutoCAD文件的打开、保存、关闭以及与其他软件的交互。 第4章：介绍AutoCAD工作界面的构成，以及一些辅助绘图工具的用法
绘图篇 （第5章~第8章）	本篇内容相对于第一篇内容来说有所提高，且更为实用。学习之后能让读者从“会画图”上升到“能满足工作需要”的层次，具体章节介绍如下。 第5章：介绍AutoCAD中各种绘图工具的使用方法。 第6章：介绍AutoCAD中各种图形编辑工具的使用方法。 第7章：介绍AutoCAD中各种标注、注释工具的使用方法。 第8章：介绍AutoCAD文字与表格工具的使用方法
进阶提高篇 （第9章~第12章）	本篇内容相对于第二篇内容来说有所提高，难度也较大。学习内容包括图层、图块、信息查询，以及打印输出等进阶内容，具体章节介绍如下。 第9章：介绍图层的概念及AutoCAD中图层的使用与控制方法。 第10章：介绍图块的概念及AutoCAD中图块的创建和使用方法。 第11章：介绍AutoCAD中信息查询类命令的使用方法。 第12章：介绍AutoCAD各打印设置与控制打印输出的方法

续表

篇 名	内 容 安 排
行业应用篇 （第13章~第18章）	本篇针对建筑行业中的各类型零件，分别通过若干综合性的实例来讲解具体的绘制方法与设计思路，包括零件图与装配图，具体章节介绍如下。 第13章：介绍室内设计中的空间布局、装修材料的选择和制定预算。 第14章：通过实例介绍室内设计绘图模板的创建方法。 第15章：通过实例介绍现场量房和如何进行原始平面图的绘制。 第16章：介绍室内设计中各种家具图块的绘制方法。 第17章：通过实例介绍现代风格三室两厅三居室的施工图绘制方法。 第18章：通过别墅楼这一综合实例，回顾整个室内设计的绘制过程

◎ 本书写作特色

为了让读者更好地学习与翻阅，本书在具体的写法上也颇具特色，具体总结如下。

■ 6大解说板块 全方位解读命令

书中各命令均配有6大解说板块：“执行方式”“操作步骤”“选项说明”“初学解答”“熟能生巧”和“精益求精”，在讲解前还会有命令的功能概述。各板块的含义说明如下。

- **执行方式**：AutoCAD中各命令的执行方式不止一种，因此该板块主要介绍命令的各种执行方法。
- **操作步骤**：介绍命令执行之后该如何进行下一步操作，因此该板块中便给出了命令行中的内容做参考。
- **选项说明**：AutoCAD中许多命令都具有丰富的子选项，因此该板块主要针对这些子选项进行介绍。
- **初学解答**：有些命令在初学时难以理解，容易犯错，因此该板块便结合过往经验，对容易引起歧义、误解的知识点进行解惑。
- **熟能生巧**：AutoCAD的命令颇具机巧，读者也许已经熟练掌握了各种绘图命令，但有些图形仍是难明个中究竟，因此该板块便对各种匠心独运的技法进行总结，让读者茅塞顿开。
- **精益求精**：本板块在“熟能生巧”上更进一步，所含内容均为与工作实际相关的经典经验总结。

■ 3大索引功能速查 可作案头辞典用

本书不仅能作为业界初学者入门与进阶的学习书籍，也能作为有经验的设计师的案头速查手册。书中提供了“AutoCAD常见问题”“AutoCAD行业知识”和“AutoCAD命令快捷键”3大索引附录，可供读者快速定位至所需的内容。

- **AutoCAD常见问题索引**：读者可以通过该索引在书中快速准确地查找到各疑难杂症的解决办法。
- **AutoCAD行业知识索引**：通过该索引，读者可以快速定位至自己所需的行业知识。
- **AutoCAD命令快捷键索引**：按字母顺序将AutoCAD中的命令快捷键进行排列，方便读者查找。

■ 难易安排有节奏 轻松学习乐无忧

本书的编写特别考虑了初学者的感受，因此对于内容有所区分。

- ★进阶★：带有★进阶★的章节为进阶内容，有一定的难度，适合学有余力的读者深入钻研。
- ★重点★：带有★重点★的为重点内容，是AutoCAD实际应用中使用极为频繁的命令，需重点掌握。

其余章节则为基本内容，只要熟加掌握即可满足绝大多数的工作需要。

■ 全方位上机实训 全面提升绘图技能

读书破得万卷，下笔才能出神入化。AutoCAD也是一样，只有多加练习才能真正掌握它的绘图技法。我们深知AutoCAD是一款操作性的软件，因此在书中精心准备了102个操作【练习】内容均通过层层筛选，既可作为命令介绍的补充，也符合各行各业实际工作的需要。因此从这个角度来说，本书还是一本不可多得的、能全面提升读者绘图技能的练习手册。

■ **软件与行业相结合 大小知识点一网打尽**

除了基本内容的讲解，在书中还给出了87个“操作技巧”“设计点拨”与“知识链接”等小提示，不放走任何知识点。各项提示含义介绍如下。

- **操作技巧**：介绍相应命令比较隐晦的操作技巧。
- **设计点拨**：介绍行业应用中比较实用的设计技巧、思路，以及各种需引起注意的设计误区。
- **知识链接**：第一次介绍陌生命令时，会给出该命令在本书中的对应章节，供读者翻阅。

本书的配套资源

本书物超所值，除了书本之外，还附赠以下资源。扫描“资源下载”二维码即可获得下载方式。

资源下载

■ **配套教学视频**

针对本书各大小实例，专门制作了149集共717分钟的高清教学视频，读者可以先看视频，像看电影一样轻松愉悦地学习本书内容，然后对照课本加以实践和练习，可以大大提高学习效率。

■ **全书实例的源文件与完成素材**

本书附带了很多实例，包含行业综合实例和普通练习实例的源文件和素材，读者可以安装AutoCAD 2016软件，打开并使用它们。

■ **超值电子书**

除了与本书配套的附录之外，还提供了以下9本电子书。

1.《CAD常用命令键大全》：AutoCAD各种命令的快捷键大全。

2.《CAD常用功能键速查》：键盘上各功能键在AutoCAD中的作用汇总。

3.《CAD机械标准件图库》：AutoCAD在建筑设计上的各种常用标准件图块。

4.《室内设计常用图块》：AutoCAD在室内设计上的常用图块。

5.《电气设计常用图例》：电气设计上的常用图例。

6.《服装设计常用图块》：服装设计上的常用图块。

7.《107款经典建筑图纸赏析》：只有见过好的，才能做出好的，因此特别附赠该赏析，供读者学习。

8.《112个经典建筑动画赏析》：经典的建筑原理动态示意图，供读者寻找设计灵感。

9.《117张二维、三维混合练习图》：AutoCAD为操作性的软件，只有勤加练习才能融会贯通。

本书创作团队

本书由CAD辅助设计教育研究室组织编写，具体参与编写的有陈志民、江凡、张洁、马梅桂、戴京京、骆天、胡丹、陈运炳、申玉秀、李红萍、李红艺、李红术、陈云香、陈文香、陈军云、彭斌全、林小群、刘清平、钟睦、刘里锋、朱海涛、廖博、喻文明、易盛、陈晶、张绍华、陈文轶、杨少波、杨芳、刘有良、刘珊、赵祖欣、毛琼健、江涛、张范、田燕等。

由于编者水平有限，书中疏漏与不妥之处在所难免。在感谢您选择本书的同时，也希望您能够把对本书的意见和建议告诉我们。

联系信箱：lushanbook@qq.com

读者QQ群：368426081

编者

2017年8月

目录 Contents

■ 入门篇 ■

第1章 初识室内制图与设计

第2章 AutoCAD 2016入门

视频讲解：1分钟

第3章 文件管理

视频讲解：5分钟

第4章 坐标系与辅助绘图工具

视频讲解：21分钟

■ 绘图篇 ■

第5章 图形绘制

视频讲解：34分钟

第6章 图形编辑

视频讲解：12分钟

第7章 创建图形标注

视频讲解：17分钟

第8章 文字和表格

视频讲解：18分钟

■ 进阶提高篇 ■

第9章 图层与图层特性

视频讲解：8分钟

第10章 图块与外部参照

视频讲解：18分钟

第11章 面域与图形信息查询

视频讲解：2分钟

第12章 图形打印和输出

视频讲解：35分钟

■ 行业应用篇 ■

第13章 室内施工的材料与预算

第14章 绘制室内绘图模板

视频讲解：22分钟

第15章 量房及原始平面图的绘制

视频讲解：29分钟

第16章 室内设计配景图块的绘制

视频讲解：125分钟

第17章 绘制现代风格三室两厅的施工图

视频讲解：198分钟

第18章 欧式别墅室内设计

视频讲解：172分钟

附录

第 1 章 初识室内制图与设计

■ 入门篇 ■

在进行室内设计时，首先需要了解室内设计基础知识和室内设计制图的要求和规范等，本章节主要讲解室内设计的基本知识、制图要求和规范，以及室内设计工程图的绘制方法。

1.1 室内设计基础

室内设计就是根据建筑物的使用性质、所处环境和相应标准，综合运用现代物质手段、技术手段和艺术手段，创造出功能合理、舒适优美、满足人们物质和精神生活的理想的室内环境设计。

1.1.1 室内设计概念

室内设计（Interior Design），又称为室内环境设计（Interior Environment Design），是对建筑内部空间进行理性创造的行为。

室内设计将人与人、物与物之间的联系演变为人与人、人与物等之间的联系，如图 1-1 所示。设计作为艺术要充分考虑人与人之间的关系，作为技术要考虑物与物之间的关系，是艺术与技术的结合。

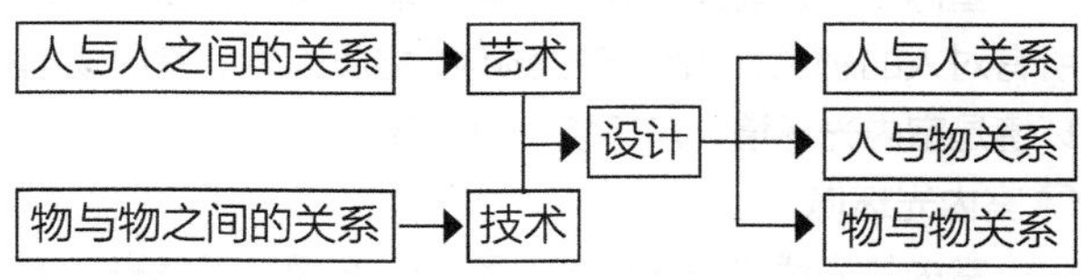

图 1-1 室内设计之间的联系

装修、装饰、装潢是 3 个不同级别的居室工程概念，在居室工程中应保证装修，在装修的基础上继续装饰，在装饰的基础上完善装潢，具体区别介绍如下。

◆ 室内装潢：侧重外表，从视觉效果的角度来研究问题，如室内地面、墙面、顶棚等各界面的色彩处理，装饰材料的选用、配置效果等。

◆ 室内装修：着重于工程技术、施工工艺和构造做法等方面的研究。

◆ 室内装饰：是综合的室内环境设计，它既包括工程技术方面及声、光、热等物理环境的问题，也包括视觉方面的设计，还包括氛围、意境等心理环境和个性特色等文化环境方面的创造。

1.1.2 室内设计基本内容

室内设计是根据建筑物的使用性质、所处环境和相应标准，运用物质技术手段和建筑设计原理，创造功能合理、舒适优美、满足人们物质和精神生活需要的室内环境。这一空间环境既具有使用价值，满足相应的功能需求，同时也反映了历史文脉、建筑风格、环境气氛等精神因素。

1 室内空间设计

室内空间设计是为了科学合理地规划家里的空间，让人们的生活、娱乐及工作有一个良好的室内环境。室内空间，是人们丰富多彩的物质及精神生活的需要，本小节介绍室内空间设计的内容，供读者学习参考。

虚拟空间

虚拟空间的范围没有十分完备的隔离形态，也缺乏较强的限定度，是只靠部分形体的启示，依靠联想和“视觉完形性”来划定的空间，所以又称“心理空间”。这是一种可以简化装修而获得理想空间感的空间，它往往是处于母空间中，与母空间流通而又具有一定的独立性和领域感。虚拟空间可以借助各种隔断、家具、陈设、绿化、水体、照明、色彩、材质，结构构件及改变标高等因素形成。这些因素往往也会形成重点装饰，如图 1-2 所示。

交错空间

现代的室内空间设计，已不满足于封闭规整的六面体和简单的层次划分，在水平方向往往采用垂直围护面的交错配置，形成空间在水平方面的穿插交错，左右逢源；在垂直方向则打破了上下对位，而创造上下交错覆盖、俯仰相望的生动场景。特别是交通面积的相互穿插交错，颇像城市中的立体交通，在空间中，也可增加很多情趣在交错空间中，往往也形成不同空间之间的交融渗透，因而在一定程度上也带有流动空间与不定空间的特点，如图 1-3 所示。

图 1-2 虚拟空间

图 1-3 交错空间

凹入空间

凹入空间是在室内某一墙面或角落局部凹入的空间，通常只有一面或两面开敞，所以受干扰较小，其领域感与私密性随凹入的深度而增加。根据凹入的深浅，可作为休息、交谈、进餐、睡眠等用途的空间，在饭店等公共场合，可布置雅座、服务台等。凹入空间的顶棚应比较大空间的顶棚低，否则就会影响围护感和趣味性。是否设置凹入空间，要视母空间墙面结构及周围环境而定，不要勉强为之，如图 1-4 所示。

外凸空间

如果凹入空间的垂直围护是外墙，并且开较大的窗洞，便是外凸式空间了。这种空间是室内凸向室外的部分，可与室外空间很好地融合，视野非常开阔。当外凸空间为玻璃顶盖时，就又具有日光室的功能了。这种空间对室内外都可丰富空间造型，增加很多情趣，如图 1-5 所示。

图 1-4 凹入空间

图 1-5 外凸空间

下沉空间

室内地面局部下沉，可限定出一个范围比较明确的空间，称为下沉空间。这种空间的底面标高较周围低，有较强的围护感，性格是内向的。处于下沉空间中，视点降低，环顾四周，新鲜有趣。下沉的深度和阶数，要根据环境条件和使用要求而定。为了加强围护感，充分利用空间，提供导向和美化环境，在高差边界处可布置座位、柜架、绿化、围栏、陈设等。在层间楼板层，受到结构的限制，下沉空间往往是靠抬高周围的地面来实现，如图 1-6 所示。

地台空间

室内地面局部抬高，抬高面的边缘划分出的空间称为地台空间。由于地面抬高，为众目所向，其性格是外向的，具有收纳性和展示性。处于地抬上的人们，有一种居高临下的优越的方位感，视野开阔，趣味盎然。直接把台面当座席、床位，或在台上陈物，台下贮藏，并安置各种设备，这是把家具、设备与地面结合，充分利用空间，创造新颖空间效果的好办法，如图 1-7 所示。

图 1-6 下沉空间

图 1-7 地台空间

迷幻空间

迷幻空间的特色是追求神秘、幽深、新奇、动荡、光怪陆离、变幻莫测、超现实的戏剧般的空间效果。在空间造型上，有时甚至不惜牺牲实用性，而利用扭曲、断裂、倒置、错位等手法，家具和陈设奇形怪状，以形式为主，照明讲究五光十色，跳跃变幻，追求怪诞的光影效果，在色彩上则突出浓艳娇媚，线型讲究动势，图案注重抽象，装饰陈设品不是追求粗野犷放，就是表现现代工艺所造成的奇光异彩和特殊机理。为了在有限的空间内创造无限的、古怪的空间感，经常利用不同角度的镜面玻璃的折射，使空间感更加迷幻，如图 1-8 所示。

图 1-8 迷幻空间

2 室内建筑、装饰构件设计

室内建筑、装饰构件设计主要是对建筑内部空间的各大界面（如天花、墙面、地面、门窗、隔断及梁柱、护栏等），按照一定的设计要求进行二次处理，以满足私密性、风格、审美和心理方面的要求，如图 1-9 所示。

3 室内物理环境设计

室内物理环境是指构成室内环境的所有物质条件，所有对人的感觉、知觉产生影响的物质因素。室内物理环境是室内光环境、声环境、热工环境的总称。

室内光环境

室内的光线来源于两个方面，一方面是天然光，另一方面是人工光。天然光是由直射太阳光和阳光穿过地球大气层时扩散而形成的天空光组成，人工光主要是指各种电光源发出的光线，如图 1-10 所示。

在室内设计中，尽量争取利用天然光满足室内的照明要求，在不能满足照度要求的地方辅助人工照明。一定量的直射阳光照射到室内，有利于室内杀菌和人的身体健康，特别是在冬天。夏天时，炎热的阳光照射到室内会使室内迅速升温，长时间会使室内陈设物品褪色、变质等，所以应注意遮阳、隔热等问题。

照明设计应注意的因素：a. 适合的照明度；b. 适当的亮度对比；c. 宜人的光色；d. 良好的显色性；e. 避免眩光；f. 正确的投光方向。

图 1-9 装饰构件设计

图 1-10 室内光环境

◎ 室内声环境

室内声环境主要包括两个方面：一方面是室内音质的设计，如音乐厅、电影院、录音室等，目的是提高室内音质，满足应有的听觉效果。另一方面是隔声与降噪，旨在隔绝和降低各种噪音对室内环境的干扰。

◎ 室内热工环境

室内热工环境由室内热辐射、室内温度、湿度、空气流速等因素综合影响。为满足人们舒适、健康的要求，在进行室内设计时，应结合空间布局、材料构造、家具陈设、色彩、绿化等方面综合考虑。

1.1.3 室内设计与人体工程学

人体工程学是室内设计不可缺少的基础之一。从室内设计的角度来说，人体工程学的主要作用在于通过对生理和心理的正确认识，根据人的体能结构、心理形态和活动需要等综合因素，充分运用科学的方法，通过合理的室内空间和设施家具的设计，使室内环境因素满足人类生活活动的需要，进而达到提高室内环境质量，使人在室内的活动高效、安全和舒适的目的。

1 人体工程学概述

人体工程学，也称人类工程学、人间工学或工效学。人体工程学主要以人为中心，研究人在劳动、工作和休息过程中，在保障人类安全、舒适、有效的基础上，如何提高室内环境空间的使用功能和精神品味。

◎ 感觉、感知与室内设计

感觉和感知是指人对外界环境的一切刺激信息的接受和反映能力。它是人生理活动的一个重要方面。了解感觉与感知，不但有助于对人类心理的了解，而且对在环境中的人的感觉和感知器官的适应能力的确定提供科学依据，人的感觉器官什么情况下可以感觉到刺激物，什么样的环境是可以接受的，什么是不能接受的，为室内环境设计确定人的适应标准，有助于我们根据人的特点去创造适应于人的生活环境。

◎ 行为心理与室内设计

人的行为心理对室内空间具有决定性作用，如一个房间如何去使用，最终呈现的空间形态都是由人决定的。比如卧室、会议室、舞厅等，由于人的不同行为方式都必定成为不同形态。但反过来环境也会影响人的心理感受或行为方式，如一个安静并且尺度亲切的环境会使人流连忘返，而一个空旷又嘈杂的环境会使人敬而远之。这种空间环境与人的行为心理的对应关系是室内设计师在处理空间形态时的重要依据。

2 人体的基本尺寸

人体尺寸是人体工程学研究的最基本数据之一。人体尺寸包括构造尺寸和功能尺寸。

◎ 构造尺寸

人体构造尺寸往往是指静态的人体尺寸，它是人体处于固定的标准状态下测量的。可以测量许多不同的标准状态和不同部位。如手臂长度、腿长度和座高等。结构尺寸较为简单，它对人体直接关系密切的物体有较大的关系，如家具、服装和手动工具等。

◎ 功能尺寸

功能尺寸是指动态的人体尺寸，包括在工作状态或运动中的尺寸，它是人在进行某种功能活动时肢体所能达到的空间范围，在动态的人体状态下测得。它是由关节的活动、转动所产生的角度与肢体的长度协调产生的范围尺寸，功能尺寸比较复杂，它对于解决许多带有空间范围、位置的问题很有用。

3 特殊设计人群

在各个国家里，残疾人都占一定比例，残疾人是一个相当重要的社会群体，需要引起设计师的重视。在家装设计中，如遇到特殊设计人群，一定要考虑适合他们的设计。

◎ 乘轮椅患者

乘轮椅患者有四肢瘫痪或部分肢体瘫痪等多种类型，肌肉机能障碍程度不一样，轮椅对四肢活动的影响也不一样，因此不能按正常姿态的普通人的坐姿设想相关尺寸。

◎ 能走动的残疾人

对于能走动的残疾人，必须考虑是使用拐杖、手杖、助步车、支架或其他帮助行走的工具。所以，除了应知道一些人体测量数据之外，还应把这些工具加进去作为一个整体来考虑。

1.1.4 室内设计的分类

人们根据建筑物的使用功能，对室内设计做了如下分类。

1 居住建筑室内设计

居住建筑室内设计，主要涉及住宅、公寓和宿舍的室内设计，包括前室、起居室、餐厅、书房、工作室、卧室、厨房和浴厕设计。

2 公共建筑室内设计

◆文教：主要涉及幼儿园、学校、图书馆、科研楼的室内设计，包括门厅、过厅、中庭、教室、活动室、阅览室、实验室、机房等室内设计。

◆医疗：主要涉及医院、社区诊所、疗养院的建筑室内设计，包括门诊室、检查室、手术室和病房的室内设计。

◆办公：主要涉及行政办公楼和商业办公楼内部的办公室、会议室，以及报告厅的室内设计。

◆商业：主要涉及商场、便利店、餐饮建筑的室内设计，包括营业厅、专卖店、酒吧、茶室、餐厅的室内设计。

◆展览：主要涉及各种美术馆、展览馆和博物馆的室内设计，包括展厅和展廊的室内设计。

◆体育：主要涉及各种类型的体育馆、游泳馆的室内设计，包括用于不同体育项目比赛和训练及配套的辅助用房的设计。

◆娱乐：主要涉及各种舞厅、歌厅、KTV、游艺厅的建筑室内设计。

◆交通：主要涉及公路、铁路、水路、民航车站、码头建筑，包括候机厅、候车室、候船厅、售票厅等室内设计。

3 工业建筑室内设计

工业建筑室内设计主要涉及各类厂房的车间和生活间及辅助用房的室内设计。

4 农业建筑室内设计

农业建筑室内设计，主要涉及各类农业生产用房，如种植暖房、饲养房的室内设计。

1.1.5 室内设计的工作方法

设计师只有对室内设计的含义、基本理念和设计内容具有一定的了解，并经过一些工程实践后，才能对室内设计的工作方法有深刻的体会和认识。要学习室内方案设计，首先要了解设计和构思的过程，从设计师的思考方法来分析入手。一般来说，在做设计方案时要从以下几个方面来考虑。

1 设计定位，立意与表达并重

进行室内环境设计时，设计的定位必须是明确的。而设计的定位一般分为 4 个方面。

功能定位：在设计之初就要明白设计的空间功能是什么，比如是居住还是办公；不同的功能对室内环境的要求也不相同，而且环境的塑造也会产生各种差异。

时空定位：设计的环境处在什么大的环境中，比如城镇还是海边，以及应该具有的时代气息和地域民俗等。

风格定位：结合居室主人的喜好和使用者的特点来进行设计，也是设计师艺术特性的一种体现。

标准定位：主要是指设计和建筑装修材料的选择、总的投入和单方造价标准，包括室内环境的规模、装修和装饰材料的品种，采用的设施、设备、家具、灯具和陈设品的档次等。

2 局部与整体协调统一

在方案的总体构思上，设计师要以客观环境为设计基础，以人为本作为设计核心，并在功能定位确定以后，根据整体环境来进行设计。

室内环境的“里”，与和这一室内环境连接的其他室内环境，以及建筑室外环境的“外”，它们之间有着相互依存的密切关系，设计时需要从里到外反复协调，使其更趋完美合理。

3 细致、深入的准备工作

除上面的各种前期定位、设计外，设计师还需要在项目启动之前进行大量、细致、深入的准备工作，并与客户交谈以了解客户的想法，从大处着眼、细处着手。

◆大处着眼，是指设计师在设计时应考虑的几个基本观点，即客户最迫切了解的设计要求和基本装修原则，这样在设计时思考问题和着手设计的起点较高，就能够有一个设计的全局观念。

◆细处着手，是指设计师在具体进行设计时，根据室内的使用性质，深入调查、收集信息，掌握必要的资料和数据，从基本的人体尺度和必需的空间等着手，并结合建筑的相关资料实地勘察，形成一个较为完善的构思，从而完整、正确地表达出室内环境设计的构思和意图。

1.2 室内空间布局

人们对于居住空间的需求不断提高，人们的生活方式和居住行为也不断发生变化，追求舒适的家居生活环境已成为一种时尚。现代的家庭生活日趋多元化和多样化，尤其是住宅商品化概念的推出，进一步强化了人们的参与意识，富有时代气息、强调个性的住宅室内设计备受人们的青睐。人们越来越注重住宅室内设计在格调上能充分体现个人的修养、品味和意志，希望通过住宅空间氛围的营造，多角度展示个人的情感和理念。

1.2.1 室内空间构成

室内的空间构成实质上是由家庭成员的活动性质和活动方式所决定的，涉及的范围广泛、内容复杂，但归纳起来大致可以分为公共活动空间、私密性空间、家务空间 3 种不同性质的空间。

1 公共活动空间

公共活动空间是以家庭成员的公共活动需求为主要目的的综合空间，主要包括团聚、视听、娱乐、用餐、阅读、游戏，以及对外联系或社交活动的内容，而且这些活动的性质、状态和规律，因不同的家庭结构和特点不同有着极大的差异。从室内空间的功能上看，依据需求的不同，基本上可以定义出门厅、起居室、餐厅、游戏室等属于群体活动性质的空间，如图 1-11 所示。而规模较大的住宅，除此之外有的还设有独立的健身房和视听室。

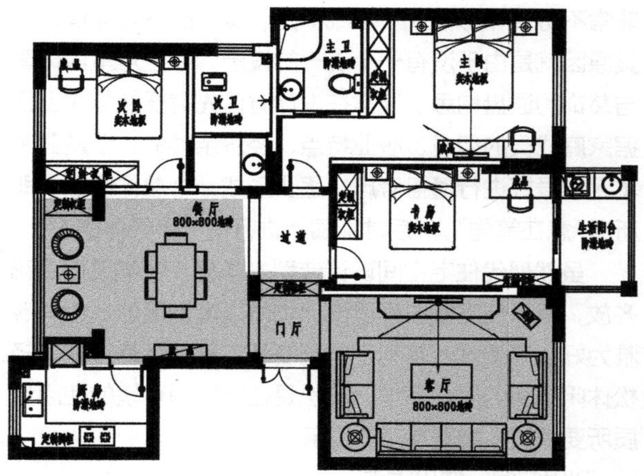

图 1-11 公共活动空间

2 私密性空间

私密性空间是为家庭成员私密性行为所提供的空间。它能充分满足家庭成员的个体需求，是家庭和谐的重要基础。其作用是使家庭成员之间能在亲密之外保持适度的距离，以维护家庭成员必要的自由和尊严，又能解除精神压力和心理负担，是获得自我满足、自我坦露、自我平衡和自我抒发不可缺少的空间区域，私密性空间主要包括卧室、书房和卫生间等空间，如图 1-12 所示。完善的私密性空间要求具有休闲性、安全性和创造性。

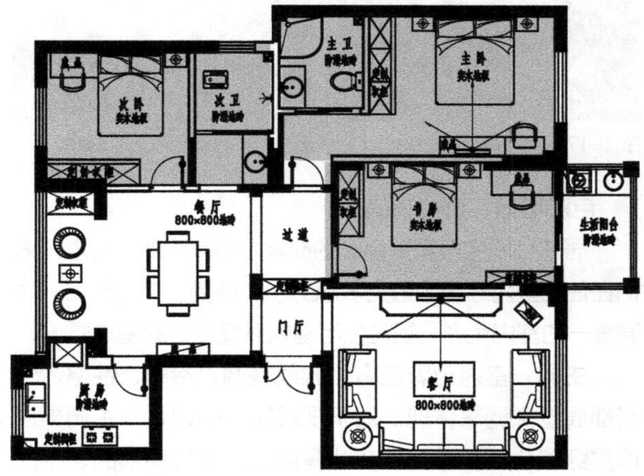

图 1-12 私密性空间

3 家务空间

家务主要包括准备膳食、洗涤餐具、清洁环境、洗烫衣物、维修设备等活动。一个家庭需要为这些活动提供充分的设施和操作空间，以便提高工作效率，使繁杂的各种家务劳动能在省时省力的原则下顺利完成。而方便、舒适、美观的家务空间又可使工作者在工作的同时保持愉快的心情，把繁杂的家务劳动变成一种生活享受。家务空间主要包括厨房、家务室、洗衣间、储藏室等空间，如图 1-13 所示。家务空间设计应该把合适的空间位置、合理的设备尺度，以及现代科技产品的采用作为设计的着眼点。

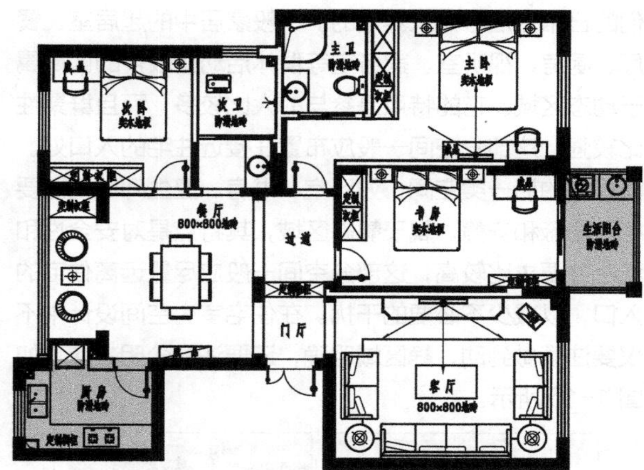

图 1-13 家务空间

1.2.2 室内空间布局原则

空间设计是整个室内设计中的核心和主体，因为空间设计中，我们要对室内空间分隔合理，使得各室内功能空间完整而又丰富多变。同时在平面关系上要紧凑，要考虑细致入微，使得建筑实用率提高。总之，空间处理的合理性能影响到人们的生活、生产活动。所以，我们也可以说空间处理是室内其他一切设计的基础。因此对于空间布局来说，需满足以下 9 项原则。

1 功能完善、布局合理

居住功能分配是室内家装设计的核心问题。随着人们生活水平的提高、人均居住面积的日益增大，住宅空间的功能也在不断地发生着变化，追求功能完善以满足人们多样的需求已成为一种时尚。现在室内设计要求住宅空间的布局更加合理，空间系统的组织方式更加丰富，流动的、复合型的空间形态逐渐取代了呆板的、单一型的空间形态。同时，功能的多样化也为室内空间的布局提供了多种选择的余地。总体上来讲，室内空间的各种使用功能是否完善、布局是否合理是衡量住宅空间设计成功与否的关键。图 1-14 所示为室内家居功能分布图。

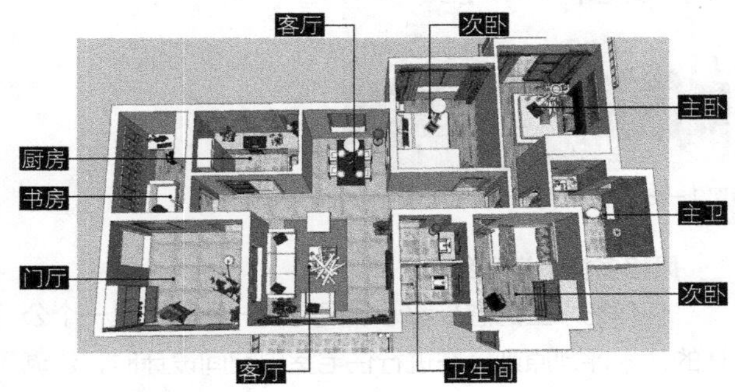

图 1-14 家居功能分布图

2 动静明确、主次分明

室内住宅空间无论功能多么完善、布局多么合理，还必须做到动、静区域明确。动、静区域的划分是以人

们的日常生活行为来界定的。一般家居中的起居室、餐厅、厨房、视听室、家务室等群体活动比较多的区域属于动态区域。它的特点是参与的人比较多，而且群聚性比较强，这部分空间一般应布置在接近住宅的入口处。而住宅的另一类空间，如卧室、书房、卫生间等则需要相对隐蔽和安静，属于静态区域，其特点是对安全性和私密性要求比较高，这部分空间一般应尽量远离住宅的入口，以减少不必要的干扰。在住宅室内空间设计中不仅要注意做到动、静区域明确，还要注意分明主次，如图 1-15 所示。

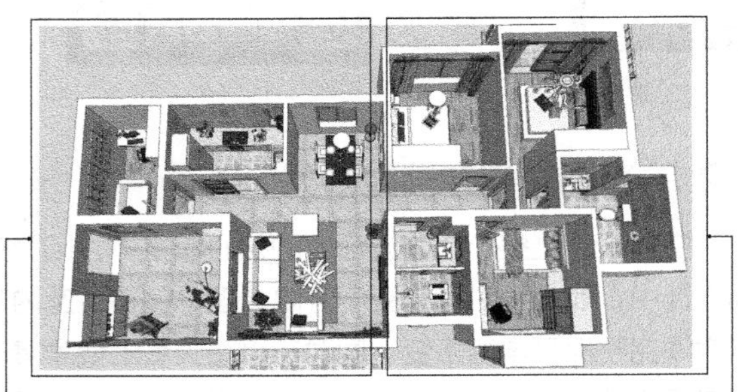

图 1-15 家居动、静区分布图

3 规模适度、尺度适宜

在当今我国的商品住宅中，建筑层高一般控制在 2.7m 左右，卧室的开间尺寸大多数在 3.3~4.2m。以人本身作为衡量尺度的依据，在室内空间中与人体功能和人身活动最密切、最直接接触的室内部件是衡量尺度是否合理的最有力的依据。空间尺度是相对的，尺度是和比例密切相关的一个建筑特性。例如，同样的室内空间高度，面积大的室内空间会比面积小的室内空间显得低矮，面积越大这种感觉越强烈。所以设计师在设计时，要根据业主的实际家装环境因地制宜地设计，如图 1-16 所示。

图 1-16 规模适度、尺度适宜

4 风格多样、造型统一

任何艺术上的感受都必须具有统一性，这是一个公认的艺术评判原则。在进行住宅室内空间设计时，建筑本身的复杂性及使用功能的复杂性势必会演变成形式的多样化，因此，设计师的首要任务就是要把因多样化而造成的杂乱无章通过某些共同的造型要素使之组成引人入胜的统一。例如，在现实生活中，有时尽管购置的室内物品都是非常理想的物品，但是将它们放置在一起会非常不协调，形不成一个统一的、美观的室内环境。究其原因就是由于没有一个统一的设想，缺乏对室内环境与装饰的通盘构思。通常在设计时首先需要从总体上根据家庭成员的组成、职业特点、经济条件的，以及业主本人的爱好进行通盘考虑，逐步形成一个总体设想，即所谓“意在笔先”，然后才能着手进行下一步具体的设计。

虽然现代住宅空间设计造型多样化，各类风格百花齐放，但是住宅室内环境设计仍然以造型简洁、色彩淡雅为好。简洁雅淡有利于扩展空间，形成恬静宜人、轻松休闲的室内居住环境，这也是住宅室内环境的使用性质所要求的，如图 1-17 所示。

5 利用空间、突出重点

尽管现代人们的居住环境已经得到改善，人均居住面积有了大幅度提高，但是有效地利用空间仍然是设计师思考的重点。从使用功能和使用方便角度着想，空间布局要紧凑合理，尽量减少较封闭和功能单一的通道，应有效地利用空间，可以在门厅、厨房、走道等处设置吊柜、壁柜等，如图 1-18 所示。如果住宅面积过小，还可以布置折叠或多功能家具，以减少对空间的占用，从而达到有效利用空间的目的。

图 1-17 风格多样、造型统一

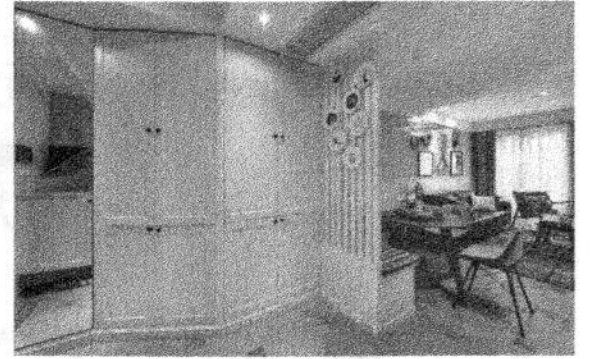
图 1-18 利用空间、突出重点

6 色彩和谐、选材正确

居住空间的气氛受色彩的影响是非常大的，色彩是人们在住宅室内环境中最为敏感的视觉感受。赏心悦目、协调统一的室内色彩配置是住宅室内环境设计的基本要求。

主调。室内色彩应有主调或基调，冷暖、性格、气氛都通过主调来体现。对于规模较大的建筑，主调更应该贯穿整个建筑空间，在此基础上再考虑局部的、不同部位的适当变化。即希望通过色彩达到怎样的感受，是典雅还是华丽，安静还是活跃，纯朴还是奢华，用色彩言语表达并非那么容易，要在许多色彩方案中，认真仔细地去鉴别和挑选。

主调确定以后，就应考虑色彩的施色部位及其比例分配。作为主色调，一般应占有较大比例，而次色调作为主调色的配色，只占小的比例。背景色、主题色、强调色三者之间的色彩关系绝不是孤立的、固定的，如果机械地理解和处理，必然千篇一律，变得单调，所以我们在做设计之时，既要有明确的图底关系、层次关系和视觉中心，但又不刻板、僵化，才能达到丰富多彩。图 1-19 所示的效果图，确定以灰色调为主调，所以整个家居家具都是配合灰色调而来，并没出现过艳的颜色，使整个家居和家具更好地融合，达到一种和谐的自然效果。

材料质地肌理的组合设计在当代室内环境中运用得相当普遍，室内设计理念要通过材料的质地美感来体现，材质肌理的组合设计直接影响到室内环境的品位与个性。当代室内设计中的材质运用需遵循 3 点：充分发挥材质纹理特征，强化空间环境功能；强调材料质地纹理组合的文化与统一；提倡运用新材料，尝试材质组合设计新方法。

7 适当光源、合理配置

人和植物一样，需要日光的哺育，在做室内设计时，要尽可能保持室内有足够的自然采光，一般要求窗户的透光面积与墙面之比不得少于 1/5。要让人们最大限度地享受自然光带来的温馨与健康。

除此之外，灯光照明也是光源的一部分。灯具品种繁多，造型丰富，形式多样，所产生的光线有直射光、反射光、漫射光。它们在空间中不同的组合能形成多种照明方式，因此合理地配置灯光就非常重要。良好的光源配置比例应该是：5/3/1，即投射灯和阅读灯等集中式光源，光亮度最强为“5”时，给人柔和感觉的辅助光源为“3”，而提供整个房间最基本的照明光源则为“1”。在选择家居照明光源时，要遵循功能性原则、美观性原则、经济性原则、安全性原则等。图 1-20 所示的效果图，在一定的自然光源下，加入不那么刺眼的灯光，既满足了照明需求，柔和的灯光也使人感到舒适。

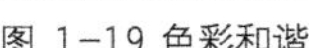

图 1-19 色彩和谐

图 1-20 适当光源、合理配置

8 强调感受、体现个性

室内家居是以家庭为对象的人文生活环境。不同的生活背景和生活环境，使人的性格、爱好有很大的差异，而不同的职业、民族和年龄又促成了每个人个性特征的形成。个性特征的差异导致对家居审美意识、功能要求的不同。所以，住宅空间设计必须要在保持时代特色的前提下，强调人们的自我感受，要体现与众不同的个性化特点，才能显示出独具风采的艺术魅力，如图 1-21 所示。

9 经济环保、减少污染

设计的本质之一在于目的和价值的实现，这本身也包含了丰富的经济内容。在经济上量力而行既是对业主提出的要求，也是对设计师提出的要求，要利用有限的资金创造出优雅舒适的室内空间环境来，这也正是现代设计师基本素质和能力的体现。如今环保观念已经深入人心，所以在家装中，我们也尽量减少使用有污染的材料，在设计中要牢固树立保护生态、崇尚绿色、回归自然、节省资源的观念，如图 1-22 所示。

图 1-21 强调感受、体现个性

图 1-22 经济环保

1.2.3 室内各空间分析

开始室内设计之前首先要进行功能的分析，室内设计不是纯艺术品，从某种角度上说是一种产品，作为产品首要满足的是功能，即人对产品的需求，其实这才是其艺术价值。所以室内设计的前提是进行功能分析，然后在功能分析的前提下进行划分。本小节就是室内各空间的功能分析。

1 入户花园

入户花园也是形形色色的屋顶花园的一种，它介于客厅和入户门之间，起到连接与过渡的作用，类似于玄关的概念。入户花园通常只有一面或两面墙面，也被称为室内屋顶花园。

入户花园以绿化设计为主，对提高生活品质具有积极意义。入户花园不是指简单室内绿化，而是一种经过精心设计布置的有水体、植物、平台和小品等园林要素的庭院式花园。将地面上的花园搬到室内，让忙碌了一天的人们能够有更多的时间来接触自然，放松心情，让绿色植物调整人们的情绪，从而达到有益身心健康、改善生活质量的效果。入户花园效果如图 1-23 所示。

2 玄关

玄关在室内设计中指的是居室入口的一个区域，专指住宅室内与室外的一个过渡空间，也就是进入室内换鞋、更衣或从室内去室外的缓冲空间，也有人把它叫作斗室、过厅或门厅。在住宅中玄关虽然面积不大，但使用频率较高，是进出住宅的必经之处。玄关是室内设计的开始，犹如文章的开篇一定要简明扼要，对整个室内设计的风格、品味有点题的作用。玄关效果如图 1-24 所示。

图 1-23 入户花园

图 1-24 玄关

3 客厅

客厅是家居空间中会客、娱乐和团聚等活动的空间。在家居室内空间设计的平面布置中，客厅往往占据非常重要的地位，客厅作为家庭外交的重要场所，更多地用来彰显一个家庭的气度与公众形象，因此规整而庄重，大气且大方是其主要追求，客厅中主要的生活用具包括沙发、茶几、电视及音响等，有时也会放置饮水机。客厅效果如图 1-25 所示。

4 餐厅

现代家居中，餐厅正日益成为重要的活动场所，布置好餐厅，既能创造一个舒适的就餐环境，还会使居室增色不少。餐厅设计必须与室内空间整体设计相协调，在设计理念上主要把握好温馨、简单、便捷、卫生、舒适，在色彩处理上以暖色调为主，同时色彩对比应相对柔和，如图 1-26 所示。

图 1-25 客厅

图 1-26 餐厅

5 书房

书房又称家庭工作室，是作为阅读、书写及业余学习、研究、工作的空间。特别是从事文教、科技和艺术工作者必备的活动空间。功能上要求满足书写、阅读、创作、研究、书刊资料贮存，以及兼有会客交流的条件，力求创造幽雅、宁静、舒适的室内空间，如图 1-27 所示。

6 卧室

卧室是属于纯私人空间，在进行卧室设计时首先应考虑的是让你感到舒适和安静，不同的居住者对于卧室的使用功能有着不同的设计要求，卧室布置的原则是如何最大限度地提高舒适度和私密性，所以卧室布置要突出的特点是清爽、隔音、软和柔，如图 1-28 所示。

图 1-27 书房

图 1-28 卧室

7 卫生间

住宅卫生间空间的平面布局因业主的经济条件、文化、生活习惯及家庭人员而定，与设备大小、形式有很大关系。在布局上可以将卫生设备组织在一个空间中，也有分置在几个小空间中。在平面布设计上可分为兼用型、独立型和折中型 3 种形式。

◆第 1 种：独立型。卫浴空间是比较大的家居空间，独立卫生间设计可以将洗衣、洗漱化妆、洗浴及坐便器等分为独立的空间。

◆第 2 种：兼用型。把浴盆、洗脸池、便器等洁具集中在一个空间中，称之为兼用型，兼用型的优点是节省空间、经济、管线布置简单等，缺点是一个人占用卫生间时，会影响其他人的使用。

◆第 3 种：折中型。卫生间中的基本设备，部分独立部分放到一处的情况称之为折中型，折中型的优点是相对节省一些空间，组合比较自由，缺点是部分卫生设施设置于一室时，仍有互相干扰的现象，如图 1-29 所示。

图 1-29 卫生间

1.2.4 各空间平面配置范例

在上一小节中，主要介绍了室内各空间的功能。本小节介绍一些室内各空间的平面配置范例。

1 客厅的配置

客厅配置是室内设计的重点，也是使用最频繁的公共空间，而配置上主要考虑的是客厅的使用面积。客厅配置的对象主要有单人沙发、双人沙发、三人沙发、L型沙发组、贵妃椅、脚凳、茶几等，这些对象让客厅的空间极富变化性。若客厅的配置与其他空间结合，更会让空间具有开阔感。

客厅配置注意事项

沙发的中心点尽量与电视柜的中心点对齐，如图 1-30 所示。

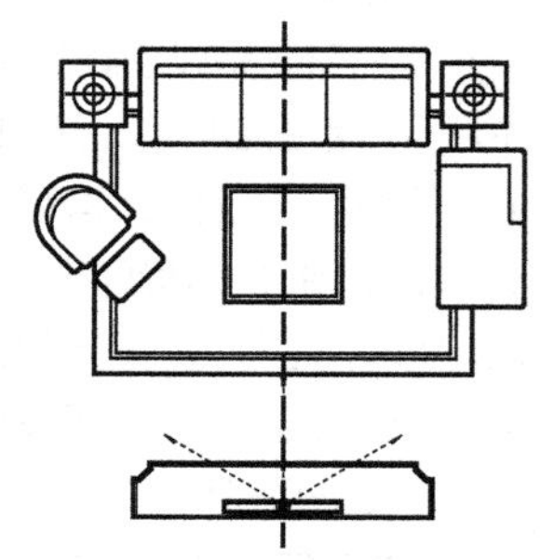

图 1-30 沙发中心与电视柜对齐

配置沙发组图块

配置沙发组图块时，不一定将图块摆放到水平及垂直面，否则有时会让客厅的配置显得单板，如图 1-31

所示。因此可将单人沙发组图块旋转 15°、25°、35°，使得客厅的整体配置比较活泼，如图 1-32 所示。

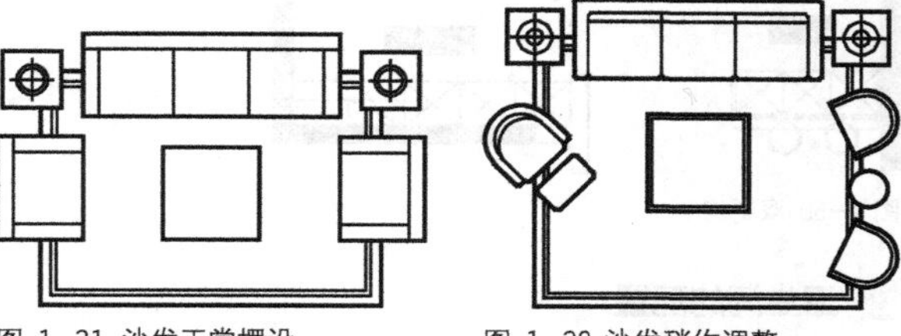

图 1-31 沙发正常摆设　　图 1-32 沙发稍作调整

配置使用不同样式的图块

在客厅配置时，可以尝试不同样式图块的配置，以让配置画面呈现不同的感觉。况且，变更不同图块对象应用在客厅的配置上，最能感受到画面不同的风格。

◆在客厅面积比较大且长形的空间中，配置的组合虽是单一空间，却可以区分为两个区域进行使用，呈现大器的风格，如图 1-33 所示。

◆采用中国式的罗汉椅等图块对象，让配置图呈现另一种风格，如图 1-34 所示。

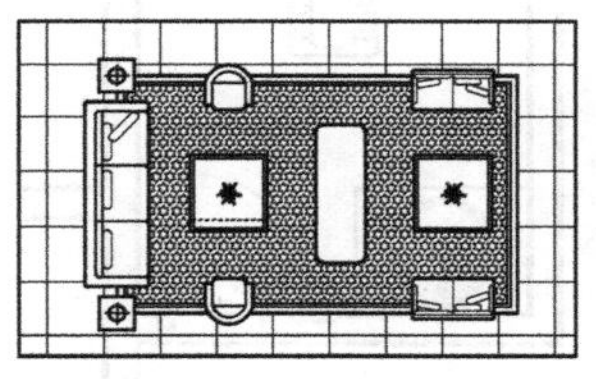

图 1-33 配置组合沙发

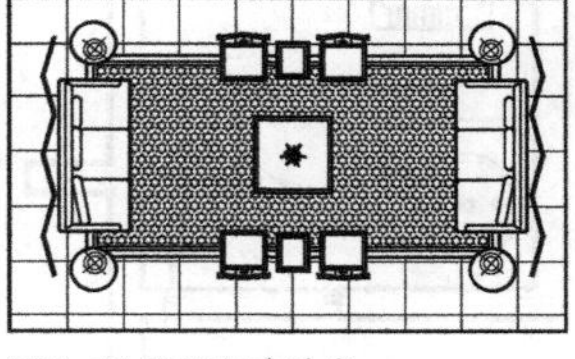

图 1-34 配置组合沙发

与其他空间相结合

客厅的配置可与另外一个空间结合，可使用开放性、半开放性、穿透性的处理手法，这些方式可让客厅的开阔性及延展性更大。

◆客厅加入了开放的阅读空间，让空间更有机动性，如图 1-35 所示。

◆客厅配置加入了开放的书房，让空间具有多变互动的作用，如图 1-36 所示。

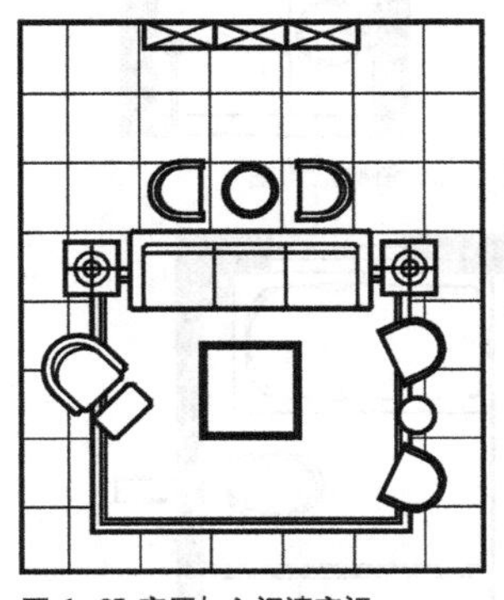

图 1-35 客厅加入阅读空间

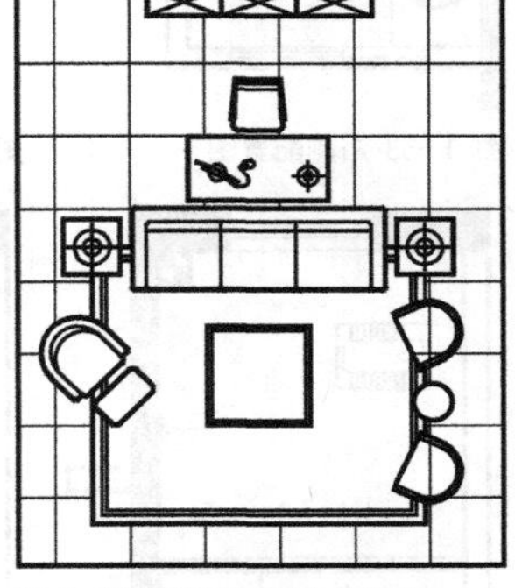

图 1-36 客厅加入开放式书房

◆客厅与开放的餐厅结合，让行动起来更为顺畅，如图 1-37 所示。

◆吧台区与客厅的结合，比较适合用于好客的居住者使用，如图 1-38 所示。

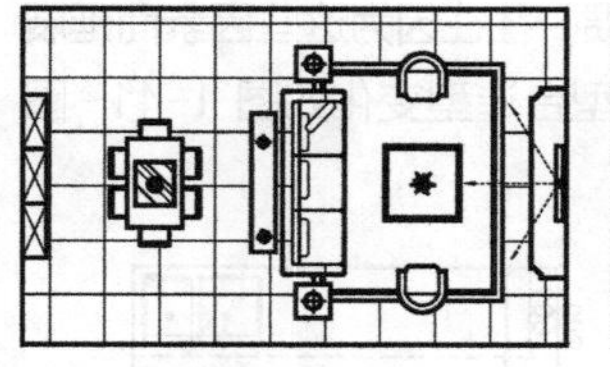

图 1-37 客厅与餐厅结合

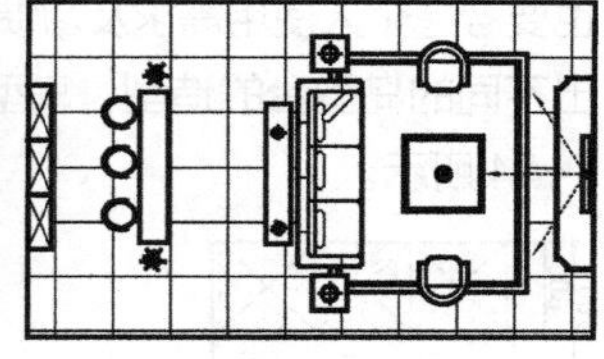

图 1-38 客厅与吧台结合

2 厨房的配置

厨房的配置需注意厨具使用的流程，此流程为洗、切、煮，这 3 个流程是影响厨房设计的要素。

一字型厨具的配置

图 1-39 所示的一字型厨具的配置是家居设计中最常见的。

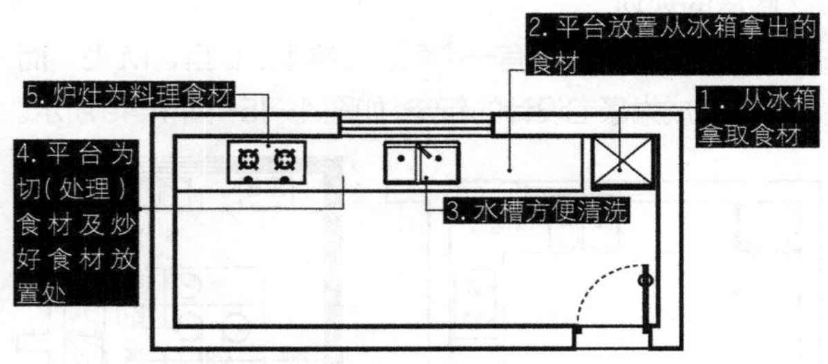

图 1-39 一字型厨具配置

岛型台

岛型台是指独立的台面兼具吧台、简餐台使用，并处理洗、切、备料的工作台。当岛型台配置在厨房的空间时，此厨房空间以采用开放式厨房造型居多，同时与餐厅空间结合，让厨房具有更大的发挥空间及互动性。

岛型台在设计上需注意以下几点。

◆岛型台与厨柜的距离不得少于 900mm，也不宜大于 1200mm。

◆岛型台长度尺寸至少为 1500mm 以上才够大方，但不宜大于 2500mm。

◆岛型台深度尺寸应在 800~1200mm 之间。

◆当岛型台用来当吧台或者餐桌时，摆放椅子的位置，需在伸脚时有容纳之处，综上如图 1-40 所示。

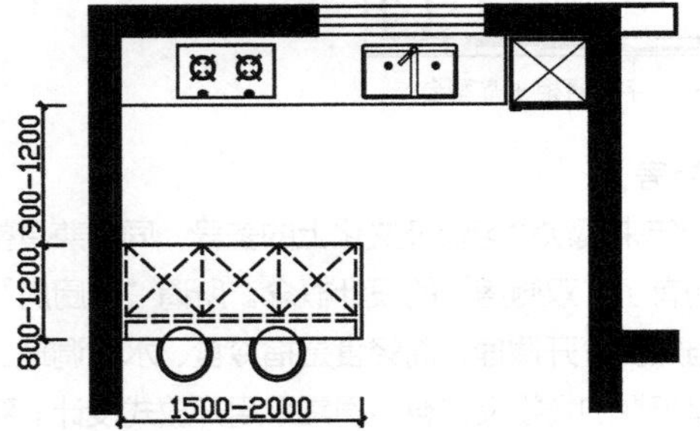

图 1-40 岛型台注意事项

岛型台造型的变化

厨房的宽度及纵深会影响岛型台的设计配置，当然也要考虑个人使用需求及习惯，往往因为这些因素而延展出不同的岛型台的造型，岛型台造型变化如图 1-41~ 图 1-44 所示。

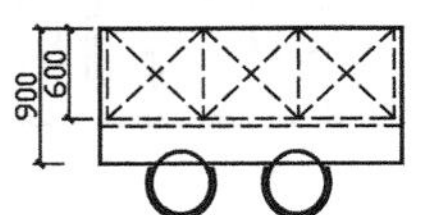

图 1-41 岛型台造型变化 -1

800
600

图 1-42 岛型台造型变化 -2

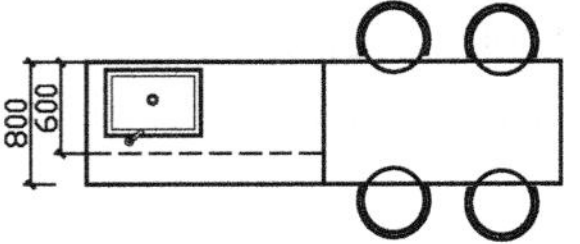

图 1-43 岛型台造型变化 -3

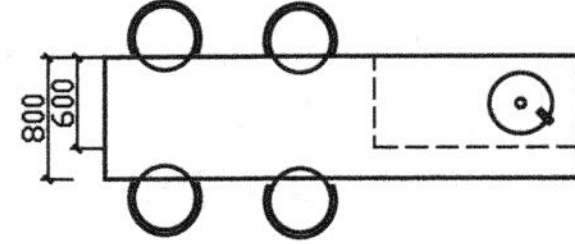

图 1-44 岛型台造型变化 -4

厨房的规划

厨房的整体规划有一字型、二字型、L 型、M 型，而岛型台已成为豪宅设计的新宠，如图 1-45~ 图 1-49 所示。

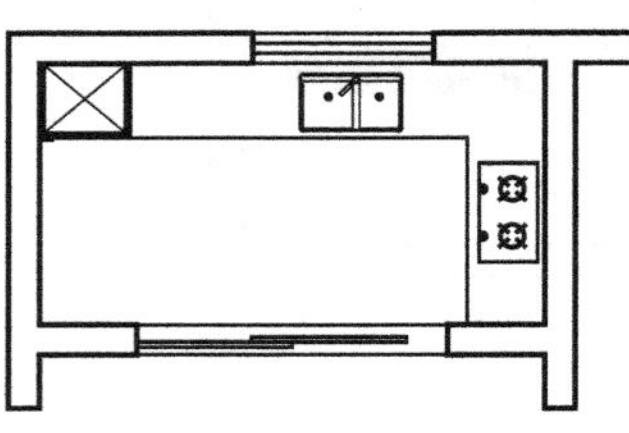

图 1-45 L 型厨柜

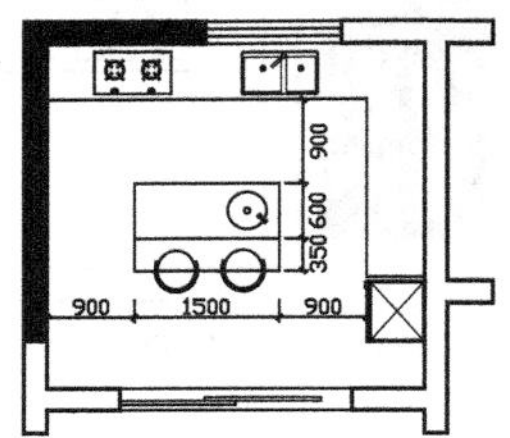

图 1-46 岛型台 +L 型厨柜

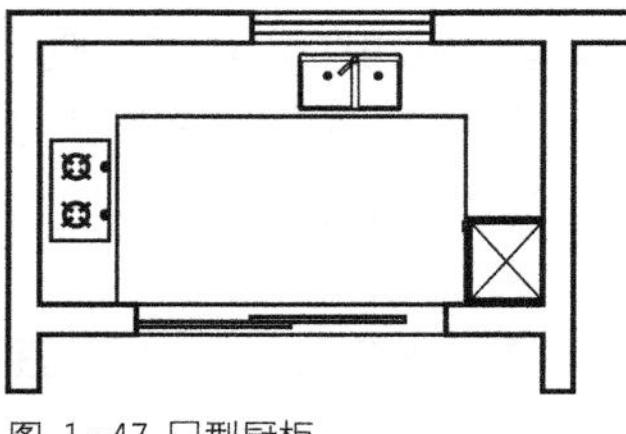

图 1-47 ㄇ型厨柜

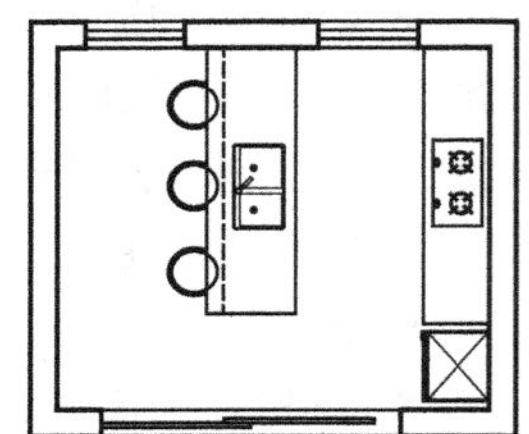

图 1-48 一字型厨柜 + 岛型台

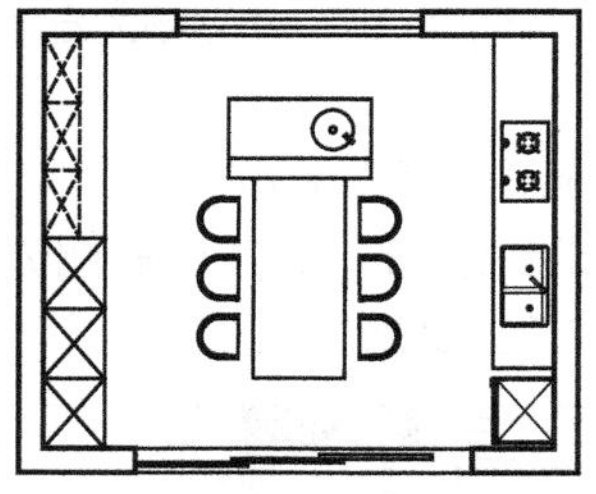

图 1-49 一字型厨柜 + 岛型台

双厨房

近年来因饮食习惯及文化上的差异，同时兼具整体的美感而有了“双厨房”的设计概念。所谓“双厨房”是指轻食与熟食分开调理，而轻食是指冷食、水果调理、微波等简单无烟的食物及饮料，通常采用开放式设计。熟食是指热炒食物且设置于靠阳台、通风良好的空间，与轻食空间用透明玻璃门做空间上的分隔，如图 1-50 所示。

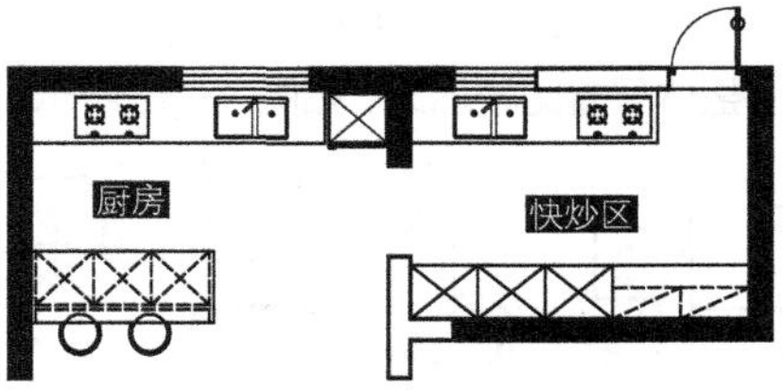

图 1-50 双厨房

3 卫生间的配置

卫生间的配置图可分为厕所、浴厕两种，但因使用空间不同，名称上也有所不同。浴厕的配置可分为“半套”及“全套”。在实际配置时仍需考量管道间及现场施工的问题。依厕所及浴厕配置上的差异性，下面列举不同配置加以说明。

厕所的配置

需要的设备为马桶、洗脸盆（台），如图 1-51 和图 1-52 所示。

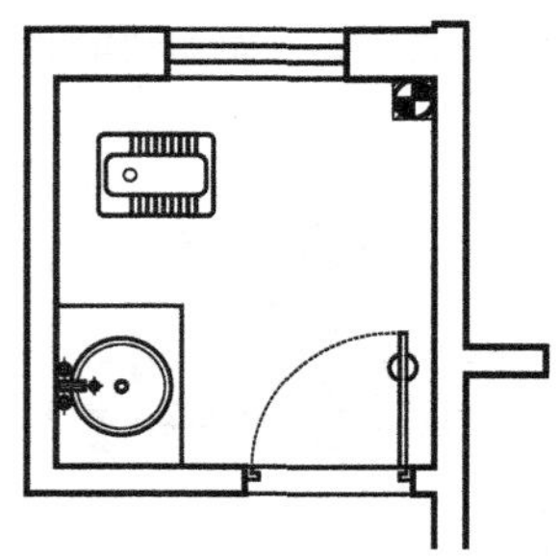

图 1-51 厕所配置图

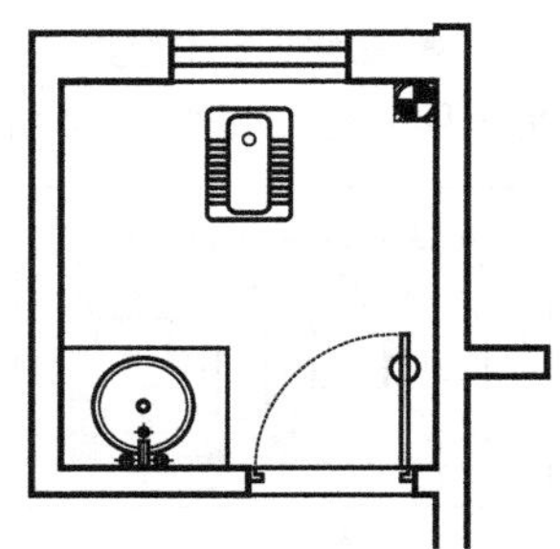

图 1-52 厕所配置图

浴厕的半套配置

半套设备为马桶、洗脸盆（台）、淋浴间或者马桶、洗脸盆（台）、浴缸，如图 1-53~ 图 1-56 所示。

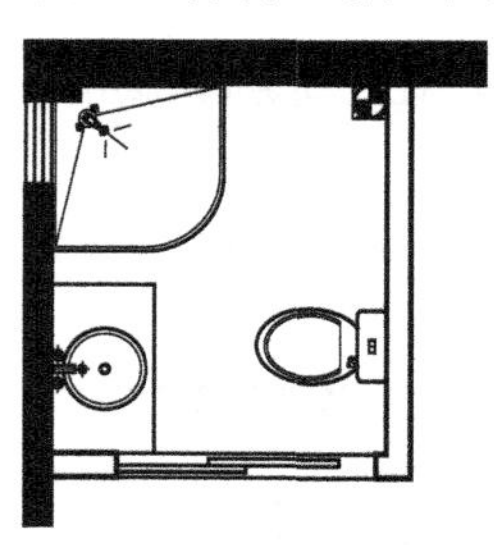

图 1-53 浴厕配置图

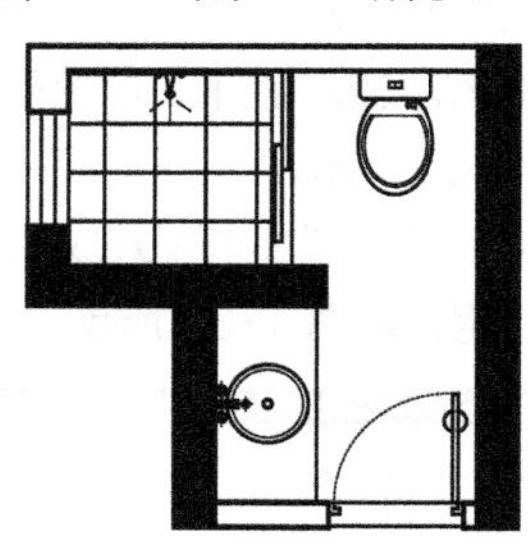

图 1-54 浴厕配置图

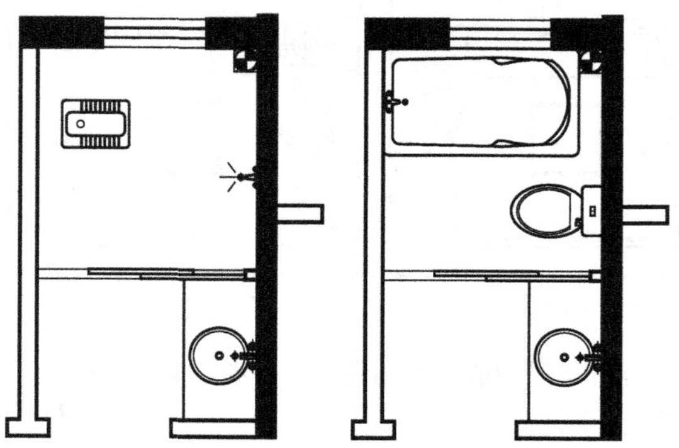

图 1-55 浴厕配置图

图 1-56 浴厕配置图

◎ 浴厕的全套配置

全套设备为马桶、洗脸盆（台）、淋浴间、浴缸，如图 1-57 和图 1-58 所示。

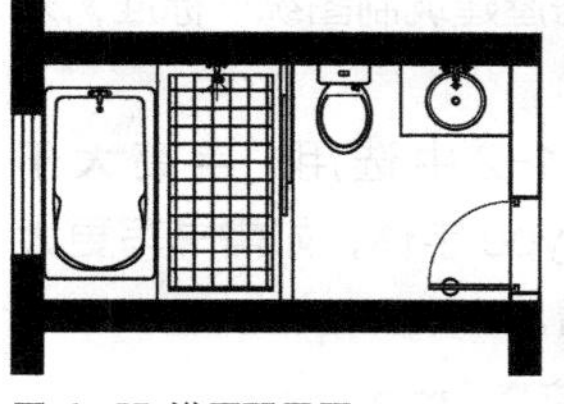
图 1-57 浴厕配置图

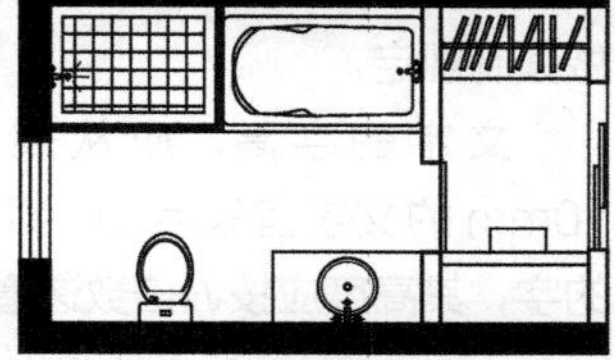
图 1-58 浴厕配置图

4 卧室的配置

卧室的配置分为一般卧室、客用卧室（客房）及主卧室，其中变化比较大的是主卧室。在配置卧室时往往会因既定格局而无法突破，建议可以多多转换柜子和床的方位，这样演变出来的配置会具有多变性及可能性。

◎ 一般卧室的配置

依空间的许可及个人习惯，可配置床、床头柜、台灯、衣柜、电视柜、化妆台、单人沙发、小茶几、书桌等，一般卧室的配置如图 1-59~ 图 1-62 所示。

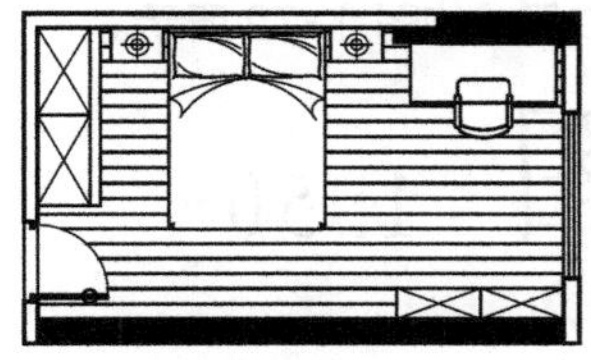
图 1-59 卧室 + 书桌

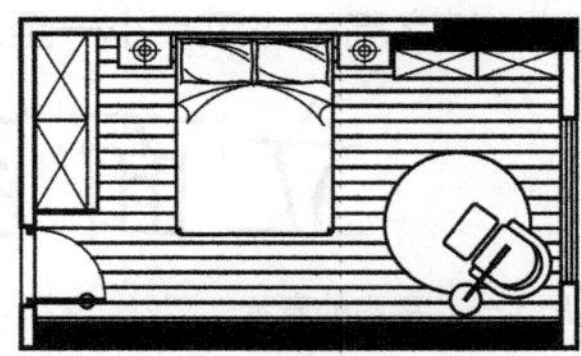
图 1-60 卧室 + 单人沙发

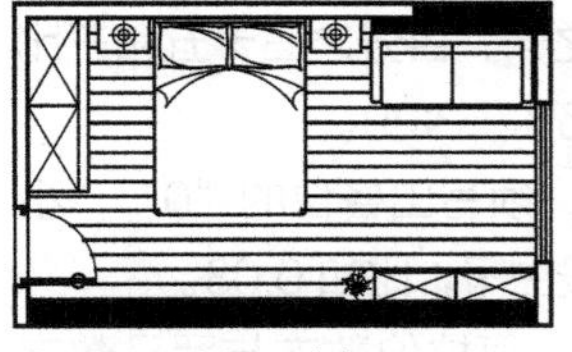
图 1-61 卧室 + 沙发

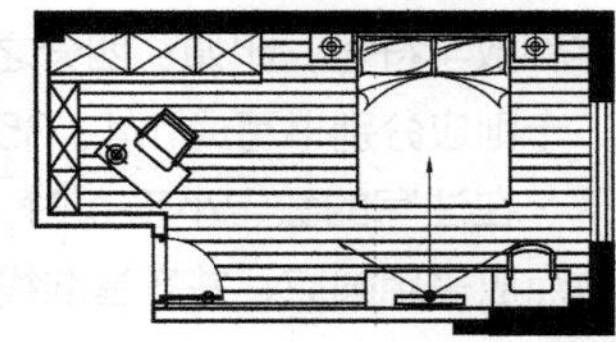
图 1-62 卧室 + 书房

◎ 主卧室的配置

主卧室的空间比其他房间要大，但是比客厅要小。主卧室的配置依空间的许可及个人习惯，在空间允许的情况下可加入书房、更衣室、起居室等，如图 1-63~ 图 1-65 所示。

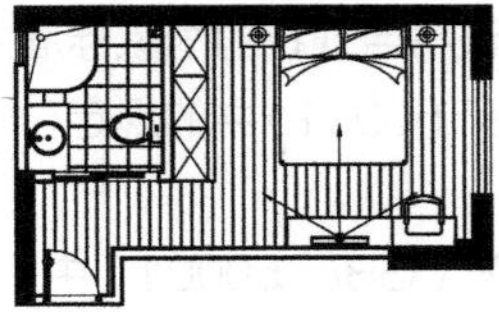
图 1-63 主卧室 + 卫生间

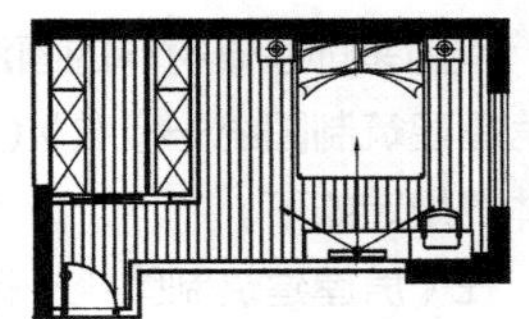
图 1-64 主卧室 + 衣帽间

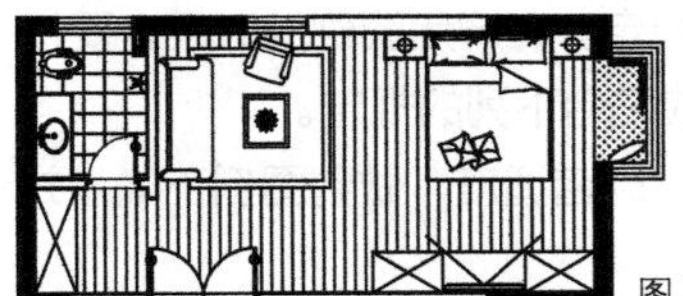
图 1-65 主卧室 + 起居室 + 卫生间

1.3 室内设计制图的要求及规范

室内设计制图主要是指使用 AutoCAD 绘制的施工图，关于施工图的绘制，国家制定了一些制图标准来对施工图进行规范化管理。以保证制图质量，提高制图效率，做到图面清晰、简明，图示明确，符合设计、施工、审查、存档的要求，适应工程建设的需要。

1.3.1 室内设计制图概述

室内设计制图是表达室内设计、工程设计的重要技术资料，是施工进行的依据。为了统一制图技术，方便技术交流，并满足设计、施工管理等方面的要求，国家发布并实施了建筑工程各专业的制图标准。

在 2010 年，国家新颁布了制图标准，包括《房屋建筑制图统一标准》、《总图制图标准》、《建筑制图标准》等几部制图标准。2011 年 7 月 4 日，又针对室内制图颁布了《房屋建筑室内装饰装修制图标准》。

室内设计制图标准涉及图纸幅面与图纸编排顺序，以及图线、字体等绘图所包含的各方面的使用标准。本节为读者抽取一些制图标准中常用到的知识来讲解。

1.3.2 图纸幅面

图纸幅面是指图纸的大小。图纸幅面及图框的尺寸应符合表 1-1 的规定。

表 1-1 幅面及图框尺寸（mm）

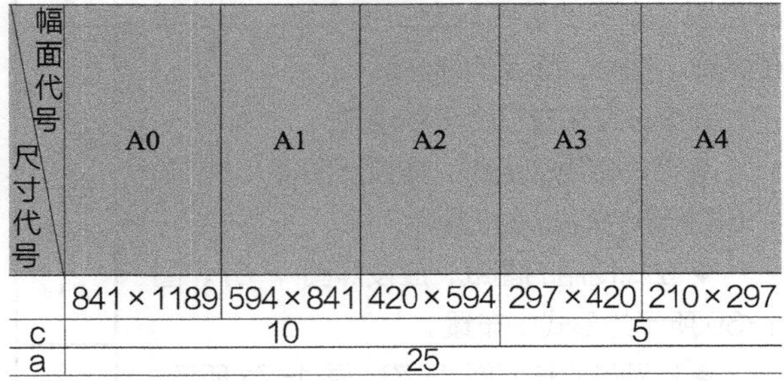

幅面代号 / 尺寸代号	A0	A1	A2	A3	A4
	841×1189	594×841	420×594	297×420	210×297
c	10			5	
a	25				

表 1-1 的幅面及图框尺寸与《技术制图 图纸幅面和格式》（GB/T 14689）规定一致，但是图框内标题栏根据室内装饰装修设计的需要略有调整。图纸幅面及图框的尺寸，应符合图 1-66、图 1-67、图 1-68、图 1-69 所示的格式。

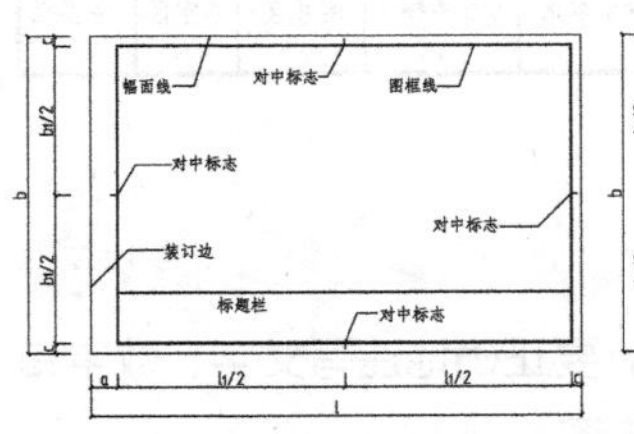

图 1-66 A0—A3 横式幅面（一）

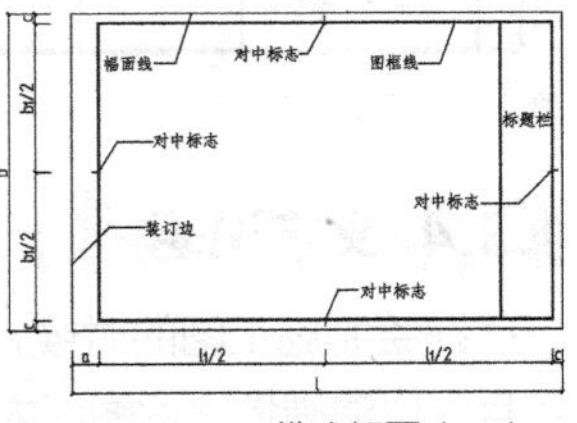

图 1-67 A0—A3 横式幅面（二）

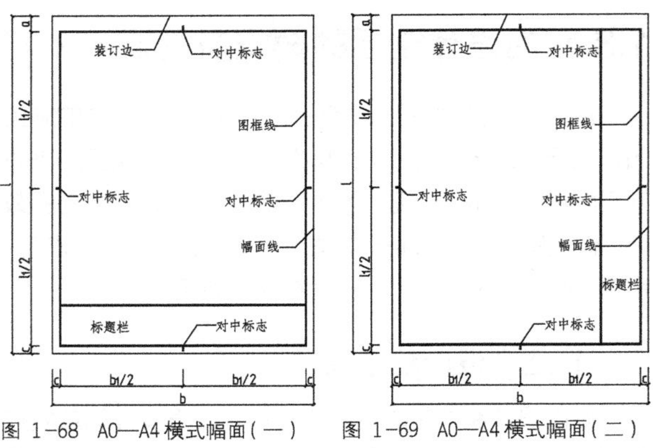

图 1-68 A0—A4 横式幅面（一） 图 1-69 A0—A4 横式幅面（二）

操作技巧

b：幅面的短边尺寸；l：幅面的长边尺寸；c：图框线与幅面线间宽度；a：图框线与装订边间宽度。

需要微缩复制的图纸，其一个边上应附有一段准确米制尺度，四个边上均附有对中标志，米制尺度的总长应为 100mm，分格应为 10mm。对中标志应画在图纸各边长的中点处，线宽应为 0.35mm，伸入框内 5mm。

图纸内容的布置规则：为了能够清晰、快速地阅读图纸，图样在图面上的排列要整体统一。

1.3.3 标题栏

图纸标题栏简称图标，是各专业技术人员绘图、审图的签名区及工程名称、设计单位名称、图号、图名的标注区。

图纸标题栏应符合下列规定：

◆ 横式使用的图纸，应按照图 1-66、图 1-68 所示的形式来布置。

◆ 立式使用的图纸，应按照图 1-67、图 1-69 所示的形式来布置。

◆ 标题栏应按照图 1-70、图 1-71 所示，根据工程的需要选择确定其内容、尺寸、格式及分区。签字栏应该包括实名列和签名列。

设计单位名称区
注册师签章区
项目经理区
修改记录区
工程名称区
图号区
签字区
会签栏

40-70

图 1-70 标题栏（一）

30-50

设计单位名称区	注册师签章区	项目经理区	修改记录区	工程名称区	图号区	签字区	会签栏

图 1-71 标题栏（二）

1.3.4 文字说明

在绘制施工图的时候，要正确地注写文字、数字和符号，以清晰地表达图纸内容。

图纸上所需书写的文字、数字或符号等，均应笔画清晰、字体端正、排列整齐；标点符号应清楚正确。手工绘制的图纸、字体的选择及注写方法应符合《房屋建筑制图统一标准》的规定。对于计算机绘图，均可采用自行确定的常用字体等，《房屋建筑制图统一标准》未做强制规定。

文字的字高，应从表 1-2 中选用。字高大于 10mm 的文字宜采用 TrueType 字体，如需书写更大的字，其高度应按$\sqrt{2}$倍数递增。

表 1-2 文字的字高（mm）

字体种类	中文矢量字体	TrueType字体及非中文矢量字体
字高	3.5、5、7、10、14、20	3、4、6、8、10、14、20

拉丁字母、阿拉伯数字与罗马数字，假如为斜体字，则其斜度应是从字的底线逆时针向上倾斜 75°。斜体字的高度和宽度应是与相应的直体字相等。拉丁字母、阿拉伯数字与罗马数字的字高应不小于 2.5mm。

拉丁字母、阿拉伯数字与罗马数字与汉字并列书写时，其字高可比汉字小一至二号，如图 1-72 所示。

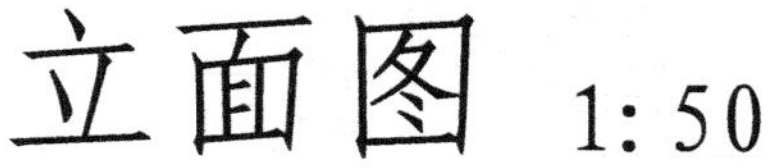

立面图 1:50

图 1-72 字高的表示

分数、百分数和比例数的注写，要采用阿拉伯数字和数学符号，比如：四分之一、百分之三十五和三比二十则应分别书写成 1/4、35%、3:20。

在注写的数字小于 1 时，须写出各位的“0”，小数点应采用圆点，并齐基准线注写，比如 0.03。

长仿宋汉字、拉丁字母、阿拉伯数字与罗马数字的示例应符合现行国家标准《技术制图字体》（GB/T 14691）的规定。

汉字的字高，不应小于 3.5mm，手写汉字的字高则一般不小于 5mm。

1.3.5 常用材料符号

室内装饰装修材料的画法应该符合现行的国家标准《房屋建筑制图统一标准》（GB/T 50001）中的规定，具体的规定如下。

在《房屋建筑制图统一标准》（GB/T 50001）中，只规定了常用的建筑材料的图例画法，但是对图例的尺度和比例并不作具体的规定。在调用图例的时候，要根据图样的大小而定，且应符合下列的规定。

◆ 图线应间隔均匀，疏密适度，做到图例正确，并且表示清楚。

◆不同品种的同类材料在使用同一图例的时候，要在图上附加必要的说明。

◆相同的两个图例相接时，图例线要错开或者使其填充方向相反，如图 1-73 所示。

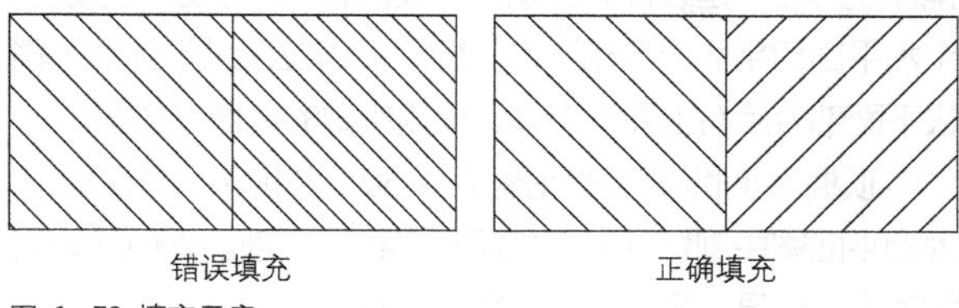

图 1-73 填充示意

出现以下情况时，可以不加图例，但是应该加文字说明。

◆当一张图纸内的图样只用一种图例时。

◆图形较小并无法画出建筑材料图例时。

◆当需要绘制的建筑材料图例面积过大的时候，在断面轮廓线内沿轮廓线作局部表示也可以，如图 1-74 所示。

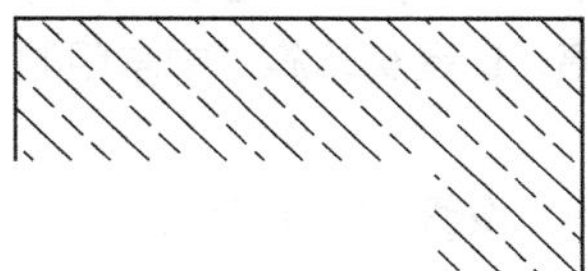
图 1-74 局部表示图例

1.3.6 常用绘图比例

比例可以表示图样尺寸和物体尺寸的比值。在建筑室内装饰装修制图中，所注写的比例能够在图纸上反映物体的实际尺寸。图样的比例，应是图形与实物相对应的线性尺寸之比。比例的大小，是指其比值的大小，比如 1:30 大于 1:100。比例的符号应书写为"："，比例数字则应以阿拉伯数字来表示，比如 1:2、1:3、1:100 等。

比例应注写在图名的右侧，字的基准线应取平；比例的字高应比图名的字高小一号或者二号，如图 1-75 所示。

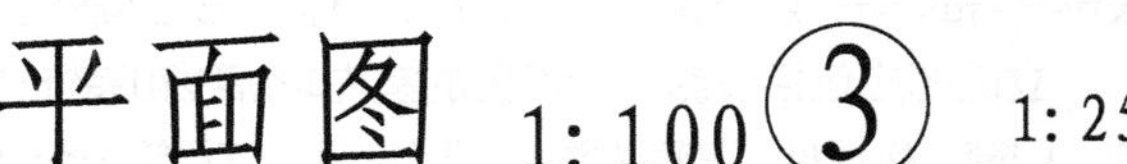

图 1-75 比例的注写

图样比例的选取是要根据图样的用途及所绘对象的复杂程度来定的。在绘制房屋建筑装饰装修图纸的时候，经常使用到的比例为 1:1、1:2、1:5、1:10、1:15、1:20、1:25、1:30、1:40、1:50、1:75、1:100、1:150、1:200。

在特殊的绘图情况下，可以自选绘图比例；在这种情况下，除了要标注绘图比例之外，还须在适当的位置绘制出相应的比例尺。绘图所使用的比例，要根据房屋建筑室内装修设计的不同部位、不同阶段的图纸内容和要求，从表 1-3 中选用。

表 1-3 绘图所用的比例

比例	部位	图纸内容
1:200~1:100	总平面、总顶面	总平面布置图、总顶棚平面布置图
1:100~1:50	局部平面、局部顶棚平面	局部平面布置图、局部顶棚平面布置图
1:100~1:50	不复杂立面	立面图、剖面图
1:50 ~1:30	较复杂立面	立面图、剖面图
1:30~1:10	复杂立面	立面放大图、剖面图
1:10~1:1	平面及立面中需要详细表示的部位	详图
1:10~1:1	重点部位的构造	节点图

在通常情况下，一个图样应只选用一个比例。但是可以根据图样所表达的目的不同，在同一图纸中的图样也可选用不同的比例。因为房屋建筑室内装饰装修设计制图中需要绘制的细部内容比较多，所以经常使用较大的比例；但是在较大型的房屋建筑室内装饰装修设计制图中，可根据要求来采用较小的比例。

1.4 室内设计工程图的绘制方法

室内设计工程图是按照装饰设计方案确定的空间尺度、构造做法、材料选用、施工工艺等，并且遵照建筑及装饰设计规范所规定的要求编制的用于指导装饰施工生产的技术性文件；同时也是进行造价管理、工程监理等工作的重要技术性文件。

本章将为读者介绍各室内设计工程图的形成和绘制方法。

1.4.1 平面图的形成与画法

平面布置图是室内设计工程图的主要图样，是根据装饰设计原理、人体工程学及业主的需求画出的用于反映建筑平面布局、装饰空间及功能区域的划分、家具设备的布置、绿化及陈设的布局等内容的图样，是确定装饰空间平面尺度及装饰形体定位的主要依据。

平面布置图是假想用一个水平剖切平面，沿着每层的门窗洞口位置进行水平剖切，移去剖切平面以上的部分，对以下部分所做的水平正投影图。平面布置图其实是一种水平剖面图，其常用比例为 1:50、1:100、1:150。

绘制平面布置图，首先要确定平面图的基本内容：

◆绘制定位轴线，以确定墙柱的具体位置；各功能分区与名称、门窗的位置和编号、门的开启方向等。

◆确定室内地面的标高。

◆确定室内固定家具、活动家具、家用电器的位置。

◆确定装饰陈设、绿化美化等位置及绘制图例符号。

◆绘制室内立面图的内视投影符号，按顺时针从上至下载圆圈中编号。

◆确定室内现场制作家具的定型、定位尺寸。

◆绘制索引符号、图名及必要的文字说明等。

图 1-76 所示为绘制完成的三居室平面布置图。

1.4.2 地面图的形成与画法

地面材质图同平面布置图的形成一样，有区别的是地面材质图不需要绘制家具及绿化等布置，只需画出地面的装饰分格，标注地面材质、尺寸和颜色、地面标高等。

地面材质图绘制的基本脉络如下所述。

◆地面材质图中，应包含平面布置图的基本内容。

◆根据室内地面材料的选用、颜色与分格尺寸，绘制地面铺装的填充图案；并确定地面标高等。

◆绘制地面的拼花造型。

◆绘制索引符号、图名及必要的文字说明等。

图 1-77 所示为绘制完成的三居室地面材质图。

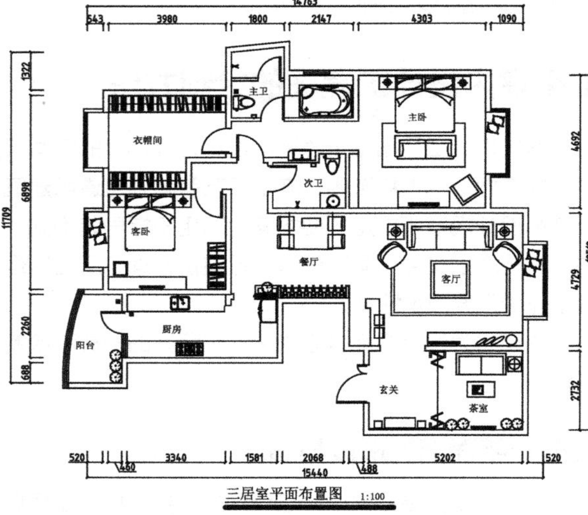

图 1-76 平面布置图

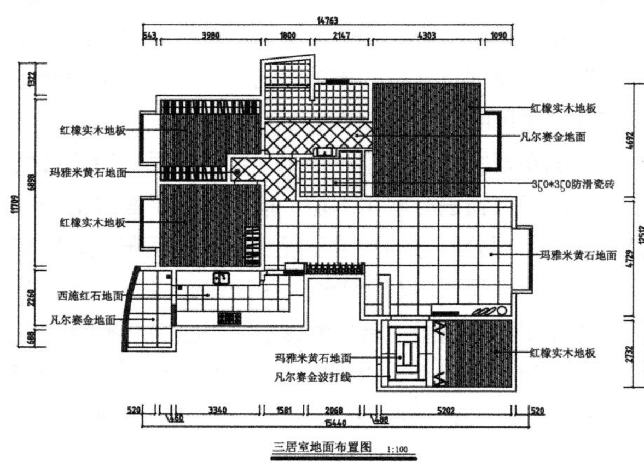

图 1-77 地面材质图

1.4.3 顶棚平面图的形成与画法

顶棚平面图是以镜像投影法画出反映顶棚平面形状、灯具位置、材料选用、尺寸标高及构造做法等内容的水平镜像投影图，是装饰施工图的主要图样之一。是假想以一个水平剖切平面沿顶棚下方门窗洞口的位置进行剖切，移去下面部分后对上面的墙体、顶棚所做的镜像投影图。

顶棚平面图常用的比例为 1:50、1:100、1:150。在顶棚平面图中剖切到的墙柱用粗实线，未剖切到但能看到的顶棚、灯具、风口等用细实线来表示。

顶棚平面图绘制的基本步骤如下所述。

◆在平面图的门洞绘制门洞边线，不需绘制门扇及开启线。

◆绘制顶棚的造型、尺寸、做法和说明，有时可以画出顶棚的重合断面图并标注标高。

◆绘制顶棚灯具符号及具体位置，而灯具的规格、型号、安装方法则在电气施工图中反映。

◆绘制各顶棚的完成面标高，按每一层楼地面为 ±0.000 标注顶棚装饰面标高，这是实际施工中常用的方法。

◆绘制与顶棚相接的家具、设备的位置和尺寸。

◆绘制窗帘及窗帘盒、窗帘帷幕板等。

◆确定空调送风口位置、消防自动报警系统，以及与吊顶有关的音频设备的平面位置及安装位置。

◆绘制索引符号、图名及必要的文字说明等。

图 1-78 所示为绘制完成的三居室顶棚平面图。

1.4.4 立面图的形成与画法

立面图是将房屋的室内墙面按内视投影符号的指向，向直立投影面所做的正投影图。用于反映室内空间垂直方向的装饰设计形式、尺寸与做法、材料与色彩的选用等内容，是装饰施工图中的主要图样之一，是确定墙面做法的依据。房屋室内立面图的名称，应根据平面布置图中内视投影符号的编号或字母确定，比如②立面图、B 立面图。

立面图应包括投影方向可见的室内轮廓线和装饰构造、门窗、构配件、墙面做法、固定家具、灯具等内容及必要的尺寸和标高，并需表达非固定家具、装饰构件等情况。立面图常用的比例为 1:50，可用比例为 1:30、1:40。

绘制立面图的主要步骤如下所所述。

◆绘制立面轮廓线，顶棚有吊顶时要绘制吊顶、叠级、灯槽等剖切轮廓线，使用粗实线表示，墙面与吊顶的收口形式，可见灯具投影图等也需要绘制。

◆绘制墙面装饰造型及陈设，比如壁挂、工艺品等；门窗造型及分格、墙面灯具、暖气罩等装饰内容。

◆绘制装饰选材、立面的尺寸标高及做法说明。

◆绘制附墙的固定家具及造型。

◆ 绘制索引符号、图名及必要的文字说明等。

图 1-79 所示为绘制完成的三居室电视背景墙立面布置图。

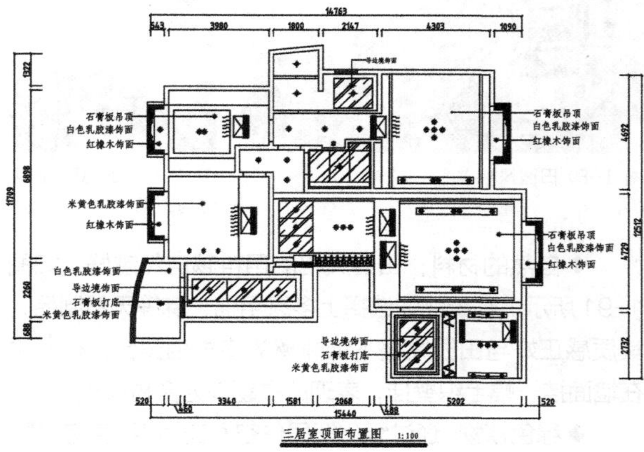

图 1-78 顶面布置图

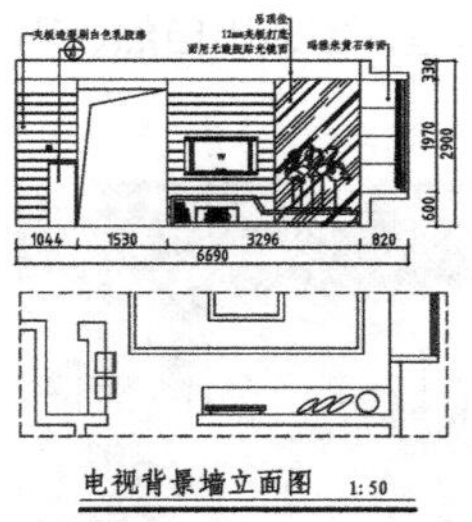

图 1-79 立面图

1.4.5 剖面图的形成与画法

剖面图是指假想将建筑物剖开，使其内部构造显露出来；让看不见的形体部分变成了看得见的部分，然后用实线画出这些内部构造的投影图。

绘制剖面图的操作如下所述。

◆ 选定比例、图幅。

◆ 绘制地面、顶面、墙面的轮廓线。

◆ 绘制被剖切物体的构造层次。

◆ 标注尺寸。

◆ 绘制索引符号、图名及必要的文字说明等。

图 1-80 所示为绘制完成的顶棚剖面图。

1.4.6 详图的内容与画法

详图的图示内容主要包括：装饰形体的建筑做法、造型样式、材料选用、尺寸标高；所依附的建筑结构材料、连接做法，比如钢筋混凝土与木龙骨、轻钢及型钢龙骨等内部龙骨架的连接图示（剖面或者断面图），选用标准图时应加索引；装饰体基层板材的图示（剖面或者断面图），如石膏板、木工板、多层夹板、密度板、水泥压力板等用于找平的构造层次；装饰面层、胶缝及线角的图示（剖面或者断面图），复杂线角及造型等还应绘制大样图；色彩及做法说明、工艺要求等；索引符号、图名、比例等。

绘制装饰详图的一般步骤如下所述。

◆ 选定比例、图幅。

◆ 画墙（柱）的结构轮廓。

◆ 画出门套、门扇等装饰形体轮廓。

◆ 详细绘制各部位的构造层次及材料图例。

◆ 标注尺寸。

◆ 绘制索引符号、图名及必要的文字说明等。

图 1-81 所示为绘制完成的酒柜节点大样图。

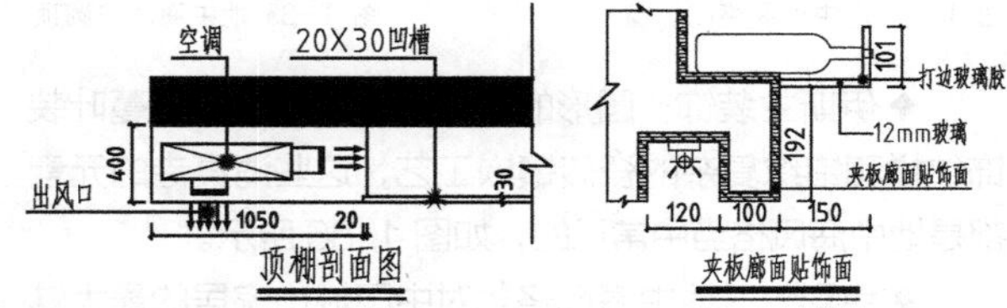

图 1-80 剖面图　　图 1-81 大样图

1.5 室内风格简介

所谓风格是一种人为的定义，建筑在漫长的历史演变中孕育出无数的形式与内涵。理论学者将部分典型或优秀的元素抽取出来，定义为某种风格。室内设计风格的形成，是随着不同时代的思潮和地域的特点，通过创作构思和表现，逐渐发展成为具有代表性的室内设计形式。

1.5.1 地中海风格

地中海的建筑犹如从大地与山坡上生长出来的，无论是材料还是色彩都与自然达到了某种共契。室内设计基于海边轻松、舒适的生活体验，少有浮华、刻板的装饰，生活空间处处使人感到悠闲自得，如图 1-82 所示。

总的来说，地中海风格具有如下特点。

◆ 浑圆曲线：地中海沿岸的居民对大海怀有深深的眷恋，表现海水柔美而跌宕起伏的浪线在家居中是十分重要的设计元素。房屋或家具的线条不是直来直去的，显得比较自然，因而无论是家具还是建筑，都形成一种独特的浑圆造型，如图 1-83 所示。

图 1-82 地中海风格

图 1-83 地中海风格圆形门拱

◆ 厚墙：地中海的人们为了阻挡耀眼的强光与夏日的热浪，住宅墙壁十分厚实，门窗相对狭小，如图 1-84 所示。

◆屋顶：典型的建筑形式为赤陶筒瓦坡屋顶，或者采用平顶而形成露台，如图 1-85 所示。

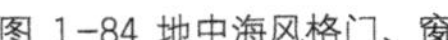
图 1-84 地中海风格门、窗

图 1-85 地中海风格圆顶

◆伊斯兰装饰：圆形的穹顶、马蹄形拱门、蔓叶装饰纹样和错综复杂的瓷砖镶嵌工艺，这些清真寺的元素都是地中海风格当中常见的，如图 1-86 所示。

◆色彩："地中海风格"对中国城市家居的最大魅力，来自其纯美的色彩组合。地中海地区的居民一直沿用蓝色辟邪的风俗。希腊的白色村庄、沙滩和碧海、蓝天连成一片，甚至门框、窗户、椅面都是蓝与白的配色，加上混着贝壳、细沙的墙面、小鹅卵石地、拼贴马赛克、金银铁的金属器皿，将蓝与白不同程度的对比与组合发挥到了极致，如图 1-87 所示。除了大片的蓝色之外，地中海风格中时常搭配的颜色有赭石色、棕土色、赤土色和土黄色。

◆拱券：门、窗和平台上覆盖着圆形的拱券并组合相连形成拱廊，如图 1-88 所示。

图 1-86 地中海风格装饰

图 1-87 地中海风格色彩

图 1-88 地中海风格拱券

1.5.2 欧洲田园风格

田园风格是指采用具有"田园"风格的建材进行装修的一种方式。简单地说就是以田地和园圃特有的自然特征为形式手段，带有一定程度农村生活或乡间艺术特色，表现出自然闲适内容的作品或流派，如图 1-89 所示。

欧洲田园风格特点介绍如下。

◆回归自然：田园风格倡导"回归自然"，美学上推崇"自然美"，认为只有崇尚自然、结合自然，才能在当今高科技快节奏的社会生活中获取生理和心理的平衡。因此，田园风格力求表现悠闲、舒畅、自然的田园生活情趣。粗糙和破损是允许的，只有这样才更接近自然。

◆自然的色彩与图案：色彩大多来自于自然，如砂土色、玫瑰色、紫藤色、芥子酱色等，而常用的图案仍然带有农耕生活的细节，如花（尤其是小碎花）、草、树叶、编织纹、方格、条纹等，如图 1-90 所示。

图 1-89 田园风格

图 1-90 田园风格的色彩与图案

◆自然的材料：田园风格的用料越自然越好，如图 1-91 所示。在织物的选择上多采用棉、麻等天然制品，其质感正好与田园风格不饰雕琢的追求相契合，有时也在墙面挂一幅毛织壁挂，表现的主题多为乡村风景。

◆绿色植物：通过绿化把居住空间变为"绿色空间"，如结合家具陈设等布置绿化，或者做重点装饰与边角装饰，还可沿窗布置，使植物融于居室，创造出自然、简朴的氛围，如图 1-92 所示。

图 1-91 田园风格材料

图 1-92 田园风格的室内绿植

1.5.3 美式乡村风格

美式乡村风格摒弃了烦琐和奢华，并将不同风格中的优秀元素汇集融合，以舒适机能为导向，强调"回归自然"，突出了生活的舒适和自由，如图 1-93 所示。

图 1-93 美式乡村风格

美式乡村风格装饰特点介绍如下。

◆色彩：乡村风格的色彩多以自然色调为主，绿色、土褐色较为常见，选择突显自然、怀旧、散发着浓郁泥土芬芳的颜色最为相宜，如图 1-94 所示。

◆壁纸：贴一些质感重的壁纸，壁纸多为纯纸浆质地，或者刷上颜色饱满的涂料；在墙面色彩选择上，自然、怀旧、散发着质朴气息的色彩成为首选。而近年来，逐步趋向于色彩清爽高雅的壁纸衬托家具的形态美，如图 1-95 所示。

图 1-94 美式乡村风格色彩

图 1-95 美式乡村风格壁纸

◆家具：一般以实木为主，家具颜色多仿旧漆，做旧，式样厚重，体形偏大，有点显得笨重，样式看上去很粗犷。以白橡木、桃花心木或樱桃木为主，线条简单。如图 1-96 所示。

◆布艺：棉布是主流，上面往往描绘有色彩鲜艳、体形较大的花朵，或靓丽的异域风情和鲜活的鸟虫鱼图案。还有比较亲近自然、典雅恬静的风格，如图 1-97 所示。

图 1-96 美式乡村风格家具

图 1-97 美式乡村风格布艺

◆配饰：有古朴怀旧，乡村气息的软装家饰，如烛台、水果、摇椅、鹅卵石、不锈钢餐具，花艺，酒具饮品等，图 1-98 所示为美式乡村风格家居配饰效果图。

◆灯具：柔和温暖的光源容易营造美式田园家居的温馨感，一般以做旧铁艺吊灯和壁灯最多见，如图 1-99 所示。

◆壁炉：比邻乡村家居设置的壁炉，以红砖砌成，台面采用比邻自制做旧的厚木板，营造出美式乡村风格的大家庭的起居室效果，如图 1-100 所示。

图 1-98 美式乡村风格配饰

图 1-99 美式乡村风格灯具

图 1-100 美式乡村风格壁炉

1.5.4 中式风格

中国传统的室内设计融合了庄重与优雅双重气质，中式风格并不是元素的堆砌。而是通过对传统文化的理解和提炼将现代元素与传统元素相结合，以现代人的审美需求来打造富有传统韵味的空间，让传统艺术在当今社会得以体现。它在设计上继承了唐代、明清时期家居理念的精华，将其中的经典元素提炼并加以丰富，同时摒弃原有空间布局中等级、尊卑等封建思想，给传统家居文化注入了新的气息，图 1-101 所示为中式家居效果图。

图 1-101 中式风格

中式风格设计特点介绍如下所述。

◆空间：空间上讲究层次，多用隔窗、屏风来分割，用实木做出结实的框架，以固定支架，中间用棂子雕花，做成古朴的图案，如图 1-102 所示。

◆门窗：门窗对确定中式风格很重要，因中式门窗一般均是用棂子做成方格或其他中式的传统图案，用实木雕刻成各种题材造型，打磨光滑，富有立体感。图 1-103 所示为中式风格落地罩，有时候代替门窗分隔空间。

图 1-102 中式风格空间

图 1-103 中式风格落地罩

◆天花：天花以木条相交成方格形，上覆木板，也可做简单的环形的灯池吊顶，用实木做框，层次清晰，漆成花梨木色，如图 1-104 所示。

◆家具：家具陈设讲究对称，重视文化意蕴，配饰擅用字画、古玩、卷轴、盆景等精致的工艺品加以点缀，更显主人的品位与尊贵，木雕以壁挂为主，更具有文化韵味和独特风格，体现中国传统家居文化的独特魅力，如图 1-105 所示。

图 1-104 中式风格天花吊顶

图 1-105 中式风格家具

1.5.5 欧式风格

欧式风格在时间和历史的演变下，又分为 3 种风格，分别为简欧、巴洛克和洛可可风格。

1 简欧风格

简欧风格在形式上以浪漫主义为基础，其特征是强调线型流动的变化，将室内雕刻工艺集中在装饰和陈设艺术上，常用大理石、华丽多彩的织物、精美的地毯、多姿曲线的家具，让室内显示出豪华、富丽的特点，充满强烈的动感效果。一方面保留了材质、色彩的大致风格，让人感受到传统的历史痕迹与浑厚的文化底蕴，同时又摒弃过于复杂的肌理和装饰，简化了线条。

简欧风格将怀古的浪漫主义情怀与现代人对生活的需求相结合，兼容华贵典雅与时尚现代，反映出后工业时代个性化的美学观点和文化品位。简欧风格家居效果如图 1-106 所示。

图 1-106 简欧风格

简欧风格的特点介绍如下。

◆家具：家具的选择，与硬装修上的欧式细节应该是相称的，选择深色、带有西方复古图案，以及非常西化的造型的家具，与大的氛围和基调相和谐，如图 1-107 所示。

◆墙面装饰材料：墙面装饰材料可以选择一些比较有特色的来装饰房间，比如借助硅藻泥墙面装饰材料进行墙面圣经等内容的展示，就是很典型的欧式风格。当然简欧风格装修中，条纹和碎花也是很常见的，如图 1-108 所示。

图 1-107 简欧风格家具

图 1-108 简欧风格壁纸

◆灯具：灯具可以选择一些外形线条柔和些或者光线柔和的灯，像铁艺枝灯是不错的选择，有一点造型、有一点朴拙，如图 1-109 所示。

◆装饰画：欧式风格装修的房间应选用线条烦琐，看上去比较厚重的画框，才能与之匹配。而且并不排斥描金、雕花甚至看起来较为隆重的样子，相反，这恰恰是其风格所在，如图 1-110 所示。

图 1-109 简欧风格灯具

图 1-110 简欧风格装饰画

◆色彩：简欧风格的色彩多以象牙白为主色调，以浅色为主深色为辅。底色大多采用白色、淡色为主，家具则是白色或深色都可以，但是要成系列，风格统一为上，如图 1-111 所示。

图 1-111 简欧风格配色

2 巴洛克风格

巴洛克风格是 17~18 世纪在意大利文艺复兴建筑基础上发展起来的一种建筑和装饰风格。其特点是外形自由，追求动态，喜好富丽的装饰和雕刻、强烈的色彩，常用穿插的曲面和椭圆形空间，如图 1-112 所示。

3 洛可可风格

洛可可风格是在巴洛克风格的基础上发展而来的，纤弱娇媚、华丽精巧、甜腻温柔、纷繁琐细，室内应用明快的色彩和纤巧的装饰，家具也非常精致而偏于烦琐。洛可可艺术在形成过程中受到中国艺术影响，大量使用曲线和自然形态做装饰，特别是在园林设计、室内设计、丝织品、漆器等方面，如图 1-113 所示。

图 1-112 巴洛克风格

图 1-113 洛可可风格

1.5.6 日式风格

日式风格又称和风，领略不俗风采，典雅又富有禅意的日式家居风格在我国可谓是大行其道，异域风格的表现手法深得人们的喜爱，还能领略到其中不俗的韵味。日式风格追求一种悠闲、随意的生活意境，空间造型极为简洁，在设计上采用清晰的线条，而且在空间划分中摒弃曲线，具有较强的几何感，如图 1-114 所示。

图 1-114 日式风格

日式装修风格的特点介绍如下。

◆榻榻米：日式家居装修中，散发着稻草香味的榻榻米，营造出朦胧氛围的半透明樟子纸，以及自然感强的天井，贯穿在整个房间的设计布局中，而天然质材是日式装修中最具特点的部分。图 1-115 所示为榻榻米的设计。

◆日式推拉格栅：日式设计风格直接受日本和式建筑影响，讲究空间的流动与分隔，流动则为一室，分隔则分几个功能空间，空间中总能让人静静地思考，禅意无穷，如图 1-116 所示。

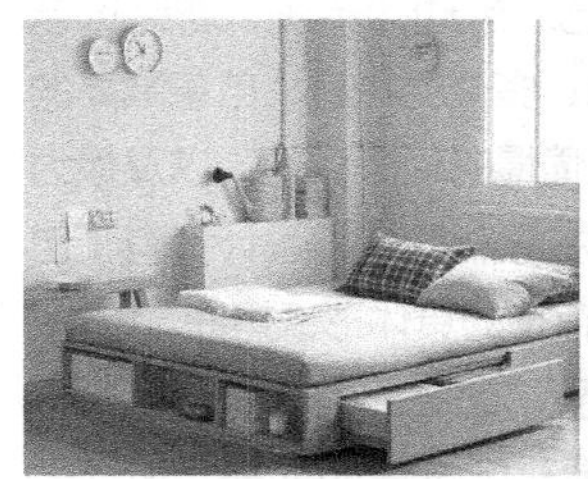
图 1-115 日式风格榻榻米

图 1-116 日式推拉格栅

◆传统日式茶桌：传统的日式家具以其清新自然、简洁淡雅的独特品位，形成了独特的家具风格，如图 1-117 所示。对于活在都市森林中的我们来说，日式家居环境所营造的闲适写意、悠然自得的生活境界，也许就是我们所追求的。

图 1-117 日式风格茶桌

◆色彩搭配多以米色和白色为主：新派日式风格家居以简约为主，日式家居中强调的是自然色彩的沉静和造型线条的简洁，和室的门窗大多简洁透光，家具低矮且不多，给人以宽敞明亮的感觉，如图 1-118 所示。

◆原木色家具：秉承日本传统美学中对原始形态的推崇，原封不动地表露出水泥表面、木材质地、金属板格或饰面，着意显示素材的本来面目，加以精密的打磨，表现出素材的独特肌理，这种过滤的空间效果具有冷静的、光滑的视觉表层性，却牵动人们的情思，使城市中人潜在的怀旧、怀乡、回归自然的情绪得到补偿，如图 1-119 所示。

图 1-118 日式风格色彩

图 1-119 日式风格家具

◆和风面料和枯山水：古色古香的和风面料，为现代简约的居室空间增添了民族风味，如图 1-120 所示。“枯山水”风格的日式花艺更是与极简的风格搭配得十分和谐，如图 1-121 所示。

图 1-120 和风面料

图 1-121 枯山水

1.5.7 北欧风格

北欧风格将艺术与实用结合起来形成了一种更舒适、更富有人情味的设计风格，它改变了纯北欧风格过于理性和刻板形象，融入了现代文化理念，加入了新材质的运用，更加符合国际化社会的需求，深受广大人民的喜爱。图 1-122 所示为北欧风格室内效果图。

图 1-122 北欧风格

北欧风格特点总结如下。

◆空间：北欧风格在处理空间方面一般强调室内空间宽敞、内外通透，最大限度引入自然光。在空间平面设计中追求流畅感，墙面、地面、顶棚及家具陈设乃至灯具器皿等均以简洁的造型、纯洁的质地、精细的工艺为其特征，如图 1-123 所示。

◆木材：木材是北欧风格装修的灵魂。为了利于室内保温，北欧人在进行室内装修时大量使用了隔热性能好的木材。这些木材基本上都使用未经精细加工的原木，保留了木材的原始色彩和质感，如图 1-124 所示。

图 1-123 北欧风格的空间体现

图 1-124 北欧风格木制家具

◆室内装饰：北欧室内装饰风格常以简约、简洁恰到好处为主，如图 1-125 所示。常用的装饰材料还有石材、玻璃和铁艺等，但都无一例外的保留这些材质的原始质感。

◆色彩：家居色彩的选择上，偏向浅色如白色、米色、浅木色。常常以白色为主调，使用鲜艳的纯色为点缀；或者以黑白两色为主调，不加入其他任何颜色，如图 1-126 所示。空间给人的感觉干净明朗，绝无杂乱之感。此外，白、黑、棕、灰和淡蓝等颜色都是北欧风格装饰中常使用到的颜色。

图 1-125 北欧风格室内装饰

图 1-126 北欧风格家居色彩

1.5.8 新装饰艺术派风格

新装饰艺术派风格的表现形式融合了各国当地的本土特征而更加多元化，很难再在世界范围内形成统一、流行的风格。但它扔具有某些一致的特征，如注重表现材料的质感、光泽；造型设计中多采用几何形状或用折线进行装饰；色彩设计中强调运用鲜艳的纯色、对比色和金属色，造成华美绚烂的视觉印象，如图 1-127 所示。

图 1-127 新装饰艺术风格

新装饰艺术的风格特点总结如下。

◆对工艺美术运动的沿袭：工艺美术运动的民主思想和风格特点都成为新装饰艺术派风格的精神内涵和风格源泉，主旨体现了“艺术是一个国家的道德和伦理的反映”。它创造了一种质朴、古典、清新的风格，这种风格来源于对哥特式艺术的重新运用和对具有浓厚地方色彩的造型的借鉴，是装饰造型与单纯质朴的当地传统的结合，图 1-128 所示效果图为新装饰艺术风格家居。

◆线条：沿袭新艺术运动的线条特色。新装饰艺术派风格的常用线条主要分为两大派系：一派为曲线派系，如鞭形、螺旋形；另一派为直线派系，该派仍然强调线与线的相互作用，但他们的装饰主题是直线，还包括一些几何图形，主张造型简洁、实用。最常见的母题是直线与矩形、方形、菱形和三角形、折线等。新装饰艺术风格的线条效果如图 1-129 所示。

图 1-128 新装饰艺术风格家居

图 1-129 新装饰艺术线条

◆主题：仍然是沿袭新艺术运动的传统，新装饰艺术派风格主题多是绵长的流水、多变的花草、苗条漂亮的年轻女郎。它更多地带有令人憧憬的幻想色彩，以及极为明显地唯美倾向。它将自然界抽象化，使得设计者有了自由的空间，随心所欲地将自然存在的具体形象扭曲、拉长、卷曲等，随时适应各种空间需要，如图 1-130 所示。

◆材料：装饰艺术风格勇于尝试诸如钢铁、玻璃等新材料，并运用一些豪华的装饰来提升设计品位，比如青铜、名贵的纺织品，比较注重表现材料的质感和光泽。新装饰艺术派风格沿袭了这种勇气，不断地寻找不同材料的内在品质并大胆地加以发挥，如图 1-131 所示。

◆家具与装饰：新装饰艺术派风格的室内家具和装饰也是大胆、明快、抽象的。主题有几何图形、锯齿、曲线、摩天大楼、花草等，如图 1-132 所示。

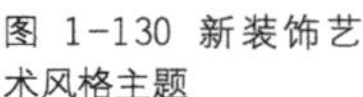

图 1-130 新装饰艺术风格主题

图 1-131 新装饰艺术风格材料

图 1-132 新装饰艺术风格家具与装饰

1.5.9 平面美术风格

室内设计中的平面美术风格就是将整个室内空间当作一块巨大的画布，在上面进行各种美术形式的创作。如传统壁画、现代绘画、摄影、文字、色彩、线条，以及各种平面构成艺术，一切用于平面的美术形式都可以用于立体的室内空间当中。

平面美术风格因其大胆与奔放，不受传统室内设计理论的制约，也被称为超级平面美术风格。这种风格的室内设计常常采用反常规的设计手法，例如，将外景引入室内、采用远远超出过去的审美承受度的浓烈色彩、尺度变化自由，同时又与照明设计有机地结合起来，产生令人而耳目一新的效果，如图 1-133 所示。

图 1-133 平面美术风格

◆双重代码：平面美术的目的之一在于传递信息，因此画面信息与建筑空间信息构成了双重代码，产生两种意义的重叠。如在简洁平整的墙面上用色带、线条、文字组成图示导向，既显示情报的功能，又使人产生新鲜感，如图 1-134 所示。

◆尺度自由：平面美术的尺度完全不受原有图形尺寸的限制，例如，将某个人物摄影的图片放大至真人的 N 倍，充满视觉冲击力，如图 1-135 所示。

图 1-134 文字组成图示

图 1-135 具有视觉冲击力的摄影图片

◆形式多样：平面美术风格指的是一种手法，而不仅仅是单一的风格。因为空间中的平面美术形式是多种多样的，因此空间有可能充满古典的优雅与纯净，也可能充斥着波普艺术的大胆与玩世不恭。而所谓的“平面美术”也并不一定是“平面”不同材质与质感肌理的设计出现浮雕或圆雕效果。而空间中的平面美术又通过“平面”的组合而变得“立体”，达成布景与实景的完美结合，如图 1-136 与图 1-137 所示。

图 1-136 平面美术风格　图 1-137 平面美术风格

1.5.10 Loft 风格

Loft 在牛津词典上的解释是“在屋顶之下、存放东西的阁楼”，现在所谓的 Loft 指的是那些“由旧工厂或旧仓库改造而成的，少有内墙隔断的高挑敞开空间”。Loft 的内涵是高大而敞开的空间，具有流动性、开发性、透明性、艺术性等特征。它对现代城市有关工作、居住分区的概念提出挑战，工作和居住不必分离，可以发生在同一个大空间中，厂房和住宅之间出现了部分重叠。Loft 生活方式使居住者即使在繁华的都市中，也仍然能感受到身处郊野时那种不羁的自由，如图 1-138 所示。

图 1-138 Loft 风格

Loft 的风格特点介绍如下。

1 空间

Loft 最使人心动的不只是超大尺度的空间和高质量的采光，还有那沉浸在古老建筑中的感觉，Loft 的空间有非常大的灵活性，人们可以随心所欲地创造自己梦想中的家、梦想中的生活，人们可以让空间完全开放，也可以对其分隔，从而使它蕴涵个性化的审美情趣。

2 光线

Loft 最吸引人的重要原因之一是充足的自然光线，巨大的工业高窗将大片阳光洒向室内。有一种常用的设计方法是将钢架屋顶上的屋面板凿空，从而形成天井，阳光和景色透过天窗和采光口被引向内部空间，如图 1-139 所示。

3 空间的特色

Loft 的空间可以是开敞、高大的，还可以是狭小的，重点是一定要自由、流动，具有灵活性和创新性，如图 1-140 所示。

图 1-139 Loft 风格的空间窗户

图 1-140 Loft 风格空间

4 隔墙的形式

在 Loft 空间中，隔墙也与 Loft 风格相搭。图 1-141 所示的是 Loft 风格的隔断空间，不仅将空间分隔，还保留了 Loft 的工业风格。

5 景观空间

Loft的屋顶花园与内院可以将花园引入房子自身的空间中。如果你没有屋顶平台，仍然有许多富有创意的方法可以将室外风景带入室内。如在室内种植各种花卉、青草、蔬菜或芳香植物等，如果植物足够高的话，还可以用它们来分隔空间，如图1-142所示。

图 1-141 Loft风格隔断空间

图 1-142 Loft风格景观空间

6 工业元素

原有工业元素

将空间的历史原汁原味地保留下来的最好方式就是尽可能地少改动原结构，不论是红砖、钢管还是剥落的墙纸，尽量暴露出原始的构件和材料。要体现原有工业元素就要尽可能地尊重原有建筑结构、原有材料和原有的设备，如图1-143所示。

工业材料

如果你的Loft空间没什么工业特征，那就在室内装修中加入一些工业材料。例如，玻璃、砖石、水泥、金属和木材等，图1-144所示即为管道吊顶。

图 1-143 Loft风格隔原有工业元素

图 1-144 Loft风格工业材料

工业时代的气息

为了达到工业遗产与现代生活的统一，Loft需要将那些既矛盾又有联系的东西编织在一起。既要有感性的创意，又要有理性设计的秩序，工业时代的力量、车间的形象、环保的意识，以及今昔时代的对比都是创造工业气息的绝佳载体。如图1-145所示。

图 1-145 Loft风格工业时代气息

7 家具

Loft不排斥与任何其他风格并存，因而也不排斥任何类型的家具。比如复古的、现代的、特异的、废物改造的等。

传统家具

在这里所指的传统家具并不是带有古典意味或民族传统的老式家具，而是指不特意为Loft而设计的，在家具店可以买到的任何家具，分别为普通家具、可移动家具和极简主义家具，如图1-146所示。

创意家具

创意家具的类型有特异家具、分割空间的家具和可变化的家具，放置在Loft空间里面同样出色，如图1-147所示。

图 1-146 Loft风格传统家具

图 1-147 Loft风格创意家具

工业家具

这里的工业家具是指专为Loft设计的特殊家具或者采用工业产品的废弃物为原料改造而成的家具，例如，废旧铸铁暖气片制成的桌椅、断裂不锈钢管制成的搁物架等，如图1-148所示。

图 1-148 Loft风格工业家具

1.6 室内设计中需要注意的问题

室内设计作为一门传统学科，在我国有着悠久的历史，到了现代则转化为各种学派理论。然而，从当前我国室内设计实践中看，其中仍存在一些问题和不足。本书在综合分析是基础上，结合大量一线设计工作者的设计经验，针对性的提出了一些解决措施，让读者能够更好的适应室内设计工作。本节讲述室内设计中需要主语的有关问题及解决办法，供读者了解与参考。

1.6.1 大门设计需要注意的问题

某些观念比较传统的客户主张开门宜三见，即见绿、见红、见画。忌讳五见，即见灶、见厕、见镜、见横梁压门、见拱门（即从拱门进），在设计时应配合他们的意见进行修改。

1 开门见绿

指开门见到的植物需枝肥叶大，绿意盎然，绿色给人一种生机勃勃的感觉，能令整个居室充满生机，对于舒缓情绪、缓解压力有一定的作用，如图 1-149 所示。

2 开门见红

指一进门就能见到红色的壁挂或是屏风之类的，红色代表喜庆，给人一种喜气洋洋温暖如春的感觉，如图 1-150 所示。

3 开门见画

画不是指特定的画，而是指一进门就能见到赏心悦目的画作或是工艺品，能体现主人的文化品位，缓解紧张疲劳的心理压力，如图 1-151 所示。

图 1-149 开门见绿

图 1-150 开门见红

图 1-151 开门见画

4 开门见镜

某些客户认为开门见镜会不利于自身的前途发展，因此要避免图 1-152 所示的情况。

5 开门见灶

在一些传统观念中，开门见灶意味着火烧天门，火气炙热，令财气无法进入，因为要避免图 1-153 所示的情况。

6 开门见厕

开门见厕可能会让客户觉得很不舒服因此要避免图 1-154 所示的情况。一般进行装修时会进行改造。

图 1-152 开门见镜

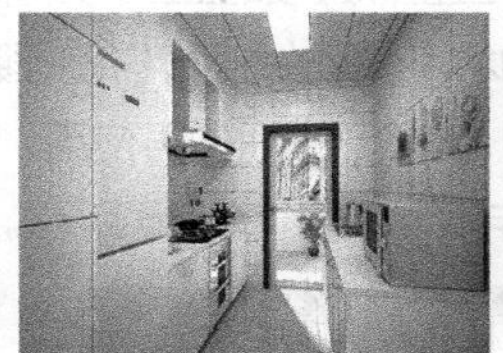
图 1-153 开门见灶

图 1-154 开门见厕

7 横梁压门

开门见横梁，无疑会给人一种压抑的心情，无论是视觉感受还是心理感受上都不好，因此在设计时若出现图 1-155 所示的情况，则要及时修改。

8 忌从拱门入

拱形的门状若墓碑，可能会让部分客户产生不好的联想，因此要避免图 1-156 所示的设计。

图 1-155 横梁压门

图 1-156 入口拱门

1.6.2 客厅设计需要注意的问题

客厅不仅是待客的地方，也是家人聚会聊天的场所，应是热闹和气的地方。

1 沙发的选择与摆设

客厅在沙发的选择上不宜使用不成套的沙发，沙发主人位坐北朝南为最佳。

2 梁柱

客厅沙发背景墙不宜顶上有横梁，以免给人造成压迫感。背后不宜安置镜子，避免灯光打到脸上。

1.6.3 餐厅设计需要注意的问题

餐厅中不宜使用三角形或有锐角的餐桌，因为尖角可能会对人体造成伤害。饭桌上方要注意不要出现突兀的横梁，以免给人造成无形中的压抑感。

1.6.4 厨房设计需要注意的问题

厨房的设计主要是对炉灶、洗菜盆以及冰箱或其他生活设施的摆放位置的设计。在设计时首先要考虑客户的生活习惯，然后在此基础上做专业性的规划。下面列举具体的案例和解决方法讲解厨房炉灶的设计格局。

1 炉灶正前方开窗

燃气灶正对着窗户，如图 1-157 所示。

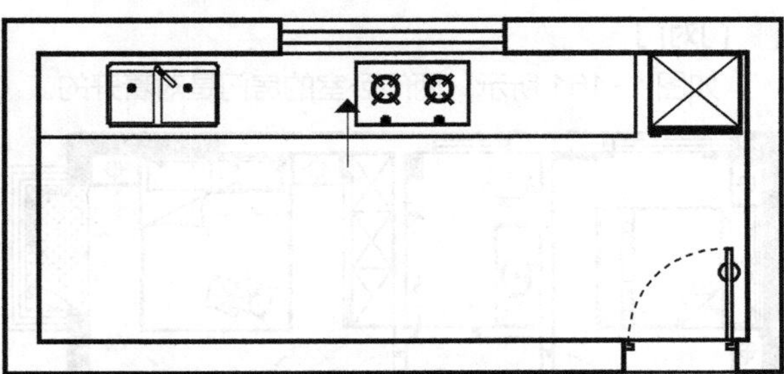
图 1-157 炉灶正对窗

◆问题原因：从窗户进来的风会影响炉火的稳定。

◆解决方式：将炉台换个位置，使之避开窗即可，如图 1-158 所示。

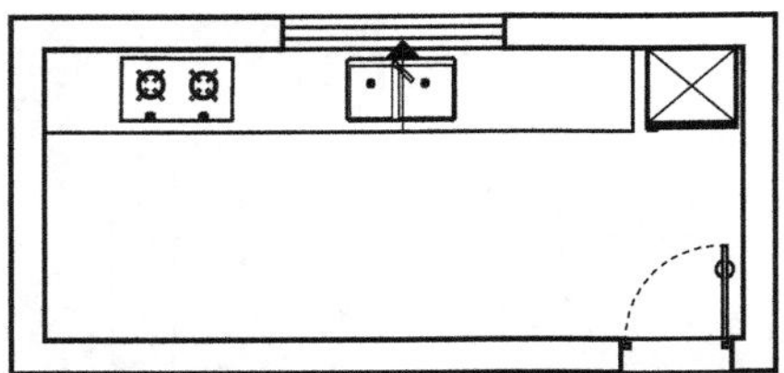
图 1-158 变更炉灶位置

2 冰箱或炉台靠近马桶所在的墙面

冰箱放置在靠近马桶的墙面的一侧，如图 1-159 所示。

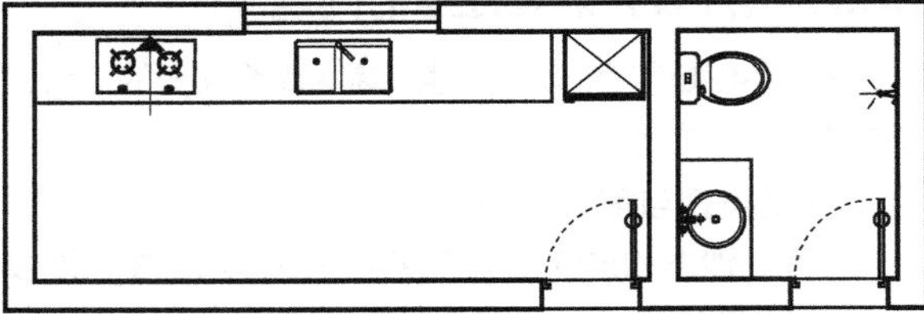
图 1-159 冰箱靠近放置马桶的墙

◆问题原因：冰箱过于靠近厕所会让用户觉得不妥。

◆解决方式：更改马桶位置，或者更改冰箱位置，如图 1-160 所示。

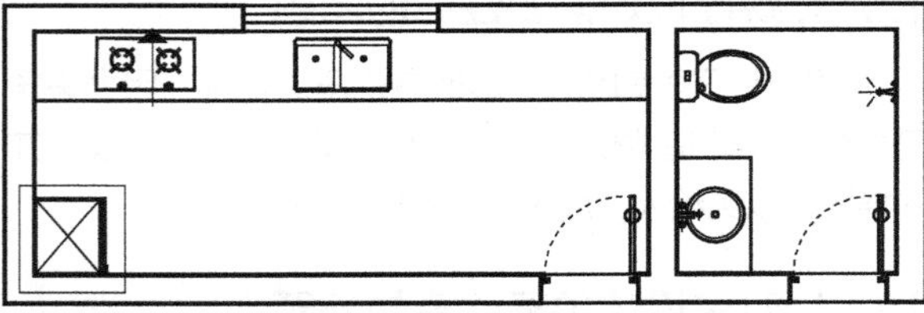
图 1-160 更改放置冰箱的位置

1.6.5 卧室设计需要注意的问题

卧室的设计主要是考虑床、梳妆镜、衣柜的摆放，以及一切可能会影响住户休息的因素，这些在设计时都要给予充分的考虑。下面列举具体的案例和解决方法讲解卧室的一般设计。

1 门对门

如图 1-161 所示，两间卧室的房门是对着开的。

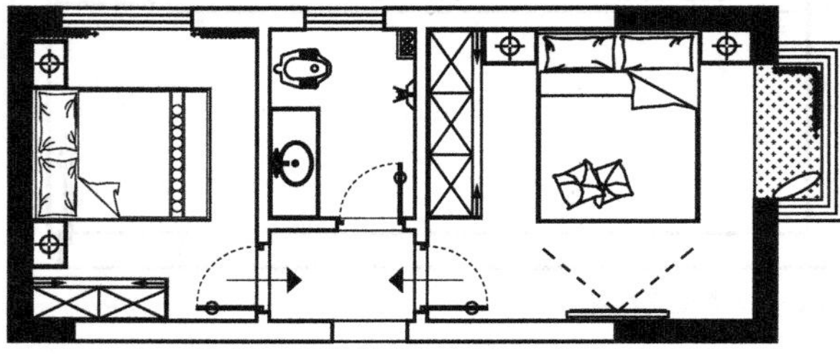
图 1-161 门对门

◆问题原因：门和门相对，容易导致行走不便，也不利于住户消息。

◆解决方式：在空间允许的情况下，变更其中一个门的位置，如图 1-162 所示；或者将其中一个门设计为暗门。若无法更改，可在门上挂上窗帘。

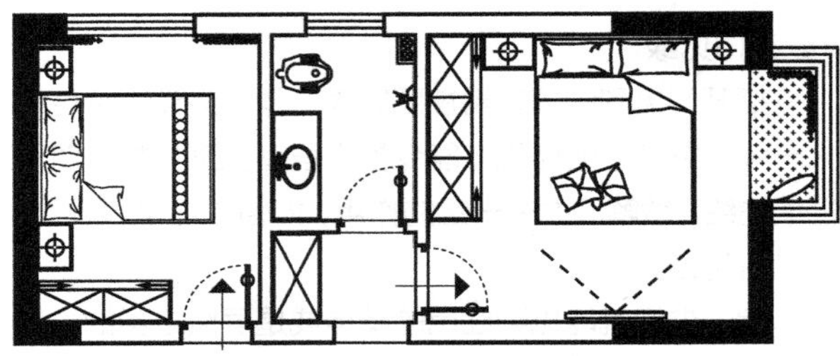
图 1-162 变更门位置

2 卫生间变更为卧室

当家中有足够的卫生间时，有时候业主为了增大房间使用面积，会想把原有的卫生间格局变更为卧室，如图 1-163 与图 1-164 所示。

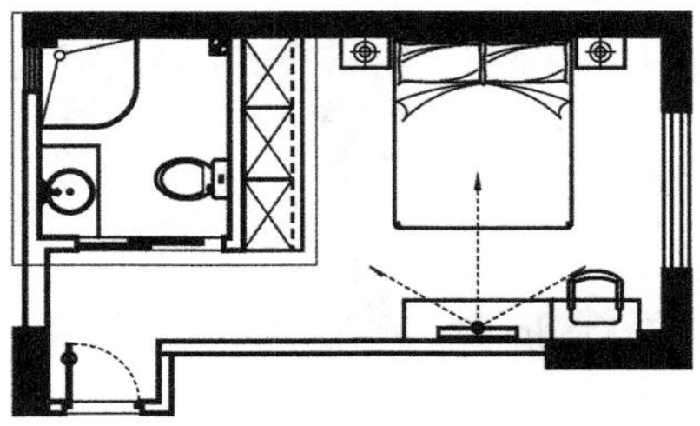
图 1-163 原有大楼卫生间位置

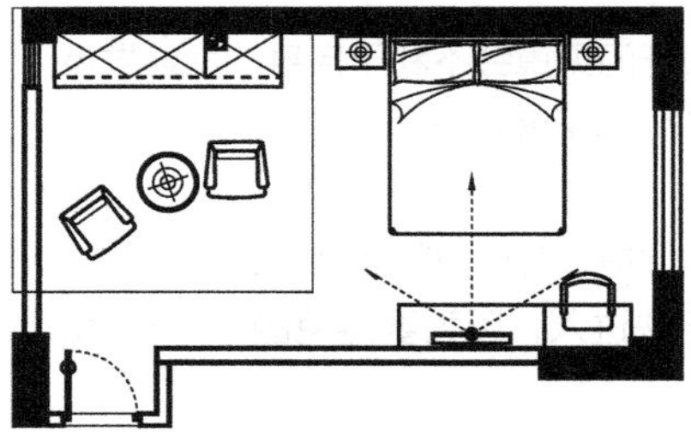
图 1-164 改为卧室面积

◆问题原因：卫生间变更为卧室，天花板依旧可见原卫生间的管道，且整栋大楼的卫生间都集中在此区域，相对秽气及管道的水声都集中于此，影响睡眠品质及健康。

◆解决方式：若此卫生间不再使用，可更改为储藏间、衣帽间或工作室，如图 1-165 所示。

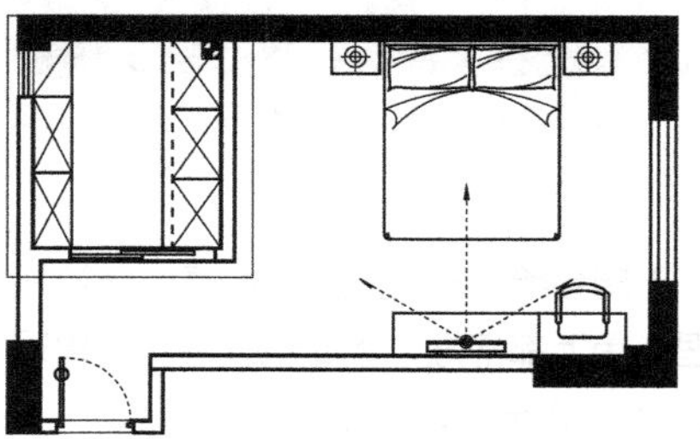
图 1-165 改为衣帽间

3 卫生间的门直接对到床

在主卧中，主卫的卫生间的门直接对着床，如图 1-166 所示。

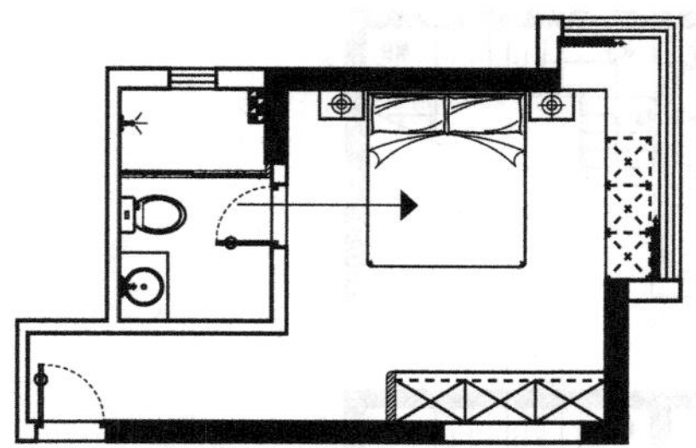

图 1-166 卫生间门直接对着床

◆问题原因：卫生间的气味通过门直接传到床上，对身体健康造成不良影响。

◆解决方式：在空间允许的情况下，变更卫生间的门的位置，避开直冲床位的范围，如图 1-167 所示。若无法更改，可在门上挂上门帘，变更卫生间的门为暗门。在空间允许的情况下可使用木质高柜，将卫生间的门与高柜做成一体，隐藏卫生间的位置。

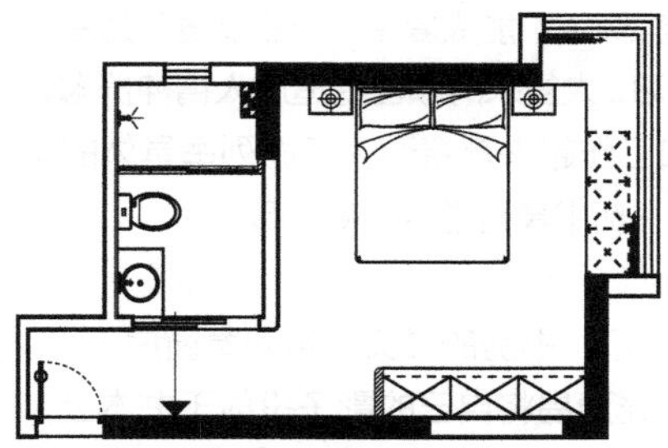

图 1-167 更改卫生间开门方向

4 卧室门正对镜子

卧室的房门正对着洗漱台的镜子，如图 1-168 所示。

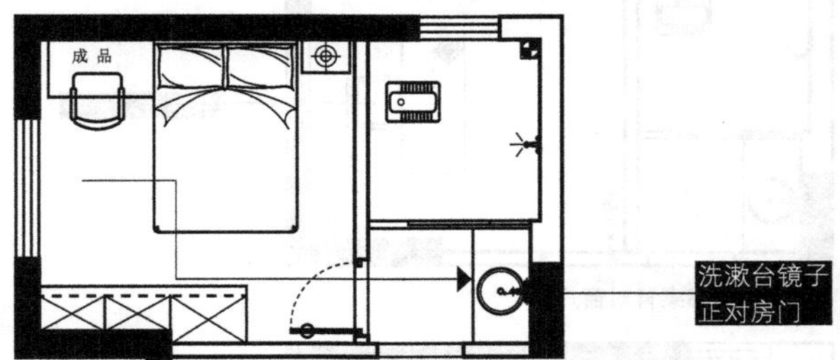

图 1-168 镜子对门

◆问题原因：若半夜使用卫生间，比较容易被吓到。

◆解决方式：在空间允许的情况下，改变开房门的位置，避免房门设计在镜子的正对面，如图 1-169 所示。若空间不允许，可以把镜子设计为隐藏式。

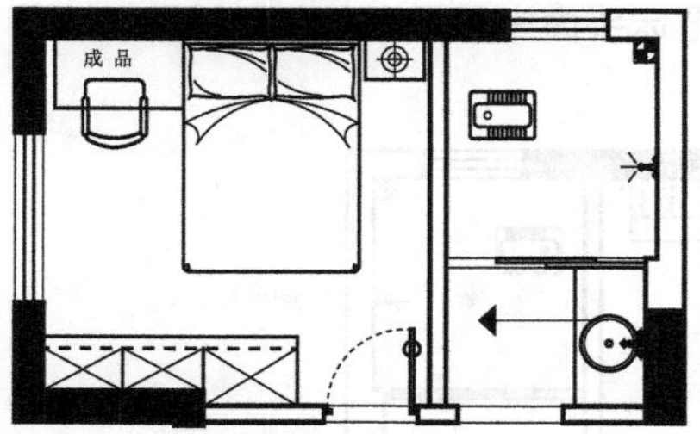

图 1-169 避免房门对镜子

5 化妆台镜子照到床

化妆台的镜子正对着床，如图 1-170 所示。

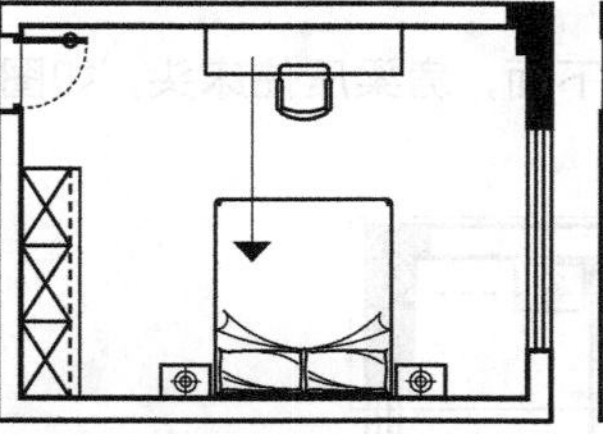

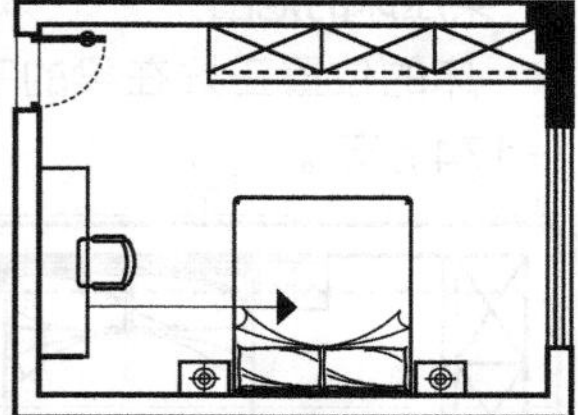

图 1-170 镜子对床

◆问题原因：比较容易被吓到，会影响睡眠质量。

◆解决方式：在设计时，避开镜子直接照到床，如图 1-171 所示。

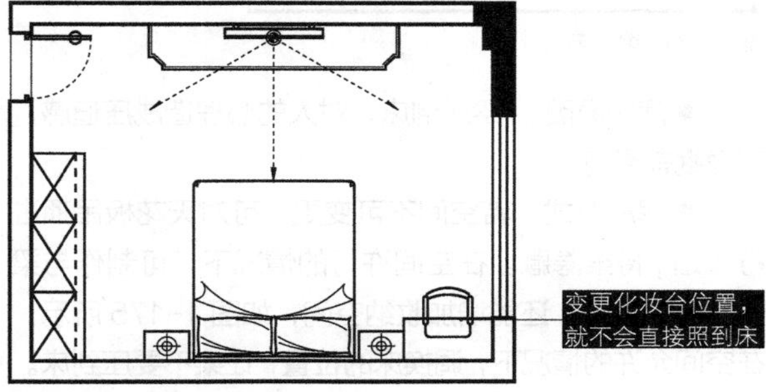

图 1-171 避免镜子对床

6 卧室多窗户及床头靠窗

一个卧室里面有两个窗户，如图 1-172 所示。

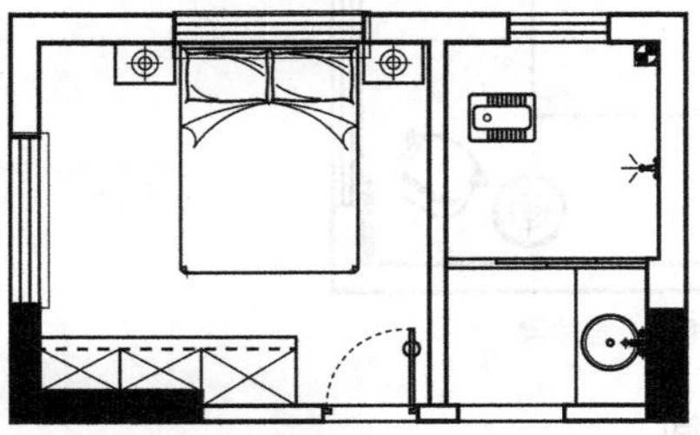

图 1-172 卧室窗户多

◆问题原因：卧室多窗和床头靠窗，两种情况皆会影响住户的睡眠质量。

◆解决方式：一间卧室以一个窗户为宜，其余窗户需封闭，可以把床头窗户采用木制造型封闭，如图 1-173 所示。

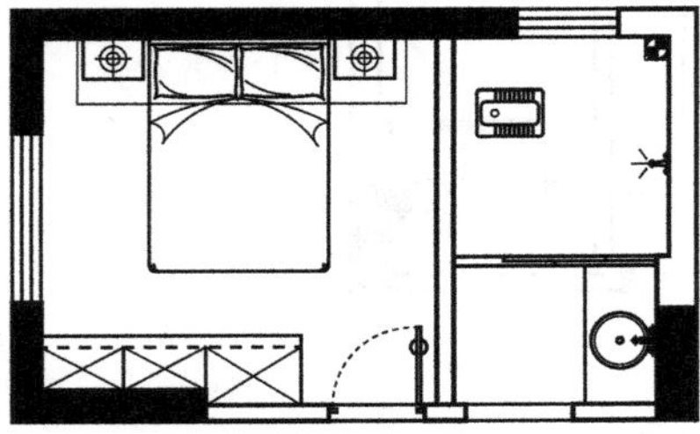

图 1-173 封闭一个窗户

7 梁压床的范围

床的位置正好在梁的下面，房梁压住床头，如图 1-174 所示。

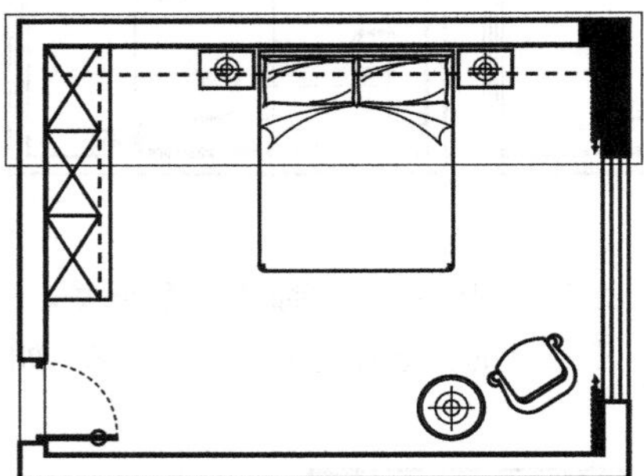

图 1-174 梁压床

◆ 问题原因：梁压倒床，对人的心理造成压迫感，对睡眠有影响。

◆ 解决方式：若空间不可变更，可对天花板吊顶进行改造，将梁隐藏。在空间许可的情况下，可制作与梁宽同齐的柜子，还能增加收纳空间，如图 1-175 所示。在空间允许的情况下，调换床的位置，让梁不要压到床。

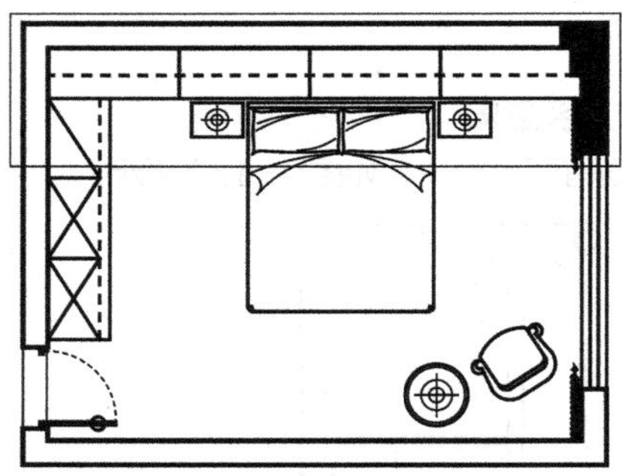

图 1-175 在梁下制作柜子，挡住梁

8 床头靠近楼梯间

床头隔墙靠着楼梯间，如图 1-176 所示。

◆ 问题原因：对于忙碌的现代人来说，睡眠是很重要的，床头不宜设置在电梯间、楼梯间、厨房等共同使用的隔墙一侧，影响睡眠质量。

◆ 解决方式：若空间无法变更，可在床头墙面加封隔音墙；若可以变更，则将床头避开楼梯间位置，如图 1-177 所示。

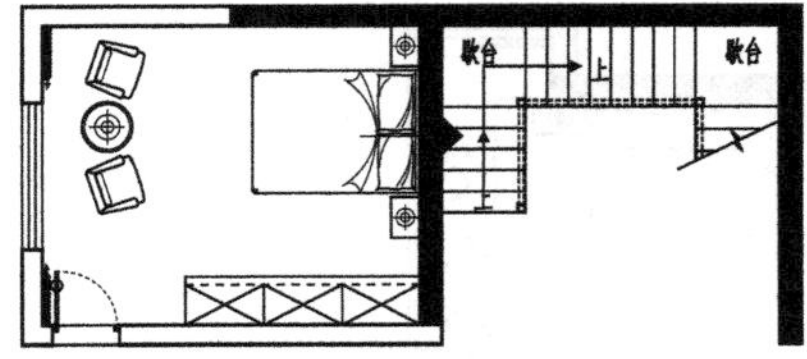

图 1-176 床头靠楼梯间

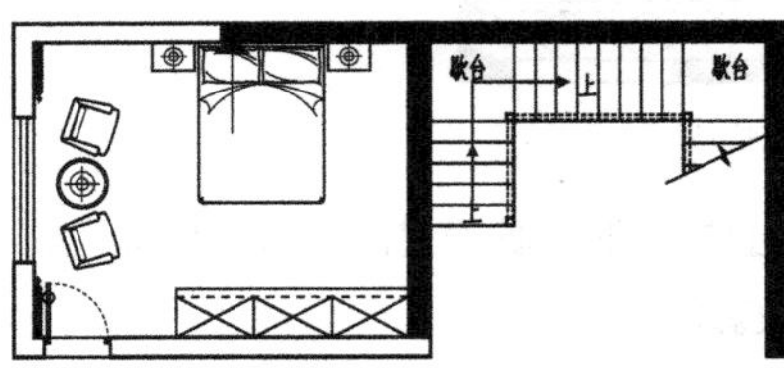

图 1-177 床头避开楼梯间

1.6.6 书房设计需要注意的问题

古话说：“书中自有颜如玉，书中自有黄金屋。”书是我们自我提升的主要途径，而书房是我们阅读和工作的一个场所。书房颜色不能太复杂，一般以浅色为主，这样有利于专心学习。太复杂的颜色易造成人精神恍惚，容易困顿，学习和工作起来都费劲。下面列举具体的案例和解决方法讲解书房书桌位置的一般问题。

书桌背对窗户

如图 1-178 所示，书房的书桌正背对着窗户。

◆ 问题原因：光源易将自己的影子投射于书本上，影响工作和学习。

◆ 解决方式：更改书桌的位置，如图 1-179 所示。

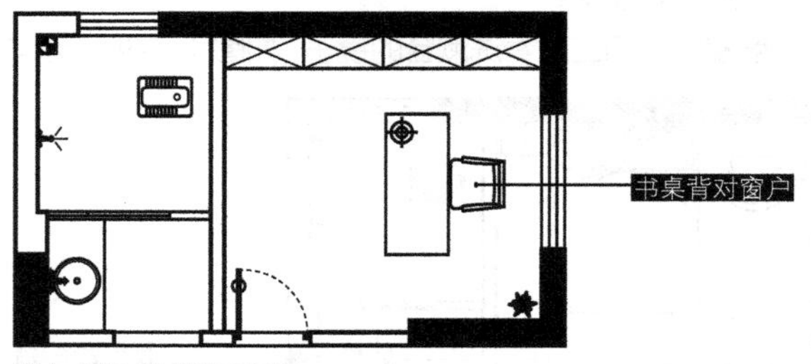

图 1-178 书桌背对窗户

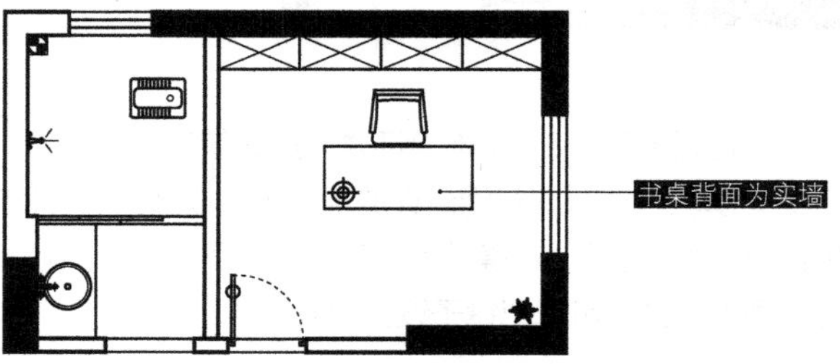

图 1-179 书桌背面为实墙

第 2 章 AutoCAD 2016入门

AutoCAD 是由美国 Autodesk 公司开发的通用计算机辅助设计软件。在深入学习 AutoCAD 绘图软件之前，本章首先介绍 AutoCAD 2016 的启动与退出、操作界面、视图的控制和工作空间等基本知识，使读者对 AutoCAD 及其操作方式有一个全面的了解和认识，为熟练掌握该软件打下坚实的基础。

2.1 AutoCAD的启动与退出

要使用 AutoCAD 进行绘图，首先必须启动该软件。在完成绘制之后，应保存文件并退出该软件，以节省系统资源。

1 启动 AutoCAD 2016

安装好 AutoCAD 后，启动 AutoCAD 的方法有以下几种。

◆【开始】菜单：单击【开始】按钮，在菜单中选择“所有程序 |Autodesk| AutoCAD 2016- 简体中文（Simplified Chinese）| AutoCAD 2016- 简体中文（Simplified Chinese）”选项，如图 2-1 所示。

◆与 AutoCAD 相关联格式文件：双击打开与 AutoCAD 相关格式的文件 (*.dwg、*.dwt 等)，如图 2-2 所示。

◆快捷方式：双击桌面上的快捷图标，或者 AutoCAD 图纸文件。

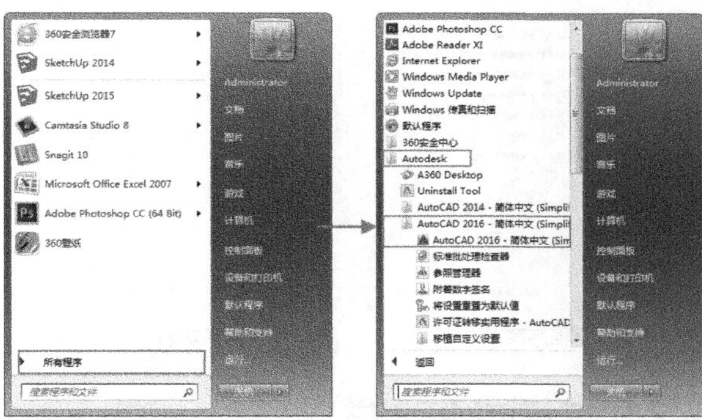

图 2-1 【开始】菜单打开 AutoCAD 2016

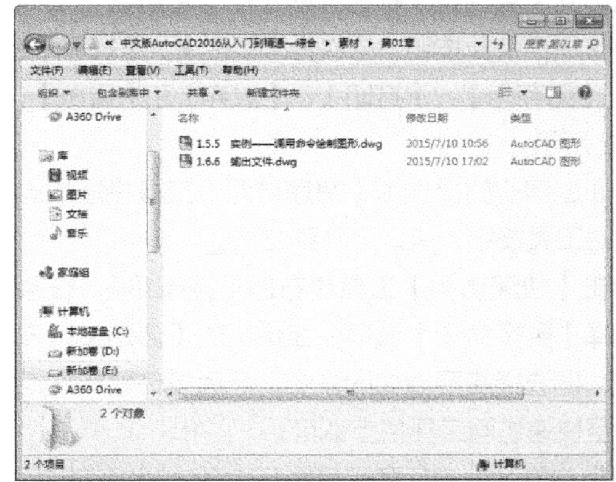

图 2-2 CAD 图形文件

AutoCAD 2016 启动后的界面如图 2-3 所示，主要由【快速入门】、【最近使用的文档】和【连接】3 个区域组成。

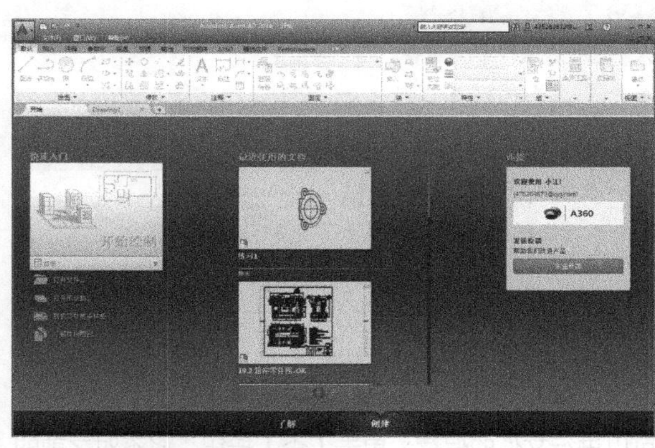

图 2-3 AutoCAD 2016 的开始界面

◆【快速入门】：单击其中的【开始绘制】区域即可创建新的空白文档进行绘制，也可以单击【样板】下拉列表选择合适的样板文件文件进行创建。

◆【最近使用的图档】：该区域主要显示最近用户使用过的图形，相当于“历史记录”。

◆【连接】：在【连接】区域中，用户可以登录 A360 账户，或向 AutoCAD 技术中心发送反馈。如果有产品更新的消息，将显示【通知】区域，在【通知】区域可以收到产品更新的信息。

2 退出 AutoCAD 2016

在完成图形的绘制和编辑后，退出 AutoCAD 的方法有以下几种。

◆应用程序按钮：单击应用程序按钮，选择【关闭】选项，如图 2-4 所示。

◆菜单栏：选择【文件】|【退出】命令，如图 2-5 所示。

◆标题栏：单击标题栏右上角的【关闭】按钮，如图 2-6 所示。

◆快捷键：Alt+F4 或 Ctrl+Q。

◆命令行：QUIT 或 EXIT，如图 2-7 所示。命令行中输入的字符不分大小写。

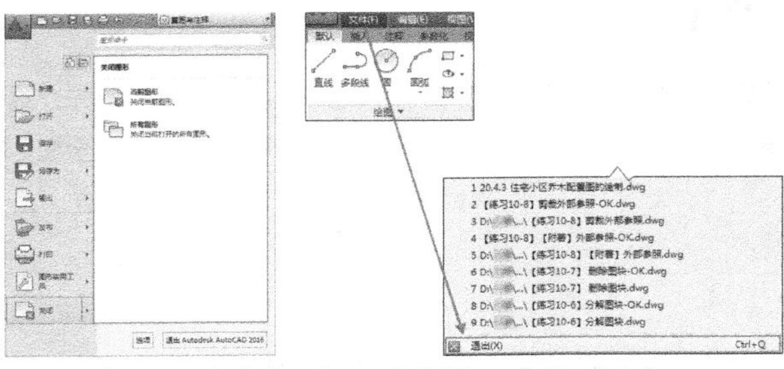

图 2-4 【应用程序】菜单关闭软件　图 2-5 菜单栏调用【关闭】命令

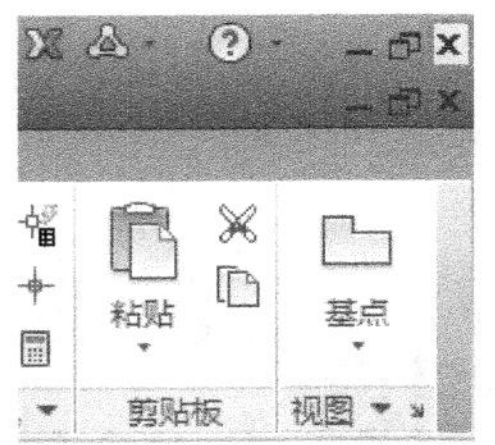

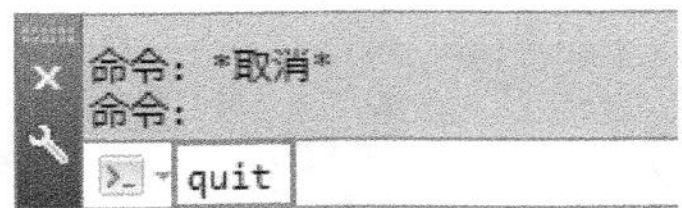

图 2-6 标题栏【关闭】按钮关闭软件　图 2-7 命令行输入关闭命令

若在退出AutoCAD 2016之前未进行文件的保存，系统会弹出图 2-8 所示的提示对话框。提示使用者在退出软件之前是否保存当前的绘图文件。单击【是】按钮，可以进行文件的保存；单击【否】按钮，将不对之前的操作进行保存而退出；单击【取消】按钮，将返回到操作界面，不执行退出软件的操作。

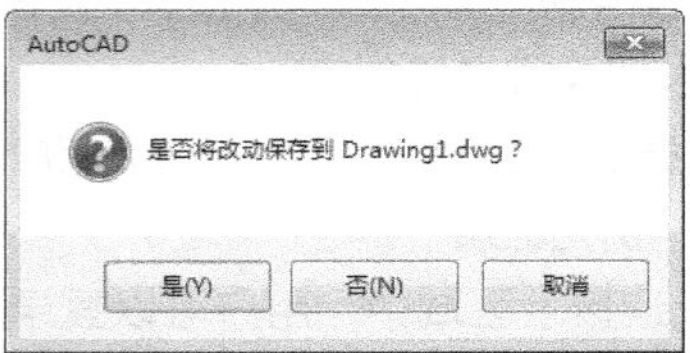

图 2-8 退出提示对话框

2.2 AutoCAD 2016操作界面

AutoCAD 的操作界面是 AutoCAD 显示、编辑图形的区域。AutoCAD 的操作界面具有很强的灵活性，根据专业领域和绘图习惯的不同，用户可以设置适合自己的操作界面。

2.2.1 AutoCAD 的操作界面简介

AutoCAD 的默认界面为【草图与注释】工作空间的界面，关于【草图与注释】工作空间在本章的 2.5 节中有详细介绍，此处仅简单介绍界面中的主要元素。该工作空间界面包括应用程序按钮、快速访问工具栏、菜单栏、标题栏、交互信息工具栏、功能区、标签栏、十字光标、绘图区、坐标系、命令行、状态栏及文本窗口等，如图 2-9 所示。

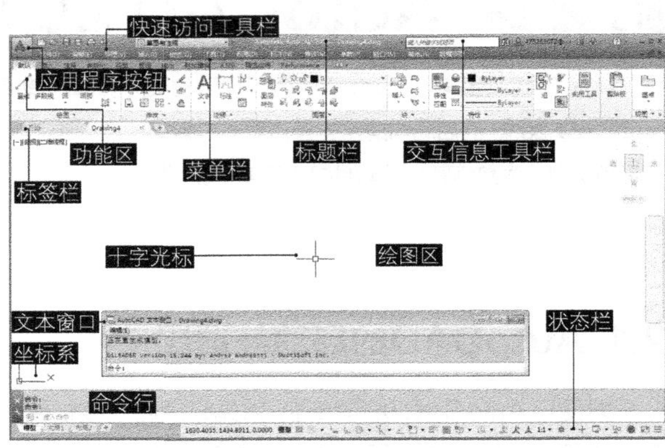

图 2-9 AutoCAD 2016 默认的工作界面

2.2.2 应用程序按钮

【应用程序】按钮▲位于窗口的左上角，单击该按钮，系统将弹出用于管理 AutoCAD 图形文件的菜单，包含【新建】、【打开】、【保存】、【另存为】、【输出】及【打印】等命令，右侧区域则是【最近使用文档】列表，如图 2-10 所示。

此外，在应用程序【搜索】按钮左侧的空白区域输入命令名称，即会弹出与之相关的各种命令的列表，选择其中对应的命令即可执行，效果如图 2-11 所示。

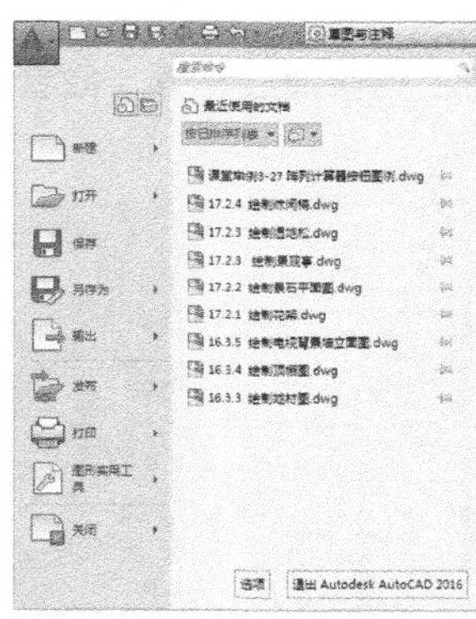

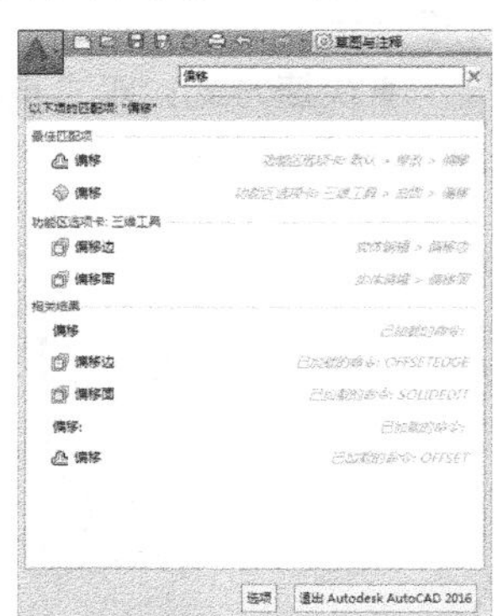

图 2-10 应用程序菜单　图 2-11 搜索功能

2.2.3 快速访问工具栏

快速访问工具栏位于标题栏的左侧，它包含了文档操作常用的 7 个快捷按钮，依次为【新建】、【打开】、【保存】、【另存为】、【打印】、【放弃】和【重做】，如图 2-12 所示。

可以通过相应的操作为【快速访问】工具栏增加或删除所需的工具按钮，有以下几种方法。

◆单击【快速访问】工具栏右侧下拉按钮▾，在菜单栏中选择【更多命令】选项，在弹出的【自定义用户界面】对话框选择将要添加的命令，然后按住鼠标左键将其拖动至快速访问工具栏上即可。

◆在【功能区】的任意工具图标上单击鼠标右键，选择其中的【添加到快速访问工具栏】命令。

而如果要删除已经存在的快捷键按钮，只需要在该按钮上单击鼠标右键，然后选择【从快速访问工具栏中删除】命令，即可完成删除按钮操作。

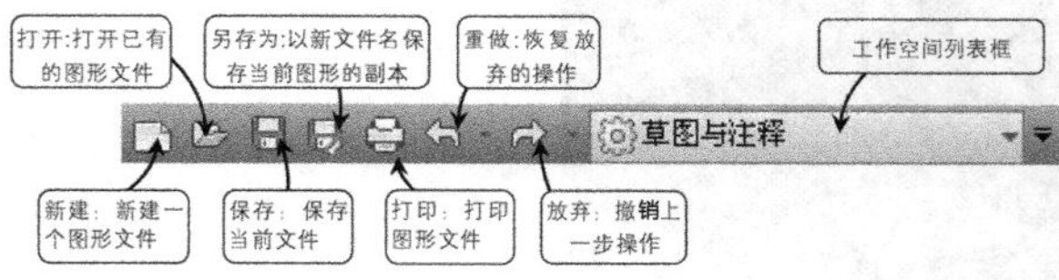

图 2-12 快速访问工具栏

2.2.4 菜单栏

与之前版本的AutoCAD不同，在AutoCAD 2016中，菜单栏在任何工作空间都默认为不显示。只有在【快速访问】工具栏中单击下拉按钮，并在弹出的下拉菜单中选择【显示菜单栏】选项，才可将菜单栏显示出来，如图 2-13 所示。

菜单栏位于标题栏的下方，包括了 12 个菜单：【文件】、【编辑】、【视图】、【插入】、【格式】、【工具】、【绘图】、【标注】、【修改】、【参数】、【窗口】、【数据视图】，几乎包含了所有绘图命令和编辑命令，如图 2-14 所示。

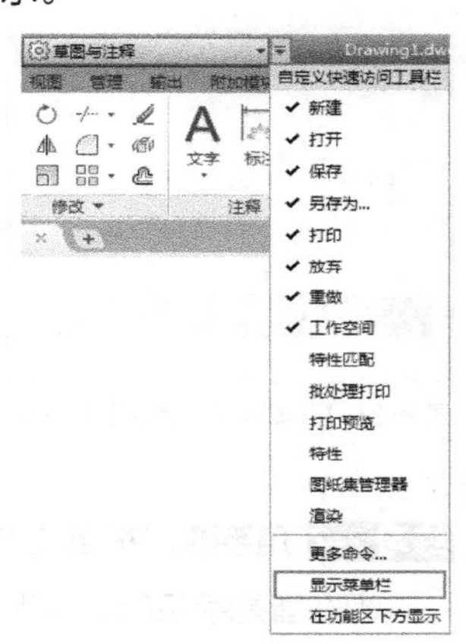

图 2-13 显示菜单栏

图 2-14 菜单栏

这 12 个菜单栏的主要作用介绍如下。

◆【文件】：用于管理图形文件，如新建、打开、保存、另存为、输出、打印和发布等。

◆【编辑】：用于对文件图形进行常规编辑，如剪切、复制、粘贴、清除、链接、查找等。

◆【视图】：用于管理 AutoCAD 的操作界面，如缩放、平移、动态观察、相机、视口、三维视图、消隐和渲染等。

◆【插入】：用于在当前 AutoCAD 绘图状态下，插入所需的图块或其他格式的文件，如 PDF 参考底图、字段等。

◆【格式】：用于设置与绘图环境有关的参数，如图层、颜色、线型、线宽、文字样式、标注样式、表格样式、点样式、厚度和图形界限等。

◆【工具】：用于设置一些绘图的辅助工具，如选项板、工具栏、命令行、查询和向导等。

◆【绘图】：提供绘制二维图形和三维模型的所有命令，如直线、圆、矩形、正多边形、圆环、边界和面域等。

◆【标注】：提供对图形进行尺寸标注时所需的命令，如线性标注、半径标注、直径标注、角度标注等。

◆【修改】：提供修改图形时所需的命令，如删除、复制、镜像、偏移、阵列、修剪、倒角和圆角等。

◆【参数】：提供对图形约束时所需的命令，如几何约束、动态约束、标注约束和删除约束等。

◆【窗口】：用于在多文档状态时设置各个文档的屏幕，如层叠，水平平铺和垂直平铺等。

◆【帮助】：提供使用 AutoCAD 2016 所需的帮助信息。

2.2.5 标题栏

标题栏位于 AutoCAD 窗口的最上方，如图 2-15 所示，标题栏显示了当前软件名称，以及显示当前新建或打开的文件的名称等。标题栏最右侧提供了用于【最小化】按钮、【最大化】按钮/【恢复窗口大小】按钮和【关闭】按钮。

图 2-15 标题栏

练习 2-1 在标题栏中显示出图形的保存路径

一般情况下，在标题栏中不会显示出图形文件的保存路径，如图 2-16 所示；但为了方便工作，用户可以自行将其调出，以便能在第一时间得知图形的保存地址，效果如图 2-17 所示。

Autodesk AutoCAD 2016　练习1.dwg

图 2-16 标题栏中不显示文件保存路径

Autodesk AutoCAD 2016　F:\CAD2016综合\素材\02章\练习1.dwg

图 2-17 标题栏中显示完整的文件保存路径

操作步骤如下。

Step 01 在命令行中输入OP或OPTIONS，并按Enter键，如图2-18所示；或在绘图区空白处单击鼠标右键，在弹出的快捷菜单中选择【选项】，如图2-19所示，系统即弹出【选项】对话框。

OP

图 2-18 在命令行中输入字符

Step 02 在【选项】对话框中切换至【打开和保存】选项卡，在【文件打开】选项组中勾选【在标题中显示完整路径】复选框，单击【确定】按钮，如图2-20所示。设置完成后即可在标题栏显示出完整的文件路径，如图2-17所示。

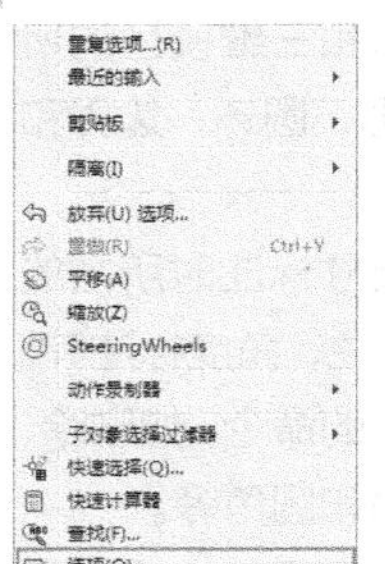
图 2-19 在快捷菜单中选择【选项】

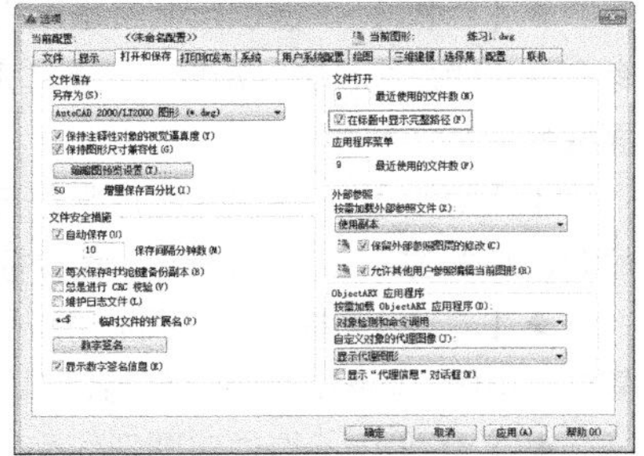
图 2-20 【选项】对话框

2.2.6 交互信息工具栏 ★进阶★

交互信息工具栏主要由搜索框、A360登录栏、Autodesk 应用程序、外部连接等 4 个部分组成，具体作用说明如下。

◎ 搜索框

如果用户在使用 AutoCAD 的过程中，对某个命令不熟悉，可以在搜索框中输入该命令，打开帮助窗口来获得详细的命令信息。

◎ A360 登录栏

“云技术”的应用越来越多，AutoCAD 也日渐重视这一新兴的技术，并有效地将其和传统的图形管理连接起来。A360 即是基于云的平台，可用于访问从基本编辑到强大的渲染功能等一系列云服务。除此之外还有一个更为强大的功能，那就是如果将图形文件上传至用户的 A360 账户，即可随时随地访问该图纸，实现云共享，无论是电脑还是手机等移动端，均可以快速查看图形文件，分别如图 2-21 和图 2-22 所示。

而要体验 A360 云技术的便捷，只需单击【登录】按钮，在下拉列表中选择【登录到 A360】对话框，即弹出【Autodesk- 登录】对话框，在其中输入账号、密码即可，如图 2-23 所示。如果没有账号可以单击【注册】按钮，打开【Autodesk- 创建账户】对话框，按要求进行填写即可进行注册，如图 2-24 所示。

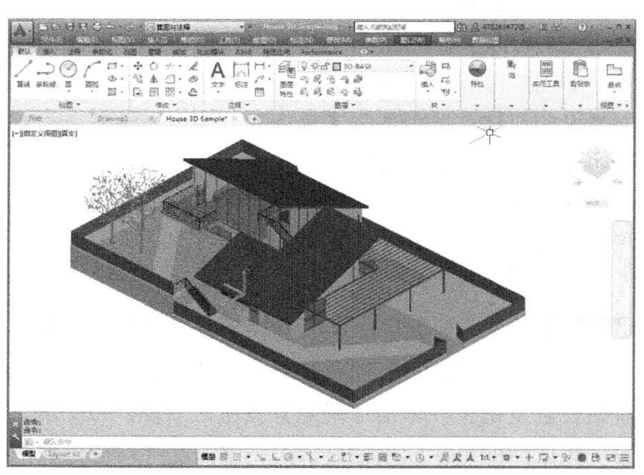
图 2-21 在电脑上用 AutoCAD 软件打开图形

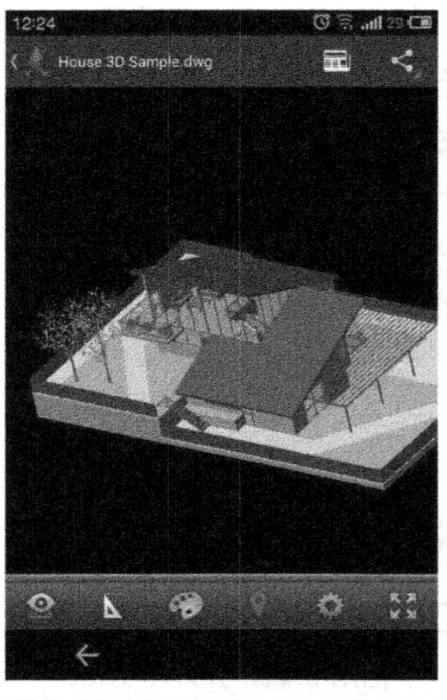
图 2-22 在手机上用 AutoCAD 360 APP 打开图形

图 2-23 【Autodesk- 登录】对话框

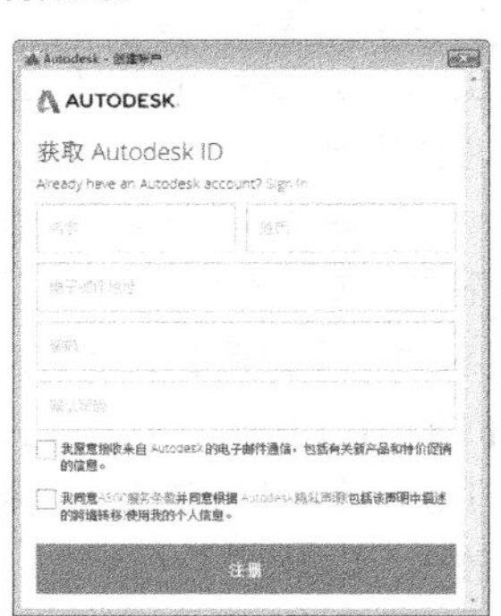
图 2-24 【Autodesk- 创建账户】对话框

练习 2-2 用手机 APP 实现电脑 AutoCAD 图纸的云共享

现在智能手机的普及率很高，其中大量的 APP 应用也给人们生活带来了前所未有的便捷。Autodesk 也与时俱进推出了 AutoCAD 360 这款免费图形和草图手机应用程序，允许用户随时查看、编辑和共享 AutoCAD 图形。

Step 01 在计算机端注册并登录A360，登录完成后单击其中的【A360】选项，如图2-25所示。

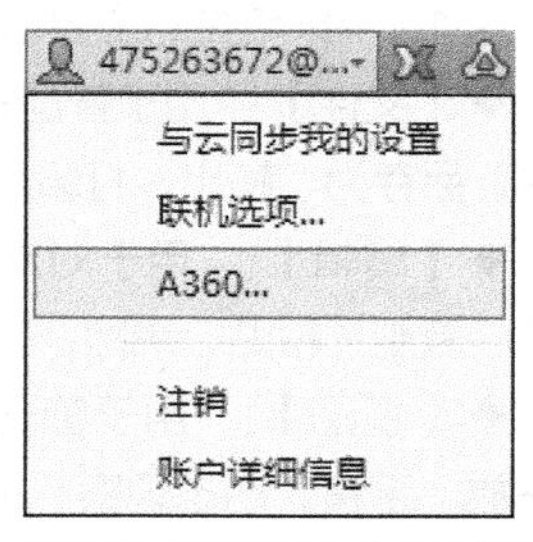

图 2-25 登录后单击【A360】选项

Step 02 浏览器自动打开A360 DRIVE网页，第一次打开页面如图2-26所示。

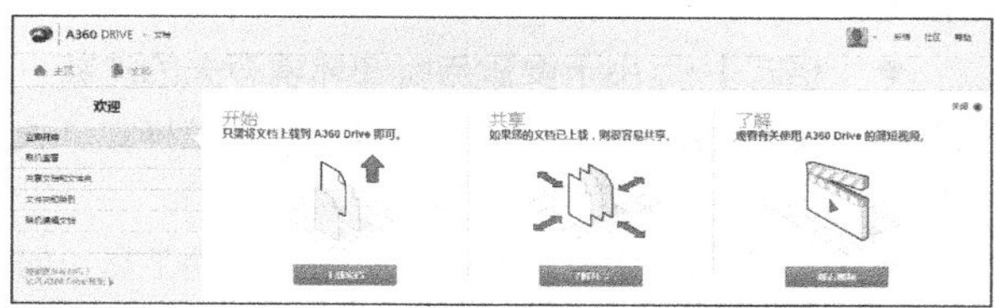
图 2-26 A360 DRIVE 页面

Step 03 单击其中的【上载文档】按钮，打开【上载文档】对话框，按提示上传要用手机查看的图形文件，如图2-27所示。

Step 04 用手机下载AutoCAD 360这款APP（又名AutoCAD WS），如图2-28所示。

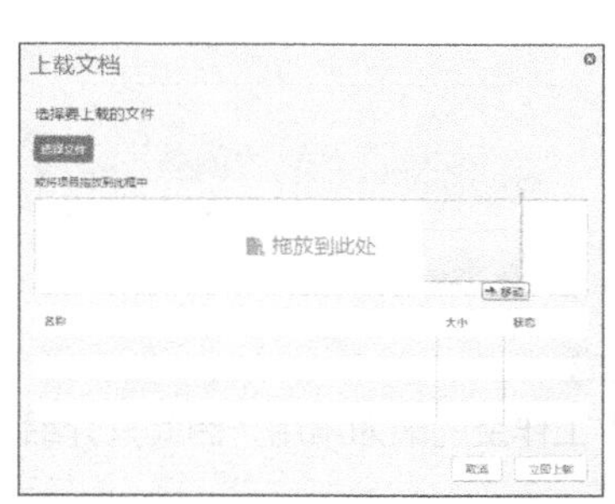

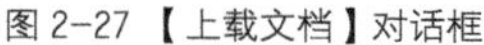
图 2-27 【上载文档】对话框

图 2-28 使用手机下载 AutoCAD 360 的 APP

Step 05 在手机上启动AutoCAD 360，输入A360的账号、密码，即可登录，如图2-29所示。

Step 06 登录后在手机界面选择要打开的图形文件，如图2-30所示。

Step 07 手机打开后的效果如图2-31所示，即完成文件共享。

图 2-29 在手机端登录 AutoCAD 360

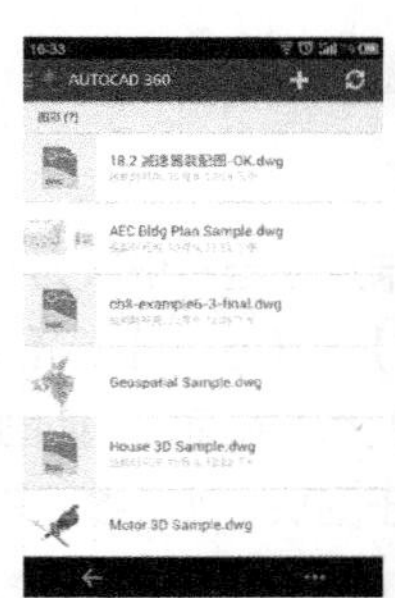

图 2-30 在AutoCAD 360 中选择要打开的文件

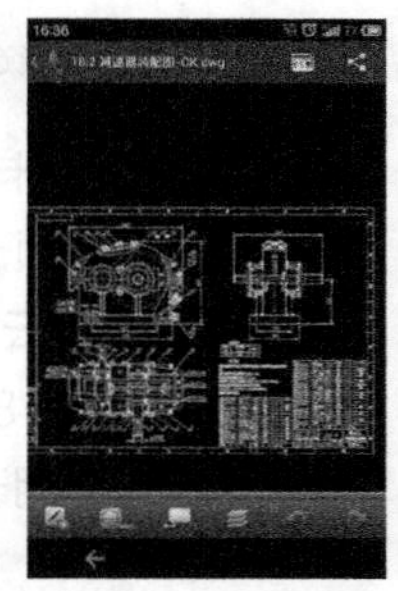

图 2-31 使用手机打开 AutoCAD 图形

Autodesk 应用程序

单击【Autodesk 应用程序】按钮可以打开 Autodesk 应用程序网站，如图 2-32 所示。其中可以下载许多与 AutoCAD 相关的各类应用程序与插件。

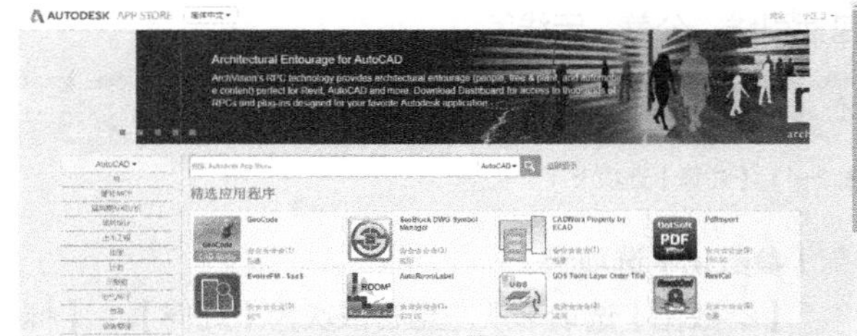

图 2-32 Autodesk 应用程序网站

关于 Autodesk 应用程序的下载与具体应用请看本章的【练习 2-3】：下载 Autodesk 应用程序，实现 AutoCAD 的文本翻译。

外部连接

外部连接按钮的下拉列表中提供了各种快速分享窗口，如优酷、微博，单击即可快速打开各网站内的有关信息。

2.2.7 功能区 ★重点★

【功能区】是各命令选项卡的合称，它用于显示与绘图任务相关的按钮和控件，存在于【草图与注释】、【三维基础】和【三维建模】空间中。【草图与注释】工作空间的【功能区】包含了【默认】、【插入】、【注释】、【参数化】、【视图】、【管理】、【输出】、【附加模块】、【A360】、【精选应用】、【BIM 360】、【Performance】等 12 个选项卡，如图 2-33 所示。每个选项卡包含有若干个面板，每个面板又包含许多由图标表示的命令按钮。

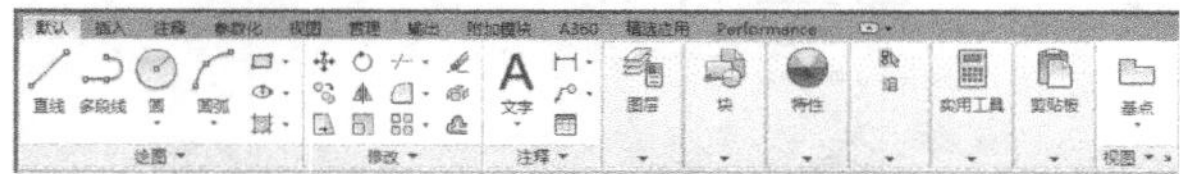

图 2-33 功能区选项卡

用户创建或打开图形时，功能区将自动显示。如果没有显示功能区，那么用户可以执行以下操作来手动显示功能区。

◆菜单栏：选择【工具】|【选项板】|【功能区】命令。

◆命令行：ribbon。如果要关闭功能区，则输入 ribbonclose 命令。

1 切换功能区显示方式

功能区可以以水平或垂直的方式显示，也可以显示为浮动选项板。另外，功能区可以以最小化状态显示，其方法是在功能区选项卡右侧单击下拉按钮，在弹出的列表中选择以下 4 种中的一种最小化功能区状态选项。而单击切换按钮，则可以在默认和最小化功能区状态之间切换。

◆【最小化为选项卡】：最小化功能区以仅便显示选项卡标题，如图 2-34 所示。

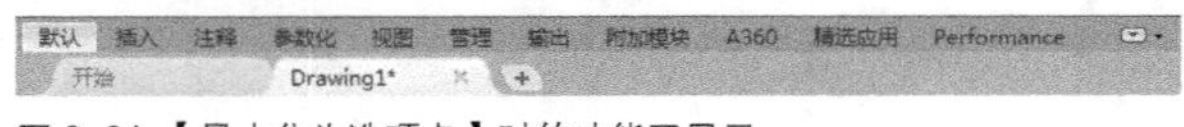

图 2-34 【最小化为选项卡】时的功能区显示

◆【最小化为面板标题】：最小化功能区以便仅显示选项卡和面板标题，如图 2-35 所示。

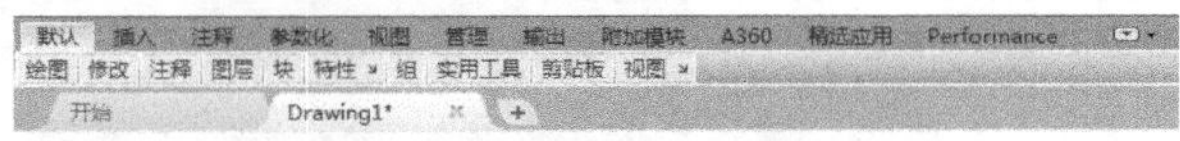

图 2-35 【最小化为面板标题】时的功能区显示

◆【最小化为面板按钮】：最小化功能区以便仅显示选项卡标题和面板按钮，如图 2-36 所示。

图 2-36 【最小化为面板按钮】时的功能区显示

◆【循环浏览所有项】：按以下顺序切换所有 4 种功能区状态：完整功能区、最小化面板按钮、最小化为面板标题、最小化为选项卡。

2 自定义选项卡及面板的构成

用鼠标右键单击面板按钮，弹出显示控制快捷菜单，如图 2-37 和图 2-38 所示，可以分别调整【选项卡】与【面板】的显示内容，名称前被勾选则内容显示，反之则隐藏。

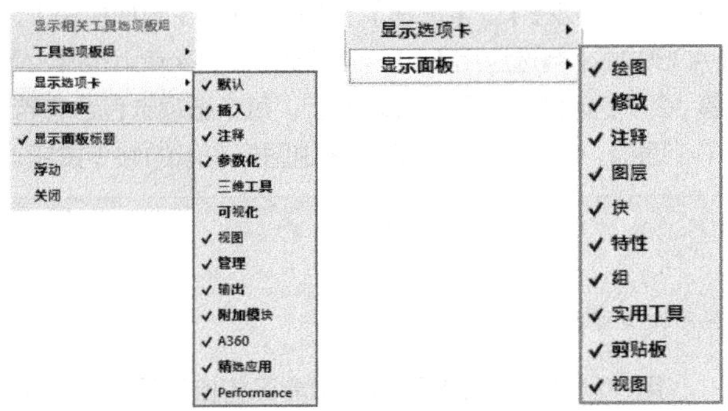
图 2-37 调整功能选项卡显示　　图 2-38 调整选项卡内面板显示

> **操作技巧**
>
> 面板显示子菜单会根据不同的选项卡进行变换，面板子菜单为当前打开选项卡的所有面板名称列表。

3 调整功能区位置

在【选项卡】名称上单击鼠标右键，将弹出图 2-39 所示的菜单，选择其中的【浮动】命令，可使【功能区】浮动在【绘图区】上方，此时用鼠标左键按住【功能区】左侧灰色边框拖动，可以自由调整其位置。

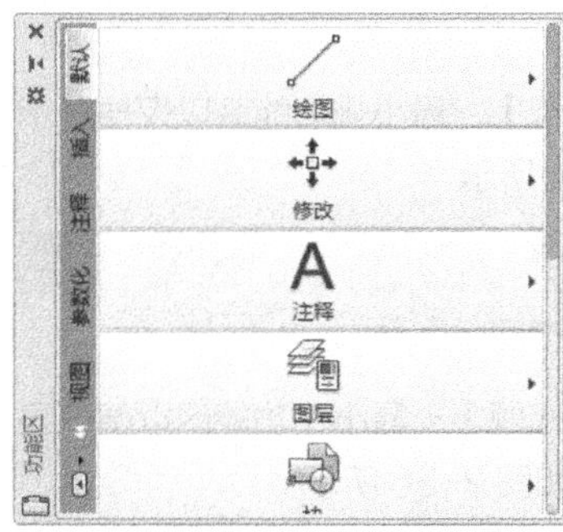
图 2-39 浮动功能区

> **操作技巧**
>
> 如果选择菜单中的【关闭】命令，则将整体隐藏功能区，进一步扩大绘图区区域，如图2-40所示。

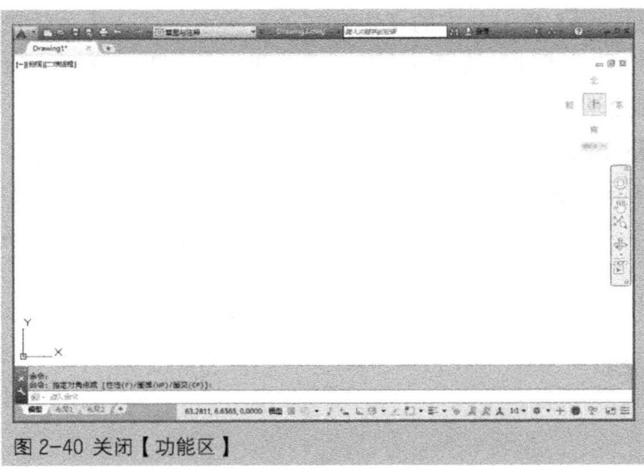
图 2-40 关闭【功能区】

4 功能区选项卡的组成

因【草图与注释】工作空间最为常用，因此只介绍其中的 10 个选项卡。

【默认】选项卡

【默认】选项卡从左至右依次为【绘图】、【修改】、【注释】、【图层】、【块】、【特性】、【组】、【实用工具】、【剪贴板】和【视图】10 大功能面板，如图 2-41 所示。【默认】选项卡集中了 AutoCAD 中常用的命令，涵盖绘图、标注、编辑、修改、图层、图块等各个方面，是最主要的选项卡。

图 2-41 【默认】功能选项卡

【插入】选项卡

【插入】选项卡从左至右依次为【块】、【块定义】、【参照】、【点云】、【输入】、【数据】、【链接和提取】和【位置】8 大功能面板，如图 2-42 所示。【插入】选项卡主要用于图块、外部参照等外在图形的调用。

图 2-42 【插入】选项卡

【注释】选项卡

【注释】选项卡从左至右依次为【文字】、【标注】、【引线】、【表格】、【标记】和【注释缩放】6 大功能面板，如图 2-43 所示。【注释】选项卡提供了详尽的标注命令，包括引线、公差、云线等。

图 2-43 【注释】选项卡

【参数化】选项卡

【参数化】选项卡从左至右依次为【几何】、【标注】、【管理】3 大功能面板，如图 2-44 所示。【参数化】选项卡主要用于管理图形约束方面的命令。

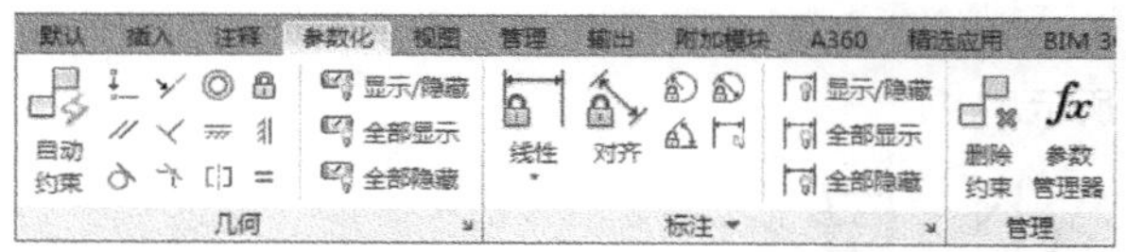

图 2-44 【参数化】选项卡

【视图】选项卡

【视图】选项卡从左至右依次为【视口工具】、【视图】、【模型视口】、【选项板】、【界面】、【导航】6 大功能面板，如图 2-45 所示。【视图】选项卡提供了大量用于控制显示视图的命令，包括 UCS 的显现、绘图区上 ViewCube 和【文件】、【布局】等标签的显示与隐藏。

图 2-45 【视图】选项卡

【管理】选项卡

【管理】选项卡从左至右依次为【动作录制器】、【自定义设置】、【应用程序】、【CAD 标准】4 大功能面板，如图 2-46 所示。【管理】选项卡可以用来加载 AutoCAD 的各种插件与应用程序。

图 2-46 【管理】选项卡

【输出】选项卡

【输出】选项卡从左至右依次为【打印】、【输出为 DWF/PDF】2 大功能面板，如图 2-47 所示。【输出】选项卡集中了图形输出的相关命令，包含打印、输出 PDF 等。在功能区选项卡中，有些面板按钮右下角有箭头，表示有扩展菜单，单击箭头，扩展菜单会列出更多的操作命令，如图 2-48 所示的【绘图】扩展菜单。

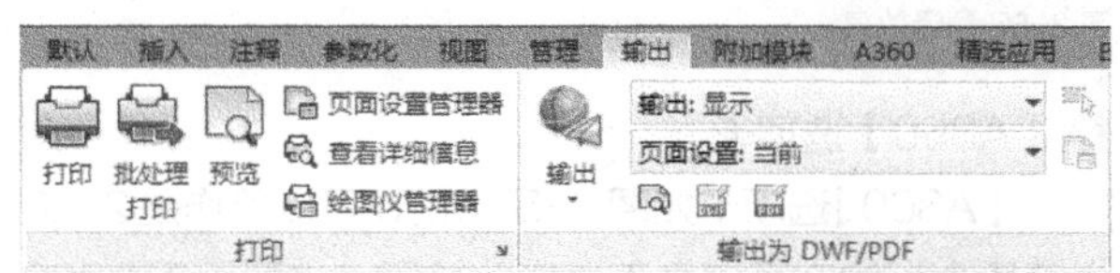

图 2-47 【输出】选项卡

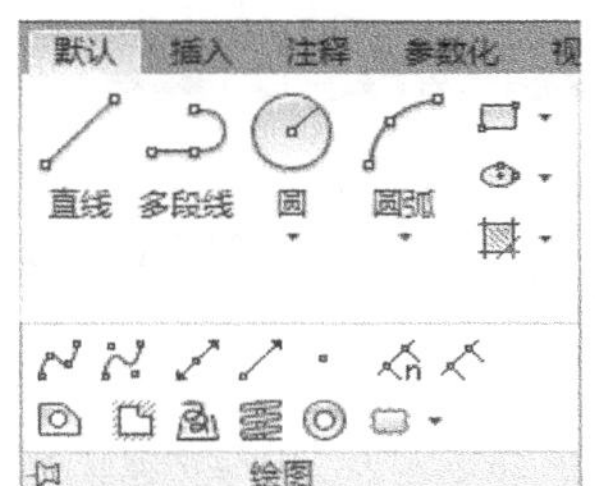

图 2-48 【绘图】扩展菜单

【附加模块】选项卡

【附加模块】选项卡如图 2-49 所示，在 Autodesk 应用程序网站中下载的各类应用程序和插件都会集中在该选项卡。

图 2-49 【附加模块】选项卡

练习 2-3 下载 Autodesk 应用程序实现 AutoCAD 的文本翻译 ★进阶★

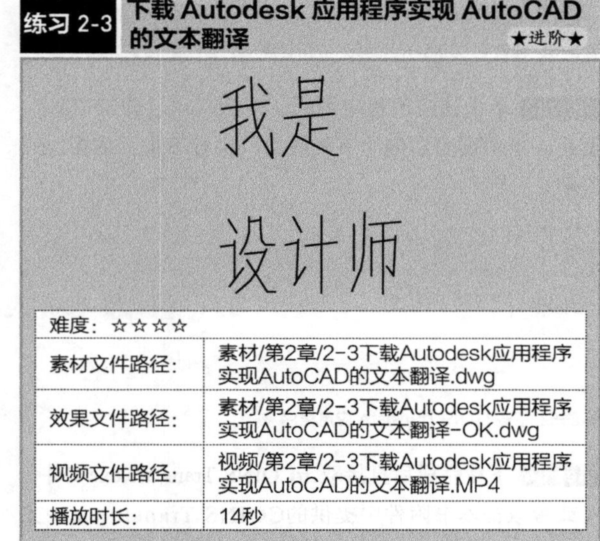

难度：☆☆☆☆	
素材文件路径：	素材/第2章/2-3下载Autodesk应用程序实现AutoCAD的文本翻译.dwg
效果文件路径：	素材/第2章/2-3下载Autodesk应用程序实现AutoCAD的文本翻译-OK.dwg
视频文件路径：	视频/第2章/2-3下载Autodesk应用程序实现AutoCAD的文本翻译.MP4
播放时长：	14秒

2.2.6 小节中介绍过 Autodesk 应用程序按钮，单击之后便可以打开 Autodesk 应用程序网站，在其中可以下载许多有用的各类 AutoCAD 插件，其中就包括 COINS Translate 这款翻译插件。使用该插件只需单击鼠标即可直接将 AutoCAD 中的单行、多行文字、尺寸标注、引线标注等各种文本对象转换为所需的外语，如图 2-50 所示，十分高效。

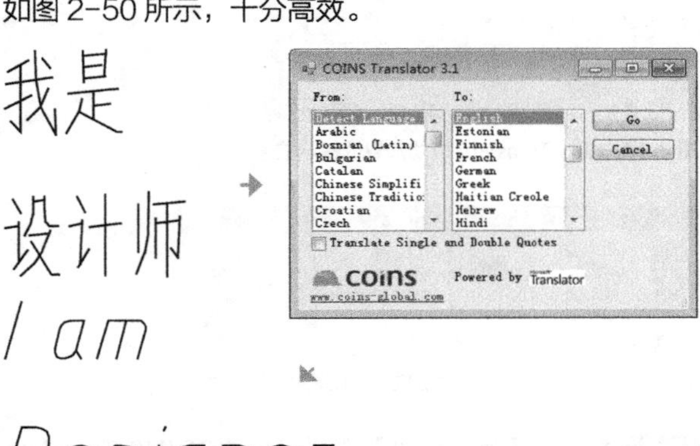

图 2-50 使用插件快速翻译文本

Step 01 打开素材文件，素材文件中已经创建好了“我是设计师”的多行文字；然后单击交互信息工具栏中的【Autodesk应用程序】按钮，打开Autodesk应用程序网站。

Step 02 在网页的搜索框中输入“coins”，搜索到COINS Translate应用程序，如图2-51所示。

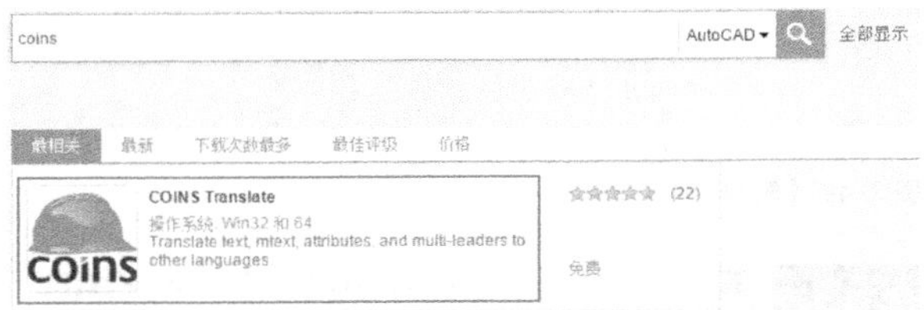

图 2-51 搜索到 COINS Translate 应用程序

Step 03 单击该应用程序图标，转到“项目详细信息”页面，单击页面右侧的下载按钮，进行下载，如图2-52所示。

图 2-52 下载 COINS Translate 应用程序

Step 04 下载完成后直接双击COINS Translate.exe文件（或者双击本书附件中提供的COINS Translate.exe文件），进行安装，安装过程略。安装完成后会在AutoCAD界面右上角出现图2-53所示的提示。

Step 05 在AutoCAD功能区中转到【附加模块】选项卡，可以发现COINS Translate应用程序已被添加进来，如图2-54所示。

图 2-53 COINS Translate 成功加载的提示信息

图 2-54 COINS Translate 添加进【附加模块】选项卡

Step 06 单击【附加模块】选项卡中的COINS Translate按钮，然后选择要翻译的文本对象，如图2-55所示。

Step 07 选择之后按Enter键，弹出【COINS Translator】对话框，在对话框中可以选择要翻译成的语言种类（如英语），单击【GO】按钮即可实现翻译，如图2-56所示。

图 2-55 选择要翻译的对象

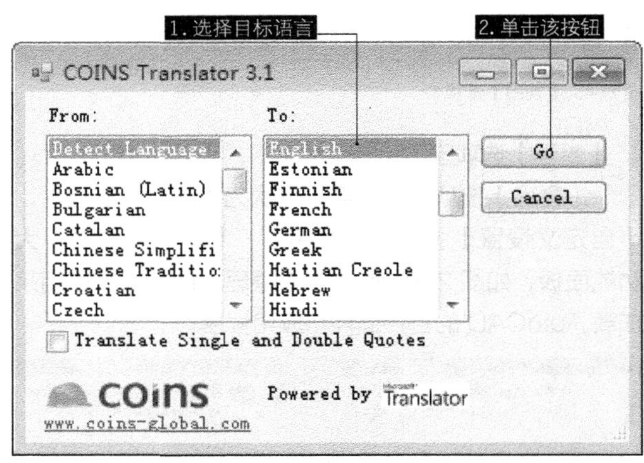

图 2-56 翻译效果

【A360】选项卡

【A360】选项卡如图2-57所示，可以看作是2.2.6小节所介绍的交互信息工具栏的扩展，主要用于A360的文档共享。

图 2-57 【A360】选项卡

【精选应用】选项卡

在本书2.2.6小节的【Autodesk应用程序】中，已经介绍过了Autodesk应用程序网站，并在【练习

2-3】中详细介绍了如何下载并使用这些应用程序来辅助 AutoCAD 进行工作。通过这些章节的学习，读者可以知道 Autodesk 其实提供了海量的 AutoCAD 应用程序与插件，本书所介绍的仅是沧海一粟。

因此在 AutoCAD 的【精选应用】选项卡中，就提供了许多最新、最热门的应用程序，供用户试用，如图 2-58 所示。这些应用种类各异，功能强大，本书无法尽述，有待读者去自行探索。

图 2-58 【精选应用】选项卡

2.2.8 标签栏

文件标签栏位于绘图窗口上方，每个打开的图形文件都会在标签栏显示一个标签，单击文件标签即可快速切换至相应的图形文件窗口，如图 2-59 所示。

AutoCAD 2016 的标签栏中的【新建】选项卡已更名为【开始】，并在创建和打开其他图形时保持显示。单击标签上的按钮，可以快速关闭文件；单击标签栏右侧的按钮，可以快速新建文件；用鼠标右键单击标签栏的空白处，会弹出快捷菜单，如图 2-60 所示，利用该快捷菜单可以选择【新建】、【打开】、【全部保存】、【全部关闭】命令。

图 2-59 标签栏

此外，在光标经过图形文件选项卡时，将显示模型的预览图像和布局。如果光标经过某个预览图像，相应的模型或布局将临时显示在绘图区域中，并且可以在预览图像中访问【打印】和【发布】工具，如图 2-61 所示。

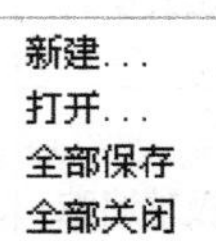

图 2-60 快捷菜单

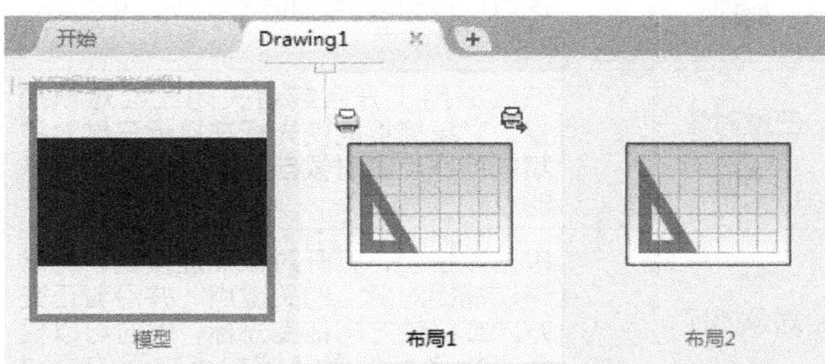

图 2-61 文件选项卡的预览功能

2.2.9 绘图区

【绘图窗口】又常被称为【绘图区域】，它是绘图的焦点区域，绘图的核心操作和图形显示都在该区域中。在绘图窗口中有 4 个工具需注意，分别是光标、坐标系图标、ViewCube 工具和视口控件，如图 2-62 所示。

其中视口控件显示在每个视口的左上角，提供更改视图、视觉样式和其他设置的便捷操作方式，视口控件的 3 个标签将显示当前视口的相关设置。注意当前文件选项卡决定了当前绘图窗口显示的内容。

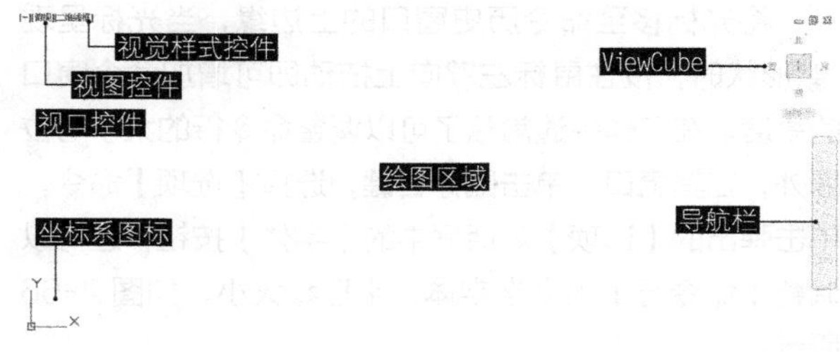

图 2-62 绘图区

图形窗口左上角有 3 个快捷功能控件，可以快速地修改图形的视图方向和视觉样式，如图 2-63 所示。

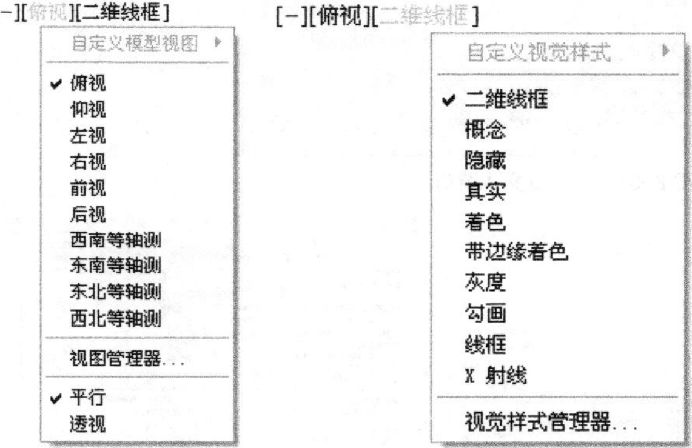

图 2-63 快捷功能控件菜单

2.2.10 命令行与文本窗口

命令行是输入命令名和显示命令提示的区域，默认的命令行窗口布置在绘图区下方，由若干文本行组成，如图 2-64 所示。命令窗口中间有一条水平分界线，它将命令窗口分成两个部分：命令行和命令历史窗口。位于水平线下方为【命令行】，用于接收用户输入命令，并显示 AutoCAD 提示信息；位于水平线上方为【命令历史窗口】，含有 AutoCAD 启动后所用过的全部命令及提示信息，该窗口有垂直滚动条，可以上下滚动查看以前用过的命令。

图 2-64 命令行

AutoCAD 文本窗口的作用和命令窗口的作用一样，它记录了对文档进行的所有操作。文本窗口在默认界面中没有直接显示，需要通过命令调取。调用文本窗口有以下几种方法。

◆菜单栏：选择【视图】|【显示】|【文本窗口】命令。

◆快捷键：Ctrl+F2。

◆命令行：TEXTSCR。

执行上述命令后，系统弹出图 2-65 所示的文本窗口，记录了文档进行的所有编辑操作。

将光标移至命令历史窗口的上边缘，当光标呈现 ÷ 形状时，按住鼠标左键向上拖动即可增加命令窗口的高度。在工作中通常除了可以调整命令行的大小与位置外，在其窗口内单击鼠标右键，选择【选项】命令，单击弹出的【选项】对话框中的【字体】按钮，还可以调整【命令行】内文字字体、字形和大小，如图 2-66 所示。

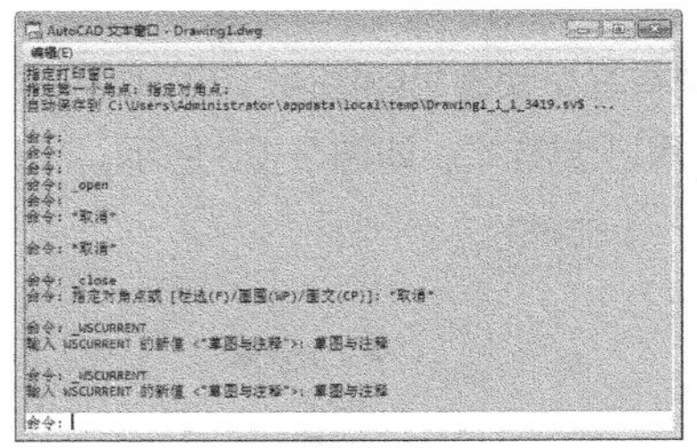

图 2-65 AutoCAD 文本窗口

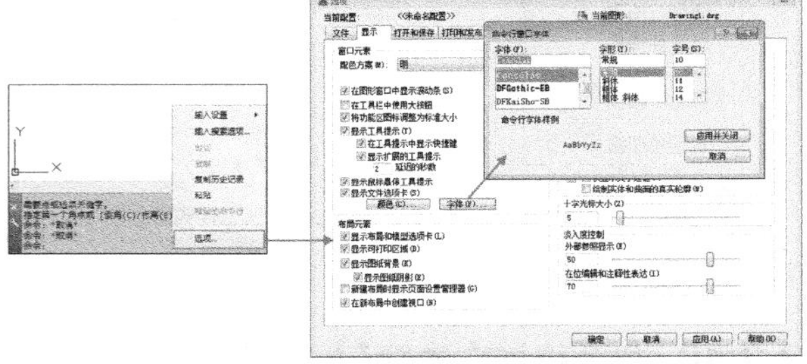

图 2-66 调整命令行字体

2.2.11 状态栏

状态栏位于屏幕的底部，用来显示 AutoCAD 当前的状态，如对象捕捉、极轴追踪等命令的工作状态。它主要由 5 部分组成，如图 2-67 所示。同时 AutoCAD 2016 将之前的模型布局标签栏和状态栏合并在一起，并且取消显示当前光标的位置。

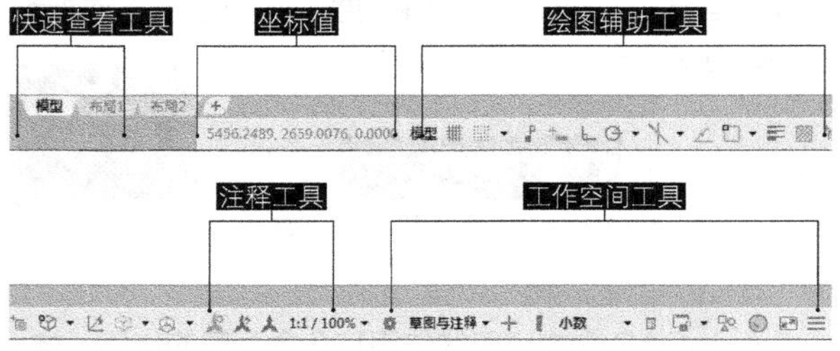

图 2-67 状态栏

1 快速查看工具

使用其中的工具可以快速地预览打开的图形，打开图形的模型空间与布局，以及在其中切换图形，使之以缩略图的形式显示在应用程序窗口的底部。

2 坐标值

坐标值一栏会以直角坐标系的形式（*x*，*y*，*z*）实时显示十字光标所处位置的坐标。在二维制图模式下，只会显示 *X*、*Y* 轴坐标，只有在三维建模模式下才会显示第三个 *Z* 轴的坐标。

3 绘图辅助工具

主要用于控制绘图的性能，其中包括【推断约束】、【捕捉模式】、【栅格显示】、【正交模式】、【极轴追踪】、【对象捕捉】、【三维对象捕捉】、【对象捕捉追踪】、【允许 / 禁止动态 UCS】、【动态输入】、【显示 / 隐藏线宽】、【显示 / 隐藏透明度】、【快捷特性】和【选择循环】等工具。各工具按钮的具体说明如表 2-1 所示：

表2-1 绘图辅助工具按钮一览

名 称	按 钮	功 能 说 明
推断约束		单击该按钮，打开推断约束功能，可设置约束的限制效果，比如限制两条直线垂直、相交、共线、圆与直线相切等
捕捉模式		单击该按钮，开启或者关闭捕捉。捕捉模式可以使光标能够很容易地抓取到每一个栅格上的点
栅格显示		单击该按钮，打开栅格显示，此时屏幕上将布满小点。其中，栅格的*X*轴和*Y*轴间距也可以通过【草图设置】对话框的【捕捉和栅格】选项卡进行设置
正交模式		该按钮用于开启或者关闭正交模式。正交即光标只能走*X*轴或者*Y*轴方向，不能画斜线
极轴追踪		该按钮用于开启或关闭极轴追踪模式。在绘制图形时，系统将根据设置显示一条追踪线，可以在追踪线上根据提示精确移动光标，从而精确绘图
二维对象捕捉		该按钮用于开启或者关闭对象捕捉。对象捕捉能使光标在接近某些特殊点的时候自动指引到那些特殊的点，如端点、圆心、象限点
三维对象捕捉		该按钮用于开启或者关闭三维对象捕捉。对象捕捉能使光标在接近三维对象某些特殊点的时候自动指引到那些特殊的点
对象捕捉追踪		单击该按钮，打开对象捕捉模式，可以通过捕捉对象上的关键点，并沿着正交方向或极轴方向拖曳光标，此时可以显示光标当前位置与捕捉点之间的相对关系。若找到符合要求的点，直接单击即可
允许/禁止动态UCS		该按钮用于切换允许和禁止UCS（用户坐标系）
动态输入		单击该按钮，将在绘制图形时自动显示动态输入文本框，方便绘图时设置精确数值

续表

名称	按钮	功能说明
线宽		单击该按钮，开启线宽显示。在绘图时如果为图层或所绘图形定义了不同的线宽（至少大于0.3mm），那单击该按钮就可以显示出线宽，以标识各种具有不同线宽的对象
透明度		单击该按钮，开始透明度显示。在绘图时如果为图层和所绘图形设置了不同的透明度，那单击该按钮就可以显示透明效果，以区别不同的对象
快捷特性		单击该按钮，显示对象的快捷特性选项板，能帮助用户快捷地编辑对象的一般特性。通过【草图设置】对话框的【快捷特性】选项卡可以设置快捷特性选项板的位置模式和大小
选择循环		开启该按钮，可以在重叠对象上显示选择对象
注释监视器		开启该按钮后，一旦发生模型文档编辑或更新事件，注释监视器会自动显示
模型	模型	用于模型与图纸之间的转换

4 注释工具

用于显示缩放注释的若干工具。对于不同的模型空间和图纸空间，将显示相应的工具。当图形状态栏打开后，将显示在绘图区域的底部；当图形状态栏关闭时，将移至应用程序状态栏。

◆注释比例 1:1：可通过此按钮调整注释对象的缩放比例。

◆注释可见性：单击该按钮，可选择仅显示当前比例的注释，或是显示所有比例的注释。

5 工作空间工具

用于切换 AutoCAD 2016 的工作空间，以及进行自定义设置工作空间等操作。

◆切换工作空间：切换绘图空间，可通过此按钮切换 AutoCAD 2016 的工作空间。

◆硬件加速：用于在绘制图形时通过硬件的支持提高绘图性能，如刷新频率。

◆隔离对象：当需要对大型图形的个别区域进行重点操作，并需要显示或临时隐藏选定的对象。

◆全屏显示：单击即可控制 AutoCAD 2016 的全屏显示或者退出。

◆自定义：单击该按钮，可以对当前状态栏中的按钮进行添加或是删除，方便管理。

2.3 AutoCAD 2016执行命令的方式

命令是 AutoCAD 用户与软件交换信息的重要方式，本小节将介绍执行命令的方式，如何终止当前命令、退出命令及如何重复执行命令等。

2.3.1 命令调用的 5 种方式

AutoCAD 中调用命令的方式有很多种，这里仅介绍最常用的 5 种。本书在后面的命令介绍章节中，将专门以【执行方式】的形式介绍各命令的调用方法，并按常用顺序依次排列。

1 使用功能区调用

3 个工作空间都是以功能区作为调整命令的主要方式。相比其他调用命令的方法，功能区调用命令更为直观，非常适合不能熟记绘图命令的 AutoCAD 初学者。

功能区使绘图界面无须显示多个工具栏，系统会自动显示与当前绘图操作相应的面板，从而使应用程序窗口更加整洁。因此，可以将进行操作的区域最大化，使用单个界面来加快和简化工作，如图 2-68 所示。

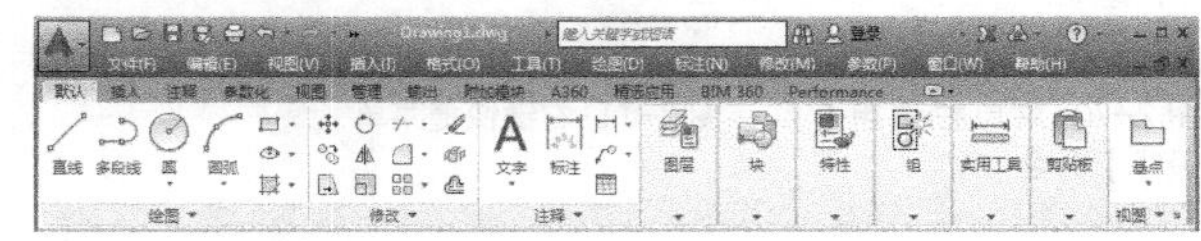

图 2-68 功能区面板

2 使用命令行调用

使用命令行输入命令是AutoCAD的一大特色功能，同时也是最快捷的绘图方式。这就要求用户熟记各种绘图命令，一般对 AutoCAD 比较熟悉的用户都用此方式绘制图形，因为这样可以大大提高绘图的速度和效率。

AutoCAD 绝大多数命令都有其相应的简写方式。如【直线】命令 LINE 的简写方式是 L，【矩形】命令 RECTANGLE 的简写方式是 REC，如图 2-69 所示。对于常用的命令，用简写方式输入将大大减少键盘输入的工作量，提高工作效率。另外，AutoCAD 对命令或参数输入不区分大小写，因此操作者不必考虑输入的大小写。

在命令行输入命令后，可以使用以下的方法响应其他任何提示和选项。

◆要接受显示在尖括号“[ ]”中的默认选项，则按 Enter 键。

◆要响应提示，则输入值或单击图形中的某个位置。

◆要指定提示选项，可以在提示列表（命令行）中输入所需提示选项对应的亮显字母，然后按 Enter 键。也可以使用鼠标单击选择所需要的选项，在命令行中单击选择“倒角（C）”选项，等同于在此命令行提示下输入“C”并按 Enter 键。

指定另一个角点或 [面积(A)/尺寸(D)/旋转(R)]:
命令: RECTANG
指定第一个角点或 [倒角(C)/标高(E)/圆角(F)/厚度(T)/宽度(W)]: *取消*
命令: RECTANG
RECTANG 指定第一个角点或 [倒角(C) 标高(E) 圆角(F) 厚度(T) 宽度(W)]:

图 2-69 功能区面板

3 使用菜单栏调用

菜单栏调用是AutoCAD 2016提供的功能最全、最强大的命令调用方法。AutoCAD绝大多数常用命令都分门别类地放置在菜单栏中。例如，若需要在菜单栏中调用【多段线】命令，选择【绘图】|【多段线】菜单命令即可，如图2-70所示。

4 使用快捷菜单调用

使用快捷菜单调用命令，即单击鼠标右键，在弹出的菜单中选择命令，如图2-71所示。

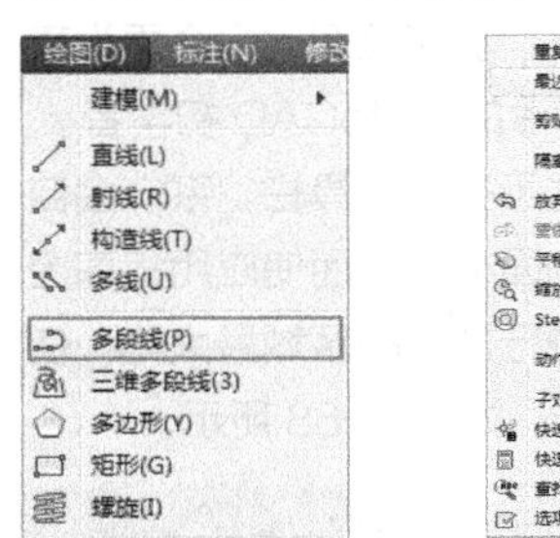

图2-70 菜单栏调用【多段线】命令

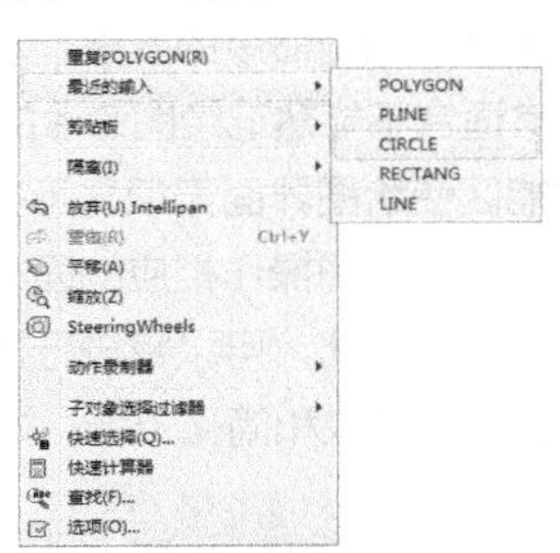

图2-71 右键快捷菜单

5 使用工具栏调用

工具栏调用命令是AutoCAD的经典执行方式，如图2-72所示，也是旧版本AutoCAD最主要的执行方法。但随着时代进步，该种方式也日渐不适合人们的使用需求，因此与菜单栏一样，工具栏也不显示在3个工作空间中，需要通过【工具】|【工具栏】|【AutoCAD】命令调出。单击工具栏中的按钮，即可执行相应的命令。用户可以在其他工作空间绘图，也可以根据实际需要调出工具栏，如UCS、【三维导航】、【建模】、【视图】、【视口】等。

为了获取更多的绘图空间，可以按住快捷键Ctrl+0隐藏工具栏，再按一次即可重新显示。

图2-72 通过AutoCAD工具栏执行命令

2.3.2 命令的重复、撤销与重做

在使用AutoCAD绘图的过程中，难免会需要重复用到某一命令或对某命令进行了误操作，因此有必要了解命令的重复、撤销与重做方面的知识。

1 重复执行命令

在绘图过程中，有时需要重复执行同一个命令，如果每次都重复输入，会使绘图效率大大降低。执行【重复执行】命令有以下几种方法。

◆快捷键：按Enter键或空格键。

◆快捷菜单：单击鼠标右键，在系统弹出的快捷菜单中选择【最近的输入】子菜单，选择需要重复的命令。

◆命令行：MULTIPLE或MUL。

如果用户对绘图效率要求很高，那可以将鼠标右键自定义为重复执行命令的方式。在绘图区的空白处单击鼠标右键，在弹出的快捷菜单中选择【选项】命令，打开【选项】对话框，切换至【用户系统配置】选项卡，单击其中的【自定义右键单击（I）】按钮，打开【自定义右键单击】对话框，勾选两个【重复上一个命令】选项，即可将右键设置为重复执行命令，如图2-73所示。

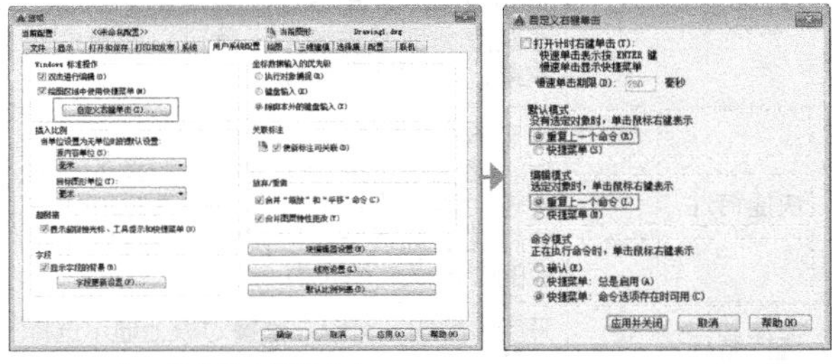

图2-73 使用插件快速翻译文本

2 放弃命令

在绘图过程中，如果执行了错误的操作，此时就需要放弃操作。执行【放弃】命令有以下几种方法。

◆菜单栏：选择【编辑】|【放弃】命令。

◆工具栏：单击【快速访问】工具栏中的【放弃】按钮。

◆命令行：Undo或U。

◆快捷键：Ctrl+Z。

3 重做命令

通过重做命令，可以恢复前一次或者前几次已经放弃执行的操作，重做命令与撤销命令是一对相对的命令。执行【重做】命令有以下几种方法。

◆菜单栏：选择【编辑】|【重做】命令。

◆工具栏：单击【快速访问】工具栏中的【重做】按钮。

◆命令行：REDO。

◆快捷键：Ctrl+Y。

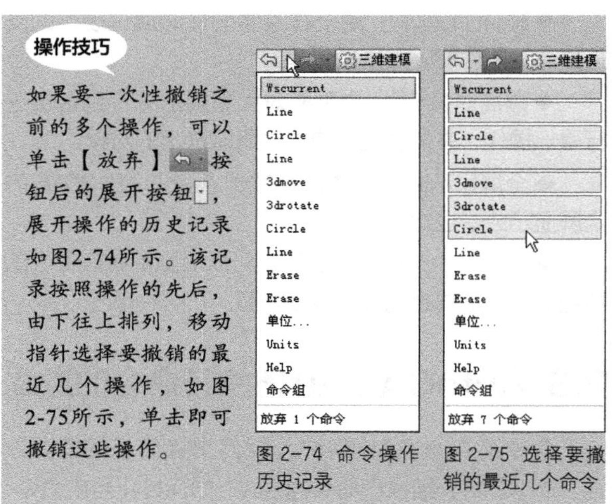

操作技巧
如果要一次性撤销之前的多个操作，可以单击【放弃】按钮后的展开按钮，展开操作的历史记录如图2-74所示。该记录按照操作的先后，由下往上排列，移动指针选择要撤销的最近几个操作，如图2-75所示，单击即可撤销这些操作。

图2-74 命令操作历史记录

图2-75 选择要撤销的最近几个命令

2.3.3 透明命令 ★进阶★

在 AutoCAD 2016 中，有部分命令可以在执行其他命令的过程中嵌套执行，而不必退出其他命令单独执行，这种嵌套的命令就称为透明命令。例如，在执行【圆】命令的过程中，是不可以再去另外执行【矩形】命令的，但可以执行【捕捉】命令来指定圆心，因此【捕捉】命令就可以看作是透明命令。透明命令通常是一些可以查询、改变图形设置或绘图工具的命令，如 GRID、SNAP、OSNAP、ZOOM 等命令。

执行完透明命令后，AutoCAD 自动恢复原来执行的命令。工具栏和状态栏上有些按钮本身就定义成透明使用的，便于在执行其他命令时调用，如【对象捕捉】、【栅格显示】和【动态输入】等。执行【透明】命令有以下几种方法。

◆ 在执行某一命令的过程中，直接通过菜单栏或工具按钮调用该命令。

◆ 在执行某一命令的过程中，在命令行输入单引号，然后输入该命令字符，并按 Enter 键执行该命令。

2.3.4 自定义快捷键

丰富的快捷键功能是 AutoCAD 的一大特点，用户可以修改系统默认的快捷键，或者创建自定义的快捷键。例如，【重做】命令默认的快捷键是 Ctrl+Y，在键盘上这两个键因距离太远而操作不方便，此时可以将其设置为 Ctrl+2。

选择【工具】|【自定义】|【界面】命令，系统弹出【自定义用户界面】对话框，如图 2-76 所示。在左上角的列表框中选择【键盘快捷键】选项，然后在右上角的【快捷方式】列表中找到要定义的命令，双击其对应的主键值并进行修改，如图 2-77 所示。需注意的是，按键定义不能与其他命令重复，否则系统弹出提示信息对话框，如图 2-78 所示。

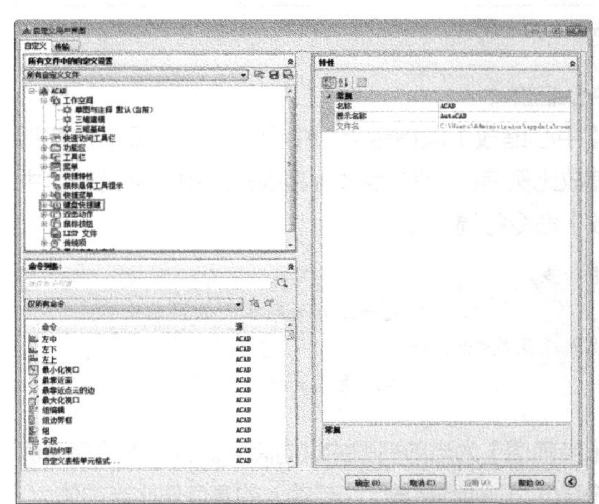

图 2-76 【自定义用户界面】对话框

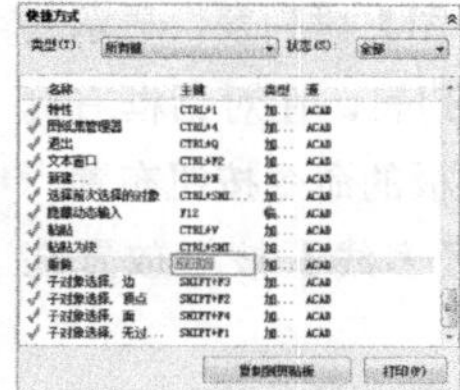

图 2-77 修改【重做】按键

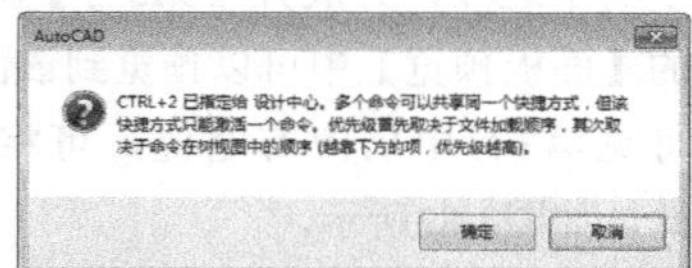

图 2-78 提示对话框

练习 2-4 向功能区面板中添加【多线】按钮

AutoCAD 的功能区面板中并没有显示出所有的可用命令按钮，如绘制墙体的【多线】（MLine）命令在功能区中就没有相应的按钮，这给习惯使用面板按钮的用户带来了不便。因此学会根据需要添加、删除和更改功能区中的命令按钮，就会大大提高我们的绘图效率。

下面以添加【多线】（MLine）命令按钮作讲解。

Step 01 单击功能区【管理】选项卡【自定义设置】面板中的【用户界面】按钮，系统弹出【自定义用户界面】对话框，如图2-79所示。

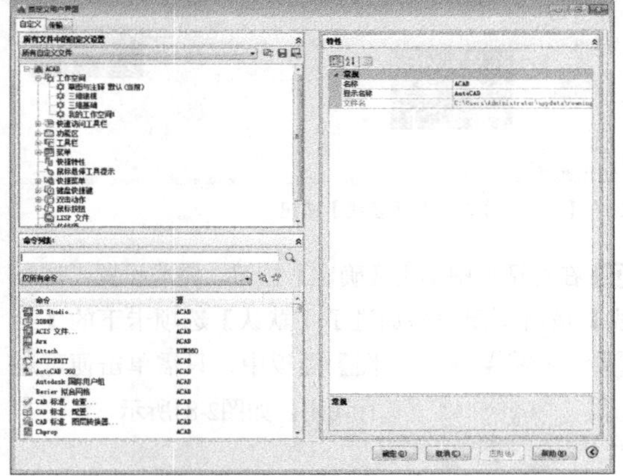

图 2-79 【自定义用户界面】对话框

Step 02 在【所有文件中的自定义设置】选择框中选择【所有自定义文件】下拉选项，依次展开其下的【功能区】|【面板】|【二维常用选项卡-绘图】树列表，如图2-80所示。

Step 03 在【命令列表】选择框中选择【绘图】下拉选项，在【绘图】命令列表中找到【多线】选项，如图2-81所示。

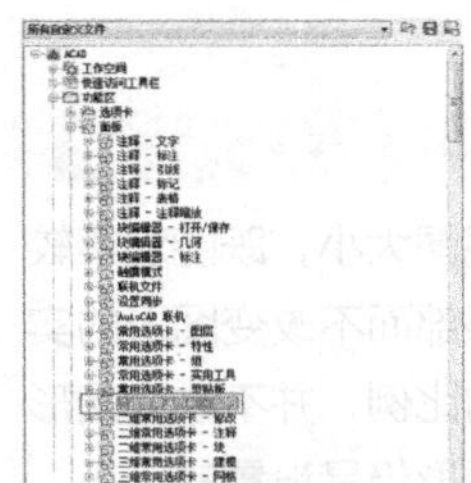

图 2-80 选择要放置命令按钮的位置

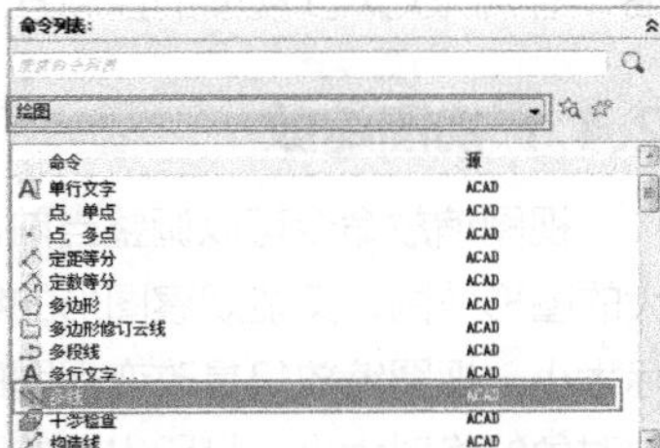

图 2-81 选择要放置的命令按钮

资源下载验证码：52819

Step 04 单击【二维常用选项卡-绘图】树列表，显示其下的子选项，并展开【第3行】树列表，在对话框右侧的【面板预览】中可以预览到该面板的命令按钮布置，可见第3行中仍留有空位，可将【多线】按钮放置在此，如图2-82所示。

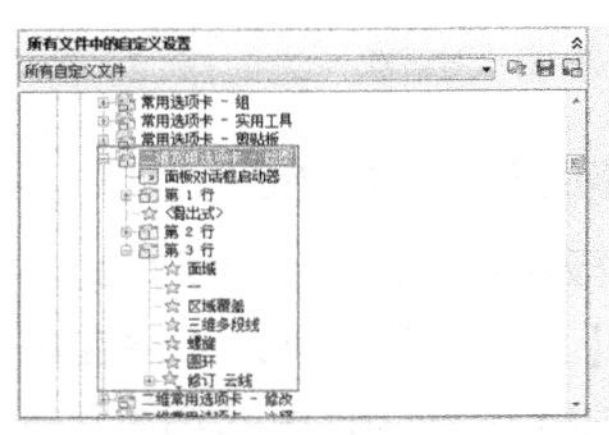

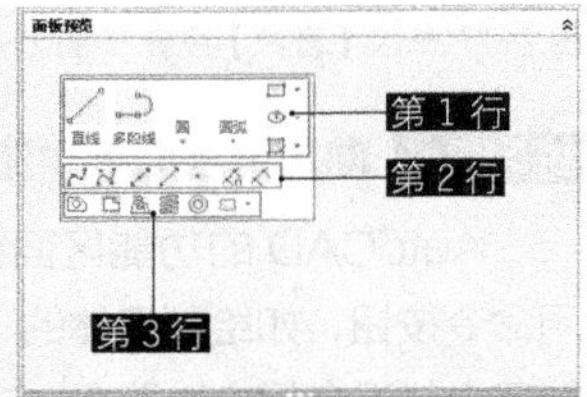

图 2-82 【二维常用选项卡 – 绘图】中的命令按钮布置图

Step 05 点选【多线】选项，并向上拖动至【二维常用选项卡-绘图】树列表下【第3行】树列表中，放置在【修订 云线】命令之下，拖动成功后在【面板预览】的第3行位置处出现【多线】按钮，如图2-83所示。

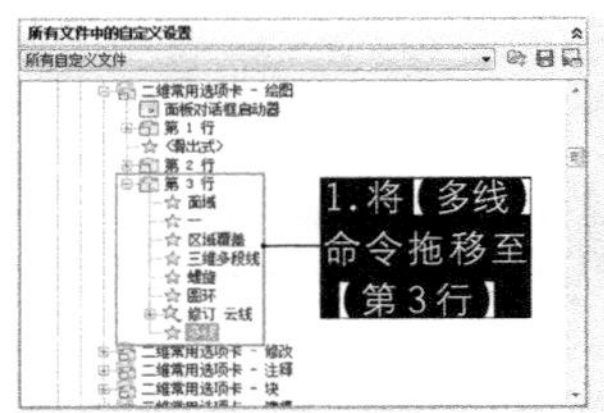

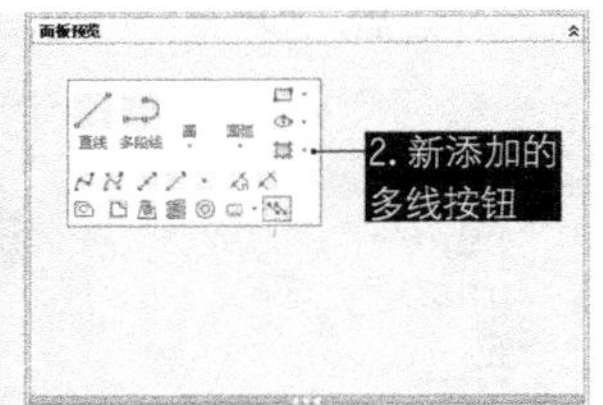

图 2-83 在【第 3 行】中添加【多线】按钮

Step 06 在对话框中单击【确定】按钮，完成设置。这时【多线】按钮便被添加进了【默认】选项卡下的【绘图】面板中，只需单击便可进行调用，如图2-84所示。

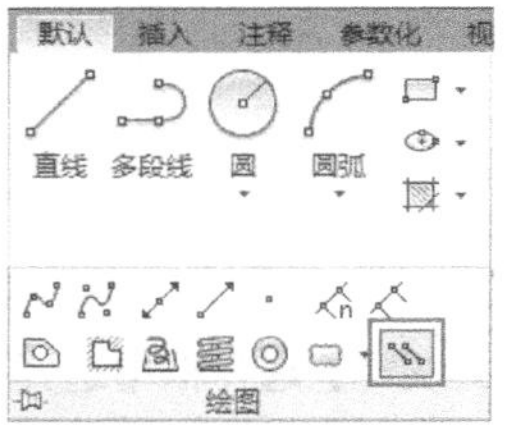

图 2-84 添加至【绘图】面板中的多线按钮

2.4 AutoCAD视图的控制

在绘图过程中，为了更好地观察和绘制图形，通常需要对视图进行平移、缩放、重生成等操作。本节将详细介绍 AutoCAD 视图的控制方法。

2.4.1 视图缩放

视图缩放命令可以调整当前视图大小，既能观察较大的图形范围，又能观察图形的细部而不改变图形的实际大小。视图缩放只是改变视图的比例，并不改变图形中对象的绝对大小，打印出来的图形仍是设置的大小。执行【视图缩放】命令有以下几种方法。

- ◆功能区：在【视图】选项卡中，单击【导航】面板选择视图缩放工具，如图 2-85 所示。
- ◆菜单栏：选择【视图】|【缩放】命令。
- ◆工具栏：单击【缩放】工具栏中的按钮。
- ◆命令行：ZOOM 或 Z。
- ◆快捷操作：滚动鼠标滚轮。

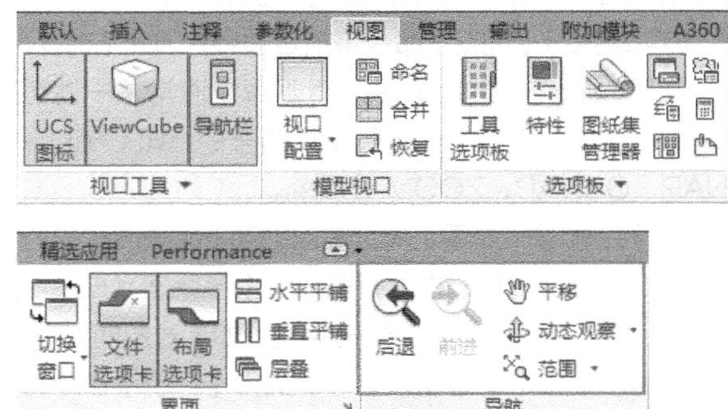

图 2-85 【视图】选项卡中的【导航】面板

执行缩放命令后，命令行提示如下。

```
命令: Z↙                 ZOOM
                         //调用【缩放】命令
指定窗口的角点，输入比例因子 (nX 或 nXP)，或者
[全部(A)/中心(C)/动态(D)/范围(E)/上一个(P)/比例(S)/窗口(W)/对象(O)] <实时>:
```

命令行中各个选项的含义如下。

1 全部缩放

【全部缩放】用于在当前视口中显示整个模型空间界限范围内的所有图形对象（包括绘图界限范围内和范围外的所有对象）和视图辅助工具（例如，栅格），也包含坐标系原点，缩放前后对比效果如图 2-86 所示。

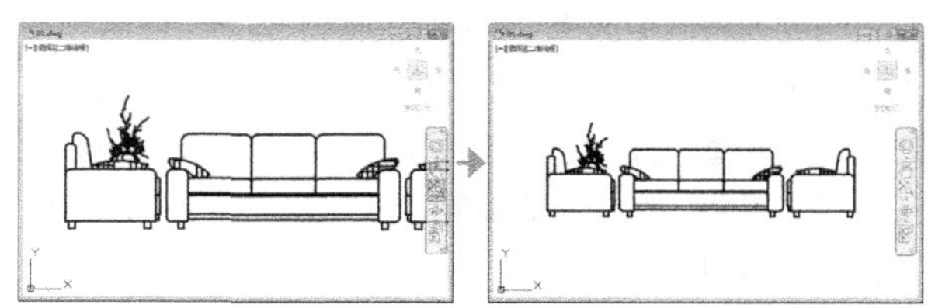

图 2-86 全部缩放效果

2 中心缩放

【中心缩放】以指定点为中心点，整个图形按照指定的缩放比例缩放，缩放点成为新视图的中心点。使用【中心缩放】命令行提示如下。

```
指定中心点:
                         //指定一点作为新视图的显示中心点
输入比例或高度<当前值>:
                         //输入比例或高度
```

【当前值】为当前视图的纵向高度。若输入的高度值比当前值小，则视图将放大；若输入的高度值比当前值大，则视图将缩小。其缩放系数等于“当前窗口高度 / 输入高度"的比值。也可以直接输入缩放系数，或缩放系数后附加字符 X 或 XP。在数值后加 X，表示相对于当前视图进行缩放；在数值后加 XP，表示相对于图纸空间单位进行缩放。

3 动态缩放

【动态缩放】用于对图形进行动态缩放。选择该选项后，绘图区将显示几个不同颜色的方框，拖动鼠标移动方框到要缩放的位置，单击鼠标左键调整大小，最后按 Enter 键即可将方框内的图形最大化显示，如图 2-87 所示。

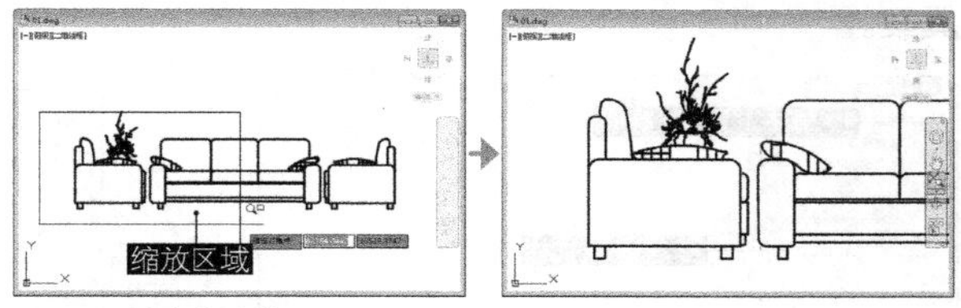

图 2-87 动态缩放效果

4 范围缩放

【范围缩放】使所有图形对象最大化显示，充满整个视口。视图包含已关闭图层上的对象，但不包含冻结图层上的对象。范围缩放仅与图形有关，会使得图形充满整个视口，而不会像全部缩放一样将坐标原点同样计算在内，因此是使用最为频繁的缩放命令。而双击鼠标中键可以快速进行视图范围缩放。

5 缩放上一个

恢复到前一个视图显示的图形状态。

6 比例缩放

【比例缩放】按输入的比例值进行缩放。有 3 种输入方法，如下所述。

◆ 直接输入数值，表示相对于图形界限进行缩放，如输入"2"，则将以原图纸界限的 2 倍进行显示，如图 2-88 所示（栅格为界限）。

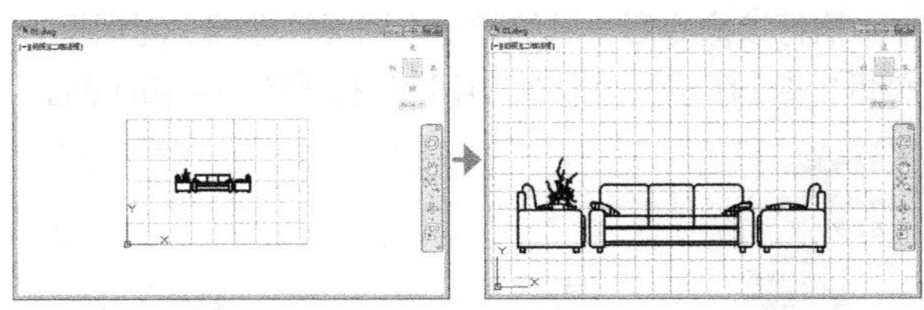

图 2-88 比例缩放输入"2"效果

◆ 在数值后加 X，表示相对于当前视图进行缩放，如输入"2X"，使屏幕上的每个对象显示为原大小的 2 倍，效果如图 2-89 所示。

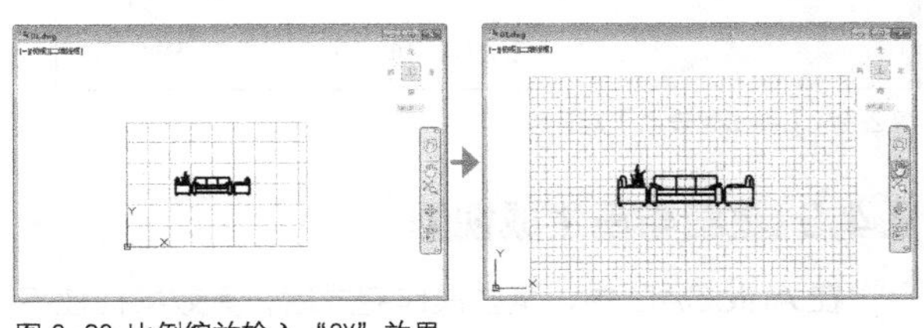

图 2-89 比例缩放输入"2X"效果

◆ 在数值后加 XP，表示相对于图纸空间单位进行缩放，如输入"2XP"，则以图纸空间单位的 2 倍显示模型空间，效果如图 2-90 所示，在创建视口时适合输入不同的比例来显示对象的布局。

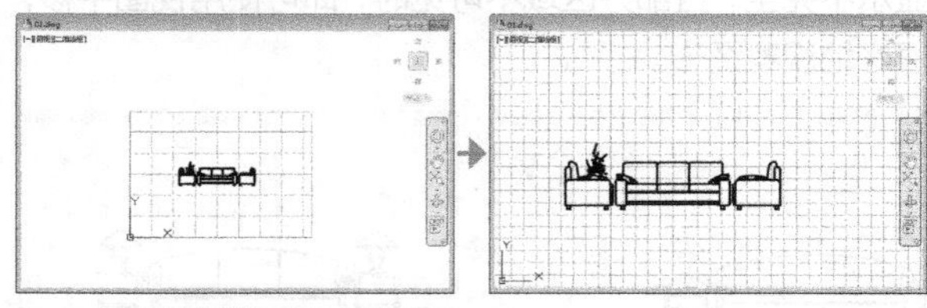

图 2-90 比例缩放输入"2XP"效果

7 窗口缩放

窗口缩放可以将矩形窗口内选择的图形充满当前视窗。

执行完操作后，用光标确定窗口对角点，这两个角点确定了一个矩形框窗口，系统将矩形框窗口内的图形放大至整个屏幕，如图 2-91 所示。

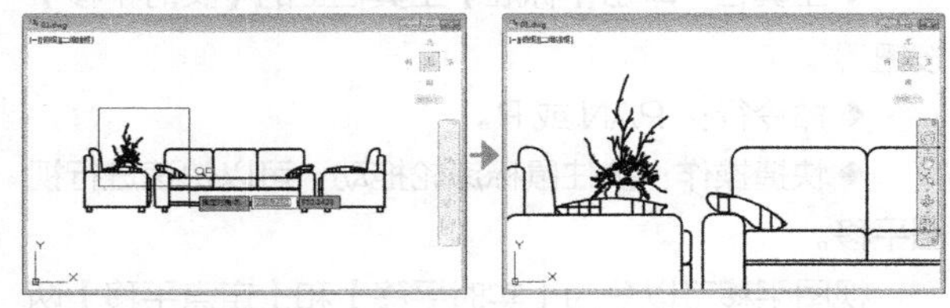

图 2-91 窗口缩放效果

8 缩放对象

该缩放将选择的图形对象最大限度地显示在屏幕上。图 2-92 所示为选择对象缩放前后的对比效果。

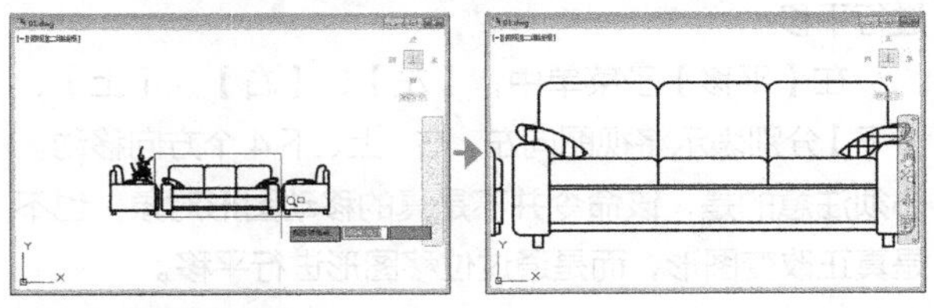

图 2-92 缩放对象效果

9 实时缩放

【实时缩放】为默认选项。执行缩放命令后直接按 Enter 键即可使用该选项。在屏幕上会出现一个形状的光标，按住鼠标左键不放向上或向下移动，即可实现图形的放大或缩小。

10 放大

单击该按钮一次，视图中的实体显示比当前视图大 1 倍。

11 缩小

单击该按钮一次，视图中的实体显示是当前视图的 50%。

2.4.2 视图平移

视图平移不改变视图的大小和角度，只改变其位置，以便观察图形其他的组成部分，如图2-93所示。图形显示不完全，且部分区域不可见时，即可使用视图平移，很好地观察图形。

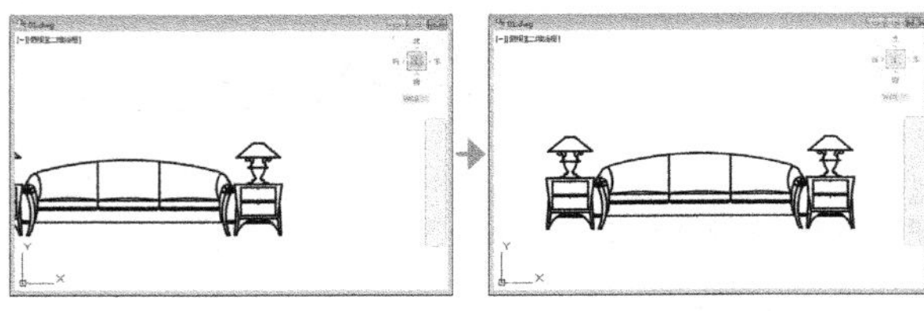

图2-93 视图平移效果

执行【平移】命令有以下几种方法。

◆功能区：单击【视图】选项卡中【导航】面板的【平移】按钮。

◆菜单栏：选择【视图】|【平移】命令。

◆工具栏：单击【标准】工具栏上的【实时平移】按钮。

◆命令行：PAN或P。

◆快捷操作：按住鼠标滚轮拖动，可以快速进行视图平移。

视图平移可以分为【实时平移】和【定点平移】两种，其含义如下。

◆实时平移：光标形状变为手形，按住鼠标左键拖曳可以使图形的显示位置随鼠标向同一方向移动。

◆定点平移：通过指定平移起始点和目标点的方式进行平移。

在【平移】子菜单中，【左】、【右】、【上】、【下】分别表示将视图向左、右、上、下4个方向移动。必须注意的是，该命令并不是真的移动图形对象，也不是真正改变图形，而是通过位移图形进行平移。

2.4.3 使用导航栏

导航栏是一种用户界面元素，是一个视图控制集成工具，用户可以从中访问通用导航工具和特定于产品的导航工具。单击视口左上角的“[-]”标签，在弹出的菜单中选择【导航栏】选项，可以控制导航栏是否在视口中显示，如图2-94所示。

导航栏中有以下各项通用导航工具。

◆ViewCube：指示模型的当前方向，并用于重定向模型的当前视图。

◆SteeringWheels：用于在专用导航工具之间快速切换的控制盘集合。

◆ShowMotion：用户界面元素，为创建和回放电影式相机动画提供屏幕显示，以便进行设计查看、演示和书签样式导航。

◆3Dconnexion：一套导航工具，用于使用3Dconnexion三维鼠标重新设置模型当前视图的方向。

导航栏中有以下特定于产品的导航工具，如图2-95所示。

◆平移：沿屏幕平移视图。

◆缩放工具：用于增大或减小模型的当前视图比例的导航工具集。

◆动态观察工具：用于旋转模型当前视图的导航工具集。

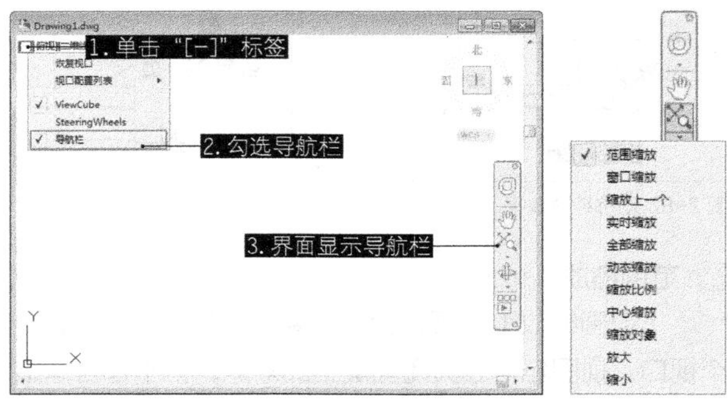

图2-94 使用导航栏

图2-95 导航工具

2.4.4 命名视图 ★进阶★

命名视图是指将某些视图命名并保存，供以后随时调用，一般在三维建模中使用。执行【命名视图】命令有以下几种方法。

◆功能区：单击【视图】面板中的【视图管理器】按钮。

◆菜单栏：选择【视图】|【命名视图】命令。

◆工具栏：单击【视图】工具栏中的【命名视图】按钮。

◆命令行：VIEW或V。

执行该命令后，系统弹出【视图管理器】对话框，如图2-96所示，可以在其中进行视图的命名和保存。

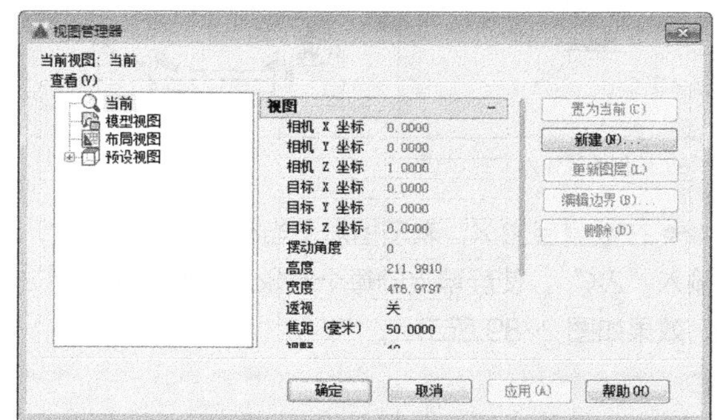

图2-96 【视图管理器】对话框

2.4.5 重画与重生成视图

在AutoCAD中，某些操作完成后，其效果往往不会立即显示出来，或者在屏幕上留下绘图的痕迹与标记。因此，需要通过刷新视图重新生成当前图形，以观察到最新的编辑效果。

视图刷新的命令主要有两个：【重画】命令和【重生成】命令。这两个命令都是自动完成的，不需要输入任何参数，也没有可选选项。

1 重画视图

AutoCAD 常用数据库以浮点数据的形式储存图形对象的信息，浮点格式精度高，但计算时间长。AutoCAD 重生成对象时，需要把浮点数值转换为适当的屏幕坐标。因此对于复杂图形，重新生成需要花很长的时间。为此软件提供了【重画】这种速度较快的刷新命令。重画只刷新屏幕显示，因而生成图形的速度更快。执行【重画】命令有以下几种方法。

◆菜单栏：选择【视图】|【重画】命令。

◆命令行：REDRAWALL 或 RADRAW 或 RA。

在命令行中输入 REDRAW 并按 Enter 键，将从当前视口中删除编辑命令留下来的点标记；而输入 REDRAWWALL 并按 Enter 键，将从所有视口中删除编辑命令留下来的点标记。

2 重生成视图

AutoCAD 使用时间太久或者图纸中内容太多，有时就会影响到图形的显示效果，让图形变得很粗糙，这时就可以用到【重生成】命令来恢复。【重生成】命令不仅重新计算当前视图中所有对象的屏幕坐标，并重新生成整个图形，还重新建立图形数据库索引，从而优化显示和对象选择的性能。执行【重生成】命令有以下几种方法。

◆菜单栏：选择【视图】|【重生成】命令。

◆命令行：REGEN 或 RE。

【重生成】命令仅对当前视图范围内的图形执行重生成，如果要对整个图形执行重生成，可选择【视图】|【全部重生成】命令。重生成的效果如图 2-97 所示。

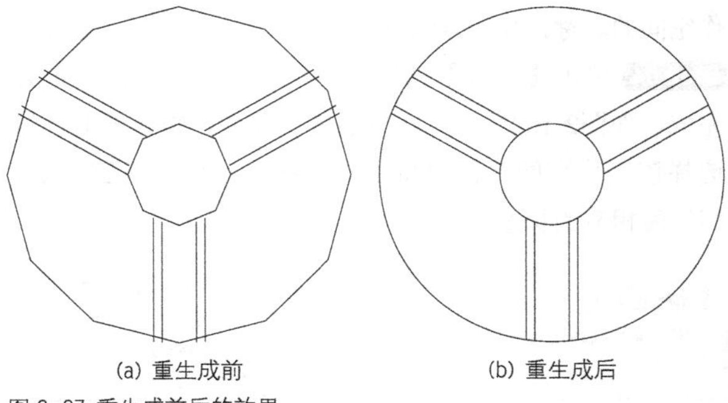

(a) 重生成前　　(b) 重生成后

图 2-97 重生成前后的效果

2.5 AutoCAD 2016工作空间

中文版 AutoCAD 2016 为用户提供了【草图与注释】、【三维基础】以及【三维建模】3 种工作空间。选择不同的空间可以进行不同的操作，例如，在【三维建模】工作空间下，可以方便地进行更复杂的三维建模为主的绘图操作。

2.5.1 【草图与注释】工作空间 ★重点★

AutoCAD 2016 默认的工作空间为【草图与注释】空间。其界面主要由【应用程序】按钮、功能区选项板、快速访问工具栏、绘图区、命令行窗口和状态栏等元素组成。在该空间中，可以方便地使用【默认】选项卡中的【绘图】、【修改】、【图层】、【注释】、【块】和【特性】等面板绘制和编辑二维图形，如图 2-98 所示。

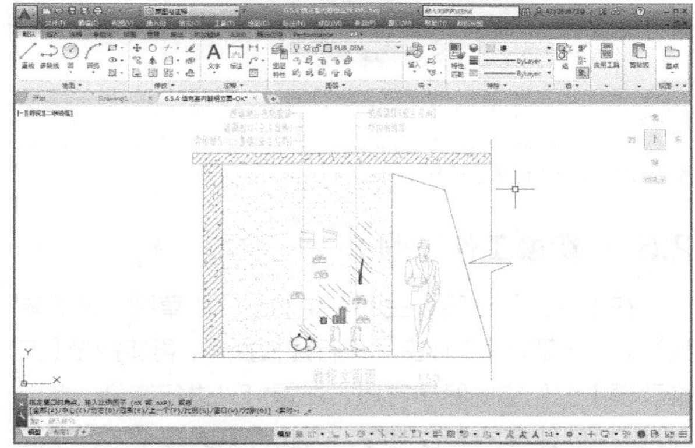

图 2-98 【草图与注释】工作空间

2.5.2 【三维基础】工作空间

【三维基础】空间与【草图与注释】工作空间类似，但【三维基础】空间功能区包含的是基本的三维建模工具，如各种常用的三维建模、布尔运算及三维编辑工具按钮，能够非常方便地创建简单的基本三维模型，如图 2-99 所示。

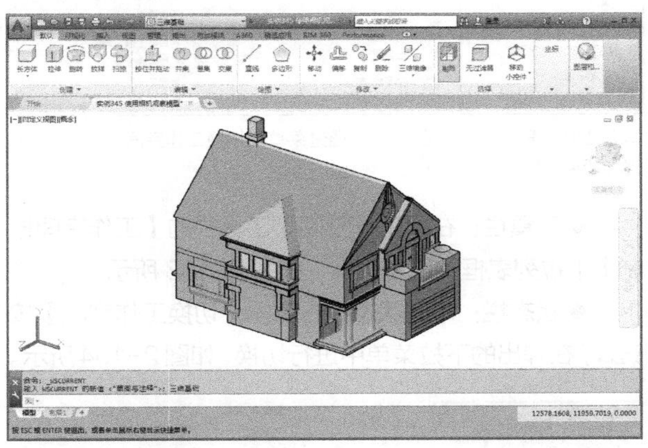

图 2-99 【三维基础】工作空间

2.5.3 【三维建模】工作空间

【三维建模】空间界面与【三维基础】空间界面较

相似，但功能区包含的工具有较大差异。其功能区选项卡中集中了实体、曲面和网格的多种建模和编辑命令，以及视觉样式、渲染等模型显示工具，为绘制和观察三维图形、附加材质、创建动画、设置光源等操作提供了非常便利的环境，如图 2-100 所示。

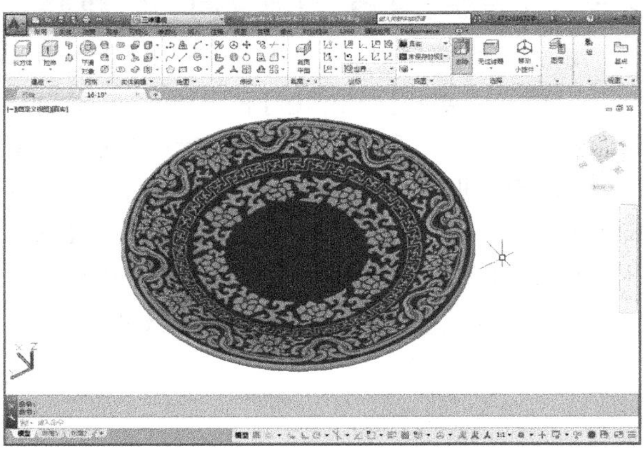

图 2-100 【三维建模】工作空间

2.5.4 切换工作空间

在【草图与注释】空间中绘制出二维草图，然后转换至【三维基础】工作空间进行建模操作，再转换至【三维建模】工作空间赋予材质、布置灯光进行渲染，此即 AutoCAD 建模的大致流程，因此可见这 3 个工作空间是互为补充的。而切换工作空间则有以下几种方法。

◆ 快速访问工具栏：单击快速访问工具栏中的【切换工作空间】下拉按钮，在弹出的下拉列表中进行切换，如图 2-101 所示。

◆ 菜单栏：选择【工具】|【工作空间】命令，在子菜单中进行切换，如图 2-102 所示。

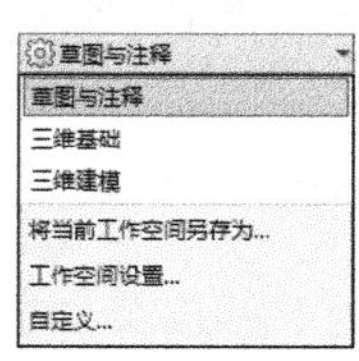

图 2-101 通过下拉列表切换工作空间

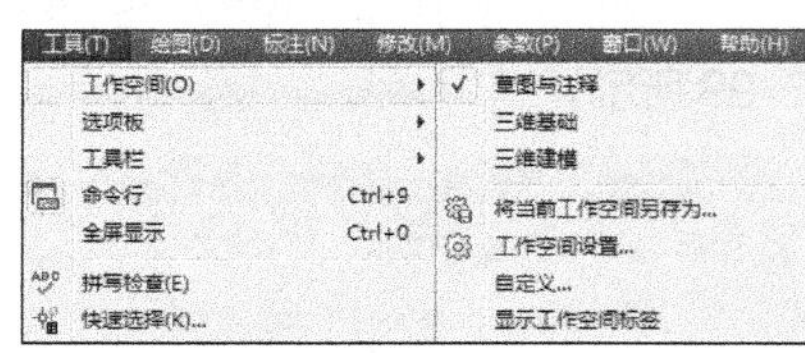

图 2-102 通过菜单栏切换工作空间

◆ 工具栏：在【工作空间】工具栏的【工作空间控制】下拉列表框中进行切换，如图 2-103 所示。

◆ 状态栏：单击状态栏右侧的【切换工作空间】按钮，在弹出的下拉菜单中进行切换，如图 2-104 所示。

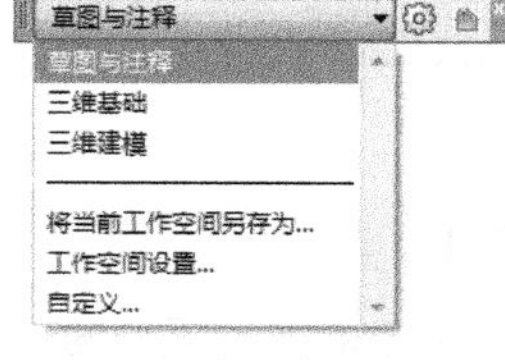

图 2-103 通过工具栏切换工作空间

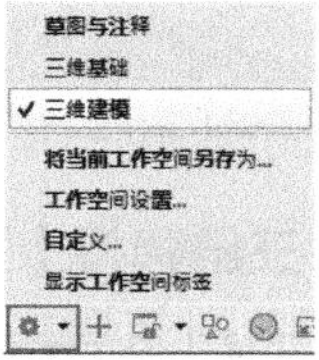

图 2-104 通过状态栏切换工作空间

练习 2-5 创建个性化的工作空间

除以上提到的 3 个基本工作空间外，根据绘图的需要，用户还可以自定义自己的个性空间（如【练习 2-4】中含有【多线】按钮的工作空间），并将其保存在工作空间列表中，以备工作时随时调用。

Step 01 启动AutoCAD 2016，将工作界面按自己的偏好进行设置，如在【绘图】面板中增加【多线】按钮，如图2-105所示。

Step 02 选择【快速访问】工具栏工作空间类表框中的【将当前空间另存为】选项，如图2-106所示。

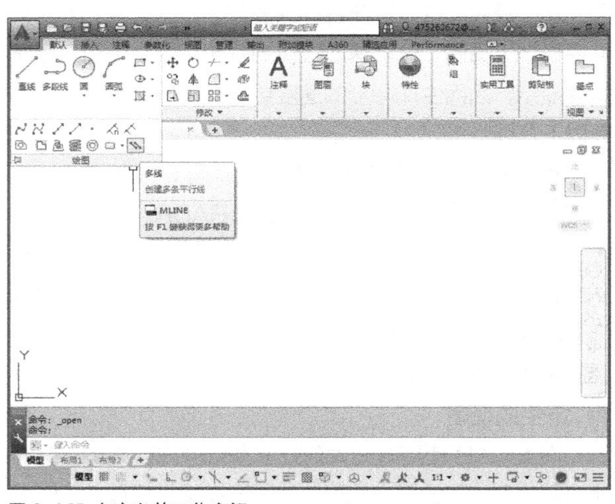

图 2-105 自定义的工作空间

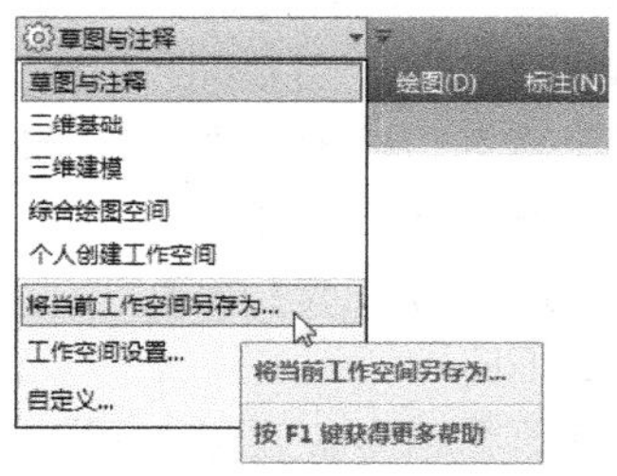

图 2-106 工作空间列表框

Step 03 系统弹出【保存工作空间】对话框，输入新工作空间的名称，如图2-107所示。

Step 04 单击【保存】按钮，自定义的工作空间即创建完成，如图2-108所示。在以后的工作中，可以随时通过选择该工作空间，快速将工作界面切换为相应的状态。

图 2-107 【保存工作空间】对话框

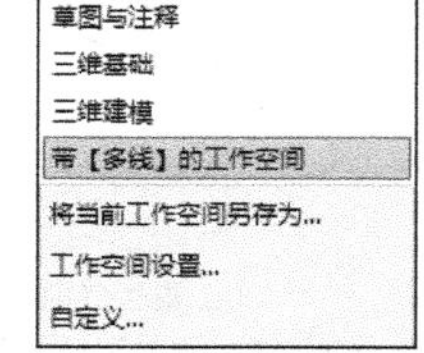

图 2-108 工作空间列表框

2.5.5 工作空间设置

通过【工作空间设置】可以修改 AutoCAD 默认的

工作空间。这样做的好处就是能将用户自定义的工作空间设为默认，这样在启动 AutoCAD 后即可快速工作，无须再进行切换。

执行【工作空间设置】的方法与切换工作空间一致，只需在列表框中选择【工作空间设置】选项即可。选择之后弹出【工作空间设置】对话框，如图 2-109 所示。在【我的工作空间（M）=】下拉列表中选择要设置为默认的工作空间，即可将该空间设置为 AutoCAD 启动后的初始空间。

不需要的工作空间，可以将其在工作空间列表中删除。选择工作空间列表框中的【自定义】选项，打开【自定义用户界面】对话框，在不需要的工作空间名称上单击鼠标右键，在弹出的快捷菜单中选择【删除】选项，即可删除不需要的工作空间，如图 2-110 所示。

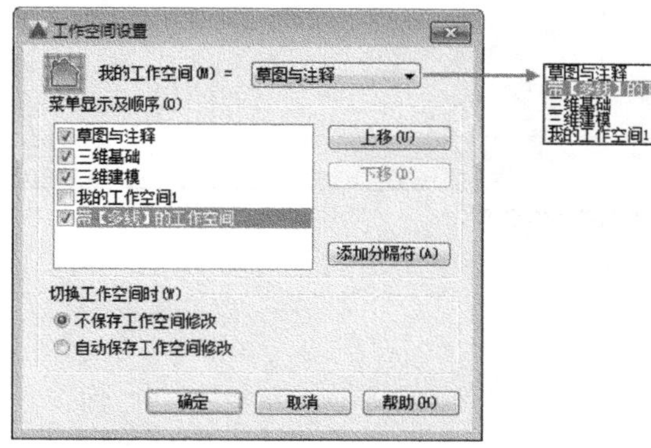

图 2-109 【工作空间设置】对话框

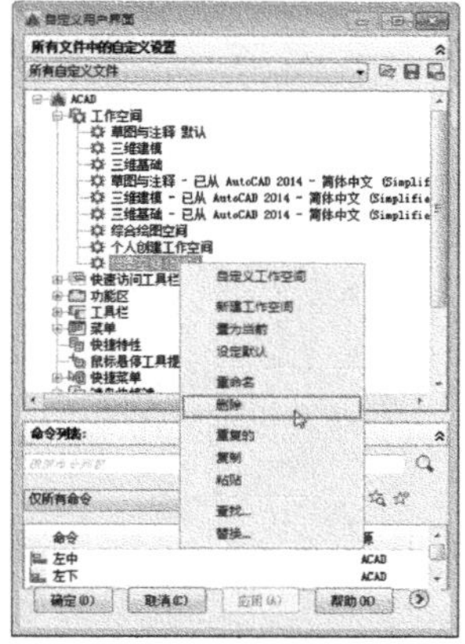

图 2-110 删除不需要的工作空间

练习 2-6 创建带【工具栏】的经典工作空间

从 2015 版本开始，AutoCAD 取消了【经典工作空间】的界面设置，结束了长达十余年之久的工具栏命令操作方式。但对于一些有基础的用户来说，相较于 2016，他们更习惯于 2005、2008、2012 等经典版本的工作界面，也习惯于使用工具栏来调用命令，如图 2-111 所示。

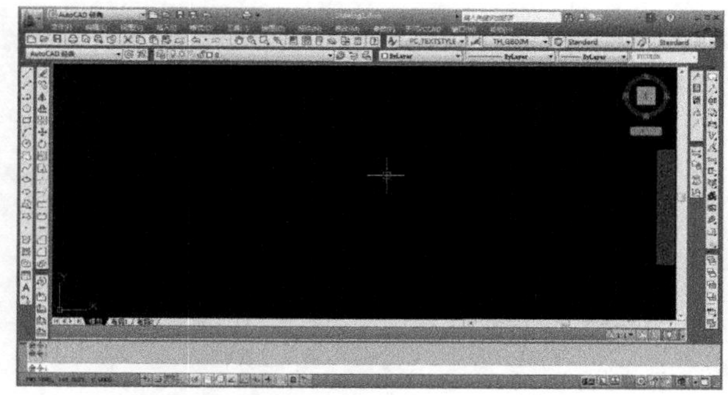

图 2-111 旧版本 AutoCAD 的经典空间

在 AutoCAD 2016 中，仍然可以通过设置工作空间的方式，创建出符合自己操作习惯的经典界面，方法如下。

Step 01 单击快速访问工具栏中的【切换工作空间】下拉按钮，在弹出的下拉列表中选择【自定义】选项，如图2-112所示。

Step 02 系统自动打开【自定义用户界面】对话框，然后选择【工作空间】选项，单击鼠标右键，在弹出的快捷菜单中选择【新建工作空间】选项，如图2-113所示。

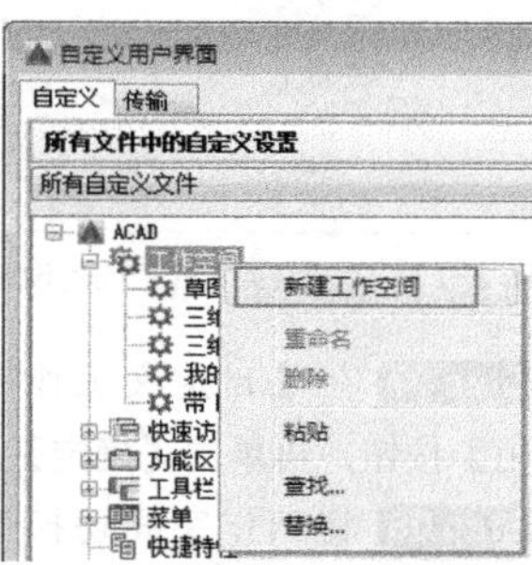

图 2-112 选择【自定义】选项　图 2-113 新建工作空间

Step 03 在【工作空间】列表中新添加了一个工作空间，将其命名为【经典工作空间】，然后单击对话框右侧【工作空间内容】区域中的【自定义工作空间】按钮，如图2-114所示。

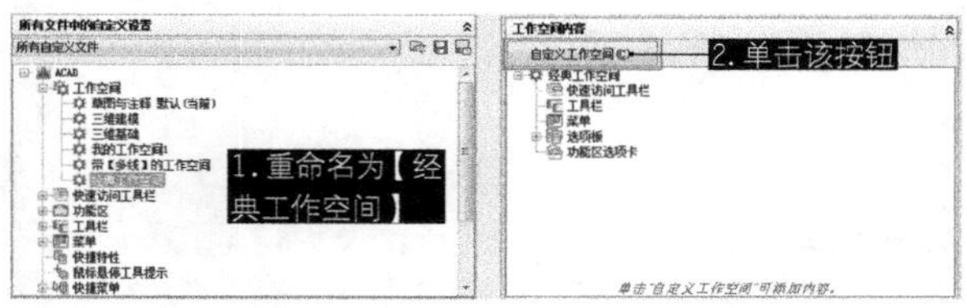

图 2-114 命名经典工作空间

Step 04 返回对话框左侧【所有自定义文件】区域，单击⊞按钮展开【工具栏】树列表，依次勾选其中的【标注】、【绘图】、【修改】、【标准】、【样式】、【图层】、【特性】等7个工具栏，即旧版本AutoCAD中的经典工具栏，如图2-115所示。

Step 05 再返回勾选上一级的整个【菜单栏】与【快速访问工具栏】下的【快速访问工具栏1】选项，如图2-116所示。

图 2-115 勾选 7 个经典工具栏

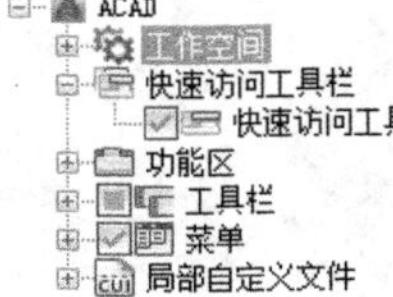

图 2-116 勾选菜单栏与快速访问工具栏

Step 06 在对话框右侧的【工作空间内容】区域中已经可以预览到该工作空间的结构，确定无误后单击其上方的【完成】按钮，如图2-117所示。

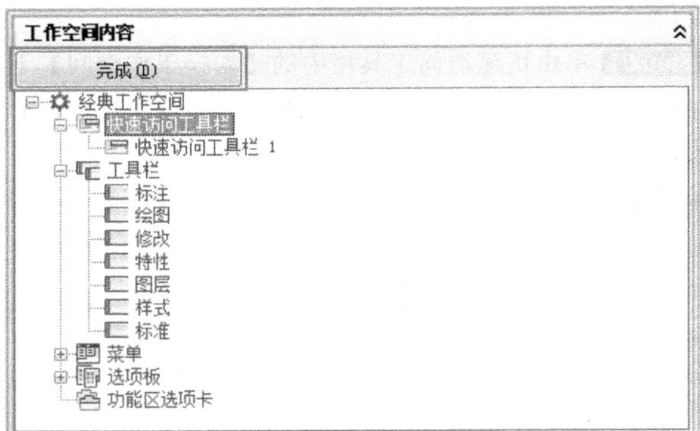

图 2-117 完成经典工作空间的设置

Step 07 在【自定义工作界面】对话框中先单击【应用】按钮，再单击【确定】按钮，退出该对话框。

Step 08 将工作空间切换至刚刚创建的【经典工作空间】，效果如图2-118所示。

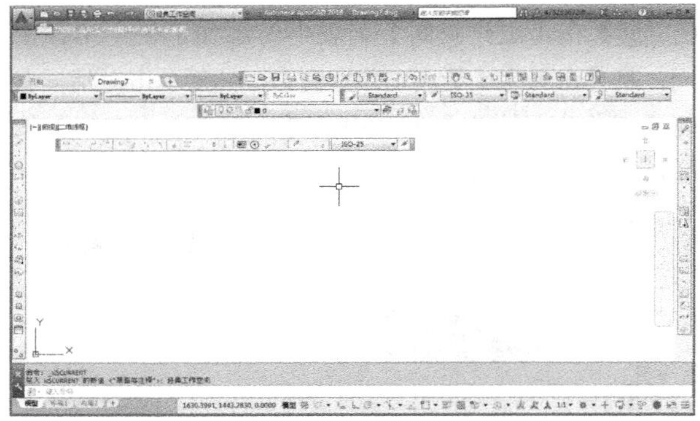

图 2-118 创建的经典工作空间

Step 09 可见在原来的【功能区】区域已经消失，但仍空出了一大块，影响界面效果。可以在该处右击鼠标，在弹出的快捷菜单中选择【关闭】选项，即可关闭【功能区】显示，如图2-119所示。

图 2-119 创建的经典工作空间

Step 10 将各工具栏拖移到合适的位置，最终效果如图2-120所示，保存该工作空间后即可随时启用。

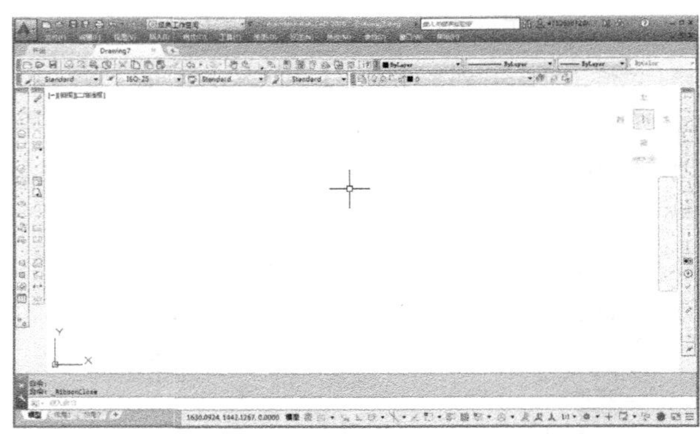

图 2-120 经典工作空间

第 3 章 文件管理

文件管理是管理 AutoCAD 文件。在深入学习 AutoCAD 绘图之前，本章首先介绍 AutoCAD 文件的管理、样板文件、文件的输出及文件的备份与修复等基本知识，使读者对 AutoCAD 文件的管理有一个全面的了解和认识，为快速运用该软件打下坚实的基础。

3.1 AutoCAD文件的管理

文件管理是软件操作的基础，在 AutoCAD 2016 中，图形文件的基本操作包括新建文件、打开文件、保存文件、查找文件和输出文件等。

3.1.1 AutoCAD 文件的主要格式

AutoCAD 能直接保存和打开的主要有以下 4 种格式：【.dwg】、【.dws】、【.dwt】和【.dxf】，分别介绍如下。

◆【.dwg】：dwg 文件是 AutoCAD 的默认图形文件，是二维或三维图形文件。如果另一个应用程序需要使用该文件信息，则可以通过输出将其转换为其他的特定格式，详见本章的“3.3 文件的输出”一节。

◆【.dws】：dws 文件被称为标准文件，里面保存了图层、标注样式、线型、文字样式。当设计单位要实行图纸标准化，对图纸的图层、标注、文字、线型有非常明确的要求时就可以使用 dws 标准文件。此外，为了保护自己的文档，可以将图形用 dws 的格式保存，dws 格式的文档，只能查看，不能修改。

◆【.dwt】：dwt 是 AutoCAD 模板文件，保存了一些图形设置和常用对象（如标题框和文本），详见本章的“3.4 样板文件”。

◆【.dxf】：dxf 文件是包含图形信息的文本文件，其他的 CAD 系统（如 UG、Creo、Solidworks）可以读取文件中的信息。因此可以用 dxf 格式保存 AutoCAD 图形，使其在其他绘图软件中打开。

其他几种与 AutoCAD 有关的格式介绍如下。

◆【.dwl】：dwl 是与 AutoCAD 文档 dwg 相关的一种格式，意为被锁文档（其中 L=Lock）。其实这是早期 AutoCAD 版本软件的一种生成文件，当 AutoCAD 非法退出的时候容易自动生成与 dwg 文件名同名但扩展名为 dwl 的被锁文件。一旦生成这个文件，则原来的 dwg 文件将无法打开，必须手动删除该文件才可以恢复打开 dwg 文件。

◆【.sat】：即 ACIS 文件，可以将某些对象类型输出到 ASCII（SAT）格式的 ACIS 文件中。可将代表剪过的 NURBS 曲面、面域和实体的 ShapeManager 对象输出到 ASCII(SAT) 格式的 ACIS 文件中。

◆【.3ds】：即 3D Studio（3DS）的文件。3DS OUT 仅输出具有表面特征的对象，即输出的直线或圆弧的厚度不能为零。宽线或多段线的宽度或厚度不能为零。园、多边形网格和多面始终可以输出。实体和三维面必须至少有 3 个唯一顶点。如果必要，可将几何图形在输出时网格化。在使用 3DSOUT 之前，必须将 AME（高级建模扩展）和 AutoSurf 对象转换为网格。3DSOUT 将命名视图转换为 3D Studio 相机，并将相片级光跟踪光源转换为最接近的 3D Studio 等效对象：点光源变为泛光光源，聚光灯和平行光变为 3D Studio 聚光灯。

◆【.stl】：即平板印刷文件，可以使用与平板印刷设备（SLA）兼容的文件格式写入实体对象。实体数据以三角形网格面的形式转换为 SLA。SLA 工作站使用该数据来定义代表部件的一系列图层。

◆WIMF：WIMF 文件在许多 Windows 应用程序中使用。WIMF（Windows 图文文件格式）文件包含矢量图形或光栅图形格式，但只在矢量图形中创建 WIMF 文件。矢量格式与其他格式相比，能实现更快的平移和缩放。

◆光栅文件：可以为图形中的对象创建与设备无关的光栅图像。可以使用若干命令将对象输出到与设备无关的光栅图像中，光栅图像的格式可以是位图、JPEG、TIFF 和 PNG。某些文件格式在创建时即为压缩形式，如 JPEG 格式。压缩文件占有较少的磁盘空间，但有些应用程序可能无法读取这些文件。

◆PostScript 文件：可以将图形文件转换为 PostScript 文件，很多桌面发布应用程序都使用该文件格式。将图形转换为 PostScript 格式后，也可以使用 PostScript 字体。

3.1.2 新建文件

启动 AutoCAD 2016 后，系统将自动新建一个名为“Drawing1.dwg”的图形文件，该图形文件默认以 acadiso.dwt 为样板创建。如果用户需要绘制一个新的图形，则需要使用【新建】命令。启动【新建】命令有以下几种方法。

◆ 应用程序按钮：单击【应用程序】按钮，在下拉菜单中选择【新建】命令，如图 3-1 所示。

◆ 快速访问工具栏：单击【快速访问】工具栏中的【新建】按钮。

◆ 菜单栏：执行【文件】|【新建】命令。

◆ 标签栏：单击标签栏上的按钮。

◆ 命令行：NEW 或 QNEW。

◆ 快捷键：Ctrl+N。

用户可以根据绘图需要，在对话框中选择打开不同的绘图样板，即可以样板文件创建一个新的图形文件。单击【打开】按钮旁的下拉菜单，可以选择打开样板文件的方式，共有【打开】、【无样板打开 - 英制（I）】、【无样板打开 - 公制（M）】3 种方式，如图 3-2 所示。通常选择默认的【打开】方式。

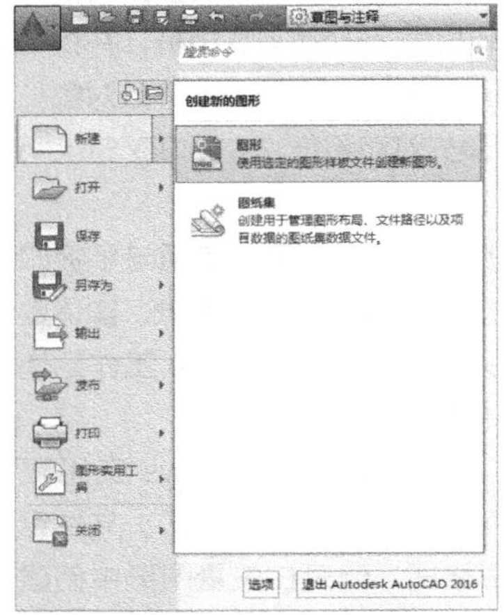

图 3-1 【应用程序】按钮新建文件

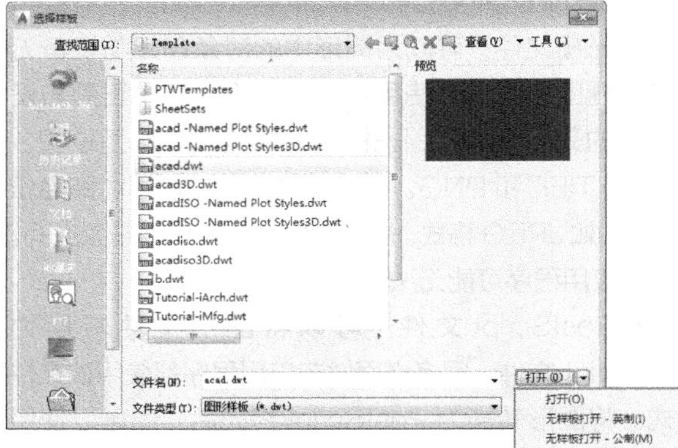

图 3-2 【选择样板】对话框

3.1.3 打开文件

AutoCAD 文件的打开方式有很多种，启动【打开】命令有以下几种方法。

◆ 应用程序按钮：单击【应用程序】按钮，在弹出的快捷菜单中选择【打开】命令。

◆ 快速访问工具栏：单击【快速访问】工具栏中的【打开】按钮。

◆ 菜单栏：执行【文件】|【打开】命令。

◆ 标签栏：在标签栏的空白位置单击鼠标右键，在弹出的快捷菜单中选择【打开】命令。

◆ 命令行：OPEN 或 QOPEN。

◆ 快捷键：Ctrl+O。

◆ 快捷方式：直接双击要打开的 .dwg 图形文件。

执行以上操作都会弹出【选择文件】对话框，该对话框用于选择已有的 AutoCAD 图形，单击【打开】按钮后的三角下拉按钮，在弹出的下拉菜单中可以选择不同的打开方式，如图 3-3 所示。

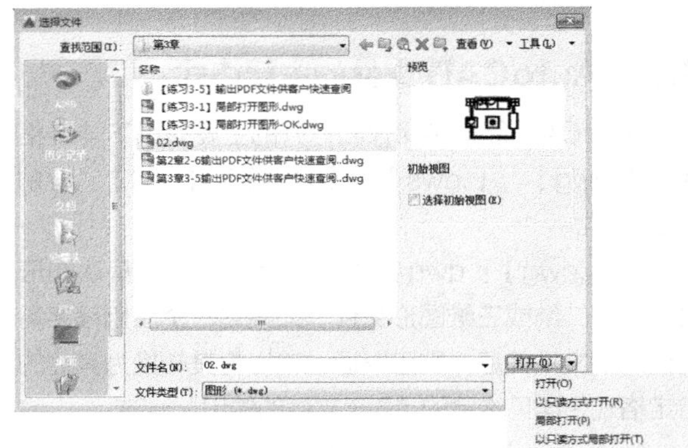

图 3-3 【选择文件】对话框

对话框中的各选项含义说明如下。

◆【打开】：直接打开图形，可对图形进行编辑、修改。

◆【以只读方式打开】：打开图形后仅能观察图形，无法进行修改与编辑。

◆【局部打开】：【局部打开】命令允许用户只处理图形的某一部分，只加载指定视图或图层的几何图形。

◆【以只读方式局部打开】：局部打开的图形无法被编辑修改，只能观察。

练习 3-1 局部打开图形

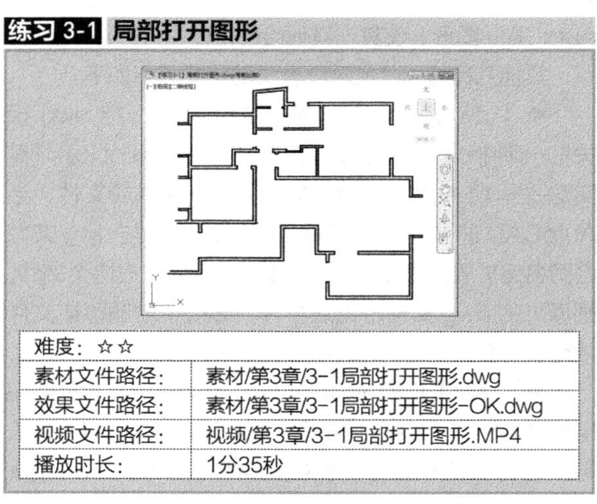

难度：☆☆	
素材文件路径：	素材/第3章/3-1局部打开图形.dwg
效果文件路径：	素材/第3章/3-1局部打开图形-OK.dwg
视频文件路径：	视频/第3章/3-1局部打开图形.MP4
播放时长：	1分35秒

素材图形完整打开的效果如图 3-4 所示。本例使用【局部打开】命令即只处理图形的某一部分，只加载素材文件中指定视图或图层上的几何图形。当处理大型图形文件时，可以选择在打开图形时需要加载的尽可能少的几何图形，指定的几何图形和命名对象包括：块（Block）、图层（Layer）、标注样式（DimensionStyle）、线型（Linetype）、布局（Layout）、文字样式（TextStyle）、视口配置（Viewports）、用户坐标系（UCS）及视图（View）等，操作步骤如下。

Step 01 定位至要局部打开的素材文件，然后单击【选择文件】对话框中【打开】按钮后的三角下拉按钮，在弹出的下拉菜单中，选择其中的【局部打开】选项，如图3-5所示。

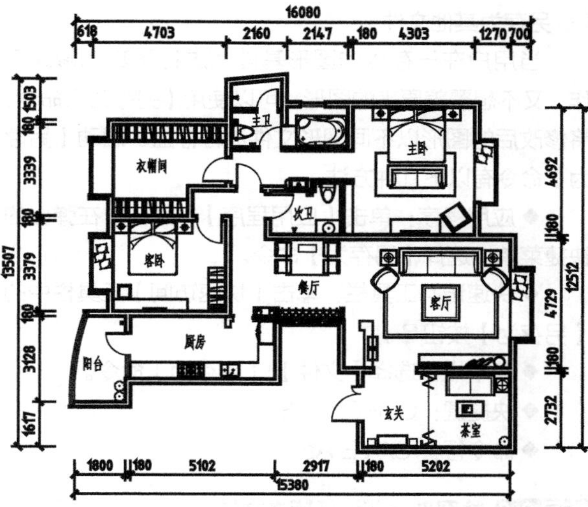

图 3-4 完整打开的素材图形

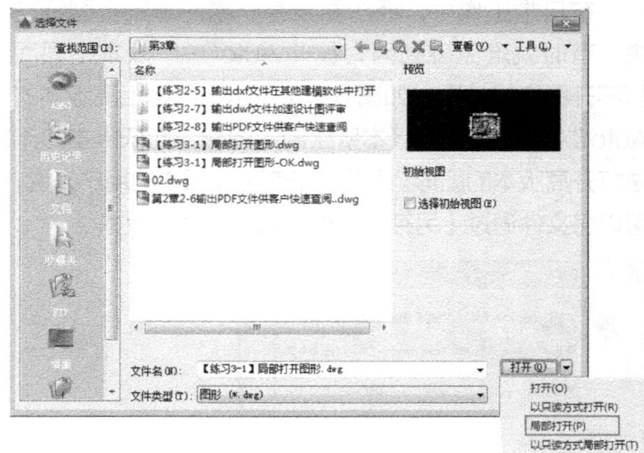

图 3-5 选择【局部打开】命令

Step 02 接着系统弹出【局部打开】对话框，在【要加载几何图形的图层】列表框中勾选需要局部打开的图层名，如【QT-000墙体】，如图3-6所示。

Step 03 单击【打开】按钮，即可打开仅包含【QT-000墙体】图层的图形对象，同时文件名后添加有“（局部加载）”文字，如图3-7所示。

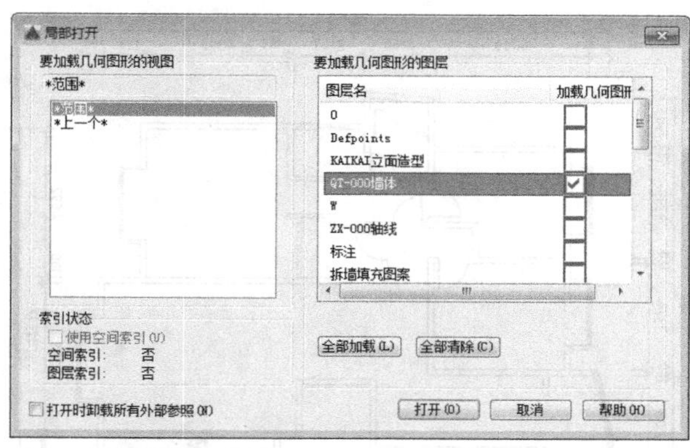

图 3-6 【局部打开】对话框

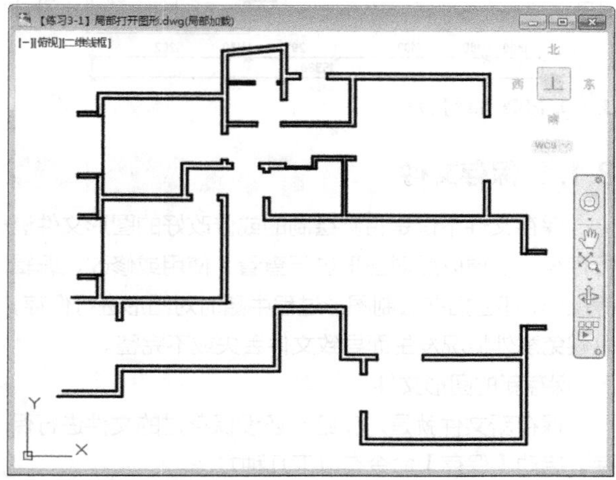

图 3-7 【局部打开】效果

Step 04 对于局部打开的图形，用户还可以通过【局部加载】将其他未载入的几何图形补充进来。在命令行输入【PartialLoad】并按Enter键，系统弹出【局部加载】对话框，与【局部打开】对话框的主要区别是可通过【拾取窗口】按钮划定区域放置视图，如图3-8所示。

Step 05 勾选需要加载的选项，如【标注】和【门窗】，单击【局部加载】对话框中的【确定】按钮，即可得到加载效果如图3-9所示。

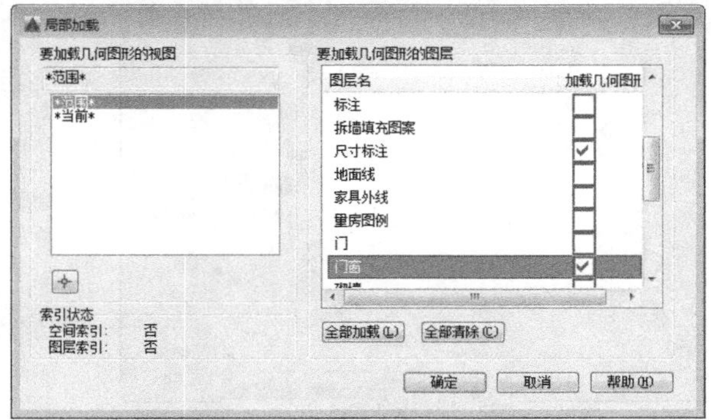

图 3-8 【局部加载】对话框

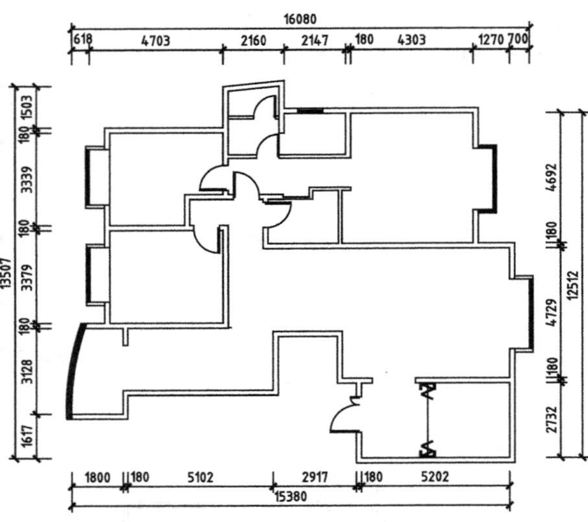

图 3-9 【局部加载】效果

3.1.4 保存文件

保存文件不仅是将新绘制的或修改好的图形文件进行存盘，以便以后对图形进行查看、使用或修改、编辑等操作，还包括在绘制图形过程中随时对图形进行保存，以避免意外情况发生而导致文件丢失或不完整。

1 保存新的图形文件

保存新文件就是对新绘制还没保存过的文件进行保存。启动【保存】命令有以下几种方法。

◆ 应用程序按钮：单击【应用程序】按钮，在弹出的快捷菜单中选择【保存】命令。

◆ 快速访问工具栏：单击【快速访问】工具栏中的【保存】按钮。

◆ 菜单栏：选择【文件】|【保存】命令。

◆ 快捷键：Ctrl+ S。

◆ 命令行：SAVE 或 QSAVE。

执行【保存】命令后，系统弹出图 3-10 所示的【图形另存为】对话框。在此对话框中，可以进行如下操作。

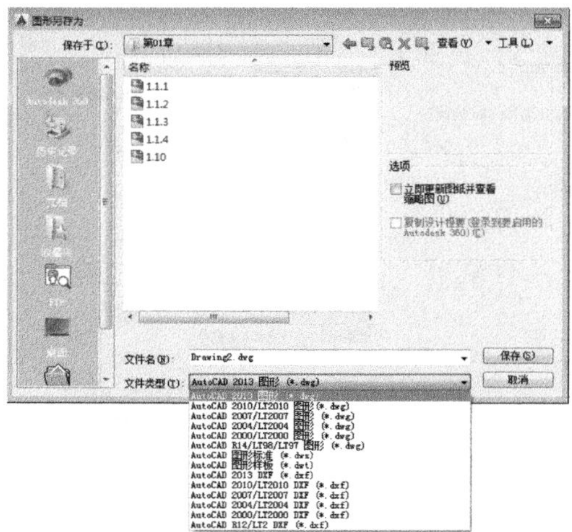

图 3-10 【图形另存为】对话框

◆ 设置存盘路径。单击上面的【保存于】下拉列表，在展开的下拉列表内设置存盘路径。

◆ 设置文件名。在【文件名】文本框内输入文件名称，如【我的文档】等。

◆ 设置文件格式。单击对话框底部的【文件类型】下拉列表，在展开的下拉列表内设置文件的格式类型。

> **操作技巧**
>
> 默认的存储类型为“AutoCAD 2013图形（*.dwg）”。使用此种格式将文件存盘后，文件只能被AutoCAD 2013及以后的版本打开。如果用户需要在AutoCAD早期版本中打开此文件，必须使用低版本的文件格式进行存盘。

2 另存为其他文件

当用户在已存盘的图形基础上进行了其他修改工作，又不想覆盖原来的图形，可以使用【另存为】命令，将修改后的图形以不同图形文件进行存盘。启动【另存为】命令有以下几种方法。

◆ 应用程序：单击【应用程序】按钮，在弹出的快捷菜单中选择【另存为】命令。

◆ 快速访问工具栏：单击【快速访问】工具栏中的【另存为】按钮。

◆ 菜单栏：选择【文件】|【另存为】命令。

◆ 快捷键：Ctrl+Shift+S。

◆ 命令行：SAVE As。

练习 3-2 将图形另存为低版本文件

在日常工作中，经常要与客户或同事进行图纸往来，有时就难免碰到因为彼此 AutoCAD 版本不同而打不开图纸的情况，如图 3-11 所示。原则上高版本的 AutoCAD 能打开低版本所绘制的图形，而低版本却无法打开高版本的图形。因此对于使用高版本的用户来说，可以将文件通过【另存为】的方式转存为低版本。

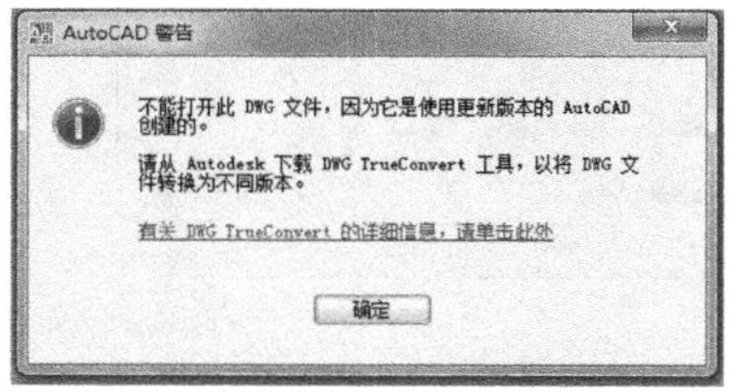

图 3-11 因版本不同出现的 AutoCAD 警告

Step 01 打开要【另存为】的图形文件。

Step 02 单击【快速访问】工具栏中的【另存为】按钮，打开【图形另存为】对话框，在【文件类型】下拉列表中选择【AutoCAD2000/LT2000图形 （*.dwg）】选项，如图3-12所示。

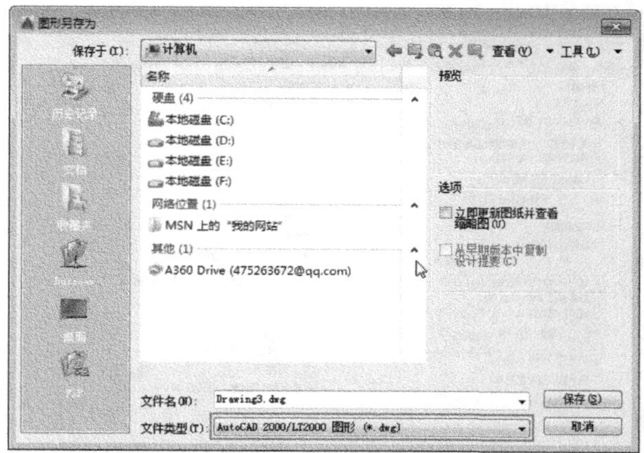

图 3-12 【图形另存为】对话框

Step 03 设置完成后，AutoCAD所绘图形的保存类型均为AutoCAD 2000类型，任何高于2000的版本均可以打开，从而实现工作图纸的无障碍交流。

3 定时保存图形文件

除了手动保存外，还有一种比较好的保存文件的方法，即定时保存图形文件，可以免去随时手动保存的麻烦。设置定时保存后，系统会在一定的时间间隔内实行自动保存当前文件编辑的文件内容，自动保存的文件后缀名为 .sv$。

练习 3-3 设置定时保存

AutoCAD 在使用过程中有时会因为内存占用太多而造成崩溃，让辛苦绘制的图纸全盘付诸东流。因此除了在工作中要养成时刻保存的好习惯，还可以在 AutoCAD 中设置定时保存来减小意外造成的损失。

Step 01 在命令行中输入OP，系统弹出【选项】对话框。

Step 02 单击选择【打开和保存】选项卡，在【文件安全措施】选项组中选中【自动保存】复选框，根据需要在文本框中输入适合的间隔时间和保存方式，如图3-13所示。

Step 03 单击【确定】按钮关闭对话框，定时保存设置即可生效。

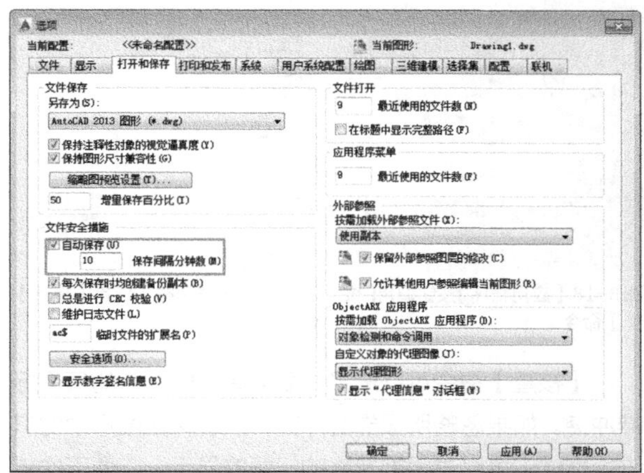

图 3-13 设置定时保存文件

操作技巧

定时保存的时间间隔不宜设置过短，这样会影响软件正常使用；也不宜设置过长，这样不利于实时保存，一般设置在10分钟左右较为合适。

3.1.5 关闭文件

为了避免同时打开过多的图形文件，需要关闭不再使用的文件，选择【关闭】命令的方法如下。

- ◆应用程序按钮：单击【应用程序】按钮，在下拉菜单中选择【关闭】选项。
- ◆菜单栏：执行【文件】|【关闭】命令。
- ◆文件窗口：单击文件窗口右上角的【关闭】按钮，如图 3-14 所示。
- ◆标签栏：单击文件标签栏上的【关闭】按钮。
- ◆命令行：CLOSE。
- ◆快捷键：Ctrl+F4。

执行该命令后，如果当前图形文件没有保存，那么关闭该图形文件时系统将提示是否需要保存修改，如图 3-15 所示。

图 3-14 文件窗口右上角的【关闭】按钮

图 3-15 关闭文件时提示保存

操作技巧

如单击软件窗口中的【关闭】按钮，则会直接退出AutoCAD。

3.2 文件的备份、修复与清理

文件的备份、修复有助于确保图形数据的安全，使得用户在软件发生意外时可以恢复文件，减小损失；而当图形内容很多的时候，会影响到软件操作的流畅性，这时可以使用清理工具来删除无用的累赘。

3.2.1 自动备份文件 ★重点★

很多软件都将创建备份文件设置为软件默认配置，尤其是很多编程、绘图、设计软件，这样的好处是当源文件不小心被删掉、硬件故障、断电或由于软件自身的BUG 而导致自动退出时，还可以在备份文件的基础上继续编辑，否则前面的工作将付诸东流。

在 AutoCAD 中，后缀名为 bak 的文件即是备份文

件。当修改了原dwg文件的内容后，再保存了修改后的内容，那么修改前的内容就会自动保存为bak备份文件（前提是设置为保留备份）。默认情况下，备份文件将和图形文件保存在相同的位置，且和dwg文件具有相同的名称。例如，“site_topo.bak”即是一份备份文件，是“site_topo.dwg”文件的精确副本，是图形文件在上次保存后自动生成的，如图3-16所示。值得注意的是，同一文件在同一时间只会有一个备份文件，新创建的备份文件将始终替换旧的备份，并沿用相同的名称。

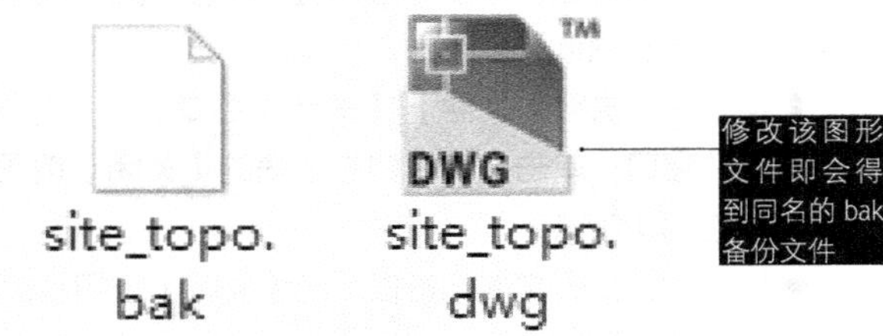

图3-16 自动备份文件与图形文件

3.2.2 备份文件的恢复与取消 ★重点★

同其他衍生文件一致，bak备份文件也可以进行恢复图形数据及取消备份等操作。

1 恢复备份文件

备份文件本质上是重命名的dwg文件，因此可以再通过重命名的方式来恢复其中保存的数据。如“site_topo.dwg”文件损坏或丢失后，可以重命名“site_topo.bak”文件，将后缀改为.dwg，再在AutoCAD中打开该文件，即可得到备份数据。

2 取消文件备份

有些用户觉得在AutoCAD中每个文件保存时都创建一个备份文件很麻烦，而且会消耗部分硬盘内存，同时bak备份文件可能会影响到最终图形文件夹的整洁美观，每次手动删除也比较费时间，因此可以在AutoCAD中就设置好取消备份。

在命令行中输入【OP】，并按Enter键，系统弹出【选项】对话框，切换到【打开和保存】选项卡，将【每次保存时均创建备份副本】复选框取消勾选即可，如图3-17所示。也可以在命令行中输入ISAVEBAK，将ISAVEBAK的系统变量修改为0。

操作技巧

bak备份文件不同于系统定时保存的.sv$文件，备份文件只会保留用户截止至上一次保存之前的内容，而定时保存文件会根据用户指定的时间间隔进行保存，且二者的保存位置也完全不一样。当意外发生时，最好将.bak文件和.sv$文件相互比较，恢复修改时间稍晚的一个，以尽量减小损失。

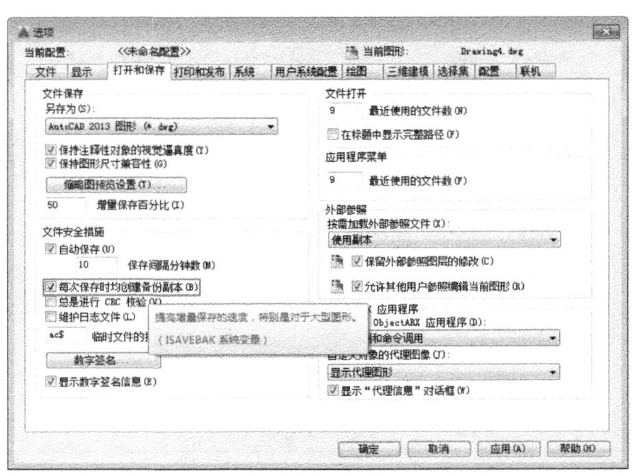

图3-17 【打开和保存】选项卡

3.2.3 文件的核查与修复 ★进阶★

在计算机突然断电，或者系统出现故障的时候，软件被强制性关闭。这个时候就可以使用【图形实用工具】中的命令来核查或者修复意外中止的图形。下面我们就来介绍这些工具的用法。

1 核查

使用该命令可以核查图形文件是否与标准冲突，然后再解决文件中的冲突。标准批准处理检查器一次可以核查多个文件。将标准文件和图形相关联后，可以定期检查该图形，以确保它符合其标准，这在许多人同时更新一个文件时尤为重要。

执行【核查】命令的方式有以下几种。

◆ 应用程序按钮：用鼠标单击【应用程序】按钮，在下拉列表中选择【图形实用工具】|【核查】命令，如图3-18所示。

◆ 菜单栏：执行【文件】|【图形实用工具】|【核查】命令，如图3-19所示。

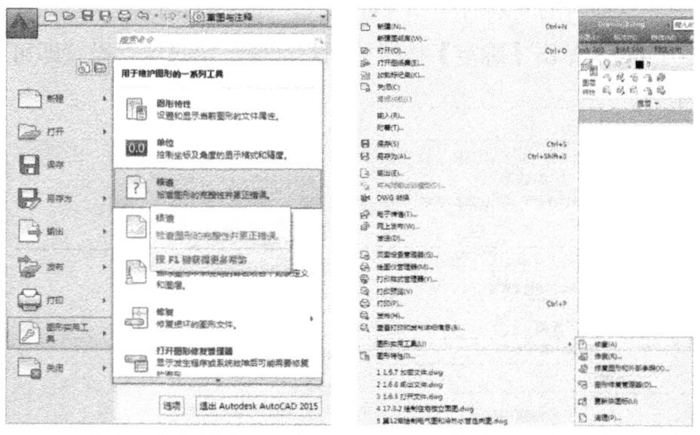

图3-18【应用程序】按钮调用【核查】命令

图3-19 【菜单栏】调用【核查】命令

【核查】命令可以选择修复或者忽略报告的每个标准冲突。如果忽略所报告的冲突，系统将在图形中对其进行标记。可以关闭被忽略的问题的显示，以便下次核查该图形的时候不再将它们作为冲突的情况而进行报告。

如果对当前的标准冲突未进行修复，那么在【替换为】列表中将没有项目显示，【修复】按钮也不可用。如果修复了当前显示在【检查标准】对话框中的标准冲突，那么，除非单击【修复】或【下一个】按钮，否则此冲突不会在对话框中删除。

在整个图形核查完毕后，将显示【检查完成】消息。此消息总结在图形中发现的标准冲突，还显示自动修复的冲突、手动修复的冲突和被忽略的冲突。

操作技巧

如果非标准图层包含多个冲突（例如，一个是非标准图层名称冲突，另一个是非标准图形特性冲突），则将显示遇到的第一个冲突。不计算非标准图层上存在的后续冲突，因此也不会显示。用户需要再次运行命令，来检查其他冲突。

2 修复

单击【应用程序】按钮▲，在其下拉列表中选择【图形实用工具】|【修复】|【修复】命令，系统弹出【选择文件】对话框，在对话框中选择一个文件，然后单击【打开】按钮。核查后，系统弹出【打开图形 – 文件损坏】对话框，显示文件的修复信息，如图 3-20 所示。

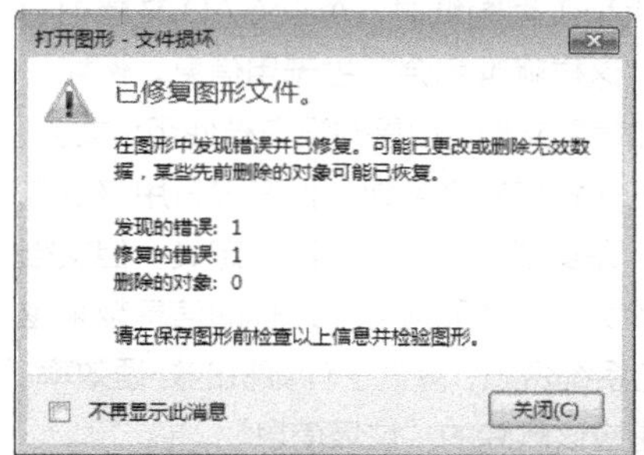

图 3-20 【打开图形 – 文件损坏】对话框

操作技巧

如果将AUDITCTL系统变量设置为1（开），则核查结果将写入核查日志（ADT）文件。

3.2.4 图形修复管理器

单击【应用程序】按钮▲，在其下拉列表中选择【图形实用工具】|【修复】|【打开图形修复管理器】命令，即可打开【图形修复管理器】选项板，如图 3-21 所示。在选项板中会显示程序或系统失败时打开的所有图形文件列表，如图 3-22 所示。在该对话框中可以预览并打开每个图形，也可以备份文件，以便选择要另存为 DWG 文件的图形文件。

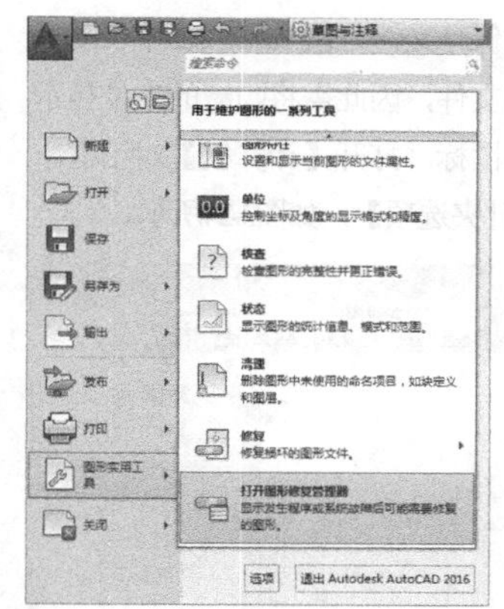

图 3-21 【应用程序】按钮打开【图形修复管理器】

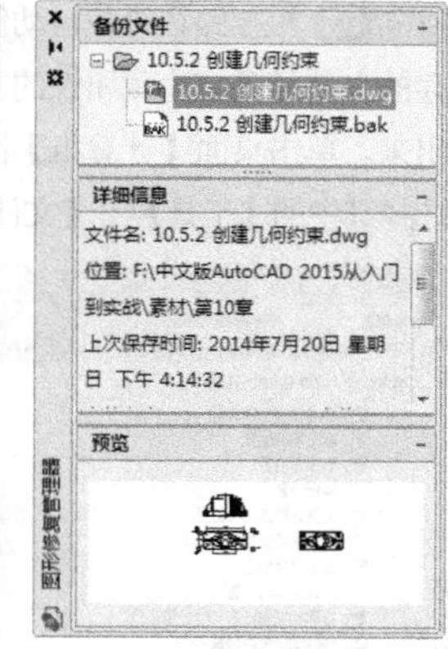

图 3-22 【图形修复管理器】选项板

【图形修复管理器】选项板中各区域的含义介绍如下。

◆【备份文件】区域：显示在程序或者系统失败后可能需要修复的图形，顶层图形节点包含了一组与每个图形相关联的文件。如果存在，最多可显示 4 个文件，包含程序失败时保存的已修复的图形文件（dwg 和 dws）、自动保存的文件，【也称为【自动保存】文件（sv$）】、图形备份文件（bak）和原始图形文件（dwg 和 dws）。打开并保存了图形或备份文件后，将会从【备份文件】区域中删除相应的顶层图形节点。

◆【详细信息】区域：提供有关的【备份文件】区域中当前选定节点的以下信息。如果选定顶层图形的节点，将显示有关于原始图形关联的每个可用图形文件或备份文件的信息；如果选定了一个图形文件或备份文件，将显示有关该文件的其他信息。

◆【预览】区域：显示当前选定的图形文件或备份文件的缩略图预览图像。

练习 3-4 通过自动保存文件来修复意外中断的图形

对于很多刚刚开始学习 AutoCAD 的用户来说，虽然知道了自动保存文件的设置方法，却不知道自动保存文件到底保存在哪里，也不知道如何通过自动保存文件来修复自己想要的图形。本例便从自动保存的路径开始介绍修复方法。

Step 01 查找自动保存的路径。新建空白文档，在命令行中输入OP，打开【选项】对话框。

Step 02 切换到【选项】对话框中的【文件】选项卡，在【搜索路径、文件和文件位置】列表框中找到【临时图形文件位置】选项，展开此选项，便可以看到自动保存文件的默认保存路径（C：\Users \Administrator\appdata\local \temp），其中Administrator是指系统用户名，根据用户计算机的具体情况而定，如图3-23所示。

Step 03 根据路径查找自动保存文件。在AutoCAD中自动保存的文件是具有隐藏属性的文件，因此需将隐藏的文件显示出来。单击桌面【计算机】图标，打开【计算机】对话框，选择其中的【工具】|【文件夹选项】，如图3-24所示。

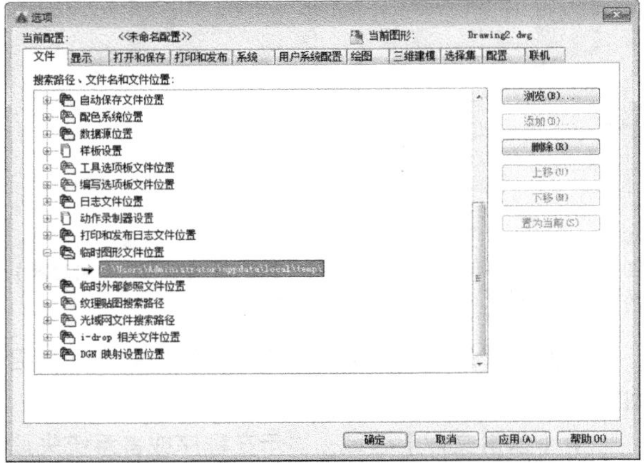

图 3-23 查找自动保存文件的保存路径

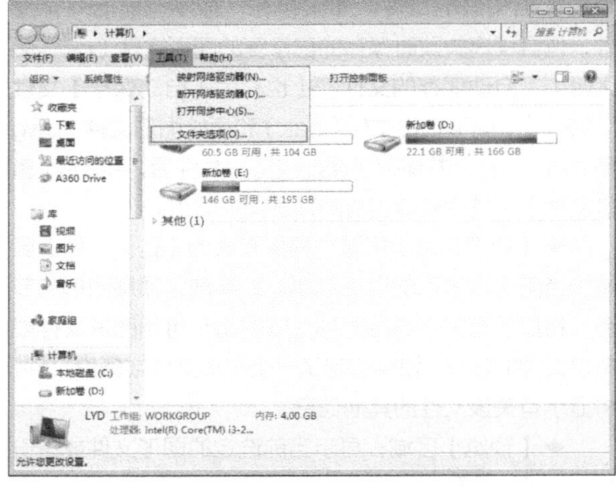

图 3-24 【计算机】对话框

Step 04 打开【文件夹选项】对话框，切换到其中的【查看】选项卡，选中【显示隐藏的文件、文件夹和驱动器】单选项，并取消对【隐藏已知文件类型的扩展名】复选框的勾选，如图3-25所示。

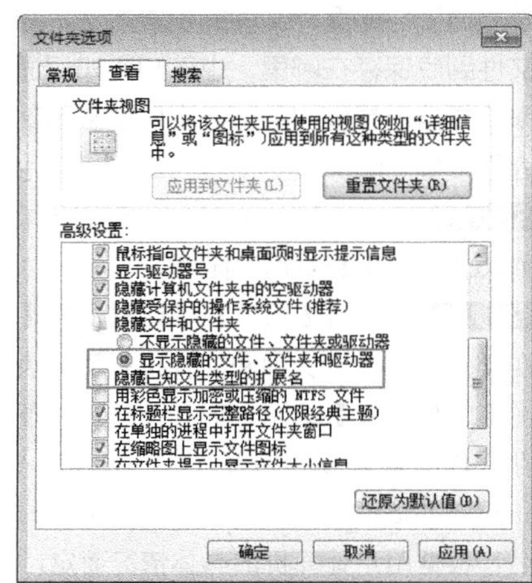

图 3-25 【文件夹选项】对话框

Step 05 单击【确定】按钮返回【计算机】对话框，根据步骤2提供的路径打开对应的Temp文件夹，然后按时间排序找到丢失文件时间段的且与要修复的图形文件名一致的.sv$文件，如图3-26所示。

Step 06 通过自动保存的文件进行恢复。复制该.sv$文件至其他文件夹里，然后将扩展名.sv$改成.dwg，改完之后再双击打开该.dwg文件，即可得到自动保存的文件。

图 3-26 找到自动保存的文件

3.2.5 清理图形

绘制复杂的大型工程图纸时，AutoCAD 文档中的信息会非常巨大，这样就难免会产生无用信息。例如，许多线型样式被加载到文档，但是并没有被使用；文字、尺寸标注等大量的命名样式被创建，但并没有用这些样式创建任何对象；许多图块和外部参照被定义，但文档中并未添加相应的实例。久而久之，这样的信息越来越多，占用了大量的系统资源，降低了计算机的处理效率。因此，这些信息是应该删除的“垃圾信息”。

AutoCAD 提供了一个非常实用的工具——【清理】（PURGE）命令。通过执行该命令，可以将图形数据库中已经定义但没有使用的命名对象删除。命名对象包括已经创建的样式、图块、图层、线型等对象。

启动 PURGE 命令的方式有以下几种。

◆应用程序按钮：用鼠标单击【应用程序】按钮，在下拉列表中选择【图形实用工具】|【清理】命令，如图 3-27 所示。

◆菜单栏：执行【文件】|【绘图实用程序】|【清理】命令。

◆命令行：PURGE。

执行该命令后，系统弹出图 3-28 所示的【清理】对话框，在此对话框中显示了可以被清理的项目，可以删除图形中未使用的项目，如块定义和图层，从而达到简化图形文件的目的。

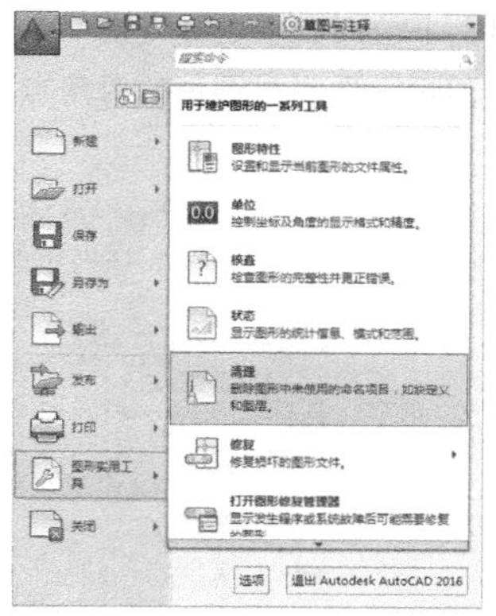

图 3-27 【应用程序】按钮打开【清理】工具

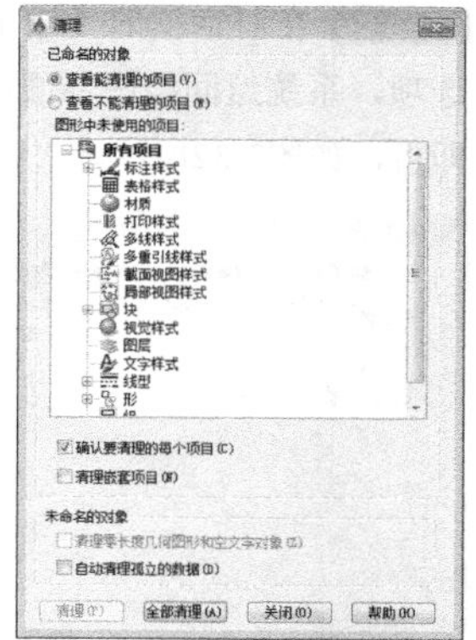

图 3-28 【清理】对话框

操作技巧

PURGE命令不会从块或锁定图层中删除长度为零的几何图形、空文字或多行文字对象。

对话框中的一些项目及其用途介绍如下。

◆【已命名的对象】：查看能清理的项目，切换树状图形以显示当前图形中可以清理的命名对象的概要。

◆【清理镶嵌项目】：从图形中删除所有未使用的命名对象，即使这些对象包含在其他未使用的命名对象中，或者是被这些对象所参照。

3.3 文件的输出

AutoCAD 拥有强大、方便的绘图能力，有时候我们利用其绘图后，需要将绘图的结果用于其他程序，在这种情况下，我们需要将 AutoCAD 图形输出为通用格式的图像文件，如 JPG、PDF 等。

3.3.1 输出为 dwf 文件 ★进阶★

为了能够在 Internet 上显示 AutoCAD 图形，Autodesk 采用了一种称为 DWF（Drawing Web Format）的新文件格式。dwf 文件格式支持图层、超级链接、背景颜色、距离测量、线宽、比例等图形特性。用户可以在不损失原始图形文件数据特性的前提下，通过 dwf 文件格式共享其数据和文件。用户可以在 AutoCAD 中先输出 DWF 文件，然后下载 DWF Viewer 这款小程序来进行查看。

DWF 文件与 DWG 文件相比，具有如下优点。

◆DWF 占用内存小。DWF 文件可以被压缩。它的大小比原来的 DWG 图形文件小 8 倍，非常适合整理公司数以千计的大批量图纸库。

◆DWF 适合多方交流。对于公司的其他部门如财务、行政来说，AutoCAD 并不是一款必需的软件，因此在工作交流中查看 dwg 图纸多有不便，这时就可以输出 dwf 图纸来方便交流。而且由于 DWF 文件较小，因此在网上的传输时间更短。

◆DWF 格式更为安全。由于不显示原来的图形，其他用户无法更改原来的 dwg 文件。

当然，DWF 格式存在一些缺点，如下所述。

DWF 文件不能显示着色或阴影图。

◆DWF 是一种二维矢量格式，不能保留 3D 数据。

◆AutoCAD 本身不能显示 DWF 文件，要显示的话只能通过【插入】|【DWF 参考底图】的方式。

◆将 DWF 文件转换回到 DWG 格式需使用第三方供应商的文件转换软件。

3.3.2 输出为 PDF 文件 ★进阶★

PDF(Portable Document Format的简称，意为“便携式文档格式”)，是由Adobe Systems用于与应用程序、操作系统、硬件无关的方式进行文件交换所发展出的文件格式。PDF 文件以 PostScript 语言图像模型为基础，无论在哪种打印机上都可保证精确的颜色和准确的打印效果，即 PDF 会忠实地再现原稿的每一个字符、颜色及图像。

PDF 这种文件格式与操作系统平台无关，也就是说，PDF 文件不管是在 Windows、Unix 还是在苹果公司的 Mac OS 操作系统中都是通用的。这一特点使它成为在 Internet 上进行电子文档发行和数字化信息传播的理想文档格式。越来越多的电子图书、产品说明、公司文告、网络资料、电子邮件在开始使用 PDF 格式文件。

练习 3-5 输出 PDF 文件供客户快速查阅

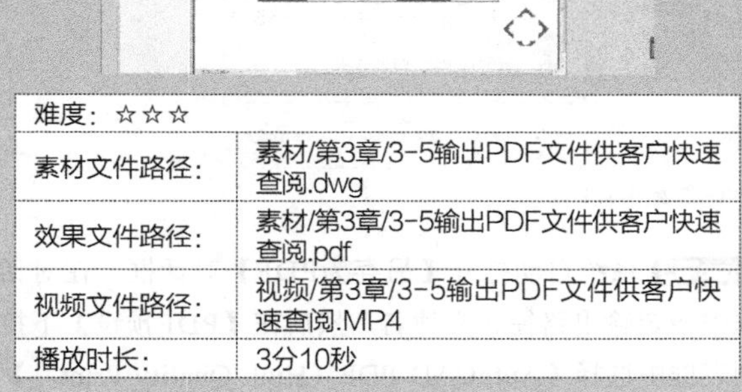

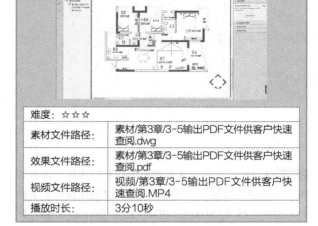

难度：☆☆☆	
素材文件路径：	素材/第3章/3-5输出PDF文件供客户快速查阅.dwg
效果文件路径：	素材/第3章/3-5输出PDF文件供客户快速查阅.pdf
视频文件路径：	视频/第3章/3-5输出PDF文件供客户快速查阅.MP4
播放时长：	3分10秒

对于 AutoCAD 用户来说，掌握 PDF 文件的输出尤为重要。因为有些客户并非设计专业，在他们的计算机中不会装有 AutoCAD 或者简易的 DWF Viewer，

这样进行设计图交流的时候就会很麻烦：直接通过截图的方式交流，截图的分辨率又太低；打印成高分辨率的jpeg图形又不好添加批注等信息。这时就可以将dwg图形输出为PDF，既能高清地还原AutoCAD图纸信息，又能添加批注，更重要的是PDF普及度高，任何平台、任何系统都能有效打开。

Step 01 打开素材文件“第3章/3-5输出PDF文件供客户快速查阅.dwg”，其中已经绘制好了一幅完整图纸，如图3-29所示。

Step 02 单击【应用程序】按钮，在弹出的快捷菜单中选择【输出】选项，在右侧的输出菜单中选择【PDF】选项，如图3-30所示。

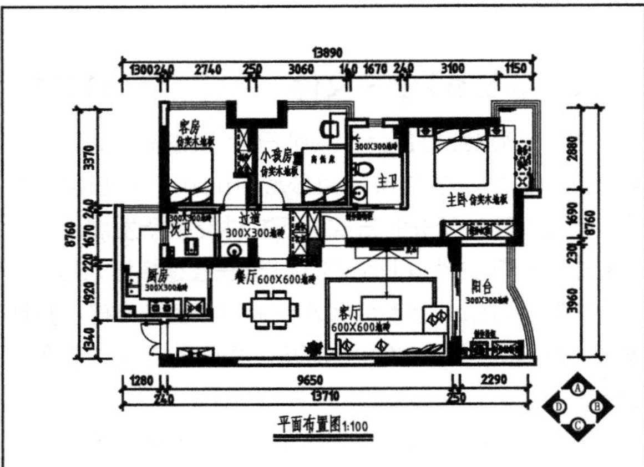

图 3-29 素材模型

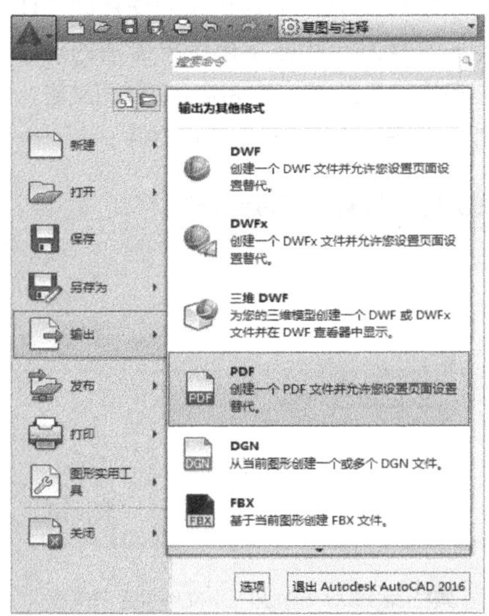

图 3-30 输出 PDF

Step 03 系统自动打开【另存为PDF】对话框，在对话框中指定输出路径、文件名，然后在【PDF预设】下拉列表框中选择【AutoCAD PDF（High Quality Print）】选项，即“高品质打印”，读者也可以自行选择要输出PDF的品质，如图3-31所示。

Step 04 在对话框的【输出】下拉列表中选择【窗口】选项，系统返回绘图界面，然后点选素材图形的对角点即可，如图3-32所示。

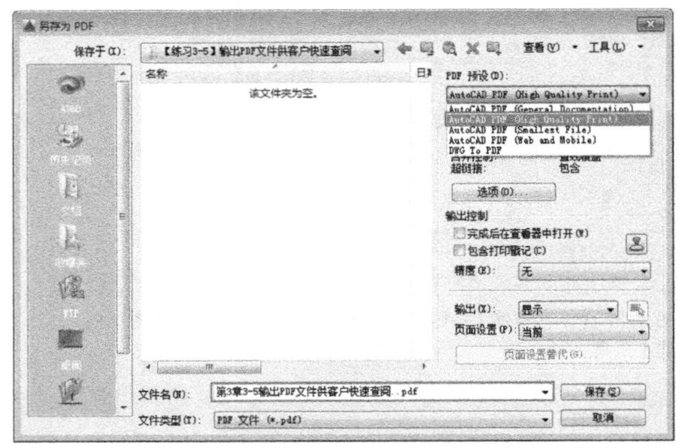

图 3-31 【另存为 PDF】对话框

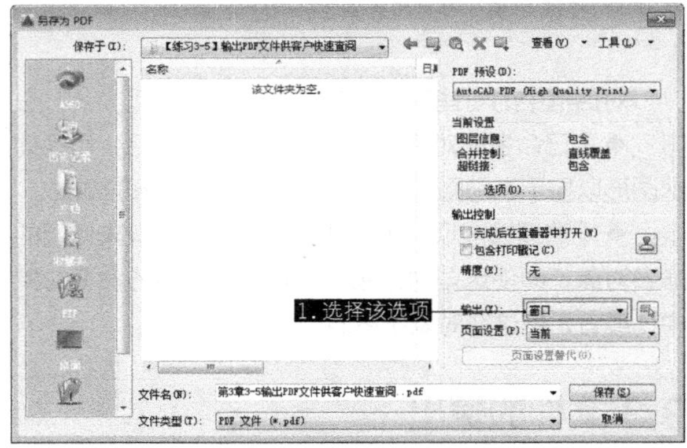

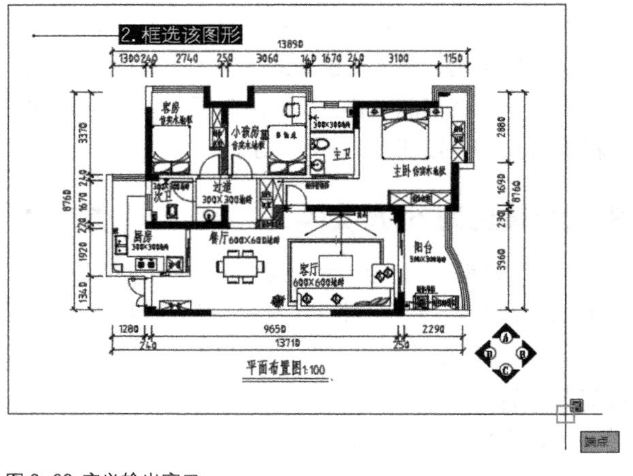

图 3-32 定义输出窗口

Step 05 在对话框的【页面设置】下拉列表中选择【替代】选项，再单击下方的【页面设置替代】按钮，打开【页面设置替代】对话框，在其中定义好打印样式和图纸尺寸，如图3-33所示。

Step 06 单击【确定】按钮返回【另存为PDF】对话框，再单击【保存】按钮，即可输出PDF，可用Word文档打开PDF格式效果，如图3-34所示。

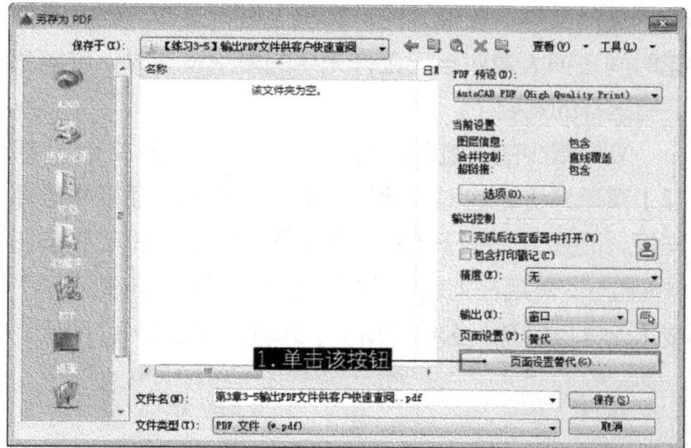

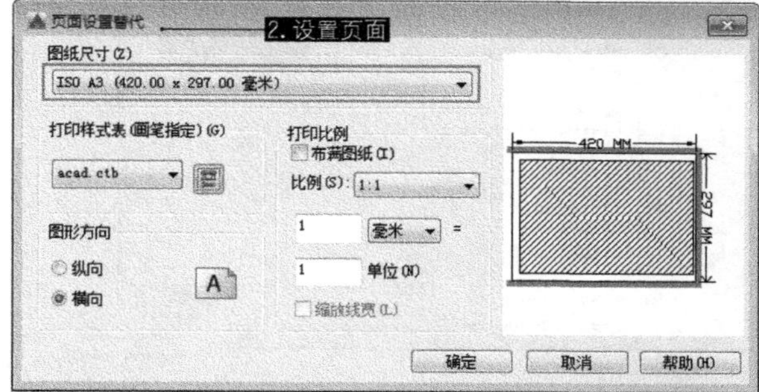

图 3-33 定义页面设置

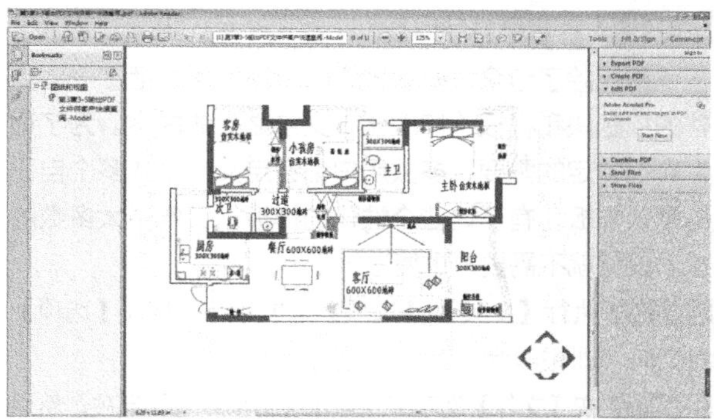

图 3-34 输出的 PDF 效果

3.3.3 其他格式文件的输出 ★进阶★

除了上面介绍的几种常见的文件格式之外，在 AutoCAD 中还可以输出 DGN、FBX、IGS 等十余种格式。这些文件的输出方法与所介绍的 4 种相差无几，在此就不多加赘述，只简单介绍其余文件类型的作用与使用方法。

◎ DGN

为奔特力（Bentley）工程软件系统有限公司的 MicroStation 和 Intergraph 公司的 Interactive Graphics Design System（IGDS）CAD 程序所支持。在 2000 年之前，所有 DGN 格式都基于 Intergraph 标准文件格式（ISFF）定义，此格式在 20 世纪 80 年代末发布。此文件格式通常被称为 V7 DGN 或者 Intergraph DGN。于 2000 年，Bentley 创建了 DGN 的更新版本。尽管在内部数据结构上和基于 ISFF 定义的 V7 格式有所差别，但总体上说它是 V7 版本 DGN 的超集，一般来说我们称之为 V8 DGN。因此在 AutoCAD 的输出中，可以看到这两种不同 DGN 格式的输出，如图 3-35 所示。

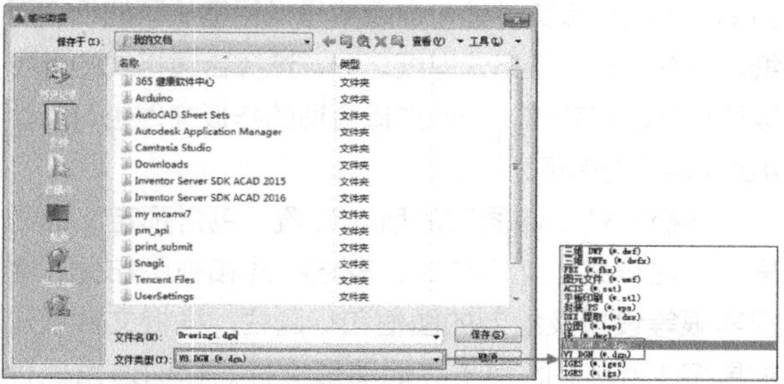

图 3-35 V8 DGN 和 V7 DGN 的输出

尽管 DGN 在使用上不如 Autodesk 的 DWG 文件格式那样广泛，但在诸如建筑、高速路、桥梁、工厂设计、船舶制造等许多大型工程上，都发挥着重要的作用。

◎ FBX

FBX 是 FilmBoX 这套软件所使用的格式，后改称 Motionbuilder。FBX 最大的用途是用在诸如在 3ds Max、Maya、Softimage 等软件间进行模型、材质、动作和摄影机信息的互导，这样就可以发挥 3ds Max 和 Maya 等软件的优势。可以说，FBX 文件是这些软件之间最好的互导方案。

因此如需使用 AutoCAD 建模，并得到最佳的动画录制或渲染效果，可以考虑输出为 FBX 文件。

◎ EPS

EPS（Encapsulated PostScript）是处理图像工作中的最重要的格式，它在 Mac 和 PC 环境下的图形和版面设计中广泛使用，用在 PostScript 输出设备上打印。几乎每个绘画程序及大多数页面布局程序都允许保存 EPS 文档。在 Photoshop 中，通过文件菜单的放置（Place）命令（注：Place 命令仅支持 EPS 插图）转换成 EPS 格式。

如果要将一幅 AutoCAD 的 DWG 图形转入到 PS、Adobe Illustrator、CorelDRAW、QuarkXPress 等软件时，最好的选择是 EPS。但是，由于 EPS 格式在保存过程中图像体积过大，因此，如果仅仅是保存图像，建议不要使用 EPS 格式。如果你的文件要打印到无 PostScript 的打印机上，为避免打印问题，最好也不要使用 EPS 格式。可以用 TIFF 或 JPEG 格式来替代。

3.4 样板文件

本节主要讲解 AutoCAD 设计时所使用到的样板文

件，用户可以通过创建复杂的样板来避免重复进行相同的基本设置和绘图工作。

3.4.1 什么是样板文件

如果将 AutoCAD 中的绘图工具比作设计师手中的铅笔，那么样板文件就可以看成是供铅笔涂写的纸。而纸，也有白纸、带格式的纸之分，选择合适格式的纸可以让绘图事半功倍，因此选择合适的样板文件也可以让 AutoCAD 变得更为轻松。

样板文件存储图形的所有设置，包含预定义的图层、标注样式、文字样式、表格样式和视图布局、图形界限等设置及绘制的图框和标题栏。样板文件通过扩展名【.dwt】区别于其他图形文件。它们通常保存在 AutoCAD 安装目录下的 Template 文件夹中，如图 3-36 所示。

图 3-36 样板文件

在 AutoCAD 软件设计中我们可以根据行业、企业或个人的需要定制 dwt 的模板文件，新建时即可启动自制的模板文件，节省工作时间，又可以统一图纸格式。

AutoCAD 的样板文件中自动包含有对应的布局，这里简单介绍其中使用得最多的几种。

◆ Tutorial-iArch.dwt：样例建筑样板（英制），其中已绘制好了英制的建筑图纸标题栏。

◆ Tutorial-mArch.dwt：样例建筑样板（公制），其中已绘制好了公制的建筑图纸标题栏。

◆ Tutorial-iMfg.dwt：样例机械设计样板（英制），其中已绘制好了英制的机械图纸标题栏。

◆ Tutorial-mMfg.dwt：样例机械设计样板（公制），其中已绘制好了公制的机械图纸标题栏。

3.4.2 无样板创建图形文件

有时候，可能希望创建一个不带任何设置的图形。实际上这是不可能的，但是却可以创建一个带有最少预设的图形文件。在他人的计算机上进行工作，而又不想花时间去掉大量对自己工作无用的复杂设置时，可能就会有这样的需要了。

要以最少的设置创建图形文件，可以执行【文件】|【新建】菜单命令，这时不要在【选择样板】对话框中选择样板，而是单击位于【打开】按钮右侧的下拉箭头按钮 打开(O) ▾，然后在列表中选择【无样板打开 - 英制（I）】或【无样板打开 - 公制（M）】选项，如图 3-37 所示。

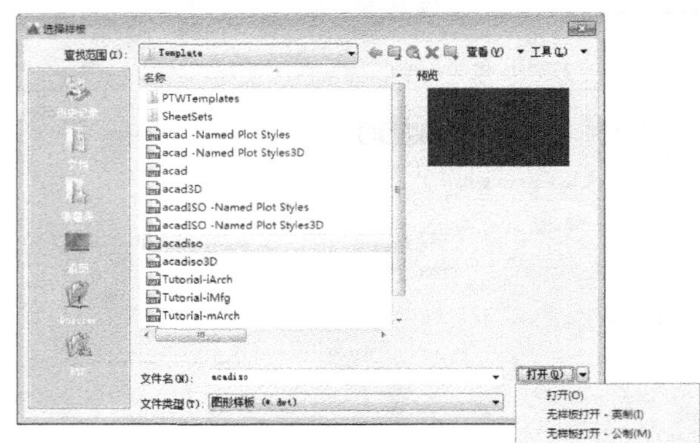

图 3-37 【选择样板】对话框

练习 3-6 设置默认样板

样板除了包含一些设置之外，还常常包括了一些完整的标题块和样板（标准化）文字之类的内容。为了适合自己特定的需要，多数用户都会定义一个或多个自己的默认样板，有了这些个性化的样板，工作中大多数的烦琐设置就不需要再重复进行了。

Step 01 执行【工具】|【选项】菜单命令，打开【选项】对话框，如图3-38所示。

Step 02 在【文件】选项卡下双击【样板设置】选项，然后在展开的目录中双击【快速新建的默认样板文件名】选项，接着单击该选项下面列出的样板（默认情况下这里显示“无”），如图3-39所示。

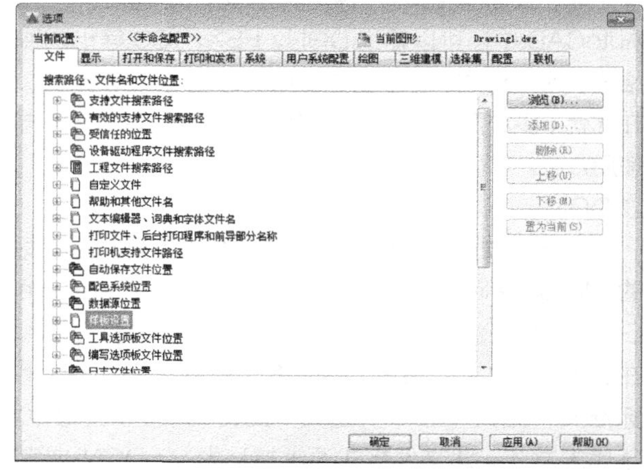

图 3-38 【选项】对话框

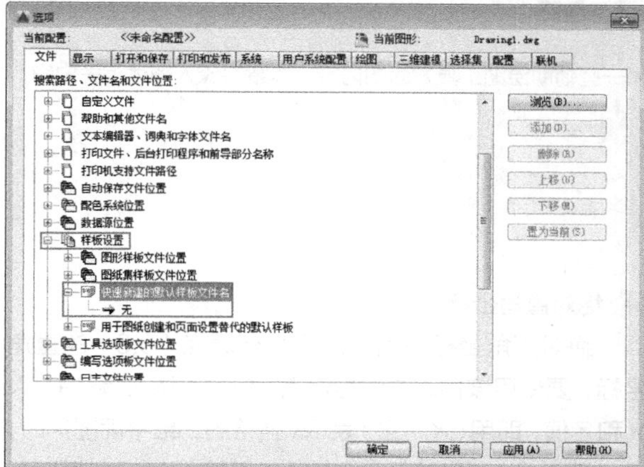

图 3-39 展开【快速新建的默认样板文件名】选项组

Step 03 单击【浏览】按钮，打开【选择文件】对话框，如图3-40所示。

Step 04 在【选择文件】对话框内选择一个样板，然后单击【打开】按钮将其加载，最后单击【确定】按钮关闭对话框，如图3-41所示。

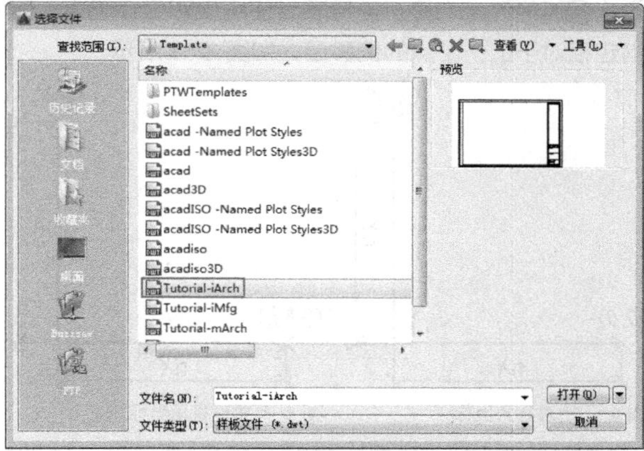

图 3-40 【选择文件】对话框

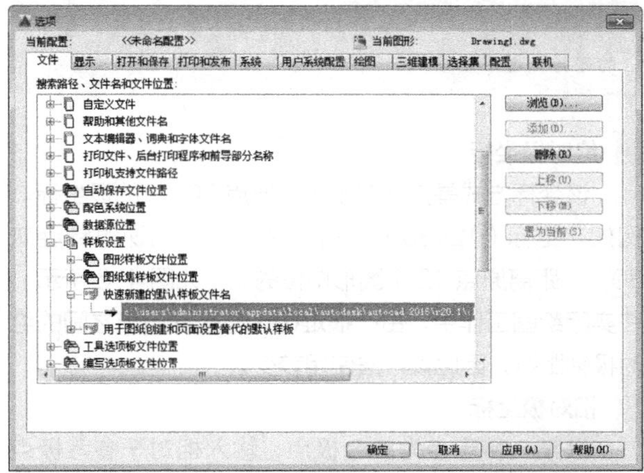

图 3-41 加载样板

Step 05 单击【标准】工具栏上的【新建】按钮，通过默认的样板创建一个新的图形文件，如图3-42所示。

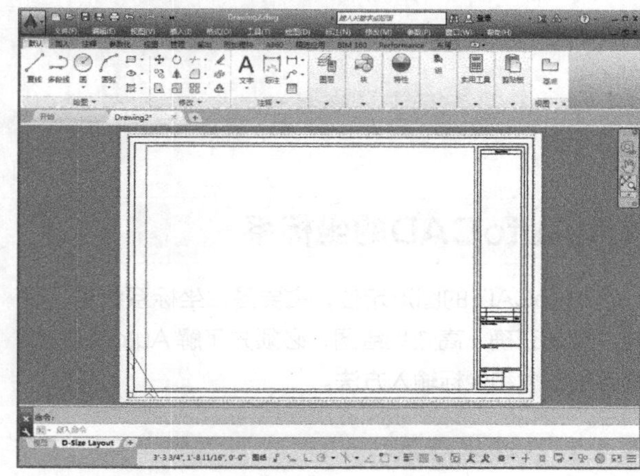

图 3-42 创建一个新的图形文件

第 4 章 坐标系与辅助绘图工具

要利用 AutoCAD 来绘制图形，首先就要了解坐标、对象选择和一些辅助绘图工具方面的内容。本章将深入阐述相关内容，并通过实例来帮助大家加深理解。

4.1 AutoCAD的坐标系

AutoCAD 的图形定位，主要是由坐标系统进行确定。要想正确、高效地绘图，必须先了解 AutoCAD 坐标系的概念和坐标输入方法。

4.1.1 认识坐标系

在 AutoCAD 2016 中，坐标系分为世界坐标系（WCS）和用户坐标系（UCS）两种。

1 世界坐标系（WCS）

世界坐标系统（World Coordinate SYstem，简称 WCS）是 AutoCAD 的基本坐标系统。它由 3 个相互垂直的坐标轴 *X*、*Y* 和 *Z* 组成，在绘制和编辑图形的过程中，它的坐标原点和坐标轴的方向是不变的。

如图 4-1 所示，世界坐标系统在默认情况下，*X* 轴正方向水平向右，*Y* 轴正方向垂直向上，*Z* 轴正方向垂直屏幕平面方向，指向用户。坐标原点在绘图区左下角，在其上有一个方框标记，表明是世界坐标系统。

2 用户坐标系（UCS）

为了更好地辅助绘图，经常需要修改坐标系的原点位置和坐标方向，这时就需要使用可变的用户坐标系统（User Coordinate SYstem，简称 USC）。在用户坐标系中，可以任意指定或移动原点和旋转坐标轴，默认情况下，用户坐标系统和世界坐标系统重合，如图 4-2 所示。

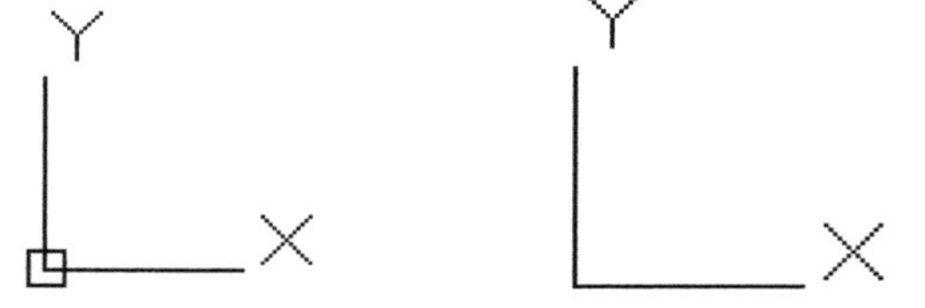

图 4-1 世界坐标系统图标（WCS） 图 4-2 用户坐标系统图标（UCS）

4.1.2 坐标的 4 种表示方法 ★重点★

在指定坐标点时，既可以使用直角坐标，也可以使用极坐标。在 AutoCAD 中，一个点的坐标有绝对直角坐标、绝对极坐标、相对直角坐标和相对极坐标 4 种方法表示。

1 绝对直角坐标

绝对直角坐标是指相对于坐标原点（0,0）的直角坐标，要使用该指定方法指定点，应输入逗号隔开的 *X*、*Y* 和 *Z* 值，即用（*X*,*Y*,*Z*）表示。当绘制二维平面图形时，其 *Z* 值为 0，可省略而不必输入，仅输入 *X*、*Y* 值即可，如图 4-3 所示。

2 相对直角坐标

相对直角坐标是基于上一个输入点而言，以某点相对于另一特定点的相对位置来定义该点的位置。相对特定坐标点（*X*，*Y*，*Z*）增加（n*X*，n*Y*，n*Z*）的坐标点的输入格式为（@n*X*，n*Y*，n*Z*）。相对坐标输入格式为（@*X*,*Y*），“@”符号表示使用相对坐标输入，是指定相对于上一个点的偏移量，如图 4-4 所示。

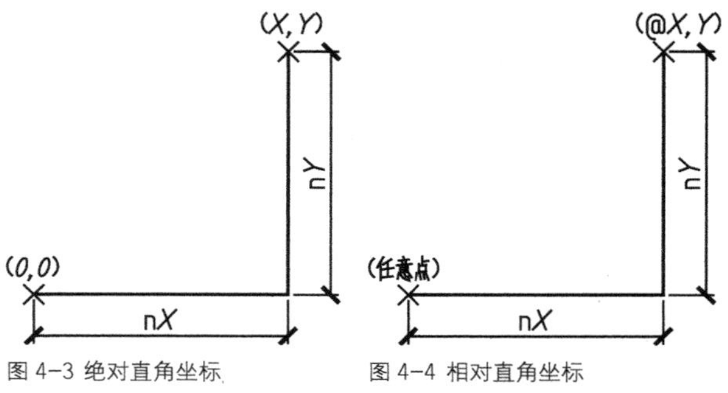

图 4-3 绝对直角坐标 图 4-4 相对直角坐标

> **操作技巧**
>
> 坐标分割的逗号“,”和“@”符号都应是英文输入法下的字符，否则无效。

3 绝对极坐标

该坐标方式是指相对于坐标原点（0,0）的极坐标。例如，坐标（12<30）是指从 *X* 轴正方向逆时针旋转 30°，距离原点 12 个图形单位的点，如图 4-5 所示。在实际绘图工作中，由于很难确定与坐标原点之间的绝对极轴距离，因此该方法使用较少。

4 相对极坐标

以某一特定点为参考极点，输入相对于参考极点的距离和角度来定义一个点的位置。相对极坐标输入格式为（@A< 角度），其中 A 表示指定与特定点的距离。例如，坐标（@14<45）是指相对于前一点角度为 45°，距离为 14 个图形单位的一个点，如图 4-6 所示。

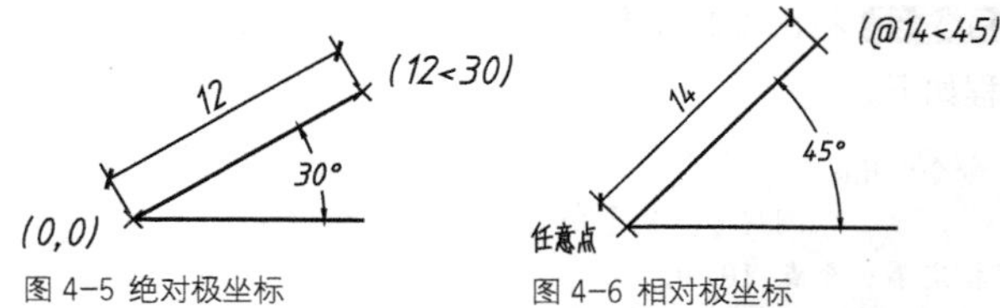

图 4-5 绝对极坐标　　图 4-6 相对极坐标

操作技巧

这4种坐标的表示方法，除了绝对极坐标外，其余3种均使用较多，需重点掌握。以下便通过3个例子，分别采用不同的坐标方法绘制相同的图形，来做进一步的说明。

练习 4-1 通过绝对直角坐标绘制图形

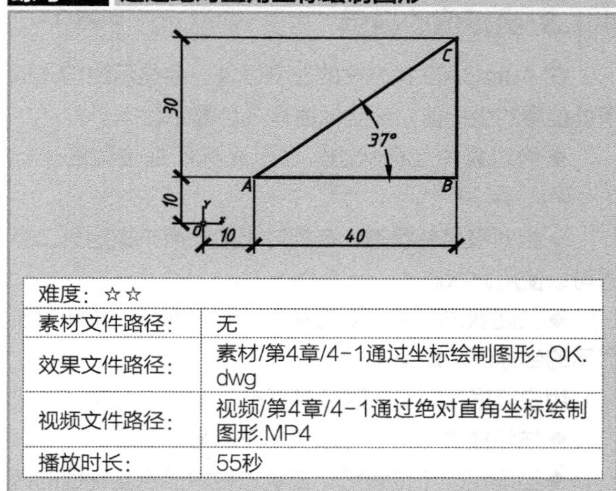

难度：☆☆	
素材文件路径：	无
效果文件路径：	素材/第4章/4-1通过坐标绘制图形-OK.dwg
视频文件路径：	视频/第4章/4-1通过绝对直角坐标绘制图形.MP4
播放时长：	55秒

以绝对直角坐标输入的方法绘制图 4-7 所示的图形。图中 O 点为 AutoCAD 的坐标原点，坐标即（0，0），因此 A 点的绝对坐标则为（10，10），B 点的绝对坐标为（50，10），C 点的绝对坐标为（50，40）。绘制步骤如下所述。

Step 01 在【默认】选项卡中，单击【绘图】面板上的【直线】按钮，执行直线命令。

Step 02 命令行出现“指定第一点”的提示，直接在其后输入“10,10”，即第一点A点的坐标，如图4-8所示。

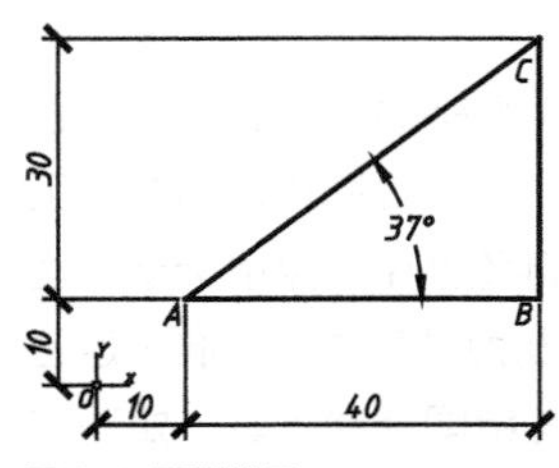

图 4-7 图形效果

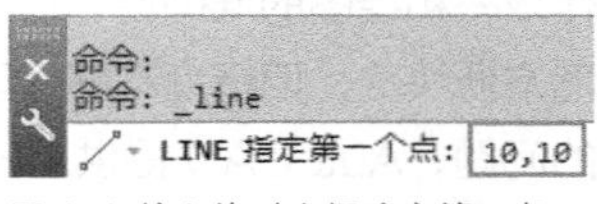

图 4-8 输入绝对坐标确定第一点

Step 03 按Enter键确定第一点的输入，接着命令行提示“指定下一点”，再按相同的方法输入B、C点的绝对坐标值，即可得到如图所示的图形效果。完整的命令行操作过程如下。

命令: L LINE
//调用【直线】命令
指定第一个点: 10,10↙
//输入A点的绝对坐标
指定下一点或 [放弃(U)]: 50,10↙
//输入B点的绝对坐标
指定下一点或 [放弃(U)]: 50,40↙
//输入C点的绝对坐标
指定下一点或 [闭合(C)/放弃(U)]: c↙
//闭合图形

操作技巧

本书中命令行操作文本中的“↙”符号代表按下Enter键；“//”符号后的文字为提示文字。

练习 4-2 通过相对直角坐标绘制图形

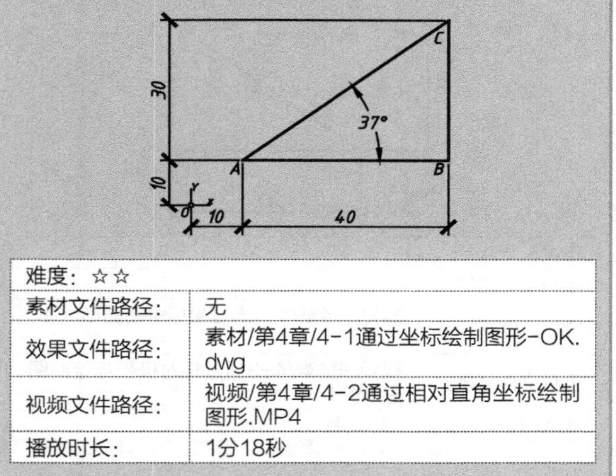

难度：☆☆	
素材文件路径：	无
效果文件路径：	素材/第4章/4-1通过坐标绘制图形-OK.dwg
视频文件路径：	视频/第4章/4-2通过相对直角坐标绘制图形.MP4
播放时长：	1分18秒

以相对直角坐标输入的方法绘制图 4-7 所示的图形。在实际绘图工作中，大多数设计师都喜欢随意在绘图区中指定一点为第一点，这样就很难界定该点及后续图形与坐标原点（0,0）的关系，因此往往多采用相对坐标的输入方法来进行绘制。相比于绝对坐标的刻板，相对坐标显得更为灵活多变。

Step 01 在【默认】选项卡中，单击【绘图】面板上的【直线】按钮，执行【直线】命令。

Step 02 输入A点。可按上例中的方法输入A点，也可以在绘图区中任意指定一点作为A点。

Step 03 输入B点。在图4-7中，B点位于A点的正*X*轴方向、距离为40点处，*Y*轴增量为0，因此相对于A点的坐标为（@40,0），可在命令行提示“指定下一点”时输入“@40,0”，即可确定B点，如图4-9所示。

Step 04 输入C点。由于相对直角坐标是相对于上一点进行定义的，因此在输入C点的相对坐标时，要考虑它和B点的相对关系，C点位于B点的正上方，距离为30，即输入“@0,30”，如图4-10所示。

命令: _line
指定第一个点: 0,0
LINE 指定下一点或 [放弃(U)]: @40,0

图 4-9 输入 B 点的相对直角坐标

指定第一个点: 0,0
指定下一点或 [放弃(U)]: @40,0
LINE 指定下一点或 [放弃(U)]: @0,30

图 4-10 输入 C 点的相对直角坐标

Step 05 将图形封闭即绘制完成。完整的命令行操作过程如下。

```
命令: L LINE
            //调用【直线】命令
指定第一个点:     10,10↙   //输入A点的绝对坐标
指定下一点或 [放弃(U)]: @40,0↙
            //输入B点相对于上一个点（A点）的相对坐标
指定下一点或 [放弃(U)]: @0,30↙
            //输入C点相对于上一个点（B点）的相对坐标
指定下一点或 [闭合(C)/放弃(U)]: c↙
//闭合图形
```

练习 4-3 通过相对极坐标绘制图形

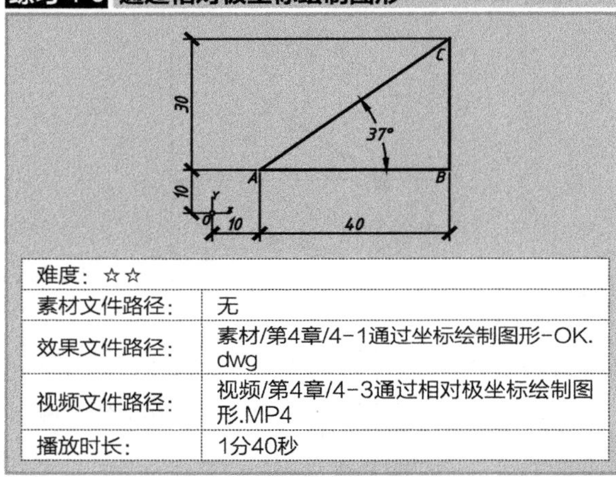

难度：☆☆	
素材文件路径：	无
效果文件路径：	素材/第4章/4-1通过坐标绘制图形-OK.dwg
视频文件路径：	视频/第4章/4-3通过相对极坐标绘制图形.MP4
播放时长：	1分40秒

以相对极坐标输入的方法绘制图4-7所示的图形。相对极坐标与相对直角坐标一样，都是以上一点为参考基点，输入增量来定义下一个点的位置。只不过相对极坐标输入的是极轴增量和角度值。

Step 01 在【默认】选项卡中，单击【绘图】面板上的【直线】按钮，执行【直线】命令。

Step 02 输入A点。可按上例中的方法输入A点，也可以在绘图区中任意指定一点作为A点。

Step 03 输入C点。A点确定后，就可以通过相对极坐标的方式确定C点。C点位于A点的37°方向，距离为50（由勾股定理可知），因此相对极坐标为（@50<37），在命令行提示“指定下一点”时输入“@50<37”，即可确定C点，如图4-11所示。

Step 04 输入B点。B点位于C点的-90°方向，距离为30，因此相对极坐标为（@30<-90），输入“@30<-90”即可确定B点，如图4-12所示。

命令: LINE
指定第一个点: 10,10
LINE 指定下一点或 [放弃(U)]: @50<37

图 4-11 输入 C 点的相对极坐标

指定第一个点: 10,10
指定下一点或 [放弃(U)]: @50<37
LINE 指定下一点或 [放弃(U)]: @30<-90

图 4-12 输入 B 点的相对极坐标

Step 05 将图形封闭即绘制完成。完整的命令行操作过程如下。

```
命令: _line
            //调用【直线】命令
指定第一个点: 10,10↙
            //输入A点的绝对坐标
指定下一点或 [放弃(U)]: @50<37↙
            //输入C点相对于上一个点（A点）的相对极坐标
指定下一点或 [放弃(U)]: @30<-90↙
            //输入B点相对于上一个点（C点）的相对极坐标
指定下一点或 [闭合(C)/放弃(U)]: c↙
//闭合图形
```

4.1.3 坐标值的显示 ★重点★

在 AutoCAD 状态栏的左侧区域，会显示当前光标所处位置的坐标值，该坐标值有 3 种显示状态。

◆绝对直角坐标状态：显示光标所在位置的坐标（118.8822, -0.4634, 0.0000）。

◆相对极坐标状态：在相对于前一点来指定第二点时可以使用此状态（37.6469<216, 0.0000）。

◆关闭状态：颜色变为灰色，并“冻结”关闭时所显示的坐标值，如图 4-13 所示。

用户可根据需要在这 3 种状态之间相互切换。

◆按快捷键 Ctrl+I 可以关闭开启坐标显示。

◆当确定一个位置后，在状态栏中显示坐标值的区域，单击也可以进行切换。

◆在状态栏中显示坐标值的区域，用鼠标右键单击即可弹出快捷菜单，如图 4-14 所示，可在其中选择所需状态。

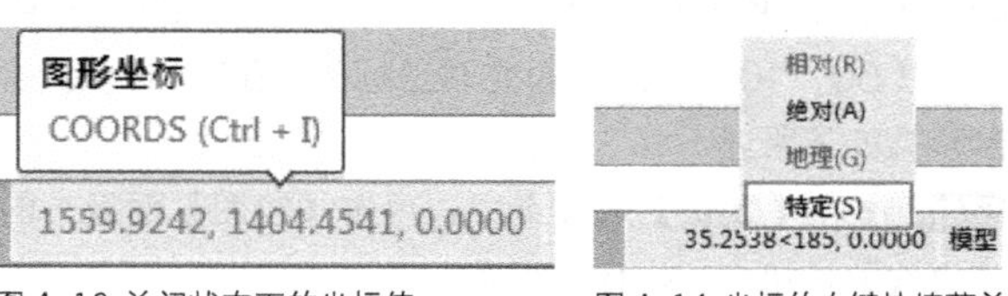

图 4-13 关闭状态下的坐标值　　图 4-14 坐标的右键快捷菜单

4.2 辅助绘图工具

本节将介绍 AutoCAD 2016 辅助工具的设置。通过对辅助功能进行适当的设置，可以提高用户制图的工作效率和绘图的准确性。在实际绘图中，用鼠标定位虽然方便快捷，但精度不够，因此为了解决快速准确定位的问题，AutoCAD 提供了一些绘图辅助工具，如动态输入、栅格、栅格捕捉、正交和极轴追踪等。

【栅格】类似定位的小点，可以直观地观察到距离和位置;【栅格捕捉】用于设定鼠标光标移动的间距;【正交】控制直线在 0°、90°、180° 或 270° 等正平竖直的方向上;【极轴追踪】用以控制直线在 30°、45°、60° 等常规或用户指定角度上。

4.2.1 动态输入

在绘图的时候，有时可在光标处显示命令提示或尺寸输入框，这类设置即称作【动态输入】。在 AutoCAD 中，【动态输入】有 2 种显示状态，即指针输入和标注输入状态，如图 4-15 所示。

【动态输入】功能的开、关切换有以下两种方法。

◆快捷键：按 F12 键切换开、关状态。

◆状态栏：单击状态栏上的【动态输入】按钮，若亮显则为开启，如图 4-16 所示。

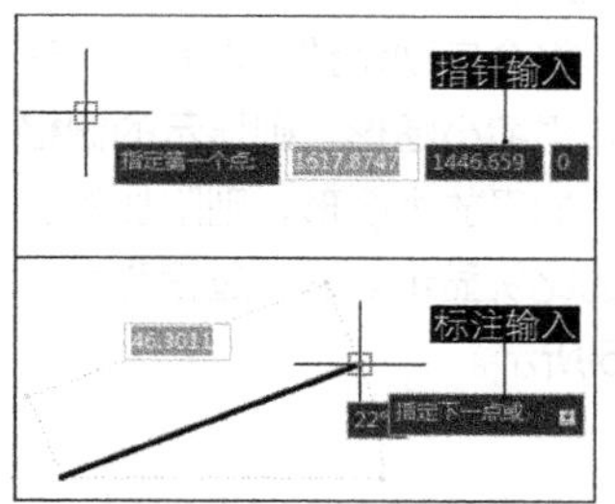

图 4-15 不同状态的【动态输入】

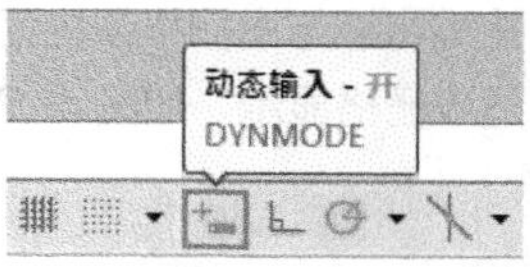

图 4-16 状态栏中开启【动态输入】功能

用鼠标右键单击状态栏上的【动态输入】按钮，选择弹出【动态输入设置】选项，打开【草图设置】对话框中的【动态输入】选项卡，该选项卡可以控制在启用【动态输入】时每个部件所显示的内容。选项卡中包含 3 个组件，即指针输入、标注输入和动态显示，如图 4-17 所示，分别介绍如下。

1 指针输入

单击【指针输入】选区中的【设置】按钮，打开【指针输入设置】对话框，如图 4-18 所示。可以在其中设置指针的格式和可见性。在工具提示中，十字光标所在位置的坐标值将显示在光标旁边。命令提示用户输入点时，可以在工具提示框（而非命令行）中输入坐标值。

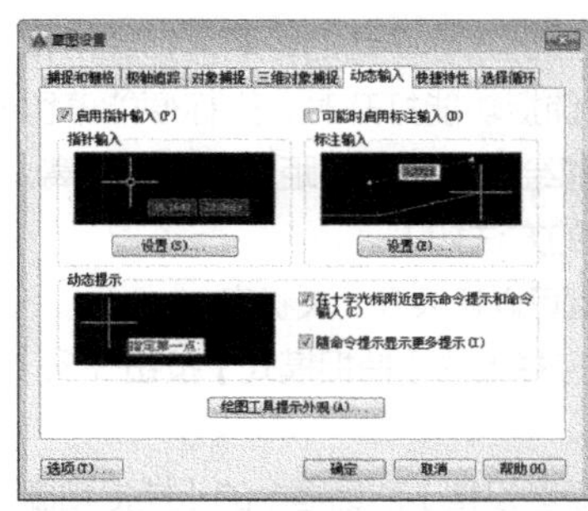

图 4-17 【动态输入】选项卡

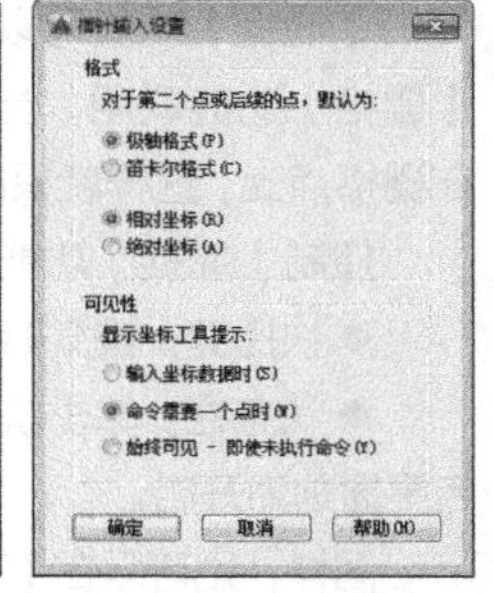

图 4-18 【指针输入设置】对话框

2 标注输入

在【草图设置】对话框的【动态输入】选项卡中，选择【可能时启用标注输入】复选框，启用标注输入功能。单击【标注输入】选区的【设置】按钮，打开图 4-19 所示的【标注输入的设置】对话框。利用该对话框可以设置夹点拉伸时标注输入的可见性等。

3 动态提示

【动态显示】选项组中各选项按钮含义说明如下。

◆【在十字光标附近显示命令提示和命令输入】复选框：勾选该复选框，可在光标附近显示命令显示。

◆【随命令提示显示更多提示】复选框：勾选该复选框，显示使用 Shift 和 Ctrl 键进行夹点操作的提示。

◆【绘图工具提示外观】按钮：单击该按钮，弹出图 4-20 所示的【工具提示外观】对话框，从中进行颜色、大小、透明度和应用场合的设置。

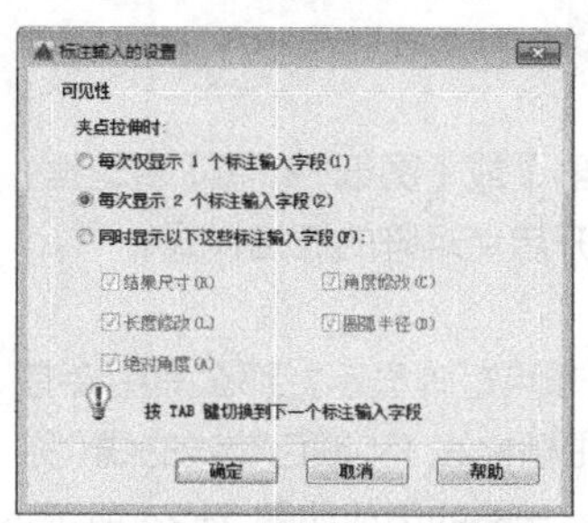

图 4-19 【标注输入的设置】对话框

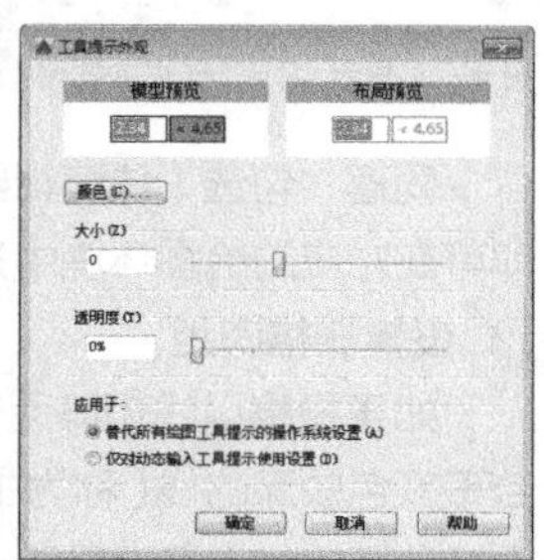

图 4-20 【工具提示外观】对话框

4.2.2 栅格

【栅格】相当于手工制图中使用的坐标纸，它按照相等的间距在屏幕上设置栅格点（或线）。使用者可以通过栅格点数目来确定距离，从而达到精确绘图的目的。【栅格】不是图形的一部分，只供用户视觉参考，打印时不会被输出。

控制【栅格】显示的方法如下所述。

◆快捷键：按 F7 键可以切换开、关状态。

◆状态栏：单击状态栏上的【显示图形栅格】按钮，若亮显则为开启，如图 4-21 所示。

用户可以根据实际需要自定义【栅格】的间距、大小与样式。在命令行中输入 DS【草图设置】命令，系统自动弹出【草图设置】对话框，在【栅格间距】选项区中设置间距、大小与样式。或是调用 GRID 命令，根据命令行提示同样可以控制栅格的特性。

1 设置栅格显示样式

在 AutoCAD 2016 中，栅格有两种显示样式：点矩阵和线矩阵，默认状态下显示的是线矩阵栅格，如图 4-22 所示。

图 4-21 状态栏中开启【栅格】功能

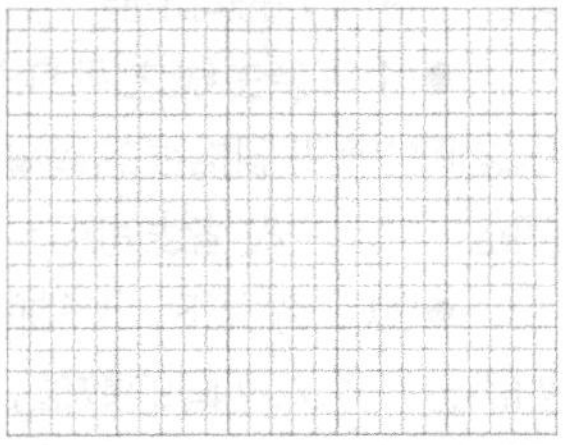

图 4-22 默认的线矩阵栅格

用鼠标右键单击状态栏上的【显示图形栅格】按钮，选择弹出的【网格设置】选项，打开【草图设置】对话框中的【捕捉和栅格】选项卡，然后选择【栅格样式】区域中的【二维模型空间】复选框，即可在二维模型空间显示点矩阵形式的栅格，如图 4-23 所示。

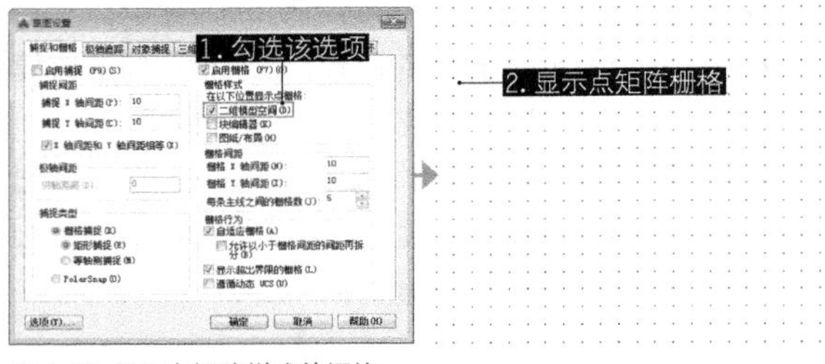

图 4-23 显示点矩阵样式的栅格

同理，勾选【块编辑器】或【图纸 / 布局】复选框，即可在对应的绘图环境中开启点矩阵的栅格样式。

2 设置栅格间距

如果栅格以线矩阵而非点矩阵显示，那么其中会有若干颜色较深的线（称为主栅格线）和颜色较浅的线（称为辅助栅格线）间隔显示，栅格的组成如图 4-24 所示。在以小数单位或英尺、英寸绘图时，主栅格线对于快速测量距离尤其有用。在【草图设置】对话框中，可以通过【栅格间距】区域来设置栅格的间距。

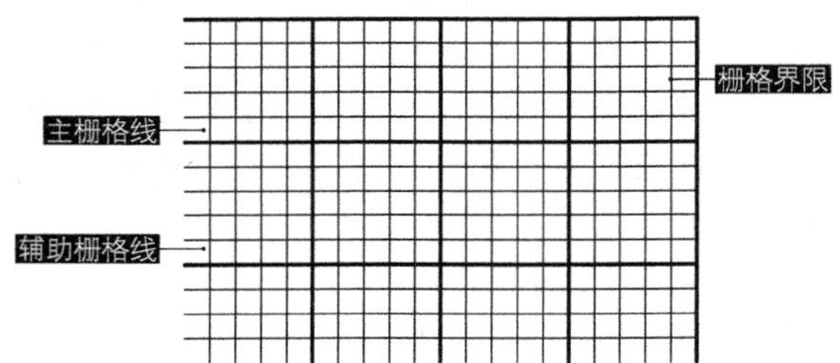

图 4-24 栅格的组成

> **操作技巧**
>
> 【栅格界限】只有使用Limits命令定义了图形界限之后方能显现。

【栅格间距】区域中的各命令含义说明如下。

◆【栅格 X 轴间距】文本框：输入辅助栅格线在 X 轴上（横向）的间距值；

◆【栅格 Y 轴间距】文本框：输入辅助栅格线在 Y 轴上（纵向）的间距值；

◆【每条主线之间的栅格数】文本框：输入主栅格线之间的辅助栅格线的数量，因此可间接指定主栅格线的间距，即：主栅格线间距 = 辅助栅格线间接 × 数量。

◆默认情况下，X 轴间距和 Y 轴间距值是相等的，如需分别输入不同的数值，需取消对【X 轴间距和 Y 轴间距相等】复选框的勾选，方能输入。输入不同的间距与所得栅格效果如图 4-25 所示。

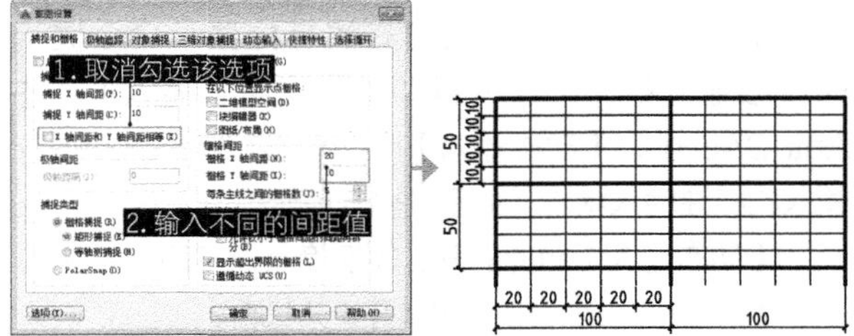

图 4-25 不同间距下的栅格效果

3 在缩放过程中动态更改栅格

如果放大或缩小图形，将会自动调整栅格间距，使其适合新的比例。例如，如果缩小图形，则显示的栅格线密度会自动减小；相反，如果放大图形，则附加的栅格线将按与主栅格线相同的比例显示。这一过程称为自适应栅格显示，如图 4-26 所示。

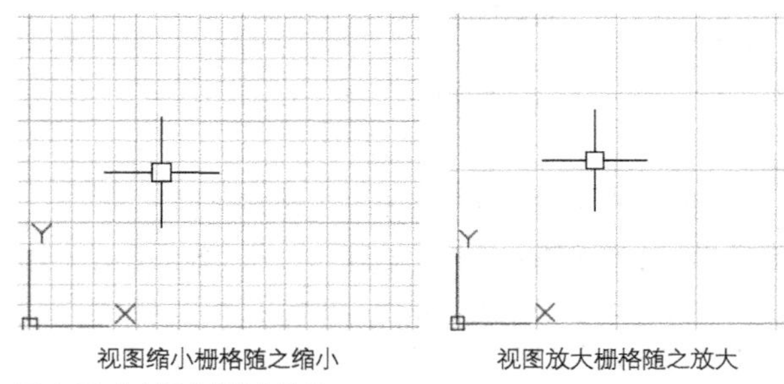

图 4-26 【自适应栅格】效果

勾选【栅格行为】下的【自适应栅格】复选框，即可启用该功能。如果再勾选其下的【允许小于栅格间距的间距再拆分】复选框，则在视图放大时，会生成更多间距更小的栅格线，即以原辅助栅格线替换为主栅格线，再进行平分。

4.2.3 捕捉

【捕捉】功能可以控制光标移动的距离。它经常和【栅格】功能联用，当捕捉功能打开时，光标便能停留在栅格点上，这样就只能绘制出栅格间距整数倍的距离。

控制【捕捉】功能的方法如下。

◆快捷键：按 F9 键可以切换开、关状态。

◆状态栏：单击状态栏上的【捕捉模式】按钮，若亮显则为开启。

同样，也可以在【草图设置】对话框中的【捕捉和栅格】选项卡中控制捕捉的开关状态及其相关属性。

1 设置栅格捕捉间距

在【捕捉间距】下的【捕捉 X 轴间距】和【捕捉 Y 轴间距】文本框中可输入光标移动的间距。通常情况下，【捕捉间距】应等于【栅格间距】，这样在启动【栅格捕捉】功能后，就能将光标限制在栅格点上，如

图 4-27 所示；如果【捕捉间距】不等于【栅格间距】，则会出现捕捉不到栅格点的情况，如图 4-28 所示。

在正常工作中，【捕捉间距】不需要和【栅格间距】相同。例如，可以设定较宽的【栅格间距】用作参照，但使用较小的【捕捉间距】以保证定位点时的精确性。

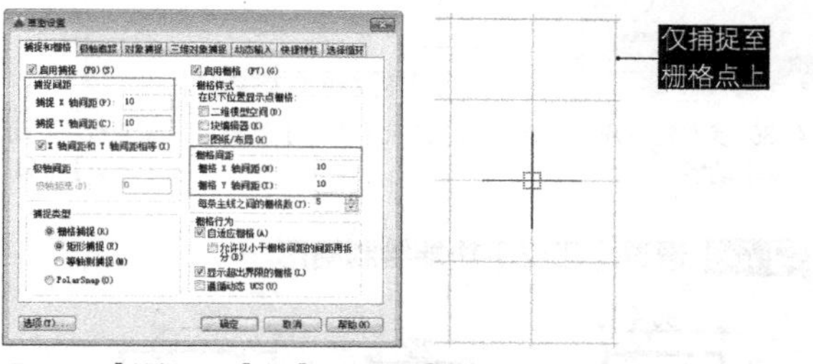

图 4-27 【捕捉间距】与【栅格间距】相等时的效果

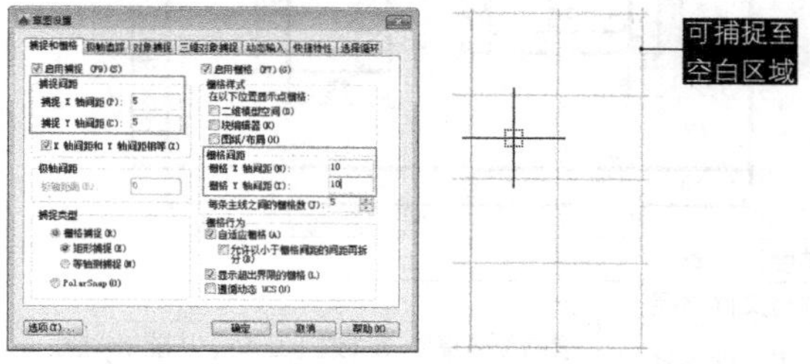

图 4-28 【捕捉间距】与【栅格间距】不相等时的效果

2 设置捕捉类型

捕捉有两种捕捉类型：栅格捕捉和极轴捕捉，两种捕捉类型分别介绍如下。

◎ 栅格捕捉

设定栅格捕捉类型。如果指定点，光标将沿垂直或水平栅格点进行捕捉。【栅格捕捉】下分两个单选按钮：【矩形捕捉】和【等轴测捕捉】，分别介绍如下。

◆【矩形捕捉】单选按钮：将捕捉样式设定为标准"矩形"捕捉模式。当捕捉类型设定为【栅格】，并且打开【捕捉】模式时，光标将捕捉矩形捕捉栅格，适用于普通二维视图，如图 4-29 所示。

◆【等轴测捕捉】单选按钮：将捕捉样式设定为"等轴测"捕捉模式。当捕捉类型设定为【栅格】，并且打开【捕捉】模式时，光标将捕捉等轴测捕捉栅格，适用于等轴测视图，如图 4-30 所示。

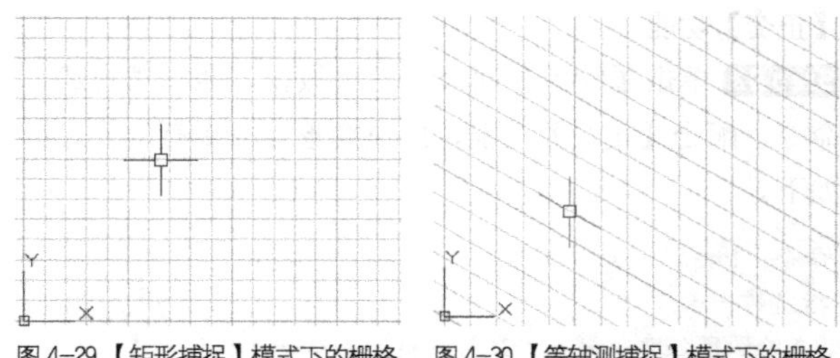

图 4-29 【矩形捕捉】模式下的栅格　图 4-30 【等轴测捕捉】模式下的栅格

◎ PolarSnap（极轴捕捉）

将捕捉类型设定为【PolarSnap】。如果启用了【捕捉】模式，并在极轴追踪打开的情况下指定点，光标将沿在【极轴追踪】选项卡（见本章 4.2.4 小节）上相对于极轴追踪起点设置的极轴对齐角度进行捕捉。

启用【PolarSnap】后，【捕捉间距】变为不可用，同时【极轴间距】文本框变得可用，可在该文本框中输入要进行捕捉的增量距离，如果该值为 0，则【PolarSnap】捕捉的距离采用【捕捉 X 轴间距】文本框中的值。启用【PolarSnap】后无法将光标定位至栅格点上，但在执行【极轴追踪】的时候，可将增量固定为设定的整数倍，效果如图 4-31 所示。

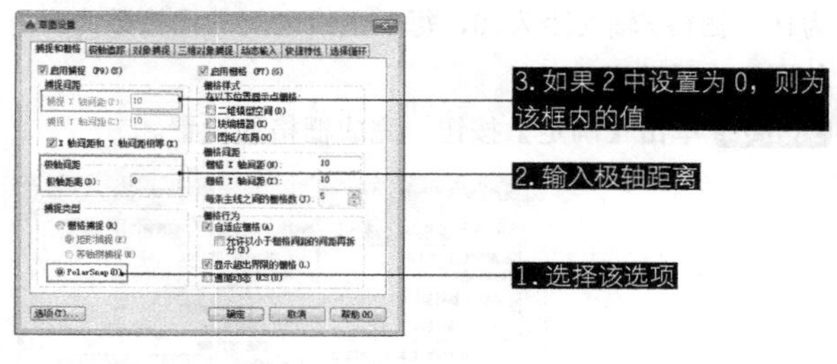

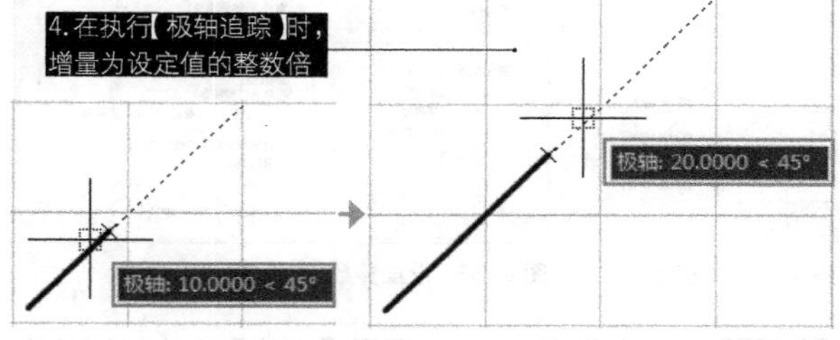

图 4-31 PolarSnap（极轴捕捉）效果

【PolarSnap】设置应与【极轴追踪】或【对象捕捉追踪】结合使用，如果两个追踪功能都未启用，则【PolarSnap】设置视为无效。

练习 4-4 通过栅格与捕捉绘制图形

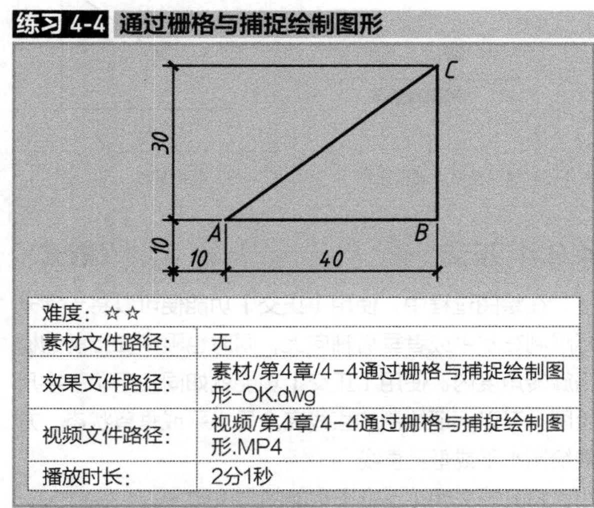

难度：☆☆	
素材文件路径：	无
效果文件路径：	素材/第4章/4-4通过栅格与捕捉绘制图形-OK.dwg
视频文件路径：	视频/第4章/4-4通过栅格与捕捉绘制图形.MP4
播放时长：	2分1秒

除了前面练习中所用到的通过输入坐标方法绘图，在 AutoCAD 中还可以借助【栅格】与【捕捉】来进行绘制。该方法适合绘制尺寸圆整、外形简单的图形，本

例同样绘制图 4-7 所示的图形，以方便读者进行对比。

Step 01 用鼠标右键单击状态栏上的【捕捉模式】按钮 ，选择【捕捉设置】选项，如图4-32所示，系统弹出【草图设置】对话框。

Step 02 设置栅格与捕捉间距。在图4-7中可知最小尺寸为10，因此可以设置栅格与捕捉的间距同样为10，使得十字光标以10为单位进行移动。

Step 03 勾选【启用捕捉】和【启用栅格】复选框，在【捕捉间距】选项区域改为捕捉*X*轴间距10，捕捉*Y*轴间距10；在【栅格间距】选项区域，改为栅格*X*轴间距为10，栅格*Y*轴间距为10，每条主线之间的栅格数为5，如图4-33所示。

Step 04 单击【确定】按钮，完成栅格的设置。

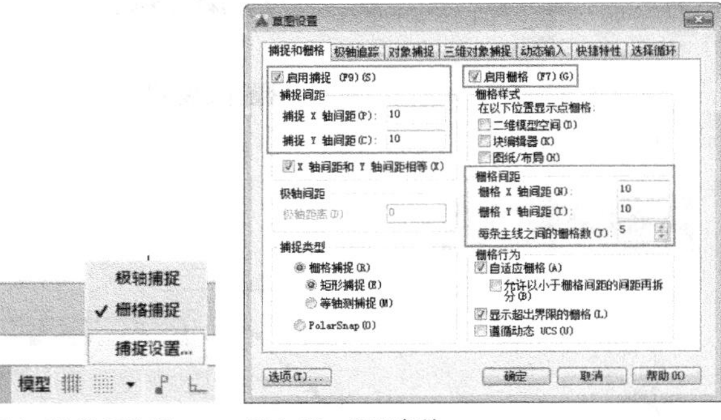

图 4-32 设置选项　　图 4-33 设置参数

Step 05 在命令行中输入L，调用【直线】命令，可见光标只能在间距为10的栅格点处进行移动，如图4-34所示。

Step 06 捕捉各栅格点，绘制最终图形如图4-35所示。

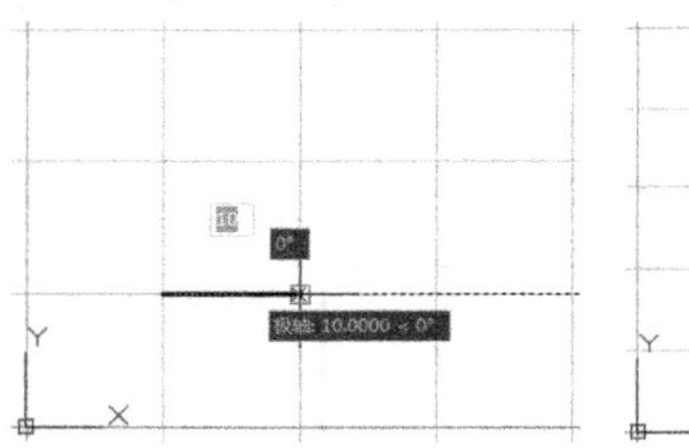

图 4-34 捕捉栅格点进行绘制

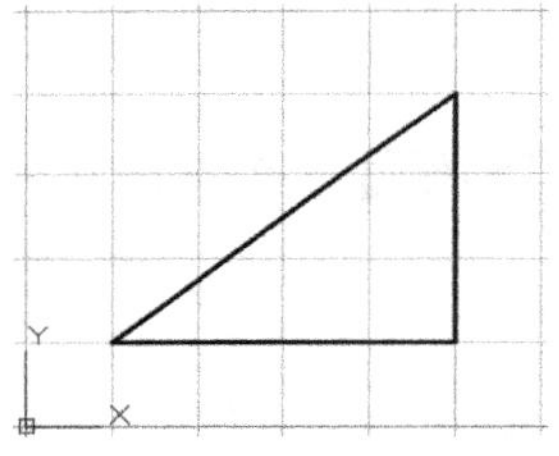

图 4-35 最终图形

4.2.4 正交 ★重点★

在绘图过程中，使用【正交】功能便可以将十字光标限制在水平或者垂直轴向上，同时也限制在当前的栅格旋转角度内。使用【正交】功能就如同使用了丁字尺绘图，可以保证绘制的直线完全呈水平或垂直状态，方便绘制水平或垂直直线。

打开或关闭【正交】功能的方法如下。

◆ 快捷键：按 F8 键可以切换正交开、关模式。

◆ 状态栏：单击【正交】按钮 ，若亮显则为开启，如图 4-36 所示。

因为【正交】功能限制了直线的方向，所以绘制水平或垂直直线时，指定方向后直接输入长度即可，不必再输入完整的坐标值。开启正交后光标状态如图 4-37 所示，关闭正交后光标状态如图 4-38 所示。

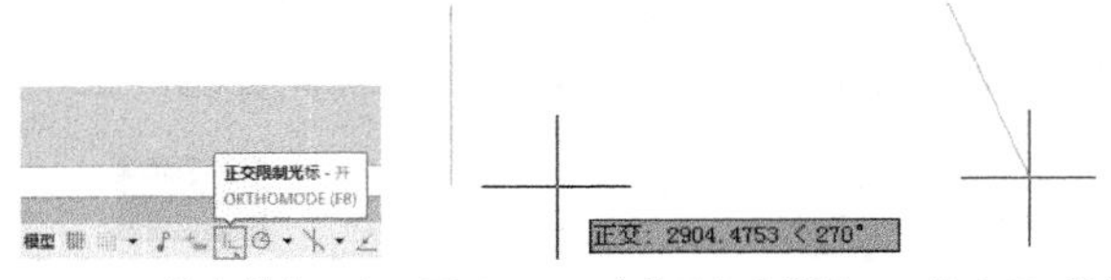

图 4-36 状态栏中开启【正交】功能　图 4-37 开启【正交】效果　图 4-38 关闭【正交】效果

练习 4-5 通过【正交】功能绘制图形

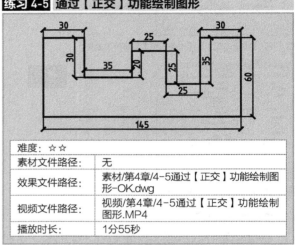

难度：☆☆	
素材文件路径：	无
效果文件路径：	素材/第4章/4-5通过【正交】功能绘制图形-OK.dwg
视频文件路径：	视频/第4章/4-5通过【正交】功能绘制图形.MP4
播放时长：	1分55秒

通过【正交】绘制图 4-39 所示的图形。【正交】功能开启后，系统自动将光标强制性地定位在水平或垂直位置上，在引出的追踪线上，直接输入一个数值即可定位目标点，而不用手动输入坐标值或捕捉栅格点来进行确定。

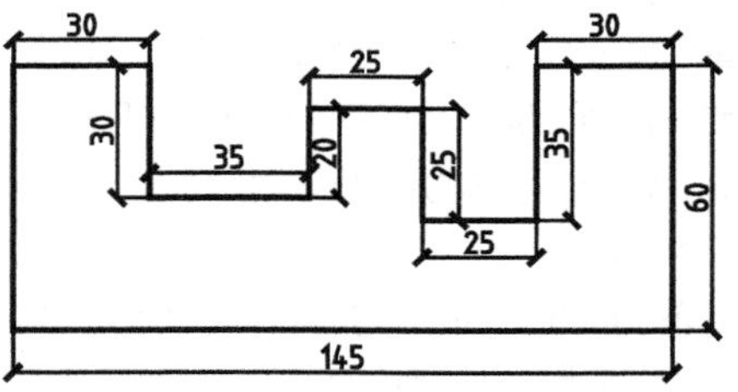

图 4-39 通过正交绘制图形

Step 01 单击状态栏中的 按钮，或按F8功能键，激活【正交】功能。

Step 02 单击【绘图】面板中的 按钮，激活【直线】命令，配合【正交】功能，绘制图形。命令行操作过程如下。

```
命令: _line
指定第一点:
//在绘图区任意位置单击鼠标左键，拾取一点作为起点
指定下一点或 [放弃(U)]:60↙ //向上移动光标，引出90° 正交追踪线，如图4-40所示，此时输入60，即定位第2点
指定下一点或 [放弃(U)]:30↙ //向右移动光标，引出0° 正交追踪线，如图4-41所示，输入30，定位第3点
```

指定下一点或 [放弃(U)]:30↙ //向下移动光标，引出270° 正交追踪线，输入30，定位第4点
指定下一点或 [放弃(U)]:35↙ //向右移动光标，引出0° 正交追踪线，输入35，定位第5点
指定下一点或 [放弃(U)]:20↙ //向上移动光标，引出90° 正交追踪线，输入20，定位第6点
指定下一点或 [放弃(U)]:25↙ //向右移动光标，引出0° 的正交追踪线，输入25，定位第7点

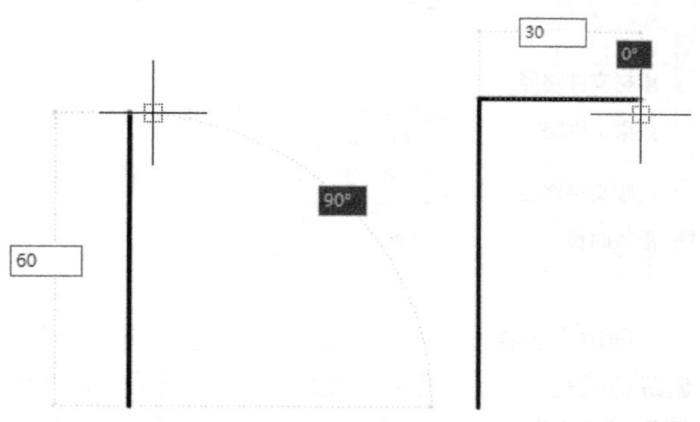

图 4-40 引出 90° 正交追踪线　　图 4-41 引出 0° 正交追踪线

Step 03 根据以上方法，配合【正交】功能绘制其他线段，最终的结果如图4-42所示。

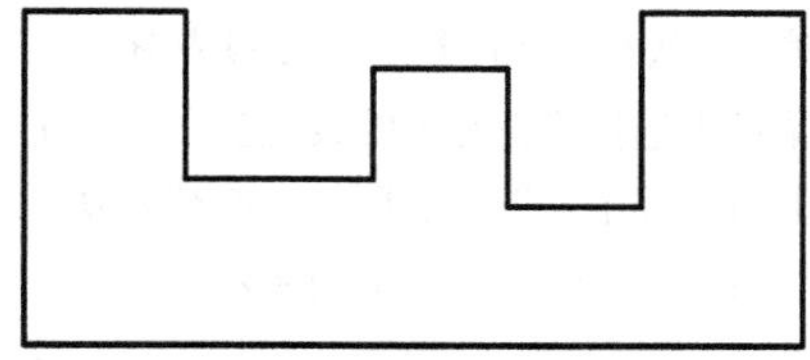
图 4-42 最终结果

4.2.5 极轴追踪 ★重点★

【极轴追踪】功能实际上是极坐标的一个应用。使用极轴追踪绘制直线时，捕捉到一定的极轴方向即确定了极角，然后输入直线的长度即确定了极半径，因此和正交绘制直线一样，极轴追踪绘制直线一般使用长度输入确定直线的第二点，代替坐标输入。【极轴追踪】功能可以用来绘制带角度的直线，如图 4-43 所示。

一般来说，极轴可以绘制任意角度的直线，包括水平的 0°、180° 与垂直的 90°、270° 等，因此某些情况下可以代替【正交】功能使用。【极轴追踪】绘制的图形如图 4-44 所示。

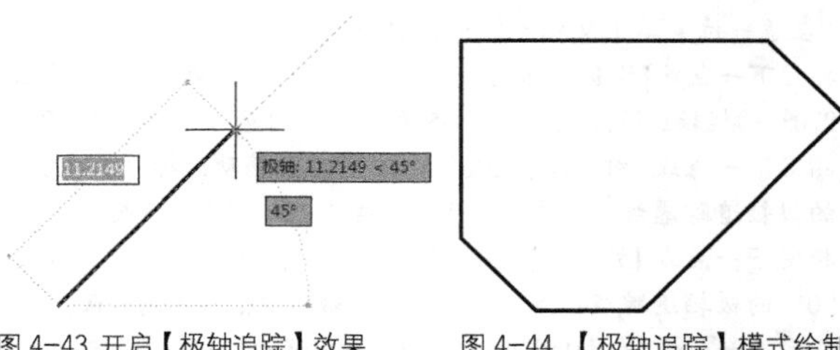

图 4-43 开启【极轴追踪】效果　　图 4-44 【极轴追踪】模式绘制的直线

【极轴追踪】功能的开、关切换有以下两种方法。

◆ 快捷键：按 F10 键切换开、关状态。

◆ 状态栏：单击状态栏上的【极轴追踪】按钮，若亮显则为开启，如图 4-45 所示。

用鼠标右键单击状态栏上的【极轴追踪】按钮，弹出追踪角度列表，如图 4-45 所示，其中的数值便为启用【极轴追踪】时的捕捉角度。然后在弹出的快捷菜单中选择【正在追踪设置】命令，则打开【草图设置】对话框，在【极轴追踪】选项卡中可设置极轴追踪的开关和其他角度值的增量角等，如图 4-46 所示。

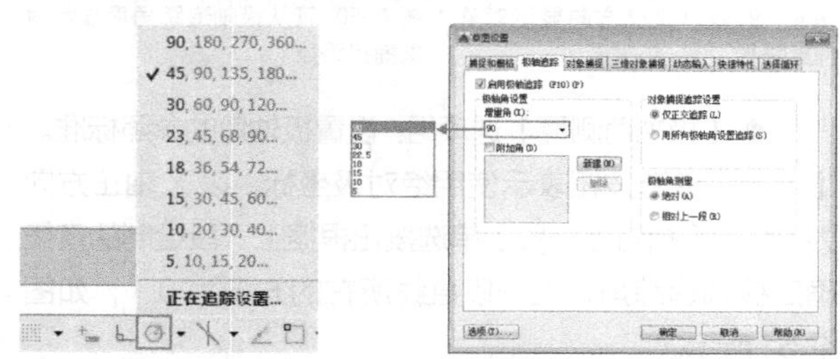

图 4-45 选择【正在追踪设置】命令　　图 4-46 【极轴追踪】选项卡

【极轴追踪】选项卡中各选项的含义如下。

◆【增量角】列表框：用于设置极轴追踪角度。当光标的相对角度等于该角，或者是该角的整数倍时，屏幕上将显示出追踪路径，如图 4-47 所示。

◆【附加角】复选框：增加任意角度值作为极轴追踪的附加角度。勾选【附加角】复选框，并单击【新建】按钮，然后输入所需追踪的角度值，即可捕捉至附加角的角度，如图 4-48 所示。

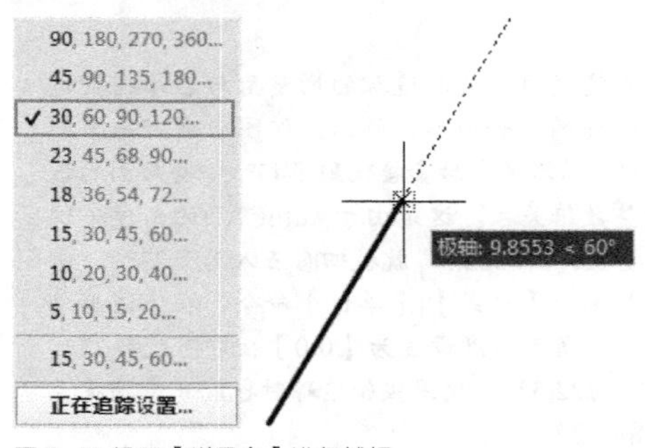

图 4-47 设置【增量角】进行捕捉

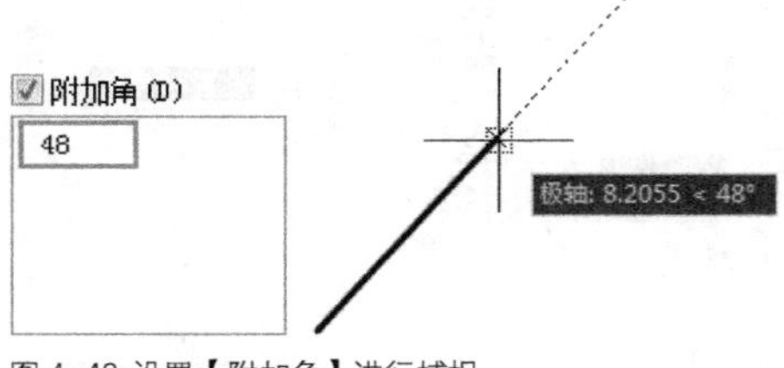

图 4-48 设置【附加角】进行捕捉

◆【仅正交追踪】单选按钮：当对象捕捉追踪打开时，仅显示已获得的对象捕捉点的正交（水平和垂直方向）对

象捕捉追踪路径，如图 4-49 所示。

◆【用所有极轴角设置追踪】单选按钮：对象捕捉追踪打开时，将从对象捕捉点起沿任何极轴追踪角进行追踪，如图 4-50 所示。

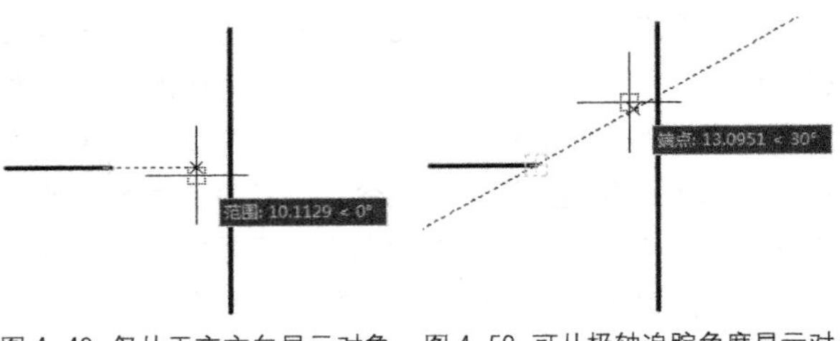

图 4-49 仅从正交方向显示对象捕捉路径　图 4-50 可从极轴追踪角度显示对象捕捉路径

◆【极轴角测量】选项组：设置极轴角的参照标准。【绝对】单选按钮表示使用绝对极坐标，以 X 轴正方向为 0°。【相对上一段】单选按钮根据上一段绘制的直线确定极轴追踪角，上一段直线所在的方向为 0°，如图 4-51 所示。

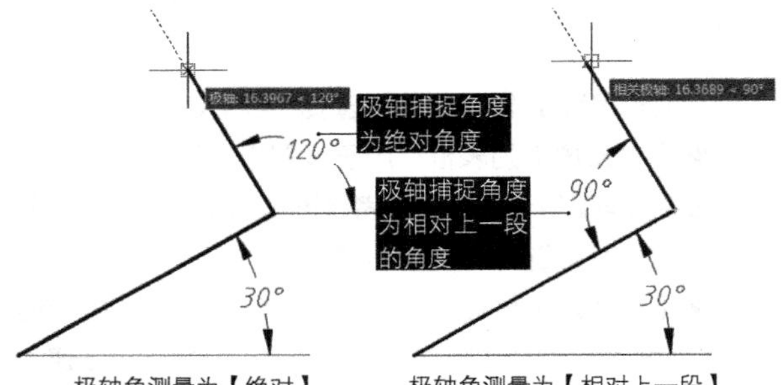

图 4-51 不同的【极轴角测量】效果

操作技巧

细心的读者可能发现，极轴追踪的增量角与后续捕捉角度都是成倍递增的，如图4-45所示；但图中唯有一个例外，那就是23°的增量角后直接跳到了45°，与后面的各角度也不成整数倍关系。这是由于AutoCAD的角度单位精度设置为整数，因此22.5°就被四舍五入为了23°。所以只需选择菜单栏【格式】|【单位】命令，在【图形单位】对话框中将角度精度设置为【0.0】，即可使得23°的增量角还原为22.5°，使用极轴追踪时也能正常捕捉至22.5°，如图4-52所示。

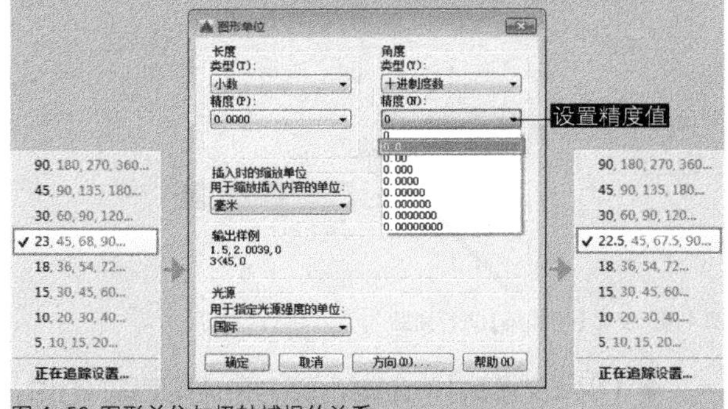

图 4-52 图形单位与极轴捕捉的关系

练习 4-6 通过【极轴追踪】功能绘制图形

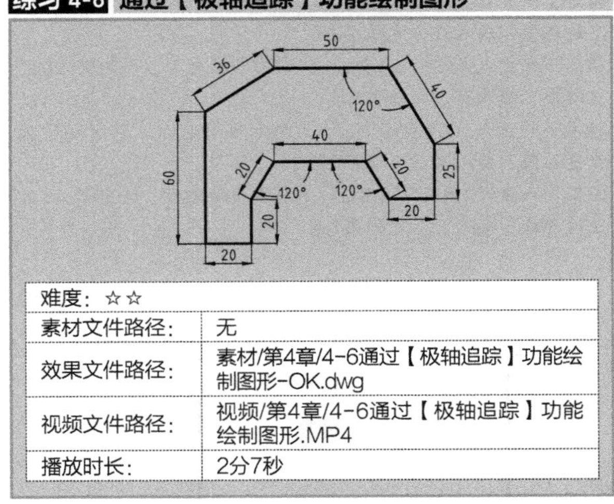

难度：☆☆	
素材文件路径：	无
效果文件路径：	素材/第4章/4-6通过【极轴追踪】功能绘制图形-OK.dwg
视频文件路径：	视频/第4章/4-6通过【极轴追踪】功能绘制图形.MP4
播放时长：	2分7秒

通过【极轴追踪】绘制图 4-53 所示的图形。极轴追踪功能是一个非常重要的辅助工具，此工具可以在任何角度和方向上引出角度矢量，从而可以很方便地精确定位角度方向上的任何一点。相比于坐标输入、栅格与捕捉、正交等绘图方法来说，极轴追踪更为便捷，足以绘制绝大部分图形，因此是使用最多的一种绘图方法。

Step 01 用鼠标右键单击状态栏上的【极轴追踪】按钮，然后在弹出的快捷菜单中选择【正在追踪设置】命令，在打开的【草图设置】对话框中勾选【启用极轴追踪】复选框，并将当前的增量角设置为60，如图4-54所示。

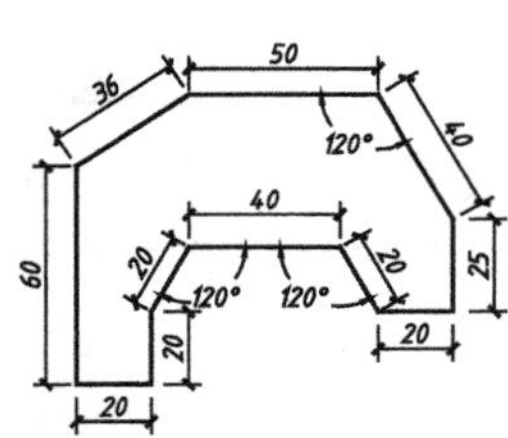

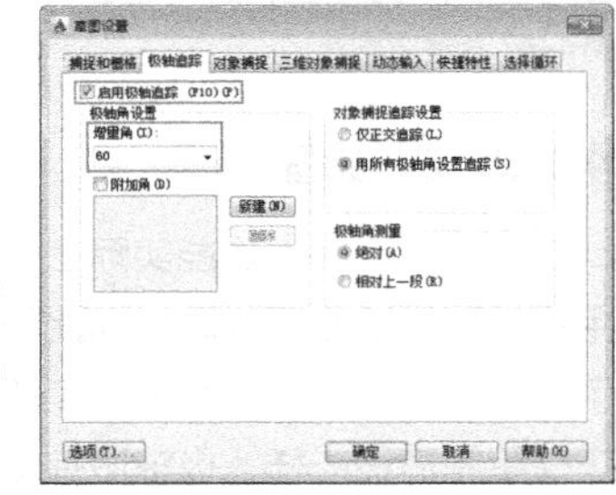

图 4-53 通过极轴追踪绘制图形　图 4-54 设置极轴追踪参数

Step 02 单击【绘图】面板中的按钮，激活【直线】命令，配合【极轴追踪】功能，绘制外框轮廓线。命令行操作过程如下。

命令: _line
指定第一点:
//在适当位置单击鼠标左键，拾取一点作为起点
指定下一点或 [放弃(U)]:60↙ //垂直向下移动光标，引出270°的极轴追踪虚线，如图4-55所示，此时输入60，定位第2点
指定下一点或 [放弃(U)]:20↙ //水平向右移动光标，引出0°的极轴追踪虚线，如图4-56所示，输入20，定位第3点
指定下一点或 [放弃(U)]:20↙ //垂直向上移动光标，引出90°的极轴追踪线，如图4-57所示，输入20，定位第4点
指定下一点或 [放弃(U)]:20↙ //斜向上移动光标，在60°方向上引出极轴追踪虚线，如图4-58所示，输入20，定位定第5点

Step 03 根据以上方法，配合【极轴追踪】功能绘制其他线段，即可绘制出图4-53所示的图形。

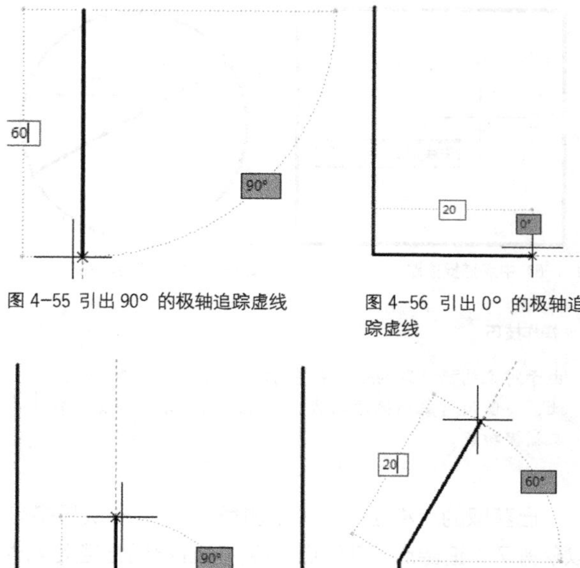

图 4-55 引出 90° 的极轴追踪虚线

图 4-56 引出 0° 的极轴追踪虚线

图 4-57 引出 90° 的极轴追踪虚线

图 4-58 60° 的极轴追踪虚线

4.3 对象捕捉

通过【对象捕捉】功能可以精确定位现有图形对象的特征点，如圆心、中点、端点、节点、象限点等，从而为精确绘制图形提供了有利条件。

4.3.1 对象捕捉概述

鉴于点坐标法与直接肉眼确定法的各种弊端，AutoCAD 提供了【对象捕捉】功能。在【对象捕捉】开启的情况下，系统会自动捕捉某些特征点，如圆心、中点、端点、节点、象限点等。因此，【对象捕捉】的实质是对图形对象特征点的捕捉，如图 4-59 所示。

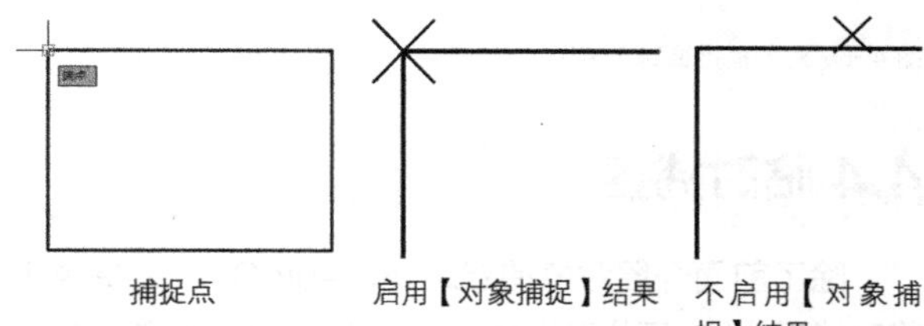

捕捉点　　启用【对象捕捉】结果　　不启用【对象捕捉】结果

图 4-59 对象捕捉

【对象捕捉】功能生效需要具备 2 个条件。

◆【对象捕捉】开关必须打开。

◆必须是在命令行提示输入点位置的时候。

如果命令行并没有提示输入点位置，则【对象捕捉】功能是不会生效的。因此，【对象捕捉】实际上是通过捕捉特征点的位置，来代替命令行输入特征点的坐标。

4.3.2 设置对象捕捉点 ★重点★

开启和关闭【对象捕捉】功能的方法如下。

◆菜单栏：选择【工具】|【草图设置】命令，弹出【草图设置】对话框。选择【对象捕捉】选项卡，选中或取消选中【启用对象捕捉】复选框，也可以打开或关闭对象捕捉，但这种操作太烦琐，实际中一般不使用。

◆快捷键：按 F3 键可以切换开、关状态。

◆状态栏：单击状态栏上的【对象捕捉】按钮，若亮显则为开启，如图 4-60 所示。

◆命令行：输入 OSNAP，打开【草图设置】对话框，单击【对象捕捉】选项卡，勾选【启用对象捕捉】复选框。

在设置对象捕捉点之前，需要确定哪些特性点是需要的，哪些是不需要的。这样不仅仅可以提高效率，也可以避免捕捉失误。使用任何一种开启【对象捕捉】的方法之后，系统弹出【草图设置】对话框，在【对象捕捉模式】选区中勾选用户需要的特征点，单击【确定】按钮，退出对话框即可，如图 4-61 所示。

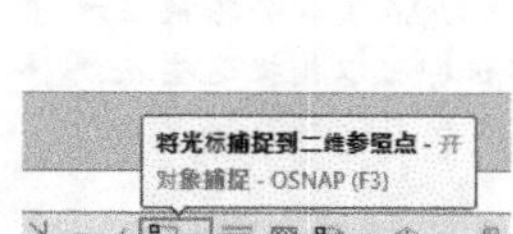

图 4-60 状态栏中开启【对象捕捉】功能

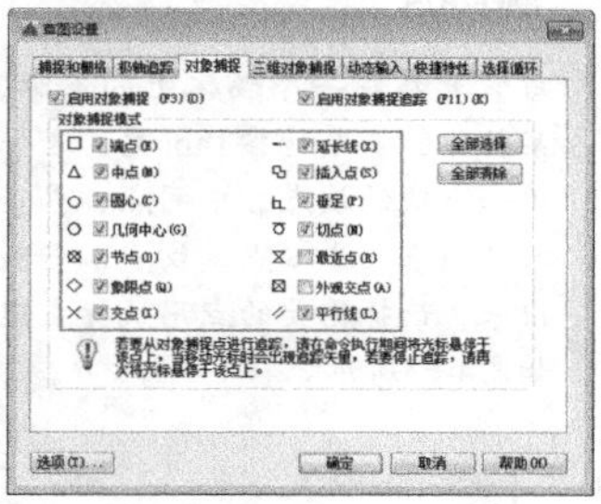

图 4-61 【草图设置】对话框

在 AutoCAD 2016 中，对话框共列出 14 种对象捕捉点和对应的捕捉标记，含义分别如下。

◆【端点】：捕捉直线或曲线的端点。

◆【中点】：捕捉直线或是弧段的中心点。

◆【圆心】：捕捉圆、椭圆或弧的中心点。

◆【几何中心】：捕捉多段线、二维多段线和二维样条曲线的几何中心点。

◆【节点】：捕捉用【点】、【多点】、【定数等分】、【定距等分】等 POINT 类命令绘制的点对象。

◆【象限点】：捕捉位于圆、椭圆或是弧段上 0°、90°、180° 和 270° 处的点。

◆【交点】：捕捉两条直线或是弧段的交点。

◆【延长线】：捕捉直线延长线路径上的点。

◆【插入点】：捕捉图块、标注对象或外部参照的插入点。

◆【垂足】：捕捉从已知点到已知直线的垂线的垂足。

◆【切点】：捕捉圆、弧段及其他曲线的切点。

◆【最近点】：捕捉处在直线、弧段、椭圆或样条曲线上，而且距离光标最近的特征点。

◆【外观交点】：在三维视图中，从某个角度观察两个对象可能相交，但实际并不一定相交，可以使用【外观交点】功能捕捉对象在外观上相交的点。

◆【平行】：选定路径上的一点，使通过该点的直线与已知直线平行。

启用【对象捕捉】功能之后，在绘图过程中，当十字光标靠近这些被启用的捕捉特殊点后，将自动对其进行捕捉，效果如图4-62所示。这里需要注意的是，在【对象捕捉】选项卡中，各捕捉特殊点前面的形状符号，如□、╳、○等，便是在绘图区捕捉时显示的对应形状。

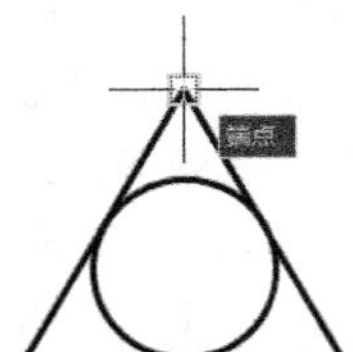

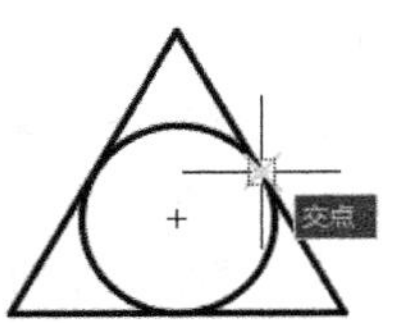

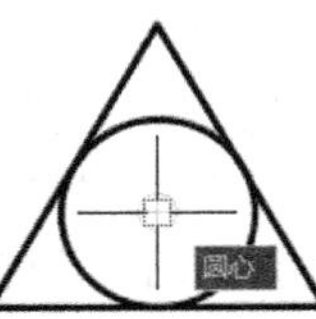

图 4-62 各捕捉效果

操作技巧

当需要捕捉一个物体上的点时，只要将鼠标靠近某个或某物体，不断地按Tab 键，这个或这些物体的某些特殊点（如直线的端点、中间点、垂直点、与物体的交点、圆的四分圆点、中心点、切点、垂直点、交点）就会轮换显示出来，选择需要的点用鼠标左键单击即可以捕捉这些点，如图4-63所示。

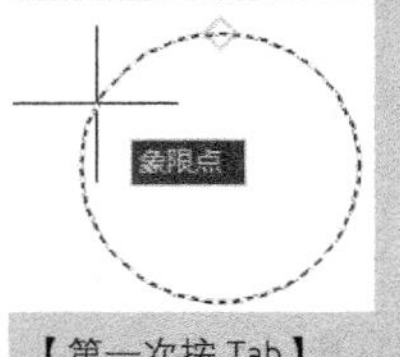

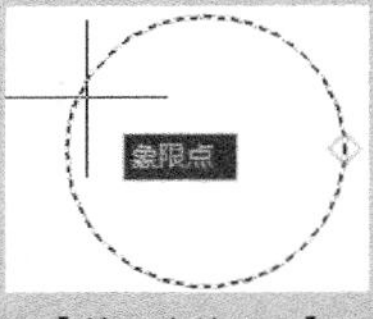

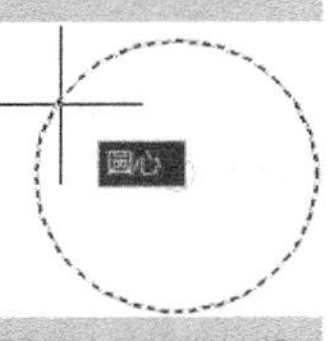

【第一次按 Tab】　【第二次按 Tab】　【第三次按 Tab】

图 4-63 按 Tab 键切换捕捉点

4.3.3 对象捕捉追踪

在绘图过程中，除了需要掌握对象捕捉的应用外，也需要掌握对象追踪的相关知识和应用的方法，从而能提高绘图的效率。

【对象捕捉追踪】功能的开、关切换有以下两种方法。

◆快捷键：F11 快捷键，切换开、关状态。

◆状态栏：单击状态栏上的【对象捕捉追踪】按钮∠。

启用【对象捕捉追踪】后，在绘图的过程中需要指定点时，光标可以沿基于其他对象捕捉点的对齐路径进行追踪，图 4-64 所示为中点捕捉追踪效果，图 4-65 所示为交点捕捉追踪效果。

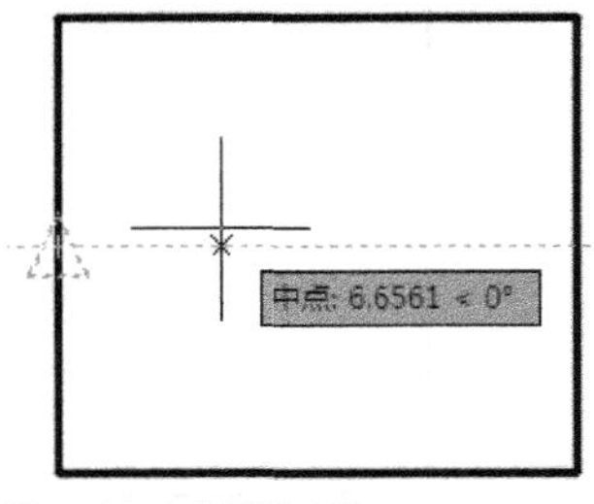

图 4-64 中点捕捉追踪

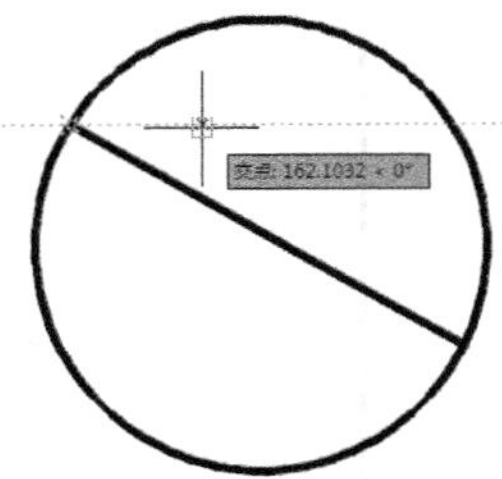

图 4-65 交点捕捉追踪

操作技巧

由于对象捕捉追踪的使用是基于对象捕捉进行操作的，因此，要使用对象捕捉追踪功能，必须先开启一个或多个对象捕捉功能。

已获取的点将显示一个小加号（+），一次最多可以获得 7 个追踪点。获取点之后，当在绘图路径上移动光标时，将显示相对于获取点的水平、垂直或指定角度的对齐路径。

例如，在图 4-66 所示的示意图中，启用了【端点】对象捕捉，单击直线的起点【1】开始绘制直线，将光标移动到另一条直线的端点【2】处获取该点，然后沿水平对齐路径移动光标，定位要绘制的直线的端点【3】。

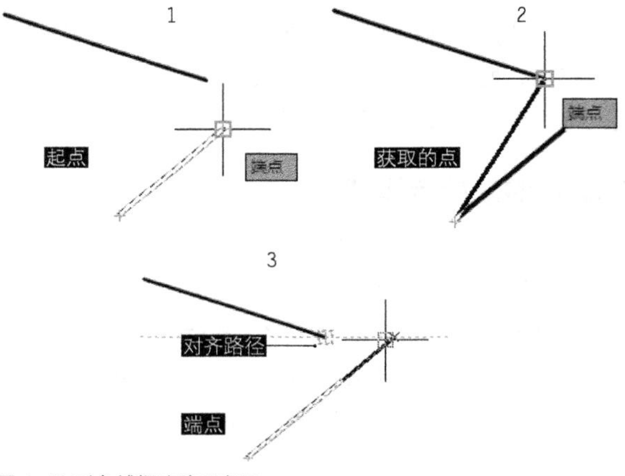

图 4-66 对象捕捉追踪示意图

4.4 临时捕捉

除了前面介绍对象捕捉之外，AutoCAD 还提供了临时捕捉功能，同样可以捕捉如圆心、中点、端点、节点、象限点等特征点。与对象捕捉不同的是临时捕捉属于“临时”调用，无法一直生效，但在绘图过程中可随时调用。

4.4.1 临时捕捉概述

临时捕捉是一种一次性的捕捉模式，这种捕捉模式不是自动的，当用户需要临时捕捉某个特征点时，需要在捕捉之前手工设置需要捕捉的特征点，然后进行对象捕捉。这种捕捉不能反复使用，再次使用捕捉需重新选择捕捉类型。

1 临时捕捉的启用方法

执行临时捕捉有以下两种方法。

◆右键快捷菜单：在命令行提示输入点的坐标时，如果要使用临时捕捉模式，可按住 Shift 键然后单击鼠标右键，系统弹出快捷菜单，如图 4-67 所示，可以在其中选择需要的捕捉类型。

◆命令行：可以直接在命令行中输入执行捕捉对象的快捷指令来选择捕捉模式。例如，在绘图过程中，输入并执行 MID 快捷命令将临时捕捉图形的中点，如图 4-68 所示。AutoCAD 常用对象捕捉模式及快捷命令如表 4-1 所示。

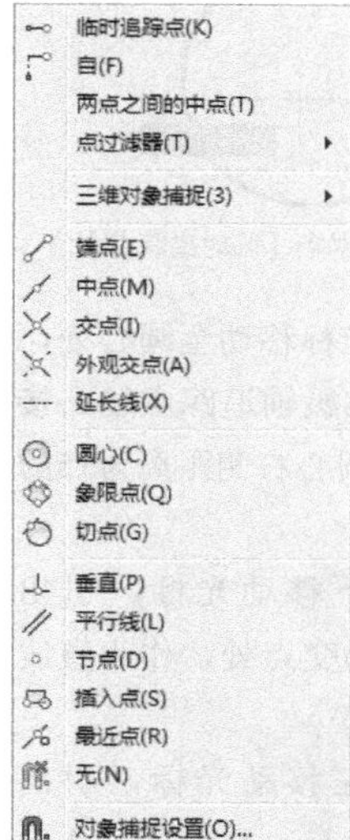

图 4-67 临时捕捉快捷菜单

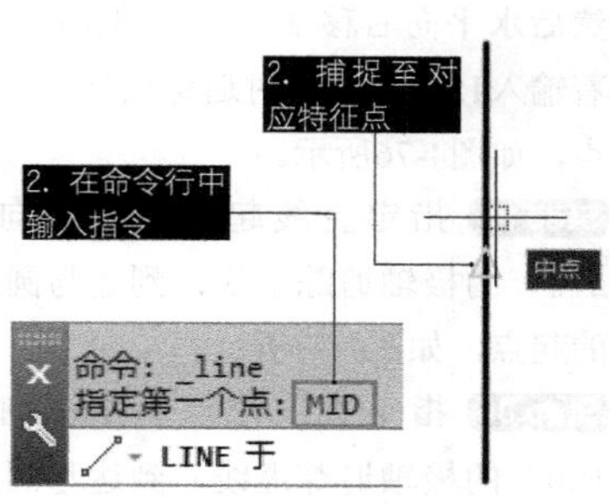

图 4-68 在命令行中输入指令

表 4-1 常用对象捕捉模式及其指令

捕捉模式	快捷命令	捕捉模式	快捷命令	捕捉模式	快捷命令
临时追踪点	TT	节点	NOD	切点	TAN
自	FROM	象限点	QUA	最近点	NEA
两点之间的中点	MTP	交点	INT	外观交点	APP
端点	ENDP	延长线	EXT	平行	PAR
中点	MID	插入点	INS	无	NON
圆心	CEN	垂足	PER	对象捕捉设置	OSNAP

操作技巧

这些指令即第2章所介绍的透明命令，可以在执行命令的过程中输入。

练习 4-7 使用【临时捕捉】绘制公切线

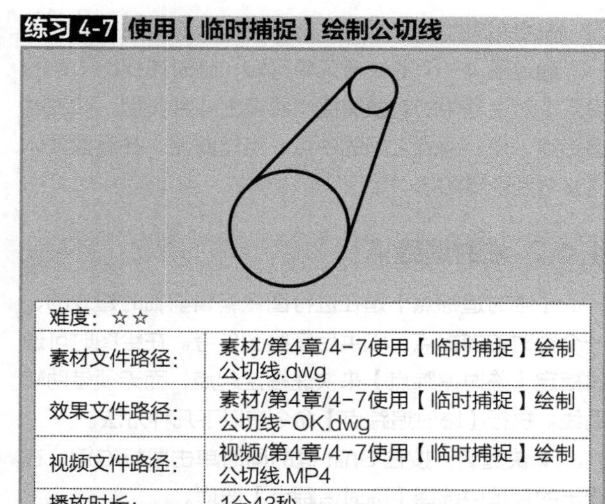

难度：☆☆	
素材文件路径：	素材/第4章/4-7使用【临时捕捉】绘制公切线.dwg
效果文件路径：	素材/第4章/4-7使用【临时捕捉】绘制公切线-OK.dwg
视频文件路径：	视频/第4章/4-7使用【临时捕捉】绘制公切线.MP4
播放时长：	1分43秒

在实际工作中，有些图形看似简单，但画起来却不甚方便（如相切线、中心线等），这时就可以借助临时捕捉将光标锁定在所需的对象点上，从而进行绘制。

Step 01 打开“第 4 章 /4-7 使用【临时捕捉】绘制公切线 .dwg”素材文件，素材图形如图 4-69 所示。

Step 02 在【默认】选项卡中，单击【绘图】面板上的【直线】按钮，命令行提示指定直线的起点。

Step 03 此时按住 Shift 键，然后单击鼠标右键，在临时捕捉选项中选择【切点】选项，然后将指针移到大圆上，出现切点捕捉标记，如图 4-70 所示，在此位置单击确定直线第一点。

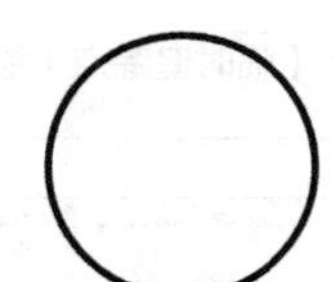

图 4-69 素材图形　　图 4-70 切点捕捉标记

Step 04 确定第一点之后，临时捕捉失效。再次选择【切点】临时捕捉，将指针移到小圆上，出现切点捕捉标记时单击，完成公切线绘制，如图 4-71 所示。

Step 05 重复上述操作，绘制另外一条公切线，如图 4-72 所示。

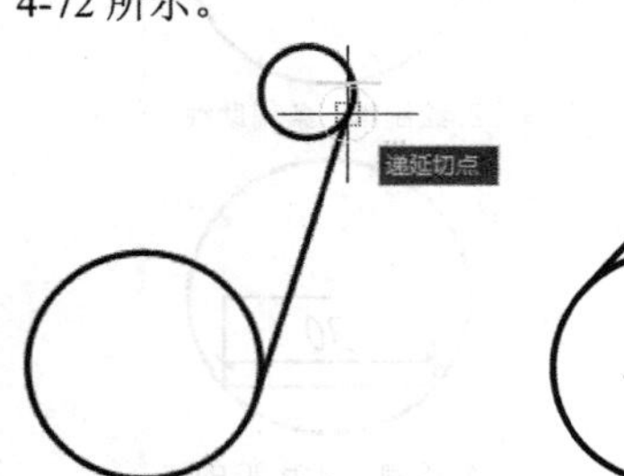

图 4-71 绘制的第一条公切线　　图 4-72 绘制的第二条公切线

2 临时捕捉的类型

通过图 4-67 的快捷菜单可知，临时捕捉比【草图设置】对话框中的对象捕捉点要多出 4 种类型，即临时追踪点、自、两点之间的中点、点过滤器。各类型具体含义分别介绍如下。

4.4.2 临时追踪点

【临时追踪点】是在进行图像编辑前临时建立的、一个暂时的捕捉点，以供后续绘图参考。在绘图时可通过指定【临时追踪点】来快速指定起点，而无须借助辅助线。执行【临时追踪点】命令有以下几种方法。

◆ 快捷键：按住 Shift 键的同时单击鼠标右键，在弹出的菜单中选择【临时追踪点】选项。

◆ 命令行：在执行命令时输入 tt。

执行该命令后，系统提示指定一临时追踪点，后续操作即以该点为追踪点进行绘制。

练习 4-8 使用【临时追踪点】绘制图形

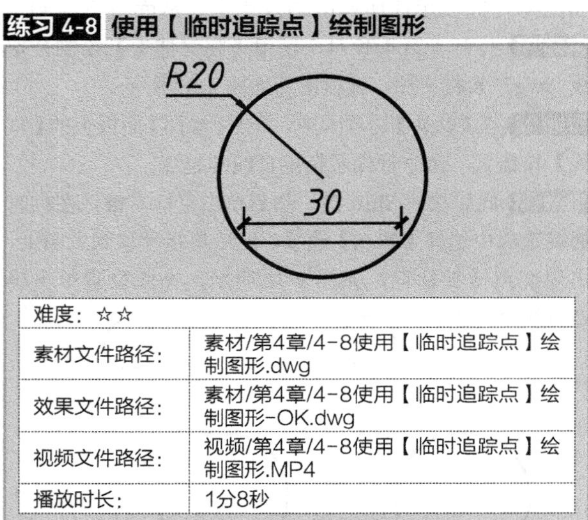

难度：☆☆	
素材文件路径：	素材/第4章/4-8使用【临时追踪点】绘制图形.dwg
效果文件路径：	素材/第4章/4-8使用【临时追踪点】绘制图形-OK.dwg
视频文件路径：	视频/第4章/4-8使用【临时追踪点】绘制图形.MP4
播放时长：	1分8秒

如果要在半径为 20 的圆中绘制一条指定长度为 30 的弦，那通常情况下，都是以圆心为起点，分别绘制 2 根辅助线，才可以得到最终图形，如图 4-73 所示。

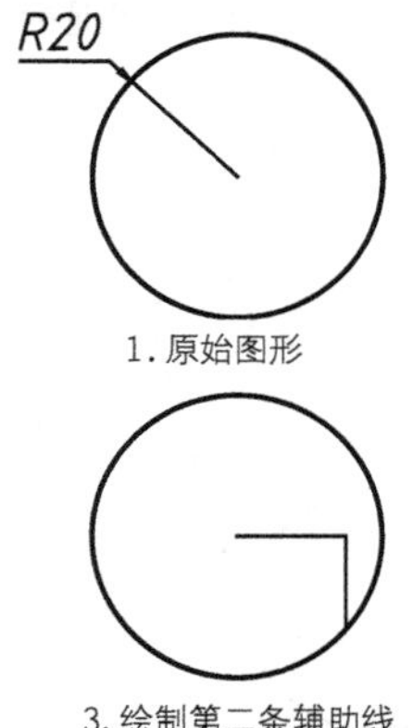

1. 原始图形

3. 绘制第二条辅助线

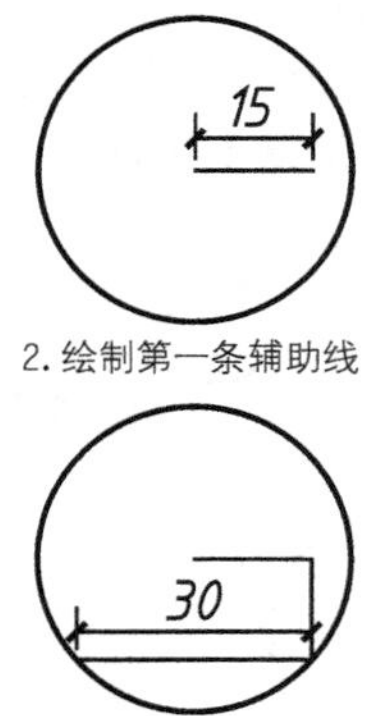

2. 绘制第一条辅助线

4. 绘制长度为 30 的弦

图 4-73 指定弦长的常规画法

而如果使用【临时追踪点】进行绘制，则可以跳过 2、3 步辅助线的绘制，直接从第 1 步原始图形跳到第 4 步，绘制出长度为 30 的弦。该方法详细步骤如下。

Step 01 打开素材文件“第4章/4-8使用【临时追踪点】绘制图形.dwg”，其中已经绘制好了半径为20的圆，如图4-74所示。

Step 02 在【默认】选项卡中，单击【绘图】面板上的【直线】按钮，执行直线命令。

Step 03 执行临时追踪点。命令行出现“指定第一点”的提示时，输入tt，执行【临时追踪点】命令，如图4-75所示。也可以在绘图区中单击鼠标右键，在弹出的快捷菜单中选择【临时追踪点】命令。

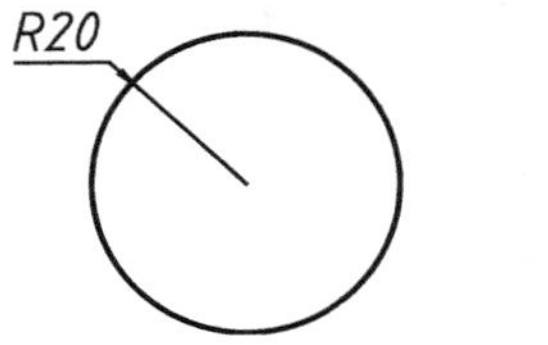

图 4-74 素材图形

图 4-75 执行【临时追踪点】命令

Step 04 指定【临时追踪点】。将光标移动至圆心处，然后水平向右移动光标，引出0°的极轴追踪虚线，接着输入15，即将临时追踪点指定为圆心右侧距离为15的点，如图4-76所示。

Step 05 指定直线起点。垂直向下移动光标，引出270°的极轴追踪虚线，到达与圆的交点处，作为直线的起点，如图4-77所示。

Step 06 指定直线端点。水平向左移动光标，引出180°的极轴追踪虚线，到达与圆的另一交点处，作为直线的终点，该直线即为所绘制长度为30的弦，如图4-78所示。

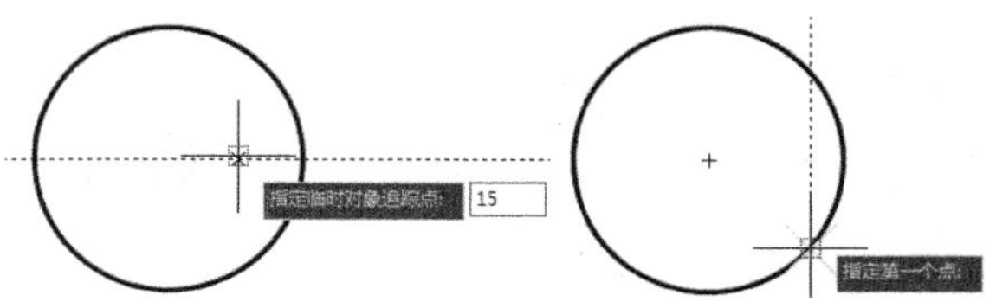

图 4-76 指定【临时追踪点】

图 4-77 指定直线起点

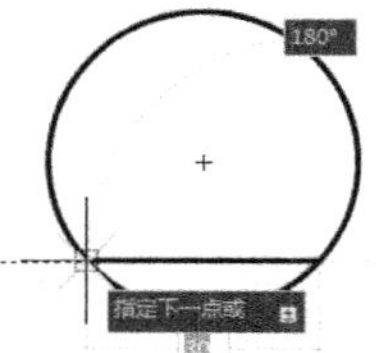

图 4-78 指定直线端点

4.4.3 【自】功能

【自】功能可以帮助用户在正确的位置绘制新对象。当需要指定的点不在任何对象捕捉点上，但在 X、Y 方向上距现有对象捕捉点的距离是已知的，就可以使用【自】功能来进行捕捉。执行【自】功能有以下几种方法。

◆ 快捷键：按住 Shift 键同时单击鼠标右键，在弹出的菜单中选择【自】选项。

◆ 命令行：在执行命令时输入 from。

执行某个命令来绘制一个对象，例如，L【直线】命令，然后启用【自】功能，此时提示需要指定一个基点，指定基点后会提示需要一个偏移点，可以使用相对坐标或者极轴坐标来指定偏移点与基点的位置关系，偏移点就将作为直线的起点。

练习 4-9 使用【自】功能绘制图形

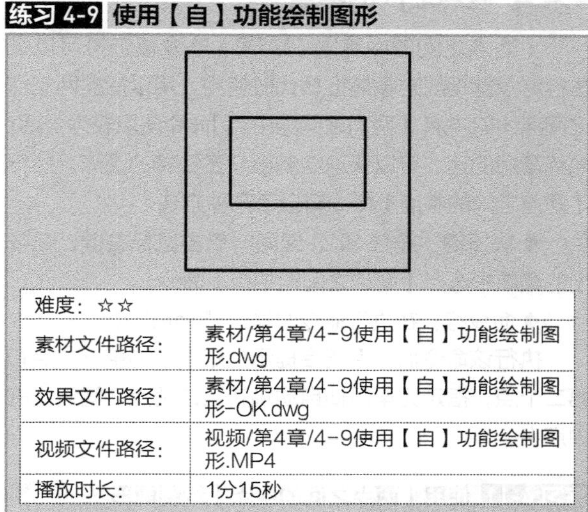

难度：☆☆	
素材文件路径：	素材/第4章/4-9使用【自】功能绘制图形.dwg
效果文件路径：	素材/第4章/4-9使用【自】功能绘制图形-OK.dwg
视频文件路径：	视频/第4章/4-9使用【自】功能绘制图形.MP4
播放时长：	1分15秒

假如要在图 4-79 所示的正方形中绘制一个小长方形，如图 4-80 所示。一般情况下只能借助辅助线来进行绘制，因为对象捕捉只能捕捉到正方形每个边上的端点和中点，这样即使通过对象捕捉的追踪线也无法定位至小长方形的起点（图中 A 点）。这时就可以用到【自】功能进行绘制，操作步骤如下。

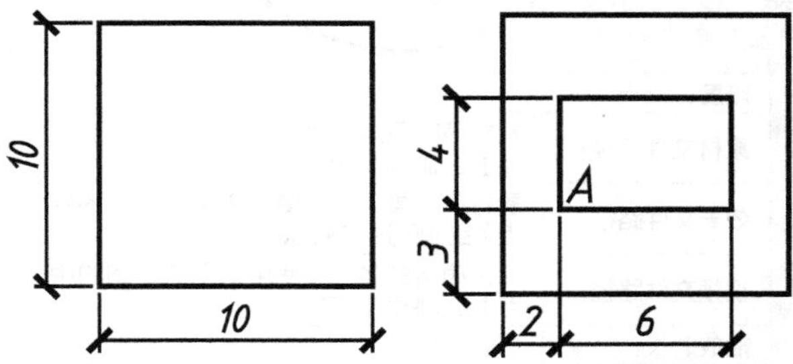

图 4-79 素材图形　　图 4-80 在正方体中绘制小长方体

Step 01 打开素材文件“第4章/4-9使用【自】功能绘制图形.dwg”，其中已经绘制好了边长为10的正方形，如图4-79所示。

Step 02 在【默认】选项卡中，单击【绘图】面板上的【直线】按钮，执行直线命令。

Step 03 执行【自】功能。命令行出现“指定第一点”的提示时，输入“from”，执行【自】命令，如图4-81所示。也可以在绘图区中单击鼠标右键，在弹出的快捷菜单中选择【自】选项。

Step 04 指定基点。此时提示需要指定一个基点，选择正方形的左下角点作为基点，如图4-82所示。

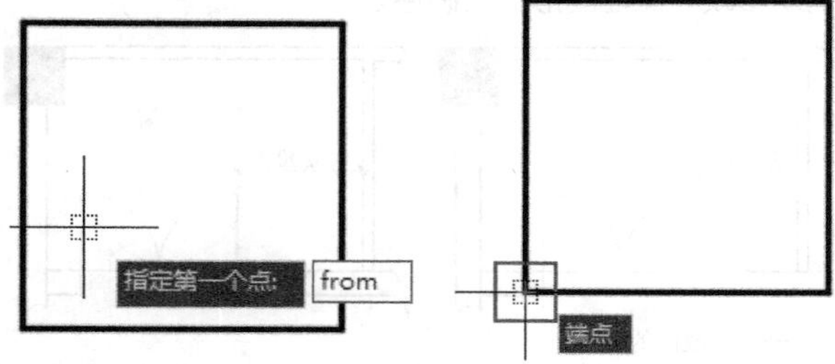

图 4-81 执行【自】功能　　图 4-82 指定基点

Step 05 输入偏移距离。指定完基点后，命令行出现“<偏移:>”提示，此时输入小长方形起点A与基点的相对坐标（@2,3），如图4-83所示。

Step 06 绘制图形。输入完毕后即可将直线起点定位至A点处，然后按给定尺寸绘制图形即可，如图4-84所示。

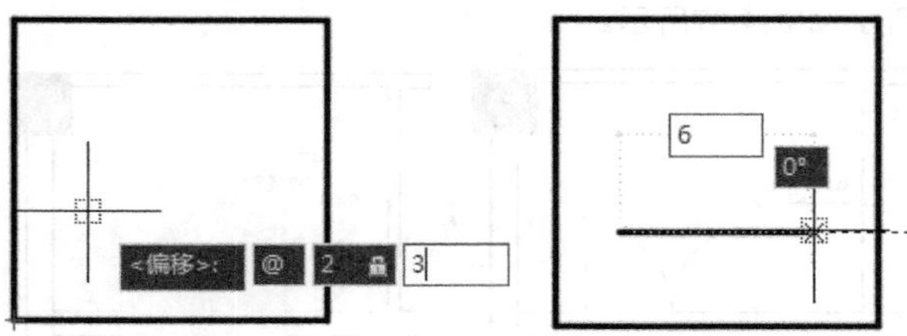

图 4-83 输入偏移距离　　图 4-84 绘制图形

操作技巧

在为【自】功能指定偏移点的时候，即使动态输入中默认的设置是相对坐标，也需要在输入时加上“@”来表明这是一个相对坐标值。动态输入的相对坐标设置仅适用于指定第2点的时候，例如，绘制一条直线时，输入的第一个坐标被当作绝对坐标，随后输入的坐标才被当作相对坐标。

练习 4-10 使用【自】功能调整门的位置 ★进阶★

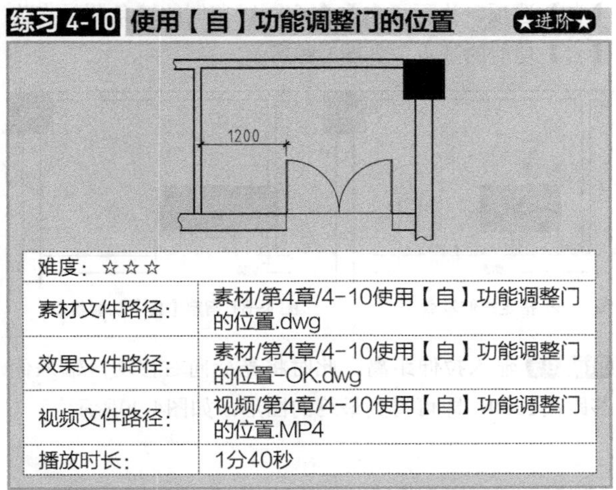

难度：☆☆☆	
素材文件路径：	素材/第4章/4-10使用【自】功能调整门的位置.dwg
效果文件路径：	素材/第4章/4-10使用【自】功能调整门的位置-OK.dwg
视频文件路径：	视频/第4章/4-10使用【自】功能调整门的位置.MP4
播放时长：	1分40秒

在从事室内设计的时候，经常需要根据客户要求对图形进行修改，如调整门、窗类图形的位置。在大多数情况下，通过 S【拉伸】命令都可以完成修改。但如果碰到图 4-85 所示的情况，仅靠【拉伸】命令就很难成效，因为距离差值并非整数，这时就可以利用【自】功能来辅助修改，保证图形的准确性。

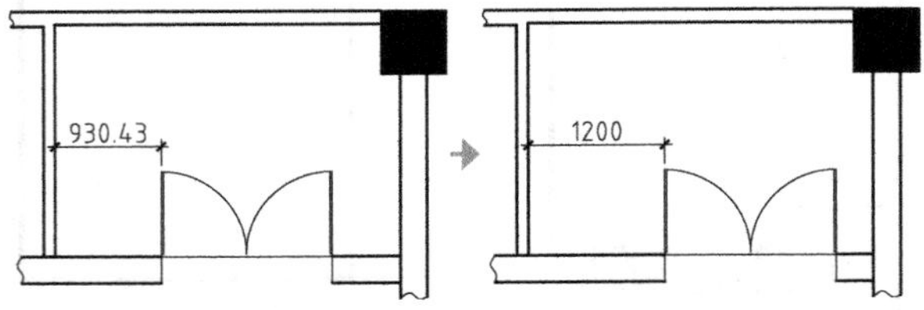

图 4-85 修改门的位置

Step 01 打开“第4章/4-10使用【自】功能调整门的位置.dwg”素材文件，素材图形如图4-86所示，为一局部室内图形，其中尺寸930.43为无理数，此处只显示两位小数。

Step 02 在命令行中输入S，执行【拉伸】命令，提示选择对象时按住鼠标左键不动，从右往左框选整个门图形，如图4-87所示。

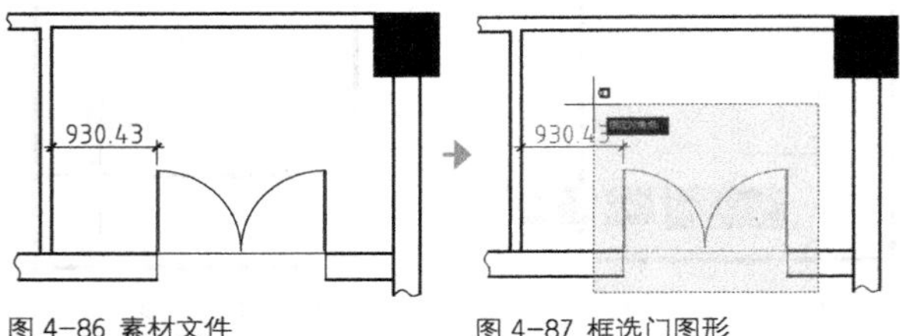

图 4-86 素材文件　　图 4-87 框选门图形

Step 03 指定拉伸基点。框选完毕后按Enter键确认，然后命令行提示指定拉伸基点，选择门图形左侧的端点为基点（即尺寸测量点），如图4-88所示。

Step 04 指定【自】功能基点。拉伸基点确定之后，命令行便提示指定拉伸的第二个点，此时输入“from”，或在绘图区中单击鼠标右键，在弹出的快捷菜单中选择【自】选项，执行【自】命令，以左侧的墙角测量点为【自】功能的基点，如图4-89所示。

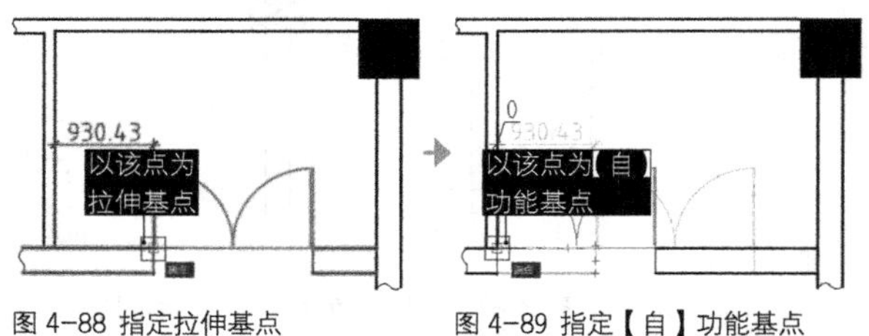

图 4-88 指定拉伸基点　　图 4-89 指定【自】功能基点

Step 05 输入拉伸距离。此时将光标向右移动，输入偏移距离1200，即可得到最终的图形，如图4-90所示。

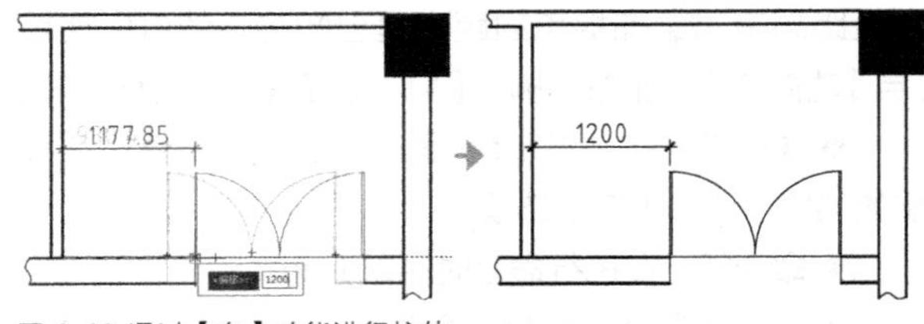

图 4-90 通过【自】功能进行拉伸

知识链接

有关【拉伸】命令的详细介绍请见本书第6章。

4.4.4 两点之间的中点

【两点之间的中点】（MTP）命令修饰符可以在执行对象捕捉或对象捕捉替代时使用，用以捕捉两定点之间连线的中点。【两点之间的中点】命令使用较为灵活，熟练掌握的话，可以快速绘制出众多独特的图形。执行【两点之间的中点】命令有以下几种方法。

◆ 快捷键：按住 Shift 键同时单击鼠标右键，在弹出的菜单中选择【两点之间的中点】命令。

◆ 命令行：在执行命令时输入“mtp”。

执行该命令后，系统会提示指定中点的第一个点和第二个点，指定完毕后便自动跳转至该两点之间连线的中点上。

练习 4-11 使用【两点之间的中点】绘制图形

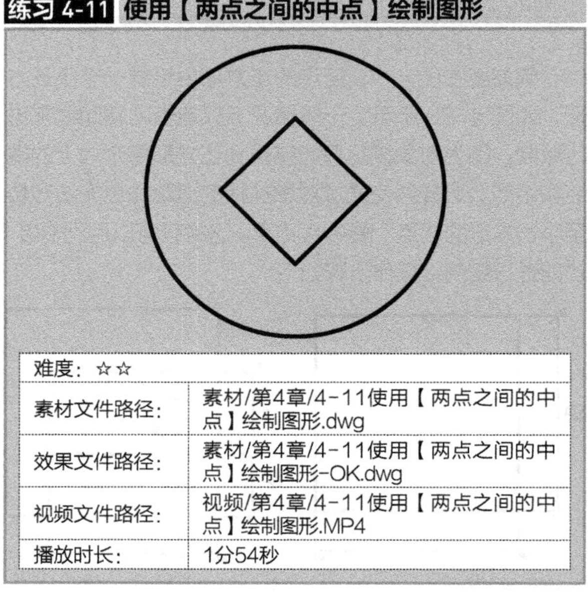

难度：☆☆	
素材文件路径：	素材/第4章/4-11使用【两点之间的中点】绘制图形.dwg
效果文件路径：	素材/第4章/4-11使用【两点之间的中点】绘制图形-OK.dwg
视频文件路径：	视频/第4章/4-11使用【两点之间的中点】绘制图形.MP4
播放时长：	1分54秒

如图 4-91 所示，在已知圆的情况下，要绘制出对角长为半径的正方形。通常只能借助辅助线或【移动】、【旋转】等编辑功能实现，但如果使用【两点之间的中点】命令，则可以一次性解决，详细步骤介绍如下。

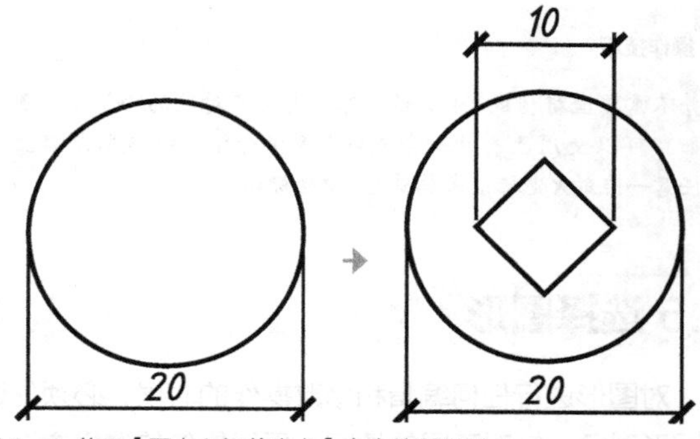

图 4-91 使用【两点之间的中点】命令绘制图形

Step 01 打开素材文件"第4章/4-11使用【两点之间的中点】绘制图形.dwg"，其中已经绘制好了直径为20的圆，如图4-92所示。

Step 02 在【默认】选项卡中，单击【绘图】面板上的【直线】按钮，执行【直线】命令。

Step 03 执行【两点之间的中点】命令。命令行出现"指定第一点"的提示时，输入"mtp"，执行【两点之间的中点】命令，如图4-93所示。也可以在绘图区中单击鼠标右键，在弹出的快捷菜单中选择【两点之间的中点】命令。

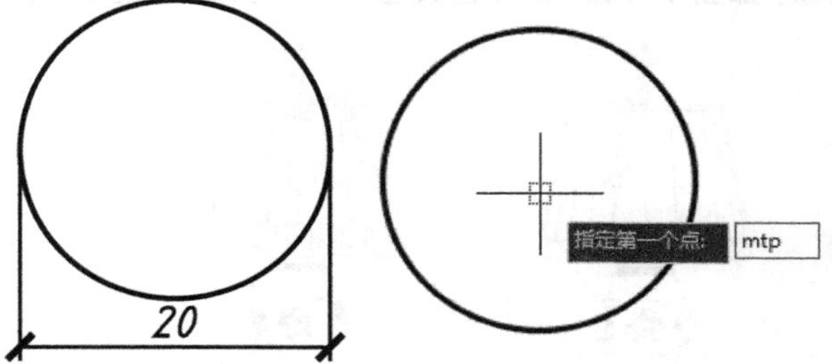

图 4-92 素材图形　　图 4-93 执行【两点之间的中点】命令

Step 04 指定中点的第一个点。将光标移动至圆心处，捕捉圆心为中点的第一个点，如图4-94所示。

Step 05 指定中点的第二个点。将光标移动至圆最右侧的象限点处，捕捉该象限点为第二个点，如图4-95所示。

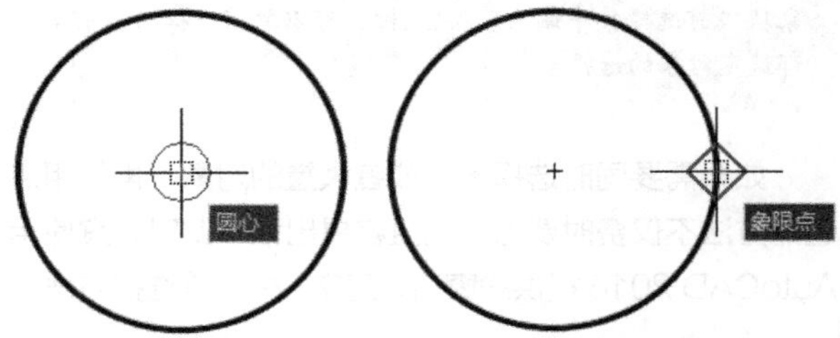

图 4-94 捕捉圆心为中点的第一个点　　图 4-95 捕捉象限点为中点的第二个点

Step 06 直线的起点自动定位至圆心与象限点之间的中点处，接着按相同的方法将直线的第二点定位至圆心与上象限点的中点处，如图4-96所示。

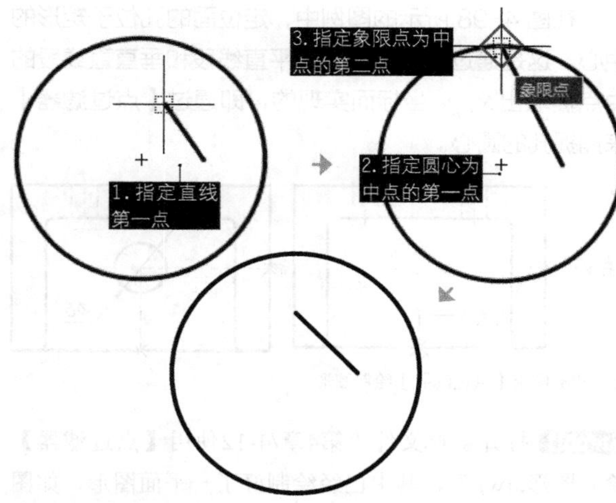

图 4-96 定位直线的第二个点

Step 07 按相同的方法，绘制其余段的直线，最终效果如图4-97所示。

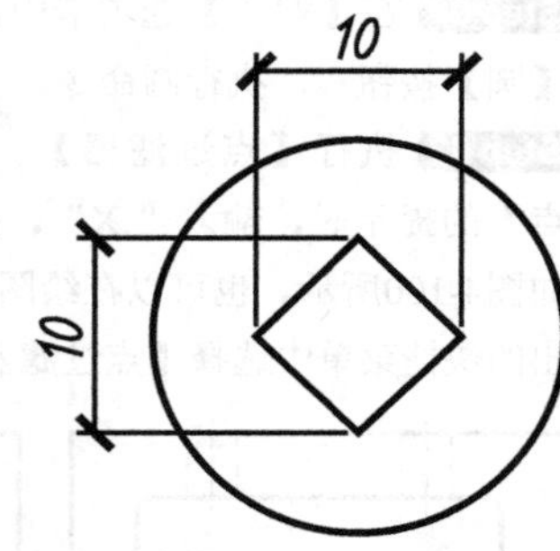

图 4-97 【两点之间的中点】命令绘制图形效果

4.4.5 点过滤器

点过滤器可以提取一个已有对象的 X 坐标值和另一个对象的 Y 坐标值，来拼凑出一个新的(x , y)坐标位置。执行【点过滤器】命令有以下几种方法。

◆ 快捷键：按住 Shift 键同时，单击鼠标右键，在弹出的菜单中选择【点过滤器】选项后的子命令。

◆ 命令行：在执行命令输入".X"或".Y"

执行上述命令后，通过对象捕捉指定一点，输入另外一个坐标值，接着可以继续执行命令操作。

练习 4-12 使用【点过滤器】绘制图形

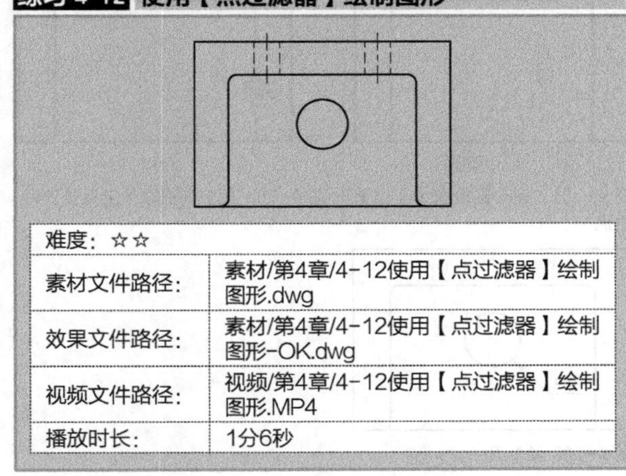

难度：☆☆	
素材文件路径：	素材/第4章/4-12使用【点过滤器】绘制图形.dwg
效果文件路径：	素材/第4章/4-12使用【点过滤器】绘制图形-OK.dwg
视频文件路径：	视频/第4章/4-12使用【点过滤器】绘制图形.MP4
播放时长：	1分6秒

在图 4-98 所示的图例中，定位面的孔位于矩形的中心，这是通过从定位面的水平直线段和垂直直线段的中点提取出 x，y 坐标而实现的，即通过【点过滤器】来捕捉孔的圆心。

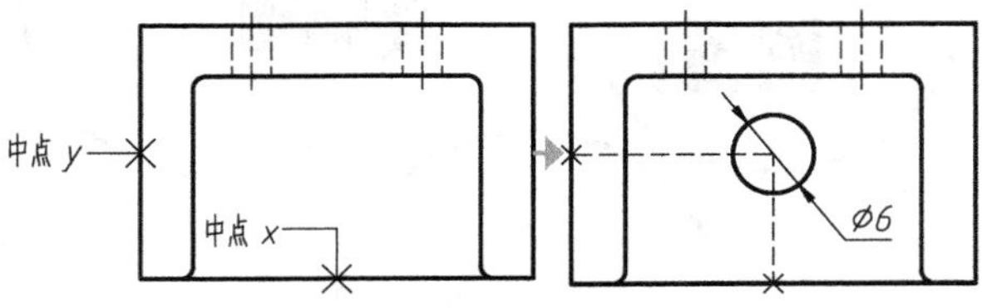

图 4-98 使用【点过滤器】绘制图形

Step 01 打开素材文件“第4章/4-12使用【点过滤器】绘制图形.dwg”，其中已经绘制好了一平面图形，如图4-99所示。

Step 02 在【默认】选项卡中，单击【绘图】面板上的【圆】按钮，执行圆命令。

Step 03 执行【点过滤器】。命令行出现“指定第一点”的提示时，输入“.X”，执行【点过滤器】命令，如图4-100所示。也可以在绘图区中单击鼠标右键，在弹出的快捷菜单中选择【点过滤器】中的【.X】子选项。

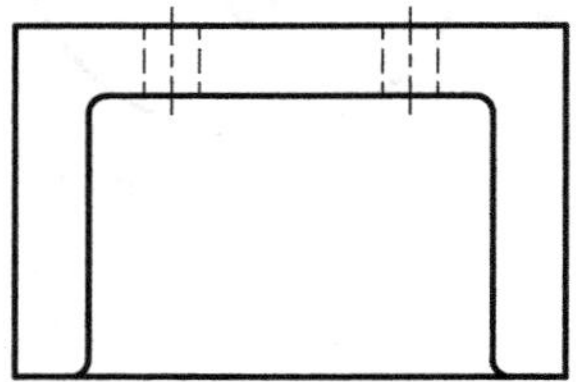

图 4-99 素材图形

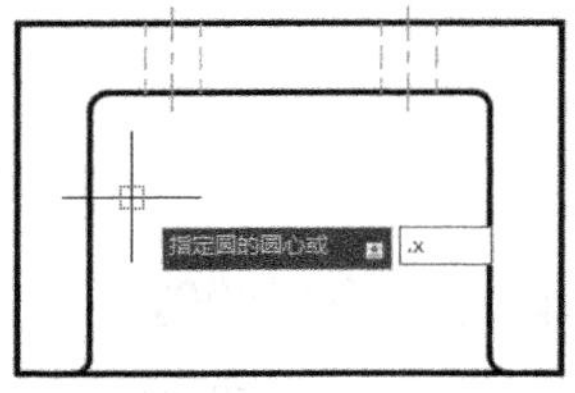

图 4-100 执行【点过滤器】

Step 04 指定要提取X坐标值的点。选择图形底侧边的中点，即提取该点的X坐标值，如图4-101所示。

Step 05 指定要提取Y坐标值的点。选择图形左侧边的中点，即提取该点的Y坐标值，如图4-102所示。

Step 06 系统将新提取的X、Y坐标值指定为圆心，接着输入直径6，即可绘制图4-103所示的图形。

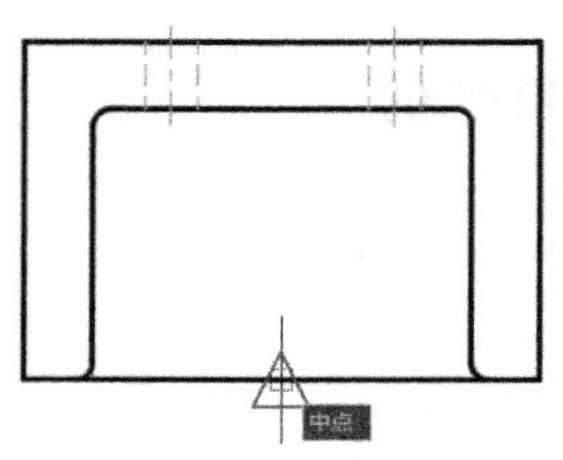

图 4-101 指定要提取 X 坐标值的点

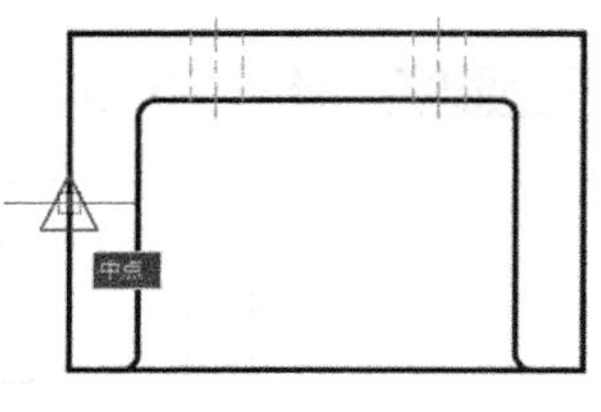

图 4-102 指定要提取 Y 坐标值的点

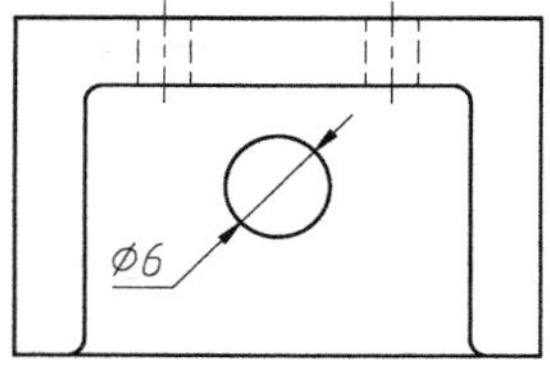

图 4-103 绘制圆

> **操作技巧**
>
> 并不需要坐标值的X和Y部分都使用已有对象的坐标值。例如，可以使用已有的一条直线的Y坐标值，并选取屏幕上任意一点的X坐标值来构建X、Y坐标值。

4.5 选择图形

对图形进行任何编辑和修改操作的时候，必须先选择图形对象。针对不同的情况，采用最佳的选择方法，能大幅提高图形的编辑效率。AutoCAD 2016 提供了多种选择对象的基本方法，如点选、框选、栏选、围选等。

4.5.1 点选

如果选择的是单个图形对象，可以使用点选的方法。直接将拾取光标移动到选择对象上方，此时该图形对象会虚线亮显表示，单击鼠标左键，即可完成单个对象的选择。点选方式一次只能选中一个对象，如图 4-104 所示。连续单击需要选择的对象，可以同时选择多个对象，如图 4-105 所示，虚线显示部分为被选中的部分。

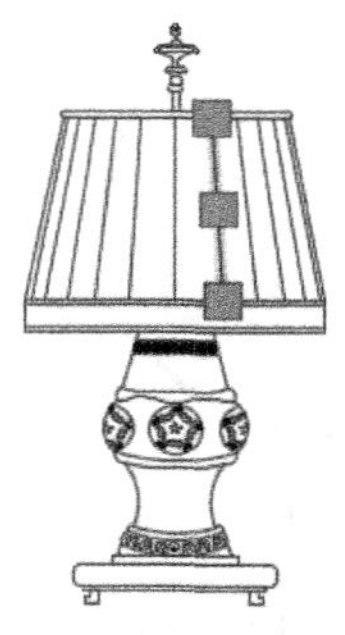

图 4-104 点选单个对象

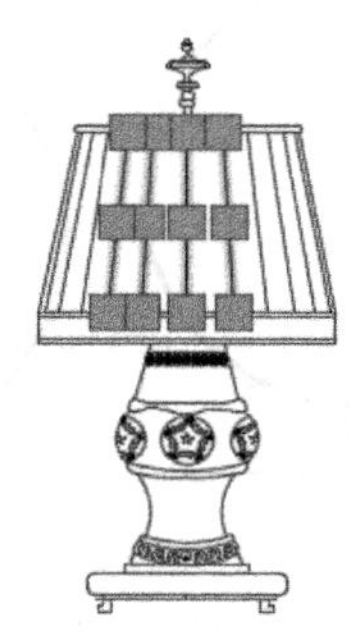

图 4-105 点选多个对象

> **操作技巧**
>
> 按下Shift键，并再次单击已经选中的对象，可以将这些对象从当前选择集中删除。按Esc键，可以取消选择对当前全部选定对象的选择。

如果需要同时选择多个或者大量的对象，再使用点选的方法不仅费时费力，而且容易出错。此时，宜使用 AutoCAD 2016 提供的窗口、窗交、栏选等选择方法。

4.5.2 窗口选择

窗口选择是一种通过定义矩形窗口选择对象的一种方法。利用该方法选择对象时，从左往右拉出矩形窗口，框住需要选择的对象，此时绘图区将出现一个实线的矩形方框，选框内颜色为蓝色，如图 4-106 所示；释放鼠标后，被方框完全包围的对象将被选中，如图 4-107 所示，虚线显示部分为被选中的部分，按 Delete 键删除选择对象，结果如图 4-108 所示。

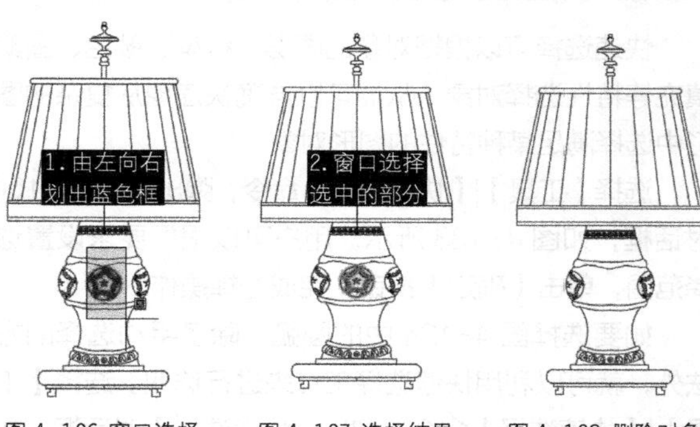

图 4-106 窗口选择　图 4-107 选择结果　图 4-108 删除对象

4.5.3 窗交选择

窗交选择对象的选择方向正好与窗口选择相反，它是按住鼠标左键向左上方或左下方拖动，框住需要选择的对象，框选时绘图区将出现一个虚线的矩形方框，选框内颜色为绿色，如图 4-109 所示，释放鼠标后，与方框相交和被方框完全包围的对象都将被选中，如图 4-110 所示，虚线显示部分为被选中的部分，删除选中对象，如图 4-111 所示。

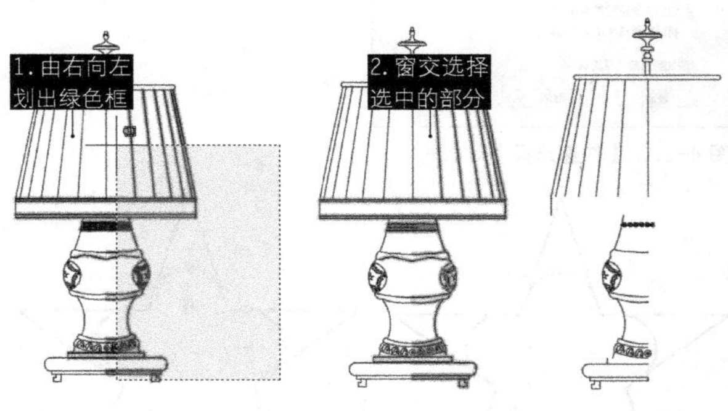

图 4-109 窗交选择　图 4-110 选择结果　图 4-111 删除对象

4.5.4 栏选

栏选图形是指在选择图形时拖曳出任意折线，如图 4-112 所示，凡是与折线相交的图形对象均被选中，如图 4-113 所示，虚线显示部分为被选中的部分，删除选中对象，如图 4-114 所示。

光标空置时，在绘图区空白处单击，然后在命令行中输入 F，并按 Enter 键，即可调用【栏选】命令，再根据命令行提示分别指定各栏选点，命令行操作如下。

```
指定对角点或 [栏选(F)/圈围(WP)/圈交(CP)]: F↙
                    //选择【栏选】方式
指定第一个栏选点:
指定下一个栏选点或 [放弃(U)]:
```

使用该方式选择连续性对象非常方便，但栏选线不能封闭或相交。

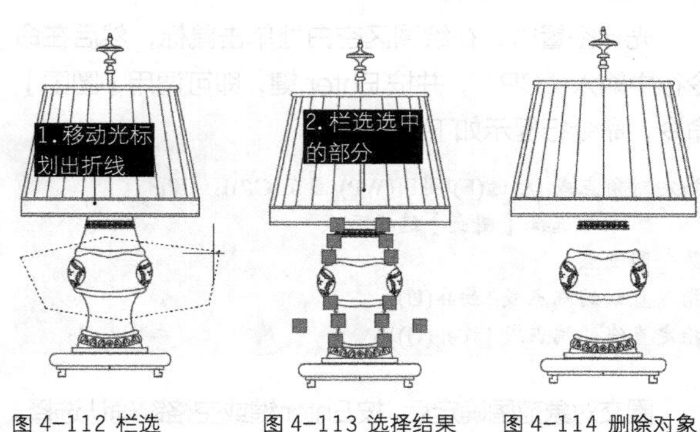

图 4-112 栏选　图 4-113 选择结果　图 4-114 删除对象

4.5.5 圈围

圈围是一种多边形窗口选择方式，与窗口选择对象的方法类似，不同的是圈围方法可以构造任意形状的多边形，如图 4-115 所示，被多边形选择框完全包围的对象才能被选中，如图 4-116 所示，虚线显示部分为被选中的部分，删除选中对象，如图 4-117 所示。

光标空置时，在绘图区空白处单击，然后在命令行中输入“WP”，并按 Enter 键，即可调用圈围命令，命令行提示如下。

```
指定对角点或 [栏选(F)/圈围(WP)/圈交(CP)]: WP↙
                              //选择【圈围】选择方式
第一圈围点:
指定直线的端点或 [放弃(U)]:
指定直线的端点或 [放弃(U)]:
```

圈围对象范围确定后，按 Enter 键或空格键确认选择。

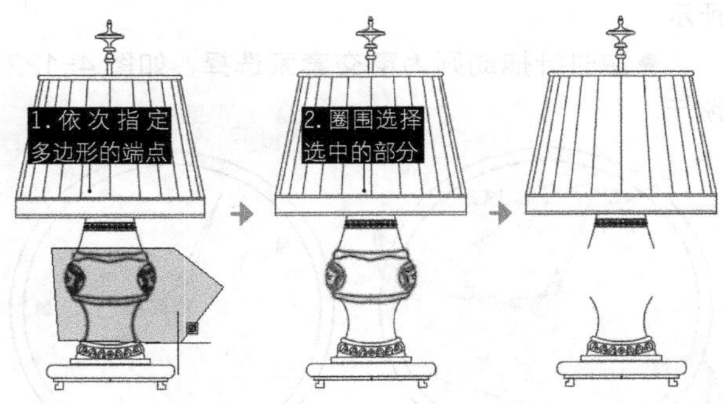

图 4-115 圈围选择　图 4-116 选择结果　图 4-117 删除对象

4.5.6 圈交

圈交是一种多边形窗交选择方式，与窗交选择对象的方法类似，不同的是圈交方法可以构造任意形状的多边形，它可以绘制任意闭合但不能与选择框自身相交或相切的多边形，如图 4-118 所示，选择完毕后可以选择多边形中与它相交的所有对象，如图 4-119 所示，虚线显示部分为被选中的部分，删除选中对象，如图 4-120 所示。

光标空置时，在绘图区空白处单击鼠标，然后在命令行中输入“CP”，并按 Enter 键，即可调用【圈围】命令，命令行提示如下。

```
指定对角点或 [栏选(F)/圈围(WP)/圈交(CP)]: CP↙
        //选择【圈交】选择方式
第一圈围点:
指定直线的端点或 [放弃(U)]:
指定直线的端点或 [放弃(U)]:
```

圈交对象范围确定后，按 Enter 键或空格键确认选择。

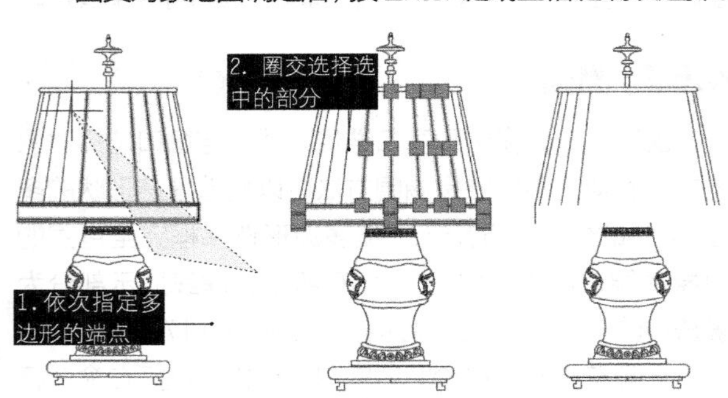

图 4-118 圈交选择　图 4-119 选择结果　图 4-120 删除对象

4.5.7 套索选择

套索选择是 AutoCAD2016 新增的选择方式，是框选命令的一种延伸，使用方法跟以前版本的“框选”命令类似。只是当拖动鼠标围绕对象拖动时，将生成不规则的套索选区，使用起来更加人性化。根据拖动方向的不同，套索选择分为窗口套索和窗交套索两种，如下所述。

◆ 顺时针方向拖动为窗口套索选择，如图 4-121 所示。

◆ 逆时针拖动则为窗交套索选择，如图 4-122 所示。

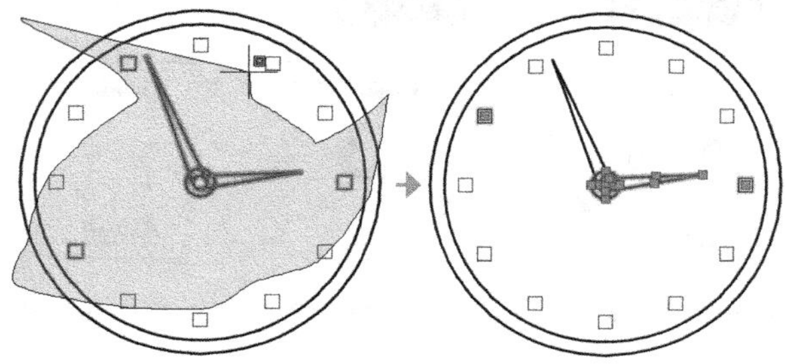
图 4-121 窗口套索选择效果

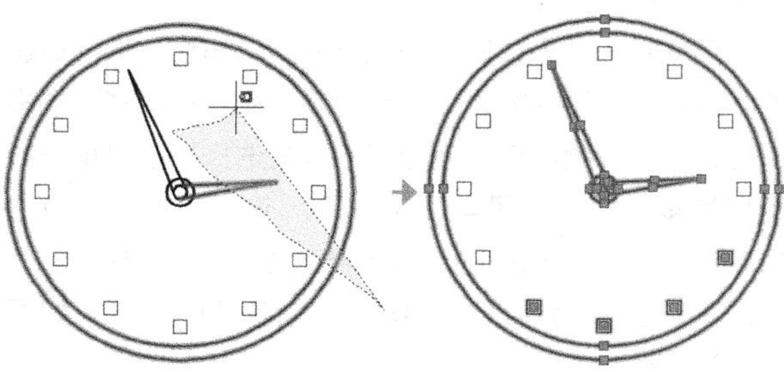
图 4-122 窗交套索选择效果

4.5.8 快速选择图形对象

快速选择可以根据对象的图层、线型、颜色、图案填充等特性选择对象，从而可以准确快速地从复杂的图形中选择满足某种特性的图形对象。

选择【工具】|【快速选择】命令，弹出【快速选择】对话框，如图 4-123 所示。用户可以根据要求设置选择范围，单击【确定】按钮，完成选择操作。

如要选择图 4-124 中的圆弧，除了手动选择的方法外，就可以利用快速选择工具来进行选取。选择【工具】|【快速选择】命令，弹出【快速选择】对话框，在【对象类型】下拉列表框中选择【圆弧】选项，单击【确定】按钮，选择结果如图 4-125 所示。

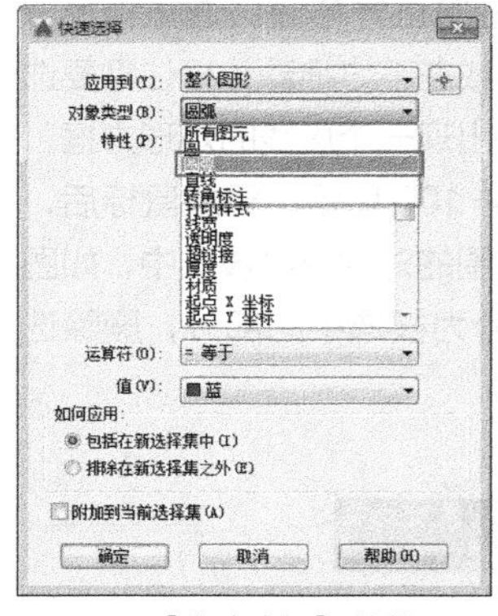

图 4-123 【快速选择】对话框

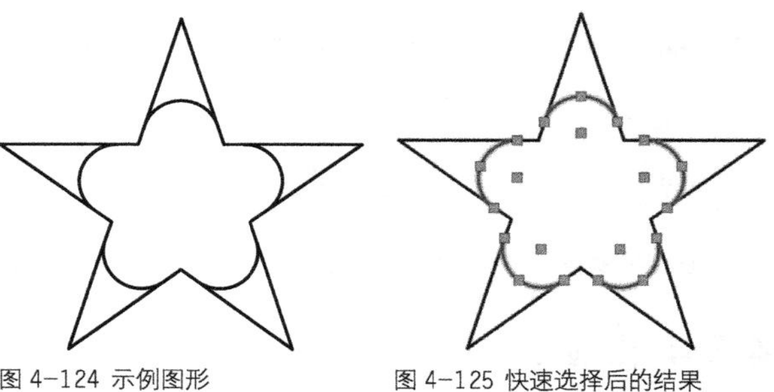
图 4-124 示例图形　图 4-125 快速选择后的结果

4.6 绘图环境的设置

绘图环境指的是绘图的单位、图纸的界限、绘图区的背景颜色等。本章将介绍这些设置方法，而且可以将大多数设置保存在一个样板中，这样就无须每次绘制新图形时重新进行设置。

4.6.1 设置 AutoCAD 界面颜色

【选项】对话框的第二个选项卡为【显示】选项卡，如图 4-126 所示。在【显示】选项卡中，可以设置 AutoCAD 工作界面的一些显示选项，如界窗口元素、布局元素、显示精度、显示性能、十字光标大小和参照编辑的褪色度等显示属性。

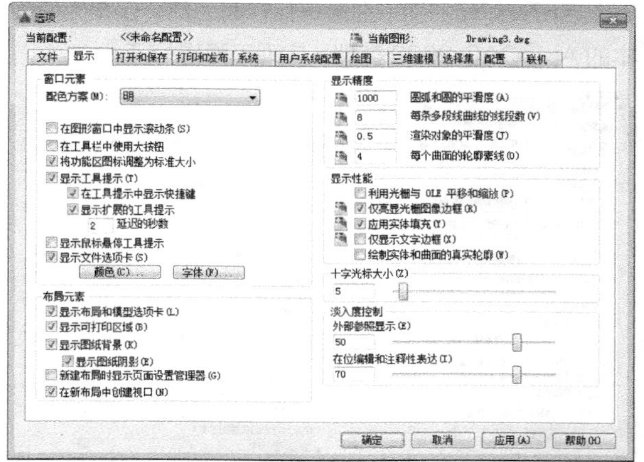

图 4-126 【显示】选项卡

在 AutoCAD 中，提供了两种配色方案：明、暗，可以用来控制 AutoCAD 界面的颜色。在【显示】选项卡中选择【配色方案】下拉列表中的两种选项即可，效果分别如图 4-127 和图 4-128 所示。

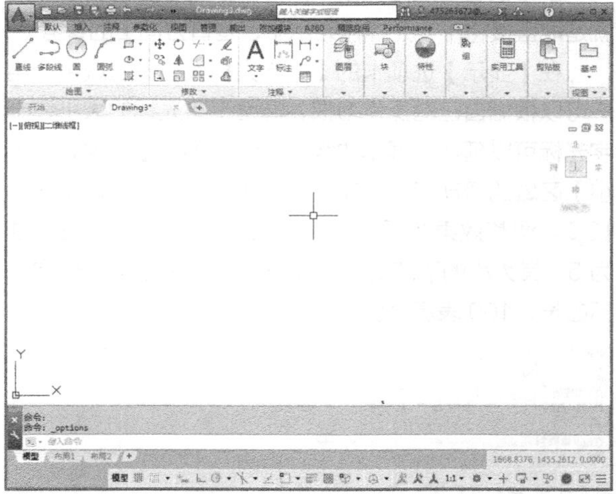

图 4-127 配色方案为【明】

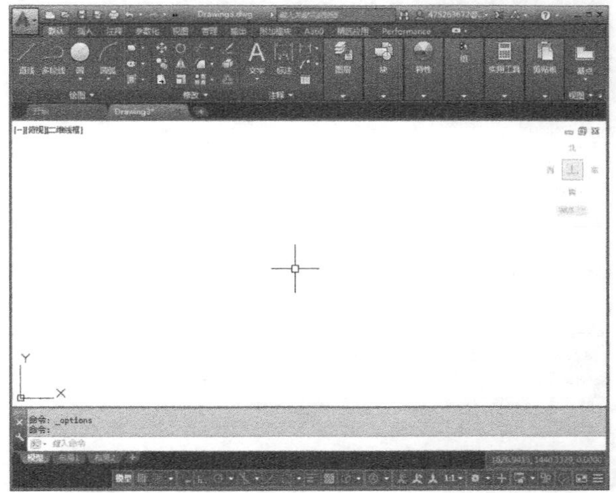

图 4-128 配色方案为【暗】

4.6.2 设置工具按钮提示

AutoCAD 2016 中有一项很人性化的设置，那就是将鼠标悬停至功能区的命令按钮上时，可以出现命令的含义介绍，悬停时间稍长还会出现相关的操作提示，如图 4-129 所示，这有利于对初学者熟悉相应的命令。

该提示的出现与否可以在【显示】选项卡的【显示工具提示】复选框进行控制，如图 4-130 所示。取消勾选即不会再出现命令提示。

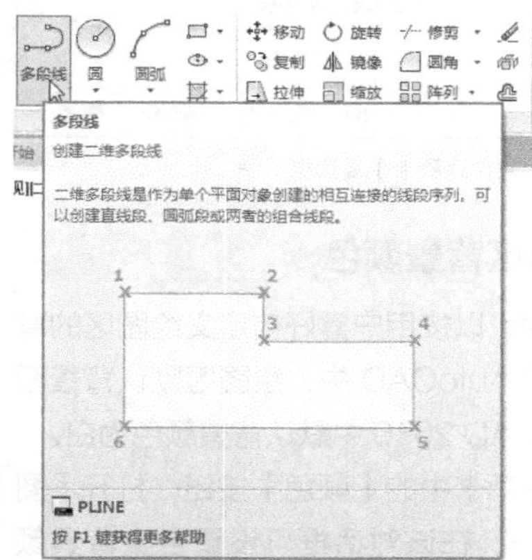

图 4-129 光标置于命令按钮上出现提示

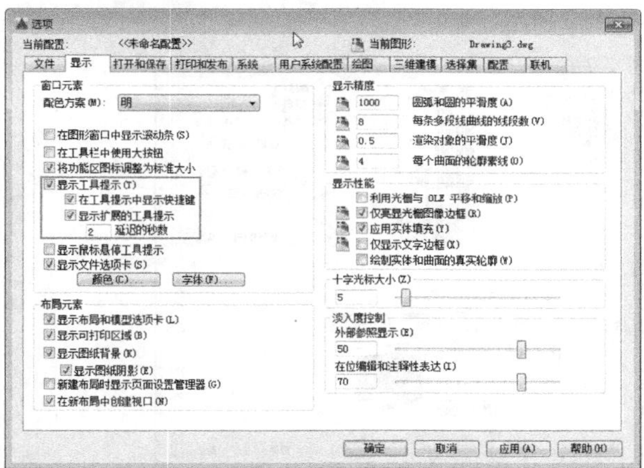

图 4-130 【显示工具提示】复选框

4.6.3 设置 AutoCAD 可打开文件的数量

AutoCAD 2016 为方便用户工作，可支持用户同时打开多个图形，并在其中来回切换。这种设置虽然方便了用户操作，但也有一定的操作隐患：如果图形过多、修改时间一长，就很容易让用户遗忘哪些图纸被修改过，哪些没有。

这时就可以限制 AutoCAD 打开文件的数量，使得当用软件打开一个图形文件后，再打开另一个图形文件时，软件自动将之前的图形文件关闭退出，即在【窗口】下拉菜单中，始终只显示一个文件名称。只需取消勾选【显现】选项卡中的【显示文件选项卡】复选框即可，如图 4-131 所示。

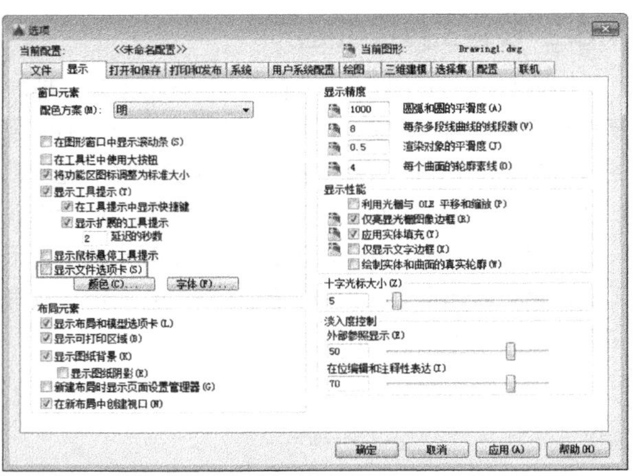
图 4-131 取消勾选【显示文件选项卡】复选框

4.6.4 设置绘图区背景颜色

在 AutoCAD 中可以按用户喜好自定义绘图区的背景颜色。在旧版本的 AutoCAD 中，绘图区默认背景颜色为黑，而在 AutoCAD 2016 中默认背景颜色为白。

单击【显示】选项卡中的【颜色】按钮，打开【图形窗口颜色】对话框，在该对话框可设置各类背景颜色，如二维模型空间、三维平行投影、命令行等，如图 4-132 所示。

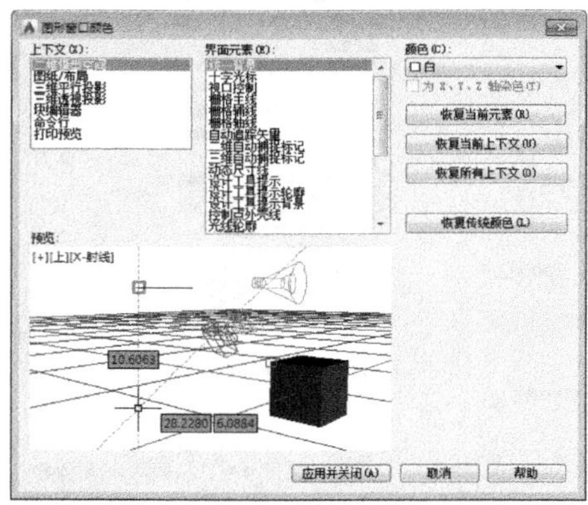
图 4-132 【图形窗口颜色】对话框

4.6.5 设置默认保存类型

在日常工作中，经常要与客户或同事进行图纸往来，有时就难免碰到因为彼此 AutoCAD 版本不同而打不开图纸的情况。虽然按照【练习 3-2】的方法可以解决该问题，但仅限于当前图形。而通过修改【打开与保存】选项卡中的保存类型，就可以让以后的图形都以低版本进行保存，达到一劳永逸的目的。该选项卡用于设置是否自动保存文件、是否维护日志、是否加载外部参照，以及指定保存文件的时间间隔等。

在【打开和保存】选项卡的【另存为】下拉列表中选择要默认保存的文件类型，如【AutoCAD2000/LT2000 图形（*.dwg）】选项，如图 4-133 所示。则以后所有新建的图形在进行保存时，都会保存为低版本的 AutoCAD 2000 类型，实现无障碍打开。

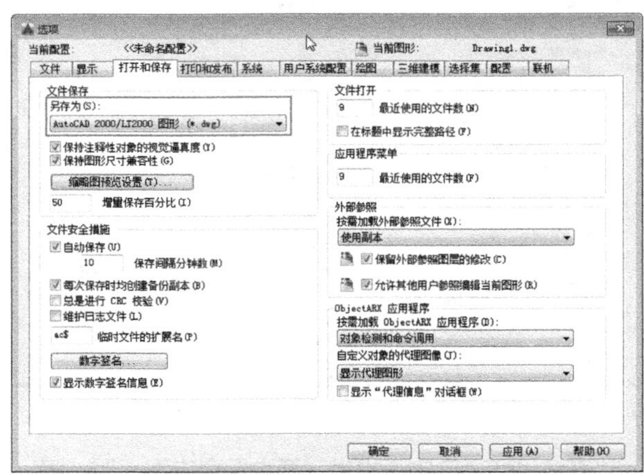
图 4-133 设置默认保存类型

4.6.6 设置十字光标大小

部分读者可能习惯于较大的十字光标，这样的好处就是能直接将十字光标作为水平、垂直方向上的参考。

在【显示】选项卡的【十字光标大小】区域中，用户可以根据自己的操作习惯，调整十字光标的大小，十字光标可以延伸到屏幕边缘。拖动右下方【十字光标大小】区域的滑动钮▯，如图 4-134 所示，即可调整光标长度，调整效果如图 4-135 所示。十字光标预设尺寸为 5，其大小的取值范围为 1-100，数值越大，十字光标越长，100 表示全屏显示。

图 4-134 拖动滑动钮

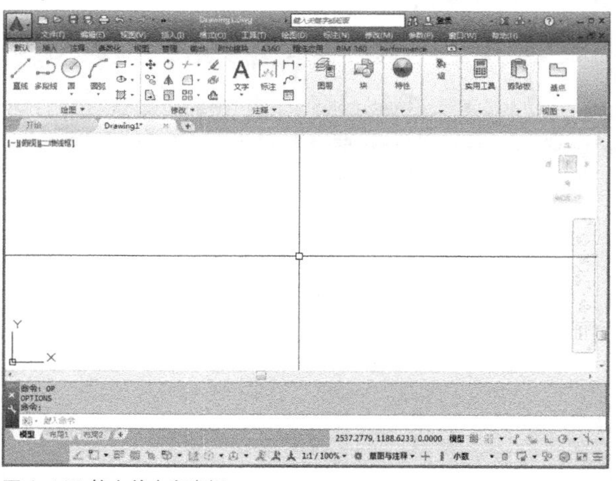
图 4-135 较大的十字光标

4.6.7 设置默认打印设备

在【打印和发布】选项卡中，可设置默认的打印输出设备、发布与打印戳记等有关参数。用户可以根据自己的需要在下拉列表中选择专门的绘图仪，如图 4-136 所示。如果下拉列表中的绘图仪不符要求，用户可以单击下方的【添加或配置绘图仪】按钮来添加绘图仪，具体方法详见第 13 章。

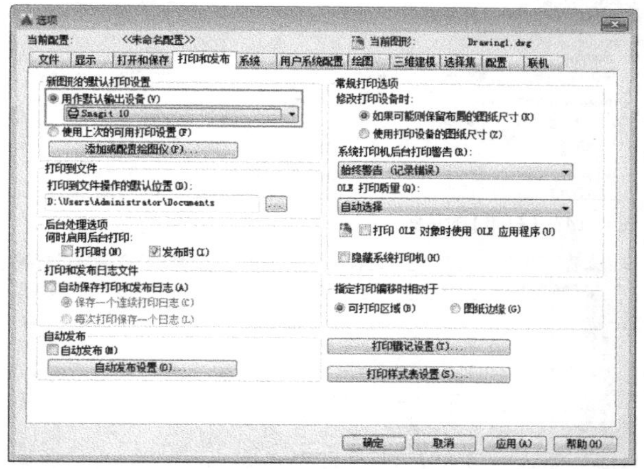

图 4-136 选择默认的输出设备

练习 4-13 设置打印戳记 ★进阶★

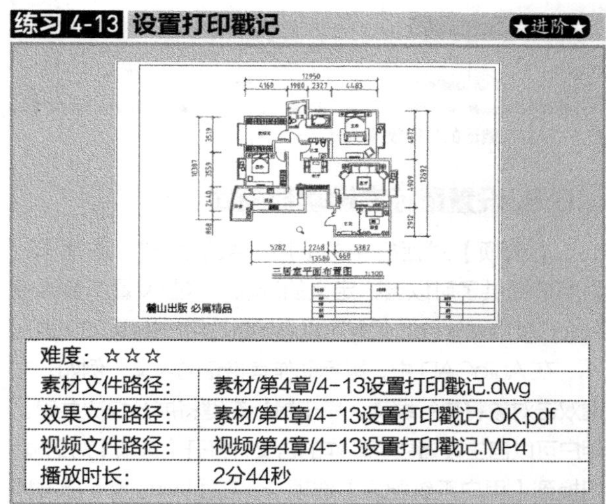

难度:	☆☆☆
素材文件路径:	素材/第4章/4-13设置打印戳记.dwg
效果文件路径:	素材/第4章/4-13设置打印戳记-OK.pdf
视频文件路径:	视频/第4章/4-13设置打印戳记.MP4
播放时长:	2分44秒

有时绘制好图形之后，需要将该图形打印出来，并且要加上一个私人或公司的打印戳记。打印戳记类似于水印，可以起到文件真伪鉴别、版权保护等功能。嵌入的打印戳记信息隐藏于宿主文件中，不影响原始文件的可观性和完整性。在 AutoCAD 中这类戳记可通过在【打印和发布】选项卡中的设置，一次性设定好所需的标记，然后在打印图纸时直接启用即可。

Step 01 打开素材文件“第4章/4-13 设置打印戳记.dwg”，其中已经绘制好了一样例图形，如图4-137所示。

Step 02 在图形空白处单击鼠标右键，在弹出的快捷菜单中选择【选项】命令，打开【选项】对话框，切换到【打印和发布】选项卡，单击其中的【打印戳记设置】按钮，如图4-138所示。

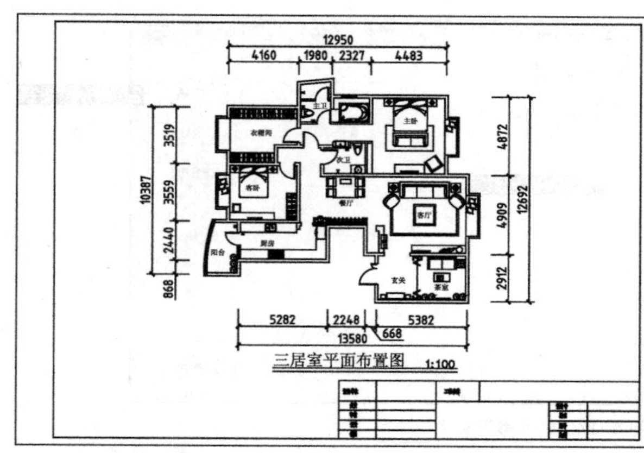

图 4-137 素材图形

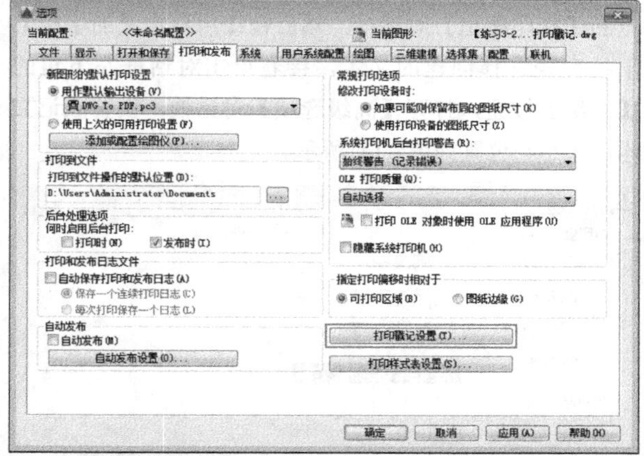

图 4-138 【打印和发布】选项卡

Step 03 系统弹出【打印戳记】对话框，对话框中自动提供有图形名、设备名、布局名称、图纸尺寸、日期和时间、打印比例、登录名等7类标记选项，勾选任一选项，即可在戳记中添加相关信息，如图4-139所示。

Step 04 输入戳记文字。而本例中需创建自定义的戳记标签，所以可不勾选以上信息。直接单击对话框中的【添加/编辑】按钮，打开【用户自定义的字段】对话框，再单击【添加】按钮，即可在左侧输入所需的戳记文字，如图4-140所示。

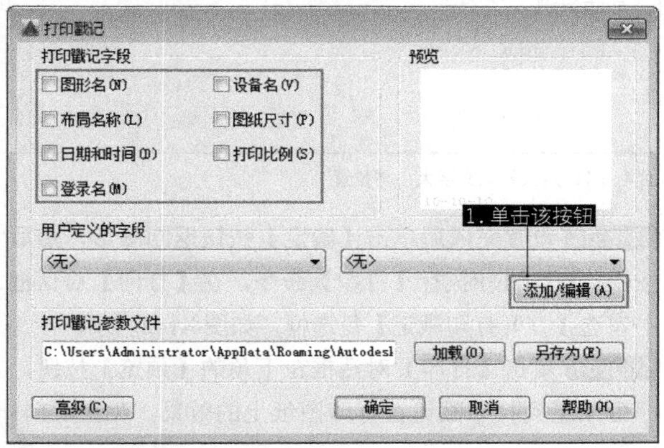

图 4-139 【打印戳记】对话框

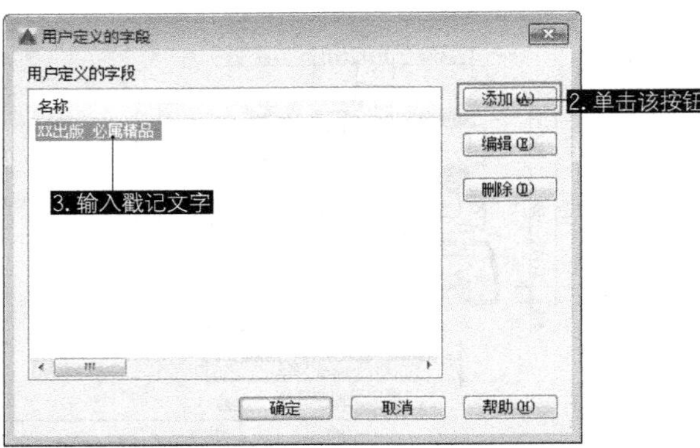

图 4-140 输入戳记文字

Step 05 定义戳记文字大小与位置。单击【确定】按钮返回【打印戳记】对话框，然后在【用户定义的字段】下拉列表选择创建的文本，接着单击对话框左下角的【高级】按钮，打开【高级选项】对话框，设置戳记文本的大小与位置如图4-141所示。

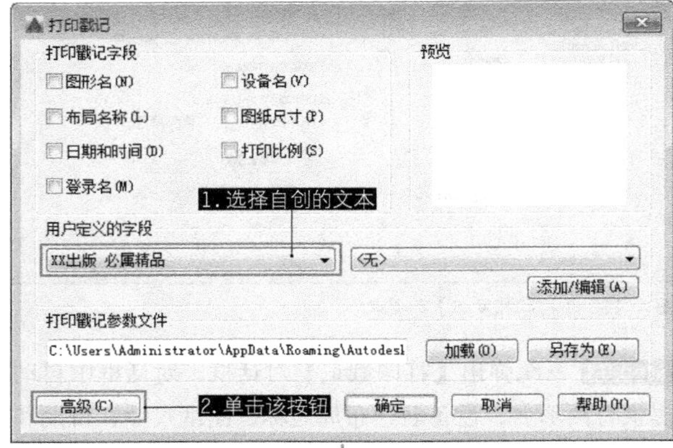

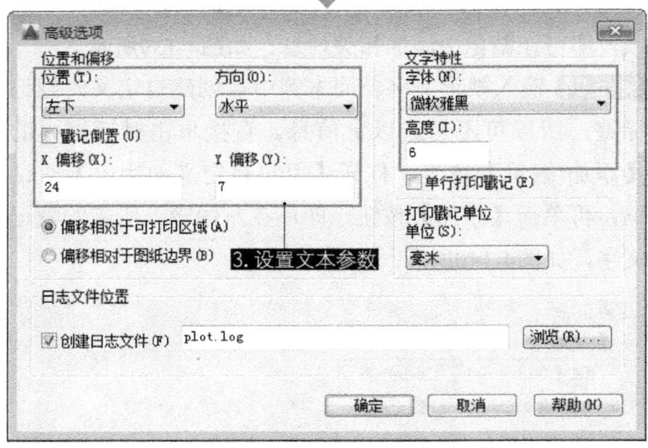

图 4-141 定义戳记文字大小与位置

Step 06 设置完成后单击【确定】按钮返回图形，然后按快捷键Ctrl+P执行【打印】命令，在【打印】对话框中勾选【打开打印戳记】复选框，如图4-142所示。

Step 07 单击【打印】对话框左下角的【预览】按钮，即可预览到打印戳记在打印图纸上的效果，如图4-143所示。

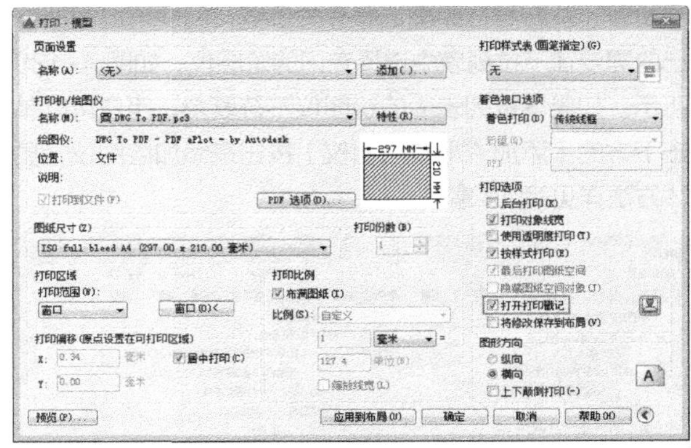

图 4-142 【打印】对话框

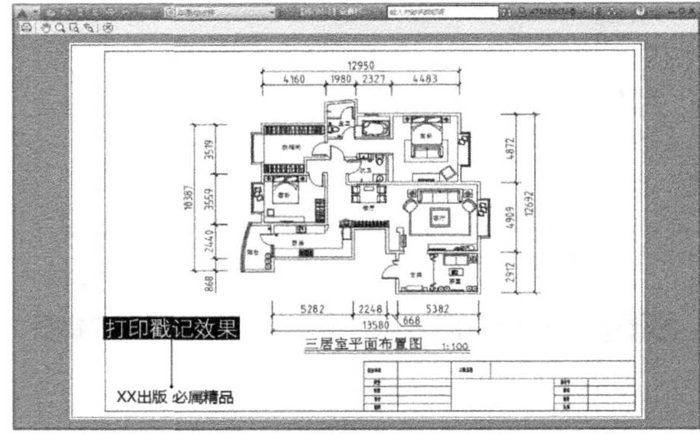

图 4-143 带戳记的打印效果

4.6.8 设置鼠标右键功能模式

【选项】对话框中的【用户系统配置】选项卡，为用户提供了可以自行定义的选项。这些设置不会改变AutoCAD系统配置，但是可以满足各种用户使用上的偏好。

在AutoCAD中，鼠标动作有特定的含义，例如，左键双击对象将执行编辑，单击鼠标右键将展开快捷菜单。用户可以自主设置鼠标动作的含义。打开【选项】对话框，切换到【用户系统配置】选项卡，在【Windows 标准操作】选项组中设置鼠标动作，如图4-144所示。单击【自定义右键单击】按钮，系统弹出【自定义右键单击】对话框，如图4-145所示，可根据需要设置右键单击的含义。

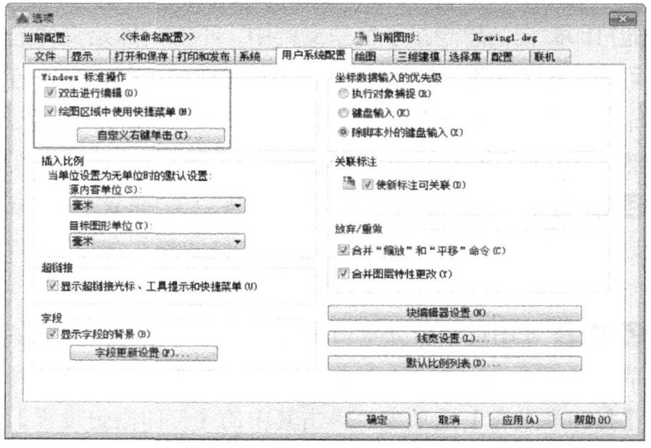

图 4-144 【用户系统配置】选项卡

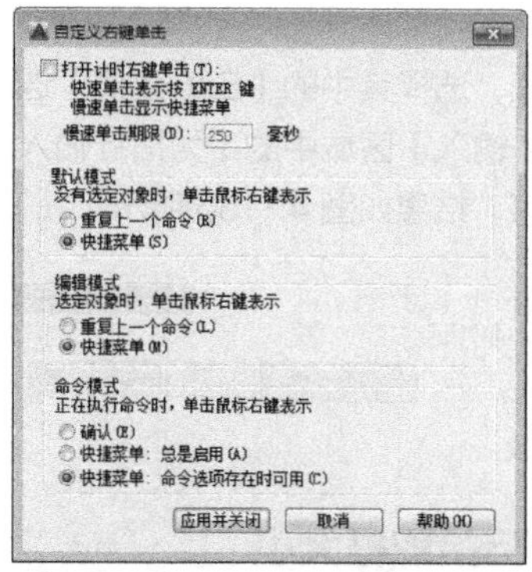

图 4-145 【自定义右键单击】对话框

4.6.9 设置自动捕捉标记效果

【选项】对话框中的【绘图】选项卡可用于对象捕捉、自动追踪等定形和定位功能的设置，包括自动捕捉和自动追踪时特征点标记的颜色、大小和显示特征等，如图 4-146 所示。

1 自动捕捉设置与颜色

单击【绘图】选项卡中的【颜色】按钮，打开【图形窗口颜色】对话框，在其中可以设置各绘图环境中捕捉标记的颜色，如图 4-147 所示。

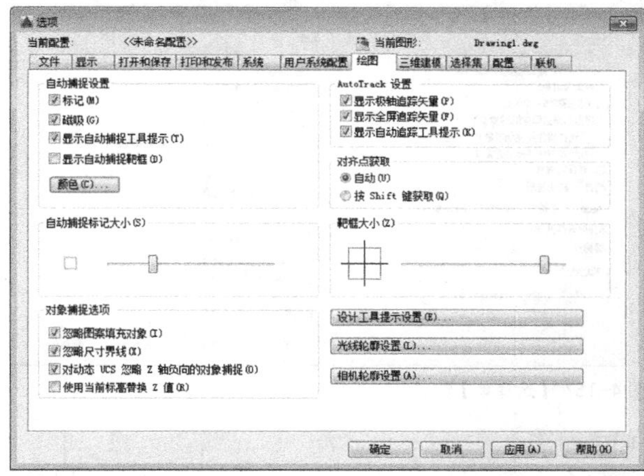

图 4-146 【绘图】选项卡

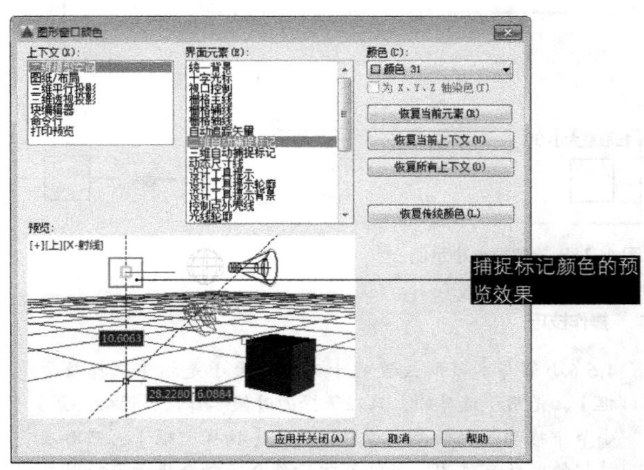

图 4-147 【图形窗口颜色】对话框

在【绘图】选项卡的【自动捕捉设置】区域，可以设定与自动捕捉有关的一些特性，各选项含义说明如下。

◆标记： 控制自动捕捉标记的显示。该标记是当十字光标移动至捕捉点上时显示的几何符号，如图 4-148 所示。

◆磁吸： 打开或关闭自动捕捉磁吸。磁吸是指十字光标自动移动并锁定到最近的捕捉点上，如图4-149所示。

◆显示自动捕捉提示： 控制自动捕捉工具提示的显示。工具提示是一个标签，用来描述捕捉到的对象部分，如图 4-150 所示。

◆显示自动捕捉靶框：打开或关闭自动捕捉靶框的显示，如图 4-151 所示。

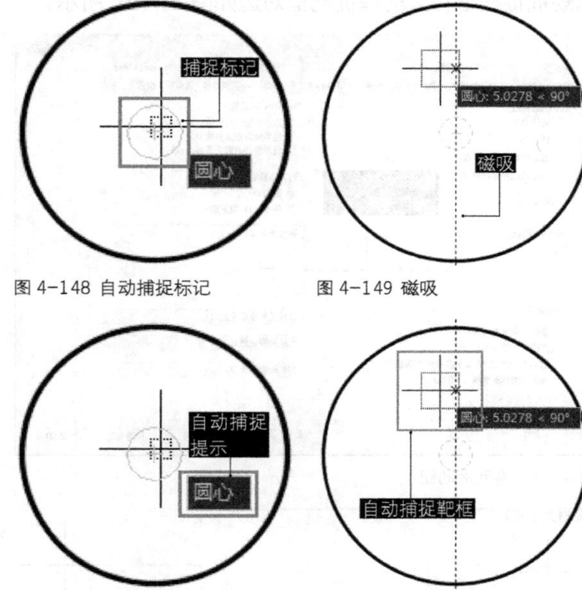

图 4-148 自动捕捉标记　　图 4-149 磁吸

图 4-150 自动捕捉提示　　图 4-151 自动捕捉靶框

2 设置自动捕捉标记大小

在【绘图】选项卡拖动【自动捕捉标记大小】区域的滑动钮▯，即可调整捕捉标记大小，如图 4-152 所示。图 4-153 所示为较大的圆心捕捉标记的样式。

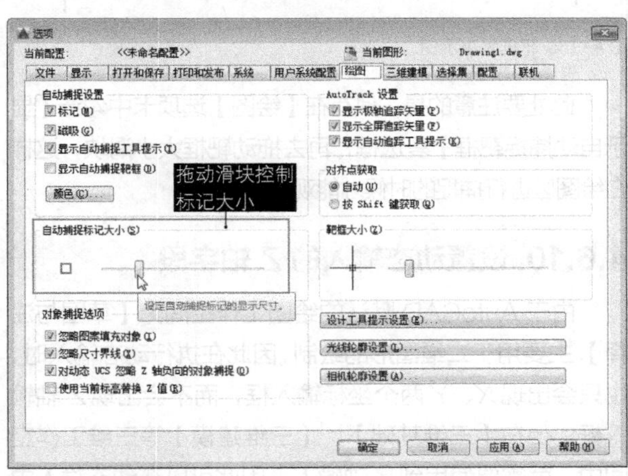

图 4-152 拖动滑动钮

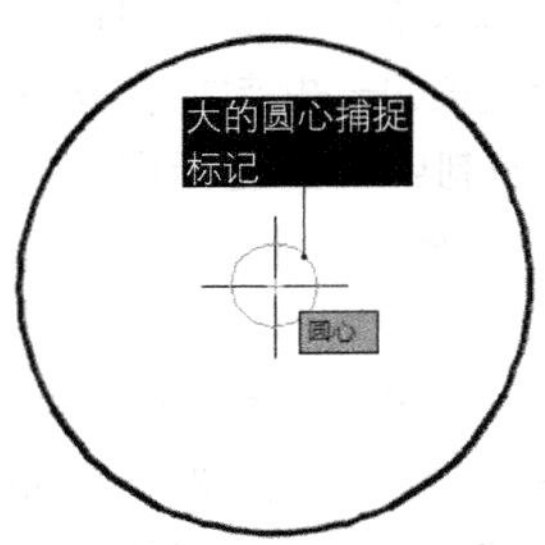

图 4-153 较大的圆心捕捉标记

3 设置捕捉靶框大小

在【绘图】选项卡拖动【自动捕捉标记大小】区域的滑块，即可调整捕捉靶框大小，如图 4-154 所示。常规捕捉靶框和大的捕捉靶框对边如图 4-155 所示。

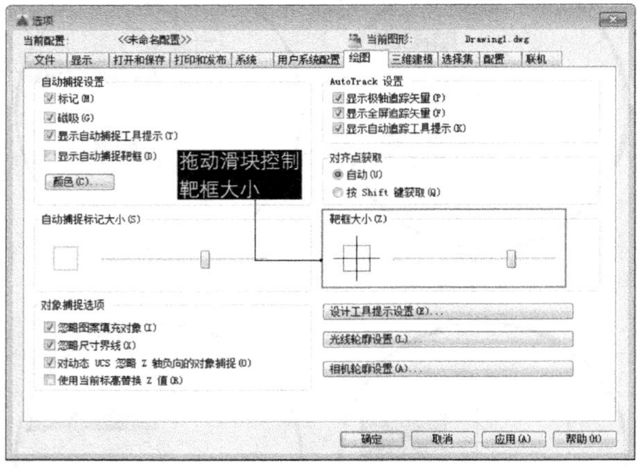

图 4-154 拖动滑动钮

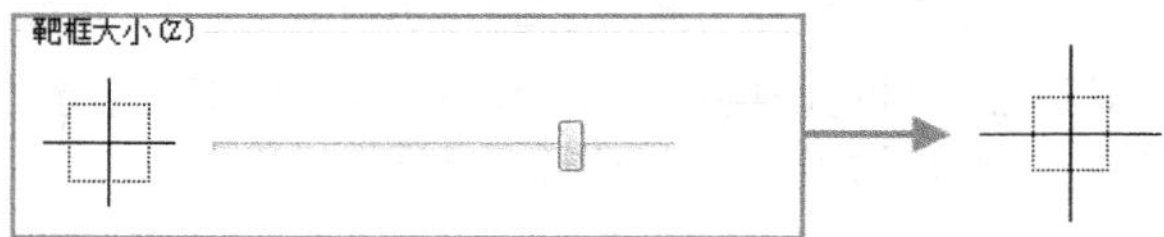

图 4-155 靶框大小示例

此处要注意的是，只有在【绘图】选项卡中勾选【显示自动捕捉靶框】复选框，再去拖动靶框大小滑块，这样在绘图区进行捕捉的时候才能观察到效果。

4.6.10 设置动态输入的 Z 轴字段

由于 AutoCAD 默认的绘图工作空间为【草图与注释】，主要用于二维图形的绘制，因此在执行动态输入时，也只会出现 *X*、*Y* 两个坐标输入框，而不会出现 *Z* 轴输入框。但在【三维基础】、【三维建模】等三维工作空间中，就需要使用到 *Z* 轴输入，因此可以在动态输入中将 *Z* 轴输入框调出。

打开【选项】对话框，选择其中的【三维建模】选项卡，勾选右下角【动态输入】区域中的【为指针输入显示 Z 字段】复选框即可，结果如图 4-156 所示。

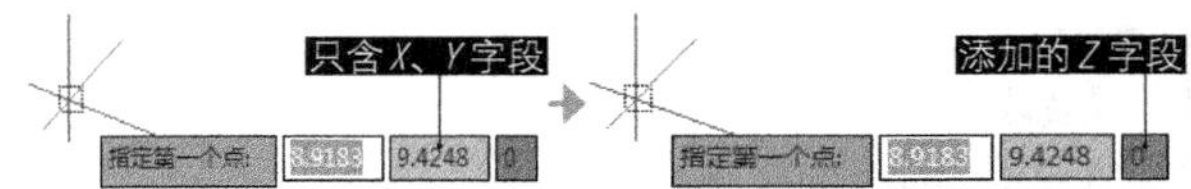

图 4-156 为动态输入添加 *Z* 字段

4.6.11 设置十字光标拾取框大小

【选项】对话框的【选项集】选项卡用于设置与对象选择有关的特性，如选择模式、拾取框及夹点等，如图 4-157 所示。

在 4.6.7 小节中介绍了十字光标大小的调整，但仅限于水平、竖直两轴线的延伸，中间的拾取框大小并没有得到调整。要调整拾取框的大小，可在【选择集】选项卡中拖动【拾取框大小】区域的滑块，常规的拾取框与放大的拾取框对比如图 4-158 所示。

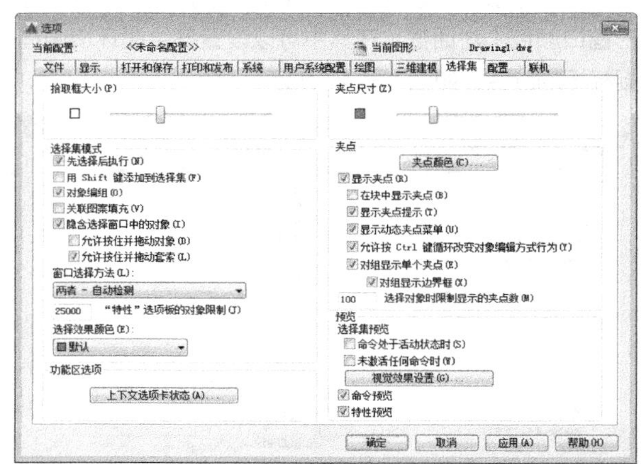

图 4-157 【选择集】选项卡

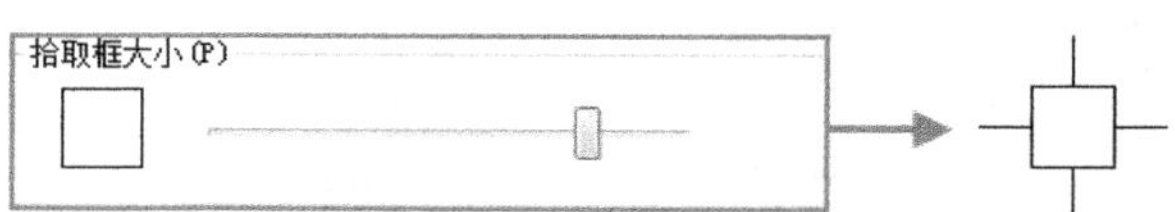

图 4-158 拾取框大小示例

操作技巧

4.6.6小节与本节所设置的十字光标大小是指【选择拾取框】，是用于选择的，只在选择的时候起作用；而4.6.9第3小节中拖动的靶框大小滑块，是指【捕捉靶框】，只有在捕捉的时候起作用。当没有执行命令或命令提示选择对象时，十字光标中心的方框是选择拾取框，当命令行提示定位点时，十字光标中心显示的是捕捉靶框。AutoCAD高版本默认不显示捕捉靶框，一旦提示定位点时，比如输入一个L命令，并按Enter键后，会看到十字光标中心的小方框会消失。

4.6.12 设置夹点的大小和颜色

除了拾取框和捕捉靶框的大小可以调节之外，还可以通过滑块的形式来调节夹点的显示大小。

夹点（Grips），是指选中图形物体后所显示的特征点，比如直线的特征点是两个端点，一个中点；圆形是 4 个象限点和圆心点等，如图 4-159 所示。

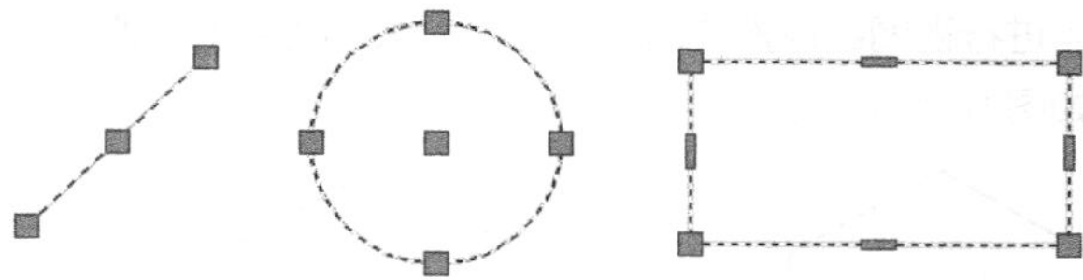

图 4-159 夹点

操作技巧

通常情况下夹点显示为蓝色，被称作“冷夹点”；如果在该对象上选中一个夹点，这个夹点就变成了红色，称作“热夹点”。通过热夹点可以对图形进行编辑，详见本书第6章的6.6.1小节。

早期版本中这些夹点只是方形的，但在 AutoCAD 的高版本中又增加了一些其他形式的夹点，例如，多段线中点处夹点是长方形的，椭圆弧两端的夹点是三角形的加方形的小框，动态块不同参数和动作的夹点形式也不一样，有方形、三角形、圆形、箭头等各种不同形状，如图 4-160 所示。

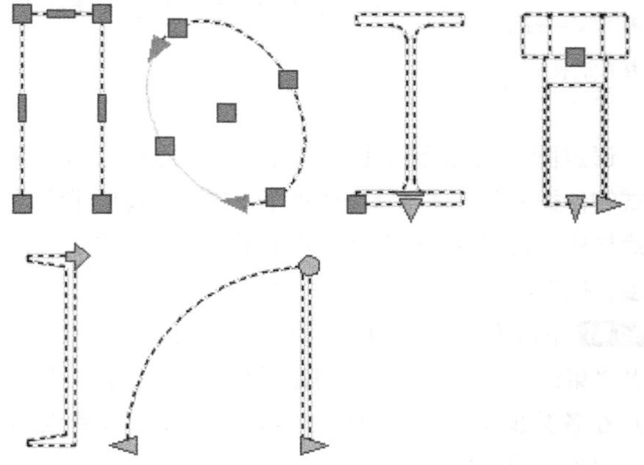

图 4-160 不同的夹点形状

夹点的种类繁多，其表达的意义及操作后的结果也不尽相同，详见表 4-2。

表4-2 夹点类型及使用方法

夹点类型	夹点形状	夹点移动或结果	参数：关联的动作
标准		平面内的任意方向	基点：无 点：移动、拉伸 极轴：移动、缩放、拉伸、极轴拉伸、阵列 *XY*：移动、缩放、拉伸、阵列
线性		按规定方向或沿某一条轴往返移动	线性：移动、缩放、拉伸、阵列
旋转		围绕某一条轴	旋转：旋转
翻转		切换到块几何图形的镜像	翻转：翻转
对齐		平面内的任意方向；如果在某个对象上移动，则使块参照与该对象对齐	对齐：无（隐含动作）
查寻		显示值列表	可见性：无（隐含动作） 查寻：查寻

1 修改夹点大小

要调整夹点的大小，可在【选择集】选项卡中拖动【夹点尺寸】区域的滑块，放大夹点后的图形效果如图 4-161 所示。

2 修改夹点颜色

单击【夹点】区域中的【夹点颜色】按钮，打开【夹点颜色】对话框，如图 4-162 所示。在对话框中即可设置 3 种状态下的夹点颜色，和夹点的外围轮廓颜色。

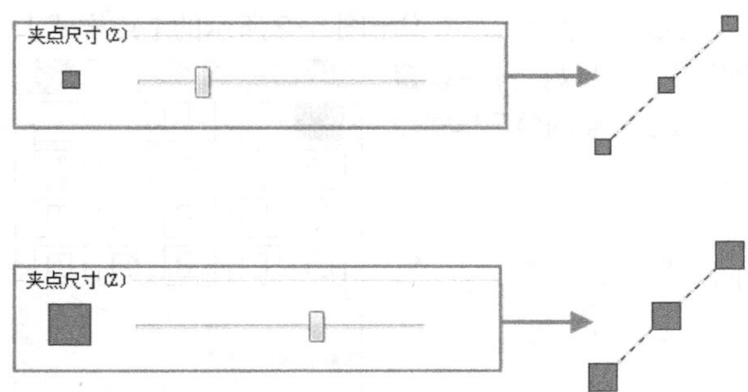

图 4-161 夹点大小对比效果

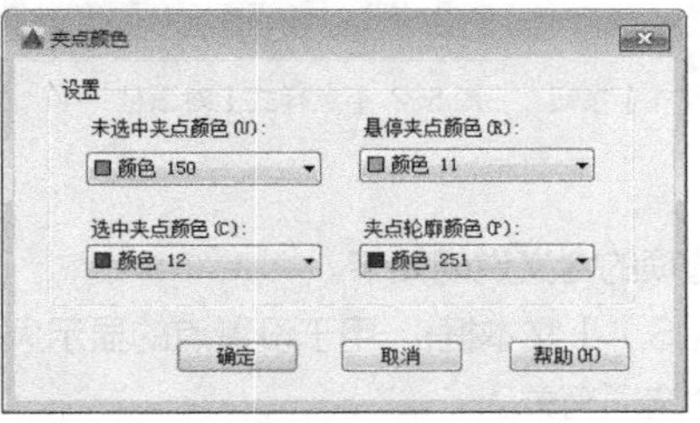

图 4-162 【夹点颜色】对话框

第 5 章 图形绘制

任何复杂的图形都可以分解成多个基本的二维图形，这些图形包括点、直线、圆、多边形、圆弧和样条曲线等，AutoCAD 2016 为用户提供了丰富的绘图功能，用户可以非常轻松地绘制这些图形。通过本章的学习，用户将会对 AutoCAD 平面图形的绘制方法有一个全面的了解和认识，并能熟练掌握常用的绘图命令。

5.1 绘制点

点是所有图形中最基本的图形对象，可以用来作为捕捉和偏移对象的参考点。在 AutoCAD 2016 中，可以通过单点、多点、定数等分和定距等分 4 种方法创建点对象。

5.1.1 点样式

从理论上来讲，点是没有长度和大小的图形对象。在 AutoCAD 中，系统默认情况下绘制的点显示为一个小圆点，在屏幕中很难看清，因此可以使用【点样式】设置，调整点的外观形状，也可以调整点的尺寸大小，以便根据需要，让点显示在图形中。在绘制单点、多点、定数等分点或定距等分点之后，我们经常需要调整点的显示方式，以方便对象捕捉，绘制图形。

• 执行方式

执行【点样式】命令的方法有以下几种。

◆ 功能区：单击【默认】选项卡【实用工具】面板中的【点样式】按钮，如图 5-1 所示。

◆ 菜单栏：选择【格式】|【点样式】命令。

◆ 命令行：DDPTYPE。

• 操作步骤

执行该命令后，将弹出图 5-2 所示的【点样式】对话框，可以在其中设置共计 20 种点的显示样式和大小。

图 5-1 面板中的【点样式】按钮

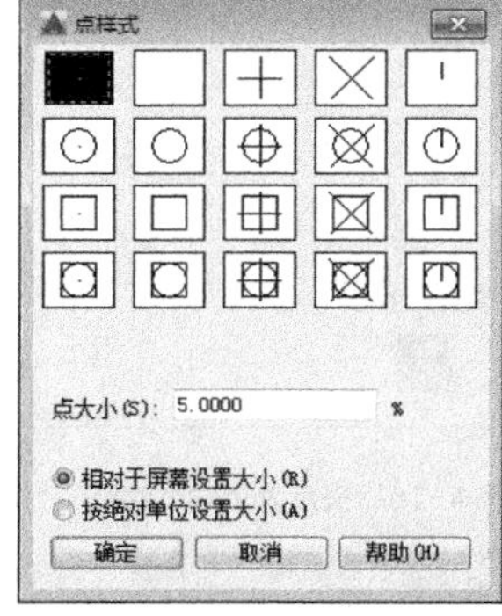

图 5-2 【点样式】对话框

• 选项说明

对话框中各选项的含义说明如下。

◆【点大小（S）】文本框：用于设置点的显示大小，与下面的两个选项有关。

◆【相对于屏幕设置大小（R）】单选框：用于按 AutoCAD 绘图屏幕尺寸的百分比设置点的显示大小，在进行视图缩放操作时，点的显示大小并不改变，在命令行输入 RE 命令即可重生成，始终保持与屏幕的相对比例，如图 5-3 所示。

◆【按绝对单位设置大小（A）】单选框：使用实际单位设置点的大小，同其他的图形元素（如直线、圆），当进行视图缩放操作时，点的显示大小也会随之改变，如图 5-4 所示。

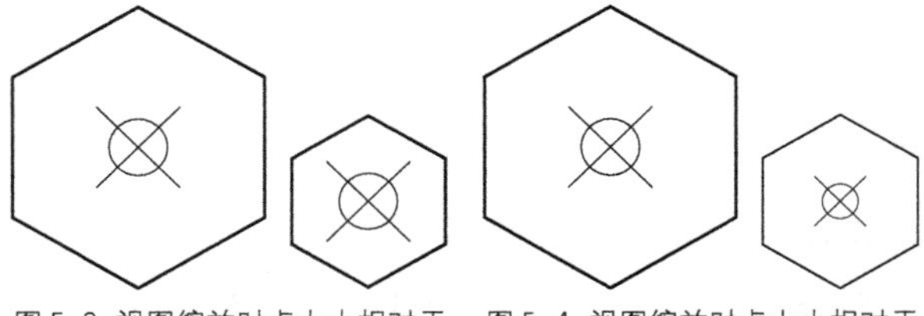

图 5-3 视图缩放时点大小相对于屏幕不变

图 5-4 视图缩放时点大小相对于图形不变

练习 5-1 设置点样式创建刻度

难度：☆☆	
素材文件路径：	素材/第5章/5-1设置点样式创建刻度.dwg
效果文件路径：	素材/第5章/5-1设置点样式创建刻度-OK.dwg
视频文件路径：	视频/第5章/5-1设置点样式创建刻度.MP4
播放时长：	51秒

通过图 5-2 所示的【点样式】对话框中可知，点样式的种类很多，使用情况也各不一样。通过指定合适的点样式，就可以快速获得所需的图形，如矢量线上的刻度，操作步骤如下。

Step 01 单击【快速访问】工具栏中的【打开】按钮，打开“第5章/5-1设置点样式创建刻度.dwg”素材文件，图形在各数值上已经创建好了点，但并没有设置点样式，如图5-5所示。

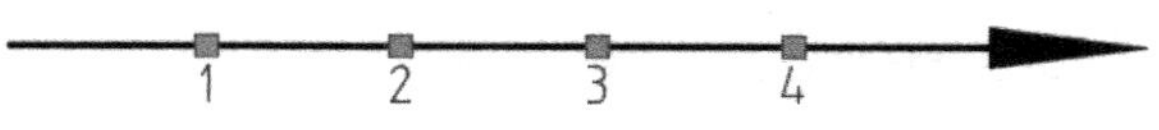

图 5-5 素材图形

Step 02 在命令行中输入“DDPTYPE”，调用【点样式】命令，系统弹出【点样式】对话框，根据需要，在对话框中选择第一排最右侧的形状，然后点选【按绝对单位设置大小】单选框，输入点大小为2，如图5-6所示。

Step 03 单击【确定】按钮，关闭对话框，完成【点样式】的设置，最终结果如图5-7所示。

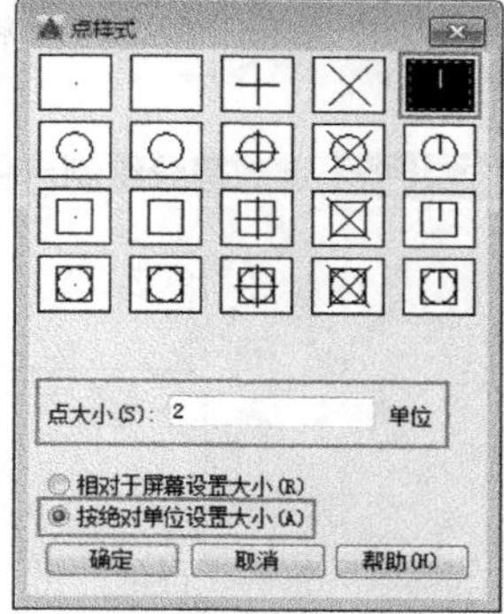

图 5-6 设置点样式

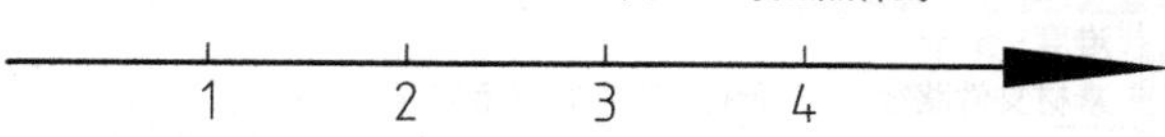

图 5-7 矢量线的刻度效果

·初学解答 点样式的特性

【点样式】与【文字样式】、【标注样式】等不同，在同一个dwg文件中有且仅有一种点样式，而文字样式、标注样式可以“设置”出多种不同的样式。要想设置点视觉效果不同，唯一能做的便是在【特性】中选择不同的颜色。

·熟能生巧 【点尺寸】与【点数值】

除了可以在【点样式】对话框中设置点的显示形状和大小外，还可以使用PDSIZE（点尺寸）和PDMODE（点数值）命令来进行设置。这两项参数指令含义说明如下。

◆PDSIZE（点尺寸）：在命令行中输入该指令，将提示输入点的尺寸。输入的尺寸为正值时，按“绝对单位设置大小”处理；而当输入尺寸为负值时，则按“相对于屏幕设置大小”处理。

◆PDMODE（点数值）：在命令行中输入该指令，将提示输入pdmode的新值，可以输入从0~4、32~36、64~68、96~100的整数，每个值所对应的点形状如图5-8所示。

图 5-8 各参数值对应的点形状

5.1.2 单点和多点

在AutoCAD 2016中，点的绘制通常使用【多点】命令来完成，【单点】命令已不太常用。

1 单点

绘制单点就是执行一次命令只能指定一个点，指定完后自动结束命令。

·执行方式

执行【单点】命令有以下几种方法。

◆菜单栏：选择【绘图】|【点】|【单点】命令，如图5-9所示。

◆命令行：PONIT或PO。

·操作步骤

设置好点样式之后，选择【绘图】|【点】|【单点】命令，根据命令行提示，在绘图区任意位置单击，即完成单点的绘制，结果如图5-10所示，命令行操作如下。

```
命令: _point
当前点模式: PDMODE=33 PDSIZE=0.0000
指定点:
                                    //在任意位置单击放
置点，放置后便自动结束【单点】命令
```

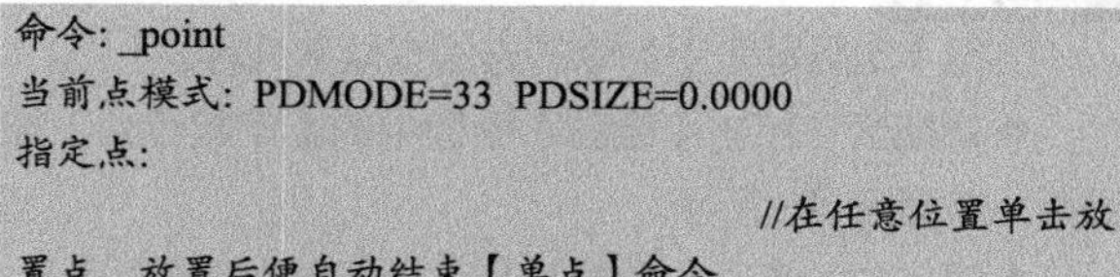

图 5-9 菜单栏中的【单点】命令

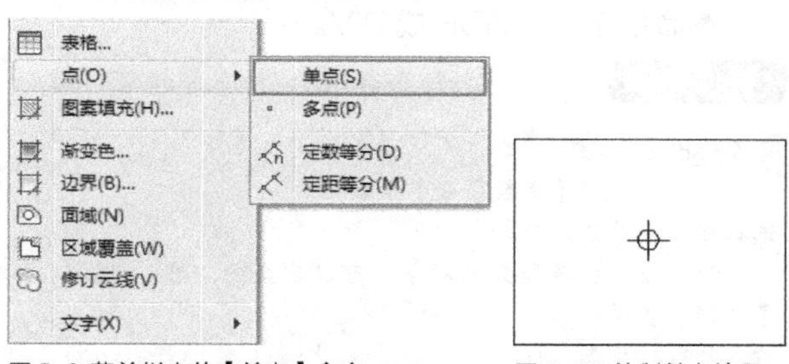

图 5-10 绘制单点效果

2 多点

绘制多点就是指执行一次命令后可以连续指定多个点，直到按Esc键结束命令。

·执行方式

执行【多点】命令有以下几种方法。

◆功能区：单击【绘图】面板中的【多点】按钮，如图5-11所示。

◆菜单栏：选择【绘图】|【点】|【多点】命令。

·操作步骤

设置好点样式之后，单击【绘图】面板中的【多点】按钮，根据命令行提示，在绘图区任意6个位置单击，按Esc键退出，即可完成多点的绘制，结果如图5-12所示，命令行操作如下。

```
命令: _point
当前点模式: PDMODE=33 PDSIZE=0.0000
                                    //在任意位置单击放
置点
指定点: *取消*
//按Esc键完成多点绘制
```

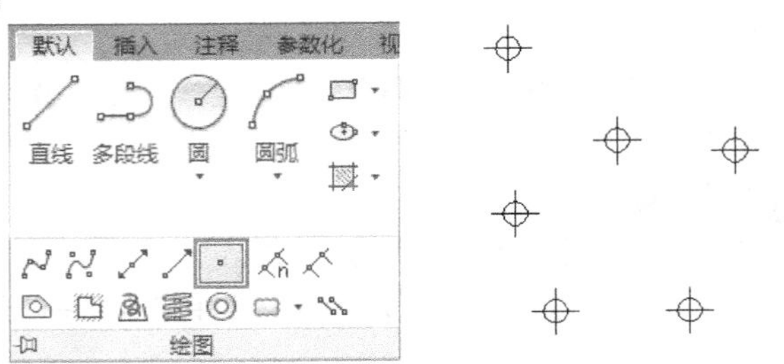

图 5-11 【绘图】面板中的【多点】 图 5-12 绘制多点效果

5.1.3 定数等分

【定数等分】是将对象按指定的数量分为等长的多段，并在各等分位置生成点。

• 执行方式

执行【定数等分】命令的方法有以下几种。

◆ 功能区：单击【绘图】面板中的【定数等分】按钮，如图 5-13 所示。

◆ 菜单栏：选择【绘图】|【点】|【定数等分】命令。

◆ 命令行： DIVIDE 或 DIV。

• 操作步骤

```
命令: _divide
        //执行【定数等分】命令
选择要定数等分的对象:
        //选择要等分的对象，可以是直线、圆、圆弧、样条曲线、多段线
输入线段数目或 [块(B)]:
//输入要等分的段数
```

• 选项说明

◆ “输入线段数目”： 该选项为默认选项，输入数字即可将被选中的图形进行平分，如图 5-14 所示。

◆ “块（B）”： 该命令可以在等分点处生成用户指定的块，如图 5-15 所示。

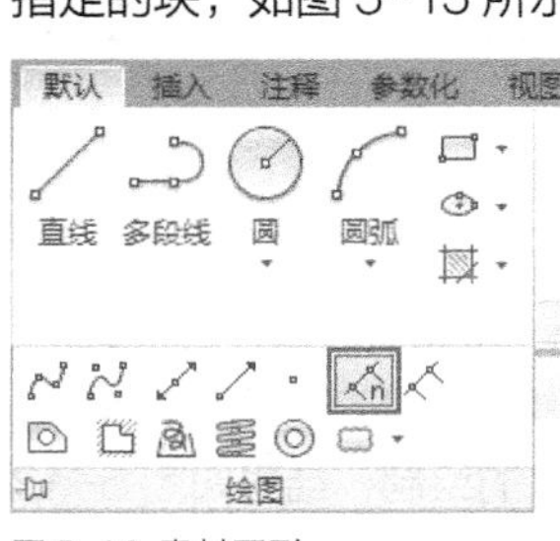

图 5-13 素材图形

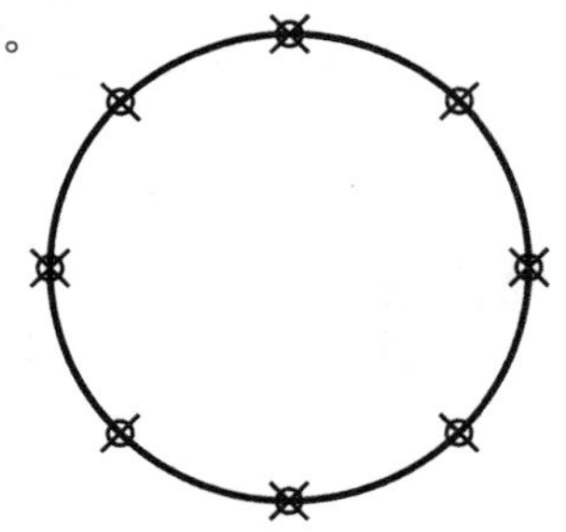

图 5-14 以点定数等分

图 5-15 以块定数等分

> **操作技巧**
>
> 在命令操作过程中，命令行有时会出现“输入线段数目或[块(B)]:”这样的提示，其中的英文字母如“块（B）”等，是执行各选项命令的输入字符。如果我们要执行“块（B）”选项，那只需在该命令行中输入“B”即可。

练习 5-2 定数等分绘制床头柜

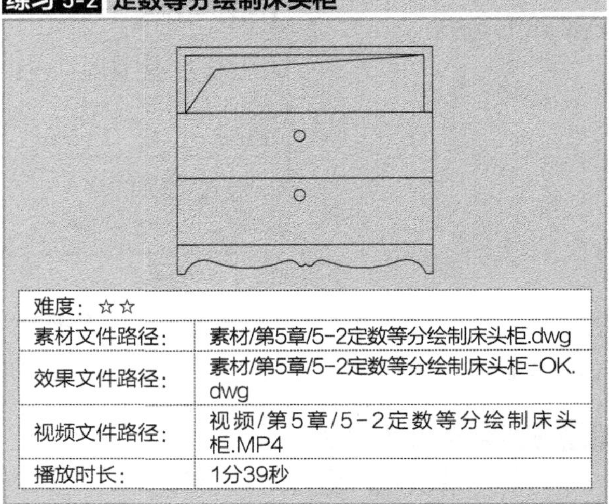

难度：☆☆	
素材文件路径：	素材/第5章/5-2定数等分绘制床头柜.dwg
效果文件路径：	素材/第5章/5-2定数等分绘制床头柜-OK.dwg
视频文件路径：	视频/第5章/5-2定数等分绘制床头柜.MP4
播放时长：	1分39秒

床头柜是近代家具中设置床头两边的小型立柜，可供存放杂品用。造型与现代常见的床边柜相仿。居家型柜台，使用方便，有助于物品的安放。贮藏于床头柜中的物品，大多为了适应需要和取用的物品如药品等，摆放在床头柜上的则多是为卧室增添温馨的气氛的一些照片、小幅画、插花等。

Step 01 按快捷键Ctrl+O，打开配套资源提供的“第5章/5-2定数等分绘制床头柜.dwg”素材文件，如图5-16所示。

Step 02 选择【绘图】|【点】|【定数等分】命令，对床头柜左侧边轮廓进行等分，命令行提示如下。

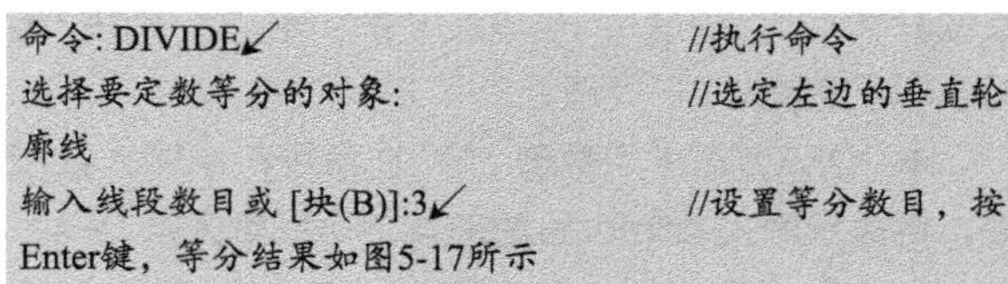

```
命令: DIVIDE↙                          //执行命令
选择要定数等分的对象:                   //选定左边的垂直轮廓线
输入线段数目或 [块(B)]:3↙               //设置等分数目，按Enter键，等分结果如图5-17所示
```

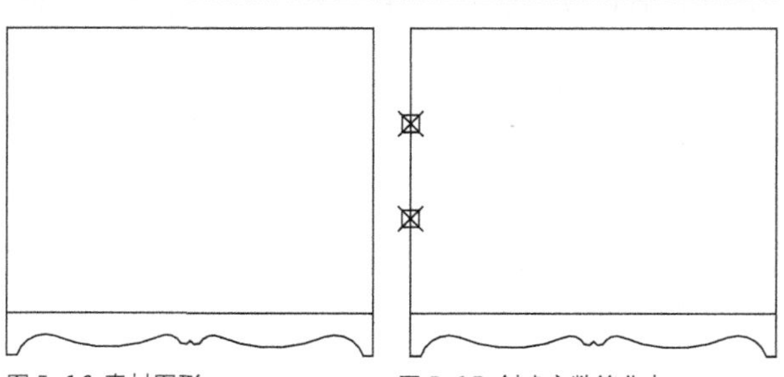

图 5-16 素材图形 图 5-17 创建定数等分点

Step 03 调用L【直线】命令，根据等分点绘制水平直线，结果如图5-18所示。

Step 04 调用O【偏移】命令，设置偏移距离为20，向内偏移轮廓线；调用TR【修剪】命令，修剪线段；调用PL【多段线】命令，绘制多段线；调用C【圆】命令，绘制半径为13的圆形表示抽屉拉手。完成床头柜的绘制，如图5-19所示。

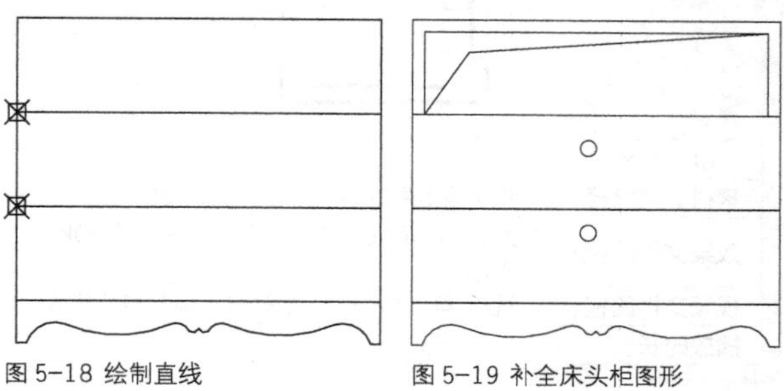
图 5-18 绘制直线　　图 5-19 补全床头柜图形

知识链接

此类图形还可以通过【阵列】命令进行绘制，详见本书第6章的6.4节。

·熟能生巧 “块（B）”等分

在命令操作过程中，命令行有时会出现类似“输入线段数目或 [块 (B)]:”这样的提示，其中的英文字母如“块（B）”等，是执行各选项命令的输入字符。如果我们要执行“块（B）”选项，那只需在该命令行中输入“B”即可。

执行等分点命令时，选择“块（B）”选项，表示在等分点处插入指定的块，操作效果如图 5-20 所示，命令行操作如下。相比于【阵列】操作，该方法有一定的灵活性。

```
命令: _divide
        //执行【定数等分】命令
选择要定数等分的对象:
        //选择要等分的对象，如图5-20中的样条曲线
输入线段数目或 [块(B)]: Bl↙
        //执行“块（B）”选项
输入要插入的块名: 1↙
        //输入要插入的块名称，如“1”
是否对齐块和对象? [是(Y)/否(N)] <Y>:↙
        //默认对齐
输入线段数目: 12↙
        //输入“块（B）”等分的数量
```

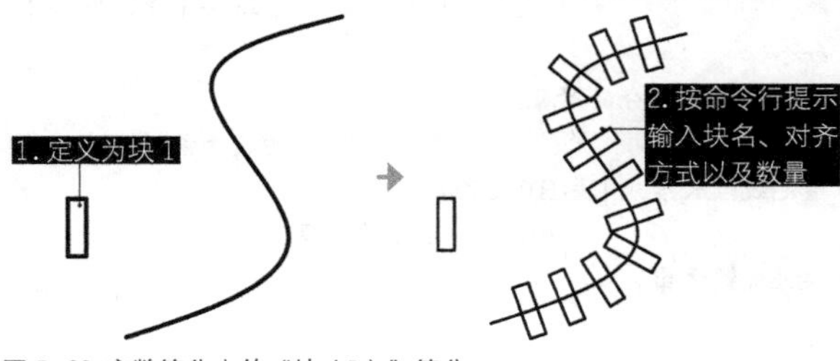
1. 定义为块 1
2. 按命令行提示输入块名、对齐方式以及数量
图 5-20 定数等分中的“块（B）”等分

知识链接

【块】的内容详见本书第10章的10.1节。

练习 5-3 通过【定数等分】布置家具 ★进阶★

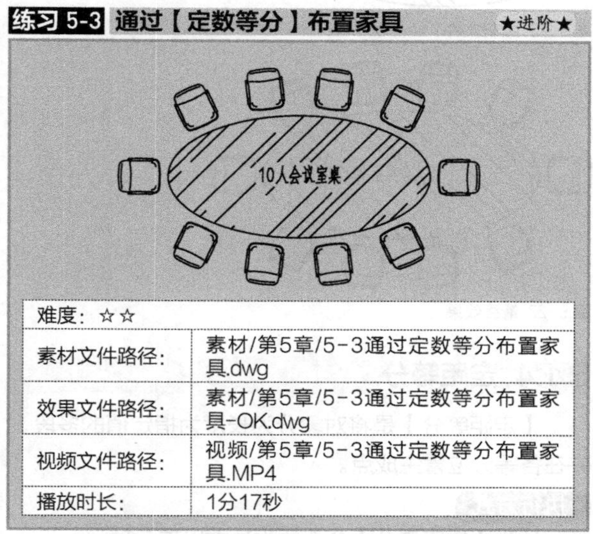
10人会议室桌

难度：☆☆	
素材文件路径：	素材/第5章/5-3通过定数等分布置家具.dwg
效果文件路径：	素材/第5章/5-3通过定数等分布置家具-OK.dwg
视频文件路径：	视频/第5章/5-3通过定数等分布置家具.MP4
播放时长：	1分17秒

【定数等分】除了绘制点外，还可以通过指定【块】来对图形进行编辑，类似于【阵列】命令，但在某些情况下较【阵列】灵活，尤其是在绘制室内布置图的时候。由于室内布置图中的家具，如沙发、椅子等都为图块，因此如需对这类图形进行阵列，即可通过【定数等分】或【定距等分】来进行布置。

Step 01 单击【快速访问】工具栏中的【打开】按钮，打开“第5章/5-3通过定数等分布置家具.dwg”素材文件，如图5-21所示，素材中已经创建好了名为“yizi”的块。

Step 02 在【默认】选项卡中，单击【绘图】面板中的【定数等分】按钮，根据命令提示，绘制图形，命令行操作如下。

```
命令: _divide
                        //调用【定数等分】命令
选择要定数等分的对象:
                        //选择桌子边
输入线段数目或 [块(B)]: B↙
                        //选择“B(块)”选项
输入要插入的块名: yizi↙
                        //输入“椅子”图块名
是否对齐块和对象? [是(Y)/否(N)] <Y>:↙
        //单击Enter键
输入线段数目: 10↙
                        //输入等分数为10
```

Step 03 创建定数等分的结果如图5-22所示。

图 5-21 素材文件

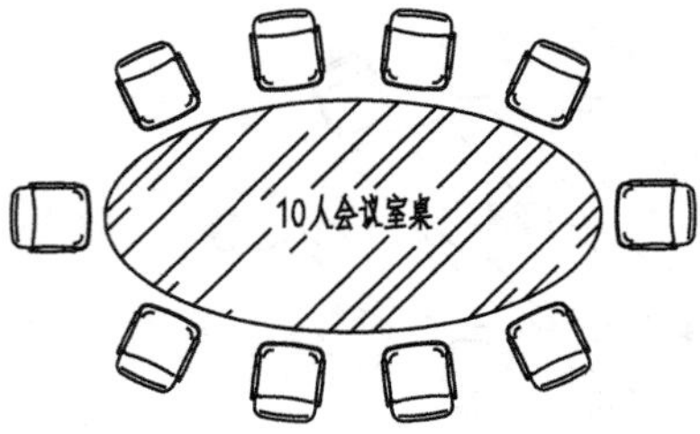

图 5-22 最终效果

5.1.4 定距等分

【定距等分】是将对象分为长度为指定值的多段，并在各等分位置生成点。

• 执行方式

执行【定距等分】命令的方法有以下几种。

◆功能区：单击【绘图】面板中的【定距等分】按钮，如图 5-23 所示。

◆菜单栏：选择【绘图】|【点】|【定距等分】命令。

◆命令行：MEASURE 或 ME。

• 操作步骤

```
命令: _measure
        //执行【定距等分】命令
选择要定距等分的对象:
        //选择要等分的对象，可以是直线、圆、圆弧、样条曲线、多段线
指定线段长度或 [块(B)]:
        //输入要等分的单段长度
```

• 选项说明

◆ "指定线段长度"：该选项为默认选项，输入的数字即为分段的长度，如图 5-24 所示。

◆ "块（B）"：该命令可以在等分点处生成用户指定的块。

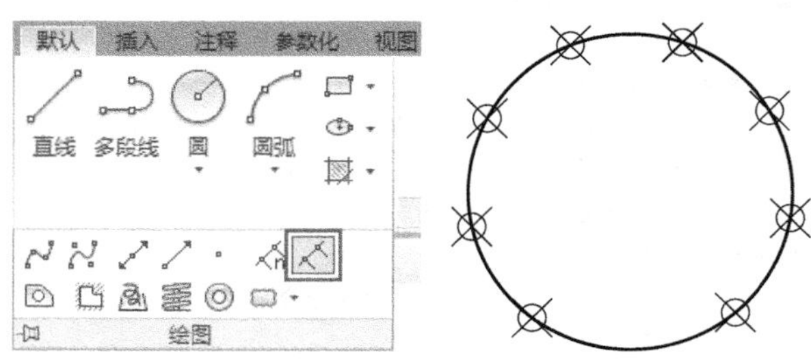

图 5-23 定数等分　　图 5-24 定距等分效果

练习 5-4 定距等分绘制楼梯

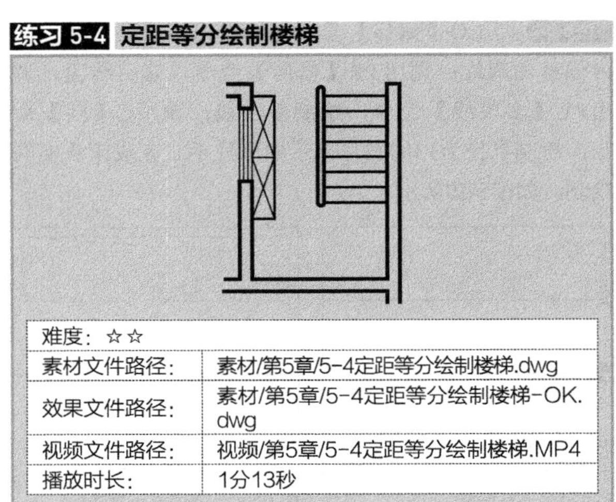

难度：☆☆	
素材文件路径：	素材/第5章/5-4定距等分绘制楼梯.dwg
效果文件路径：	素材/第5章/5-4定距等分绘制楼梯-OK.dwg
视频文件路径：	视频/第5章/5-4定距等分绘制楼梯.MP4
播放时长：	1分13秒

【定距等分】是将图形按指定的距离进行等分，因此适用于绘制一些具有固定间隔长度的图形，如楼梯和踏板等。

Step 01 打开素材文件"第5章/5-4定距等分绘制楼梯.dwg"，其中已经绘制好了一室内设计图的局部图形，如图5-25所示。

Step 02 设置点样式。在命令行中输入"DDPTYPE"，调用【点样式】命令，系统弹出【点样式】对话框，根据需要选择点样式，如图5-26所示。

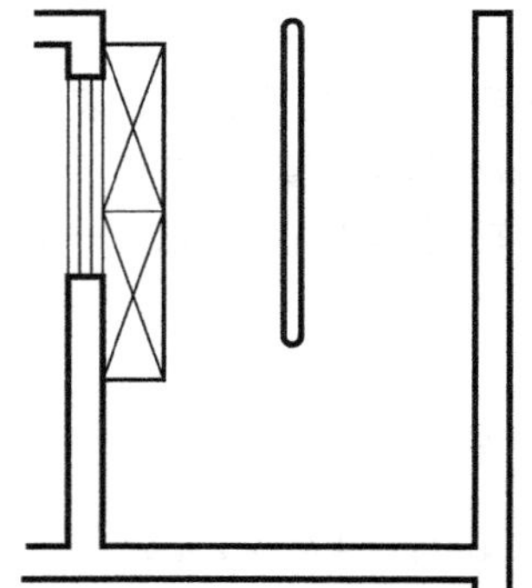

图 5-25 素材图形

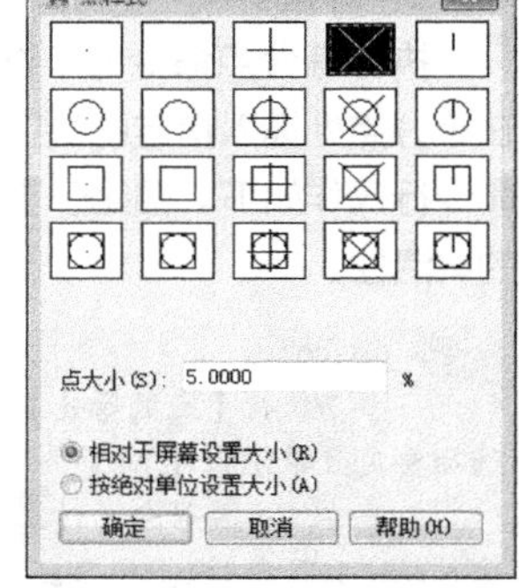

图 5-26 设置点样式

Step 03 执行定距等分。单击【绘图】面板中的【定距等分】按钮，将楼梯口左侧的直线段按每段250mm长进行等分，结果如图5-27所示，命令行操作如下。

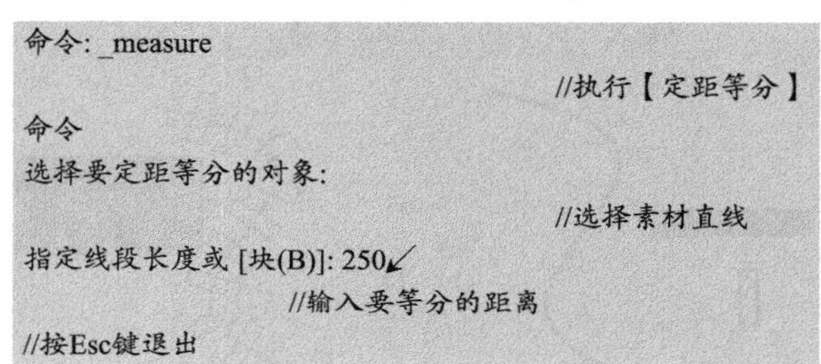

```
命令: _measure
                                //执行【定距等分】
命令
选择要定距等分的对象:
                                //选择素材直线
指定线段长度或 [块(B)]: 250↙
                        //输入要等分的距离
//按Esc键退出
```

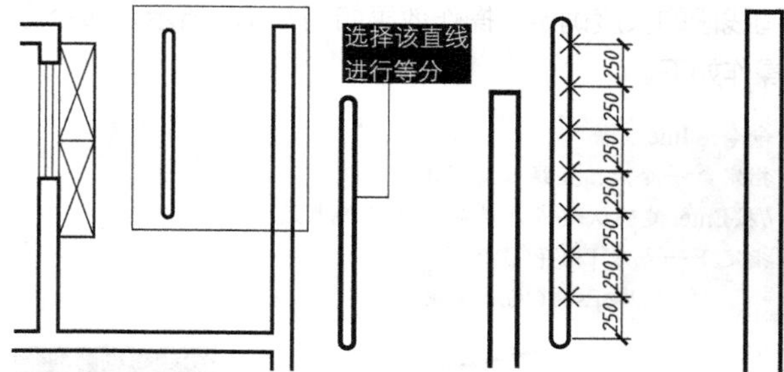

图 5-27 将直线定距等分

Step 04 在【默认】选项卡中，单击【绘图】面板上的【直线】按钮，以各等分点为起点向右绘制直线，结果如图5-28所示。

Step 05 将点样式重新设置为默认状态，即可得到楼梯图形，如图5-29所示。

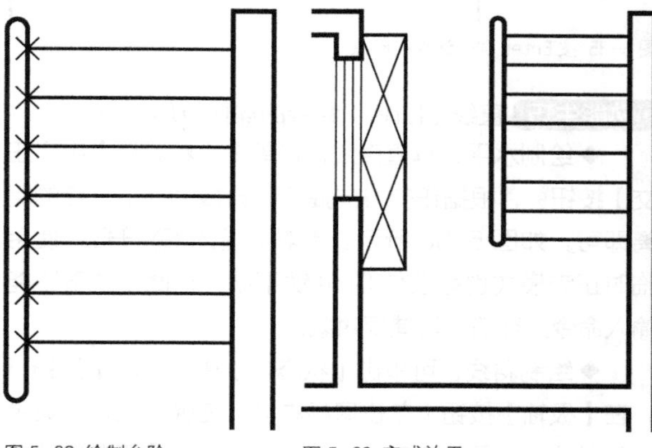
图 5-28 绘制台阶　　图 5-29 完成效果

> **知识链接**
> 此类图形还可以通过【偏移】命令绘制，详见本书第6章。

5.2 绘制直线类图形

直线类图形是 AutoCAD 中最基本的图形对象，在 AutoCAD 中，根据用途的不同，可以将线分类为直线、射线、构造线、多线和多线段。不同的直线对象具有不同的特性，下面进行详细讲解。

5.2.1 直线 ★重点★

直线是绘图中最常用的图形对象，只要指定了起点和终点，就可绘制出一条直线。

·执行方式

执行【直线】命令的方法有以下几种。

◆功能区：单击【绘图】面板中的【直线】按钮。

◆菜单栏：选择【绘图】|【直线】命令。

◆命令行：LINE 或 L。

·操作步骤

```
命令: _line
        //执行【直线】命令
指定第一个点:
        //输入直线段的起点，用鼠标指定点或在命令行中输入点的坐标
指定下一点或 [放弃(U)]:
        //输入直线段的端点。也可以用鼠标指定一定角度后，直接输入直线的长度
指定下一点或 [放弃(U)]:
        //输入下一直线段的端点。输入“U”表示放弃之前的输入
指定下一点或 [闭合(C)/放弃(U)]:
        //输入下一直线段的端点。输入“C”使图形闭合，或按Enter键结束命令
```

·选项说明

◆“指定下一点”：当命令行提示“指定下一点”时，用户可以指定多个端点，从而绘制出多条直线段。但每一段直线又都是一个独立的对象，可以进行单独的编辑操作，如图 5-30 所示。

◆“闭合（C）”：绘制两条以上直线段后，命令行会出现“闭合（C）”选项。此时如果输入 C，则系统会自动连接直线命令的起点和最后一个端点，从而绘制出封闭的图形，如图 5-31 所示。

◆“放弃（U）”：命令行出现“放弃（U）”选项时，如果输入 U，则会擦除最近一次绘制的直线段，如图 5-32 所示。

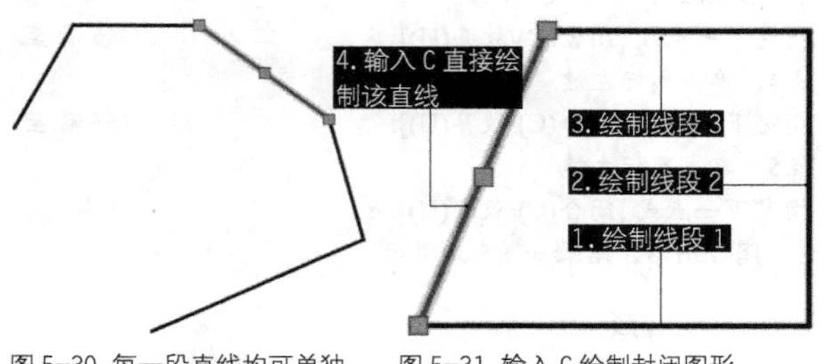

图 5-30 每一段直线均可单独编辑　　图 5-31 输入 C 绘制封闭图形

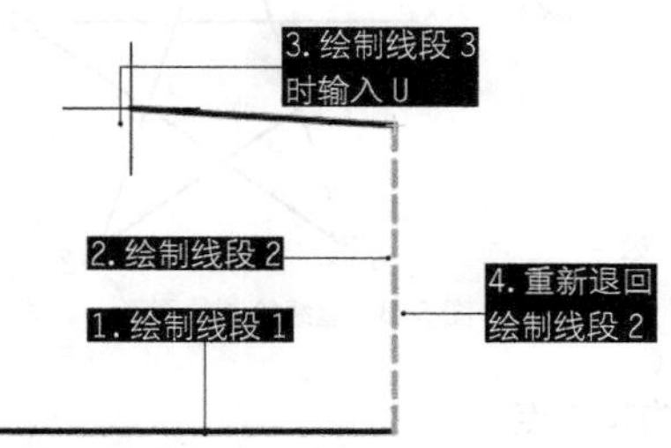

图 5-32 输入 U 重新绘制直线

练习 5-5 使用直线绘制五角星

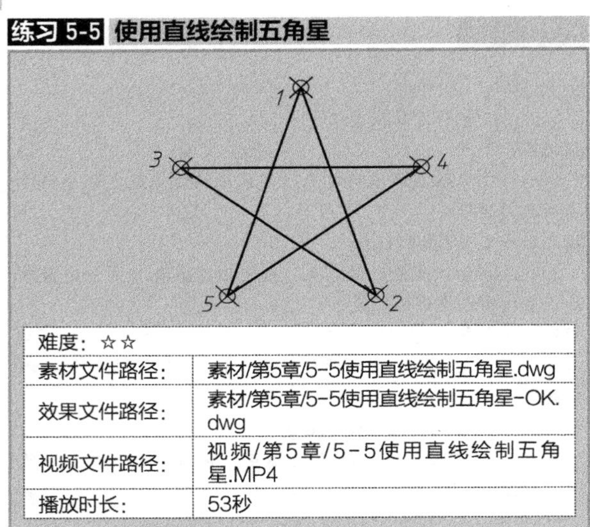

难度：☆☆	
素材文件路径：	素材/第5章/5-5使用直线绘制五角星.dwg
效果文件路径：	素材/第5章/5-5使用直线绘制五角星-OK.dwg
视频文件路径：	视频/第5章/5-5使用直线绘制五角星.MP4
播放时长：	53秒

Step 01 打开素材文件“第5章/5-5使用直线绘制五角星.dwg”，其中已创建好了5个顺序点，如图5-33所示。

Step 02 将单击【绘图】面板中的【直线】按钮，执行【直线】命令，依照命令行的提示，按顺序连接5个点，最终效果如图5-34所示，命令行操作如下。

```
命令: _line
                    //执行【直线】命令
指定第一个点:
                    //移动至点1，单击鼠标左键
指定下一点或 [放弃(U)]:
//移动至点2，单击鼠标左键
指定下一点或 [放弃(U)]:
//移动至点3，单击鼠标左键
指定下一点或 [闭合(C)/放弃(U)]:                //移动至点4，单击鼠标左键
指定下一点或 [闭合(C)/放弃(U)]:                //移动至点5，单击鼠标左键
指定下一点或 [闭合(C)/放弃(U)]: c↙              //输入C，闭合图形，结果如图5-34所示
```

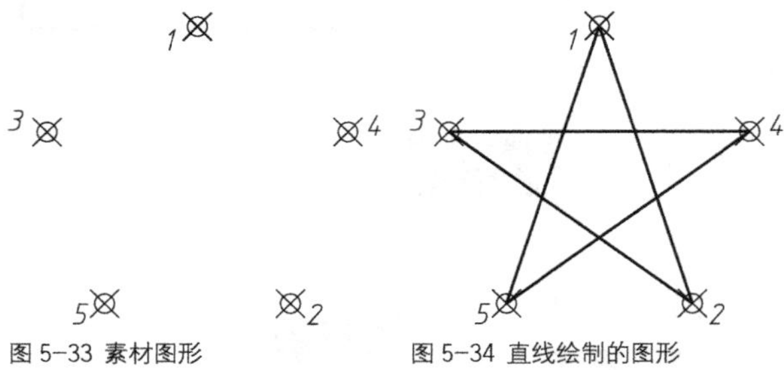

图 5-33 素材图形　　图 5-34 直线绘制的图形

•初学解答 直线的起始点

若命令行提示“指定第一个点”时，按 Enter 键，系统则会自动把上次绘线（或弧）的终点作为本次直线操作的起点。特别的，如果上次操作为绘制圆弧，那按 Enter 键后会绘出通过圆弧终点的与该圆弧相切的直线段，该线段的长度由鼠标在屏幕上指定的一点与切点之间线段的长度确定，操作效果如图 5-35 所示，命令行操作如下。

```
命令: _line
指定第一个点: 直线长度: 20
//按Enter键确认起点，然后输入直线长度
指定下一点或 [放弃(U)]:
            //按Esc键完成绘制
```

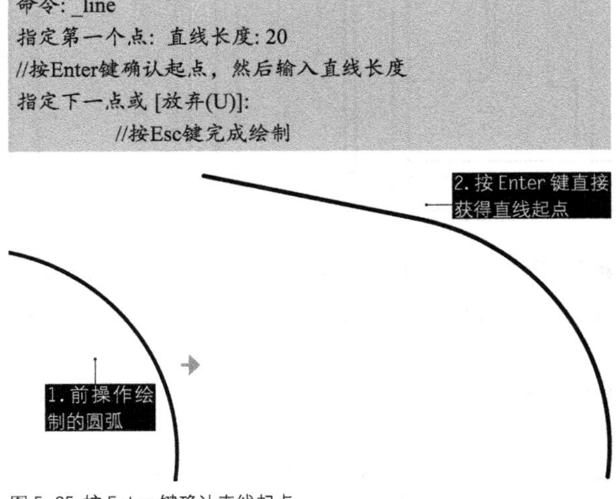

图 5-35 按 Enter 键确认直线起点

•熟能生巧 直线（Line）命令的操作技巧

◆绘制水平、垂直直线。可单击【状态栏】中【正交】按钮，根据正交方向提示，直接输入下一点的距离即可，如图 5-36 所示。不需要输入 @ 符号，使用临时正交模式也可按住 Shift 键不动，在此模式下不能输入命令或数值，可捕捉对象。

◆绘制斜线。可单击【状态栏】中【极轴】按钮，在【极轴】按钮上单击鼠标右键，在弹出的快捷菜单中可以选择所需的角度选项，也可以选择【正在追踪设置】选项，则系统会弹出【草图设置】对话框，在【增量角】文本输入框中可设置斜线的捕捉角度，此时，图形即进入了自动捕捉所需角度的状态，其可大大提高制图时输入直线长度的效率，效果如图 5-37 所示。

◆捕捉对象。可按 Shift 键 + 鼠标右键，在弹出的快捷菜单中选择捕捉选项，然后将光标移动至合适位置，程序会自动进行某些点的捕捉，如端点、中点、圆切点等等，【捕捉对象】功能的应用可以极大地提高制图速度，如图 5-38 所示。

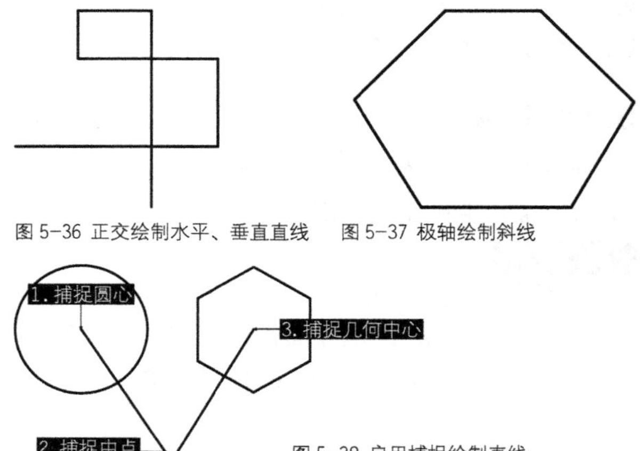

图 5-36 正交绘制水平、垂直直线　　图 5-37 极轴绘制斜线

图 5-38 启用捕捉绘制直线

5.2.2 构造线

构造线是两端无限延伸的直线，没有起点和终点，主要用于绘制辅助线和修剪边界，在建筑设计中常用来作为辅助线，构造线只需指定两个点即可确定位置和方向。

• 执行方式

执行【直线】命令的方法有以下几种。

- ◆功能区：单击【绘图】面板中的【构造线】按钮。
- ◆菜单栏：选择【绘图】|【构造线】命令。
- ◆命令行：XLINE 或 XL。

• 操作步骤

```
命令: _xline
        //执行【构造线】命令
指定点或 [水平(H)/垂直(V)/角度(A)/二等分(B)/偏移(O)]:
        //输入第一个点
指定通过点:
        //输入第二个点
指定通过点:
        //继续输入点，可以继续画线，按Enter键结束命令
```

• 选项说明

◆ “水平（H）”“垂直（V）”：选择“水平”或“垂直”选项，可以绘制水平和垂直的构造线，如图 5-39 所示。

图 5-39 绘制水平或垂直构造线

```
命令: _xline
指定点或 [水平(H)/垂直(V)/角度(A)/二等分(B)/偏移(O)]: h
//输入h或v
指定通过点:        //指定通过点，绘制水平或垂直构造线
```

◆ “角度（A）”：选择“角度”选项，可以绘制用户所输入角度的构造线，如图 5-40 所示。

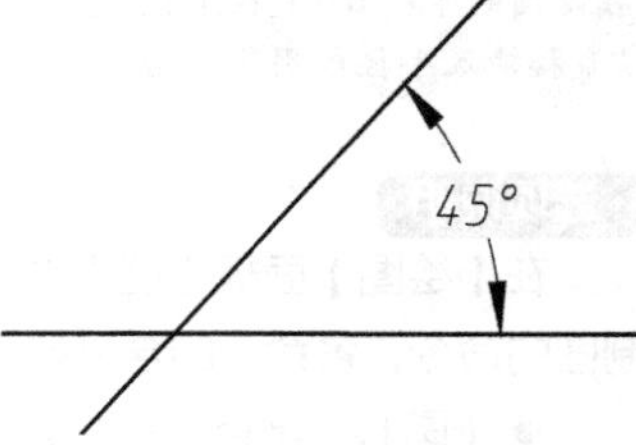

图 5-40 绘制成角度的构造线

```
命令: _xline
指定点或 [水平(H)/垂直(V)/角度(A)/二等分(B)/偏移(O)]: a
        //输入a，选择“角度”选项
输入构造线的角度 (0) 或 [参照(R)]: 45
        //输入构造线的角度
指定通过点:
        //指定通过点完成创建
```

◆ “二等分（B）”：选择“二等分”选项，可以绘制两条相交直线的角平分线，如图 5-41 所示。绘制角平分线时，使用捕捉功能依次拾取顶点 O、起点 A 和端点 B 即可（A、B 可为直线上除 O 点外的任意点）。

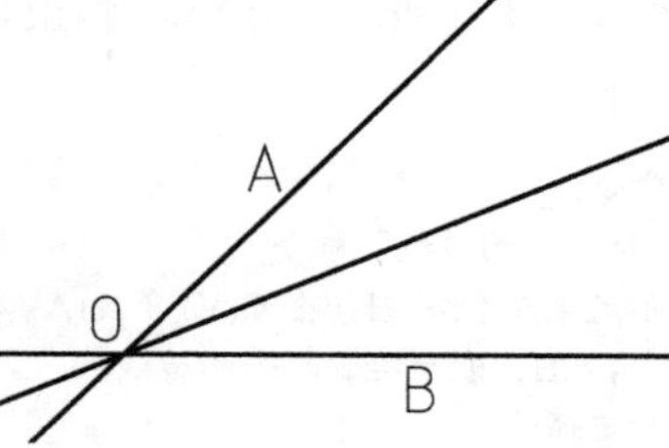

图 5-41 绘制二等分构造线

```
命令: _xline
指定点或 [水平(H)/垂直(V)/角度(A)/二等分(B)/偏移(O)]: b
//输入b，选择“二等分”选项
指定角的顶点:        //选择O点
指定角的起点:        //选择A点
指定角的端点:        //选择B点
```

◆ “偏移（O）”：选择【偏移】选项，可以由已有直线偏移出平行线，如图 5-42 所示。该选项的功能类似于【偏移】命令（详见第 6 章）。通过输入偏移距离和选择要偏移的直线来绘制与该直线平行的构造线。

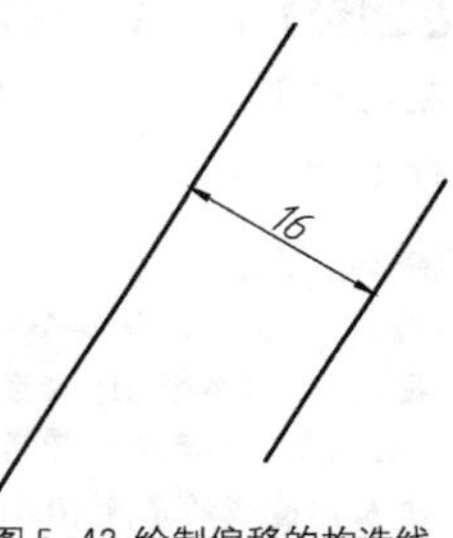

图 5-42 绘制偏移的构造线

```
命令: _xline
指定点或 [水平(H)/垂直(V)/角度(A)/二等分(B)/偏移(O)]: o
//输入O，选择“偏移”选项
指定偏移距离或 [通过(T)] <10.0000>: 16        //输入偏移距离
选择直线对象:                //选择偏移的对象
指定向哪侧偏移:              //指定偏移的方向
```

练习 5-6 绘制水平和倾斜构造线

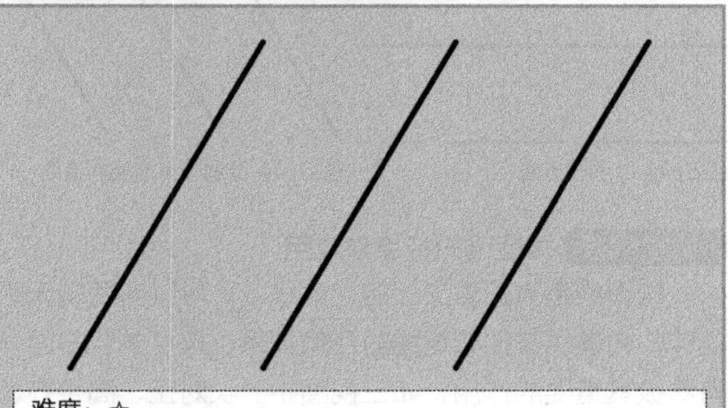

难度：☆	
素材文件路径：	无
效果文件路径：	素材/第5章/5-6绘制水平和倾斜构造线-OK.dwg
视频文件路径：	视频/第5章/5-6绘制水平和倾斜构造线.MP4
播放时长：	1分55秒

Step 01 新建空白文件，然后单击【绘图】面板中的【构造线】按钮，分别绘制3条水平构造线和垂直构造线，构造线间距为20，如图5-43所示，命令行提示如下。

```
命令: _xline
//执行“构造线”命令
指定点或 [水平(H)/垂直(V)/角度(A)/二等分(B)/偏移(O)]: H↙
//输入H，表示绘制水平构造线
指定通过点:
//在绘图区域合适位置任意拾取一点
指定通过点: @0,20↙
//输入垂直方向上的相对坐标，确定第二条构造线要经过的点
指定通过点: @0,20↙
//输入垂直方向上的相对坐标，确定第三条构造线要经过的点
指定通过点:↙
//按Enter键结束命令
```

Step 02 单击【绘图】面板中的【构造线】按钮，绘制与水平方向呈60° 角的构造线，如图5-44所示，命令行提示如下。

```
命令: _xline
//执行“构造线”命令
指定点或 [水平(H)/垂直(V)/角度(A)/二等分(B)/偏移(O)]: A↙
//输入A，表示绘制带角度构造线
输入构造线的角度 (0.0) 或 [参照(R)]: 60 ↙
//构造线与水平方向呈45° 角
指定通过点:↙
//在绘图区合适位置任意拾取一点
指定通过点: @20,0↙
//输入第二条构造线要经过的点
指定通过点: @20,0↙
//输入第三条构造线要经过的点指定通过点:↙
//按Enter键结束命令
```

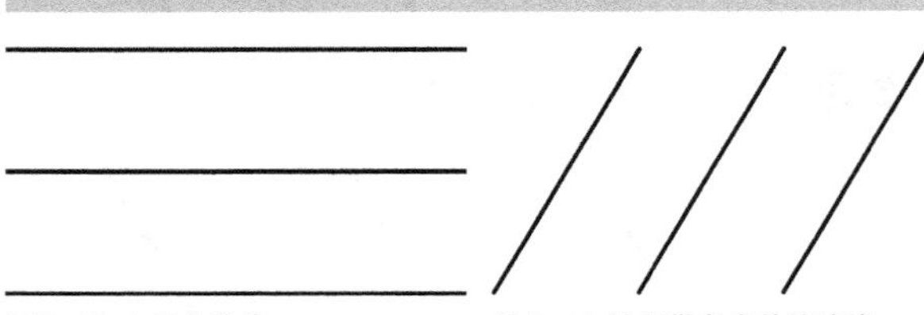

图 5-43 水平构造线　　图 5-44 绘制带角度的构造线

•初学解答 **构造线的特点与应用**

构造线是真正意义上的“直线”，可以向两端无限延伸。构造线在控制草图的几何关系、尺寸关系方面，有着极其重要的作用，如三视图中“长对正、高平齐、宽相等”的辅助线，如图 5-45 所示（图中细实线为构造线，粗实线为轮廓线，下同）。

而且构造线不会改变图形的总面积，因此，它们的无限长的特性对缩放或视点没有影响，并会被显示图形范围的命令所忽略，和其他对象一样，构造线也可以移动、旋转和复制。因此构造线常用来绘制各种绘图过程中的辅助线和基准线，如图形上的中心线、建筑中的墙体线，如图 5-46 所示。构造线是绘图提高效率的常用命令。

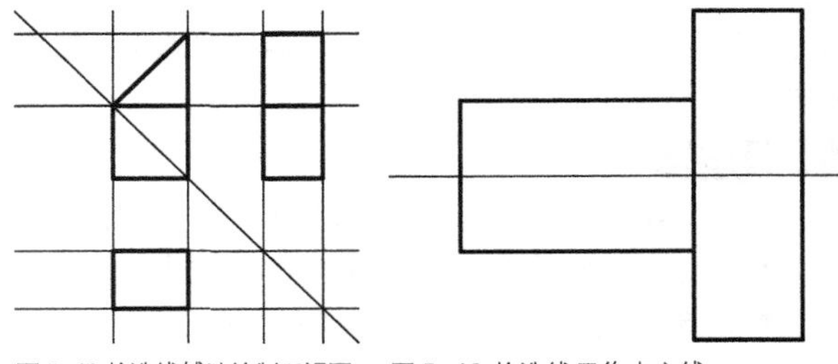

图 5-45 构造线辅助绘制三视图　　图 5-46 构造线用作中心线

5.3 绘制圆、圆弧类图形

在 AutoCAD 中，圆、圆弧、椭圆、椭圆弧和圆环都属于圆类图形，其绘制方法相对于直线对象较复杂，下面分别对其进行讲解。

5.3.1 圆 ★重点★

圆也是绘图中最常用的图形对象，因此它的执行方式与功能选项也最为丰富。

•执行方式

执行【圆】命令的方法有以下几种。

◆ 功能区：单击【绘图】面板中的【圆】按钮。

◆ 菜单栏：选择【绘图】|【圆】命令，然后在子菜单中选择一种绘圆方法。

◆ 命令行：CIRCLE 或 C。

•操作步骤

```
命令: _circle
        //执行【圆】命令
指定圆的圆心或 [三点(3P)/两点(2P)/切点、切点、半径(T)]:
        //选择圆的绘制方式
指定圆的半径或 [直径(D)]: 3↙
//直接输入半径或用鼠标指定半径长度
```

•选项说明

在【绘图】面板【圆】的下拉列表中提供了 6 种绘制圆的命令，各命令的含义如下。

◆【圆心、半径（R）】：用圆心和半径方式绘制圆，如图 5-47 所示，为默认的执行方式。

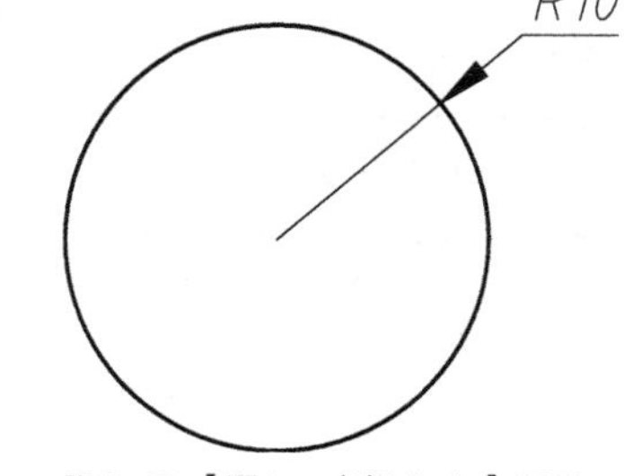

图 5-47 【圆心、半径（R）】画圆

```
命令：C↙
CIRCLE指定圆的圆心或[三点(3P)/两点(2P)/切点、切点、半径(T)]:
//输入坐标或用鼠标单击确定圆心
指定圆的半径或[直径(D)]: 10↙
//输入半径值，也可以输入相对于圆心的相对坐标，确定圆周上一点
```

◆【圆心、直径（D）】：用圆心和直径方式绘制圆，如图 5-48 所示。

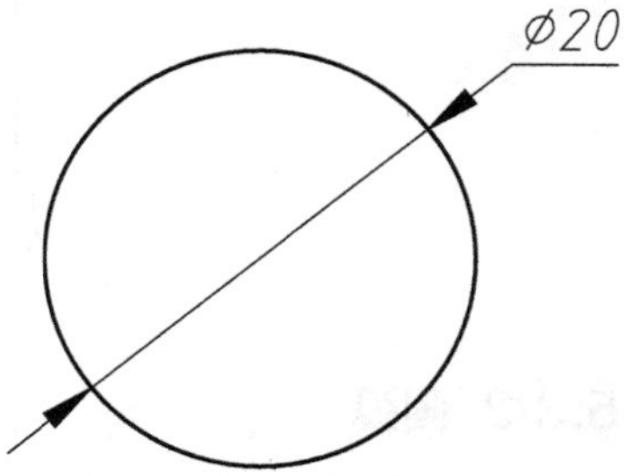

图 5-48 【圆心、直径（D）】画圆

```
命令：C↙
CIRCLE指定圆的圆心或[三点(3P)/两点(2P)/切点、切点、半径(T)]:
//输入坐标或用鼠标单击确定圆心
指定圆的半径或[直径(D)]<80.1736>: D↙
//选择直径选项
指定圆的直径<200.00>: 20↙
//输入直径值
```

◆【两点（2P）】：通过两点（2P）绘制圆，实际上是以这两点的连线为直径，以两点连线的中点为圆心画圆。系统会提示指定圆直径的第一端点和第二端点，如图 5-49 所示。

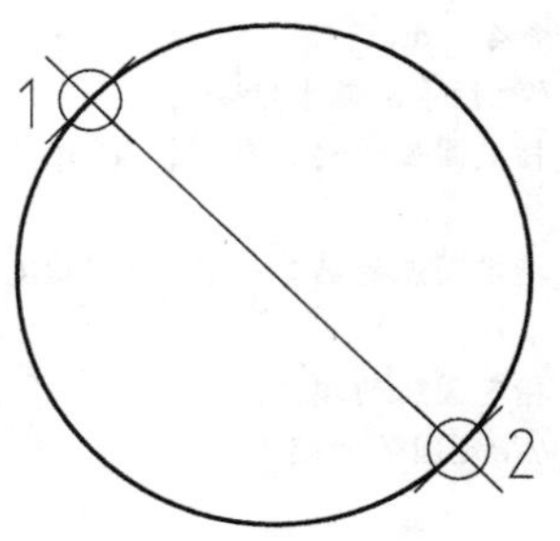

图 5-49 【两点（2P）】画圆

```
命令：Cl↙
CIRCLE指定圆的圆心或[三点(3P)/两点(2P)/切点、切点、半径(T)]: 2P↙
                              //选择“两点”选项
指定圆直径的第一个端点：      //输入坐标或单击确定直径第一个端点1
指定圆直径的第二个端点：      //单击确定直径第二个端点2，或输入相对于第一个端点的相对坐标
```

◆【三点（3P）】：通过三点（3P）绘制圆，实际上是绘制这三点确定的三角形的唯一的外接圆。系统会提示指定圆上的第一点、第二点和第三点，如图 5-50 所示。

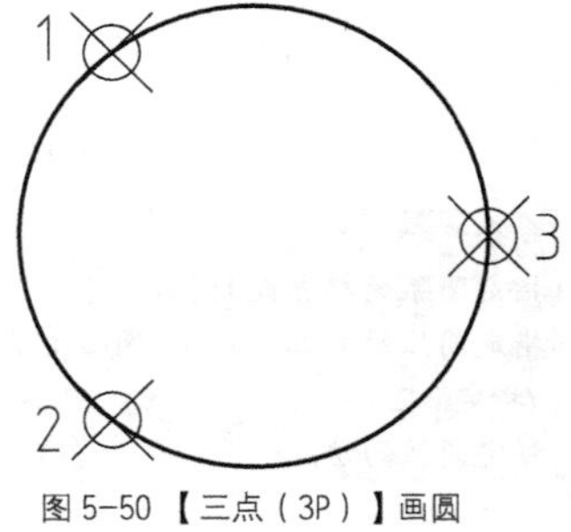

图 5-50 【三点（3P）】画圆

```
命令：C↙
CIRCLE指定圆的圆心或[三点(3P)/两点(2P)/切点、切点、半径(T)]: 3P↙
//选择“三点”选项
指定圆上的第一个点：
//单击确定第1点
指定圆上的第二个点：
//单击确定第2点
指定圆上的第三个点：
//单击确定第3点
```

◆【相切、相切、半径（T）】：如果已经存在两个图形对象，再确定圆的半径值，就可以绘制出与这两个对象相切的公切圆。系统会提示指定圆的第一切点和第二切点及圆的半径，如图 5-51 所示。

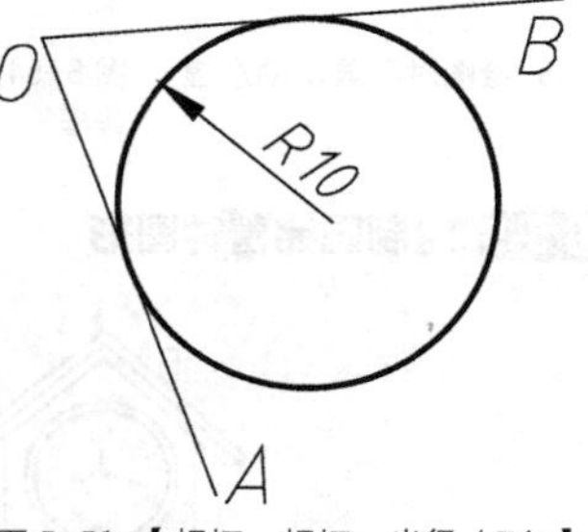

图 5-51 【相切、相切、半径（T）】画圆

```
命令: _circle
指定圆的圆心或 [三点(3P)/两点(2P)/切点、切点、半径(T)]: T
//选择“切点、切点、半径”选项
指定对象与圆的第一个切点：  //单击直线OA上任意一点
指定对象与圆的第二个切点：  //单击直线OB上任意一点
指定圆的半径: 10    //输入半径值
```

◆【相切、相切、相切（A）】：选择三条切线来绘制圆，可以绘制出与 3 个图形对象相切的公切圆。如图 5-52 所示。

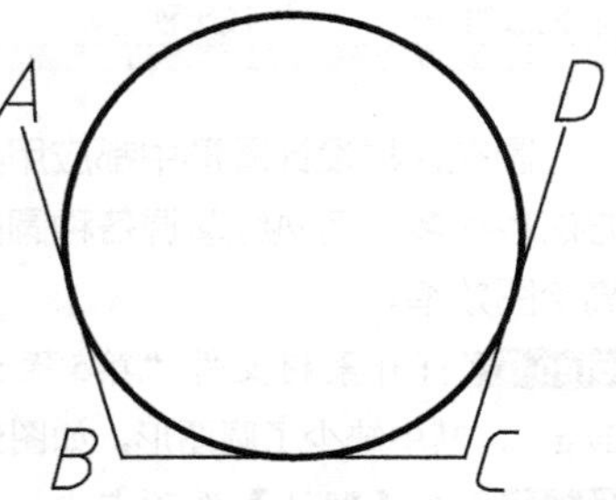

图 5-52 【相切、相切、相切（A）】画圆

```
命令: _circle
指定圆的圆心或 [三点(3P)/两点(2P)/切点、切点、半径(T)]: _3p
//单击面板中的“相切、相切、相切”按钮
指定圆上的第一个点: _tan 到  //单击直线AB上任意一点
指定圆上的第二个点: _tan 到  //单击直线BC上任意一点
指定圆上的第三个点: _tan 到  //单击直线CD上任意一点
```

·初学解答 绘图时不显示虚线框

用 AutoCAD 绘制矩形、圆时，通常会在鼠标光标处显示一动态虚线框，用来在视觉上帮助设计者判断图形绘制的大小，十分方便。而有时由于新手的误操作，会使得该虚线框无法显示，如图 5-53 所示。

这是由于系统变量 DRAGMODE 的设置出现了问

题。只需在命令行中输入“DRAGMODE”，然后根据提示，将选项修改为“自动（A）”或“开（ON）”（推荐设置为自动）。即可让虚线框显示恢复正常，如图 5-54 所示。

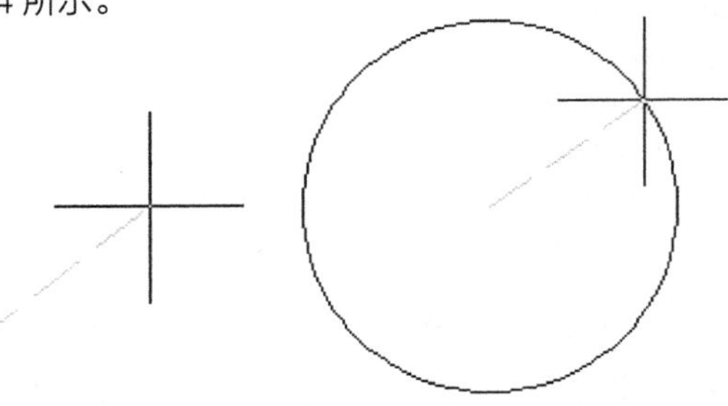

图 5-53 绘图时不显示动态虚线框　　图 5-54 正常状态下绘图显示动态虚线框

练习 5-7 绘制圆完善钟图形

难度：☆☆☆	
素材文件路径：	素材/第5章/5-7绘制圆完善钟图形.dwg
效果文件路径：	素材/第5章/5-7绘制圆完善钟图形-OK.dng
视频文件路径：	视频/第5章/5-7绘制圆完善钟图形.MP4
播放时长：	1分6秒

圆在各种设计图形中都应用频繁，因此对应的创建方法也很多。而熟练掌握各种圆的创建方法，有助于提高绘图效率。

Step 01 打开素材文件“第5章/5-7绘制圆完善钟图形.dwg”，其中缺少了圆图形，如图5-55所示。

Step 02 在【默认】选项卡中，单击【绘图】面板中的【圆】按钮，使用【圆心、半径】的方式，以指针中心线的交点为圆心，绘制半径为55的圆形，如图5-56所示。

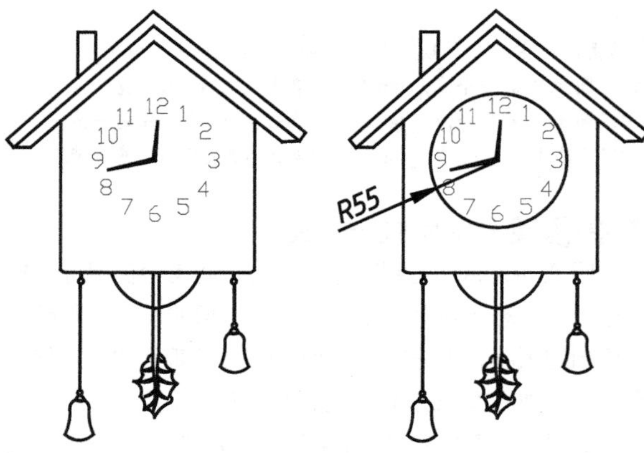

图 5-55 素材图形　　图 5-56 【圆心、半径】绘制圆

Step 03 重复调用【圆】命令，使用【圆心、直径】的方式，以指针中心线的交点为圆心，绘制直径为126的圆形，如图5-57所示。

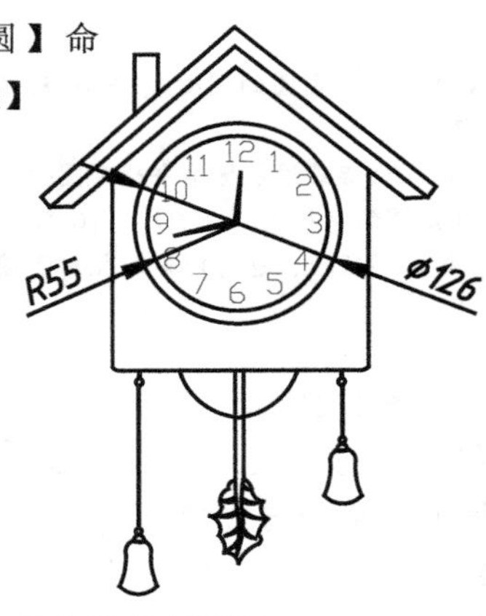

图 5-57 最终效果图

5.3.2 圆弧

圆弧即圆的一部分，在室内制图中，经常需要用到【圆弧】命令绘制门等曲线。

• 执行方式

执行【圆弧】命令的方法有以下几种。

- ◆ 功能区：单击【绘图】面板中的【圆弧】按钮。
- ◆ 菜单栏：选择【绘图】|【圆弧】命令。
- ◆ 命令行：ARC 或 A。

• 操作步骤

```
命令: _arc
//执行【圆弧】命令
指定圆弧的起点或 [圆心(C)]:
                    //指定圆弧的起点
指定圆弧的第二个点或 [圆心(C)/端点(E)]:
                    //指定圆弧的第二点
指定圆弧的端点:
//指定圆弧的端点
```

• 选项说明

在【绘图】面板【圆弧】按钮的下拉列表中提供了 11 种绘制圆弧的命令，各命令的含义如下。

◆ “三点（P）”：通过指定圆弧上的三点绘制圆弧，需要指定圆弧的起点、通过的第二个点和端点，如图 5-58 所示。

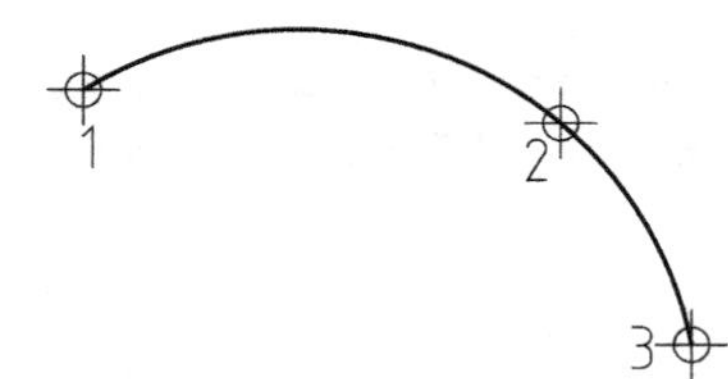

图 5-58 “三点（P）”画圆弧

```
命令: _arc
指定圆弧的起点或 [圆心(C)]:              //指定圆弧的起点1
指定圆弧的第二个点或 [圆心(C)/端点(E)]:
//指定点2
指定圆弧的端点:                          //指定点3
```

◆ “起点、圆心、端点（S）” ：通过指定圆弧的起点、圆心、端点绘制圆弧，如图 5-59 所示。

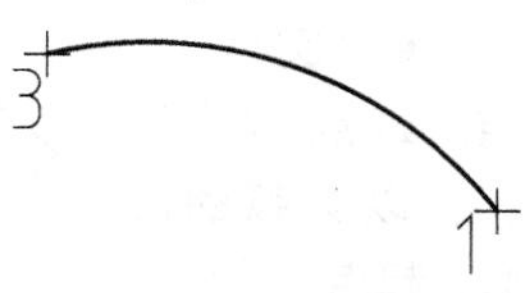

图 5-59 “起点、圆心、端点(S)”画圆弧

```
命令: _arc
指定圆弧的起点或 [圆心(C)]:                              //指定圆弧的起点1
指定圆弧的第二个点或 [圆心(C)/端点(E)]: _c               //系统自动选择
指定圆弧的圆心:                                          //指定圆弧的圆心2
指定圆弧的端点(按住 Ctrl 键以切换方向)或 [角度(A)/弦长(L)]:
//指定圆弧的端点3
```

◆ “起点、圆心、角度（T）” ：通过指定圆弧的起点、圆心、包含角度绘制圆弧，执行此命令时会出现“指定夹角”的提示，在输入角时，如果当前环境设置逆时针方向为角度正方向，且输入正的角度值，则绘制的圆弧是从起点绕圆心沿逆时针方向绘制，反之则沿顺时针方向绘制，如图 5-60 所示。

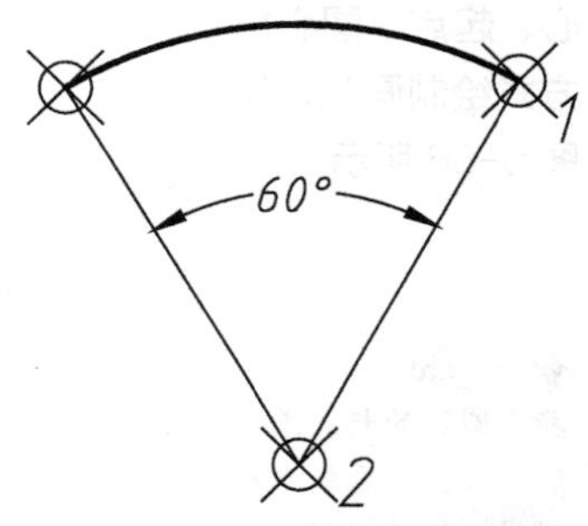

图 5-60 “起点、圆心、角度（T）”画圆弧

```
命令: _arc
指定圆弧的起点或 [圆心(C)]:
//指定圆弧的起点1
指定圆弧的第二个点或 [圆心(C)/端点(E)]: _c               //系统自动选择
指定圆弧的圆心:
                    //指定圆弧的圆心2
指定圆弧的端点(按住 Ctrl 键以切换方向)或 [角度(A)/弦长(L)]: _a
//系统自动选择
指定夹角(按住 Ctrl 键以切换方向): 60                     //输入圆弧夹角角度
```

◆ “起点、圆心、长度（A）” ：通过指定圆弧的起点、圆心、弧长绘制圆弧，如图 5-61 所示。另外，在命令行提示的“指定弦长”提示信息下，如果所输入的值为负，则该值的绝对值将作为对应整圆的空缺部分的圆弧的弧长。

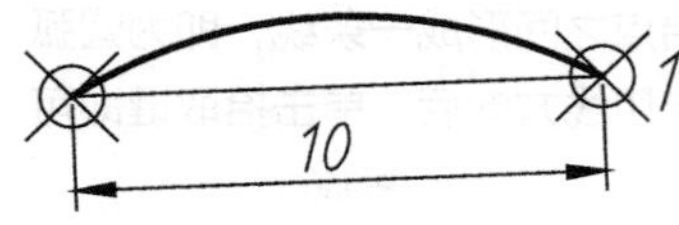

图 5-61 “起点、圆心、长度（A）”画圆弧

```
命令: _arc
指定圆弧的起点或 [圆心(C)]:
//指定圆弧的起点1
指定圆弧的第二个点或 [圆心(C)/端点(E)]: _c               //系统自动选择
指定圆弧的圆心:
                    //指定圆弧的圆心2
指定圆弧的端点(按住 Ctrl 键以切换方向)或 [角度(A)/弦长(L)]: _l
//系统自动选择
指定弦长(按住 Ctrl 键以切换方向): 10        //输入弦长
```

◆ “起点、端点、角度（N）” ：通过指定圆弧的起点、端点、包含角绘制圆弧，如图 5-62 所示。

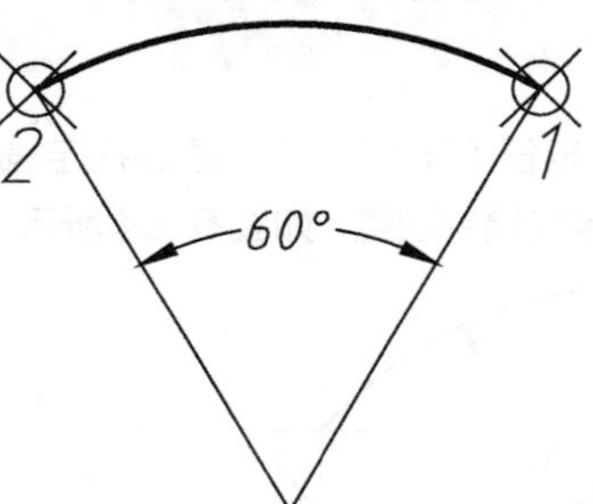

图 5-62 “起点、端点、角度（N）”画圆弧

```
命令: _arc
指定圆弧的起点或 [圆心(C)]:
//指定圆弧的起点1
指定圆弧的第二个点或 [圆心(C)/端点(E)]: _e               //系统自动选择
指定圆弧的端点:
                    //指定圆弧的端点2
指定圆弧的中心点(按住 Ctrl 键以切换方向)或[角度(A)/方向(D)/半径(R)]: _a
                              //系统自动选择
指定夹角(按住 Ctrl 键以切换方向): 60                     //输入圆弧夹角角度
```

◆ “起点、端点、方向（D）” ：通过指定圆弧的起点、端点和圆弧的起点切向绘制圆弧，如图 5-63 所示。命令执行过程中会出现“指定圆弧的起点切向”提示信息，此时拖动鼠标动态地确定圆弧在起始点处的切线方向和水平方向的夹角。拖动鼠标时，AutoCAD

会在当前光标与圆弧起始点之间形成一条线，即为圆弧在起始点处的切线。确定切线方向后，单击拾取键即可得到相应的圆弧。

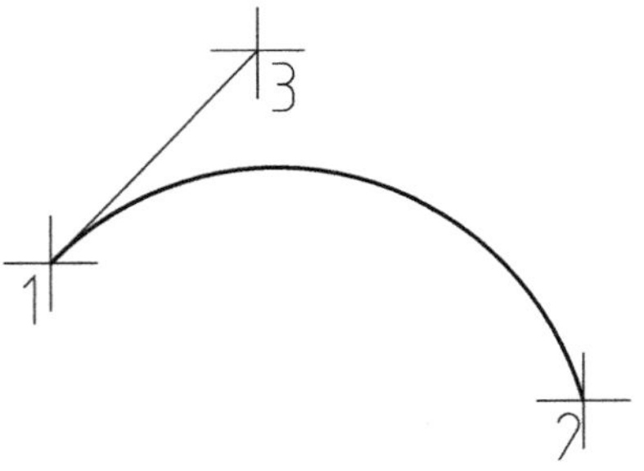

图 5-63 “起点、端点、方向（D）”画圆弧

```
命令: _arc
指定圆弧的起点或 [圆心(C)]:
//指定圆弧的起点1
指定圆弧的第二个点或 [圆心(C)/端点(E)]: _e          //系统自动选择
指定圆弧的端点:
                    //指定圆弧的端点2
指定圆弧的中心点(按住 Ctrl 键以切换方向)或 [角度(A)/方向(D)/半径(R)]: _d
                              //系统自动选择
指定圆弧起点的相切方向(按住Ctrl键以切换方向): //指定点3确定方向
```

◆ “起点、端点、半径（R）” ：通过指定圆弧的起点、端点和圆弧半径绘制圆弧，如图 5-64 所示。

图 5-64 “起点、端点、半径（R）”画圆弧

```
命令: _arc
指定圆弧的起点或 [圆心(C)]:
//指定圆弧的起点1
指定圆弧的第二个点或 [圆心(C)/端点(E)]: _e          //系统自动选择
指定圆弧的端点:
                    //指定圆弧的端点2
指定圆弧的中心点(按住 Ctrl 键以切换方向)或 [角度(A)/方向(D)/半径(R)]: _r
                              //系统自动选择
指定圆弧的半径(按住 Ctrl 键以切换方向): 10          //输入圆弧的半径
```

提示

半径值与圆弧方向的确定请参见本节的“初学解答：圆弧的方向与大小”。

◆ “圆心、起点、端点（C）” ：以圆弧的圆心、起点、端点方式绘制圆弧，如图 5-65 所示。

图 5-65 “圆心、起点、端点（C）”画圆弧

```
命令: _arc
指定圆弧的起点或 [圆心(C)]: _c
          //系统自动选择
指定圆弧的圆心:
                    //指定圆弧的圆心1
指定圆弧的起点:
                    //指定圆弧的起点2
指定圆弧的端点(按住 Ctrl 键以切换方向)或 [角度(A)/弦长(L)]:
                                        //指定圆弧的端点3
```

◆ “圆心、起点、角度（E）” ：以圆弧的圆心、起点、圆心角方式绘制圆弧，如图 5-66 所示。

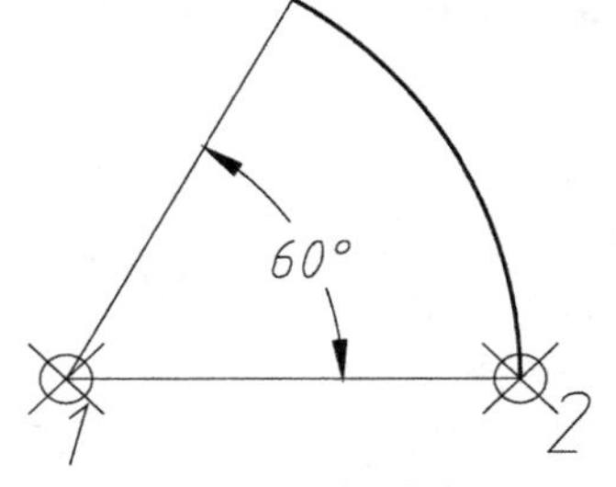

图 5-66 “圆心、起点、角度（E）”画圆弧

```
命令: _arc
指定圆弧的起点或 [圆心(C)]: _c
          //系统自动选择
指定圆弧的圆心:
                    //指定圆弧的圆心1
指定圆弧的起点:
                    //指定圆弧的起点2
指定圆弧的端点(按住 Ctrl 键以切换方向)或 [角度(A)/弦长(L)]: _a
//系统自动选择
指定夹角(按住 Ctrl 键以切换方向): 60          //输入圆弧的夹角角度
```

◆ “圆心、起点、长度（L）” ：以圆弧的圆心、起点、弧长方式绘制圆弧，如图 5-67 所示。

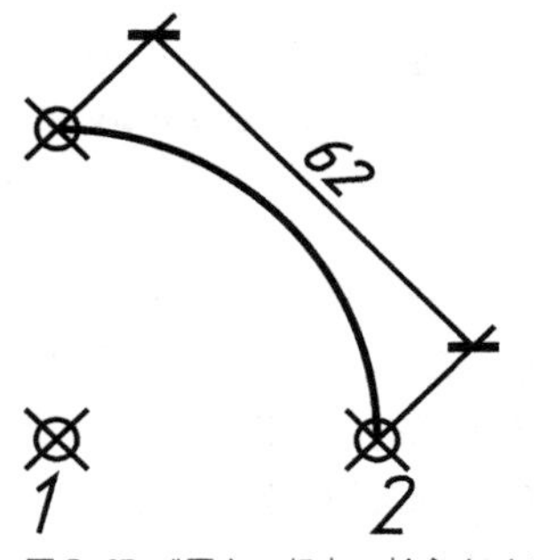

图 5-67 “圆心、起点、长度（L）”画圆弧

```
命令: _arc
指定圆弧的起点或 [圆心(C)]: _c                    //系统自动选择
指定圆弧的圆心:                                  //指定圆弧的圆心1
指定圆弧的起点:                                  //指定圆弧的起点2
指定圆弧的端点(按住 Ctrl 键以切换方向)或 [角度(A)/弦长(L)]: _l
                                                 //系统自动选择
指定弦长(按住 Ctrl 键以切换方向):62               //输入弦长
```

◆ “连续（O）” ：绘制其他直线与非封闭曲线后选择【绘图】|【圆弧】|【继续】命令，系统将自动以刚才绘制的对象的终点作为即将绘制的圆弧的起点。

练习 5-8 用圆弧绘制圆茶几

难度：☆☆	
素材文件路径：	素材/第5章/5-8用圆弧绘制圆茶几.dwg
效果文件路径：	素材/第5章/5-8用圆弧绘制圆茶几-OK.dwg
视频文件路径：	视频/第5章/5-8用圆弧绘制圆茶几.MP4
播放时长：	4分21秒

茶几一般有方形和圆形两种，方茶几比较适合中规中矩的家居环境设计，圆茶几则更适合年轻的朋友打造一个轻松的客厅环境，所以很多休闲户外家具都设计为圆茶几。本例便绘制一简单的圆茶几平面图。

Step 01 打开素材文件“第5章/5-8用圆弧绘制圆茶几.dwg”，其中已绘制好了一直径为Ø600的圆，如图5-68所示。

Step 02 单击【绘图】面板中的【定数等分】按钮，将素材圆等分为8份，然后设置点样式，显示出等分点效果，如图5-69所示。命令行操作过程如下。

```
//命令_divide执行【定数等分】命令
选择要定数等分的对象:
输入线段数目或 [块(B)]: 8↙      //输入等分数目命令: _divide
```

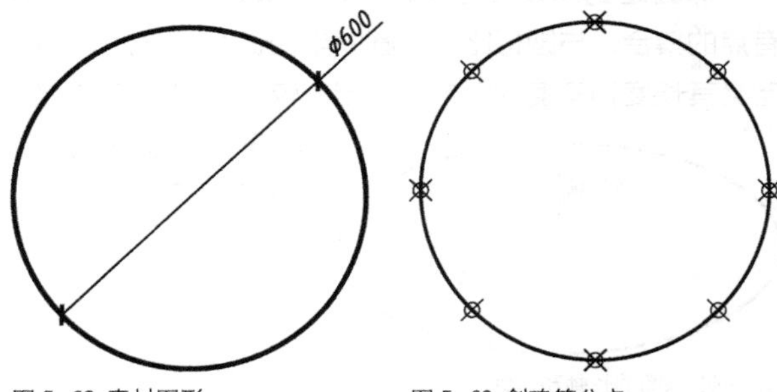

图 5-68 素材图形　　图 5-69 创建等分点

Step 03 要捕捉等分点，需要先设置对象捕捉。用鼠标右键单击状态栏中的【对象捕捉】按钮，在弹出的快捷菜单中勾选【节点】选项，如图5-70所示。

Step 04 要接着在【绘图】面板中单击【起点、端点、半径】按钮，捕捉圆上的等分节点，绘制一段半径为300的圆弧（在绘制时要注意起点和端点的顺序），如图5-71所示，命令行提示如下。

```
命令: _arc
                                  //执行【圆弧】命令
指定圆弧的起点或 [圆心(C)]:
指定圆弧的第二个点或 [圆心(C)/端点(E)]: _e
指定圆弧的端点:
                                  //以点1为圆弧的起点
指定圆弧的中心点(按住 Ctrl 键以切换方向)或 [角度(A)/方向(D)/半径(R)]: _r        //以点2为圆弧的起点
指定圆弧的半径(按住 Ctrl 键以切换方向): 300↙
                                  //输入圆弧半径
```

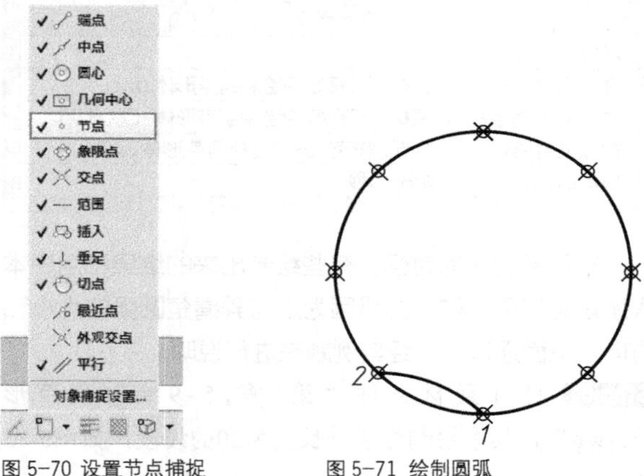

图 5-70 设置节点捕捉　　图 5-71 绘制圆弧

Step 05 在【默认】选项卡中，单击【修改】面板中的【环形阵列】按钮，执行【阵列】命令。在绘图区中选择圆弧为阵列对象，然后指定Ø600圆心为阵列中心，最后设置项目总数为8，效果如图5-72所示。

Step 06 单击【修改】面板中的【偏移】按钮，将所得的8段圆弧向内偏移20，如图5-73所示。

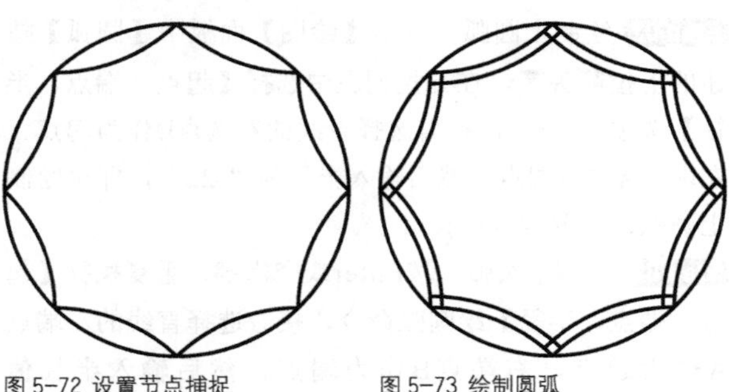

图 5-72 设置节点捕捉　　图 5-73 绘制圆弧

Step 07 单击【修改】面板中的【修剪】按钮，剪切掉弧线相交的部分，最终结果如图5-74所示。

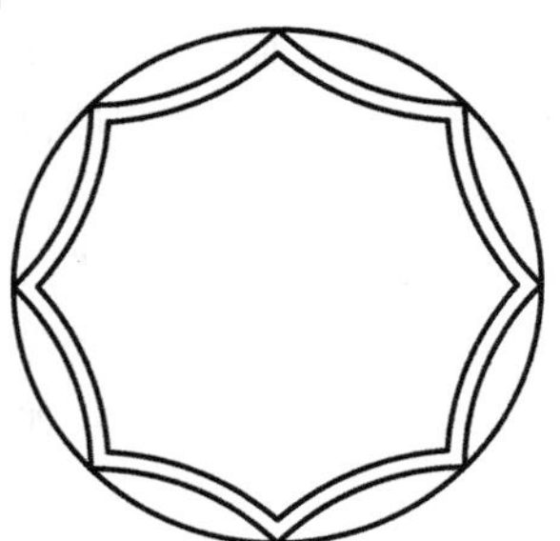

图 5-74 圆茶几平面图

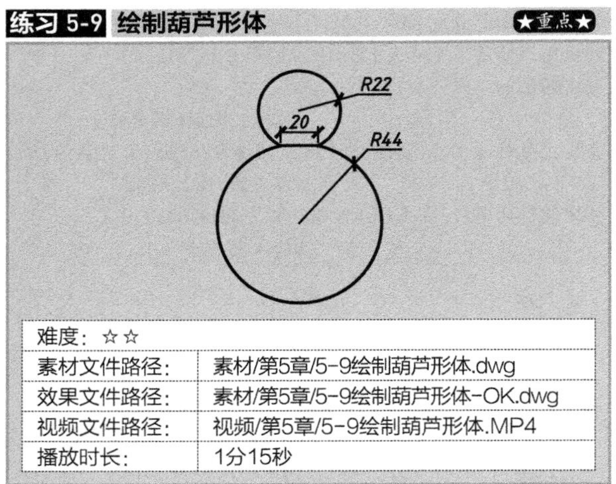

练习 5-9 绘制葫芦形体 ★重点★

难度：☆☆	
素材文件路径：	素材/第5章/5-9绘制葫芦形体.dwg
效果文件路径：	素材/第5章/5-9绘制葫芦形体-OK.dwg
视频文件路径：	视频/第5章/5-9绘制葫芦形体.MP4
播放时长：	1分15秒

在绘制圆弧的时候，有些绘制出来的结果和用户本人所设想的不一样，这是因为没有弄清楚圆弧的大小和方向。下面通过一个经典例题来进行说明。

Step 01 打开素材文件“第5章/5-9绘制葫芦形体.dwg”，其中绘制号了一长度为20的线段，如图5-75所示。

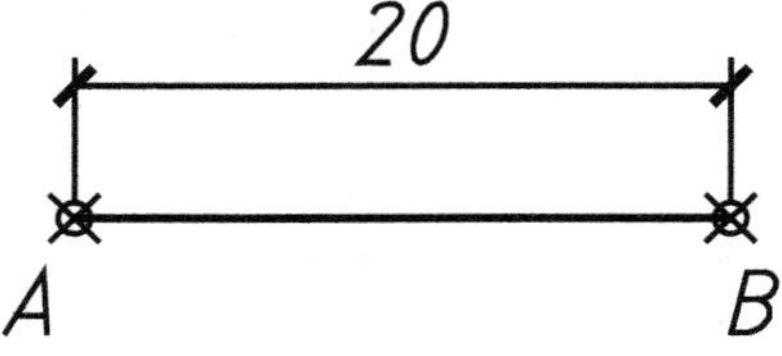

图 5-75 素材图形

Step 02 绘制上圆弧。单击【绘图】面板中【圆弧】按钮的下拉箭头▼，在下拉列表中选择【起点、端点、半径】选项，接着选择直线的右端点B作为起点、左端点A作为端点，然后输入半径值“-22”，即可绘制上圆弧，如图5-76所示。

Step 03 绘制下圆弧。按Enter或空格键，重复执行【起点、端点、半径】绘圆弧命令，接着选择直线的左端点A作为起点，右端点B作为端点，然后输入半径值“-44”，即可绘制下圆弧，如图5-77所示。

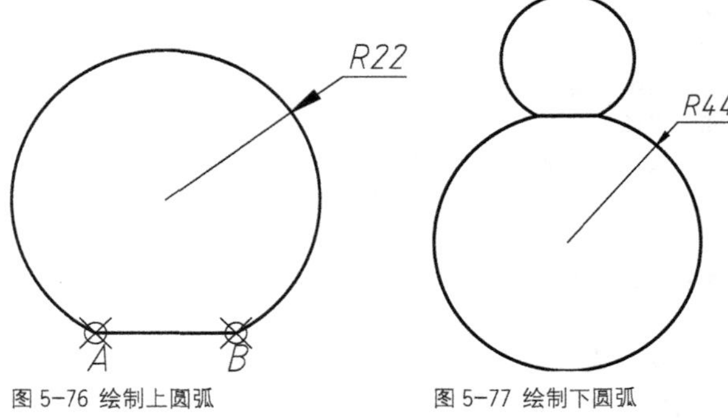

图 5-76 绘制上圆弧　　图 5-77 绘制下圆弧

·初学解答 圆弧的方向与大小

【圆弧】是新手最常犯错的命令之一。由于圆弧的绘制方法及子选项都很丰富，因此初学者在掌握【圆弧】命令的时候容易对概念理解不清楚。如在上例子绘制葫芦形体时，就有两处非常规的地方。

（1）为什么绘制上、下圆弧时，起点和端点是互相颠倒的?

（2）为什么输入的半径值是负数?

只需弄懂这两个问题，就可以理解大多数的圆弧命令，解释如下。

AutoCAD 中圆弧绘制的默认方向是逆时针方向，因此在绘制上圆弧的时候，如果我们以 A 点为起点，B 点为端点，则会绘制出图 5-78 所示的圆弧（命令行虽然提示按 Ctrl 键反向，但只能外观发现，实际绘制时还是会按原方向处理）。

根据几何学的知识可知，在半径已知的情况下，弦长对应着两段圆弧：优弧（弧长较长的一段）和劣弧（弧长短的一段）。而在 AutoCAD 中只有输入负值才能绘制出优弧，具体关系如图 5-79 所示。

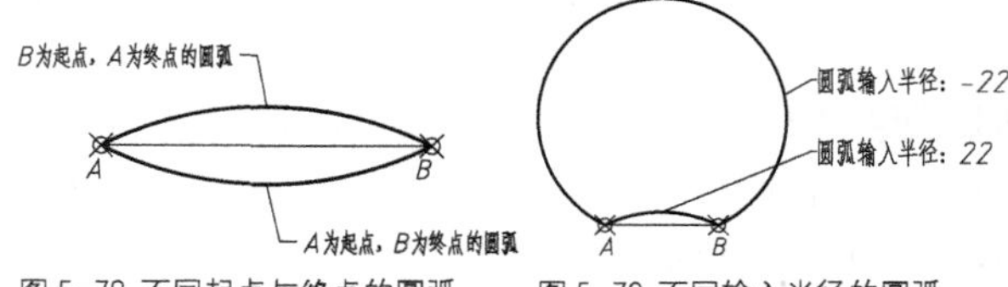

图 5-78 不同起点与终点的圆弧　　图 5-79 不同输入半径的圆弧

5.3.3 椭圆

椭圆是到两定点（焦点）的距离之和为定值的所有点的集合，与圆相比，椭圆的半径长度不一，形状由定义其长度和宽度的两条轴决定，较长的称为长轴，较短的称为短轴，如图 5-80 所示。

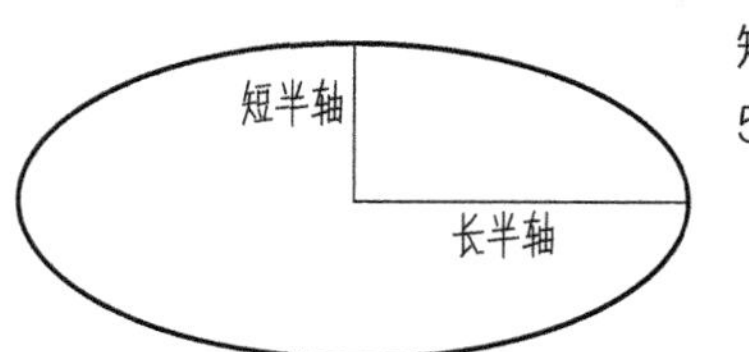

图 5-80 椭圆的长轴和短轴

• 执行方式

在 AutoCAD 2016 中启动绘制【椭圆】命令有以下几种常用方法。

◆功能区：单击【绘图】面板中的【椭圆】按钮，即【圆心】或【轴，端点】按钮，如图 5-81 所示。

◆菜单栏：执行【绘图】|【椭圆】命令，如图 5-82 所示。

◆命令行：ELLIPSE 或 EL。

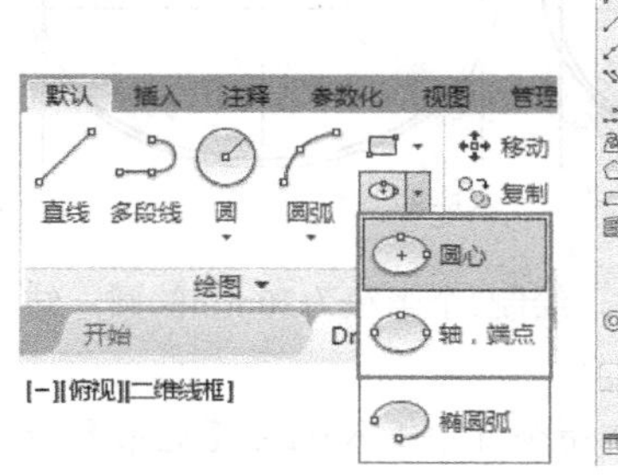

图 5-81 【绘图】面板中的【椭圆】按钮

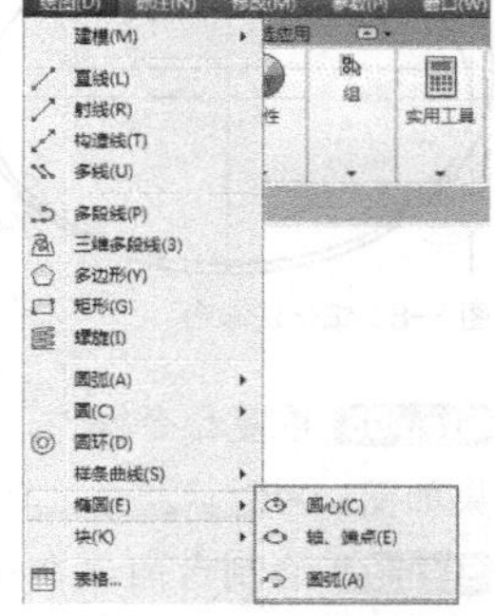

图 5-82 不同输入半径的圆弧

• 操作步骤

```
命令：_ellipse          //执行【椭圆】命令
指定椭圆的轴端点或 [圆弧(A)/中心点(C)]: _c
                        //系统自动选择绘制对象为椭圆
指定椭圆的中心点：
                        //在绘图区中指定椭圆的中心点
指定轴的端点：
                        //在绘图区中指定一点
指定另一条半轴长度或 [旋转(R)]:
                        //在绘图区中指定一点或输入数值
```

• 选项说明

在【绘图】面板【椭圆】按钮的下拉列表中有【圆心】和【轴，端点】两种方法，各方法含义介绍如下。

◆【圆心】：通过指定椭圆的中心点、一条轴的一个端点及另一条轴的半轴长度来绘制椭圆，如图 5-83 所示。即命令行中的“中心点（C）”选项。

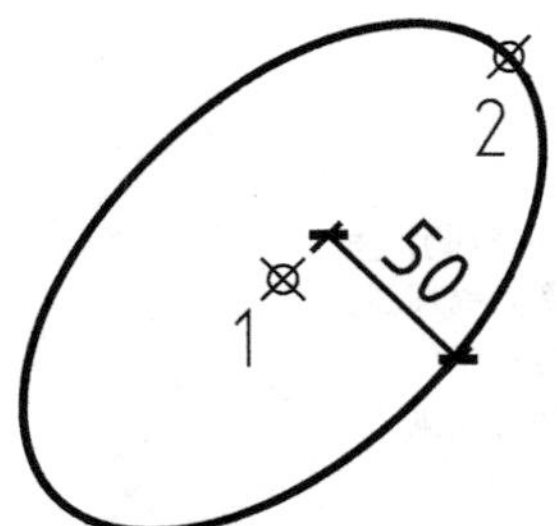

图 5-83 【圆心】画椭圆

```
命令：_ellipse
        //执行【椭圆】命令
指定椭圆的轴端点或 [圆弧(A)/中心点(C)]: _c        //系统自动选择椭圆的绘制方法
指定椭圆的中心点：
        //指定中心点1
指定轴的端点：
        //指定轴端点2
指定另一条半轴长度或 [旋转(R)]:        50↙
        //输入另一半轴长度
```

◆【轴，端点】：通过指定椭圆一条轴的两个端点及另一条轴的半轴长度来绘制椭圆，如图 5-84 所示。即命令行中的“圆弧（A）”选项。

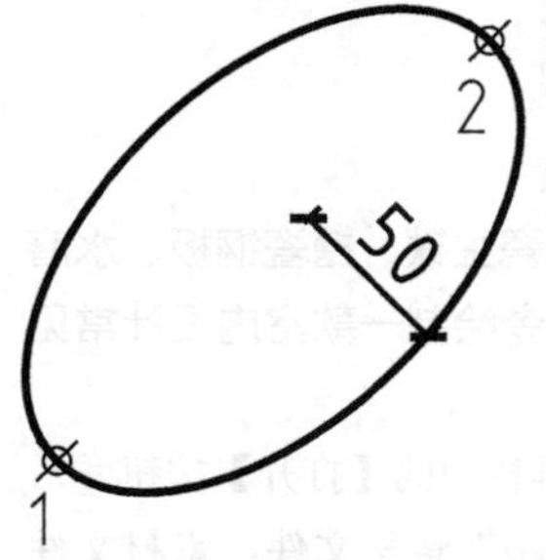

图 5-84 【轴，端点】画椭圆

```
命令：_ellipse                              //执行【椭圆】命令
指定椭圆的轴端点或 [圆弧(A)/中心点(C)]:        //指定点1
指定轴的另一个端点：                          //指定点2
指定另一条半轴长度或 [旋转(R)]: 50↙
                                  //输入另一半轴的长度
```

练习 5-10 绘制台盆

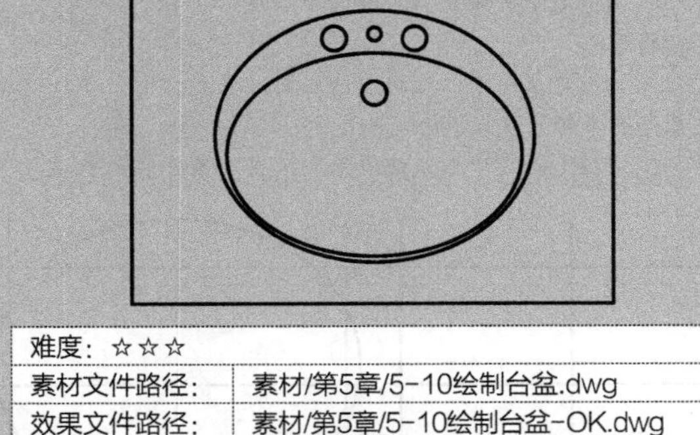

难度：☆☆☆	
素材文件路径：	素材/第5章/5-10绘制台盆.dwg
效果文件路径：	素材/第5章/5-10绘制台盆-OK.dwg
视频文件路径：	视频/第5章/5-10绘制台盆MP4
播放时长：	3分36秒

台盆是一种洁具，即卫生间内用于洗脸、洗手的瓷盆，如图 5-85 所示。台盆又分为台上盆和台下盆两种，这并非台盆本身的区别，而是安装上的差异。台盆突出台面的叫作台上盆，台盆完全凹陷于台面以下的叫作台

下盆。台上盆的安装比较简单，只需按安装图纸在台面预定位置开孔，后将盆放置于孔中，用玻璃胶将缝隙填实即可，使用时台面的水不会顺缝隙下流，又因台上盆可以在造型上做出比较多的变化，所以在风格的选择上余地较大，且装修效果比较理想，所以在家庭中使用得比较多。

图 5-85 台盆

台盆的材质多为陶瓷、搪瓷生铁、搪瓷钢板、水磨石等，本例便通过【椭圆】命令绘制一款室内设计常见的台盆图形。

Step 01 单击【快速访问】工具栏中的【打开】按钮，打开“第5章/5-10绘制台盆.dwg”素材文件，素材文件内已经绘制好了中心线，如图5-86所示。

Step 02 在命令行中输入EL【椭圆】命令，绘制洗面台外轮廓，如图5-87所示，命令行提示如下。

```
命令: EL↙    ELLIPSE
            //调用【椭圆】命令
指定椭圆的轴端点或 [圆弧(A)/中心点(C)]: C↙
            //以中心点的方式绘制椭圆
指定椭圆的中心点:
            //指定中心线交点为椭圆中心点
指定轴的端点:
            //指定水平中心线端点为轴的端点
指定另一条半轴长度或 [旋转(R)]:
            //指定垂直中心线端点来定义另一条半轴的长度
```

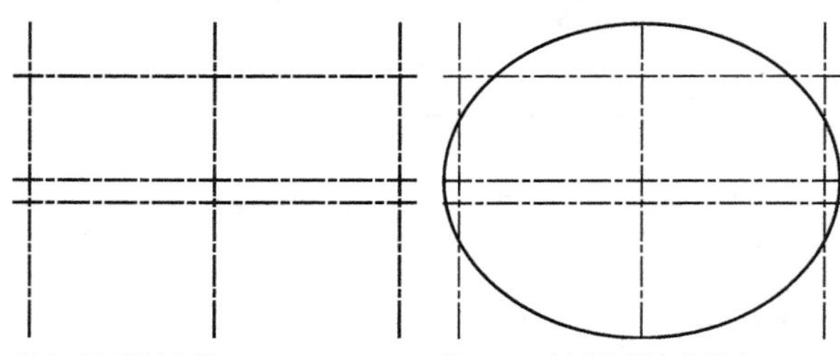

图 5-86 素材文件　　图 5-87 创建洗面台外轮廓

Step 03 按空格键重复EL【椭圆】命令，细化洗漱台，如图5-88所示，命令行提示如下。

```
命令: ELLIPSE
                  //调用【椭圆】命令
指定椭圆的轴端点或 [圆弧(A)/中心点(C)]:
                  //指定中心线右侧交点为轴端点
指定轴的另一个端点:
                  //指定中心线左侧交点为轴另一个端点
指定另一条半轴长度或 [旋转(R)]:
                  //指定中心线交点为另一条半轴长度
```

Step 04 在【默认】选项卡中，单击【绘图】面板中的【圆】按钮，绘制半径为11的圆，如图5-89所示。

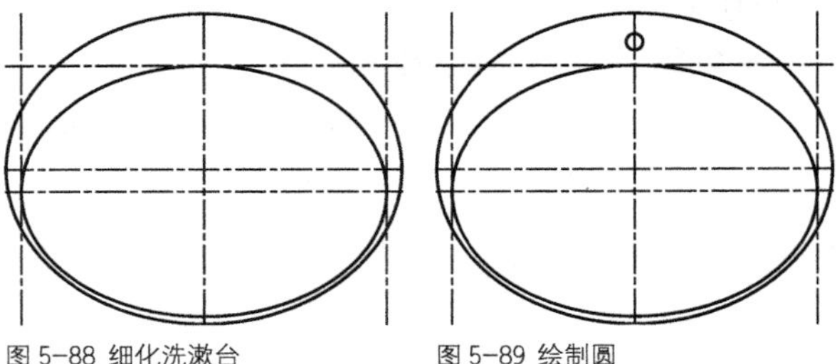

图 5-88 细化洗漱台　　图 5-89 绘制圆

Step 05 重复命令操作，绘制3个半径为20mm的圆，结果如图5-90所示。

Step 06 绘制台面。在命令行中输入REC【矩形】命令，绘制尺寸为780×520mm的矩形，并删除辅助线，结果如图5-91所示。

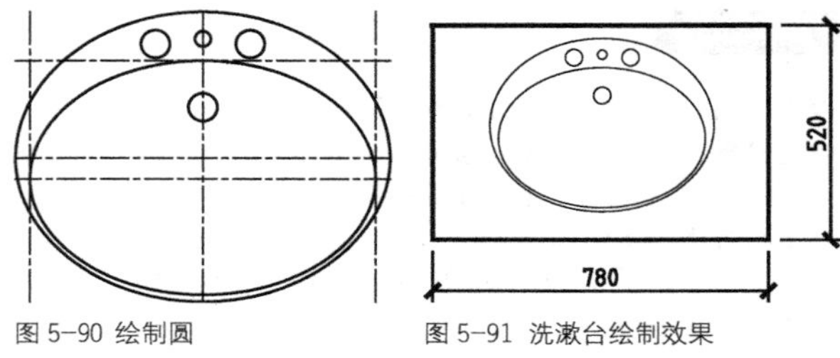

图 5-90 绘制圆　　图 5-91 洗漱台绘制效果

5.3.4 椭圆弧

椭圆弧是椭圆的一部分。绘制椭圆弧需要确定的参数有：椭圆弧所在椭圆的两条轴及椭圆弧的起点和终点的角度。

• 执行方式

执行【椭圆弧】命令的方法有以下两种。

- ◆ 面板：单击【绘图】面板中的【椭圆弧】按钮。
- ◆ 菜单栏：选择【绘图】|【椭圆】|【椭圆弧】命令。

• 操作步骤

```
命令: _ellipse
          //执行【椭圆弧】命令
指定椭圆的轴端点或 [圆弧(A)/中心点(C)]: _a
          //系统自动选择绘制对象为椭圆弧
指定椭圆弧的轴端点或 [中心点(C)]:
          //在绘图区指定椭圆一轴的端点
指定轴的另一个端点:
          //在绘图区指定该轴的另一端点
指定另一条半轴长度或 [旋转(R)]:
          //在绘图区中指定一点或输入数值
```

```
指定起点角度或 [参数(P)]:
        //在绘图区中指定一点或输入椭圆弧的起始角度
指定端点角度或 [参数(P)/夹角(I)]:
        //在绘图区中指定一点或输入椭圆弧的终止角度
```

• 选项说明

【椭圆弧】中各选项含义与【椭圆】一致，唯有在指定另一半轴长度后，会提示指定起点角度与端点角度来确定椭圆弧的大小，这时有两种指定方法，即“角度（A）”和“参数（P）”，分别介绍如下。

◆ “角度(A)”：输入起点与端点角度来确定椭圆弧，角度以椭圆轴中较长的一条来为基准进行确定，如图 5-92 所示。

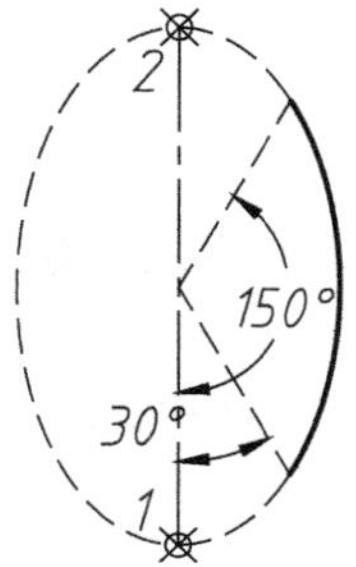

图 5-92 “角度（A）”绘制椭圆弧

```
命令: _ellipse                               //执行【椭圆】命令
指定椭圆的轴端点或 [圆弧(A)/中心点(C)]: _a        //系统自动选择绘制椭圆弧
指定椭圆弧的轴端点或 [中心点(C)]:
//指定轴端点1
指定轴的另一个端点:                            //指定轴端点2
指定另一条半轴长度或 [旋转(R)]: 6↙
//输入另一半轴长度
指定起点角度或 [参数(P)]: 30 ↙                  //输入起始角度
指定端点角度或 [参数(P)/夹角(I)]: 150↙           //输入终止角度
```

◆ “参数（P）”：用参数化矢量方程式 [p(n)=c+a×cos(n)+b×sin(n)，其中 n 是用户输入的参数；c 是椭圆弧的半焦距；a 和 b 分别是椭圆长轴与短轴的半轴长] 定义椭圆弧的端点角度。使用“起点参数”选项可以从角度模式切换到参数模式。模式用于控制计算椭圆的方法。

◆ “夹角（I）”：指定椭圆弧的起点角度后，可选择该选项，然后输入夹角角度来确定圆弧，如图 5-93 所示。值得注意的是，89.4° 到 90.6° 之间的夹角值无效，因为此时椭圆将显示为一条直线，如图 5-94 所示。这些角度值的倍数将每隔 90 度产生一次镜像效果。

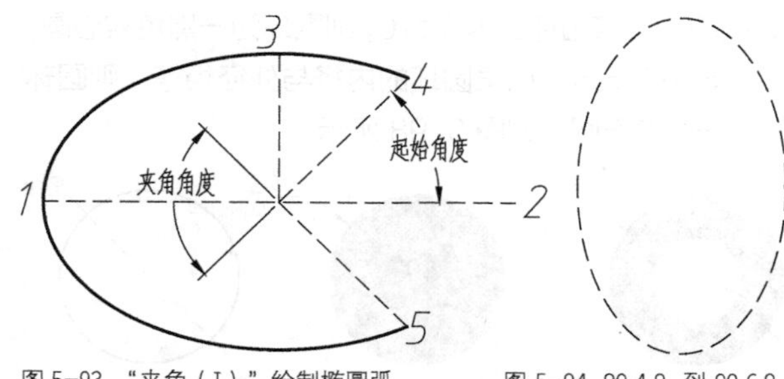

图 5-93 “夹角（I）”绘制椭圆弧

图 5-94 89.4° 到 90.6° 之间的夹角不显示椭圆弧

操作技巧

椭圆弧的起始角度从长轴开始计算。

5.3.5 圆环 ★进阶★

圆环是由同一圆心、不同直径的两个同心圆组成的，控制圆环的参数是圆心、内直径和外直径。圆环可分为“填充环”和“实体填充圆”。圆环的典型示例如图 5-95 所示。

图 5-95 圆环示例

• 执行方式

执行【圆环】命令的方法有以下 3 种。

◆ 功能区：在【默认】选项卡中，单击【绘图】面板中的【圆环】按钮◎。

◆ 菜单栏：执行【绘图】|【圆环】菜单命令。

◆ 命令行：DONUT 或 DO。

• 操作步骤

```
命令: _donut
        //执行【圆环】命令
指定圆环的内径 <0.5000>:10↙
        //指定圆环内径
指定圆环的外径 <1.0000>:20↙
        //指定圆环外径
指定圆环的中心点或 <退出>:
        //在绘图区中指定一点放置圆环，放置位置为圆心
指定圆环的中心点或 <退出>: *取消*
        //按ESC键退出圆环命令
```

• 选项说明

在绘制圆环时，命令行提示指定圆环的内径和外径，正常圆环的内径小于外径，且内径不为零，则效果如图

5-96 所示；若圆环的内径为 0，则圆环为一黑色实心圆，如图 5-97 所示；如果圆环的内径与外径相等，则圆环就是一个普通圆，如图 5-98 所示。

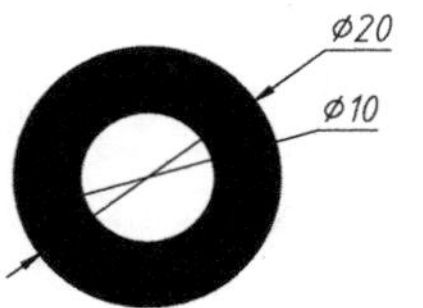

图 5-96 内、外径不相等

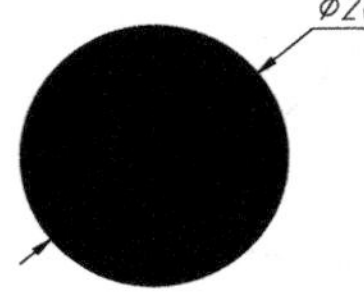

图 5-97 内径为 0，外径为 20

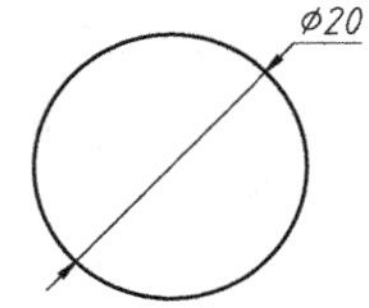

图 5-98 内径与外径均为 20

·初学解答 圆环的显示效果

AutoCAD 默认情况下，所绘制的圆环为填充的实心图形。如果在绘制圆环之前在命令行中输入 FILL，则可以控制圆环和圆的填充可见性。执行 FILL 命令后，命令行提示如下。

```
命令：FILL↙
输入模式[开(ON)][关(OFF)]<开>:
        //输入ON或者OFF来选择填充效果的开、关
```

选择【开 (ON)】模式，表示绘制的圆环和圆都会填充，如图 5-99 所示；而选择【关 (OFF)】模式，表示绘制的圆环和圆不予填充，如图 5-100 所示。

图 5-99 填充效果为【开 (ON)】

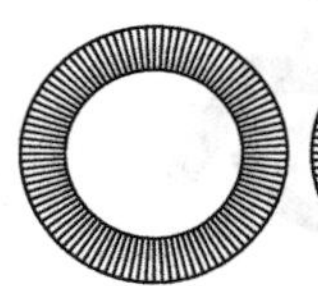
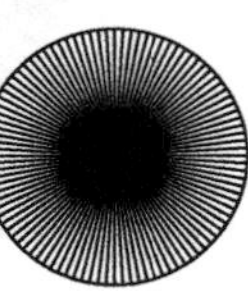

图 5-100 填充效果为【关 (OFF)】

此外，执行【直径】标注命令，可以对圆环进行标注。但标注值为外径与内径之和的一半，如图 5-101 所示。

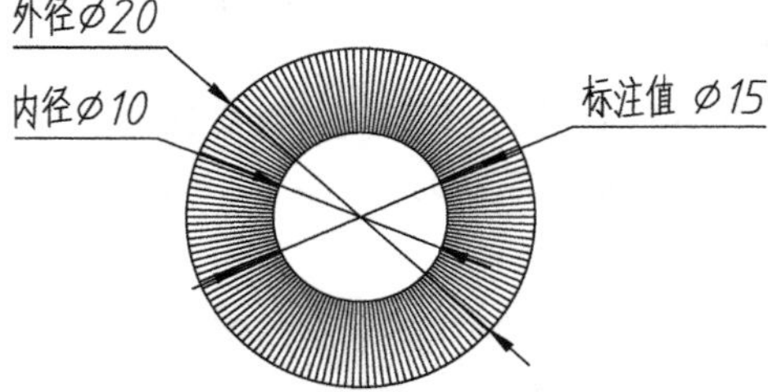

图 5-101 圆环对象的标注值

5.4 多段线

多段线又称为多义线，是 AutoCAD 中常用的一类复合图形对象。由多段线所构成的图形是一个整体，可以统一对其进行编辑修改。

5.4.1 多段线概述

使用【多段线】命令可以生成由若干条直线和圆弧首尾连接形成的复合线实体。所谓复合对象，即是指图形的所有组成部分均为一整体，单击时会选择整个图形，不能进行选择性编辑。直线与多段线的选择效果对比如图 5-102 所示。

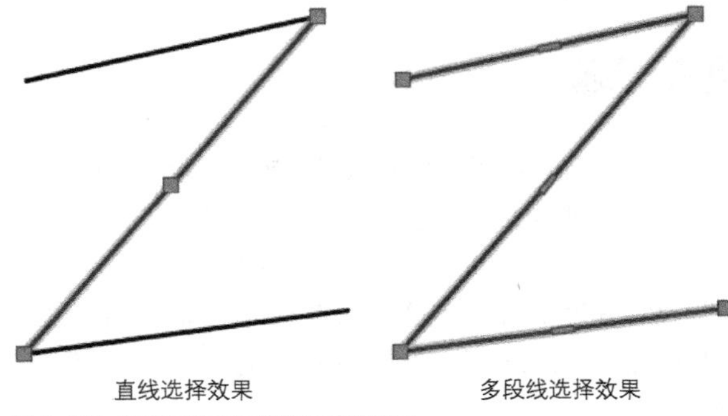

图 5-102 直线与多段线的选择效果对比

·执行方式

调用【多段线】命令的方式如下。

◆功能区：单击【绘图】面板中的【多段线】按钮 ，如图 5-103 所示。

◆菜单栏：调用【绘图】|【多段线】菜单命令，如图 5-104 所示。

◆命令行：PLINE 或 PL。

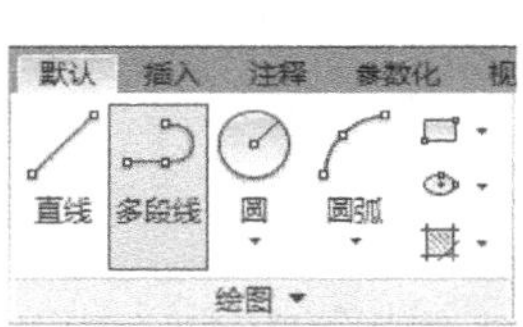

图 5-103 【绘图】面板中的【多段线】按钮

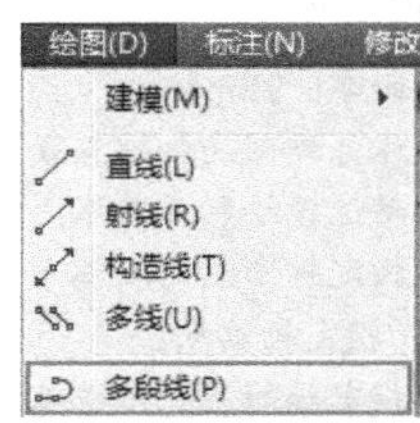

图 5-104 【多段线】菜单命令

·操作步骤

```
命令: _pline
        //执行【多段线】命令
指定起点:
        //在绘图区中任意指定一点为起点，有临时的加号标记显示
当前线宽为 0.0000
        //显示当前线宽
指定下一个点或 [圆弧(A)/半宽(H)/长度(L)/放弃(U)/宽度(W)]:
        //指定多段线的端点
指定下一点或 [圆弧(A)/闭合(C)/半宽(H)/长度(L)/放弃(U)/宽度(W)]:  //指定下一段多段线的端点
指定下一点或 [圆弧(A)/闭合(C)/半宽(H)/长度(L)/放弃(U)/宽度(W)]:  //指定下一端点或按Enter键结束
```

由于【多段线】中各子选项众多，因此通过以下两个部分进行讲解：多段线—直线、多段线—圆弧。

5.4.2 多段线—直线

在执行【多段线】命令时，选择“直线（L）”子选

项后便开始创建直线，是默认的选项。若要开始绘制圆弧，可选择“圆弧（A）”选项。直线状态下的多段线，除“长度（L）”子选项之外，其余皆为通用选项，其含义效果分别介绍如下。

◆ “闭合（C）”：该选项含义同【直线】命令中的一致，可连接第一条和最后一条线段，以创建闭合的多段线。

◆ “半宽（H）”：指定从宽线段的中心到一条边的宽度。选择该选项后，命令行提示用户分别输入起点与端点的半宽值，而起点宽度将成为默认的端点宽度，如图 5-105 所示。

◆ “长度（L）”：按照与上一线段相同的角度、方向创建指定长度的线段。如果上一线段是圆弧，将创建与该圆弧段相切的新直线段。

◆ “宽度（W）”：设置多段线起始与结束的宽度值。选择该选项后，命令行提示用户分别输入起点与端点的宽度值，而起点宽度将成为默认的端点宽度，如图 5-106 所示。

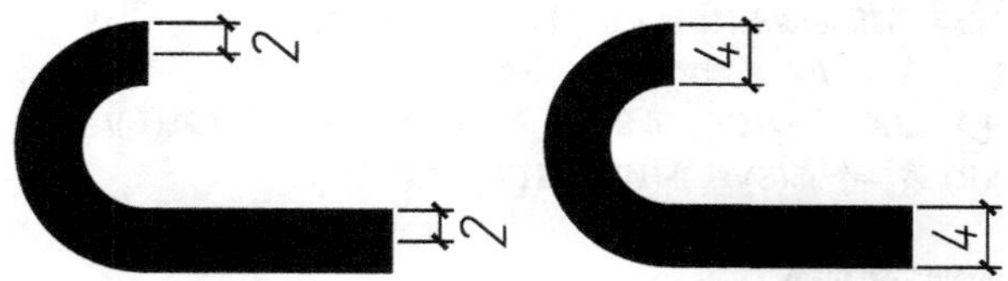

图 5-105 半宽为 2 示例　　图 5-106 宽度为 4 示例

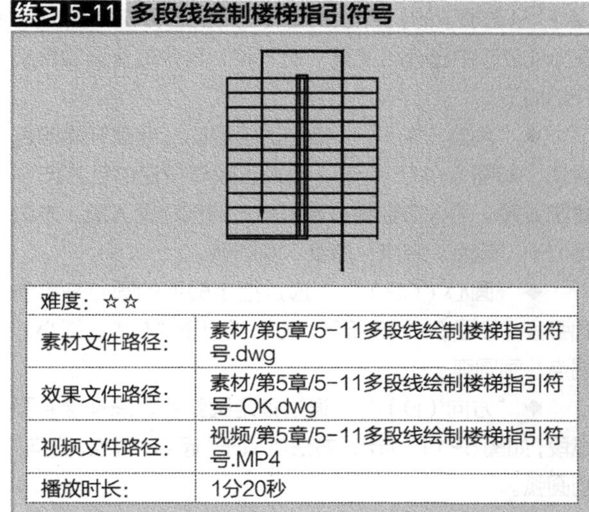

练习 5-11 多段线绘制楼梯指引符号

难度：☆☆	
素材文件路径：	素材/第5章/5-11多段线绘制楼梯指引符号.dwg
效果文件路径：	素材/第5章/5-11多段线绘制楼梯指引符号-OK.dwg
视频文件路径：	视频/第5章/5-11多段线绘制楼梯指引符号.MP4
播放时长：	1分20秒

楼梯的平面图需要添加指引符号来确定上下方向，本例便介绍使用【多段线】命令绘制指引符号的方法。

Step 01 启动AutoCAD 2016，打开“第5章/5-11多段线绘制楼梯指引符号.dwg”文件，素材文件内已经绘制好了一楼梯平面图，如图5-107所示。

Step 02 绘制第一段多段线。单击【绘图】面板中的【多段线】按钮，选择素材文件中的A点为起点，然后设置起点宽度值为30、端点宽度值为30，连接ABC3点绘制多段线，如图5-108所示，命令行操作过程如下。

```
命令: _pline
指定起点:
当前线宽为 0.0000
指定下一个点或 [圆弧(A)/半宽(H)/长度(L)/放弃(U)/宽度(W)]:
W↙
//选择【宽度】选项
指定起点宽度 <0.0000>: 30↙
//输入起点宽度
指定端点宽度 <30.0000>:30↙
//输入端点宽度，直接按回车键表示与起点一致
```

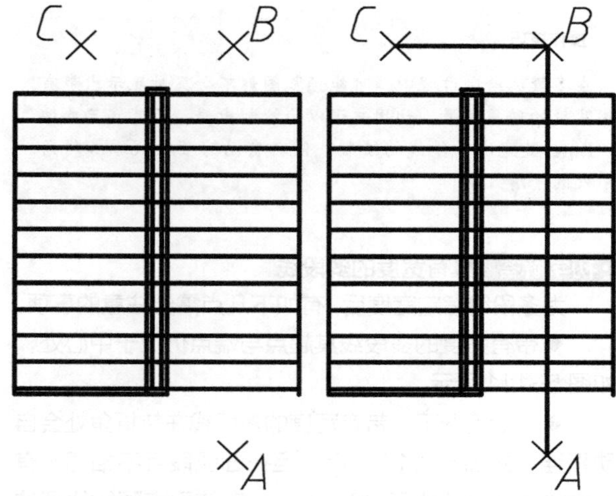

图 5-107 素材图形　　图 5-108 多段线绘制效果

Step 03 光标向下移动，引出追踪线确保竖直，输入指引线的长度3295，结果如图5-109所示，命令行操作过程如下。

```
指定下一个点或 [圆弧(A)/半宽(H)/长度(L)/放弃(U)/宽度(W)]:
3295↙                    //输入指引线长度
```

Step 04 接着重新输入W，指定多段线新的线宽，指定起点宽度为80，端点宽度为0，然后输入长度217，最终结果如图5-110所示，命令行操作过程如下。

```
指定下一点或 [圆弧(A)/闭合(C)/半宽(H)/长度(L)/放弃(U)/宽度(W)]: W↙
            //选择【宽度】选项
指定起点宽度 <30.0000>: 80↙
            //输入起点宽度
指定端点宽度 <80.0000>: 0↙
            //输入端点宽度
指定下一点或 [圆弧(A)/闭合(C)/半宽(H)/长度(L)/放弃(U)/宽度(W)]: 217↙
            //输入多段线长度
指定下一点或 [圆弧(A)/闭合(C)/半宽(H)/长度(L)/放弃(U)/宽度(W)]: ↙
            //按Enter键结束绘制
```

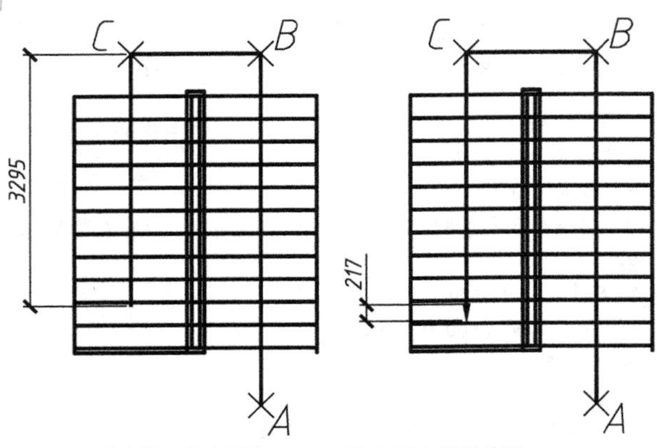

图 5-109 绘制第三段多段线　　图 5-110 最终效果

操作技巧

在多段线绘制过程中，可能预览图形不会及时显示出带有宽度的转角效果，让用户误以为绘制出错。而其实只要按Enter键完成多段线的绘制，便会自动为多段线添加转角处的平滑效果。

•初学解答 **具有宽度的多段线**

为多段线指定宽度后，有如下几点需要注意的事项。

◆带有宽度的多段线其起点与端点仍位于中心处，如图 5-111 所示。

◆一般情况下，带有宽度的多段线在转折角处会自动相连，如图 5-112 所示；但在圆弧段互不相切、有非常尖锐的角（小于 29°），或者使用点画线线型的情况下将不倒角，如图 5-113 所示。

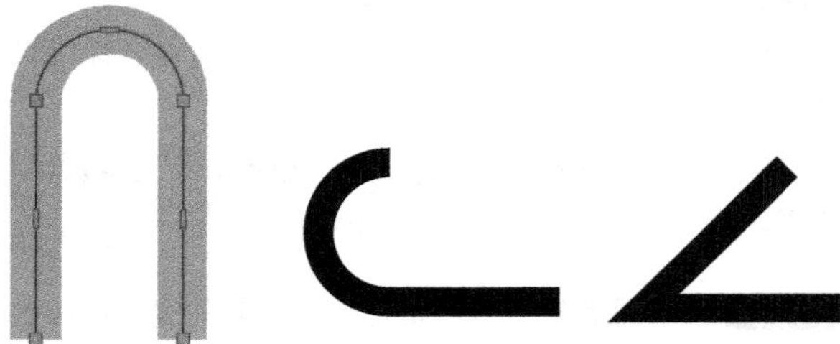

图 5-111 多段线位于宽度效果的中点　　图 5-112 多段线在转角处自动相连

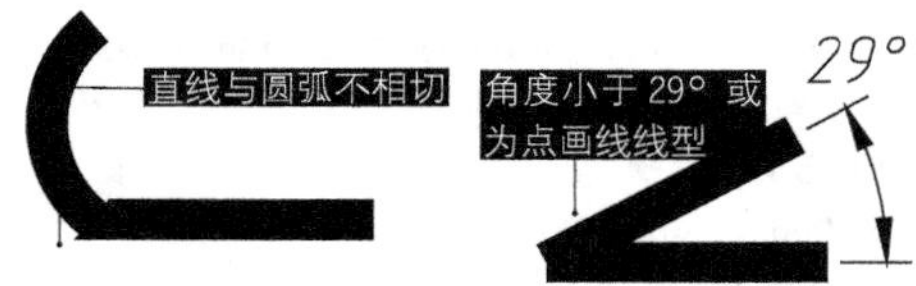

图 5-113 多段线在转角处不相连的情况

5.4.3 多段线—圆弧

在执行【多段线】命令时，选择“圆弧（A）”子选项后便开始创建与上一线段（或圆弧）相切的圆弧段，如图 5-114 所示。若要重新绘制直线，可选择“直线(L)”选项。

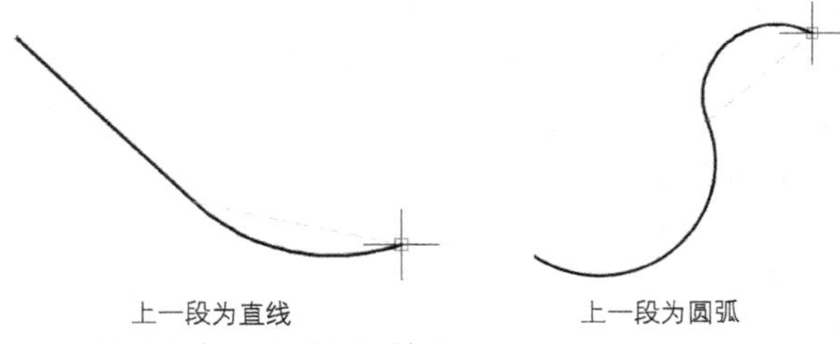

图 5-114 多段线创建圆弧时自动相切

•操作过程

```
命令: _pline
                    //执行【多段线】命令
指定起点:
                    //在绘图区中任意指定一点为起点
当前线宽为 0.0000
指定下一个点或 [圆弧(A)/半宽(H)/长度(L)/放弃(U)/宽度(W)]:
A↙        //选择“圆弧”子选项
指定圆弧的端点(按住 Ctrl 键以切换方向)或
          //指定圆弧的一个端点
[角度(A)/圆心(CE)/方向(D)/半宽(H)/直线(L)/半径(R)/第二个点(S)/放弃(U)/宽度(W)]:
指定圆弧的端点(按住 Ctrl 键以切换方向)或
          //指定圆弧的另一个端点
[角度(A)/圆心(CE)/闭合(CL)/方向(D)/半宽(H)/直线(L)/半径(R)/第二个点(S)/放弃(U)/宽度(W)]: *取消
```

•选项说明

根据上面的命令行操作过程可知，在执行“圆弧（A）”子选项下的【多段线】命令时，会出现 9 种子选项，在 5.4.2 节中已介绍了其中的 3 种，其余的各选项含义介绍如下。

◆ “角度（A）”：指定圆弧段的从起点开始的包含角，如图 5-115 所示。输入正数将按逆时针方向创建圆弧段。输入负数将按顺时针方向创建圆弧段。方法类似于“起点、端点、角度”画圆弧。

◆ “圆心（CE）”：通过指定圆弧的圆心来绘制圆弧段，如图 5-116 所示。方法类似于“起点、圆心、端点”画圆弧。

◆ “方向（D）”：通过指定圆弧的切线来绘制圆弧段，如图 5-117 所示。方法类似于“起点、端点、方向”画圆弧。

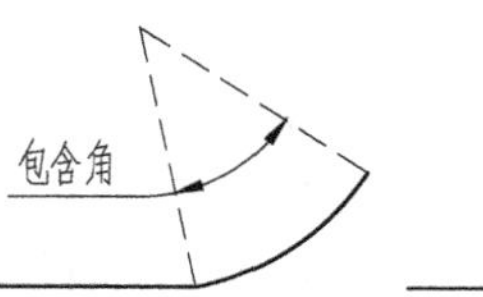

图 5-115 通过角度绘制多段线圆弧

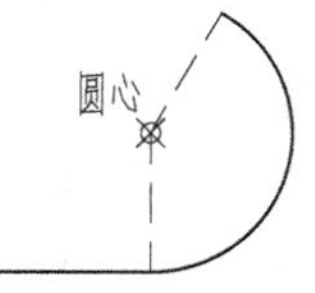

图 5-116 通过圆心绘制多段线圆弧

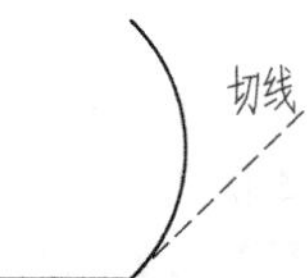

图 5-117 通过切线绘制多段线圆弧

◆ “直线（L）”：从绘制圆弧切换到绘制直线。

◆ “半径（R）”：通过指定圆弧的半径来绘制圆

弧，如图 5-118 所示。方法类似于“起点、端点、半径”画圆弧。

◆ “第二个点（S）”：通过指定圆弧上的第二点和端点来进行绘制，如图 5-119 所示。方法类似于“三点”画圆弧。

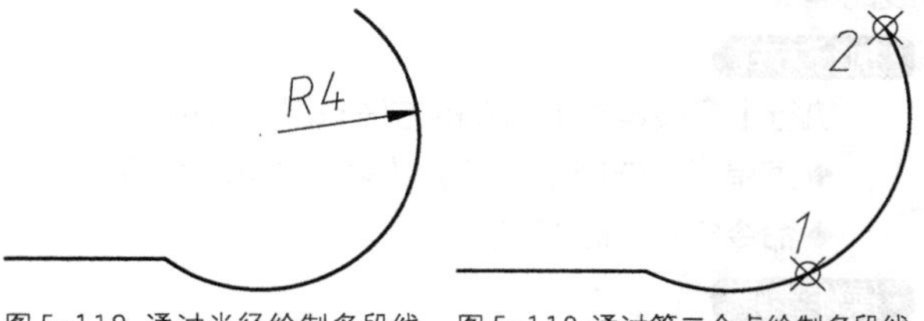

图 5-118 通过半径绘制多段线圆弧　　图 5-119 通过第二个点绘制多段线圆弧

练习 5-12 多段线绘制窗帘平面图

难度：☆☆	
素材文件路径：	无
效果文件路径：	素材/第5章/5-12多段线绘制窗帘平面图-OK.dwg
视频文件路径：	视频/第5章/5-12多段线绘制窗帘平面图.MP4
播放时长：	1分45秒

窗帘是由布、麻、纱、铝片、木片、金属材料等制作的，具有遮阳隔热和调节室内光线的功能，如图 5-120 所示。布帘按材质分有棉纱布、涤纶布、涤棉混纺、棉麻混纺、无纺布等，不同的材质、纹理、颜色、图案等综合起来就形成了不同风格的布帘，配合不同风格的室内设计窗帘。在平面图中，窗帘有一种特别的符号表示，本例便通过多段线绘制该符号。

图 5-120 窗帘

Step 01 启动AutoCAD 2016，新建一空白图形，并按F8键开启【正交】功能。

Step 02 输入“PL”执行【多段线】命令，捕捉任意点为起点，接着输入“W”执行【宽度】子选项，设置起点与端点宽度都为3，向右绘制第一段长度为100的多段线，如图5-121所示，命令行操作如下。

```
命令: _pline
指定起点:
当前线宽为 0.0000
指定下一个点或 [圆弧(A)/半宽(H)/长度(L)/放弃(U)/宽度(W)]:
W↙                    //选择【宽度】选项
指定起点宽度 <0.0000>: 3↙
                      //输入起点宽度
指定端点宽度 <3.0000>:↙
                      //输入端点宽度，直接按回车键与起点一致
指定下一个点或 [圆弧(A)/半宽(H)/长度(L)/放弃(U)/宽度(W)]:
100↙                  //输入第一段多段线长度
```

Step 03 再根据命令行提示，输入“A”执行【圆弧】子选项，切换至圆弧绘制方式，再根据选项提示选择【角度】次子选项，输入角度值180，接着向右移动鼠标，输入150绘制第一段圆弧，如图5-122所示，命令行操作如下。

```
指定下一点或 [圆弧(A)/闭合(C)/半宽(H)/长度(L)/放弃(U)/宽度(W)]: A↙                //选择【圆弧】选项
指定圆弧的端点(按住 Ctrl 键以切换方向)或
[角度(A)/圆心(CE)/闭合(CL)/方向(D)/半宽(H)/直线(L)/半径(R)/第二个点(S)/放弃(U)/宽度(W)]: A↙
                               //选择【角度】子选项
指定夹角: 180↙
                               //输入圆弧夹角角度
指定圆弧的端点(按住 Ctrl 键以切换方向)或 [圆心(CE)/半径(R)]: 150↙              //输入圆弧跨度长度
```

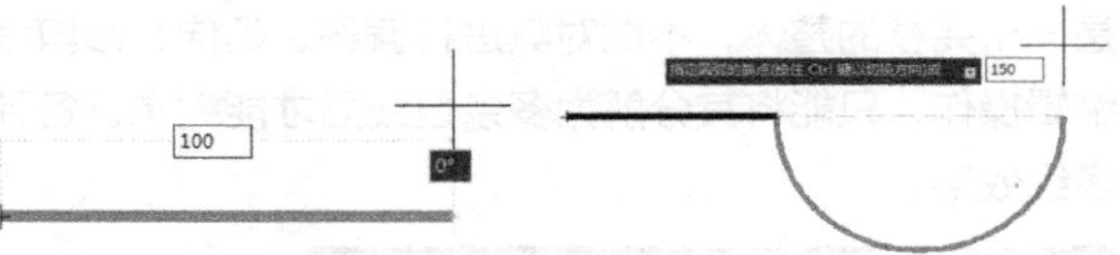

图 5-121 绘制直线多段线　　图 5-122 绘制圆弧多段线

Step 04 按此方法依次向右绘制圆弧，输入150进行绘制即可，如图5-123所示。

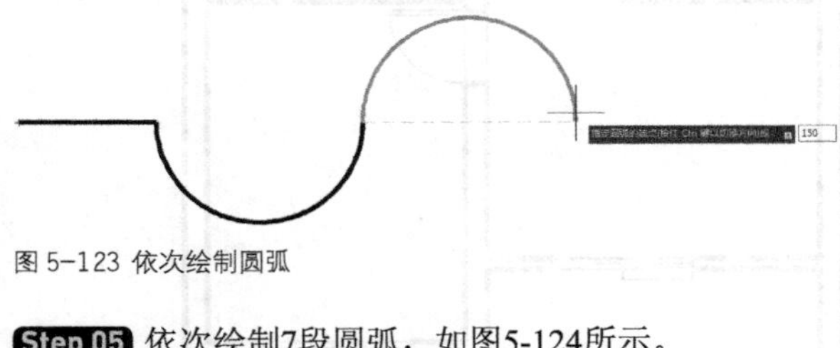

图 5-123 依次绘制圆弧

Step 05 依次绘制7段圆弧，如图5-124所示。

图 5-124 绘制 7 段圆弧

Step 06 输入“L”，执行【直线】子选项，然后向右绘制一段长度为60的直线，如图5-125所示。

Step 07 绘制末端箭头。重新输入“W”，执行【宽度】子选项，设置起点宽度为20，端点宽度为0，接着向右移动光标，输入长度为80，即可绘制末端箭头，结

果如图5-126所示。

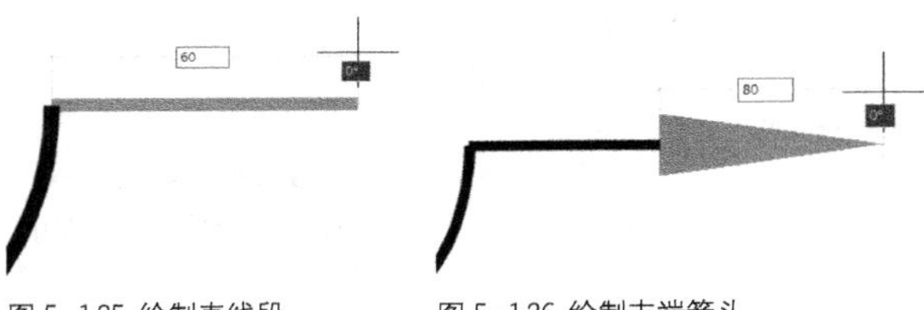

图 5-125 绘制直线段　　图 5-126 绘制末端箭头

Step 08 最终绘制的窗帘平面图如图5-127所示。

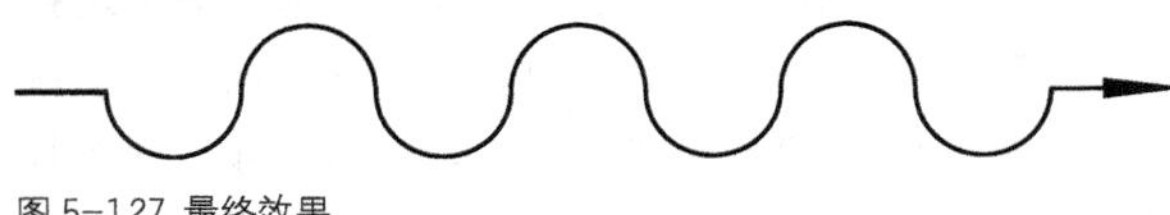

图 5-127 最终效果

5.5 多线

多线是一种由多条平行线组成的组合图形对象，它可以由 1~16 条平行直线组成。多线在绘图中的应用非常广泛，如室内平面图中绘制墙体等，如图 5-128 所示。

5.5.1 多线概述

使用【多线】命令可以快速生成大量平行直线，多线同多段线一样，也是复合对象，绘制的每一条多线都是一个完整的整体，不能对其进行偏移、延伸、修剪等编辑操作，只能将其分解为多条直线后才能编辑。各种多线效果。

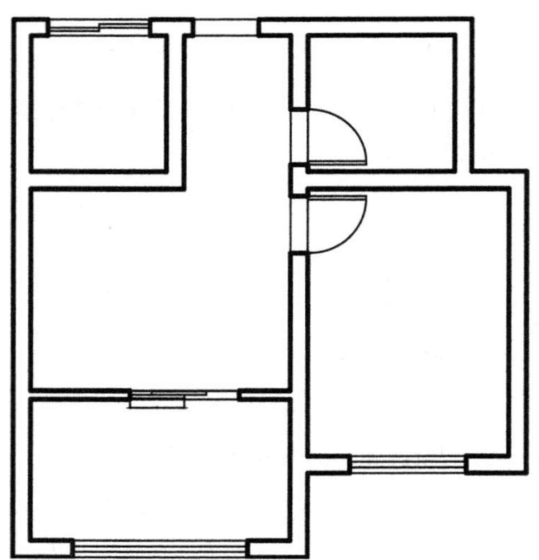

图 5-128 室内平面图中的墙体

【多线】的操作步骤与【多段线】类似，稍有不同的是，【多线】需要在绘制前设置好样式与其他参数，开始绘制后便不能再随意更改。而【多段线】在一开始并不需要做任何设置，而在绘制的过程中可以根据众多的子选项随时进行调整。

5.5.2 设置多线样式

系统默认的STANDARD样式由两条平行线组成，并且平行线的间距是定值。如果要绘制不同规格和样式的多线（带封口或更多数量的平行线），就需要设置多线的样式。

• 执行方式

执行【多线样式】命令的方法有以下几种。

◆ 菜单栏：选择【格式】|【多线样式】命令。

◆ 命令行：MLSTYLE。

• 操作步骤

使用上述方法打开【多线样式】对话框，其中可以新建、修改或者加载多线样式，如图 5-129 所示；单击其中的【新建】按钮，可以打开【创建新的多线样式】对话框，然后定义新多线样式的名称（如平键），如图 5-130 所示。

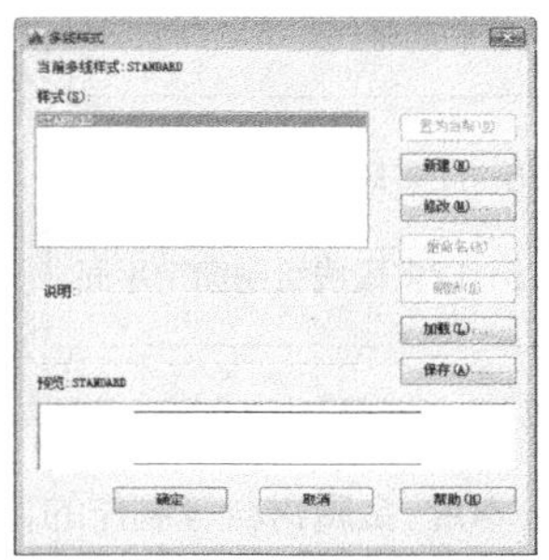

图 5-129 【多线样式】对话框

图 5-130 【创建新的多线样式】对话框

接着单击【继续】按钮，便打开【新建多线样式】对话框，可以在其中设置多线的各种特性，如图 5-131 所示。

图 5-131 【新建多线样式】对话框

• 选项说明

【新建多线样式】对话框中各选项的含义如下。

◆【封口】：设置多线的平行线段之间两端封口的样式。当取消【封口】选区中的复选框的勾选，绘制的多段线两端将呈打开状态，图 5-132 所示为多线的各种封口形式。

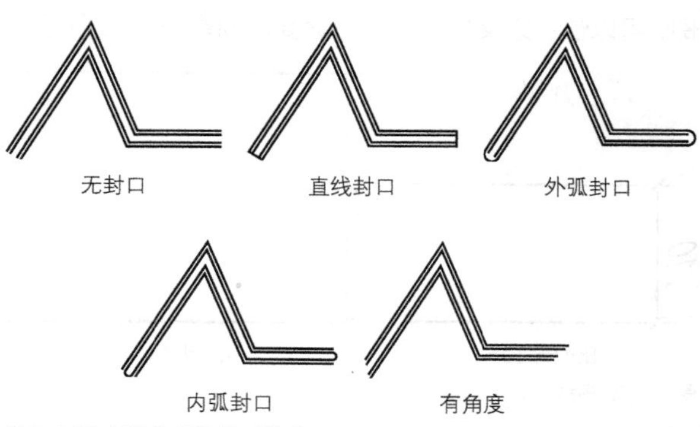

图 5-132 多线的各种封口形式

◆【填充颜色】下拉列表：设置封闭的多线内的填充颜色，选择【无】选项，表示使用透明颜色填充，如图 5-133 所示。

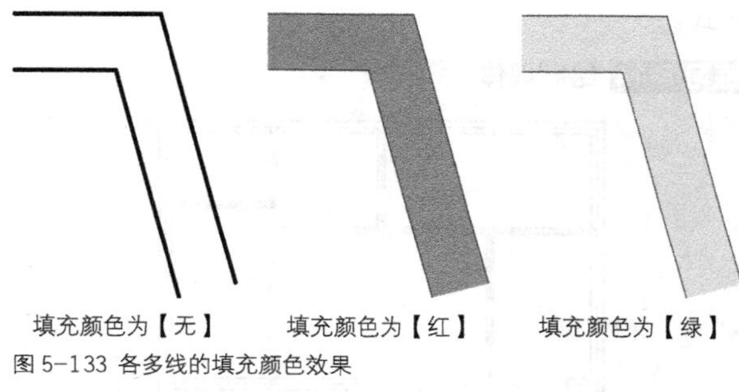

图 5-133 各多线的填充颜色效果

◆【显示连接】复选框：显示或隐藏每条多线段顶点处的连接，效果如图 5-134 所示。

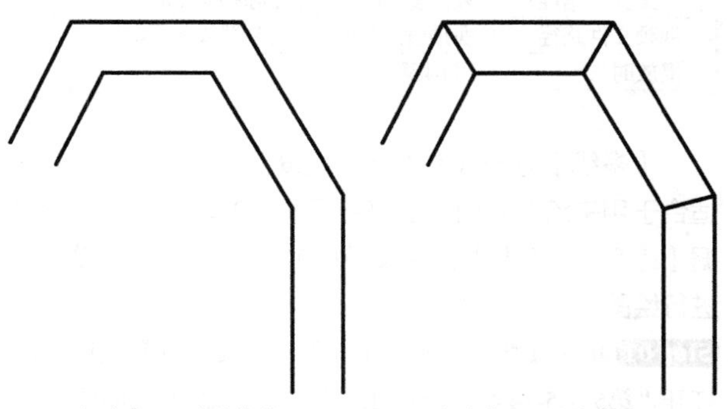

图 5-134 【显示连接】复选框效果

◆图元：构成多线的元素，通过单击【添加】按钮可以添加多线的构成元素，也可以通过单击【删除】按钮删除这些元素。

◆偏移：设置多线元素从中线的偏移值，值为正表示向上偏移，值为负表示向下偏移。

◆颜色：设置组成多线元素的直线线条颜色。

◆线型：设置组成多线元素的直线线条线型。

练习 5-13 创建"墙体"多线样式

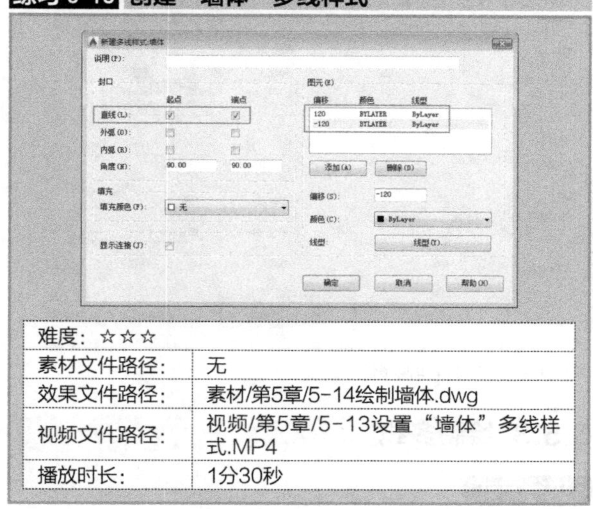

难度：☆☆☆	
素材文件路径：	无
效果文件路径：	素材/第5章/5-14绘制墙体.dwg
视频文件路径：	视频/第5章/5-13设置"墙体"多线样式.MP4
播放时长：	1分30秒

多线的使用虽然方便，但是默认的 STANDARD 样式过于简单，无法用来应对现实工作中所遇到的各种问题（如绘制带有封口的墙体线）。这时就可以通过创建新的多线样式来解决，具体步骤如下。

Step 01 单击【快速访问】工具栏中的【新建】按钮，新建空白文件。

Step 02 在命令行中输入"MLSTYLE"并按Enter键，系统弹出【多线样式】对话框，如图5-135所示。

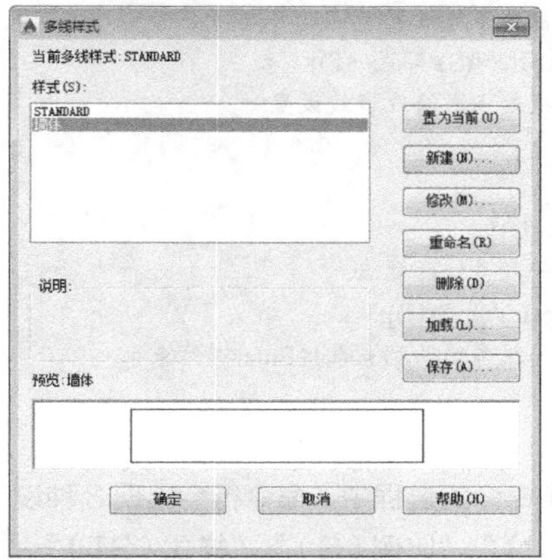

图 5-135 【多线样式】对话框

Step 03 单击【新建】按钮，系统弹出【创建新的多线样式】对话框，新建新样式名为墙体，基础样式为STANDARD，单击【确定】按钮，系统弹出【新建多线样式：墙体】对话框。

Step 04 在【封口】区域勾选【直线】中的两个复选框、在【图元】选区中设置【偏移】为120与-120，如图5-136所示，单击【确定】按钮，系统返回【多线样式】对话框。

Step 05 单击【置为当前】按钮，单击【确定】按钮，关闭对话框，完成墙体多线样式的设置。单击【快速访问】工具栏中的【保存】按钮，保存文件。

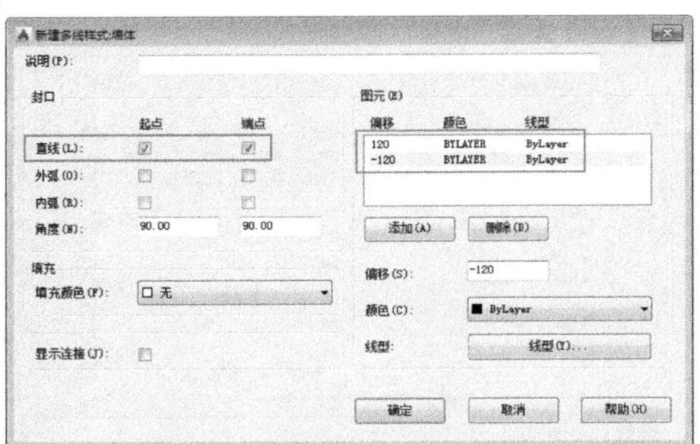

图 5-136 设置封口和偏移值

5.5.3 绘制多线

• 执行方式

在 AutoCAD 中执行【多线】命令的方法不多，只有以下两种。不过读者也可以通过本书第 1 章的【练习 1-4】来向功能区中添加【多线】按钮。

◆菜单栏：选择【绘图】|【多线】命令。

◆命令行：MLINE 或 ML。

• 操作步骤

```
命令: _mline
//执行【多线】命令
当前设置: 对正 = 上, 比例 = 20.00, 样式 = STANDARD
          //显示当前的多线设置
指定起点或 [对正(J)/比例(S)/样式(ST)]:
          //指定多线起点或修改多线设置
指定下一点:
//指定多线的端点
指定下一点或 [放弃(U)]:
          //指定下一段多线的端点
指定下一点或 [闭合(C)/放弃(U)]:
          //指定下一段多线的端点或按Enter键结束
```

• 选项说明

执行【多线】命令的过程中，命令行会出现 3 种设置类型："对正（J）""比例（S）""样式（ST）"，分别介绍如下。

◆ "对正（J）"：设置绘制多线时相对于输入点的偏移位置。该选项有【上】、【无】和【下】3 个选项，【上】表示多线顶端的线随着光标移动；【无】表示多线的中心线随着光标移动；【下】表示多线底端的线随着光标移动，如图 5-137 所示。

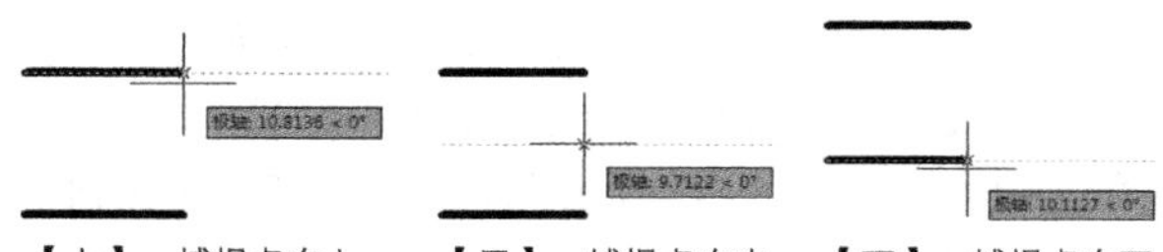

图 5-137 多线的对正

◆ "比例（S）"：设置多线样式中多线的宽度比例，可以快速定义多线的间隔宽度，如图 5-138 所示。

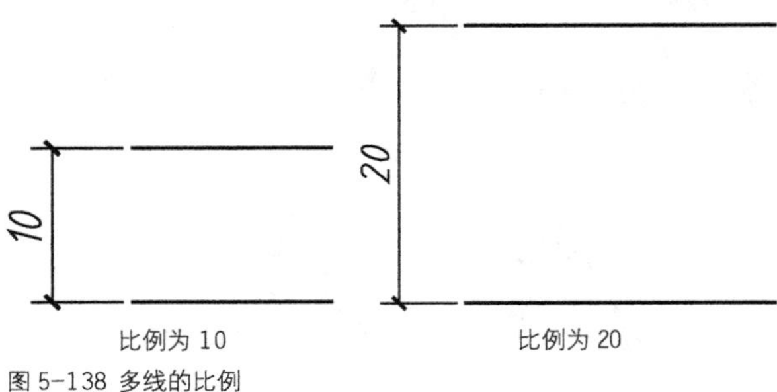

图 5-138 多线的比例

◆ "样式（ST）"：设置绘制多线时使用的样式，默认的多线样式为 STANDARD，选择该选项后，可以在提示信息"输入多线样式"或"？"后面输入已定义的样式名。输入"？"则会列出当前图形中所有的多线样式。

练习 5-14 绘制墙体

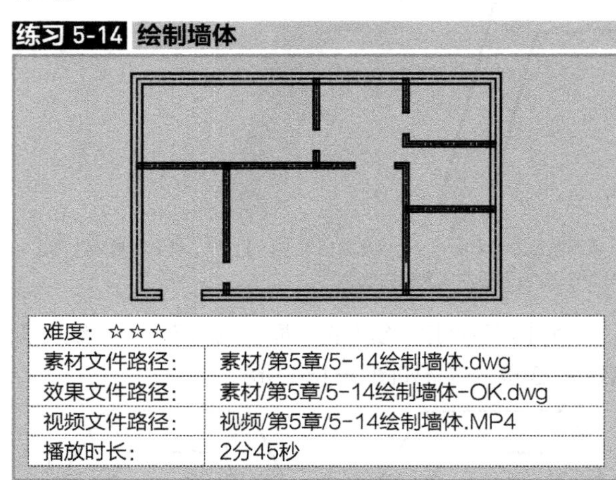

难度：☆☆☆	
素材文件路径：	素材/第5章/5-14绘制墙体.dwg
效果文件路径：	素材/第5章/5-14绘制墙体-OK.dwg
视频文件路径：	视频/第5章/5-14绘制墙体.MP4
播放时长：	2分45秒

【多线】可一次性绘制出大量平行线的特性，非常适合于用来绘制室内、建筑平面图中的墙体。本例便根据【练习 5-13】中已经设置好的"墙体"多线样式来进行绘图。

Step 01 单击【快速访问】工具栏中的【打开】按钮，打开"第5章/5-14 绘制墙体.dwg"文件，如图5-139所示。

Step 02 创建"墙体"多线样式。按【练习5-13】的方法创建"墙体"多线样式，如图5-140所示。

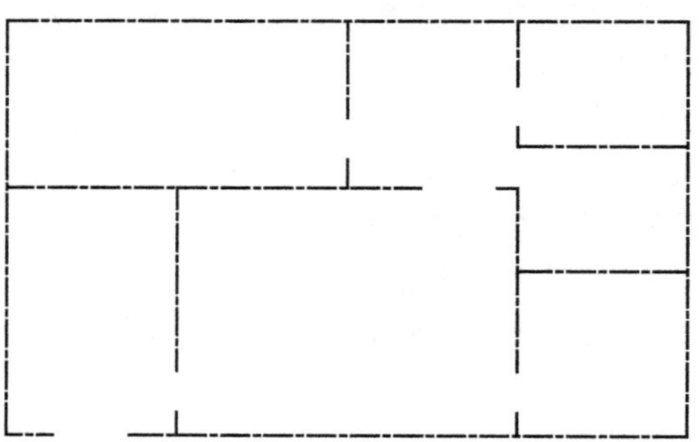

图 5-139 素材图形

图 5-140 创建墙体多线样式

Step 03 在命令行中输入“ML”，调用【多线】命令，绘制图5-141所示墙体，命令行提示如下。

```
命令：ML↙
                //调用【多线】命令
当前设置：对正＝上，比例＝20.00，样式＝墙体
指定起点或[对正(J)/比例(S)/样式(ST)]： S↙
                //激活【比例(S)】选项
输入多线比例<20.00>： 1↙
                //输入多线比例
当前设置：对正＝上，比例＝1.00，样式＝墙体
指定起点或[对正(J)/比例(S)/样式(ST)]： J↙
                //激活【对正(J)】选项
输入对正类型[上(T)/无(Z)/下(B)]<上>： Z↙
                //激活【无(Z)】选项
当前设置：对正＝无，比例＝1.00，样式＝墙体
指定起点或[对正(J)/比例(S)/样式(ST)]：
                //沿着轴线绘制墙体
指定下一点：
指定下一点或[放弃(U)]：
指定下一点或[闭合(C)/放弃(U)]：↙
                //按Enter键结束绘制
```

Step 04 按空格键重复命令，绘制非承重墙，把比例设置为0.5，命令行提示如下。

```
命令： MLINE↙
                //调用【多线】命令
当前设置：对正＝无，比例＝1.00，样式＝墙体
指定起点或[对正(J)/比例(S)/样式(ST)]： S↙
                //激活【比例(S)】选项
输入多线比例<1.00>： 0.5↙        //输入多线比例
当前设置：对正＝无，比例＝0.50，样式＝墙体
指定起点或[对正(J)/比例(S)/样式(ST)]： J↙
                //激活【对正(J)】选项
输入对正类型[上(T)/无(Z)/下(B)]<无>： Z↙
                //激活【无(Z)】选项
当前设置：对正＝无，比例＝0.50，样式＝墙体
指定起点或[对正(J)/比例(S)/样式(ST)]：
指定下一点：
        //沿着轴线绘制墙体
指定下一点或[放弃(U)]：↙
                //按Enter键结束绘制
```

Step 05 最终效果如图5-142所示。

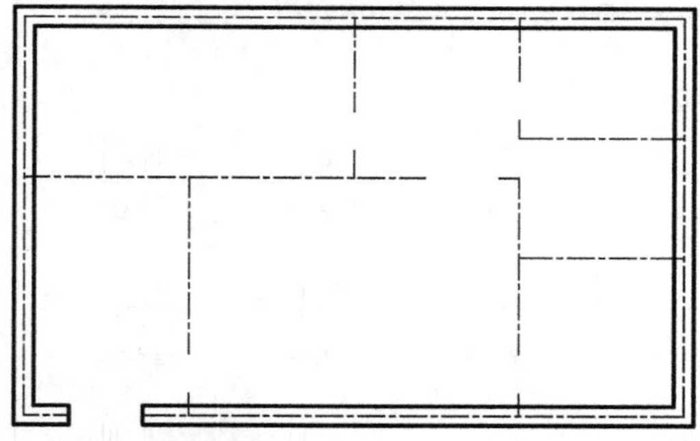

图 5-141 绘制承重墙

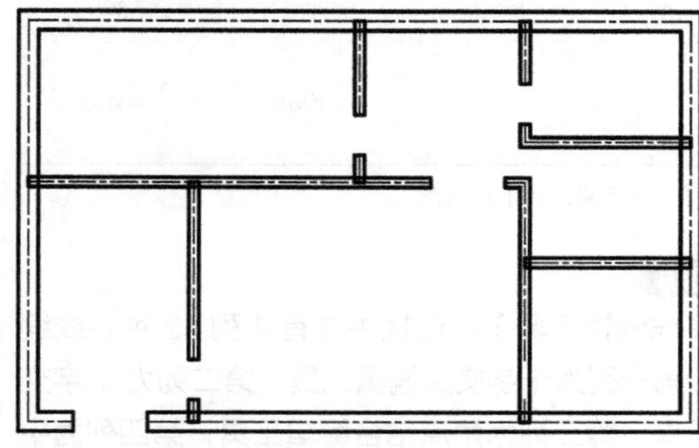

图 5-142 最终效果图

5.5.4 编辑多线

之前介绍了多线是复合对象，只能将其分解为多条直线后才能编辑。但在 AutoCAD 中，也可以用自带的【多线编辑工具】对话框中进行编辑。

• 执行方式

打开【多线编辑工具】对话框的方法有以下 3 种。

◆ 菜单栏：执行【修改】|【对象】|【多线】命令，如图 5-143 所示。

◆ 命令行：MLEDIT。

◆ 快捷操作：双击绘制的多线图形。

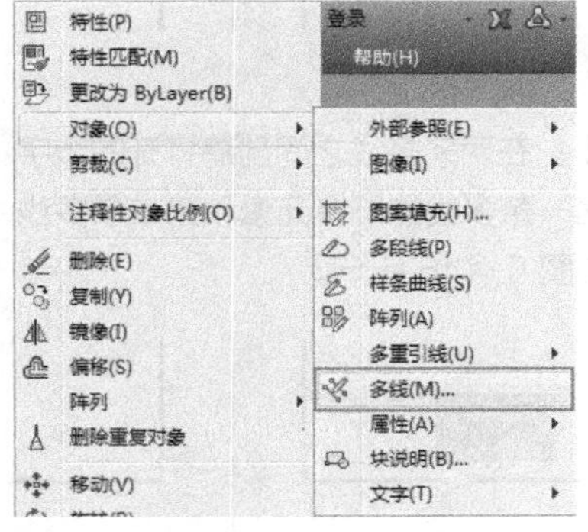

图 5-143 【菜单栏】调用【多线】编辑命令

• 操作步骤

执行上述任一命令后，系统自动弹出【多线编辑工具】对话框，如图 5-144 所示。根据图样单击选择一种适合的工具图标，即可使用该工具编辑多线。

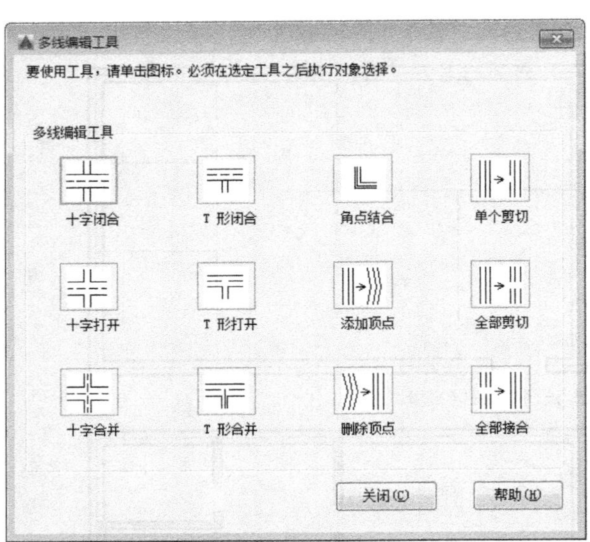

图 5-144 【多线编辑工具】对话框

• 选项说明

【多线编辑工具】对话框中共有 4 列 12 种多线编辑工具：第一列为十字交叉编辑工具，第二列为 T 字交叉编辑工具，第三列为角点结合编辑工具，第四列为中断或接合编辑工具。具体介绍如下。

◆【十字闭合】：可在两条多线之间创建闭合的十字交点。选择该工具后，先选择第一条多线，作为打断的隐藏多线；再选择第二条多线，即前置的多线，效果如图 5-145 所示。

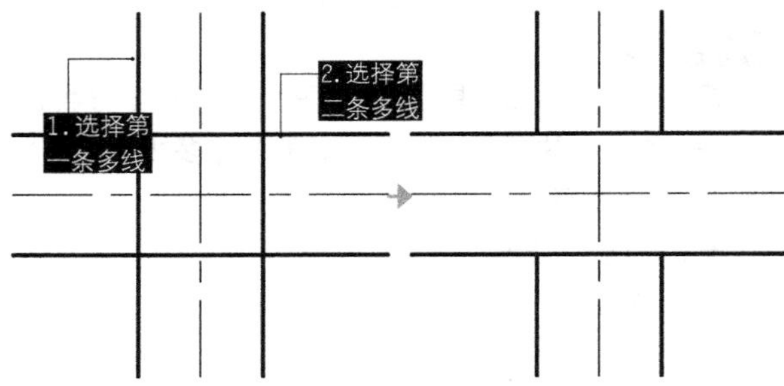

图 5-145 十字闭合

◆【十字打开】：在两条多线之间创建打开的十字交点。打断将插入第一条多线的所有元素和第二条多线的外部元素，效果如图 5-146 所示。

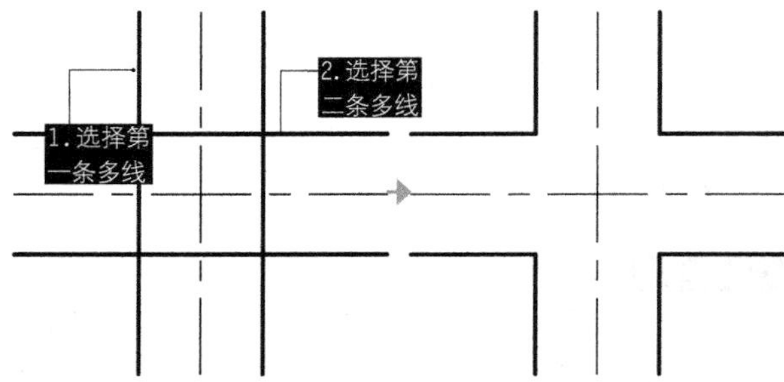

图 5-146 十字打开

◆【十字合并】：在两条多线之间创建合并的十字交点。选择多线的次序并不重要，效果如图 5-147 所示。

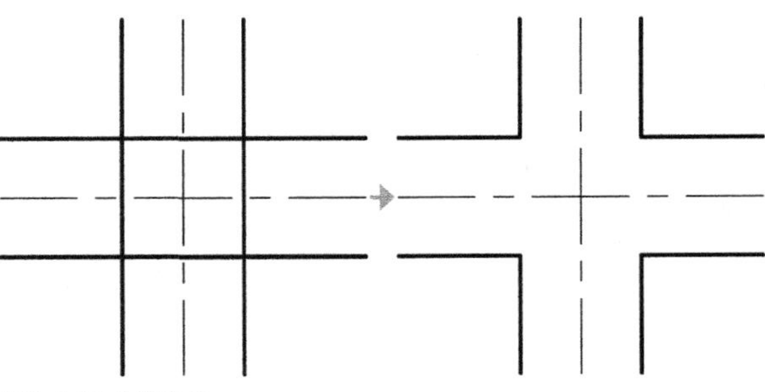

图 5-147 十字合并

操作技巧

对于双数多线来说，“十字打开”和“十字合并”结果是一样的；但对于三线，中间线的结果是不一样的，效果如图5-148所示。

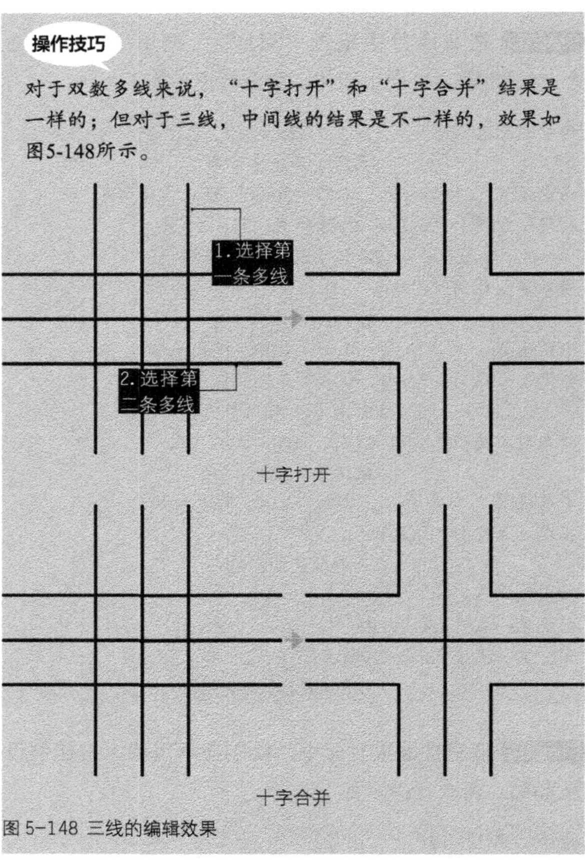

图 5-148 三线的编辑效果

◆【T 形闭合】：在两条多线之间创建闭合的 T 形交点。将第一条多线修剪或延伸到与第二条多线的交点处，如图 5-149 所示。

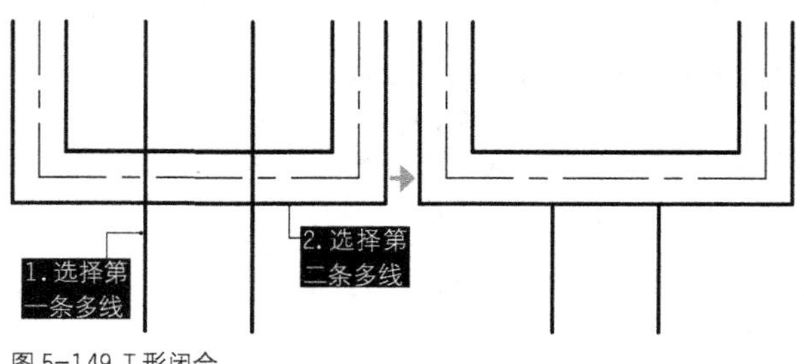

图 5-149 T 形闭合

◆【T形打开】：在两条多线之间创建打开的 T 形交点。将第一条多线修剪或延伸到与第二条多线的交点处，如图 5-150 所示。

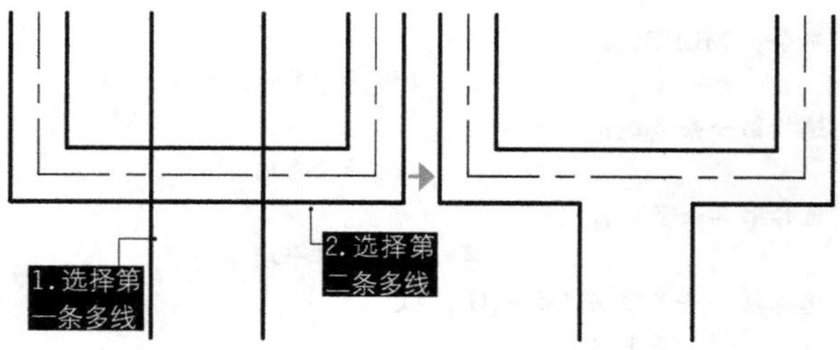

图 5-150 T形打开

◆【T形合并】：在两条多线之间创建合并的 T 形交点。将多线修剪或延伸到与另一条多线的交点处，如图 5-151 所示。

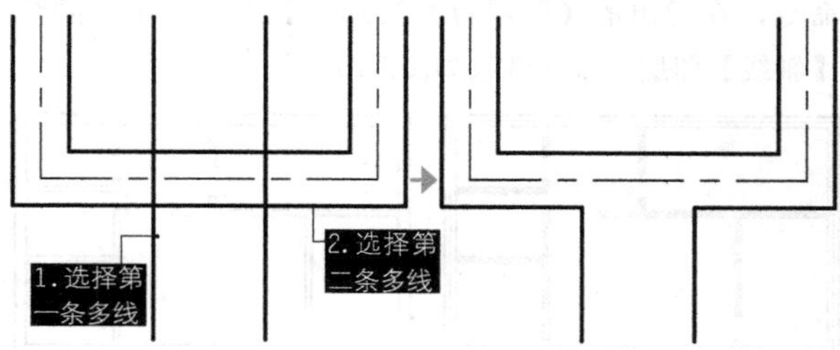

图 5-151 T形合并

操作技巧

【T形闭合】、【T形打开】和【T形合并】的选择对象顺序应先选择T字的下半部分，再选择T字的上半部分，如图5-152所示。

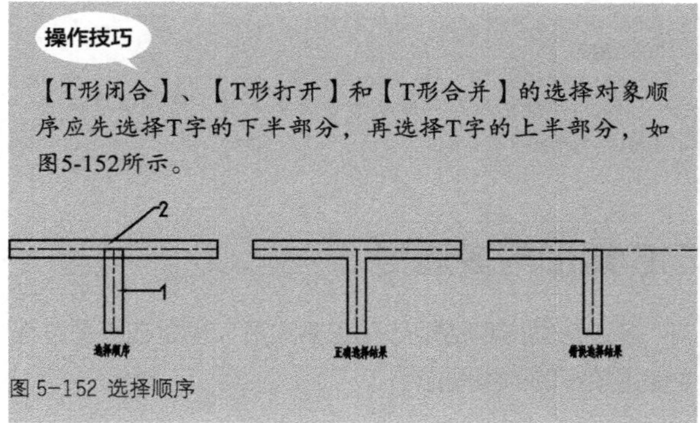

图 5-152 选择顺序

◆【角点结合】：在多线之间创建角点结合。将多线修剪或延伸到它们的交点处，效果如图 5-153 所示。

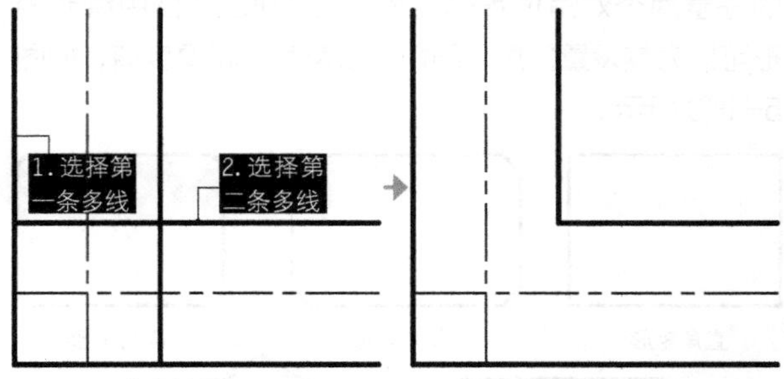

图 5-153 角点结合

◆【添加顶点】：向多线上添加一个顶点。新添加的角点就可以用于夹点编辑，效果如图 5-154 所示。

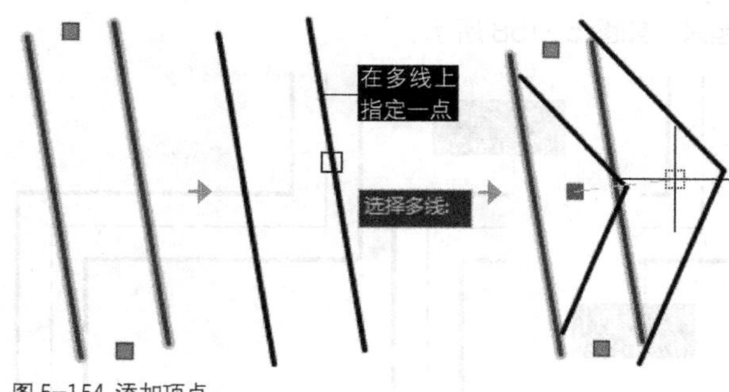

图 5-154 添加顶点

◆【删除顶点】：从多线上删除一个顶点，效果如图 5-155 所示。

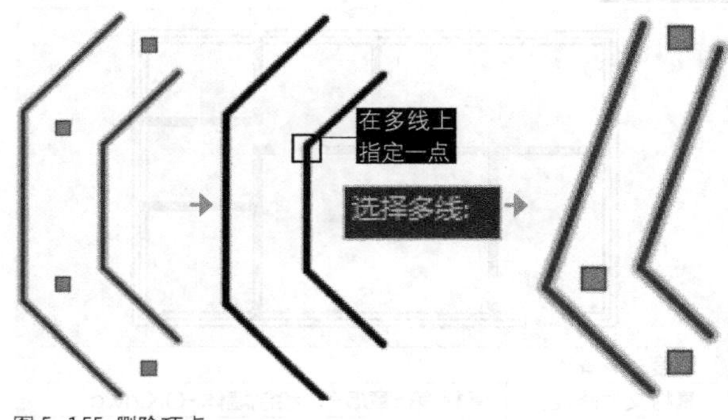

图 5-155 删除顶点

◆【单个剪切】：在选定多线元素中创建可见打断，效果如图 5-156 所示。

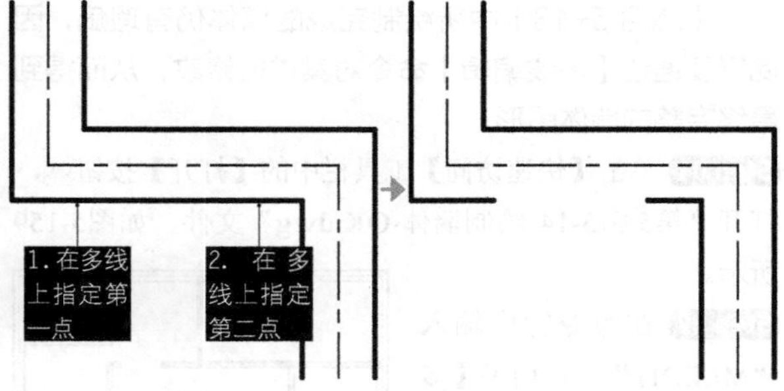

图 5-156 单个剪切

◆【全部剪切】：创建穿过整条多线的可见打断，效果如图 5-157 所示。

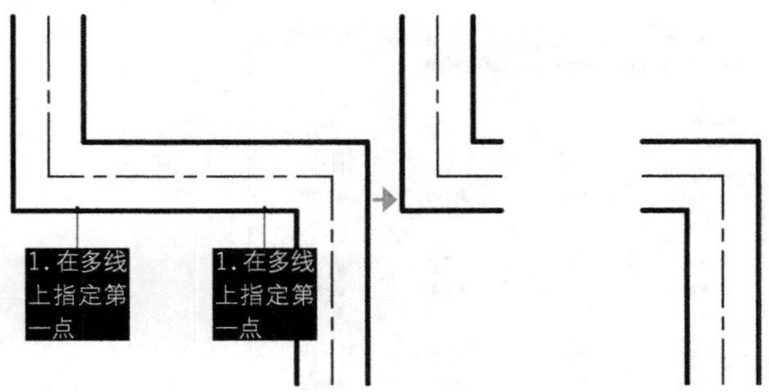

图 5-157 全部剪切

◆【全部接合】：将已被剪切的多线线段重新接合

起来，如图 5-158 所示。

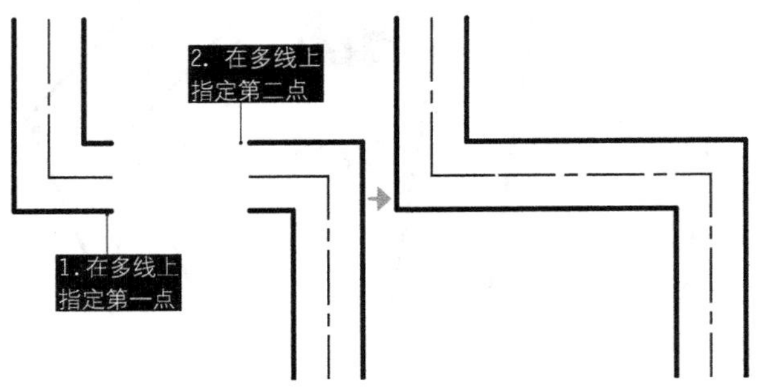

图 5-158 全部接合

练习 5-15 编辑墙体

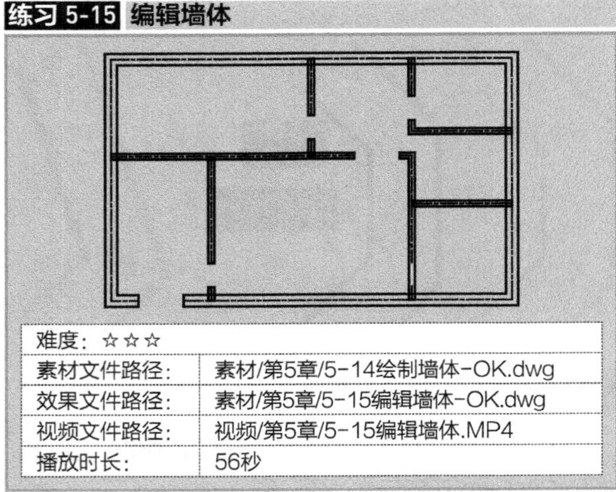

难度：☆☆☆	
素材文件路径：	素材/第5章/5-14绘制墙体-OK.dwg
效果文件路径：	素材/第5章/5-15编辑墙体-OK.dwg
视频文件路径：	视频/第5章/5-15编辑墙体.MP4
播放时长：	56秒

【练习 5-13】中所绘制完成的墙体仍有瑕疵，因此需要通过【多线编辑】命令对其进行修改，从而得到最终完整的墙体图形。

Step 01 单击【快速访问】工具栏中的【打开】按钮，打开“第5章/5-14 绘制墙体-OK.dwg”文件，如图5-159所示。

Step 02 在命令行中输入“MLEDIT”，调用平【多线编辑】命令，打开【多线编辑工具】对话框，如图5-160所示。

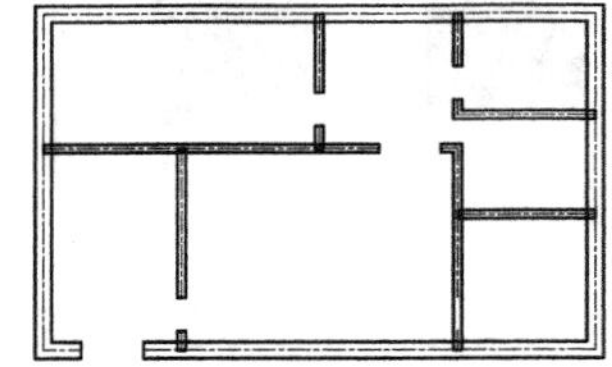

图 5-159 素材图形

图 5-160 【多线编辑工具】对话框

Step 03 选择对话框中的【T形合并】选项，系统自动返回到绘图区域，根据命令行提示对墙体结合部进行编辑，命令行提示如下。

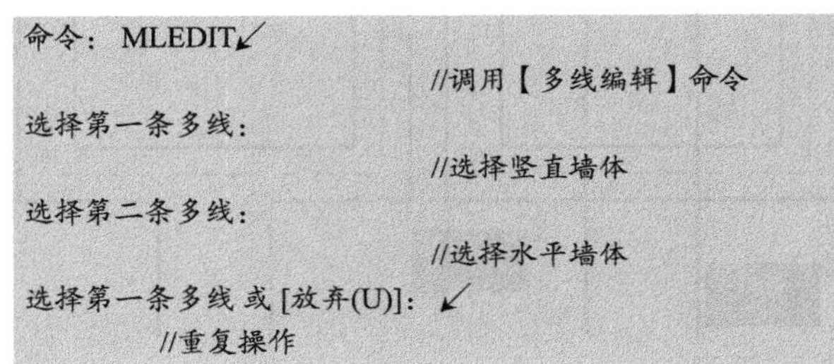

```
命令：MLEDIT↙
                                //调用【多线编辑】命令
选择第一条多线：
                                //选择竖直墙体
选择第二条多线：
                                //选择水平墙体
选择第一条多线 或 [放弃(U)]：↙
        //重复操作
```

Step 04 重复上述操作，对所有墙体进行【T形合并】命令，效果如图5-161所示。

Step 05 在命令行中输入LA，调用【图层特性管理器】命令，在弹出的【图层特性管理器】选项板中，隐藏【轴线】图层，最终效果如图5-162所示。

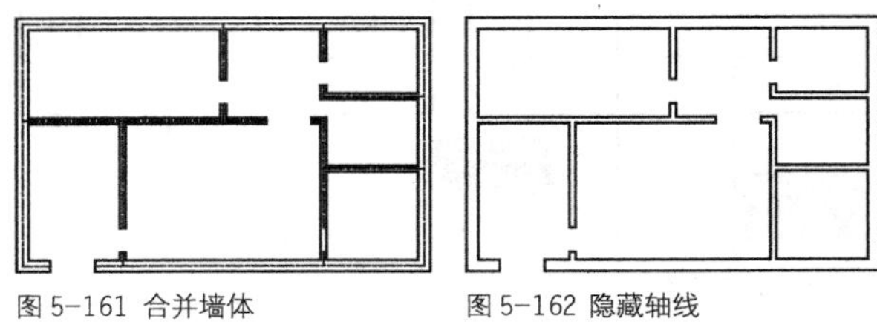

图 5-161 合并墙体　　图 5-162 隐藏轴线

> **知识链接**
>
> 中间红色的轴线可以删除也可以隐藏图层，隐藏图层的操作请见本书第9章。

5.6 矩形与多边形

多边形图形包括矩形和正多边形，也是在绘图过程中使用较多的一类图形。

5.6.1 矩形

矩形就是我们通常说的长方形，是通过输入矩形的任意两个对角位置确定的，在 AutoCAD 中绘制矩形可以为其设置倒角、圆角，以及宽度和厚度值，如图 5-163 所示。

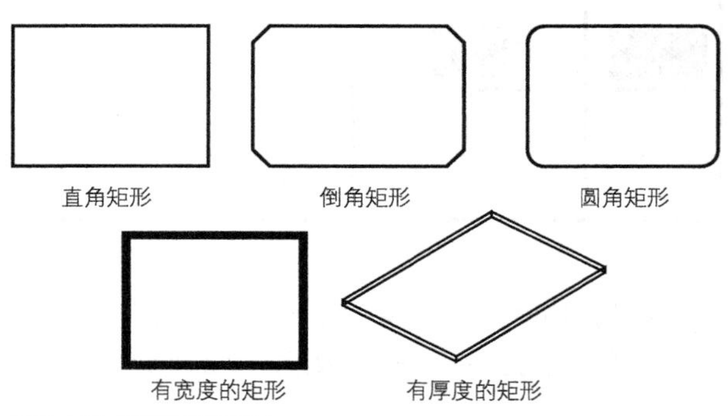

图 5-163 各种样式的矩形

•执行方式

调用【矩形】命令的方法如下。

◆功能区：在【默认】选项卡中，单击【绘图】面板中的【矩形】按钮▭。

◆菜单栏：执行【绘图】|【矩形】菜单命令。

◆命令行：RECTANG 或 REC。

•操作步骤

执行该命令后，命令行提示如下。

```
命令: _rectang
//执行【矩形】命令
指定第一个角点或 [倒角(C)/标高(E)/圆角(F)/厚度(T)/宽度(W)]:    //指定矩形的第一个角点
指定另一个角点或 [面积(A)/尺寸(D)/旋转(R)]:
                                    //指定矩形的对角点
```

•选项说明

在指定第一个角点前，有 5 个子选项，而指定第二个对角点的时候有 3 个，各选项含义具体介绍如下。

◆ “倒角（C）”：用来绘制倒角矩形，选择该选项后可指定矩形的倒角距离，如图 5-164 所示。设置该选项后，执行【矩形】命令时此值成为当前的默认值，若不需设置倒角，则要再次将其设置为 0。

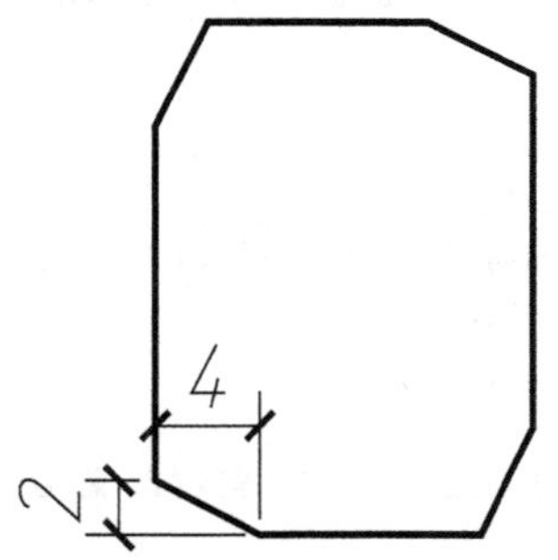

图 5-164 “倒角（C）”画矩形

```
命令: _rectang
指定第一个角点或 [倒角(C)/标高(E)/圆角(F)/厚度(T)/宽度(W)]: C
                                    //选择“倒角”选项
指定矩形的第一个倒角距离 &lt;0.0000&gt;: 2               //输入第一个倒角距离
指定矩形的第二个倒角距离 &lt;2.0000&gt;: 4               //输入第二个倒角距离
指定第一个角点或 [倒角(C)/标高(E)/圆角(F)/厚度(T)/宽度(W)]:
                                    //指定第一个角点
指定另一个角点或 [面积(A)/尺寸(D)/旋转(R)]: //指定第二个角点
```

◆ “标高（E）”：指定矩形的标高，即 Z 方向上的值。选择该选项后可在高为标高值的平面上绘制矩形，如图 5-165 所示。

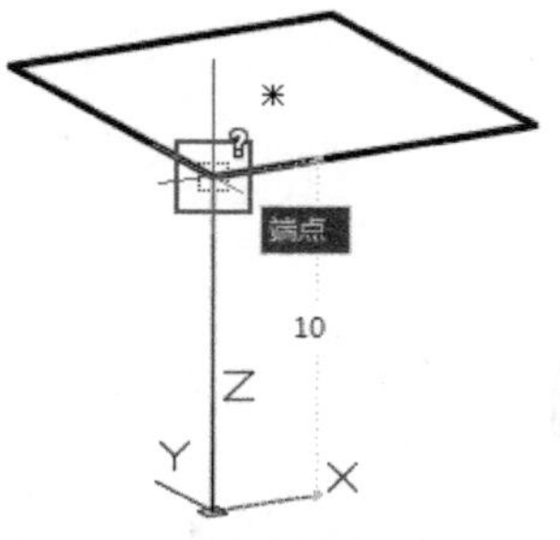

图 5-165 “标高（E）”画矩形

```
命令: _rectang
指定第一个角点或 [倒角(C)/标高(E)/圆角(F)/厚度(T)/宽度(W)]: E
                                    //选择“标高”选项
指定矩形的标高 &lt;0.0000&gt;: 10                //输入标高
指定第一个角点或 [倒角(C)/标高(E)/圆角(F)/厚度(T)/宽度(W)]:
                                    //指定第一个角点
指定另一个角点或 [面积(A)/尺寸(D)/旋转(R)]: //指定第二个角点
```

◆ “圆角（F）”：用来绘制圆角矩形。选择该选项后可指定矩形的圆角半径，绘制带圆角的矩形，如图 5-166 所示。

图 5-166 “圆角（F）”画矩形

```
命令: _rectang
指定第一个角点或 [倒角(C)/标高(E)/圆角(F)/厚度(T)/宽度(W)]: F
                                    //选择“圆角”选项
指定矩形的圆角半径 &lt;0.0000&gt;: 5
//输入圆角半径值
指定第一个角点或 [倒角(C)/标高(E)/圆角(F)/厚度(T)/宽度(W)]:
                                    //指定第一个角点
指定另一个角点或 [面积(A)/尺寸(D)/旋转(R)]: //指定第二个角点
```

操作技巧

如果矩形的长度和宽度太小而无法使用当前设置创建矩形时，绘制出来的矩形将不进行圆角或倒角。

◆ “厚度（T）”：用来绘制有厚度的矩形，该选项为要绘制的矩形指定 Z 轴上的厚度值，如图 5-167 所示。

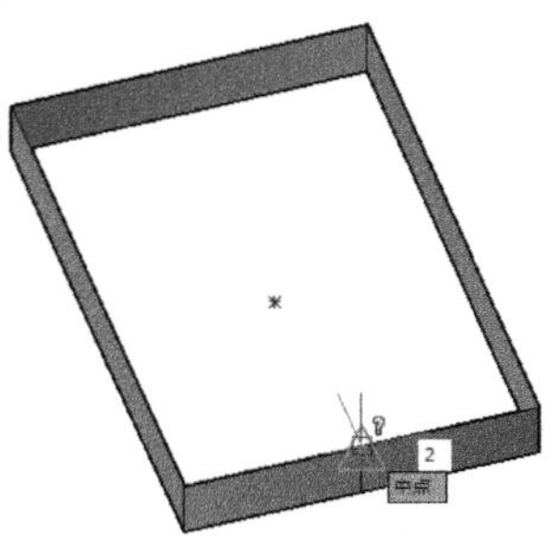

图 5-167 “厚度（T）”画矩形

```
命令: _rectang
指定第一个角点或 [倒角(C)/标高(E)/圆角(F)/厚度(T)/宽度(W)]: T
                                    //选择“厚度”选项
指定矩形的厚度 <0.0000>: 2                         //输入矩形厚度值
指定第一个角点或 [倒角(C)/标高(E)/圆角(F)/厚度(T)/宽度(W)]:
                                    //指定第一个角点
指定另一个角点或 [面积(A)/尺寸(D)/旋转(R)]: //指定第二个角点
```

◆ “宽度（W）”：用来绘制有宽度的矩形，该选项为要绘制的矩形指定线的宽度，效果如图 5-168 所示。

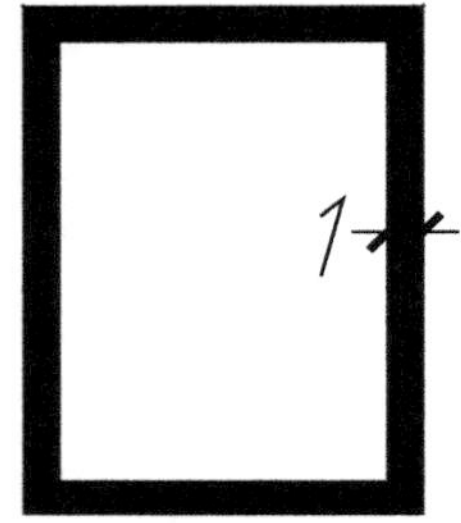

图 5-168 “宽度（W）”画矩形

```
命令: _rectang
指定第一个角点或 [倒角(C)/标高(E)/圆角(F)/厚度(T)/宽度(W)]: W
                                    //选择“宽度”选项
指定矩形的线宽 <0.0000>: 1                         //输入线宽值
指定第一个角点或 [倒角(C)/标高(E)/圆角(F)/厚度(T)/宽度(W)]:
                                    //指定第一个角点
指定另一个角点或 [面积(A)/尺寸(D)/旋转(R)]: //指定第二个角点
```

◆面积：该选项提供另一种绘制矩形的方式，即通过确定矩形面积大小的方式绘制矩形。

◆尺寸：该选项通过输入矩形的长和宽确定矩形的大小。

◆旋转：选择该选项，可以指定绘制矩形的旋转角度。

练习 5-16 使用矩形绘制电视机

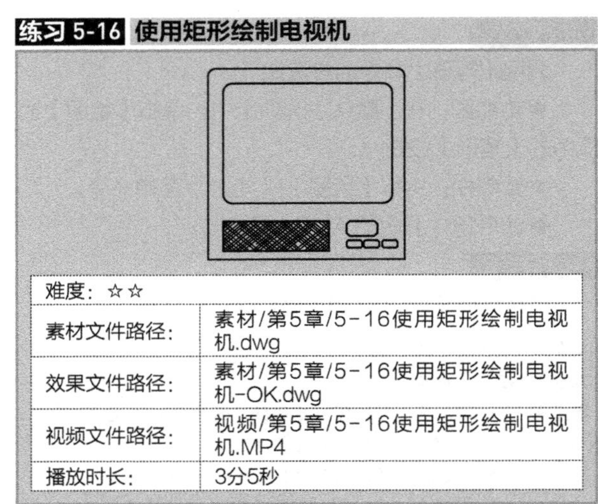

难度：☆☆	
素材文件路径：	素材/第5章/5-16使用矩形绘制电视机.dwg
效果文件路径：	素材/第5章/5-16使用矩形绘制电视机-OK.dwg
视频文件路径：	视频/第5章/5-16使用矩形绘制电视机.MP4
播放时长：	3分5秒

在室内设计中，大多数家具外形都是矩形或矩形的衍生体，如电视、沙发等，因此在 AutoCAD 中推荐使用【矩形】命令来绘制这类图形，并创建图块。

Step 01 单击【快速访问】工具栏中的【打开】按钮，打开“第5章/5-16使用矩形绘制电视机.dwg”文件，如图5-169所示。

Step 02 在【默认】选项卡中，单击【绘图】面板中的【矩形】按钮，绘制出圆角的电视机屏幕矩形，如图5-170所示，命令行提示如下。

```
命令： _RECTANG↙
                          //调用【矩形】命令
指定第一个角点或 [倒角(C)/标高(E)/圆角(F)/厚度(T)/宽度(W)]： F↙                 //激活“圆角”选项
指定矩形的圆角半径 <30.0000>：↙
//按Enter键默认半径尺寸
指定第一个角点或 [倒角(C)/标高(E)/圆角(F)/厚度(T)/宽度(W)]：
//在绘图区合适的位置单击一点确定矩形的第一角点
指定另一个角点或 [面积(A)/尺寸(D)/旋转(R)]： D↙
                                    //激活“尺寸”选项
指定矩形的长度 <500.0000>： 550↙
//指定矩形的长度
指定矩形的宽度 <500.0000>： 400↙
//指定矩形的宽度
指定另一个角点或 [面积(A)/尺寸(D)/旋转(R)]：
//鼠标单击指定矩形的另一个角点，完成矩形的绘制
```

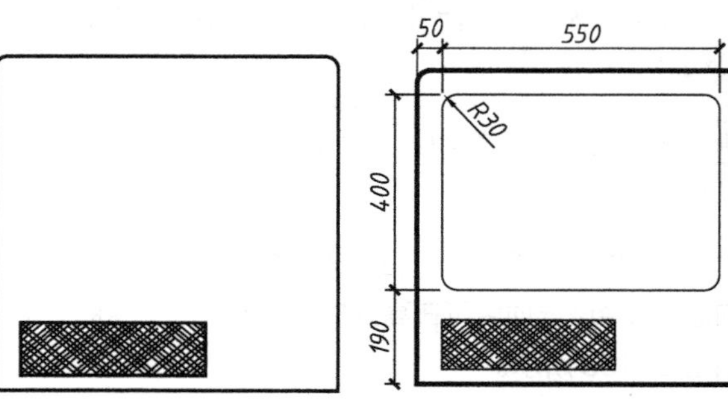

图 5-169 素材文件　　图 5-170 绘制圆角矩形

Step 03 重复调用【矩形】命令，激活【倒角】选项，运用倒角模式绘制矩形按钮，如图5-171所示，命令行提示如下。

```
命令: _RECTANG↙
            //调用【矩形】命令
当前矩形模式: 圆角=30.0000
指定第一个角点或 [倒角(C)/标高(E)/圆角(F)/厚度(T)/宽度(W)]: C↙          //激活“倒角”选项
指定矩形的第一个倒角距离 <30.0000>: 10↙
                                //指定第一个倒角距离10
指定矩形的第二个倒角距离 <30.0000>: 10↙
                                //指定第二个倒角距离10
指定第一个角点或 [倒角(C)/标高(E)/圆角(F)/厚度(T)/宽度(W)]:
//鼠标在绘图区的合适位置单击一点指定矩形的第一角点
指定另一个角点或 [面积(A)/尺寸(D)/旋转(R)]: D↙
                                //激活“尺寸”选项
指定矩形的长度 <550.0000>: 100↙
//输入矩形的长度100
指定矩形的宽度 <400.0000>: 50↙
//输入矩形的宽度50
指定另一个角点或 [面积(A)/尺寸(D)/旋转(R)]:
//鼠标在绘图区单击一点指定矩形的另一个角点
```

Step 04 重复调用【矩形】命令，在图中位置绘制尺寸为50×25的倒角矩形，最终结果如图5-172所示。

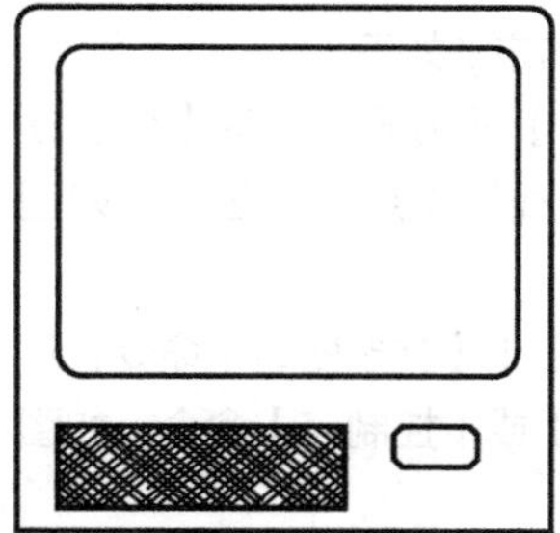
图 5-171 绘制倒角矩形

图 5-172 绘制其他矩形按钮

5.6.2 多边形

正多边形是由 3 条或 3 条以上长度相等的线段首尾相接形成的闭合图形，其边数范围值在 3 ~ 1024，图 5-173 所示为各种正多边形效果。

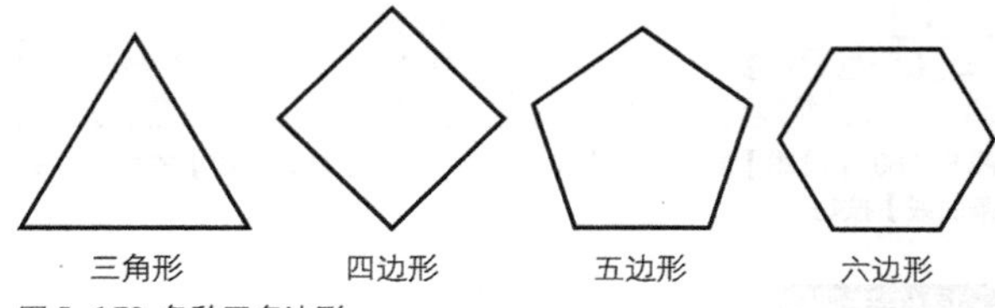

图 5-173 各种正多边形

• 执行方式

启动【多边形】命令有以下 3 种方法。

◆ 功能区：在【默认】选项卡中，单击【绘图】面板中的【多边形】按钮。

◆ 菜单栏：选择【绘图】|【多边形】菜单命令。

◆ 命令行：POLYGON 或 POL。

• 操作步骤

执行【多边形】命令后，命令行将出现如下提示：

```
命令: POLYGON↙
                    //执行【多边形】命令
输入侧面数 <4>:
                    //指定多边形的边数，默认状态为四边形
指定正多边形的中心点或 [边(E)]:
        //确定多边形的一条边来绘制正多边形，由边数和边长确定
输入选项 [内接于圆(I)/外切于圆(C)] <I>:        //选择正多边形的创建方式
指定圆的半径:
                    //指定创建正多边形时的内接于圆或外切于圆的半径
```

• 选项说明

执行【多边形】命令时，在命令行中共有 4 种绘制方法，各方法具体介绍如下。

◆ 中心点：通过指定正多边形中心点的方式来绘制正多边形，为默认方式，如图 5-174 所示。

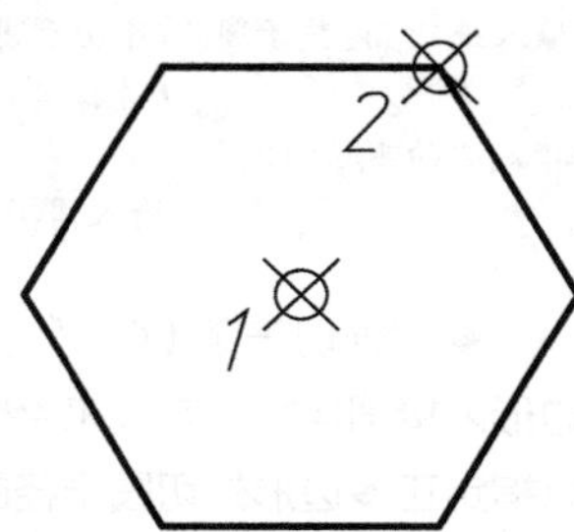

图 5-174 中心点绘制多边形

```
命令: _polygon
输入侧面数 <5>: 6                  //指定边数
指定正多边形的中心点或 [边(E)]:
//指定中心点1
输入选项 [内接于圆(I)/外切于圆(C)] <I>:        //选择多边形创建方式
指定圆的半径: 100
//输入圆半径或指定端点2
```

◆ “边(E)”：通过指定多边形边的方式来绘制正多边形。该方式将通过边的数量和长度确定正多边形，如图 5-175 所示。选择该方式后不可指定“内接于圆”或“外切于圆”选项。

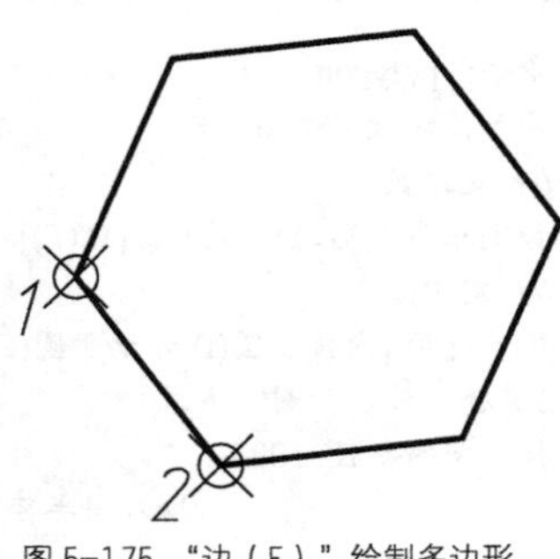

图 5-175 “边(E)”绘制多边形

```
命令: _polygon
输入侧面数 <5>: 6                //指定边数
指定正多边形的中心点或 [边(E)]: E      //选择"边"选项
指定边的第一个端点:               //指定多边形某条边的端点1
指定边的第一个端点:
                                 //指定多边形某条边的端点2
```

◆"内接于圆（I）"：该选项表示以指定正多边形内接圆半径的方式来绘制正多边形，如图5-176所示。

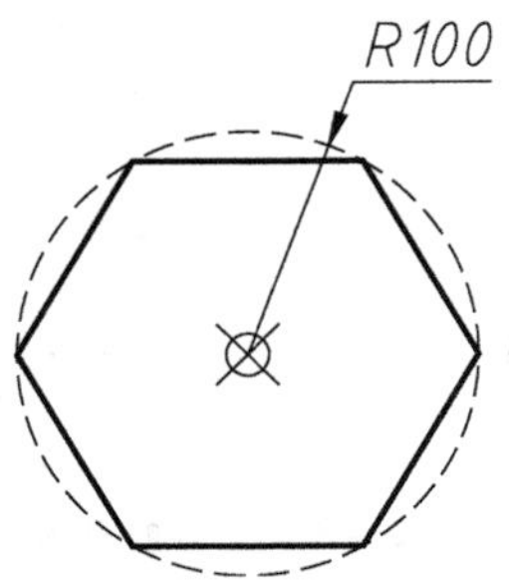

图5-176 "内接于圆（I）"绘制多边形

```
命令: _polygon
输入侧面数 <5>: 6                        //指定边数
指定正多边形的中心点或 [边(E)]:
//指定中心点
输入选项 [内接于圆(I)/外切于圆(C)] <I>:
                      //选择"内接于圆"方式
指定圆的半径: 100
                    //输入圆半径
```

◆"外切于圆（C）"：内接于圆表示以指定正多边形内接圆半径的方式来绘制正多边形；外切于圆表示以指定正多边形外切圆半径的方式来绘制正多边形，如图5-177所示。

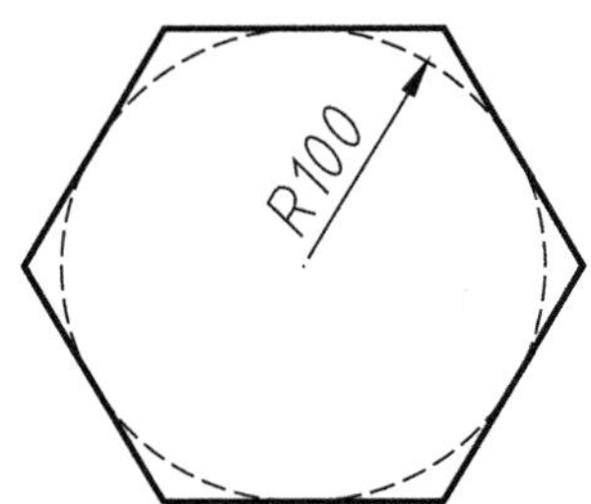

图5-177 "外切于圆（C）"绘制多边形

```
命令: _polygon
输入侧面数 <5>: 6
//指定边数
指定正多边形的中心点或 [边(E)]:
//指定中心点
输入选项 [内接于圆(I)/外切于圆(C)] <I>: C
//选择"外切于圆"方式
指定圆的半径: 100
                    //输入圆半径
```

5.7 其他绘图命令

AutoCAD 2016的功能较以往的版本要强大许多，因此绘图区的命令也更为丰富。除了上面介绍的传统绘图命令之外，还有三维多段线、螺旋线、修订云线等命令。

5.7.1 绘制样条曲线 ★进阶★

在AutoCAD 2016中，样条曲线可分为"拟合点样条曲线"和"控制点样条曲线"两种，"拟合点样条曲线"的拟合点与曲线重合，如图5-178所示；"控制点样条曲线"是通过曲线外的控制点控制曲线的形状，如图5-179所示。

图5-178 拟合点样条曲线

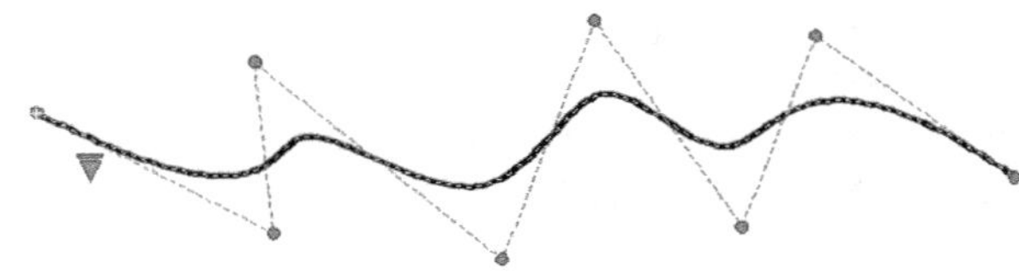

图5-179 控制点样条曲线

·执行方式

调用【样条曲线】命令的方法如下。

◆功能区：单击【绘图】滑出面板上的【样条曲线拟合】按钮或【样条曲线控制点】按钮，如图5-180所示。

◆菜单栏：选择【绘图】|【样条曲线】命令，然后在子菜单中选择【拟合点】或【控制点】命令，如图5-181所示。

◆命令行：SPLINE或SPL。

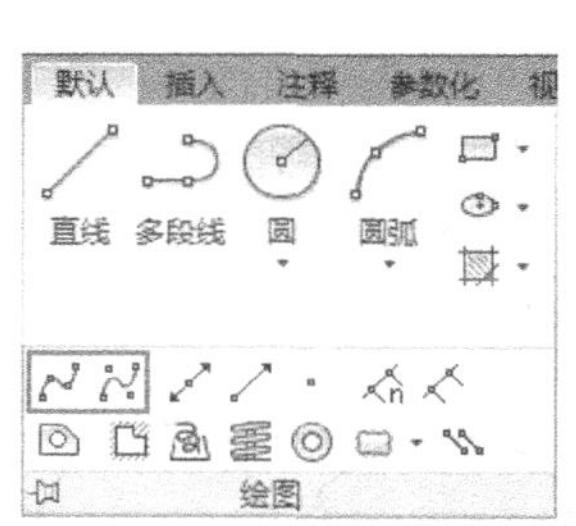

图5-180 【绘图】面板中的【样条曲线】按钮

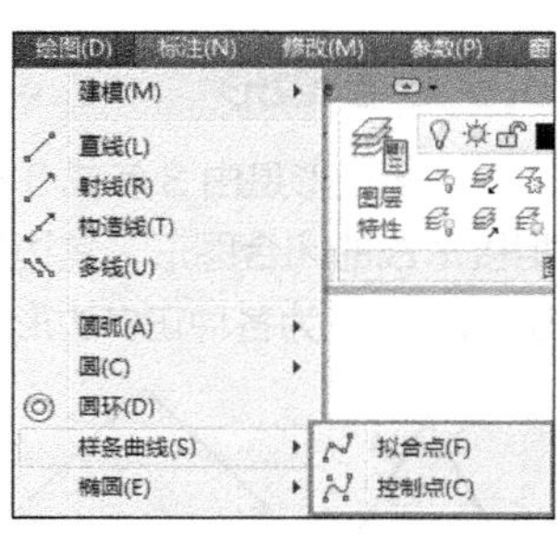

图5-181 【样条曲线】的菜单命令

·操作步骤

执行【样条曲线拟合】命令时，命令行操作介绍如下。

```
命令: _SPLINE
//执行【样条曲线拟合】命令
当前设置: 方式=拟合  节点=弦
                                        //显示当前样条曲线的设置
指定第一个点或 [方式(M)/节点(K)/对象(O)]: _M
                    //系统自动选择
输入样条曲线创建方式 [拟合(F)/控制点(CV)] <拟合>: _FIT
            //系统自动选择"拟合"方式
当前设置: 方式=拟合  节点=弦
                                        //显示当前方式下的样条曲线设置
指定第一个点或 [方式(M)/节点(K)/对象(O)]:
                              //指定样条曲线起点或选择创建方式
输入下一个点或 [起点切向(T)/公差(L)]:
                              //指定样条曲线上的第2点
输入下一个点或 [端点相切(T)/公差(L)/放弃(U)/闭合(C)]:
            //指定样条曲线上的第3点
//要创建样条曲线，最少需指定3个点
```

执行【样条曲线控制点】命令时，命令行操作介绍如下。

```
命令: _SPLINE
//执行【样条曲线控制点】命令
当前设置: 方式=控制点  阶数=3
                              //显示当前样条曲线的设置
指定第一个点或 [方式(M)/阶数(D)/对象(O)]: _M
                    //系统自动选择
输入样条曲线创建方式 [拟合(F)/控制点(CV)] <拟合>: _CV
            //系统自动选择"控制点"方式
当前设置: 方式=控制点  阶数=3
                                             //显示当前方式下的样条曲线设置
指定第一个点或 [方式(M)/阶数(D)/对象(O)]:
                              //指定样条曲线起点或选择创建方式
输入下一个点:
            //指定样条曲线上的第2点
输入下一个点或 [闭合(C)/放弃(U)]:
                              //指定样条曲线上的第3点
```

•选项说明

虽然在 AutoCAD 2016 中，绘制样条曲线有【样条曲线拟合】和【样条曲线控制点】两种方式，但是操作过程却基本一致，只有少数选项有区别（“节点”与“阶数”），因此命令行中各选项均统一介绍如下。

◆ “拟合（F）”：即执行【样条曲线拟合】方式，通过指定样条曲线必须经过的拟合点来创建 3 阶（三次）B 样条曲线。在公差值大于 0（零）时，样条曲线必须在各个点的指定公差距离内。

◆ “控制点（CV）”：即执行【样条曲线控制点】方式，通过指定控制点来创建样条曲线。使用此方法创建 1 阶（线性）、2 阶（二次）、3 阶（三次）直到最高为 10 阶的样条曲线。通过移动控制点调整样条曲线的形状通常可以提供比移动拟合点更好的效果。

◆ “节点（K）”：指定节点参数化，是一种计算方法，用来确定样条曲线中连续拟合点之间的零部件曲线如何过渡。该选项下分 3 个子选项，“弦”“平方根”和“统一”，具体介绍请见本节的“初学解答：样条曲线的节点”。

◆ “阶数（D）”：设置生成的样条曲线的多项式阶数。使用此选项可以创建 1 阶（线性）、2 阶（二次）、3 阶（三次）直到最高 10 阶的样条曲线。

◆ “对象（O）”：执行该选项后，选择二维或三维的、二次或三次的多段线，可将其转换成等效的样条曲线，如图 5-182 所示。

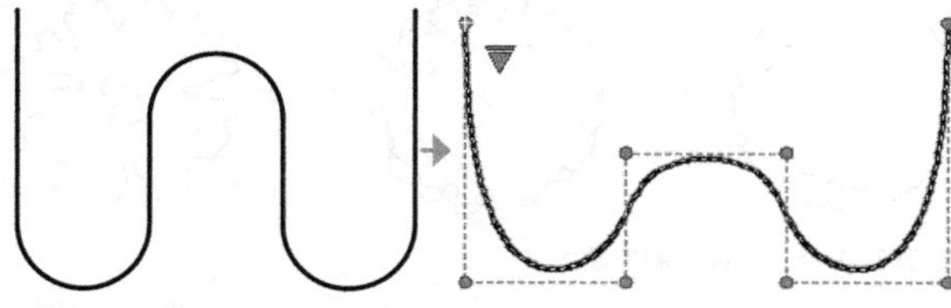

图 5-182 将多段线转为样条曲线

操作技巧

根据 DELOBJ 系统变量的设置，可设置保留或放弃原多段线。

•初学解答 样条曲线的节点

在执行【样条曲线拟合】命令时，指定第一点之前命令行中会出现如下操作提示。

```
指定第一个点或 [方式(M)/节点(K)/对象(O)]:
```

如果选择“节点（K）”选项，则会出现如下提示。其中共 3 个子选项，分别介绍如下。

```
输入节点参数化 [弦(C)/平方根(S)/统一(U)] <弦>:
```

◆ “弦（C）”：（弦长方法）均匀隔开连接每个部件曲线的节点，使每个关联的拟合点对之间的距离成正比，如图 5-183 中的实线所示。

◆ “平方根（S）”：（向心方法）均匀隔开连接每个部件曲线的节点，使每个关联的拟合点对之间的距离的平方根成正比。此方法通常会产生更“柔和”的曲线，如图 5-183 中的虚线所示。

◆ “统一（U）”：（等间距分布方法）。均匀隔开每个零部件曲线的节点，使其相等，而不管拟合点的间距如何。此方法通常可生成泛光化拟合点的曲线，如图 5-183 中的点画线所示。

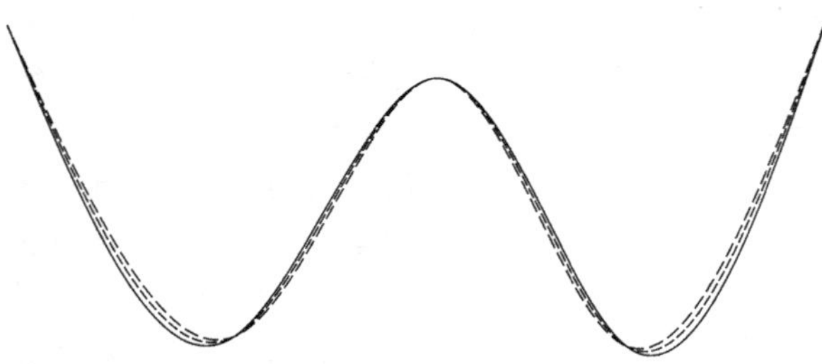

图 5-183 样条曲线中各节点选项效果

5.7.2 修订云线 ★进阶★

修订云线是一类特殊的线条，它的形状类似于云朵，主要用于突出显示图纸中已修改的部分，在绘图中常用于绘制灌木，如图 5-184 所示。其组成参数包括多个控制点、最大弧长和最小弧长。

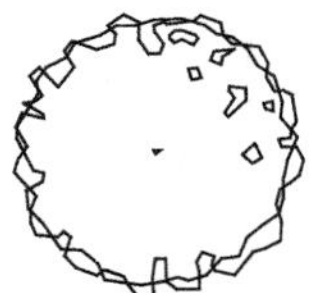

图 5-184 修订云线绘制的灌木

•执行方式

绘制修订云线的方法有以下几种。

◆功能区：单击【绘图】面板中的【矩形】按钮 、【多边形】按钮 、【徒手画】按钮 ，如图 5-185 所示。

◆菜单栏：执行【绘图】|【修订云线】菜单命令，如图 5-186 所示。

◆命令行：REVCLOUD。

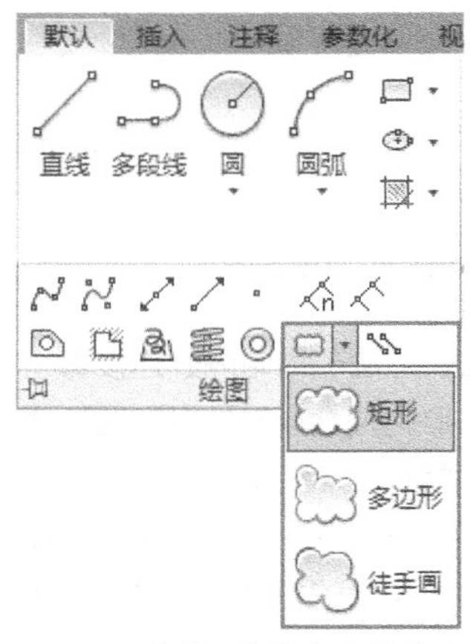

图 5-185 【绘图】面板中的修订云线

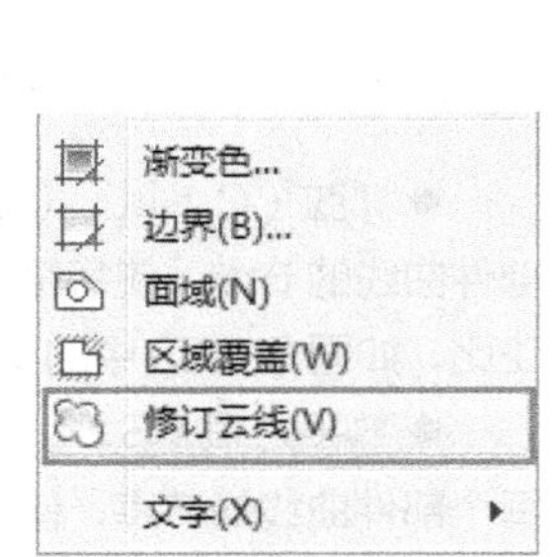

图 5-186 【菜单栏】调用【修订云线】命令

•操作步骤

使用任意方法执行该命令后，命令行都会在前几行出现如下提示。

```
命令: _revcloud
//执行【修订云线】命令
最小弧长: 3  最大弧长: 5  样式: 普通  类型: 多边形
        //显示当前修订云线的设置
指定起点或 [弧长(A)/对象(O)/矩形(R)/多边形(P)/徒手画(F)/样式(S)/修改(M)] <对象>: _F
                    //选择修订云线的创建方法或修改设置
```

•选项说明

其各选项含义如下。

◆ “弧长（A）”：指定修订云线的弧长，选择该选项后可指定最小与最大弧长，其中最大弧长不能超过最小弧长的 3 倍。

◆ “对象（O）”：指定要转换为修订云线的单个闭合对象，如图 5-187 所示。

图 5-187 对象转换

◆ “矩形（R）”：通过绘制矩形创建修订云线，如图 5-188 所示。

图 5-188 “矩形（R）”绘制修订云线

```
命令: _revcloud
最小弧长: 3  最大弧长: 5  样式: 普通  类型: 矩形
指定第一个角点或 [弧长(A)/对象(O)/矩形(R)/多边形(P)/徒手画(F)/样式(S)/修改(M)] <对象>: _R              //选择“矩形”选项
指定第一个角点或 [弧长(A)/对象(O)/矩形(R)/多边形(P)/徒手画(F)/样式(S)/修改(M)] <对象>:
//指定矩形的一个角点1
指定对角点:
                    //指定矩形的对角点2
```

◆ “多边形（P）”：通过绘制多段线创建修订云线，如图 5-189 所示。

图 5-189 “多边形（P）”绘制修订云线

```
命令: _revcloud
指定起点或 [弧长(A)/对象(O)/矩形(R)/多边形(P)/徒手画(F)/样式(S)/修改(M)] <对象>: _P                //选择"多边形"选项
指定起点或 [弧长(A)/对象(O)/矩形(R)/多边形(P)/徒手画(F)/样式(S)/修改(M)] <对象>:
//指定多边形的起点1
指定下一点:
        //指定多边形的第二点2
指定下一点或 [放弃(U)]:                //指定多边形的第三点3
指定下一点或 [放弃(U)]:
```

◆"徒手画(F)":通过绘制自由形状的多段线创建修订云线,如图5-190所示。

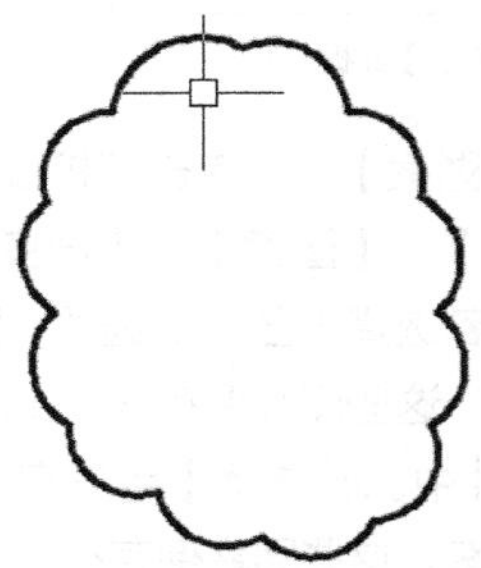

图 5-190 "徒手画(F)"绘制修订云线

```
命令: _revcloud
指定起点或 [弧长(A)/对象(O)/矩形(R)/多边形(P)/徒手画(F)/样式(S)/修改(M)] <对象>: _F                //选择"徒手画"选项
最小弧长: 3  最大弧长: 5  样式: 普通  类型: 徒手画
指定第一个点或 [弧长(A)/对象(O)/矩形(R)/多边形(P)/徒手画(F)/样式(S)/修改(M)] <对象>:                //指定多边形的起点
沿云线路径引导十字光标...指定下一点或 [放弃(U)]:
```

操作技巧

在绘制修订云线时,若不希望它自动闭合,可在绘制过程中将鼠标移动到合适的位置后,单击鼠标右键来结束修订云线的绘制。

◆"样式(S)":用于选择修订云线的样式,选择该选项后,命令提示行将出现"选择圆弧样式[普通(N)/(C)]<普通>:"的提示信息,默认为【普通】选项,如图5-191所示。

◆"修改(M)":对绘制的云线进行修改。

普通

手绘

图 5-191 样式效果

5.8 图案填充与渐变色填充

使用AutoCAD的图案和渐变色填充功能,可以方便地对图案和渐变色填充,以区别不同形体的各个组成部分。

5.8.1 图案填充

在图案填充过程中,用户可以根据实际需求选择不同的填充样式,也可以对已填充的图案进行编辑。

• 执行方式

执行【图案填充】命令的方法有以下常用3种。

◆功能区:在【默认】选项卡中,单击【绘图】面板中的【图案填充】按钮,如图5-192所示。

◆菜单栏:选择【绘图】|【图案填充】菜单命令,如图5-193所示。

◆命令行: BHATCH或CH或H。

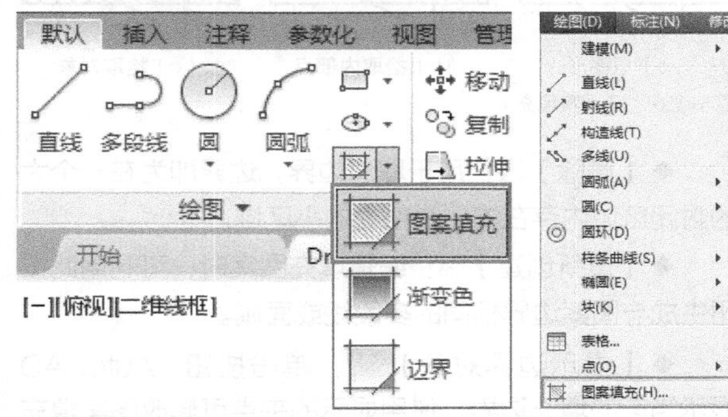

图 5-192 【修改】面板中的【图案填充】按钮

图 5-193 【图案填充】菜单命令

• 操作步骤

在AutoCAD中执行【图案填充】命令后,将显示【图案填充创建】选项卡,如图5-194所示。选择所选的填充图案,在要填充的区域中单击,生成效果预览,然后于空白处单击,或单击【关闭】面板上的【关闭图案填充】按钮即可创建。

图 5-194 【图案填充创建】选项卡

• 选项说明

该选项卡由【边界】、【图案】、【特性】、【原点】、【选项】和【关闭】6个面板组成,分别介绍如下。

【边界】面板

图 5-195 所示为展开【边界】面板中隐藏的选项，其面板中各选项的含义如下。

◆【拾取点】：单击此按钮，然后在填充区域中单击一点，AutoCAD 自动分析边界集，并从中确定包围该店的闭合边界。

◆【选择】：单击此按钮，然后根据封闭区域选择对象确定边界。可通过选择封闭对象的方法确定填充边界，但并不自动检测内部对象，如图 5-196 所示。

图 5-195 【边界】面板

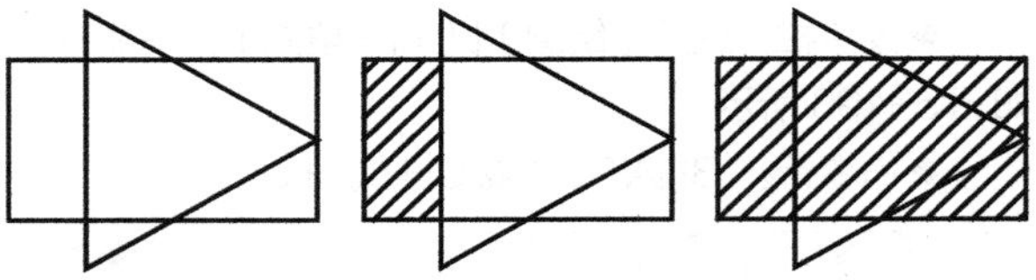

（a）原图形 （b）拾取内部点 （c）拾取对象

图 5-196 创建图案填充

◆【删除】：用于取消边界，边界即为在一个大的封闭区域内存在的一个独立的小区域。

◆【重新创建】：编辑填充图案时，可利用此按钮生成与图案边界相同的多段线或面域。

◆【显示边界对象】：单击按钮，AutoCAD 显示当前的填充边界。使用显示的夹点可修改图案填充边界。

◆【保留边界对象】：创建图案填充时，创建多段线或面域作为图案填充的边缘，并将图案填充对象与其关联。单击下拉按钮，在下拉列表中包括【不保留边界】、【保留边界：多段线】、【保留边界：面域】选项。

◆【选择新边界集】：指定对象的有限集（称为边界集），以便由图案填充的拾取点进行评估。单击下拉按钮，在下拉列表中展开【使用当前视口】选项，根据当前视口范围中的所有对象定义边界集，选择此选项将放弃当前的任何边界集。

【图案】面板

显示所有预定义和自定义图案的预览图案。单击右侧的按钮可展开【图案】面板，拖动滚动条选择所需的填充图案，如图 5-197 所示。

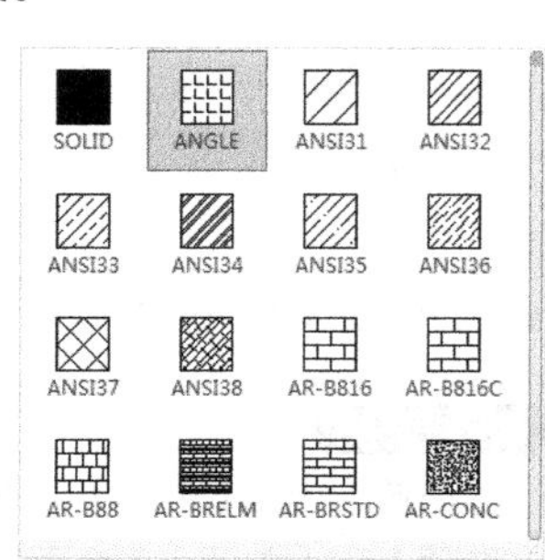

图 5-197 【图案】面板

【特性】面板

图 5-198 所示为展开的【特性】面板中的隐藏选项，其各选项含义如下。

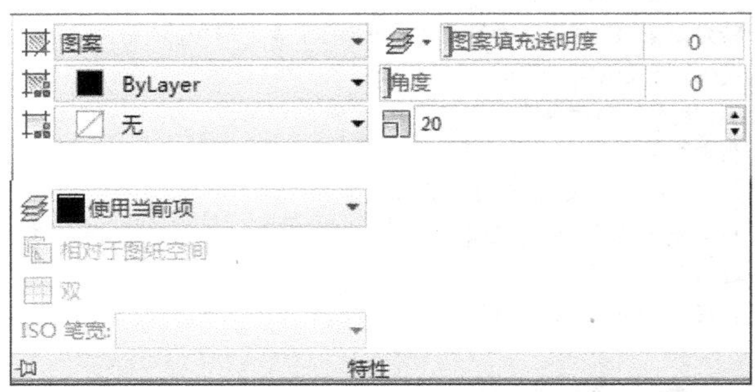

图 5-198 【特性】面板

◆【图案】：单击下拉按钮，在下拉列表中包括【实体】、【图案】、【渐变色】、【用户定义】4 个选项。若选择【图案】选项，则使用 AutoCAD 预定义的图案，这些图案保存在“acad.pat”和“acadiso.pat”文件中。若选择【用户定义】选项，则采用用户定制的图案，这些图案保存在“.pat”类型文件中。

◆【颜色】（图案填充颜色）/（背景色）：单击下拉按钮，在弹出的下拉列表中选择需要的图案颜色和背景颜色，默认状态下为无背景颜色，如图 5-199 与图 5-200 所示。

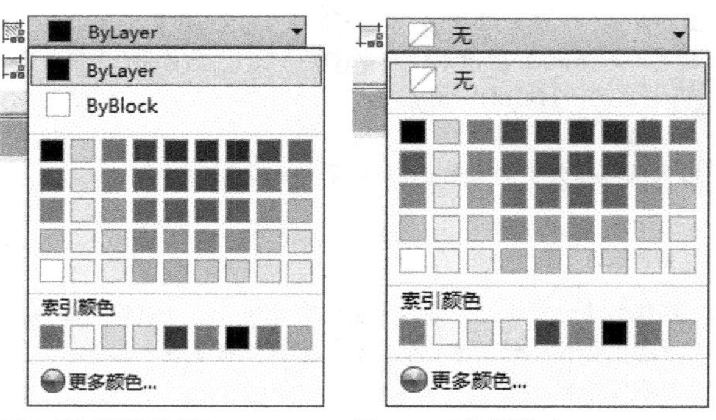

图 5-199 选择图案颜色　　图 5-200 选择背景颜色

◆【图案填充透明度】：通过拖动滑块，可以设置填充图案的透明度，如图 5-201 所示。设置完透明度之后，需要单击状态栏中的【显示 / 隐藏透明度】按钮，透明度才能显示出来。

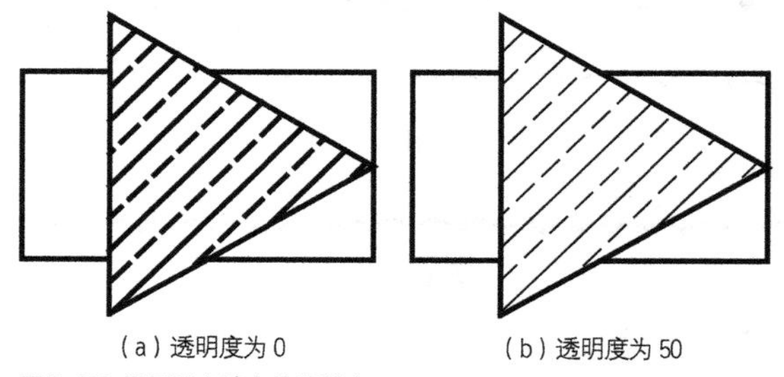

（a）透明度为 0　　（b）透明度为 50

图 5-201 设置图案填充的透明度

◆【角度】：通过拖动滑块，可以设置图案的填充角度，如图 5-202 所示。

◆【比例】：通过在文本框中输入比例值，可以设置缩放图案的比例，如图 5-203 所示。

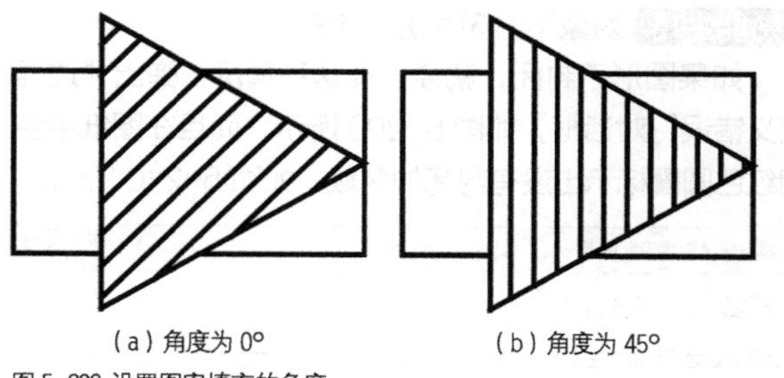

（a）角度为 0°　　（b）角度为 45°

图 5-202 设置图案填充的角度

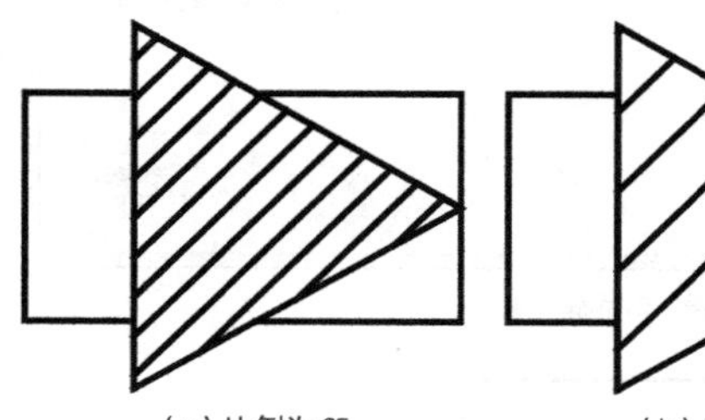

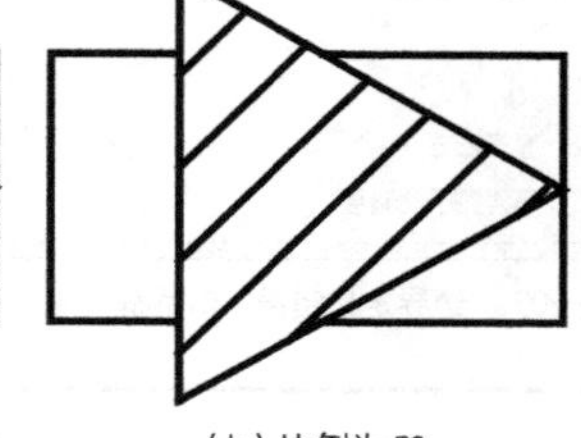

（a）比例为 25　　（b）比例为 50

图 5-203 设置图案填充的比例

◆【图层】：在右方的下拉列表中可以指定图案填充所在的图层。

◆【相对于图纸空间】：适用于布局。用于设置相对于布局空间单位缩放图案。

◆【双】：只有在【用户定义】选项时才可用。用于将绘制两组相互呈 90° 的直线填充图案，从而构成交叉线填充图案。

◆【ISO 笔宽】：设置基于选定笔宽缩放 ISO 预定义图案。只有图案设置为 ISO 图案的一种时才可用。

【原点】面板

图 5-204 所示是【原点】展开隐藏的面板选项，指定原点的位置有【左下】、【右下】、【左上】、【右上】、【中心】、【使用当前原点】6 种方式。

◆【设定原点】：指定新的图案填充原点，如图 5-205 所示。

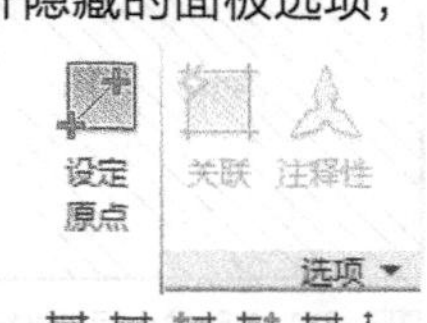

图 5-204 【原点】面板

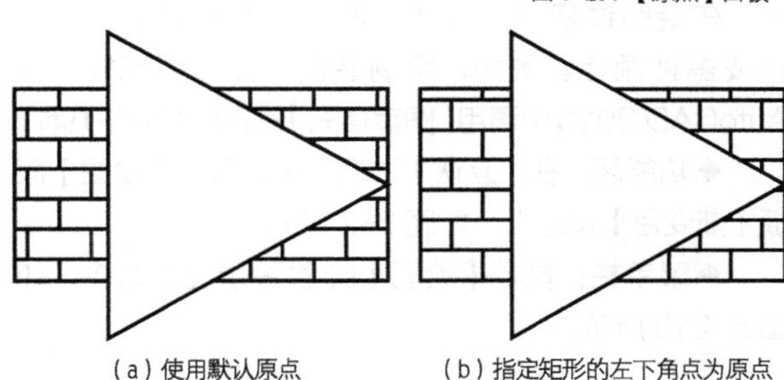

（a）使用默认原点　　（b）指定矩形的左下角点为原点

图 5-205 设置图案填充的原点

【选项】面板

图 5-206 所示为展开的【选项】面板中的隐藏选项，其各选项含义如下。

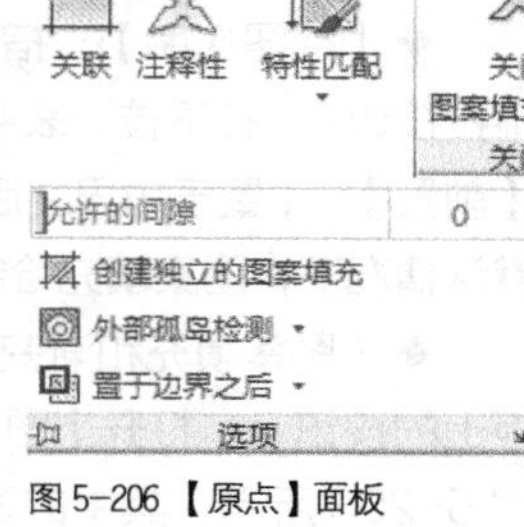

图 5-206 【原点】面板

◆【关联】：控制当用户修改当期图案时是否自动更新图案填充。

◆【注释性】：指定图案填充为可注释特性。单击信息图标以了解相关注释性对象的更多信息。

◆【特性匹配】：使用选定图案填充对象的特性设置图案填充的特性，图案填充原点除外。单击下拉按钮，在下拉列表中包括【使用当前原点】和【使用原图案原点】选项。

◆【允许的间隙】：指定要在几何对象之间桥接最大的间隙，这些对象经过延伸后将闭合边界。

◆【创建独立的图案填充】：一次在多个闭合边界创建的填充图案是各自独立的。选择时，这些图案是单一对象。

◆【孤岛】：在闭合区域内的另一个闭合区域。单击下拉按钮，在下拉列表中包含【无孤岛检测】、【普通孤岛检测】、【外部孤岛检测】和【忽略孤岛检测】，如图 5-207 所示。其中各选项的含义如下。

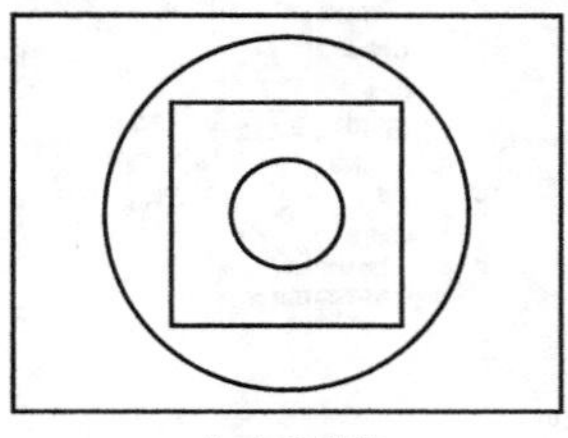

（a）无填充　　（b）普通填充方式

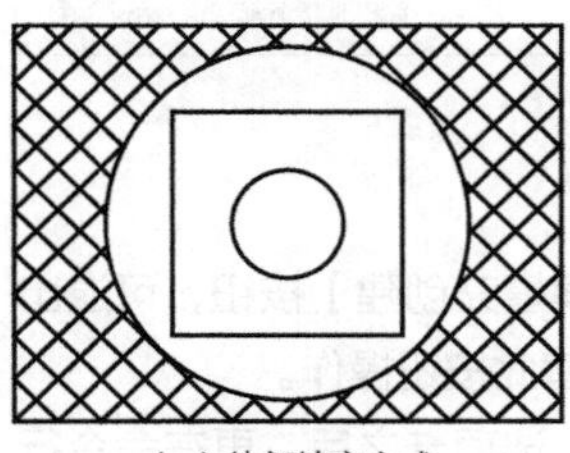

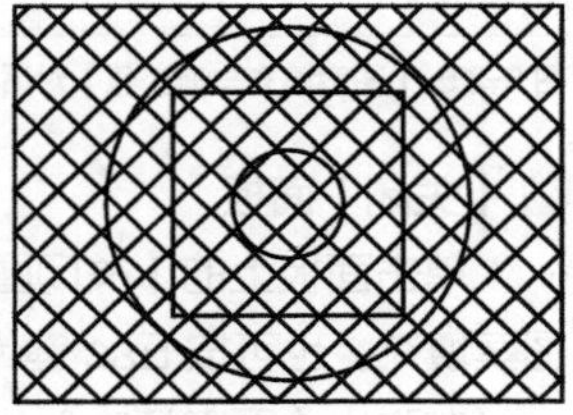

（c）外部填充方式　　（d）忽略填充方式

图 5-207 孤岛的 4 种显示方式

（a）无孤岛检测：关闭以使用传统孤岛检测方法。

（b）普通：从外部边界向内填充，即第一层填充，第二层不填充。

（c）外部：从外部边界向内填充，即只填充从最外边界向内第一边界之间的区域。

（d）忽略：忽略最外层边界包含的其他任何边界，

从最外层边界向内填充全部图形。

◆【绘图次序】：指定图案填充的创建顺序。单击下拉按钮▾，在下拉列表中包括【不指定】、【后置】、【前置】、【置于边界之后】、【置于边界之前】选项。默认情况下，图案填充绘制次序是置于边界之后。

◆【图案填充和渐变色】对话框：单击【选项】面板上的按钮↘，打开【图案填充与渐变色】对话框，如图5-208所示。其中的选项与【图案填充创建】选项卡中的选项基本相同。

图5-208 【图案填充与渐变色】对话框

【关闭】面板

单击面板上的【关闭图案填充创建】按钮，可退出图案填充。也可按Esc键代替此按钮操作。

在弹出【图案填充创建】选项卡之后，再在命令行中输入T，即可进入设置界面，即打开【图案填充和渐变色】对话框。单击该对话框右下角的【更多选项】按钮⊙，展开图5-208所示的对话框，显示出更多选项。对话框中的选项含义与【图案填充创建】选项卡基本相同，不再赘述。

·初学解答 图案填充找不到范围

在使用【图案填充】命令时常碰到找不到线段封闭范围的情况，尤其是文件本身比较大的时候。此时可以采用【Layiso】（图层隔离）命令让欲填充的范围线所在的层"孤立"或"冻结"，再用【图案填充】命令就可以快速找到所需填充范围。

·熟能生巧 对象不封闭时进行填充

如果图形不封闭，就会出现这种情况，弹出"边界定义错误"对话框，如图5-209所示；而且在图纸中会用红色圆圈标示出没有封闭的区域，如图5-210所示。

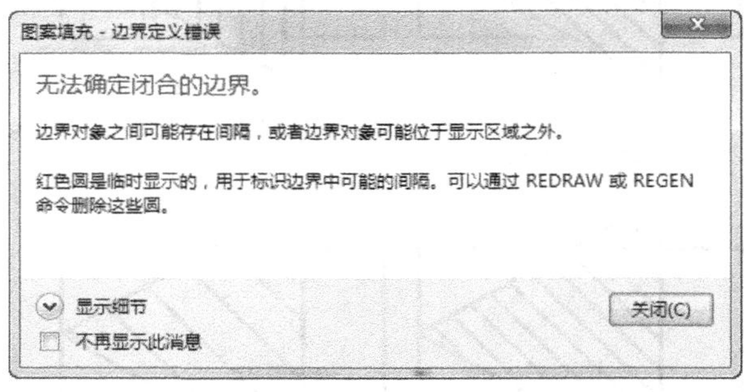

图5-209 "边界定义错误"对话框

图5-210 红色圆圈圈出未封闭区域

这时可以在命令行中输入【Hpgaptol】，即可输入一个新的数值，用以指定图案填充时可忽略的最小间隙，小于输入数值的间隙都不会影响填充效果，结果如图5-211所示。

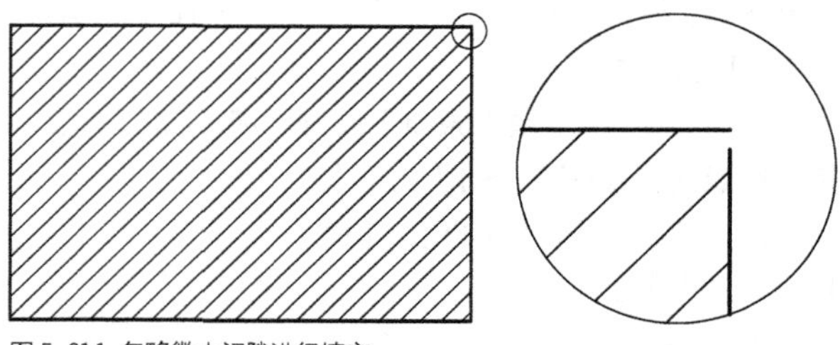

图5-211 忽略微小间隙进行填充

5.8.2 渐变色填充

在绘图过程中，有些图形在填充时需要用到一种或多种颜色。例如，绘制装潢、美工图纸等。在AutoCAD 2016中调用【图案填充】的方法有如下几种。

◆功能区：在【默认】选项卡中，单击【绘图】面板【渐变色】按钮▦，如图5-212所示。

◆菜单栏：执行【绘图】|【图案填充】命令，如图5-213所示。

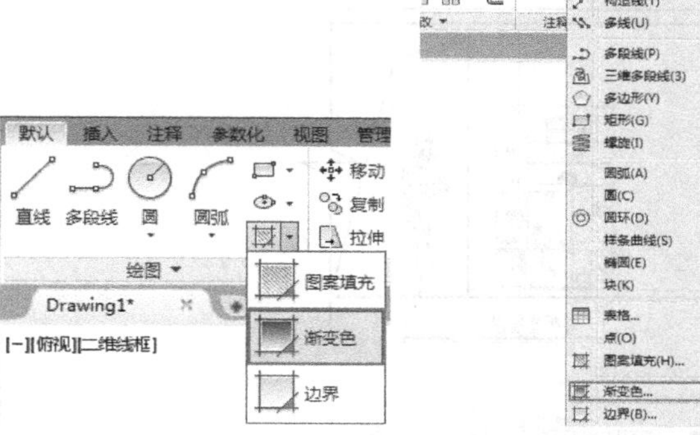

图 5-212 【修改】面板中的【渐变色】按钮　图 5-213 【渐变色】菜单命令

执行【渐变色】填充操作后，将弹出图 5-214 所示的【图案填充创建】选项卡。该选项卡同样由【边界】、【图案】等 6 个面板组成，只是图案换成了渐变色，各面板功能与之前介绍过的图案填充一致，在此不重复介绍。

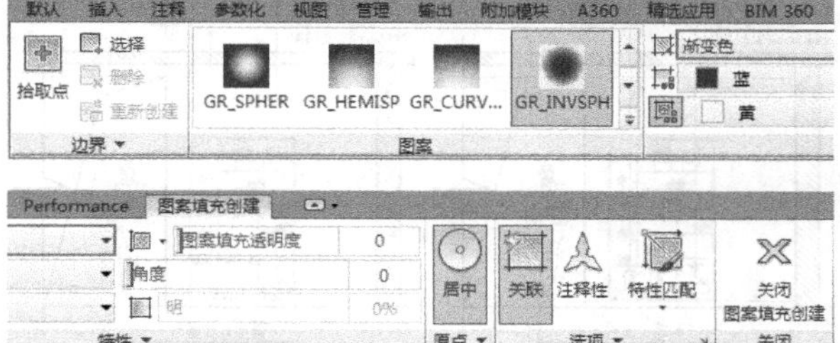

图 5-214 【图案填充创建】选项卡

如果在命令行提示“拾取内部点或 [选择对象 (S)/ 放弃 (U)/ 设置 (T)]:”时，激活【设置（T）】选项，将打开图 5-215 所示的【图案填充和渐变色】对话框，并自动切换到【渐变色】选项卡。

该对话框中常用选项含义如下。

◆【单色】：指定的颜色将从高饱和度的单色平滑过渡到透明的填充方式。

◆【双色】：指定的两种颜色进行平滑过渡的填充方式，如图 5-216 所示。

◆【颜色样本】：设定渐变填充的颜色。单击浏览按钮打开【选择颜色】对话框，从中选择 AutoCAD 索引颜色（AIC）、真彩色或配色系统颜色。显示的默认颜色为图形的当前颜色。

◆【渐变样式】：在渐变区域有 9 种固定渐变填充的图案，这些图案包括径向渐变、线性渐变等。

◆【向列表框】：在该列表框中，可以设置渐变色的角度及其是否居中。

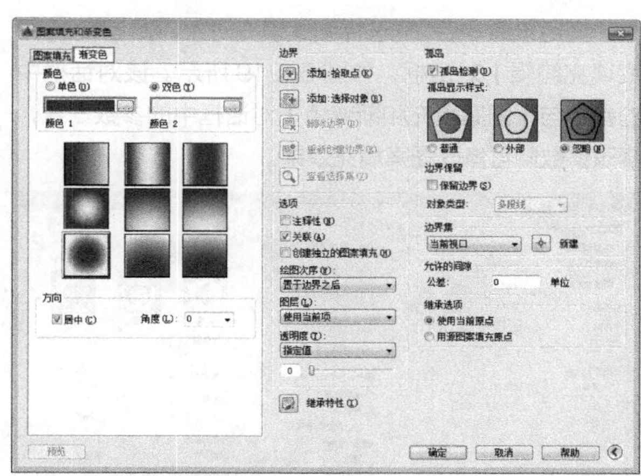

图 5-215 【渐变色】选项卡

图 5-216 渐变色填充效果

5.8.3 编辑填充的图案

在为图形填充了图案后，如果对填充效果不满意，还可以通过【编辑图案填充】命令对其进行编辑。可编辑内容包括填充比例、旋转角度和填充图案等。AutoCAD 2016 增强了图案填充的编辑功能，可以同时选择并编辑多个图案填充对象。

执行【编辑图案填充】命令的方法有以下常用的6种。

◆功能区：在【默认】选项卡中，单击【修改】面板中的【编辑图案填充】按钮，如图 5-217 所示。

◆菜单栏：选择【修改】|【对象】|【图案填充】菜单命令，如图 5-218 所示。

◆命令行：HATCHEDIT 或 HE。

◆快捷操作 1：在要编辑的对象上单击鼠标右键，在弹出的右键快捷菜单中选择【图案填充编辑】选项。

◆快捷操作 2：在绘图区双击要编辑的图案填充对象。

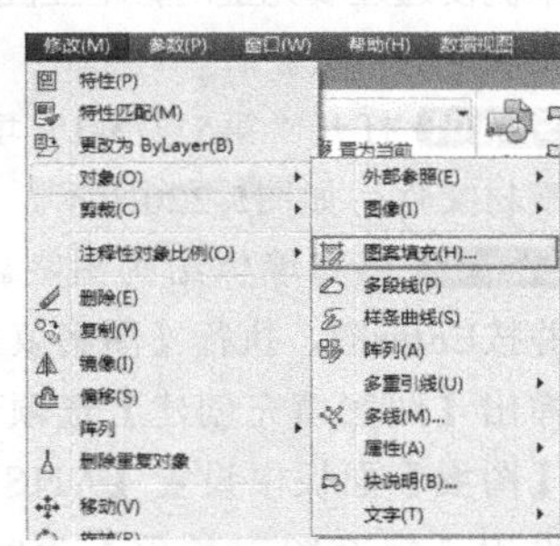

图 5-217 【修改】面板中的【编辑图案填充】按钮　图 5-218 【图案填充】菜单命令

调用该命令后，先选择图案填充对象，系统弹出【图案填充编辑】对话框，如图 5-219 所示。该对话框中的参数与【图案填充和渐变色】对话框中的参数一致，修改参数即可修改图案填充效果。

图 5-219 【图案填充编辑】对话框

练习 5-17 填充室内鞋柜立面

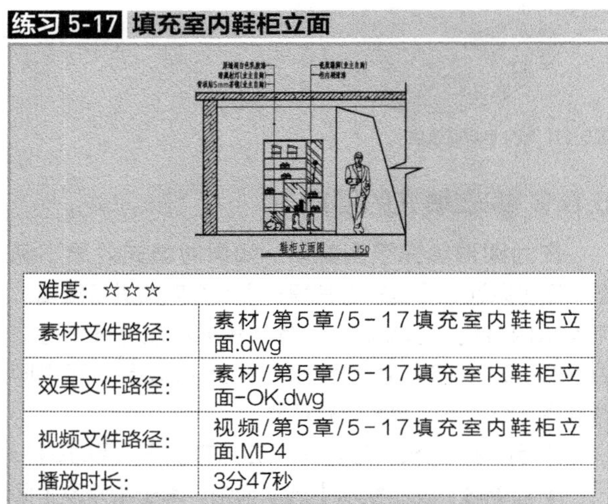

难度：☆☆☆	
素材文件路径：	素材/第5章/5-17填充室内鞋柜立面.dwg
效果文件路径：	素材/第5章/5-17填充室内鞋柜立面-OK.dwg
视频文件路径：	视频/第5章/5-17填充室内鞋柜立面.MP4
播放时长：	3分47秒

室内设计是否美观，很大程度上取决于它在主要立面上的艺术处理，包括造型与装修是否优美。在设计阶段中，立面图便主要是用来研究这种艺术处理的，主要反映房屋的外貌和立面装修的做法。因此室内立面图的绘制，很大程度上需要通过填充来表达这种装修做法。本例便通过填充室内鞋柜立面，让读者可以熟练掌握图案填充的方法。

Step 01 打开“第5章/5-17 填充室内鞋柜立面.dwg”素材文件，如图5-220所示。

Step 02 填充墙体结构图案。在命令行中输入“H”并按Enter键，执行【图案填充】命令，系统在面板上弹出【图案填充创建】选项卡，如图5-221所示，在【图案】面板中设置【ANSI31】，【特性】面板中设置【填充图案颜色】为8，【填充图案比例】为10，设置完成后，拾取墙体为内部拾取点填充，按空格键退出，填充效果如图5-222所示。

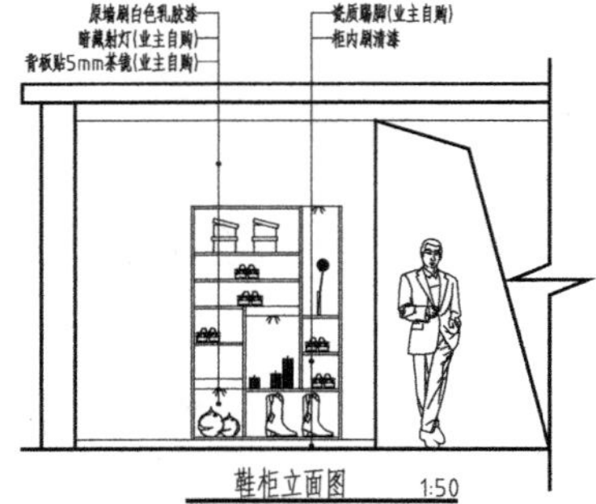

图 5-220 素材图形

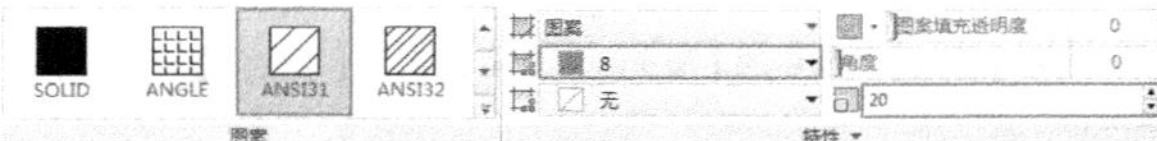

图 5-221 【图案填充创建】选项卡

Step 03 继续填充墙体结构图案。按空格键再次调用【图案填充】命令，选择【图案】为【AR-CON】，【填充图案颜色】为8，【填充图案比例】为1，填充效果如图5-223所示。

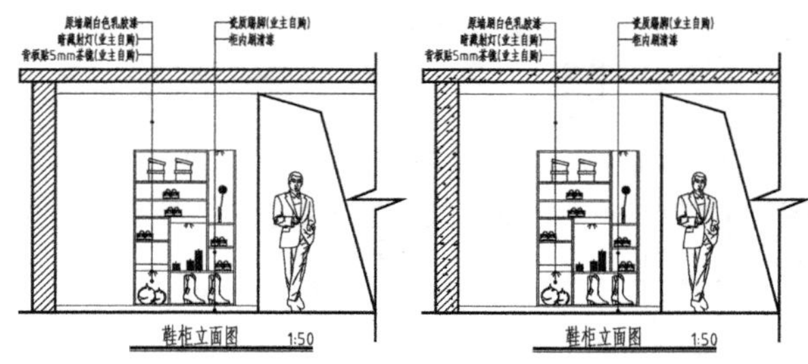

图 5-222 填充墙体钢筋　　图 5-223 填充墙体混凝土

Step 04 填充鞋柜背景墙面。按空格键再次调用【图案填充】命令，选择【图案】为【AR-SAND】，【填充图案颜色】为8，【填充图案比例】为3，填充效果如图5-224所示。

Step 05 填充鞋柜玻璃。按空格键再次调用【图案填充】命令，选择【图案】为【AR-RROOF】，【填充图案颜色】为8，【填充图案比例】为10，最终填充效果如图5-225所示。

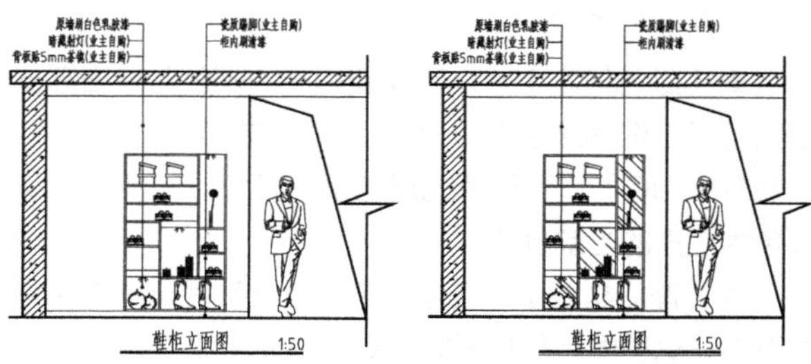

图 5-224 鞋柜背景墙面　　图 5-225 填充鞋柜

第 6 章 图形编辑

前面章节学习了各种图形对象的绘制方法，为了创建图形的更多细节特征以及提高绘图的效率，AutoCAD 提供了许多编辑命令，常用的有：【移动】、【复制】、【修剪】、【倒角】与【圆角】等。本章讲解这些命令的使用方法，以进一步提高读者绘制复杂图形的能力。

使用编辑命令，能够方便地改变图形的大小、位置、方向、数量及形状，从而绘制出更为复杂的图形。常用的编辑命令均集中在【默认】选项卡的【修改】面板中，如图 6-1 所示。

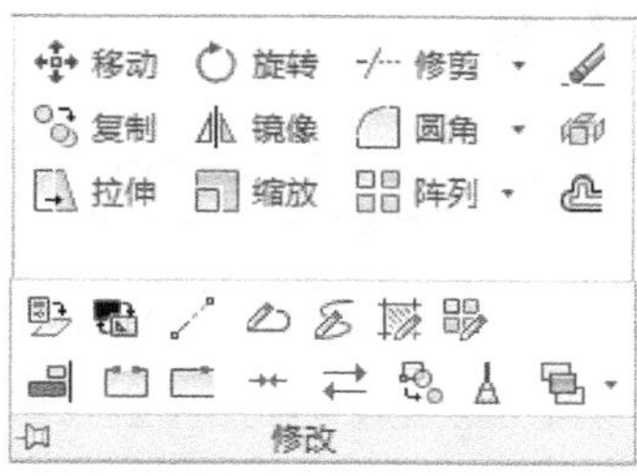

图 6-1 【修改】面板中的编辑命令

6.1 图形修剪类

AutoCAD 绘图不可能一蹴而就，要想得到最终的完整图形，自然需要用到各种修剪命令将多余的部分剪去或删除，因此修剪类命令是 AutoCAD 编辑命令中最为常用的一类。

6.1.1 修剪 ★重点★

【修剪】命令是将超出边界的多余部分修剪删除掉，与橡皮擦的功能相似。【修剪】操作可以修剪直线、圆、弧、多段线、样条曲线和射线等。在调用命令的过程中，需要设置的参数有“修剪边界”和“修剪对象”两类。要注意的是在选择修剪对象时光标所在的位置。需要删除哪一部分，则在该部分上单击。

• 执行方式

在 AutoCAD 2016 中，【修剪】命令有以下几种常用调用方法。

◆ 功能区：单击【修改】面板中的【修剪】按钮，如图 6-2 所示。

◆ 菜单栏：执行【修改】|【修剪】命令，如图 6-3 所示。

◆ 命令行：TRIM 或 TR。

图 6-2 【修改】面板中的【修剪】按钮　图 6-3 【修剪】菜单命令

• 操作步骤

执行上述任一命令后，选择作为剪切边的对象（可以是多个对象），命令行提示如下。

```
当前设置:投影=UCS, 边=无
选择边界的边...
选择对象或 <全部选择>:                    //鼠标选择要作为边界的对象
选择对象:                                //可以继续选择对象或按Enter键结束选择
选择要延伸的对象, 或按住 Shift 键选择要延伸的对象, 或
[栏选(F)/窗交(C)/投影(P)/边(E)/放弃(U)]:
//选择要修剪的对象
```

• 选项说明

执行【修剪】命令、并选择对象之后，在命令行中会出现一些选择类的选项。这些选项的含义如下。

◆ “栏选（F）”：用栏选的方式选择要修剪的对象，如图 6-4 所示。

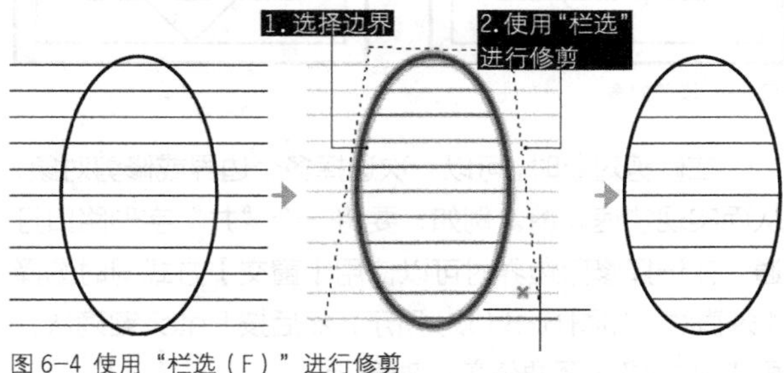

图 6-4 使用“栏选（F）”进行修剪

◆ “窗交（C）”：用窗交方式选择要修剪的对象，如图 6-5 所示。

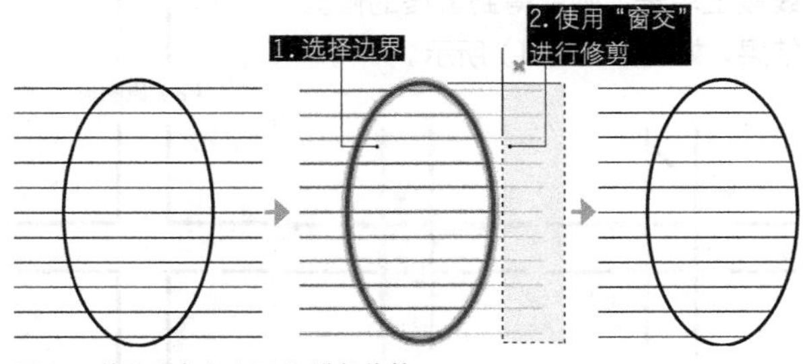

图 6-5 使用“窗交（C）”进行修剪

◆ “投影(P)”：用以指定修剪对象时使用的投影方式，即选择进行修剪的空间。

◆ “边(E)”：指定修剪对象时是否使用【延伸】模式，默认选项为【不延伸】模式，即修剪对象必须与修剪边界相交才能够修剪。如果选择【延伸】模式，则修剪对象与修剪边界的延伸线相交即可被修剪。例如，图 6-6 所示的圆弧，使用【延伸】模式才能够被修剪。

◆ “放弃(U)”：放弃上一次的修剪操作。

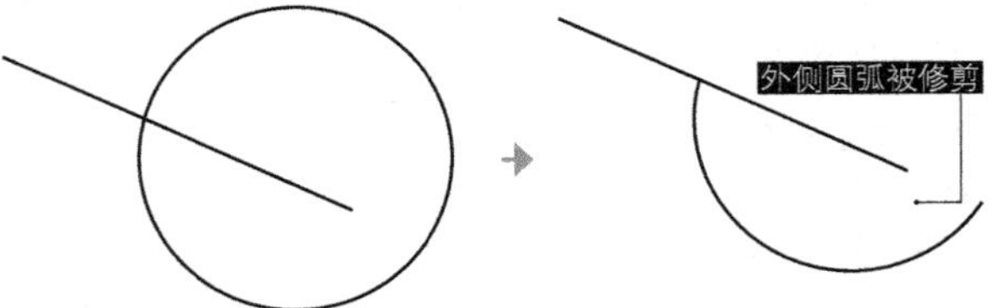

图 6-6 延伸模式修剪效果

·熟能生巧 快速修剪

剪切边也可以同时作为被剪边。默认情况下，选择要修剪的对象（即选择被剪边），系统将以剪切边为界，将被剪切对象上位于拾取点一侧的部分剪切掉。

利用【修剪】工具可以快速完成图形中多余线段的删除效果，如图 6-7 所示。

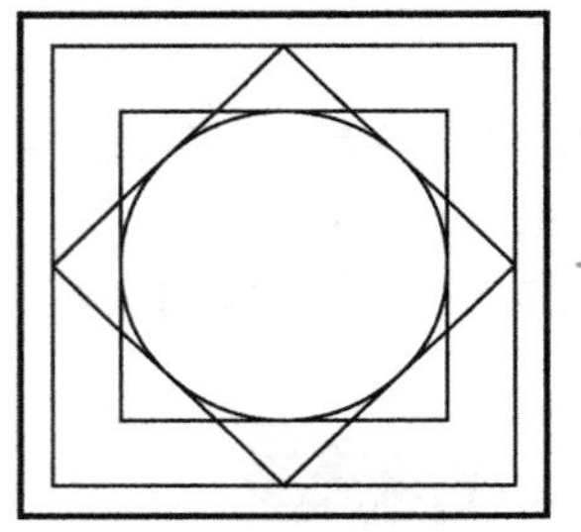
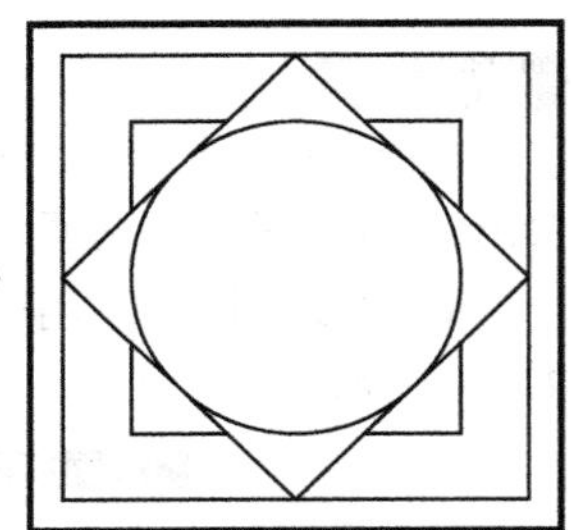

图 6-7 修剪对象

在修剪对象时，可以一次选择多个边界或修剪对象，从而实现快速修剪。例如，要将一个“井”字形路口打通，在选择修剪边界时可以使用【窗交】方式同时选择 4 条直线，如图 6-8（b）所示；然后按 Enter 键确认，再将光标移动至要修剪的对象上，如图 6-8（c）所示；单击鼠标左键即可完成一次修剪，依次在其他线段上单击，则能得到最终的修剪结果，如图 6-8（d）所示。

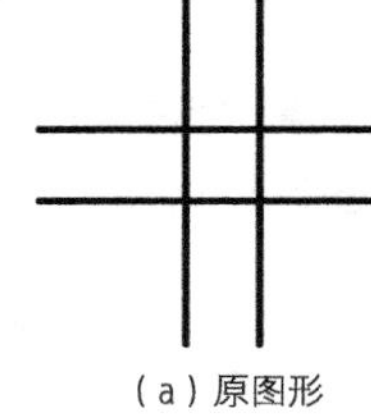

（a）原图形

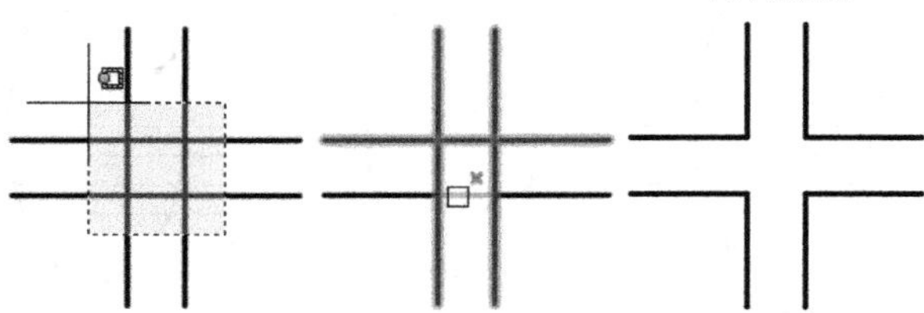

（b）选择所有对象 （c）选择需要修剪的对象 （d）修剪结果

图 6-8 一次修剪多个对象

练习 6-1 修剪餐桌填充图案

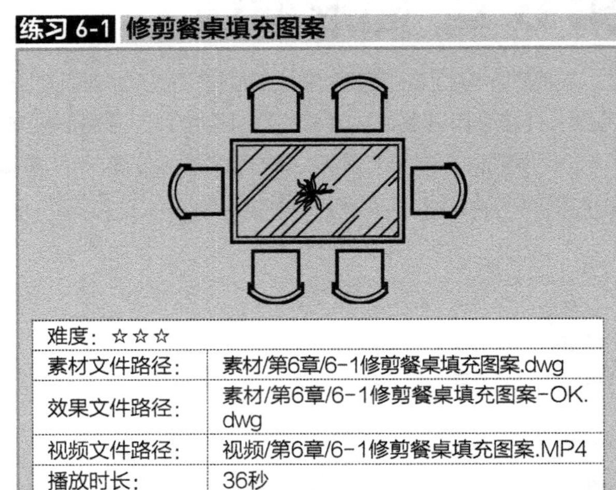

难度：☆☆☆	
素材文件路径：	素材/第6章/6-1修剪餐桌填充图案.dwg
效果文件路径：	素材/第6章/6-1修剪餐桌填充图案-OK.dwg
视频文件路径：	视频/第6章/6-1修剪餐桌填充图案.MP4
播放时长：	36秒

餐桌是专供人吃饭的桌子，如图 6-9 所示。独居时，家中空间如果不大，那么餐桌的长度最好不要超过 1.2m；两人世界则适合 1.4m~1.6m 的餐桌。下面讲解使用 AutoCAD 修剪餐桌图形。

Step 01 打开“第6章/6-1修剪餐桌填充图案.dwg”素材文件，其中已经绘制好了餐桌图形，如图6-10所示，只需修剪完善即可。

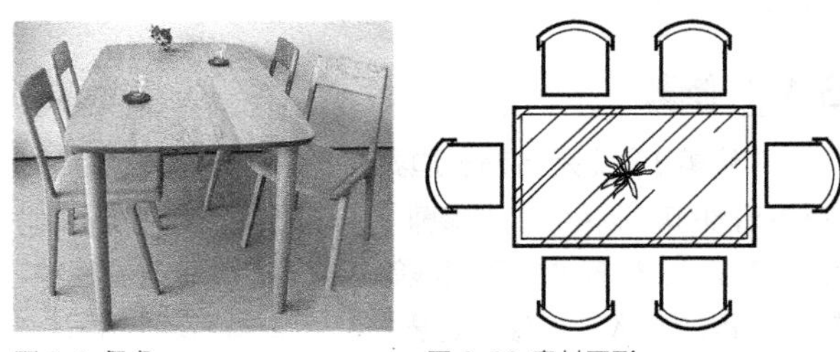

图 6-9 餐桌 图 6-10 素材图形

Step 02 修剪填充图案。在命令行中输入“TR”，执行【修剪】命令，根据命令行提示进行修剪操作，结果如图6-13所示，命令行操作如下。

```
命令: _trim
当前设置: 投影=UCS, 边=无    选择剪切边...
//选择剪切边，如图6-11所示
选择对象或 <全部选择>: 找到1个
//选择对象，如图6-12所示         选择对象:
选择要修剪的对象，或按住 Shift 键选择要延伸的对象，或
[栏选(F)/窗交(C)/投影(P)/边(E)/删除(R)/放弃(U)]:
            //按Esc键退出绘制
```

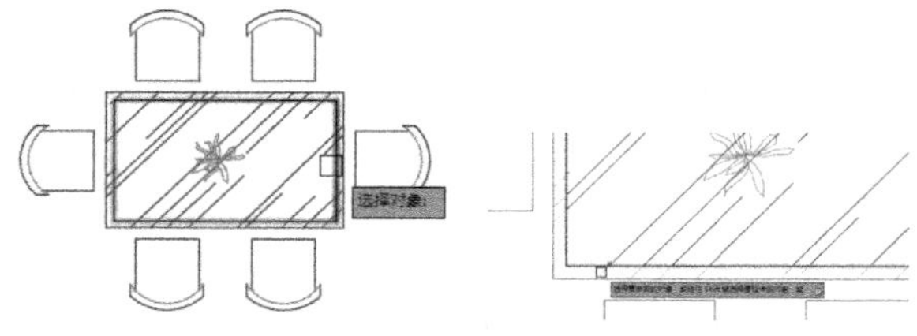

图 6-11 选择剪切边 图 6-12 选择对象

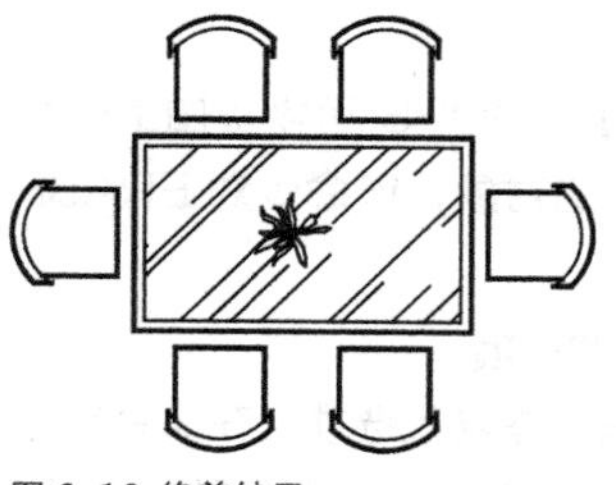

图 6-13 修剪结果

6.1.2 延伸

【延伸】命令是将没有和边界相交的部分延伸补齐，它和【修剪】命令是一组相对的命令。在调用命令的过程中，需要设置的参数有延伸边界和延伸对象两类。【延伸】命令的使用方法与【修剪】命令的使用方法相似。在使用延伸命令时，如果在按下 Shift 键的同时选择对象，则可以切换执行【修剪】命令。

• 执行方式

在 AutoCAD 2016 中，【延伸】命令有以下几种常用调用方法。

◆功能区：单击【修改】面板中的【延伸】按钮 ，如图 6-14 所示。

◆菜单栏：执行【修改】|【延伸】命令，如图 6-15 所示。

◆命令行：EXTEND 或 EX。

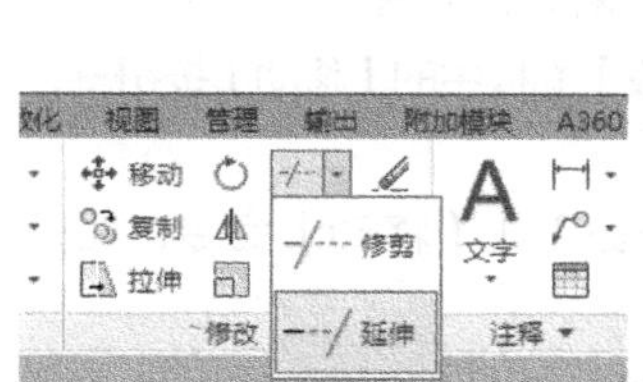

图 6-14 【修改】面板中的【延伸】按钮

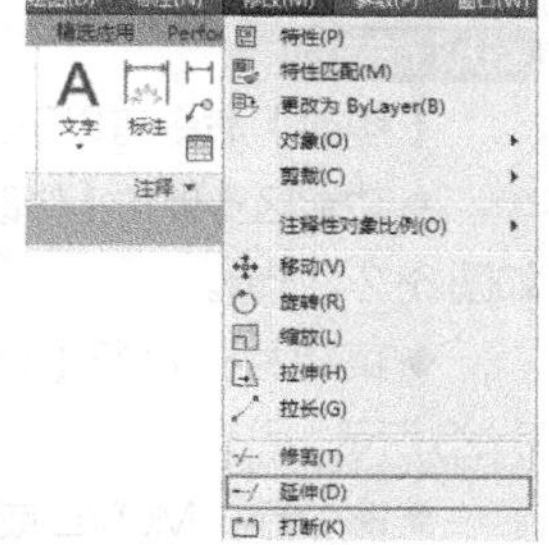

图 6-15 【延伸】菜单命令

• 操作步骤

执行【延伸】命令后，选择要的对象（可以是多个对象），命令行提示如下。

```
选择要修剪的对象，或按住 Shift 键选择要修剪的对象，或
[栏选(F)/窗交(C)/投影(P)/边(E)/删除(R)/放弃(U)]:
```

选择延伸对象时，需要注意延伸方向的选择。朝哪个边界延伸，则在靠近边界的那部分上单击。如图 6-16 所示，将直线 AB 延伸至边界直线 M 时，需要在 A 端单击直线，将直线 AB 延伸到直线 N 时，则在 B 端单击直线。

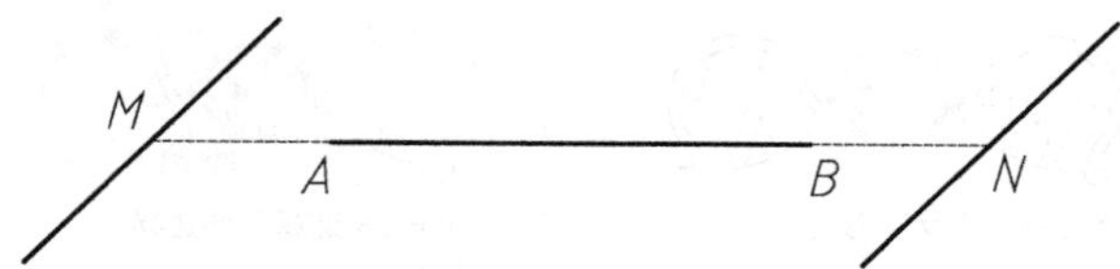

图 6-16 使用【延伸】命令延伸直线

操作技巧

命令行中各选项的含义与【修剪】命令相同，在此不多加赘述。

练习 6-2 使用延伸完善休闲桌椅图形

难度：☆☆☆	
素材文件路径：	素材/第6章/6-2延伸完善休闲桌椅图形.dwg
效果文件路径：	素材/第6章/6-2延伸完善休闲桌椅图形-OK.dwg
视频文件路径：	视频/第6章/6-2延伸完善休闲桌椅图形.MP4
播放时长：	47秒

休闲桌椅就是我们平常享受闲暇时光用的椅子，这种椅子并不像餐椅和办公椅那样的正式，有一些小个性，能够给你视觉和身体的双重舒适感。本案例使用延伸命令，完善休闲桌椅的绘制。

Step 01 打开“第6章/6-2延伸完善休闲桌椅图形.dwg”素材文件，如图6-17所示。

Step 02 调用【延伸】命令，延伸水平直线，命令行操作过程如下。

```
命令:EX↙  EXTEND
                    //调用延伸命令
当前设置:投影=UCS，边=无
选择边界的边...
选择对象或 <全部选择>:
                    //选择图6-18所示的边作为延伸边界
找到 1 个
选择对象:↙
                    //按Enter键结束选择
选择要延伸的对象，或按住 Shift 键选择要修剪的对象，或
[栏选(F)/窗交(C)/投影(P)/边(E)/放弃(U)]:
                    //选择图6-19所示的线条
选择要延伸的对象，或按住 Shift 键选择要修剪的对象，或
[栏选(F)/窗交(C)/投影(P)/边(E)/放弃(U)]:
                    //选择第二条同样的线条
选择要延伸的对象，或按住 Shift 键选择要修剪的对象，或
[栏选(F)/窗交(C)/投影(P)/边(E)/放弃(U)]:
//使用同样的方法，延伸其他直线，如图6-20所示
```

图 6-17 素材图形

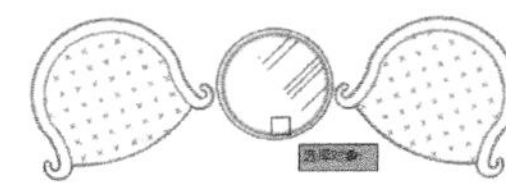

图 6-18 选择延伸边界

图 6-19 需要延伸的线条

图 6-20 延伸结果

6.1.3 删除

【删除】命令可将多余的对象从图形中完全清除，是 AutoCAD 最为常用的命令之一，使用也最为简单。

•执行方式

在 AutoCAD 2016 中，执行【删除】命令的方法有以下 4 种。

◆功能区：在【默认】选项卡中，单击【修改】面板中的【删除】按钮，如图 6-21 所示。

◆菜单栏：选择【修改】|【删除】菜单命令，如图 6-22 所示。

◆命令行：ERASE 或 E。

◆快捷操作：选中对象后直接按 Delete 键。

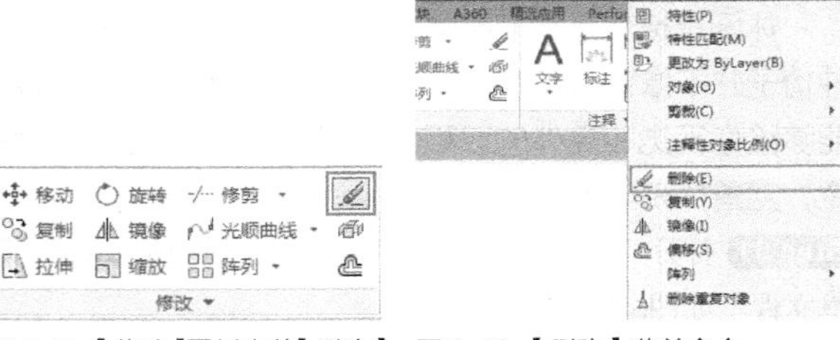

图 6-21【修改】面板中的【删除】按钮　图 6-22 【删除】菜单命令

•操作步骤

执行上述命令后，根据命令行的提示选择需要删除的图形对象，按 Enter 键即可删除已选择的对象，如图 6-23 所示。

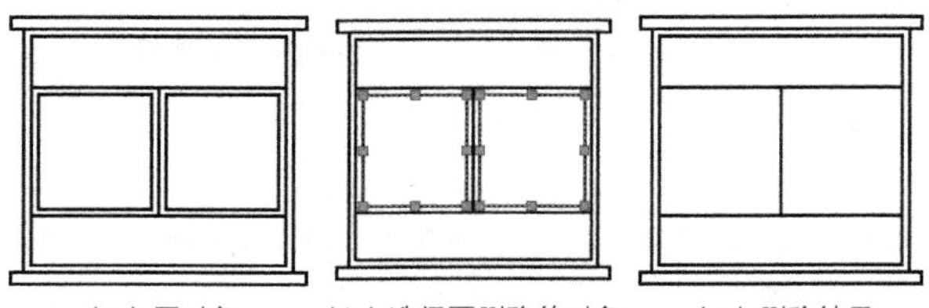

（a）原对象　（b）选择要删除的对象　（c）删除结果

图 6-23 删除图形

•初学解答 恢复删除对象

在绘图时，如果意外删错了对象，可以使用 UNDO【撤销】命令或 OOPS【恢复删除】命令将其恢复。

◆UNDO【撤销】：即放弃上一步操作，快捷键 Ctrl+Z，对所有命令有效。

◆OOPS【恢复删除】：OOPS 可恢复由上一个 ERASE【删除】命令删除的对象，该命令对 ERASE 有效。

•熟能生巧 删除命令的隐藏选项

此外【删除】命令还有一些隐藏选项，在命令行提示"选择对象"时，除了用选择方法选择要删除的对象外，还可以输入特定字符，执行隐藏操作，介绍如下。

◆输入"L"：删除绘制的上一个对象。

◆输入"P"：删除上一个选择集。

◆输入"All"：从图形中删除所有对象。

◆输入"？"：查看所有选择方法列表。

6.2 图形变化类

在绘图的过程中，可能要对某一图元进行移动、旋转或拉伸等操作来辅助绘图，因此操作类命令也是使用极为频繁的一类编辑命令。

6.2.1 移动

【移动】命令是将图形从一个位置平移到另一位置，移动过程中图形的大小、形状和倾斜角度均不改变。在调用命令的过程中，需要确定的参数有：需要移动的对象，移动基点和第二点。

•执行方式

【移动】命令有以下几种调用方法。

◆功能区：单击【修改】面板中的【移动】按钮，如图 6-24 所示。

◆菜单栏：执行【修改】|【移动】命令，如图 6-25 所示。

◆命令行：MOVE 或 M。

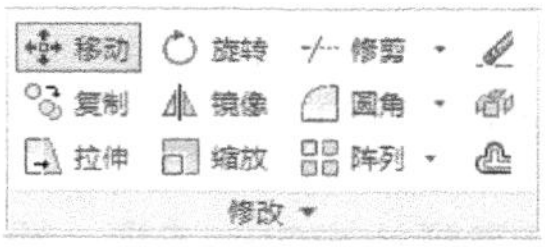

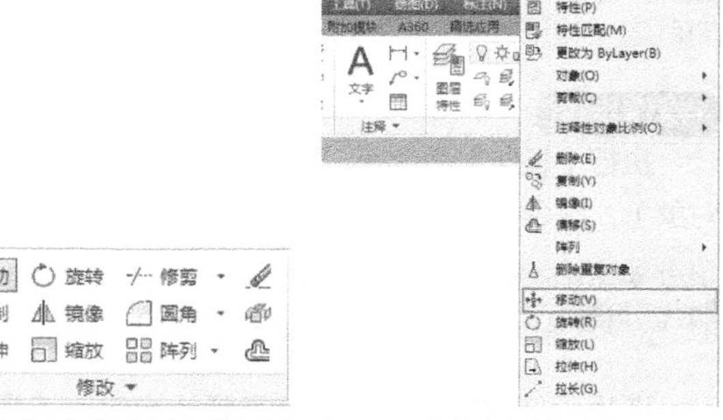

图 6-24【修改】面板中的【移动】按钮　图 6-25 【移动】菜单命令

•操作步骤

调用【移动】命令后，根据命令行提示，在绘图区中拾取需要移动的对象后按鼠标右键确定，然后拾取移动基点，最后指定第二个点（目标点）即可完成移动操作，如图 6-26 所示，命令行操作如下。

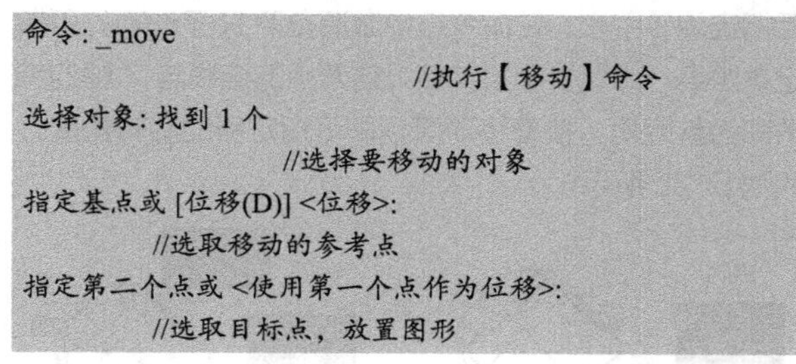

```
命令: _move
                              //执行【移动】命令
选择对象: 找到 1 个
                    //选择要移动的对象
指定基点或 [位移(D)] <位移>:
          //选取移动的参考点
指定第二个点或 <使用第一个点作为位移>:
          //选取目标点，放置图形
```

图 6-26 移动对象

• 选项说明

执行【移动】命令时，命令行中只有一个子选项：“位移（D）”。该选项可以输入坐标以表示矢量。输入的坐标值将指定相对距离和方向，图 6-27 为输入坐标（500，100）的位移结果。

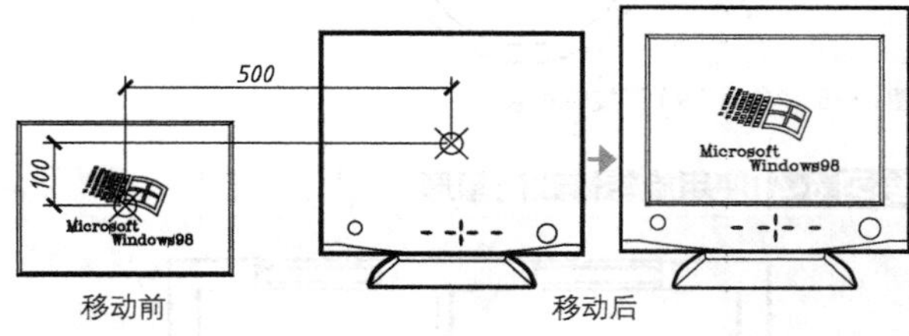

图 6-27 位移移动效果图

练习 6-3 使用移动完善卫生间图形

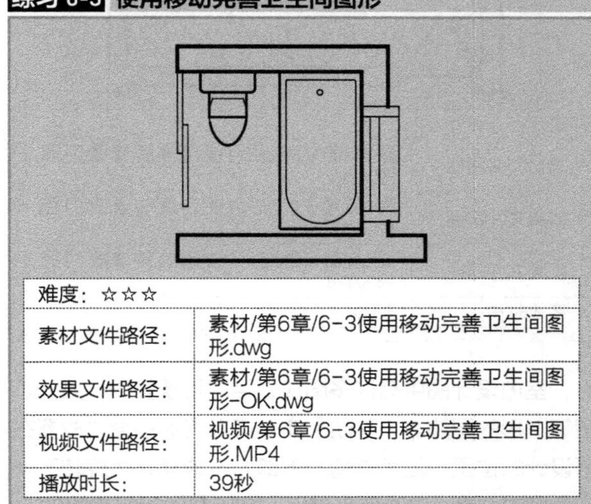

难度：☆☆☆	
素材文件路径：	素材/第6章/6-3使用移动完善卫生间图形.dwg
效果文件路径：	素材/第6章/6-3使用移动完善卫生间图形-OK.dwg
视频文件路径：	视频/第6章/6-3使用移动完善卫生间图形.MP4
播放时长：	39秒

在从事室内设计时，有很多装饰图形都有现成的图块，如马桶、书桌、门等。因此在绘制室内平面图时，可以先直接插入图块，然后使用【移动】命令将其放置在图形的合适位置上。

Step 01 单击【快速访问】工具栏中的【打开】按钮，打开“第6章/6-3使用移动完善卫生间图形.dwg”素材文件，如图6-28所示。

Step 02 在【默认】选项卡中，单击【修改】面板的【移动】按钮，选择浴缸，按空格或按Enter键确定。

Step 03 选择浴缸的右上角作为移动基点，拖至厕所的右侧，如图6-29所示。

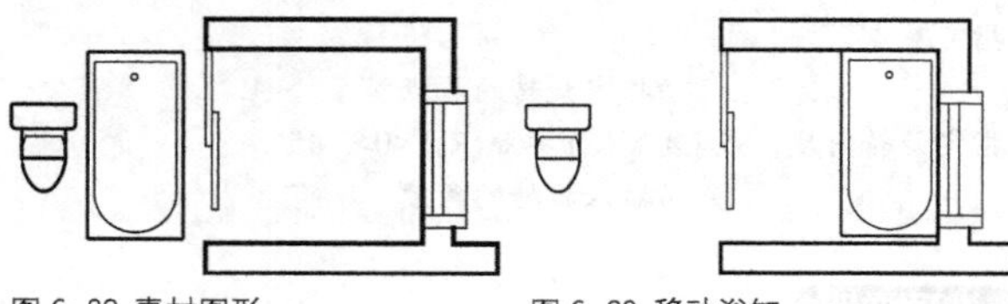

图 6-28 素材图形　　图 6-29 移动浴缸

Step 04 重复调用【移动】命令，将马桶移至厕所的上方，最终效果如图6-30所示。

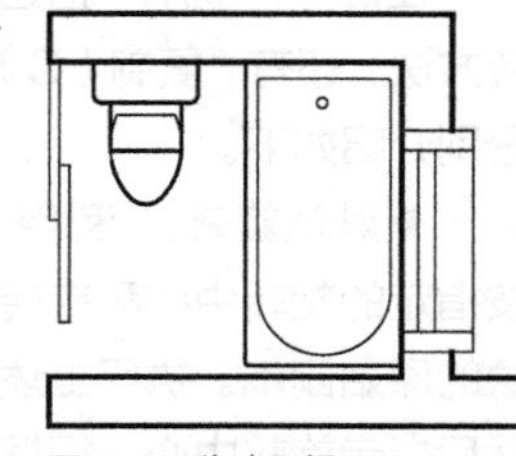

图 6-30 移动马桶

6.2.2 旋转

【旋转】命令是将图形对象绕一个固定的点（基点）旋转一定的角度。在调用命令的过程中，需要确定的参数有：“旋转对象”“旋转基点”和“旋转角度”。默认情况下逆时针旋转的角度为正值，顺时针旋转的角度为负值，也可以通过本书第 4 章 4.1.3 小节来修改。

• 执行方式

在 AutoCAD 2016 中，【旋转】命令有以下几种常用调用方法。

◆ 功能区：单击【修改】面板中的【旋转】按钮，如图 6-31 所示。

◆ 菜单栏：执行【修改】|【旋转】命令，如图 6-32 所示。

◆ 命令行：ROTATE 或 RO。

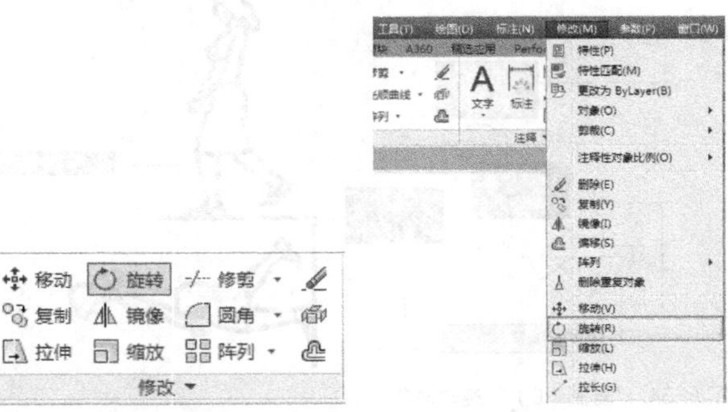

图 6-31 【修改】面板中的【旋转】按钮　　图 6-32 【旋转】菜单命令

•操作步骤

按上述方法执行【旋转】命令后，命令后提示如下。

```
命令: ROTATE
                    //执行【旋转】命令
UCS 当前的正角方向: ANGDIR=逆时针 ANGBASE=0
                    //当前的角度测量方式和基准
选择对象: 找到 1 个
                    //选择要旋转的对象
指定基点:
                    //指定旋转的基点
指定旋转角度, 或 [复制(C)/参照(R)] <0>: 45
                    //输入旋转的角度
```

•选项说明

在命令行提示“指定旋转角度”时，除了默认的旋转方法，还有“复制（C）”和“参照（R）”两种旋转，分别介绍如下。

◆默认旋转：利用该方法旋转图形时，源对象将按指定的旋转中心和旋转角度旋转至新位置，不保留对象的原始副本。执行上述任一命令后，选取旋转对象，然后指定旋转中心，根据命令行提示输入旋转角度，按Enter键即可完成旋转对象操作，如图6-33所示。

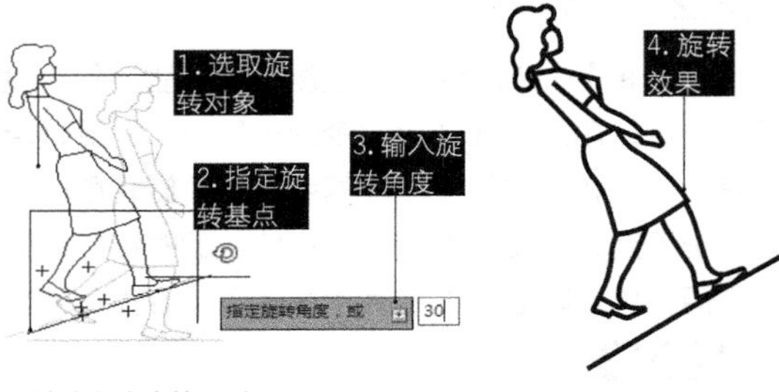

图6-33 默认方式旋转图形

◆“复制（C）”：使用该旋转方法进行对象的旋转时，不仅可以将对象的放置方向调整一定的角度，还保留源对象。执行【旋转】命令后，选取旋转对象，然后指定旋转中心，在命令行中激活复制C子选项，并指定旋转角度，按Enter键退出操作，如图6-34所示。

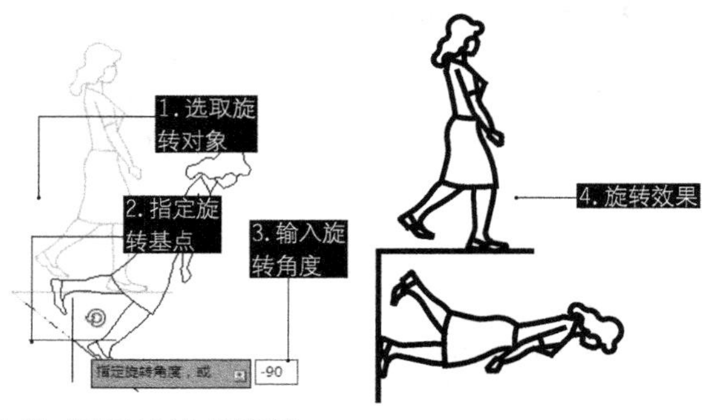

图6-34 “复制（C）”旋转对象

◆“参照（R）”：可以将对象从指定的角度旋转到新的绝对角度，特别适合于旋转那些角度值为非整数或未知的对象。执行【旋转】命令后，选取旋转对象然后指定旋转中心，在命令行中激活参照R子选项，再指定参照第一点、参照第二点，这两点的连线与X轴的夹角即为参照角，接着移动鼠标即可指定新的旋转角度，如图6-35所示。

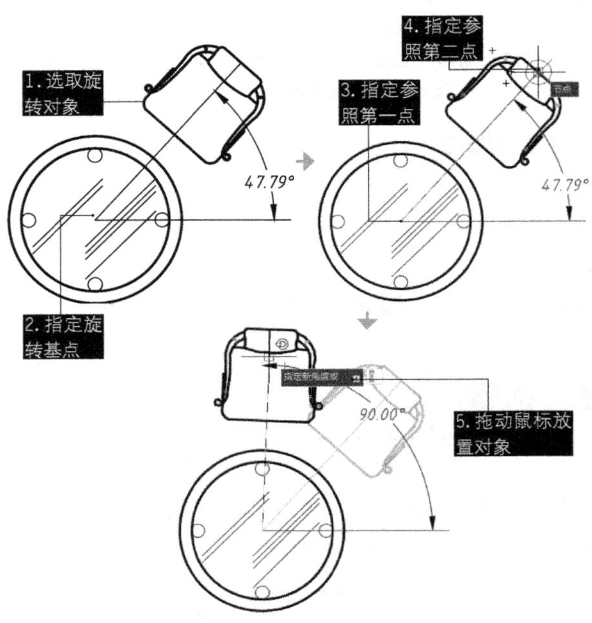

图6-35 “参照（R）”旋转对象

练习 6-4 使用旋转修改门图形

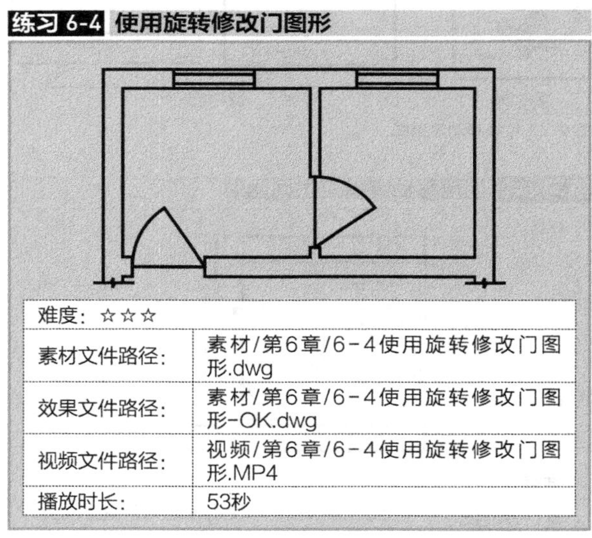

难度：☆☆☆	
素材文件路径：	素材/第6章/6-4使用旋转修改门图形.dwg
效果文件路径：	素材/第6章/6-4使用旋转修改门图形-OK.dwg
视频文件路径：	视频/第6章/6-4使用旋转修改门图形.MP4
播放时长：	53秒

室内设计图中有许多图块是相同且重复的，如门、窗等图形的图块。【移动】命令可以将这些图块放置在所设计的位置，但某些情况下却力不能及，如旋转了一定角度的位置。这时就可使用【旋转】命令来辅助绘制。

Step 01 打开“第6章/6-4使用旋转修改门图形.dwg”素材文件，如图6-36所示。

Step 02 在【默认】选项卡中，单击【修改】面板中的【复制】按钮，复制一个门，拖至另一个门口处，如图6-37所示，命令行的提示如下。

```
命令: _COPY
                                //调用【复制】命令
选择对象: 指定对角点: 找到 3个
选择对象:
          //选择门图形
当前设置: 复制模式 = 多个
指定基点或 [位移(D)/模式(O)] <位移>:
                                //指定门右侧的基点
指定第二个点或 [阵列(A)] <使用第一个点作为位移>:
                                //指定墙体中点为目标点
指定第二个点或 [阵列(A)/退出(E)/放弃(U)] <退出>: *取消*
//按ESC键退出
```

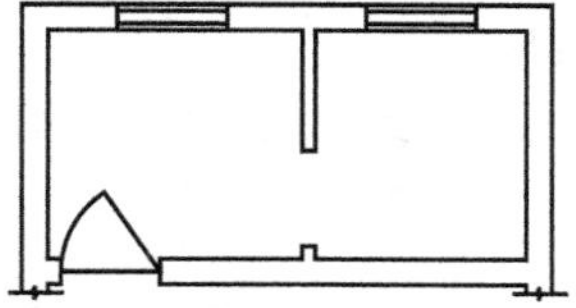

图 6-36 素材图形

图 6-37 移动门

Step 03 在【默认】选项卡中，单击【修改】面板中的【旋转】按钮，对第二个门进行旋转，角度为-90，如图6-38所示。

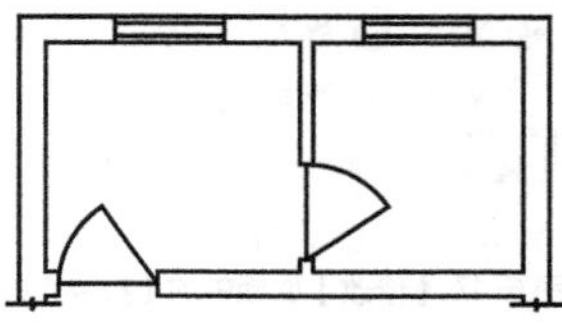

图 6-38 旋转门效果

6.2.3 缩放

利用【缩放】工具可以将图形对象以指定的缩放基点为缩放参照，放大或缩小一定比例，创建出与源对象成一定比例且形状相同的新图形对象。在命令执行过程中，需要确定的参数有“缩放对象”“基点”和“比例因子”。比例因子也就是缩小或放大的比例值，比例因子大于1时，缩放结果是使图形变大，反之则使图形变小。

• 执行方式

在 AutoCAD 2016 中，【缩放】命令有以下几种调用方法。

◆功能区：单击【修改】面板中的【缩放】按钮，如图 6-39 所示。

◆菜单栏：执行【修改】|【缩放】命令，如图 6-40 所示。

◆命令行：SCALE 或 SC。

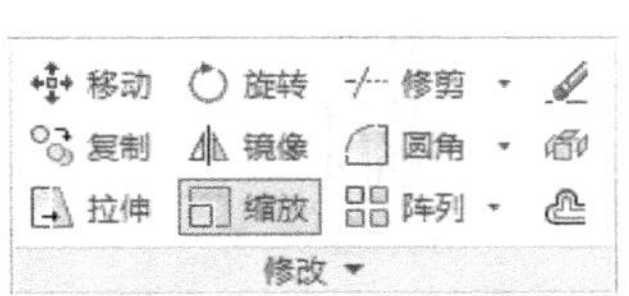

图 6-39 【修改】面板中的【缩放】按钮

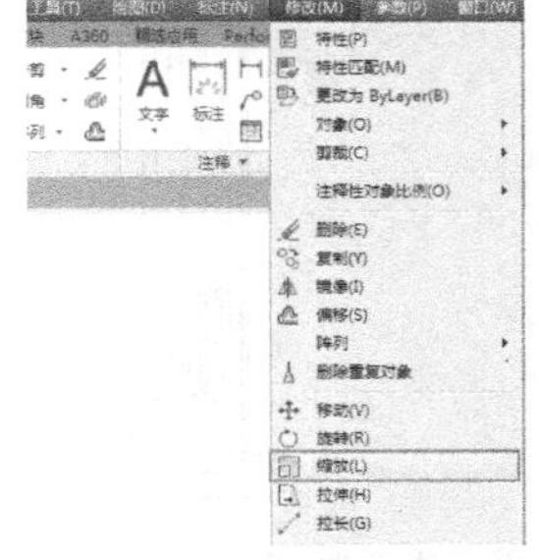

图 6-40 【缩放】菜单命令

• 操作步骤

执行以上任一方式启用【缩放】命令后，命令行操作提示如下。

```
命令: _scale
                                //执行【缩放】命令
选择对象: 找到 1 个
                                //选择要缩放的对象
指定基点:
                                //选取缩放的基点
指定比例因子或 [复制(C)/参照(R)]: 2↙
//输入比例因子
```

• 选项说明

【缩放】命令与【旋转】差不多，除了默认的操作之外，同样有“复制（C）”和“参照（R）”两个子选项，介绍如下。

◆默认缩放：指定基点后直接输入比例因子进行缩放，不保留对象的原始副本，如图 6-41 所示的沙发。

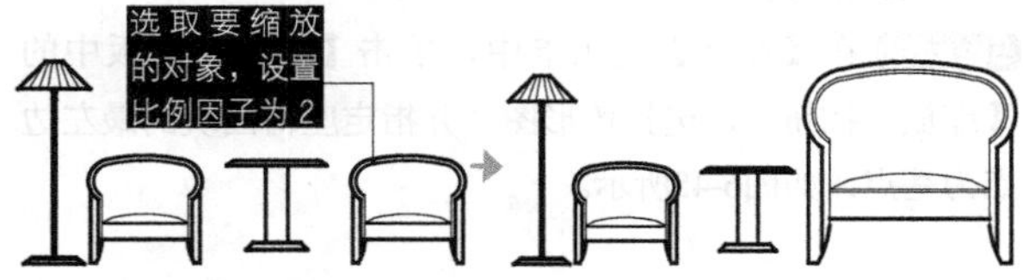

图 6-41 默认方式缩放图形

◆“复制（C）”：在命令行输入 c，选择该选项进行缩放后可以在缩放时保留源图形，如图 6-42 所示的画框。

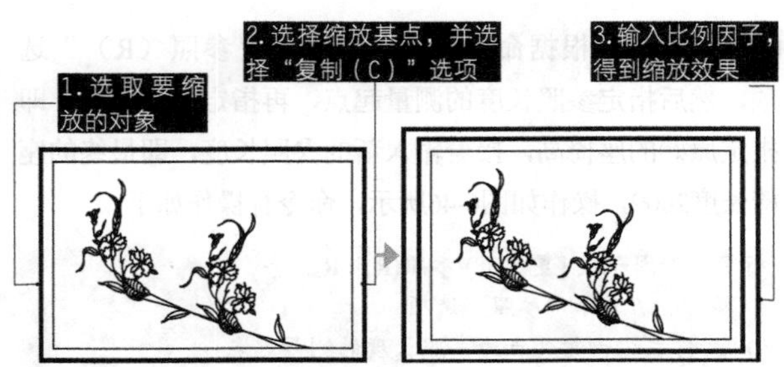

图 6-42 “复制（C）”缩放图形

◆“参照（R）”：如果选择该选项，则命令行会提示用户需要输入“参照长度”和“新长度”数值，由系统自动计算出两长度之间的比例数值，从而定义出图形的缩放因子，对图形进行缩放操作，如图 6-43 所示。

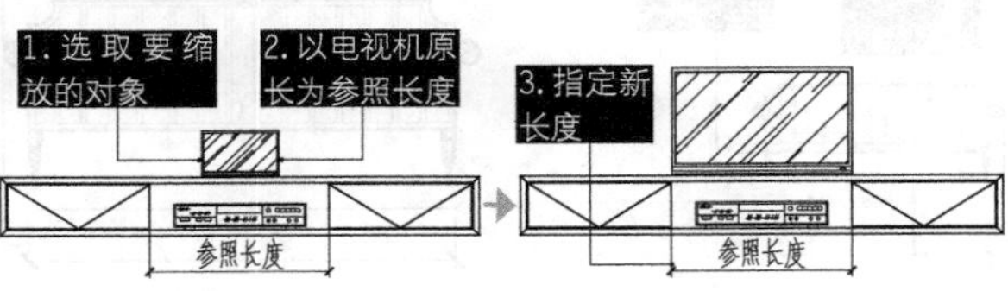

图 6-43 “参照（R）”缩放图形

练习 6-5 参照缩放座椅图形

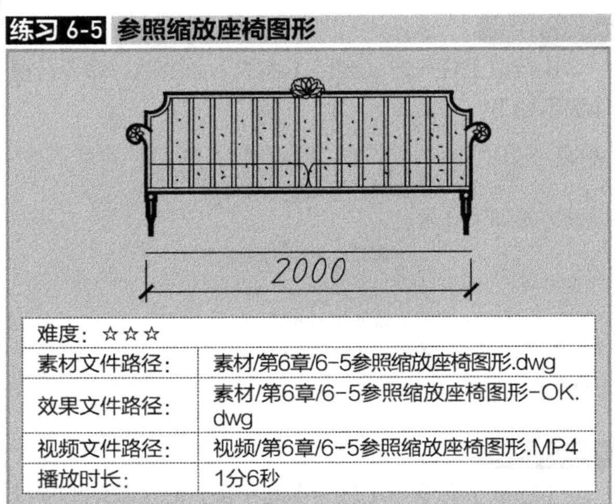

难度：☆☆☆	
素材文件路径：	素材/第6章/6-5参照缩放座椅图形.dwg
效果文件路径：	素材/第6章/6-5参照缩放座椅图形-OK.dwg
视频文件路径：	视频/第6章/6-5参照缩放座椅图形.MP4
播放时长：	1分6秒

本案例将一座椅的长度缩放至2000长度的大小。

Step 01 打开“第6章/6-5参照缩放座椅图形.dwg”素材文件，素材图形如图6-44所示，其中有一绘制的座椅图形，和一长2000的水平线。

Step 02 在【默认】选项卡中，单击【修改】面板中的【缩放】按钮，选择树形图，并指定座椅图块的最左边点为基点，如图6-45所示。

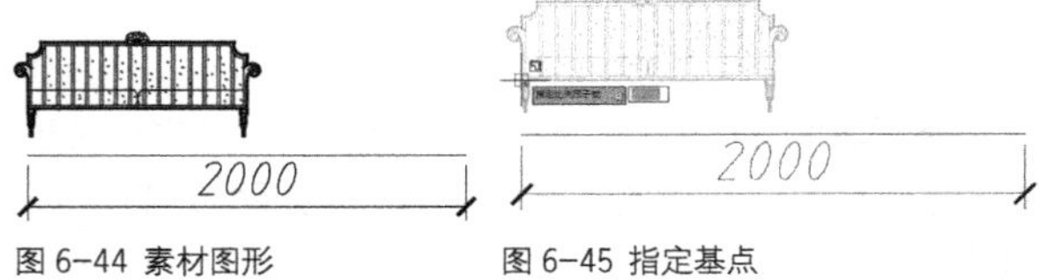

图 6-44 素材图形　　图 6-45 指定基点

Step 03 此时根据命令行提示，选择“参照（R）”选项，然后指定参照长度的测量起点，再指定测量终点，即指定原始的座椅高，接着输入新的参照长度，即最终的座椅长度2000，操作如图6-46所示，命令行操作如下。

```
指定比例因子或 [复制(C)/参照(R)]: R↙
        //选择“参照”选项
//以座椅左边脚凳处点为参照长度的测量起点
指定参照长度 <2839.9865>: 指定第二点:
        //以座椅右边脚凳处端点为参照长度的测量终点
指定新的长度或 [点(P)] <1.0000>: 2000↙
        //输入或指定新的参照长度
```

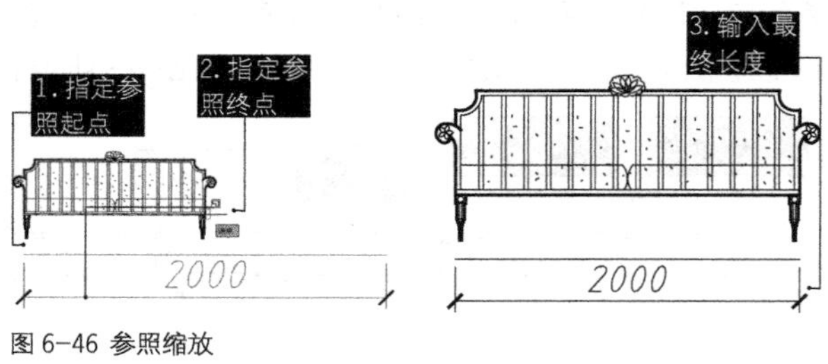

图 6-46 参照缩放

6.2.4 拉伸 ★重点★

【拉伸】命令通过沿拉伸路径平移图形夹点的位置，使图形产生拉伸变形的效果。它可以对选择的对象按规定方向和角度拉伸或缩短，并且使对象的形状发生改变。

• 执行方式

【拉伸】命令有以下几种常用调用方法。

◆ 功能区：单击【修改】面板中的【拉伸】按钮，如图6-47所示。

◆ 菜单栏：执行【修改】|【拉伸】命令，如图6-48所示。

◆ 命令行：STRETCH或S。

图 6-47 【修改】面板中的【拉伸】按钮　图 6-48 【拉伸】菜单命令

• 操作步骤

拉伸命令需要设置的主要参数有“拉伸对象”“拉伸基点”和“拉伸位移”等三项。“拉伸位移”决定了拉伸的方向和距离，如图6-49所示，命令行操作如下。

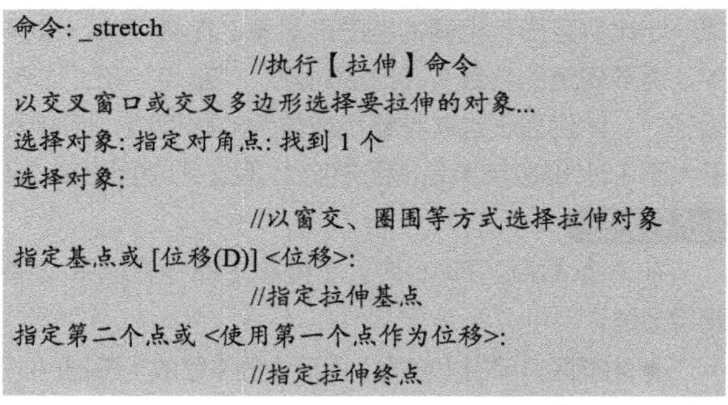

```
命令: _stretch
        //执行【拉伸】命令
以交叉窗口或交叉多边形选择要拉伸的对象...
选择对象: 指定对角点: 找到 1 个
选择对象:
        //以窗交、圈围等方式选择拉伸对象
指定基点或 [位移(D)] <位移>:
        //指定拉伸基点
指定第二个点或 <使用第一个点作为位移>:
        //指定拉伸终点
```

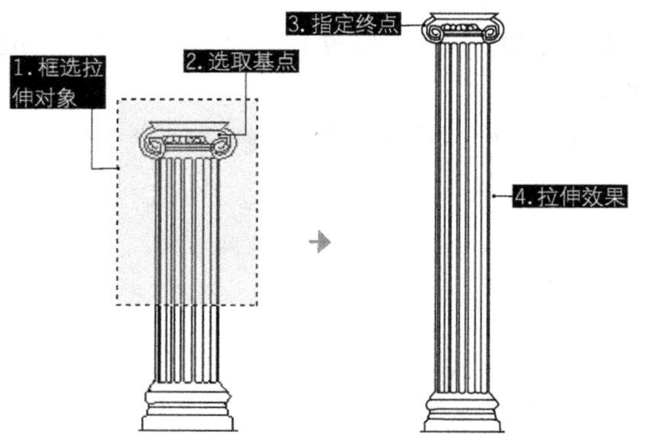

图 6-49 拉伸对象

拉伸遵循以下原则。

◆ 通过单击选择和窗口选择获得的拉伸对象将只被平移，不被拉伸。

◆ 通过框选选择获得的拉伸对象，如果所有夹点都落入选择框内，图形将发生平移，如图 6-50 所示；如果只有部分夹点落入选择框，图形将沿拉伸位移拉伸，如图 6-51 所示；如果没有夹点落入选择窗口，图形将保持不变，如图 6-52 所示。

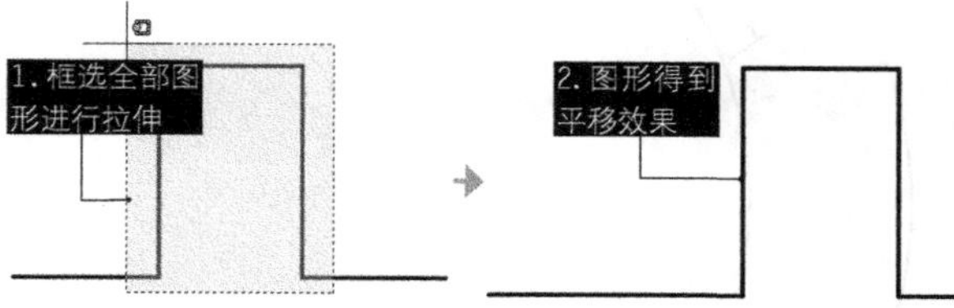

图 6-50 框选全部图形拉伸得到平移效果

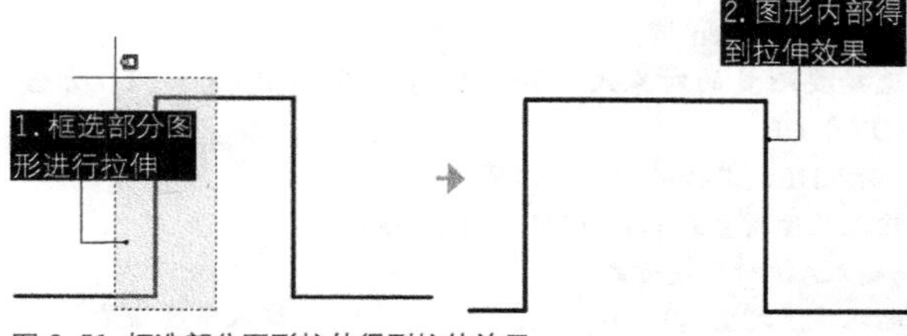

图 6-51 框选部分图形拉伸得到拉伸效果

图 6-52 未框选图形拉伸无效果

• 选项说明

【拉伸】命令同【移动】命令一样，命令行中只有一个子选项："位移（D）"，该选项可以输入坐标以表示矢量。输入的坐标值将指定拉伸相对于基点的距离和方向，图 6-53 为输入坐标（1000，200）的位移结果。

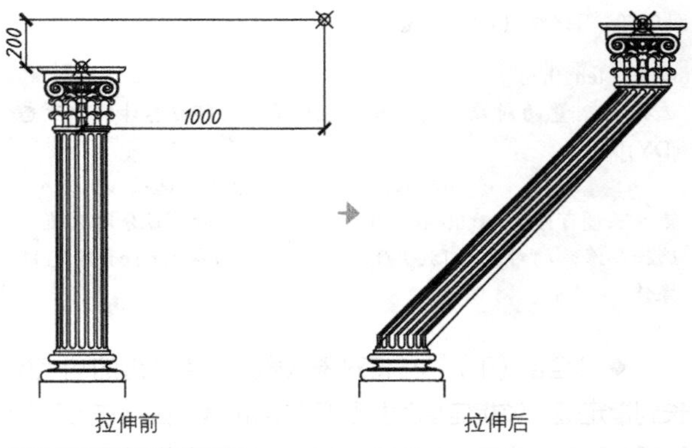

图 6-53 位移拉伸效果图

练习 6-6 使用拉伸修改床的宽度

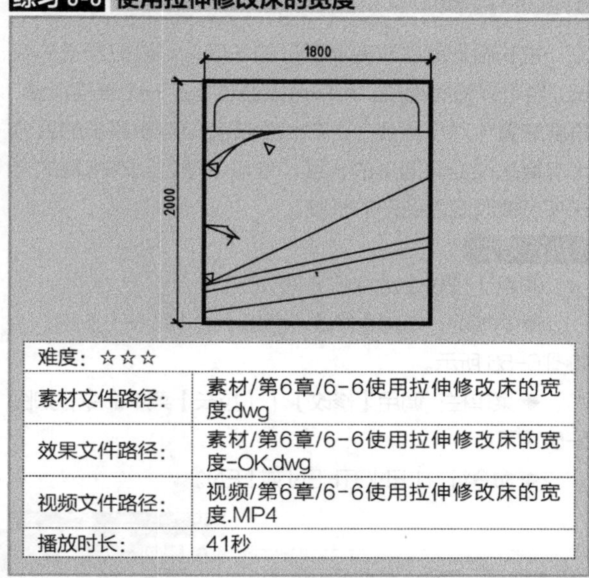

难度：☆☆☆	
素材文件路径：	素材/第6章/6-6使用拉伸修改床的宽度.dwg
效果文件路径：	素材/第6章/6-6使用拉伸修改床的宽度-OK.dwg
视频文件路径：	视频/第6章/6-6使用拉伸修改床的宽度.MP4
播放时长：	41秒

在室内设计中，有时需要对床或其他图形的位置进行调整，而且不能破坏原图形的结构。这时就可以使用【拉伸】命令来进行修改。

Step 01 打开"第6章/6-6使用拉伸修改床的宽度.dwg"素材文件，如图6-54所示。

Step 02 在【默认】选项卡中，单击【修改】面板上的【拉伸】按钮，将门沿水平方向拉伸600，操作结果如图6-55所示，命令提示如下。

```
命令: _stretch
        //调用【拉伸】命令
以交叉窗口或交叉多边形选择要拉伸的对象...
选择对象: 指定对角点: 找到 11 个
        //框选对象
选择对象:↙
        //按Enter键结束选择
指定基点或 [位移(D)] <位移>:
        //选择顶边上任意一点
指定第二个点或 <使用第一个点作为位移>: <正交 开> 600↙
        //打开正交功能，在竖直方向拖动指针并输入拉伸距离
```

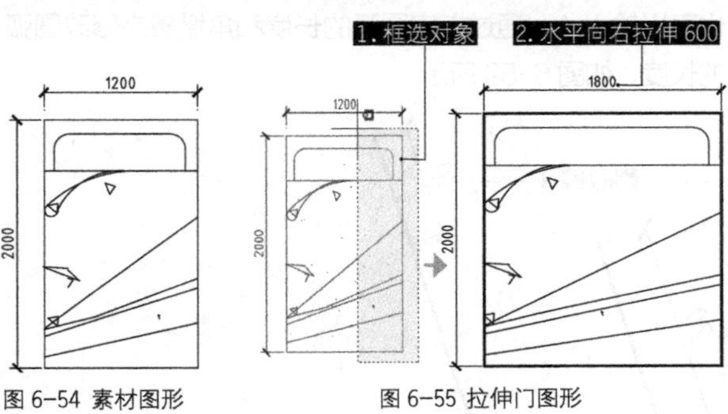

图 6-54 素材图形　　图 6-55 拉伸门图形

6.2.5 拉长

拉长图形就是改变原图形的长度，可以把原图形变长，也可以将其缩短。用户可以通过指定一个长度增量、角度增量（对于圆弧）、总长度或者相对于原长的百分比增量来改变原图形的长度，也可以通过动态拖动的方式来直接改变原图形的长度。

• 执行方式

调用【拉长】命令的方法如下。

◆ 功能区：单击【修改】面板中的【拉长】按钮，如图 6-56 所示。

◆ 菜单栏：调用【修改】|【拉长】菜单命令，如图 6-57 所示。

◆ 命令行：LENGTHEN 或 LEN。

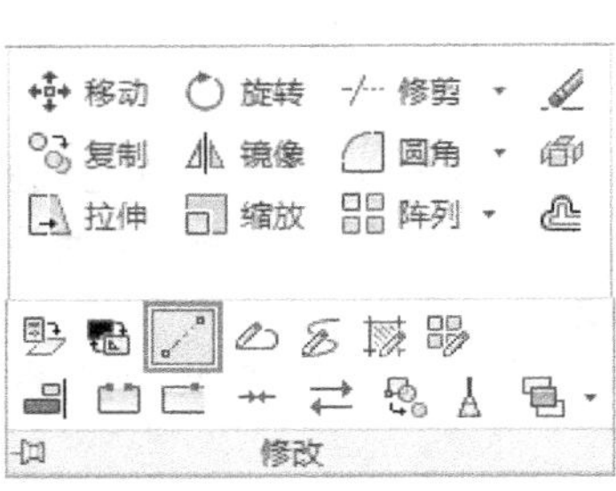

图 6-56 【修改】面板中的【拉长】按钮

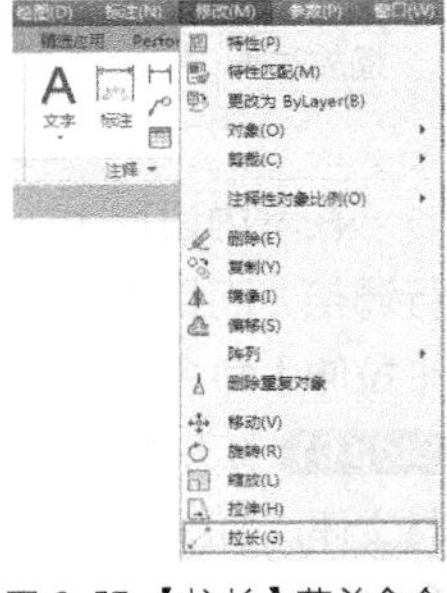
图 6-57 【拉长】菜单命令

• 操作步骤

调用该命令后，命令行显示如下提示：

```
选择要测量的对象或 [增量(DE)/百分比(P)/总计(T)/动态(DY)]
<总计(T)>:
```

只有选择了各子选项确定了拉长方式后，才能对图形进行拉长，因此各操作需结合不同的选项进行说明。

• 选项说明

命令行中各子选项含义如下。

◆ “增量（DE）”：表示以增量方式修改对象的长度。可以直接输入长度增量来拉长直线或者圆弧，长度增量为正时，可拉长对象，如图 6-58 所示，负时为缩短对象；也可以输入 A，通过指定圆弧的长度和角增量来修改圆弧的长度，如图 6-59 所示。

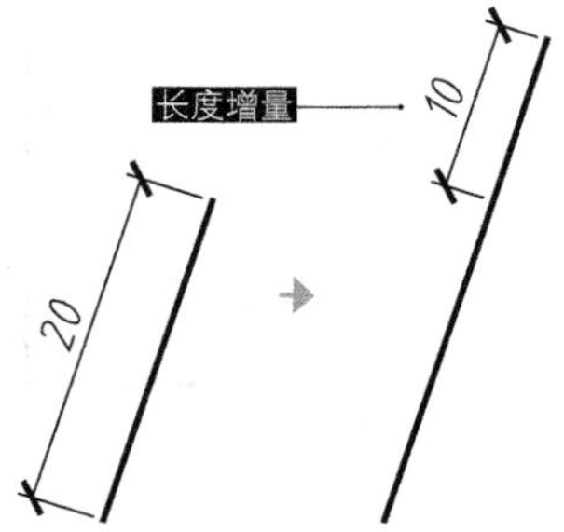

图 6-58 长度增量效果

```
命令: _lengthen
选择要测量的对象或 [增量(DE)/百分比(P)/总计(T)/动态
(DY)]: DE
                    //输入DE，选择“增量”选项
输入长度增量或 [角度(A)] <0.0000>:10    //输入增量数值
选择要修改的对象或 [放弃(U)]:           //按Enter键完成
操作
```

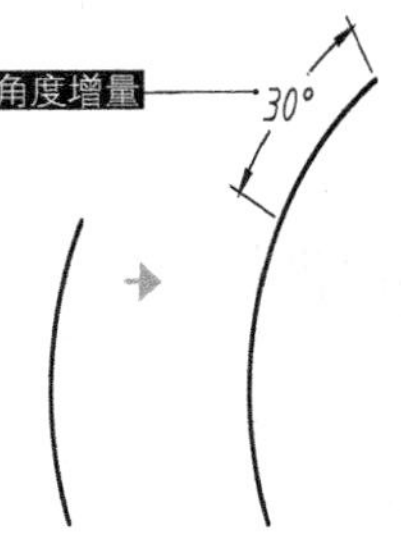

图 6-59 角度增量效果

```
命令: _lengthen
选择要测量的对象或 [增量(DE)/百分比(P)/总计(T)/动态
(DY)]: DE
//输入DE，选择“增量”选项
输入长度增量或 [角度(A)] <0.0000>: A
//输入A执行角度方式
输入角度增量 <0>:30                    //输入角度增量
选择要修改的对象或 [放弃(U)]:           //按Enter键完成
操作
```

◆ “百分数（P）”：通过输入百分比来改变对象的长度或圆心角大小，百分比的数值以原长度为参照。若输入50，则表示将图形缩短至原长度的50%，如图6-60所示。

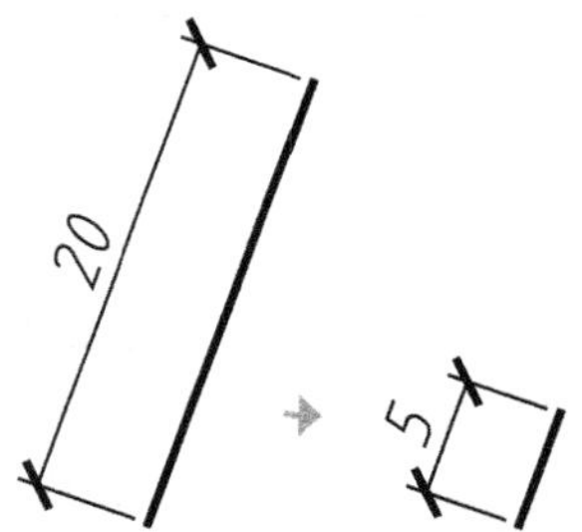

图 6-60 “百分数（P）”增量效果

```
命令: _lengthen
选择要测量的对象或 [增量(DE)/百分比(P)/总计(T)/动态
(DY)]: P
                    //输入P，选择“百分比”选项
输入长度百分数 <0.0000>:50              //输入百分比数值
选择要修改的对象或 [放弃(U)]:           //按Enter键完成
操作
```

◆ “全部（T）”：将对象从离选择点最近的端点拉长到指定值，该指定值为拉长后的总长度，因此该方法特别适合于对一些尺寸为非整数的线段（或圆弧）进行操作，如图 6-61 所示。

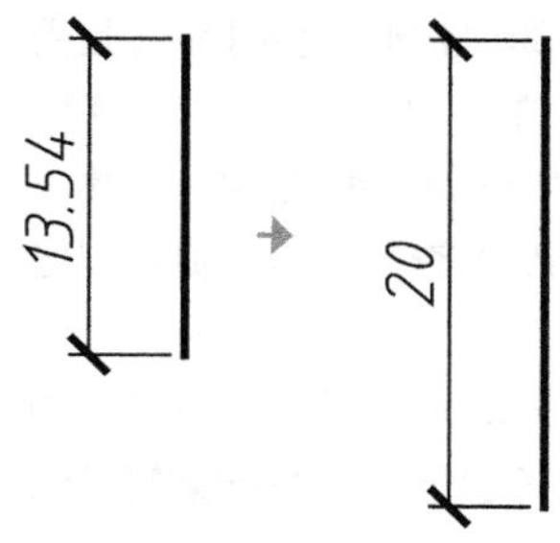

图 6-61 “全部（T）”增量效果

```
命令: _lengthen
选择要测量的对象或 [增量(DE)/百分比(P)/总计(T)/动态(DY)]: T
                    //输入T，选择“总计”选项
指定总长度或 [角度(A)] <0.0000>: 20        //输入总长数值
选择要修改的对象或 [放弃(U)]:                  //按Enter键完成操作
```

◆ “动态（DY）”：用动态模式拖动对象的一个端点来改变对象的长度或角度，如图 6-62 所示。

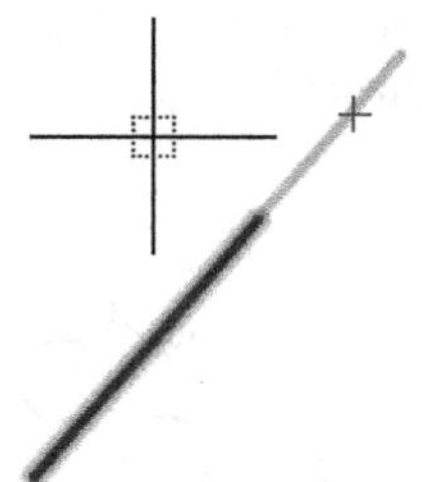

图 6-62 “动态（DY）”增量效果

```
命令: _lengthen
选择要测量的对象或 [增量(DE)/百分比(P)/总计(T)/动态(DY)]: DY
                    //输入DY，选择“动态”选项
选择要修改的对象或 [放弃(U)]:           //选择要拉长的对象
指定新端点:                     //指定新的端点
选择要修改的对象或 [放弃(U)]:           //按Enter键完成操作
```

练习 6-7 使用拉长修改中心线

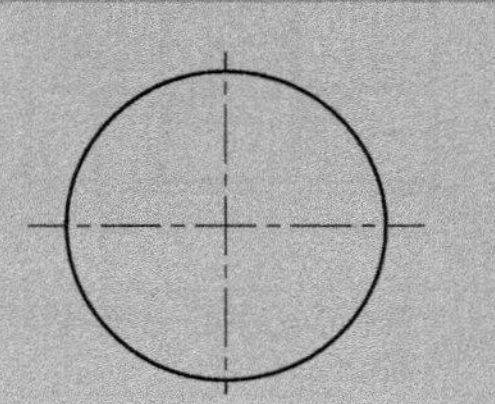

难度：☆☆☆	
素材文件路径：	素材/第6章/6-7使用拉长修改中心线.dwg
效果文件路径：	素材/第6章/6-7使用拉长修改中心线-OK.dwg
视频文件路径：	视频/第6章/6-7使用拉长修改中心线.MP4
播放时长：	32秒

大部分图形（如圆、矩形）均需要绘制中心线，而在绘制中心线的时候，通常需要将中心线延长至图形外，且伸出长度相等。如果一根根去拉伸中心线的话，就略显麻烦，这时就可以使用【拉长】命令来快速延伸中心线，使其符合设计规范。

Step 01 打开“第6章/6-7使用拉长修改中心线.dwg”素材文件，如图6-63所示。

Step 02 单击【修改】面板中的按钮，激活【拉长】命令，在2条中心线的各个端点处单击，向外拉长3个单位，命令行操作如下。

```
命令: _lengthen
选择对象或 [增量(DE)/百分数(P)/全部(T)/动态(DY)]:DE↙
            //选择“增量”选项
输入长度增量或 [角度(A)] <0.5000>: 3↙
            //输入每次拉长增量
选择要修改的对象或 [放弃(U)]:
选择要修改的对象或 [放弃(U)]:
选择要修改的对象或 [放弃(U)]:
选择要修改的对象或 [放弃(U)]:
            //依次在两中心线4个端点附近单击，完成拉长
选择要修改的对象或 [放弃(U)]:↙
            //按Enter键结束拉长命令，拉长结果如图6-64所示。
```

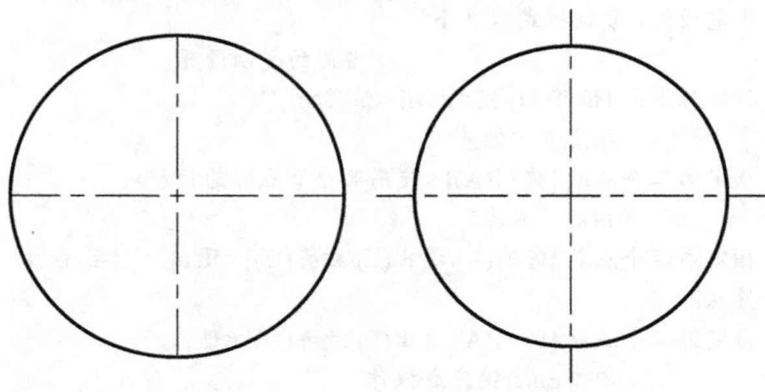

图 6-63 素材文件　　图 6-64 拉长结果

6.3 图形复制类

如果设计图中含有大量重复或相似的图形，就可以使用图形复制类命令进行快速绘制，如【复制】、【偏移】、【镜像】、【阵列】等。

6.3.1 复制 ★重点★

【复制】命令是指在不改变图形大小、方向的前提下，重新生成一个或多个与原对象一模一样的图形。在命令执行过程中，需要确定的参数有复制对象、基点和第二点，配合坐标、对象捕捉、栅格捕捉等其他工具，可以精确复制图形。

• 执行方式

在 AutoCAD 2016 中，调用【复制】命令有以下几种常用方法。

◆功能区：单击【修改】面板中的【复制】按钮，如图6-65所示。

◆菜单栏：执行【修改】|【复制】命令，如图6-66所示。

◆命令行：COPY或CO或CP。

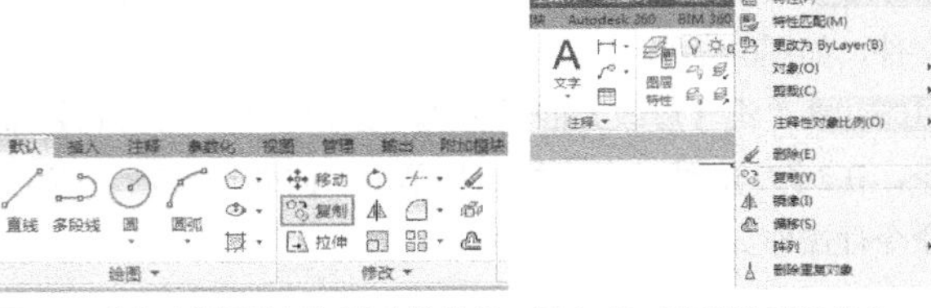

图6-65 【修改】面板中的【复制】按钮　图6-66 【复制】菜单命令

·操作步骤

执行【复制】命令后，选取需要复制的对象，指定复制基点，然后拖动鼠标指定新基点即可完成复制操作，继续单击，还可以复制多个图形对象，如图6-67所示，命令行操作如下。

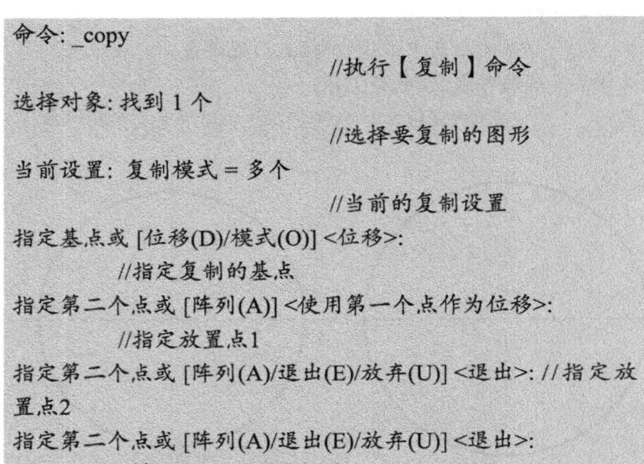

```
命令: _copy
                                //执行【复制】命令
选择对象: 找到 1 个
                                //选择要复制的图形
当前设置: 复制模式 = 多个
                                //当前的复制设置
指定基点或 [位移(D)/模式(O)] <位移>:
          //指定复制的基点
指定第二个点或 [阵列(A)] <使用第一个点作为位移>:
          //指定放置点1
指定第二个点或 [阵列(A)/退出(E)/放弃(U)] <退出>: //指定放置点2
指定第二个点或 [阵列(A)/退出(E)/放弃(U)] <退出>:
          //单击Enter键完成操作
```

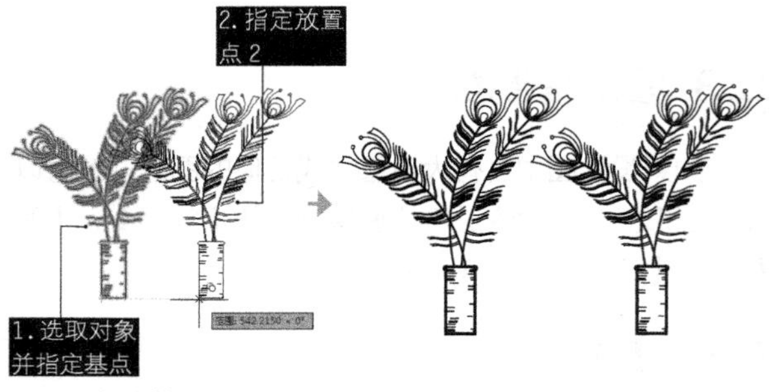

图6-67 复制对象

·选项说明

执行【复制】命令时，命令行中出现的各选项介绍如下。

◆“位移（D）”：使用坐标指定相对距离和方向。指定的两点定义一个矢量，指示复制对象的放置离原位置有多远，以及以哪个方向放置。基本与【移动】、【拉伸】命令中的“位移（D）”选项一致，在此不多加赘述。

◆“模式（O）”：该选项可控制【复制】命令是否自动重复。选择该选项后会有“单一（S）”“多个（M）”两个子选项，“单一（S）”可创建选择对象的单一副本，执行一次复制后便结束命令；而“多个（M）”则可以自动重复。

◆“阵列（A）”：选择该选项，可以以线性阵列的方式快速大量复制对象，如图6-68所示，命令行操作如下。

```
命令: _copy
//执行【复制】命令
选择对象: 找到 1 个
                    //选择复制对象
当前设置: 复制模式 = 多个
指定基点或 [位移(D)/模式(O)] <位移>:
                    //指定复制基点
指定第二个点或 [阵列(A)] <使用第一个点作为位移>: A
          //输入A，选择“阵列”选项
输入要进行阵列的项目数: 4
                    //输入阵列的项目数
指定第二个点或 [布满(F)]: 10
                    //移动鼠标确定阵列间距
指定第二个点或 [阵列(A)/退出(E)/放弃(U)] <退出>:
                    //按Enter键完成操作
```

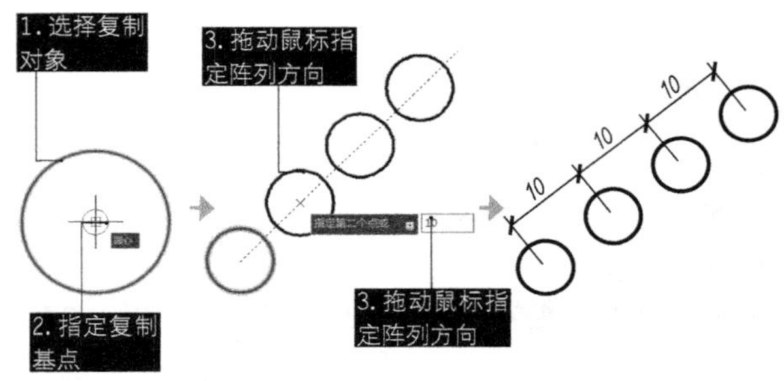

图6-68 阵列复制

练习6-8 使用复制完善衣柜被子绘制

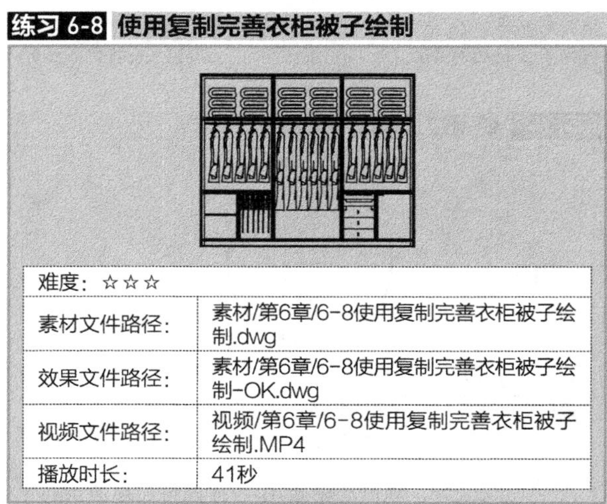

难度：☆☆☆	
素材文件路径：	素材/第6章/6-8使用复制完善衣柜被子绘制.dwg
效果文件路径：	素材/第6章/6-8使用复制完善衣柜被子绘制-OK.dwg
视频文件路径：	视频/第6章/6-8使用复制完善衣柜被子绘制.MP4
播放时长：	41秒

在室内设计中，经常会出现一些重复的图形，如床、书桌、装饰物等。这时就可以先单独绘制出一个，然后使用【复制】命令将其放置在其他位置上。

Step 01 打开素材文件“第6章/6-8使用复制完善衣柜被子绘制.dwg”，素材图形如图6-69所示。

Step 02 调用CO【复制】命令并按回车键，复制的最后结果如图6-70所示，命令行操作如下。

```
命令: _copy
          //执行【复制】命令
选择对象: 指定对角点: 找到 2 个
选择对象:
当前设置: 复制模式 = 多个
指定基点或 [位移(D)/模式(O)] <位移>:
                              //指定基点
指定第二个点或 [阵列(A)] <使用第一个点作为位移>:
                              //指定第二点
```

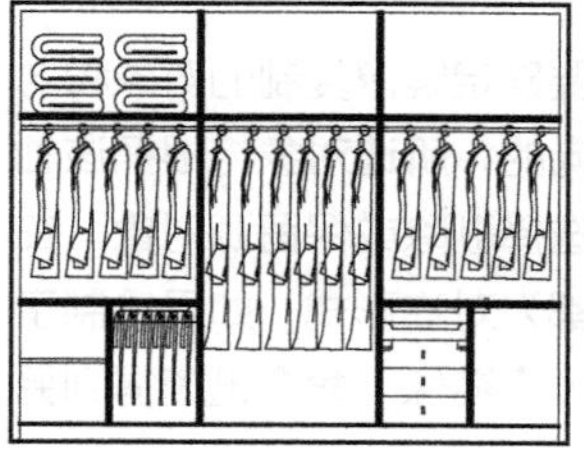

图 6-69 素材图形

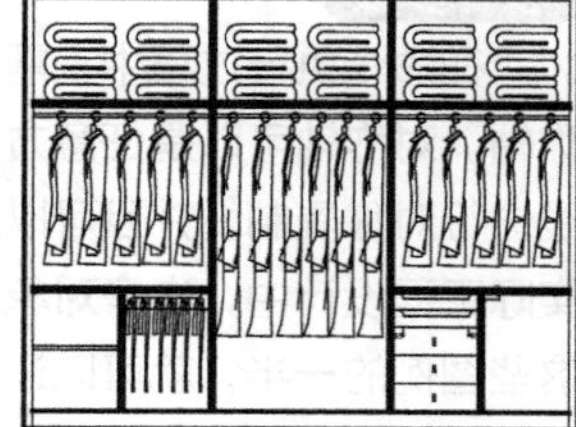

图 6-70 复制的结果

6.3.2 偏移

使用【偏移】工具可以创建与源对象成一定距离的形状相同或相似的新图形对象。可以进行偏移的图形对象包括直线、曲线、多边形、圆、圆弧等，如图 6-71 所示。

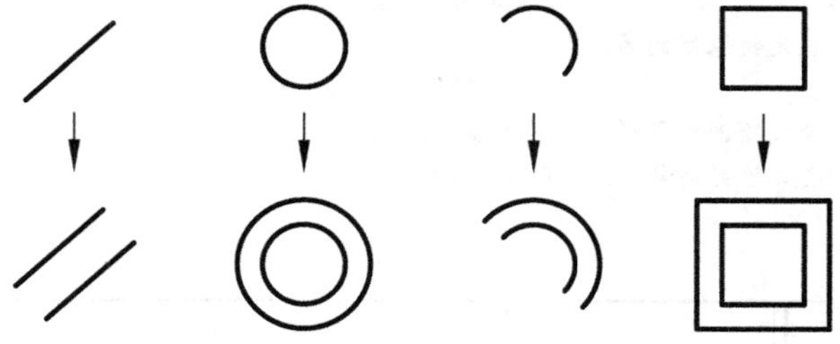

图 6-71 各图形偏移示例

• 执行方式

在 AutoCAD 2016 中，调用【偏移】命令有以下几种常用方法。

◆ 功能区：单击【修改】面板中，的【偏移】按钮，如图 6-72 所示。

◆ 菜单栏：执行【修改】|【偏移】命令，如图6-73所示。

◆ 命令行：OFFSET或O。

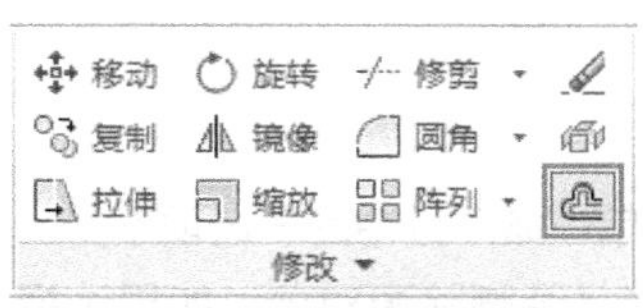

图 6-72 【修改】面板中的【偏移】按钮

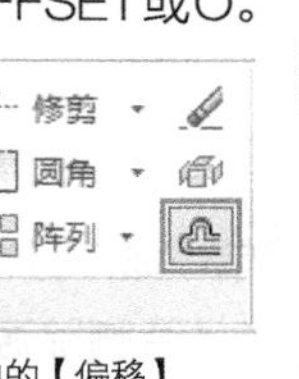

图 6-73 【偏移】菜单命令

• 操作步骤

偏移命令需要输入的参数有需要偏移的“源对象”“偏移距离”和“偏移方向”。只要在需要偏移的一侧的任意位置单击即可确定偏移方向，也可以指定偏移对象通过已知的点。执行【偏移】命令后命令行操作如下。

```
命令: _OFFSET↙
                              //调用【偏移】命令
指定偏移距离或 [通过(T)/删除(E)/图层(L)] <通过>:
          //输入偏移距离
选择要偏移的对象，或 [退出(E)/放弃(U)] <退出>:
          //选择偏移对象
指定通过点或 [退出(E)/多个(M)/放弃(U)] <退出>:
          //输入偏移距离或指定目标点
```

• 选项说明

命令行中各选项的含义如下。

◆ “通过（T）”：指定一个通过点定义偏移的距离和方向，如图 6-74 所示。

◆ “删除（E）”：偏移源对象后将其删除。

◆ “图层（L）”：确定将偏移对象创建在当前图层上还是源对象所在的图层上。

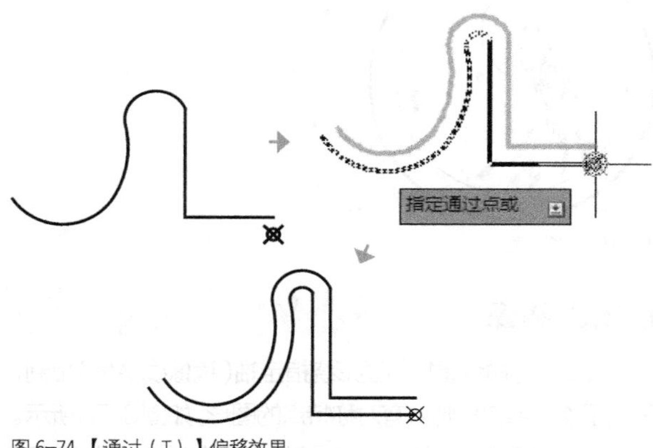

图 6-74 【通过（T）】偏移效果

练习 6-9 通过偏移绘制画框

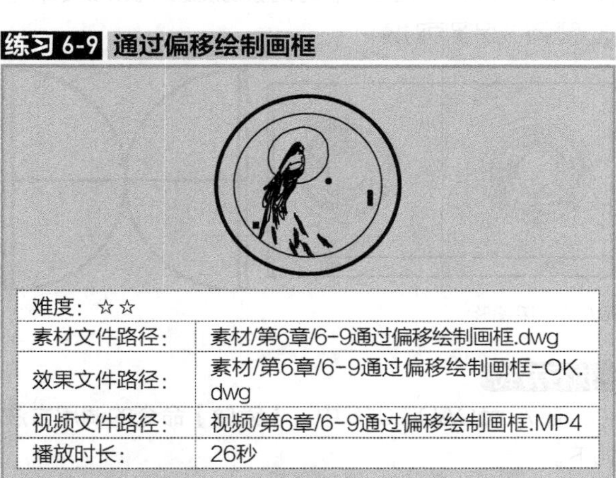

难度：☆☆	
素材文件路径：	素材/第6章/6-9通过偏移绘制画框.dwg
效果文件路径：	素材/第6章/6-9通过偏移绘制画框-OK.dwg
视频文件路径：	视频/第6章/6-9通过偏移绘制画框.MP4
播放时长：	26秒

Step 01 打开素材文件“第6章/6-9通过偏移绘制画框.dwg”，素材图形如图6-75所示。

Step 02 调用O【偏移】命令并按回车键，偏移的最后结果如图6-77所示，命令行操作如下。

```
命令：_OFFSET
        //调用【偏移】命令
当前设置：删除源=否  图层=源  OFFSETGAPTYPE=0
指定偏移距离或 [通过(T)/删除(E)/图层(L)] <通过>:
        //指定偏移距离，如图6-76所示
选择要偏移的对象，或 [退出(E)/放弃(U)] <退出>:
        //鼠标移至画框的外轮廓上
指定通过点或 [退出(E)/多个(M)/放弃(U)] <退出>:
        *取消*//按ESC键退出绘制
```

图 6-75 素材文件

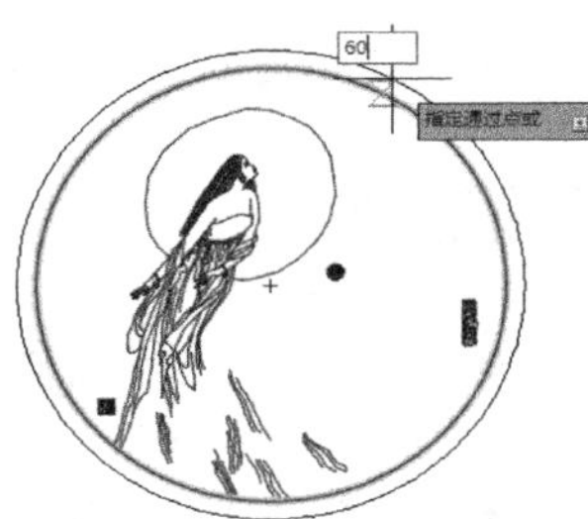

图 6-76 指定偏移距离

图 6-77 偏移结果

6.3.3 镜像

【镜像】命令是指将图形绕指定轴（镜像线）镜像复制，常用于绘制结构规则且有对称特点的图形，如图6-78所示。AutoCAD 2016 通过指定临时镜像线镜像对象，镜像时可选择删除或保留原对象。

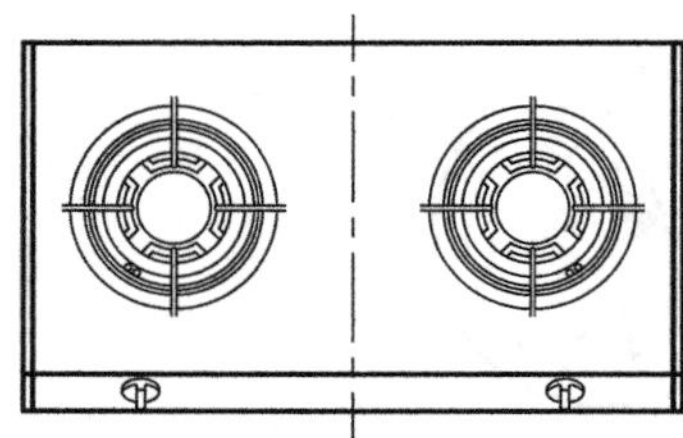
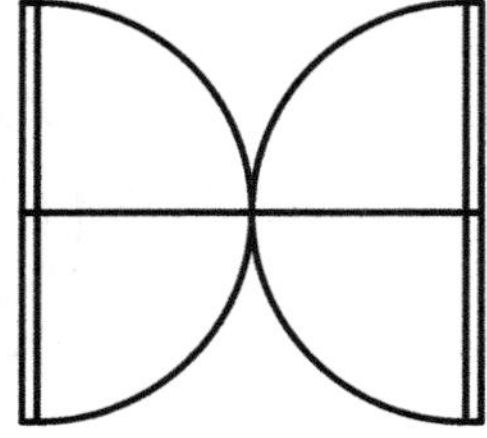
图 6-78 对称图形

·执行方式

在 AutoCAD 2016 中，【镜像】命令的调用方法如下。

◆功能区：单击【修改】面板中的【镜像】按钮，如图 6-79 所示。

◆菜单栏：执行【修改】|【镜像】命令，如图 6-80 所示。

◆命令行：MIRROR 或 MI。

图 6-79 【功能区】调用【镜像】命令

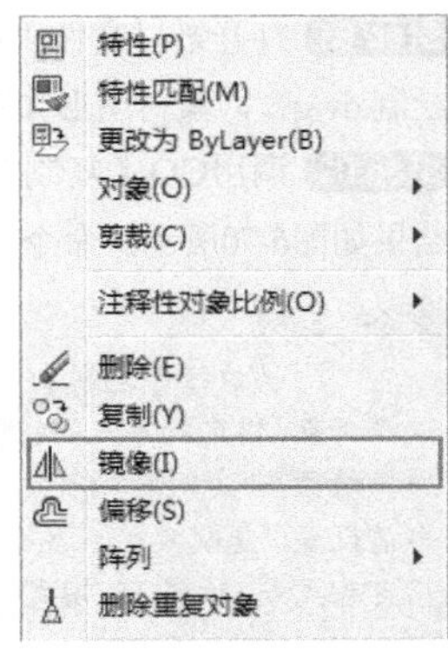

图 6-80 【菜单栏】调用【镜像】命令

·操作步骤

在命令执行过程中，需要确定镜像复制的对象和对称轴。对称轴可以是任意方向的，所选对象将根据该轴线进行对称复制，并且可以选择删除或保留源对象。在实际工程设计中，许多对象都为对称形式，如果绘制了这些图例的一半，就可以通过【镜像】命令迅速得到另一半，如图 6-81 所示。

调用【镜像】命令，命令行提示如下。

```
命令：_MIRROR↙
        //调用【镜像】命令
选择对象：指定对角点：找到 14 个
//选择镜像对象
指定镜像线的第一点：
        //指定镜像线第一点A
指定镜像线的第二点：
        //指定镜像线第二点B
要删除源对象吗？[是(Y)/否(N)] <N>: ↙        //选择是否删除源对象，或按Enter键结束命令
```

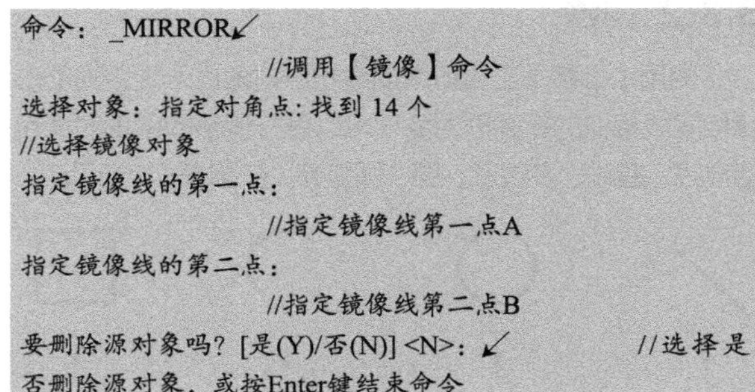

图 6-81 镜像图形

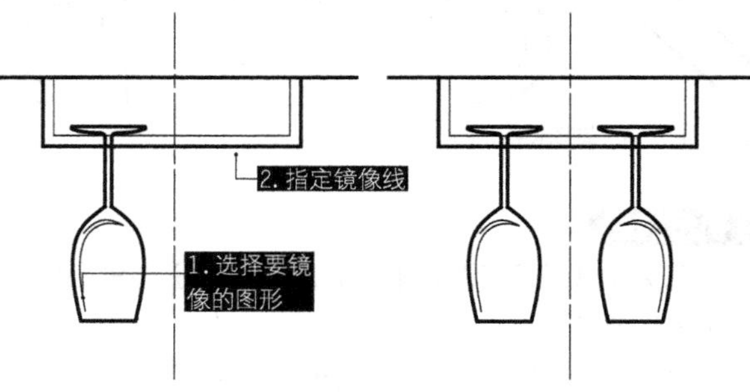
操作技巧

如果是水平或者竖直方向镜像图形，可以使用【正交】功能快速指定镜像轴。

·选项说明

【镜像】操作十分简单，命令行中的子选项不多，只有在结束命令前可选择是否删除源对象。如果选择“是”，则删除选择的镜像图形，效果如图 6-82 所示。

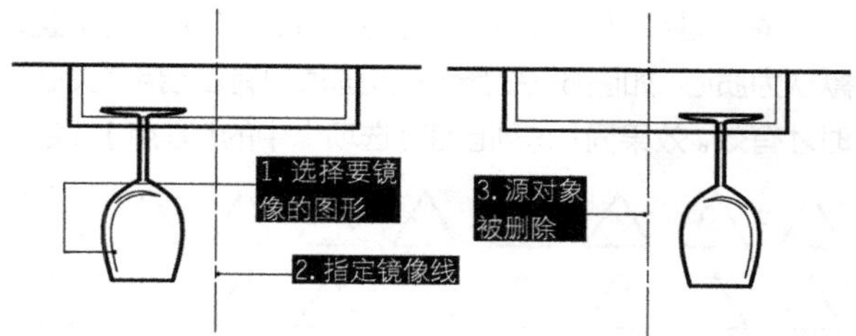

图 6-82 删除源对象的镜像

·初学解答 文字对象的镜像效果

在 AutoCAD 中，除了能镜像图形对象外，还可以对文字进行镜像，但文字的镜像效果可能会出现颠倒，这时就可以通过控制系统变量 MIRRTEXT 的值来控制文字对象的镜像方向。

在命令行中输入 MIRRTEXT，设置 MIRRTEXT 变量值，不同值效果如图 6-83 所示。

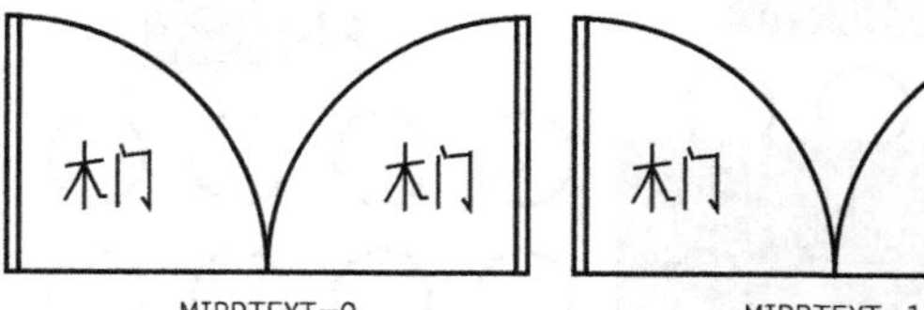

MIRRTEXT=0　　MIRRTEXT=1

图 6-83 不同 MIRRTEXT 变量值镜像效果

练习 6-10 镜像绘制床头柜图形

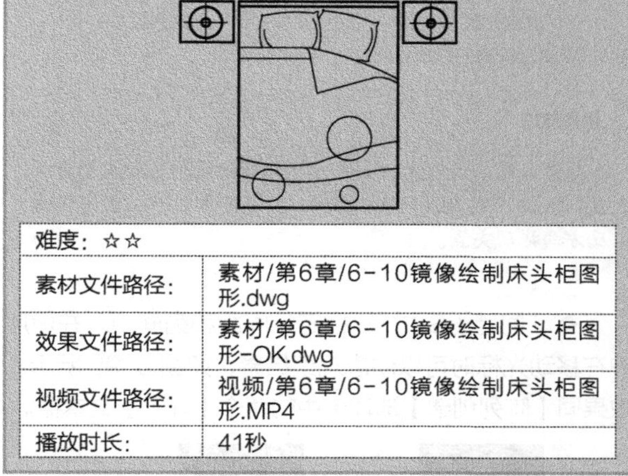

难度：☆☆	
素材文件路径：	素材/第6章/6-10镜像绘制床头柜图形.dwg
效果文件路径：	素材/第6章/6-10镜像绘制床头柜图形-OK.dwg
视频文件路径：	视频/第6章/6-10镜像绘制床头柜图形.MP4
播放时长：	41秒

许多平面图都具有对称的效果，如各种桌、椅、柜、凳，因此在绘制这部分图形时，就可以先绘制一半，然后利用【镜像】命令来快速完成余下部分。

Step 01 按Ctrl+O组合键，打开配套资源提供的“第6章/6-10 镜像复制床头柜图形.dwg”素材文件，如图6-84所示。

Step 02 单击【修改】面板中的【镜像】按钮，镜像复制床头柜图形，命令行提示如下。

```
命令: _MIRROR
选择对象: 指定对角点: 找到 8 个          //选择左边的床头柜图形
选择对象: 指定镜像线的第一点:            //如图6-85所示
指定镜像线的第二点:
//如图6-86所示
要删除源对象吗? [是(Y)/否(N)] <N>:     //按Enter键，完成镜像复制，结果如图6-87所示
```

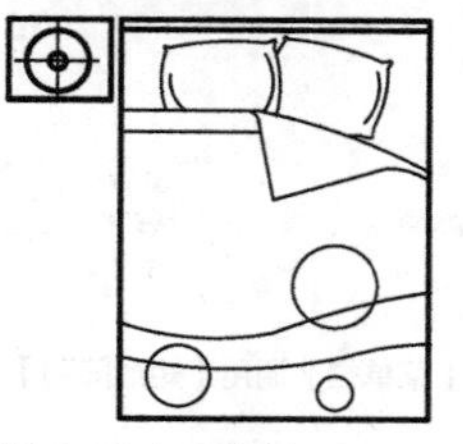

图 6-84 打开素材

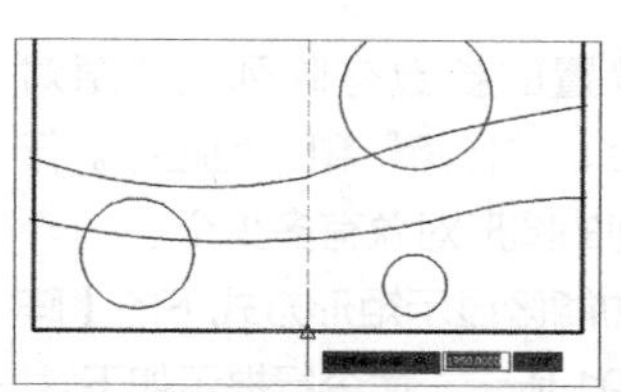

图 6-85 指定镜像线的第一点

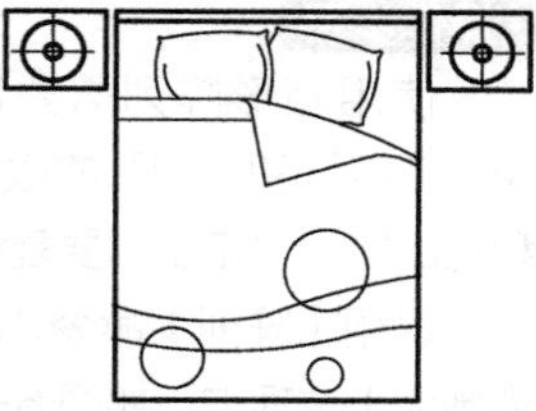

图 6-86 指定镜像线的第二点

图 6-87 镜像复制结果

6.4 图形阵列类

复制、镜像和偏移等命令，一次只能复制得到一个对象副本。如果想要按照一定规律大量复制图形，可以使用 AutoCAD 2016 提供的【阵列】命令。【阵列】是一个功能强大的多重复制命令，它可以一次将选择的对象复制多个，并按指定的规律进行排列。

AutoCAD 2016 提供了 3 种【阵列】方式：矩形阵列、极轴（即环形）阵列、路径阵列，可以按照矩形、环形（极轴）和路径的方式，以定义的距离、角度和路径复制出源对象的多个对象副本，如图 6-88 所示。

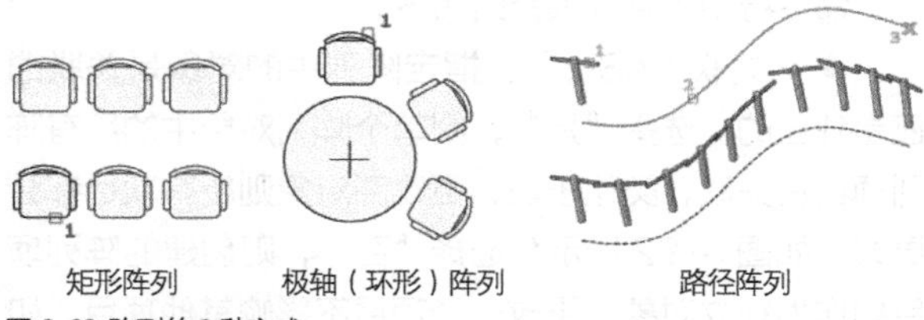

图 6-88 阵列的 3 种方式

6.4.1 矩形阵列

矩形阵列就是将图形呈行列类进行排列，如室内规律摆放的桌椅等。

·执行方式

调用【阵列】命令的方法如下。

◆ 功能区：在【默认】选项卡中，单击【修改】面板中的【矩形阵列】按钮，如图 6-89 所示。

◆ 菜单栏：执行【修改】|【阵列】|【矩形阵列】命令，如图 6-90 所示。

◆ 命令行：ARRAYRECT。

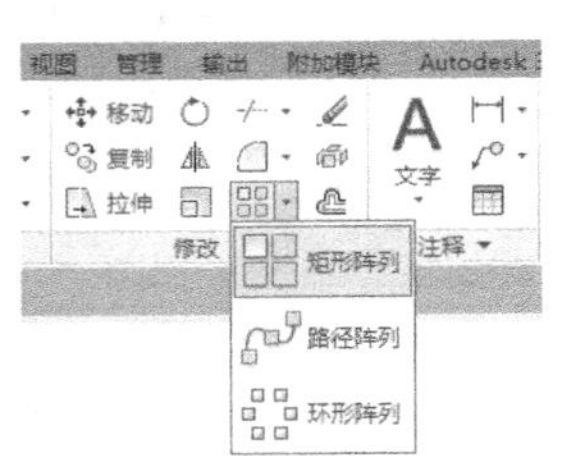

图 6-89 【功能区】调用【矩形阵列】命令

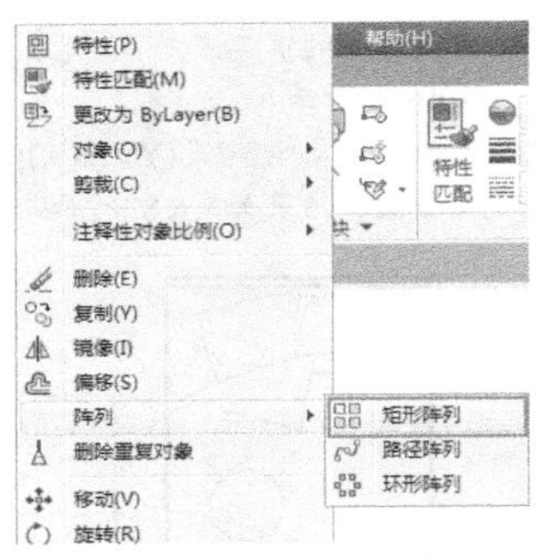

图 6-90 【菜单栏】调用【矩形阵列】命令

• 操作步骤

使用矩形阵列需要设置的参数有阵列的“源对象”“行”和“列”的数目、“行距”和“列距”。行和列的数目决定了需要复制的图形对象有多少个。

调用【阵列】命令，功能区显示矩形方式下的【阵列创建】选项卡，如图 6-91 所示，命令行提示如下。

```
命令: _arrayrect
            //调用【矩形阵列】命令
选择对象: 找到 1 个
            //选择要阵列的对象      类型 = 矩形  关联 = 是
            //显示当前的阵列设置
选择夹点以编辑阵列或 [关联(AS)/基点(B)/计数(COU)/间距(S)/列数(COL)/行数(R)/层数(L)/退出(X)]: ↙
//设置阵列参数，按Enter键退出
```

图 6-91 【阵列创建】选项卡

• 选项说明

命令行中主要选项介绍如下。

◆ “关联（AS）”：指定阵列中的对象是关联的还是独立的。选择“是”，则单个阵列对象中的所有阵列项目皆关联，类似于块，更改源对象则所有项目都会更改，如图 6-92 所示；选择“否”，则创建的阵列项目均作为独立对象，更改一个项目不影响其他项目，如所示。图 6-91【阵列创建】选项卡中的【关联】按钮亮显则为“是”，反之为“否”。

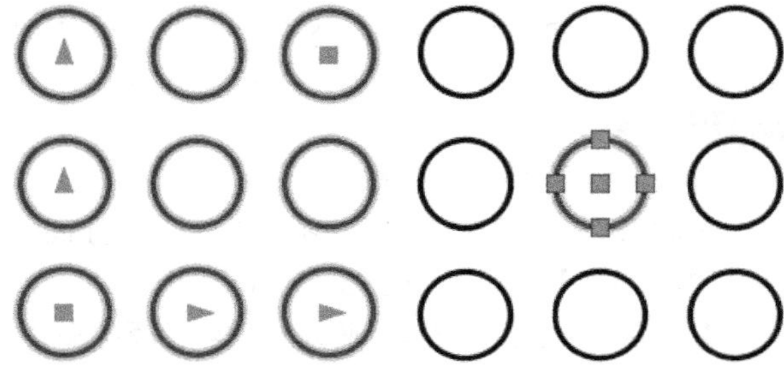

选择“是”：所有对象关联　　选择“否”：所有对象独立

图 6-92 阵列的关联效果

◆ “基点（B）”：定义阵列基点和基点夹点的位置，默认为质心，如图 6-93 所示。该选项只有在启用“关联”时才有效。效果同【阵列创建】选项卡中的【基点】按钮。

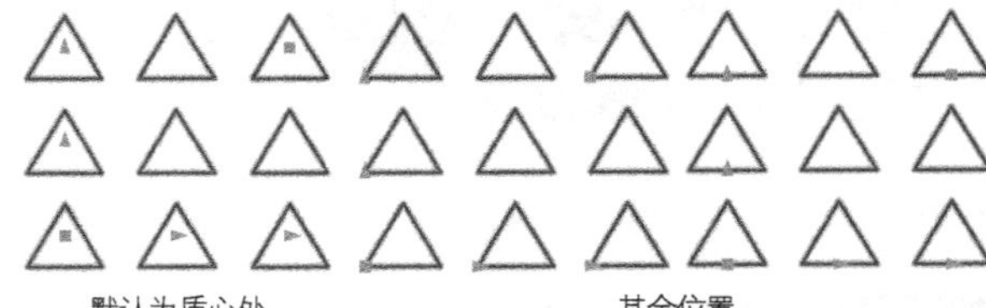

图 6-93 不同的基点效果

◆ “计数（COU）”：可指定行数和列数，并使用户在移动光标时可以动态观察阵列结果，如图 6-94 所示。效果同【阵列创建】选项卡中的【列数】、【行数】文本框。

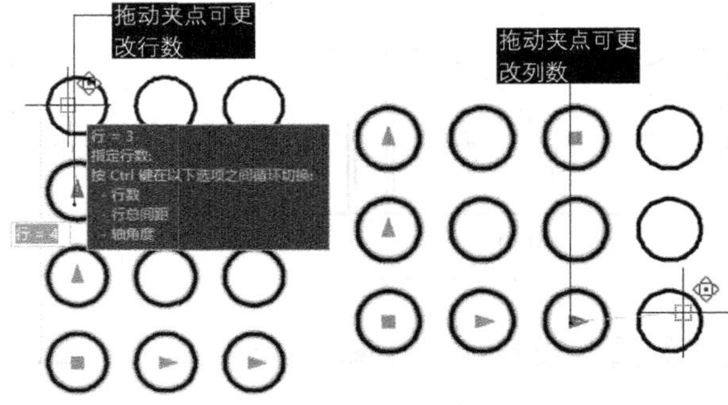

图 6-94 更改阵列的行数与列数

操作技巧

在矩形阵列的过程中，如果希望阵列的图形往相反的方向复制时，在列数或行数前面加“-”符号即可，也可以向反方向拖动夹点。

◆ “间距（S）”：指定行间距和列间距，并使用户在移动光标时可以动态观察结果，如图 6-95 所示。效果同【阵列创建】选项卡中的两个【介于】文本框。

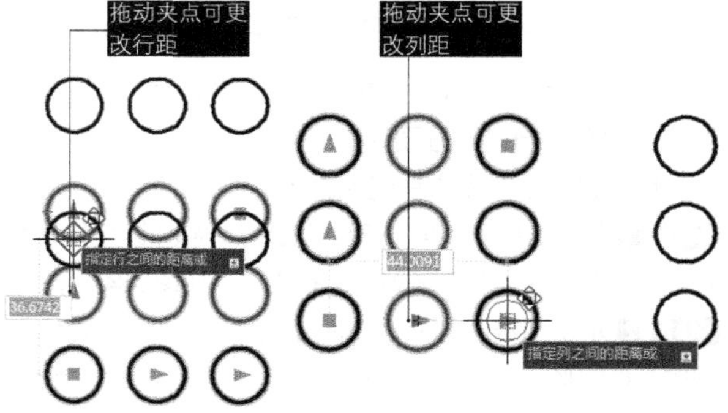

图 6-95 更改阵列的行距与列距

练习 6-11 矩形阵列快速绘制浴霸

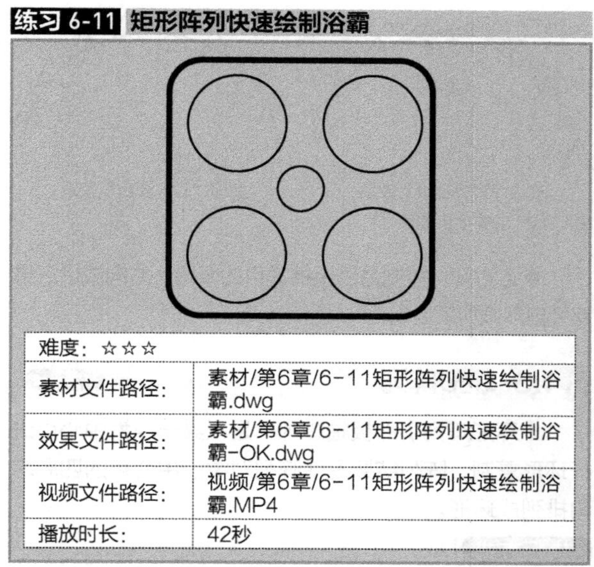

难度：☆☆☆	
素材文件路径：	素材/第6章/6-11矩形阵列快速绘制浴霸.dwg
效果文件路径：	素材/第6章/6-11矩形阵列快速绘制浴霸-OK.dwg
视频文件路径：	视频/第6章/6-11矩形阵列快速绘制浴霸.MP4
播放时长：	42秒

室内设计中经常需要绘制灯具，此时就可以灵活使用【阵列】命令来快速大量地放置。

Step 01 单击【快速访问】工具栏中的【打开】按钮，打开“第6章/6-11矩形阵列快速绘制浴霸.dwg”文件，如图6-96所示。

Step 02 在【默认】选项卡中，单击【修改】面板中的【矩形阵列】按钮，选择大圆图形作为阵列对象，设置行、列数为2，介于数值为180，阵列结果如图6-97所示。

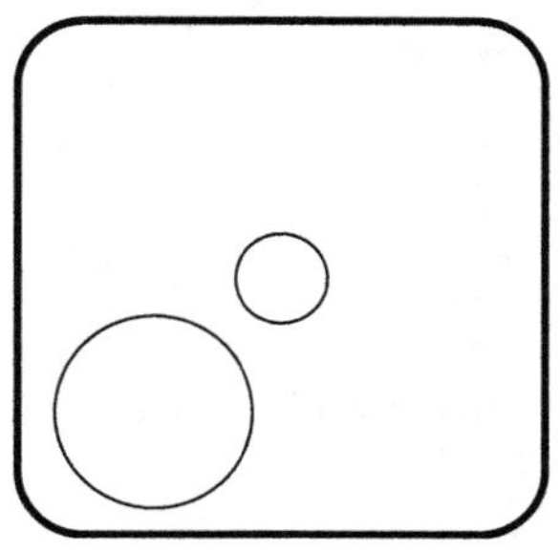

图 6-96 素材图形

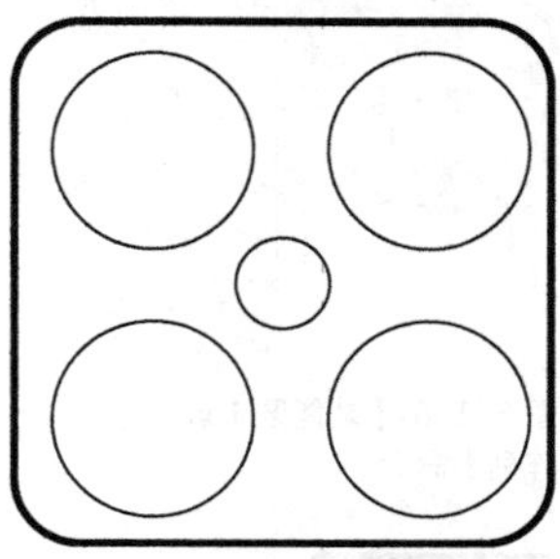

图 6-97 阵列结果

6.4.2 路径阵列 ★重点★

路径阵列可沿曲线（可以是直线、多段线、三维多段线、样条曲线、螺旋、圆弧、圆或椭圆）阵列复制图形，通过设置不同的基点，能得到不同的阵列结果。

•执行方式

调用【路径阵列】命令的方法如下。

◆功能区：在【默认】选项卡中，单击【修改】面板中的【路径阵列】按钮，如图 6-98 所示。

◆菜单栏：执行【修改】|【阵列】|【路径阵列】命令，如图 6-99 所示。

◆命令行：ARRAYPATH。

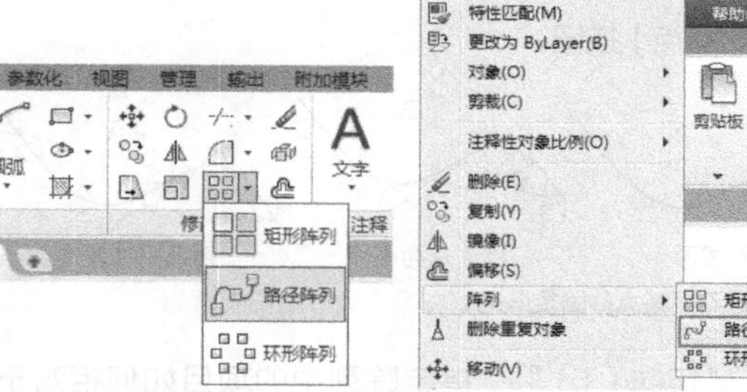

图 6-98 【功能区】调用【路径阵列】命令

图 6-99 【菜单栏】调用【路径阵列】命令

•操作步骤

路径阵列需要设置的参数有“阵列路径”“阵列对象”和“阵列数量”“方向”等。

调用【阵列】命令，功能区显示路径方式下的【阵列创建】选项卡，如图 6-100 所示，命令行提示如下。

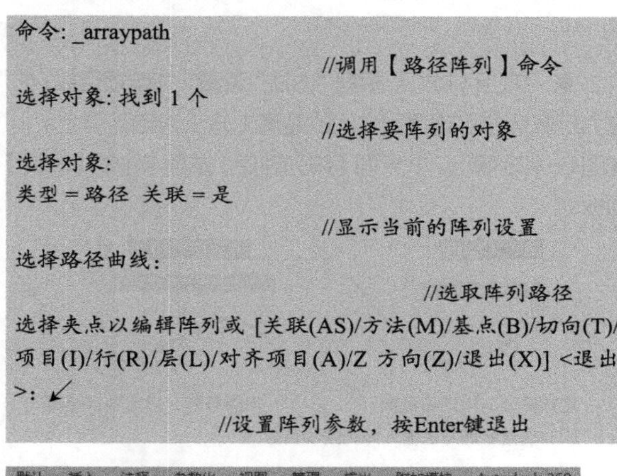

```
命令: _arraypath
                                   //调用【路径阵列】命令
选择对象: 找到 1 个
                                   //选择要阵列的对象
选择对象:
类型 = 路径  关联 = 是
                                   //显示当前的阵列设置
选择路径曲线:
                                   //选取阵列路径
选择夹点以编辑阵列或 [关联(AS)/方法(M)/基点(B)/切向(T)/项目(I)/行(R)/层(L)/对齐项目(A)/Z 方向(Z)/退出(X)] <退出>: ↙
                                   //设置阵列参数，按Enter键退出
```

图 6-100 【阵列创建】选项卡

•选项说明

命令行中主要选项介绍如下。

◆“关联（AS）”：与【矩形阵列】中的“关联”选项相同，这里不重复讲解。

◆“方法（M）”：控制如何沿路径分布项目，有“定数等分（D）”和“定距等分（M）”两种方式。效果与本书第 5 章的 5.1.3 定数等分、5.1.4 定距等分中的“块”一致，只是阵列方法较灵活，对象不限于块，可以是任意图形。

◆“基点（B）”：定义阵列的基点。路径阵列中的项目相对于基点放置，选择不同的基点，进行路径阵列的效果也不同，如图6-101所示。效果同【阵列创建】选项卡中的【基点】按钮。

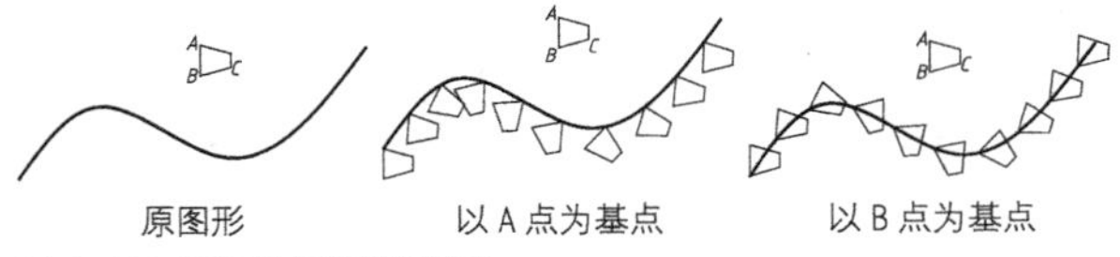

图6-101 不同基点的路径阵列

◆“切向（T）”：指定阵列中的项目如何相对于路径的起始方向对齐，不同基点、切向的阵列效果如图6-102所示。效果同【阵列创建】选项卡中的【切线方向】按钮。

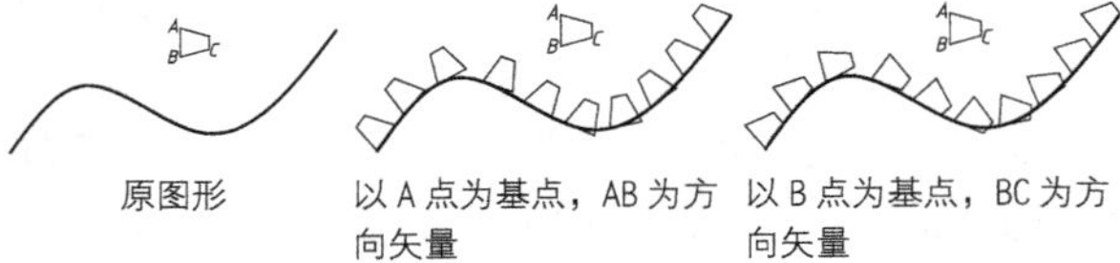

原图形
以A点为基点，AB为方向矢量
以B点为基点，BC为方向矢量

图6-102 不同基点、切向的路径阵列

◆“项目（I）”：根据“方法”设置，指定项目数（方法为定数等分）或项目之间的距离（方法为定距等分），如图6-103所示。效果同【阵列创建】选项卡中的【项目】面板。

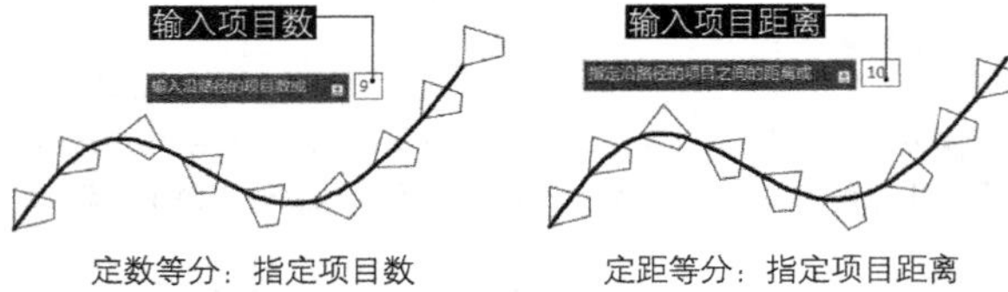

图6-103 根据所选方法输入阵列的项目数

◆“行（R）”：指定阵列中的行数、它们之间的距离，以及行之间的增量标高，如图6-104所示。效果同【阵列创建】选项卡中的【行】面板。

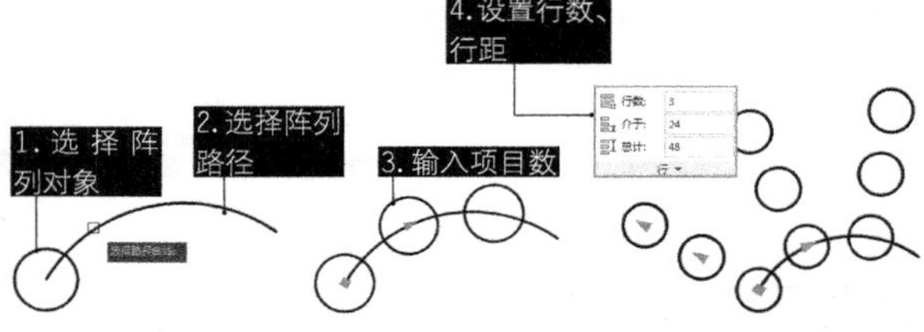

图6-104 路径阵列的“行”效果

◆“层（L）”：指定三维阵列的层数和层间距，效果同【阵列创建】选项卡中的【层级】面板，二维情况下无须设置。

◆“对齐项目（A）”：指定是否对齐每个项目以与路径的方向相切，对齐相对于第一个项目的方向，效果对比如图6-105所示。【阵列创建】选项卡中的【对齐项目】按钮亮显则开启，反之关闭。

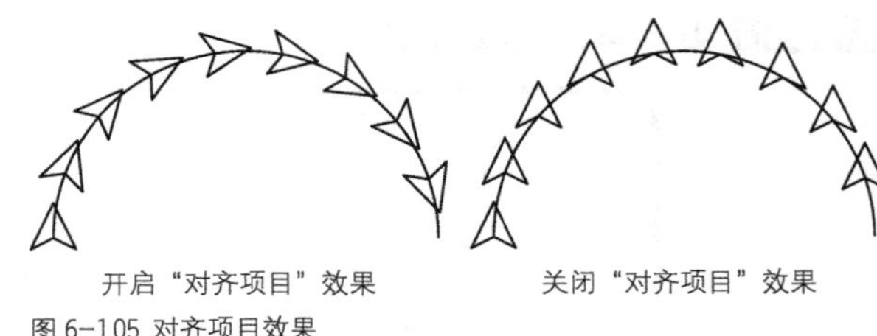

图6-105 对齐项目效果

◆Z方向：控制是否保持项目的原始z方向或沿三维路径自然倾斜项目。

6.4.3 环形阵列 ★重点★

【环形阵列】即极轴阵列，是以某一点为中心点进行环形复制，阵列结果是使阵列对象沿中心点的四周均匀排列成环形。

·执行方式

调用【极轴阵列】命令的方法如下。

◆功能区：在【默认】选项卡中，单击【修改】面板中的【环形阵列】按钮，如图6-106所示。

◆菜单栏：执行【修改】|【阵列】|【环形阵列】命令，如图6-107所示。

◆命令行：ARRAYPOLAR。

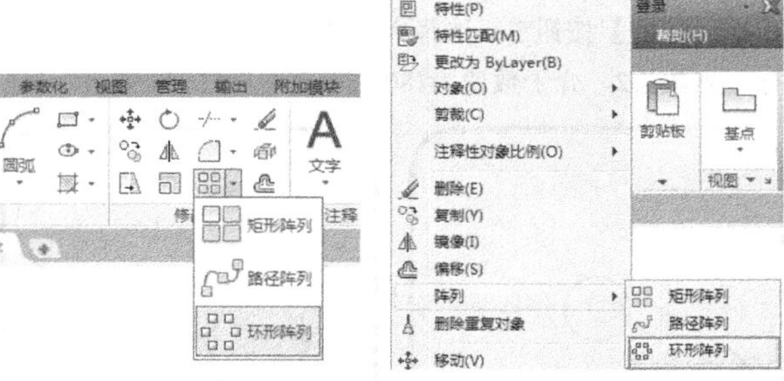

图6-106 【功能区】调用【环形阵列】命令

图6-107 【菜单栏】调用【环形阵列】命令

·操作步骤

【环形阵列】需要设置的参数有阵列的“源对象”“项目总数”“中心点位置”和“填充角度”。填充角度是指全部项目排成的环形所占有的角度。例如，对于360°填充，所有项目将排满一圈，如图6-108所示；对于240°填充，所有项目只排满三分之二圈，如图6-109所示。

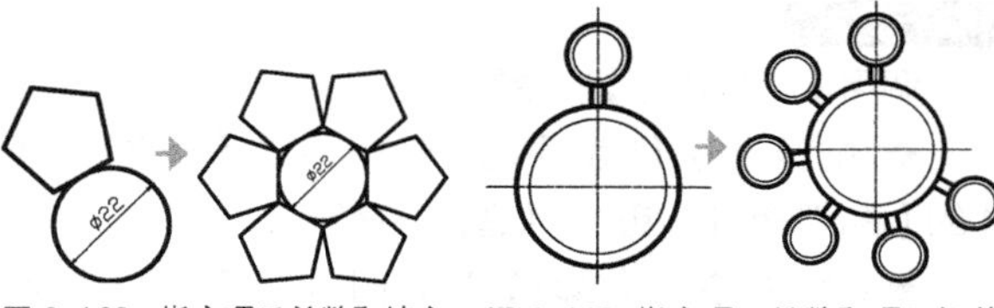

图6-108 指定项目总数和填充角度阵列

图6-109 指定项目总数和项目间的角度阵列

调用【阵列】命令，功能区面板显示【阵列创建】选项卡，如图 6-110 所示，命令行提示如下。

```
命令: _arraypolar
                    //调用【环形阵列】命令
选择对象: 找到 1 个
                    //选择阵列对象
选择对象:
类型 = 极轴  关联 = 是
                    //显示当前的阵列设置
指定阵列的中心点或 [基点(B)/旋转轴(A)]:
                    //指定阵列中心点
选择夹点以编辑阵列或 [关联(AS)/基点(B)/项目(I)/项目间角度(A)/填充角度(F)/行(ROW)/层(L)/旋转项目(ROT)/退出(X)] <退出>: ↙
                    //设置阵列参数并按Enter键退出
```

图 6-110 【阵列创建】选项卡

• 选项说明

命令行主要选项介绍如下。

◆ “关联（AS）”：与【矩形阵列】中的“关联”选项相同，这里不重复讲解。

◆ “基点（B）”：指定阵列的基点，默认为质心，效果同【阵列创建】选项卡中的【基点】按钮。

◆ “项目（I）”：使用值或表达式指定阵列中的项目数，默认为 360° 填充下的项目数，如图 6-111 所示。

◆ “项目间角度（A）”：使用值表示项目之间的角度，如图 6-112 所示。同【阵列创建】选项卡中的【项目】面板。

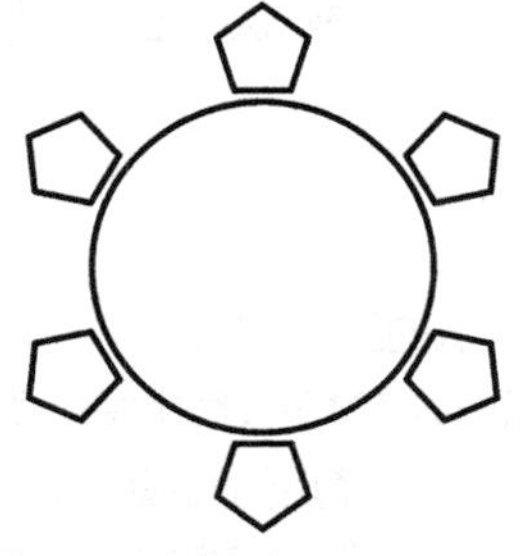
项目数为 6

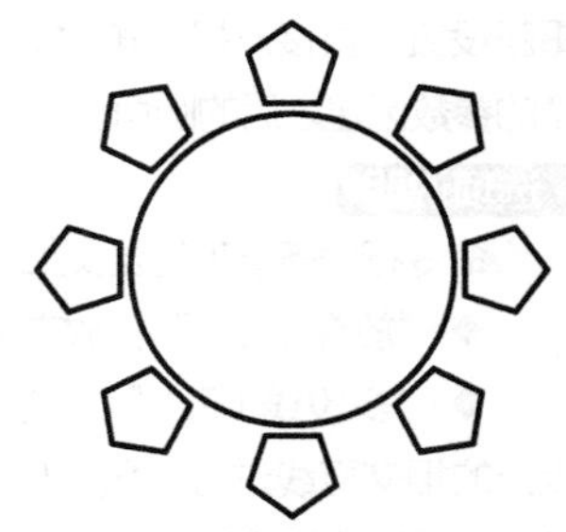
项目数为 8

图 6-111 不同的项目数效果

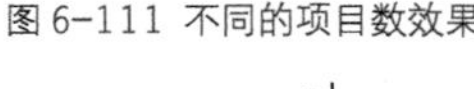

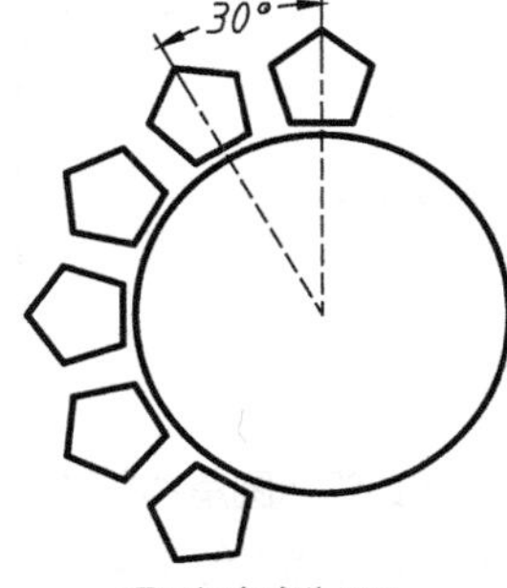

项目间角度为 30°

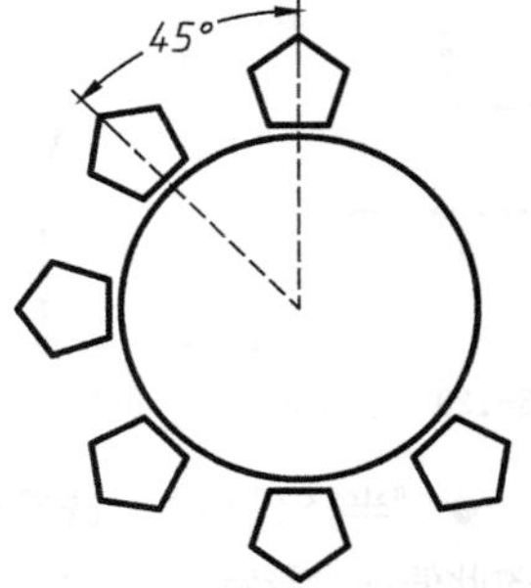

项目间角度为 45°

图 6-112 不同的项目间角度效果

◆ “填充角度（F）”：使用值或表达式指定阵列中第一个和最后一个项目之间的角度，即环形阵列的总角度。

◆ “行（ROW）”：指定阵列中的行数、它们之间的距离，以及行之间的增量标高，效果与【路径阵列】中的“行（R）”选项一致，在此不重复讲解。

◆ “层（L）”：指定三维阵列的层数和层间距，效果同【阵列创建】选项卡中的【层级】面板，二维情况下无须设置。

◆ “旋转项目（ROT）”：控制在阵列项时是否旋转项，效果对比如图 6-113 所示。【阵列创建】选项卡中的【旋转项目】按钮亮显则开启，反之关闭。

开启“旋转项目”效果　　关闭“旋转项目”效果

图 6-113 旋转项目效果

练习 6-12 环形阵列绘制吊灯

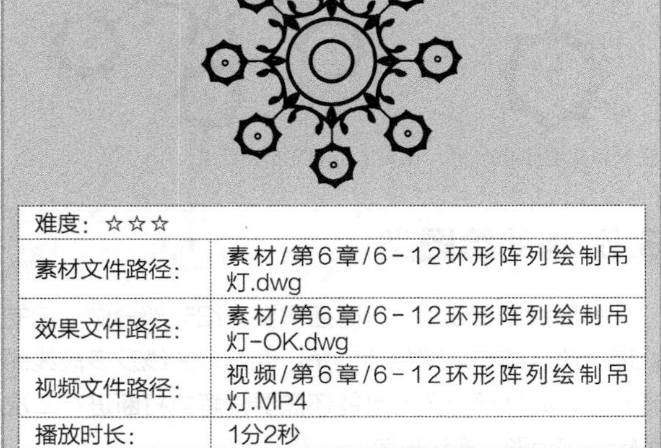

难度：☆☆☆	
素材文件路径：	素材/第6章/6-12环形阵列绘制吊灯.dwg
效果文件路径：	素材/第6章/6-12环形阵列绘制吊灯-OK.dwg
视频文件路径：	视频/第6章/6-12环形阵列绘制吊灯.MP4
播放时长：	1分2秒

吊灯的种类有很多，图 6-114 所示为吊灯的两种类型。本例便通过【环形阵列】绘制一圆形吊顶。

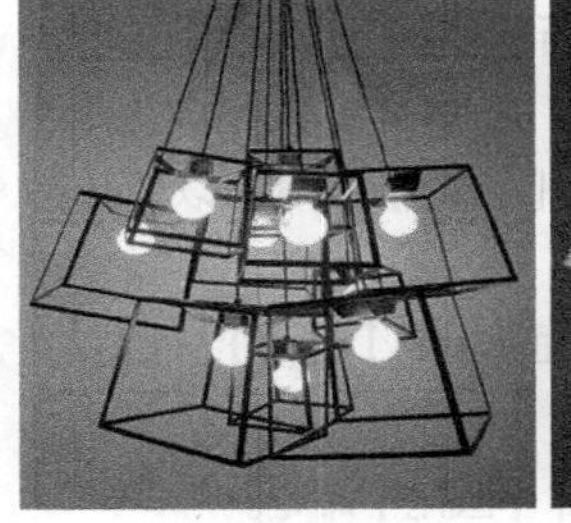
矩形吊灯

圆形吊灯

图 6-114 吊灯

Step 01 单击【快速访问】工具栏中的【打开】按钮，打开“第6章/6-12环形阵列绘制吊灯.dwg”文件，如图6-115所示。

Step 02 在【默认】选项卡中，单击【修改】面板中的【环形阵列】按钮，启动环形阵列。

Step 03 选择图形下侧的矩形作为阵列对象，命令行操作如下。

```
类型＝极轴 关联＝是
指定阵列的中心点或 [基点(B)/旋转轴(A)]:
        //指定吊灯圆心作为阵列的中心点进行阵列
选择夹点以编辑阵列或 [关联(AS)/基点(B)/项目(I)/项目间角度(A)/填充角度(F)/行(ROW)/层(L)/旋转项目(ROT)/退出(X)] <退出>: I↙
输入阵列中的项目数或 [表达式(E)] <6>: 8↙
选择夹点以编辑阵列或 [关联(AS)/基点(B)/项目(I)/项目间角度(A)/填充角度(F)/行(ROW)/层(L)/旋转项目(ROT)/退出(X)] <退出>:
```

Step 04 环形阵列结果如图6-116所示。

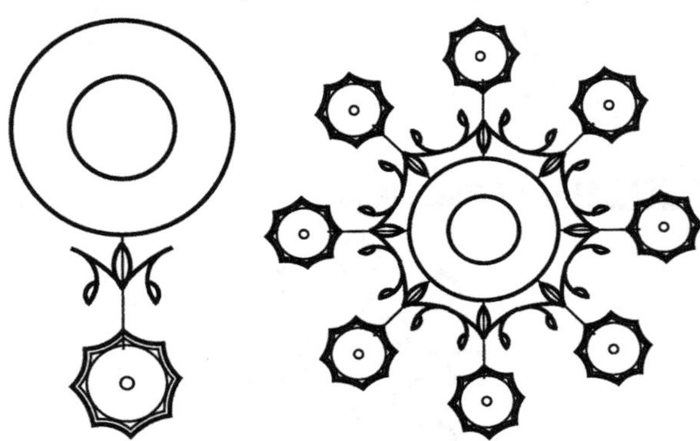

图 6-115 素材图形　　图 6-116 环形阵列结果

6.5 辅助绘图类

图形绘制完成后，有时还需要对细节部分做一定的处理。这些细节处理包括倒角、倒圆、曲线及多段线的调整等；此外部分图形可能还需要分解或打断进行二次编辑，如矩形、多边形等。

6.5.1 圆角

利用【圆角】命令可以将两条相交的直线通过一个圆弧连接起来，如图 6-117 所示。

•执行方式

在 AutoCAD 2016 中，【圆角】命令有以下几种调用方法。

◆功能区：单击【修改】面板中的【圆角】按钮，如图 6-118 所示。

◆菜单栏：执行【修改】|【圆角】命令。

◆命令行：FILLET 或 F。

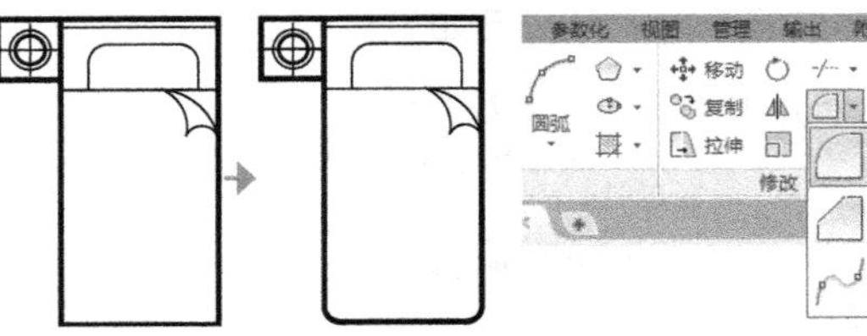

图 6-117 绘制圆角　　图 6-118 【修改】面板中的【圆角】按钮

•操作步骤

执行【圆角】命令后，命令行显示如下。

```
命令: _fillet
        //执行【圆角】命令
当前设置: 模式＝修剪，半径＝3.0000
        //当前圆角设置
选择第一个对象或 [放弃(U)/多段线(P)/半径(R)/修剪(T)/多个(M)]:   //选择要倒圆的第一个对象
选择第二个对象，或按住 Shift 键选择对象以应用角点或 [半径(R)]:   //选择要倒圆的第二个对象
```

创建的圆弧的方向和长度由选择对象所拾取的点确定，始终在距离所选位置的最近处创建圆角，如图 6-119 所示。

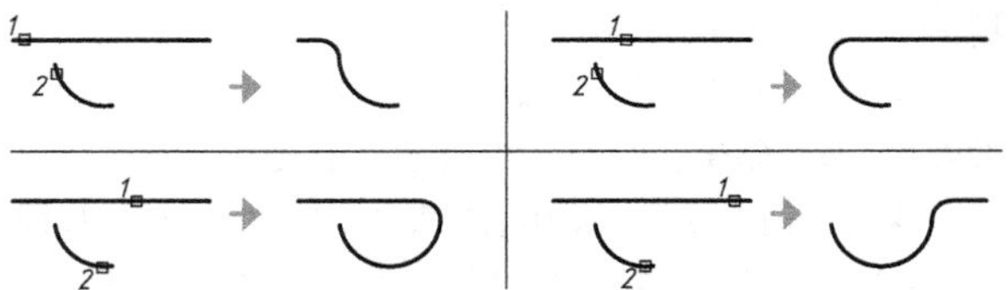

图 6-119 所选对象位置与所创建圆角的关系

重复【圆角】命令之后，圆角的半径和修剪选项无须重新设置，直接选择圆角对象即可，系统默认以上一次圆角的参数创建之后的圆角。

•选项说明

命令行中各选项的含义如下。

◆ “放弃（U）”：放弃上一次的圆角操作。

◆ “多段线（P）”：选择该项将对多段线中每个顶点处的相交直线进行圆角处理，并且圆角后的圆弧线段将成为多段线的新线段（除非“修剪（T）”选项设置为“不修剪”），如图 6-120 所示。

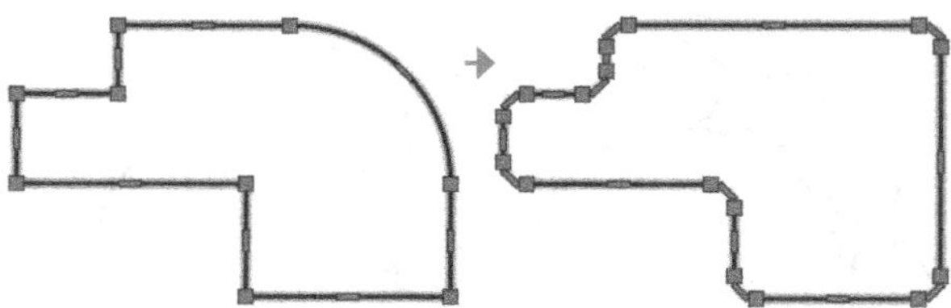

图 6-120 “多段线（P）”倒圆

◆ “半径（R）”：选择该项，可以设置圆角的半径，更改此值不会影响现有圆角。0 半径值可用于创建锐角，还原已倒圆的对象，或为两条直线、射线、构造线、二维

多段线创建半径为0的圆角会延伸或修剪对象以使其相交，如图 6-121 所示。

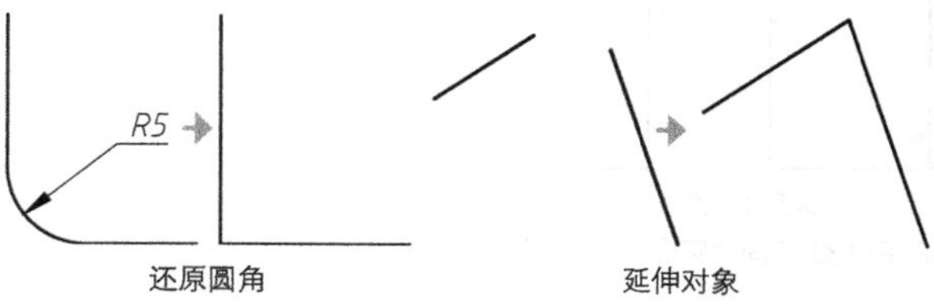

图 6-121 半径值为 0 的倒圆角作用

◆“修剪（T）”：选择该项，设置是否修剪对象。修剪与不修剪的效果对比如图 6-122 所示。

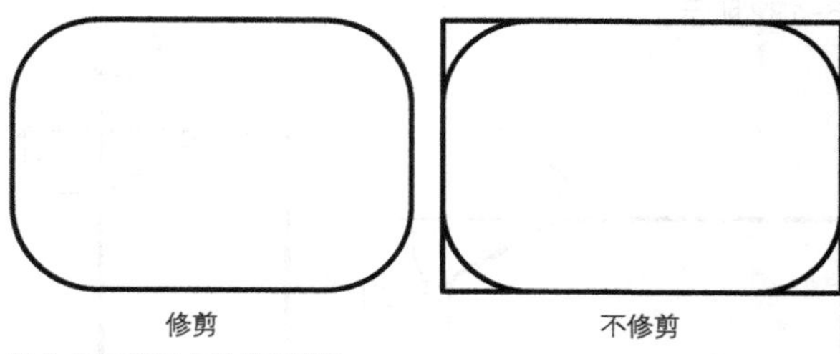

图 6-122 倒圆角的修剪效果

◆“多个（M）”：选择该选项，可以在依次调用命令的情况下对多个对象进行圆角。

·初学解答 平行线倒圆角

在 AutoCAD 2016 中，两条平行直线也可进行圆角处理，但圆角直径需为两条平行线的距离，如图 6-123 所示。

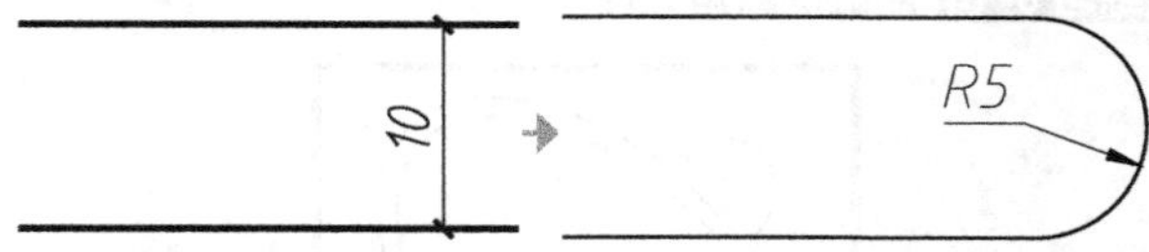

图 6-123 平行线倒圆角

·熟能生巧 快速创建半径为 0 的圆角

创建半径为 0 的圆角在设计绘图时十分有用，不仅能还原已经倒圆的线段，还可以作为【延伸】命令让线段相交。

但如果每次创建半径为 0 的圆角，都需要选择“半径（R）”进行设置的话，则操作多有不便。这时就可以按住 Shift 键来快速创建半径为 0 的圆角，如图 6-124 所示。

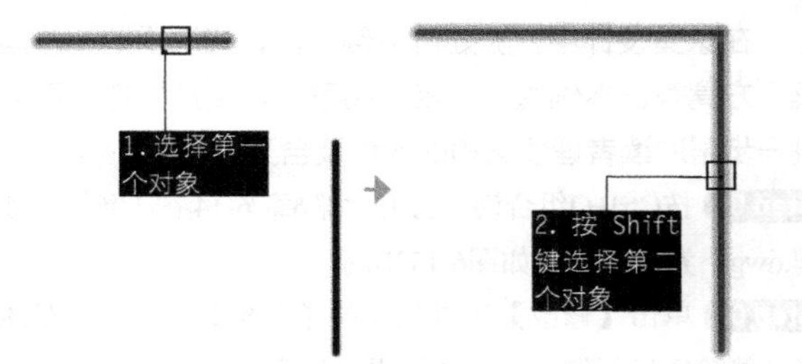

图 6-124 快速创建半径为 0 的圆角

练习 6-13 洗手盆圆角

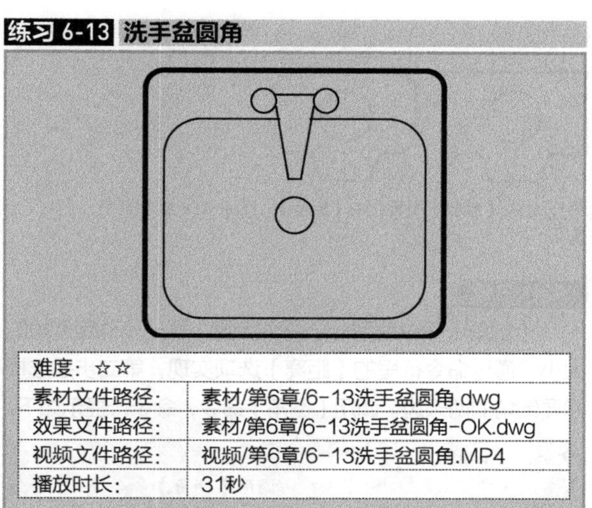

难度：☆☆	
素材文件路径：	素材/第6章/6-13洗手盆圆角.dwg
效果文件路径：	素材/第6章/6-13洗手盆圆角-OK.dwg
视频文件路径：	视频/第6章/6-13洗手盆圆角.MP4
播放时长：	31秒

在室内设计中，洗手盆通常要去除锐边（安全着想）、工艺圆角（在尺寸发生剧变的地方，必须有圆角过渡）、防止锐角伤人。本例通过对洗手盆图形进行圆角操作，可以进一步帮助读者理解圆角的操作及含义。

Step 01 打开“第6章/6-13洗手盆圆角.dwg”素材文件，素材图形如图6-125所示。

Step 02 单击【修改】面板中的【圆角】按钮，设置圆角半径为30，对洗手盆外轮廓进行圆角处理，如图6-126所示。

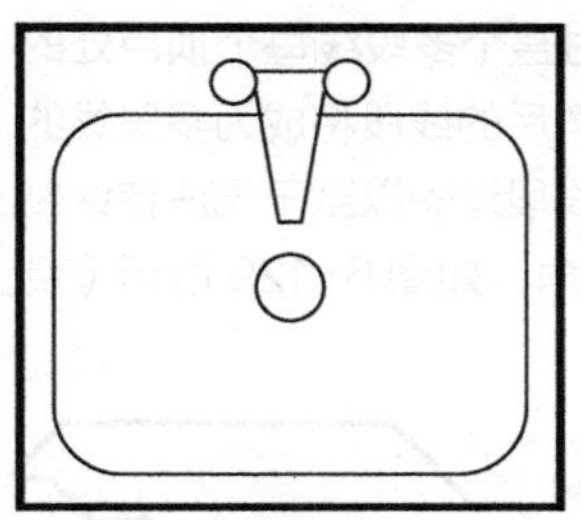

图 6-125 素材文件

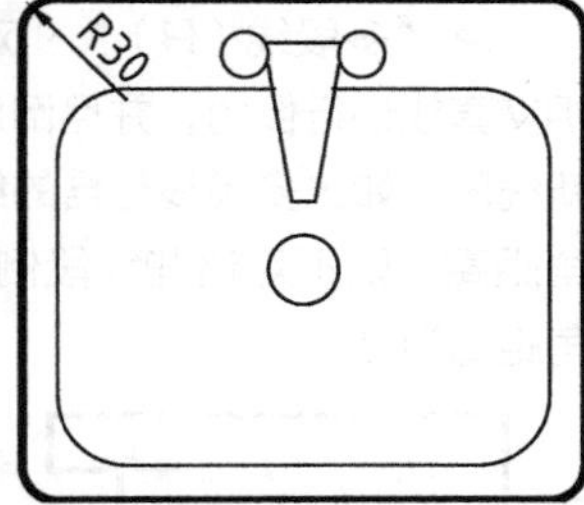

图 6-126 圆角结果

6.5.2 倒角

【倒角】命令用于将两条非平行直线或多段线以一斜线相连，在室内家具设计图中均有应用。默认情况下，需要选择进行倒角的两条相邻的直线，然后按当前的倒角大小对这两条直线进行倒角。如图 6-127 所示，为绘制倒角的图形。

·执行方式

在 AutoCAD 2016 中，【倒角】命令有以下几种调用方法。

◆功能区：单击【修改】面板中的【倒角】按钮，如图 6-128 所示。

◆菜单栏：执行【修改】|【倒角】命令。

◆命令行：CHAMFER 或 CHA。

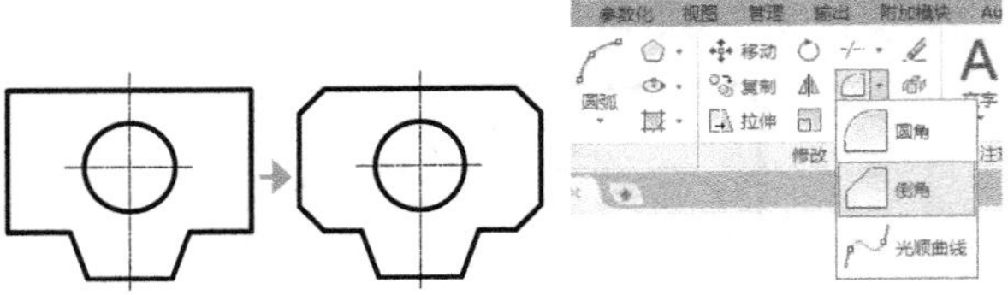

图 6-127 【修改】面板中的【倒角】按钮　图 6-128 绘制倒角

•操作步骤

【倒角】命令使用分个两个步骤，第一步确定倒角的大小，通过命令行里的【距离】选项实现，第二步是选择需要倒角的两条边。调用【倒角】命令，命令行提示如下。

```
命令：_chamfer
                                //调用【倒角】命令
("修剪"模式) 当前倒角距离 1 = 0.0000，距离 2 = 0.0000
选择第一条直线或 [放弃(U)/多段线(P)/距离(D)/角度(A)/修剪(T)/方式(E)/多个(M)]:
//选择倒角的方式，或选择第一条倒角边
选择第二条直线，或按住 Shift 键选择直线以应用角点或 [距离(D)/角度(A)/方法(M)]:
//选择第二条倒角边
```

•选项说明

执行该命令后，命令行显示如下。

◆ "放弃（U）"：放弃上一次的倒角操作。

◆ "多段线（P）"：对整个多段线每个顶点处的相交直线进行倒角，并且倒角后的线段将成为多段线的新线段。如果多段线包含的线段过短以至于无法容纳倒角距离，则不对这些线段倒角，如图 6-129 所示（倒角距离为 3）。

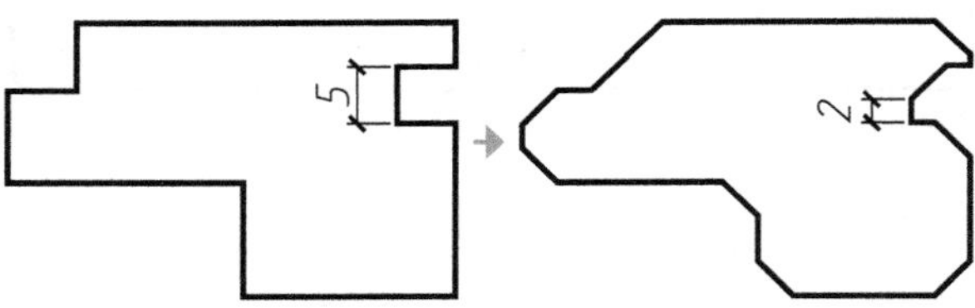

图 6-129 "多段线（P）"倒角

◆ "距离（D）"：通过设置两个倒角边的倒角距离来进行倒角操作，第二个距离默认与第一个距离相同。如果将两个距离均设定为零，CHAMFER 将延伸或修剪两条直线，以使它们终止于同一点，同半径为 0 的倒圆角，如图 6-130 所示。

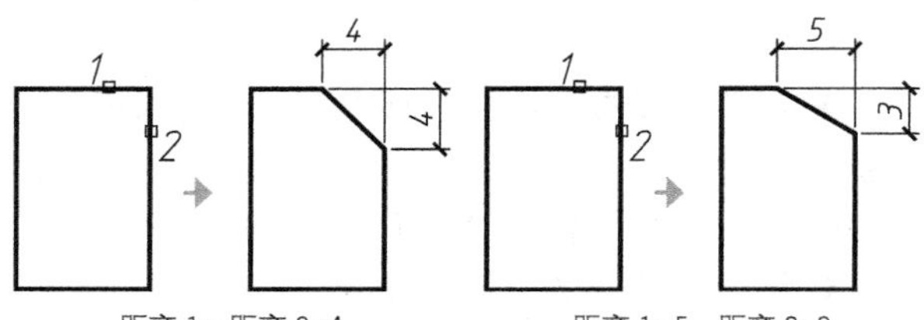

距离 1= 距离 2=4　　距离 1=5，距离 2=3

图 6-130 不同"距离（D）"的倒角

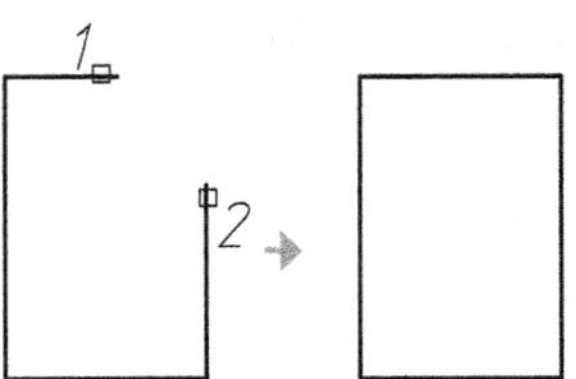

距离 1= 距离 2=0

图 6-130 不同"距离（D）"的倒角（续）

◆ "角度（A）"：用第一条线的倒角距离和第二条线的角度设定倒角距离，如图 6-131 所示。

◆ "修剪（T）"：设定是否对倒角进行修剪，如图 6-132 所示。

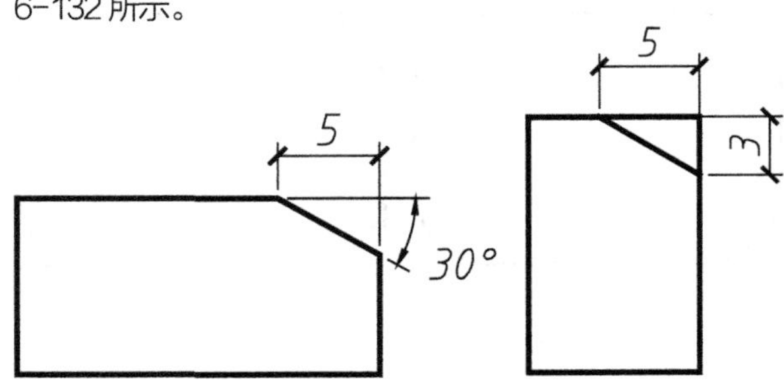

图 6-131 【角度】倒角方式　图 6-132 不修剪的倒角效果

◆ "方式（E）"：选择倒角方式，与选择【距离 (D)】或【角度 (A)】的作用相同。

◆ "多个（M）"：选择该项，可以对多组对象进行倒角。

练习 6-14 浴缸倒斜角处理

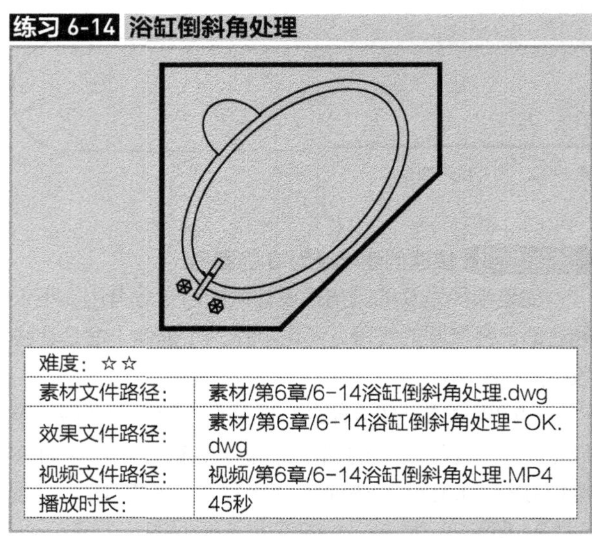

难度：☆☆	
素材文件路径：	素材/第6章/6-14浴缸倒斜角处理.dwg
效果文件路径：	素材/第6章/6-14浴缸倒斜角处理-OK.dwg
视频文件路径：	视频/第6章/6-14浴缸倒斜角处理.MP4
播放时长：	45秒

在家具设计中，随处可见倒斜角，如洗手池、八角桌、方凳等。本例通过对浴缸图形进行倒角操作，可以进一步帮助读者理解圆角的操作及含义。

Step 01 按Ctrl+O组合键，打开"第6章/6-14浴缸倒斜角处理.dwg"素材文件，如图6-133所示。

Step 02 单击【修改】工具栏中的【倒角】按钮，对图形外侧轮廓进行倒角，命令行提示如下。

```
命令: _CHAMFER
("修剪"模式) 当前倒角距离 1 = 0.0000, 距离 2 = 0.0000
选择第一条直线或 [放弃(U)/多段线(P)/距离(D)/角度(A)/修剪(T)/方式(E)/多个(M)]:D↙
                                    //输入D，选择"距离"选项
指定第一个倒角距离 <0.0000>: 1070↙
//输入第一个倒角距离
指定第二个倒角距离 <1070.0000>:1080↙
//输入第二个倒角距离
选择第一条直线或 [放弃(U)/多段线(P)/距离(D)/角度(A)/修剪(T)/方式(E)/多个(M)]:
选择第二条直线，或按住 Shift 键选择直线以应用角点或 [距离(D)/角度(A)/方法(M)]:
                                    //分别选择待倒角的线段，完成倒角操作，结果如图6-134所示
```

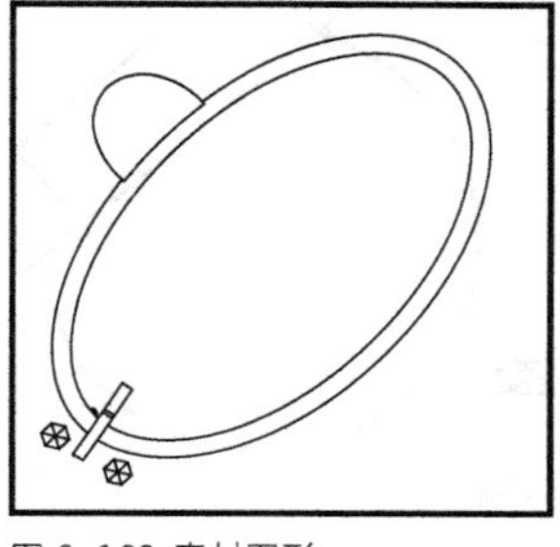
图 6-133 素材图形

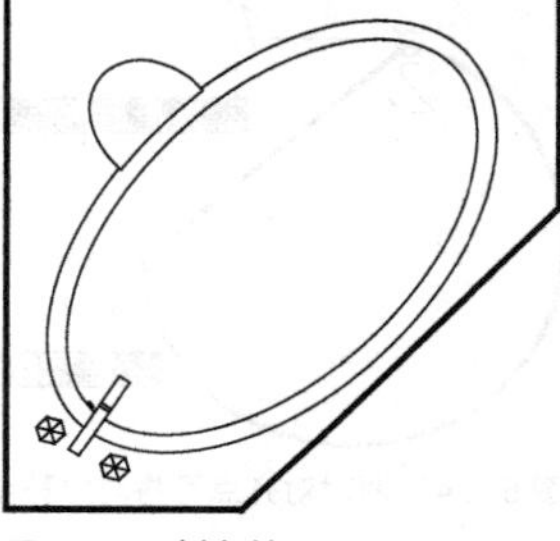
图 6-134 倒角结果

6.5.3 光顺曲线

【光顺曲线】命令是指在两条开放曲线的端点之间，创建相切或平滑的样条曲线，有效对象包括：直线、圆弧、椭圆弧、螺线、没闭合的多段线和没闭合的样条曲线。

•执行方式

执行【光顺曲线】命令的方法有以下 3 种。

◆功能区：在【默认】选项卡中，单击【修改】面板中的【光顺曲线】按钮，如图 6-135 所示。

◆菜单栏：选择【修改】|【光顺曲线】菜单命令。

◆命令行：BLEND 或 BL。

•操作步骤

光顺曲线的操作方法与倒角类似，依次选择要光顺的 2 个对象即可，效果如图 6-136 所示。有效对象包括直线、圆弧、椭圆弧、螺旋、开放的多段线和开放的样条曲线。

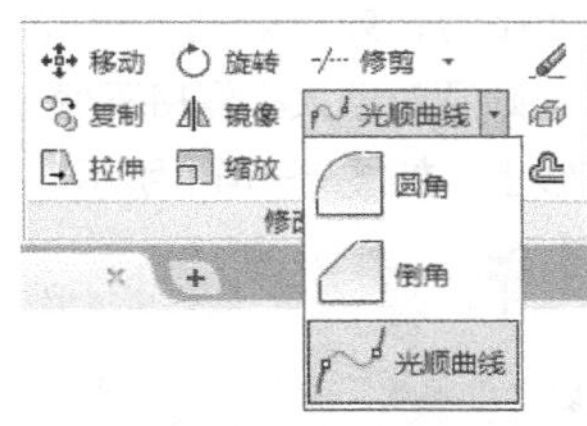

图 6-135 【修改】面板中的【光顺曲线】按钮

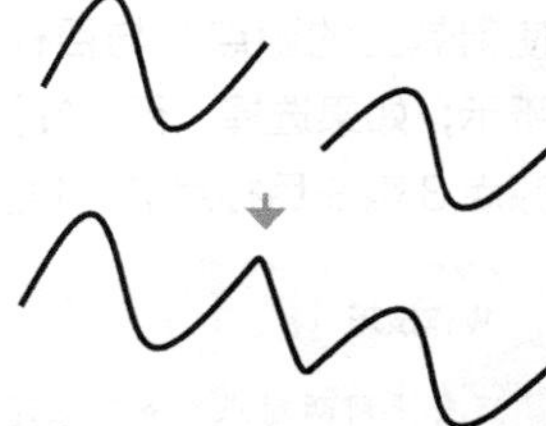
图 6-136 光顺曲线

执行上述命令后，命令行提示如下。

```
命令: _BLEND↙
                                    //调用【光顺曲线】命令
连续性 = 相切
选择第一个对象或 [连续性(CON)]:
                                    //要光顺的对象
选择第二个点: CON↙
                                    //激活【连续性】选项
输入连续性 [相切(T)/平滑(S)] <相切>: S↙
                          //激活【平滑】选项
选择第二个点:
                                    //单击第二点完成命令操作
```

•选项说明

其中各选项的含义如下。

◆连续性（CON）：设置连接曲线的过渡类型，有"相切""平滑"两个子选项，含义说明如下。

◆相切（T）：创建一条 3 阶样条曲线，在选定对象的端点处具有相切连续性。

◆平滑（S）：创建一条 5 阶样条曲线，在选定对象的端点处具有曲率连续性。

6.5.4 对齐 ★重点★

【对齐】命令可以使当前的对象与其他对象对齐，既适用于二维对象，也适用于三维对象。在对齐二维对象时，可以指定 1 对或 2 对对齐点（源点和目标点），在对其三维对象时则需要指定 3 对对齐点。

•执行方式

在 AutoCAD 2016 中，【对齐】命令有以下几种常用调用方法。

◆功能区：单击【修改】面板中的【对齐】按钮，如图 6-137 所示。

◆菜单栏：执行【修改】|【三维操作】|【对齐】命令，如图 6-138 所示。

◆命令行：ALIGN 或 AL。

图 6-137 【修改】面板中的【对齐】按钮

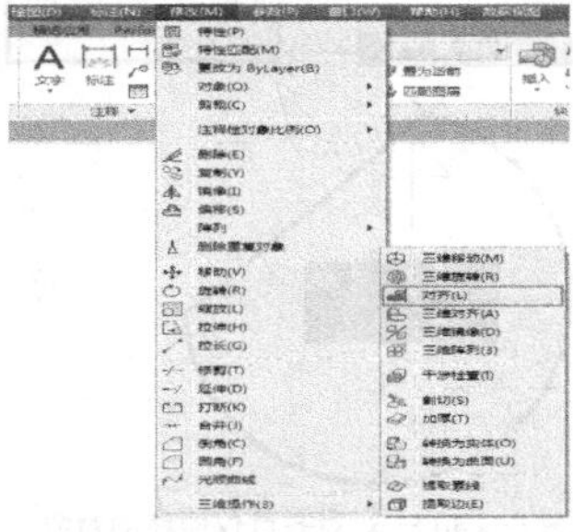
图 6-138 【对齐】菜单命令

•操作步骤

执行上述任一命令后，根据命令行提示，依次选择源点和目标点，按 Enter 键结束操作，如图 6-139 所示。

```
命令: _align
        //执行【对齐】命令
选择对象: 找到 1 个
                        //选择要对齐的对象
指定第一个源点:
                        //指定源对象上的一点
指定第一个目标点:
                        //指定目标对象上的对应点
指定第二个源点:
                        //指定源对象上的一点
指定第二个目标点:
                        //指定目标对象上的对应点
指定第三个源点或 <继续>:↙
                        //按Enter键完成选择
是否基于对齐点缩放对象? [是(Y)/否(N)] <否>:  ↙
                        //按Enter键结束命令
```

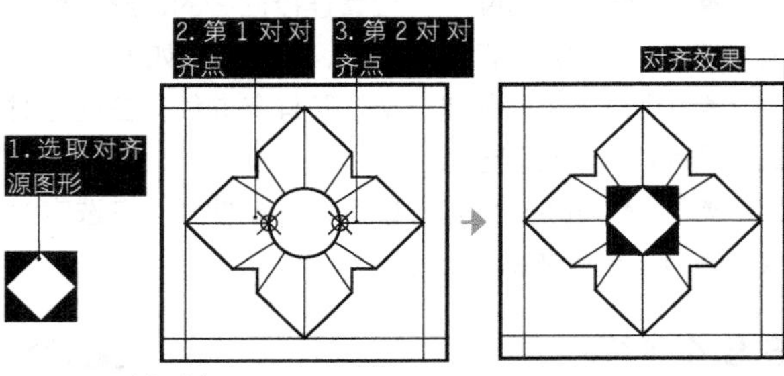

图 6-139 对齐对象

• 选项说明

执行【对齐】命令后，根据命令行提示选择要对齐的对象，并按 Enter 键结束命令。在这个过程中，可以指定一对、两对或三对对齐点（一个源点和一个目标点合称为一对“对齐点”）来对齐选定对象。对齐点的对数不同，操作结果也不同，具体介绍如下。

一对对齐点（一个源点、一个目标点）

当只选择一对源点和目标点时，所选的对象将在二维或三维空间从源点 1 移动到目标点 2，类似于【移动】操作，如图 6-140 所示。

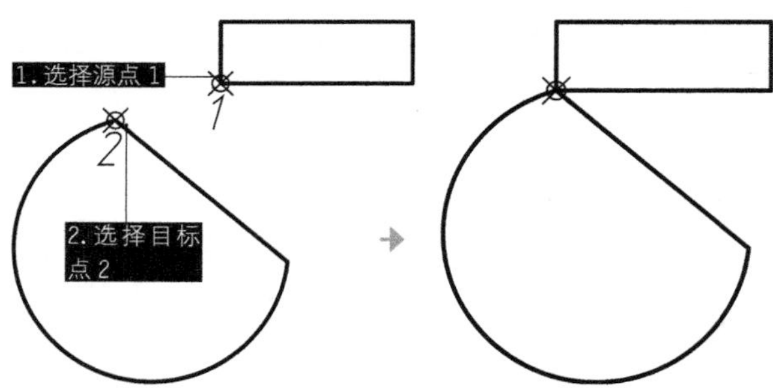

图 6-140 一对对齐点仅能移动对象

该对齐方法的命令行操作如下。

```
命令: ALIGN
        //执行【对齐】命令
选择对象: 找到 1 个
        //选择图中的矩形
指定第一个源点:
        //选择点1
指定第一个目标点:
        //选择点2
指定第二个源点:↙
        //按Enter键结束操作，矩形移动至对象上
```

两对对齐点（两个源点、两个目标点）

当选择两对点时，可以移动、旋转和缩放选定对象，以便与其他对象对齐。第一对源点和目标点定义对齐的基点（点 1、2），第二对对齐点定义旋转的角度（点 3、4），效果如图 6-141 所示。

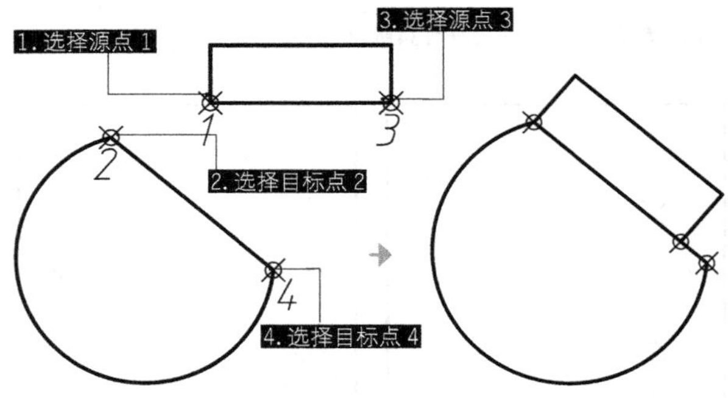

图 6-141 两对对齐点可将对象移动并对齐

该对齐方法的命令行操作如下。

```
命令: ALIGN
                        //执行【对齐】命令
选择对象: 找到 1 个
                        //选择图中的矩形
指定第一个源点:
                        //选择点1
指定第一个目标点:
                        //选择点2
指定第二个源点:
                        //选择点3
指定第二个目标点:
                        //选择点4
指定第三个源点或 <继续>:↙
                        //按Enter键完成选择
是否基于对齐点缩放对象? [是(Y)/否(N)] <否>:↙
//按Enter键结束操作
```

在输入了第二对点后，系统会给出【缩放对象】的提示。如果选择“是（Y）”，则源对象将进行缩放，使得其上的源点 3 与目标点 4 重合，效果如图 6-142 所示；如果选择“否（N）”，则源对象大小保持不变，源点 3 落在目标点 2、4 的连线上，如图 6-141 所示。

操作技巧

只有使用两对点对齐对象时才能使用缩放。

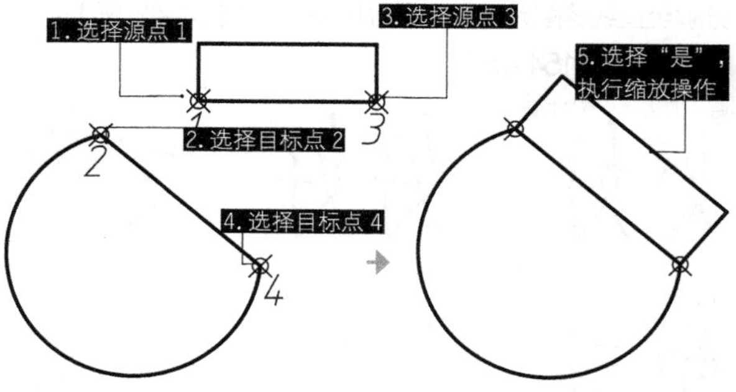

图 6-142 对齐时的缩放效果

练习 6-15 使用对齐命令绘制合适的子母门 ★重点★

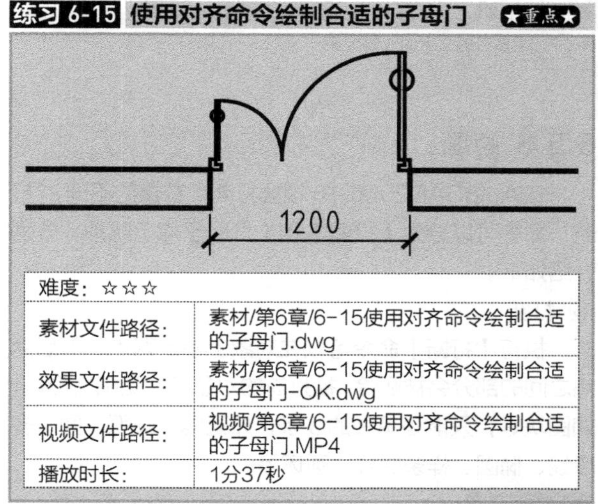

难度：☆☆☆	
素材文件路径：	素材/第6章/6-15使用对齐命令绘制合适的子母门.dwg
效果文件路径：	素材/第6章/6-15使用对齐命令绘制合适的子母门-OK.dwg
视频文件路径：	视频/第6章/6-15使用对齐命令绘制合适的子母门.MP4
播放时长：	1分37秒

在室内绘图中，因为房型的不同，子母门的大小也会有所不同，使用【对齐】命令，可以很方便地解决房门大小不一的绘图问题。

Step 01 打开“第6章/6-15使用对齐命令绘制合适的子母门.dwg”素材文件，其中已经绘制好了墙体和子母门，但图形比例不一致，如图6-143所示。

Step 02 单击【修改】面板中的【对齐】按钮，执行【对齐】命令，选择整个子母门图形，然后根据门和墙体的安装方式，按图6-144所示选择对应的两对对齐点（1对应2、3对应4）。

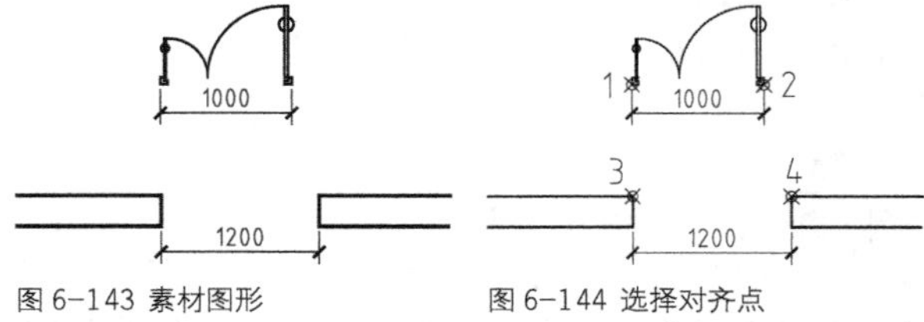

图 6-143 素材图形　　图 6-144 选择对齐点

Step 03 两对对齐点指定完毕后，按Enter键，命令行提示“是否基于对齐点缩放对象”，输入Y，选择“是”，再按Enter键，即可将门对齐至门洞中，效果如图6-145所示。

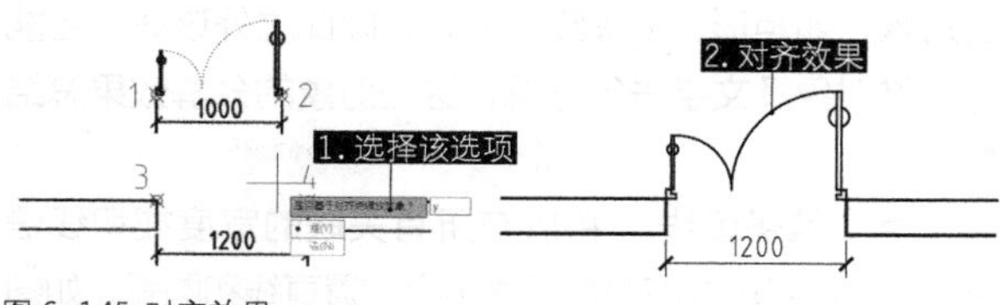

图 6-145 对齐效果

6.5.5 分解

【分解】命令是将某些特殊的对象，分解成多个独立的部分，以便于更具体的编辑。主要用于将复合对象，如矩形、多段线、块、填充等，还原为一般的图形对象。分解后的对象，其颜色、线型和线宽都可能发生改变。

• 执行方式

在 AutoCAD 2016 中，【分解】命令有以下几种调用方法。

◆ 功能区：单击【修改】面板中的【分解】按钮，如图 6-146 所示。

◆ 菜单栏：选择【修改】|【分解】命令，如图 6-147 所示。

◆ 命令行：EXPLODE 或 X。

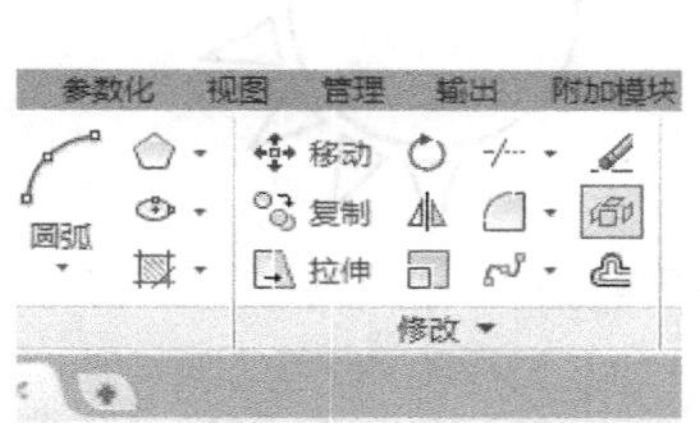

图 6-146 【修改】面板中的【分解】按钮

倒角(C)
圆角(F)
光顺曲线
三维操作(3)
实体编辑(N)
曲面编辑(F)
网格编辑(M)
点云编辑(U)
更改空间(S)
分解(X)

图 6-147 【分解】菜单命令

• 操作步骤

执行上述任一命令后，选择要分解的图形对象，按 Enter 键，即可完成分解操作，操作方法与【删除】一致。图 6-148 所示的微波炉图块被分解后，可以单独选择到其中的任一条边。

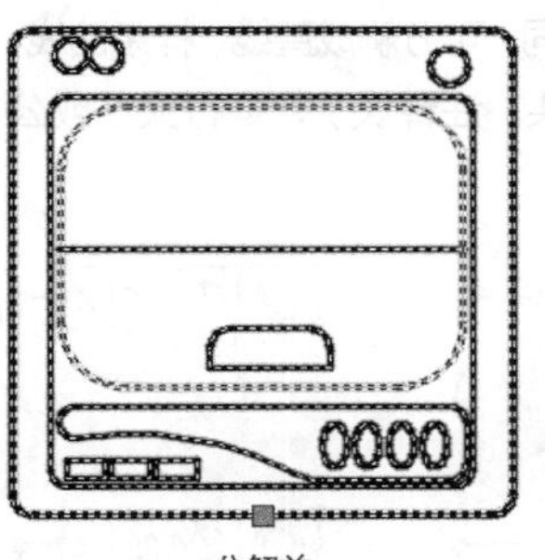

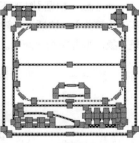

分解前　　分解后

图 6-148 图形分解前后对比

• 初学解答 各 AutoCAD 对象的分解效果

根据前面的介绍可知，【分解】命令可用于各复合对象，如矩形、多段线、块等，除此之外该命令还能对三维对象及文字进行分解，这些对象的分解效果总结如下。

◆二维多段线：将放弃所有关联的宽度或切线信息。对于宽多段线将沿多段线中心放置直线和圆弧，如图6-149所示。

◆三维多段线：将分解成直线段。分解后的直线段线型、颜色等特性将按原三维多段线，如图6-150所示。

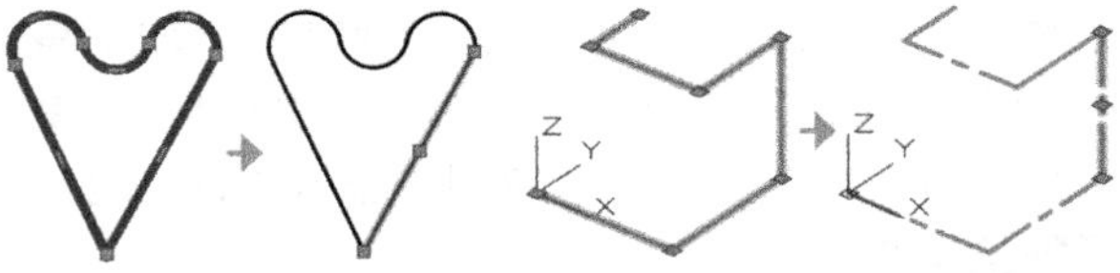

图6-149 二维多段线分解为单独的线　图6-150 三维多段线分解为单独的线

◆阵列对象：将阵列图形分解为原始对象的副本，相对于复制出来的图形，如图6-151所示。

◆填充图案：将填充图案分解为直线、圆弧、点等基本图形，如图6-152所示。SOLID实体填充图形除外。

图6-151 阵列对象分解为原始对象

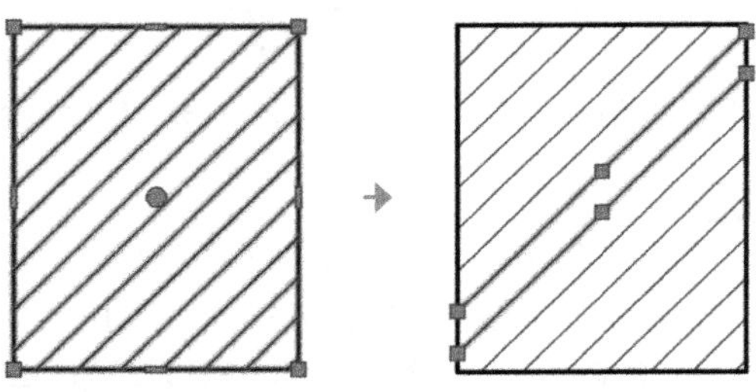

图6-152 填充图案分解为基本图形

◆引线：根据引线的不同，可分解成直线、样条曲线、实体（箭头）、块插入（箭头、注释块）、多行文字或公差对象，如图6-153所示。

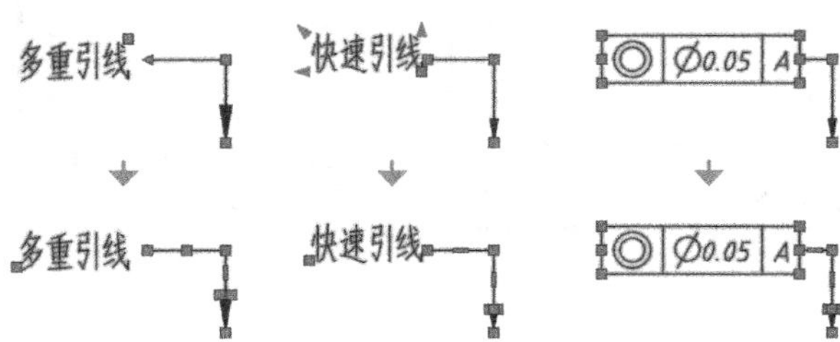

图6-153 引线分解为单行文字和多段线

◆多行文字：将分解成单行文字。如果要将文字彻底分解至直线等图元对象，需使用TXTEXP【文字分解】命令，效果如图6-154所示。

原始图形（多行文字）　【分解】效果（单行文字）　TXTEXP效果（普通线条）

图6-154 多行的文字的分解效果

6.5.6 打断

在AutoCAD2016中，根据打断点数量的不同，“打断”命令可以分为【打断】和【打断于点】两种，分别介绍如下。

1 打断

执行【打断】命令可以在对象上指定两点，然后两点之间的部分会被删除。被打断的对象不能是组合形体，如图块等，只能是单独的线条，如直线、圆弧、圆、多段线、椭圆、样条曲线、圆环等。

•执行方式

在AutoCAD 2016中【打断】命令有以下几种调用方法。

◆功能区：单击【修改】面板上的【打断】按钮，如图6-155所示。

◆菜单栏：执行【修改】|【打断】命令，如图6-156所示。

◆命令行：BREAK或BR。

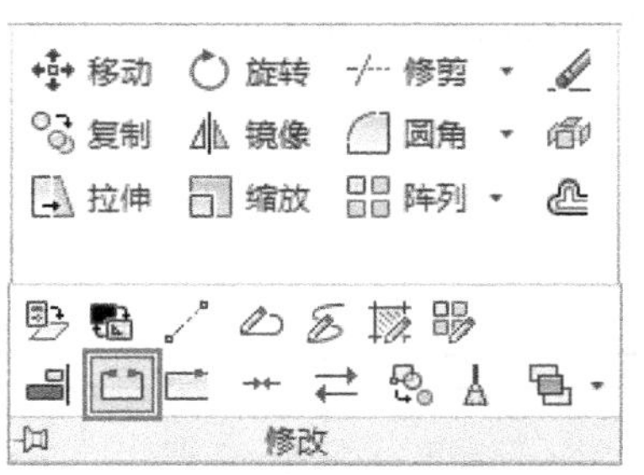

图6-155 【修改】面板中的【打断】按钮

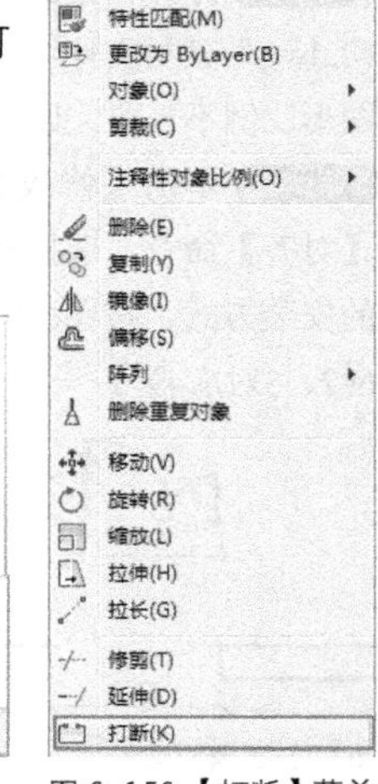

图6-156 【打断】菜单命令

•操作步骤

【打断】命令可以在选择的线条上创建两个打断点，从而将线条断开。如果在对象之外指定一点为第二个打断点，系统将以该点到被打断对象的垂直点位置为第二个打断点，除去两点间的线段。图 6-157 所示为打断对象的过程，可以看到利用【打断】命令能快速完成图形效果的调整。对应的命令行操作如下。

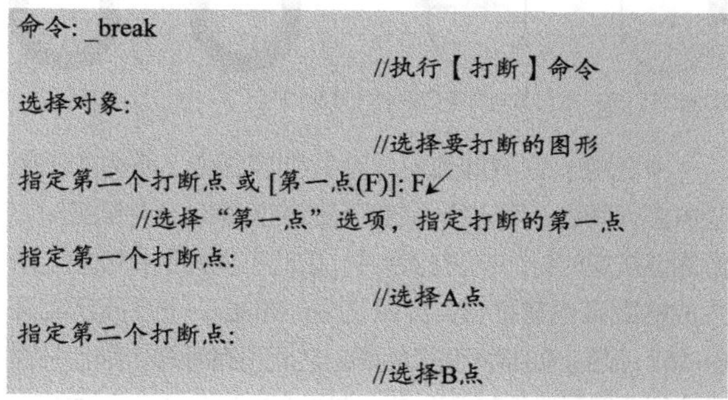

```
命令: _break
                    //执行【打断】命令
选择对象:
                    //选择要打断的图形
指定第二个打断点 或 [第一点(F)]: F↙
        //选择"第一点"选项，指定打断的第一点
指定第一个打断点:
                    //选择A点
指定第二个打断点:
                    //选择B点
```

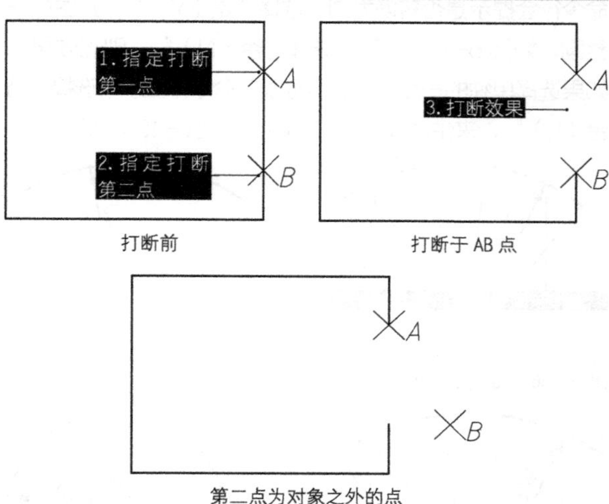

图 6-157 图形打断效果

·选项说明

默认情况下，系统会以选择对象时的拾取点作为第一个打断点。若此时直接在对象上选取另一点，即可去除两点之间的图形线段，但这样的打断效果往往不符合要求，因此可在命令行中输入字母 F，执行"第一点（F）"命令，通过指定第一点来获取准确的打断效果。

2 打断于点

【打断于点】是从【打断】命令派生出来的，【打断于点】是指通过指定一个打断点，将对象从该点处断开成两个对象。

·执行方式

在 AutoCAD 2016 中【打断于点】命令不能通过命令行输入和菜单调用，因此只有以下两种调用方法。

◆功能区：【修改】面板中的【打断于点】按钮，如图 6-158 所示。

◆工具栏：调出【修改】工具栏，单击其中的【打断于点】按钮。

·操作步骤

【打断于点】命令在执行过程中，需要输入的参数只有"打断对象"和一个"打断点"。打断之后的对象外观无变化，没有间隙，但选择时可见已在打断点处分成两个对象，如图 6-159 所示。对应命令行操作如下。

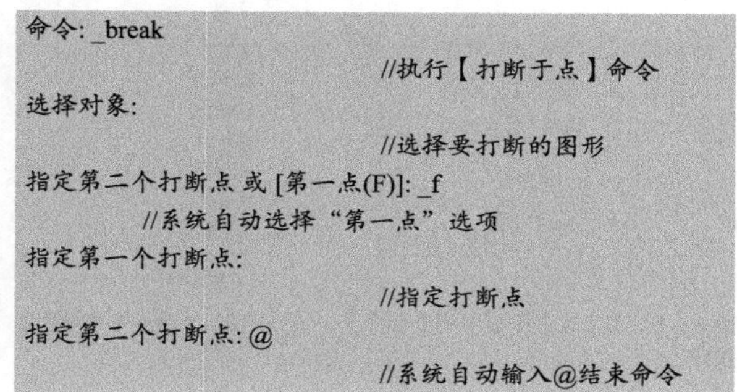

```
命令: _break
                    //执行【打断于点】命令
选择对象:
                    //选择要打断的图形
指定第二个打断点 或 [第一点(F)]: _f
        //系统自动选择"第一点"选项
指定第一个打断点:
                    //指定打断点
指定第二个打断点: @
                    //系统自动输入@结束命令
```

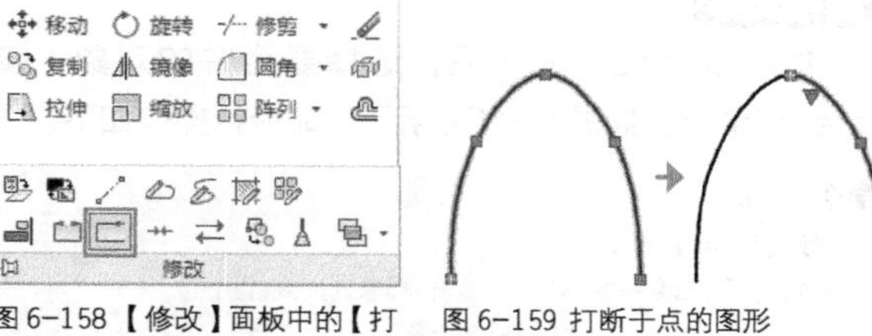

图 6-158 【修改】面板中的【打断于点】按钮　　图 6-159 打断于点的图形

> **操作技巧**
>
> 不能在一点打断闭合对象（例如，圆）。

·初学解答 【打断于点】与【打断】命令的区别

读者可以发现【打断于点】与【打断】的命令行操作相差无几，甚至在命令行中的代码都是"_break"。这是由于【打断于点】可以理解为【打断】命令的一种特殊情况，即第二点与第一点重合。因此，如果在执行【打断】命令时，要想让输入的第二个点和第一个点相同，那在指定第二点时在命令行输入"@"字符即可——此操作即相当于【打断于点】。

6.5.7 合并

【合并】命令用于将独立的图形对象合并为一个整体。它可以将多个对象进行合并，对象包括直线、多段线、三维多段线、圆弧、椭圆弧、螺旋线和样条曲线等。

执行方式

在 AutoCAD 2016 中，【合并】命令有以下几种调用方法。

◆功能区：单击【修改】面板中的【合并】按钮，如图 6-160 所示。

◆菜单栏：执行【修改】|【合并】命令，如图 6-161 所示。

◆命令行：JOIN 或 J。

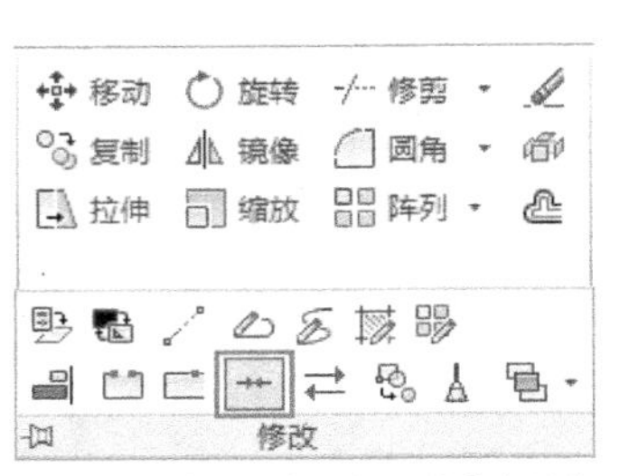

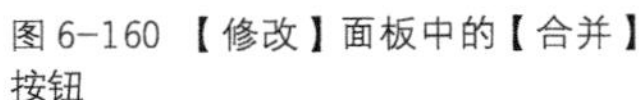

图 6-160 【修改】面板中的【合并】按钮

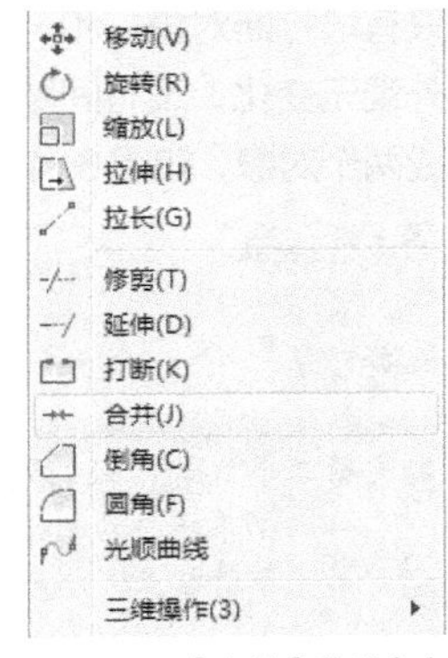

图 6-161 【合并】菜单命令

• 操作步骤

执行以上任一命令后，选择要合并的对象，按 Enter 键退出，如图 6-162 所示，命令行操作如下。

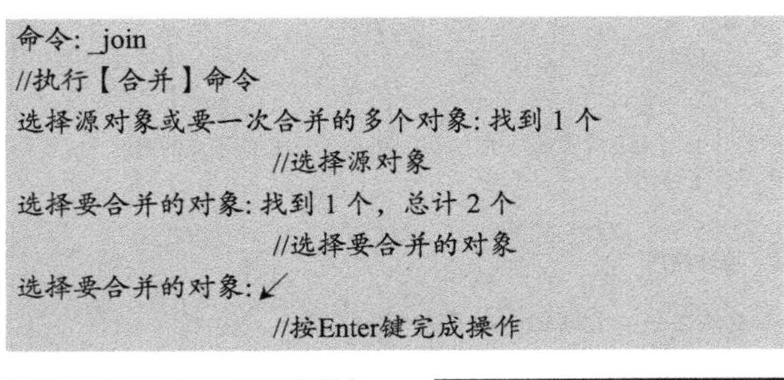

```
命令: _join
//执行【合并】命令
选择源对象或要一次合并的多个对象: 找到 1 个
                    //选择源对象
选择要合并的对象: 找到 1 个, 总计 2 个
                    //选择要合并的对象
选择要合并的对象: ↙
                    //按Enter键完成操作
```

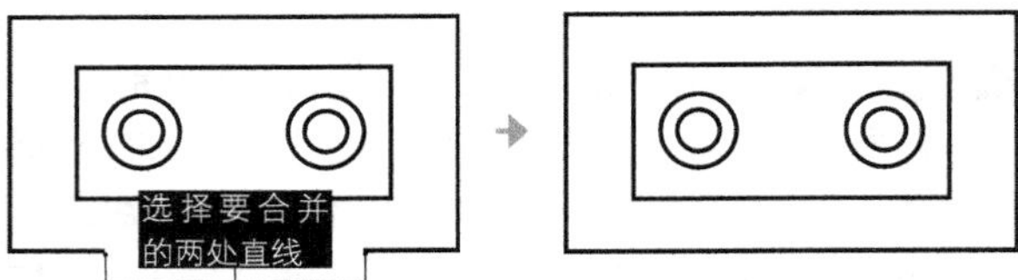

图 6-162 合并图形

• 选项说明

【合并】命令产生的对象类型取决于所选定的对象类型、首先选定的对象类型，以及对象是否共线（或共面）。因此【合并】操作的结果与所选对象及选择顺序有关，因此本书将不同对象的合并效果总结如下。

◆ 直线：两直线对象必须共线才能合并，它们之间可以有间隙，如图 6-163 所示；如果选择源对象为直线，再选择圆弧，合并之后将生成多段线，如图 6-164 所示。

◆ 多段线：直线、多段线和圆弧可以合并到源多段线。所有对象必须连续且共面，生成的对象是单条多段线，如图 6-165 所示。

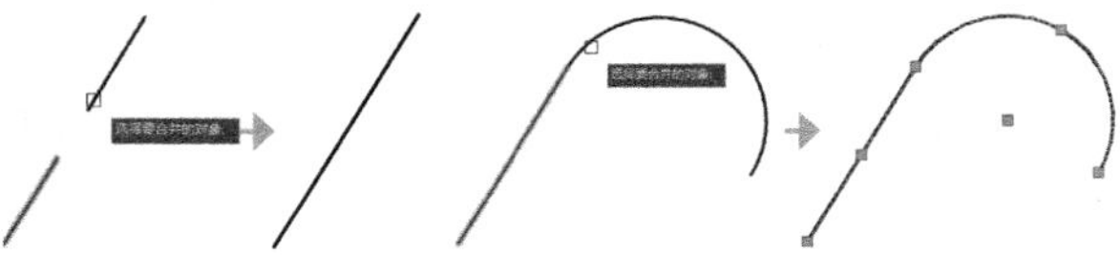

图 6-163 两直线合并为一根直线

图 6-164 直线、圆弧合并为多段线

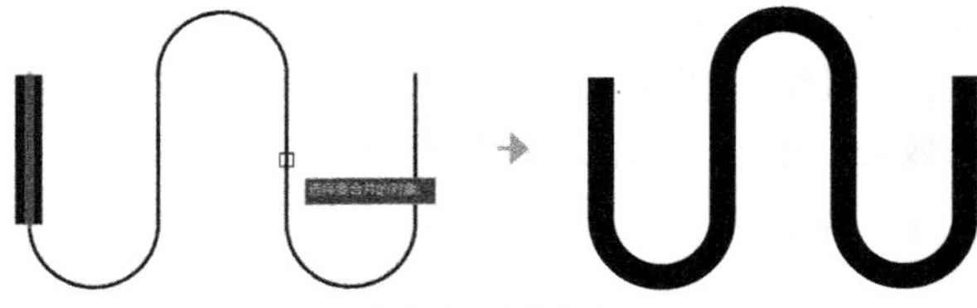

图 6-165 多段线与其他对象合并仍为多段线

◆ 圆弧：只有圆弧可以合并到源圆弧。所有的圆弧对象必须同心、同半径，之间可以有间隙。合并圆弧时，源圆弧按逆时针方向进行合并，因此不同的选择顺序，所生成的圆弧也有优弧、劣弧之分，如图 6-166 所示和图 6-167 所示；如果两圆弧相邻，之间没有间隙，则合并时命令行会提示是否转换为圆，选择“是（Y）”，则生成一整圆，如图 6-168 所示，选择“否（N）”，则无效果；如果选择单独的一段圆弧，则可以在命令行提示中选择“闭合（L）”，来生成该圆弧的整圆，如图 6-169 所示。

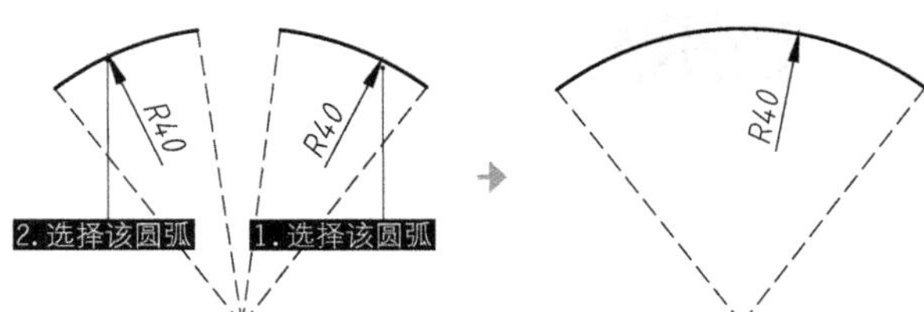

图 6-166 按逆时针顺序选择圆弧合并生成劣弧

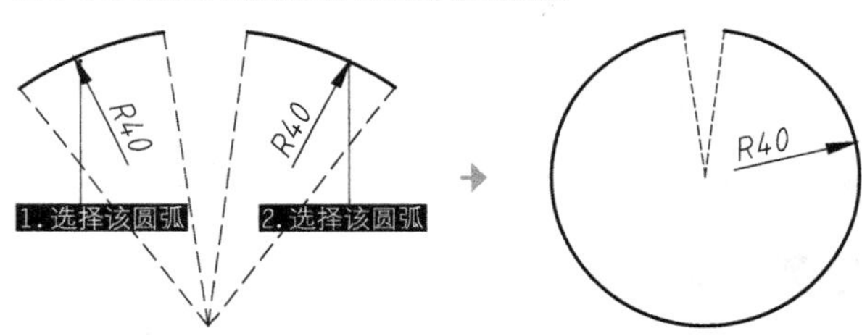

图 6-167 按顺时针顺序选择圆弧合并生成优弧

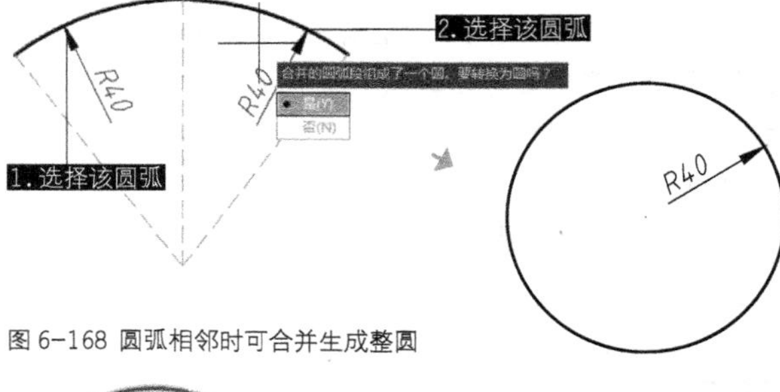

图 6-168 圆弧相邻时可合并生成整圆

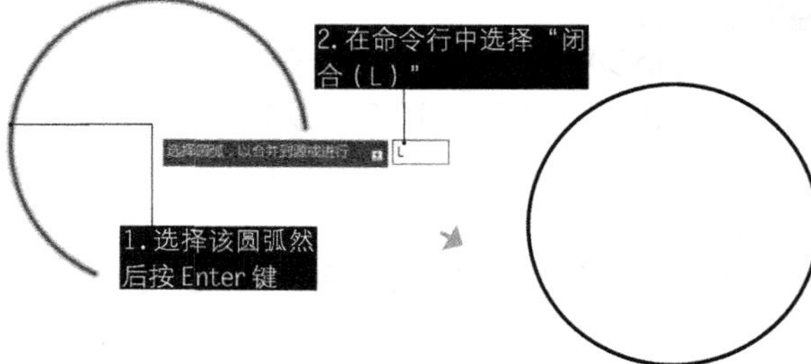

图 6-169 单段圆弧合并可生成整圆

◆ 椭圆弧：仅椭圆弧可以合并到源椭圆弧。椭圆弧必须共面且具有相同的主轴和次轴，它们之间可以有间隙。从源椭圆弧按逆时针方向合并椭圆弧。操作基本与圆弧一致，在此不重复介绍。

◆ 螺旋线：所有线性或弯曲对象可以合并到源螺旋线。要合并的对象必须是相连的，可以不共面。结果对象是单个样条曲线，如图 6-170 所示。

◆ 样条曲线：所有线性或弯曲对象可以合并到源样条曲线。要合并的对象必须是相连的，可以不共面。结果对象是单个样条曲线，如图 6-171 所示。

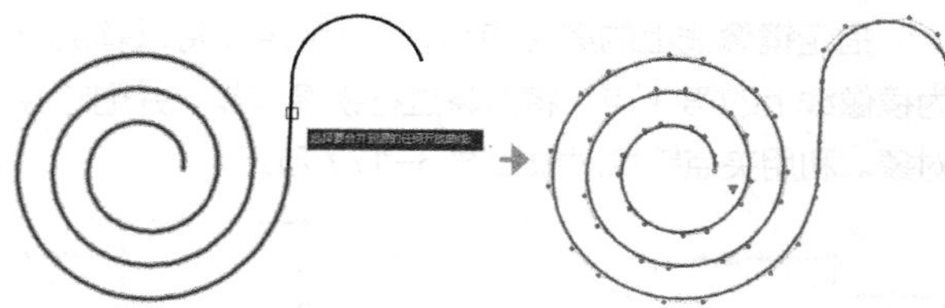
图 6-170 螺旋线的合并效果

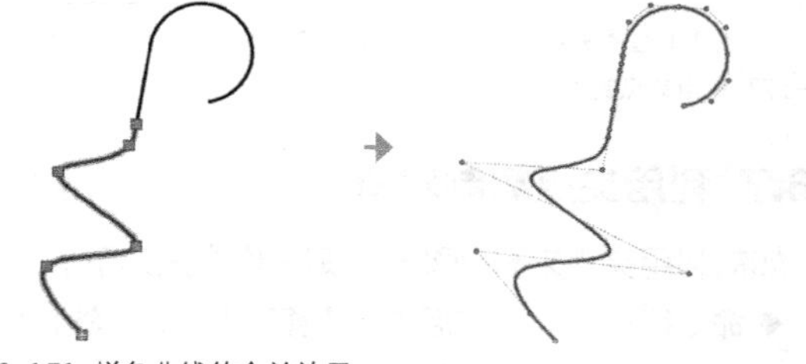
图 6-171 样条曲线的合并效果

6.6 通过夹点编辑图形

所谓“夹点”，指的是图形对象上的一些特征点，如端点、顶点、中点、中心点等，图形的位置和形状通常是由夹点的位置决定的。在 AutoCAD 中，夹点是一种集成的编辑模式，利用夹点可以编辑图形的大小、位置、方向，以及对图形进行镜像复制操作等。

6.6.1 夹点模式概述

在夹点模式下，图形对象以虚线显示，图形上的特征点（如端点、圆心、象限点等）将显示为蓝色的小方框，如图 6-172 所示，这样的小方框称为夹点。

夹点有未激活和被激活两种状态。蓝色小方框显示的夹点处于未激活状态，单击某个未激活夹点，该夹点以红色小方框显示，处于被激活状态，被称为热夹点。以热夹点为基点，可以对图形对象进行拉伸、平移、复制、缩放和镜像等操作。同时按 Shift 键可以选择激活多个热夹点。

图 6-172 不同对象的夹点

> **知识链接**
>
> 夹点的大小、颜色等特征的修改请见本书第4章的4.6.12小节。

6.6.2 利用夹点拉伸对象

如需利用夹点来拉伸图形，则操作方法如下。

◆ 快捷操作：在不执行任何命令的情况下选择对象，然后单击其中的一个夹点，系统自动将其作为拉伸的基点，即进入“拉伸”编辑模式。通过移动夹点，就可以将图形对象拉伸至新位置。夹点编辑中的【拉伸】与STRETCH【拉伸】命令一致，效果如图 6-173 所示。

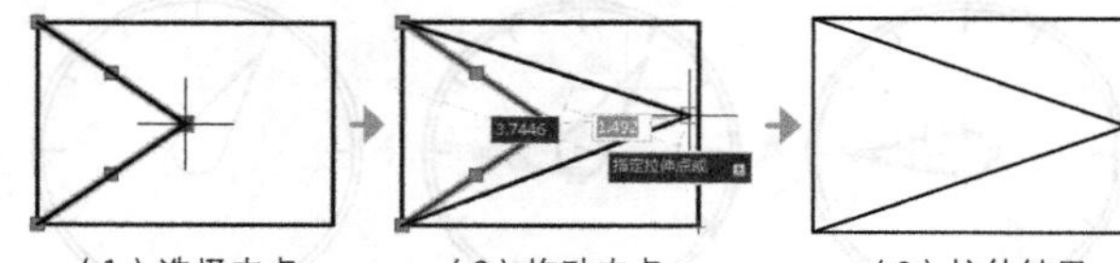
（1）选择夹点　（2）拖动夹点　（3）拉伸结果

图 6-173 利用夹点拉伸对象

> **操作技巧**
>
> 对于某些夹点，拖动时只能移动而不能拉伸，如文字、块、直线中点、圆心、椭圆中心和点对象上的夹点。

6.6.3 利用夹点移动对象

如需利用夹点来移动图形，则操作方法如下。

◆ 快捷操作：选中一个夹点，按 1 次 Enter 键，即进入【移动】模式。

◆ 命令行：在夹点编辑模式下确定基点后，输入“MO”进入【移动】模式，选中的夹点即为基点。

通过夹点进入【移动】模式后，命令行提示如下。

```
** MOVE **
指定移动点或 [基点(B)/复制(C)/放弃(U)/退出(X)]:
```

使用夹点移动对象，可以将对象从当前位置移动到新位置，同 MOVE【移动】命令，如图 6-174 所示。

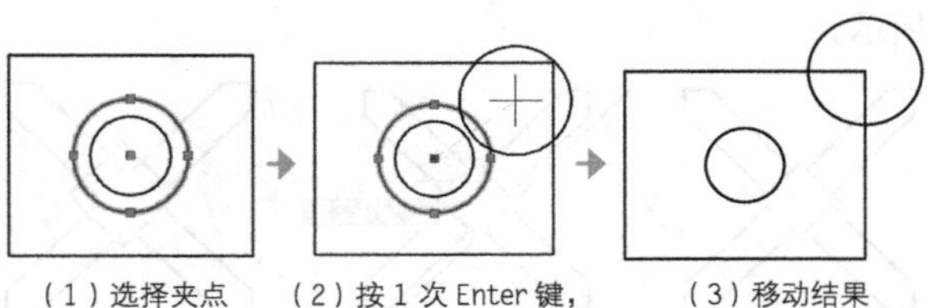
（1）选择夹点　（2）按 1 次 Enter 键，拖动夹点　（3）移动结果

图 6-174 利用夹点移动对象

6.6.4 利用夹点旋转对象

如需利用夹点来移动图形，则操作方法如下。

◆ 快捷操作：选中一个夹点，按 2 次 Enter 键，即进入【旋转】模式。

◆ 命令行：在夹点编辑模式下确定基点后，输入“RO”进入【旋转】模式，选中的夹点即为基点。

通过夹点进入【移动】模式后，命令行提示如下。

```
** 旋转 **
指定旋转角度或 [基点(B)/复制(C)/放弃(U)/参照(R)/退出(X)]:
```

默认情况下，输入旋转角度值，或通过拖动方式确定旋转角度后，即可将对象绕基点旋转指定的角度。也可以选择【参照】选项，以参照方式旋转对象。操作方法同 ROTATE【旋转】命令，利用夹点旋转对象如图 6-175 所示。

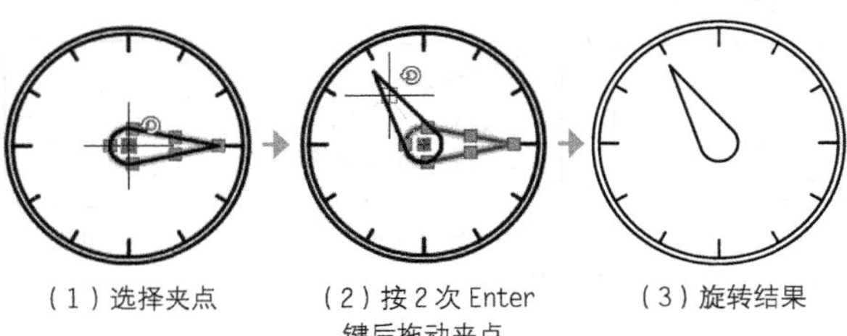
（1）选择夹点　（2）按 2 次 Enter 键后拖动夹点　（3）旋转结果

图 6-175 利用夹点旋转对象

6.6.5 利用夹点缩放对象

如需利用夹点来移动图形，则操作方法如下。

◆ 快捷操作：选中一个夹点，按 3 次 Enter 键，即进入【缩放】模式。

◆ 命令行：选中的夹点即为缩放基点，输入“SC”进入【缩放】模式。

通过夹点进入【缩放】模式后，命令行提示如下。

```
** 比例缩放 **
指定比例因子或 [基点(B)/复制(C)/放弃(U)/参照(R)/退出(X)]:
```

默认情况下，当确定了缩放的比例因子后，AutoCAD 将相对于基点进行缩放对象操作。当比例因子大于 1 时放大对象；当比例因子大于 0 而小于 1 时缩小对象，操作同 SCALE【缩放】命令，如图 6-176 所示。

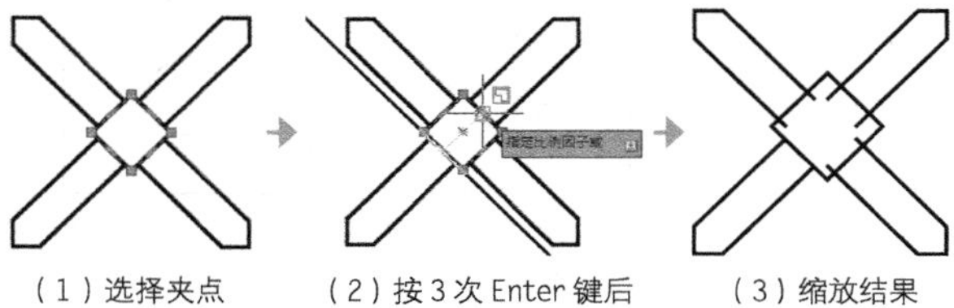
（1）选择夹点　（2）按 3 次 Enter 键后拖动夹点　（3）缩放结果

图 6-176 利用夹点缩放对象

6.6.6 利用夹点镜像对象

如需利用夹点来镜像图形，则操作方法如下。

◆ 快捷操作：选中一个夹点，按 4 次 Enter 键，即进入【镜像】模式。

◆ 命令行：输入“MI”进入【镜像】模式，选中的夹点即为镜像线第一点。

通过夹点进入【镜像】模式后，命令行提示如下。

```
** 镜像 **
指定第二点或 [基点(B)/复制(C)/放弃(U)/退出(X)]:
```

指定镜像线上的第 2 点后，AutoCAD 将以基点作为镜像线上的第 1 点，将对象进行镜像操作，并删除源对象。利用夹点镜像对象如图 6-177 所示。

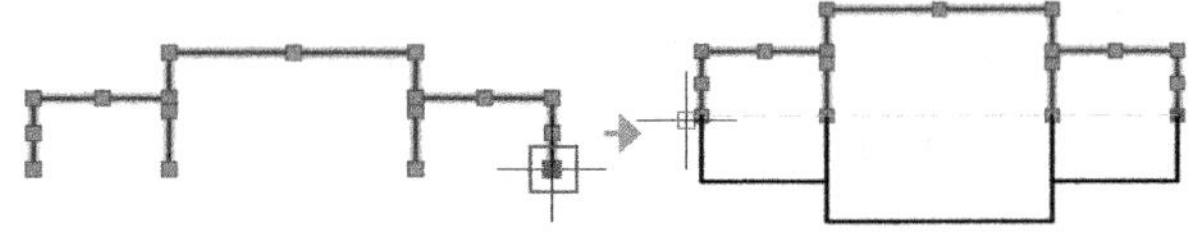
（1）选择夹点　（2）按 4 次 Enter 键后拖动夹点

图 6-177 利用夹点镜像对象

6.6.7 利用夹点复制对象

如需利用夹点来复制图形，则操作方法如下。

◆ 命令行：选中夹点后进入【移动】模式，然后在命令行中输入 C，调用“复制（C）”选项即可，命令行操作如下。

```
** MOVE **
                    //进入【移动】模式
指定移动点 或 [基点(B)/复制(C)/放弃(U)/退出(X)]:C↙
                    //选择“复制”选项
** MOVE (多个) **
                    //进入【复制】模式
指定移动点 或 [基点(B)/复制(C)/放弃(U)/退出(X)]: ↙
                    //指定放置点，并按Enter键完成操作
```

使用夹点复制功能，选定中心夹点进行拖动时需按住 Ctrl 键，复制效果如图 6-178 所示。

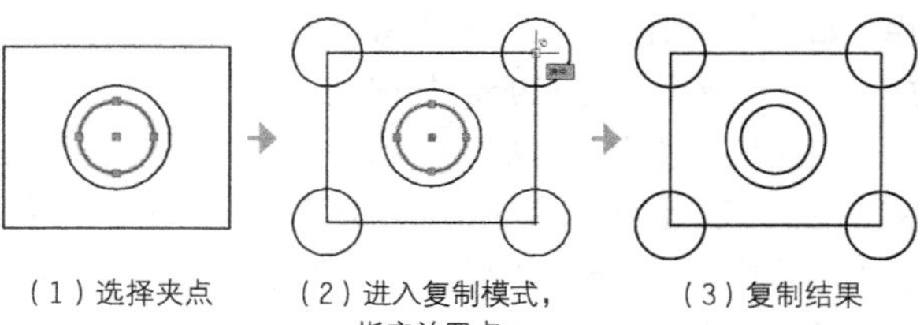
（1）选择夹点　（2）进入复制模式，指定放置点　（3）复制结果

图 6-178 夹点复制

第 7 章 创建图形标注

使用 AutoCAD 进行设计绘图时，首先要明确的一点就是：图形中的线条长度，并不代表物体的真实尺寸，一切数值应按标注为准。无论是零件加工、还是建筑施工，所依据的是标注的尺寸值，因而尺寸标注是绘图中最为重要的部分。像一些成熟的设计师，在现场或无法使用 AutoCAD 的场合，会直接用笔在纸上手绘出一张草图，图不一定要画得好看，但记录的数据却力求准确。由此也可见，图形仅是标注的辅助而已。

对于不同的对象，其定位所需的尺寸类型也不同。AutoCAD 2016 包含了一套完整的尺寸标注的命令，可以标注直径、半径、角度、直线及圆心位置等对象，还可以标注引线、形位公差等辅助说明。

7.1 尺寸标注的组成与原则

尺寸标注在 AutoCAD 中是一个复合体，以块的形式存储在图形中。在标注尺寸时需要遵循一定的规则，以避免标注混乱或引起歧义。

7.1.1 尺寸标注的组成

在 AutoCAD 中，一个完整的尺寸标注由“尺寸界线”“尺寸线”“尺寸箭头”和“尺寸文字”4 个要素构成，如图 7-1 所示。AutoCAD 的尺寸标注命令和样式设置，都是围绕着这 4 个要素进行的。

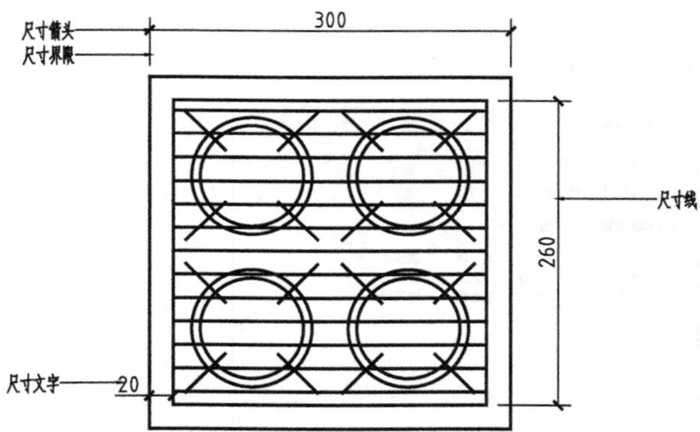

图 7-1 尺寸标注的组成要素

各组成部分的作用与含义分别如下。

◆ “尺寸界线”： 也称为投影线，用于标注尺寸的界限，由图样中的轮廓线、轴线或对称中心线引出。标注时，延伸线从所标注的对象上自动延伸出来，它的端点与所标注的对象接近，但并未相连。

◆ “尺寸箭头”： 也称为标注符号。标注符号显示在尺寸线的两端，用于指定标注的起始位置。AutoCAD 默认使用闭合的填充箭头作为标注符号。此外，AutoCAD 还提供了多种箭头符号，以满足不同行业的需要，如建筑室内制图的箭头以 45° 的粗短斜线表示，而机械制图的箭头以实心三角形箭头表示等。

◆ “尺寸线”： 用于表明标注的方向和范围。通常与所标注对象平行，放在两延伸线之间，一般情况下为直线，但在角度标注时，尺寸线呈圆弧形。

◆ “尺寸文字”： 表明标注图形的实际尺寸大小，通常位于尺寸线上方或中断处。在进行尺寸标注时，AutoCAD 会自动生成所标注对象的尺寸数值，我们也可以对标注的文字进行修改、添加等编辑操作。

7.1.2 尺寸标注的原则

尺寸标注要求对标注对象进行完整、准确、清晰的标注，标注的尺寸数值真实地反应标注对象的大小。国家标准对尺寸标注做了详细的规定，要求尺寸标注必须遵守以下基本原则。

◆ 物体的真实大小应以图形上所标注的尺寸数值为依据，与图形的显示大小和绘图的精确度无关。

◆ 图形中的尺寸为图形所表示的物体的最终尺寸，如果是绘制过程中的尺寸（如在涂镀前的尺寸等），则必须另加说明。

◆ 物体的每一尺寸，一般只标注一次，并应标注在最能清晰反映该结构的视图上。

7.2 尺寸标注样式

【标注样式】用来控制标注的外观，如箭头样式、文字位置和尺寸公差等。在同一个 AutoCAD 文档中，可以同时定义多个不同的命名样式。修改某个样式后，就可以自动修改所有用该样式创建的对象。

绘制不同的工程图纸，需要设置不同的尺寸标注样式，要系统地了解尺寸设计和制图的知识，请参考有关室内行业制图的国家规范和标准，以及其他的相关资料。

7.2.1 新建标注样式

同之前介绍过的【多线】命令一样，尺寸标注在 AutoCAD 中也需要指定特定的样式来进行下一步操作。但尺寸标注样式的内容相当丰富，涵盖了标注从箭头形状到尺寸线的消隐、伸出距离、文字对齐方式等诸多方面。因此可以通过在 AutoCAD 中设置不同的标注样式，使其适应不同的绘图环境，如室内标注等。

•执行方式

如果要新建标注样式，可以通过【标注样式和管理器】对话框来完成。在 AutoCAD 2016 中调用【标注样式和管理器】有如下几种常用方法。

◆功能区：在【默认】选项卡中单击【注释】面板下拉列表中的【标注样式】按钮，如图 7-2 所示。

◆菜单栏：执行【格式】|【标注样式】命令，如图 7-3 所示。

◆命令行：DIMSTYLE 或 D。

图 7-2 【注释】面板中的【标注样式】按钮

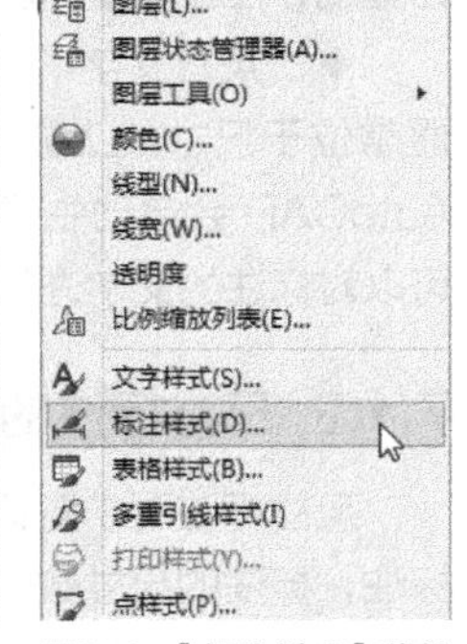

图 7-3 【标注样式】菜单命令

•操作步骤

执行上述任一命令后，系统弹出【标注样式管理器】对话框，如图 7-4 所示。

单击【新建】按钮，系统弹出【创建新标注样式】对话框，如图 7-5 所示。然后在【新样式名】文本框中输入新样式的名称，单击【继续】按钮，即可打开【新建标注样式】对话框进行新建。

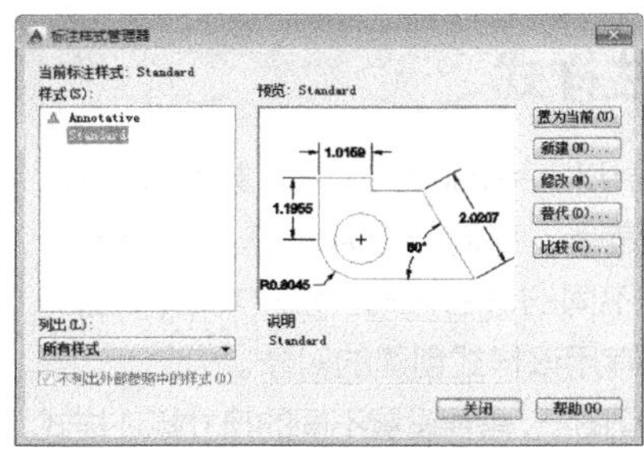

图 7-4 【标注样式管理器】对话框

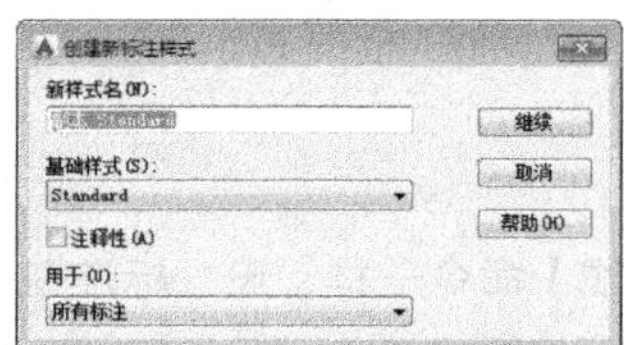

图 7-5 【创建新标注样式】对话框

•选项说明

【标注样式管理器】对话框中各按钮的含义介绍如下。

◆【置为当前】：将在左边“样式”列表框中选定的标注样式设定为当前标注样式。当前样式将应用于所创建的标注。

◆【新建】：单击该按钮，打开【创建新标注样式】对话框，输入名称后可打开【新建标注样式】对话框，从中可以定义新的标注样式。

◆【修改】：单击该按钮，打开【修改标注样式】对话框，从中可以修改现有的标注样式。该对话框各选项均与【新建标注样式】对话框一致。

◆【替代】：单击该按钮，打开【替代当前样式】对话框，从中可以设定标注样式的临时替代值。该对话框各选项与【新建标注样式】对话框一致。替代将作为未保存的更改结果显示在“样式”列表中的标注样式下，如图 7-6 所示。

◆【比较】：单击该按钮，打开【比较标注样式】对话框，如图 7-7 所示。从中可以比较所选定的两个标注样式（选择相同的标注样式进行比较，则会列出该样式的所有特性）。

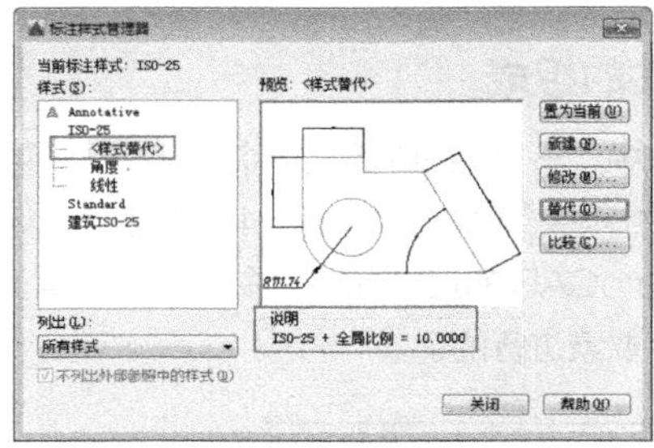

图 7-6 样式替代效果

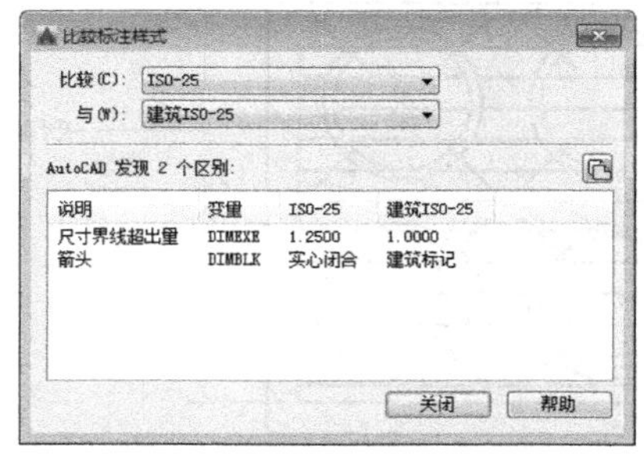

图 7-7 【比较标注样式】对话框

【创建新标注样式】对话框中各按钮的含义介绍如下。

◆【基础样式】：在该下拉列表框中选择一种基础样式，新样式将在该基础样式的基础上进行修改。

◆【注释性】：勾选该【注释性】复选框，可将标注定义成可注释对象。

◆【用于】下拉列表：选择其中的一种标注，即可创建一种仅适用于该标注类型（如仅用于直径标注、线性标注等）的标注子样式，如图 7-8 所示。

设置了新样式的名称、基础样式和适用范围后，单击该对话框中的【继续】按钮，系统弹出【新建标注样式】对话框，在上方 7 个选项卡中可以设置标注中的直线、符号和箭头、文字、单位等内容，如图 7-9 所示。

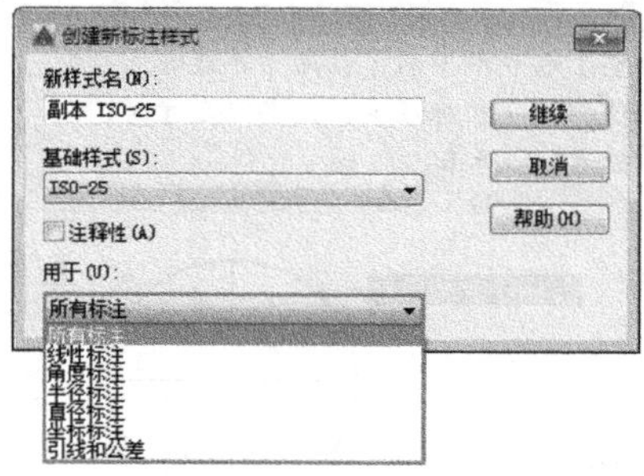

图 7-8 用于选定的标注

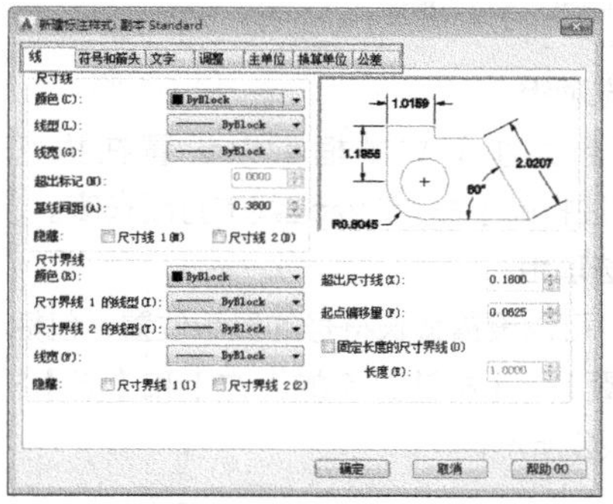

图 7-9 【新建标注样式】对话框

> **操作技巧**
>
> AutoCAD 2016中的标注按类型分的话，有“线性标注”“角度标注”“半径标注”“直径标注”“坐标标注”“引线标注”6个类型。

7.2.2 设置标注样式 ★重点★

在上文新建标注样式的介绍中，打开【新建标注样式】对话框之后的操作是最重要的，这也是本小节所要着重讲解的。在【新建标注样式】对话框中可以设置尺寸标注的各种特性，对话框中有【线】、【符号和箭头】、【文字】、【调整】、【主单位】、【换算单位】和【公差】共 7 个选项卡，如图 7-9 所示，每一个选项卡对应一种特性的设置，分别介绍如下。

1 【线】选项卡

切换到【新建标注样式】对话框中的【线】选项卡，如图 7-9 所示，可见【线】选项卡中包括【尺寸线】和【尺寸界线】两个选项组。在该选项卡中可以设置尺寸线、尺寸界线的格式和特性。

【尺寸线】选项组

◆【颜色】：用于设置尺寸线的颜色，一般保持默认值“Byblock”（随块）即可。也可以使用变量 DIMCLRD 设置。

◆【线型】：用于设置尺寸线的线型，一般保持默认值“Byblock”（随块）即可。

◆【线宽】：用于设置尺寸线的线宽，一般保持默认值“Byblock”（随块）即可。也可以使用变量 DIMLWD 设置。

◆【超出标记】：用于设置尺寸线超出量。若尺寸线两端是箭头，则此框无效；若在对话框的【符号和箭头】选项卡中设置了箭头的形式是“倾斜”和“建筑标记”时，可以设置尺寸线超过尺寸界线外的距离，如图 7-10 所示。

◆【基线间距】：用于设置基线标注中尺寸线之间的间距。

◆【隐藏】：【尺寸线 1】和【尺寸线 2】分别控制了第一条和第二条尺寸线的可见性，如图 7-11 所示。

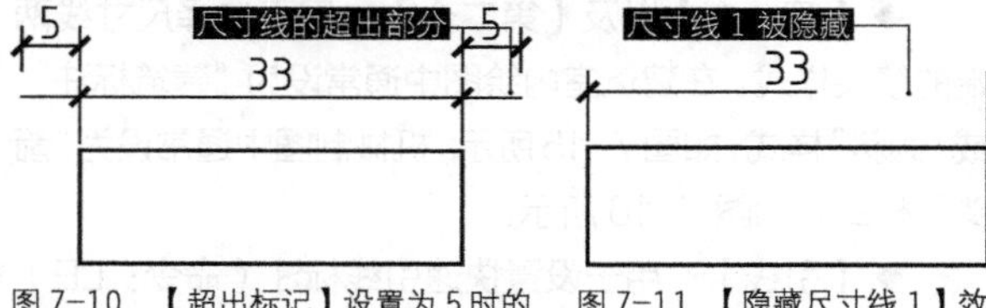

图 7-10 【超出标记】设置为 5 时的示例　　图 7-11 【隐藏尺寸线 1】效果图

【尺寸界线】选项组

◆【颜色】：用于设置延伸线的颜色，一般保持默认值“Byblock”（随块）即可。也可以使用变量 DIMCLRD 设置。

◆【线型】：分别用于设置【尺寸界线 1】和【尺寸界线 2】的线型，一般保持默认值“Byblock”（随块）即可。

◆【线宽】：用于设置延伸线的宽度，一般保持默认值“Byblock”（随块）即可。也可以使用变量 DIMLWD 设置。

◆【隐藏】：【尺寸界线 1】和【尺寸界线 2】分别控制了第一条和第二条尺寸界线的可见性。

◆【超出尺寸线】控制尺寸界线超出尺寸线的距离，如图 7-12 所示。

◆【起点偏移量】：控制尺寸界线起点与标注对象端点的距离，如图 7-13 所示。

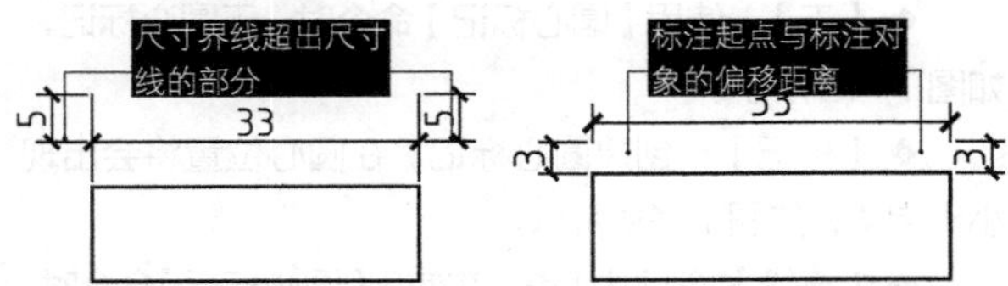

图 7-12 【超出尺寸线】设置为 5 时的示例　　图 7-13 【起点偏移量】设置为 3 时的示例

2 【符号和箭头】选项卡

【符号和箭头】选项卡中包括【箭头】、【圆心标记】、【折断标注】、【弧长符号】、【半径折弯标注】和【线性折弯标注】共 6 个选项组，如图 7-14 所示。

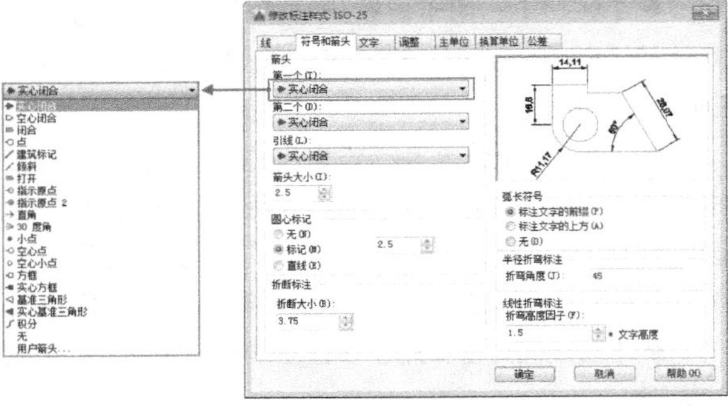
图 7-14 【符号和箭头】选项卡

◎【箭头】选项组

◆【第一个】以及【第二个】：用于选择尺寸线两端的箭头样式。在建筑室内绘图中通常设为“建筑标注”或“倾斜”样式，如图7-15所示；机械制图中通常设为“箭头”样式，如图 7-16 所示。

◆【引线】：用于设置快速引线标注（命令：LE）中的箭头样式，如图 7-17 所示。

◆【箭头大小】：用于设置箭头的大小。

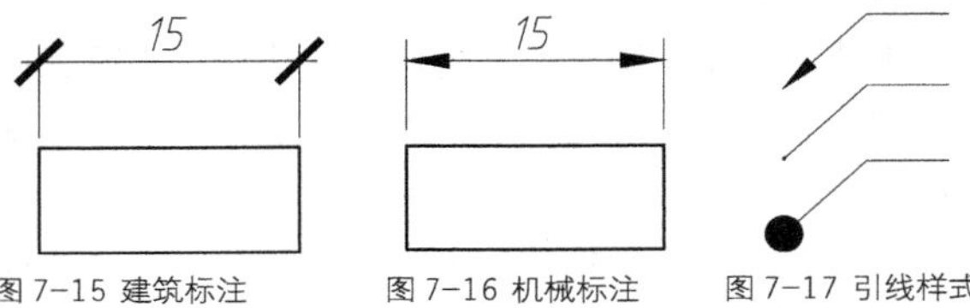

图 7-15 建筑标注　图 7-16 机械标注　图 7-17 引线样式

> **操作技巧**
>
> Auto CAD中提供了19种箭头，如果选择了第一个箭头的样式，第二个箭头会自动选择和第一个箭头一样的样式。也可以在第二个箭头下拉列表中选择不同的样式。

◎【圆心标记】选项组

圆心标记是一种特殊的标注类型，在使用【圆心标记】（命令：DIMCENTER，见本章第 7.3.15 小节）时，可以在圆弧中心生成一个标注符号，【圆心标记】选项组用于设置圆心标记的样式。各选项的含义如下。

◆【无】：使用【圆心标记】命令时，无圆心标记，如图 7-18 所示。

◆【标记】：创建圆心标记。在圆心位置将会出现小十字架，如图 7-19 所示。

◆【直线】：创建中心线。在使用【圆心标记】命令时，十字架线将会延伸到圆或圆弧外边，如图 7-20 所示。

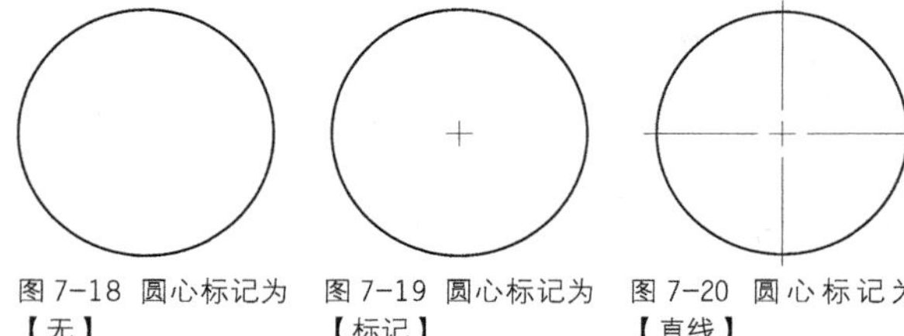
图 7-18 圆心标记为【无】　图 7-19 圆心标记为【标记】　图 7-20 圆心标记为【直线】

> **操作技巧**
>
> 可以取消选中【调整】选项卡中的【在尺寸界线之间绘制尺寸线】复选框，这样就能在标注直径或半径尺寸时，同时创建圆心标记，如图7-21所示。

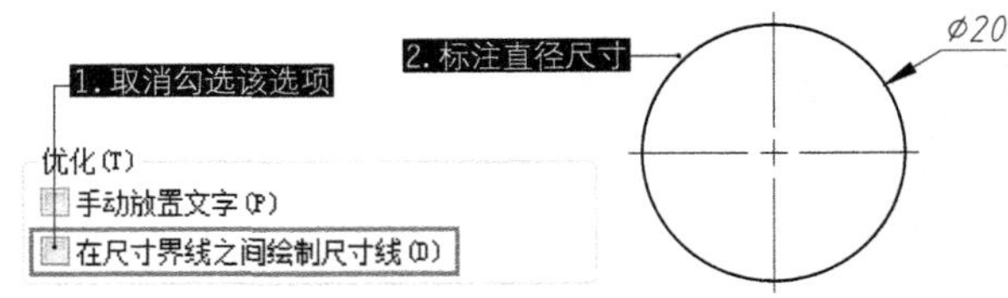

图 7-21 标注时同时创建尺寸与圆心标记

◎【折断标注】选项组

其中的【折断大小】文本框可以设置在执行DIMBREAK【标注打断】命令时标注线的打断长度。

◎【弧长符号】选项组

在该选项组中可以设置弧长符号的显示位置，包括【标注文字的前缀】、【标注文字的上方】和【无】3种方式，如图 7-22 所示。

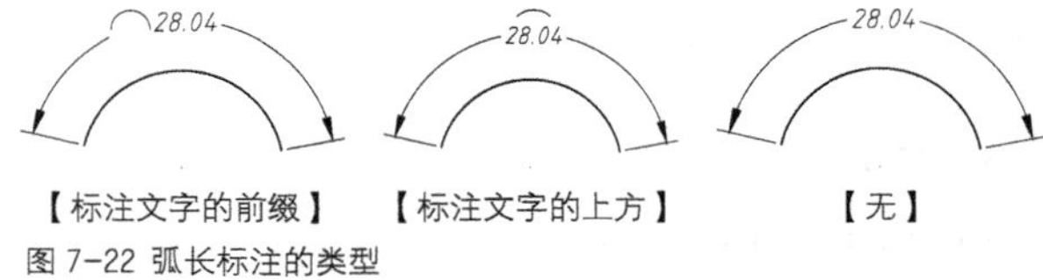

图 7-22 弧长标注的类型

◎【半径折弯标注】选项组

其中的【折弯角度】文本框可以确定折弯半径标注中，尺寸线的横向角度，其值不能大于 90°。

◎【线性折弯标注】选项组

其中的【折弯高度因子】文本框可以设置折弯标注打断时折弯线的高度。

3 【文字】选项卡

【文字】选项卡包括【文字外观】、【文字位置】和【文字对齐】3 个选项组，如图 7-23 所示。

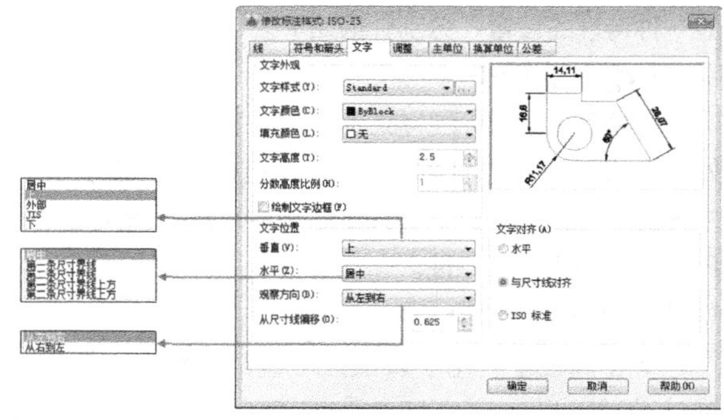
图 7-23 【文字】选项卡

◎【文字外观】选项组

◆【文字样式】：用于选择标注的文字样式。也可以单击其后的□按钮，系统弹出【文字样式】对话框，选择文字样式或新建文字样式。

◆【文字颜色】：用于设置文字的颜色，一般保持默认值“Byblock”（随块）即可。也可以使用变量 DIMCLRT 设置。

◆【填充颜色】：用于设置标注文字的背景色。默认为“无”，如果图纸中尺寸标注很多，就会出现图形轮廓线、中心线、尺寸线与标注文字相重叠的情况，这时若将【填充颜色】设置为“背景”，即可有效改善图形。

◆【文字高度】：设置文字的高度，也可以使用变量 DIMCTXT 设置。

◆【分数高度比例】：设置标注文字的分数相对于其他标注文字的比例，AutoCAD 将该比例值与标注文字高度的乘积作为分数的高度。

◆【绘制文字边框】：设置是否给标注文字加边框。

【文字位置】选项组

◆【垂直】：用于设置标注文字相对于尺寸线在垂直方向的位置。【垂直】下拉列表中有【置中】、【上方】、【外部】和 JIS 等选项。选择【置中】选项可以把标注文字放在尺寸线中间；选择【上】选项将把标注文字放在尺寸线的上方；选择【外部】选项可以把标注文字放在远离第一定义点的尺寸线一侧；选择 JIS 选项则按 JIS 规则（日本工业标准）放置标注文字。各种效果如图 7-24 所示。

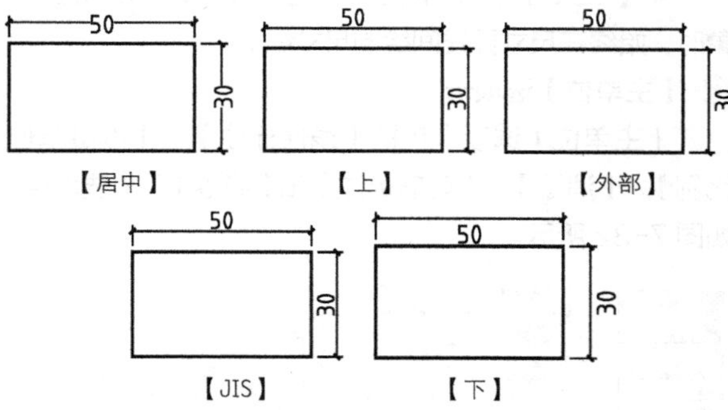

图 7-24 文字设置垂直方向的位置效果图

◆【水平】：用于设置标注文字相对于尺寸线和延伸线在水平方向的位置。其中水平放置位置有【居中】、【第一条尺寸界限】、【第二条尺寸界线】、【第一条尺寸界线上方】、【第二条尺寸界线上方】，各种效果如图 7-25 所示。

◆【从尺寸线偏移】：设置标注文字与尺寸线之间的距离，如图 7-26 所示。

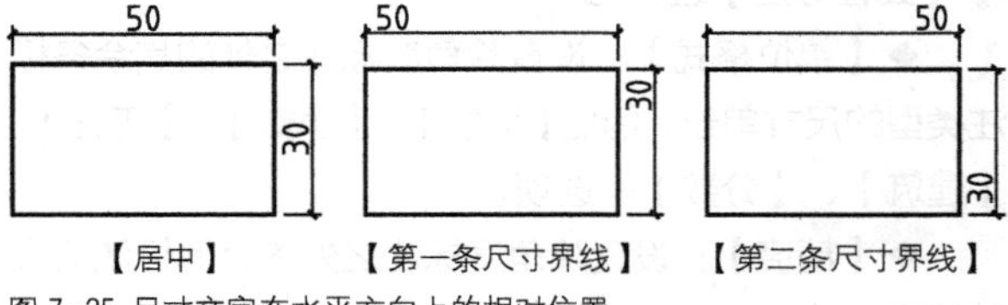

图 7-25 尺寸文字在水平方向上的相对位置

50
30
【第一条尺寸界线上方】 【第二条尺寸界线上方】

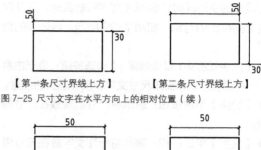

图 7-25 尺寸文字在水平方向上的相对位置（续）

50
文字偏移量为 1 文字偏移量为 5

图 7-26 文字偏移量设置

【文字对齐】选项组

在【文字对齐】选项组中，可以设置标注文字的对齐方式，如图 7-27 所示。各选项的含义如下。

◆【水平】单选按钮：无论尺寸线的方向如何，文字始终水平放置。

◆【与尺寸线对齐】单选按钮：文字的方向与尺寸线平行。

◆【ISO 标准】单选按钮：按照 ISO 标准对齐文字。当文字在尺寸界线内时，文字与尺寸线对齐。当文字在尺寸界线外时，文字水平排列。

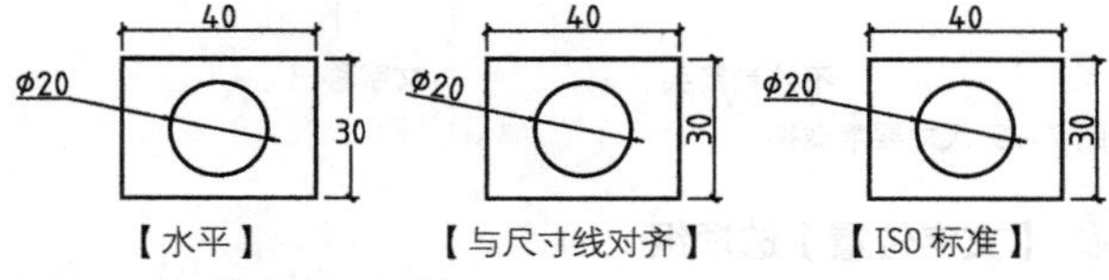

图 7-27 尺寸文字对齐方式

4 【调整】选项卡

【调整】选项卡包括【调整选项】、【文字位置】、【标注特征比例】和【优化】4 个选项组，可以设置标注文字、尺寸线、尺寸箭头的位置，如图 7-28 所示。

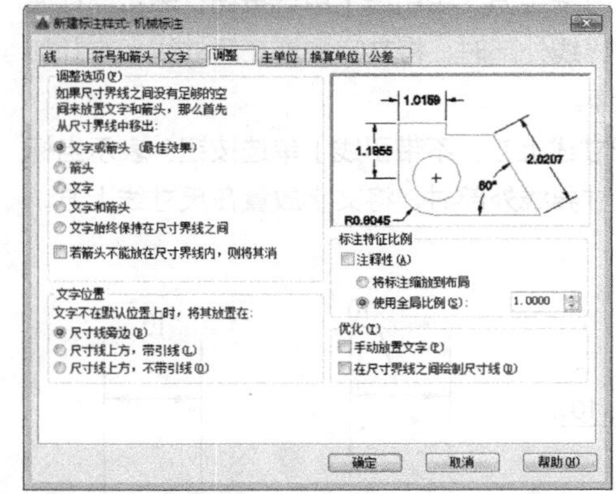

图 7-28 【调整】选项卡

【调整选项】选项组

在【调整选项】选项组中，可以设置当尺寸界线之间没有足够的空间同时放置标注文字和箭头时，应从尺寸界线之间移出的对象，如图 7-29 所示。各选项的含义如下。

◆【文字或箭头（最佳效果）】单选按钮：表示由系统选择一种最佳方式来安排尺寸文字和尺寸箭头的位置。

◆【箭头】单选按钮：表示将尺寸箭头放在尺寸界线外侧。

◆【文字】单选按钮：表示将标注文字放在尺寸界线外侧。

◆【文字和箭头】单选按钮：表示将标注文字和尺寸线都放在尺寸界线外侧。

◆【文字始终保持在尺寸界线之间】单选按钮：表示标注文字始终放在尺寸界线之间。

◆【若箭头不能放在尺寸界线内，则将其消除】单选按钮：表示当尺寸界线之间不能放置箭头时，不显示标注箭头。

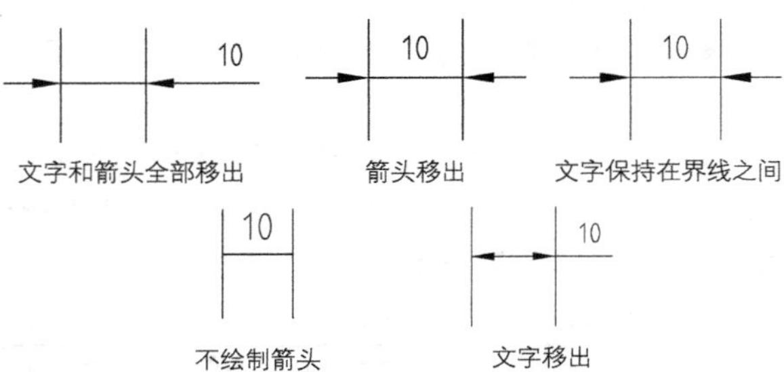

图 7-29 尺寸要素调整

◎【文字位置】选项组

在【文字位置】选项组中，可以设置当标注文字不在默认位置时应放置的位置，如图 7-30 所示。各选项的含义如下。

◆【尺寸线旁边】单选按钮：表示当标注文字在尺寸界线外部时，将文字放置在尺寸线旁边。

◆【尺寸线上方，带引线】单选按钮：表示当标注文字在尺寸界线外部时，将文字放置在尺寸线上方并加一条引线相连。

◆【尺寸线上方，不带引线】单选按钮：表示当标注文字在尺寸界线外部时，将文字放置在尺寸线上方，不加引线。

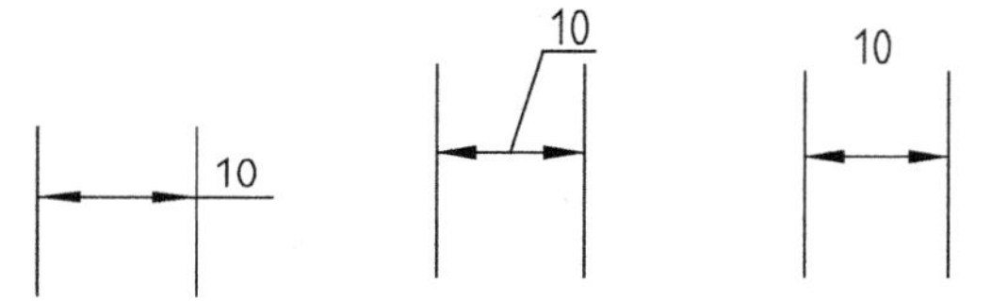

图 7-30 文字位置调整

◎【标注特征比例】选项组

在【标注特征比例】选项组中，可以设置标注尺寸的特征比例以便通过设置全局比例来调整标注的大小。各选项的含义如下。

◆【注释性】复选框：选择该复选框，可以将标注定义成可注释性对象。

◆【将标注缩放到布局】单选按钮：选中该单选按钮，可以根据当前模型空间视口与图纸之间的缩放关系设置比例。

◆【使用全局比例】单选按钮：选择该单选按钮，可以对全部尺寸标注设置缩放比例，该比例不改变尺寸的测量值，效果如图 7-31 所示。

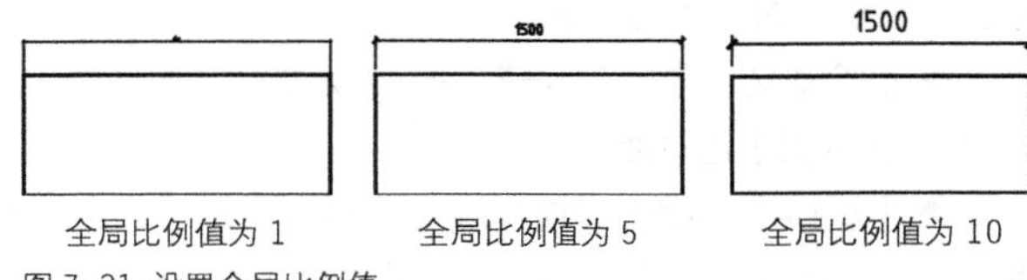

图 7-31 设置全局比例值

◎【优化】选项组

在【优化】选项组中，可以对标注文字和尺寸线进行细微调整。该选项区域包括以下两个复选框。

◆【手动放置文字】：表示忽略所有水平对正设置，并将文字手动放置在“尺寸线位置”的相应位置。

◆【在尺寸界线之间绘制尺寸线】：表示在标注对象时，始终在尺寸界线间绘制尺寸线。

5 【主单位】选项卡

【主单位】选项卡包括【线性标注】、【测量单位比例】、【消零】、【角度标注】和【消零】5 个选项组，如图 7-32 所示。

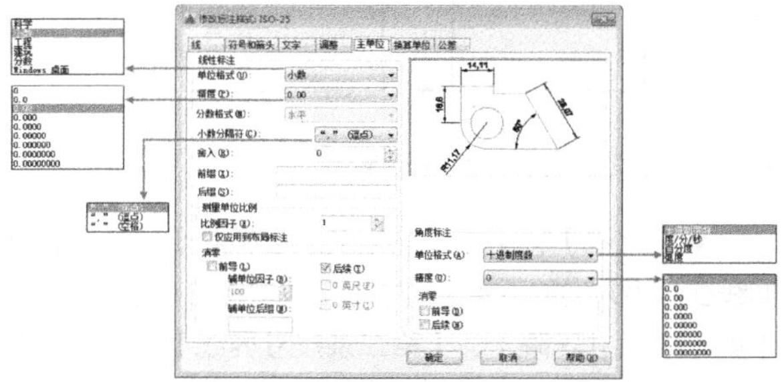
图 7-32 【主单位】选项卡

【主单位】选项卡可以对标注尺寸的精度进行设置，并能给标注文本加入前缀或者后缀等。

◎【线性标注】选项组

◆【单位格式】：设置除角度标注之外的其余各标注类型的尺寸单位，包括【科学】、【小数】、【工程】、【建筑】、【分数】等选项。

◆【精度】：设置除角度标注之外的其他标注的尺寸精度。

◆【分数格式】：当单位格式是分数时，可以设置分数的格式，包括【水平】、【对角】和【非堆叠】3 种方式。

◆【小数分隔符】：设置小数的分隔符，包括【逗点】、【句点】和【空格】3 种方式。

◆【舍入】：用于设置除角度标注外的尺寸测量值的舍入值。

◆【前缀】和【后缀】：设置标注文字的前缀和后缀，在相应的文本框中输入字符即可。

◎【测量单位比例】选项组

使用【比例因子】文本框可以设置测量尺寸的缩放比例，AutoCAD 的实际标注值为测量值与该比例的积。选中【仅应用到布局标注】复选框，可以设置该比例关系仅适用于布局。

◎【消零】选项组

该选项组中包括【前导】和【后续】两个复选框。设置是否消除角度尺寸的前导和后续零，如图 7-33 所示。

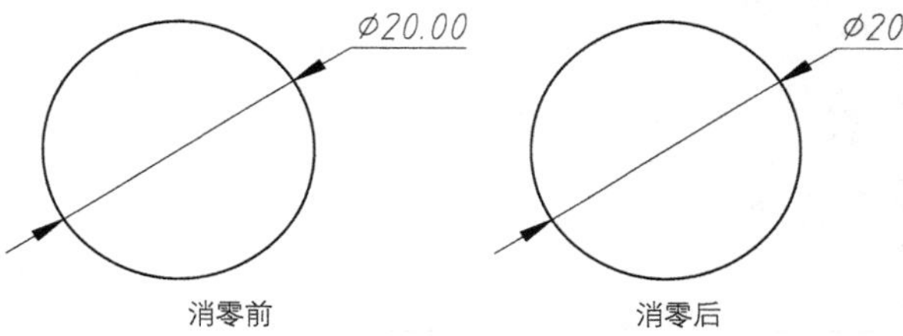

图 7-33 【后续】消零示例

◎【角度标注】选项组

◆【单位格式】：在此下拉列表框中设置标注角度时的单位。

◆【精度】：在此下拉列表框中设置标注角度的尺寸精度。

◆

6 【换算单位】选项卡

【换算单位】选项卡包括【换算单位】、【消零】和【位置】3 个选项组，如图 7-34 所示。

【换算单位】可以方便地改变标注的单位，通常我们用的就是公制单位与英制单位的互换。

选中【显示换算单位】复选框后，对话框的其他选项才可用，可以在【换算单位】选项组中设置换算单位的【单位格式】、【精度】、【换算单位倍数】、【舍入精度】、【前缀】及【后缀】等，方法与设置主单位的方法相同，在此不一一讲解。

7 【公差】选项卡

【公差】选项卡包括【公差格式】、【公差对齐】、【消零】、【换算单位公差】和【消零】5 个选项组，如图 7-35 所示。

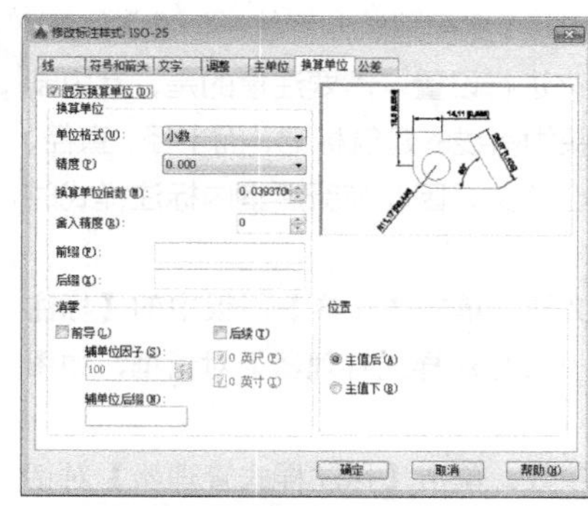

图 7-34 【换算单位】选项卡

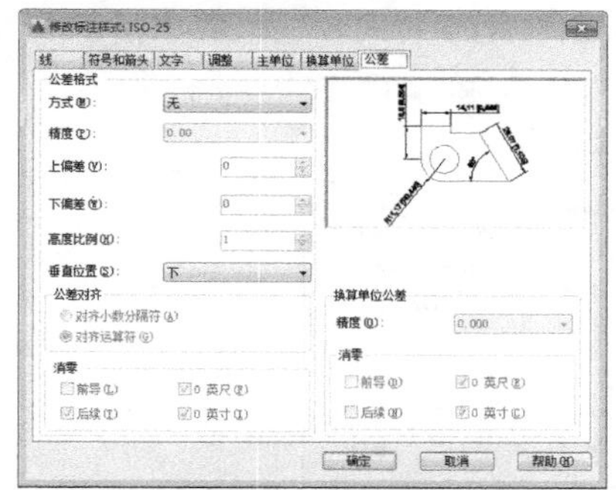

图 7-35 【公差】选项卡

【公差】选项卡可以设置公差的标注格式，其中常用功能含义如下。

◆【方式】：在此下拉列表框中有表示标注公差的几种方式。

◆【上偏差和下偏差】：设置尺寸上偏差、下偏差值。

◆【高度比例】：确定公差文字的高度比例因子。确定后，AutoCAD 将该比例因子与尺寸文字高度之积作为公差文字的高度。

◆【垂直位置】：控制公差文字相对于尺寸文字的位置，包括【上】、【中】和【下】3 种方式。

◆【换算单位公差】：当标注换算单位时，可以设置换算单位精度和是否消零。

练习 7-1 创建室内制图标注样式

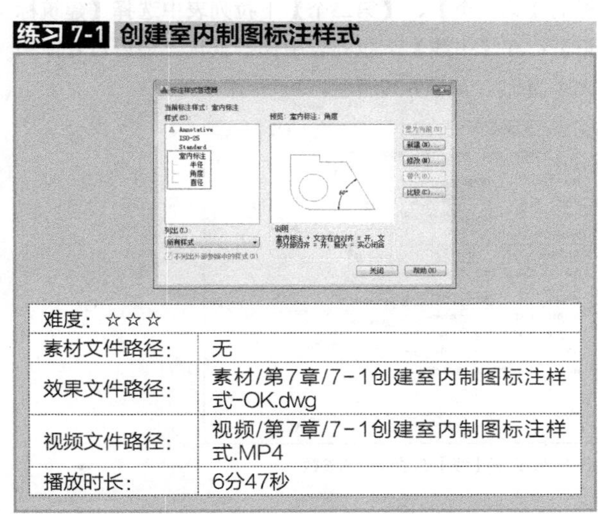

难度：☆☆☆	
素材文件路径：	无
效果文件路径：	素材/第7章/7-1创建室内制图标注样式-OK.dwg
视频文件路径：	视频/第7章/7-1创建室内制图标注样式.MP4
播放时长：	6分47秒

室内标注样式可按《房屋建筑制图统一标准》(GB/T 50001-2001)来进行设置。需要注意的是，室内制图中的线性标注箭头为斜线的建筑标记，而半径、直径、角度标注则仍为实心箭头，因此在新建室内标注样式时要注意分开设置。

Step 01 新建空白文档，单击【注释】面板中的【标注样式】按钮，打开【标注样式管理器】对话框，如图7-36所示。

Step 02 设置通用参数。单击【标注样式管理器】对话框中的【新建】按钮，打开【创建新标注样式】对话框，在其中输入【室内标注】样式名，如图7-37所示。

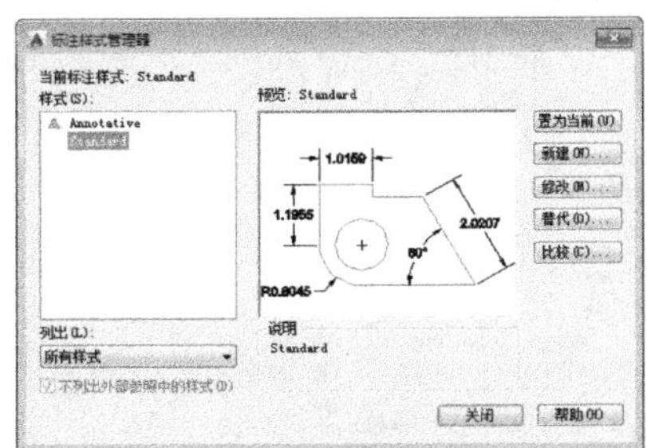

图 7-36 【标注样式管理器】对话框

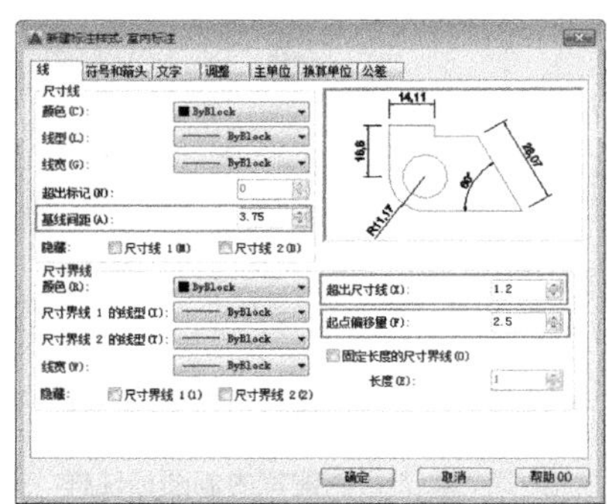

图 7-37 【创建新标注样式】对话框

Step 03 单击【创建新标注样式】对话框中的【继续】按钮，打开【新建标注样式：室内标注】对话框，选择【线】选项卡，设置【基线间距】为3.75，【超出尺寸线】为1.2，【起点偏移量】为2.5，如图7-38所示。

Step 04 选择【符号和箭头】选项卡，在【箭头】参数栏的【第一个】、【第二个】下拉列表中选择【建筑标记】；在【引线】下拉列表中保持默认，最后设置箭头大小为1.2，如图7-39所示。

图 7-38 设置【线】选项卡中的参数

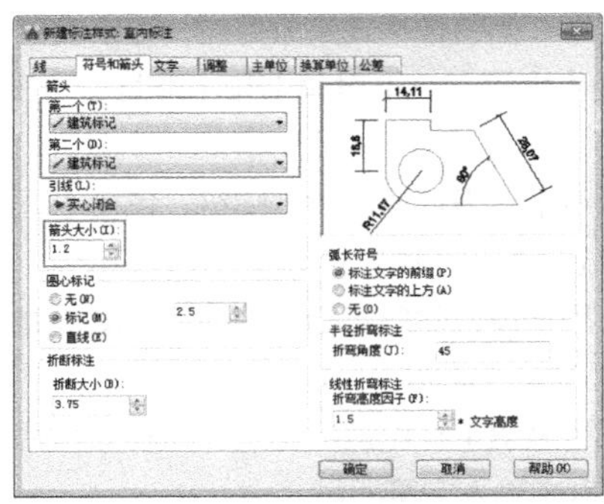

图 7-39 设置【箭头和文字】选项卡中的参数

Step 05 单击选择【文字】选项卡，设置【文字高度】为3.5，然后在文字位置区域中选择【上方】，文字对齐方式选择【与尺寸线对齐】，如图7-40所示。

Step 06 选择【调整】选项卡，因为室内图往往尺寸都非常巨大，因此设置全局比例为100，如图7-41所示。

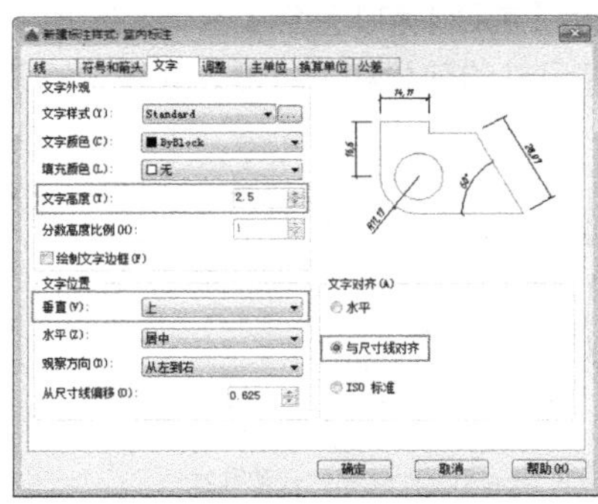

图 7-40 设置【线】选项卡中的参数

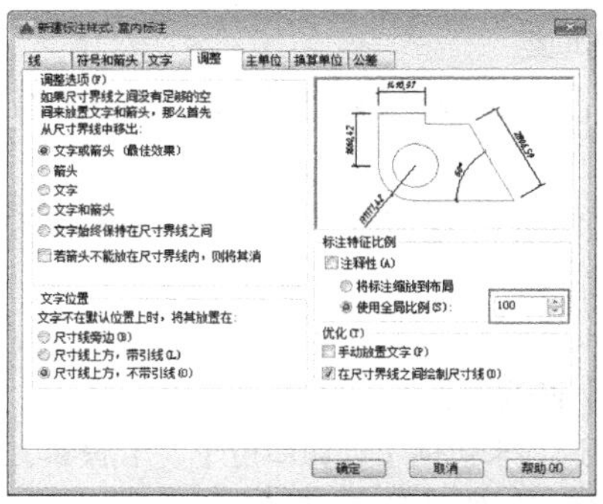

图 7-41 设置【箭头和文字】选项卡中的参数

Step 07 其余选项卡参数保持默认，单击【确定】按钮，返回【标注样式管理器】对话框。以上为室内标注的常规设置，接着再针对性地设置半径、直径、角度等标注样式。

Step 08 设置半径标注样式。在【标注样式管理器】对话框中选择创建好的【室内标注】，然后单击【新建】按钮，打开【创建新标注样式】对话框，输入新样式名为“半径”，在【基础样式】下拉列表中选择【半径标注】选项，如图7-42所示。

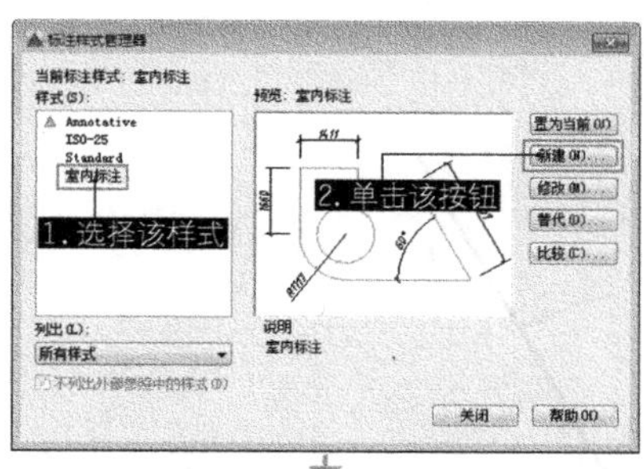

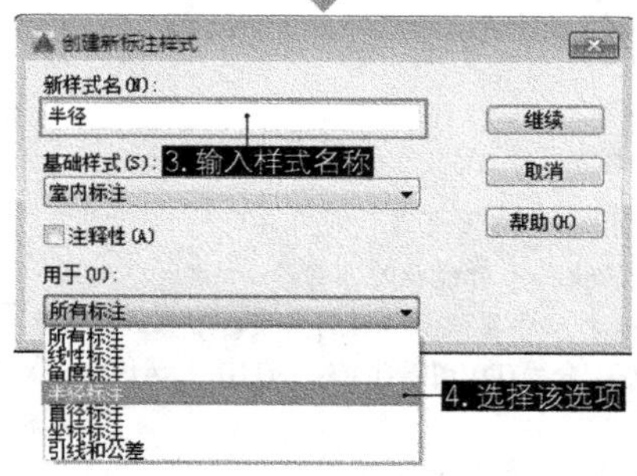

图 7-42 创建仅用于半径标注的样式

Step 09 单击【继续】按钮，打开【新建标注样式：室内标注：半径】对话框，设置其中的箭头符号为【实心闭合】，文字对齐方式为【ISO标准】，其余选项卡参数不变，如图7-43所示。

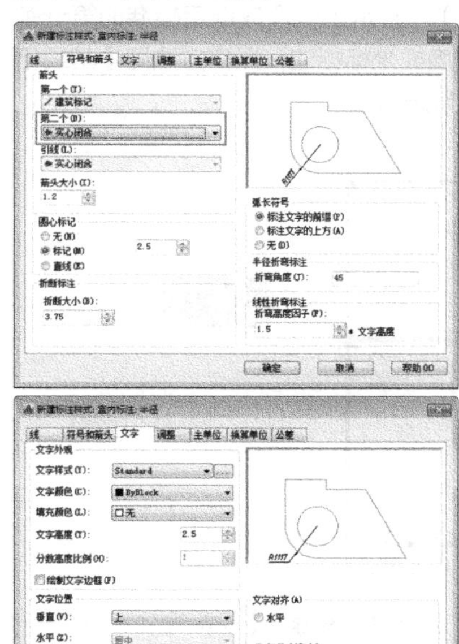

图 7-43 设置半径标注的参数

Step 10 单击【确定】按钮，返回【标注样式管理器】对话框，可在左侧的【样式】列表框中发现在【室内标注】下多出了一个【半径】分支，如图7-44所示。

Step 11 设置直径标注样式。按相同方法，设置仅用于直径的标注样式，结果如图7-45所示。

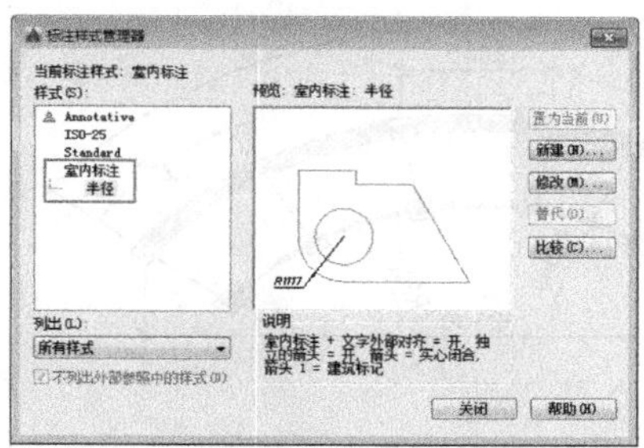

图 7-44 新创建的半径标注

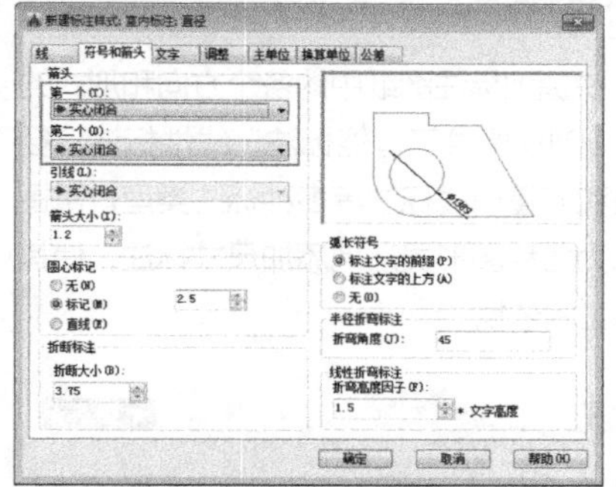

图 7-45 设置直径标注的参数

Step 12 设置角度标注样式。按相同的方法，设置仅用于角度的标注样式，结果如图7-46所示。

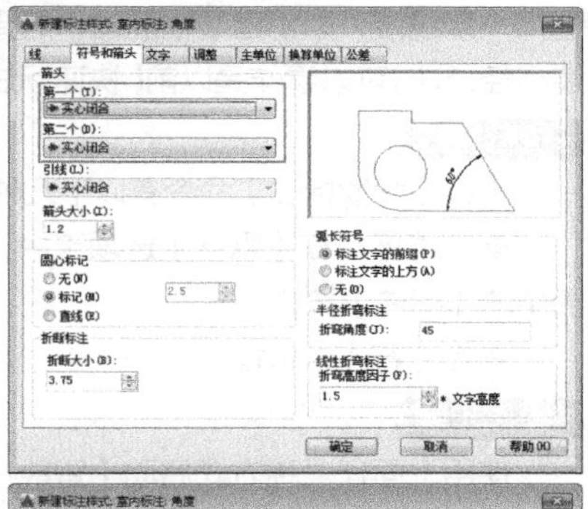

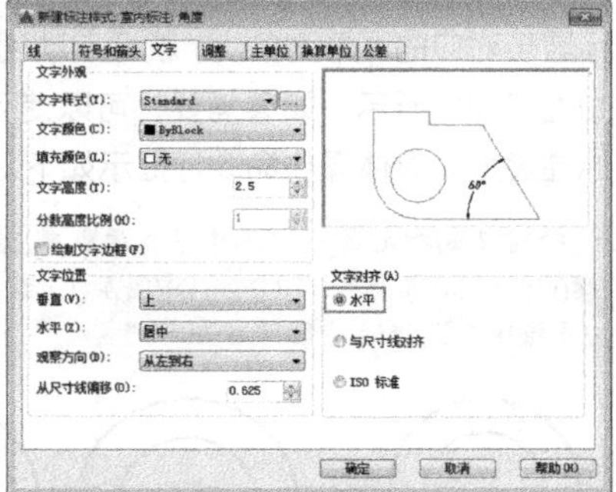

图 7-46 设置角度标注的参数

Step 13 设置完成之后的室内标注样式在【标注样式管理器】中，如图7-47所示，典型的标注实例如图7-48所示。

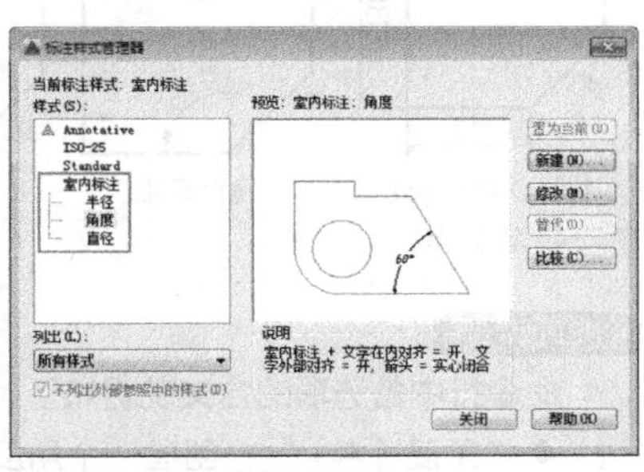

图 7-47 新创建的半径标注

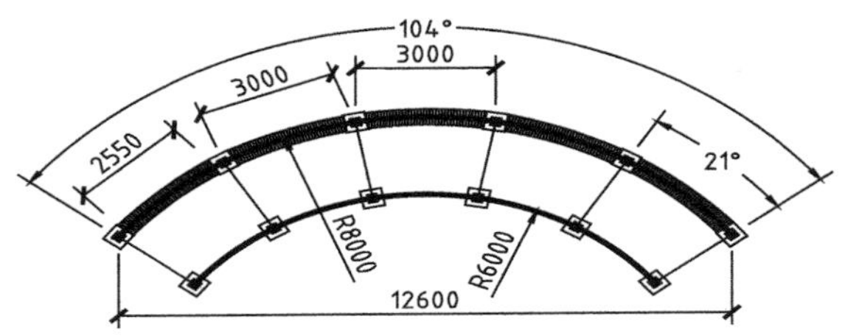

图 7-48 室内标注样例

7.3 标注的创建

为了更方便、快捷地标注图纸中的各个方向和形式的尺寸，AutoCAD 2016 提供了智能标注、线性标注、径向标注、角度标注和多重引线标注等多种标注类型。掌握这些标注方法可以为各种图形灵活地添加尺寸标注，使其成为生产制造或施工的依据。

7.3.1 智能标注 ★重点★

【智能标注】命令为 AutoCAD 2016 的新增功能，可以根据选定的对象类型自动创建相应的标注，例如，选择一条线段，则创建线性标注；选择一段圆弧，则创建半径标注。可以看作是以前【快速标注】命令的加强版。

• 执行方式

执行【智能标注】命令有以下几种方式。

◆ 功能区：在【默认】选项卡中，单击【注释】面板中的【标注】按钮。

◆ 命令行：DIM。

• 操作步骤

使用上面任一种方式启动【智能标注】命令，将鼠标置于对应的图形对象上，就会自动创建出相应的标注，如图 7-49 所示。如果需要，可以使用命令行选项更改标注类型。具体操作命令行提示如下。

```
选择对象或指定第一个尺寸界线原点或 [角度(A)/基线(B)/连续(C)/坐标(O)/对齐(G)/分发(D)/图层(L)/放弃(U)]:
//选择图形或标注对象
```

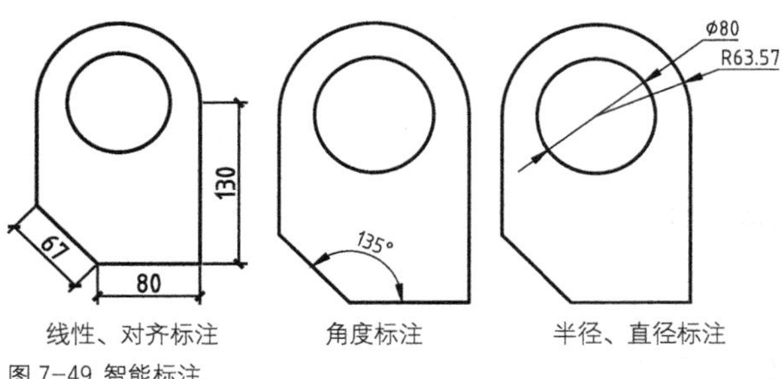

图 7-49 智能标注

• 选项说明

命令行中各选项的含义说明如下。

◆ "角度（A）"：创建一个角度标注来显示 3 个点或两条直线之间的角度，操作方法同【角度标注】，如图 7-50 所示。

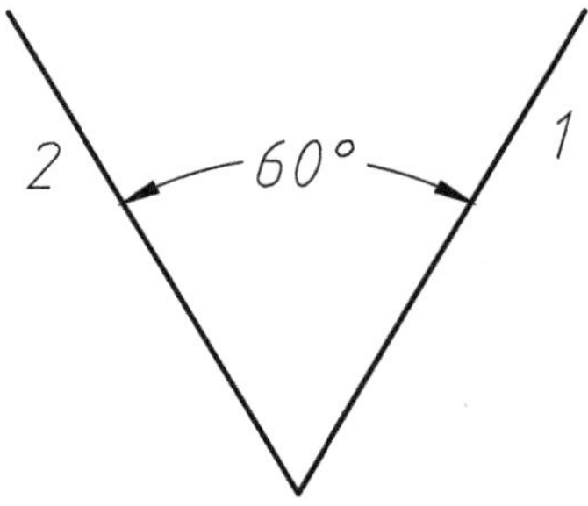

图 7-50 "角度（A）" 标注尺寸

```
命令: _dim
                //执行【智能标注】命令
选择对象或指定第一个尺寸界线原点或 [角度(A)/基线(B)/连续(C)/坐标(O)/对齐(G)/分发(D)/图层(L)/放弃(U)]:    A↙
//选择"角度"选项
选择圆弧、圆、直线或 [顶点(V)]:
        //选择第1个对象
选择直线以指定角度的第二条边:
        //选择第2个对象
指定角度标注位置或 [多行文字(M)/文字(T)/文字角度(N)/放弃(U)]:              //放置角度
```

◆ "基线（B）"：从上一个或选定标准的第一条界线创建线性、角度或坐标标注，操作方法同【基线标注】，如图 7-51 所示。

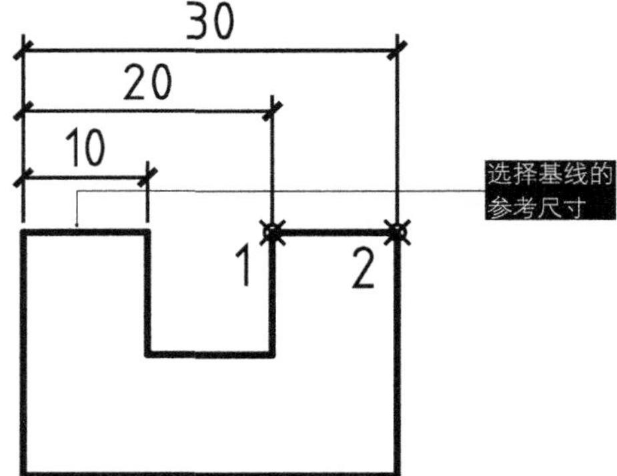

图 7-51 "基线（B）" 标注尺寸

```
命令: _dim           //执行【智能标注】命令
选择对象或指定第一个尺寸界线原点或 [角度(A)/基线(B)/连续(C)/坐标(O)/对齐(G)/分发(D)/图层(L)/放弃(U)]:    B↙
//选择"基线"选项
当前设置: 偏移 (DIMDLI) = 3.750000        //当前的基线标注参数
指定作为基线的第一个尺寸界线原点或 [偏移(O)]:  //选择基线的参考尺寸
指定第二个尺寸界线原点或 [选择(S)/偏移(O)/放弃(U)] <选择>:
标注文字 = 20               //选择基线标注的下一点1
指定第二个尺寸界线原点或 [选择(S)/偏移(O)/放弃(U)] <选择>:
标注文字 = 30
        //选择基线标注的下一点2
……下略……                  //按Enter键结束命令
```

◆ “连续（C）”：从选定标注的第二条尺寸界线创建线性、角度或坐标标注，操作方法同【连续标注】，如图 7-52 所示。

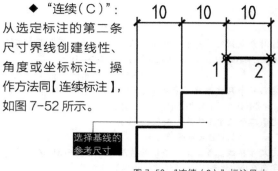

图 7-52 “连续（C）”标注尺寸

```
命令: _dim
                    //执行【智能标注】命令
选择对象或指定第一个尺寸界线原点或 [角度(A)/基线(B)/连续(C)/坐标(O)/对齐(G)/分发(D)/图层(L)/放弃(U)]:   C↙
//选择“连续”选项
指定第一个尺寸界线原点以继续:
          //选择标注的参考尺寸
指定第二个尺寸界线原点或 [选择(S)/放弃(U)] <选择>:
标注文字 = 10
                    //选择连续标注的下一点1
指定第二个尺寸界线原点或 [选择(S)/放弃(U)] <选择>:
标注文字 = 10
                    //选择连续标注的下一点2
……下略……                    //按Enter键结束命令
```

◆ “坐标（O）”：创建坐标标注，提示选取部件上的点，如端点、交点或对象中心点，如图 7-53 所示。

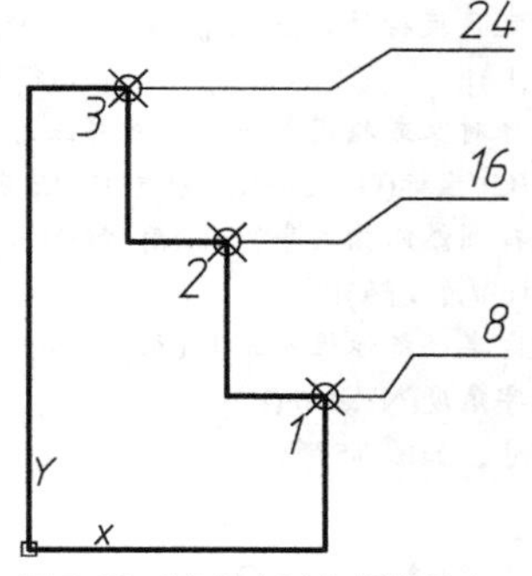

图 7-53 “坐标（O）”标注尺寸

```
命令: _dim
                    //执行【智能标注】命令
选择对象或指定第一个尺寸界线原点或[角度(A)/基线(B)/连续(C)/坐标(O)/对齐(G)/分发(D)/图层(L)/放弃(U)]:   O↙
                              //选择“坐标”选项
指定点坐标或 [放弃(U)]:
                    //选择点1
指定引线端点或 [X基准(X)/Y基准(Y)/多行文字(M)/文字(T)/角度(A)/放弃(U)]:
标注文字 = 8
指定点坐标或 [放弃(U)]:
                    //选择点2
指定引线端点或[X基准(X)/Y基准(Y)/多行文字(M)/文字(T)/角度(A)/放弃(U)]:
标注文字 = 16
指定点坐标或 [放弃(U)]: ↙
                    //按Enter键结束命令
```

◆ “对齐（G）”：将多个平行、同心或同基准的标注对齐到选定的基准标注，用于调整标注，让图形看起来工整、简洁，如图 7-54 所示，命令行操作如下。

```
命令: _dim
                              //执行【智能标注】命令
选择对象或指定第一个尺寸界线原点或 [角度(A)/基线(B)/连续(C)/对齐(G)/分发(D)/图层(L)/放弃(U)]:G↙
                              //选择“对齐”选项
选择基准标注:
                              //选择基准标注10
选择要对齐的标注:找到 1 个
          //选择要对齐的标注12
选择要对齐的标注:找到 1 个, 总计 2 个
                              //选择要对齐的标注15
选择要对齐的标注: ↙
                    //按Enter键结束命令
```

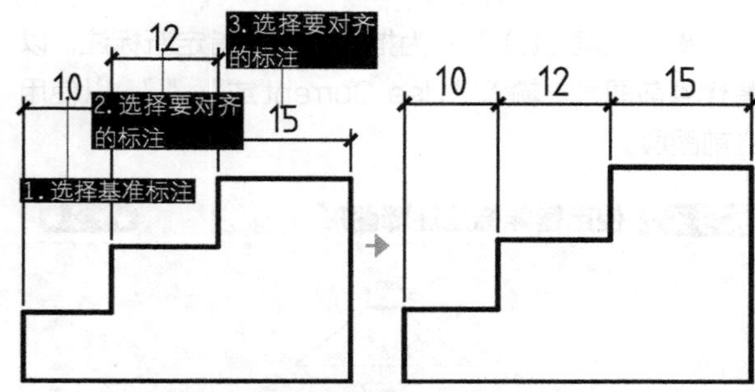

图 7-54 “对齐（G）”选项修改标注

◆ “分发（D）”：指定可用于分发一组选定的孤立线性标注或坐标标注的方法，可将标注按一定间距隔开，如图 7-55 所示，命令行操作如下。

```
命令: _dim
                              //执行【智能标注】命令
选择对象或指定第一个尺寸界线原点或 [角度(A)/基线(B)/连续(C)/对齐(G)/分发(D)/图层(L)/放弃(U)]:D↙
//选择“分发”选项
当前设置: 偏移 (DIMDLI) = 6.000000
//当前“分发”选项的参数设置，偏移值即为间距值
指定用于分发标注的方法 [相等(E)/偏移(O)] <相等>:O
                              //选择“偏移”选项
选择基准标注或 [偏移(O)]:
          //选择基准标注10
选择要分发的标注或 [偏移(O)]:找到 1 个
                              //选择要隔开的标注12
选择要分发的标注或 [偏移(O)]:找到 1 个, 总计 2 个
                              //选择要隔开的标注15
选择要分发的标注或 [偏移(O)]: ↙
//按Enter键结束命令
```

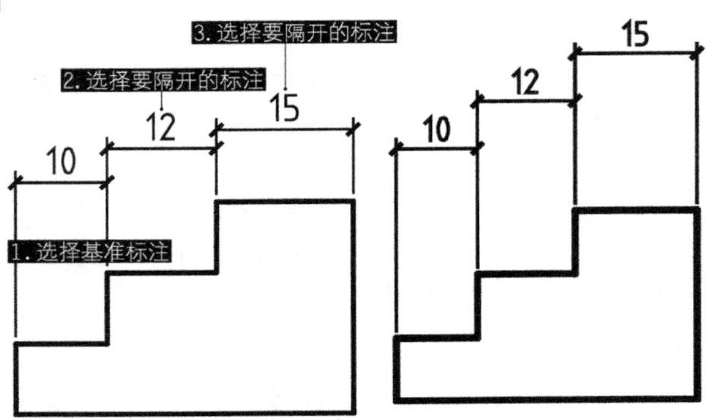

图 7-55 "分发（D）"选项修改标注

知识链接

该操作也可以通过DIMSPACE【调整间距】命令来完成。详见本章第7.4.2小节。

◆ "图层（L）"：为指定的图层指定新标注，以替代当前图层。输入"Use Current 或" "." 以使用当前图层。

练习 7-2 使用智能标注注释图形 ★重点★

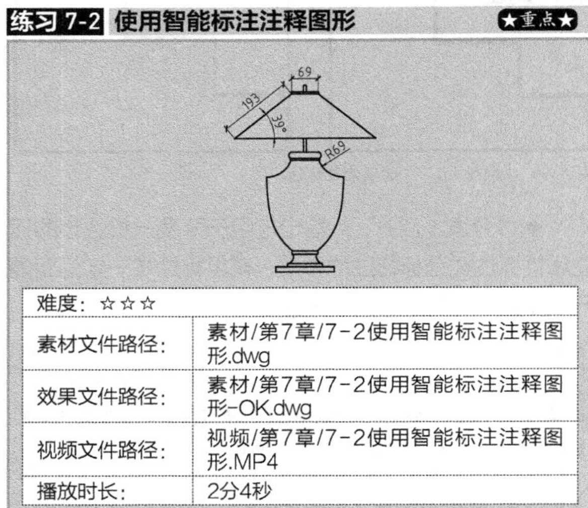

难度：☆☆☆	
素材文件路径：	素材/第7章/7-2使用智能标注注释图形.dwg
效果文件路径：	素材/第7章/7-2使用智能标注注释图形-OK.dwg
视频文件路径：	视频/第7章/7-2使用智能标注注释图形.MP4
播放时长：	2分4秒

AutoCAD 2016 与传统的 AutoCAD 标注方法不同，传统的 AutoCAD 标注需要根据对象的类型来选择不同的标注命令，这种方式效率低下，已不合时宜。因此，快速选择对象，实现无差别标注的方法就应运而生，本例便仅通过【智能标注】对图形添加标注，读者也可以使用传统方法进行标注，以此来比较二者之间的差异。

Step 01 按Ctrl+O组合键，打开配套资源提供的"第7章/7-2使用智能标注注释图形.dwg"素材文件，如图7-56所示。

Step 02 在【默认】选项卡中，单击【注释】面板中的【标注】按钮，对图形进行智能标注，命令行提示如下。

```
命令：dim↙
                                //调用【智能标注】命令
选择对象或指定第一个尺寸界线原点或 [角度(A)/基线(B)/连续(C)/坐标(O)/对齐(G)/分发(D)/图层(L)/放弃(U)]:
                                //捕捉A点为第一角点
指定第一个尺寸界线原点或 [角度(A)/基线(B)/继续(C)/坐标(O)/对齐(G)/分发(D)/图层(L)/放弃(U)]:
指定第二个尺寸界线原点或 [放弃(U)]:
                //捕捉B点为第一角点
指定尺寸界线位置或第二条线的角度 [多行文字(M)/文字(T)/文字角度(N)/放弃(U)]:  //任意指定位置放置尺寸
选择对象或指定第一个尺寸界线原点或 [角度(A)/基线(B)/连续(C)/坐标(O)/对齐(G)/分发(D)/图层(L)/放弃(U)]:
                                //捕捉A点为第一角点
指定第一个尺寸界线原点或 [角度(A)/基线(B)/继续(C)/坐标(O)/对齐(G)/分发(D)/图层(L)/放弃(U)]:
指定第二个尺寸界线原点或 [放弃(U)]:
                //捕捉C点为第一角点
指定尺寸界线位置或第二条线的角度 [多行文字(M)/文字(T)/文字角度(N)/放弃(U)]:  //任意指定位置放置尺寸
选择对象或指定第一个尺寸界线原点或 [角度(A)/基线(B)/连续(C)/坐标(O)/对齐(G)/分发(D)/图层(L)/放弃(U)]: A↙
                                //激活【角度】选项
选择圆弧、圆、直线或 [顶点(V)]:
                        //捕捉AC直线为第一直线
选择直线以指定角度的第二条边:
                                //捕捉CD直线为第二条直线
指定角度标注位置或 [多行文字(M)/文字(T)/文字角度(N)/放弃(U)]:                 //任意指定位置放置尺寸
选择对象或指定第一个尺寸界线原点或 [角度(A)/基线(B)/连续(C)/坐标(O)/对齐(G)/分发(D)/图层(L)/放弃(U)]:
选择圆弧以指定半径或 [直径(D)/折弯(J)/圆弧长度(L)/中心标记(C)/角度(A)]:                  //捕捉圆弧E
指定半径标注位置或 [直径(D)/角度(A)/多行文字(M)/文字(T)/文字角度(N)/放弃(U)]:                 //任意指定位置放置尺寸，如图7-57所示
```

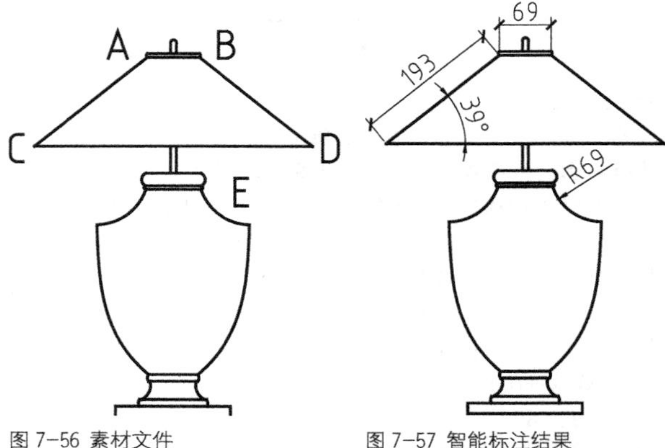

图 7-56 素材文件　　图 7-57 智能标注结果

7.3.2 线性标注 ★重点★

使用水平、竖直或旋转的尺寸线创建线性的标注尺寸。【线性标注】仅用于标注任意两点之间的水平或竖直方向的距离。

•执行方式

执行【线性标注】命令的方法有以下几种。

◆功能区：在【默认】选项卡中，单击【注释】面板中的【线性】按钮⊢⊣，如图 7-58 所示。

◆菜单栏：选择【标注】|【线性】命令，如图 7-59 所示。

◆命令行：DIMLINEAR 或 DLI。

图 7-58 【注释】面板中的【线性】按钮

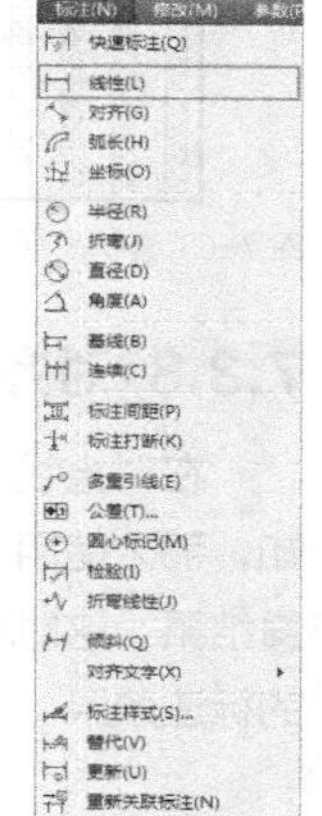
图 7-59 【线性】菜单命令

•操作步骤

执行【线性标注】命令后，依次指定要测量的两点，即可得到线性标注尺寸，命令行操作提示如下。

```
命令: _dimlinear
//执行【线性标注】命令
指定第一个尺寸界线原点或 <选择对象>:
          //指定测量的起点
指定第二条尺寸界线原点:
//指定测量的终点
指定尺寸线位置或
          //放置标注尺寸，结束操作
```

•选项说明

执行【线性标注】命令后，有两种标注方式，即【指定原点】和【选择对象】。这两种方式的操作方法与区别介绍如下。

1 指定原点

默认情况下，在命令行提示下指定第一条尺寸界线的原点，并在"指定第二条尺寸界线原点"提示下指定第二条尺寸界线原点后，命令提示行如下。

指定尺寸线位置或 [多行文字 (M)/ 文字 (T)/ 角度 (A)/ 水平 (H)/ 垂直 (V)/ 旋转 (R)]:

因为线性标注有水平和竖直方向两种可能，因此指定尺寸线的位置后，尺寸值才能够完全确定。以上命令行中其他选项的功能说明如下。

◆"多行文字（C）"：选择该选项将进入多行文字编辑模式，可以使用【多行文字编辑器】对话框输入并设置标注文字。其中，文字输入窗口中的尖括号（< >）表示系统测量值。

◆"文字（C）"：以单行文字形式输入尺寸文字。

◆"角度（C）"：设置标注文字的旋转角度，效果如图 7-60 所示。

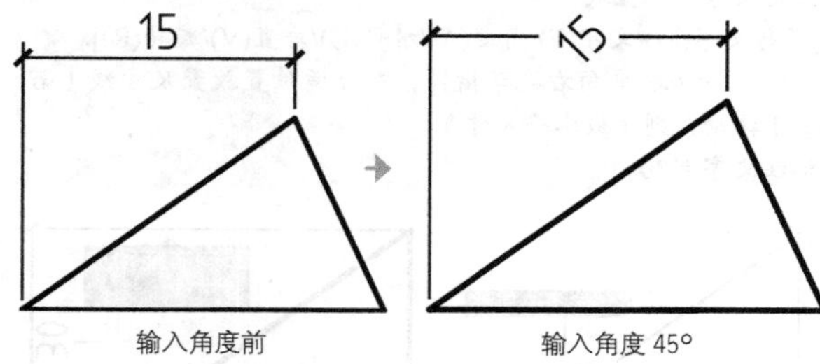

图 7-60 线性标注时输入角度效果

◆"水平和垂直（C）"：标注水平尺寸和垂直尺寸。可以直接确定尺寸线的位置，也可以选择其他选项来指定标注的标注文字内容或标注文字的旋转角度。

◆"旋转（C）"：旋转标注对象的尺寸线，测量值也会随之调整，相当于【对齐标注】。

指定原点标注的操作方法示例如图 7-61 所示，命令行的操作过程如下。

```
命令: _dimlinear
                          //执行【线性标注】命令
指定第一个尺寸界线原点或 <选择对象>:
                          //选择矩形一个顶点
指定第二条尺寸界线原点:
                          //选择矩形另一侧边的顶点
指定尺寸线位置或
[多行文字(M)/文字(T)/角度(A)/水平(H)/垂直(V)/旋转(R)]:
                          //向上拖动指针，在合适位置
单击放置尺寸线
标注文字 = 50
                          //生成尺寸标注
```

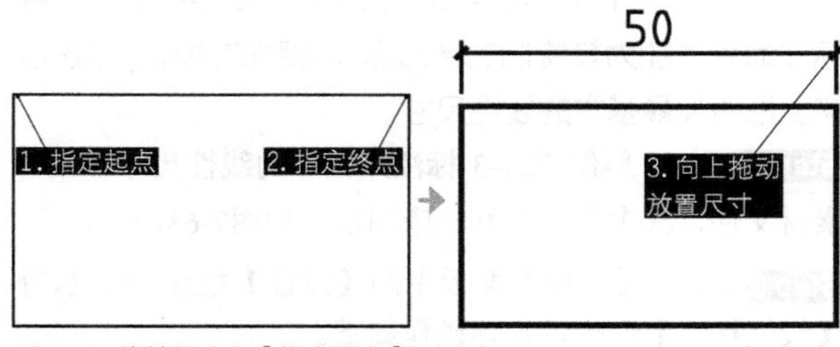

图 7-61 线性标注之【指定原点】

2 选择对象

执行【线性标注】命令之后，直接按 Enter 键，则要求选择标注尺寸的对象。选择了对象之后，系统便以对象的两个端点作为两条尺寸界线的起点。

该标注的操作方法示例如图 7-62 所示，命令行的操作过程如下。

```
命令: _dimlinear
                          //执行【线性标注】命令
指定第一个尺寸界线原点或 <选择对象>:↙
```

```
                                    //按Enter键选择"选择对象"
选项        选择标注对象:
                                    //单击直线AB
指定尺寸线位置或
[多行文字(M)/文字(T)/角度(A)/水平(H)/垂直(V)/旋转(R)]:
            //水平向右拖动指针，在合适位置放置尺寸线（若
上下拖动，则生成水平尺寸）
标注文字 = 30
```

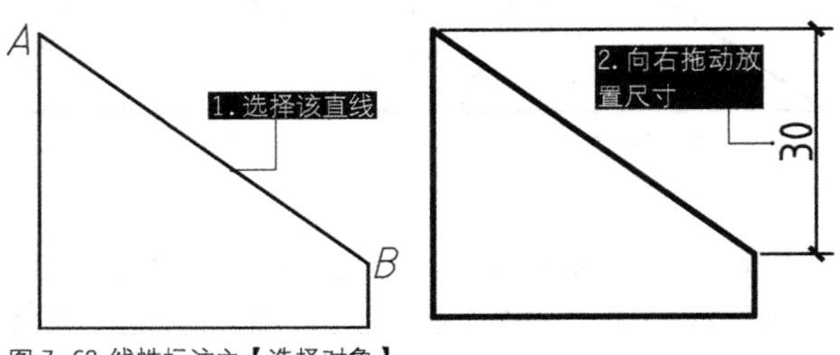

图 7-62 线性标注之【选择对象】

练习 7-3 标注床图形的线性尺寸

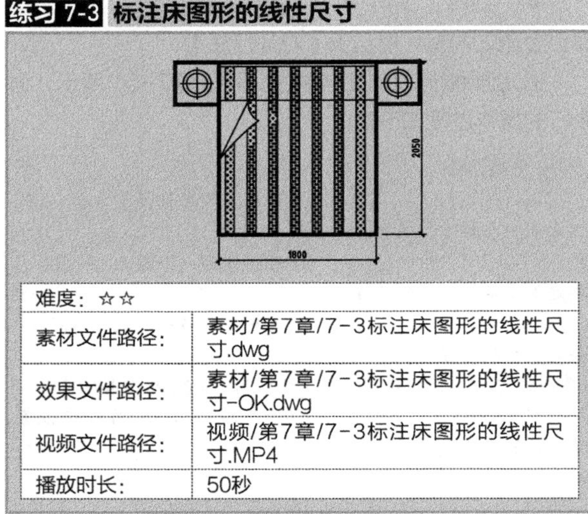

难度：☆☆	
素材文件路径：	素材/第7章/7-3标注床图形的线性尺寸.dwg
效果文件路径：	素材/第7章/7-3标注床图形的线性尺寸-OK.dwg
视频文件路径：	视频/第7章/7-3标注床图形的线性尺寸.MP4
播放时长：	50秒

在室内设计中需灵活使用AutoCAD中提供的各种标注命令才能为其绘制的图形添加完整的注释。本例以床图形添加最基本的线性尺寸。

Step 01 打开"第7章/7-3 标注床图形的线性尺寸.dwg"素材文件，其中已绘制好一床图形，如图7-63所示。

Step 02 单击【注释】面板中的【线性】按钮，执行【线性标注】命令，具体操作如下。

```
命令: _dimlinear
指定第一个尺寸界线原点或 <选择对象>:
                                    //指定标注对象起点
指定第二条尺寸界线原点:
//指定标注对象终点
指定尺寸线位置或
[多行文字(M)/文字(T)/角度(A)/水平(H)/垂直(V)/旋转(R)]:
标注文字 = 1800
//单击鼠标左键，确定尺寸线放置位置，完成操作
```

Step 03 用同样的方法标注其他水平或垂直方向的尺寸，标注完成后，其效果如图7-64所示。

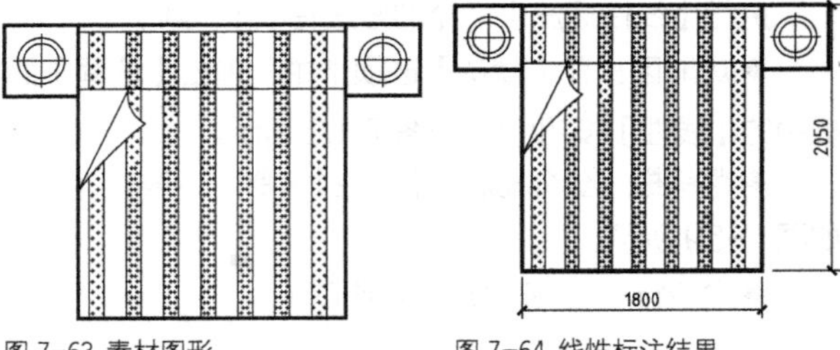

图 7-63 素材图形　　图 7-64 线性标注结果

7.3.3 对齐标注 ★重点★

在对直线段进行标注时，如果该直线的倾斜角度未知，那么使用【线性标注】的方法将无法得到准确的测量结果，这时可以使用【对齐标注】完成图7-65所示的标注效果。

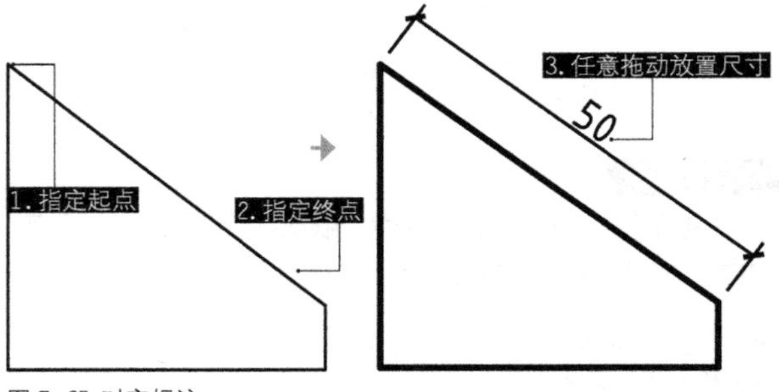

图 7-65 对齐标注

·执行方式

在AutoCAD中调用【对齐标注】有如下几种常用方法。

◆功能区：在【默认】选项卡中，单击【注释】面板中的【对齐】按钮，如图7-66所示。

◆菜单栏：执行【标注】|【对齐】命令，如图7-67所示。

◆命令行：DIMALIGNED或DAL。

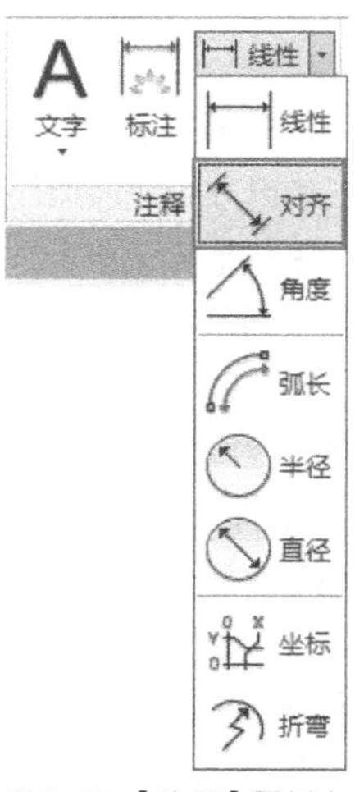

图 7-66 【注释】面板中的【对齐】按钮

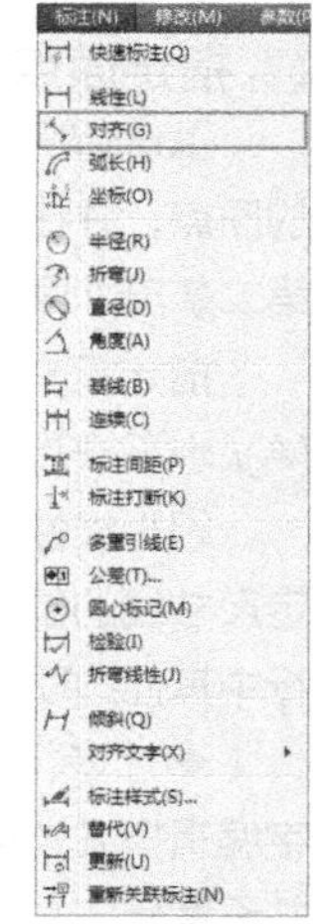

图 7-67 【对齐】菜单命令

·操作步骤

【对齐标注】的使用方法与【线性标注】相同，指定两目标点后就可以创建尺寸标注，命令行操作如下。

```
命令: _dimaligned
指定第一个尺寸界线原点或 <选择对象>:
                                    //指定测量的起点
指定第二条尺寸界线原点:
                                    //指定测量的终点
指定尺寸线位置或
                                    //放置标注尺寸，结束操作
[多行文字(M)/文字(T)/角度(A)]:
标注文字 = 50
```

·选项说明

命令行中各选项含义与【线性标注】中的一致，这里不再赘述。

练习 7-4 标注浴室图形对齐尺寸

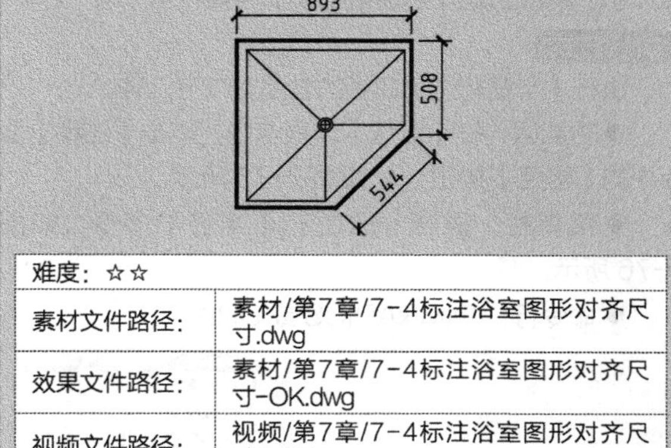

难度：☆☆	
素材文件路径：	素材/第7章/7-4标注浴室图形对齐尺寸.dwg
效果文件路径：	素材/第7章/7-4标注浴室图形对齐尺寸-OK.dwg
视频文件路径：	视频/第7章/7-4标注浴室图形对齐尺寸.MP4
播放时长：	55秒

在室内制图中，有许多非水平、垂直的平行轮廓，这类尺寸的标注就需要用到【对齐】命令。本例以浴室图形为例添加对齐尺寸。

Step 01 单击【快速访问】工具栏中的【打开】按钮，打开“第7章/7-4标注浴室图形对齐尺寸.dwg”素材文件，如图 7-68所示。

Step 02 在【默认】选项卡中，单击【注释】面板中的【对齐】按钮，执行【对齐标注】命令，具体步骤如下。

```
命令: _dimaligned
指定第一个尺寸界线原点或 <选择对象>:
//指定横槽的圆心为起点    指定第二条尺寸界线原点:
//指定横槽的另一圆心为终点        指定尺寸线位置或
[多行文字(M)/文字(T)/角度(A)]:
标注文字 = 544
//单击鼠标左键，确定尺寸线放置位置，完成操作
```

Step 03 用同样的方法标注其他非水平、竖直的线性尺寸，对齐标注完成后，其效果如图 7-69所示。

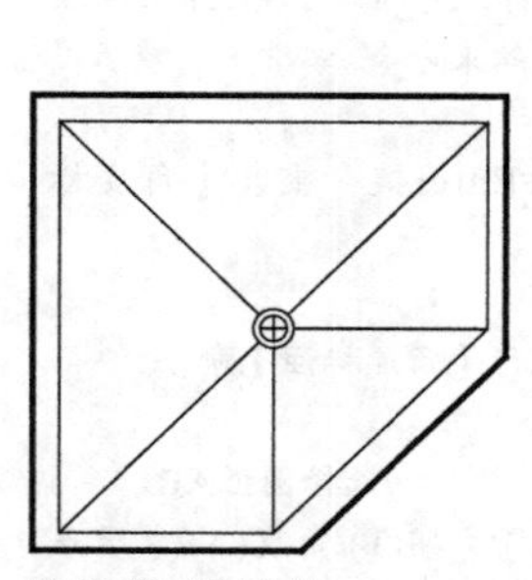

图 7-68 素材文件

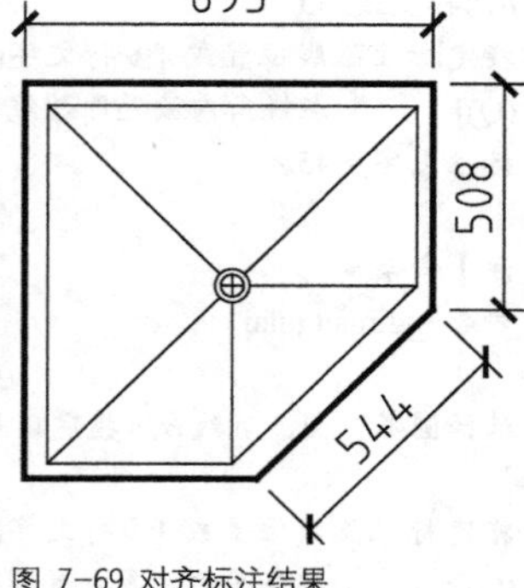

图 7-69 对齐标注结果

7.3.4 角度标注

利用【角度】标注命令不仅可以标注两条呈一定角度的直线或 3 个点之间的夹角，选择圆弧的话，还可以标注圆弧的圆心角。

·执行方式

在 AutoCAD 中调用【角度】标注有如下几种方法。

◆功能区：在【默认】选项卡中，单击【注释】面板中的【角度】按钮，如图 7-70 所示。

◆菜单栏：执行【标注】|【角度】命令，如图 7-71 所示。

◆命令行：DIMANGULAR 或 DAN。

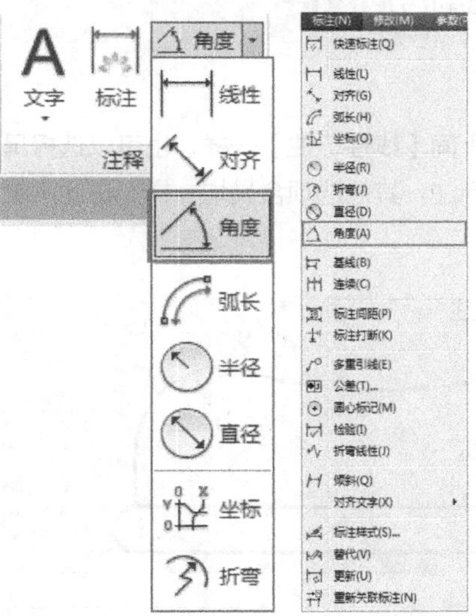

图 7-70【注释】面板中的【角度】按钮　　图 7-71 【角度】菜单命令

·操作步骤

通过以上任意一种方法执行该命令后，选择图形上要标注角度尺寸的对象，即可进行标注。操作示例如图 7-72 所示，命令行操作过程如下。

```
命令: _dimangular
选择圆弧、圆、直线或 <指定顶点>:
                                    //选择直线CO
选择第二条直线:
```

```
//选择直线AO
指定标注弧线位置或 [多行文字(M)/文字(T)/角度(A)/象限点(Q)]:   //在锐角内放置圆弧线，结束命令
标注文字 = 45↙
                                    //按Enter键，重复【角度标注】命令
命令: _dimangular
                                    //执行【角度标注】命令
选择圆弧、圆、直线或 <指定顶点>:
                                    //选择圆弧AB
指定标注弧线位置或 [多行文字(M)/文字(T)/角度(A)/象限点(Q)]:   //在合适的位置放置圆弧线，结束命令
标注文字 = 50
```

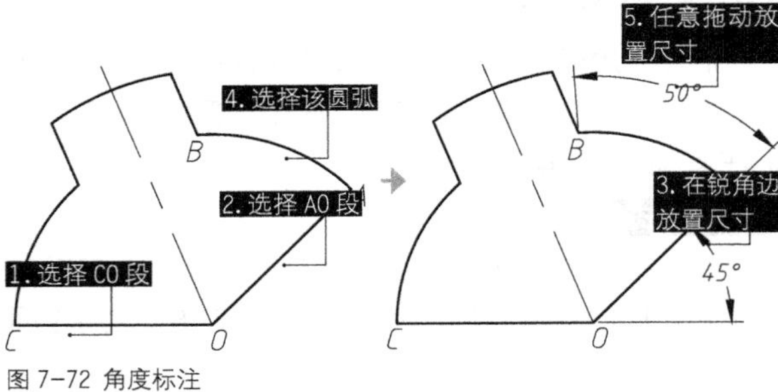

图 7-72 角度标注

知识链接

【角度标注】的计数仍默认从逆时针开始算起。也可以参考本书第7章的7.3.4小节进行修改。

•选项说明

【角度标注】同【线性标注】一样，也可以选择具体的对象来进行标注，其他选项含义均一样，在此不重复介绍。

练习 7-5 角度标注

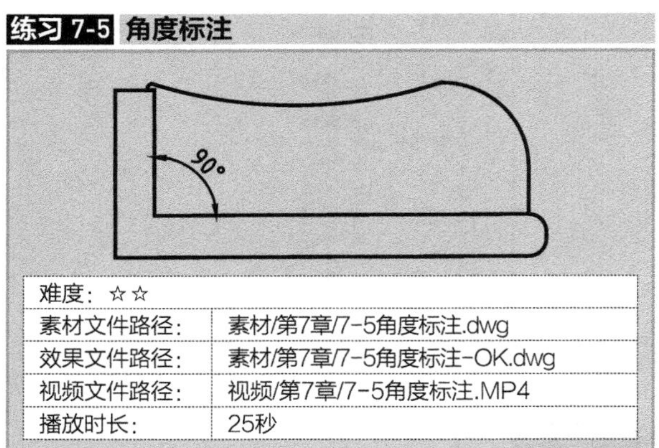

难度：☆☆	
素材文件路径：	素材/第7章/7-5角度标注.dwg
效果文件路径：	素材/第7章/7-5角度标注-OK.dwg
视频文件路径：	视频/第7章/7-5角度标注.MP4
播放时长：	25秒

在室内制图中，有时会需要标明角度，本案例以沙发靠椅为例，标注其角度。

Step 01 单击【快速访问】工具栏中的【打开】按钮，打开“第7章/7-5角度标注.dwg”素材文件，如图7-73所示。

Step 02 在【默认】选项卡中，单击【注释】面板上的【角度】按钮，标注角度，其具体步骤如下。

```
命令: _dimangular
选择圆弧、圆、直线或 <指定顶点>:
                        //选择第一条直线
选择第二条直线:
                //选择第二条直线
指定标注弧线位置或 [多行文字(M)/文字(T)/角度(A)/象限点(Q)]:            //指定尺寸线位置
标注文字 = 90
标注完成后，其效果如图7-74所示。
```

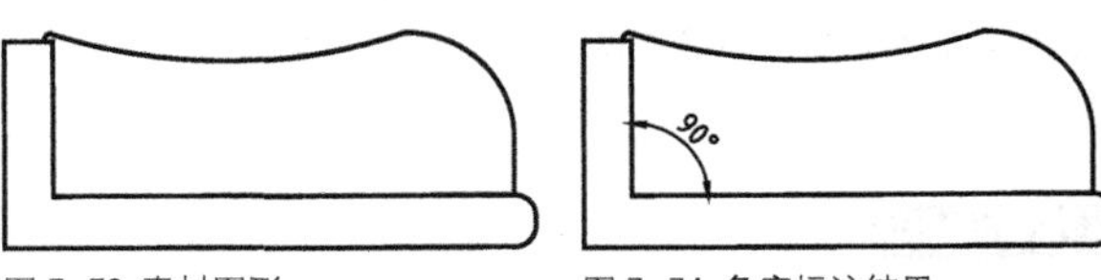

图 7-73 素材图形　　图 7-74 角度标注结果

7.3.5 半径标注 ★重点★

利用【半径标注】功能可以快速标注圆或圆弧的半径大小，系统自动在标注值前添加半径符号“R”。

•执行方式

执行【半径标注】命令的方法有以下几种。

◆功能区：在【默认】选项卡中，单击【注释】面板中的【半径】按钮，如图7-75所示。

◆菜单栏：执行【标注】|【半径】命令，如图7-76所示。

◆命令行：DIMRADIUS或DRA。

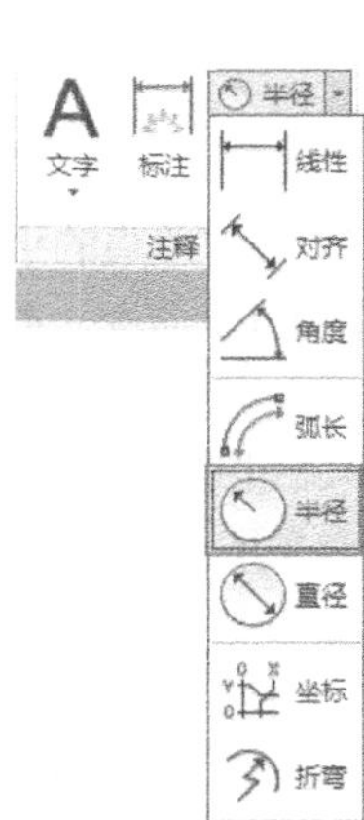

图 7-75 【注释】面板中的【半径】按钮

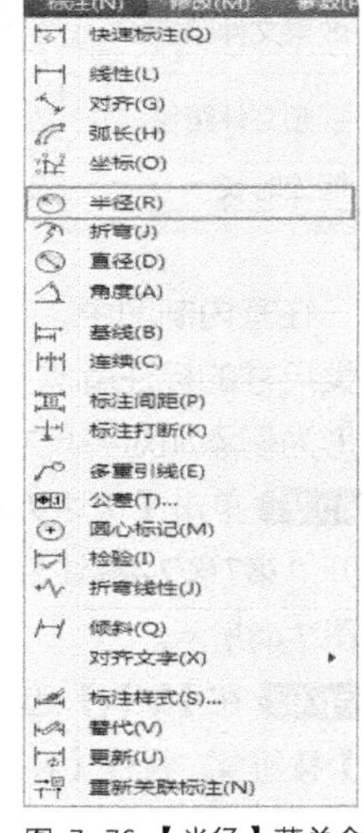

图 7-76 【半径】菜单命令

•操作步骤

执行任一命令后，命令行提示选择需要标注的对象，单击圆或圆弧即可生成半径标注，拖动指针在合适的位置放置尺寸线。该标注方法的操作示例如图7-77所示，命令行操作过程如下。

```
命令: _dimradius
                    //执行【半径标注】命令
选择圆弧或圆:
                    //单击选择圆弧A
标注文字 = 150
指定尺寸线位置或 [多行文字(M)/文字(T)/角度(A)]:
        //在圆弧内侧合适位置放置尺寸线，结束命令
```

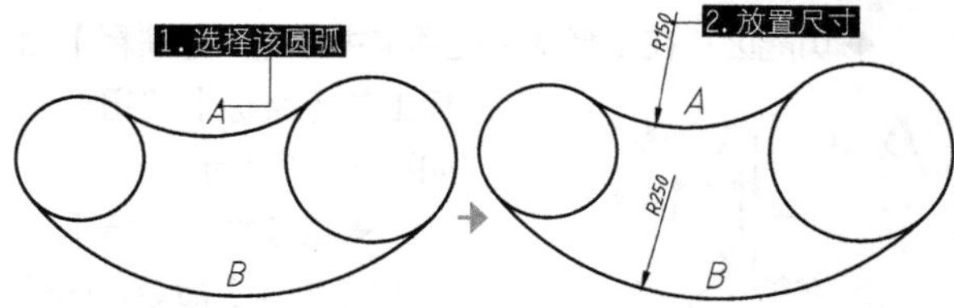

图 7-77 半径标注

单击 Enter 键可重复上一命令，按此方法重复【半径】标注命令，即可标注圆弧 B 的半径。

• 选项说明

【半径标注】中命令行各选项含义与之前所介绍的一致，在此不重复介绍。唯独半径标记“R”需引起注意。

在系统默认情况下，系统自动加注半径符号“R”。但如果在命令行中选择【多行文字】和【文字】选项重新确定尺寸文字时，只有在输入的尺寸文字加前缀，才能使标注出的半径尺寸有半径符号“R”，否则没有该符号。

练习 7-6 标注茶几的半径尺寸

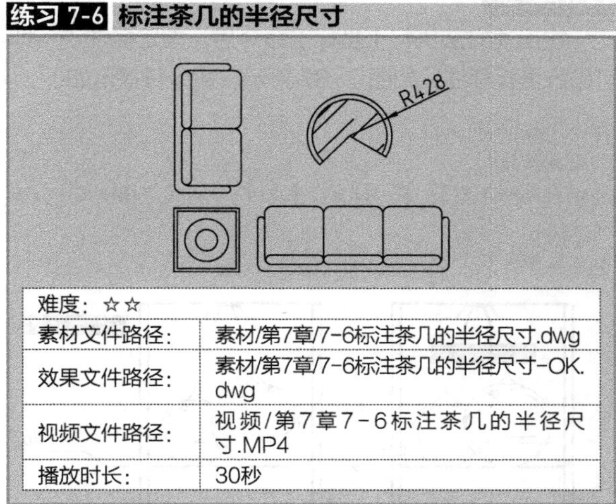

难度：☆☆	
素材文件路径：	素材/第7章/7-6标注茶几的半径尺寸.dwg
效果文件路径：	素材/第7章/7-6标注茶几的半径尺寸-OK.dwg
视频文件路径：	视频/第7章7-6标注茶几的半径尺寸.MP4
播放时长：	30秒

【半径标注】适用于标注图纸上一些未画成整圆的圆弧和圆角。如果为一整圆，宜使用【直径标注】；而如果对象的半径值过大，则应使用【折弯标注】。

Step 01 按快捷键Ctrl+O，打开配套资源提供的“第7章/7-6标注茶几的半径尺寸.dwg”素材文件，结果如图7-78所示。

Step 02 执行【标注】|【半径】命令，标注茶几的半径，命令行提示如下。

```
命令: _dimradius
选择圆弧或圆:
                    //选择茶几圆形外轮廓
标注文字 = 428
指定尺寸线位置或 [多行文字(M)/文字(T)/角度(A)]:
//指定尺寸线的位置，半径标注的结果如图7-79所示
```

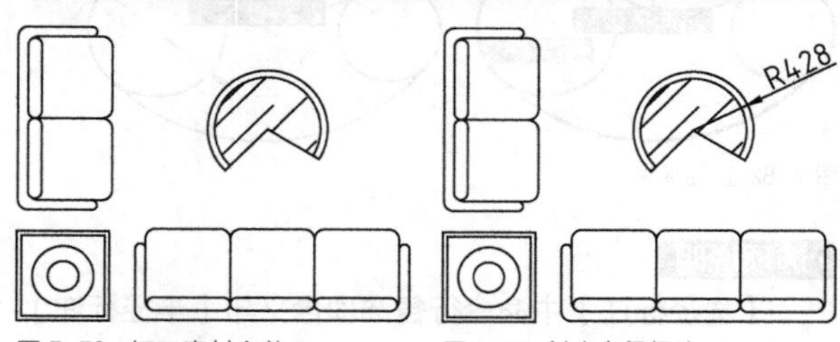

图 7-78 打开素材文件　　图 7-79 创建半径标注

7.3.6 直径标注 ★重点★

利用直径标注可以标注圆或圆弧的直径大小，系统自动在标注值前添加直径符号“Φ”。

• 执行方式

执行【直径标注】命令的方法有以下几种。

◆功能区：在【默认】选项卡中，单击【注释】面板中的【直径】按钮⃠，如图 7-80 所示。

◆菜单栏：执行【标注】|【角度】命令，如图 7-81 所示。

◆命令行：DIMDIAMETER 或 DDI。

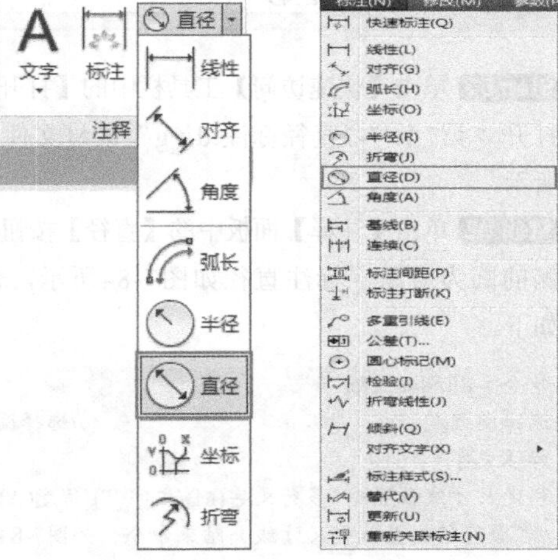

图 7-80 【注释】面板中的【直径】按钮　　图 7-81 【直径】菜单命令

• 操作步骤

【直径】标注的方法与【半径】标注的方法相同，执行【直径标注】命令之后，选择要标注的圆弧或圆，然后指定尺寸线的位置即可，如图 7-82 所示，命令行操作如下。

```
命令: _dimdiameter
                    //执行【直径】标注命令
选择圆弧或圆:
```

```
//单击选择圆
标注文字 = 160
指定尺寸线位置或 [多行文字(M)/文字(T)/角度(A)]:
            //在合适的位置放置尺寸线，结束命令
```

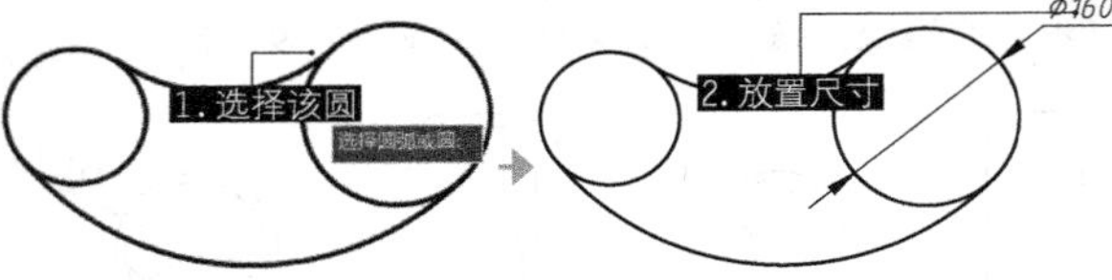

图 7-82 直径标注

·选项说明

【直径标注】中命令行各选项含义与【半径标注】一致，在此不重复介绍。

练习 7-7 直径标注

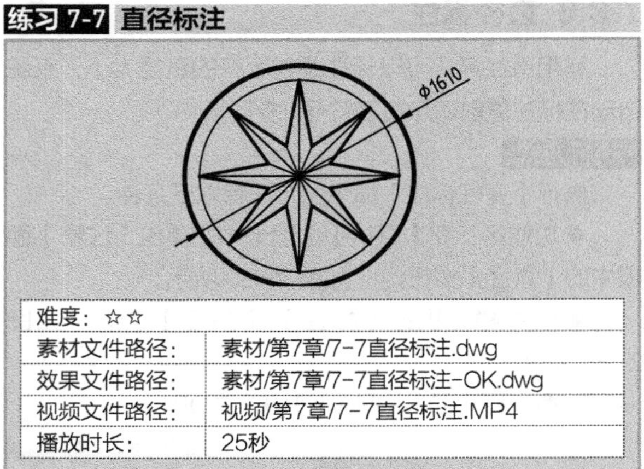

难度：☆☆	
素材文件路径：	素材/第7章/7-7直径标注.dwg
效果文件路径：	素材/第7章/7-7直径标注-OK.dwg
视频文件路径：	视频/第7章/7-7直径标注.MP4
播放时长：	25秒

Step 01 单击【快速访问】工具栏中的【打开】按钮，打开“第7章/7-7直径标注.dwg”素材文件，如图7-83所示。

Step 02 单击【注释】面板中的【直径】按钮，选择右侧的圆为对象，标注直径如图7-84所示，命令行操作如下。

```
命令: _dimdiameter
选择圆弧或圆:                                    //选择圆
标注文字 = 1610
指定尺寸线位置或 [多行文字(M)/文字(T)/角度(A)]:
//在合适的位置放置尺寸线，结束命令，如图7-84所示
```

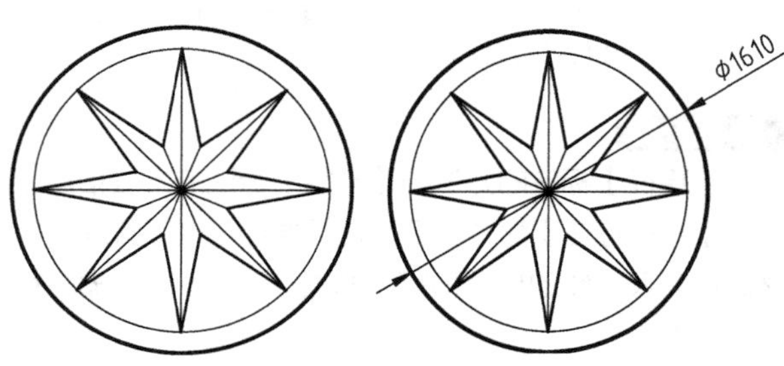

图 7-83 素材图形　　　　图 7-84 直径标注结果

7.3.7 坐标标注 ★进阶★

【坐标】标注是一类特殊的引注，用于标注某些点相对于 UCS 坐标原点的 X 和 Y 坐标。

·执行方式

在 AutoCAD 2016 中调用【坐标】标注有以下几种常用方法。

◆功能区：在【默认】选项卡中，单击【注释】面板上的【坐标】按钮，如图 7-85 所示。

◆菜单栏：执行【标注】|【坐标】命令，如图 7-86 所示。

◆命令行：DIMORDINATE/DOR。

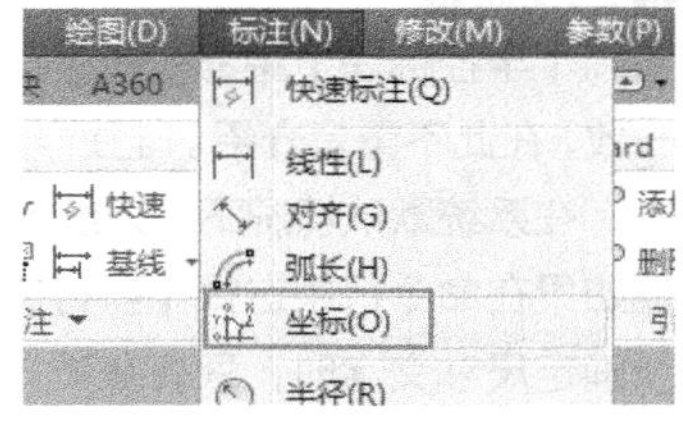

图 7-85 【注释】面板中的【坐标】按钮　　图 7-86 【坐标】菜单命令

·操作步骤

按上述方法执行【坐标】命令后，指定标注点，即可进行坐标标注，如图 7-87 所示，命令行提示如下。

```
命令: _dimordinate
指定点坐标:
指定引线端点或 [X 基准(X)/Y 基准(Y)/多行文字(M)/文字(T)/
角度(A)]:
标注文字 = 100
```

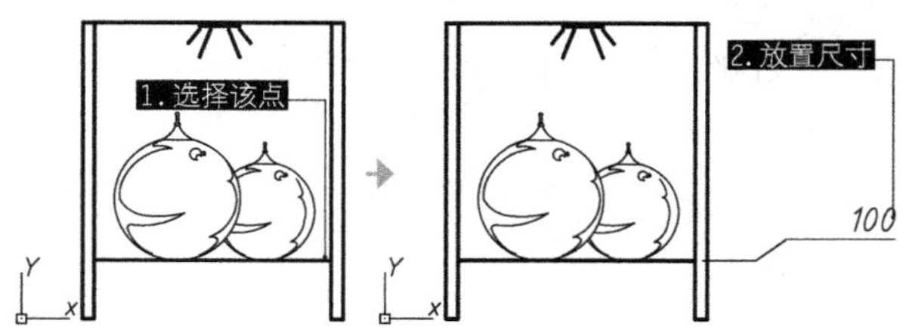

图 7-87 坐标标注

·选项说明

命令行各选项的含义如下。

◆指定引线端点：通过拾取绘图区中的点确定标注文字的位置。

◆“X 基准（X）”：系统自动测量所选择点的 X 轴坐标值，并确定引线和标注文字的方向，如图 7-88 所示。

◆“Y 基准（Y）”：系统自动测量所选择点的 Y 轴坐标值，并确定引线和标注文字的方向，如图 7-89 所示。

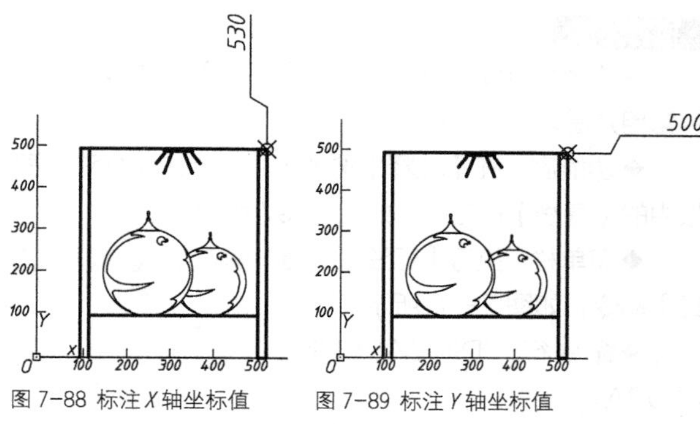

图 7-88 标注 X 轴坐标值　图 7-89 标注 Y 轴坐标值

操作技巧

也可以通过移动光标的方式在“X基准（X）”和“Y基准（Y）”中来回切换，光标上、下移动为X轴坐标；光标左、右移动为Y轴坐标。

◆“多行文字（M）”：选择该选项可以通过输入多行文字的方式输入多行标注文字。

◆“文字（T）”：选择该选项可以通过输入单行文字的方式输入单行标注文字。

◆“角度（A）”：选择该选项可以设置标注文字的方向与X（Y）轴夹角，系统默认为0°，与【线性标注】中的选项一致。

7.3.8 连续标注

【连续标注】是以指定的尺寸界线（必须以【线性】、【坐标】或【角度】标注界限）为基线进行标注，但【连续标注】所指定的基线仅作为与该尺寸标注相邻的连续标注尺寸的基线，依此类推，下一个尺寸标注都以前一个标注与其相邻的尺寸界线为基线进行标注。

·执行方式

在 AutoCAD 2016 中调用【连续】标注有如下几种常用方法。

◆功能区：在【注释】选项卡中，单击【标注】面板中的【连续】按钮，如图 7-90 所示。

◆菜单栏：执行【标注】|【连续】命令，如图 7-91 所示。

◆命令行：DIMCONTINUE 或 DCO。

图 7-90 【标注】面板上的【连续】按钮

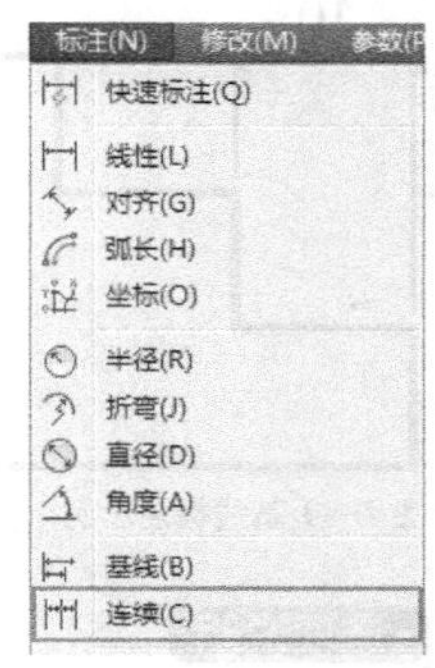

图 7-91 【连续】菜单命令

·操作步骤

标注连续尺寸前，必须存在一个尺寸界线起点。进行连续标注时，系统默认将上一个尺寸界线终点作为连续标注的起点，提示用户选择第二条延伸线起点，重复指定第二条延伸线起点，则创建出连续标。【连续】标注在进行墙体标注时极为方便，其效果如图 7-92 所示，命令行操作如下。

```
命令: _dimcontinue
  //执行【连续标注】命令        选择连续标注:
                              //选择作为基准的标注
指定第二个尺寸界线原点或 [选择(S)/放弃(U)] <选择>:
                    //指定标注的下一点，系统自动放置尺寸
标注文字 = 2400
指定第二个尺寸界线原点或 [选择(S)/放弃(U)] <选择>:
          //指定标注的下一点，系统自动放置尺寸
标注文字 = 1400
指定第二个尺寸界线原点或 [选择(S)/放弃(U)] <选择>:
          //指定标注的下一点，系统自动放置尺寸
标注文字 = 1600
指定第二个尺寸界线原点或 [选择(S)/放弃(U)] <选择>:
          //指定标注的下一点，系统自动放置尺寸
标注文字 = 820
指定第二个尺寸界线原点或 [选择(S)/放弃(U)] <选择>:↙
          //按Enter键完成标注
选择连续标注: *取消* ↙      //按Enter键结束命令
```

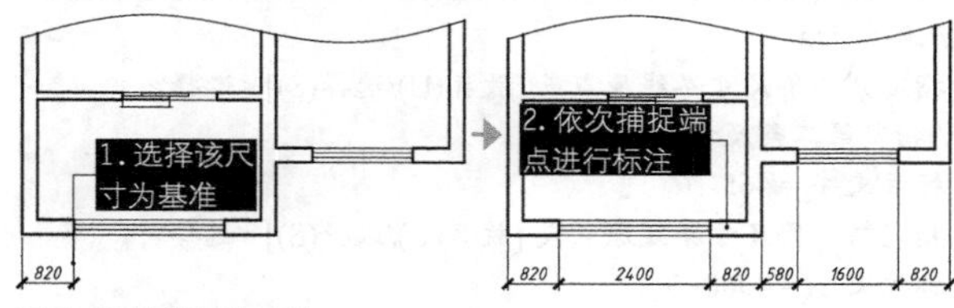

图 7-92 连续标注示例

·选项说明

在执行【连续标注】命令时，可随时执行命令行中的“选择（S）”选项进行重新选取，也可以执行“放弃（U）”命令回退到上一步进行操作。

练习 7-8 连续标注衣柜尺寸

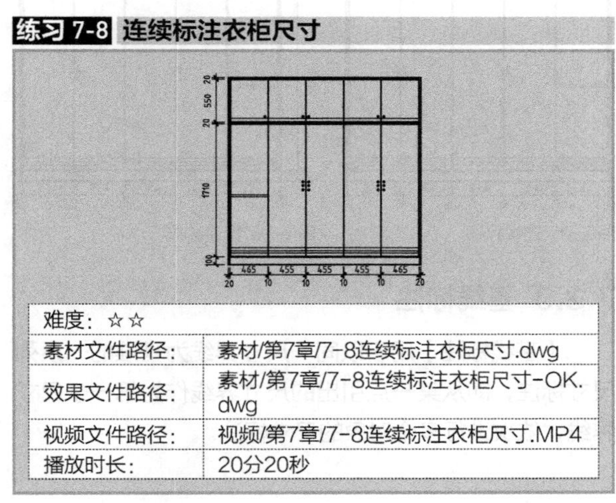

难度：☆☆	
素材文件路径：	素材/第7章/7-8连续标注衣柜尺寸.dwg
效果文件路径：	素材/第7章/7-8连续标注衣柜尺寸-OK.dwg
视频文件路径：	视频/第7章/7-8连续标注衣柜尺寸.MP4
播放时长：	20分20秒

室内衣柜尺寸标注基本采用【连续标注】，这样标注出来的图形尺寸完整、外形美观工整。

Step 01 按Ctrl+O组合键，打开"第7章/7-8连续标注衣柜尺寸.dwg"素材文件，如图7-93所示。

Step 02 标注第一个竖直尺寸。在命令行中输入"DLI"，执行【线性标注】命令，为轴线添加第一个尺寸标注，如图7-94所示。

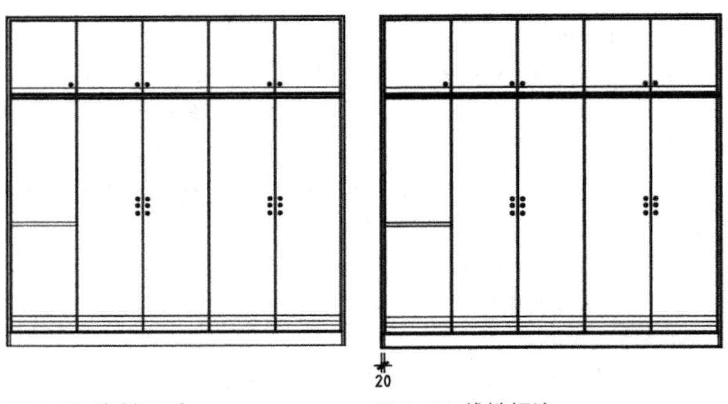

图 7-93 素材图形　　图 7-94 线性标注

Step 03 在【注释】选项卡中，单击【标注】面板中的【连续】按钮，执行【连续标注】命令，命令行提示如下。

```
命令: DCO↙    DIMCONTINUE
//调用【连续标注】命令
选择连续标注:
//选择标注
指定第二条尺寸界线原点或 [放弃(U)/选择(S)] <选择>:
//指定第二条尺寸界线原点
标注文字 = 465
指定第二条尺寸界线原点或 [放弃(U)/选择(S)] <选择>:
标注文字 = 4000
  //按Esc键退出绘制，完成连续标注的结果如图7-95所示。
```

Step 04 用上述相同的方法继续标注轴线，结果如图7-96所示。

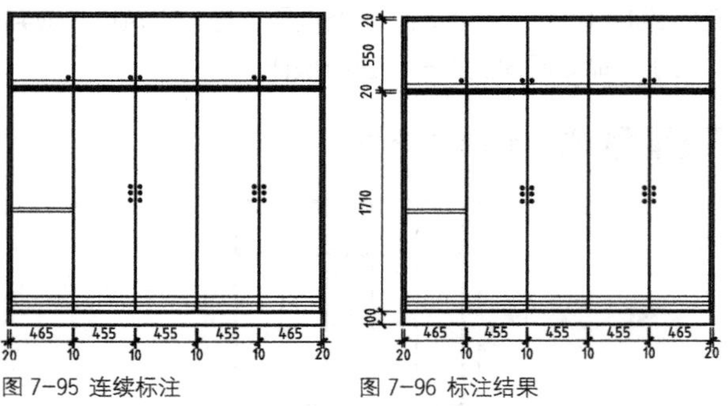

图 7-95 连续标注　　图 7-96 标注结果

7.3.9 基线标注

【基线标注】用于以同一尺寸界线为基准的一系列尺寸标注，即从某一点引出的尺寸界线作为第一条尺寸界线，依次进行多个对象的尺寸标注。

• 执行方式

在 AutoCAD 2016 中调用【基线】标注有如下几种常用方法。

◆功能区：在【注释】选项卡中，单击【标注】面板中的【基线】按钮，如图 7-97 所示。

◆菜单栏：执行【标注】|【基线】命令，如图 7-98 所示。

◆命令行：DIMBASELINE 或 DBA。

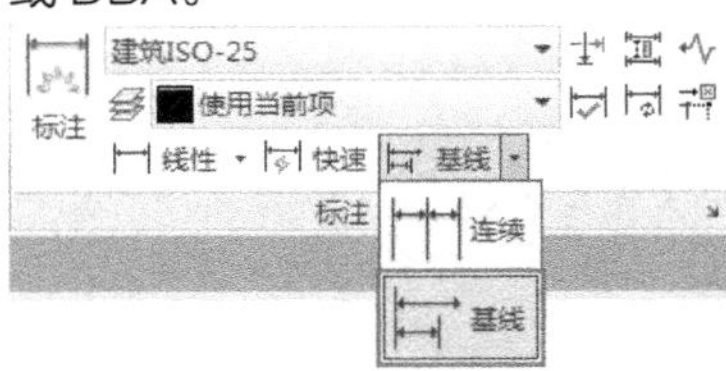

图 7-97 【标注】面板上的【基线】按钮

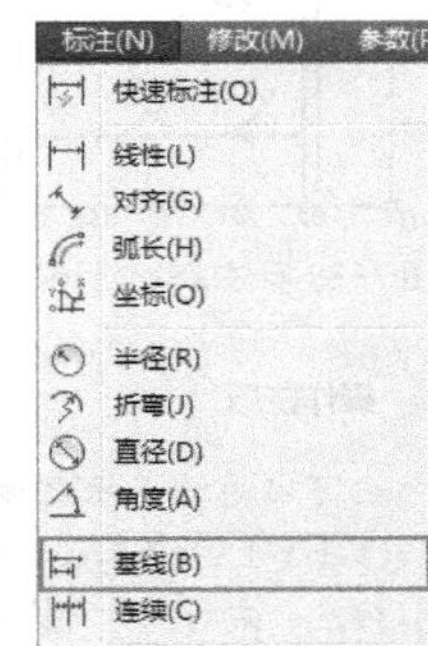

图 7-98 【基线】菜单命令

• 操作步骤

按上述方式执行【基线标注】命令后，将光标移动到第一条尺寸界线起点，单击鼠标左键，即完成一个尺寸标注。重复拾取第二条尺寸界线的终点，即可以完成一系列基线尺寸的标注，如图 7-99 所示，命令行操作如下。

```
命令: _dimbaseline
        //执行【基线标注】命令
选择基准标注:
        //选择作为基准的标注
指定第二个尺寸界线原点或 [选择(S)/放弃(U)] <选择>:
        //指定标注的下一点，系统自动放置尺寸
标注文字 = 20
指定第二个尺寸界线原点或 [选择(S)/放弃(U)] <选择>:
        //指定标注的下一点，系统自动放置尺寸
标注文字 = 30
指定第二个尺寸界线原点或 [选择(S)/放弃(U)] <选择>:↙
        //按Enter键完成标注
选择基准标注:↙
//按Enter键结束命令
```

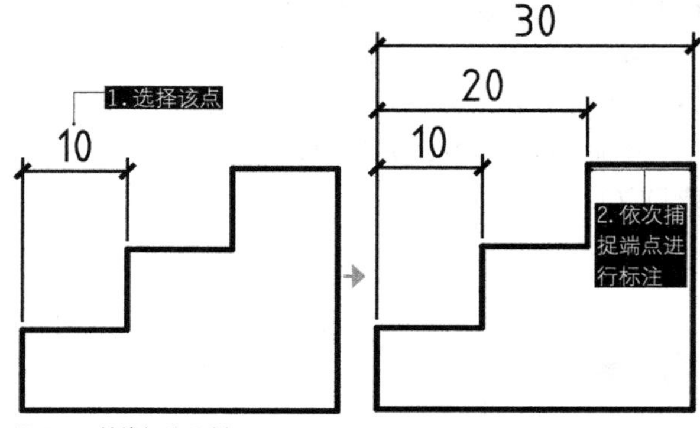

图 7-99 基线标注示例

• 选项说明

【基线标注】的各命令行选项与【连续标注】相同，

在此不重复介绍。

7.3.10 多重引线标注 ★重点★

使用【多重引线】工具添加和管理所需的引出线，不仅能够快速地标注装配图的证件号和引出公差，而且能够更清楚地标识制图的标准、说明等内容。此外，还可以通过修改【多重引线样式】对引线的格式、类型以及内容进行编辑。因此本节便按“创建多重引线标注”和“管理多重引线样式”两部分来进行介绍。

创建多重引线标注

本小节介绍多重引线的标注方法。

·执行方式

在 AutoCAD 2016 中启用【多重引线】标注有如下几种常用方法。

◆功能区：在【默认】选项卡中，单击【注释】面板上的【引线】按钮，如图 7-100 所示。

◆菜单栏：执行【标注】|【多重引线】命令，如图 7-101 所示。

◆命令行：MLEADER 或 MLD。

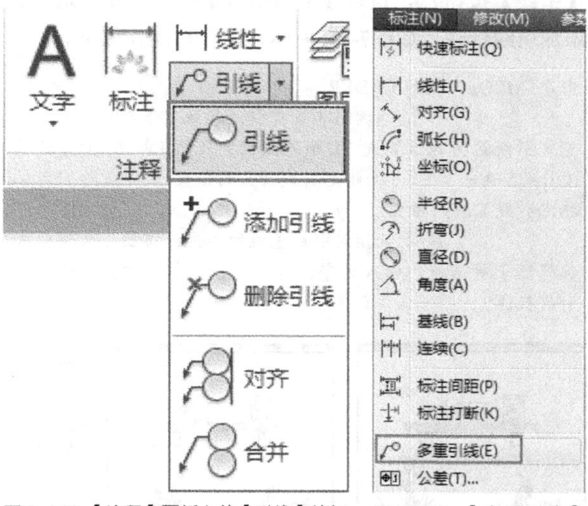

图 7-100 【注释】面板上的【引线】按钮　图 7-101 【多重引线】标注菜单命令

·操作步骤

执行上述任一命令后，在图形中单击确定引线箭头位置；然后在打开的文字出入窗口中输入注释内容即可，如图 7-102 所示，命令行提示如下。

```
命令: _mleader
                    //执行【多重引线】命令
指定引线箭头的位置或 [引线基线优先(L)/内容优先(C)/选项(O)] <选项>:          //指定引线箭头位置
指定引线基线的位置:
                              //指定基线位置，并输入注释文字，在空白处单击即可结束命令
```

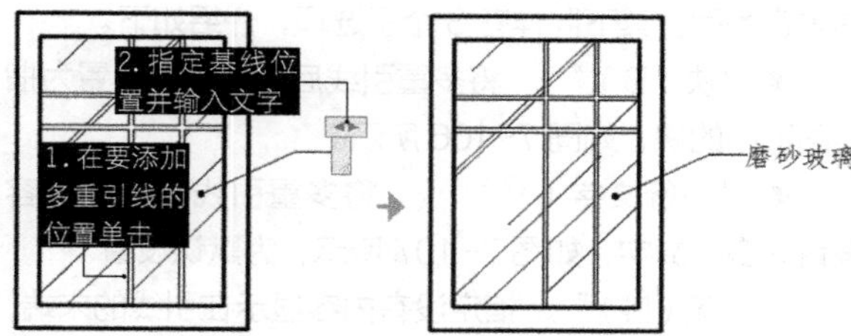

图 7-102 多重引线标注示例

·选项说明

命令行中各选项含义说明如下。

◆“引线基线优先（L）”：选择该选项，可以颠倒多重引线的创建顺序，为先创建基线位置（即文字输入的位置），再指定箭头位置。

◆“引线箭头优先（H）”：即默认先指定箭头、再指定基线位置的方式。

◆“内容优先（L）”：选择该选项，可以先创建标注文字，再指定引线箭头来进行标注。该方式下的基线位置可以自动调整，随鼠标移动方向而定。

◆“选项（O）”：该选项含义请见本节的“熟能生巧”。

·熟能生巧 多重引线的类型与设置

如果执行【多重引线】中的“选项（O）”命令，则命令行出现如下提示。

```
输入选项 [引线类型(L)/引线基线(A)/内容类型(C)/最大节点数(M)/第一个角度(F)/第二个角度(S)/退出选项(X)] <退出选项>:
```

“引线类型（L）”可以设置多重引线的处理方法，其下还分有 3 个子选项，介绍如下。

◆“直线（S）”：将多重引线设置为直线形式，如图 7-103 所示，为默认的显示状态。

◆“样条曲线（P）”：将多重引线设置为样条曲线形式，如图 7-104 所示，适合在一些凌乱、复杂的图形环境中进行标注。

◆“无（N）”：创建无引线的多重引线，效果就相当于【多行文字】，如图 7-105 所示。

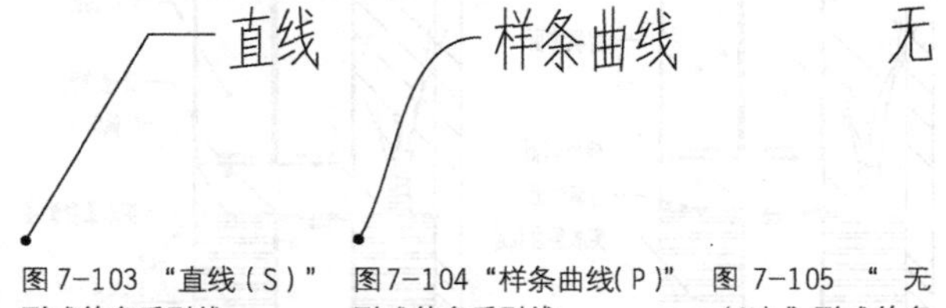

图 7-103 “直线（S）”形式的多重引线　图 7-104 “样条曲线（P）”形式的多重引线　图 7-105 “无（N）”形式的多重引线

“引线基线（A）”选项可以指定是否添加水平基线。如果输入“是”，将提示设置基线的长度，效果同【多重引线样式管理器】中的【设置基线距离】文本框。

“内容类型（C）”选项可以指定要用于多重引线

的内容类型，其下同样有 3 个子选项，介绍如下。

◆ “块（B）”：将多重引线后面的内容设置为指定图形中的块，如图 7-106 所示。

◆ “多行文字（M）”：将多重引线后面的内容设置为多行文字，如图 7-107 所示，为默认设置。

◆ “无（N）”：指定没有内容显示在引线的末端，显示效果为一纯引线，如图 7-108 所示。

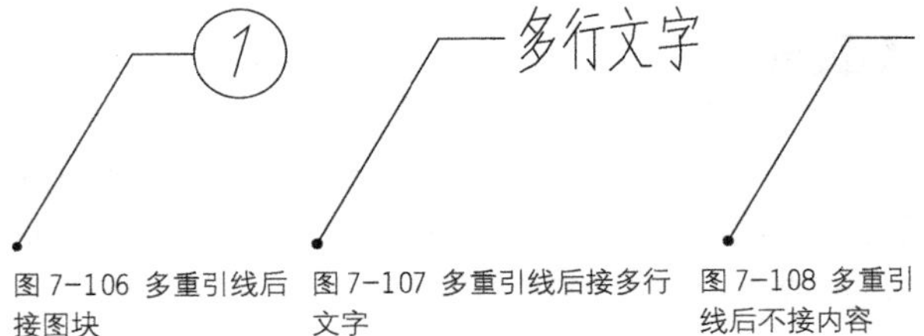

图 7-106 多重引线后接图块　图 7-107 多重引线后接多行文字　图 7-108 多重引线后不接内容

“最大节点数（M）”选项可以指定新引线的最大点数或线段数。选择该选项后命令行出现如下提示。

```
输入引线的最大节点数 <2>:                //输入【多行引线】的节点数，默认为2，即由2条线段构成
```

所谓节点，可简单理解为在创建【多重引线】时鼠标的单击点（指定的起点即为第 1 点）。在不同的节点数显示效果如图 7-109 所示；而当选择“样条曲线（P）”形式的多重引线时，节点数即相当于样条曲线的控制点数，效果如图 7-110 所示。

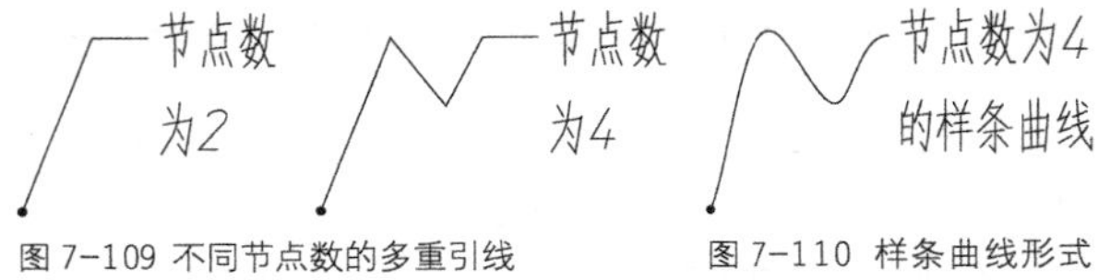

图 7-109 不同节点数的多重引线　图 7-110 样条曲线形式下的多节点引线

“第一个角度（F）”选项可以约束新引线中的第一个点的角度；“第二个角度（S）”选项则可以约束新引线中的第二个角度。这两个选项联用可以创建外形工整的多重引线，效果如图 7-111 所示。

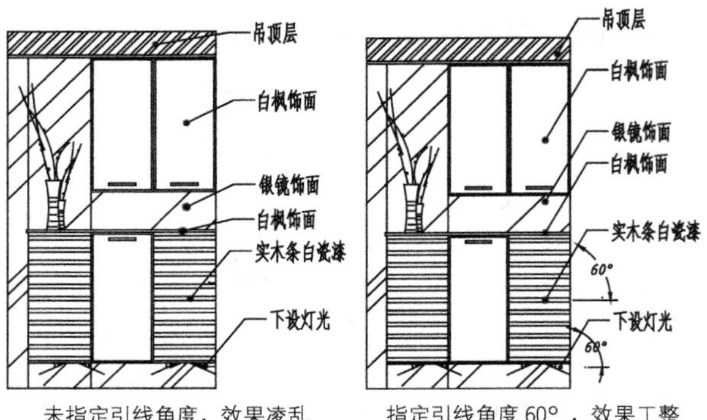

未指定引线角度，效果凌乱　指定引线角度 60°，效果工整

图 7-111 设置多重引线的角度效果

练习 7-9 多重引线标注立面图材料 ★进阶★

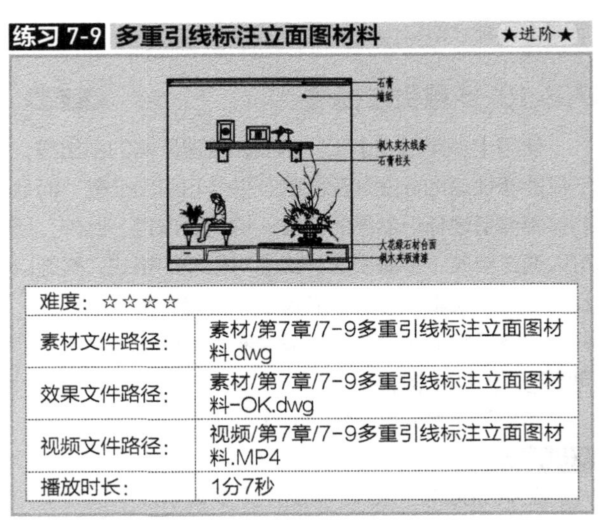

难度：☆☆☆☆	
素材文件路径：	素材/第7章/7-9多重引线标注立面图材料.dwg
效果文件路径：	素材/第7章/7-9多重引线标注立面图材料-OK.dwg
视频文件路径：	视频/第7章/7-9多重引线标注立面图材料.MP4
播放时长：	1分7秒

在室内绘图中，会需标注材料，本案例以一室内立面图为例进行多重引线标注。

Step 01 按打开“第7章/7-9多重引线标注详图材料.dwg”素材文件，如图7-112所示。

Step 02 在【默认】选项卡中，单击【注释】面板上的【引线】按钮，执行【多重引线】命令，在合适位置添加引线标注，如图7-113所示，命令行操作如下。

```
命令: MLD↙   MLEADER
                    //调用【多重引线标注】命令
指定引线箭头的位置或 [引线基线优先(L)/内容优先(C)/选项(O)] <选项>:        //指定引线箭头的位置
指定引线基线的位置:
                    //指定引线基线的位置，弹出【文字格式编辑器】对话框，输入文字，单击【确定】按钮；创建多重引线标注。
```

图 7-112 素材图形

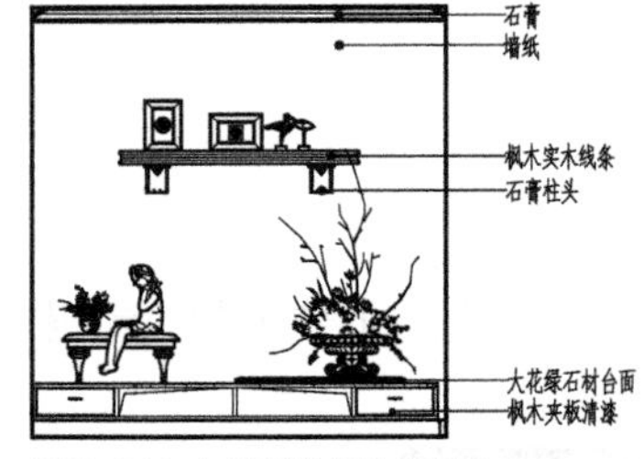

图 7-113 多重引线标注菜单命令

设置多重引线样

与标注一样，多重引线也可以设置“多重引线样式”来指定引线的默认效果，如箭头、引线、文字等特征。创建不同样式的多重引线，可以使其适用于不同的使用环境。

• 执行方式

在 AutoCAD 2016 中打开【多重引线样式管理器】有如下几种常用方法。

◆ 功能区：在【默认】选项卡中单击【注释】面板

下拉列表中的【多重引线样式】按钮，如图 7-114 所示。

◆菜单栏：执行【格式】|【多重引线样式】命令，如图 7-115 所示。

◆命令行：MLEADERSTYLE 或 MLS。

图 7-114 【注释】面板中的【多重引线样式】按钮

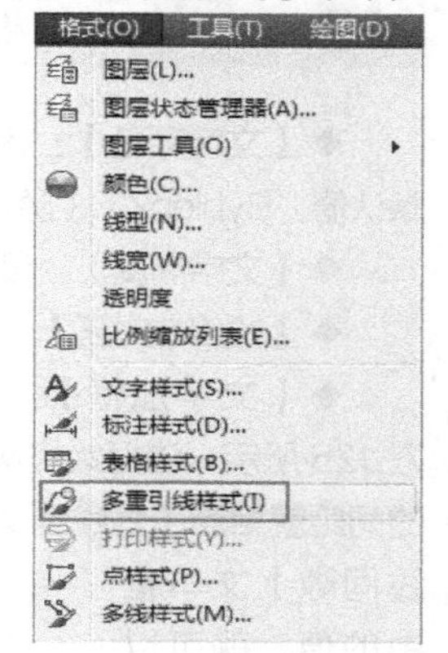

图 7-115 【多重引线样式】菜单命令

• 操作步骤

执行以上任意方法系统均将打开【多重引线样式管理器】对话框，如图 7-116 所示。

该对话框和【标注样式管理器】对话框功能类似，可以设置多重引线的格式和内容。单击【新建】按钮，系统弹出【创建新多重引线样式】对话框，如图 7-117 所示。然后在【新样式名】文本框中输入新样式的名称，单击【继续】按钮，即可打开【修改多重引线样式】对话框进行修改。

图 7-116 【多重引线样式管理器】对话框

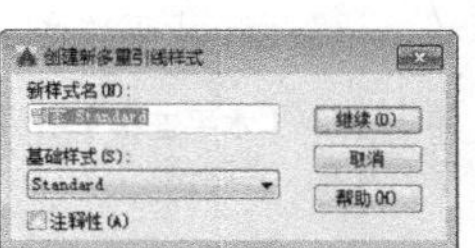

图 7-117 【创建新多重引线样式】对话框

• 选项说明

在【修改多重引线样式】对话框中可以设置多重引线标注的各种特性，对话框中有【引线格式】、【引线结构】和【内容】这 3 个选项卡，如图 7-118 所示。每一个选项卡对应一种特性的设置，分别介绍如下。

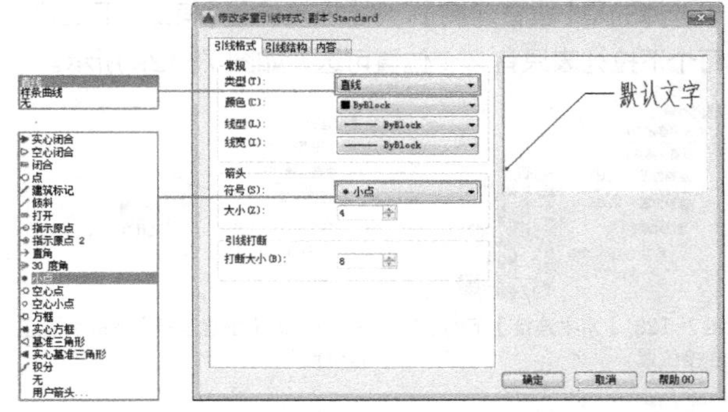

图 7-118 【修改多重引线样式】对话框

【引线格式】选项卡

该选项卡如图 7-118 所示，可以设置引线的线型、颜色和类型，具体选项含义介绍如下。

◆【类型】：用于设置引线的类型，包含【直线】、【样条曲线】和【无】3种，效果同前文介绍过的“引线类型（L）”命令行选项，见本章图 7-103~ 图 7-105。

◆【颜色】：用于设置引线的颜色，一般保持默认值“Byblock”（随块）即可。

◆【线型】：用于设置引线的线型，一般保持默认值“Byblock”（随块）即可。

◆【线宽】：用于设置引线的线宽，一般保持默认值“Byblock”（随块）即可。

◆【符号】可以设置多重引线的箭头符号，共19种。

◆【大小】：用于设置箭头的大小。

◆【打断大小】：设置多重引线在用于 DIMBREAK【标注打断】命令时的打断大小。该值只有在对【多重引线】使用【标注打断】命令时才能观察到效果，值越大，则打断的距离越大，如图 7-119 所示。

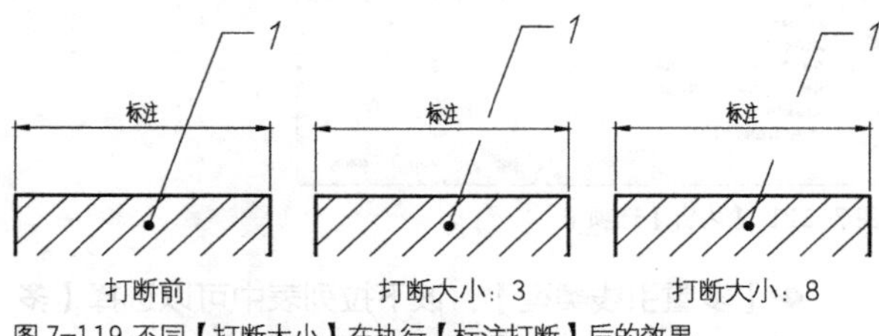

图 7-119 不同【打断大小】在执行【标注打断】后的效果

> **知识链接**
>
> 有关DIMBREAK【标注打断】命令的知识请见本章第7.4.1节标注打断。

【引线结构】选项卡

该选项卡如图 7-120 所示，可以设置【多重引线】的折点数、引线角度及基线长度等，各选项的具体含义介绍如下。

◆【最大引线点数】：可以指定新引线的最大点数或线段数，效果同前文介绍的“最大节点数（M）”命令行选项，见本章图 7-109。

◆【第一段角度】：该选项可以约束新引线中的第一个点的角度，效果同前文介绍的“第一个角度（F）”命令行选项。

◆【第二段角度】：该选项可以约束新引线中的第二个点的角度，效果同前文介绍的“第二个角度（S）”命令行选项。

◆【自动包含基线】：确定【多重引线】命令中是否含有水平基线。

◆【设置基线距离】：确定【多重引线】中基线的

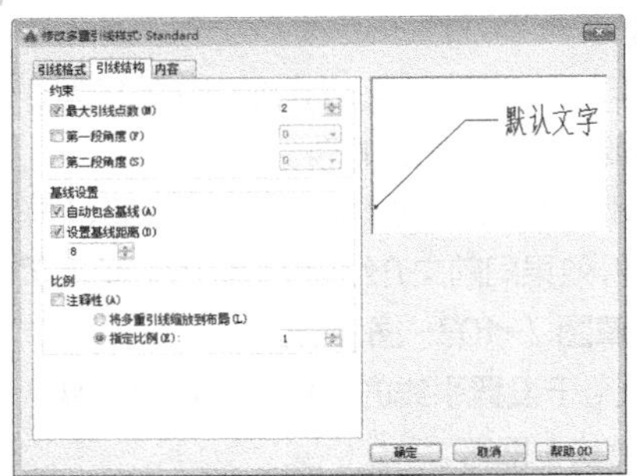

固定长度。只有勾选【自动包含基线】复选框后才可使用。

图 7-120 【引线结构】选项卡

【内容】选项卡

【内容】选项卡如图 7-121 所示，在该选项卡中，可以对【多重引线】的注释内容进行设置，如文字样式、文字对齐等。

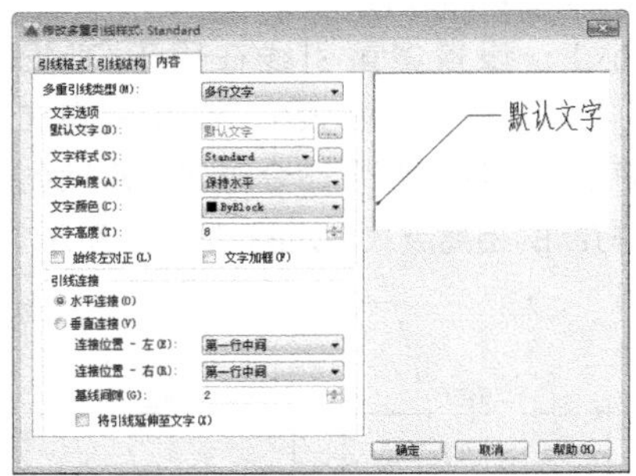

图 7-121 【内容】选项卡

◆【多重引线类型】：该下拉列表中可以选择【多重引线】的内容类型，包含【多行文字】、【块】和【无】3 个选项，效果同前文介绍过的“内容类型（C）”命令行选项，见本章图 7-106~ 图 7-108。

◆【文字样式】：用于选择标注的文字样式。也可以单击其后的…按钮，系统弹出【文字样式】对话框，选择文字样式或新建文字样式。

◆【文字角度】：指定标注文字的旋转角度，下有【保持水平】、【按插入】、【始终正向读取】3 个选项。【保持水平】为默认选项，无论引线如何变化，文字始终保持水平位置，如图 7-122 所示；【按插入】则根据引线方向自动调整文字角度，使文字对齐至引线，如图 7-123 所示；【始终正向读取】同样可以让文字对齐至引线，但对齐时会根据引线方向自动调整文字方向，使其一直保持从右往左的正向读取方向，如图 7-124 所示。

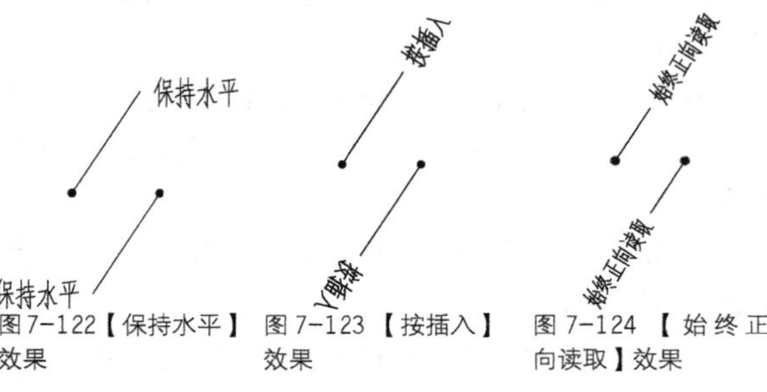

图 7-122【保持水平】效果　图 7-123 【按插入】效果　图 7-124 【始终正向读取】效果

> **操作技巧**
>
> 【文字角度】只有在取消【自动包含基线】复选框后才会生效。

◆【文字颜色】：用于设置文字的颜色，一般保持默认值“Byblock”（随块）即可。

◆【文字高度】：设置文字的高度。

◆【始终左对正】：始终指定文字内容左对齐。

◆【文字加框】：为文字内容添加边框，如图 7-125 所示。边框始终从基线的末端开始，与文本之间的间距就相当于基线到文本的距离，因此通过修改【基线间隙】文本框中的值，就可以控制文字和边框之间的距离。

正常文字　文字加框

图 7-125 【文字加框】效果对比

◆【引线连接 - 水平连接】：将引线插入到文字内容的左侧或右侧，【水平连接】包括文字和引线之间的基线，如图 7-126 所示。为默认设置。

◆【引线连接 - 垂直连接】：将引线插入到文字内容的顶部或底部，【垂直连接】不包括文字和引线之间的基线，如图 7-127 所示。

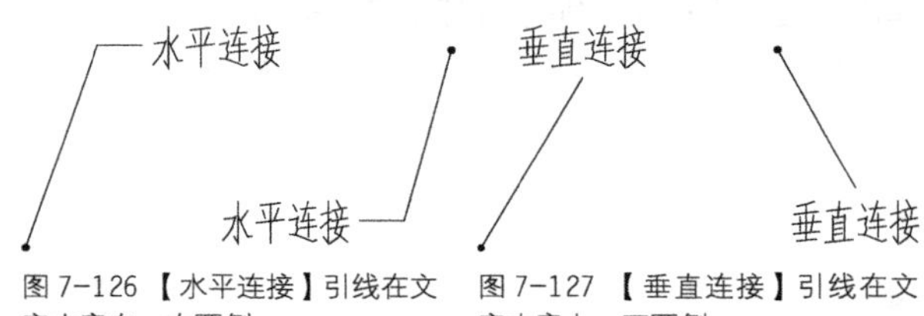

图 7-126 【水平连接】引线在文字内容左、右两侧　图 7-127 【垂直连接】引线在文字内容上、下两侧

> **操作技巧**
>
> 【垂直连接】选项下不含基线效果。

◆【连接位置】：该选项控制基线连接到文字的方式，根据【引线连接】的不同有不同的选项。如果选择的是【水平连接】，则【连接位置】有左、右之分，每个下拉列表都有 9 个位置可选，如图 7-128 所示；如果选择的是【垂直连接】，则【连接位置】有上、下之分，每个下拉列表只有 2 个位置可选，如图 7-129 所示。

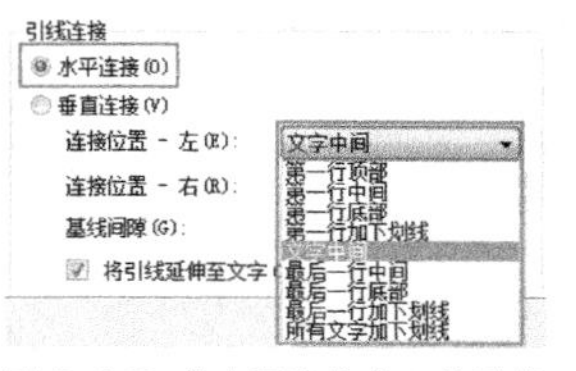

图 7-128 【水平连接】下的引线连接位置

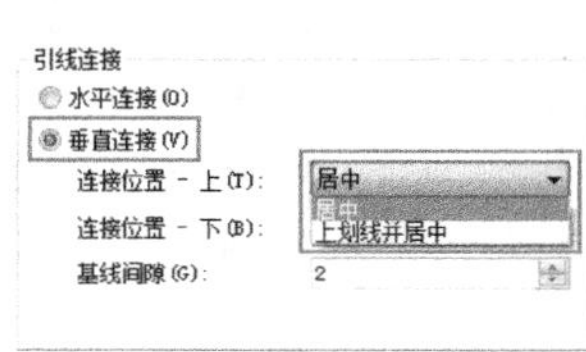

图 7-129 【垂直连接】下的引线连接位置

操作技巧

【水平连接】下的9种引线连接位置如图7-130所示；【垂直连接】下的两种引线连接位置如图7-131所示。通过指定合适的位置，可以创建出适用于不同行业的多重引线，有关典例请见本章的【练习7-13】。

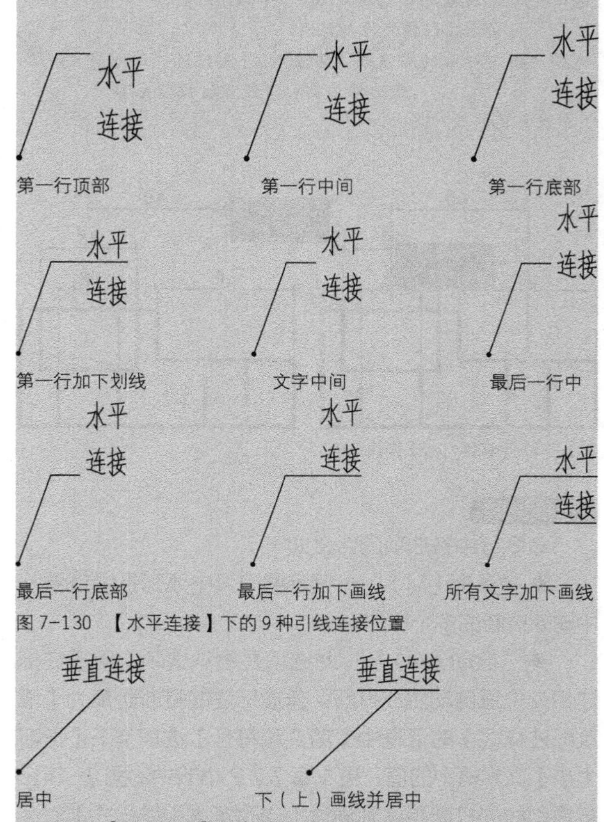

图 7-130 【水平连接】下的 9 种引线连接位置

图 7-131 【垂直连接】下的两种引线连接位置

◆【基线间隙】：该文本框中可以指定基线和文本内容之间的距离，如图 7-132 所示。

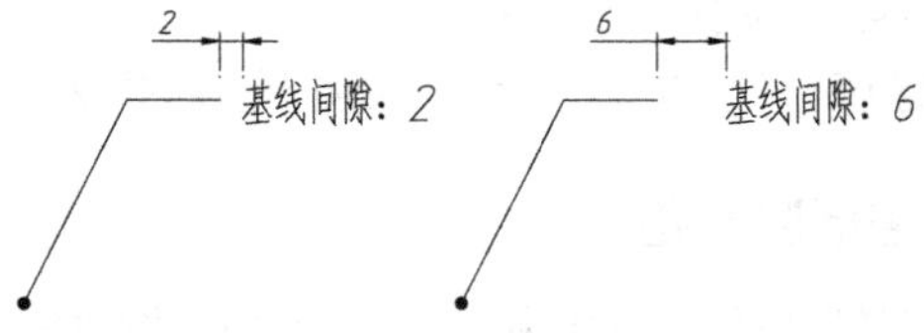

图 7-132 不同的【基线间隙】对比

7.3.11 快速引线标注

【快线引线】标注命令是 AutoCAD 常用的引线标注命令，相较于【多重引线】来说，【快线引线】是一种形式较为自由的引线标注，其结构组成如图 7-133 所示，其中转折次数可以设置，注释内容也可设置为其他类型。

·执行方式

【快线引线】命令只能在命令行中输入 QLEADER 或 LE 来执行。

·操作步骤

在命令行中输入 QLEADER 或 LE，然后按 Enter 键，此时命令行提示：

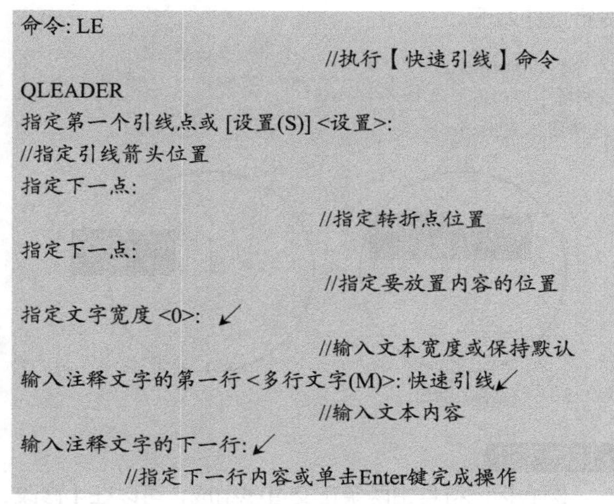

```
命令: LE
                              //执行【快速引线】命令
QLEADER
指定第一个引线点或 [设置(S)] <设置>:
//指定引线箭头位置
指定下一点:
                              //指定转折点位置
指定下一点:
                              //指定要放置内容的位置
指定文字宽度 <0>: ↙
                              //输入文本宽度或保持默认
输入注释文字的第一行 <多行文字(M)>: 快速引线↙
                              //输入文本内容
输入注释文字的下一行: ↙
              //指定下一行内容或单击Enter键完成操作
```

·选项说明

在命令行中输入 S，系统弹出【引线设置】对话框，如图 7-134 所示，可以在其中对引线的注释、引出线和箭头、附着等参数进行设置。

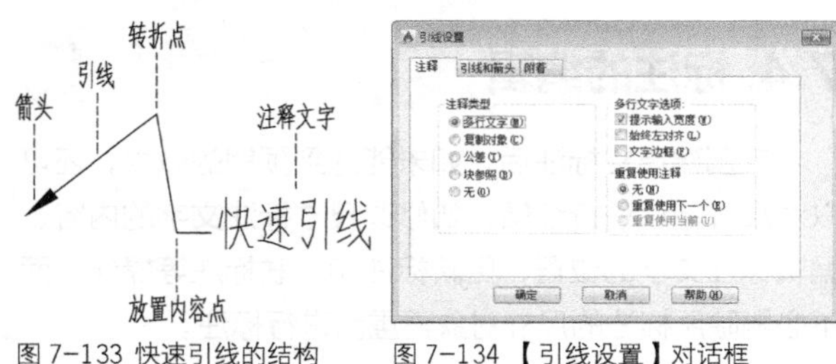

图 7-133 快速引线的结构　　图 7-134 【引线设置】对话框

7.3.12 圆心标记

【圆心标记】可以用来标注圆和圆弧的圆心位置。

·执行方式

调用【坐标标记】命令有以下几种方法。

◆功能区：在【注释】选项卡中，单击【标注】滑出面板上的【圆心标记】按钮⊕，如图 7-135 所示。

◆菜单栏：选择【标注】|【圆心标记】命令，如图 7-136 所示。

◆命令行：DIMCENTER或DCE。

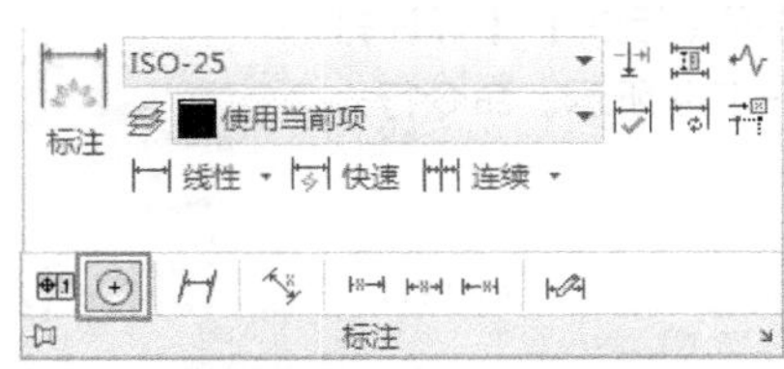

图 7-135 【标注】面板上的【圆心标记】按钮

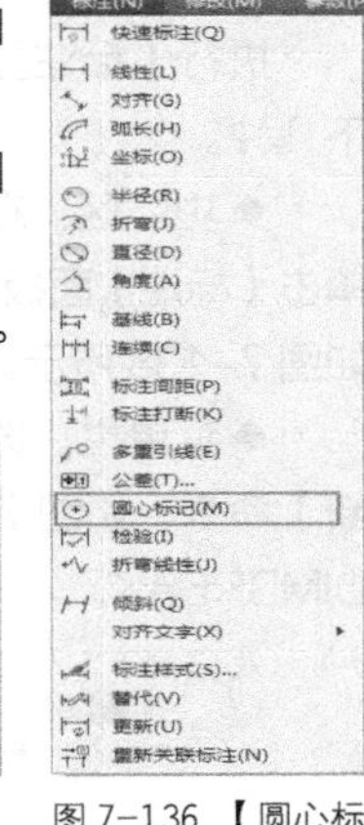

图 7-136 【圆心标记】菜单命令

•操作步骤

【圆心标记】的操作十分简单，执行命令后选择要添加标记的圆或圆弧即可放置，如图 7-137 所示，命令行操作如下。

```
命令: _dimcenter↙
//调用【圆心标记】命令
选择圆弧或圆:                                //选择圆
```

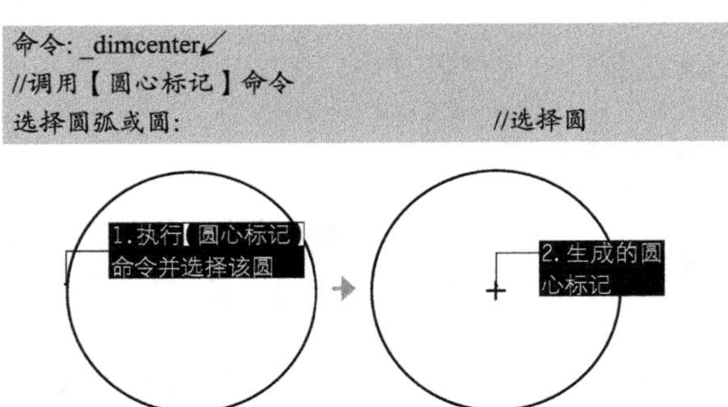

图 7-137 创建圆心标记

•选项说明

圆心标记符号由两条正交直线组成，可以在【修改标注样式】对话框的【符号和箭头】选项卡中设置圆心标记符号的大小。对符号大小的修改只对修改之后的标注起作用。详见本章 7.2.2 节中的第 2 小节 -【符号和箭头】选项卡，图 7-18~ 图 7-20。

7.4 标注的编辑

在创建尺寸标注后，如未能达到预期的效果，还可以对尺寸标注进行编辑，如修改尺寸标注文字的内容、编辑标注文字的位置、更新标注和关联标注等操作，而不必删除所标注的尺寸对象再重新进行标注。

7.4.1 标注打断

在图纸内容丰富、标注繁多的情况下，过于密集的标注线就会影响图纸的观察效果，甚至让用户混淆尺寸，引起疏漏，造成损失。因此为了使图纸尺寸结构清晰，就可使用【标注打断】命令在标注线交叉的位置将其打断。

•执行方式

执行【标注打断】命令的方法有以下几种。

◆功能区：在【注释】选项卡中，单击【标注】面板中的【打断】按钮，如图 7-138 所示。

◆菜单栏：选择【标注】|【标注打断】命令，如图 7-139 所示。命令行：DIMBREAK。

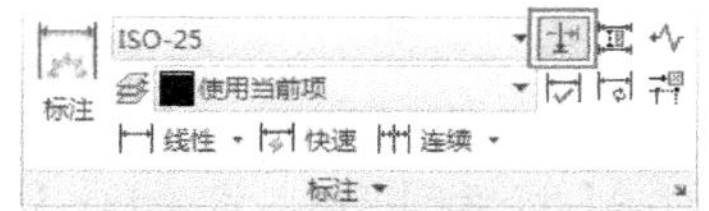

图 7-138 【标注】面板上的【打断】按钮

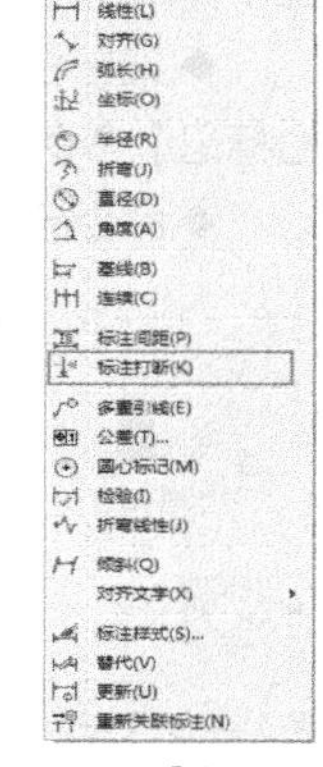

图 7-139 【标注打断】标注菜单命令

•操作步骤

【标注打断】的操作示例如图 7-140 所示，命令行操作过程如下。

```
命令: _DIMBREAK
        //执行【标注打断】命令
选择要添加/删除折断的标注或 [多个(M)]:
        //选择线性尺寸标注50
选择要折断标注的对象或 [自动(A)/手动(M)/删除(R)] <自动>:↙          //选择多重引线或直接按Enter键
1 个对象已修改
```

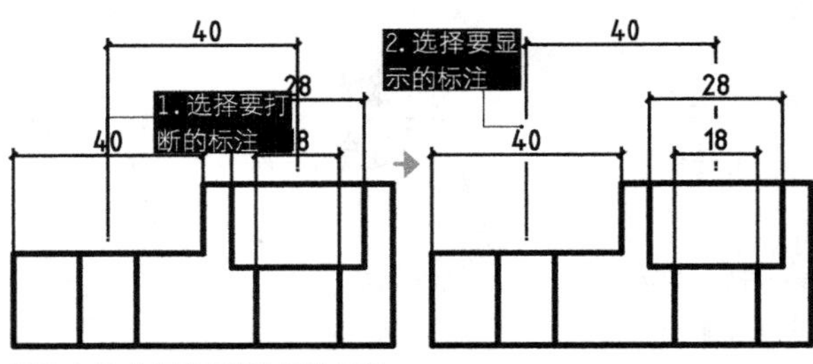

图 7-140 【标注打断】操作示例

•选项说明

命令行中各选项的含义如下。

◆ “多个（M）”：指定要向其中添加折断或要从中删除折断的多个标注。

◆ “自动（A）”：此选项是默认选项，用于在标注相交位置自动生成打断。普通标注的打断距离为【修改标注样式】对话框中【箭头和符号】选项卡下【折断大小】文本框中的值，见本章 7.2.2 小节中的图 7-14；多重引线的打断距离则通过【修改多重引线样式】对话框中【引线格式】选项卡下的【打断大小】文本框中的值来控制，见本章7.3.12中的第2小节，如图7-119所示。

◆ “手动（M）”：选择此项，需要用户指定两个打断点，将两点之间的标注线打断。

◆ “删除（R）”：选择此项可以删除已创建的打断。

7.4.2 调整标注间距

在 AutoCAD 中进行基线标注时，如果没有设置合适的基线间距，可能使尺寸线之间的间距过大或过小。利用【调整间距】命令，可调整互相平行的线性尺寸或角度尺寸之间的距离。

•执行方式

◆功能区：在【注释】选项卡中，单击【标注】面板中的【调整间距】按钮，如图 7-141 所示。

◆菜单栏：选择【标注】|【调整间距】命令，如图 7-142 所示。

◆命令行：DIMSPACE。

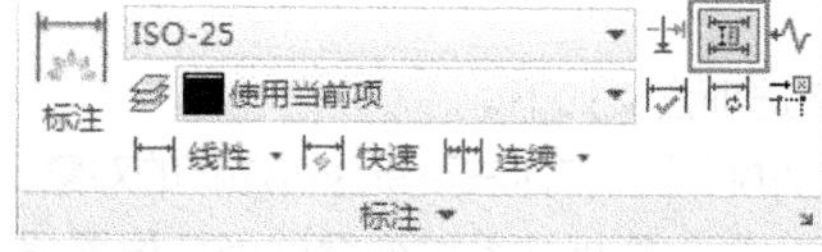

图 7-141 【标注】面板上的【调整间距】按钮

图 7-142 【调整间距】标注菜单命令

• 操作步骤

【调整间距】命令的操作示例如图 7-143 所示，命令行操作如下。

```
命令: _DIMSPACE
                         //执行【标注间距】命令
选择基准标注:
//选择尺寸29
选择要产生间距的标注:找到 1 个
                         //选择尺寸49
选择要产生间距的标注:找到 1 个，总计 2 个
                         //选择尺寸69
选择要产生间距的标注:↙
                         //按Enter键，结束选择
输入值或 [自动(A)] <自动>: 10↙
                         //输入间距值
```

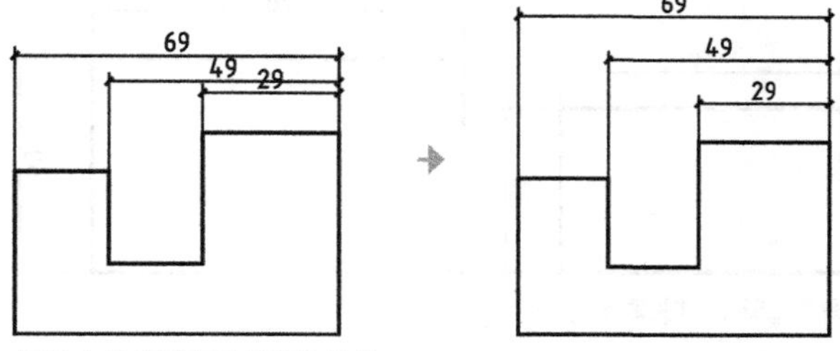

图 7-143 调整标注间距的效果

• 选项说明

【调整间距】命令可以通过“输入值”和“自动（A）”这两种方式来创建间距，两种方式的含义解释如下。

◆ “输入值”：为默认选项。可以在选定的标注间隔开所输入的间距距离。如果输入的值为 0，则可以将多个标注对齐在同一水平线上，如图 7-144 所示。

◆ “自动（A）”：根据所选择的基准标注的标注样式中指定的文字高度自动计算间距。所得的间距距离是标注文字高度的 2 倍，如图 7-145 所示。

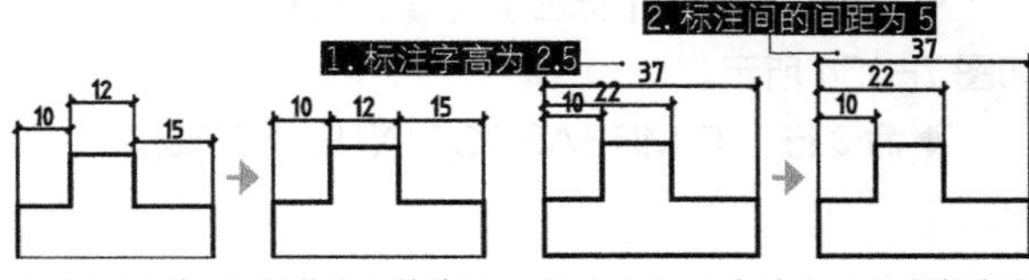

图 7-144 输入间距值为 0 的效果

图 7-145 “自动（A）”根据字高自动调整间距

练习 7-10 调整间距优化图形

难度：☆☆	
素材文件路径：	素材/第 7 章/7-10 调整间距优化图形.dwg
效果文件路径：	素材/第 7 章/7-10 调整间距优化图形-OK.dwg
视频文件路径：	视频/第 7 章/7-10 调整间距优化图形.MP4
播放时长：	1分40秒

在室内设计图纸中，墙体及其轴线尺寸均需要整列或整排地对齐。但是，有些时候图形会因为标注关联点的设置问题，导致尺寸移位，就需要重新将尺寸一一对齐，这在打开外来图纸时尤其常见。如果用户纯手工地去一个个调整标注，那效率十分低下，这时就可以借助【调整间距】命令来快速整理图形。

Step 01 按打开素材文件“第7章/7-10调整间距优化图形.dwg”，如图7-146所示，图形中各尺寸出现了移位，并不工整。

Step 02 水平对齐底部尺寸。在【注释】选项卡中，单击【标注】面板中的【调整间距】按钮，选择左下方的阳台尺寸1300作为基准标注，然后依次选择右方的尺寸5700、900、3900、1200作为要产生间距的标注，输入间距值为0，则所选尺寸都统一水平对齐至尺寸1300处，如图7-147所示，命令行操作如下。

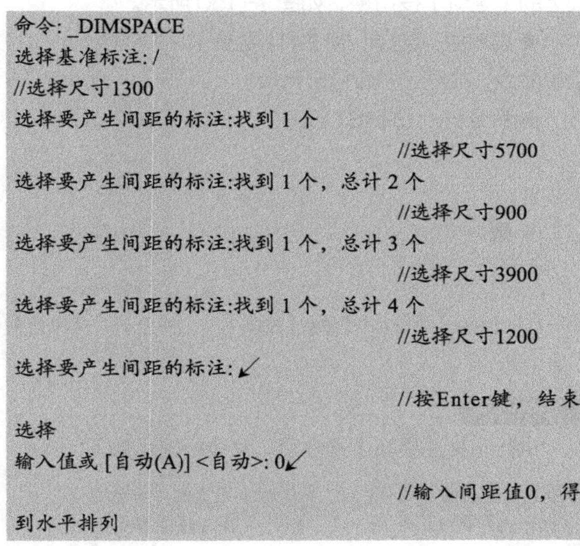

```
命令: _DIMSPACE
选择基准标注: /
//选择尺寸1300
选择要产生间距的标注:找到 1 个
                                   //选择尺寸5700
选择要产生间距的标注:找到 1 个，总计 2 个
                                   //选择尺寸900
选择要产生间距的标注:找到 1 个，总计 3 个
                                   //选择尺寸3900
选择要产生间距的标注:找到 1 个，总计 4 个
                                   //选择尺寸1200
选择要产生间距的标注:↙
                                   //按Enter键，结束
选择
输入值或 [自动(A)] <自动>: 0↙
                                   //输入间距值0，得
到水平排列
```

图 7-146 素材图形　　图 7-147 水平对齐尺寸

Step 03 按垂直对齐右侧尺寸。选择右下方1350尺寸为基准尺寸，然后选择上方的尺寸2100、2100、3600，输入间距值为0，得到垂直对齐尺寸，如图7-148所示。

Step 04 对齐其他尺寸。按相同的方法，对齐其余尺寸，效果如图7-149所示。

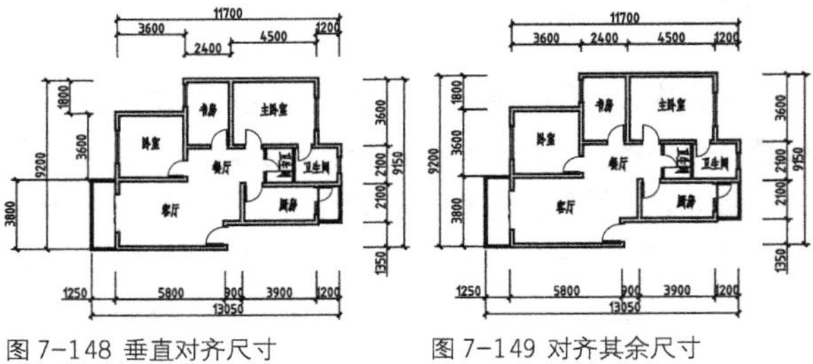

图 7-148 垂直对齐尺寸　　图 7-149 对齐其余尺寸

7.4.3 更新标注 ★进阶★

在创建尺寸标注的过程中，若发现某个尺寸标注不符合要求，可采用替代标注样式的方法修改尺寸标注的相关变量，然后使用【标注更新】功能使要修改的尺寸标注按所设置的尺寸样式进行更新。

• 执行方式

【标注更新】命令主要有以下几种调用方法。

◆ 功能区：在【注释】选项卡中，单击【标注】面板上的【更新】按钮，如图 7-150 所示。

◆ 菜单栏：选择【标注】|【更新】菜单命令，如图 7-151 所示。

◆ 命令行：DIMSTYLE。

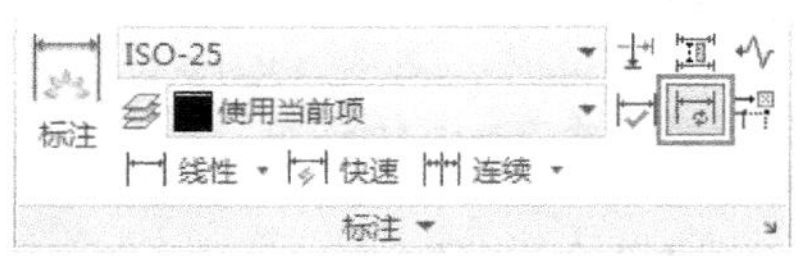

图 7-150 【标注】面板上的【更新】按钮

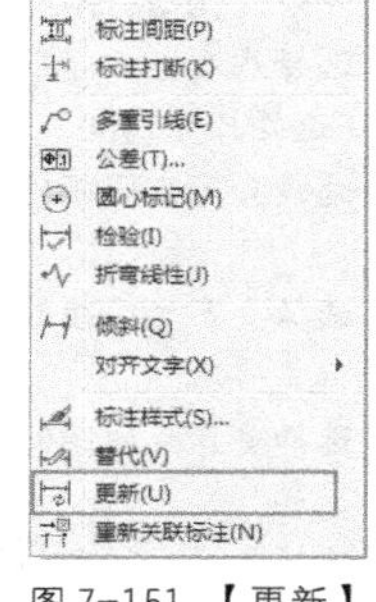

图 7-151 【更新】标注菜单命令

• 操作步骤

执行【标注更新】命令后，命令行提示如下。

```
命令: _dimstyle                          //调用【更新】标注命令
当前标注样式: 标注  注释性: 否       输入标注样式选项
[注释性(AN)/保存(S)/恢复(R)/状态(ST)/变量(V)/应用(A)/?] <
恢复>: _apply              选择对象: 找到 1 个
```

• 选项说明

命令行中其各选项含义如下。

◆ “注释性（AN）”：将标注更新为可注释的对象。

◆ “保存（S）”：将标注系统变量的当前设置保存到标注样式。

◆ “状态（ST）”：显示所有标注系统变量的当前值，并自动结束 DIMSTYLE 命令。

◆ “变量（V）”：列出某个标注样式或设置选定标注的系统变量，但不能修改当前设置。

◆ “应用（A）”：将当前尺寸标注系统变量设置应用到选定标注对象，永久替代应用于这些对象的任何现有标注样式。选择该选项后，系统提示选择标注对象，选择标注对象后，所选择的标注对象将自动被更新为当前标注格式。

7.4.4 尺寸关联性 ★进阶★

尺寸关联是指尺寸对象及其标注的对象之间建立了联系，当图形对象的位置、形状、大小等发生改变时，其尺寸对象也会随之动态更新。如一个长 50、宽 30 的矩形，使用【缩放】命令将矩形等放大两倍，不仅图形对象放大了两倍，而且尺寸标注也同时放大了两倍，尺寸值变为缩放前的两倍，如图 7-152 所示。

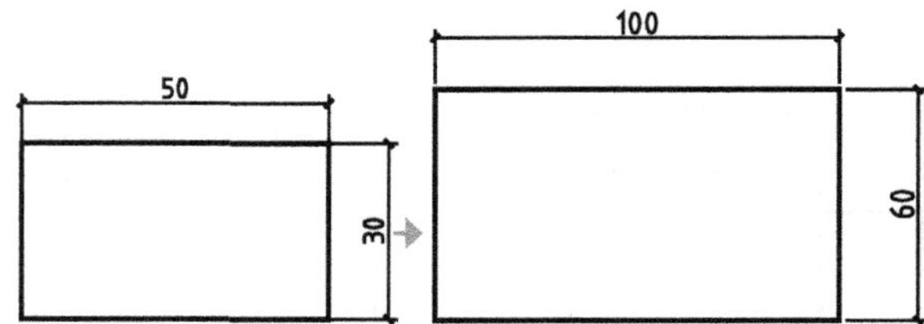

图 7-152 尺寸关联示例

1 尺寸关联

在模型窗口中标注尺寸时，尺寸是自动关联的，无须用户进行关联设置。但是，如果在输入尺寸文字时不使用系统的测量值，而是由用户手工输入尺寸值，那么尺寸文字将不会与图形对象关联。

• 执行方式

对于没有关联，或已经解除了关联的尺寸对象和图形对象，重建标注关联的方法如下。

◆ 功能区：在【注释】选项卡中，单击【标注】面板中的【重新关联】按钮，如图 7-153 所示。

◆ 菜单栏：执行【标注】|【重新关联标注】命令，如图 7-154 所示。

◆ 命令行：DIMREASSOCIATE 或 DRE。

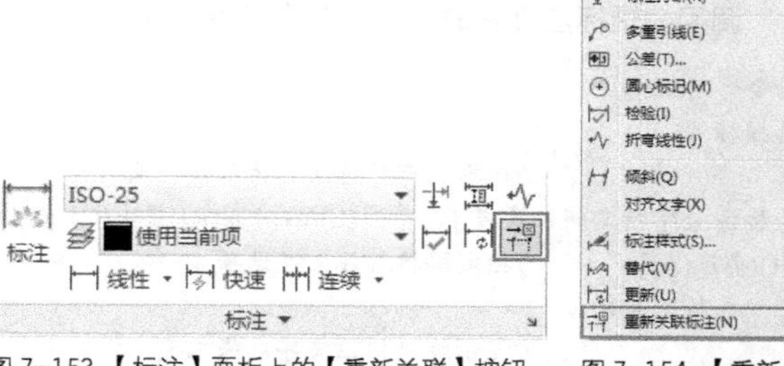

图 7-153 【标注】面板上的【重新关联】按钮

图 7-154 【重新关联标注】菜单命令

•操作步骤

执行【重新关联】命令之后，命令行提示如下。

```
命令: _dimreassociate
                                //执行【重新关联】命令
选择要重新关联的标注 ...
选择对象或 [解除关联(D)]: 找到 1 个
                                //选择要建立关联的尺寸
选择对象或 [解除关联(D)]:
指定第一个尺寸界线原点或 [选择对象(S)] <下一个>:
                        //选择要关联的第一点
指定第二个尺寸界线原点 <下一个>:
                                //选择要关联的第二点
```

每个关联点提示旁边都会显示有一个标记，如果当前标注的定义点与几何对象之间没有关联，则标记将显示为蓝色的“╳”；如果定义点与几何对象之间已有了关联，则标记将显示为蓝色的“☒”。

2 解除关联

对于已经建立了关联的尺寸对象及其图形对象，可以用【解除关联】命令解除尺寸与图形的关联性。解除标注关联后，对图形对象进行修改，尺寸对象不会发生任何变化。因为尺寸对象已经和图形对象彼此独立，没有任何关联关系了。

•执行方式

解除关联只有如下两种方法。

◆命令行：DIMDISASSOCIATE 或 DDA。

◆内容选项：执行【重新关联】命令时选择其中的“解除关联（D）”选项。

•操作步骤

在命令行中输入“DDA”命令，并按 Enter 键，执行【解除关联】命令后，命令行提示如下。

```
命令: DDA↙
DIMDISASSOCIATE
选择要解除关联的标注 ...
                                //选择要解除关联的尺寸
选择对象:
```

选择要解除关联的尺寸对象，按 Enter 键即可解除关联。

7.4.5 倾斜标注 ★进阶★

【倾斜标注】命令可以旋转、修改或恢复标注文字，并更改尺寸界线的倾斜角。

•执行方式

AutoCAD 中启动【倾斜标注】命令有如下 3 种常用方法。

◆功能区：在【注释】选项卡中，单击【标注】滑出面板上的【倾斜】按钮，如图 7-155 所示。

◆菜单栏：调用【标注】|【倾斜】菜单命令，如图 7-156 所示。

◆命令行：DIMEDIT 或 DED。

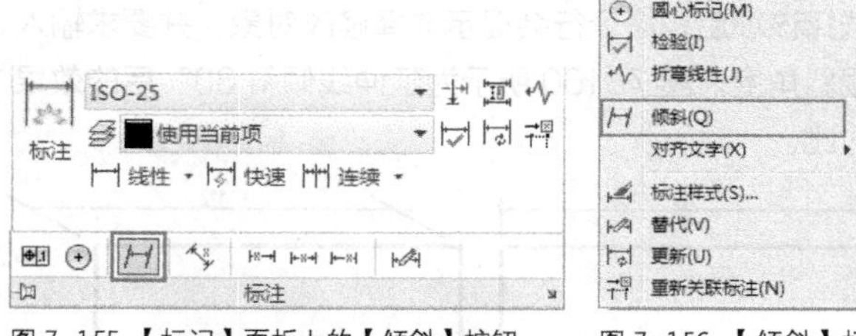

图 7-155 【标记】面板上的【倾斜】按钮

图 7-156 【倾斜】标注菜单命令

•操作步骤

在以前版本的 AutoCAD 中，【倾斜】命令归类于 DIMEDIT【标注编辑】命令之内，而到了 AutoCAD 2016，开始作为一个独立的命令出现在面板上。但如果还是以命令行中输入 DIMEDIT 的方式调用，则可以执行其他属于【标注编辑】的命令，此时的命令行提示如下。

```
输入标注编辑类型[默认（H）/新建（N）/旋转（R）/倾斜（O）]〈默认〉:
```

•选项说明

命令行中各选项的含义如下。

◆“默认（H）”：选择该选项并选择尺寸对象，可以按默认位置和方向放置尺寸文字。

◆“新建（N）”：选择该选项后，系统将打开【文字编辑器】选项卡，选中输入框中的所有内容，然后重新输入需要的内容，单击该对话框上的【确定】按钮。返回绘图区，单击要修改的标注，如图 7-157 所示，按 Enter 键即可完成标注文字的修改，结果如图 7-158 所示。

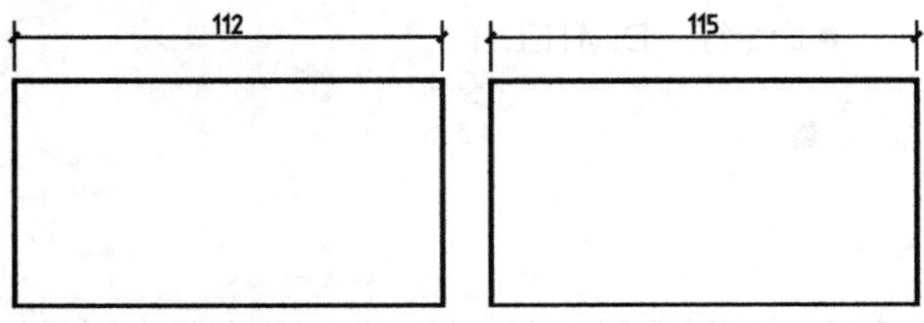

图 7-157 选择修改对象

图 7-158 修改结果

◆“旋转（R）”：选择该项后，命令行提示“输入文字旋转角度：”，此时，输入文字旋转角度后，单击要修改的文字对象，即可完成文字的旋转。图 7-159 所示为将文字旋转 30° 后的效果对比。

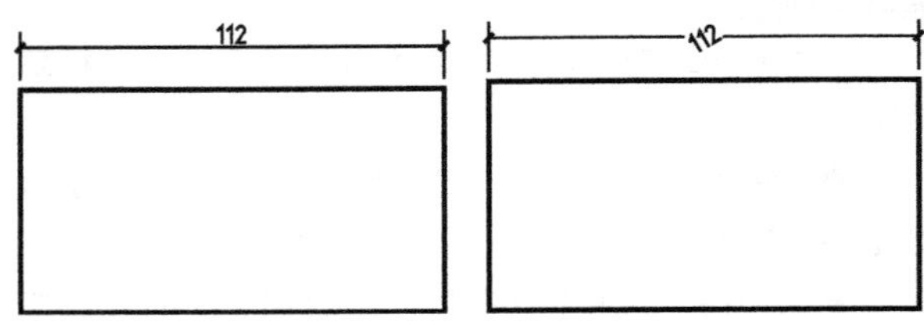

旋转前　　旋转后

图 7-159 文字旋转效果对比

◆“倾斜（O）”：用于修改延伸线的倾斜度。选择该项后，命令行会提示选择修改对象，并要求输入倾斜角度。图 7-160 所示为延伸线倾斜 60° 后的效果对比。

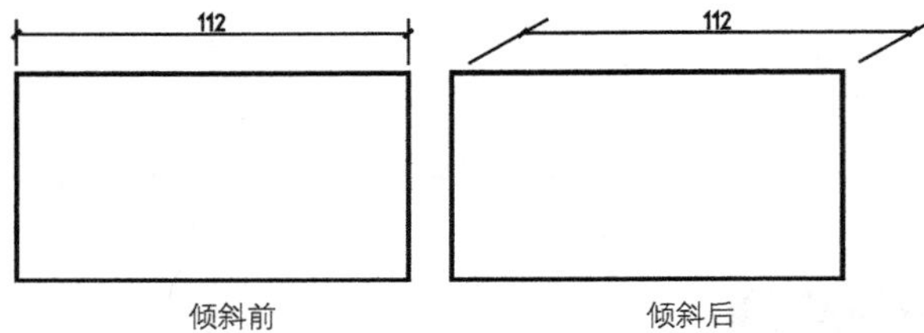

倾斜前　　倾斜后

图 7-160 延伸线倾斜效果对比

操作技巧

在命令行中输入“DDEDIT或ED”命令，也可以很方便地修改标注文字的内容。

7.4.6 对齐标注文字 ★进阶★

调用【对齐标注文字】命令可以调整标注文字在标注上的位置。

•执行方式

AutoCAD 中启动【对齐标注文字】命令有如下 3 种常用方法。

◆功能区：单击【注释】选项卡中【标注】面板下的相应按钮，【文字角度】按钮、【左对正】按钮、【居中对正】按钮、【右对正】按钮等，如图 7-161 所示。

◆菜单栏：调用【标注】|【对齐文字】菜单命令，如图 7-162 所示。

◆命令行：DIMTEDIT。

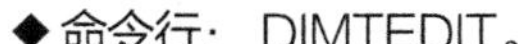

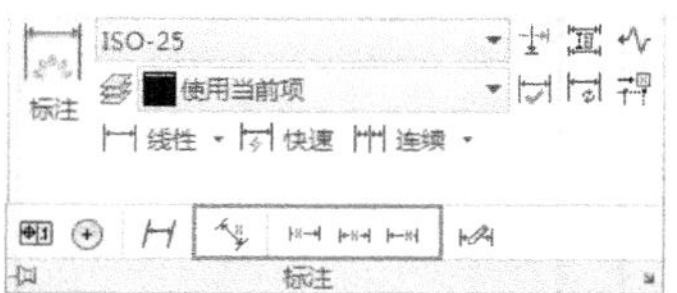

图 7-161 【标记】面板上与对齐文字有关的命令按钮

图 7-162 【对齐文字】标注菜单命令

•操作步骤

调用编辑标注文字命令后，命令行提示如下。

```
命令: _dimtedit
选择标注:
                    //选择已有的标注作为编辑对象
为标注文字指定新位置或 [左对齐(L)/右对齐(R)/居中(C)/默认(H)/角度(A)]:      //指定编辑标注文字选项
标注已解除关联。
                    //显示编辑标注文字结果信息
```

•选项说明

其各选项的含义如下。

◆“左对齐（L）”：将标注文字放置于尺寸线的左边。

◆“右对齐（R）”：将标注文字放置于尺寸线的右边。

◆“居中（C）”：将标注文字放置于尺寸线的中心。

◆“默认（H）”：恢复系统默认的尺寸标注位置。

◆“角度（A）”：用于修改标注文字的旋转角度，与“DIMEDIT”命令的旋转选项效果相同。

7.4.7 编辑多重引线 ★重点★

使用【多重引线】命令注释对象后，可以对引线的位置和注释内容进行编辑。在 AutoCAD 2016 中，提供了 4 种【多重引线】的编辑方法，分别介绍如下。

1 添加引线

【添加引线】命令可以将引线添加至现有的多重引线对象，从而创建一对多的引线效果。

•执行方式

◆功能区 1：在【默认】选项卡中，单击【注释】面板中的【添加引线】按钮，如图 7-163 所示。

◆功能区 2：在【注释】选项卡中，单击【引线】面板中的【添加引线】按钮，如图 7-164 所示。

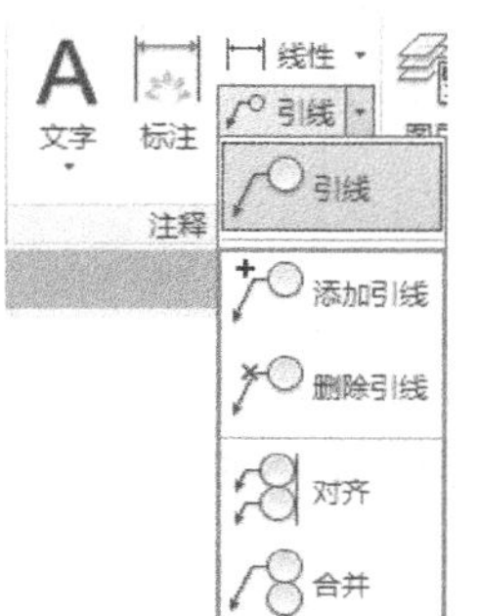

图 7-163 【标注】面板上的【添加引线】按钮

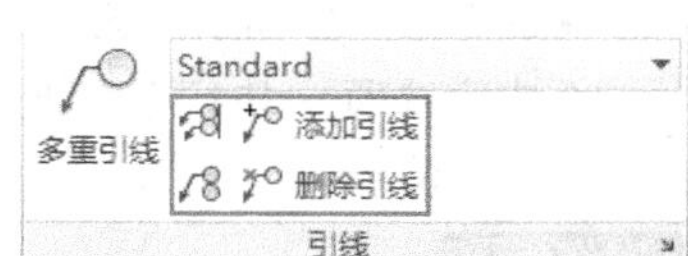

图 7-164 【引线】面板上的【添加引线】按钮

•操作步骤

单击【添加引线】按钮执行命令后，直接选择要添加引线的【多重引线】，然后在指定引线的箭头放置点即可，如图 7-165 所示，命令行操作如下。

```
选择多重引线:                    //选择要添加引线的多重引线
找到 1 个          指定引线箭头位置或 [删除引线(R)]:
          //指定新的引线箭头位置，按Enter键结束命令
```

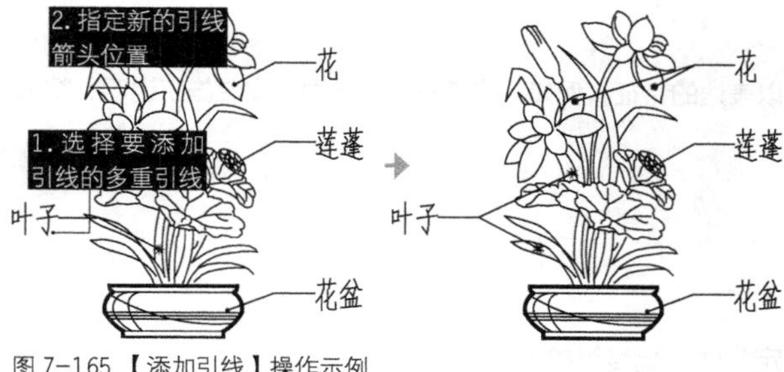

图 7-165 【添加引线】操作示例

2 删除引线

【删除引线】命令可以将引线从现有的多重引线对象中删除，即将【添加引线】命令所创建的引线删除。

• 执行方式

◆ 功能区 1：在【默认】选项卡中，单击【注释】面板中的【删除引线】按钮，如图 7-163 所示。

◆ 功能区 2：在【注释】选项卡中，单击【引线】面板中的【删除引线】按钮，如图 7-164 所示。

• 操作步骤

单击【删除引线】按钮执行命令后，直接选择要删除引线的【多重引线】即可，如图 7-166 所示，命令行操作如下。

```
选择多重引线:
            //选择要删除引线的多重引线
找到 1 个
指定要删除的引线或 [添加引线(A)]: ↙
        //按Enter结束命令
```

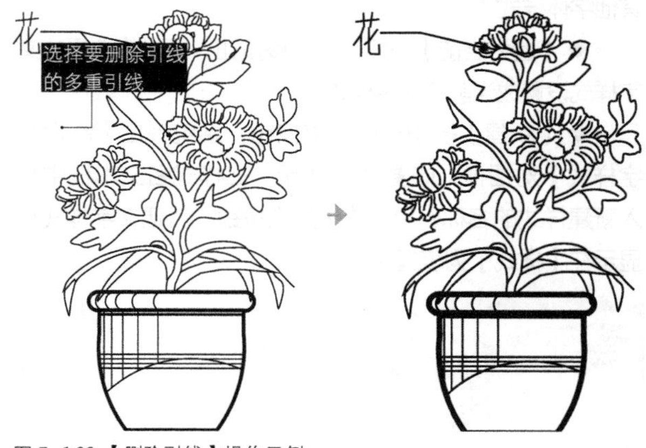

图 7-166 【删除引线】操作示例

3 对齐引线

【对齐引线】命令可以将选定的多重引线对齐，并按一定的间距进行排列。

• 执行方式

◆ 功能区 1：在【默认】选项卡中，单击【注释】面板中的【对齐】按钮，如图 7-163 所示。

◆ 功能区 2：在【注释】选项卡中，单击【引线】面板中的【对齐】按钮，如图 7-164 所示。

◆ 命令行：MLEADERALIGN。

• 操作步骤

单击【对齐】按钮执行命令后，选择所有要进行对齐的多重引线，然后按 Enter 键确认，接着根据提示指定一多重引线，则其余多重引线均对齐至该多重引线，如图 7-167 所示，命令行操作如下。

```
命令: _mleaderalign
                    //执行【对齐引线】命令
选择多重引线: 指定对角点: 找到 6 个
            //选择所有要进行对齐的多重引线
选择多重引线: ↙
                    //按Enter键完成选择
当前模式: 使用当前间距
                    //显示当前的对齐设置
选择要对齐到的多重引线或 [选项(O)]:
            //选择作为对齐基准的多重引线
指定方向:
                    //移动光标指定对齐方向，单
击鼠标左键结束命令
```

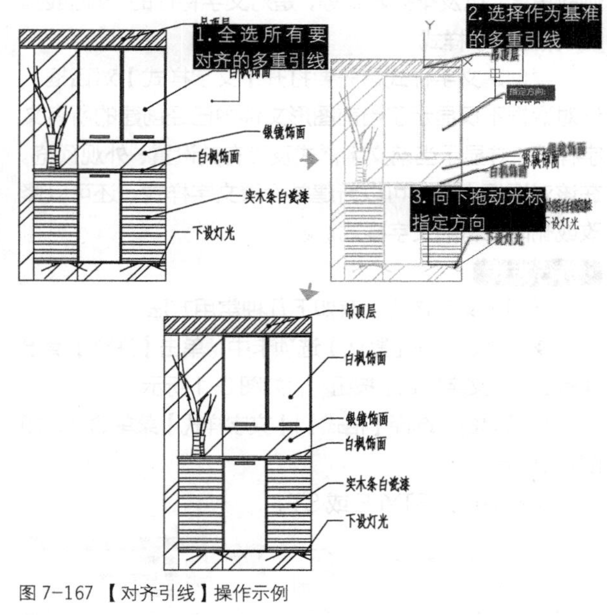

图 7-167 【对齐引线】操作示例

第 8 章 文字和表格

文字和表格是图纸中的重要组成部分，用于注释和说明图形难以表达的特征，例如，建筑室内图纸中的安装施工说明、图纸目录表等。本章便介绍 AutoCAD 中文字、表格的设置和创建方法。

8.1 创建文字

文字注释是绘图过程中很重要的内容，进行各种设计时，不仅要绘制出图形，还需要在图形中标注一些注释性的文字，这样可以对不便于表达的图形设计加以说明，使设计表达更加清晰。

8.1.1 文字样式的创建与其他操作

与【标注样式】一样，文字内容也可以设置【文字样式】来定义文字的外观，包括字体、高度、宽度比例、倾斜角度，以及排列方式等，是对文字特性的一种描述。

1 新建文字样式

要创建文字样式首先要打开【文字样式】对话框。该对话框不仅显示了当前图形文件中已经创建的所有文字样式，并显示当前文字样式及其有关设置、外观预览。在该对话框中不但可以新建并设置文字样式，还可以修改或删除已有的文字样式。

•执行方式

调用【文字样式】有如下几种常用方法。

◆功能区：在【默认】选项卡中，单击【注释】滑出面板上的【文字样式】按钮，如图 8-1 所示。

◆菜单栏：选择【格式】|【文字样式】菜单命令，如图 8-2 所示。

◆命令行：STYLE 或 ST。

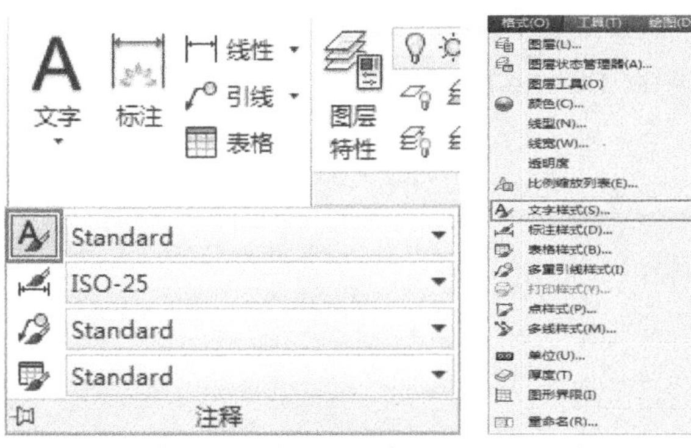

图 8-1 【注释】面板中的【文字样式】按钮

图 8-2 【文字样式】菜单命令

•操作步骤

通执行该命令后，系统弹出【文字样式】对话框，如图 8-3 所示，可以在其中新建或修改当前文字样式，以指定字体、高度等参数。

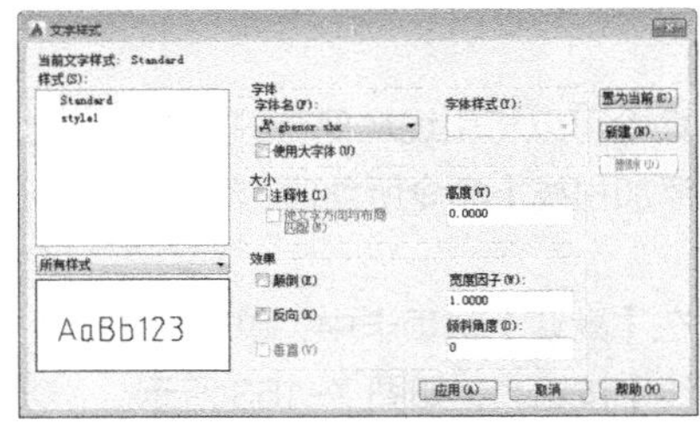

图 8-3 【文字样式】对话框

•选项说明

【文字样式】对话框中各参数的含义如下。

◆【样式】列表框：列出了当前可以使用的文字样式，默认文字样式为 Standard（标准）。

◆【字体名】下拉列表：在该下拉列表中可以选择不同的字体，如宋体、黑体和楷体等，如图 8-4 所示。

◆【使用大字体】复选框：用于指定亚洲语言的大字体文件，只有后缀名为 .SHX 的字体文件才可以创建大字体。

◆【字体样式】下拉列表：在该下拉列表中可以选择其他字体样式。

◆【置为当前】按钮：单击该按钮，可以将选择的文字样式设置成当前的文字样式

◆【新建】按钮：单击该按钮，系统弹出【新建文字样式】对话框，如图 8-5 所示。在样式名文本框中输入新建样式的名称，单击【确定】按钮，新建文字样式将显示在【样式】列表框中。

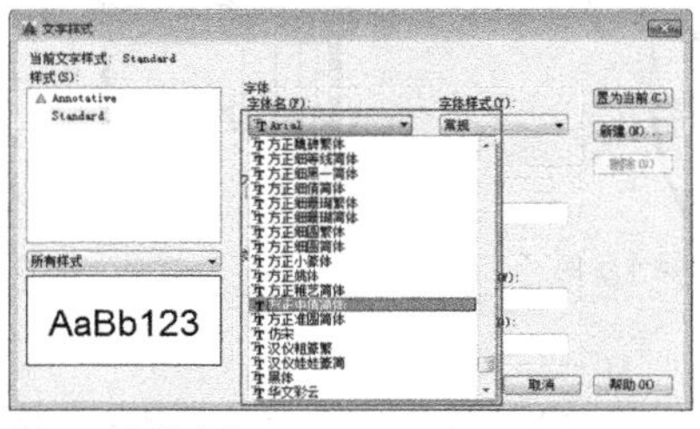

图 8-4 选择字体

图 8-5 【新建文字样式】复选框

◆【颠倒】复选框：勾选【颠倒】复选框之后，文字

方向将翻转，如图 8-6 所示。

◆【反向】复选框：勾选【反向】复选框，文字的阅读顺序将与开始时相反，如图 8-7 所示。

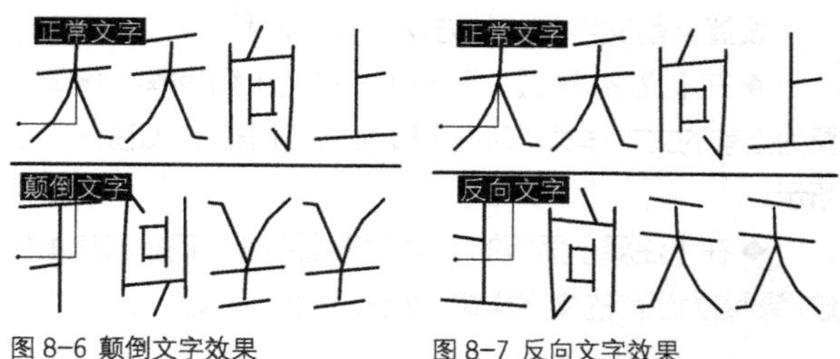

图 8-6 颠倒文字效果　　图 8-7 反向文字效果

◆【高度】文本框：该参数可以控制文字的高度，即控制文字的大小。

◆【宽度因子】文本框：该参数控制文字的宽度，正常情况下宽度比例为 1。如果增大比例，那么文字将会变宽。图 8-8 所示为宽度因子变为 2 时的效果。

◆【倾斜角度】文本框：该参数控制文字的倾斜角度，正常情况下为 0。图 8-9 所示为文字倾斜 45° 后的效果。要注意的是用户只能输入 -85° ~ 85° 的角度值，超过这个区间的角度值将无效。

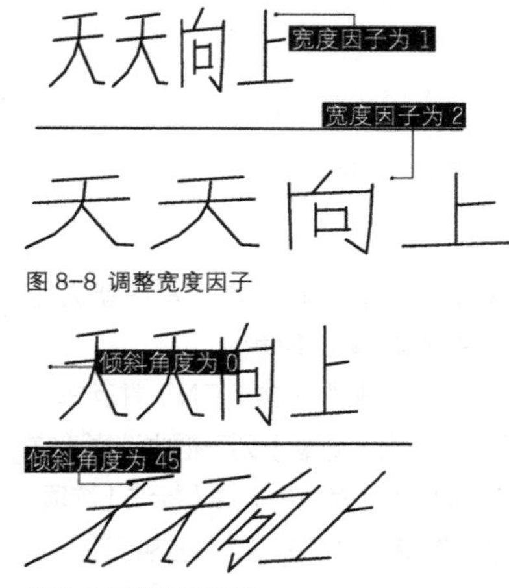

图 8-8 调整宽度因子

图 8-9 调整倾斜角度

•初学解答 修改了文字样式，却无相应变化?

在【文字样式】对话框中修改的文字效果，仅对单行文字有效果。用户如果使用的是多行文字创建的内容，则无法通过更改【文字样式】对话框中的设置来达到相应效果，如倾斜、颠倒等。

•熟能生巧 图形中的文字显示为问号?

打开文件后字体和符号变成了问号“？”，或有些字体不显示；打开文件时提示“缺少 SHX 文件”或“未找到字体”；出现上述字体无法正确显示的情况均是字体库出现了问题，可能是系统中缺少显示该文字的字体文件、指定的字体不支持全角标点符号或文字样式已被删除，有的特殊文字需要特定的字体才能正确显示。下面通过一个例子来介绍修复的方法。

练习 8-1 将“???”还原为正常文字

平面布置图

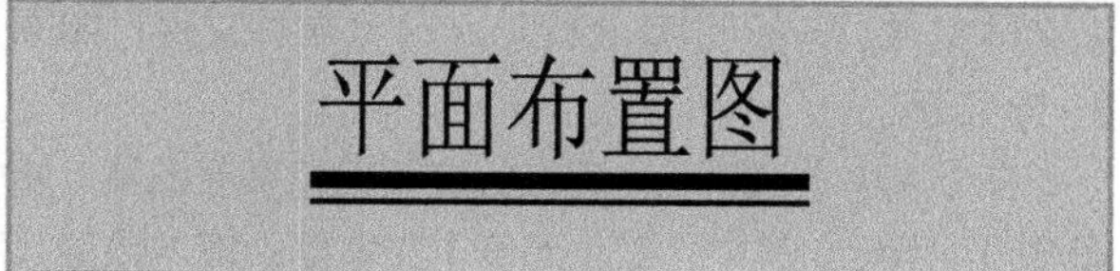

难度：☆☆☆	
素材文件路径：	素材/第8章/8-1将“???”还原为正常文字.dwg
效果文件路径：	素材/第8章/8-1将“???”还原为正常文字-OK.dwg
视频文件路径：	视频/第8章/8-1将“???”还原为正常文字.MP4
播放时长：	35秒

在进行实际的设计工作时，因为要经常与其他设计师进行图纸交流，所以会碰到许多外来图纸，这时就很容易碰到图纸中文字或标注显示不正常的情况。这一般都是样式出现了问题，因为电脑中没有样式所选用的字体，故显示问号或其他乱码。

Step 01 打开“第8章/8-1将‘???’还原为正常文字.dwg”素材文件，所创建的文字显示为问号，内容不明，如图8-10所示。

Step 02 点选出现问号的文字，单击鼠标右键，在弹出的下拉列表中选择【特性】选项，系统弹出【特性】管理器。在【特性】管理器【文字】列表中，可以查看文字的【内容】、【样式】、【高度】等特性，并且能够修改。修改合适的字体样式为【宋体】，如图8-11所示。

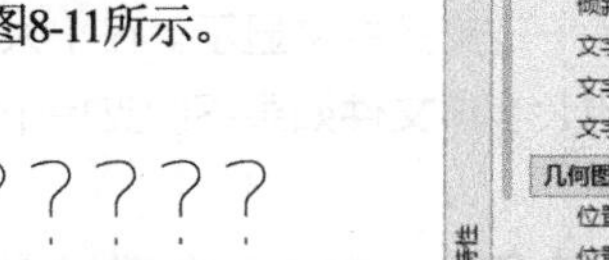

图 8-10 素材文件

图 8-11 修改文字样式

Step 03 文字得到正确显示，如图8-12所示。

平面布置图

图 8-12 正常显示的文字

•精益求精 SHX 字体与 TTF 字体的区别

在 AutoCAD 2016 中存在着两种类型的字体文件：SHX 字体和 TTF（TrueType）字体。这两类字体文件都支持英文显示，但显示中、日、韩等非 ASCII 编码的亚洲文字字体时，就会出现一些问题。

当选择 SHX 字体时，【使用大字体】复选框显亮，用户选中该复选框，然后在【大字体】下拉列表中选择大字体文件，一般使用 gbcbig.shx 大字体文件，如图 8-13 所示。

在【大小】选项组中可进行注释性和高度设置，如图 8-14 所示。其中，在【高度】文本框中键入数值，可改变当前文字的高度不进行设置，其默认值为 0，并且每次使用该样式时命令行都将提示指定文字高度。

图 8-13 使用【大字体】　　图 8-14 设置文字高度

这两种字体的含义分别介绍如下。

SHX 字体文件

SHX 字体是 AutoCAD 自带的字体文件，符合 AutoCAD 的标准。这种字体文件的后缀名是“.shx”，存放在 AutoCAD 的文件搜索路径下。

在【文字样式】对话框中，SHX 字体前面会显示一个圆规形状的图标。AutoCAD 默认的 SHX 字体文件是“txt.shx”。AutoCAD 自带的 SHX 字体文件都不支持中文等亚洲语言字体。为了能够显示这些亚洲语言字体，一类被称作大字体文件（big font）的特殊类型的 SHX 文件被第三方开发出来。

为了在使用 SHX 字体文件时能够正常显示中文，可以将字体设置为同时使用 SHX 文件和大字体文件。或者在【SHX 字体】下拉列表框中选择需要的 SHX 文件，用于显示英文，而在【大字体】下拉列表框中选择能够支持中文显示的大字体文件。

值得注意的是，有的大字体文件仅仅支持有限的亚洲文字字体，并不一定支持中文显示。在【大字体】下拉列表框中选择的大字体文件如果不能支持中文时，中文会无法正常显示。

TrueType 字体文件

TrueType 字体是 Windows 自带的字体文件，符合 Windows 标准。支持这种字体的字体文件的后缀是“.ttf”。这些文件存放在“Windonws\Fonts\”下。

在【文字样式】对话框中取消【使用大字体】复选框，可以在【字体名】下拉列表框中显示所有的 TrueType 字体和 SHX 字体列表。TrueType 字体前面会显示一个“T”形图标。

中文版的 Windows 都带有支持中文显示的 TTF 字体文件，其中包括经常使用的字体如实“宋体”“黑体”“楷体 -GB2312”等。由于中国用户的计算机几乎都安装了中文版 Windows，所以用 TTF 字体标注中文就不会出现中文显示不正常的问题。

1 应用文字样式

在创建的多种文字样式中，只能有一种文字样式作为当前的文字样式，系统默认创建的文字均按照当前文字样式。因此要应用文字样式，首先应将其设置为当前文字样式。

设置当前文字样式的方法有以下两种。

◆在【文字样式】对话框的【样式】列表框中选择要置为当前的文字样式，单击【置为当前】按钮，如图 8-15 所示。

◆在【注释】面板的【文字样式控制】下拉列表框中选择要置为当前的文字样式，如图 8-16 所示。

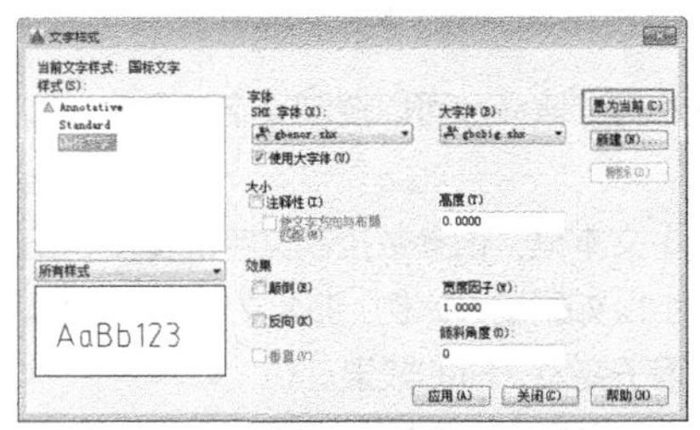

图 8-15 在【文字样式】对话框中置为当前

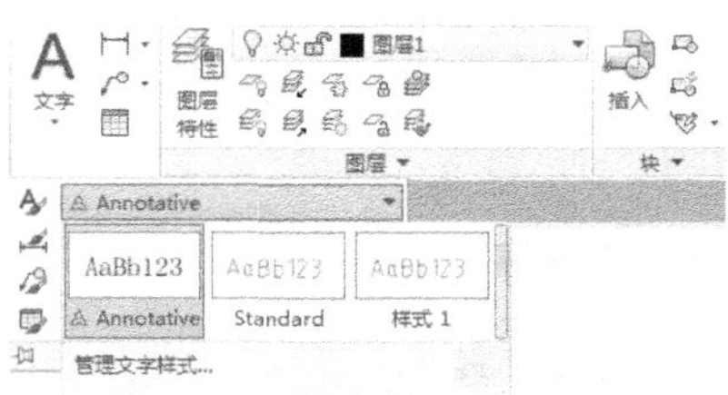

图 8-16 通过【注释】面板设置当前文字样式

2 重命名文字样式

有时在命名文字样式时出现错误，需对其重新进行修改，重命名文字样式的方法有以下两种。

◆在命令行输入“RENAME”（或 REN）并回车，打开【重命名】对话框。在【命名对象】列表框中选择【文字样式】，选项然后在【项目】列表框中选择【标注】选项，在【重命名为】文本框中输入新的名称，如“室内标注”，然后单击【重命名为】按钮，最后单击【确定】按钮关闭对话框，如图 8-17 所示。

◆在【文字样式】对话框的【样式】列表框中选择要重命名的样式名，并单击鼠标右键，在弹出的快捷菜单中选择【重命名】命令，如图 8-18 所示。但采用这种方式不能重命名 STANDARD 文字样式。

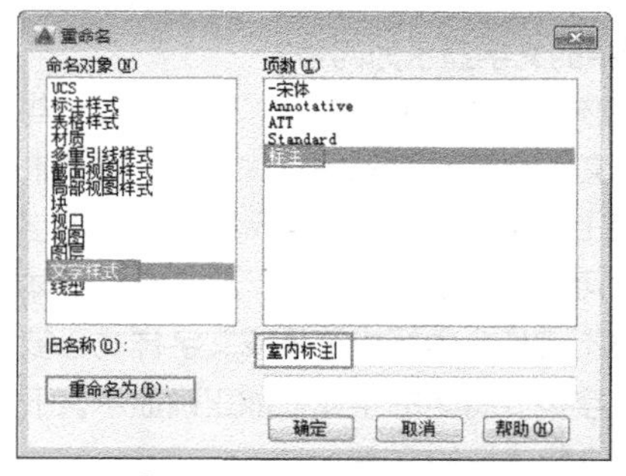

图 8-17 【重命名】对话框

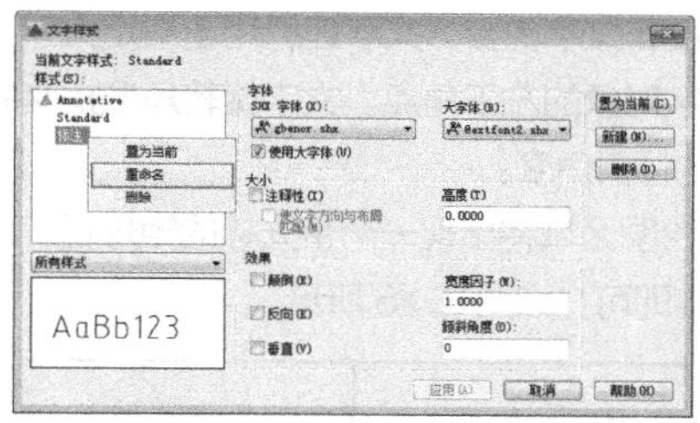

图 8-18 重命名文字样式

3 删除文字样式

文字样式会占用一定的系统存储空间，可以删除一些不需要的文字样式，以节约存储空间。删除文字样式的方法只有一种，即在【文字样式】对话框的【样式】列表框中选择要删除的样式名，并单击鼠标右键，在弹出的快捷菜单中选择【删除】命令，或单击对话框中的【删除】按钮，如 8-19 所示。

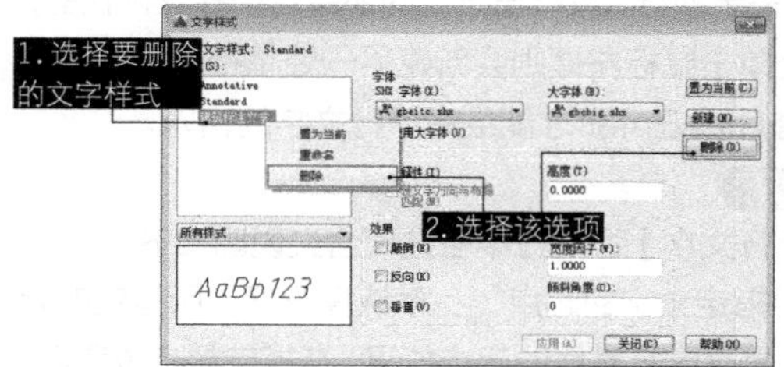

图 8-19 删除文字样式

操作技巧

当前的文字样式不能被删除。如果要删除当前文字样式，可以先将别的文字样式置为当前，然后再进行删除。

练习 8-2 创建国标文字样式

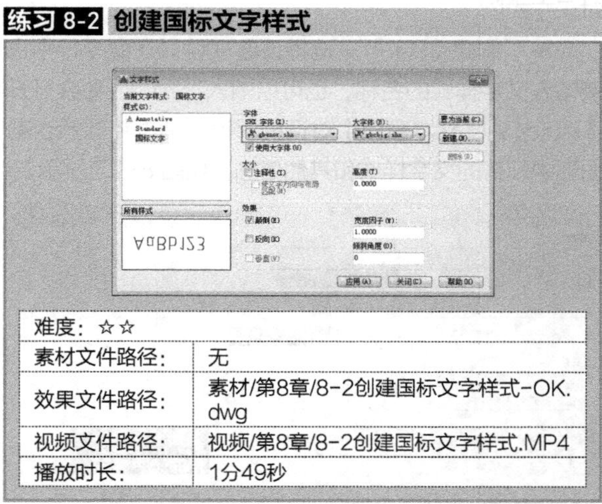

难度：☆☆	
素材文件路径：	无
效果文件路径：	素材/第8章/8-2创建国标文字样式-OK.dwg
视频文件路径：	视频/第8章/8-2创建国标文字样式.MP4
播放时长：	1分49秒

国家标准规定了工程图纸中字母、数字及汉字的书写规范[详见《技术制图 字体》（GB/T 14691-1993）]。AutoCAD 也专门提供了 3 种符合国家标准的中文字体文件，即【gbenor.shx】、【gbeitc.shx】、【gbcbig.shx】 文 件。 其 中，【gbenor.shx】、【gbeitc.shx】用于标注直体和斜体字母及数字，【gbcbig.shx】用于标注中文（需要勾选【使用大字体】复选框）。本例便创建【gbenor.shx】字体的国标文字样式。

Step 01 单击【快速访问】工具栏中的【新建】按钮，新建图形文件。

Step 02 在【默认】选项卡中，单击【注释】面板中的【文字样式】按钮，系统弹出【文字样式】对话框，如图8-20所示。

Step 03 单击【新建】按钮，弹出【新建文字样式】对话框，系统默认新建【样式1】样式名，在【样式名】文本框中输入“国标文字”，如图8-21所示。

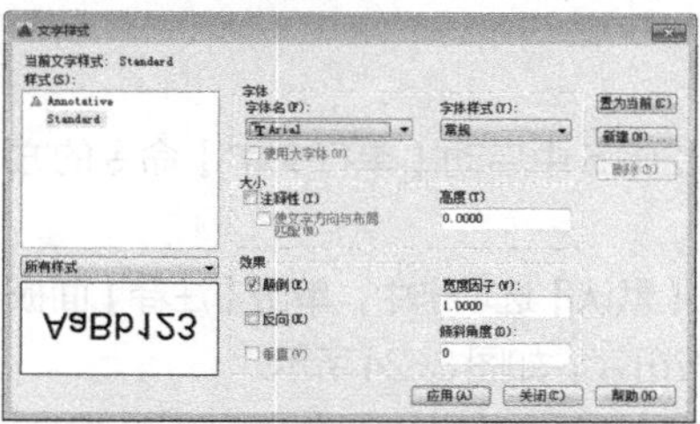

图 8-20 【文件样式】对话框

图 8-21 【新建标注样式】对话框

Step 04 单击【确定】按钮，在样式列表框中新增【国标文字】文字样式，如图8-22所示。

Step 05 在【字体】选项组下的【字体名】列表框中选择【gbenor.shx】字体，勾选【使用大字体】复选框，在大字体复选框中选择【gbcbig.shx】字体。其他选项保持默认，如图8-23所示。

图 8-22 新建标注样式

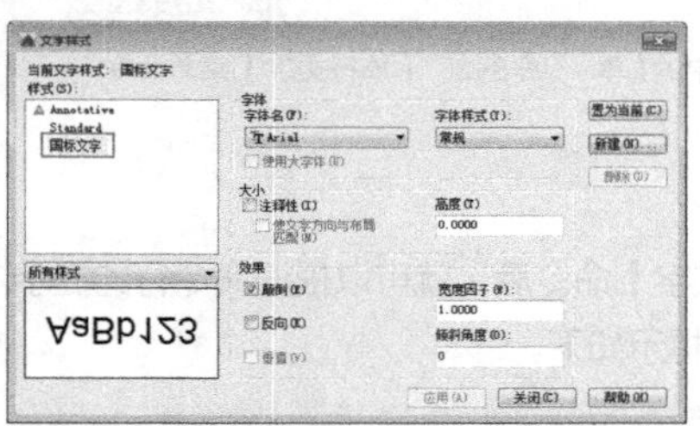

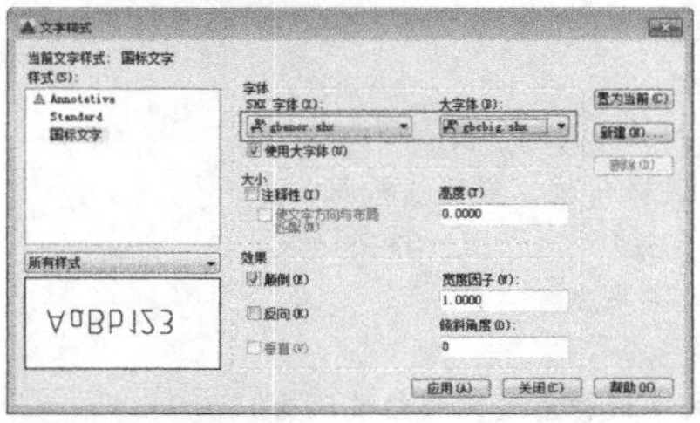

图 8-23 更改设置

Step 06 单击【应用】按钮，然后单击【置为当前】按

钮，将【国标文字】置于当前样式。

Step 07 单击【关闭】按钮，完成【国标文字】的创建。创建完成的样式可用于【多行文字】、【单行文字】等文字创建命令，也可以用于标注、动态块中的文字。

8.1.2 创建单行文字

【单行文字】是将输入的文字以“行”为单位作为一个对象来处理。即使在单行文字中输入若干行文字，每一行文字仍是单独的对象。【单行文字】的特点就是每一行均可以独立移动、复制或编辑，因此，可以用来创建内容比较简短的文字对象，如图形标签、名称、时间等。

• 执行方式

在 AutoCAD 2015 中启动【单行文字】命令的方法有以下几种。

◆ 功能区：在【默认】选项卡中，单击【注释】面板上的【单行文字】按钮A͟I，如图 8-24 所示。

◆ 菜单栏：执行【绘图】|【文字】|【单行文字】命令，如图 8-25 所示。

◆ 命令行：DT 或 TEXT 或 DTEXT。

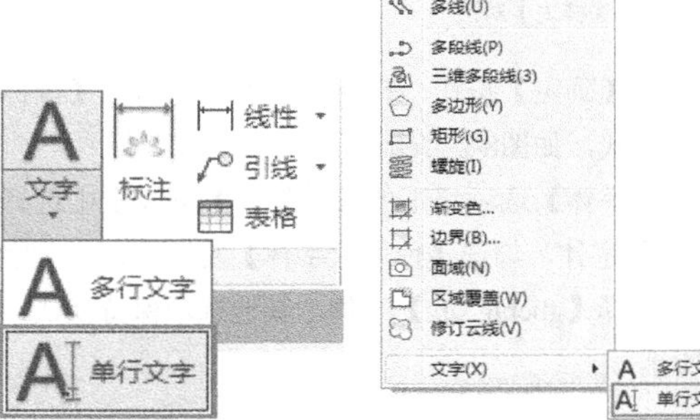

图 8-24【注释】面板中的【单行文字】按钮

图 8-25【单行文字】菜单命令

• 操作步骤

调用【单行文字】命令后，就可以根据命令行的提示输入文字，命令行提示如下。

```
命令: _dtext
            //执行【单行文字】命令
当前文字样式: "Standard"  文字高度: 2.5000  注释性: 否
//显示当前文字样式
指定文字的起点或 [对正(J)/样式(S)]:
            //在绘图区域合适位置任意拾取一点
指定高度 <2.5000>: 3.5↙
            //指定文字高度
指定文字的旋转角度 <0>:↙
            //指定文字旋转角度，一般默认为0
```

在调用命令的过程中，需要输入的参数有文字起点、文字高度（此提示只有在当前文字样式的字高为 0 时才显示）、文字旋转角度和文字内容。文字起点用于指定文字的插入位置，是文字对象的左下角点。文字旋转角度指文字相对于水平位置的倾斜角度。

设置完成后，绘图区域将出现一个带光标的矩形框，在其中输入相关文字即可，如图 8-26 所示。

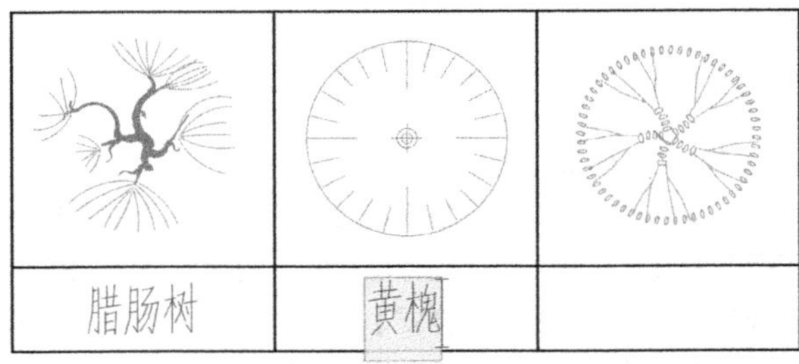

图 8-26 输入单行文字

在输入单行文字时，按 Enter 键不会结束文字的输入，而是表示换行，且行与行之间还是互相独立存在的；在空白处单击鼠标左键则会新建另一处单行文字；只有按快捷键 Ctrl+Enter 才能结束单行文字的输入。

• 选项说明

【单行文字】命令行中各选项含义说明如下。

◆ “指定文字的起点”：默认情况下，所指定的起点位置即是文字行基线的起点位置。在指定起点位置后，继续输入文字的旋转角度即可进行文字的输入。在输入完成后，按两次回车键或将鼠标移至图纸的其他任意位置并单击，然后按 Esc 键即可结束单行文字的输入。

◆ “对正（J）”：该选项可以设置文字的对正方式，共有 15 种方式，详见本节的“初学解答：单行文字的对正方式”。

◆ “样式（S）”：选择该选项可以在命令行中直接输入文字样式的名称，也可以输入“？”，便会打开【AutoCAD 文本窗口】对话框，该对话框将显示当前图形中已有的文字样式和其他信息，如图 8-27 所示。

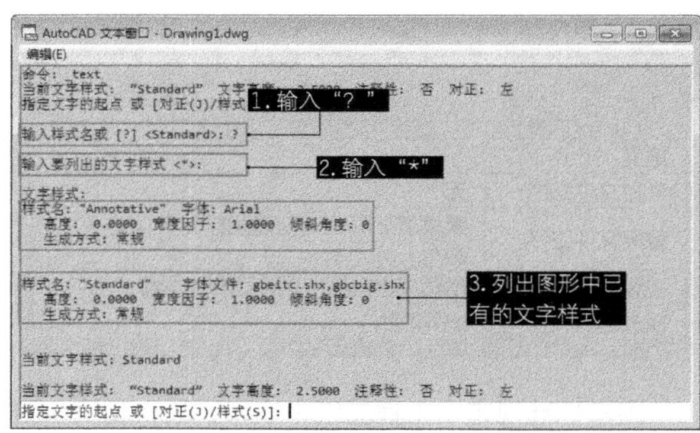

图 8-27【AutoCAD 文本窗口】对话框

• 初学解答 单行文字的对正方式

“对正（J）”备选项用于设置文字的缩排和对齐方式。选择该备选项，可以设置文字的对正点，命令行提示如下。

[左(L)/居中(C)/右(R)/对齐(A)/中间(M)/布满(F)/左上(TL)/中上(TC)/右上(TR)/左中(ML)/正中(MC)/右中(MR)/左下(BL)/中下(BC)/右下(BR)]:

命令行提示中的主要选项如下。

◆“左（L）”：可使生成的文字以插入点为基点向左对齐。

◆“居中（C）”：可使生成的文字以插入点为中心向两边排列。

◆“右（R）”：可使生成的文字以插入点为基点向右对齐。

◆“中间（M）”：可使生成的文字以插入点为中央向两边排列。

◆“左上（TL）”：可使生成的文字以插入点为字符串的左上角。

◆“中上（TC）”：可使生成的文字以插入点为字符串顶线的中心点。

◆“右上（TR）”：可使生成的文字以插入点为字符串的右上角。

◆“左中（ML）”：可使生成的文字以插入点为字符串的左中点。

◆“正中（MC）”：可使生成的文字以插入点为字符串的正中点。

◆“右中（MR）”：可使生成的文字以插入点为字符串的右中点。

◆“左下（BL）”：可使生成的文字以插入点为字符串的左下角。

◆“中下（BC）”：可使生成的文字以插入点为字符串底线的中点。

◆“右下（BR）”：可使生成的文字以插入点为字符串的右下角。

要充分理解各对齐位置与单行文字的关系，就需要先了解文字的组成结构。

AutoCAD 为【单行文字】的水平文本行规定了 4 条定位线：顶线（Top Line）、中线（Middle Line）、基线（Base Line）、底线（Bottom Line），如图 8-28 所示。顶线为大写字母顶部所对齐的线，基线为大写字母底部所对齐的线，中线处于顶线与基线的正中间，底线为长尾小字字母底部所在的线，汉字在顶线和基线之间。系统提供了图 8-28 示的 13 个对齐点及 15 种对齐方式。其中，各对齐点即为文本行的插入点，结合前文与该图，即可对单行文字的对齐有充分了解。

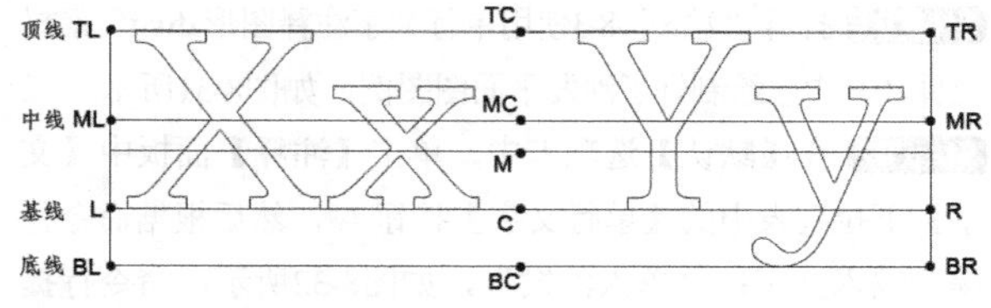

图 8-28 对齐方位示意图

图 8-28 中还有“对齐（A）”和“布满（F）”这两种方式没有示意，分别介绍如下。

◆“对齐（A）”：指定文本行基线的两个端点，确定文字的高度和方向。系统将自动调整字符高度使文字在两端点之间均匀分布，而字符的宽高比例不变，如图 8-29 所示。

◆“布满（F）”：指定文本行基线的两个端点，确定文字的方向。系统将调整字符的宽高比例，以使文字在两端点之间均匀分布，而文字高度不变，如图 8-30 所示。

对齐方式

其宽高比例不变

指定不在水平线的两点

图 8-29 文字【对齐】方式效果

文字布满

其文字高度不变

指定不在水平上的两点

图 8-30 文字【布满】方式效果

练习 8-3 使用单行文字注释图形

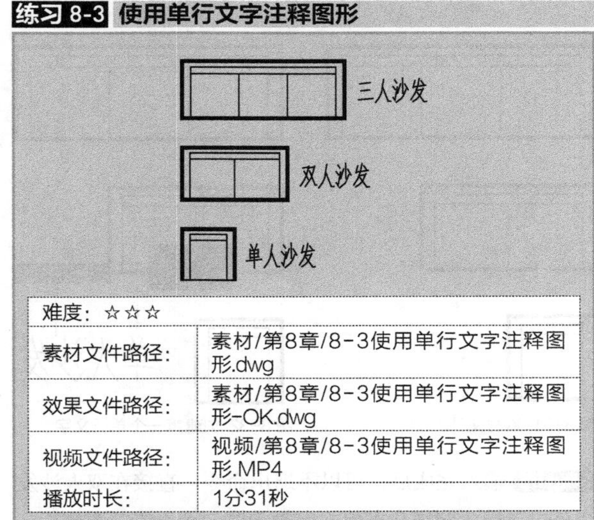

难度：☆☆☆	
素材文件路径：	素材/第8章/8-3使用单行文字注释图形.dwg
效果文件路径：	素材/第8章/8-3使用单行文字注释图形-OK.dwg
视频文件路径：	视频/第8章/8-3使用单行文字注释图形.MP4
播放时长：	1分31秒

单行文字输入完成后，可以不退出命令，而直接在另一个要输入文字的地方单击鼠标，同样会出现文字输入框。因此在需要进行多次单行文字标注的图形中使用此方法，可以大大节省时间。

Step 01 打开"第8章/8-3使用单行文字注释图形.dwg"素材文件，其中已绘制好了沙发平面图图例，如图8-31所示。

Step 02 在【默认】选项卡中，单击【注释】面板中【文字】下拉列表中的【单行文字】按钮A，然后根据命令行提示输入文字："单人沙发"，如图8-32所示，命令行提示如下。

```
命令: _DTEXT
当前文字样式:
 "Standard"  文字高度:
 2.5000 注释性: 否
指定文字的起点或 [对正(J)/样式(S)]:
指定高度 <2.5000>: 600↙
          //指定文字高度
指定文字的旋转角度 <0>:↙
          //指定文字角度。按Ctrl+Enter键，结束命令
命令: _text
当前文字样式: "Standard"
文字高度: 2.5000 注释性:
否 对正: 左
指定文字的起点 或 [对正(J)/样式(S)]: J↙
          //选择"对正"选项
输入选项 [左(L)/居中(C)/右(R)/对齐(A)/中间(M)/布满(F)/左上(TL)/中上(TC)/右上(TR)/左中(ML)/正中(MC)/右中(MR)/左下(BL)/中下(BC)/右下(BR)]: TL↙
          //选择"左上"对齐方式
指定文字的左上点:
          //选择表格的左上角点
指定高度 <2.5000>: 600↙
          //输入文字高度为600
指定文字的旋转角度 <0>:↙
          //文字旋转角度为0
          //输入文字"单人沙发"
```

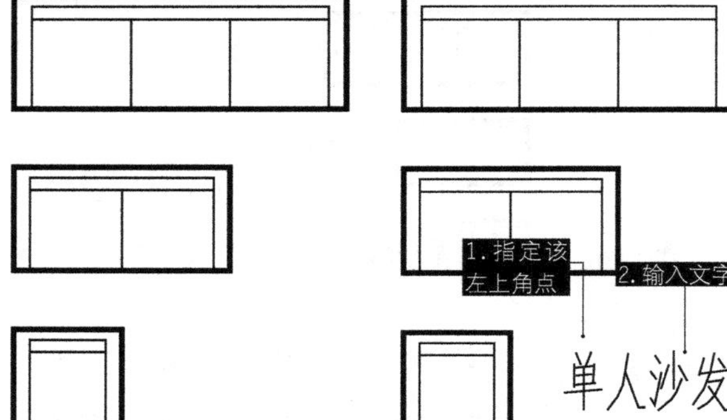

图 8-31 素材文件　　图 8-32 创建第一个单行文字

Step 03 输入完成后，可以不退出命令，直接在双人沙发旁单击鼠标，同样会出现文字输入框，输入第二个单行文字："双人沙发"，如图8-33所示。

Step 04 按相同的方法，在三人沙发旁输入沙发名称，最终效果如图8-34所示。

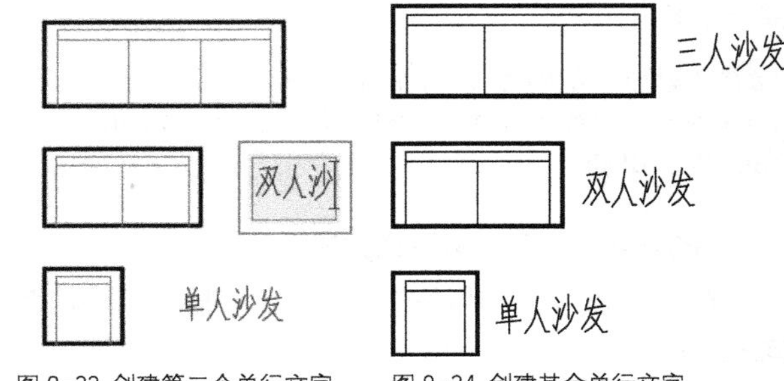

图 8-33 创建第二个单行文字　　图 8-34 创建其余单行文字

8.1.3 单行文字的编辑与其他操作

同Word、Excel等办公软件一样，在AutoCAD中，也可以对文字进行编辑和修改。本节便介绍如何在AutoCAD中对【单行文字】的文字特性和内容进行编辑与修改。

1 修改文字内容

修改文字内容的方法如下。

◆ 菜单栏：调用【修改】|【对象】|【文字】|【编辑】菜单命令。

◆ 命令行：DDEDIT或ED。

◆ 快捷操作：直接在要修改的文字上双击。

调用以上任意一种操作后，文字将变成可输入状态，如图8-35所示。此时可以重新输入需要的文字内容，然后按Enter键退出即可，如图8-36所示。

某三居室平面布置图　　某三居室平面布置图1:100

图 8-35 可输入状态　　图 8-36 编辑文字内容

2 修改文字特性

在标注的文字出现错输、漏输及多输入的状态下，可以运用上面的方法修改文字的内容。但是它仅仅只能够修改文字的内容，而很多时候我们还需要修改文字的高度、大小、旋转角度、对正样式等特性。

修改单行文字特性的方法有以下3种。

◆ 功能区：在【注释】选项卡中，单击【文字】面板中的【缩放】按钮缩放或【对正】按钮A，如图8-37所示。

◆ 菜单栏：调用【修改】|【对象】|【文字】|【比例】|【对正】菜单命令，如图8-38所示。

◆ 对话框：在【文字样式】对话框中修改文字的颠倒、反向和垂直效果。

图 8-37 【文字】面板中的修改文字按钮

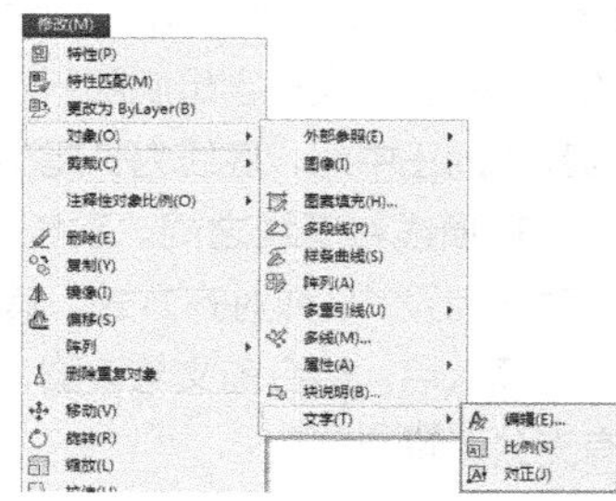

图 8-38 修改文字的菜单命令

3 单行文字中插入特殊符号

单行文字的可编辑性较弱，只能通过输入控制符的方式插入特殊符号。

AutoCAD 的特殊符号由两个百分号（%%）和一个字母构成，常用的特殊符号输入方法如表 8-1 所示。在文本编辑状态输入控制符时，这些控制符也临时显示在屏幕上。当结束文本编辑之后，这些控制符将从屏幕上消失，转换成相应的特殊符号。

表8-1 AutoCAD文字控制符

特殊符号	功 能
%%O	打开或关闭文字上画线
%%U	打开或关闭文字下画线
%%D	标注（°）符号
%%P	标注正负公差（±）符号
%%C	标注直径（Ø）符号

在 AutoCAD 的控制符中，%%O 和 %%U 分别是上画线与下画线的开关。第一次出现此符号时，可打开上画线或下画线；第二次出现此符号时，则会关掉上画线或下画线。

8.1.4 创建多行文字 ★重点★

【多行文字】又称为段落文字，是一种更易于管理的文字对象，可以由两行以上的文字组成，而且各行文字都是作为一个整体处理。在制图中常使用多行文字功能创建较为复杂的文字说明，如图样的工程说明或技术要求等。与【单行文字】相比，【多行文字】格式更工整规范，可以对文字进行更为复杂的编辑，如为文字添加下划线，设置文字段落对齐方式，为段落添加编号和项目符号等。

•执行方式

可以通过如下 3 种方法创建多行文字。

◆功能区：在【默认】选项卡中，单击【注释】面板上的【多行文字】按钮A，如图 8-39 所示。

◆菜单栏：选择【绘图】|【文字】|【多行文字】命令，如图 8-40 所示。

◆命令行：T 或 MT 或 MTEXT。

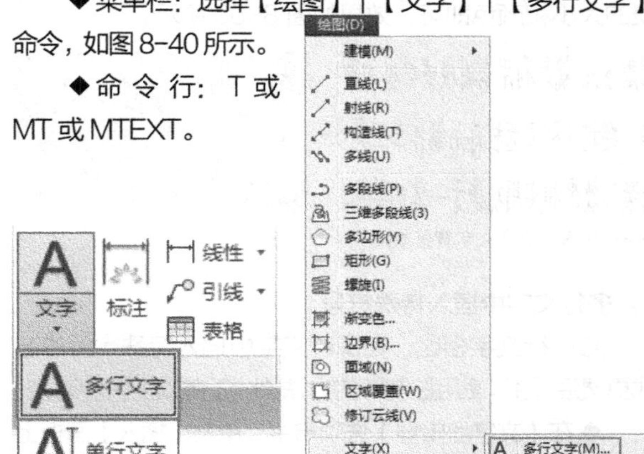

图 8-39【注释】面板中的【多行文字】按钮　图 8-40【多行文字】菜单命令

•操作过程

调用该命令后，命令行操作如下。

```
命令: MTEXT
当前文字样式: "景观设计文字样式" 文字高度: 600 注释性: 否
指定第一角点:
//指定多行文字框的第一个角点
指定对角点或 [高度(H)/对正(J)/行距(L)/旋转(R)/样式(S)/宽度(W)/栏(C)]:
//指定多行文字框的对角点
```

在指定了输入文字的对角点之后，弹出图 8-41 所示的【文字编辑器】选项卡和编辑框，用户可以在编辑框中输入、插入文字。

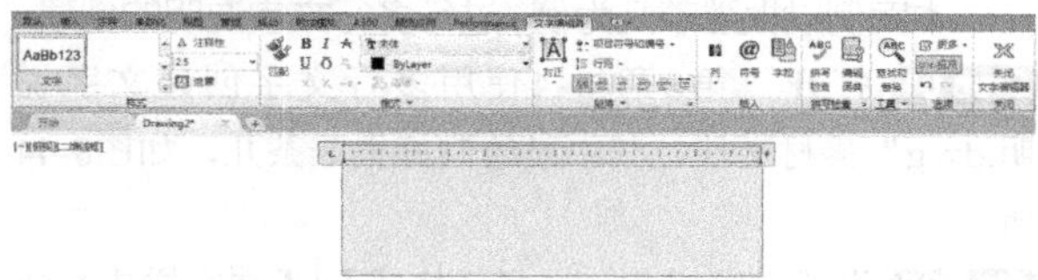

图 8-41 多行文字编辑器

•选项说明

【多行文字编辑器】由【多行文字编辑框】和【文字编辑器】选项卡组成，它们的作用说明如下。

◆【多行文字编辑框】：包含了制表位和缩进，可以十分快捷地对所输入的文字进行调整，各部分功能如图 8-42 所示。

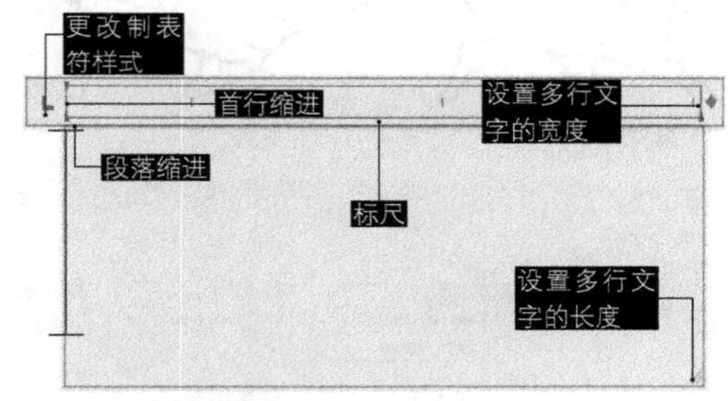

图 8-42 多行文字编辑器标尺功能

◆【文字编辑器】选项卡：包含【样式】面板、【格式】面板、【段落】面板、【插入】面板、【拼写检查】面板、【工具】面板、【选项】面板和【关闭】面板，如图 8-43 所示。在多行文字编辑框中，选中文字，通过【文字编辑器】选项卡中可以修改文字的大小、字体、颜色等，完成在一般文字编辑中常用的一些操作。

图 8-43【文字编辑器】选项卡

练习 8-4 使用多行文字创建文字说明

根雕茶几，就是利用老树根或树桩的形体，经过系列工艺程序后制作加工具有装饰效果和实用功能于一体的茶几。

难度：☆☆	
素材文件路径：	素材/第8章/8-4使用多行文字创建文字说明.dwg
效果文件路径：	素材/第8章/8-4使用多行文字创建文字说明-OK.dwg
视频文件路径：	视频/第8章/8-4使用多行文字创建文字说明.MP4
播放时长：	4分33秒

本案例以根雕茶几为例，进行多行文字说明的创建。

Step 01 打开“第8章/8-4使用多行文字创建文字说明.dwg”素材文件，其中已绘制好根雕茶几，如图8-44所示。

Step 02 设置文字样式。选择【格式】|【文字样式】命令，新建名称为“文字”的文字样式。

在【文字样式】对话框中设置字体为【gbenor.shx】，字体样式为【gbcbig.shx】，高度为3.5，宽度因子为0.7，并将该字体设置为当前，如图8-45所示。

图 8-44 素材图形

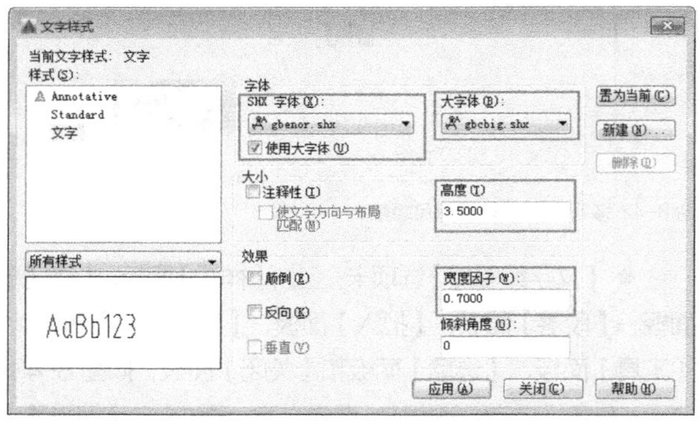

图 8-45 设置文字样式

Step 03 在命令行中输入“T”，并按Enter键，根据命令行提示在图形左下角指定一个矩形范围作为文本区域，如图8-46所示。

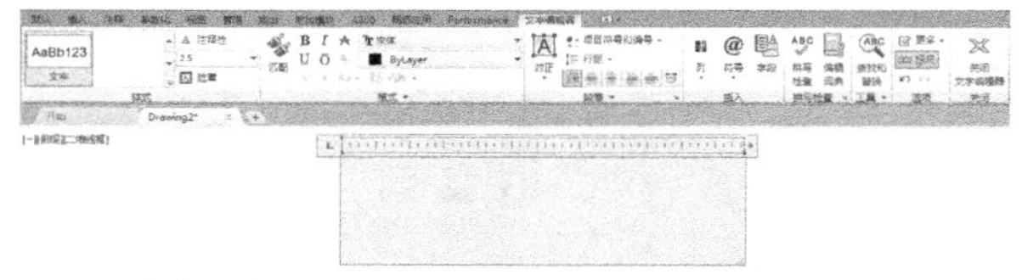

图 8-46 指定文本框

Step 04 在文本框中输入图8-47所示的多行文字，在【文字编辑器】选项卡中设置字高为100，输入一行之后，按Enter键换行。在文本框外任意位置单击，结束输入，结果如图8-48所示。

根雕茶几，就是利用老树根或树桩的形体，经过系列工艺程序后制作加工具有装饰效果和实用功能于一体的茶几。

图 8-47 输入多行文字

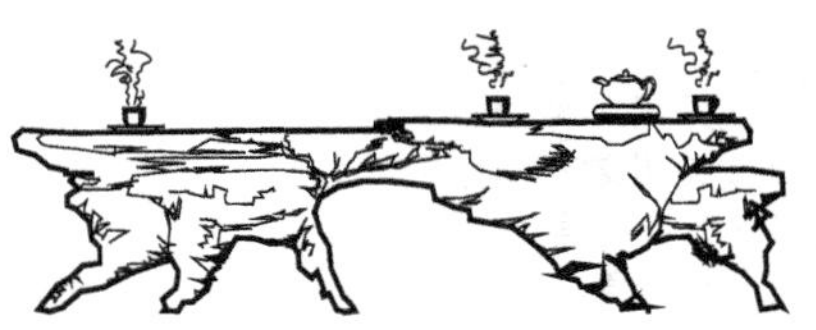

图 8-48 创建根雕茶几文字说明

8.1.5 多行文字的编辑与其他操作 ★重点★

【多行文字】的编辑和【单行文字】编辑操作相同，在此不再赘述，本节只介绍与【多行文字】有关的其他操作。

1 添加多行文字背景

有时为了使文字更清晰地显示在复杂的图形中，用户可以为文字添加不透明的背景。

双击要添加背景的多行文字，打开【文字编辑器】选项卡，单击【样式】面板上的【遮罩】按钮，系统弹出【背景遮罩】对话框，如图 8-49 所示。

图 8-49 【背景遮罩】对话框

勾选其中的【使用背景遮盖】选项，再设置填充背景的大小和颜色即可，效果如图 8-50 所示。

根雕茶几，就是利用老树根或树桩的形体，经过系列工艺程序后制作加工具有装饰效果和实用功能于一体的茶几。 → 根雕茶几，就是利用老树根或树桩的形体，经过系列工艺程序后制作加工具有装饰效果和实用功能于一体的茶几。

图 8-50 多行文字文字背景效果

2 多行文字中插入特殊符号

与单行文字相比，在多行文字中插入特殊字符的方式更灵活。除了使用控制符的方法 外，还有以下两种途径。

◆ 在【文字编辑器】选项卡中，单击【插入】面板上的【符号】按钮，在弹出的列表中选择所需的符号即可，如图 8-51 所示。

◆在编辑状态下右击鼠标，在弹出的快捷菜单中选择【符号】命令，如图 8-52 所示，其子菜单中包括了常用的各种特殊符号。

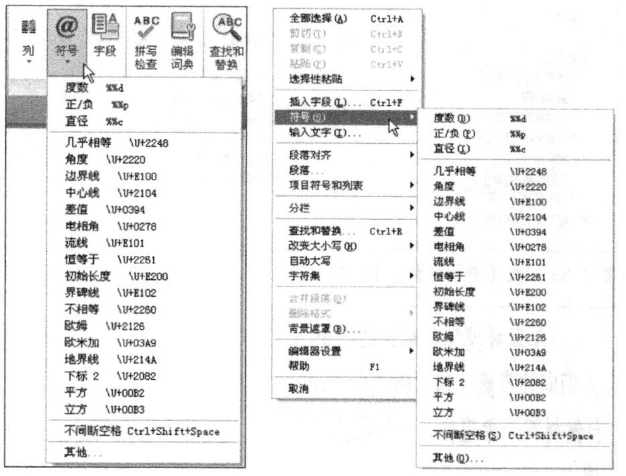

图 8-51 在【符号】下拉列表中选择符号　图 8-52 使用快捷菜单输入特殊符号

3 创建堆叠文字

如果要创建堆叠文字（一种垂直对齐的文字或分数），可先输入要堆叠的文字，然后在其间使用“/”“#”或“^”分隔，再选中要堆叠的字符，单击【文字编辑器】选项卡【格式】面板中的【堆叠】按钮，则文字按照要求自动堆叠。堆叠文字在机械绘图中应用很多，可以用来创建尺寸公差、分数等，如图 8-53 所示。需要注意的是，这些分割符号必须是英文格式的符号。

14 1/2 → $14\frac{1}{2}$

14 1^2 → $14\begin{matrix}1\\2\end{matrix}$

14 1#2 → 14 ½

图 8-53 文字堆叠效果

8.1.6 文字的查找与替换

在一个图形文件中往往有大量的文字注释，有时需要查找某个词语，并将其替换，例如，替换某个拼写上的错误，这时就可以使用【查找】命令定位至特定的词语，并进行替换。

·执行方式

执行【查找】命令的方法有以下几种。

◆功能区：在【注释】选项卡中，于【文字】面板上的【查找】文本框中输入要查找的文字，如图 8-54 所示。

◆菜单栏：选择【编辑】|【查找】命令，如图 8-55 所示。

◆命令行：FIND。

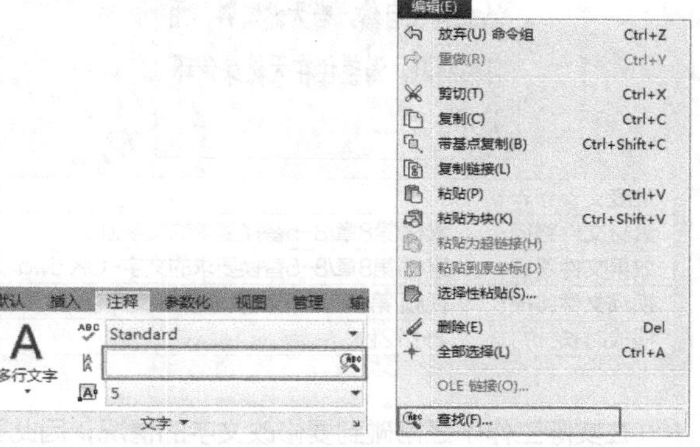

图 8-54 【文字】面板中的【查找】文本框　图 8-55 【查找】菜单命令

·操作步骤

执行以上任一操作之后，弹出【查找和替换】对话框，如图 8-56 所示。然后在【查找内容】文本框中输入要查找的文字，或在【替换为】文本框中输入要替换的文本，单击【完成】按钮即可完成操作。该对话框的操作与 Word 等其他文本编辑软件一致。

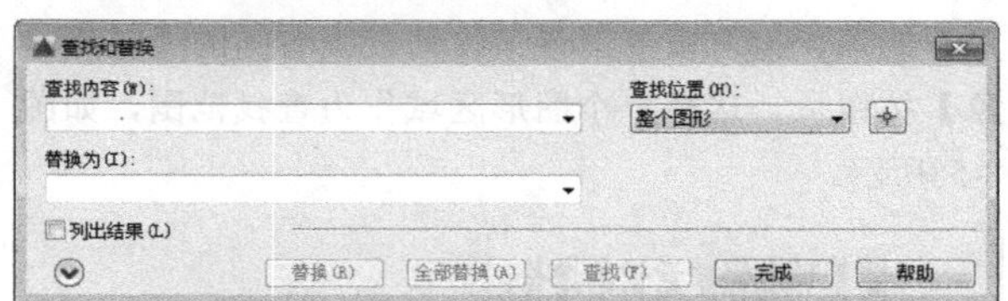

图 8-56 【查找和替换】对话框

·选项说明

该对话框中各选项的含义如下。

◆【查找内容】下拉列表框：用于指定要查找的内容。

◆【替换为】下拉列表框：指定用于替换查找内容的文字。

◆【查找位置】下拉列表框：用于指定查找范围是在整个图形中查找还是仅在当前选择中查找。

◆【搜索选项】选项组：用于指定搜索文字的范围和大小写区分等。

◆【文字类型】选项组：用于指定查找文字的类型。

◆【查找】按钮：输入查找内容之后，此按钮变为可用，单击即可查找指定内容。

◆【替换】按钮：用于将光标当前选中的文字替换为指定文字。

◆【全部替换】按钮：将图形中所有的查找结果替换为指定文字。

练习 8-5 替换要求的文字

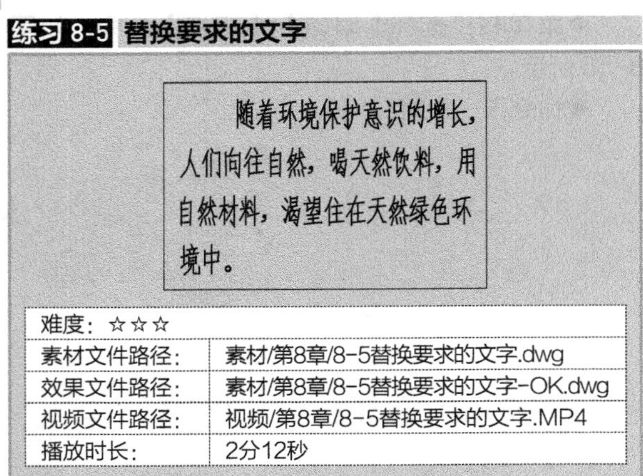

难度：☆☆☆	
素材文件路径：	素材/第8章/8-5替换要求的文字.dwg
效果文件路径：	素材/第8章/8-5替换要求的文字-OK.dwg
视频文件路径：	视频/第8章/8-5替换要求的文字.MP4
播放时长：	2分12秒

在实际工作中经常碰到要修改文字的情况，因此灵活使用查找与替换功能就格外方便了，将本例中需要将文字中的“渴望”替换为“希望”。

Step 01 打开“第8章/8-5替换要求的文字.dwg”文件，如图8-57所示。

Step 02 在命令行输入“FIND”并按回车键，打开【查找和替换】对话框。在【查找内容】文本框中输入“渴望”，在【替换为】文本框中输入“希望”。

Step 03 在【查找位置】下拉列表框中选择【整个图形】选项，也可以单击该下拉列表框右侧的【选择对象】按钮，选择一个图形区域作为查找范围，如图8-58所示。

随着环境保护意识的增长，人们向往自然，喝天然饮料，用自然材料，渴望住在天然绿色环境中。

图 8-57 输入文字

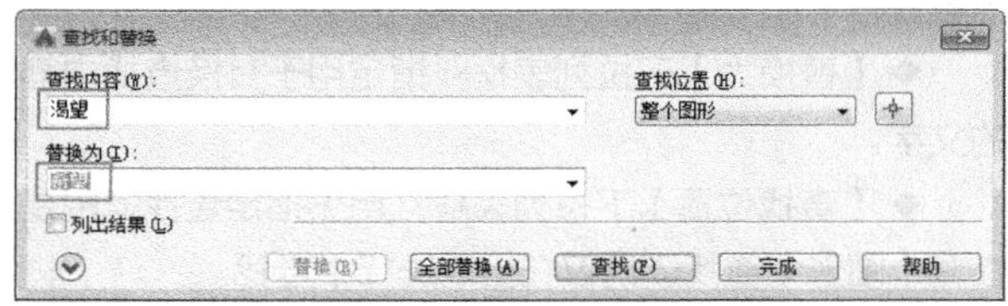

图 8-58 “查找和替换”对话框

Step 04 单击对话框左下角的【更多选项】按钮，展开折叠的对话框。在【搜索选项】区域取消选中【区分大小写】复选框，在【文字类型】区域取消选中【块属性值】复选框，如图8-59所示。

Step 05 单击【全部替换】按钮，将当前文字中所有符合查找条件的字符全部替换。在弹出的【查找和替换】对话框中单击“确定”按钮，关闭对话框，结果如图8-60所示。

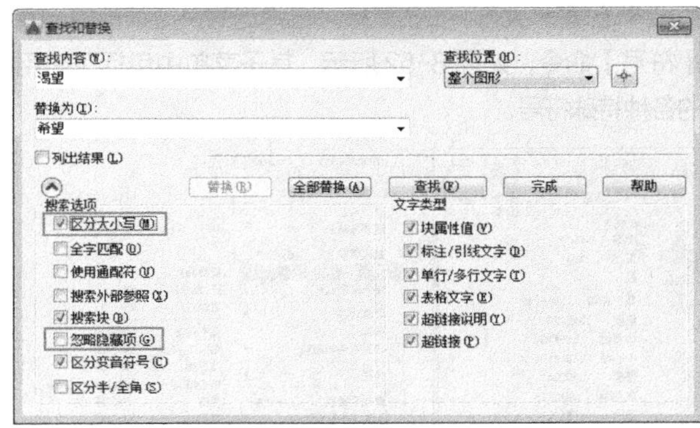

图 8-59 设置【查找和替换】选项

随着环境保护意识的增长，人们向往自然，喝天然饮料，用自然材料，希望住在天然绿色环境中。

图 8-60 替换结果

8.1.7 注释性文字 ★进阶★

基于 AutoCAD 软件的特点，用户可以直接按 1:1 比例绘制图形，当通过打印机或绘图仪将图形输出到图纸时，再设置输出比例。这样，绘制图形时就不需要考虑尺寸的换算问题，而且同一幅图形可以按不同的比例多次输出。

但这种方法就存在一个问题，当以不同的比例输出图形时，图形按比例缩小或放大，这是我们所需要的。其他一些内容，如文字、尺寸文字和尺寸箭头的大小等也会按比例缩小或放大，它们就无法满足绘图标准的要求。利用 AutoCAD 2016 的注释性对象功能，则可以解决此问题。

为方便操作，用户可以专门定义注释性文字样式，用于定义注释性文字样式的命令也是 STYLE，其定义过程与前面介绍的内容相似，只需选中【注释性】复选框即可。标注注释性文字

当用“DTEXT”命令标注【注释性】文字后，应首先将对应的【注释性】文字样式设为当前样式，然后利用状态栏上的【注释比例】列表设置比例，如图 8-61 所示，最后可以用 DTEXT 命令标注文字了。

对于已经标注的非注释性文字或对象，可以通过特性窗口将其设置为注释性文字。只要通过特性面板，或选择【工具】|【选项板】|【特性】或选择【修改】|【特性】命令，选中该文字，则可以利用特性窗口将【注释性】设为【是】，如图 8-62 所示，通过注释比例设置比例即可。

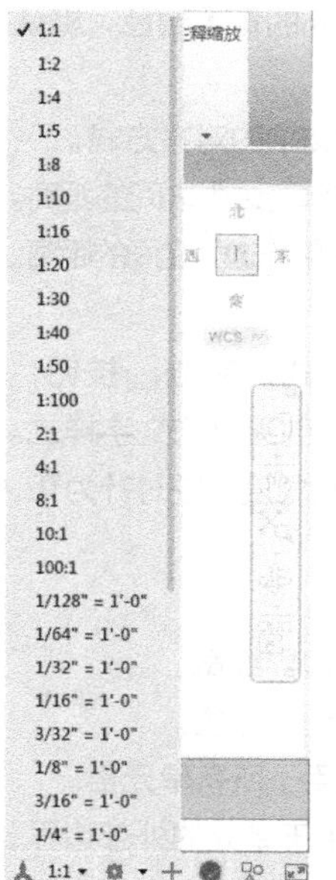

图 8-61 注释比例列表

图 8-62 利用特性窗口设置文字注释性

8.2 创建表格

表格在各类制图中的运用非常普遍，主要用来展示于图形相关的标准、数据信息、材料和装配信息等内容。使用 AutoCAD 的表格功能，能够自动地创建和编辑表格，其操作方法与 Word、Excel 相似。

8.2.1 表格样式的创建

与文字类似，AutoCAD 中的表格也有一定样式，包括表格内文字的字体、颜色、高度，以及表格的行高、行距等。在插入表格之前，应先创建所需的表格样式。

•执行方式

创建表格样式的方法有以下几种。

◆功能区：在【默认】选项卡中，单击【注释】滑出面板上的【表格样式】按钮，如图8-63所示。

◆菜单栏：选择【格式】|【表格样式】命令，如图 8-64 所示。

◆命令行：TABLESTYLE 或 TS。

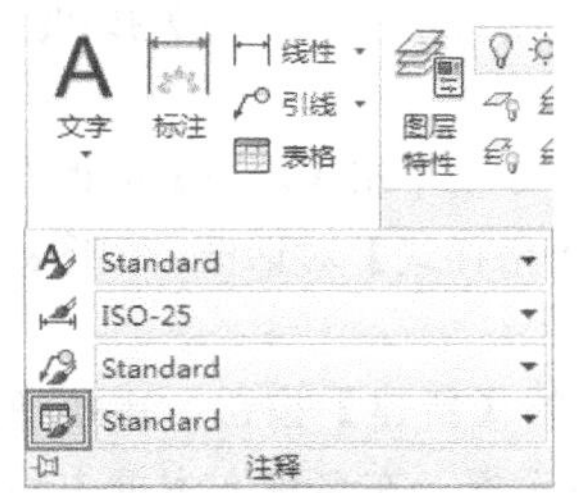

图 8-63 【注释】面板中的【表格样式】按钮

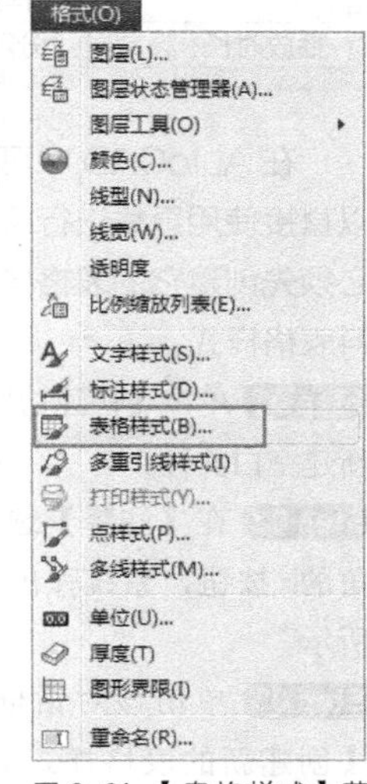

图 8-64 【表格样式】菜单命令

•操作步骤

执行上述任一命令后，系统弹出【表格样式】对话框，如图 8-65 所示。

通过该对话框可执行将表格样式置为当前、修改、删除或新建操作。单击【新建】按钮，系统弹出【创建新的表格样式】对话框，如图 8-66 所示。

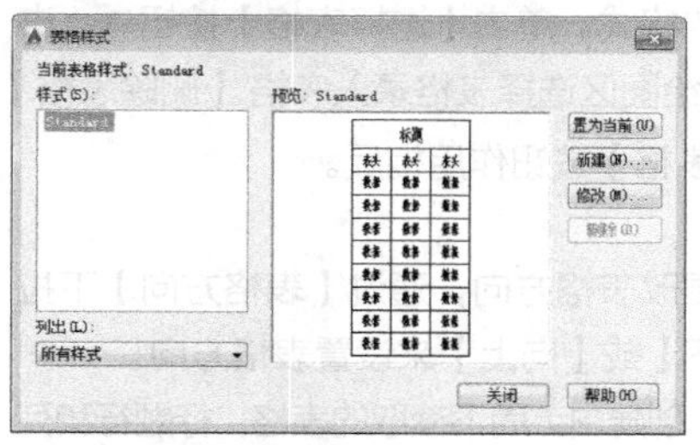

图 8-65 【表格样式】对话框

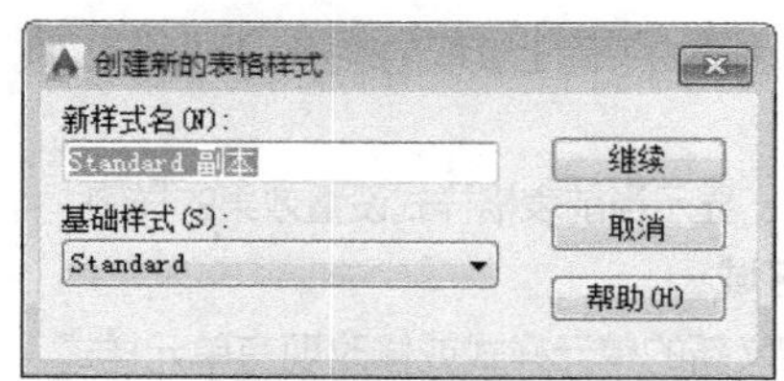

图 8-66 【创建新的表格样式】对话框

在【新样式名】文本框中输入表格样式名称，在【基础样式】下拉列表框中选择一个表格样式，为新的表格样式提供默认设置，单击【继续】按钮，系统弹出【新建表格样式】对话框，如图 8-67 所示，可以对样式进行具体设置。

当单击【新建表格样式】对话框中【管理单元样式】按钮时，弹出图 8-68 所示【管理单元格式】对话框，在该对话框里可以对单元格式进行添加、删除和重命名。

图 8-67 【新建表格样式】对话框

图 8-68 【管理单元样式】对话框

• 选项说明

【新建表格样式】对话框由【起始表格】、【常规】、【单元样式】和【单元样式预览】4 个区域组成，其各选项的含义如下。

◎【起始表格】区域

该选项允许用户在图形中制定一个表格用作样列来设置此表格样式的格式。单击【选择表格】按钮，进入绘图区，可以在绘图区选择表格录入表格。【删除表格】按钮与【选择表格】按钮作用相反。

◎【常规】区域

该选项用于更改表格方向，通过【表格方向】下拉列表框选择【向下】或【向上】来设置表格方向。

◆【向下】：创建由上而下读取的表格，标题行和列都在表格的顶部。

◆【向上】：创建由下而上读取的表格，标题行和列都在表格的底部。

◆【预览框】：显示当前表格样式设置效果的样例。

◎【单元样式】区域

该区域用于定义新的单元样式或修改现有单元样式。

【单元样式】列表：该列表中显示表格中的单元样式。系统默认提供了【数据】、【标题】和【表头】3种单元样式，用户如需要创建新的单元样式，可以单击右侧第一个【创建新单元样式】按钮，打开【创建新单元样式】对话框，如图 8-69 所示。在对话框中输入新的单元样式名，单击【继续】按钮创建新的单元样式。

如单击右侧第二个【管理单元样式】按钮时，则弹出图 8-70 所示【管理单元格式】对话框，在该对话框里可以对单元格式进行添加、删除和重命名。

图 8-69 【创建新单元格式】对话框

图 8-70 【管理单元格式】对话框

【单元样式】区域中还有 3 个选项卡，如图 8-71 所示，各含义分别介绍如下。

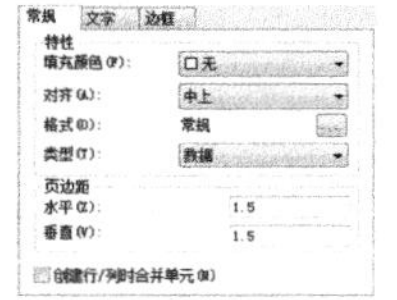

【常规】选项卡

【文字】选项卡

【边框】选项卡

图 8-71 【单元样式】区域中的 3 个选项卡

【常规】选项卡

◆【填充颜色】：制定表格单元的背景颜色，默认值为【无】。

◆【对齐】：设置表格单元中文字的对齐方式。

◆【水平】：设置单元文字与左右单元边界之间的距离。

◆【垂直】：设置单元文字与上下单元边界之间的距离。

【文字】选项卡

◆【文字样式】：选择文字样式，单击按钮，打开【文字样式】对话框，利用它可以创建新的文字样式。

◆【文字角度】：设置文字倾斜角度。逆时针为正，顺时针为负。

【边框】选项卡

◆【线宽】：指定表格单元的边界线宽。

◆【颜色】：指定表格单元的边界颜色。

◆ 按钮：将边界特性设置应用于所有单元格。

◆ 按钮：将边界特性设置应用于单元的外部边界。

◆ 按钮：将边界特性设置应用于单元的内部边界。

◆ 按钮：将边界特性设置应用于单元的底、左、上及下边界。

◆ 按钮：隐藏单元格的边界。

练习 8-6 创建“室内材料统计表”表格样式

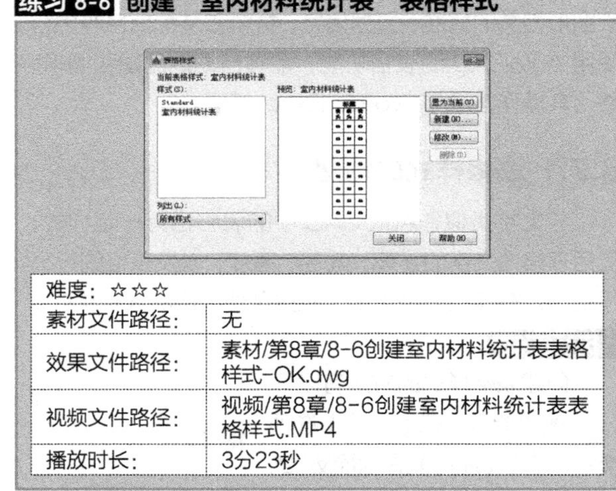

难度：☆☆☆	
素材文件路径：	无
效果文件路径：	素材/第8章/8-6创建室内材料统计表表格样式-OK.dwg
视频文件路径：	视频/第8章/8-6创建室内材料统计表表格样式.MP4
播放时长：	3分23秒

在 AutoCAD 中可以使用【表格】工具创建，也可以直接使用直线进行绘制。如要使用【表格】创建，则必须先创建它的表格样式。本例便创建一简单的室内材料表格样式。

Step 01 单击【快速访问】工具栏中的【新建】按钮，新建空白文件。

Step 02 在【注释】选项卡中，单击【表格】面板右下角的按钮，系统弹出【表格样式】对话框，如图8-72所示。

Step 03 单击该对话框中的【新建】按钮，系统弹出【创建新的表格样式】对话框，在名称文本框中输入“室内材料统计表”，如图8-73所示。

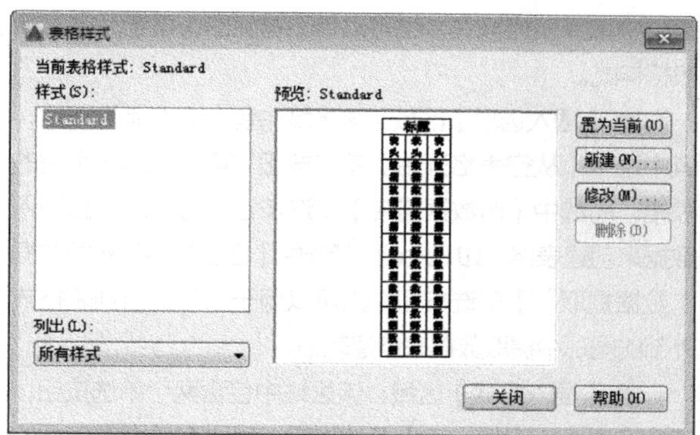

图 8-72 【表格样式】对话框

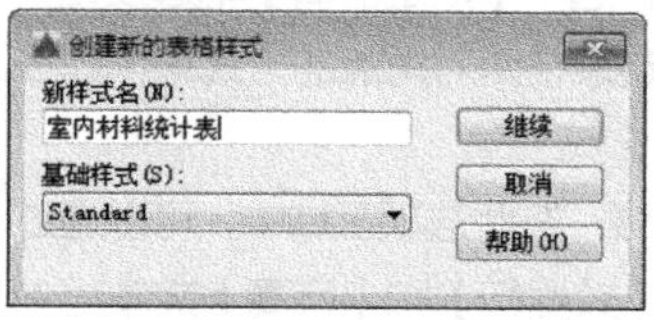

图 8-73 输入表格样式名

Step 04 设置表格样式。单击【继续】按钮，系统弹出【新建新的样式：室内材料统计表】对话框，如图8-74所示。

Step 05 在【单元样式】选项组中，单击【文字样式】右侧按钮，系统弹出【文字样式】对话框，新建【汉字】文字样式，并设置参数，再将新建的文字样式置为当前，如图8-75所示。

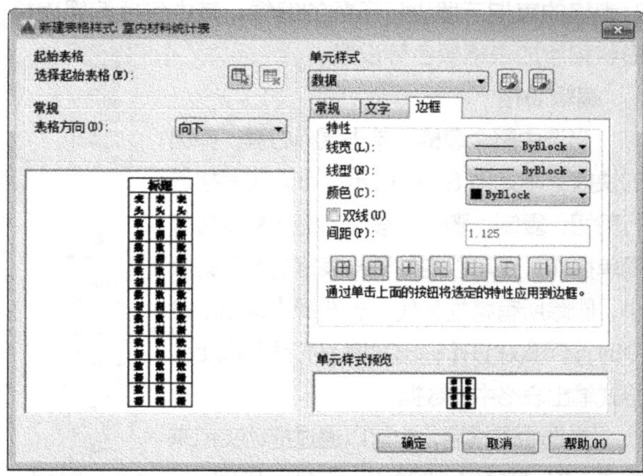

图 8-74 【新建表格样式】对话框

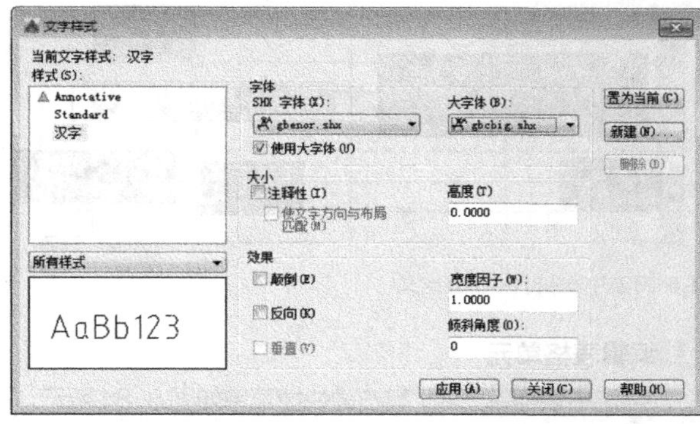

图 8-75 新建文字样式

Step 06 单击对话框中的【关闭】按钮，返回【新建标注样式：室内材料统计表】对话框，设置文字高度为3.5，如图8-76所示。

Step 07 单击【常规】选项卡，设置对齐方式为【正中】，如图8-77所示。

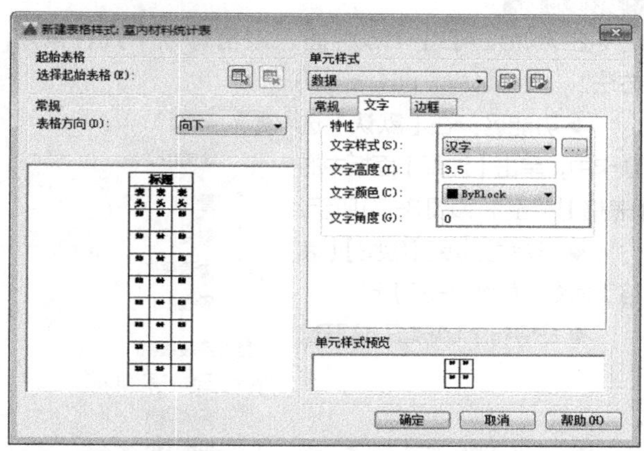

图 8-76 设置文字高度

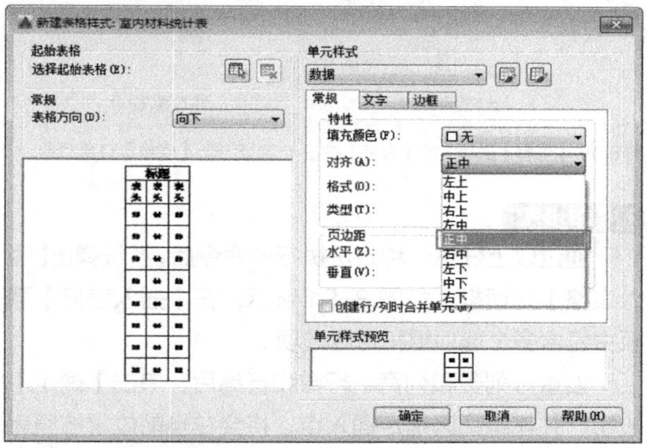

图 8-77 设置对齐方式

Step 08 单击【确定】按钮，系统返回【表格样式】对话框，选中新建的【室内材料统计表】样式，单击对话框中的【置为当前】按钮，将该表格样式置为当前，如图8-78所示。

Step 09 单击【关闭】按钮，关闭【表格样式】对话框。至此，完成“室内材料统计表”表格样式的设置。

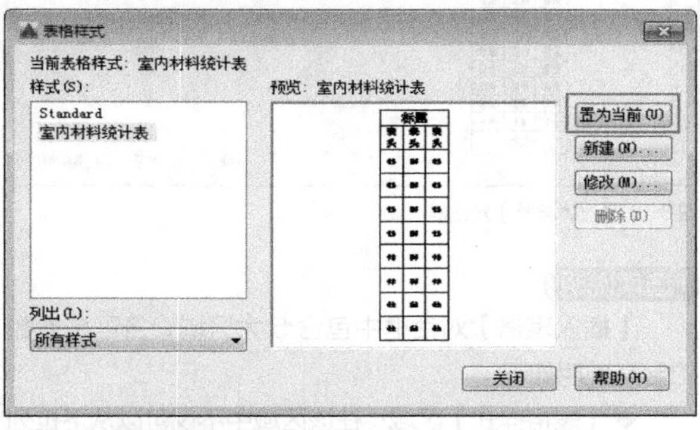

图 8-78 将新建的表格样式置为当前

8.2.2 插入表格

表格是在行和列中包含数据的对象，在设置表格样式后便可以从空格或表格样式创建表格对象，还可以将表格链接至 Microsoft Excel 电子表格中的数据。

•执行方式

在 AutoCAD 2016 中插入表格有以下几种常用方法。

◆功能区：在【默认】选项卡中，单击【注释】面板中的【表格】按钮，如图 8-79 所示。

◆菜单栏：执行【绘图】|【表格】命令，如图 8-80 所示。

◆命令行：TABLE 或 TB。

图 8-79 【注释】面板中的【表格】按钮

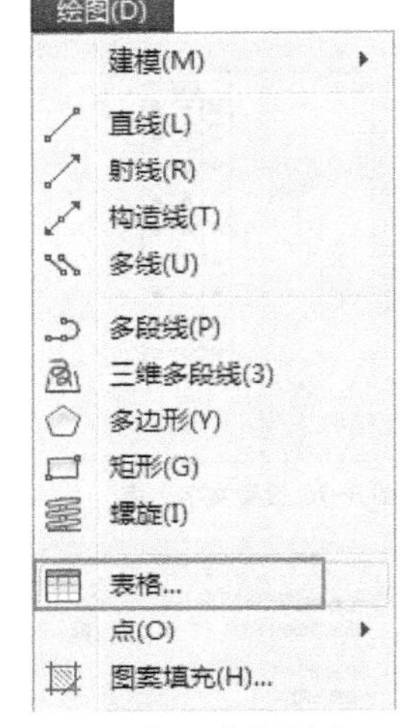

图 8-80 【表格】菜单命令

•操作步骤

通过以上任意一种方法执行该命令后，系统弹出【插入表格】对话框，如图 8-81 所示。在【插入表格】面板中包含多个选项组和对应选项。

设置好列数和列宽、行数和行高后，单击【确定】按钮，并在绘图区指定插入点，将会在当前位置按照表格设置插入一个表格，然后在此表格中添加上相应的文本信息即可完成表格的创建。

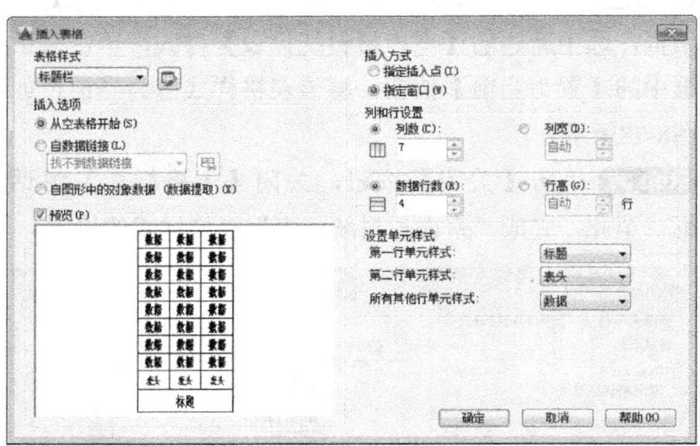

图 8-81 【插入表格】对话框

•选项说明

【插入表格】对话框中包含 5 大区域，各区域参数的含义说明如下。

◆【表格样式】区域：在该区域中不仅可以从下拉列表框中选择表格样式，也可以单击右侧的按钮后创建新表格样式。

◆【插入选项】区域：该区域中包含 3 个单选按钮，其中选中【从空表格开始】单选按钮，可以创建一个空的表格；而选中【自数据连接】单选按钮，可以从外部导入数据来创建表格，如 Excel；若选中【自图形中的对象数据（数据提取）】单选按钮，则可以用于从可输出到表格或外部的图形中提取数据来创建表格。

◆【插入方式】区域：该区域中包含两个单选按钮，其中选中【指定插入点】单选按钮，可以在绘图窗口中的某点插入固定大小的表格；选中【指定窗口】单选按钮，可以在绘图窗口中通过指定表格两对角点的方式来创建任意大小的表格。

◆【列和行设置】区域：在此选项区域中，可以通过改变【列】、【列宽】、【数据行】和【行高】文本框中的数值来调整表格的外观大小。

◆【设置单元样式】区域：在此选项组中可以设置【第一行单元样式】、【第二行单元样式】和【所有其他单元样式】选项。默认情况下，系统均以【从空表格开始】方式插入表格。

8.2.3 编辑表格

在添加完成表格后，不仅可根据需要对表格整体或表格单元执行拉伸、合并或添加等编辑操作，而且可以对表格的表指示器进行所需的编辑，其中包括编辑表格形状和添加表格颜色等设置。

1 编辑表格

当选中整个表格，单击鼠标右键，弹出的快捷菜单如图 8-82 所示。可以对表格进行剪切、复制、删除、移动、缩放和旋转等简单操作，还可以均匀调整表格的行、列大小，删除所有特性替代。当选择【输出】命令时，还可以打开【输出数据】对话框，以.csv 格式输出表格中的数据。

当选中表格后，也可以通过拖动夹点来编辑表格，其各夹点的含义，如图 8-83 所示。

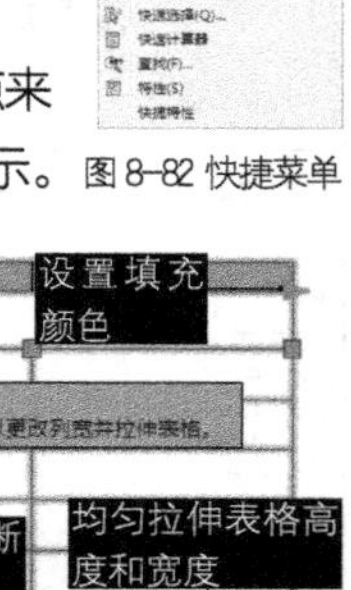

图 8-82 快捷菜单

移动表格

设置填充颜色

更改列宽。按住 Ctrl 键拖动鼠标，可以更改列宽并拉伸表格。

均匀拉伸表格高度

表格打断夹点

均匀拉伸表格高度和宽度

图 8-83 选中表格时各夹点的含义

2 编辑表格单元

当选中表格单元时，其右键快捷菜单如图 8-84 所示。

当选中表格单元格后，在表格单元格周围出现夹点，也可以通过拖动这些夹点来编辑单元格，其各夹点的含义如图 8-85 所示。如果要选择多个单元，可以按鼠标左键，并在欲选择的单元上拖动；也可以按住 Shift 键，并在欲选择的单元内按鼠标左键，可以同时选中这两个单元以及它们之间的所有单元。

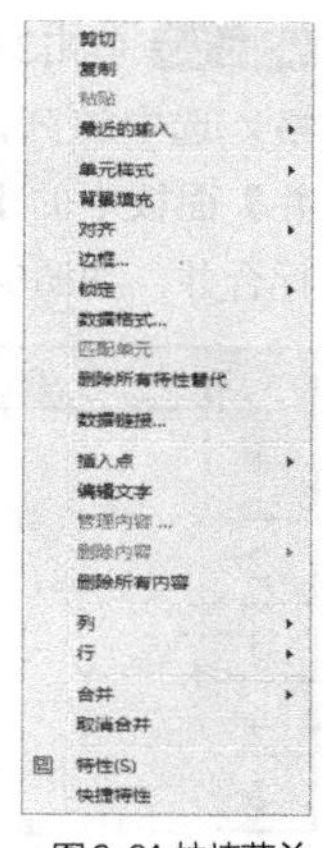

图 8-84 快捷菜单

图 8-85 通过夹点调整单元格

8.2.4 添加表格内容

在 AutoCAD 2016 中，表格的主要作用就是能够清晰、完整、系统地表现图纸中的数据。表格中的数据都是通过表格单元进行添加的，表格单元不仅可以包含文本信息，还可以包含多个块。此外，还可以将 AutoCAD 中的表格数据与 Microsoft Excel 电子表格中的数据进行连接。

确定表格的结构之后，最后在表格中添加文字、块、公式等内容。添加表格内容之前，必须了解单元格的选中状态和激活状态。

◆ 选中状态：单元格的选中状态在上一节已经介绍，如图 8-85 所示。单击单元格内部即可选中单元格，选中单元格之后系统弹出【表格单元】选项卡。

◆ 激活状态：在单元格的激活状态，单元格呈灰底显示，并出现闪动光标，如图 8-86 所示。双击单元格可以激活单元格，激活单元格之后系统弹出【文字编辑器】选项卡。

1 添加数据

当创建表格后，系统会自动亮显第一个表格单元，并打开【文字格式】工具栏，此时可以开始输入文字，在输入文字的过程中，单元的行高会随输入文字的高度或行数的增加而增加。要移动到下一单元，可以按 Tab 键或是用箭头键向左、向右、向上和向下移动。通过在选中的单元中按 F2 键，可以快速编辑单元格文字。

2 在表格中添加块

在表格中添加块和方程式需要选中单元格。选中单元格之后，系统将弹出【表格单元】选项卡，单击【插入】面板上的【块】按钮，系统弹出【在表格单元中插入块】对话框，如图 8-87 所示，浏览到块文件然后插入块。在表格单元中插入块时，块可以自动适应单元的大小，也可以调整单元以适应块的大小，并且可以将多个块插入到同一个表格单元中。

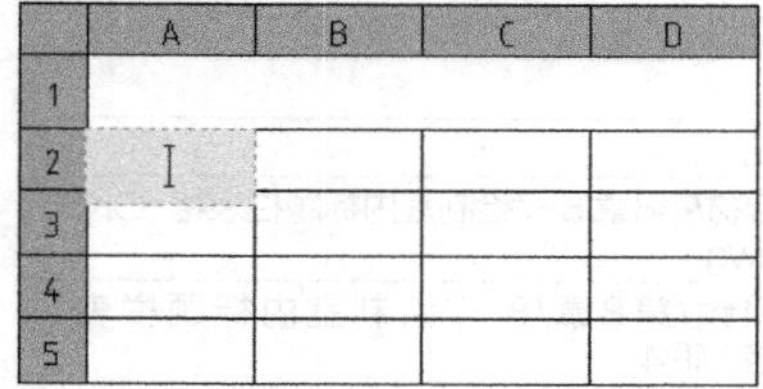

图 8-86 激活单元格

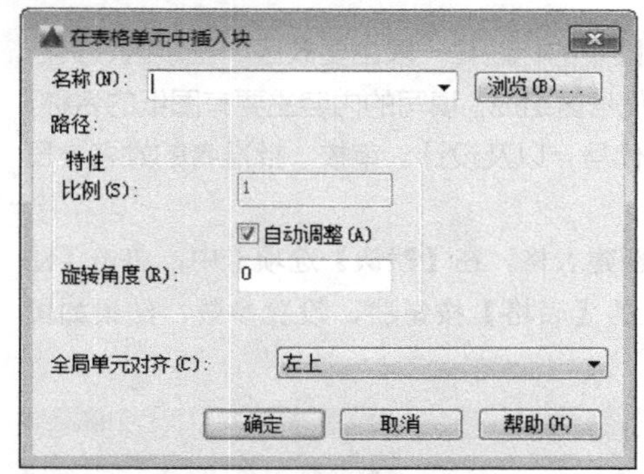

图 8-87 【在表格单元中插入块】对话框

3 在表格中添加方程式

在表格中添加方程式可以将某单元格的值定义为其他单元格的组合运算值。选中单元格之后，在【表格单元】选项卡中，单击【插入】面板上的【公式】按钮，弹出图 8-88 所示的选项，选择【方程式】选项，将激活单元格，进入文字编辑模式。输入与单元格标号相关的运算公式，如图 8-89 所示。该方程式的运算结果如图 8-90 所示。如果修改方程所引用的单元格，运算结果也随之更新。

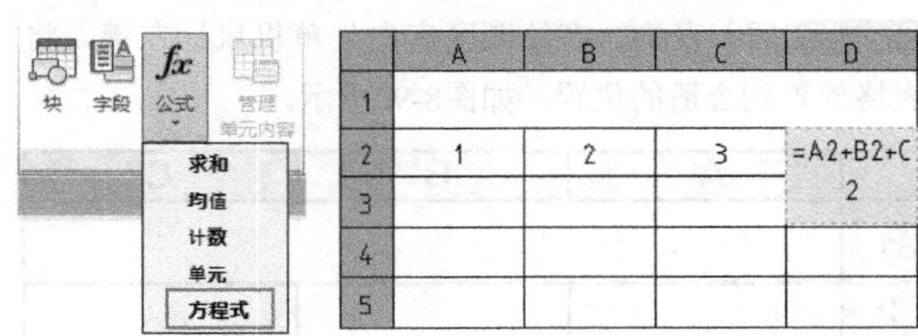

图 8-88 【公式】下拉列表　图 8-89 输入方程表达式

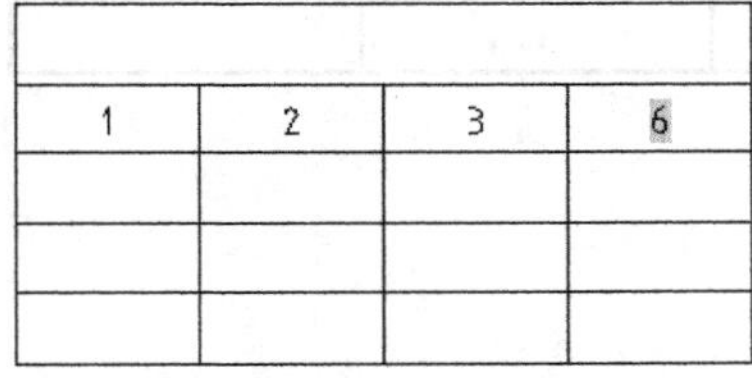

图 8-90 方程运算结果

练习 8-7 绘制室内标题栏表格

设计单位名称区		
签字区	工程名称区	图号区
	图名区	

难度：☆☆☆	
素材文件路径：	无
效果文件路径：	素材/第8章/8-7绘制室内标题栏表格-OK.dwg
视频文件路径：	视频/第8章/8-7绘制室内标题栏表格.MP4
播放时长：	4分钟

室内制图中的标题栏一般由更改区、签字区、其他区、名称及代号区组成。填写的内容主要有图纸的名称、比例、图样代号，以及设计、审核、批准者的姓名、日期等。

Step 01 打新建表格。在【默认】选项卡中，单击【注释】面板上的【表格】按钮，设置参数，结果如图8-91所示。

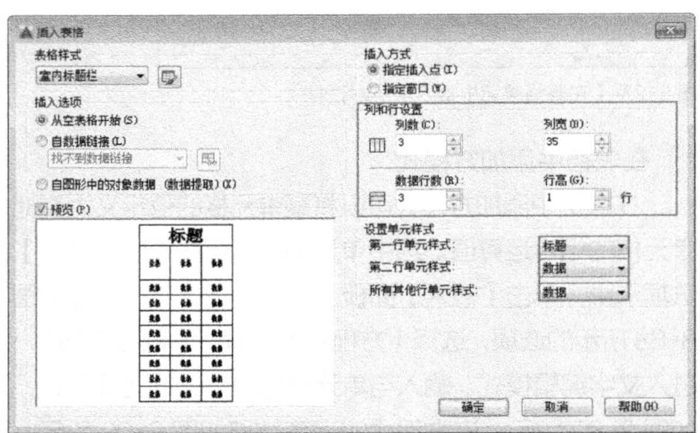

图 8-91 【插入】表格对话框

Step 02 插入表格。在绘图区空白处单机鼠标左键，将表格放置到合适的位置，如图8-92所示。

	A	B	C
1			
2			
3			
4			
5			

图 8-92 插入表格

Step 03 单击2单元格，按住Shift键单击序号为5的单元格，选中该列，在【表格单元】选项卡中，单击【合并】面板中的【合并全部】按钮，对所选的单元格进行合并，如图8-93所示。

	A	B	C
1			
2			
3			
4			
5			

图 8-93 合并“列”

Step 04 重复操作，对单元格进行合并操作，如图8-94所示。

	A	B	C
1			
2			
3			
4			
5			

图 8-94 合并其他单元格

Step 05 输入表格中的文本。双击激活单元格，输入相关文字，按Ctrl+Enter组合键完成文字的输入，如图8-95所示。

设计单位名称区		
签字区	工程名称区	图号区
	图名区	

图 8-95 输入表格文本

第 9 章 图层与图层特性

■ 进阶提高篇 ■

图层是 AutoCAD 提供给用户的组织图形的强有力工具。AutoCAD 的图形对象必须绘制在某个图层上，它可能是默认的图层，也可能是用户自己创建的图层。利用图层的特性，如颜色、线宽、线型等，可以非常方便地区分不同的对象。此外，AutoCAD 还提供了大量的图层管理功能（打开 / 关闭、冻结 / 解冻、加锁 / 解锁等），这些功能使用户在组织图层时非常方便。

9.1 图层概述

本节介绍图层的基本概念和分类原则，使读者对 AutoCAD 图层的含义和作用，以及一些使用的原则有一个清晰的认识。

9.1.1 图层的基本概念

AutoCAD 图层相当于传统图纸中使用的重叠图纸。它就如同一张张透明的图纸，整个 AutoCAD 文档就是由若干透明图纸上下叠加的结果，如图 9-1 所示。用户可以根据不同的特征、类别或用途，将图形对象分类组织到不同的图层中。同一个图层中的图形对象具有许多相同的外观属性，如线宽、颜色、线型等。

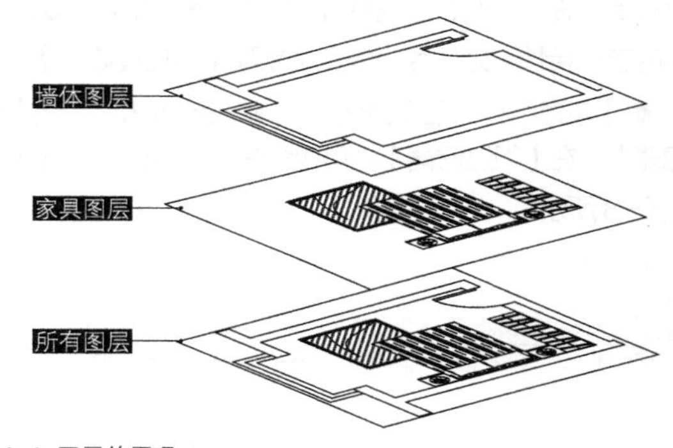

图 9-1 图层的原理

按图层组织数据有很多好处。首先，图层结构有利于设计人员对 AutoCAD 文档的绘制和阅读。不同工种的设计人员，可以将不同类型数据组织到各自的图层中，最后统一叠加。阅读文档时，可以暂时隐藏不必要的图层，减少屏幕上的图形对象数量，提高显示效率，也有利于看图。修改图纸时，可以锁定或冻结其他工种的图层，以防误删、误改他人图纸。其次，按照图层组织数据，可以减少数据冗余，压缩文件数据量，提高系统处理效率。许多图形对象都有共同的属性。如果逐个记录这些属性，那么这些共同属性将被重复记录。而按图层组织数据以后，具有共同属性的图形对象同属一个层。

9.1.2 图层分类原则

按照图层组织数据，将图形对象分类组织到不同的图层中，这是 AutoCAD 设计人员的一个良好习惯。在新建文档时，首先应该在绘图前大致设计好文档的图层结构。多人协同设计时，更应该设计好一个统一而又规范的图层结构，以便数据交换和共享。切忌将所有的图形对象全部放在同一个图层中。

图层可以按照以下的原则组织。

◆ 按照图形对象的使用性质分层。例如，在建筑室内设计中，可以将墙体、门窗、家具、绿化分在不同的层。

◆ 按照外观属性分层。具有不同线型或线宽的实体应当分属不同的图层，这是一个很重要的原则。例如粗实线（外轮廓线）、虚线（隐藏线）和点画线（中心线）就应该分属 3 个不同的层，也方便了打印控制。

◆ 按照模型和非模型分层。AutoCAD 制图的过程实际上是建模的过程。图形对象是模型的一部分；文字标注、尺寸标注、图框、图例符号等并不属于模型本身，是设计人员为了便于设计文件的阅读而人为添加的说明性内容。所以模型和非模型应当分属不同的层。

9.2 图层的创建与设置

图层的新建、设置等操作通常在【图层特性管理器】选项板中进行。此外，用户也可以使用【图层】面板或【图层】工具栏快速管理图层。【图层特性管理器】选项板中可以控制图层的颜色、线型、线宽、透明度、是否打印等，本节仅介绍其中常用的前 3 种，后面的设置操作方法与此相同，便不再介绍。

9.2.1 新建并命名图层

在使用 AutoCAD 进行绘图工作前，用户宜先根据自身行业要求创建好对应的图层。AutoCAD 的图层创建和设置都在【图层特性管理器】选项板中进行。

• 执行方式

打开【图层特性管理器】选项板有以下几种方法。

◆ 功能区：在【默认】选项卡中，单击【图层】面板中的【图层特性】按钮，如图 9-2 所示。

◆ 菜单栏：选择【格式】|【图层】命令，如图 9-3 所示。

◆ 命令行：LAYER 或 LA。

图 9-2【图层】面板中的【图层特性】按钮

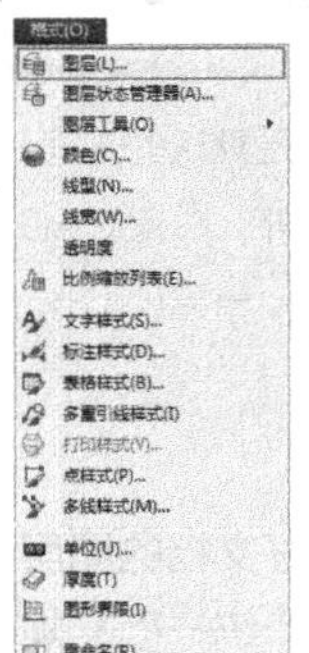

图 9-3 粗实线图层

•操作步骤

执行任一命令后，弹出【图层特性管理器】选项板，如图 9-4 所示，单击对话框上方的【新建】按钮，即可新建一个图层项目。默认情况下，创建的图层会依次以“图层 1”“图层 2”等顺序进行命名，用户也可以自行输入易辨别的名称，如“轮廓线”“中心线”等。输入图层名称之后，依次设置该图层对应的颜色、线型、线宽等特性。

设置为当前的图层项目前会出现✓符号。图 9-5 所示为将粗实线图层置为当前图层，颜色设置为红色、线型为实线，线宽为 0.3mm 的结果。

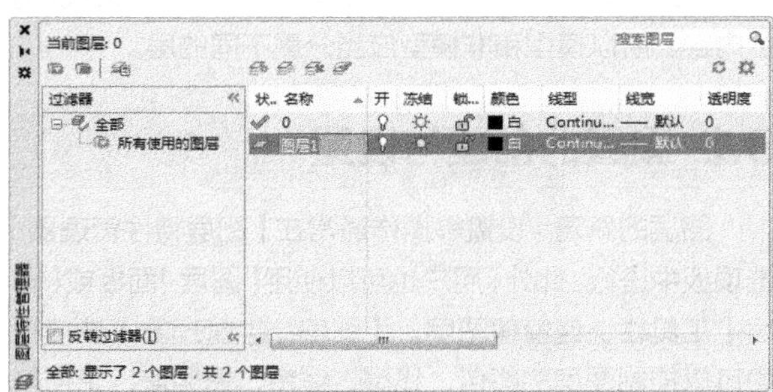

图 9-4 【图层特性管理器】选项板

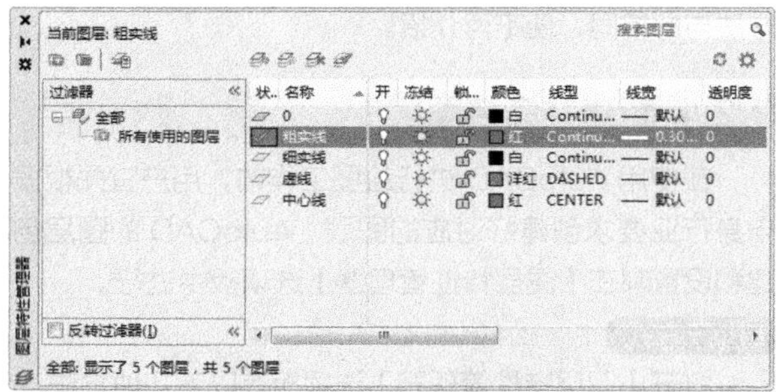

图 9-5 粗实线图层

操作技巧

图层的名称最多可以包含255个字符，并且中间可以含有空格，图层名区分大小写字母。图层名不能包含的符号有：<、>、^、“、”、;、?、*、|、,、=、’等，如果用户在命名图层时提示失败，可检查是否含有了这些非法字符。

•选项说明

【图层特性管理器】选项面板主要分为【图层树状区】与【图层设置区】两部分，如图 9-6 所示。

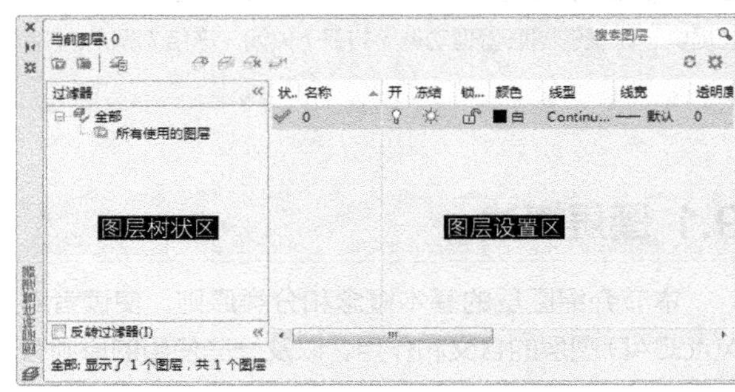

图 9-6 图层特性管理器

图层树状区

【图层树状区】用于显示图形中图层和过滤器的层次结构列表，其中【全部】用于显示图形中所有的图层，而【所有使用的图层】过滤器则为只读过滤器，过滤器按字母顺序进行显示。

【图层树状区】各选项及功能按钮的作用如下。

◆【新建特性过滤器】按钮：单击该按钮将弹出图 9-7 所示的【图层过滤器特性】对话框，此时可以根据图层的若干特性（如颜色、线宽）创建【特性过滤器】。

◆【新建组过滤器】按钮：单击该按钮可创建【组过滤器】，在【组过滤器】内可包含多个【特性过滤器】，如图 9-8 所示。

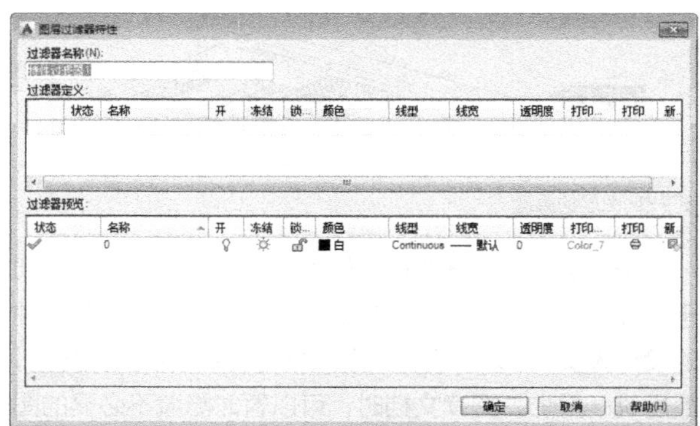

图 9-7 【图层过滤器特性】对话框

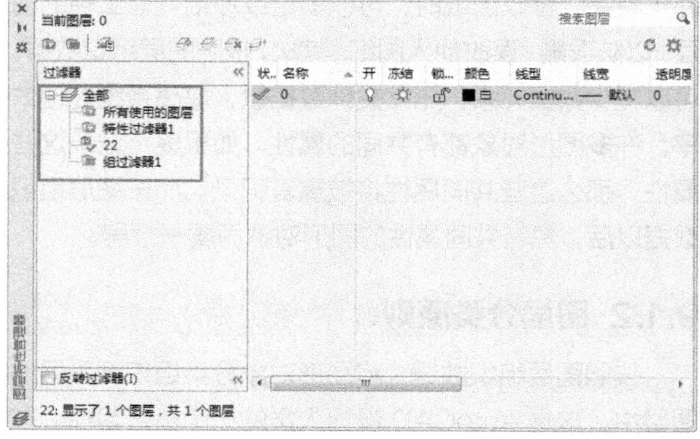

图 9-8 创建组过滤器

◆【图层状态管理器】按钮：单击该按钮，将弹出图 9-9 所示的【图层状态管理器】对话框，通过该对话框中的列表可以查看当前保存在图形中的图层状态、存在空间、图层列表是否与图形中的图层列表相同，以及可选说明。

◆【反转过滤器】复选框：勾选该复选框后，将在右侧列表中显示所有与过滤性不符合的图层，当【特性过滤器 1】中选择到所有颜色为绿色的图层时，勾选该复选框，将显示所有非绿色的图层，如图 9-10 所示。

◆【状态栏】：在状态栏内罗列出了当前过滤器的名称、列表视图中显示的图层数与图形中的图层数等信息。

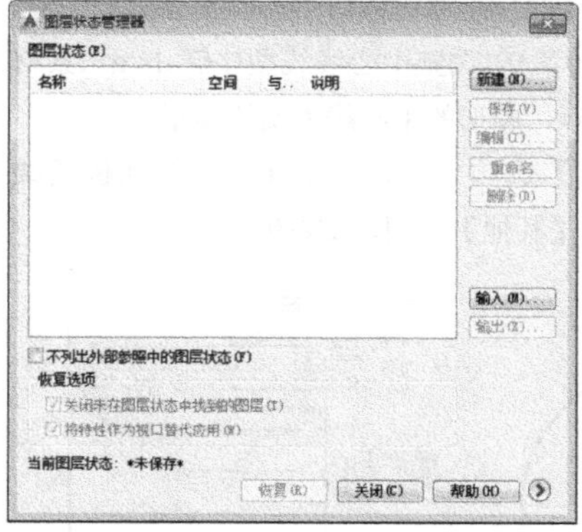

图 9-9 图层状态管理器

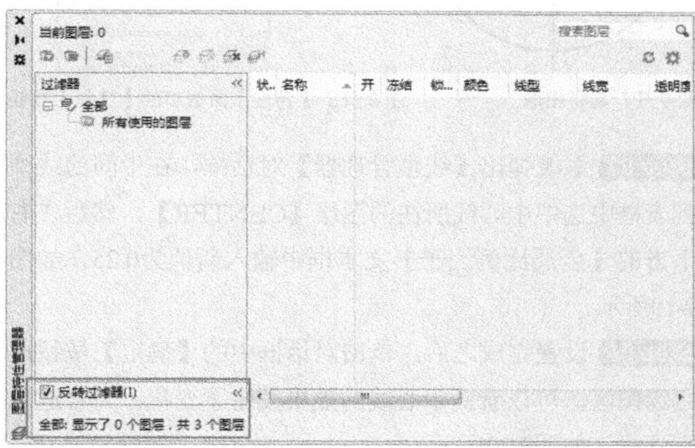

图 9-10 反转过滤器

图层设置区

【图层设置区】具有搜索、创建、删除图层等功能，并能显示图层具体的特性与说明，【图形树状区】各选项及功能按钮的作用如下。

◆【搜索图层】文本框：通过在其左侧的文本框内输入搜索关键字符，可以按名称快速搜索至相关的图层列表。

◆【新建图层】按钮：单击该按钮可以在列表中新建一个图层。

◆【在所有视口中都被冻结的新图层视口】按钮：单击该按钮可以创建一个新图层，但在所有现有的布局视口中会将其冻结。

◆【删除图层】按钮：单击该按钮将删除当前选中的图层。

◆【置为当前】按钮：单击该按钮可以将当前选中的图层置为当前层，用户所绘制的图形将存放在该图层上。

◆【刷新】按钮：单击该按钮可以刷新图层列表中的内容。

◆【设置】按钮：单击该按钮将显示如图 9-11 所示的【图层设置】对话框，用于调整【新图层通知】、【隔离图层设置】及【对话框设置】等内容。

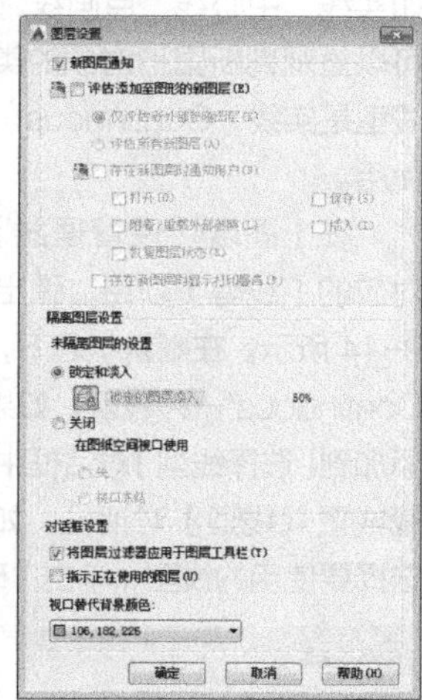

图 9-11 【图层设置】对话框

9.2.2 设置图层颜色 ★重点★

如前文所述，为了区分不同的对象，通常为不同的图层设置不同的颜色。设置图层颜色之后，该图层上的所有对象均显示为该颜色（修改了对象特性的图形除外）。

打开【图层特性管理器】选项板，单击某一图层对应的【颜色】项目，如图 9-12 所示，弹出【选择颜色】对话框，如图 9-13 所示。在调色板中选择一种颜色，单击【确定】按钮，即完成颜色设置。

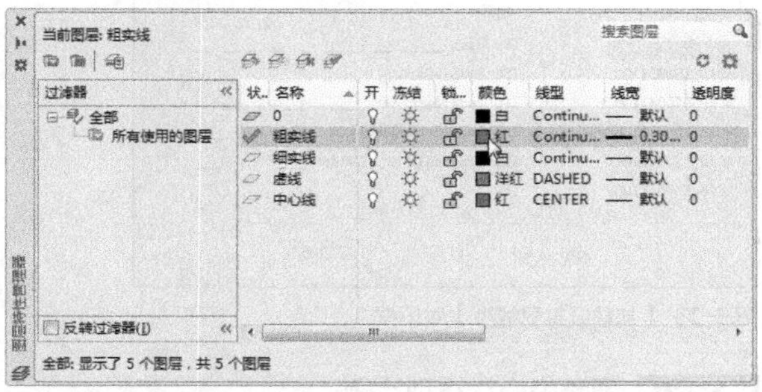

图 9-12 单击图层颜色项目

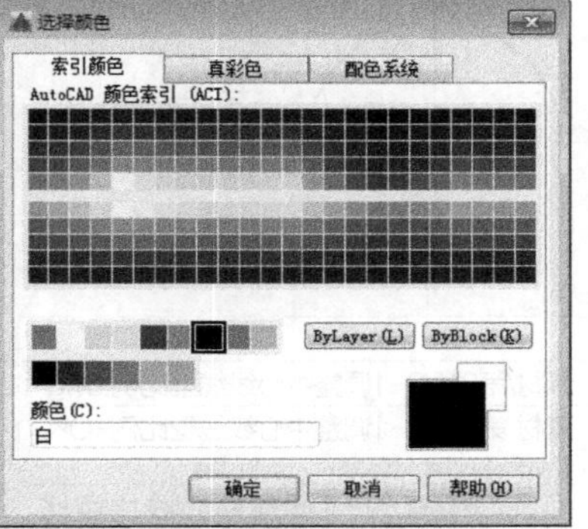

图 9-13 【选择颜色】对话框

9.2.3 设置图层线型 ★重点★

线型是指图形基本元素中线条的组成和显示方式，如实线、中心线、点画线、虚线等。通过线型的区别，可以直观判断图形对象的类别。在AutoCAD中默认的线型是实线（Continuous），其他的线型需要加载才能使用。

在【图层特性管理器】选项板中，单击某一图层对应的【线型】项目，弹出【选择线型】对话框，如图9-14所示。在默认状态下，【选择线型】对话框中只有Continuous一种线型。如果要使用其他线型，必须将其添加到【选择线型】对话框中。单击【加载】按钮，弹出【加载或重载线型】对话框，如图9-15所示，从对话框中选择要使用的线型，单击【确定】按钮，完成线型加载。

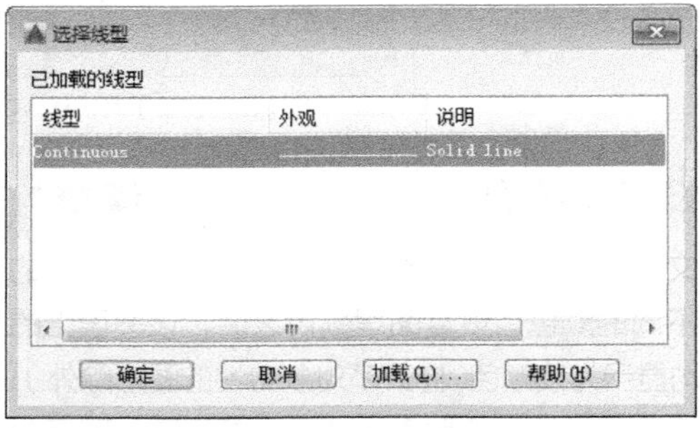

图9-14 【选择线型】对话框

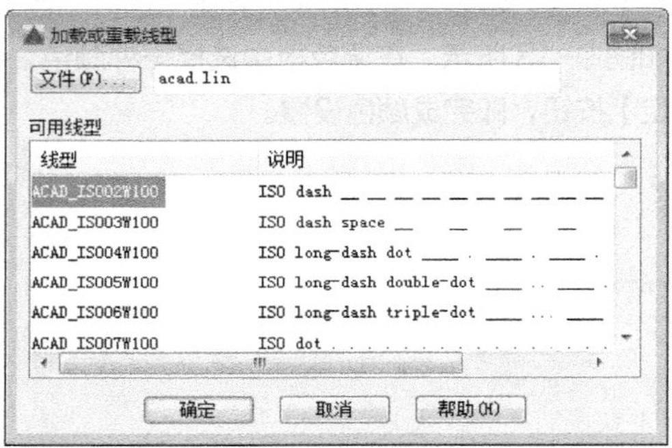

图9-15 【加载或重载线型】对话框

有时设置好了非连续线型（如虚线、中心线）的图层，但绘制时仍会显示出实线的效果。这通常是因为线型的【线型比例】值过大，修改数值即可显示出正确的线型效果，如图9-16所示。具体操作方法说明如下。

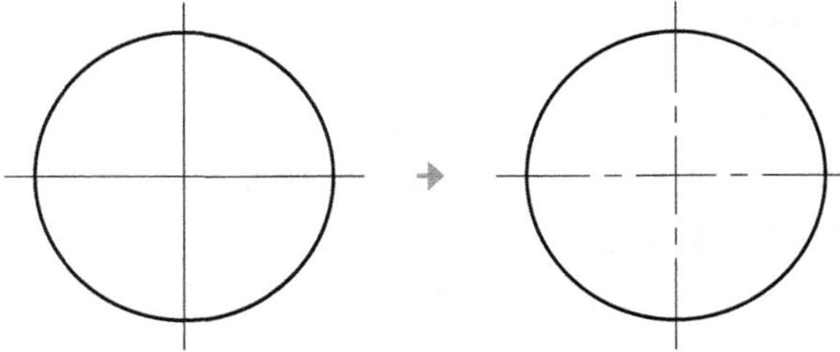

图9-16 线型比例的变化效果

练习 9-1 调整中心线线型比例

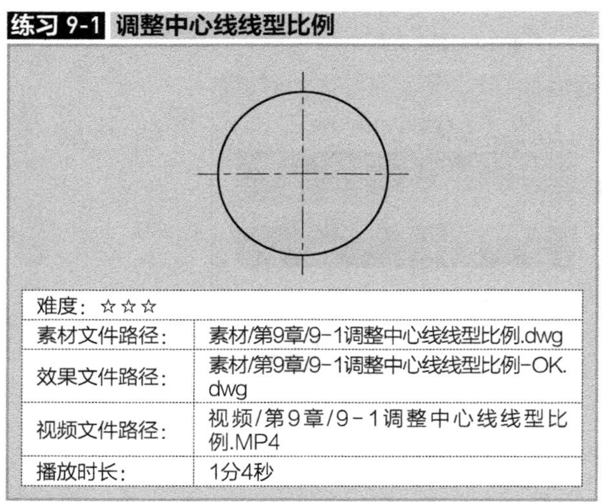

难度：☆☆☆	
素材文件路径：	素材/第9章/9-1调整中心线线型比例.dwg
效果文件路径：	素材/第9章/9-1调整中心线线型比例-OK.dwg
视频文件路径：	视频/第9章/9-1调整中心线线型比例.MP4
播放时长：	1分4秒

Step 01 打开"第9章/9-1调整中心线线型比例.dwg"素材文件，如图9-17所示，图形的中心线为实线显示。

Step 02 在【默认】选项卡中，单击【特性】面板【线型】下拉列表中的【其他】按钮，如图9-18所示。

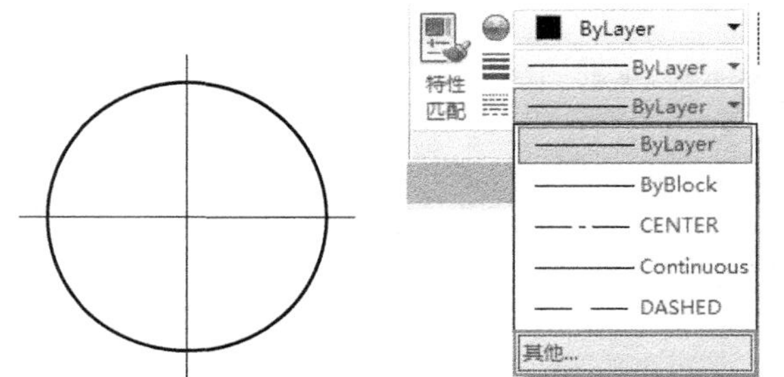

图9-17 素材图形　　图9-18 【特性】面板中的【其他】按钮

Step 03 系统弹出【线型管理器】对话框，在中间的线型列表框中选中中心线所在的图层【CENTER】，然后在右下方的【全局比例因子】文本框中输入新值为0.25，如图9-19所示。

Step 04 设置完成之后，单击对话框中的【确定】按钮返回绘图区，可以看到中心线的效果发生了变化，为合适的点画线，如图9-20所示。

图9-19 【线型管理器】对话框

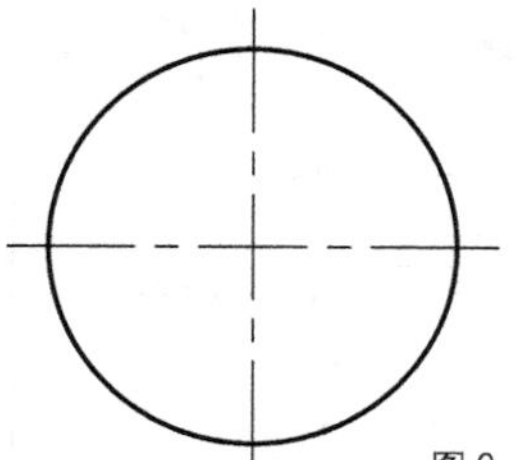

图 9-20 修改线型比例值之后的图形

9.2.4 设置图层线宽 ★重点★

线宽即线条显示的宽度。使用不同宽度的线条表现对象的不同部分，可以提高图形的表达能力和可读性，如图 9-21 所示。

图 9-21 线宽变化

在【图层特性管理器】选项板中，单击某一图层对应的【线宽】项目，弹出【线宽】对话框，如图 9-22 所示，从中选择所需的线宽即可。

如果需要自定义线宽，在命令行中输入“LWEIGHT”或“LW”，并按 Enter 键，弹出【线宽设置】对话框，如图 9-23 所示，通过调整线宽比例，可使图形中的线宽显示得更宽或更窄。

在 AutoCAD 中常设置粗细比例为 2 ：1。共有 0.25/0.13、0.35/0.18、0.5/0.25、0.7/0.35、1/0.5、1.4/0.7、2/1（单位均为 mm）这 7 种组合，同一图纸只允许采用一种组合。其余行业制图请查阅相关标准。

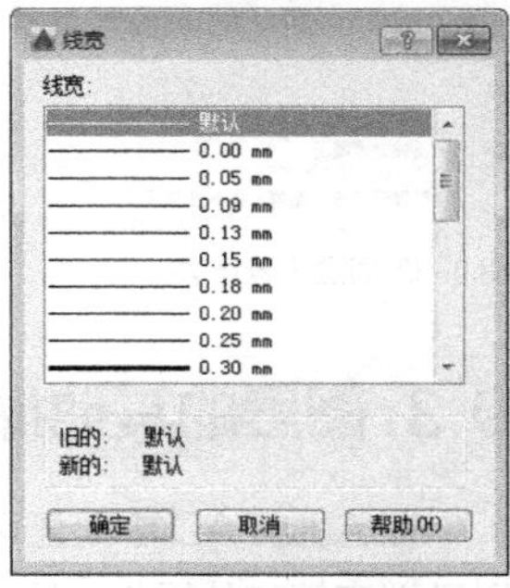

图 9-22 【线宽】对话框

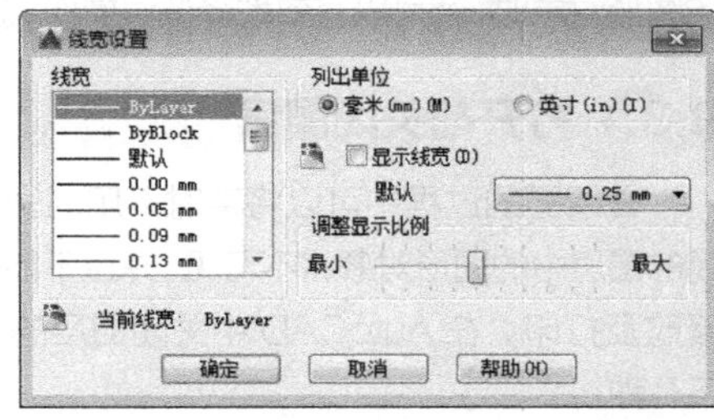

图 9-23 【线宽设置】对话框

练习 9-2 创建绘图基本图层

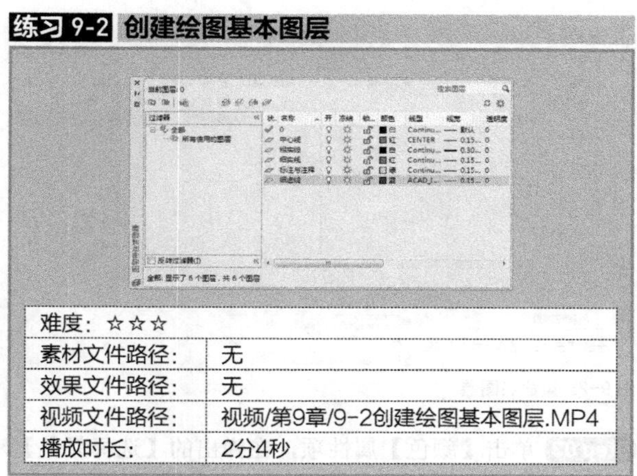

难度：☆☆☆	
素材文件路径：	无
效果文件路径：	无
视频文件路径：	视频/第9章/9-2创建绘图基本图层.MP4
播放时长：	2分4秒

本案例介绍绘图基本图层的创建，在该实例中要求分别建立【粗实线】、【中心线】、【细实线】、【标注与注释】和【细虚线】层，这些图层的主要特性如表 9-1 所示[根据《技术制图规章》（GB/T-17450）所述适用于建筑、室内设计等制图]。

表 9-1 图层列表

序号	图层名	线宽/mm	线 型	颜色	打印属性
1	粗实线	0.3	CONTINUOUS	黑	打印
2	细实线	0.15	CONTINUOUS	红	打印
3	中心线	0.15	CENTER	红	打印
4	标注与注释	0.15	CONTINUOUS	绿	打印
5	细虚线	0.15	ACAD-ISO 02W100	5	打印

Step 01 单在【默认】选项卡中，单击【图层】面板中的【图层特性】按钮。系统弹出【图层特性管理器】选项板，单击【新建】按钮，新建图层。系统默认【图层1】的名称新建图层，如图9-24所示。

Step 02 此时文本框呈可编辑状态，在其中输入文字“中心线”，并按Enter键，完成中心线图层的创建，如图9-25所示。

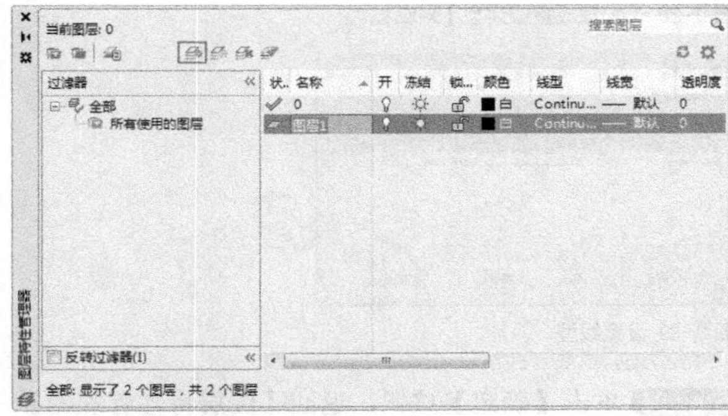

图 9-24 【图层特性管理器】选项板

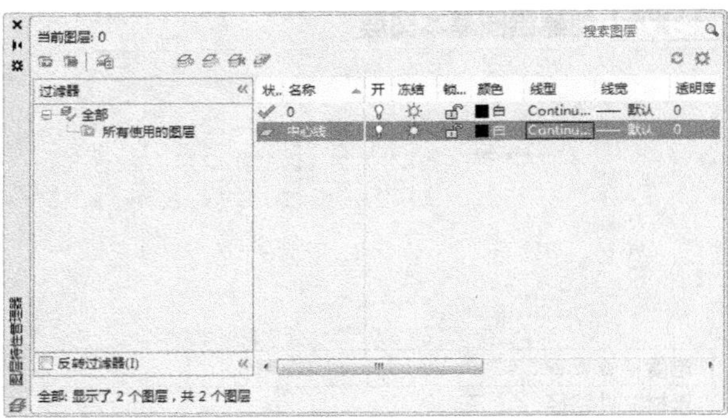

图 9-25 重命名图层

Step 03 单击【颜色】属性项，在弹出的【选择颜色】对话框中选择【红色】选项，如图9-26所示。单击【确定】按钮，返回【图层特性管理器】选项板。

Step 04 单击【线型】属性项，弹出【选择线型】对话框，如图9-27所示。

图 9-26 设置图层颜色

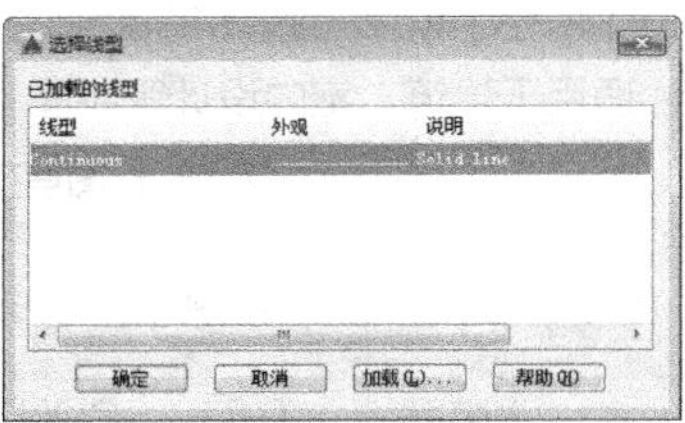

图 9-27 【选择线型】对话框

Step 05 在对话框中单击【加载】按钮，在弹出的【加载或重载线型】对话框中选择CENTER线型，如图9-28所示。单击【确定】按钮，返回【选择线型】对话框。再次选择CENTER线型，如图9-29所示。

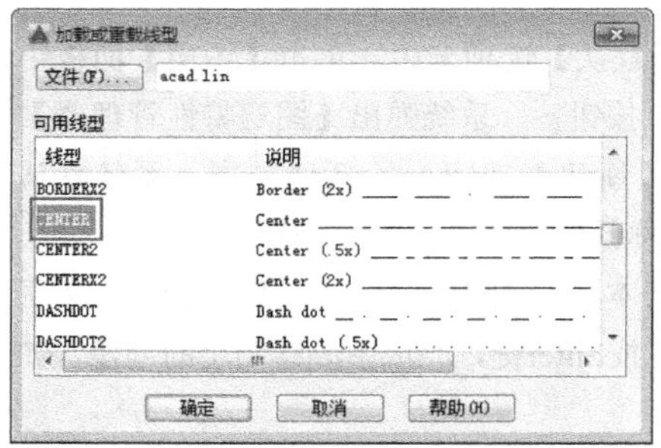

图 9-28 【加载或重载线型】对话框

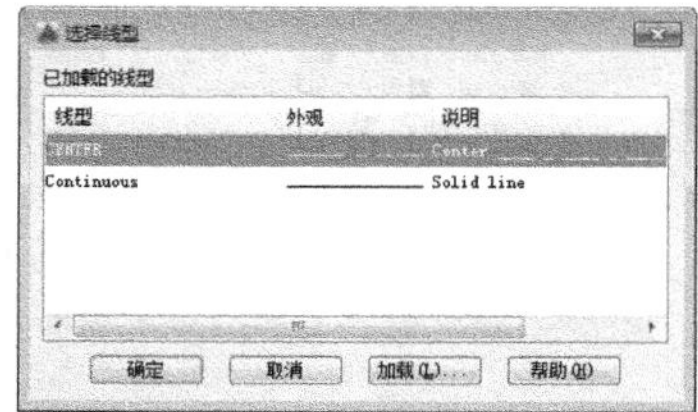

图 9-29 设置线型

Step 06 单击【确定】按钮，返回【图层特性管理器】选项板。单击【线宽】属性项，在弹出的【线宽】对话框中选择线宽为0.15mm，如图9-30所示。

Step 07 单击【确定】按钮，返回【图层特性管理器】选项板。设置的中心线图层如图9-31所示。

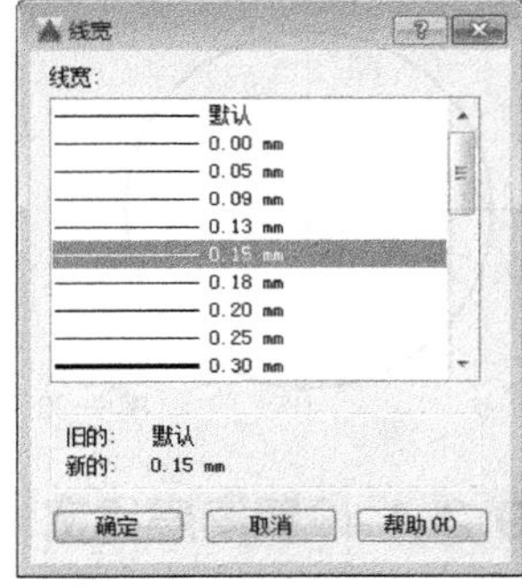

图 9-30 选择线宽

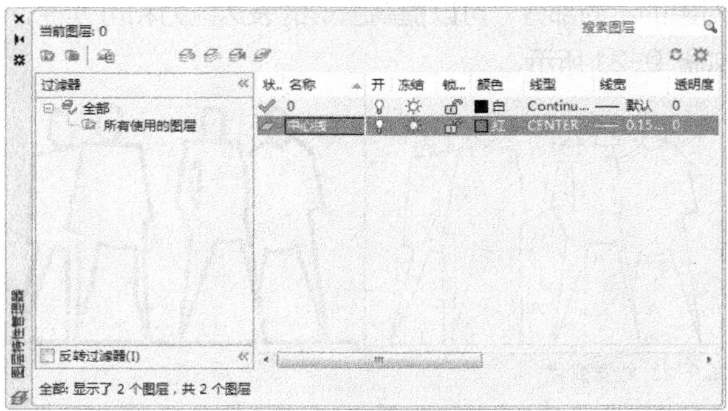

图 9-31 设置的中心线图层

Step 08 重复上述步骤，分别创建【粗实线】层、【细实线】层、【标注与注释】层和【细虚线】层，为各图层选择合适的颜色、线型和线宽特性，结果如图9-32所示。

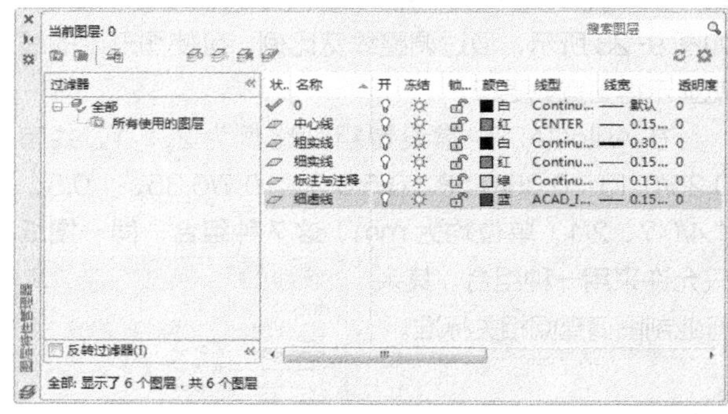

图 9-32 图层设置结果

9.3 图层的其他操作

在 AutoCAD 中，还可以对图层进行隐藏、冻结，以及锁定等其他操作，这样在使用 AutoCAD 绘制复杂的图形对象时，就可以有效地降低误操作，提高绘图效率。

9.3.1 打开与关闭图层 ★重点★

在绘图的过程中可以将暂时不用的图层关闭，被关闭的图层中的图形对象将不可见，并且不能被选择、编辑、修改及打印。在 AutoCAD 中关闭图层的常用方法有以下几种。

◆ 对话框：在【图层特性管理器】对话框中选中要

关闭的图层，单击💡按钮即可关闭选择图层，图层被关闭后该按钮将显示为💡，表明该图层已经被关闭，如图 9-33 所示。

◆ 功能区：在【默认】选项卡中，打开【图层】面板中的【图层控制】下拉列表，单击目标图层💡按钮即可关闭图层，如图 9-34 所示。

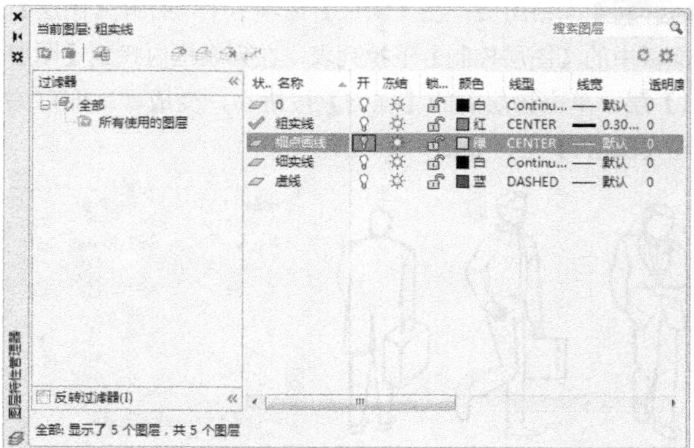

图 9-33 通过图层特性管理器关闭图层

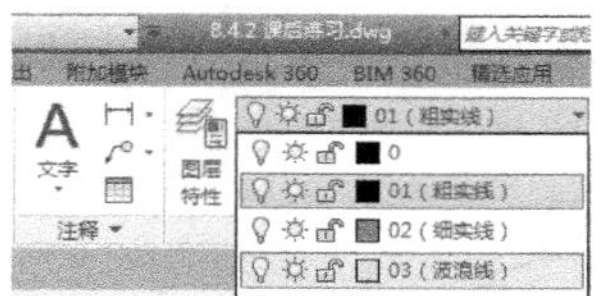

图 9-34 通过功能面板图标关闭图层

操作技巧

当关闭的图层为【当前图层】时，将弹出图9-35所示的确认对话框，此时单击【关闭当前图层】链接即可。如果要恢复关闭的图层，重复以上操作，单击图层前的【关闭】图标💡即可打开图层。

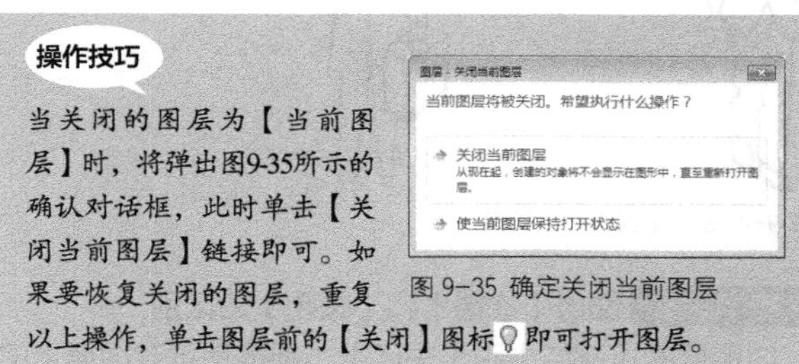

图 9-35 确定关闭当前图层

练习 9-3 通过关闭图层控制图形

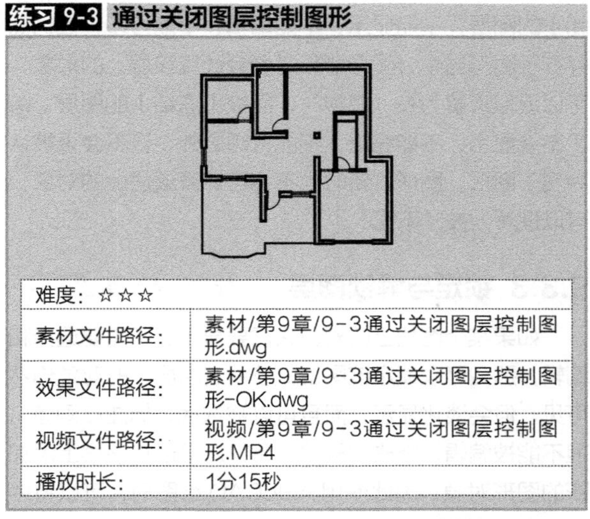

难度：☆☆☆	
素材文件路径：	素材/第9章/9-3通过关闭图层控制图形.dwg
效果文件路径：	素材/第9章/9-3通过关闭图层控制图形-OK.dwg
视频文件路径：	视频/第9章/9-3通过关闭图层控制图形.MP4
播放时长：	1分15秒

在进行室内设计时，通常会将不同的对象分属于各个不同的图层，如家具图形属于“家具层”、墙体图形属于“墙体层”、轴线类图形属于“轴线层”等，这样做的好处就是可以通过打开或关闭图层来控制设计图的显示，使其快速呈现仅含墙体、仅含轴线之类的图形。

Step 01 打开素材文件“第9章/9-3通过关闭图层控制图形.dwg”，其中已经绘制好了一个室内平面图，如图9-36所示；且图层效果全开，如图9-37所示。

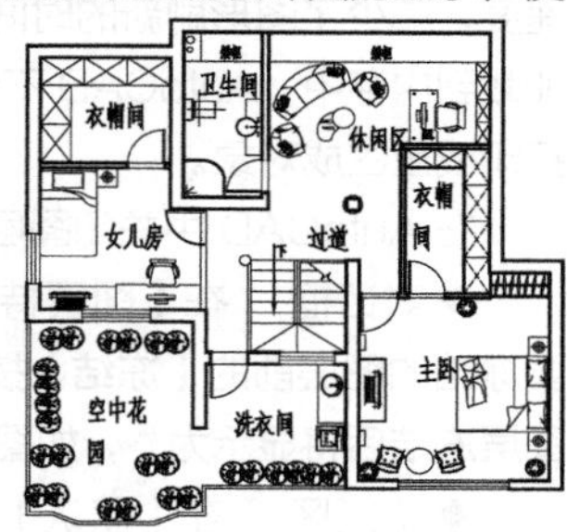

图 9-36 素材图形

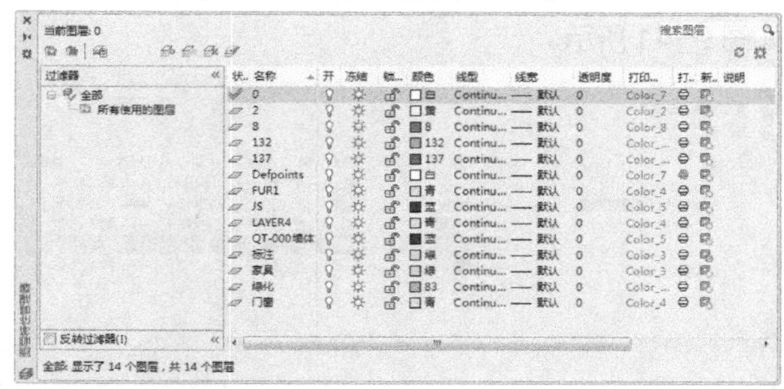

图 9-37 素材中的图层

Step 02 设置图层显示。在【默认】选项卡中，单击【图层】面板中的【图层特性】按钮，打开【图层特性管理器】选项板。在对话框内找到【家具】层，选中该层前的【打开/关闭图层】按钮💡，关闭图层按钮变成💡，即关闭【家具】层。再按此方法关闭其他图层，只保留【QT-000墙体】和【门窗】图层开启，如图9-38所示。

Step 03 关闭【图层特性管理器】选项板，此时图形仅包含墙体和门窗，效果如图9-39所示。

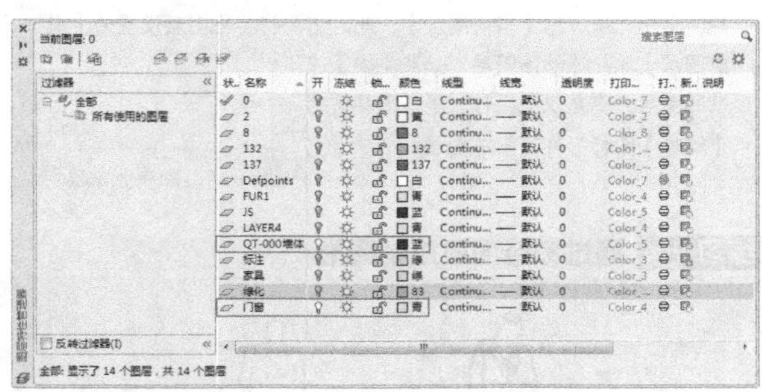

图 9-38 关闭除墙体和门窗之外的所有图层

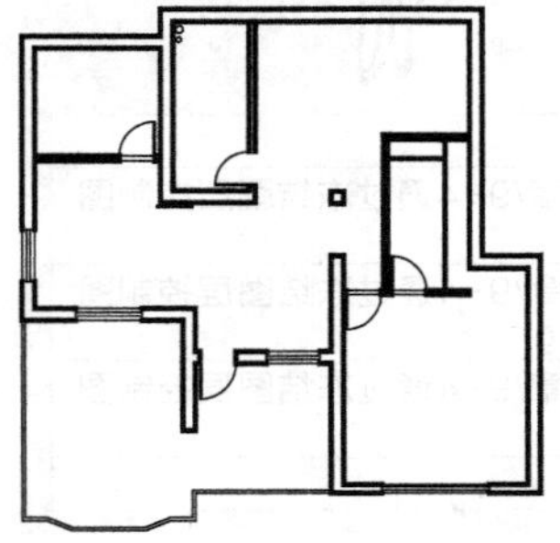

图 9-39 关闭图层效果

9.3.2 冻结与解冻图层 ★重点★

将长期不需要显示的图层冻结，可以提高系统运行速度，减少了图形刷新的时间，因为这些图层将不会被加载到内存中。AutoCAD 不会在被冻结的图层上显示、打印或重生成对象。

在 AutoCAD 中关闭图层的常用方法有以下几种。

◆对话框：在【图层特性管理器】对话框中单击要冻结的图层前的【冻结】按钮☼，即可冻结该图层，图层冻结后将显示为❄，如图 9-40 所示。

◆功能区：在【默认】选项卡中，打开【图层】面板中的【图层控制】下拉列表，单击目标图层☼按钮，如图 9-41 所示。

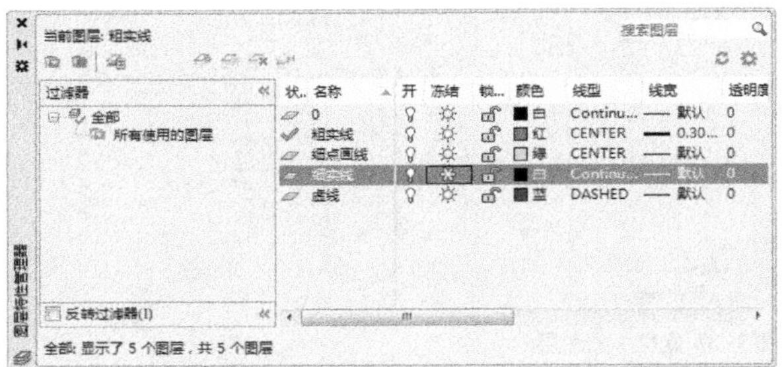

图 9-40 通过图层特性管理器冻结图层

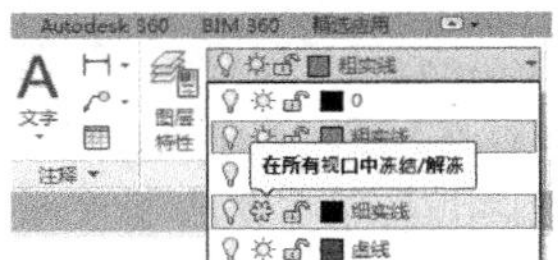

图 9-41 通过功能面板图标冻结图层

操作技巧

如果要冻结的图层为【当前图层】时，将弹出图9-42所示的对话框，提示无法冻结【当前图层】，此时需要将其他图层设置为【当前图层】才能冻结该图层。如果要恢复冻结的图层，重复以上操作，单击图层前的【解冻】图标❄即可解冻图层。

图 9-42 图层无法冻结

练习 9-4 通过冻结图层控制图形

难度：☆☆☆	
素材文件路径：	素材/第9章/9-4通过冻结图层控制图形.dwg
效果文件路径：	素材/第9章/9-4通过冻结图层控制图形-OK.dwg
视频文件路径：	视频/第9章/9-4通过冻结图层控制图形.MP4
播放时长：	44秒

在使用 AutoCAD 绘图时，有时会在绘图区的空白处随意绘制一些辅助图形。待图纸全部绘制完毕后，既不想让辅助图形影响整张设计图的完整性，又不想删除这些辅助图形，这时就可以使用【冻结】工具来将其隐藏。

Step 01 打开素材文件“第9章/9-4通过冻结图层控制图形.dwg”，其中已经绘制好图形，如图9-43所示。

Step 02 冻结图层。在【默认】选项卡中，打开【图层】面板中的【图层控制】下拉列表，在列表框内找到【图层1】层，单击该层前的【冻结】按钮☼，变成❄，即可冻结【图层1】层，如图9-44所示。

图 9-43 素材图形

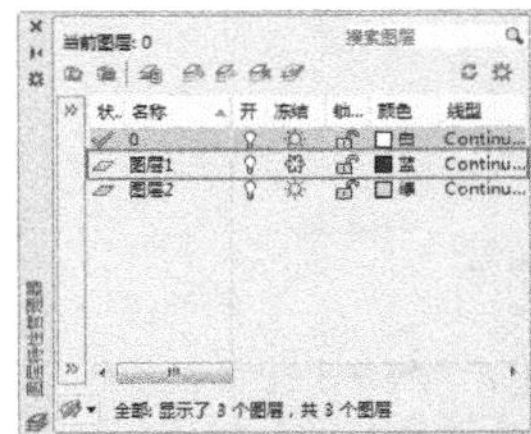

图 9-44 冻结不需要的图形图层

Step 03 冻结【图层1】层之后的图形如图9-45所示，可见中间的人图形被消隐。

图 9-45 图层冻结之后的结果

•初学解答 图层【冻结】和【关闭】的区别

图层的【冻结】和【关闭】，都能使得该图层上的对象全部被隐藏，看似效果一致，其实仍有不同。被【关闭】的图层，不能显示、不能编辑、不能打印，但仍然存在于图形当中，图形刷新时仍会计算该层上的对象，可以近似理解为被“忽视”；而被【冻结】的图层，除了不能显示、不能编辑、不能打印之外，还不会再被认为属于图形，图形刷新时也不会再计算该层上的对象，可以理解为被“无视”。

9.3.3 锁定与解锁图层

如果某个图层上的对象只需要显示、不需要选择和编辑，那么可以锁定该图层。被锁定图层上的对象仍然可见，但会淡化显示，而且可以被选择、标注和测量，但不能被编辑、修改和删除，另外还可以在该层上添加新的图形对象。因此使用 AutoCAD 绘图时，可以将中心线、辅助线等基准线条所在的图层锁定。

锁定图层的常用方法有以下几种。

◆对话框：在【图层特性管理器】对话框中单击【锁定】图标🔓，即可锁定该图层，图层锁定后该图标将显示为🔒，如图 9-46 所示。

◆功能区：在【默认】选项卡中，打开【图层】面板中的【图层控制】下拉列表，单击🔓图标即可锁定该图层，如图 9-47 所示。

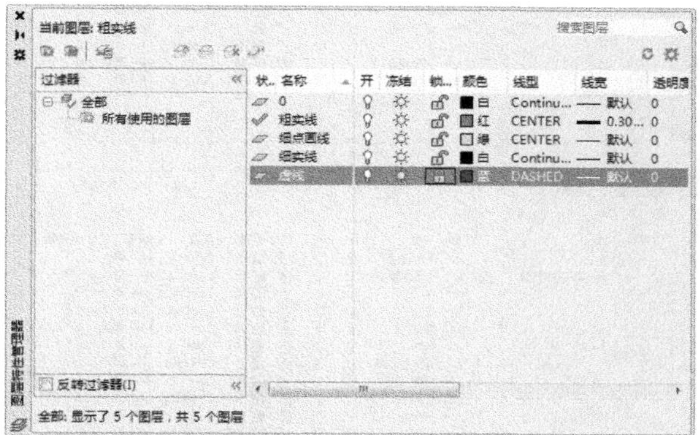

图 9-46 通过图层特性管理器锁定图层

图 9-47 通过功能面板图标锁定图层

操作技巧

如果要解除图层锁定，重复以上的操作，单击【解锁】按钮🔒，即可解锁已经锁定的图层。

9.3.4 设置当前图层 ★重点★

当前图层是当前工作状态下所处的图层。设定某一图层为当前图层之后，接下来所绘制的对象都位于该图层中。如果要在其他图层中绘图，就需要更改当前图层。

在 AutoCAD 中设置当前层有以下几种常用方法。

◆对话框：在【图层特性管理器】选项板中选择目标图层，单击【置为当前】按钮，如图 9-48 所示。被置为当前的图层在项目前会出现✓符号。

◆功能区 1：在【默认】选项卡中，单击【图层】面板中【图层控制】下拉列表，在其中选择需要的图层，即可将其设置为当前图层，如图 9-49 所示。

◆功能区 2：在【默认】选项卡中，单击【图层】面板中【置为当前】按钮，即可将所选图形对象的图层置为当前，如图 9-50 所示。

◆命令行：在命令行中输入“CLAYER”命令，然后输入图层名称，即可将该图层置为当前。

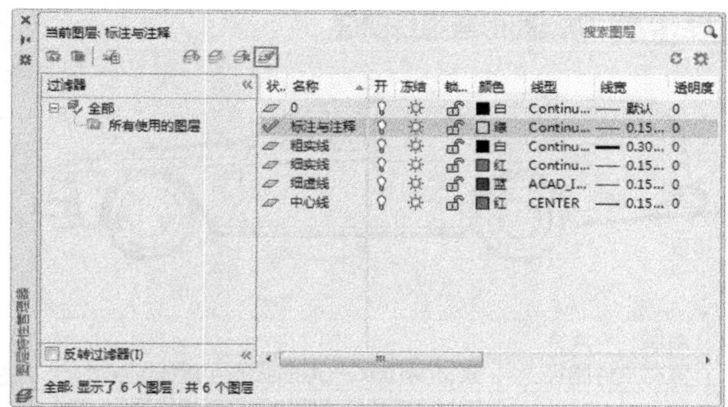

图 9-48 【图层特性管理器】中置为当前

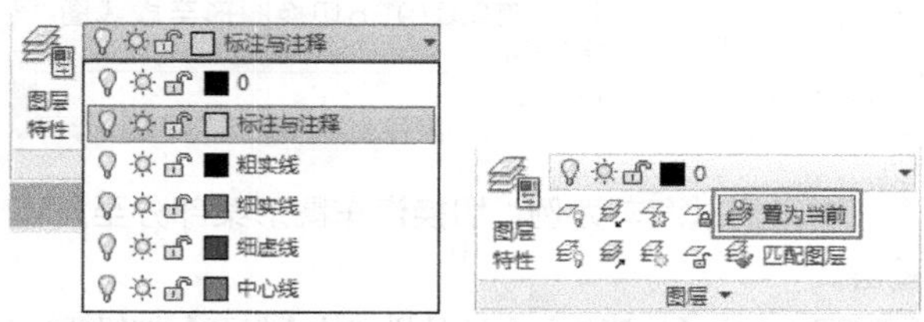

图 9-49 【图层控制】下拉列表　图 9-50 【置为当前】按钮

9.3.5 转换图形所在图层 ★重点★

在 AutoCAD 中还可以十分灵活地进行图层转换，即将某一图层内的图形转换至另一图层，同时使其颜色、线型、线宽等特性发生改变。

如果某图形对象需要转换图层，可以先选择该图形对象，然后单击【图层】面板中的【图层控制】下拉列表框，选择要转换的目标图层即可，如图 9-51 所示。

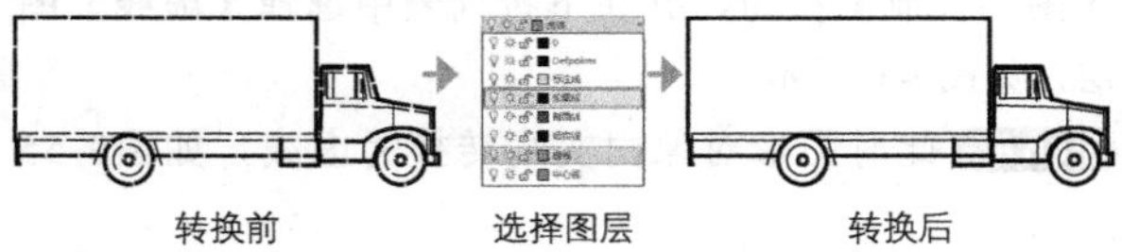

图 9-51 图层转换

绘制复杂的图形时，由于图形元素的性质不同，用户常需要将某个图层上的对象转换到其他图层上，同时使其颜色、线型、线宽等特性发生改变。除了之前所介绍的方法之外，其余在 AutoCAD 中转换图层的方法如下。

1 通过【图层控制】列表转换图层

选择图形对象后，在【图层控制】下拉列表选择所需图层。操作结束后，列表框自动关闭，被选中的图形对象转移至刚选择的图层上。

2 通过【图层】面板中的命令转换图层

在【图层】面板中，有如下命令可以帮助转换图层。

◆【匹配图层】按钮：先选择要转换图层的对象，然后按 Enter 键确认，再选择目标图层对象，即可将原对象匹配至目标图层。

◆【更改为当前图层】按钮：选择图形对象后单击该按钮，即可将对象图层转换为当前图层

练习 9-5 切换图形至虚线图层

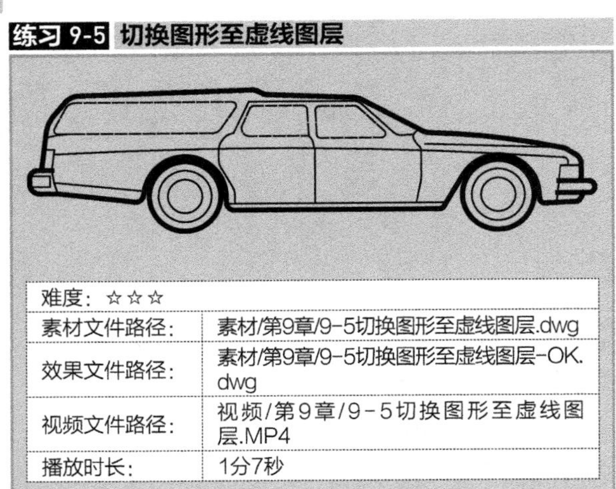

难度：☆☆☆	
素材文件路径：	素材/第9章/9-5切换图形至虚线图层.dwg
效果文件路径：	素材/第9章/9-5切换图形至虚线图层-OK.dwg
视频文件路径：	视频/第9章/9-5切换图形至虚线图层.MP4
播放时长：	1分7秒

本案例以汽车为例，切换汽车图形某部分至虚线图层。

Step 01 单击【快速访问】工具栏中的【打开】按钮，打开配套资源提供的“第9章/9-5切换图形至虚线图层.dwg”素材文件，如图9-52所示。

Step 02 选择需要切换图层的对象，如图9-53所示。

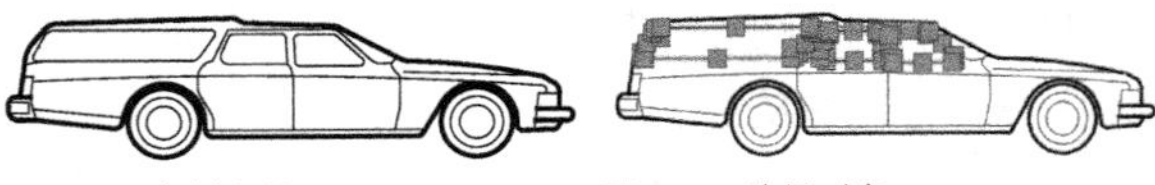

图 9-52 素材文件　　图 9-53 选择对象

Step 03 在【默认】选项卡中，单击【图层】面板中【图层控制】按钮，并在下拉列表中选择【虚线】图层，如图9-54所示。

Step 04 此时图形对象由实线转换为虚线，如图9-55所示。

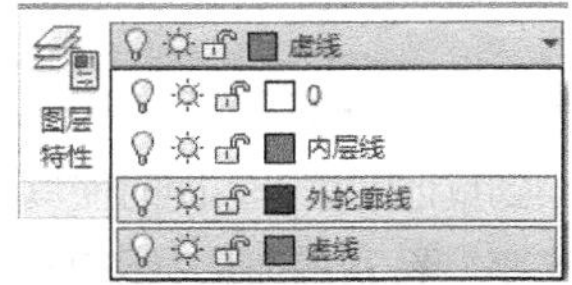

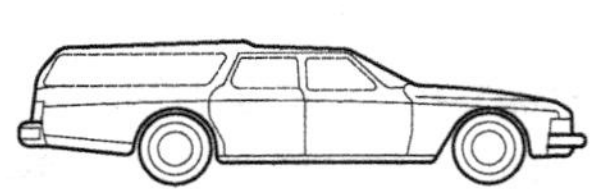

图 9-54 【图层控制】下拉列表　　图 9-55 最终效果

9.3.6 排序图层、按名称搜索图层

有时即便对图层进行了过滤，得到的图层结果还是很多，这时如果想要快速定位至所需的某个图层就不是一件简单的事情。此种情况就需要应用到图层排序与搜索。

1 排序图层

在【图层特性管理器】选项板中可以对图层进行排序，以便图层的寻找。在【图形特性管理器】选项板中，单击列表框顶部的【名称】标题，图层将以字母的顺序排列出来，如果再次单击，排列的顺序将倒过来，如图9-56所示。

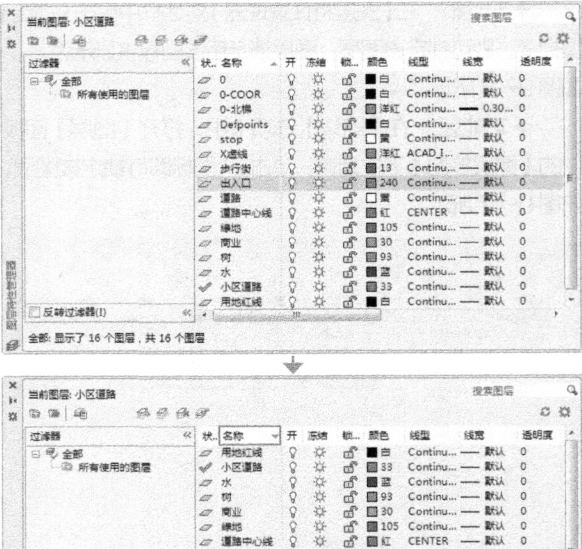

图 9-56 排序图层效果

2 按名称搜索图层

对于复杂且图层多的设计图纸而言，逐一查取某一图层很浪费时间，因此可以通过输入图层名称来快速地搜索图层，大大提高了工作效率。

打开【图层特性管理器】选项板，在右上角搜索图层中输入图层名称，系统则自动搜索到该图层，如图9-57所示。

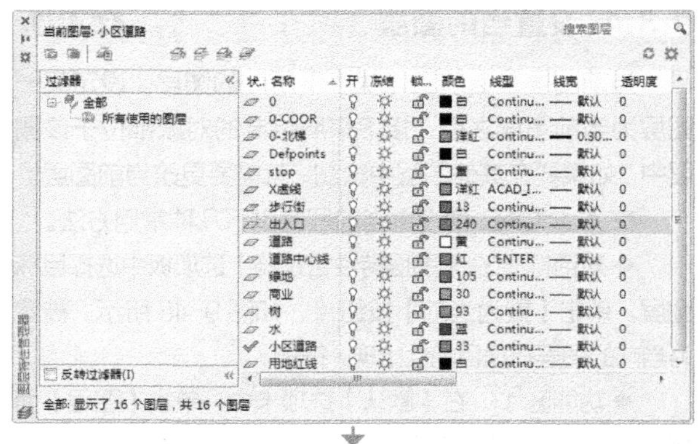

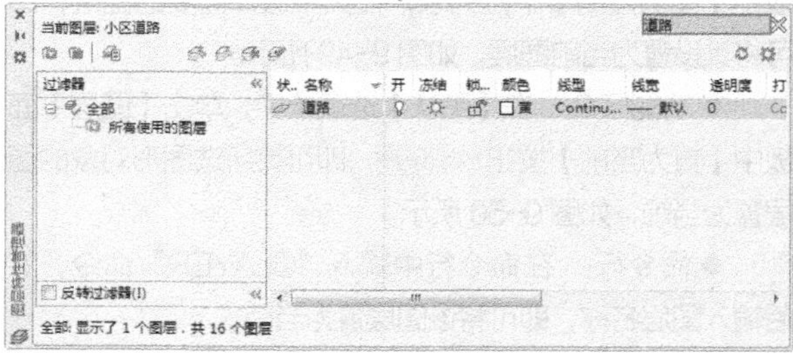

图 9-57 按名称搜索图层

9.3.7 保存和恢复图层状态 ★进阶★

通常在编辑部分对象的过程中，可以锁定其他图层以免修改这些图层上的对象；也可以在最终打印图形前将某些图层设置为不可打印，但对草图是可以打印的；还可以暂时改变图层的某些特性，例如，颜色、线型、线宽和打印样式等，然后再改回来。

每次调整所有这些图层状态和特性都可能要花费很长的时间。实际上，可以保存并恢复图层状态集，也就是保存并恢复某个图形的所有图层的特性和状态，保存图层状态集之后，可随时恢复其状态。还可以将图层状态设置导出到外部文件中，然后在另一个具有完全相同或类似图层的图形中使用该图层状态设置。

1 保存图层状态

要保存图层状态，可以按下面的步骤进行操作。

Step 01 创建好所需的图层，并设置好它们的各项特性。

Step 02 在【图层特性管理器】中单击【图层状态管理器】按钮，打开【图层状态管理器】对话框，如图9-58所示。

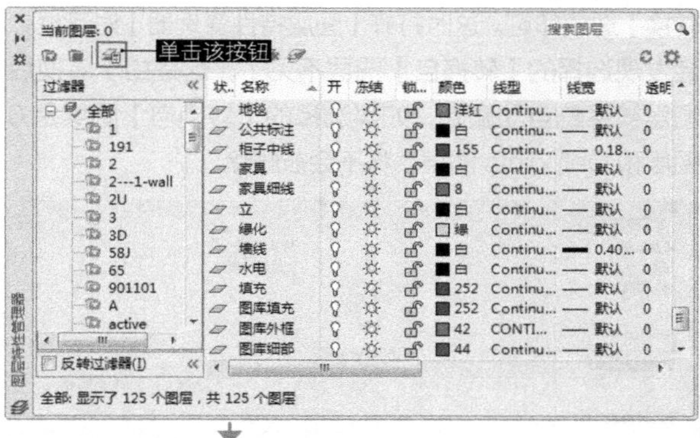

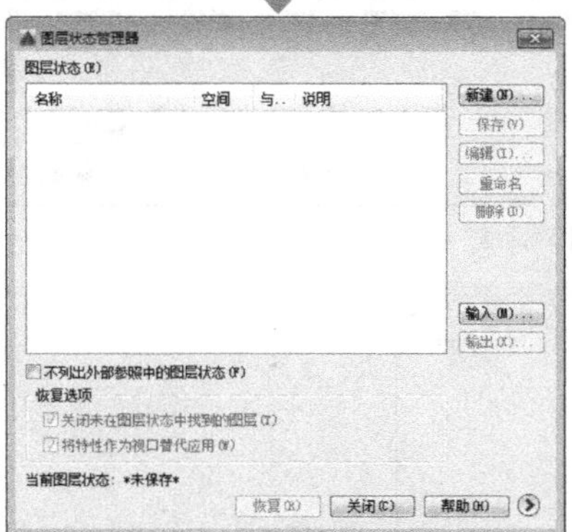

图 9-58 打开【图层状态管理器】对话框

Step 03 在对话框中单击【新建】按钮，系统弹出【要保存的新图层状态】对话框，在该对话框的【新图层状态名】文本框中输入新图层的状态名，如图9-59所示，用户也可以输入说明文字进行备忘。最后单击【确定】按钮返回。

Step 04 系统返回【图层状态管理器】对话框，这时单击对话框右下角的按钮，展开其余选项，在【要恢复的图层特性】区域内选择要保存的图层状态和特性即可，如图9-60所示。

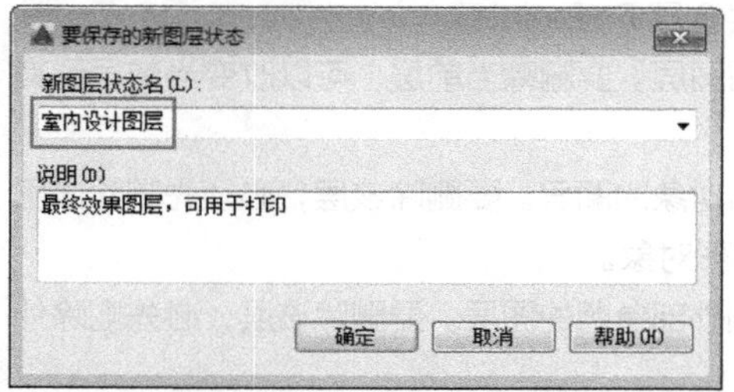

图 9-59 【要保存的新图层状态】对话框

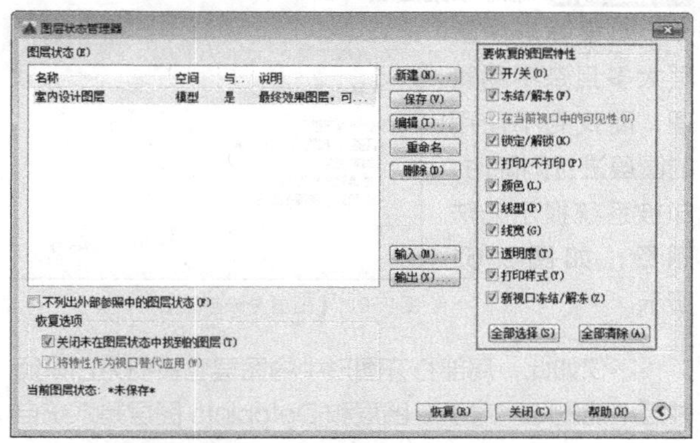

图 9-60 选择要保存的图层状态和特性

没有保存的图层状态和特性在后面进行恢复图层状态的时候就不会起作用。例如，如果仅保存图层的开/关状态，然后在绘图时修改图层的开/关状态和颜色，那恢复图层状态时，仅仅开/关状态可以被还原，而颜色仍为修改后的新颜色。如果要使得图形与保存图层状态时完全一样（就图层来说），可以勾选【关闭未在图层状态中找到的图层（T）】选项，这样，在恢复图层状态时，在图层状态已保存之后，新建的所有图层都会被关闭。

2 恢复图层状态

要恢复图层状态，同样需先打开【图层状态管理器】对话框，然后选择图层状态，并单击【恢复】按钮即可。利用【图层状态管理器】可以在以下几个方面管理图层状态。

◆恢复：恢复保存的图层状态

◆删除：删除某图层状态。

◆输出：以 .las 文件形式保存某图层状态的设置。输出图层状态可以使得其他人访问用户创建的图层状态。

◆输入：输入之前作为 .las 文件输出的图层状态。输入图层状态使得可以访问其他人保存的图层状态。

9.3.8 删除多余图层

在图层创建过程中，如果新建了多余的图层，此时可以在【图层特性管理器】选项板中单击【删除】按钮将其删除，但 AutoCAD 规定以下 4 类图层不能被删除，如下所述。

◆图层 0 层 Defpoints。

◆当前图层。要删除当前层，可以改变当前层到其他层。

◆包含对象的图层。要删除该层，必须先删除该层中所有的图形对象。

◆依赖外部参照的图层。要删除该层，必先删除外部参照。

•精益求精 删除顽固图层

如果图形中图层太多且杂不易管理，而找到不使用的图层进行删除时，却被系统提示无法删除，如图 9-61 所示。

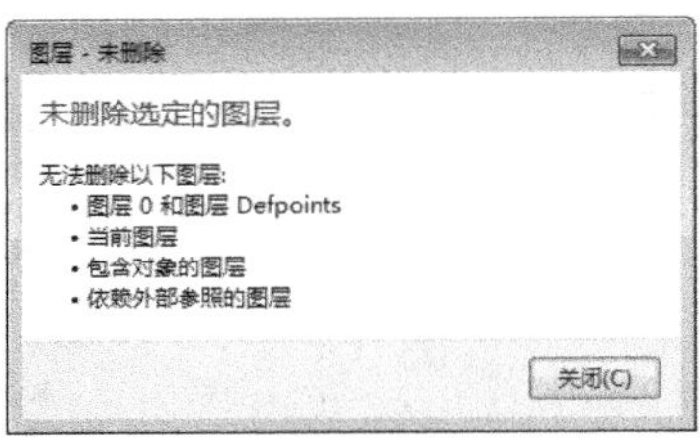

图 9-61 【图层 - 未删除】对话框

不仅如此，局部打开图形中的图层也被视为已参照并且不能删除。对于 0 图层和 Defpoints 图层是系统自己建立的，无法删除这是常识，用户应该把图形绘制在别的图层；对于当前图层无法删除，可以更改当前图层，再实行删除操作；对于包含对象或依赖外部参照的图层，实行移动操作比较困难，用户可以使用“图层转换”或“图层合并”的方式删除。

1 图层转换的方法

图层转换是将当前图像中的图层映射到指定图形或标准文件中的其他图层名和图层特性，然后使用这些贴图对其进行转换。下面介绍其操作步骤。

单击功能区【管理】选项卡【CAD 标准】组面板中【图层转换器】按钮，系统弹出【图层转换器】对话框，如图 9-62 所示。

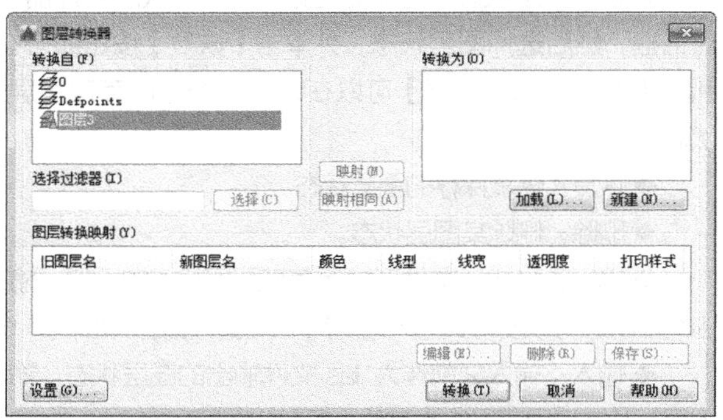

图 9-62 【图层转换器】对话框

单击对话框【转换为】功能框中【新建】按钮，系统弹出【新图层】对话框，如图 9-63 所示。在【名称】文本框中输入现有的图层名称或新的图层名称，并设置线型、线宽、颜色等属性，单击【确定】按钮。

单击对话框【设置】按钮，弹出图 9-64 所示的【设置】对话框。在此对话框中可以设置转换后图层的属性状态和转换时的请求，设置完成后单击【确定】按钮。

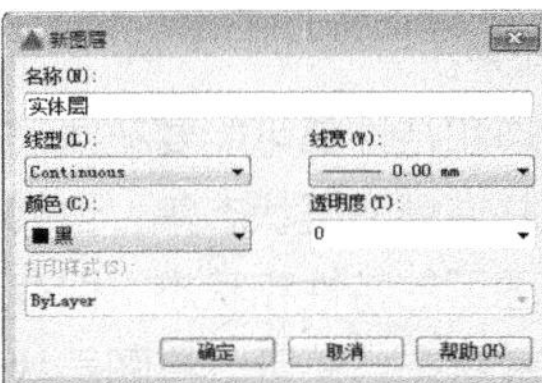

图 9-63 【新图层】对话框

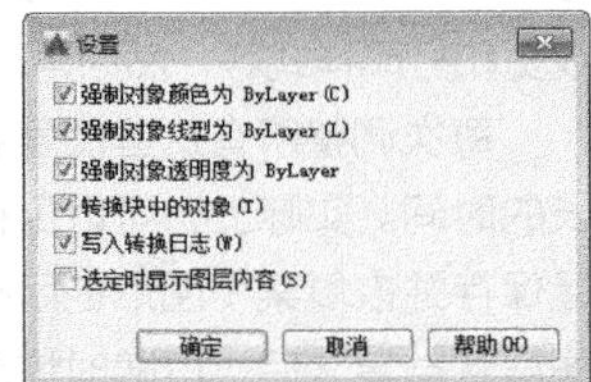

图 9-64 【设置】对话框

在【图层转换器】对话框【转换自】选项列表中选择需要转换的图层名称，在【转换为】选项列表中选择需要转换到的图层。这时激活【映射】按钮，单击此按钮，在【图层转换映射】列表中将显示图层转换映射列表，如图 9-65 所示。

映射完成后单击【转换】按钮，系统弹出【图层转换器 - 未保存更改】对话框，如图 9-66 所示，选择【仅转换】选项即可。这时打开【图层特性管理器】对话框，会发现选择的【转换自】图层不见了，这是由于转换后图层被系统自动删除，如果选择的【转换自】图层是 0 图层和 Defpoints 图层，将不会被删除。

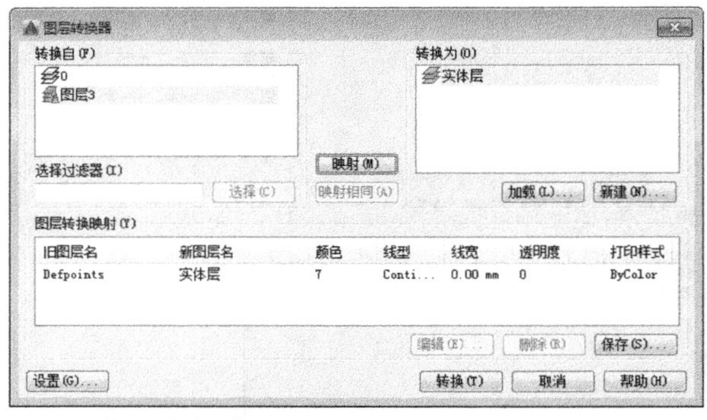

图 9-65 【图层转换器】对话框

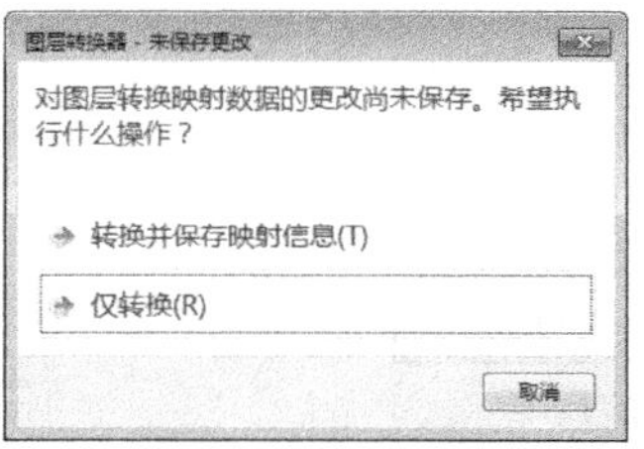

图 9-66 【图层转换器 - 未保存更改】对话框

2 图层合并的方法

可以通过合并图层来减少图形中的图层数。将所合并图层上的对象移动到目标图层，并从图形中清理原始图层。以这种方法同样可以删除顽固图层，下面介绍其操作步骤。

在命令行中输入“LAYMRG”并按 Enter 键，系统提示：选择要合并的图层上的对象或［命名（N）］。可以用鼠标在绘图区框选图形对象，也可以输入“N”并按 Enter 键。输入“N”并按 Enter 键后弹出【合并图层】对话框，如图 9-67 所示。在【合并图层】对话框中选择要合并的图层，单击【确定】按钮。

如需继续选择合并对象可以框选绘图区对象或输入“N”并按 Enter 键；如果选择完毕，按 Enter 键即可。命令行提示：选择目标图层上的对象或［名称（N）］。可以用鼠标在绘图区中框选图形对象，也可以输入“N”并按 Enter 键。输入 N 并按 Enter 键弹出【合并图层】对话框，如图 9-68 所示。

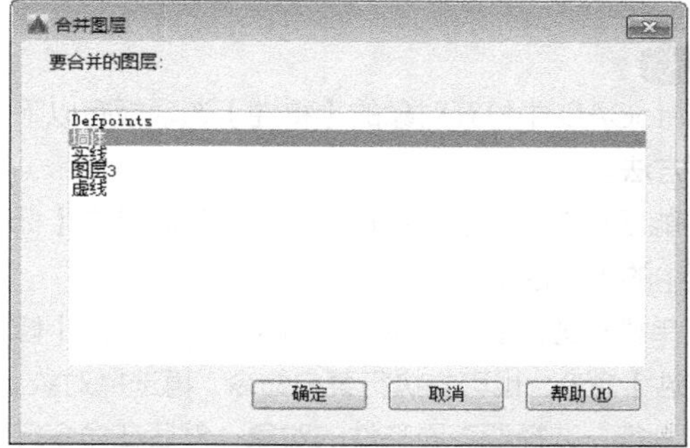

图 9-67 选择要合并的图层

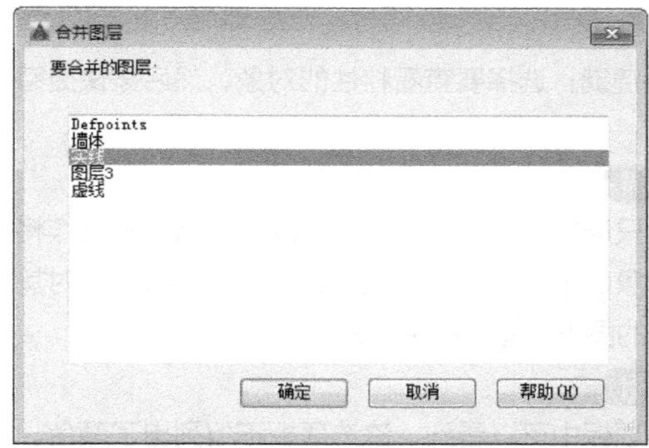

图 9-68 选择合并到的图层

在【合并图层】对话框中选择要合并的图层，单击【确定】按钮。系统弹出【合并到图层】对话框，如图 9-69 所示。单击【是】按钮。这时打开【图层特性管理器】对话框，图层列表中【墙体】被删除了。

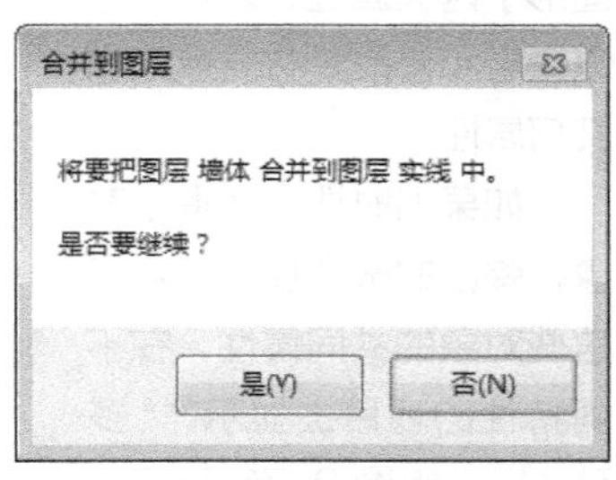

图 9-69 【合并到图层】

9.3.9 清理图层和线型 ★进阶★

由于图层和线型的定义都要保存在图形数据库中，所以它们会增加图形的大小。因此，清除图形中不再使用的图层和线型就非常有用。当然，也可以删除多余的图层，但有时很难确定哪个图层中没有对象。而使用【清理】PURGE 命令就可以删除对正不再使用的定义，包括图层和线型。

调用【清理】命令的方法如下。

◆【应用程序菜单】按钮：在【应用程序菜单】按钮中选择【图形实用工具】选项，再选择【清理】选项，如图 9-70 所示。

◆命令行：PURGE。

执行上述命令后都会打开图 9-71 所示的【清理】对话框。在对话框的顶部，可以选择查看能清理的对象或不能清理的对象。不能清理的对象可以帮助用户分析对象不能被清理的原因。

图 9-70 应用程序菜单按钮中选择【清理】

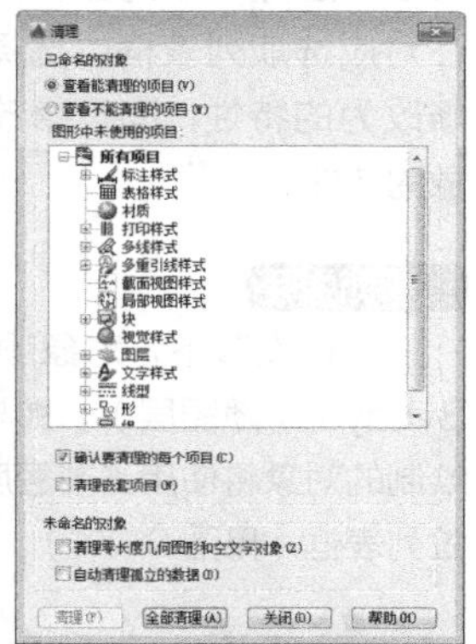

图 9-71 【清理】对话框

要开始进行清理操作，选择【查看能清理的项目】选项。每种对象类型前的“+”号表示它包含可清理的对象。要清理个别项目，只需选择该选项，然后单击【清理】按钮；也可以单击【全部清理】按钮对所有项目进行清理。清理的过程中将会弹出图 9-72 所示的对话框，提示用户是否确定清理该项目。

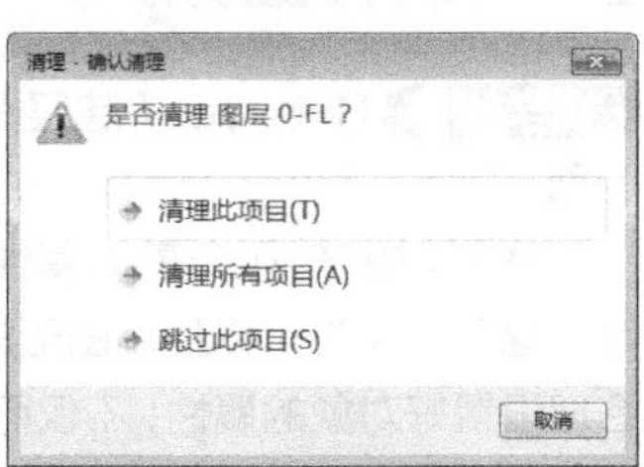

图 9-72 【清理 - 确认清理】对话框

9.4 图形特性设置

在用户确实需要的情况下，可以通过【特性】面板或工具栏为所选择的图形对象单独设置特性，绘制出既属于当前层，又具有不同于当前层特性的图形对象。

操作技巧

频繁设置对象特性，会使图层的共同特性减少，不利于图层组织。

9.4.1 查看并修改图形特性

一般情况下，图形对象的显示特性都是【随图层】（ByLayer），表示图形对象的属性与其所在的图层特性相同；若选择【随块】（ByBlock）选项，则对象从它所在的块中继承颜色和线型。

1 通过【特性】面板编辑对象属性

•执行方式

◆功能区：在【默认】选项卡的【特性】面板中选择要编辑的属性栏，如图 9-73 所示。

•操作步骤

该面板分为多个选项列表框，分别控制对象的不同特性。选择一个对象，然后在对应选项列表框中选择要修改为的特性，即可修改对象的特性。

图 9-73 【特性】面板

•选项说明

默认设置下，对象颜色、线宽、线型 3 个特性为 ByLayer（随图层），即与所在图层一致，这种情况下绘制的对象将使用当前图层的特性，通过 3 种特性的下拉列表框（见图 9-74），可以修改当前绘图特性。

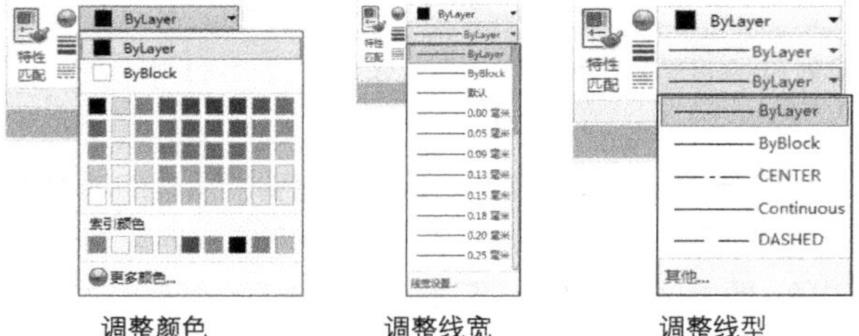

调整颜色 调整线宽 调整线型

图 9-74 【特性】面板选项列表

•初学解答 ByLayer（随层）与 ByBlock（随块）的区别

图形对象有几个基本属性，即颜色、线型、线宽等，这几个属性可以控制图形的显示效果和打印效果，合理设置好对象的属性，不仅可以使图面看上去更美观、清晰，更重要的是可以获得正确的打印效果。在设置对象的颜色、线型、线宽的属性时，都会看到列表中的 ByLayer（随层）、ByBlock（随块）这两个选项。

ByLayer（随层）即对象属性使用它所在的图层的属性。绘图过程中通常会将同类的图形放在同一个图层中，用图层来控制图形对象的属性很方便。因此通常设置好图层的颜色、线型、线宽等，然后在所在图层绘制图形，假如图形对象属性有误，还可以调换图层。

图层特性是硬性的，不管独立的图形对象、图块、外部参照等都会分配在图层中。图块对象所属图层跟图块定义时图形所在图层和块参照插入的图层都有关系。如果图块在 0 层创建定义，图块插入哪个层，图块就属于哪个层；如果图块不在 0 层创建定义，图块无论插入到哪个层，图块仍然属于原来创建的那个图层。

ByBlock（随块）即对象属性使用它所在的图块的属性。通常只有将要做成图块的图形对象才设置为这个属性。当图形对象设置为 ByBlock 并被定义成图块后，我们可以直接调整图块的属性，设置成 ByBlock 属性的对象属性将跟随图块设置变化而变化。

2 通过【特性】选项板编辑对象属性

【特性】选项板能查看和修改的图形特性只有颜色、线型和线宽，【特性】选项板则能查看并修改更多的对象特性。

•执行方式

在 AutoCAD 中打开对象的【特性】选项板有以下几种常用方法。

◆功能区：选择要查看特性的对象，然后单击【标准】面板中的【特性】按钮。

◆菜单栏：选择要查看特性的对象，然后选择【修改】|【特性】命令；也可先执行菜单命令，再选择对象。

◆命令行：选择要查看特性的对象，然后在命令行中输入“PROPERTIES”或“PR”或“CH”，并按 Enter 键。

◆快捷键：选择要查看特性的对象，然后按快捷键 Ctrl+1。

•操作步骤

如果只选择了单个图形，执行以上任意一种操作将打开该对象的【特性】选项板，如图 9-75 所示，对其中所显示的图形信息进行修改即可。

•选项说明

从选项板中可以看到，该选项板不但列出了颜色、线宽、线型、打印样式、透明度等图形常规属性，还增添了【三维效果】及【几何图形】两大属性列表框，可以查看和修改其材质效果和几何属性。

如果同时选择了多个对象，弹出的选项板则显示了这些对象的共同属性，在不同特性的项目上显示“* 多种 *”，如图 9-76 所示。在【特性】选项板中包括选项列表框和文本框等项目，选择相应的选项或输入参数，即可修改对象的特性。

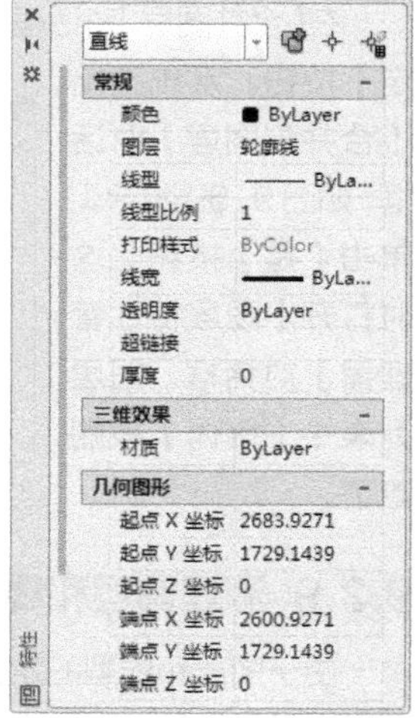

图 9-75 单个图形的【特性】选项板

图 9-76 多个图形的【特性】选项板

9.4.2 匹配图形属性 ★重点★

特性匹配的功能就如同 Office 软件中的“格式刷”一样，可以把一个图形对象（源对象）的特性完全“继承”给另外一个（或一组）图形对象（目标对象），是这些图形对象的部分或全部特性和源对象相同。

在 AutoCAD 中执行【特性匹配】命令有以下两种常用方法。

◆ 菜单栏：执行【修改】|【特性匹配】命令。

◆ 功能区：单击【默认】选项卡内【特性】面板的【特性匹配】按钮，如图 9-77 所示。

◆ 命令行：MATCHPROP 或 MA。

特性匹配命令执行过程当中，需要选择两类对象：源对象和目标对象。操作完成后，目标对象的部分或全部特性和源对象相同。命令行输入如下所示。

```
命令：MA↙          MATCHPROP
//调用【特性匹配】命令
选择源对象：        //单击选择源对象
当前活动设置：颜色 图层 线型 线型比例 线宽 透明度 厚度 打印样式 标注文字图案填充 多段线 视口表格材质 阴影显示 多重引线
选择目标对象或 [设置(S)]:
//光标变成格式刷形状，选择目标对象，可以立即修改其属性
选择目标对象或 [设置(S)]: ↙
//选择目标对象完毕后按Enter键，结束命令
```

通常，源对象可供匹配的特性很多，选择“设置”备选项，将弹出图 9-78 所示的“特性设置”对话框。在该对话框中，可以设置哪些特性允许匹配，哪些特性不允许匹配。

图 9-77 【特性】面板

图 9-78 【特性设置】对话框

练习 9-6 特性匹配图形

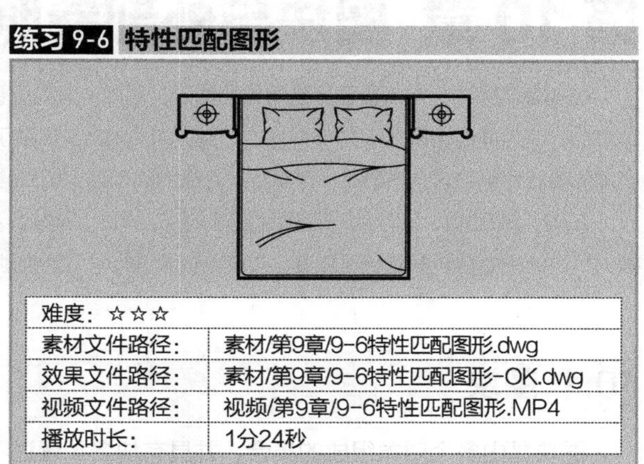

难度：☆☆☆	
素材文件路径：	素材/第9章/9-6特性匹配图形.dwg
效果文件路径：	素材/第9章/9-6特性匹配图形-OK.dwg
视频文件路径：	视频/第9章/9-6特性匹配图形.MP4
播放时长：	1分24秒

本案例以床图形为例，进行图形特性匹配。为图 9-79 所示的素材文件进行特性匹配，其最终效果如图 9-80 所示。

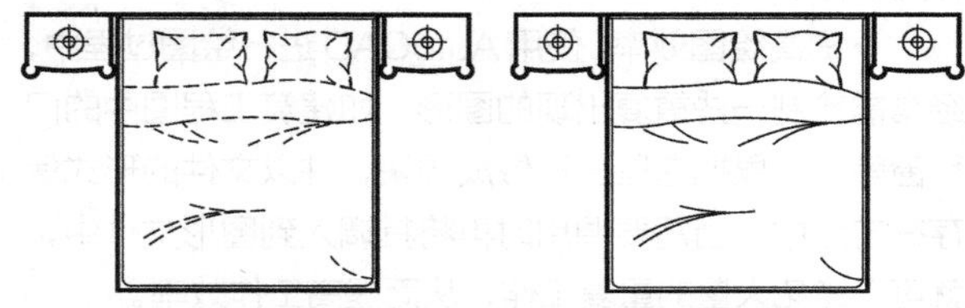

图 9-79 素材图样　　图 9-80 完成后效果

Step 01 单击【快速访问栏】中的打开按钮，打开“第9章/9-6特性匹配图形.dwg”素材文件，如图 9-79 所示。

Step 02 单击【默认】选项卡中【特性】面板中的【特性匹配】按钮，选择图 9-81所示的源对象。

Step 03 当鼠标由方框变成刷子时，表示源对象选择完成。单击素材图样中的六边形，此时图形效果如图 9-82 所示，命令行操作如下。

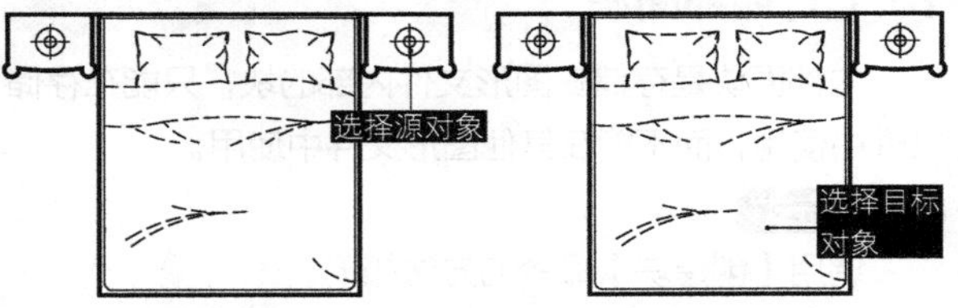

图 9-81 选择源对象　　图 9-82 选择目标对象

```
命令：'_matchprop
选择源对象：
         //选择图 9-81所示中的直线为源对象
当前活动设置：颜色 图层 线型 线型比例 线宽 透明度 厚度 打印样式 标注 文字 图案填充 多段线 视口 表格材质 阴影显示 多重引线
选择目标对象或 [设置(S)]:
         //选择如图 9-82所示中的六边形目标对象
```

Step 04 重复以上操作，继续给素材图样进行特性匹配，最后完成效果如图 9-80所示。

第 10 章 图块与外部参照

在实际制图中，常常需要用到同样的图形，例如，室内设计中的门、床、家居、电器等。如果每次都重新绘制，不但浪费了大量的时间，同时也降低了工作效率。因此，AutoCAD 提供了图块的功能，用户可以将一些经常使用的图形对象定义为图块。当需要重新利用到这些图形时，只需要按合适的比例插入相应的图块到指定的位置即可。

在设计过程中，我们会反复调用图形文件、样式、图块、标注、线型等内容，为了提高 AutoCAD 系统的效率，AutoCAD 提供了设计中心这一资源管理工具，对这些资源进行分门别类地管理。

10.1 图块

图块是由多个对象组成的集合，并具有块名。通过建立图块，用户可以将多个对象作为一个整体来操作。

在 AutoCAD 中，使用图块可以提高绘图效率、节省存储空间，同时还便于修改和重新定义图块。图块的特点具体解释如下。

◆ 提高绘图效率：使用 AutoCAD 进行绘图过程中，经常需绘制一些重复出现的图形，如建筑工程图中的门和窗等，如果把这些图形做成图块，并以文件的形式保存在电脑中，当需要调用时再将其调入到图形文件中，就可以避免大量的重复工作，从而提高工作效率。

◆ 节省存储空间：AutoCAD 要保存图形中的每一个相关信息，如对象的图层、线型和颜色等，都占用大量的空间，可以把这些相同的图形先定义成一个块，再插入所需的位置，如在绘制建筑工程图时，可将需修改的对象用图块定义，从而节省大量的存储空间。

◆ 为图块添加属性：AutoCAD 允许为图块创建具有文字信息的属性，并可以在插入图块时指定是否显示这些属性。

10.1.1 内部图块

内部图块是存储在图形文件内部的块，只能在存储文件中使用，而不能在其他图形文件中使用。

• 执行方式

调用【创建块】命令的方法如下。

◆ 菜单栏：执行【绘图】|【块】|【创建】命令。

◆ 命令行：在命令行中输入“BLOCK/B”。

◆ 功能区：在【默认】选项卡中，单击【块】面板中的【创建块】按钮。

• 操作步骤

执行上述任一命令后，系统弹出【块定义】对话框，如图 10-1 所示。在对话框中设置好块名称、块对象、块基点这 3 个主要要素即可创建图块。

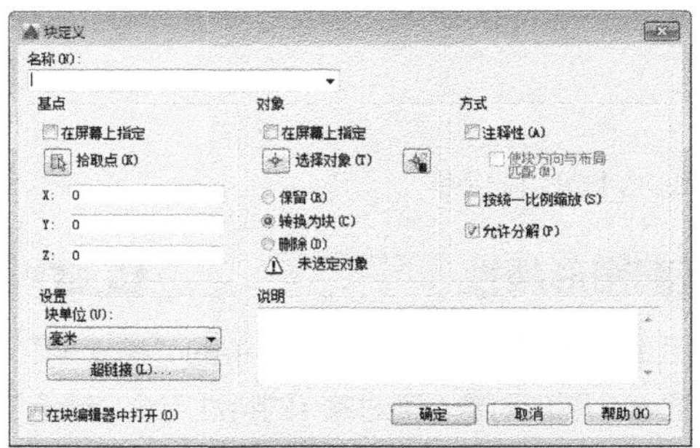

图 10-1 【块定义】对话框

• 选项说明

该对话块中常用选项的功能介绍如下。

◆【名称】文本框：用于输入或选择块的名称。

◆【拾取点】按钮：单击该按钮，系统切换到绘图窗口中拾取基点。

◆【选择对象】按钮：单击该按钮，系统切换到绘图窗口中拾取创建块的对象。

◆【保留】单选按钮：创建块后保留源对象不变。

◆【转换为块】单选按钮：创建块后将源对象转换为块。

◆【删除】单选按钮：创建块后删除源对象。

◆【允许分解】复选框：勾选该选项，允许块被分解。

创建图块之前需要有源图形对象，才能使用 AutoCAD 创建为块。可以定义一个或多个图形对象为图块。

练习 10-1 创建电视内部图块

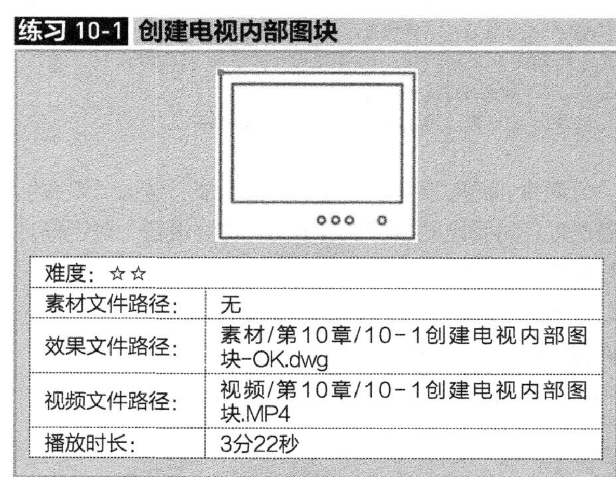

难度：☆☆	
素材文件路径：	无
效果文件路径：	素材/第10章/10-1创建电视内部图块-OK.dwg
视频文件路径：	视频/第10章/10-1创建电视内部图块.MP4
播放时长：	3分22秒

本例创建好的电视机图块只存在于“创建电视内部图块 -OK.dwg”这个素材文件之中。

Step 01 单击【快速访问】工具栏中的【新建】按钮，新建空白文件。

Step 02 在【常用】选项卡中，单击【绘图】面板中的【矩形】按钮，绘制长800、宽600的矩形。

Step 03 在命令行中输入O，将矩形向内偏移50，如图10-2所示。

Step 04 在【常用】选项卡中，单击【修改】面板中的【拉伸】按钮，窗交选择外矩形的下侧边作为拉伸对象，向下拉伸100的距离，如图10-3所示。

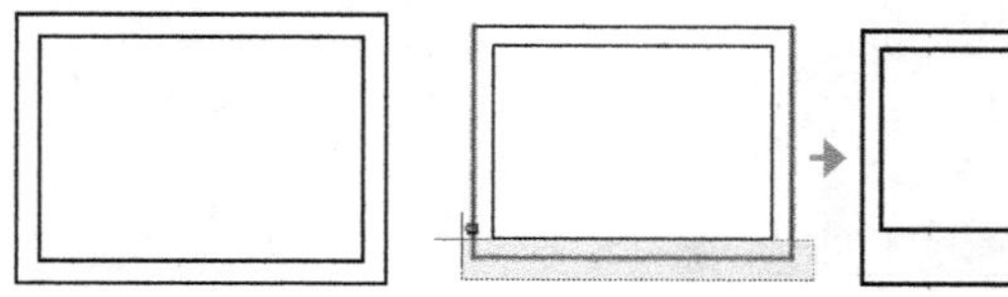

图 10-2 绘制矩形　　图 10-3 选择拉伸对象

Step 05 在矩形内绘制几个圆作为电视机按钮，拉伸结果如图10-4所示。

Step 06 在【常用】选项卡中，单击【块】面板中的【创建块】按钮，系统弹出【块定义】对话框，在【名称】文本框中输入“电视”，如图10-5所示。

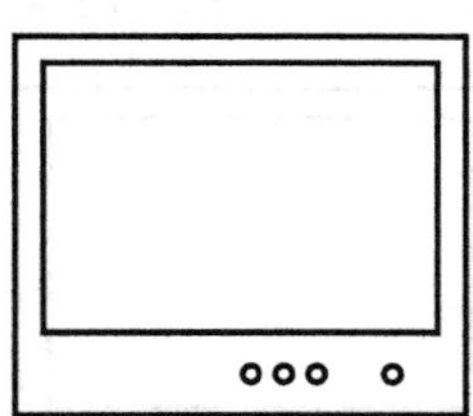

图 10-4 矩形拉伸后效果

图 10-5 【块定义】对话框

Step 07 在【对象】选项区域单击【选择对象】按钮，在绘图区选择整个图形，按空格键返回对话框。

Step 08 在【基点】选项区域单击【拾取点】按钮，返回绘图区指定图形中心点作为块的基点，如图10-6所示。

Step 09 单击【确定】按钮，完成普通块的创建，此时图形成为一个整体，其夹点显示如图10-7所示。

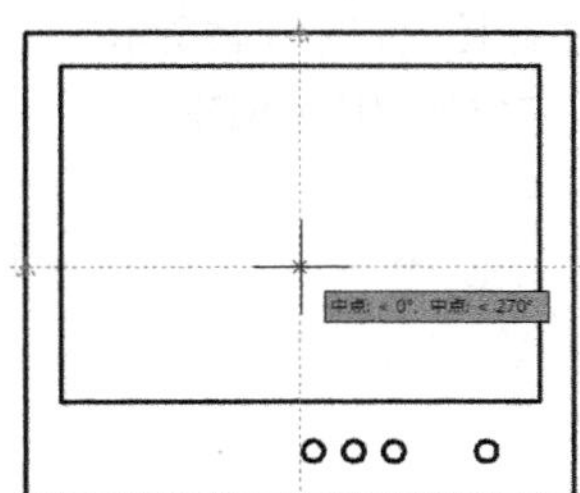

图 10-6 选择基点

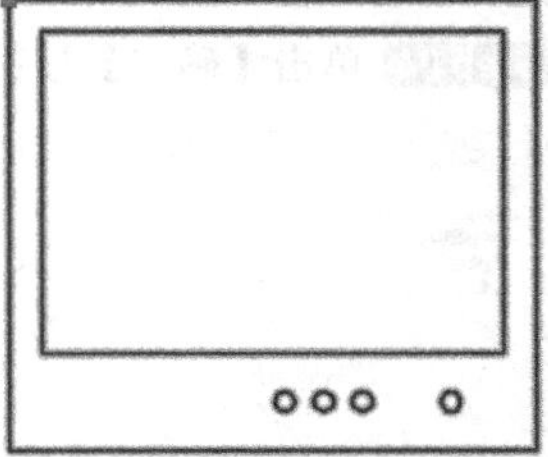

图 10-7 电视图块

• 熟能生巧 统计文件中图块的数量

在室内、园林等设计图纸中，都具有数量非常多的图块，若要人工进行统计则工作效率很低，且准确度不高。这时就可以使用第 3 章所学的【快速选择】命令来进行统计，下面通过一个例子来进行说明。

练习 10-2 统计平面图中的电脑数量 ★进阶★

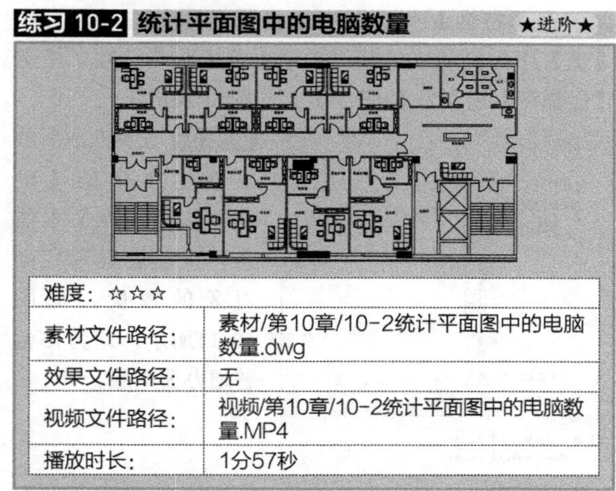

难度：☆☆☆	
素材文件路径：	素材/第10章/10-2统计平面图中的电脑数量.dwg
效果文件路径：	无
视频文件路径：	视频/第10章/10-2统计平面图中的电脑数量.MP4
播放时长：	1分57秒

创建图块不仅可以减少平面设计图所占的内存大小，还能更快地进行布置，且事后可以根据需要进行统计。本例便根据某办公室的设计平面图，来统计所用的普通办公电脑数量。

Step 01 打开“第10章/10-2统计办公室中的电脑数量.dwg”素材文件，如图10-8所示。

Step 02 查找块对象的名称。在需要统计的图块上双击鼠标，系统弹出【编辑块定义】对话框，在块列表中显示有图块名称，如图10-9所示，为“普通办公电脑”。

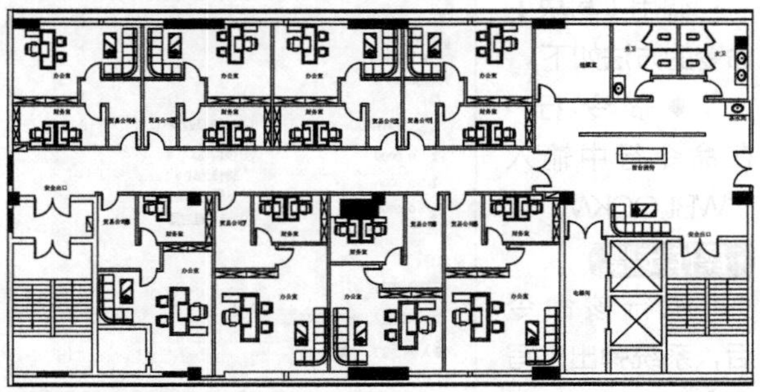

图 10-8 素材文件

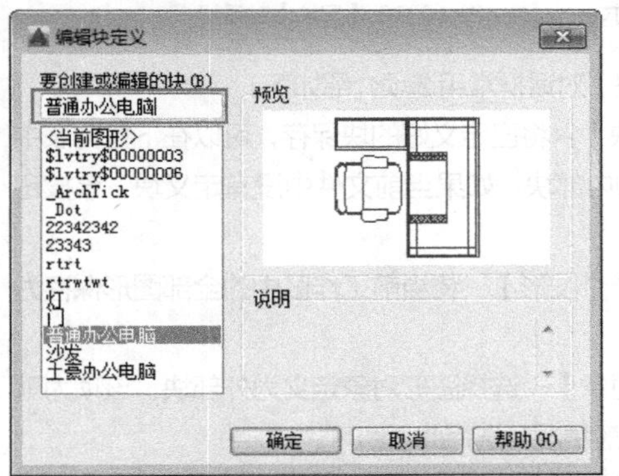

图 10-9 【编辑块定义】对话框

Step 03 在命令行中输入“QSELECT”，并按Enter键，弹出【快速选择】对话框，选择应用到【整个图形】，在【对象类型】下拉列表中选择【块参照】选项，在【特性】列表框中选择【名称】选项，再在【值】下拉列表中选择“普通办公电脑”选项，指定【运算符】选项为【=等于】，如图10-10所示。

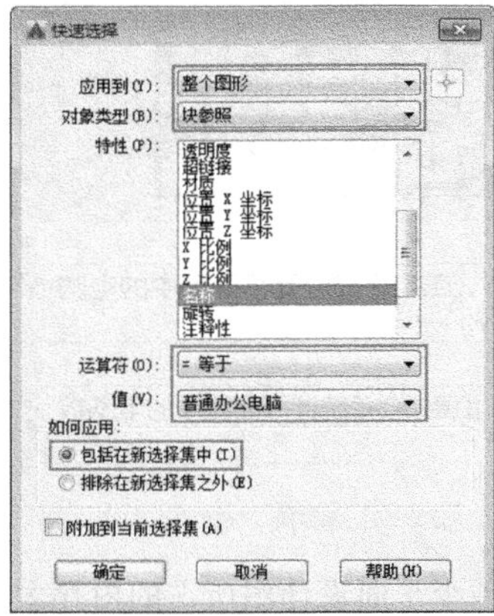

图 10-10 【快速选择】对话框

Step 04 设置完成后单击对话框中的【确定】按钮，在文本信息栏里就会显示找到对象的数量，如图10-11所示，即为15台普通办公电脑。

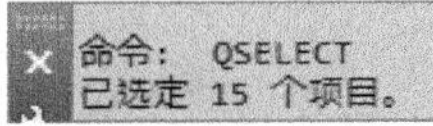

图 10-11 命令行中显示数量

10.1.2 外部图块

内部块仅限于在创建块的图形文件中使用，当其他文件中也需要使用时，则需要创建外部块，也就是永久块。外部图块不依赖于当前图形，可以在任意图形文件中调用并插入。使用【写块】命令可以创建外部块。

•执行方式

调用【写块】命令的方法如下。

◆命令行：在命令行中输入“WBLOCK/W”。

•操作步骤

执行该命令后，系统弹出【写块】对话框，如图10-12所示。

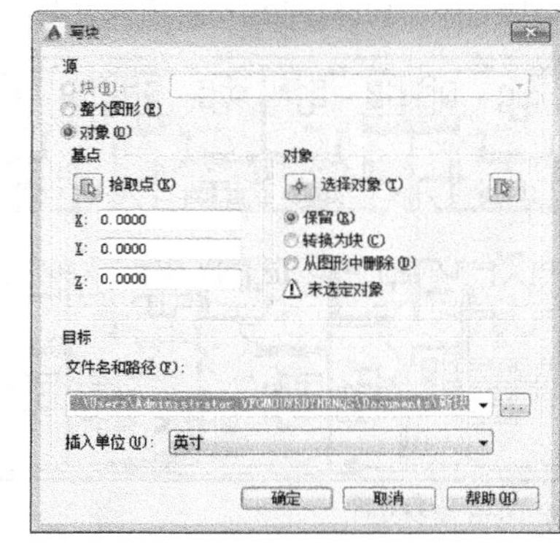

图 10-12 【写块】对话框

【写块】对话框常用选项介绍如下。

◆【块】：将已定义好的块保存，可以在下拉列表中选择已有的内部块，如果当前文件中没有定义块，该按钮不可用。

◆【整个图形】：将当前工作区中的全部图形保存为外部块。

◆【对象】：选择图形对象定义为外部块。该项为默认选项，一般情况下选择此项即可。

◆【拾取点】按钮：单击该按钮，系统切换到绘图窗口中拾取基点。

◆【选择对象】按钮：单击该按钮，系统切换到绘图窗口中拾取创建块的对象。

◆【保留】单选按钮：创建块后保留源对象不变。

◆【从图形中删除】：将选定对象另存为文件后，从当前图形中删除它们。

◆【目标】：用于设置块的保存路径和块名。单击该选项组【文件名和路径】文本框右边的按钮，可以在打开的对话框中选择保存路径。

练习 10-3 创建电视外部图块

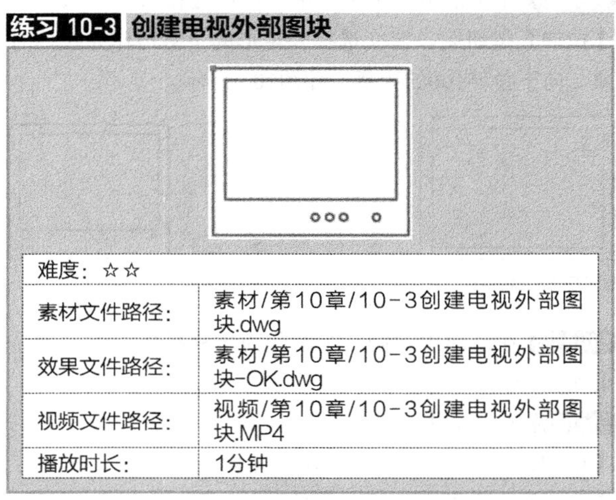

难度：	☆☆
素材文件路径：	素材/第10章/10-3创建电视外部图块.dwg
效果文件路径：	素材/第10章/10-3创建电视外部图块-OK.dwg
视频文件路径：	视频/第10章/10-3创建电视外部图块.MP4
播放时长：	1分钟

本例创建好的电视机图块，不仅存在于“10-3 创建电视内部图块 - OK.dwg”中，还存在于所指定的路径（桌面）上。

Step 01 单击【快速访问】工具栏中的【打开】按钮，打开“第10章/10-3创建电视外部图块.dwg”素材文件，如图10-13所示。

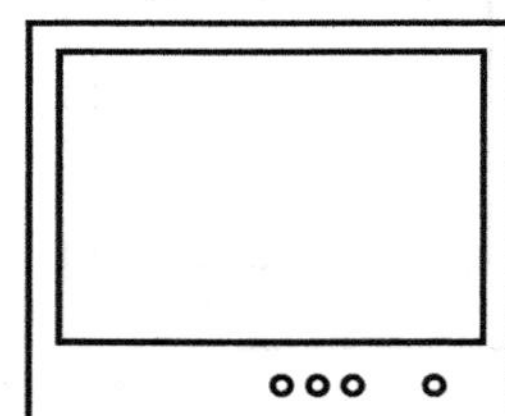

图 10-13 素材图形

Step 02 在命令行中输入“WBLOCK”，打开【写块】对话框，在【源】选项区域选择【块】复选框，然后在其右侧的下拉列表框中选择【电视】图块，如图10-14所示。

Step 03 指定保存路径。在【目标】选项区域，单击【文件和路径】文本框右侧的按钮，在弹出的对话框中选择保存路径，将其保存于桌面上，如图10-15所示。

Step 04 单击【确定】按钮，完成外部块的创建。

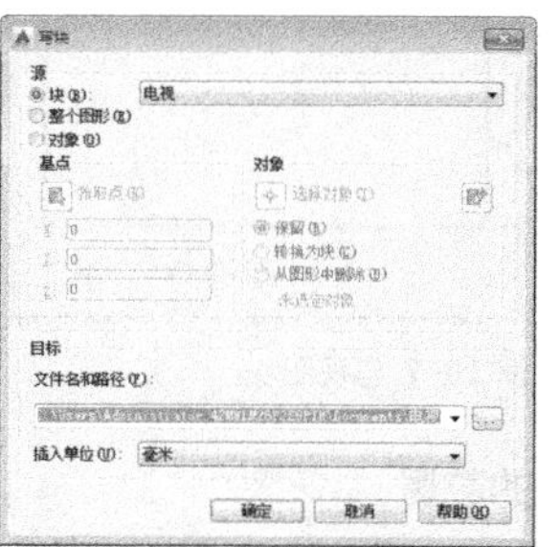

图 10-14 选择目标块

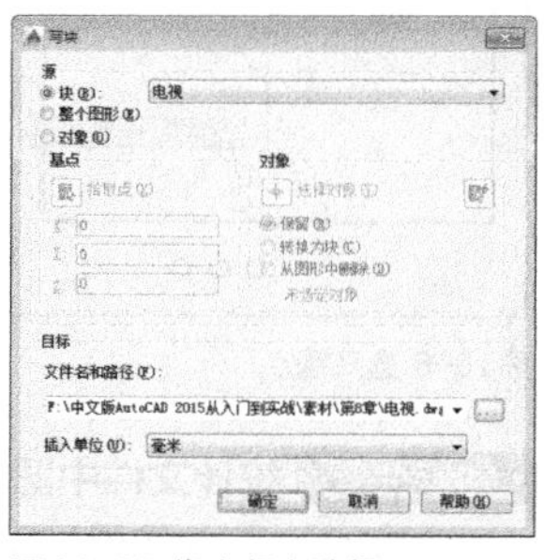

图 10-15 指定保存路径

10.1.3 属性块 ★重点★

图块包含的信息可以分为两类：图形信息和非图形信息。块属性是图块的非图形信息，例如，办公室工程中定义办公桌图块，每个办公桌的编号、使用者等属性。块属性必须和图块结合在一起使用，在图纸上显示为块实例的标签或说明，单独的属性是没有意义的。

1 创建块属性

在AutoCAD中添加块属性的操作主要分为如下3步。

◆ 定义块属性。

◆ 在定义图块时附加块属性。

◆ 在插入图块时输入属性值。

• 执行方式

定义块属性必须在定义块之前进行。定义块属性的命令启动方式如下。

◆ 功能区：单击【插入】选项卡【属性】面板【定义属性】按钮，如图 10-16 所示。

◆ 菜单栏：选择【绘图】|【块】|【定义属性】命令，如图 10-17 所示。

◆ 命令行：ATTDEF 或 ATT。

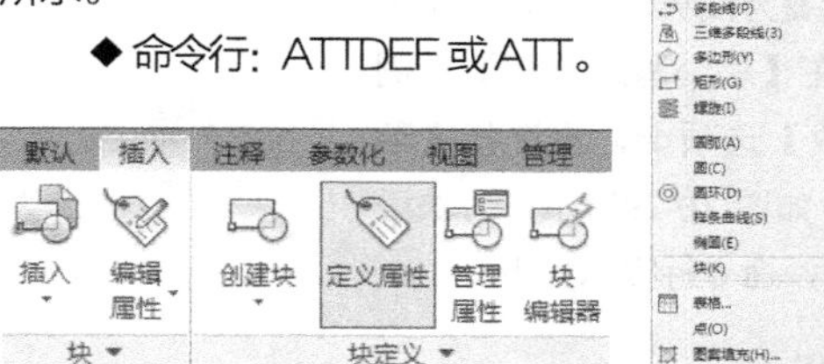

图 10-16 定义块属性面板按钮

图 10-17 定义块属性菜单命令

• 操作步骤

执行上述任一命令后，系统弹出【属性定义】对话框，如图 10-18 所示。然后分别填写【标记】、【提示】与【默认值】，再设置好文字位置与对齐等属性，单击【确定】按钮，即可创建一块属性。

• 选项说明

【属性定义】对话框中常用选项的含义如下。

◆【属性】用于设置属性数据，包括“标记”“提示”“默认”3 个文本框。

◆【插入点】：该选项组用于指定图块属性的位置。

◆【文字设置】：该选项组用于设置属性文字的对正、样式、高度和旋转。

2 修改属性定义

直接双击块属性，系统弹出【增强属性编辑器】对话框。在【属性】选项卡的列表中选择要修改的文字属性，然后在下面的【值】文本框中输入块中定义的标记和值属性，如图 10-19 所示。

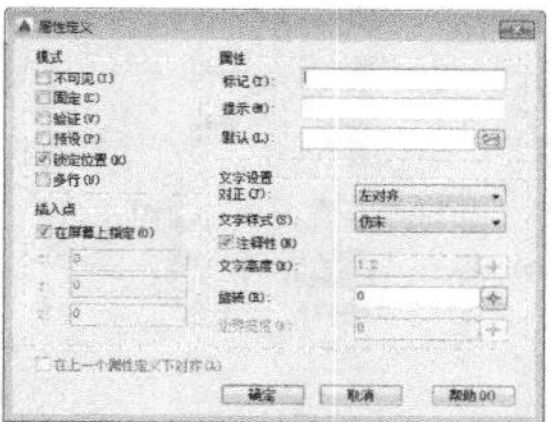

图 10-18 【属性定义】对话框

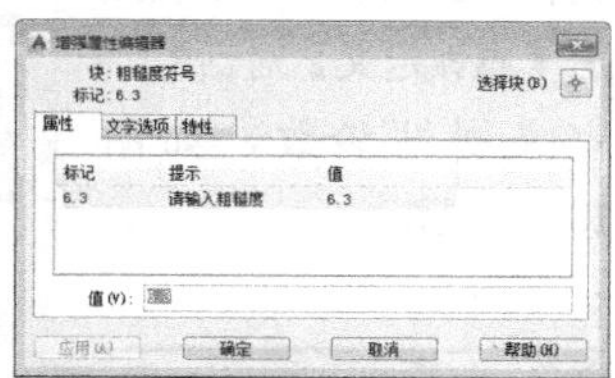

图 10-19 【增强属性编辑器】对话框

在【增强属性编辑器】对话框中，各选项卡的含义如下。

◆ 属性：显示了块中每个属性的标识、提示和值。在列表框中选择某一属性后，在【值】文本框中将显示出该属性对应的属性值，可以通过它来修改属性值。

◆ 文字选项：用于修改属性文字的格式，该选项卡如图 10-20 所示。

◆ 特性：用于修改属性文字的图层，以及其线宽、线型、颜色及打印样式等，该选项卡如图 10-21 所示。

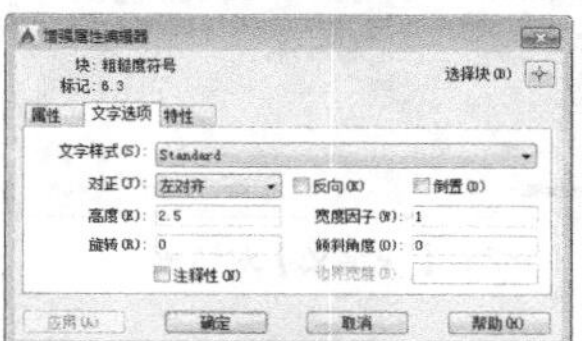

图 10-20 【文字选项】选项卡

图 10-21 【特性】选项卡

下面通过一典型例子来说明属性块的作用与含义。

练习 10-4 创建标高属性块 ★重点★

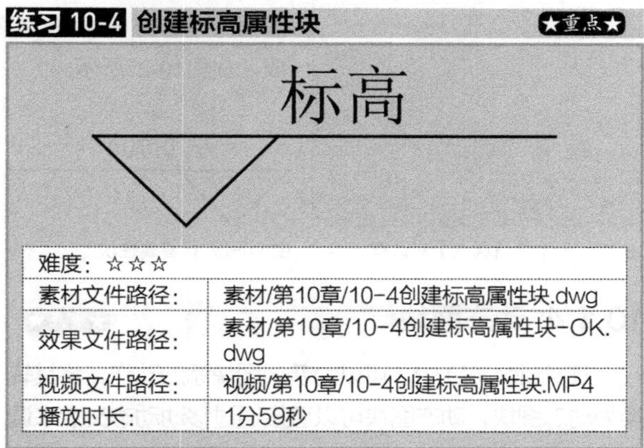

难度：☆☆☆	
素材文件路径：	素材/第10章/10-4创建标高属性块.dwg
效果文件路径：	素材/第10章/10-4创建标高属性块-OK.dwg
视频文件路径：	视频/第10章/10-4创建标高属性块.MP4
播放时长：	1分59秒

标高表示建筑物各部分的高度，是建筑物某一部位相对于基准面（标高的零点）的竖向高度，是竖向定位的依据。在施工图中经常有一个小小的直角等腰三角形，三角形的尖端或向上或向下，这是标高的符号，上面的数值则为建筑的竖向高度。标高符号在图形中形状相似，仅数值不同，因此可以创建为属性块，在绘图时直接调用即可，具体方法如下。

Step 01 打开“第10章/10-4 创建标高属性块.dwg”素材文件，如图10-22所示。

Step 02 在【默认】选项卡中，单击【块】面板上的【定义属性】按钮，系统弹出【属性定义】对话框，定义属性参数，如图10-23所示。

图 10-22 素材图形

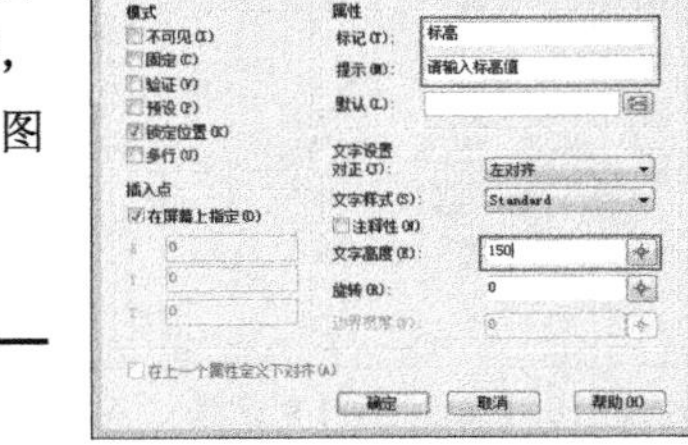

图 10-23 【属性定义】对话框

Step 03 单击【确定】按钮，在水平线上合适的位置放置属性定义，如图10-24所示。

Step 04 在【默认】选项卡中，单击【块】面板上的【创建】按钮，系统弹出【块定义】对话框。在【名称】下拉列表框中输入“标高”；单击【拾取点】按钮，拾取三角形的下角点作为基点；单击【选择对象】按钮，选择符号图形和属性定义，如图10-25所示。

标高

图 10-24 插入属性定义

图 10-25 【块定义】对话框

Step 05 单击【确定】按钮，系统弹出【编辑属性】对话框，更改属性值为0.000，如图10-26所示。

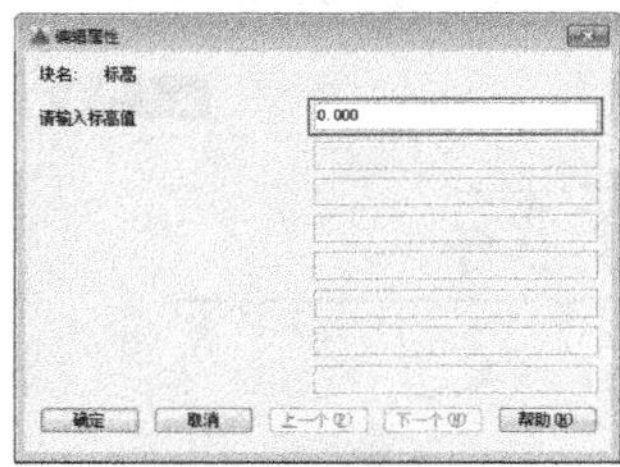

图 10-26 【编辑属性】对话框

Step 06 单击【确定】按钮，标高符创建完成，如图10-27所示。

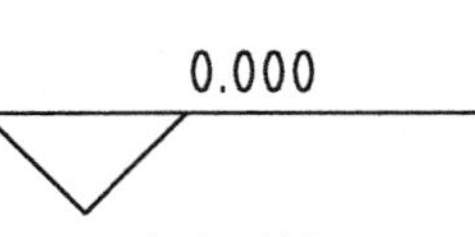

图 10-27 标高属性块

10.1.4 动态图块 ★重点★

在 AutoCAD 中，可以为普通图块添加动作，将其转换为动态图块，动态图块可以直接通过移动动态夹点来调整图块大小、角度，避免了频繁的参数输入或命令调用（如缩放、旋转、镜像命令等），使图块的操作变得更加轻松。

创建动态块的步骤有两步：一是往图块中添加参数，二是为添加的参数添加动作。动态块的创建需要使用【块编辑器】。块编辑器是一个专门的编写区域，用于添加能够使块成为动态块的元素。

调用【块编辑器】命令的方法如下。

◆菜单栏：执行【工具】|【块编辑器】命令。

◆命令行：在命令行中输入“BEDIT/BE”。

◆功能区：在【插入】选项卡中，单击【块】面板中的【块编辑器】按钮。

练习 10-5 创建沙发动态图块 ★重点★

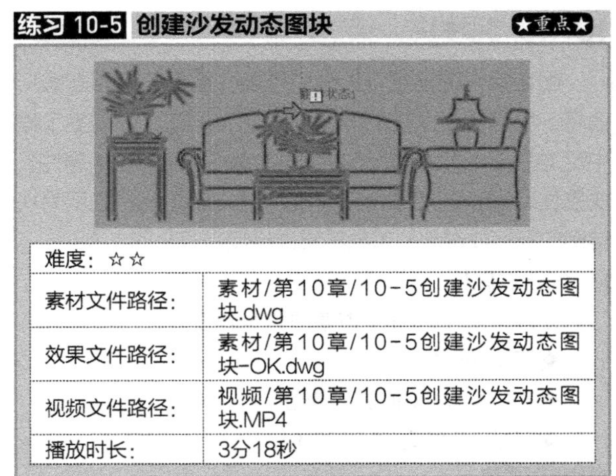

难度：☆☆	
素材文件路径：	素材/第10章/10-5创建沙发动态图块.dwg
效果文件路径：	素材/第10章/10-5创建沙发动态图块-OK.dwg
视频文件路径：	视频/第10章/10-5创建沙发动态图块.MP4
播放时长：	3分18秒

Step 01 单击【快速访问】工具栏中的【打开】按钮，打开“第10章/10-5创建沙发动态图块.dwg”素材文件。

Step 02 在命令行中输入“BEDIT”，系统弹出【编辑块定义】对话框，选择对话框中的【沙发】块，如图10-28所示。

Step 03 单击【确定】按钮，打开【块编辑器】面板，此时绘图窗口变为浅灰色。为图块添加线性参数,在【块编写选项板】右侧单击【参数】选项卡，再选择【翻转】按钮，如图 10-29所示，为块添加翻转参数，命令行提示如下。

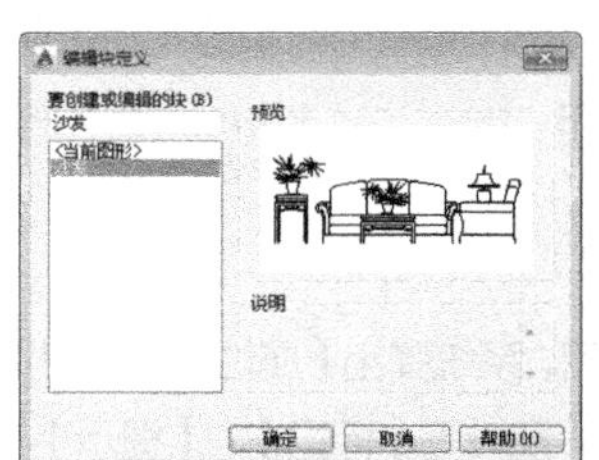

图 10-28 【编辑块定义】对话框

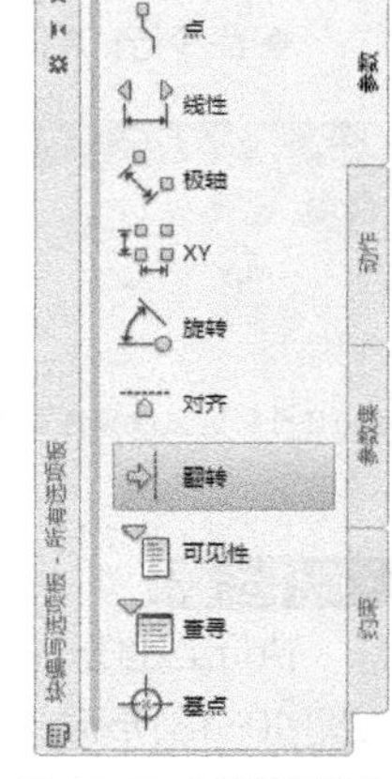

图 10-29 【块编辑器】面板

```
命令: _BParameter 翻转
指定投影线的基点或 [名称(N)/标签(L)/说明(D)/选项板(P)]:
//在图 10-30图所示位置指定基点
指定投影线的端点:
//在图 10-31所示的位置指定端点
指定标签位置:        //在图 10-32所示的位置指定标签位置
```

Step 04 为线性参数添加动作。在【编写选项板】右侧单击【动作】选项卡，再单击【翻转】按钮，如图 10-33所示，根据提示为线性参数添加拉伸动作，命令行提示如下。

```
命令: _BActionTool 翻转
选择参数:            //如图 10-34所示，选择【翻转状态1】
指定动作的选择集
//如图 10-35所示，选择全部图形
选择对象: 指定对角点: 找到 388 个
```

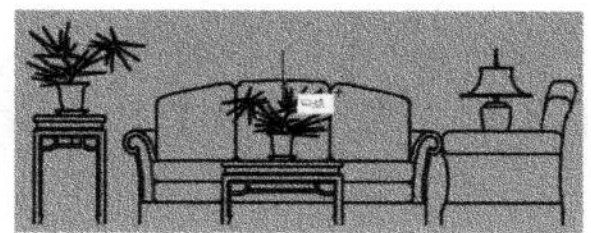

图 10-30 指定基点

图 10-31 指定投引线端点

图 10-32 指定标签位置

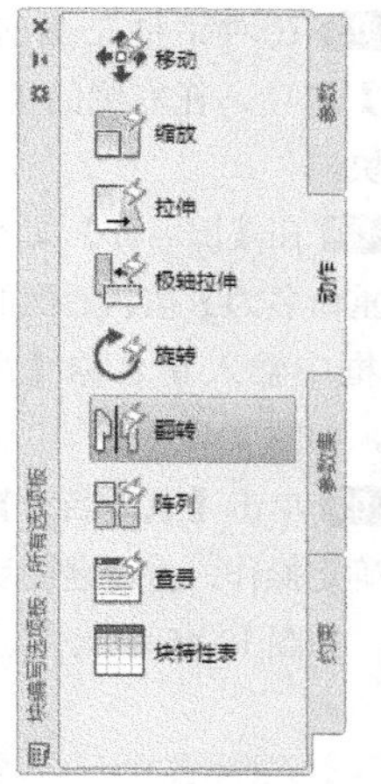

图 10-33 【动作】选项卡

图 10-34 选择动作参数

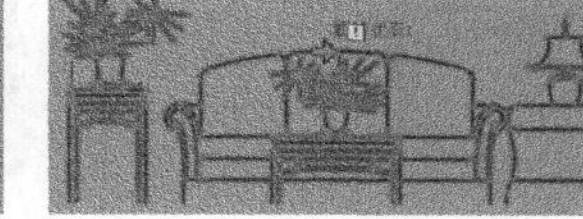

图 10-35 选择全部图形

Step 05 在【块编辑器】选项卡中，单击【保存块】按钮，如图10-36所示。保存创建的动作块，单击【关闭块编辑器】按钮，关闭块编辑器，完成动态块的创建，并返回到绘图窗口。

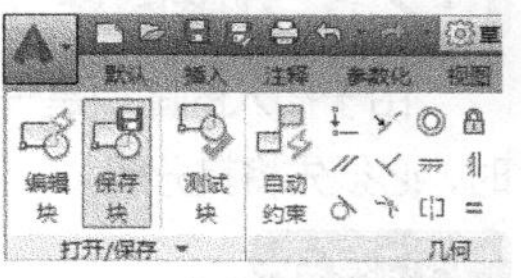

图 10-36 【保存块】定义

Step 06 为图块添加翻转动作效果如图 10-37所示。

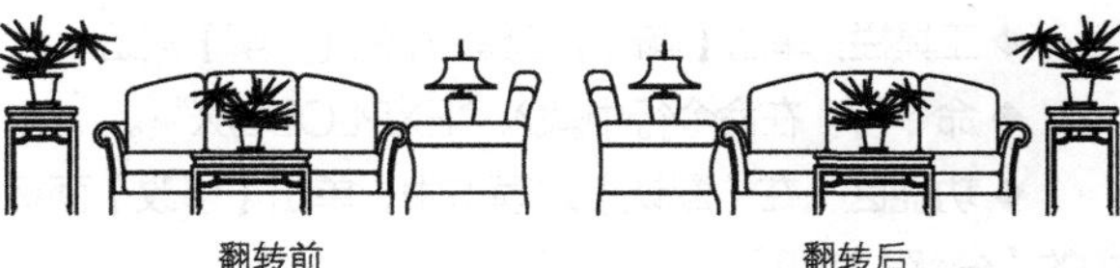

翻转前　　翻转后

图 10-37 沙发动态块

10.1.5 插入块

块定义完成后，就可以插入与块定义关联的块实例了。

·执行方式

启动【插入块】命令的方式如下所述。

◆功能区：单击【插入】选项卡【注释】面板中的【插入】按钮，如图 10-38 所示。

◆菜单栏：执行【插入】|【块】命令，如图 10-39 所示。

◆命令行：INSERT 或 I。

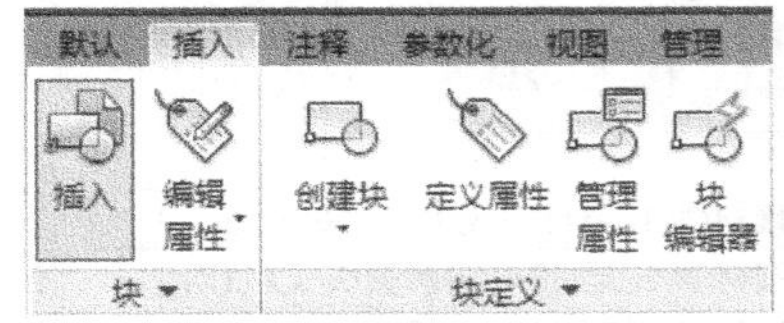

图 10-38 插入块工具按钮

图 10-39 插入块菜单命令

·操作步骤

执行上述任一命令后，系统弹出【插入】对话框，如图 10-40 所示。在其中选择要插入的图块，再返回绘图区指定基点即可。

·选项说明

该对话框中常用选项的含义如下所述。

◆【名称】下拉列表框：用于选择块或图形名称。可以单击其后的【浏览】按钮，系统弹出【打开图形文件】对话框，选择保存的块和外部图形。

◆【插入点】选项区域：设置块的插入点位置。

◆【比例】选项区域：用于设置块的插入比例。

◆【旋转】选项区域：用于设置块的旋转角度。可直接在【角度】文本框中输入角度值，也可以通过选中【在屏幕上指定】复选框，在屏幕上指定旋转角度。

◆【分解】复选框：可以将插入的块分解成块的各基本对象。

练习 10-6 插入台灯图块

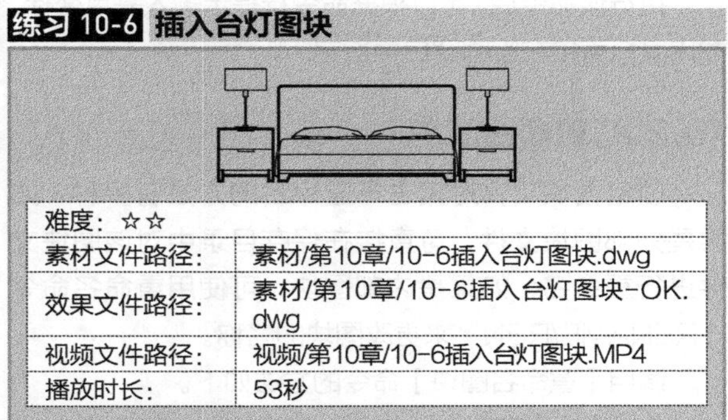

难度：	☆☆
素材文件路径：	素材/第10章/10-6插入台灯图块.dwg
效果文件路径：	素材/第10章/10-6插入台灯图块-OK.dwg
视频文件路径：	视频/第10章/10-6插入台灯图块.MP4
播放时长：	53秒

Step 01 打开素材文件“第10章/10-6插入台灯图块.dwg”，其中已经绘制好床图形，如图10-40所示。

Step 02 调用I【插入】命令，出现【插入】对话框，在【名称】栏中输入“台灯”，如图10-41所示。

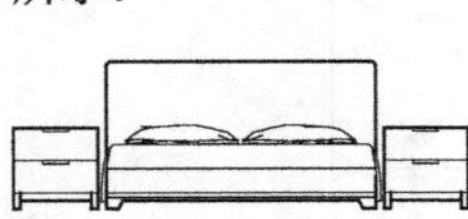

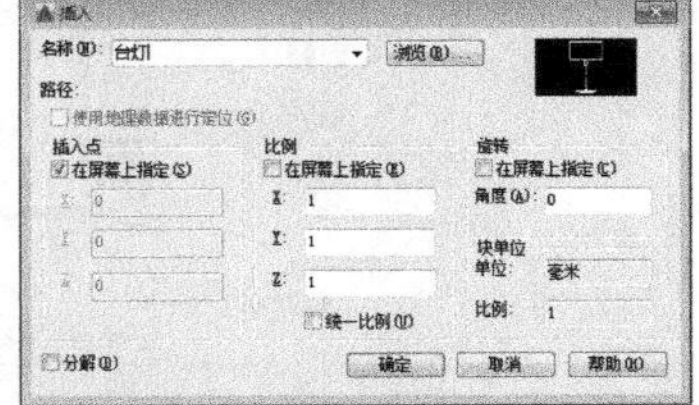

图 10-40 【插入】对话框　　图 10-41 素材图形

Step 03 确定插入基点位置。勾选【在屏幕上指定】复选框，单击【确定】按钮退出对话框。插入块实例到所示的B点位置，如图10-42所示，结束操作。

Step 04 调用CO【复制】命令，将台灯图块复制移动至床图形的另一边，最终结果如图10-43所示。

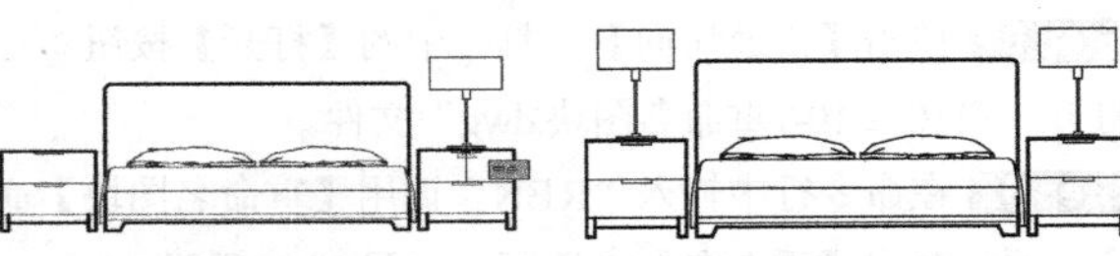

图 10-42 设置插入参数　　图 10-43 最终结果

10.2 编辑块

图块在创建完成后还可随时对其进行编辑，如重命名图块、分解图块、删除图块和重定义图块等操作。

10.2.1 设置插入基点

在创建图块时，可以为图块设置插入基点，这样在插入时就可以直接捕捉基点插入。但是如果创建的块事先没有指定插入基点，插入时系统默认的插入点为该图的坐标原点，这样往往会给绘图带来不便，此时可以使用【基点】命令为图形文件制定新的插入原点。

调用【基点】命令的方法如下。

- ◆菜单栏：执行【绘图】|【块】|【基点】命令。
- ◆命令行：在命令行中输入“BASE”。
- ◆功能区：在【默认】选项卡中，单击【块】面板中的【设置基点】按钮。

执行该命令后，可以根据命令行提示输入基点坐标，或用鼠标直接在绘图窗口中指定。

10.2.2 重命名图块

创建图块后，对其进行重命名的方法有多种。如果是外部图块文件，可直接在保存目录中对该图块文件进行重命名；如果是内部图块，可使用重命名命令“RENAME/REN”来更改图块的名称。

调用【重命名图块】命令的方法如下。

- ◆命令行：在命令行中输入“RENAME/REN”。
- ◆菜单栏：执行【格式】|【重命名】命令。

练习 10-7 重命名图块

难度：☆☆	
素材文件路径：	素材/第10章/10-7重命名图块.dwg
效果文件路径：	素材/第10章/10-7重命名图块-OK.dwg
视频文件路径：	视频/第10章/10-7重命名图块.MP4
播放时长：	48秒

如果已经定义好了图块，但最后觉得图块的名称不合适，便可以通过该方法来重新定义。

Step 01 单击【快速访问】工具栏中的【打开】按钮，打开“第10章/10-7重命名图块.dwg”文件。

Step 02 在命令行中输入“REN”调用【重命名图块】命令，系统弹出【重命名】对话框，如图10-44所示。

Step 03 在对话框左侧的【命名对象】列表框中选择【块】选项，在右侧的【项目】列表框中选择【中式吊灯】块。

Step 04 在【旧名称】文本框中显示的是该块的旧名称，在【重命名为】按钮后面的文本框中输入新名称【吊灯】，如图10-45所示。

Step 05 单击【重命名为】按钮确定操作，重命名图块完成，如图10-46所示。

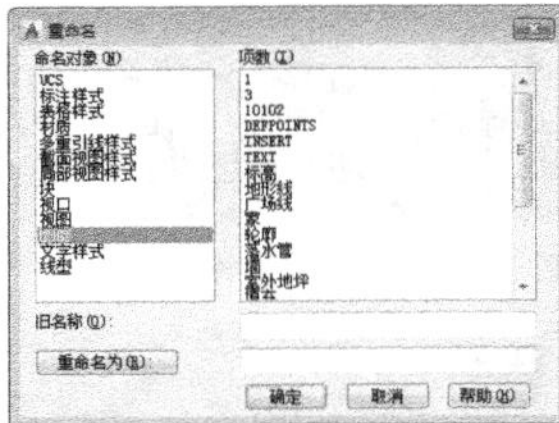

图 10-44 【重命名】对话框

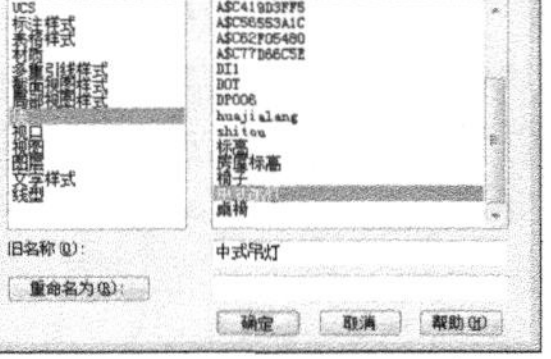

图 10-45 选择需重命名对象

图 10-46 重命名完成效果

10.2.3 分解图块

由于插入的图块是一个整体，在需要对图块进行编辑时，必须先将其分解。

•执行方式

调用【分解图块】的命令方法如下。

- ◆菜单栏：执行【修改】|【分解】命令。
- ◆工具栏：单击【修改】工具栏中的【分解】按钮。
- ◆命令行：在命令行中输入“EXPLODE/X”。
- ◆功能区：在【默认】选项卡中，单击【修改】面板中的【分解】按钮。

•操作步骤

分解图块的操作非常简单，执行【分解】命令后，选择要分解的图块，再按回车键即可。图块被分解后，它的各个组成元素将变为单独的对象，之后便可以单独对各个组成元素进行编辑。

练习 10-8 分解图块

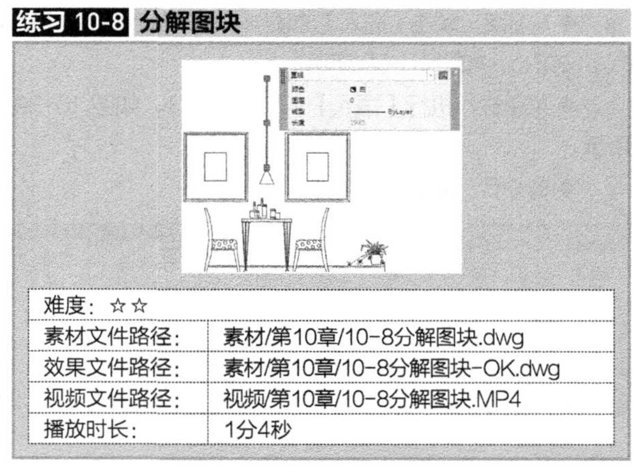

难度：☆☆	
素材文件路径：	素材/第10章/10-8分解图块.dwg
效果文件路径：	素材/第10章/10-8分解图块-OK.dwg
视频文件路径：	视频/第10章/10-8分解图块.MP4
播放时长：	1分4秒

Step 01 单击【快速访问】工具栏中的【打开】按钮，打开"第10章/10-8分解图块.dwg"文件，如图 10-47所示。

Step 02 框选图形，图块的夹点显示和属性面板如图 10-48所示。

Step 03 在命令行中输入"X"，执行【分解】命令，按回车键确认分解，分解后框选图形效果如图 10-49所示。

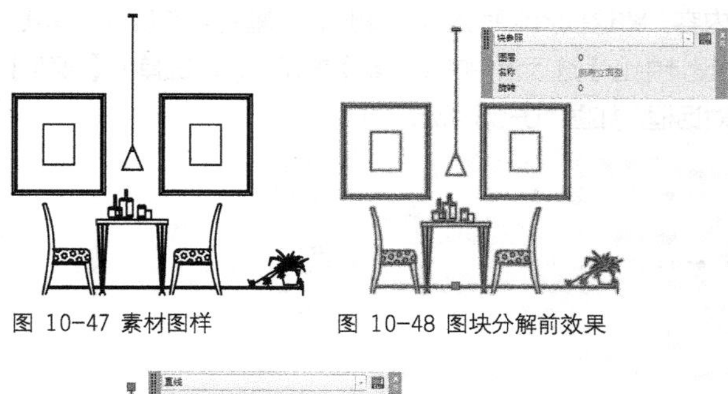

图 10-47 素材图样　　图 10-48 图块分解前效果

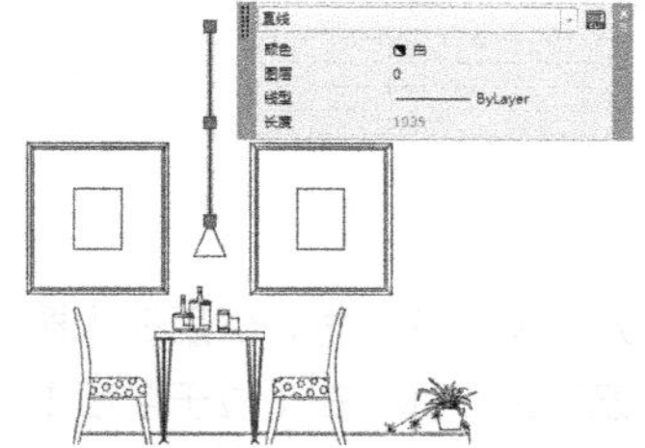

图 10-49 图块分解后效果

10.2.4 删除图块

如果图块是外部图块文件，可直接在电脑中删除；如果图块是内部图块，可使用以下删除方法删除。

◆ 应用程序：单击【应用程序】按钮，在下拉菜单中选择【图形实用工具】中的【清理】命令。

◆ 命令行：在命令行中输入"PURGE/PU"。

练习 10-9 删除图块

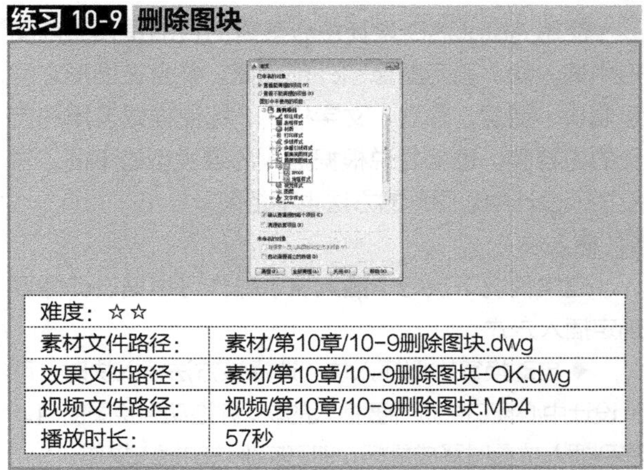

难度：☆☆	
素材文件路径：	素材/第10章/10-9删除图块.dwg
效果文件路径：	素材/第10章/10-9删除图块-OK.dwg
视频文件路径：	视频/第10章/10-9删除图块.MP4
播放时长：	57秒

图形中如果存在用不到的图块，最好将其清除，否则过多的图块文件会占用图形的内存，使得绘图时反应变慢。

Step 01 单击【快速访问】工具栏中的【打开】按钮，打开"第10章/10-9删除图块.dwg"文件。

Step 02 在命令行中输入"PU"，执行【删除图块】命令，系统弹出【清理】对话框，如图 10-50所示。

Step 03 选择【查看能清理的项目】单选按钮，在【图形中未使用的项目】列表框中双击【块】选项，展开此项，将显示当前图形文件中的所有内部块，如图 10-51所示。

Step 04 选择要删除的【DP006】图块，然后单击【清理】按钮，清理后如图 10-52所示。

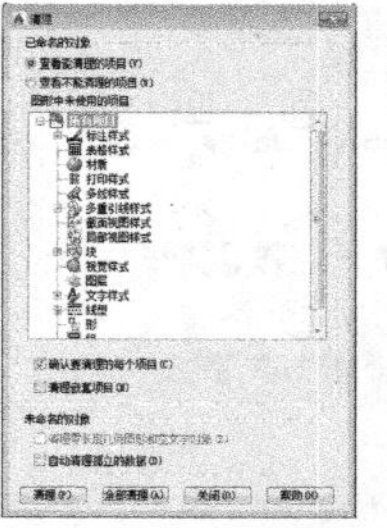

图 10-50 【清理】对话框

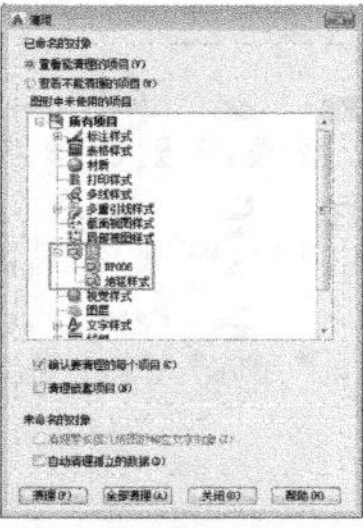

图 10-51 选择【块】选项

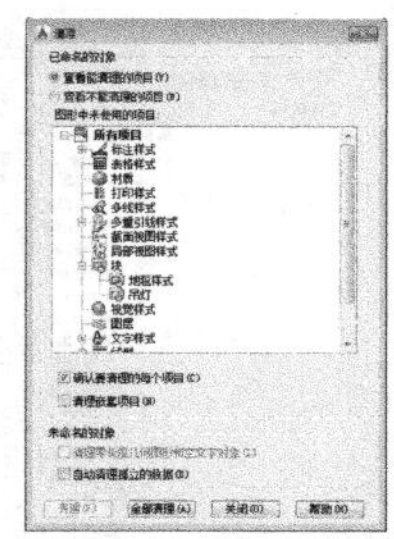

图 10-52 清理后效果

10.2.5 重新定义图块

通过对图块的重定义，可以更新所有与之关联的块实例，实现自动修改，其方法与定义块的方法基本相同。

其具体操作步骤如下所述。

Step 01 使用【分解】命令将当前图形中需要重新定义的图块分解为由单个元素组成的对象。

Step 02 对分解后的图块组成元素进行编辑。完成编辑后，再重新执行【块定义】命令，在打开的【块定义】对话框的【名称】下拉列表中选择源图块的名称。

Step 03 选择编辑后的图形，并为图块指定插入基点及单位，单击【确定】按钮，再打开图10-53所示的询问对话框，单击【重定义】按钮，完成图块的重定义。

图 10-53 【重定义块】对话框

10.3 AutoCAD设计中心

AutoCAD 设计中心类似于 Windows 资源管理器，可执行对图形、块、图案填充和其他图形内容的访问等辅助操作，并在图形之间复制和粘贴其他内容，从而使设计者更好地管理外部参照、块参照和线型等图形内容。这种操作不仅可简化绘图过程，而且可通过网络资源共享来服务当前产品设计。

10.3.1 设计中心窗口 ★进阶★

在 AutoCAD 2016 中进入【设计中心】有以下两种常用方法。

·执行方式

◆快捷键：Ctrl+2。

◆功能区：在【视图】选项卡中，单击【选项板】面板中的【设计中心】工具按钮。

·操作步骤

执行上述任一命令后，均可打开AutoCAD【设计中心】选项板，如图10-54所示。

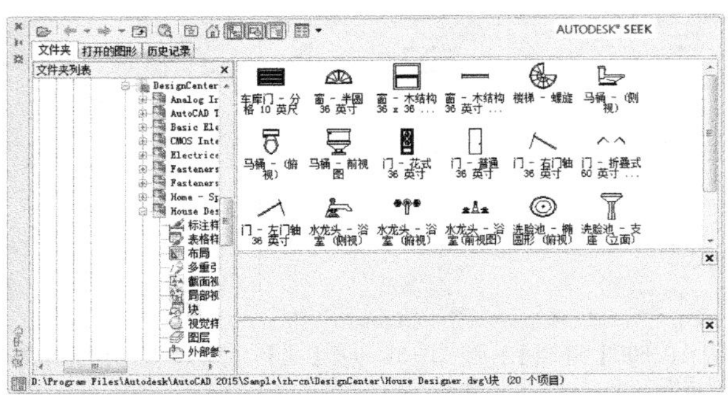

图 10-54 【设计中心】选项板

·选项说明

设计中心窗口的按钮和选项卡的含义及设置方法如下所述。

◎ 选项卡操作

在设计中心中，可以在4个选项卡之间进行切换，各选项含义如下。

◆文件夹：指定文件夹列表框中的文件路径（包括网络路径），右侧显示图形信息。

◆打开的图形：该选项卡显示当前已打开的所有图形，并在右方的列表框中包括图形中的块、图层、线型、文字样式、标注样式和打印样式。

◆历史记录：该选项卡中显示最近在设计中心打开的文件列表。

◎ 按钮操作

在【设计中心】选项卡中，要设置对应选项卡中树状视图与控制板中显示的内容，可以单击选项卡上方的按钮执行相应的操作，各按钮的含义如下。

◆【加载】按钮：使用该按钮通过桌面、收藏夹等路径加载图形文件。

◆【搜索】按钮：用于快速查找图形对象。

◆【搜藏夹】按钮：通过收藏夹来标记存放在本地硬盘和网页中常用的文件。

◆【主页】按钮：将设计中心返回到默认文件夹。

◆【树状图切换】按钮：使用该工具打开/关闭树状视图窗口。

◆预览按钮：使用该工具打开/关闭选项卡右下侧窗格。

◆说明按钮：打开或关闭说明窗格，以确定是否显示说明窗格内容。

◆视图按钮：用于确定控制板显示内容的显示格式。

10.3.2 设计中心查找功能 ★进阶★

使用设计中心的【查找】功能，可在弹出的【搜索】对话框中快速查找图形、块特征、图层特征和尺寸样式等内容，将这些资源插入当前图形，可辅助当前设计。单击【设计中心】选项板中的【搜索】按钮，系统弹出【搜索】对话框，如图10-55所示。

图 10-55 【搜索】对话框

在该对话框指定搜索对象所在的盘符，然后在【搜索文字】列表框中输入搜索对象名称，在【位于字段】列表框中输入搜索类型，单击【立即搜索】按钮，即可执行【搜索】操作。另外，还可以选择其他选项卡设置不同的搜索条件。

将图形选项卡切换到【修改日期】选项卡，可指定图形文件创建或修改的日期范围。默认情况下不指定日期，需要在此之前指定图形修改日期。

切换到【高级】选项卡可指定其他搜索参数。

10.3.3 插入设计中心图形 ★进阶★

使用AutoCAD设计中心最终的目的是在当前图形中调入块、引用图像和外部参照，并且在图形之间复制块、图层、线型、文字样式、标注样式及用户定义的内容等。也就是说根据插入内容类型的不同，对应插入设计中心图形的方法也不相同。

1 插入块

通常情况下执行【插入块】操作可根据设计需要确定插入方式。

◆自动换算比例插入块：选择该方法插入块时，可从设计中心窗口中选择要插入的块，并拖动到绘图窗口。移到插入位置时释放鼠标，即可实现块的插入操作。

◆常规插入块：在【设计中心】对话框中选择要插入的块，然后用鼠标右键将该块拖动到窗口后释放鼠标，此时将弹出一个快捷菜单，选择【插入块】选项，即可弹出【插入块】对话框，可按照插入块的方法确定插入点、插入比例和旋转角度，将该块插入到当前图形中。

2 复制对象

复制对象就在控制板中展开相应的块、图层、标注样式列表，然后选中某个块、图层或标注样式，并将其拖入到当前图形，即可获得复制对象效果。如果按住鼠标右键将其拖入当前图形，此时系统将弹出一个快捷菜单，通过此菜单可以进行相应的操作。

3 以动态块形式插入图形文件

要以动态块形式在当前图形中插入外部图形文件，只需要通过右键快捷菜单，执行【块编辑器】命令即可，此时系统将打开【块编辑器】窗口，用户可以通过该窗口将选中的图形创建为动态图块。

4 引入外部参照

从【设计中心】对话框选择外部参照，用鼠标右键将其拖动到绘图窗口后释放，在弹出的快捷菜单中选择【附加为外部参照】命令，弹出【外部参照】对话框，可以在其中确定插入点、插入比例和旋转角度。

练习 10-10 插入沙发图块

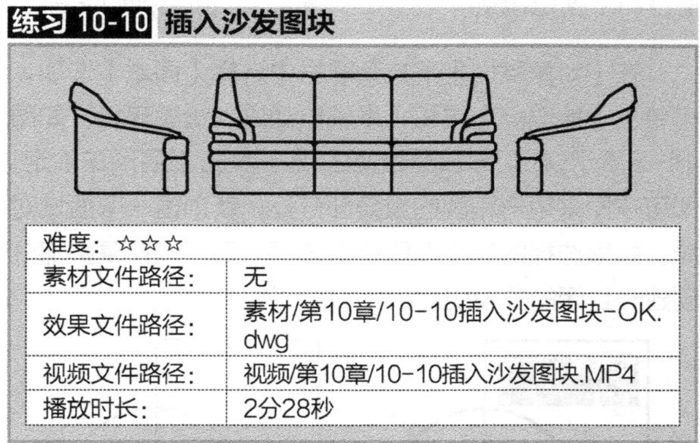

难度：☆☆☆	
素材文件路径：	无
效果文件路径：	素材/第10章/10-10插入沙发图块-OK.dwg
视频文件路径：	视频/第10章/10-10插入沙发图块.MP4
播放时长：	2分28秒

Step 01 单击快速访问工具栏上的【新建】按钮，新建空白文件。

Step 02 按Ctrl+2组合键，打开【设计中心】选项板。

Step 03 展开【文件夹】标签，在树状图目录中定位“第10章”素材文件夹，文件夹中包含的所有图形文件显示在内容区，如图10-56所示。

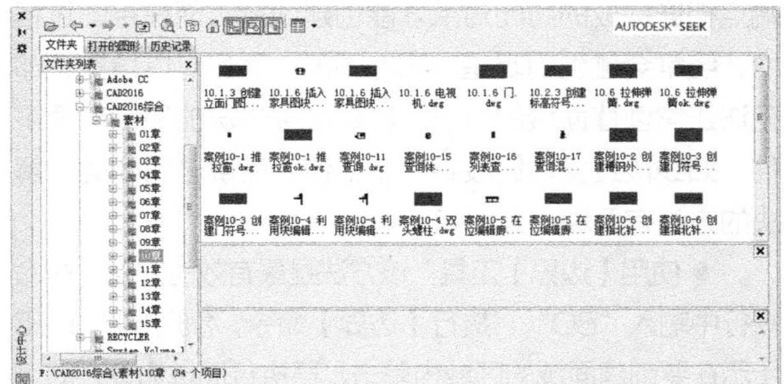

图 10-56 浏览到文件夹

Step 04 在内容区选择“长条沙发”文件并右击鼠标，弹出快捷菜单，如图10-57所示，选择【插入为块】命令，系统弹出【插入】对话框，如图10-58所示。

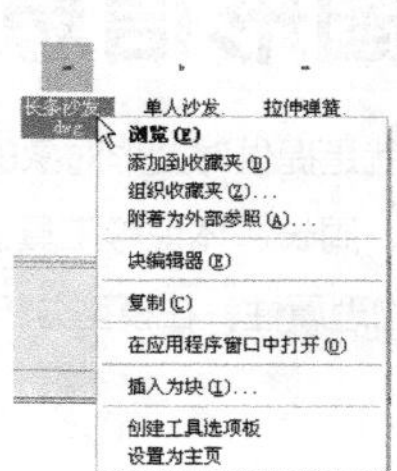

图 10-57 快捷菜单

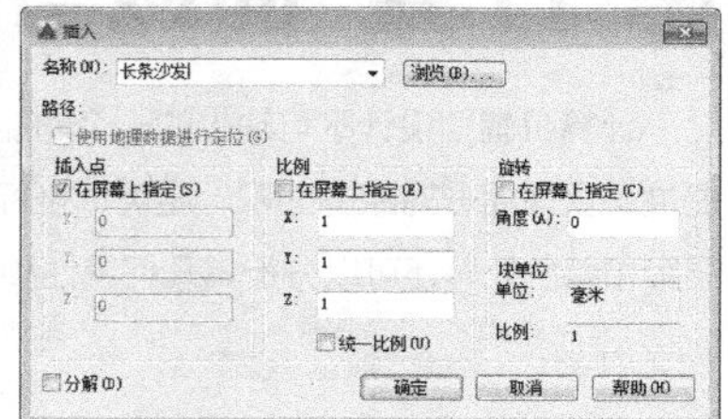

图 10-58 【插入】对话框

Step 05 单击【确定】按钮，将该图形作为一个块插入到当前文件，如图10-59所示。

Step 06 在内容区选择同文件夹的“长条沙发”图形文件，将其拖动到绘图区，根据命令行提示插入单人沙发，图10-60所示，命令行操作如下。

```
命令: _INSERT 输入块名或 [?] <长条沙发>:
单位: 毫米  转换: 1
指定插入点或 [基点(B)/比例(S)/X/Y/Z/旋转(R)]:
                                //选择块的插入点
输入 X 比例因子，指定对角点，或 [角点(C)/XYZ(XYZ)]
<1>:↙              //使用默认X比例因子
输入 Y 比例因子或 <使用 X 比例因子>:↙
                                //使用默认Y比例因子
指定旋转角度 <0>:↙
            //使用默认旋转角度
```

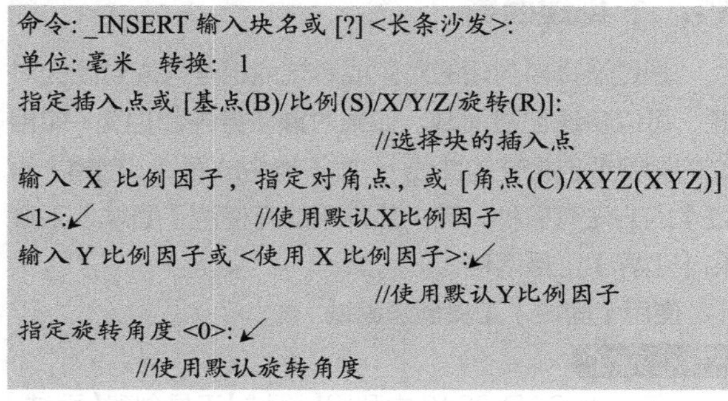

图 10-59 插入的长条沙发　图 10-60 插入单人沙发

Step 07 在命令行输入“M”并按Enter键，将刚插入的“单人沙发”图块移动到合适的位置，然后使用【镜像】命令镜像一个与之对称的单人沙发，结果如图10-61所示。

Step 08 在【设计中心】选项板左侧切换到【打开的图形】窗口，树状图中显示当前打开的图形文件，选择【块】项目，在内容区显示当前文件中的两个图块，如图10-62所示。

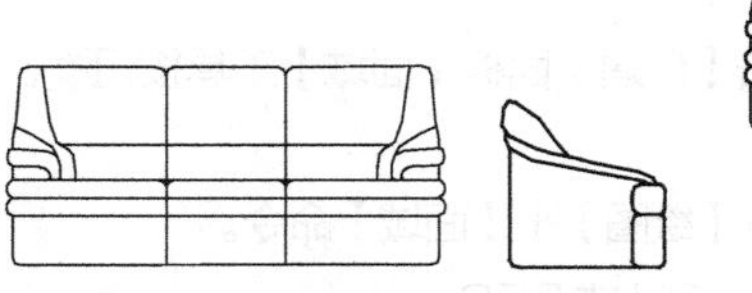

图 10-61 移动和镜像沙发的结果

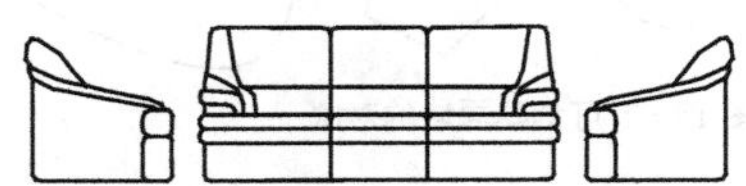

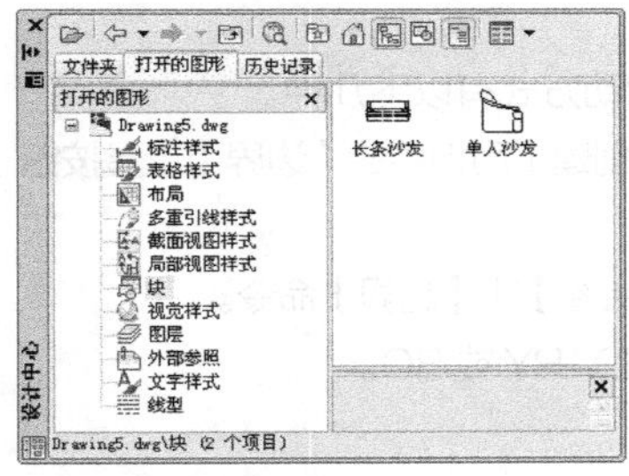

图 10-62 当前图形中的块

第 11 章 面域与图形信息查询

计算机辅助设计不可缺少的一个功能就是提供对图形对象的点坐标、距离、周长、面积等属性的几何查询。AutoCAD 2016 提供了查询图形对象的面积、距离、坐标、周长、体积等工具。面域则是 AutoCAD 一类特殊的图形对象，它除了可以用于填充图案和着色外，还可以分析其几何属性和物理属性，在模型分析中具有十分重要的意义。

11.1 面域

【面域】是具有一定边界的二维闭合区域，它是一个面对象，内部可以包含孔特征。在三维建模状态下，面域也可以用作构建实体模型的特征截面。

11.1.1 创建面域

通过选择自封闭的对象或者端点相连构成封闭的对象，可以快速创建面域。如果对象自身内部相交（如相交的圆弧或自相交的曲线），就不能生成面域。创建【面域】的方法有多种，其中最常用的有使用【面域】工具和【边界】工具两种。

1 使用【面域】工具创建面域

•执行方式

在 AutoCAD 2016 中利用【面域】工具创建【面域】有以下几种常用方法。

◆功能区：单击【创建】面板【面域】工具按钮，如图 11-1 所示。

◆菜单栏：执行【绘图】|【面域】命令。

◆命令行：REGION 或 REG。

•操作步骤

执行以上任一命令后，选择一个或多个用于转换为面域的封闭图形，如图 11-2 所示，AutoCAD 将根据选择的边界自动创建面域，并报告已经创建的面域数目。

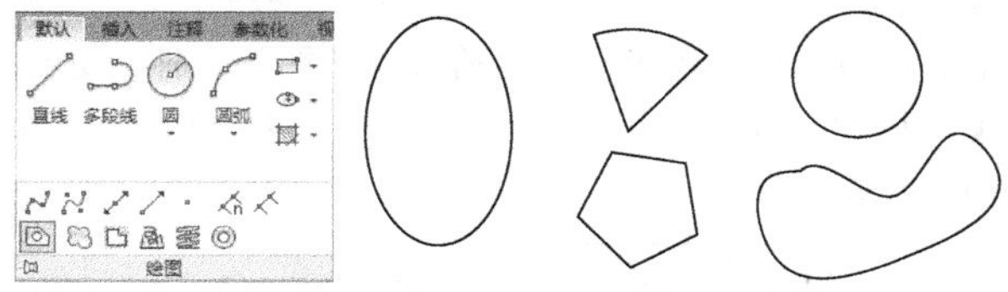

图 11-1 面域面板按钮　图 11-2 可创建面域的对象

2 使用【边界】工具创建面域

•执行方式

【边界】命令的启动方式有以下几种。

◆功能区：单击【创建】面板中的【边界】工具按钮，如图 11-3 所示。

◆菜单栏：执行【绘图】|【边界】命令。

◆命令行：BOUNDARY 或 BO。

•操作步骤

执行上述任一命令后，弹出图 11-4 所示的【边界创建】对话框。

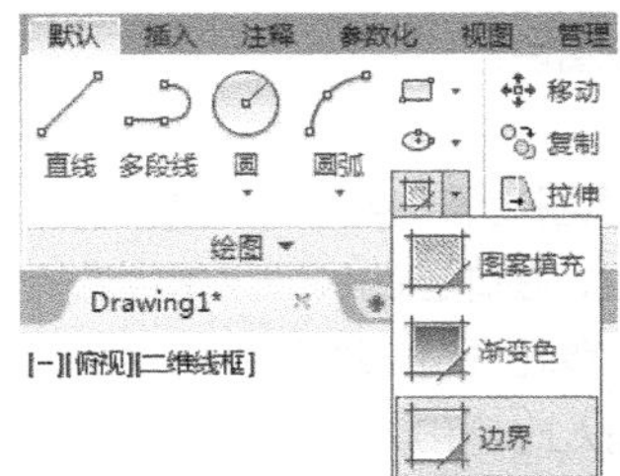

图 11-3 边界工具按钮

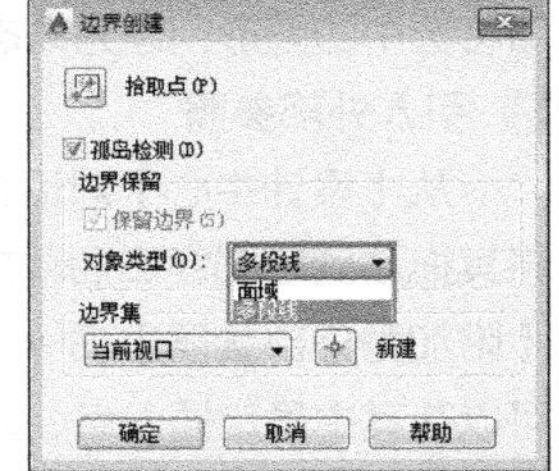

图 11-4 【边界创建】对话框

在【对象类型】下拉列表框中选择【面域】选项，再单击【拾取点】按钮，系统自动进入绘图环境。如图 11-5 所示，在矩形和圆重叠区域内单击，然后回车确定，即可在原来矩形和圆的重叠部分处，新创建一个面域对象。如果选择的是【多段线】选项，则可以在重叠部分创建一封闭的多段线。

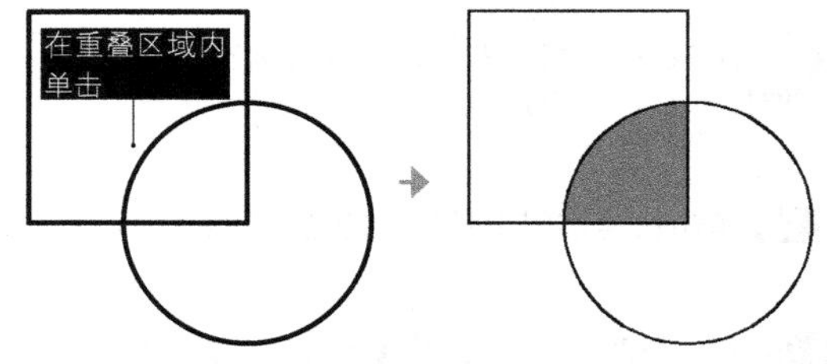

图 11-5 列表查询图形对象

•熟能生巧 无法创建面域时的解决方法

根据面域的概念可知，只有选择自封闭的对象或者端点相连构成的封闭对象才能创建面域。而在绘图过程中，经常会碰到明明是封闭的图形，而且可以填充，却无法正常创建面域的情况。出现这种情况的原因有很多种，如线段过多、线段端点不相连、轮廓未封闭等。解决的方法有两种，介绍如下。

◆使用【边界】工具：该方法是最有效的方法。在命令行中输入“BO”，执行【边界】命令，然后按图 11-5 所示在要创建面域的区域内单击，再执行面域命令，即可创建。

◆用多段线重新绘制轮廓：如果使用【边界】工具仍无法创建面域，可考虑用多段线在原有基础上重新绘制一层轮廓，再创建面域。

11.1.2 面域布尔运算

布尔运算是数学中的一种逻辑运算，它可以对实体和共面的面域进行剪切、添加，以及获取交叉部分等操作，对于普通的线框和未形成面域或多段线的线框，无法执行布尔运算。

布尔运算主要有【并集】、【差集】与【交集】3种运算方式。

1 面域求和

利用【并集】工具可以合并两个面域，即创建两个面域的和集。

• 执行方式

在 AutoCAD 2016 中【并集】命令有以下几种启动方法。

◆ 功能区：在【三维基础】工作空间中单击【编辑】面板上的【并集】按钮；在【三维建模】工作空间中单击【实体编辑】面板上的【并集】按钮，如图 11-6 所示。

◆ 菜单栏：执行【修改】|【实体编辑】|【并集】命令，如图 11-7 所示。

◆ 命令行：UNION 或 UNI。

图 11-6 并集面板按钮

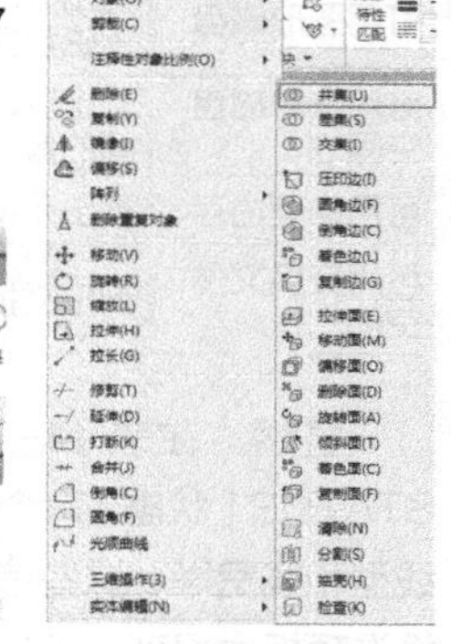

图 11-7 并集菜单命令

• 操作步骤

执行上述任一命令后，按住 Ctrl 键，依次选取要进行合并的面域对象，用鼠标右击或按 Enter 键即可将多个面域对象并为一个面域，如图 11-8 所示。

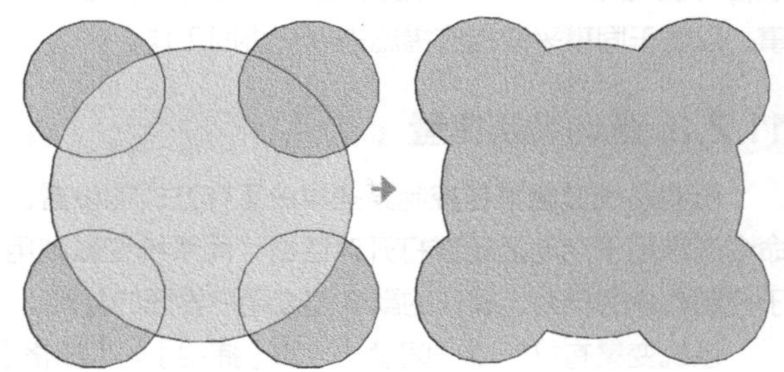

图 11-8 面域求和

2 面域求差

利用【差集】工具可以将一个面域从另一面域中去除，即两个面域的求差。

• 执行方式

在 AutoCAD 2016 中【差集】命令有以下几种调用方法。

◆ 功能区：单击【三维基础】或【三维建模】工作空间中的【差集】按钮。

◆ 菜单栏：执行【修改】|【实体编辑】|【差集】命令。

◆ 命令行：SUBTRACT 或 SU。

• 操作步骤

执行上述任一命令后，首先选取被去除的面域，然后用鼠标右击并选取要去除的面域，右击或按 Enter 键，即可执行面域求差操作，如图 11-9 所示。

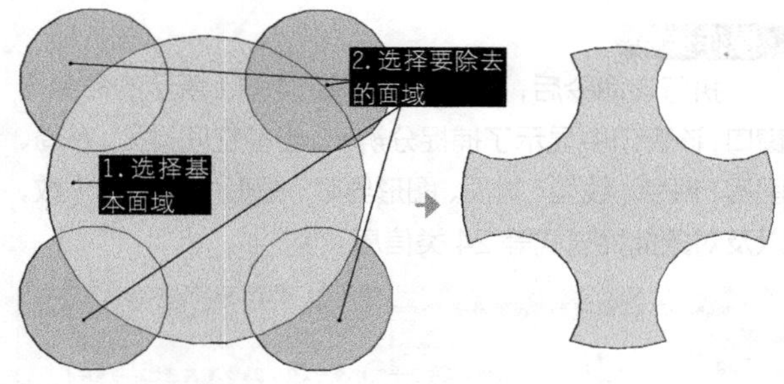

图 11-9 面域求差

3 面域求交

利用此工具可以获取两个面域之间的公共部分面域，即交叉部分面域。

• 执行方式

在 AutoCAD 2016 中，【交集】命令有以下几种启动方法。

◆ 功能区：【三维基础】或【三维建模】空间【交集】工具按钮。

◆ 工具栏：【实体编辑】工具栏中的【交集】按钮。

◆ 菜单栏：执行【修改】|【实体编辑】|【交集】命令。

◆ 命令行：INTERSECT 或 IN。

• 操作步骤

执行上述任一命令后，依次选取两个相交面域，并右击鼠标即可，如图 11-10 所示。

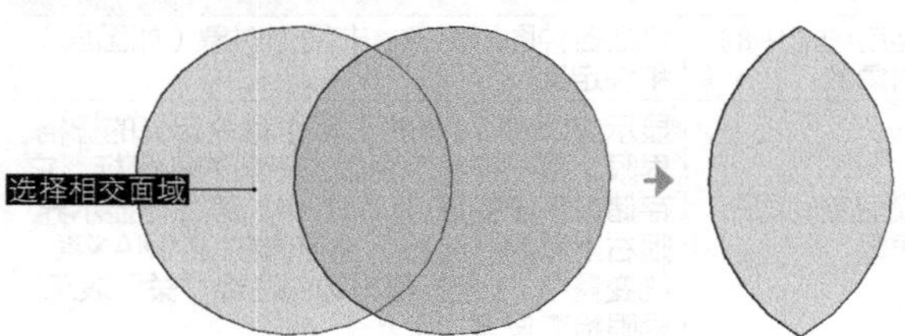

图 11-10 面域求交

11.2 图形类信息查询

图形类信息包括图形的状态、创建时间，以及图形的系统变量等 3 种，分别介绍如下。

11.2.1 查询图形的状态

在AutoCAD2016中，使用STATUS【状态】命令可以查询当前图形中对象的数目和当前空间中各种对象的类型等信息，包括图形对象（例如，圆弧和多段线）、非图形对象（例如，图层和线型）和块定义。除全局图形统计信息和设置外，还将列出系统中安装的可用内存量、可用磁盘空间量，以及交换文件中的可用空间量。

• 执行方式

执行【状态】查询命令有以下两种方法。

◆ 菜单栏：执行【工具】|【查询】|【状态】命令。

◆ 命令行：STATUS。

• 操作步骤

执行该命令后，系统将弹出图11-11所示的命令行窗口，该窗口中显示了捕捉分辨率、当前空间类型、布局、图层、颜色、线型、材质、图形界限、图形中对象的个数，以及对象捕捉模式等24类信息。

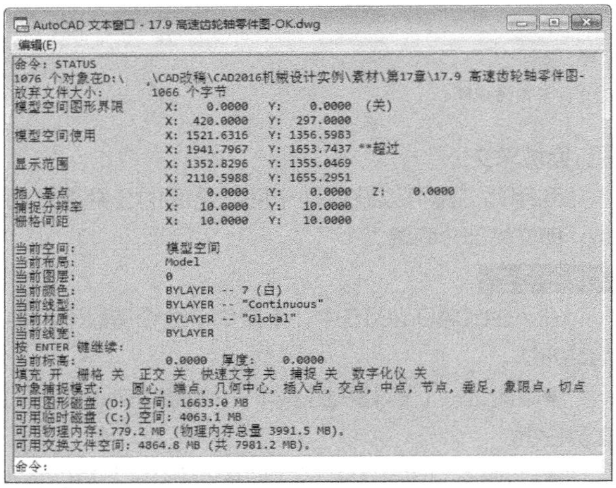

```
AutoCAD 文本窗口 - 17.9 高速齿轮轴零件图-OK.dwg
编辑(E)
命令: STATUS
1076 个对象在D:\   .\CAD改稿\CAD2016机械设计实例\素材\第17章\17.9 高速齿轮轴零件图-
放弃文件大小:        1066 个字节
模型空间图形界限      X:    0.0000   Y:    0.0000  (关)
                     X:  420.0000   Y:  297.0000
模型空间使用          X: 1521.6316   Y: 1356.5983
                     X: 1941.7967   Y: 1653.7437 **超过
显示范围              X: 1352.8296   Y: 1355.0469
                     X: 2110.5988   Y: 1655.2951
插入基点              X:    0.0000   Y:    0.0000   Z:    0.0000
捕捉分辨率            X:   10.0000   Y:   10.0000
栅格间距              X:   10.0000   Y:   10.0000

当前空间:             模型空间
当前布局:             Model
当前图层:             0
当前颜色:             BYLAYER -- 7 (白)
当前线型:             BYLAYER -- "Continuous"
当前材质:             BYLAYER -- "Global"
当前线宽:             BYLAYER
按 ENTER 键继续:
当前标高:             0.0000  厚度:    0.0000
填充 开  栅格 关  正交 关  快速文字 关  捕捉 关  数字化仪 关
对象捕捉模式:    圆心, 端点, 几何中心, 插入点, 交点, 中点, 节点, 垂足, 象限点, 切点
可用图形磁盘 (D:) 空间: 16633.0 MB
可用临时磁盘 (C:) 空间: 4063.1 MB
可用物理内存: 779.2 MB (物理内存总量 3991.5 MB).
可用交换文件空间: 4864.8 MB (共 7981.2 MB).
命令:
```

图11-11 查询状态

• 选项说明

各查询内容的含义如表11-1所示。

表11-1 STATUS【状态】命令的查询内容

列表项	说 明
当前图形中的对象数	包括各种图形对象、非图形对象（如图层）和块定义
模型空间图形界限	显示由Limits【图形界限】命令定义的栅格界限。第一行显示界限左下角的*xy*坐标，它存储在系统变量LIMMIN中；第二行显示界限右上角的*xy*坐标，它存储在LIMMAX系统变量中。*y*坐标值右边的注释"关"表示界限检查设置为0
模型空间使用	显示图形范围（包括数据库中的所有对象），可以超出栅格界限。第一行显示该范围左下角的*xy*坐标；第二行显示右上角的*xy*坐标。如果*y*坐标值的右边有"超过"注释，则表明该图形的范围超出了栅格界限
显示范围	列出了当前视口中可见的图形范围部分。第一行显示左下角的*xy*坐标，第二行显示右上角的*xy*坐标

续表

列表项	说 明
插入基点	列出图形的插入点
捕捉分辨率	设置当前视口的捕捉间距
栅格间距	指定当前视口的栅格间距（包括*x*和*y*方向）
当前空间	显示当前激活的是模型空间还是图纸空间
当前布局	显示"模型"或当前布局的名称
当前图层	显示当前图层
当前颜色	设置新对象的颜色
当前线型	设置新对象的线型
当前线宽	设置新对象的线宽
当前材质	设置新对象的材质
当前标高	存储新对象相对于当前UCS的标高
厚度	设置当前的三维厚度
填充、栅格、正交、快速文字、捕捉和数字化仪	显示这些模式是开或者关
对象捕捉模式	显示正在运行的对象捕捉模式
可用图形磁盘	列出驱动器上为该程序的临时文件指定的可用磁盘空间的量
可用临时磁盘空间	列出驱动器上为临时文件指定的可用磁盘空间的量
可用物理内存	列出系统中可用安装内存
可用交换文件空间	列出交换文件中的可用空间

显然，在表11-1中列出的很多信息即使不用STATUS【状态】命令也可以得到，如当前图层、颜色、线型和线宽等，这些信息可以直接在【图层】面板或特性选项板中看到。不过，一些其他的信息，如可用磁盘空间与可用内存的统计等，这些信息则很难直接观察到。

• 初学解答 STATUS【状态】命令的用途

STATUS【状态】命令最常见的用途是解决不同设计师之间的交互问题。例如，在工作中，可以将该列表信息发送给另一个办公室中需要处理同一图形的同事，以便于同事采取相应措施来展开协同工作。

11.2.2 查询系统变量

所谓系统变量就是控制某些命令工作方式的设置。命令通常用于启动活动或打开对话框，而系统变量则用于控制命令的行为、操作的默认值或用户界面的外观。

系统变量有打开或关闭模式，如【捕捉】、【栅格】或【正交】；有设定填充图案的默认比例；存储有关当前图形或程序配置的信息。可以使用系统变量来更改设置或显示当前状态。也可以在对话框中或在功能区中修改许多系统变量设置。对于一些能人来说，还可以通过二次开发程序来控制。

·执行方式

查询系统变量有以下两种方法。

◆菜单栏：执行【工具】|【查询】|【设置变量】命令。

◆命令行：SETVAR。

·操作步骤

执行该命令后，命令行如下所示。

```
命令: SETVAR
                                   //调用【设置变量】命令
输入变量名或 [?]:                   //输入要查询的变量名称
```

根据命令行的提示，输入要查询的变量名称，如ZOOMFACTOR 等，再输入新的值，即可进行更改；也可以输入问号“？”，再输入“*”来列出所有可设置的变量。

·选项说明

罗列出来的变量通常会非常多，而且不同的图形文件会显示出不一样的变量，因此本书便对其中常见的几种进行总结，如表 11-2 所示。

表11-2 SETVAR【设置变量】显示的变量内容与含义

列表项	说 明
3DCONVERSIONMODE	用于将材质和光源定义转换为当前产品版本 0：打开图形时不会发生材质或光源转换 1：材质和光源转换将自动发生 2：提示用户转换任意材质或光源
3DDWFPREC	控制三维 DWF 或三维 DWFx 发布的精度。可输入1~6的正整数值，值越大，精度越高
3DSELECTIONMODE	控制使用三维视觉样式时视觉上和实际上重叠的对象的选择优先级 0：使用传统三维选择优先级 1：使用视线三维选择优先级选择三维实体和曲面
ACADLSPASDOC	控制是将 acad.lsp 文件加载到每个图形中，还是仅加载到任务中打开的第一个图形中 0：仅将 acad.lsp 加载到任务中打开的第一个图形中 1：将 acad.lsp 加载到每一个打开的图形中
ANGBASE	将相对于当前 UCS 的基准角设定为指定值，初始值为0
ANGDIR	设置正角度的方向。0为逆时针计算；1为顺时针计算
APBOX	打开或关闭自动捕捉靶框的显示。0为关闭；1为开启
APERTURE	控制对象捕捉靶框大小

·精益求精 不同文件间的系统变量“找不同”

在使用 AutoCAD 绘图的时候，用户都有着自己的独特操作习惯，如鼠标缩放的快慢、命令行的显示大小、软件界面的布置、操作按钮的排列等。但在某些特殊情况下，如使用陌生环境的电脑、重装软件、误操作等都可能会变更已经习惯了的软件设置，让用户的操作水平大打折扣。这时就可以使用【设置变量】命令来进行对比调整，具体步骤如下。

Step 01 新建一个图形文件（新建文件的系统变量是默认值），或使用没有问题的图形文件。分别在两个文件中运行【SETVAR】回车，单击命令行问号再回车，系统弹出【AutoCAD文本窗口】，如图11-12所示。

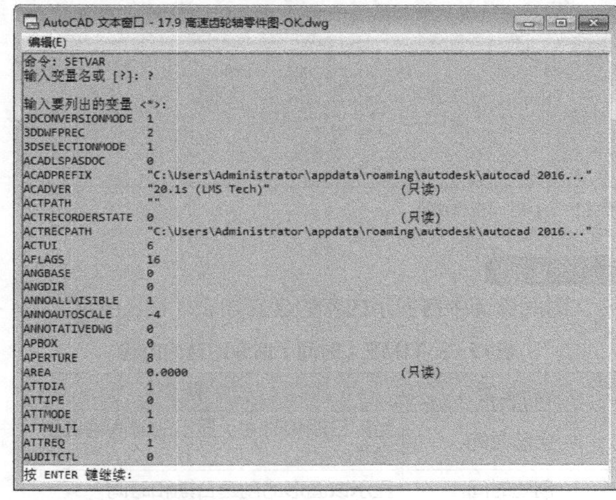

图 11-12 系统变量文本窗口

Step 02 框选文本窗口中的变量数据，拷贝到Excel文档中。一个位于A列，一个位于B列，比较变量中哪些不一样，这样可以大大减少查询变量的时间。

Step 03 在C列输入“【=IF(A1=B1,0,1)】”公式，下拉单元格算出所有行的值，这样不相同的单元格就会以数字1表示，相同的单元格会以0表示，如图11-13所示，再分析变量查出哪些变量有问题即可。

	A	B	C
1	命令: SETVAR	命令: SETVAR	=IF(A1=B1,0,1)
2	输入变量名或 [?]: ?	输入变量名或 [?]: ?	0
3			0
4	输入要列出的变量 <*>:	输入要列出的变量 <*>:	0
5	3DCONVERSIONMODE 1	3DCONVERSIONMODE 1	0
6	3DDWFPREC 2	3DDWFPREC 2	0
7	3DSELECTIONMODE 1	3DSELECTIONMODE 1	0
8	ACADLSPASDOC 0	ACADLSPASDOC 0	0
9	ACADPREFIX "C:\Users\Administrator\appdata\roaming\autodesk\autocad 2016..." (只读)	ACADPREFIX "C:\Users\Administrator\appdata\roaming\autodesk\autocad 2016..." (只读)	0
10	ACADVER "20.1s (LMS Tech)" (只读)	ACADVER "20.1s (LMS Tech)" (只读)	0
11	ACTPATH ""	ACTPATH ""	0
12	ACTRECORDERSTATE 0 (只读)	ACTRECORDERSTATE 0 (只读)	1
13	ACTRECPATH "C:\Users\Administrator\appdata\roaming\autodesk\autocad 2016..."	ACTRECPATH "C:\Users\Administrator\appdata\roaming\autodesk\autocad 2016..."	1
14	ACTUI 6	ACTUI 6	0
15	AFLAGS 16	AFLAGS 16	0
16	ANGBASE 0	ANGBASE 0	0
17	ANGDIR 0	ANGDIR 0	0
18	ANNOALLVISIBLE 1	ANNOALLVISIBLE 1	0
19	ANNOAUTOSCALE -4	ANNOAUTOSCALE -4	0
20	ANNOTATIVEDWG 0	ANNOTATIVEDWG 0	0
21	APBOX 0	APBOX 0	0
22	APERTURE 8	APERTURE 8	0
23	AREA 0.0000 (只读)	AREA 0.0000 (只读)	0
24	ATTDIA 1	ATTDIA 1	0
25	ATTIPE 0	ATTIPE 0	0
26	ATTMODE 1	ATTMODE 1	0

图 11-13 Excel变量数据列表

11.2.3 查询时间

【时间查询】命令用于查询图形文件的日期和时间的统计信息，如当前时间、图形的创建时间等。

• 执行方式

调用【时间查询】命令有以下几种方法。

◆ 菜单栏：选择【工具】|【查询】|【时间】命令。

◆ 命令行：TIME。

• 操作步骤

执行以上操作之后，系统弹出 AutoCAD 文本窗口，显示出时间查询结果，如图 11-14 所示。

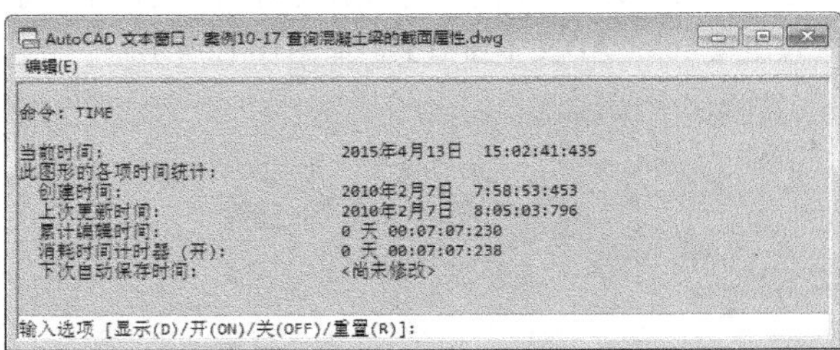

图 11-14 时间查询结果

• 选项说明

时间查询中各显示内容的含义如表 11-3 所示。

表11-3 TIME【时间】命令的查询内容

列表项	说 明
当前时间	当前日期和时间。显示的时间精确到毫秒
创建时间	显示该图形的创建日期和时间
上次更新时间	最近一次保存该图形的日期和时间
累计编辑时间	花费在绘图上的累积时间，不包括打印时间和修改图形但没有保存修改就退出的时间
消耗时间计时器	累积花费在绘图上的时间，但可以打开、关闭或重置它
下次自动保存时间	显示何时将自动保存该图形。在【选项】对话框的【打开和保存】选项卡下可以设置自动保存图形的时间

在表 11-3 列出的信息中，可以把“累积编辑时间”选项看成是汽车的里程表，把“消耗时间计时器”看成是一个跑表，就好比一些汽车可以允许用户记录一段路的里程。

在图 11-14 文本框的末尾，可以看到“输入选项[显示（D）/开（ON）/关（OFF）/重置（R）]”的提示，该提示中各子选项的含义说明如下。

◆ “显示(D)”：可以使用更新的时间重新显示列表。

◆ “开（ON）/关（OFF）”：打开或关闭“消耗时间计时器”。

◆ “重置（R）”：将“消耗时间计时器”重置为 0。

11.3 对象类信息查询

对象信息包括所绘制图形的各种信息，如距离、半径、点坐标，以及在工程设计中需经常查用的面积、周长、体积等。

11.3.1 查询距离

查询【距离】命令主要用来查询指定两点间的长度值与角度值。

• 执行方式

在 AutoCAD 2016 中调用该命令的常用方法如下。

◆ 功能区：单击【实用工具】面板上的【距离】工具按钮。

◆ 菜单栏：执行【工具】|【查询】|【距离】命令。

◆ 命令行：DIST 或 DI。

• 操作步骤

执行上述任一命令后，单击鼠标左键逐步指定查询的两个点，即可在命令行中显示当前查询距离、倾斜角度等信息，如图 11-15 所示。

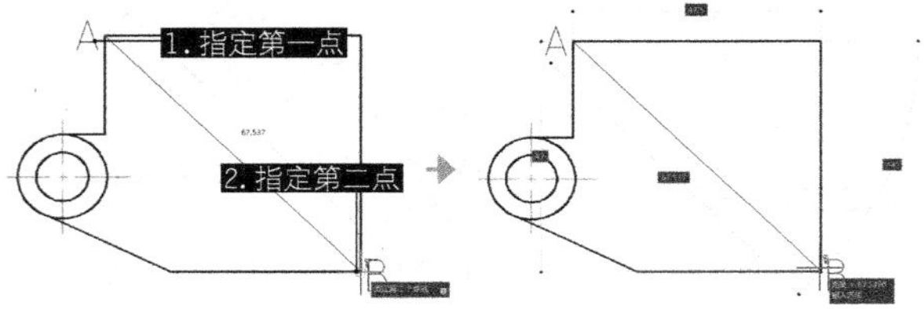

图 11-15 查询距离

11.3.2 查询半径

查询半径命令主要用来查询指定圆及圆弧的半径值。

• 执行方式

在 AutoCAD 2016 中调用该命令的常用方法如下。

◆ 功能区：单击【实用工具】面板上的【半径】工具按钮。

◆ 菜单栏：执行【工具】|【查询】|【半径】命令。

◆ 命令行：MEASUREGEOM。

• 操作步骤

执行上述任一命令后，选择图形中的圆或圆弧，即可在命令行中显示其半径数值，如图 11-16 所示。

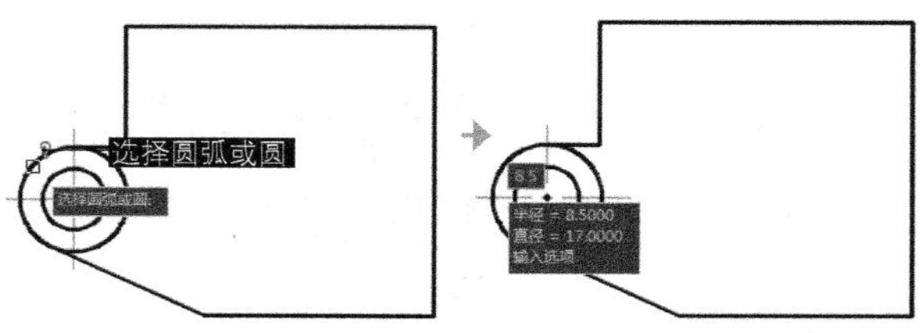

图 11-16 查询半径

11.3.3 查询角度

查询【角度】命令用于查询指定线段之间的角度大小。

·执行方式

在 AutoCAD 2016 中调用该命令的常用方法如下。

◆功能区：单击【实用工具】面板上的【角度】工具按钮。

◆菜单栏：执行【工具】|【查询】|【角度】命令。

◆命令行：MEASUREGEOM。

·操作步骤

执行上述任一命令后，单击鼠标左键逐步选择构成角度的两条线段或角度顶点，即可在命令行中显示其角度数值，如图 11-17 所示。

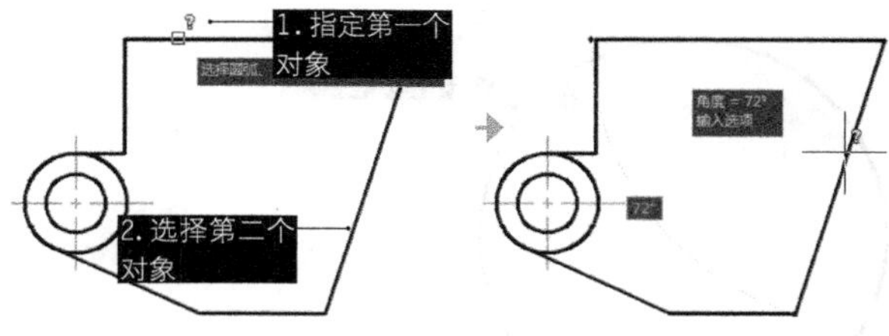

图 11-17 查询半径

11.3.4 查询面积及周长 ★重点★

查询【面积】命令用于查询对象面积和周长值，同时还可以对面积及周长进行加减运算。

·执行方式

在 AutoCAD 2016 中调用该命令的常用方法如下。

◆功能区：单击【实用工具】面板上的【面积】工具按钮。

◆菜单栏：执行【工具】|【查询】|【面积】命令。

◆命令行：AREA 或 AA。

·操作步骤

执行上述任一命令后，命令行提示如下。

```
指定第一个角点或 [对象(O)/增加面积(A)/减少面积(S)/退出(X)] <对象(O)>:
```

在【绘图区】中选择查询的图形对象，或用鼠标划定需要查询的区域后，按 Enter 键或者空格键，绘图区显示快捷菜单以及查询结果，如图 11-18 所示。

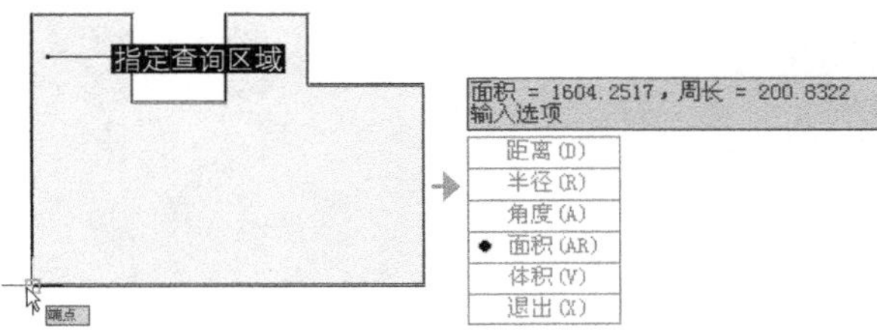

图 11-18 查询面积和周长

练习 查询住宅室内面积

难度：☆☆☆	
素材文件路径：	素材/第11章/查询室内面积.dwg
效果文件路径：	无
视频文件路径：	视频/第11章/查询室内面积.MP4
播放时长：	1分59秒

使用 AutoCAD 绘制好室内平面图后，可通过查询方法来获取室内面积。对于时下的购房者来说，室内面积无疑是一个很重要的考虑因素，计算住宅使用面积，可以比较直观的反映住宅的使用状况，但在住宅买卖中一般不采用使用面积来计算价格。即室内面积减去墙体面积，也就是屋中的净使用面积。

Step 01 单击【快速访问】工具栏中的【打开】按钮，打开配套资源提供的“第11章/11-1查询室内面积.dwg”素材文件，如图11-19所示。

Step 02 在【默认】选项卡中，单击【实用工具】面板中的【面积】工具按钮，当系统提示“指定第一个角点或[对象(O)/增加面积(A)/减少面积(S)/退出(X)] <对象(O)>：”时，指定建筑区域的第一个角点，如图11-20所示。

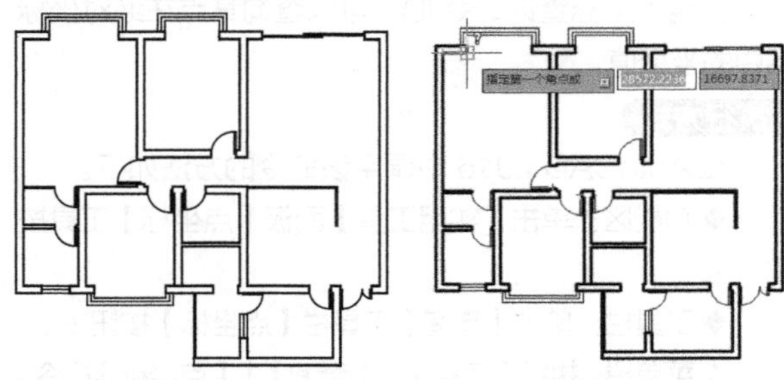

图 11-19 素材文件　　图 11-20 指定第一点

Step 03 当系统提示“指定下一个点或 [圆弧(A)/长度(L)/放弃(U)]：”时，指定建筑区域的下一个角点，如图11-21所示。其命令行提示如下。

```
命令: _MEASUREGEOM↙          //调用【查询面积】命令
输入选项 [距离(D)/半径(R)/角度(A)/面积(AR)/体积(V)] <距离>: _area
指定第一个角点或 [对象(O)/增加面积(A)/减少面积(S)/退出(X)] <对象(O)>:          //指定第一个角点
指定下一个点或 [圆弧(A)/长度(L)/放弃(U)]:
//指定另一个角点          ……
指定下一个点或 [圆弧(A)/长度(L)/放弃(U)/总计(T)] <总计>:
区域 = 107624600.0000，周长 = 48780.8332
//查询结果
```

Step 04 根据系统的提示，继续指定建筑区域的其他角点，然后按下空格键进行确认，系统将显示测量出的结果，在弹出的菜单栏中选择【退出】命令，退出操作，如图11-22所示。

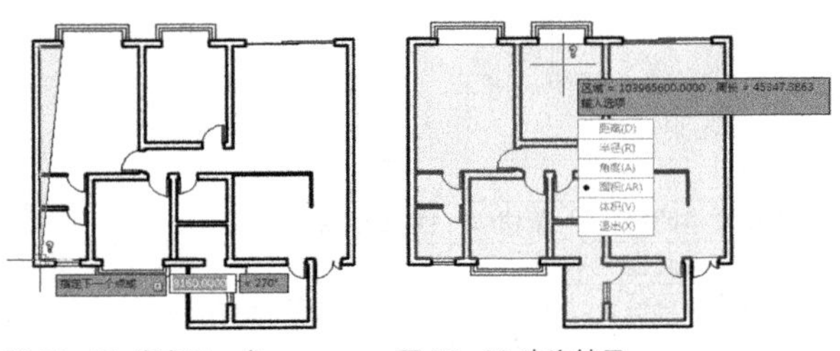

图 11-21 指定下一点　　图 11-22 查询结果

设计点拨

在建筑实例中，平面图的单位为毫米。因此，这里查询得到的结果，周长的单位为毫米；面积的单位为平方毫米。而 $1mm^2 = 0.000001m^2$。

Step 05 命令行中的"区域"即为所查得的面积，而AutoCAD默认的面积单位为平方毫米mm^2，因此需转换为常用的平方米m^2，即：107624600 mm^2=107.62 m^2，该住宅粗算面积为107平方米。

Step 06 再使用相同方法加入阳台面积、减去墙体面积，便得到真实的净使用面积，过程略。

11.3.5 查询点坐标

使用点坐标查询命令 ID，可以查询某点在绝对坐标系中的坐标值。

·执行方式

在 AutoCAD 2016 中调用该命令的方法如下。

◆ 功能区：单击【实用工具】面板【点坐标】工具按钮 点坐标

◆ 工具栏：单击【查询】工具栏【点坐标】按钮。

◆ 菜单栏：执行【工具】|【查询】|【点坐标】命令。

◆ 命令行：ID。

·操作步骤

执行命令时，只需用对象捕捉的方法确定某个点的位置，即可自动计算该点的X、Y和Z坐标，如图11-23所示。在二维绘图中，z坐标一般为0。

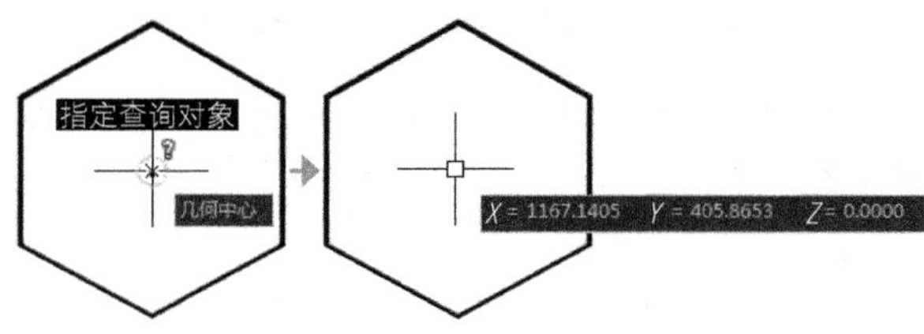

图 11-23 查询点坐标

11.3.6 列表查询

列表查询可以将所选对象的图层、长度、边界坐标等信息在 AutoCAD 文本窗口中列出。

·执行方式

调用【列表】查询命令有以下几种方法。

◆ 菜单栏：选择【工具】|【查询】|【列表】命令。

◆ 工具栏：单击【查询】工具栏上的【列表】按钮。

◆ 命令行：在命令行输入"LIST"并按 Enter 键。

·操作步骤

在【绘图区】中选择要查询的图形对象，按 Enter 键或者空格键，绘图区便会显示快捷菜单及查询结果，如图 11-24 所示。

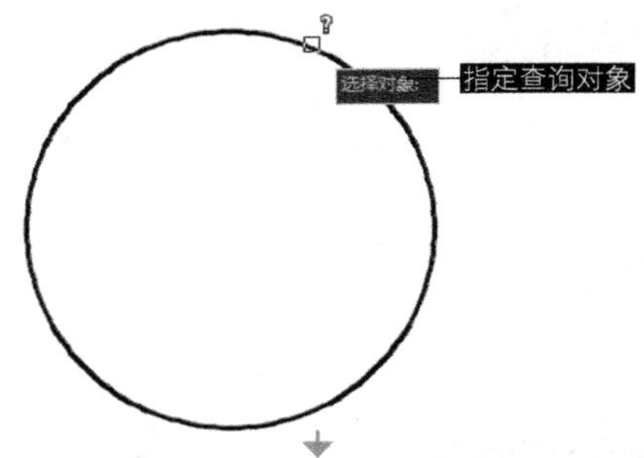

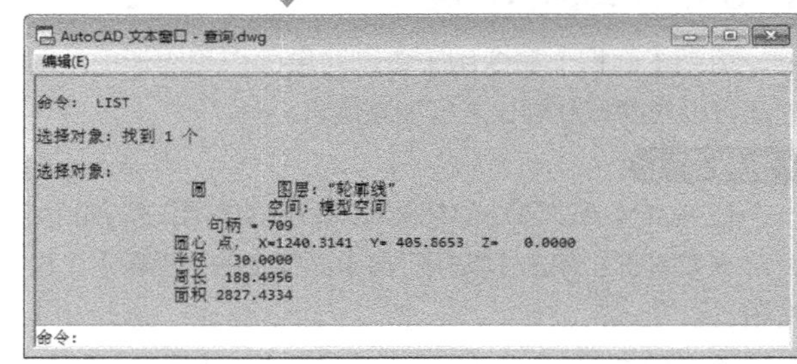

图 11-24 列表查询图形对象

第 12 章 图形打印和输出

当完成所有的设计和制图工作之后，就需要将图形文件通过绘图仪或打印输出为图样。本章主要讲述 AutoCAD 出图过程中涉及的一些问题，包括模型空间与图样空间的转换、打印样式、打印比例设置等。

12.1 模型空间与布局空间

模型空间和布局空间是 AutoCAD 的两个功能不同的工作空间，单击绘图区下面的标签页，可以在模型空间和布局空间切换，一个打开的文件中只有一个模型空间和两个默认的布局空间，用户也可创建更多的布局空间。

12.1.1 模型空间

模型空间是设计者将自己的设计构思绘制成工程图形的空间。模型空间为用户提供了一个广阔的绘图区域，在模型空间中可以按 1：1 的比例绘图，可以确定一个绘图单位表示的是 1 毫米还是 1 英寸，或者是其他常用单位。在模型空间，用户不需要考虑绘图空间是否足够大，只需要考虑图形的正确绘制。图 12-1 所示是在模型空间绘制的图纸。

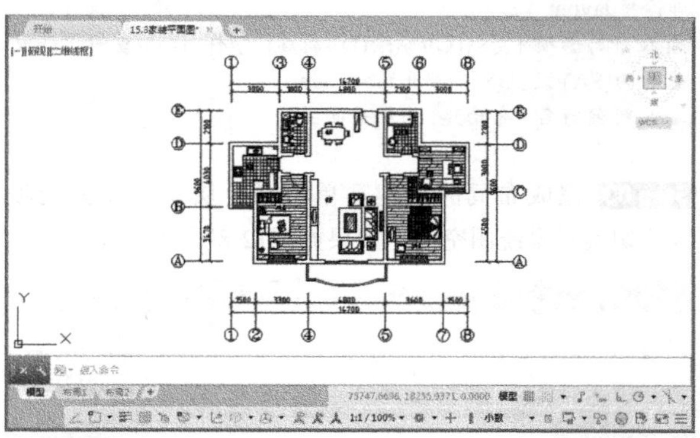

图 12-1 模型空间

12.1.2 布局空间

图纸空间是用来将图形表达到图纸上的，模拟图纸。在进行出图时提供打印设置。图纸空间侧重于图纸的布局，图纸空间又称为“布局”。图 12-2 所示是在图纸空间布局的图纸。

通常情况下，要考虑图纸如何布局。在图纸空间中将模型空间的图形以不同比例的视图进行搭配，再添加一些文字注释，从而形成完整的图形，直至最终输出。

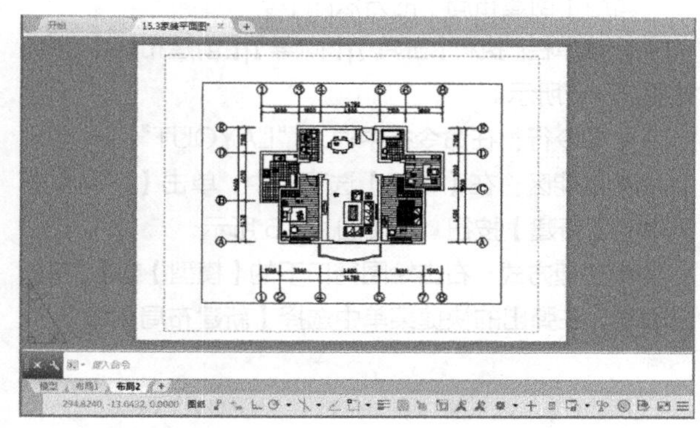

图 12-2 图纸空间

布局空间对应的窗口称布局窗口，可以在同一个 AutoCAD 文档中创建多个不同的布局图，单击工作区左下角的各个布局按钮，可以从模型窗口切换到各个布局窗口，当需要将多个视图放在同一张图样上输出时，布局就可以很方便地控制图形的位置，输出比例等参数。

12.1.3 空间管理

右击绘图窗口下【模型】或【布局】选项卡，在弹出的快捷菜单中选择相应的命令，可以对布局进行删除、新建、重命名、移动、复制、页面设置等操作，如图 12-3 所示。

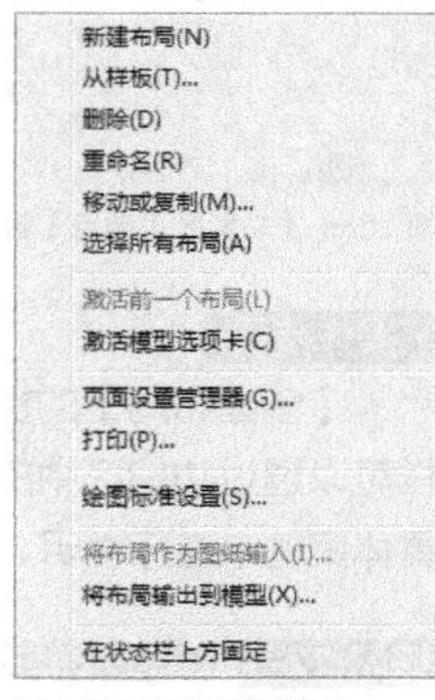

图 12-3 布局快捷菜单

1 空间的切换

在模型中绘制完图样后，若需要进行布局打印，可单击绘图区左下角的布局空间选项卡，即【布局 1】和【布局 2】进入布局空间，对图样打印输出的布局效果进行设置。设置完毕后，单击【模型】选项卡即可返回到模型空间，如图 12-4 所示。

正在重生成布局。
重生成模型 - 缓存视口。
键入命令
模型 布局1 布局2

图 12-4 空间切换

2 创建新布局

布局是一种图纸空间环境，它模拟显示图纸页面，提供直观的打印设置，主要用来控制图形的输出，布局中所显示的图形与图纸页面上打印出来的图形完全一样。

•执行方式

调用【创建布局】的方法如下。

◆菜单栏：执行【工具】|【向导】|【创建布局】命令，如图12-5所示。

◆命令行：在命令行中输入“LAYOUT”。

◆功能区：在【布局】选项卡中，单击【布局】面板中的【新建】按钮，如图12-6所示

◆快捷方式：右击绘图窗口下的【模型】或【布局】选项卡，在弹出的快捷菜单中选择【新建布局】命令。

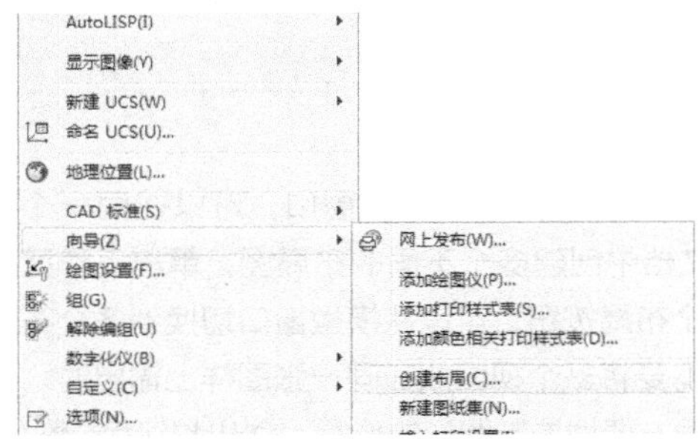

图12-5 【菜单栏】调用【创建布局】命令

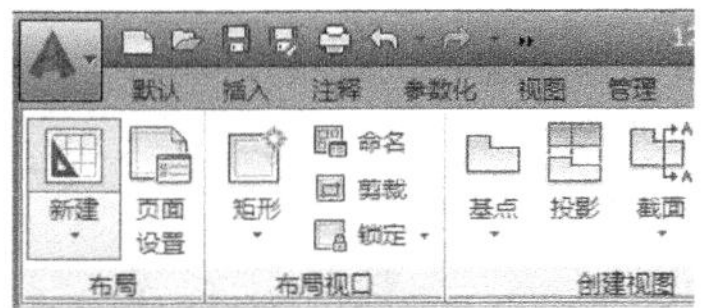

图12-6 【功能区】调用【新建布局】命令

•操作步骤

【创建布局】的操作过程与新建文件相差无几，同样可以通过功能区中的选项卡来完成。下面便通过一个具体案例来进行说明。

练习 12-1 创建新布局

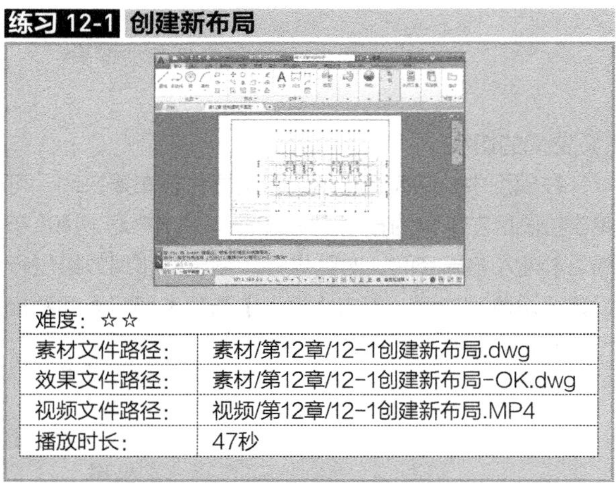

难度：☆☆	
素材文件路径：	素材/第12章/12-1创建新布局.dwg
效果文件路径：	素材/第12章/12-1创建新布局-OK.dwg
视频文件路径：	视频/第12章/12-1创建新布局.MP4
播放时长：	47秒

创建布局并重命名为合适的名称，可以起到快速浏览文件的作用，也能快速定位至需要打印的图纸，如立面图、平面图等。

Step 01 单击【快速访问】工具栏中的【打开】按钮，打开“第12章/12-1创建新布局.dwg”，图12-7所示是【布局1】窗口显示界面。

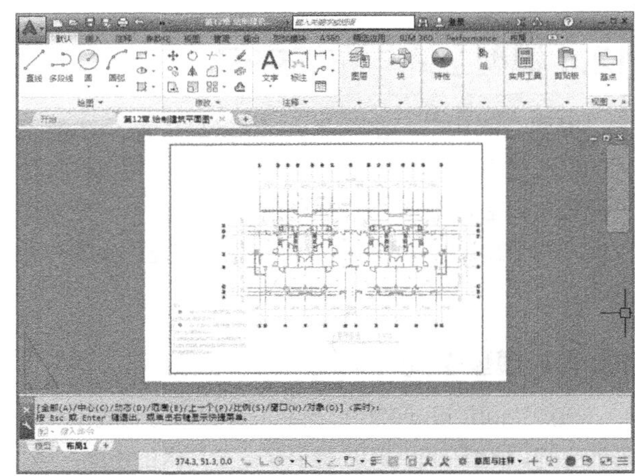

图12-7 素材文件

Step 02 在【布局】选项卡中，单击【布局】面板中的【新建】按钮，新建名为【立面图布局】的布局，命令行提示如下。

```
命令: _layout
输入布局选项 [复制(C)/删除(D)/新建(N)/样板(T)/重命名(R)/另存为(SA)/设置(S)/?] <设置>: _new
输入新布局名 <布局3>: 一层平面图
```

Step 03 完成布局的创建，单击【一层平面图】选项卡，切换至系统图空间，效果如图12-8所示。

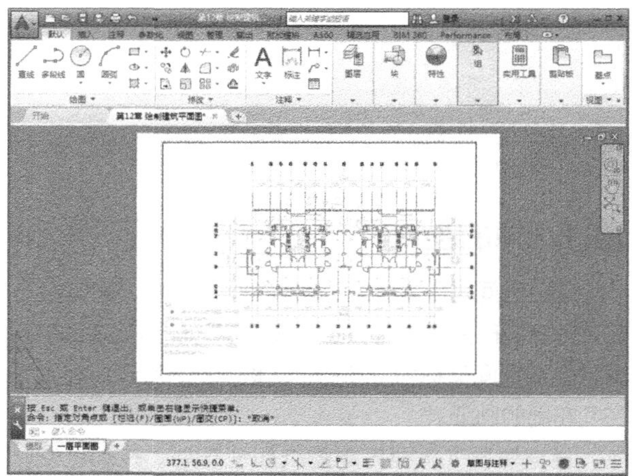

图12-8 创建布局空间

3 插入样板布局

在AutoCAD中，提供了多种样板布局供用户使用。

·执行方式

其创建方法如下所述。

◆菜单栏：执行【插入】|【布局】|【来自样式】命令，如图 12-9 所示。

◆功能区：在【布局】选项卡中，单击【布局】面板中的【从样板】按钮，如图 12-10 所示。

◆快捷方式：用鼠标右击绘图窗口左下方的布局选项卡，在弹出的快捷菜单中选择【来自样板】命令。

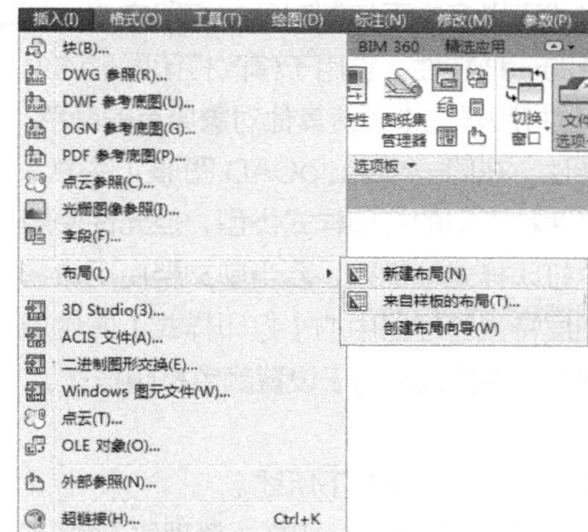

图 12-9 【菜单栏】调用【来自样板的布局】命令

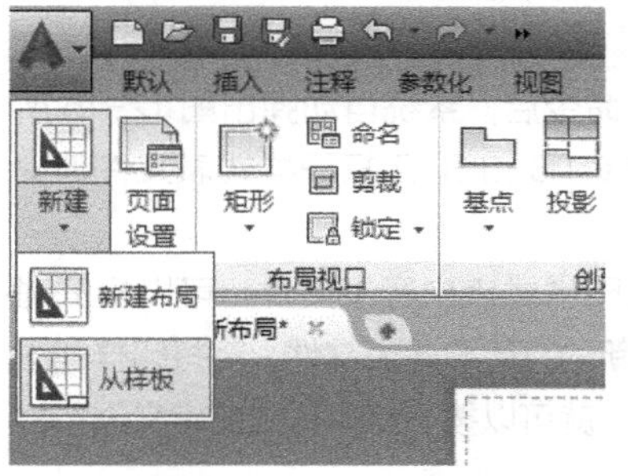

图 12-10 【功能区】调用【从样板新建布局】命令

·操作步骤

执行上述命令后，系统将弹出【从文件选择样板】对话框，可以在其中选择需要的样板创建布局。

练习 12-2 插入样板布局

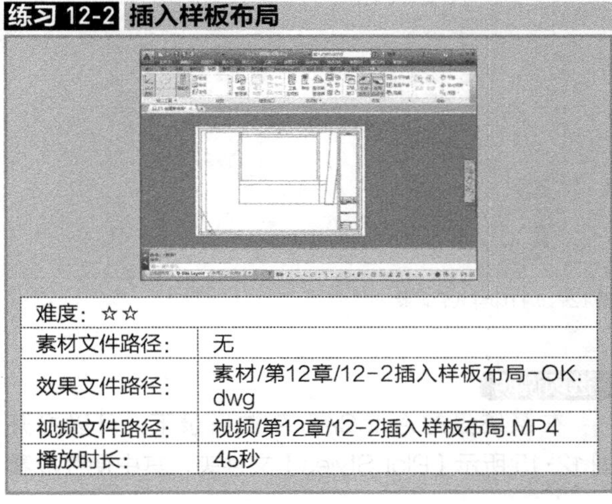

难度：☆☆	
素材文件路径：	无
效果文件路径：	素材/第12章/12-2插入样板布局-OK.dwg
视频文件路径：	视频/第12章/12-2插入样板布局.MP4
播放时长：	45秒

如果需要将图纸发送至国外的客户，可以尽量采用 AutoCAD 中自带的英制或公制模板。

Step 01 单击【快速访问】工具栏中的【新建】按钮，新建空白文件。

Step 02 在【布局】选项卡中，单击【布局】面板中的【从样板】按钮，系统弹出【从文件选择样板】对话框，如图12-11所示。

Step 03 选择【Tutorial-iArch】样板，单击【打开】按钮，系统弹出【插入布局】对话框，如图12-12所示，选择布局名称后单击【确定】按钮。

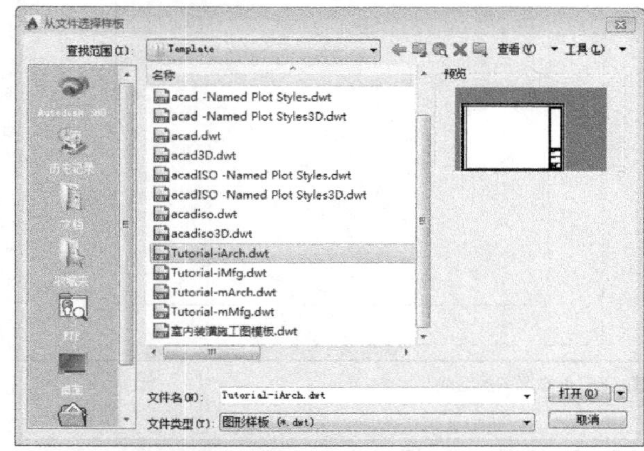

图 12-11 【从文件选择样板】对话

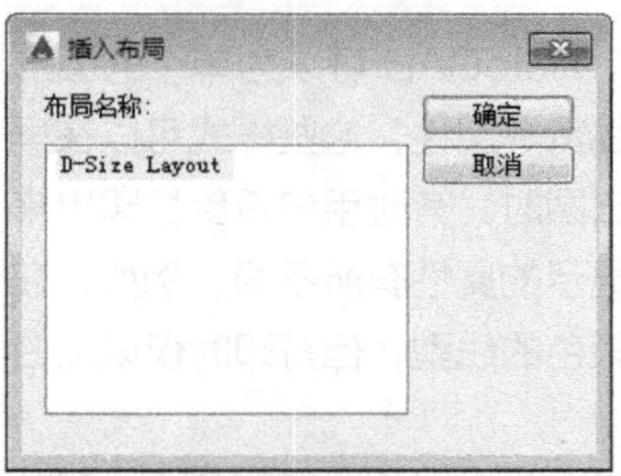

图 12-12 【插入布局】对话框

Step 04 完成样板布局的插入，切换至新创建的【D-Size Layout】布局空间，效果如图12-13所示。

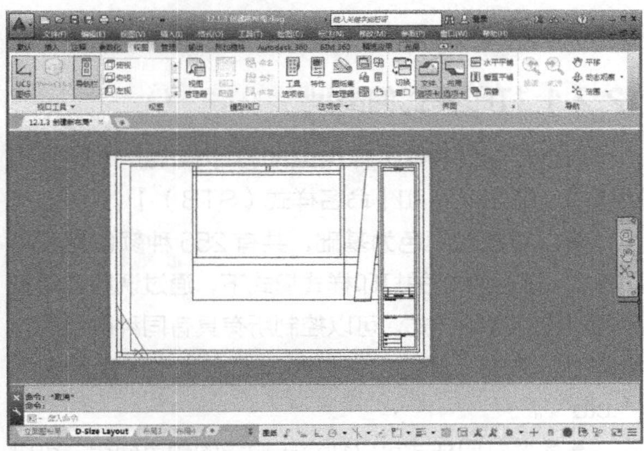

图 12-13 样板空间

4 布局的组成

布局图中通常存在 3 个边界，如图 12-14 所示，最外层的是纸张边界，是在【纸张设置】中的纸张类型和打印方向确定的。靠里面的是一个虚线线框打印边界，其作用就好像 Word 文档中的页边距一样，只有位于打印边界内部的图形才会被打印出来。位于图形四周的实线线框为视口边界，边界内部的图形就是模型空间中的模型，视口边界的大小和位置是可调的。

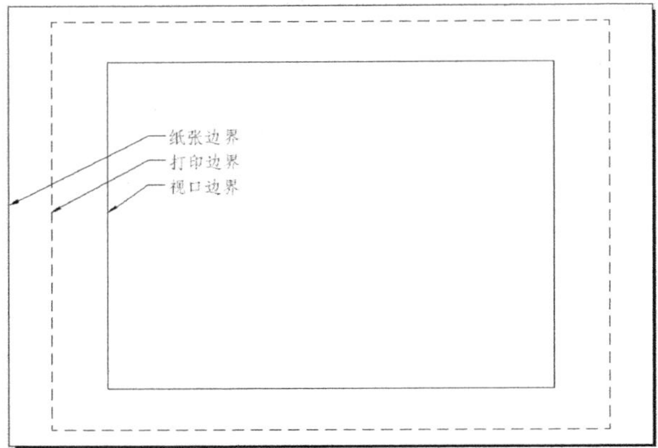

图 12-14 布局图的组成

12.2 打印样式

在图形绘制过程中，AutoCAD 可以为单个的图形对象设置颜色、线型、线宽等属性，这些样式可以在屏幕上直接显示出来。在出图时，有时用户希望打印出来的图样和绘图时图形所显示的属性有所不同，例如，在绘图时一般会使用各种颜色的线型，但打印时仅以黑白打印。

打印样式的作用就是在打印时修改图形外观。每种打印样式都有其样式特性，包括端点、连接、填充图案，以及抖动、灰度等打印效果。打印样式特性的定义都以打印样式表文件的形式保存在 AutoCAD 的支持文件搜索路径下。

12.2.1 打印样式的类型

AutoCAD 中有两种类型的打印样式：【颜色相关样式（CTB）】和【命名样式（STB）】。

◆以对象的颜色为基础，共有 255 种颜色相关打印样式。在颜色相关打印样式模式下，通过调整与对象颜色对应的打印样式，可以控制所有具有同种颜色的对象的打印方式。颜色相关打印样式表文件的后缀名为“.ctb”。

◆命名打印样式可以独立于对象的颜色使用，可以给对象指定任意一种打印样式，不管对象的颜色是什么。命名打印样式表文件的后缀名为“.stb”。

简而言之，“.ctb”的打印样式是根据颜色来确定线宽的，同一种颜色只能对应一种线宽；而“.stb”则是根据对象的特性或名称来指定线宽的，同一种颜色打印出来可以有两种不同的线宽，因为它们的对象可能不一样。

12.2.2 打印样式的设置

使用打印样式可以多方面控制对象的打印方式，打印样式属于对象的一种特性，它用于修改打印图形的外观。用户可以设置打印样式来代替其他对象原有的颜色、线型和线宽等特性。在同一个 AutoCAD 图形文件中，不允许同时使用两种不同的打印样式类型，但允许使用同一类型的多个打印样式。例如，若当前文档使用命名打印样式时，图层特性管理器中的【打印样式】属性项是不可用的，因为该属性只能用于设置颜色打印样式。

•执行方式

设置【打印样式】的方法如下所述。

◆菜单栏：执行【文件】|【打印样式管理器】命令。

◆命令行：在命令行中输入“STYLESMANAGER”。

•操作步骤

执行上述任一命令后，系统自动弹出图 12-15 所示的对话框。所有 CTB 和 STB 打印样式表文件都保存在这个对话框中。

双击【添加打印样式表向导】文件，可以根据对话框提示逐步创建新的打印样式表文件。将打印样式附加到相应的布局图，就可以按照打印样式的定义进行打印了。

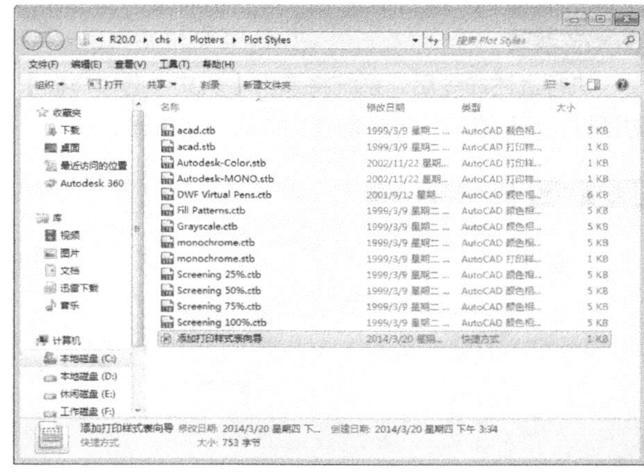

图 12-15 打印样式管理器

•选项说明

在系统盘的 AutoCAD 存贮目录下，可以打开图 12-15 所示【Plot Styles】文件夹，其中便存放着

AutoCAD 自带的 10 种打印样式（.ctp），各打印样式含义说明如下。

◆ acad.ctp：默认的打印样式表，所有打印设置均为初始值。

◆ fillPatterns.ctb：设置前 9 种颜色使用前 9 个填充图案，所有其他颜色使用对象的填充图案。

◆ grayscale.ctb：打印时将所有颜色转换为灰度。

◆ monochrome.ctb：将所有颜色打印为黑色。

◆ screening 100%.ctb：对所有颜色使用 100% 墨水。

◆ screening 75%.ctb：对所有颜色使用 75% 墨水。

◆ screening 50%.ctb：对所有颜色使用 50% 墨水。

◆ screening 25%.ctb：对所有颜色使用 25% 墨水。

练习 12-3 添加颜色打印样式

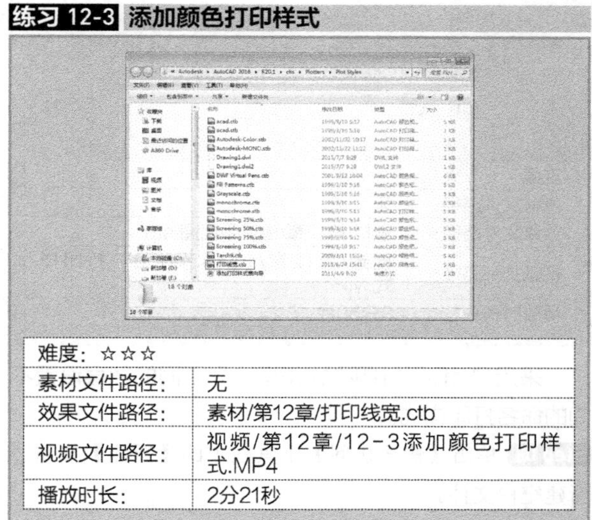

难度：☆☆☆	
素材文件路径：	无
效果文件路径：	素材/第12章/打印线宽.ctb
视频文件路径：	视频/第12章/12-3添加颜色打印样式.MP4
播放时长：	2分21秒

使用颜色打印样式可以通过图形的颜色设置不同的打印宽度、颜色、线型等打印外观。

Step 01 单击【快速访问】工具栏中的【新建】按钮，新建空白文件。

Step 02 执行【文件】|【打印样式管理器】菜单命令，系统自动弹出图12-16所示对话框，双击【添加打印样式表向导】图标，系统弹出【添加打印样式表】对话框，如图所示，单击【下一步】按钮，系统转换成【添加打印样式表 - 开始】对话框，如图12-17所示

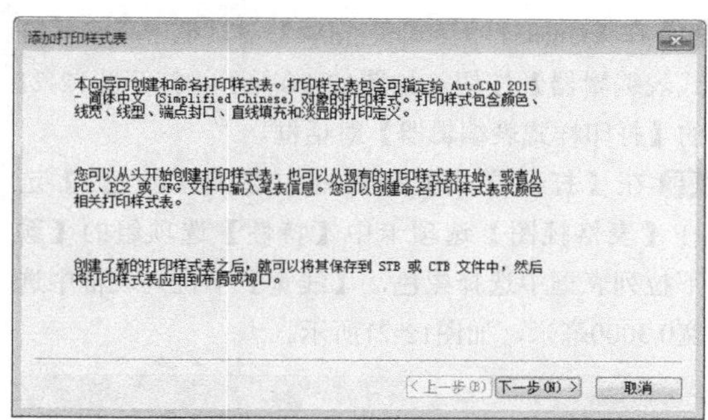

图 12-16【添加打印样式表】对话框

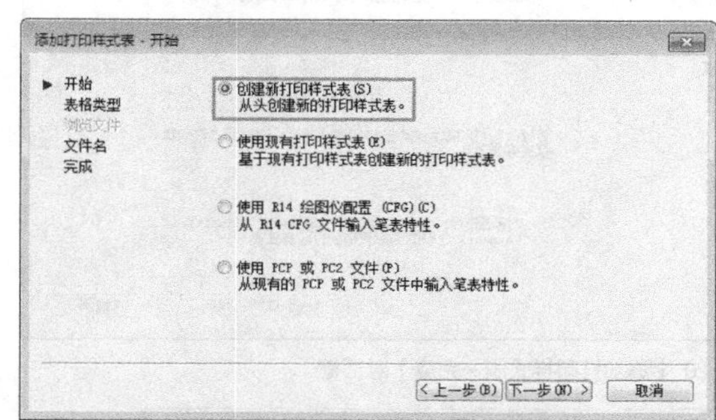

图 12-17【添加打印样式表 - 开始】对话框

Step 03 选择【创建新打印样式表】单选按钮，单击【下一步】按钮，系统打开【添加打印样式表-选择打印样式表】对话框，如图12-18所示，选择【颜色相关打印样式表】单选按钮，单击【下一步】按钮，系统转换成【添加打印样式表-文件名】对话框，如图12-19所示，新建一个名为【以线宽打印】的颜色打印样式表文件，单击【下一步】按钮。

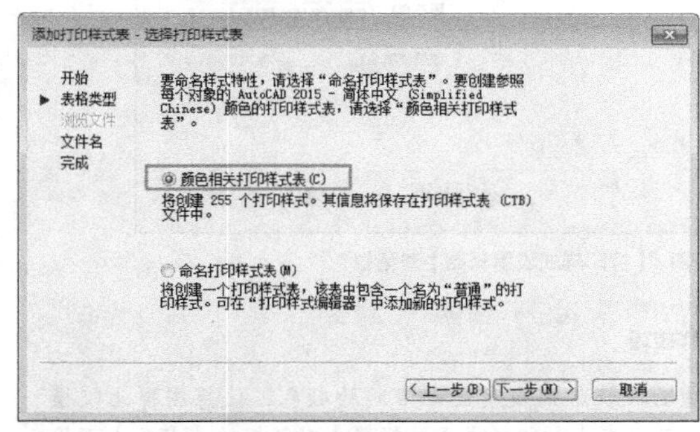

图 12-18【添加打印样式表 - 选择打印样式】

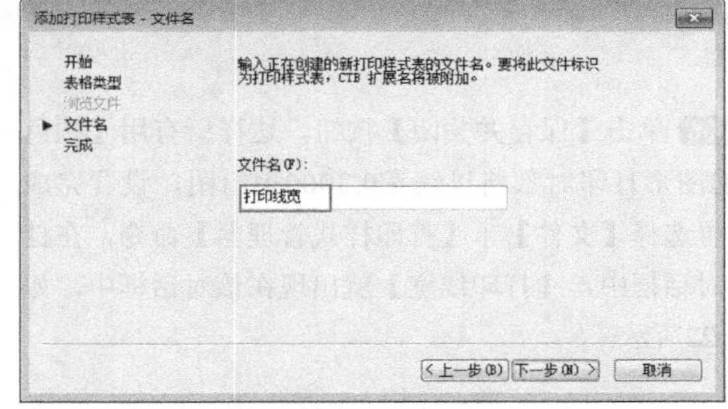

图 12-19【添加打印样式表 - 文件名】对话框

Step 04 在【添加打印样式表-完成】对话框中单击【打印样式表编辑器】按钮，如图12-20所示，打开图12-21所示的【打印样式表编辑器】对话框。

Step 05 在【打印样式】列表框中选择【颜色1】选项，在【表格视图】选项卡中【特性】选项组的【颜色】下拉列表框中选择黑色，【线宽】下拉列表框中选择线宽0.3000毫米，如图12-21所示。

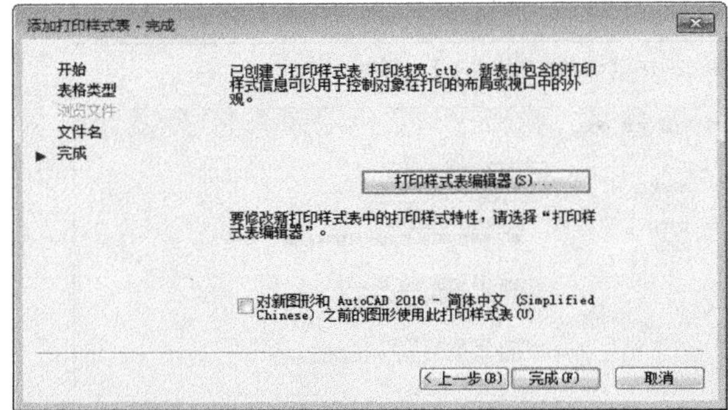

图 12-20 【添加打印样式表 - 完成】对话框

图 12-21 【打印样式表编辑器】对话框

操作技巧

黑白打印机常用灰度区分不同的颜色，使得图样比较模糊。可以在【打印样式表编辑器】对话框的【颜色】下拉列表框中将所有颜色的打印样式设置为“黑色”，以得到清晰的出图效果。

Step 06 单击【保存并关闭】按钮，这样所有用【颜色1】的图形打印时都将以线宽0.3000来出图，设置完成后，再选择【文件】|【打印样式管理器】命令，在打开的对话框中，【打印线宽】就出现在该对话框中，如图12-22所示。

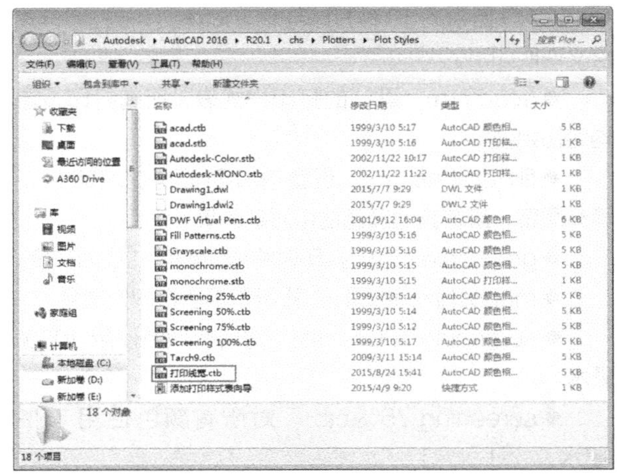

图 12-22 添加打印样式结果

练习 12-4 添加命名打印样式

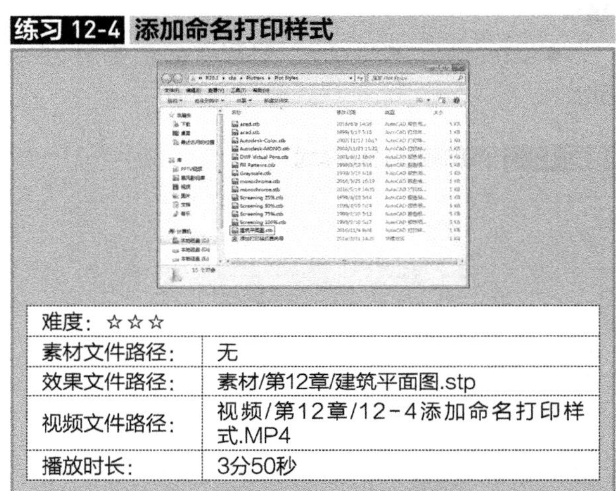

难度：	☆☆☆
素材文件路径：	无
效果文件路径：	素材/第12章/建筑平面图.stp
视频文件路径：	视频/第12章/12-4添加命名打印样式.MP4
播放时长：	3分50秒

采用“.stb”打印样式类型，为不同的图层设置不同的命名打印样式。

Step 01 单击【快速访问】工具栏中的【新建】按钮新建空白文件。

Step 02 执行【文件】|【打印样式管理器】菜单命令，单击系统弹出的对话框中的【添加打印样式表向导】图标，系统弹出【添加打印样式表】对话框，如图12-23所示。

Step 03 单击【下一步】按钮，打开【添加打印样式表-开始】对话框，选择【创建新打印样式表】单选按钮，如图12-24所示。

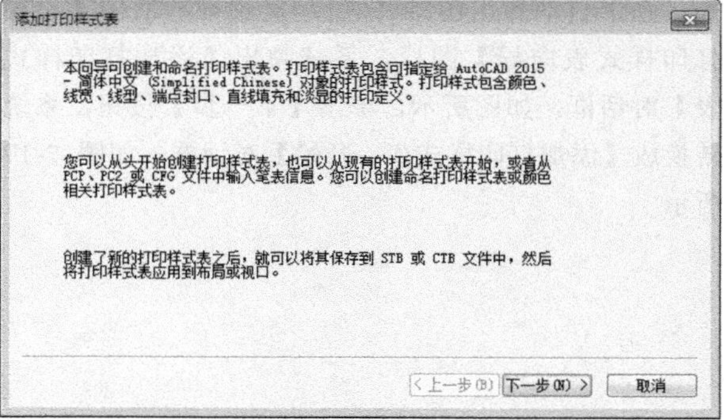

图 12-23 【添加打印样式表】对话框

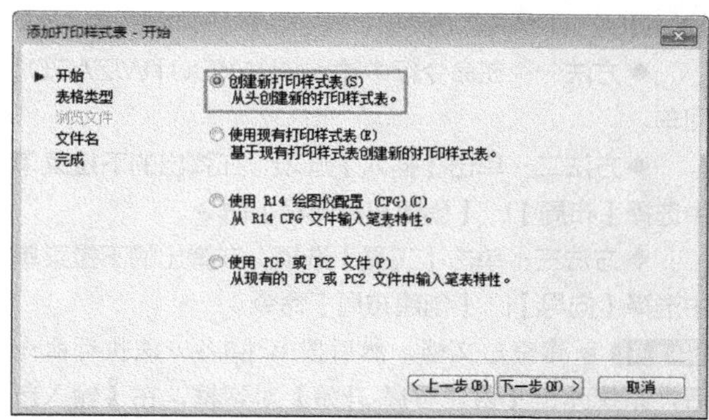

图 12-24 【添加打印样式表 - 开始】对话框

Step 04 单击【下一步】按钮，打开【添加打印样式表 - 选择打印样式表】对话框，单击【命名打印样式表】单选按钮，如图12-25所示。

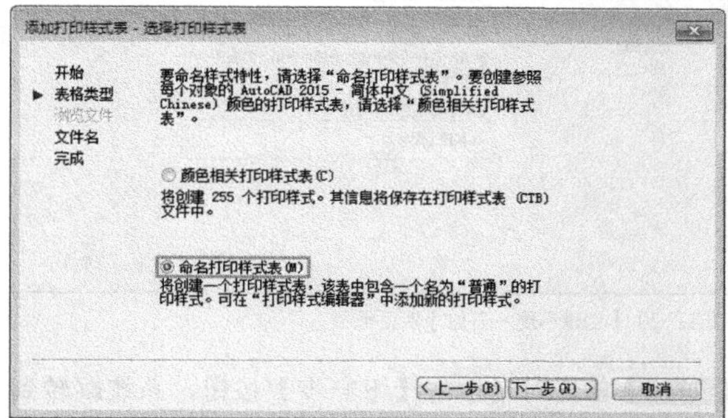

图 12-25 【添加打印样式表 - 选择打印样式】对话框

Step 05 单击【下一步】按钮，系统打开【添加打印样式表-文件名】对话框，如图12-26所示，新建一个名为【建筑平面图】的命名打印样式表文件，单击【下一步】按钮。

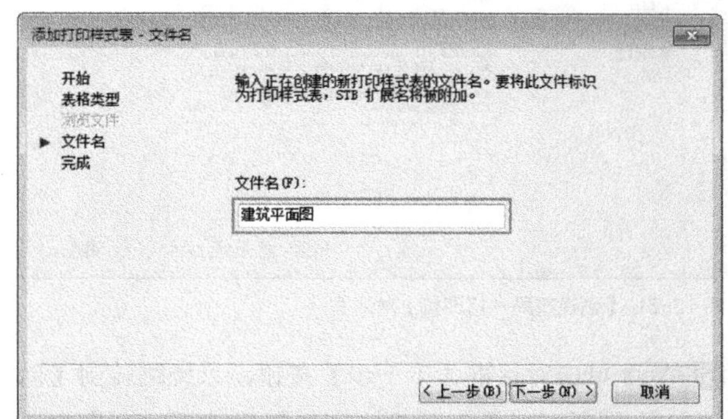

图 12-26 【添加打印样式表 - 文件名】对话框

Step 06 在【添加打印样式表-完成】对话框中单击【打印样式表编辑器】按钮，如图12-27所示。

Step 07 在打开的【打印样式表编辑器-机械零件图.stb】对话框中，在【表格视图】选项卡中，单击【添加样式】按钮，添加一个名为【粗实线】的打印样式，设置【颜色】为黑色，【线宽】为0.3毫米。用同样的方法添加一个命名打印样式为【细实线】，设置【颜色】为黑色，【线宽】为0.1毫米，【淡显】为30，如图12-28所示。设置完成后，单击【保存并关闭】按钮退出对话框。

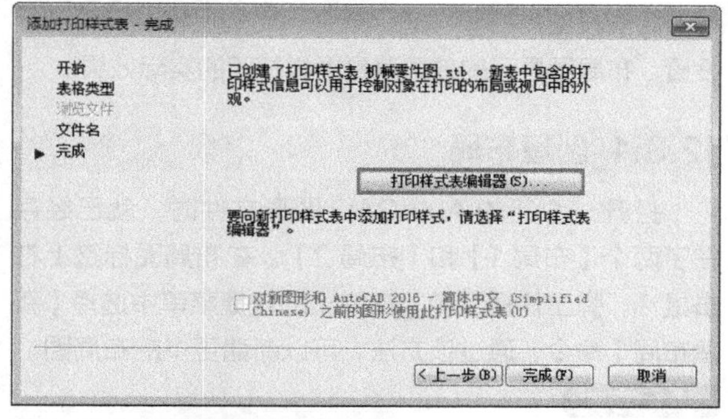

图 12-27 【打印样式表编辑器】对话框

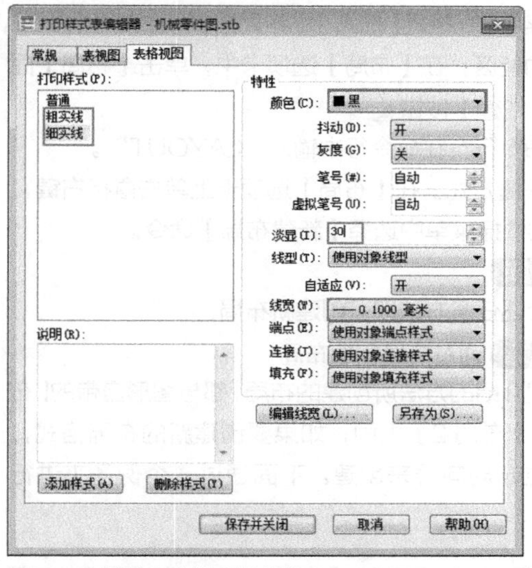

图 12-28 【添加打印样式】对话框

Step 08 设置完成后，再执行【文件】【打印样式管理器】，在打开的对话框中，【机械零件图】就出现在该对话框中，如图12-29所示。

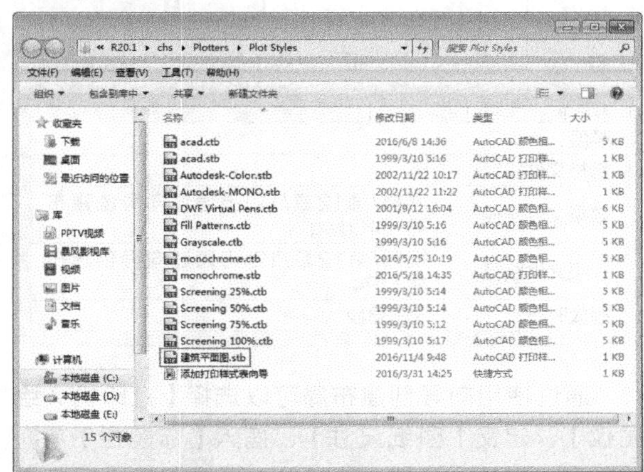

图 12-29 添加打印样式结果

12.3 布局图样

在正式出图之前，需要在布局窗口中创建好布局图，并对绘图设备、打印样式、纸张、比例尺和视口等进行设置。布局图显示的效果就是图样打印的实际效果。

12.3.1 创建布局

打开一个新的 AutoCAD 图形文件时，就已经存在了两个【布局 1】和【布局 2】。在布局图标签上右击鼠标，弹出快捷菜单。在弹出的快捷菜单中选择【新建布局】命令，通过该方法，可以新建更多的布局图。

•执行方式

【创建布局】命令的方法如下所述。

◆菜单栏：执行【插入】|【布局】|【新建布局】命令。

◆功能区：在【布局】选项卡中，单击【布局】面板中的【新建】按钮。

◆命令行：在命令行中输入“LAYOUT”。

◆快捷方式：在【布局】选项卡上单击鼠标右键，在弹出的快捷菜单中选择【新建布局】命令。

•操作步骤

按上述任意方法即可创建新布局。

•熟能生巧 通过向导创建布局

上述介绍的方法所创建的布局，都与图形自带的【布局 1】与【布局 2】相同，如果要创建新的布局格式，只能通过布局向导来创建。下面通过一个例子来进行介绍。

练习 12-5 通过向导创建布局 ★进阶★

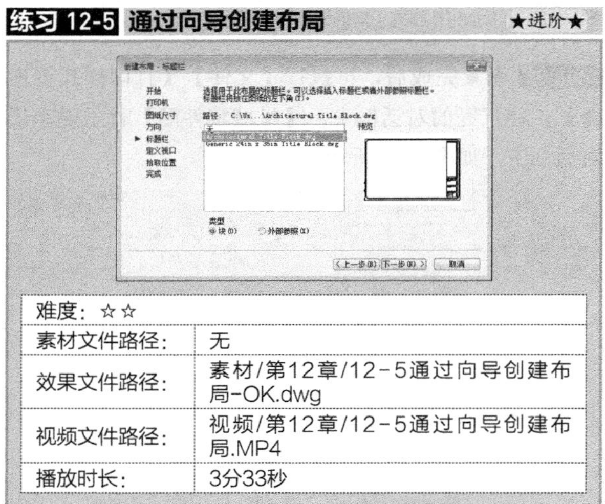

难度：☆☆	
素材文件路径：	无
效果文件路径：	素材/第12章/12-5通过向导创建布局-OK.dwg
视频文件路径：	视频/第12章/12-5通过向导创建布局.MP4
播放时长：	3分33秒

通过使用向导创建布局可以选择【打印机 / 绘图仪】、定义【图纸尺寸】、插入【标题栏】等，其外能够自定义视口，能够使模型在视口中显示完整。这些定义能够被创建为模板文件（.dwt），方便调用。要使用向导创建布局，可以按以下方法来激活 LAYOUTWIZARD 命令。

◆方法一：在命令行中输入“LAYOUTWIZARD”回车。

◆方法二：单击【插入】选项，在弹出的下拉菜单中选择【布局】|【创建布局向导】命令。

◆方法三：单击【工具】选项，在弹出的下拉菜单中选择【向导】|【创建布局】命令。

Step 01 新建空白文档，然后按上述3各方法执行命令后，系统弹出【创建布局-开始】对话框，在【输入新布局的名称】文本框中输入名称，如图12-30所示。

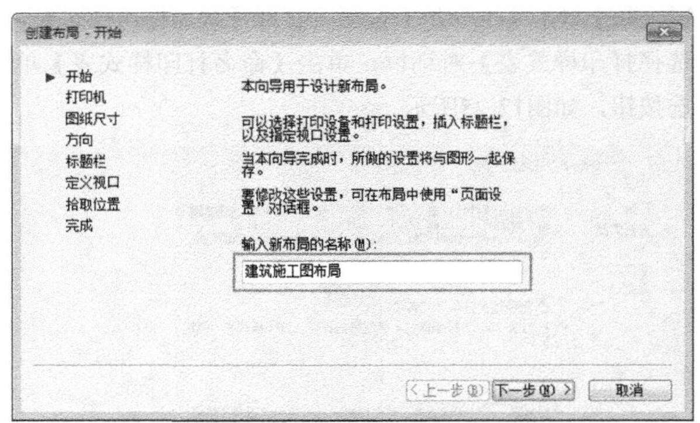

图 12-30 【创建布局 - 开始】对话框

Step 02 单击对话框的【下一步】按钮，系统跳转到【创建布局-打印机】对话框，在绘图仪列表中选择合适的选项，如图12-31所示。

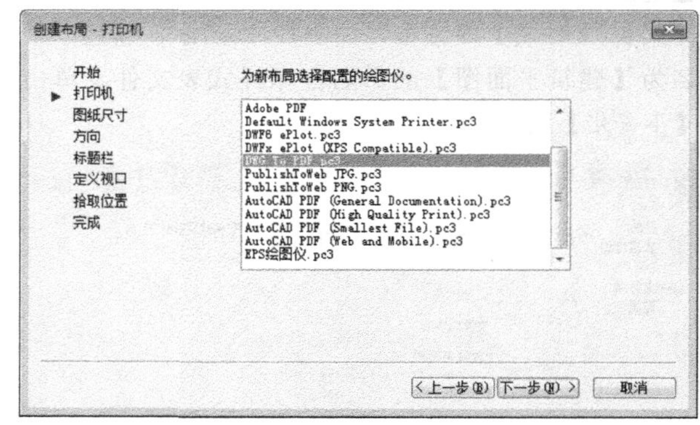

图 12-31 【创建布局 - 打印机】对话框

Step 03 单击对话框【下一步】按钮，系统跳转到【创建布局-图纸尺寸】对话框，在图纸尺寸下拉列表中选择合适的尺寸，尺寸根据实际图纸的大小来确定，这里选择A4图纸，如图12-32所示。并设置图形单位为【毫米】。

Step 04 单击对话框【下一步】按钮，系统跳转到【创建布局-方向】对话框，一般选择图形方向为【横向】，如图12-33所示。

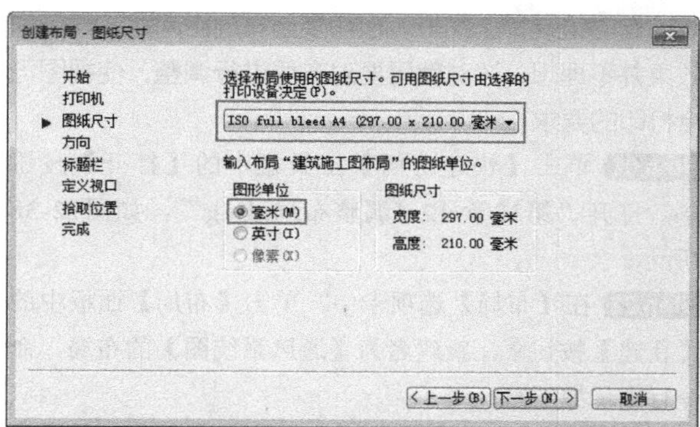

图 12-32 【创建布局－图纸尺寸】对话框

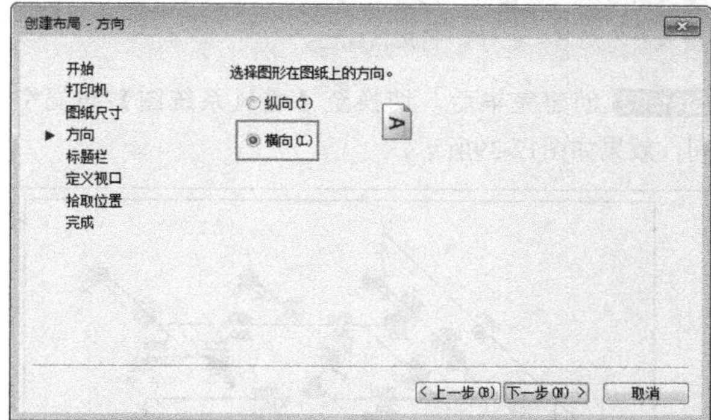

图 12-33 【创建布局－方向】对话框

Step 05 单击对话框【下一步】按钮，系统跳转到【创建布局-标题栏】对话框，如图 12-34所示，此处选择系统自带的国外版建筑图标题栏。

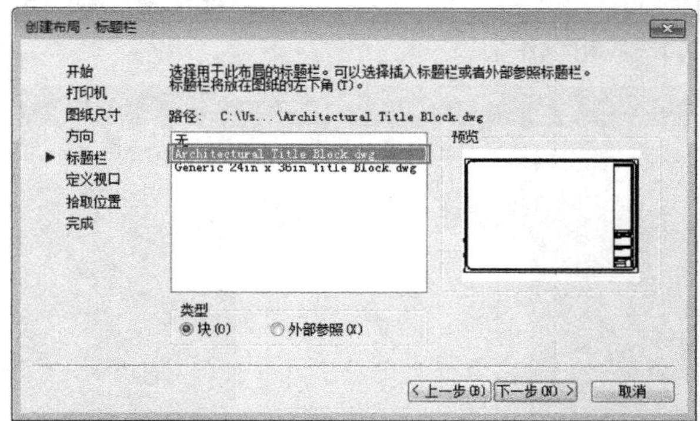

图 12-34 【创建布局－标题栏】对话框

> **设计点拨**
>
> 用户也可以自行创建标题栏文件，然后放至路径：C:\Users\Administrator\AppData\Local\Autodesk\AutoCAD 2016\R20.1\chs\Template中。可以控制以图块或外部参照的方式创建布局。

Step 06 单击对话框【下一步】按钮，系统跳转到【创建布局-定义视口】对话框，在【视口设置】选项框中可以设置4种不同的选项，如图12-35所示。这与【VPORTS】命令类似，在这里可以设置【阵列】视口，而在【视口】对话框中可以修改视图样式和视觉样式等。

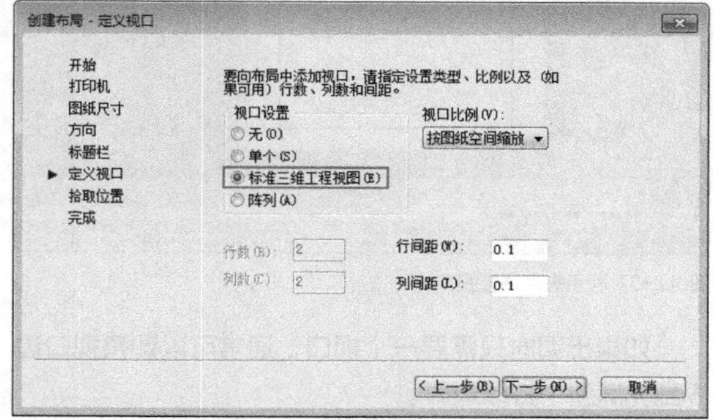

图 12-35 【创建布局－定义视口】对话框

Step 07 单击对话框【下一步】按钮，系统跳转到【创建布局-拾取位置】对话框，如图12-36所示。单击【选择位置】按钮，可以在图纸空间中框选矩形作为视口，如果不指定位置直接单击【下一步】按钮，系统会默认以“布满”的方式。

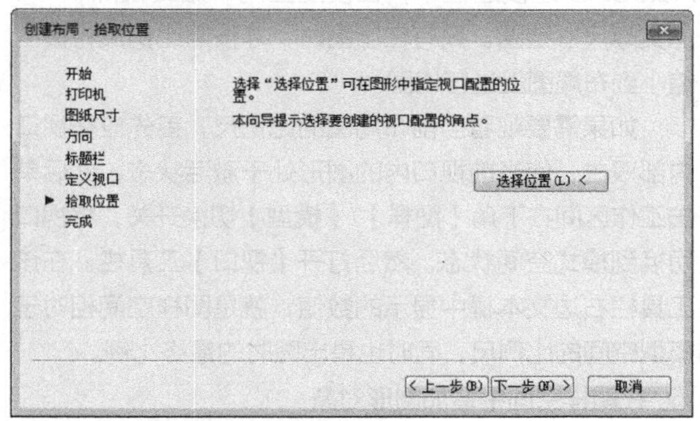

图 12-36 【创建布局－拾取位置】对话框

Step 08 单击对话框中【下一步】按钮，系统跳转到【创建布局-完成】对话框，再单击对话框中的【完成】按钮，结束整个布局的创建。

12.3.2 调整布局 ★重点★

创建好一个新的布局图后，接下来的工作就是对布局图中的图形位置和大小进行调整和布置。

1 调整视口

视口的大小和位置是可以调整的，视口边界实际上是在图样空间中自动创建的一个矩形图形对象，单击视口边界，4 个角点上出现夹点，可以利用夹点拉伸的方法调整视口，如图 12-37 所示。

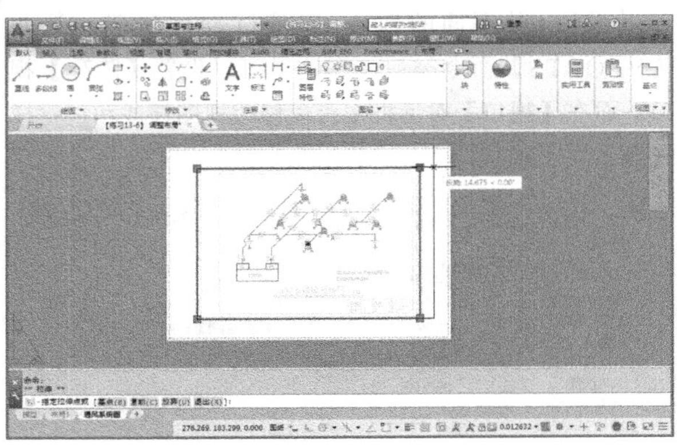
图 12-37 利用夹点调整视口

如果出图时只需要一个视口，通常可以调整视口边界到充满整个打印边界。

2 设置图形比例

设置比例尺是出图过程中最重要的一个步骤，该比例尺反映了图上距离和实际距离的换算关系。

AutoCAD 制图和传统纸面制图在比例设置比例尺这一步骤上有很大的不同。传统制图的比例尺一开始就已经确定，并且绘制的是经过比例换算后的图形。而在AutoCAD 建模过程中，在模型空间中始终按照 1 ：1 的实际尺寸绘图。只有在出图时，才按照比例尺将模型缩小到布局图上进行出图。

如果需要观看当前布局图的比例尺，首先应在视口内部双击，使当前视口内的图形处于激活状态，然后单击工作区间右下角【图样】/【模型】切换开关，将视口切换到模式空间状态。然后打开【视口】工具栏。在该工具栏右边文本框中显示的数值，就是图样空间相对于模型空间的比例尺，同时也是出图时的最终比例。

3 在图样空间中增加图形对象

有时候需要在出图时添加一些不属于模型本身的内容，例如，制图说明、图例符号、图框、标题栏、会签栏等，此时可以在布局空间状态下添加这些对象，这些对象只会添加到布局图中，而不会添加到模型空间中。

练习 12-6 调整布局

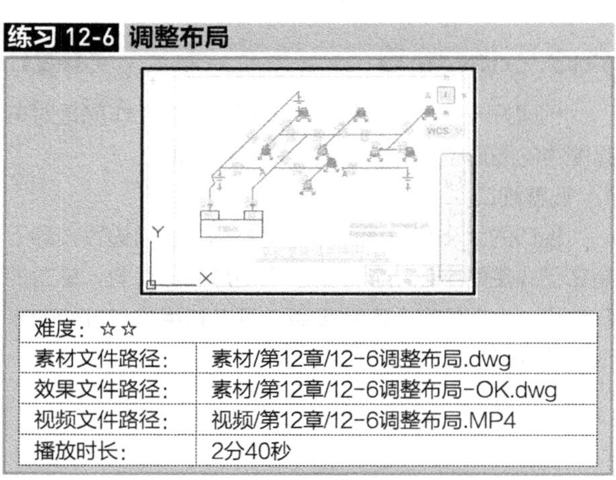

难度：☆☆	
素材文件路径：	素材/第12章/12-6调整布局.dwg
效果文件路径：	素材/第12章/12-6调整布局-OK.dwg
视频文件路径：	视频/第12章/12-6调整布局.MP4
播放时长：	2分40秒

有时绘制好了图形，但切换至布局空间时，显示的效果并不理想，这时就需要对布局进行调整，使视图符合打印的要求。

Step 01 单击【快速访问】工具栏中的【打开】按钮，打开“第12章/12-6调整布局.dwg”，如图12-38"所示。

Step 02 在【布局】选项卡中，单击【布局】面板中的【新建】按钮，新建名为【通风系统图】的布局，命令行提示如下。

```
输入布局选项 [复制(C)/删除(D)/新建(N)/样板(T)/重命名(R)/另存为(SA)/设置(S)/?] <设置>: _new↙
输入新布局名 <布局3>:通风系统图↙
```

Step 03 创建完毕后，切换至【通风系统图】布局空间，效果如图12-39所示。

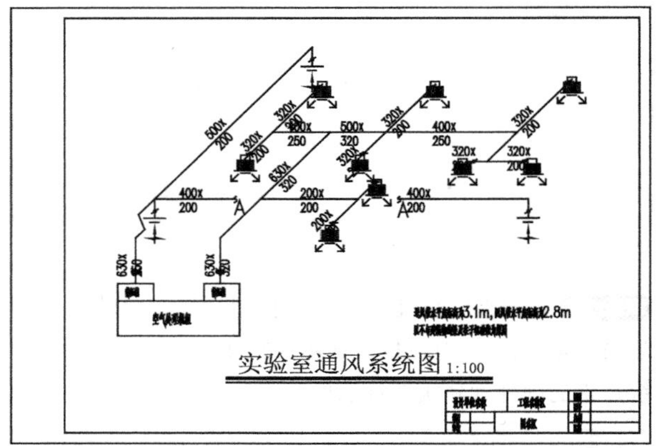

图 12-38 素材文件

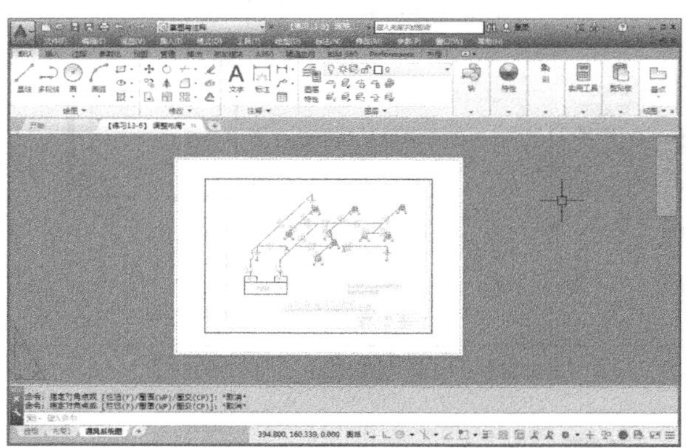
图 12-39 切换空间

Step 04 单击图样空间中的视口边界，四个角点上出现夹点，调整视口边界到充满整个打印边界，如图12-40所示。

Step 05 单击工作区右下角【图纸/模型】切换开关，将视口切换到模型空间状态。

Step 06 在命令行输入“ZOOM”，调用【缩放】命令，使所有的图形对象充满整个视口，并调整图形到合适位置，如图12-41所示。

Step 07 完成布局的调整，此时工作区右边显示的就是当前图形的比例尺。

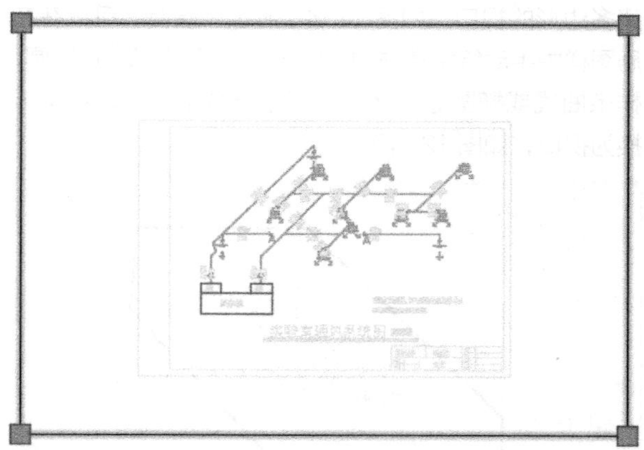

图 12-40 调整布局

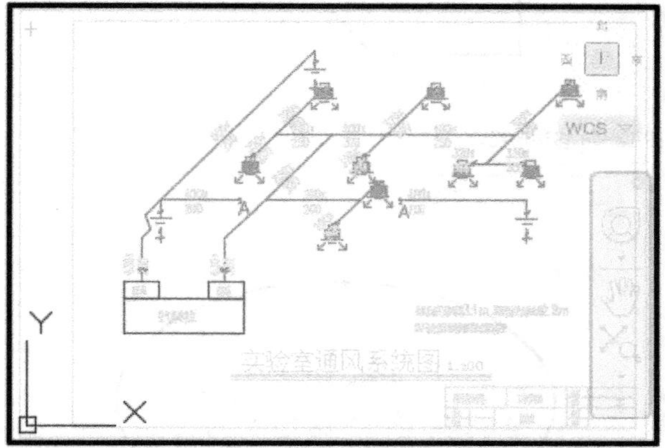

图 12-41 缩放图形

12.4 视口

视口是在布局空间中构造布局图时涉及的一个概念，布局空间相当于一张空白的纸，要在其上布置图形时，先要在纸上开一扇窗，让存在于里面的图形能够显示出来，视口的作用就相当于这扇窗。可以将视口视为布局空间的图形对象，并对其进行移动和调整，这样就可以在一个布局内进行不同视图的放置、绘制、编辑和打印。视口可以相互重叠或分离。

12.4.1 删除视口

打开布局空间时，系统就已经自动创建了一个视口，所以能够看到分布在其中的图形。

在布局中，选择视口的边界，如图 12-42 所示，按 Delete 键可删除视口，删除后，显示于该视口的图像将不可见，如图 12-43 所示。

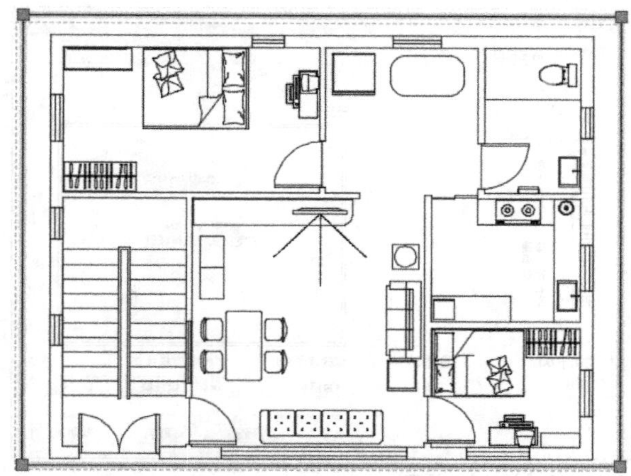

图 12-42 选中视口

图 12-43 删除视口

12.4.2 新建视口 ★进阶★

系统默认的视口往往不能满足布局的要求，尤其是在进行多视口布局时，这时需要手动创建新视口，并对其进行调整和编辑。

【新建视口】的方法如下所述。

◆功能区：在【输出】选项卡中，单击【布局视口】面板中各按钮，可创建相应的视口。

◆菜单栏：执行【视图】|【视口】命令。

命令行：VPORTS

1 创建标准视口

执行上述命令下的【新建视口】子命令后，将打开【视口】对话框，如图 12-44 所示，在【新建视口】选项卡的【标准视口】列表中可以选择要创建的视口类型，在右边的预览窗口中可以进行预览。可以创建单个视口，也可以创建多个视口，如图 12-45 所示，还可以选择多个视口的摆放位置。

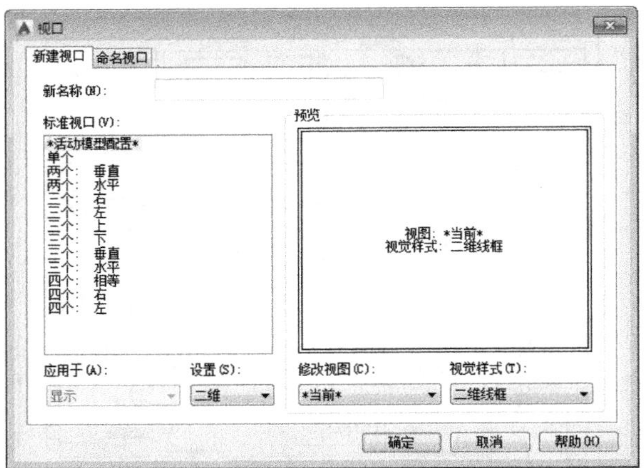
图 12-44 【视口】对话框

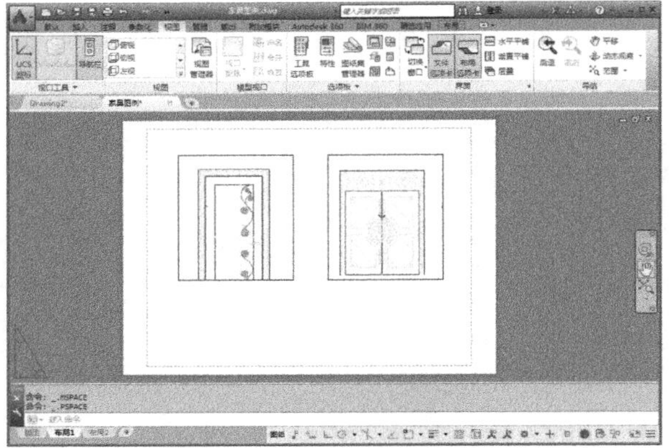
图 12-45 创建多个视口

调用多个视口的方法如下所述。

◆功能区：在【布局】选项卡中，单击【布局视口】中的各按钮，如图 12-46 所示。

◆菜单栏：执行【视图】|【视口】命令，如图 12-47 所示。

◆命令行：VPORTS。

图 12-46 【功能区】调用【视口】命令

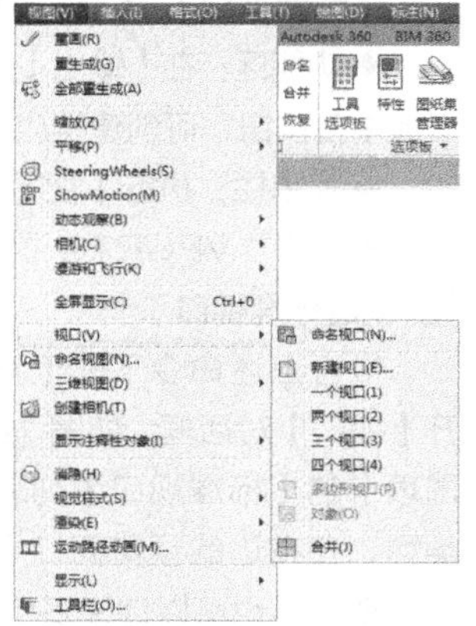
图 12-47 【菜单栏】调用【视口】命令

2 创建特殊形状的视口

执行上述命令中的【多边形视口】命令，可以创建多边形的视口，如图 12-48 所示。甚至还可以在布局图样中手动绘制特殊的封闭对象边界，如多边形、圆、样条曲线或椭圆等，然后使用【对象】命令，将其转换为视口，如图 12-49 所示。

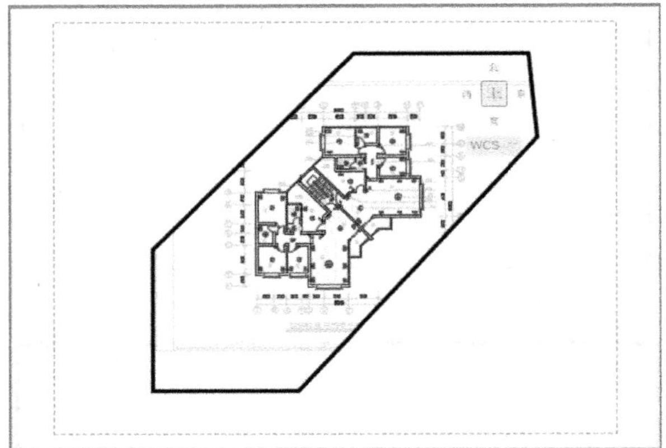
图 12-48 多边形视口

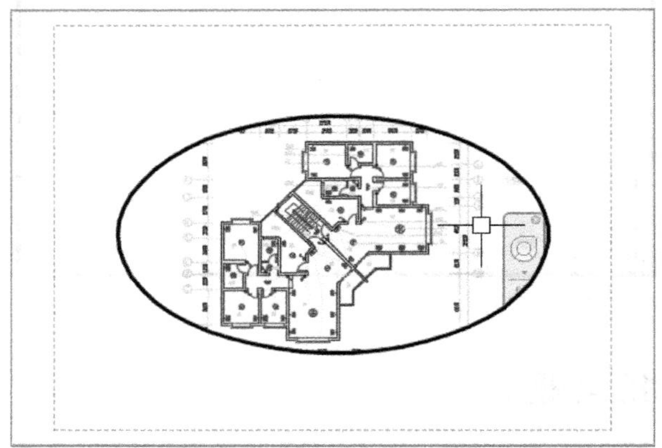
图 12-49 转换为视口

练习 12-7 创建正六边形视口

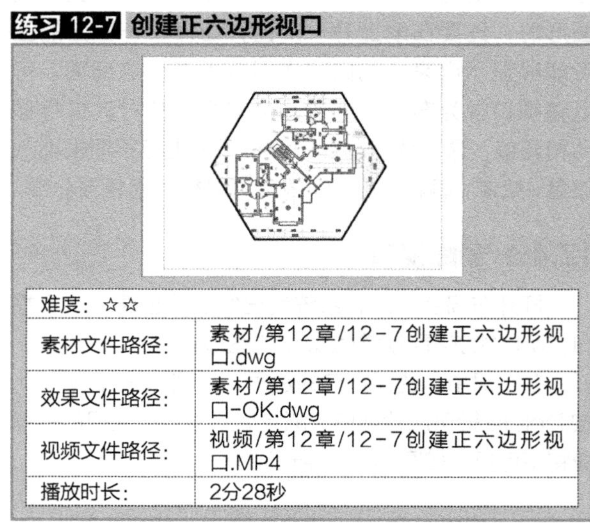

难度：☆☆	
素材文件路径：	素材/第12章/12-7创建正六边形视口.dwg
效果文件路径：	素材/第12章/12-7创建正六边形视口-OK.dwg
视频文件路径：	视频/第12章/12-7创建正六边形视口.MP4
播放时长：	2分28秒

有时为了让布局空间显示更多的内容，可以通过【视口】命令来创建多个显示窗口，也可手工绘制矩形或多边形，然后将其转换为视口。

Step 01 单击【快速访问】工具栏中的【打开】按钮，打开“第12章/12-7创建正六边形视口.dwg”，如图12-50所示。

Step 02 切换至【布局1】空间，选取默认的矩形浮动视口，按Delete键删除，此时图像将不可见，如图12-51所示。

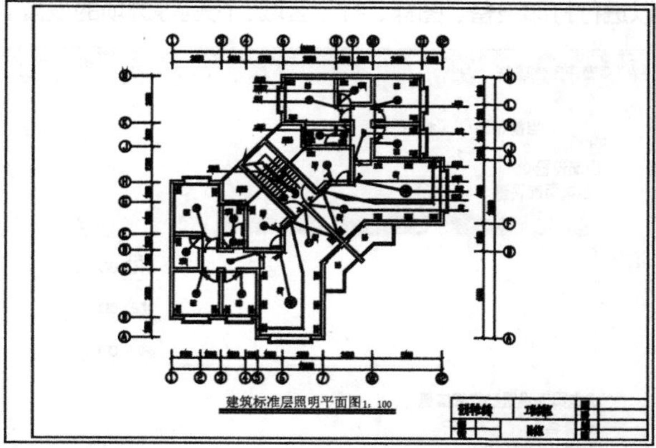

图 12-50 素材文件

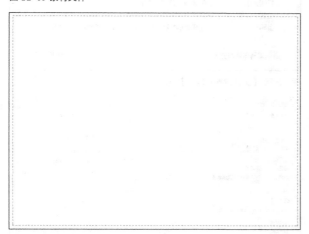

图 12-51 删除视口

Step 03 在【默认】选项卡中，单击【绘图】面板中的【正多边形】按钮，绘制内接于圆半径为70的正六边形，如图12-52所示。

Step 04 在【布局】选项卡中，单击【布局视口】面板中的【对象】按钮，选择正六边形，将正六边形转换为视口，效果如图12-53所示。

Step 05 单击工作区右下角的【模型/图纸空间】按钮，切换为模型空间，对图形进行缩放，最终结果如图12-54所示。

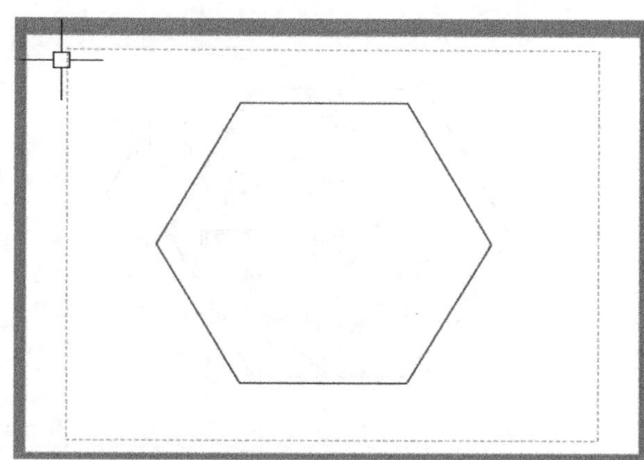

图 12-52 绘制正六边形

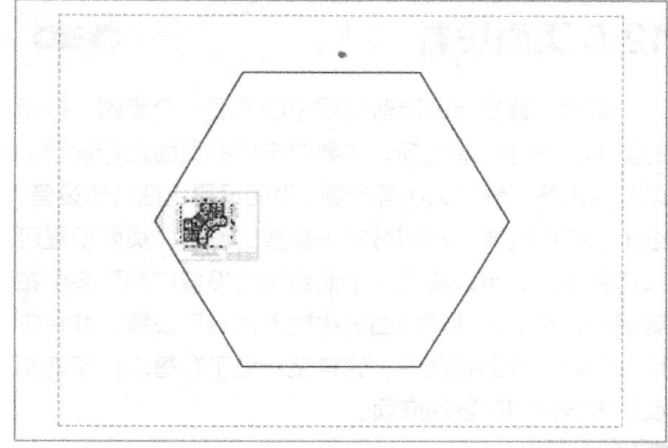

图 12-53 转换为视口

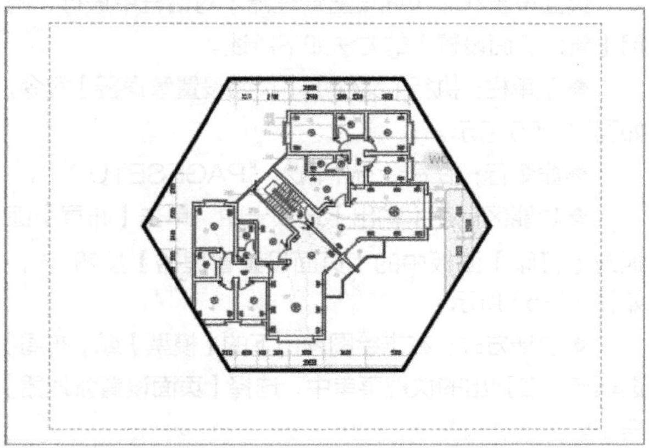

图 12-54 最终效果图

12.4.3 调整视口 ★进阶★

视口创建后，为了使其满足需要，还需要对视口的大小和位置进行调整，相对于布局空间，视口和一般的图形对象没什么区别，每个视口均被绘制在当前层上，且采用当前层的颜色和线型。因此可使用通常的图形编辑方法来编辑视口。例如，可以通过拉伸和移动夹点来调整视口的边界，如图 12-55 所示。

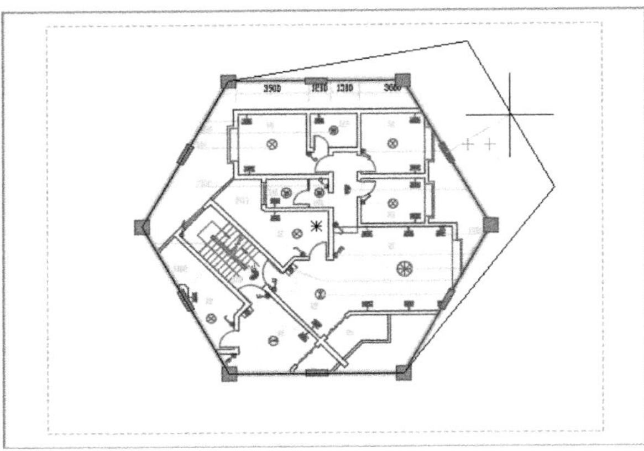
图 12-55 利用夹点调整视口

12.5 页面设置 ★重点★

页面设置是出图准备过程中的最后一个步骤，打印的图形在进行布局之前，先要对布局的页面进行设置，以确定出图的纸张大小等参数。页面设置包括打印设备、纸张、打印区域、打印方向等参数的设置。页面设置可以命名保存，可以将同一个命名页面设置应用到多个布局图中，也可以从其他图形中输入命名页设置，并将应用到当前图形的布局中，这样就避免了在每次打印前都反复进行打印设置的麻烦。

·执行方式

页面设置在【页面设置管理器】对话框中进行，调用【新建页面设置】的方法如下所述。

◆菜单栏：执行【文件】|【页面设置管理器】命令，如图 12-56 所示。

◆命令行：在命令行中输入“PAGESETUP”。

◆功能区：在【输出】选项卡中，单击【布局】面板或【打印】面板中的【页面设置管理器】按钮，如图 12-57 所示。

◆快捷方式：右击绘图窗口下的【模型】或【布局】选项卡，在弹出的快捷菜单中，选择【页面设置管理器】命令。

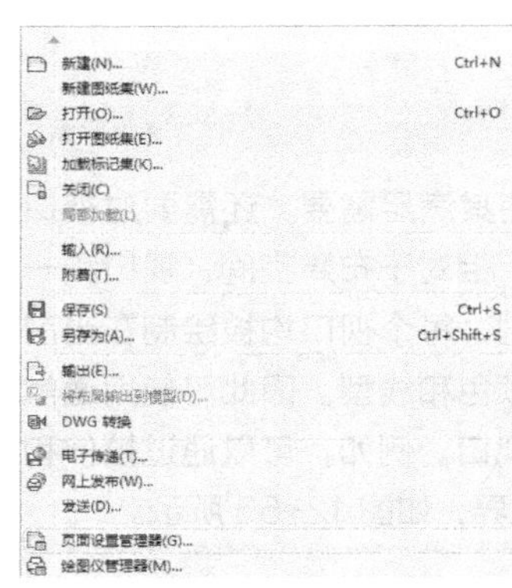
图 12-56 【菜单栏】调用【页面设置管理器】命令

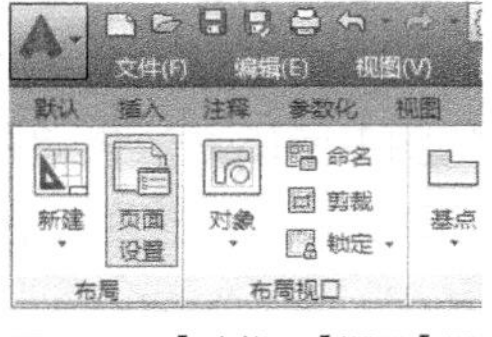
图 12-57 【功能区】调用【页面设置管理器】命令

·操作步骤

执行该命令后，将打开【页面设置管理器】对话框，如图 12-58 所示，对话框中显示了已存在的所有页面设置的列表。通过右击页面设置，或单击右边的工具按钮，可以对页面设置进行新建、修改、删除、重命名和当前页面设置等操作。

单击对话框中的【新建】按钮，新建一个页面，或选中某页面设置后单击【修改】按钮，都将打开图 12-59 所示的【页面设置】对话框。在该对话框中，可以进行打印设备、图样、打印区域、比例等选项的设置。

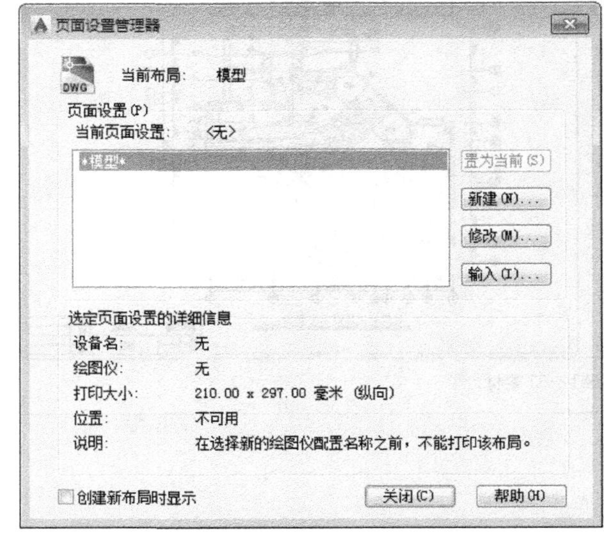
图 12-58 【页面设置管理器】对话框

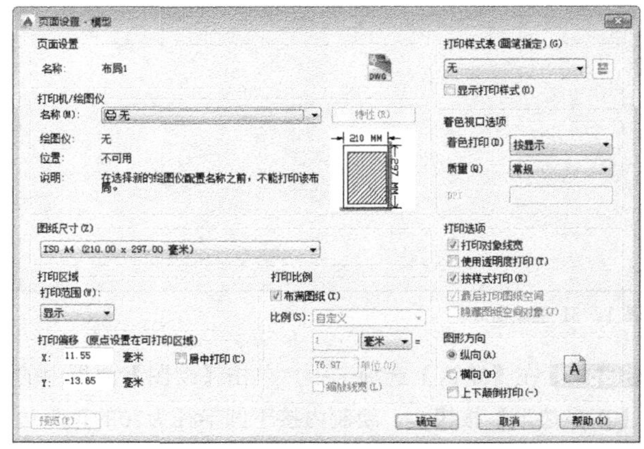
图 12-59 【页面设置】对话框

12.5.1 指定打印设备 ★进阶★

【打印机 / 绘图仪】选项组用于设置出图的绘图仪或打印机。如果打印设备已经与计算机或网络系统正确连接，并且驱动程序也已经正常安装，那么在【名称】下拉列表框中就会显示该打印设备的名称，可以选择需要打印设备。

AutoCAD 将打印介质和打印设备的相关信息储

存在后缀名为 *.pc3 的打印配置文件中，这些信息包括绘图仪配置设置指定端口信息、光栅图形和矢量图形的质量、图样尺寸，以及取决于绘图仪类型的自定义特性。这样使得打印配置可以用于其他 AutoCAD 文档，能够实现共享，避免了反复设置。

• 执行方式

单击功能区【输出】选项卡【打印】组面板中的【打印】按钮，系统弹出【打印－模型】对话框，如图 12-60 所示。在对话框【打印机／绘图仪】功能框的【名称】下拉列表中选择要设置的名称选项，单击右边的【特性】按钮 特性(R)... ，系统弹出【绘图仪配置编辑器】对话框，如图 12-61 所示。

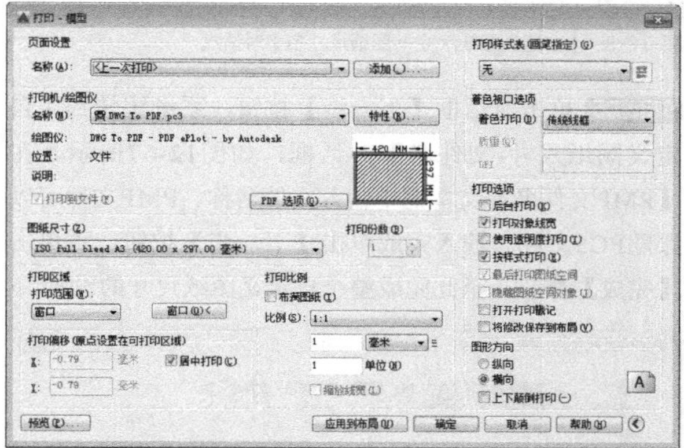

图 12-60 【打印－模型】对话框

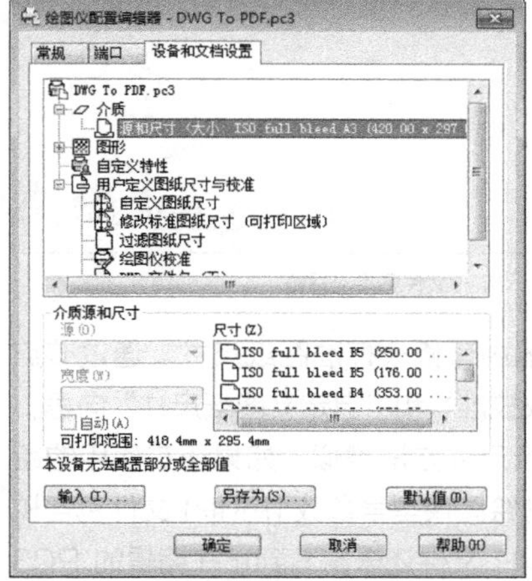

图 12-61 【绘图仪配置编辑器】对话框

• 操作步骤

切换到【设备和文档设置】选项卡，选择各个节点，然后进行更改即可，各节点修改的方法见本节的“选项说明”。在这里，如果更改了设置，所做更改将出现在设置名旁边的尖括号 (< >) 中。修改过其值的节点图标上还会显示一个复选标记。

• 选项说明

对话框中共有【介质】、【图形】、【自定义特性】和【用户定义图纸尺寸与校准】这 4 个主节点，除【自定义特性】节点外，其余节点皆有子菜单。下面对各个节点进行介绍。

◎【介质】节点

该节点可指定纸张来源、大小、类型和目标，在点选此选项后，在【尺寸】选项列表中指定。有效的设置取决于配置的绘图仪支持的功能。对于 Windows 系统打印机，必须使用“自定义特性”节点配置介质设置。

◎【图形】节点

为打印矢量图形、光栅图形和 TrueType 文字指定设置。根据绘图仪的性能，可修改颜色深度、分辨率和抖动。可为矢量图形选择彩色输出或单色输出。在内存有限的绘图仪上打印光栅图像时，可以通过修改打印输出质量来提高性能。如果使用支持不同内存安装总量的非系统绘图仪，则可以提供此信息以提高性能。

◎【自定义特性】节点

点选【自定义特性】选项，单击【自定义特性】按钮，系统弹出【PDF 选项】对话框，如图 12-62 所示。在此对话框中可以修改绘图仪配置的特定设备特性。每一种绘图仪的设置各不相同。如果绘图仪制造商没有为设备驱动程序提供“自定义特性”对话框，则“自定义特性”选项不可用。对于某些驱动程序，如 ePLOT，这是显示的唯一树状图选项。对于 Windows 系统打印机，多数设备特有的设置在此对话框中完成。

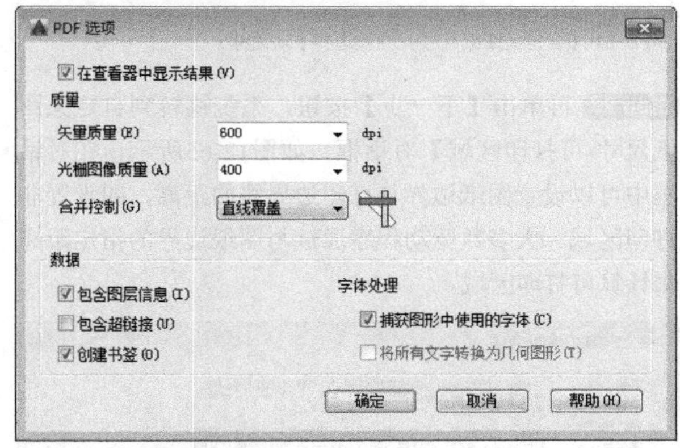

图 12-62 【PDF 特性】对话框

◎【用户定义图纸尺寸与校准】主节点

用户定义图纸尺寸与校准节点。将 PMP 文件附着到 PC3 文件，校准打印机，并添加、删除、修订或过滤自定义图纸尺寸，具体步骤介绍如下。

Step 01 在【绘图仪配置编辑器】对话框中点选【自定义图纸尺寸】选项，单击【添加】按钮，系统弹出【自定义图纸尺寸-开始】对话框，如图12-63所示。

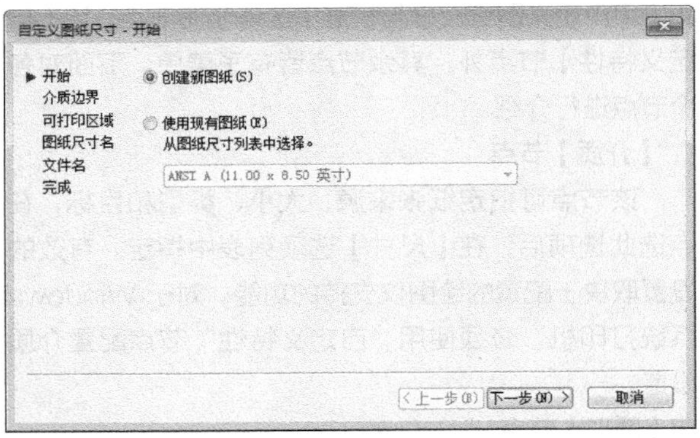

图 12-63 【自定义图纸尺寸 – 开始】对话框

Step 02 在对话框中选择【创建新图纸】单选项，或者选择现有的图纸进行自定义，单击【下一步】按钮，系统跳转到【自定义图纸尺寸-介质边界】对话框，如图12-64所示。在文本框中输入介质边界的宽度和高度值，这里可以设置非标准A0、A1、A2等规格的图框，有些图形需要加长打印便可在此设置，并确定单位名称为毫米。

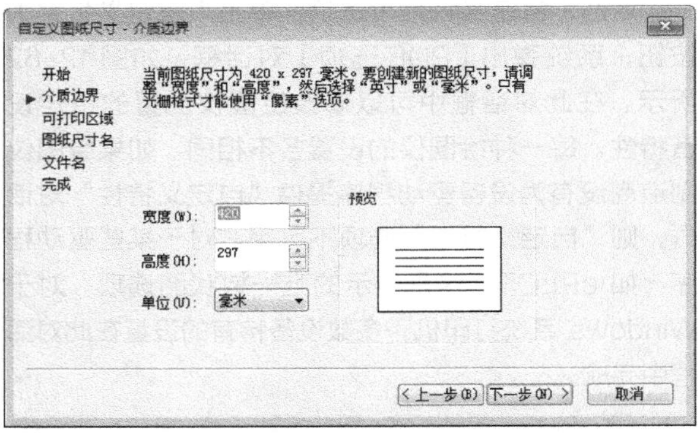

图 12-64 【自定义图纸尺寸 – 介质边界】对话框

Step 03 再单击【下一步】按钮，系统跳转到自定义图纸尺寸-可打印区域】对话框，如图12-65所示。在对话框中可以设置图纸边界与打印边界线的距离，即设置非打印区域。大多数驱动程序通过与图纸边界的指定距离来计算可打印区域。

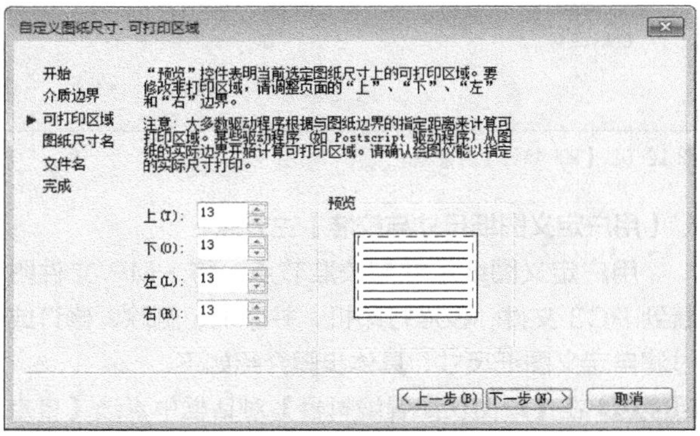

图 12-65 【自定义图纸尺寸 – 可打印区域】对话框

Step 04 单击【下一步】按钮，系统跳转到【自定义图纸尺寸-图纸尺寸名】对话框，如图 12-66所示。在【名称】文本框中输入图纸尺寸名称。

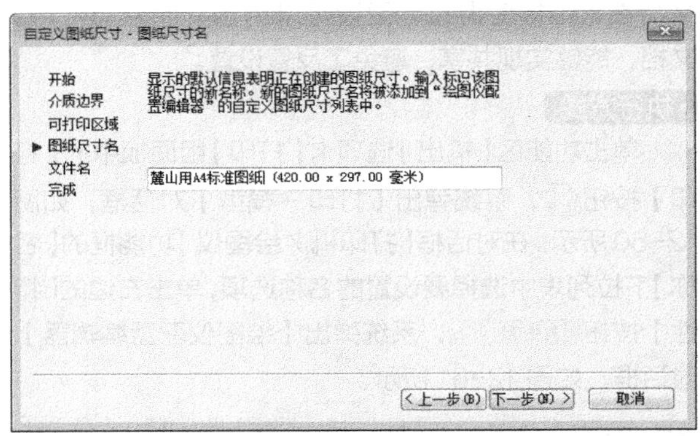

图 12-66 【自定义图纸尺寸 – 图纸尺寸名】对话框

Step 05 单击对话框【下一步】按钮，系统跳转到【自定义图纸尺寸-文件名】对话框，如图12-67所示。在【PMP文件名】文本框中输入文件名称。PMP文件可以跟随PC3文件。输入完成单击【下一步】按钮，再单击【完成】按钮。至此完成整个自定义图纸尺寸的设置。

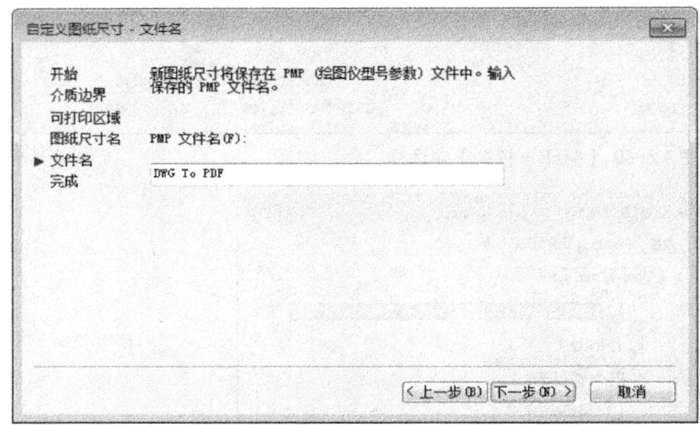

图 12-67 【自定义图纸尺寸 – 文件名】对话框

在配置编辑器中可修改标准图纸尺寸。通过节点可以访问"绘图仪校准"和"自定义图纸尺寸"向导，方法与自定义图纸尺寸方法类似。如果正在使用的绘图仪已校准过，则绘图仪型号参数 (PMP) 文件包含校准信息。如果 PMP 文件还未附着到正在编辑的 PC3 文件中，那么必须创建关联才能够使用 PMP 文件。如果创建当前 PC3 文件时，在"添加绘图仪"向导中校准了绘图仪，则 PMP 文件已附着。使用"用户定义的图纸尺寸和校准"下面的"PMP 文件名"选项将 PMP 文件附着到或拆离正在编辑的 PC3 文件。

•熟能生巧 输出高分辨率的 JPG 图片

在第 2 章的 2.3 节中已经介绍了几种常见文件的输出，除此之外，dwg 图纸还可以通过命令将选定对象输出为不同格式的图像，例如，使用 JPGOUT 命令导出 JPEG 图像文件、使用 BMPOUT 命令导出

BMP 位图图像文件、使用 TIFOUT 命令导出 TIF 图像文件、使用 WMFOUT 命令导出 Windows 图元文件……但是导出的这些格式的图像分辨率很低，如果图形比较大，就无法满足印刷的要求，如图12-68所示。

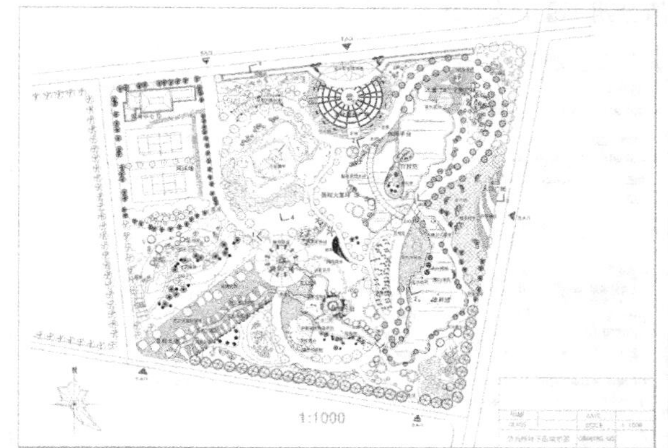

图 12-68 分辨率很低的 JPG 图片

不过，学习了指定打印设备的方法后，就可以通过修改图纸尺寸的方式，来输出高分辨率的 jpg 图片。下面通过一个例子来介绍具体的操作方法。

练习 12-8 输出高分辨率的 JPG 图片 ★进阶★

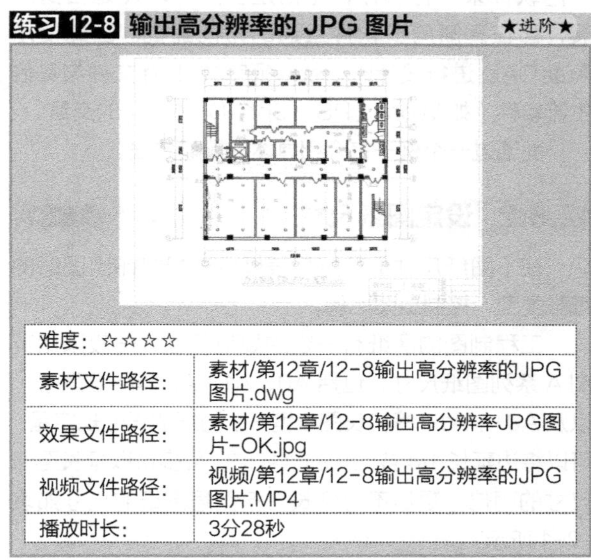

难度：☆☆☆☆	
素材文件路径：	素材/第12章/12-8输出高分辨率的JPG图片.dwg
效果文件路径：	素材/第12章/12-8输出高分辨率JPG图片-OK.jpg
视频文件路径：	视频/第12章/12-8输出高分辨率的JPG图片.MP4
播放时长：	3分28秒

Step 01 打开“第12章/12-8输出高分辨率JPG图片.dwg”，其中绘制好了某公共绿地平面图，如图12-69所示。

Step 02 按Ctrl+P组合键，弹出【打印-模型】对话框。然后在【名称】下拉列表框中选择所需的打印机，本例要输出JPG图片，便选择【PublishToWeb JPG.pc3】打印机为例，如图12-70所示。

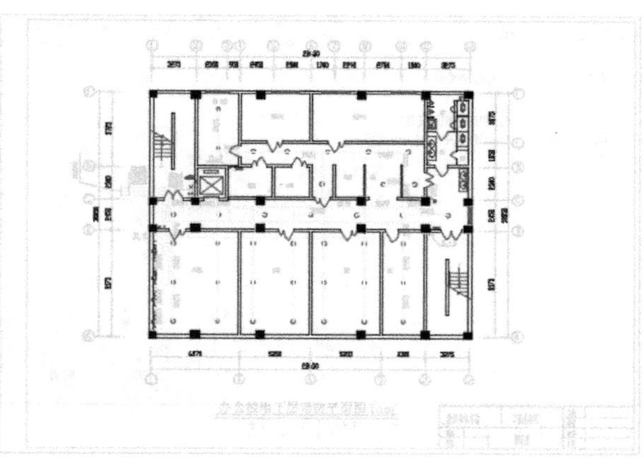

图 12-69 素材文件

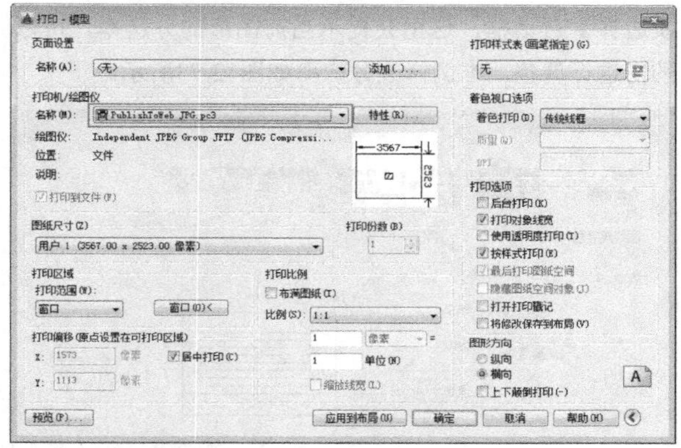

图 12-70 指定打印机

Step 03 单击【PublishToWeb JPG.pc3】右边的【特性】按钮 特性(R)... ，系统弹出【绘图仪配置编辑器】对话框，选择【用户定义图纸尺寸与校准】节点下的【自定义图纸尺寸】选项，然后单击右下方的【添加】按钮，如图12-71所示。

Step 04 系统弹出【自定义图纸尺寸-开始】对话框，选择【创建新图纸】单选项，然后单击【下一步】按钮，如图12-72所示。

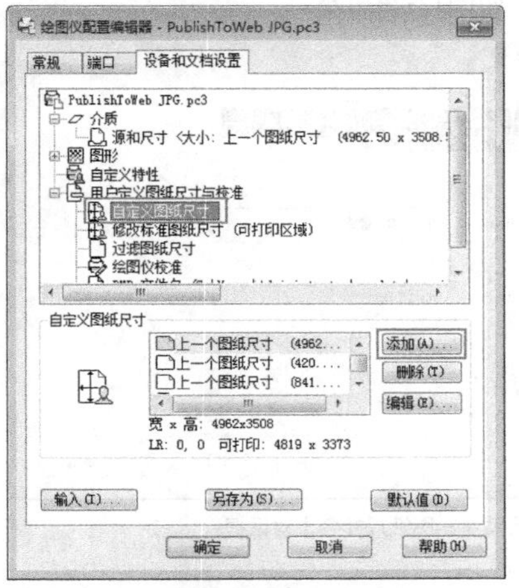

图 12-71 【绘图仪配置编辑器】对话框

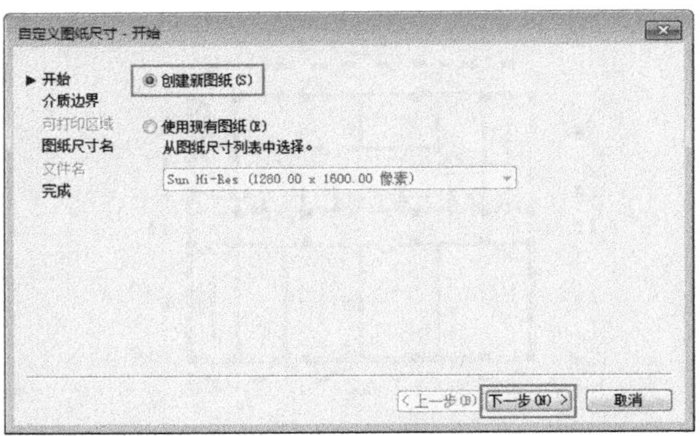
图 12-72 【自定义图纸尺寸 - 开始】对话框

Step 05 调整分辨率。系统跳转到【自定义图纸尺寸-介质边界】对话框，这里会提示当前图形的分辨率，可以酌情进行调整，本例修改分辨率如图12-73所示。

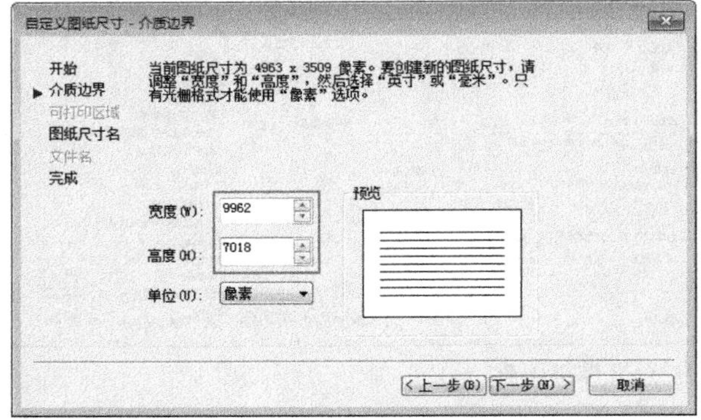
图 12-73 调整分辨率

操作技巧

设置分辨率时，要注意图形的长宽比与原图一致。如果所输入的分辨率与原图长、宽不成比例，则会失真。

Step 06 单击【下一步】按钮，系统跳转到【自定义图纸尺寸-图纸尺寸名】对话框，在【名称】文本框中输入图纸尺寸名称，如图12-74所示。

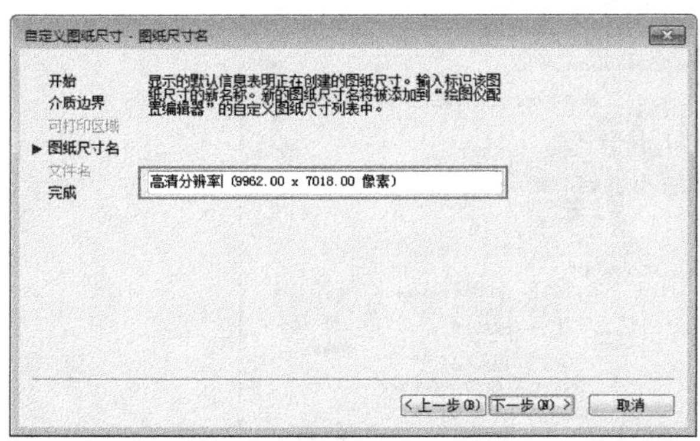
图 12-74 【自定义图纸尺寸 - 图纸尺寸名】对话框

Step 07 单击【下一步】按钮，再单击【完成】按钮，完成高清分辨率的设置。返回【绘图仪配置编辑器】对话框后单击【确定】按钮，再返回【打印-模型】对话框，在【图纸尺寸】下拉列表中选择刚才创建好的【高清分辨率】，如图12-75所示。

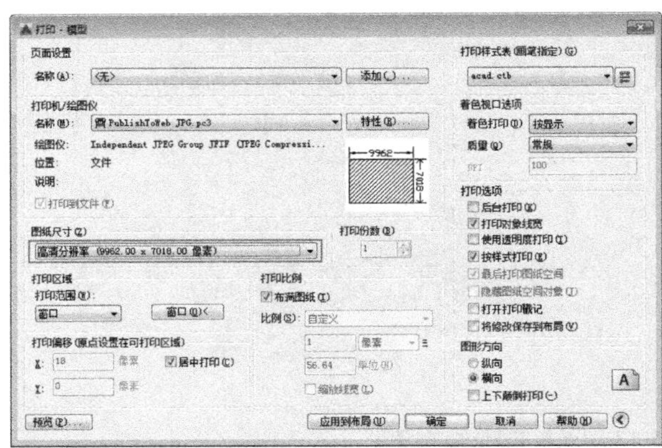
图 12-75 选择图纸尺寸（即分辨率）

·精益求精 将 AutoCAD 图形导入 Photoshop

对于新时期的设计工作来说，已不能再是仅靠一门软件来进行操作，无论是客户要求还是自身发展，都在逐渐向多软件互通的方向靠拢。因此使用 AutoCAD 进行设计时，就必须掌握 dwg 文件与其他主流软件（如 Word、PS、CorelDRAW）的交互。

面通过一个例子来介绍具体的操作方法。

12.5.2 设定图纸尺寸 ★重点★

在【图纸尺寸】下拉列表框中选择打印出图时的纸张类型，控制出图比例。

工程制图的图纸有一定的规范尺寸，一般采用英制 A 系列图纸尺寸，包括 A0、A1、A2 等标准型号，以及 A0+、A1+ 等加长图纸型号。图纸加长的规定是：可以将边延长 1/4 或 1/4 的整数倍，最多可以延长至原尺寸的两倍，短边不可延长。各型号图纸的尺寸如表 12-1 所示。

表 12-1 标准图纸尺寸

图纸型号	长宽尺寸
A0	1189mm×841mm
A1	841mm×594mm
A2	594mm×420mm
A3	420mm×297mm
A4	297mm×210mm

新建图纸尺寸的步骤为首先在打印机配置文件中新建一个或若干个自定义尺寸，然后保存为新的打印机配置 pc3 文件。这样，以后需要使用自定义尺寸时，只需要在【打印机 / 绘图仪】对话框中选择该配置文件即可。

12.5.3 设置打印区域 ★重点★

在使用模型空间打印时，一般在【打印】对话框中设置打印范围，如图 12-76 所示。

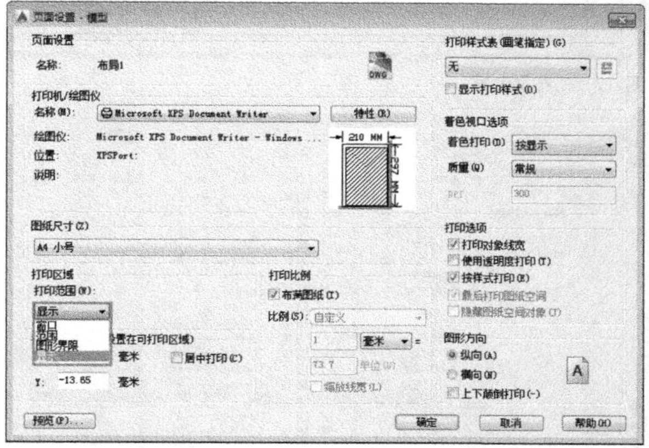

图 12-76 设置打印范围

【打印范围】下拉列表用于确定设置图形中需要打印的区域，其各选项含义如下。

◆【布局】：打印当前布局图中的所有内容。该选项是默认选项，选择该项可以精确地确定打印范围、打印尺寸和比例。

◆【窗口】：用窗选的方法确定打印区域。单击该按钮后，【页面设置】对话框暂时消失，系统返回绘图区，可以用鼠标在模型窗口中的工作区间拉出一个矩形窗口，该窗口内的区域就是打印范围。使用该选项确定打印范围简单方便，但是不能精确比例尺和出图尺寸。

◆【范围】：打印模型空间中包含所有图形对象的范围。

◆【显示】：打印模型窗口当前视图状态下显示的所有图形对象，可以通过 ZOOM 命令调整视图状态，从而调整打印范围。

在使用布局空间打印图形时，单击【打印】面板中的【预览】按钮，预览当前的打印效果。图签有时会出现部分不能完全打印的状况，如图 12-77 所示，这是因为图签大小超越了图纸可打印区域的缘故。可以通过【绘图配置编辑器】对话框中的【修改标准图纸所示（可打印区域）】选择重新设置图纸的可打印区域来解决，图 12-78 所示的虚线表示了图纸的可打印区域。

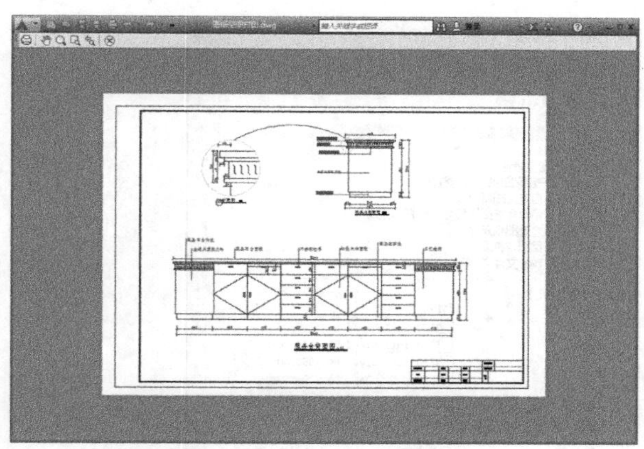

图 12-77 打印预览

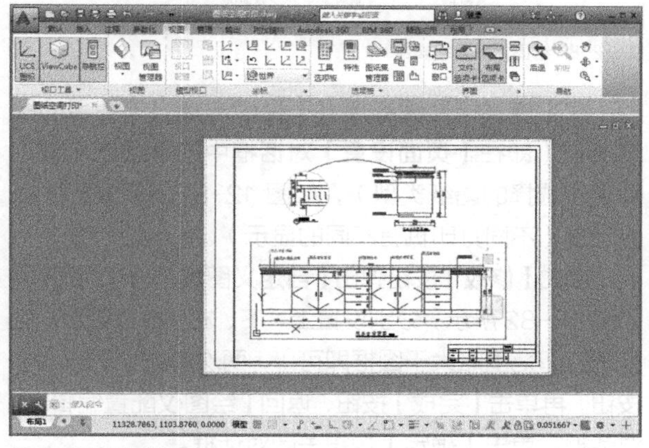

图 12-78 可打印区域

单击【打印】面板中的【绘图仪管理器】按钮，系统弹出【Plotters】对话框，如图 12-79 所示，双击所设置的打印设备。系统弹出【绘图配置编辑器】，在对话框单击选择【修改标准图纸所示（可打印区域）】选项，重新设置图纸的可打印区域，如图 12-80 所示。也可以在【打印】对话框中选择打印设备后，再单击右边的【特性】按钮，可以打开【绘图仪配置编辑器】对话框。

图 12-79 【Plotters】对话框

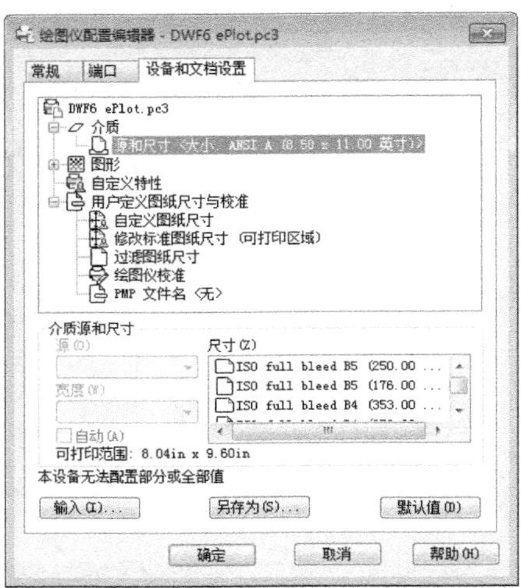

图 12-80 绘图仪配置编辑器

在【修改标准图纸尺寸】栏中选择当前使用的图纸类型（即在【页面设置】对话框中的【图纸尺寸】列表中选择的图纸类型），如图 12-81 所示光标所在的位置（不同打印机有不同的显示）。

单击【修改】按钮弹出【自定义图纸尺寸】对话框，如图 12-82 所示，分别设置上、下、左、右页边距（可以使打印范围略大于图框即可），两次单击【下一步】按钮，再单击【完成】按钮，返回【绘图仪配置编辑器】对话框，单击【确定】按钮关闭对话框。

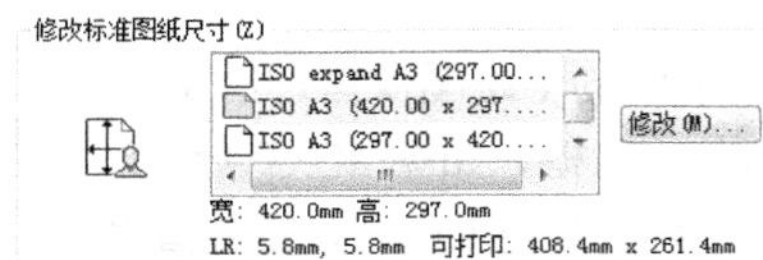

图 12-81 选择图纸类型

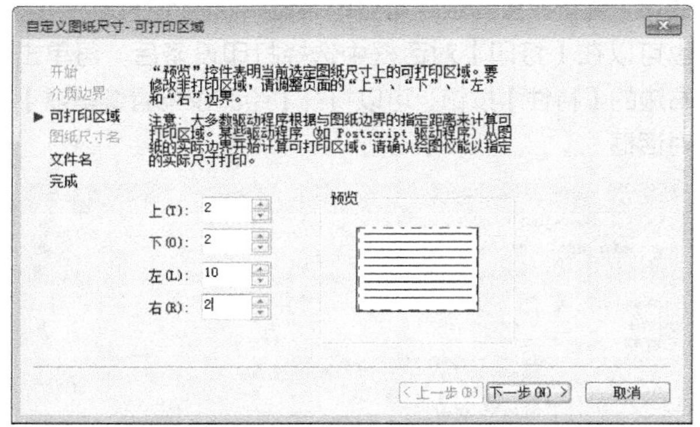

图 12-82 【自定义图纸尺寸】对话框

修改图纸可打印区域之后，此时布局如图 12-83 所示（虚线内表示可打印区域）。

在命令行中输入“LAYER”，调用【图层特性管理器】命令，系统弹出【图层特性管理器】对话框，将视口边框所在图层设置为不可打印，如图 12-84 所示，这样视口边框将不会被打印。

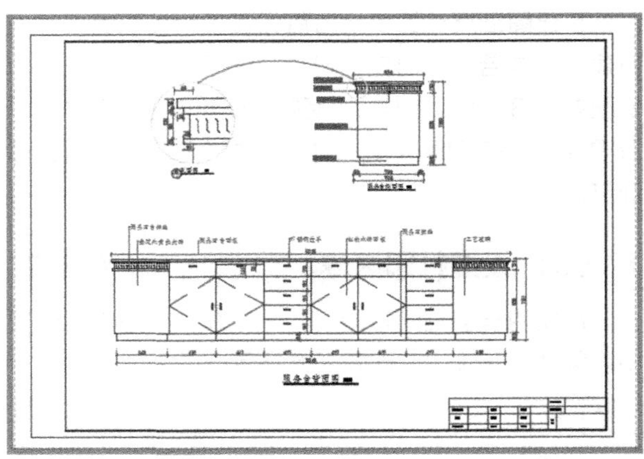

图 12-83 布局效果

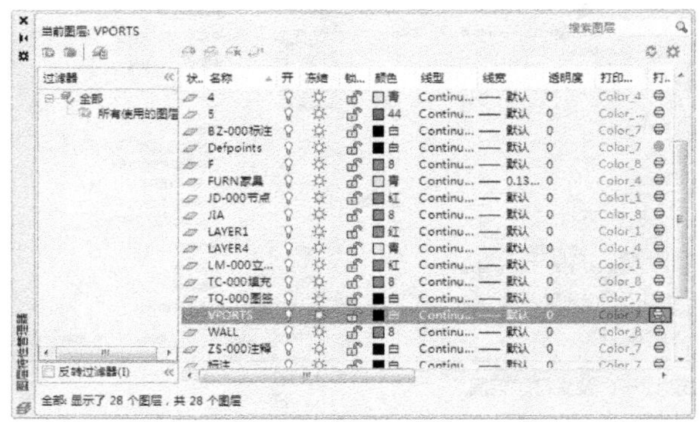

图 12-84 设置视口边框图层属性

再次预览打印效果如图 12-85 所示，图形可以正确打印。

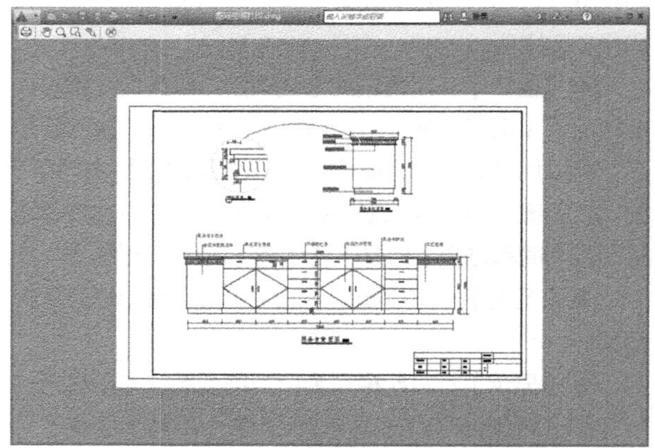

图 12-85 修改页边距后的打印效果

12.5.4 设置打印偏移

【打印偏移】选项组用于指定打印区域偏离图样左下角的 X 方向和 Y 方向偏移值，一般情况下，都要求出图充满整个图样，所以设置 X 和 Y 偏移值均为 0，如图 12-86 所示。

通常情况下打印的图形和纸张的大小一致，不需要修改设置。选中【居中打印】复选框，则图形居中打印。这个【居中】是指在所选纸张大小 A1、A2 等尺寸的基础上居中，也就是 4 个方向上各留空白，而不只是卷筒纸的横向居中。

12.5.5 设置打印比例

1 打印比例

【打印比例】选项组用于设置出图比例尺。在【比例】下拉列表框中可以精确设置需要出图的比例尺。如果选择【自定义】选项，则可以在下方的文本框中设置与图形单位等价的英寸数来创建自定义比例尺。

如果对出图比例尺和打印尺寸没有要求，可以直接选中【布满图样】复选框，这样 AutoCAD 会将打印区域自动缩放到充满整个图样。

【缩放线框】复选框用于设置线宽值是否按打印比例缩放。通常要求直接按照线宽值打印，而不按打印比例缩放。

在 AutoCAD 中，有两种方法控制打印出图比例。

◆ 在打印设置或页面设置的【打印比例】区域设置比例，如图 12-87 所示。

◆ 在图纸空间中使用视口控制比例，然后按照1：1打印。

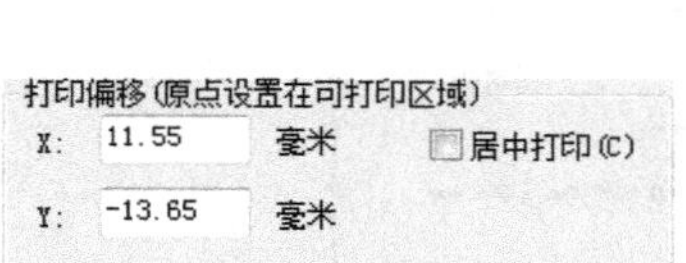

图 12-86 【打印偏移】设置选项

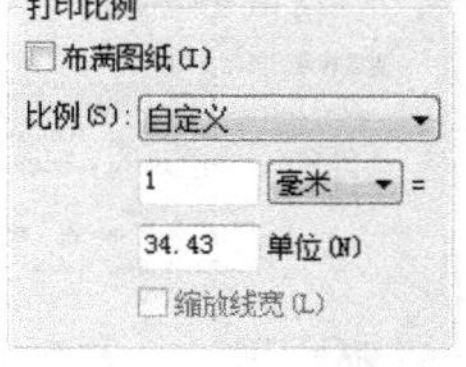

图 12-87 【打印比例】设置选项

2 图形方向

工程制图多需要使用大幅的卷筒纸打印，在使用卷筒纸打印时，打印方向包括两个方面的问题：第一，图纸阅读时所说的图纸方向，是横宽还是竖长；第二，图形与卷筒纸的方向关系，是顺着出纸方向还是垂直于出纸方向。

在 AutoCAD 中分别使用图纸尺寸和图形方向来控制最后出图的方向。在【图形方向】区域可以看到小示意图，其中白纸表示设置图纸尺寸时选择的图纸尺寸是横宽还是竖长，字母 A 表示图形在纸张上的方向。

12.5.6 指定打印样式表

【打印样式表】下拉列表框用于选择已存在的打印样式，从而非常方便地用设置好的打印样式替代图形对象原有属性，并体现到出图格式中。

12.5.7 设置打印方向

在【图形方向】选项组中选择纵向或横向打印，选中【反向打印】复选框，可以允许在图样中上下颠倒地打印图形。

12.6 打印

在完成上述的所有设置工作后，就可以开始打印出图了。

调用【打印】命令的方法如下所述。

◆ 功能区：在【输出】选项卡中，单击【打印】面板中的【打印】按钮。

◆ 菜单栏：执行【文件】|【打印】命令。

◆ 命令行：PLOT。

◆ 快捷键：Ctrl+P。

在 AutoCAD 中打印分为两种形式：模型打印和布局打印。

12.6.1 模型打印

在模型空间中，执行【打印】命令后，系统弹出【打印】对话框，如图 12-88 所示，该对话框与【页面设置】对话框相似，可以进行出图前的最后设置。

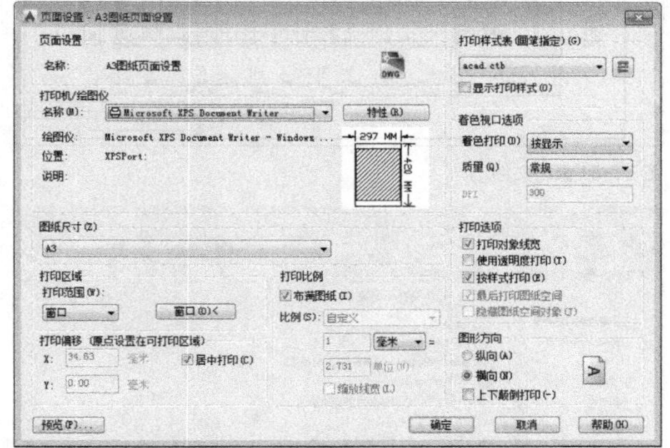

图 12-88 模型空间【打印】对话框

下面通过具体的实战来讲解模型空间打印的具体步骤。

练习 12-9 打印地面平面图

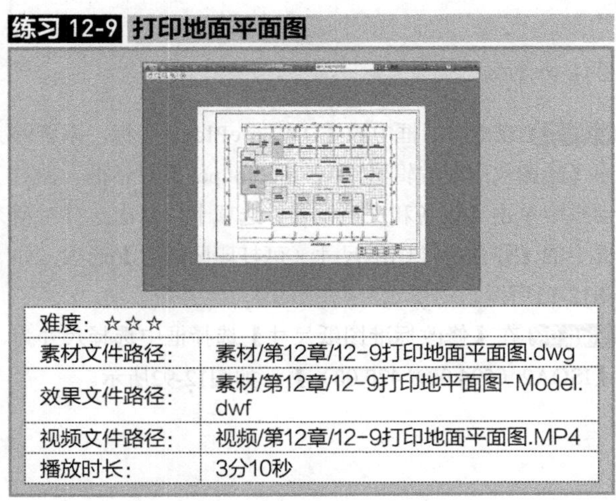

难度：☆☆☆	
素材文件路径：	素材/第12章/12-9打印地面平面图.dwg
效果文件路径：	素材/第12章/12-9打印地平面图-Model.dwf
视频文件路径：	视频/第12章/12-9打印地面平面图.MP4
播放时长：	3分10秒

本例介绍直接从模型空间进行打印的方法。本例先设置打印参数，然后再进行打印，是基于统一规范的考虑。读者可以用此方法调整自己常用的打印设置，也可以直接从步骤7开始进行快速打印。

Step 01 单击【快速访问】工具栏中的【打开】按钮，打开“第12章/12-9打印地面平面图”素材文件，如图12-89所示。

Step 02 单击【应用程序】按钮，在弹出的下拉菜单中选择【打印】|【管理绘图仪】命令，系统弹出【Plotter】对话框，如图12-90所示。

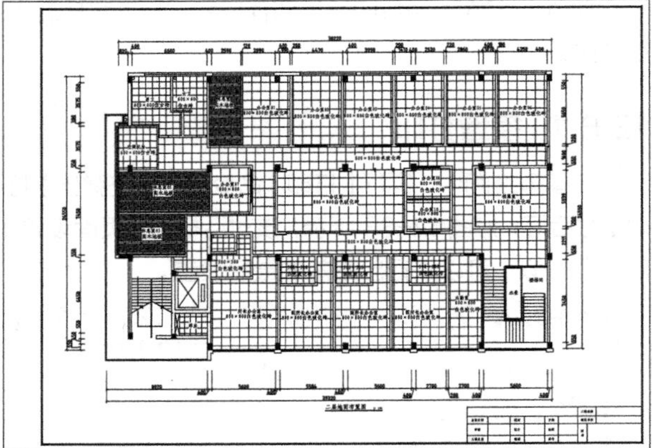

图 12-89 素材文件

图 12-90 【Plottery】文件夹

Step 03 双击对话框中的【DWF6 ePlot】图标，系统弹出【绘图仪配置编辑器–DWF6 ePlot.pc3】对话框。在对话框中单击【设备和文档设置】选项卡，单击选择对话框中的【修改标准图纸尺寸（可打印区域）】选项，如图12-91所示。

Step 04 在【修改标准图纸尺寸】选择框中选择尺寸为【ISOA2（594.00×420.00）】，如图12-92所示。

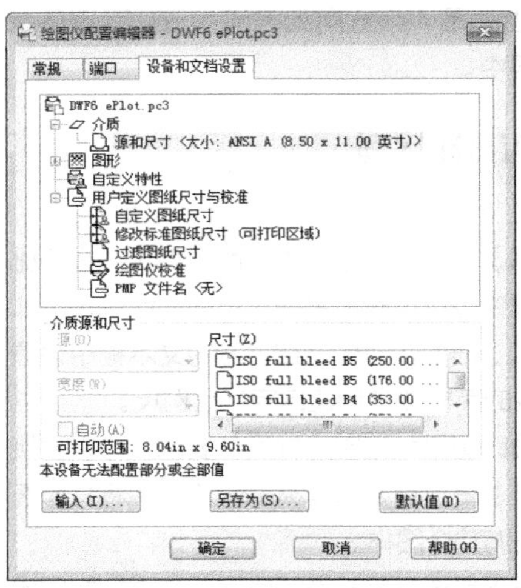

图 12-91 选择【修改标准图纸尺寸（可打印区域）】

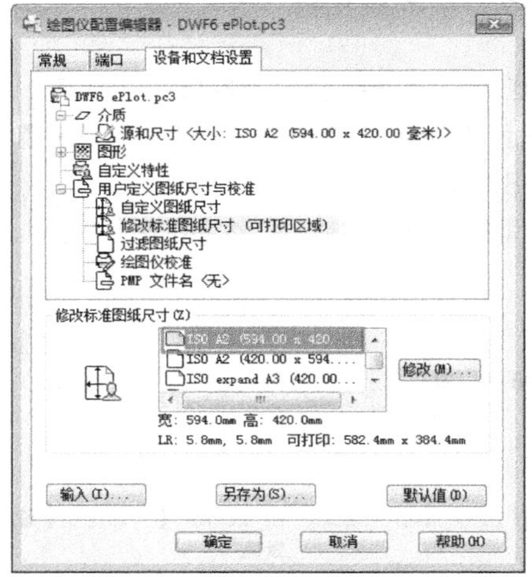

图 12-92 选择图纸尺寸

Step 05 单击【修改】按钮，系统弹出【自定义图纸尺寸–可打印区域】对话框，设置参数，如图12-93所示。

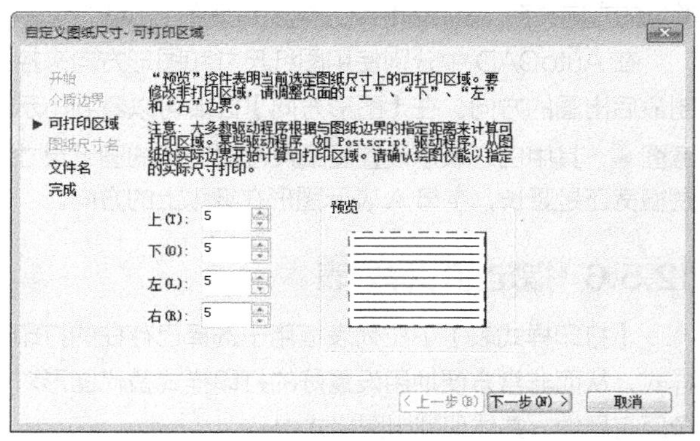

图 12-93 设置图纸打印区域

Step 06 单击【下一步】按钮，系统弹出【自定义尺寸-完成】对话框，如图12-94所示，在对话框中单击【完成】按钮，返回【绘图仪配置编辑器–DWF6 ePlot.pc3】对话框，单击【确定】按钮，完成参数设置。

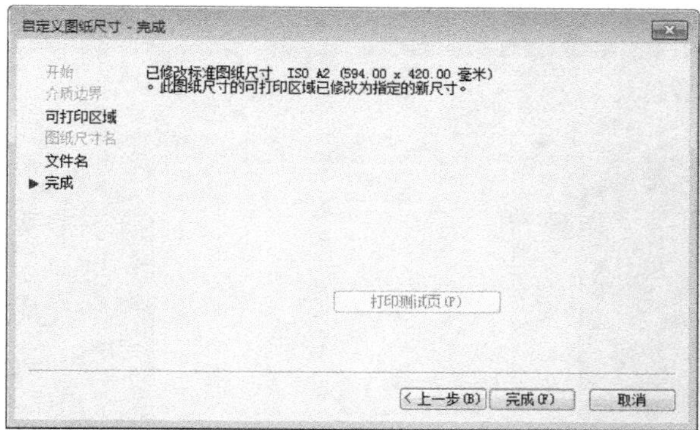

图 12-94 完成参数设置

Step 07 再单击【应用程序】按钮，在其下拉菜单中选择【打印】|【页面设置】命令，系统弹出【页面设置管理器】对话框，如图12-95所示。

Step 08 当前布局为【模型】，单击【修改】按钮，系统弹出【页面设置-模型】对话框，设置参数，如图12-96所示。【打印范围】选择【窗口】，框选整个素材文件图形。

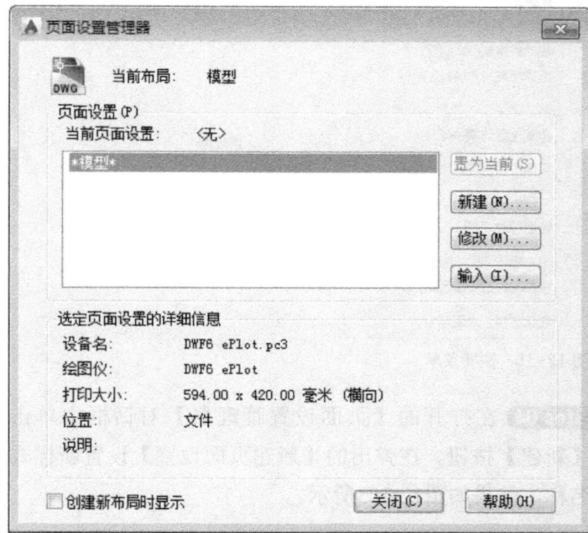

图 12-95 选择【修改标准图纸尺寸（可打印区域）】

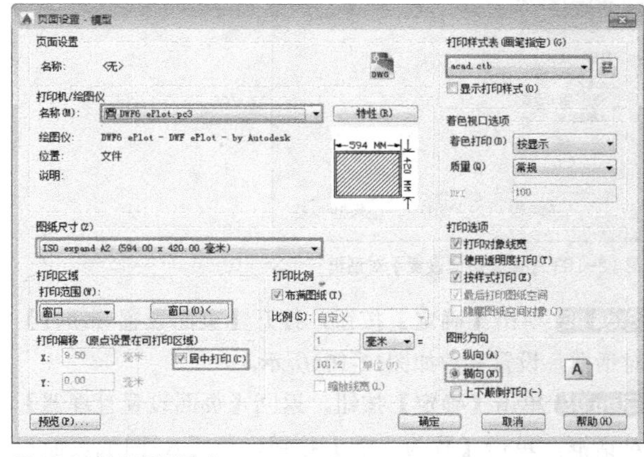

图 12-96 选择图纸尺寸

Step 09 单击【预览】按钮，效果如图12-97所示。

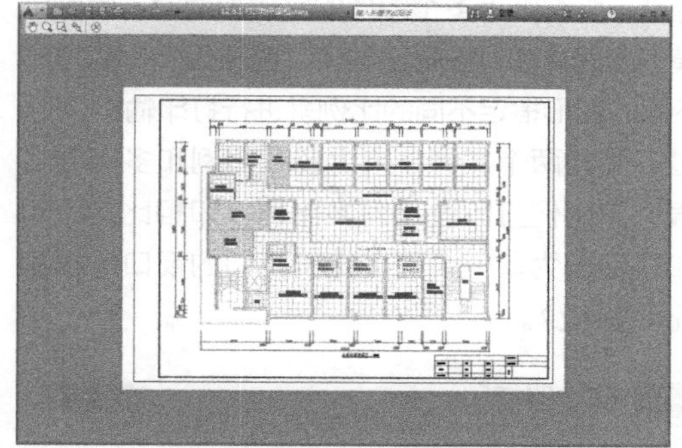

图 12-97 预览效果

Step 10 如果效果满意，单击鼠标右键，在弹出的快捷菜单中选择【打印】选项，系统弹出【浏览打印文件】对话框，如图12-98所示，设置保存路径，单击【保存】按钮，保存文件，完成模型打印的操作。

图 12-98 保存打印文件

12.6.2 布局打印 ★重点★

在布局空间中，执行【打印】命令后，系统弹出【打印】对话框，如图 12-99 所示。可以在【页面设置】选项组中的【名称】下拉列表框中直接选中已经定义好的页面设置，这样就不必再反复设置对话框中的其他设置选项了。

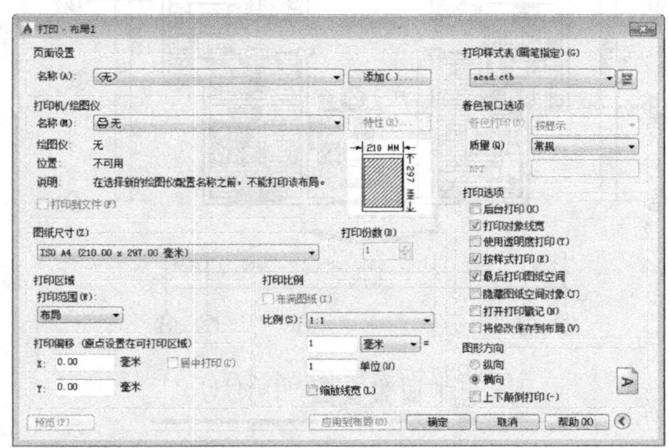

图 12-99 布局空间【打印】对话框

布局打印又分为单比例打印和多比例打印。单比例打印就是当一张图纸上多个图形的比例相同时，就可以直接在模型空间内插入图框出图了。而布局多比例打印可以对不同的图形指定不同的比例来进行打印输出。

通过下面的两个实例，来讲解单比例和多比例打印的过程，单比例打印过程同多比例打印相比，打印的比例和视口较为单一，而多比例打印的视口可根据实际情况可多可少。

练习 12-10 单比例打印 ★重点★

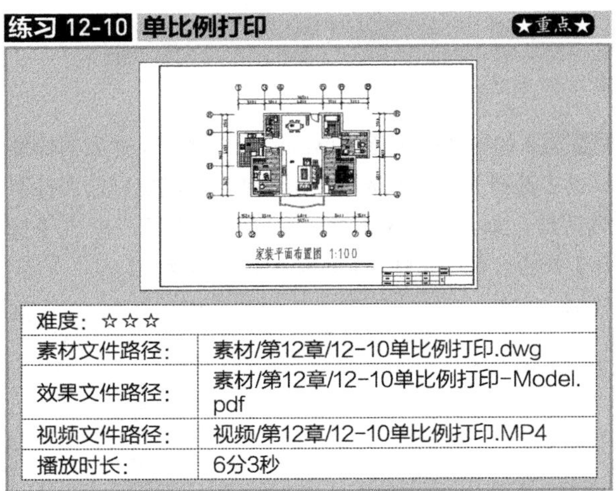

难度：☆☆☆	
素材文件路径：	素材/第12章/12-10单比例打印.dwg
效果文件路径：	素材/第12章/12-10单比例打印-Model.pdf
视频文件路径：	视频/第12章/12-10单比例打印.MP4
播放时长：	6分3秒

单比例打印通常用于打印简单的图形，系统图纸多为此种方法打印。通过本实战的操作，熟悉布局空间的创建、多视口的创建、视口的调整、打印比例的设置、图形的打印等。

Step 01 打开素材文件“第12章/12-10单比例打印.dwg”，如图12-100所示。

Step 02 单击绘图区下方的“布局1”标签，进入布局1操作空间；单击“修改”面板的ERASE（删除）按钮，将系统自动创建的视口删除，如图12-101所示。

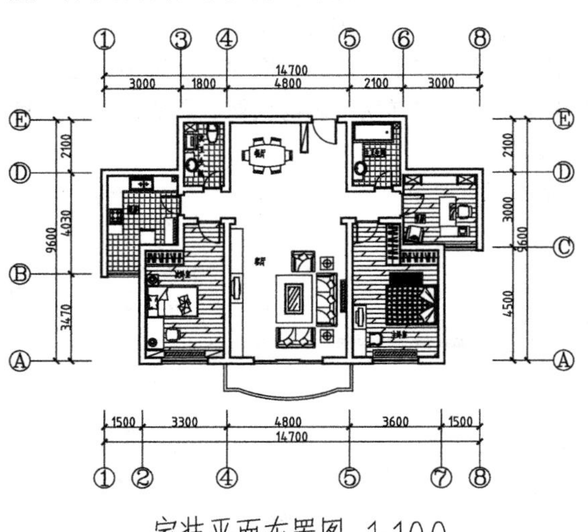

图 12-100 打开文件

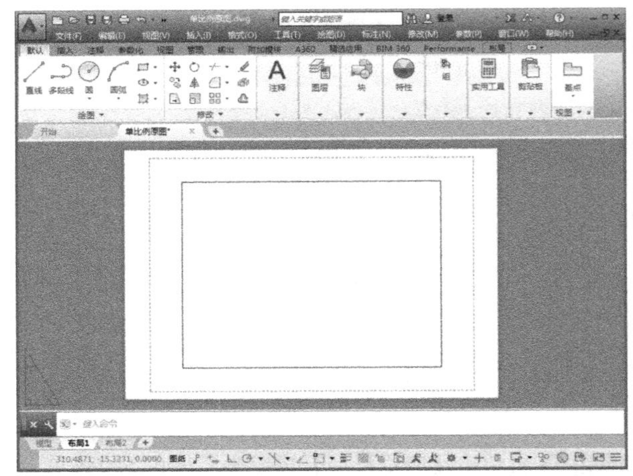

图 12-101 进入布局空间

Step 03 将鼠标置于“布局1”标签上单击鼠标右键，弹出快捷菜单，选择【页面设置管理器】选项，如图12-102所示。

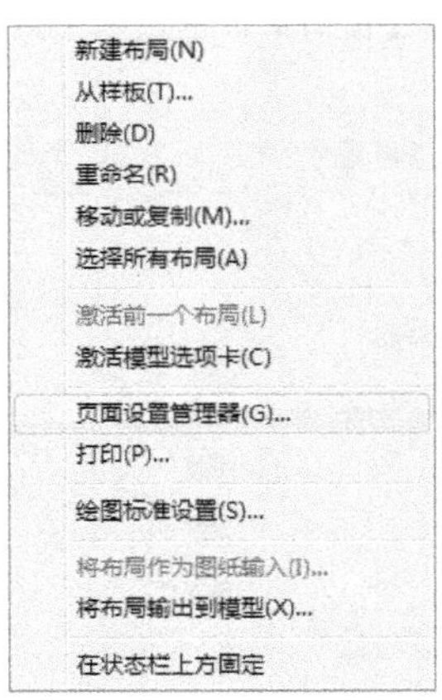

图 12-102 快捷菜单

Step 04 在打开的【页面设置管理器】对话框中单击【新建】按钮，在弹出的【新建页面设置】设置新样式名称，结果如图12-103所示。

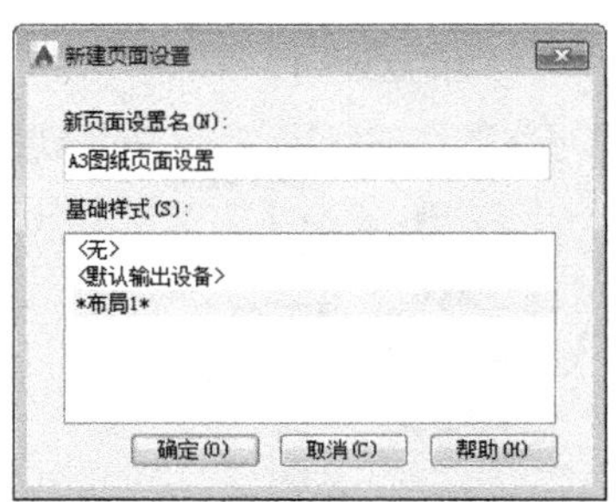

图 12-103 【新建页面设置】对话框

Step 05 单击【确定】按钮，打开【页面设置-布局1】对话框，设置参数如图12-104所示。

Step 06 单击【确定】按钮，返回【页面设置管理器】对话框，单击【置为当前】按钮，将【A3图纸页面设置】置为当前，最后单击【关闭】按钮关闭对话框返回绘图区。

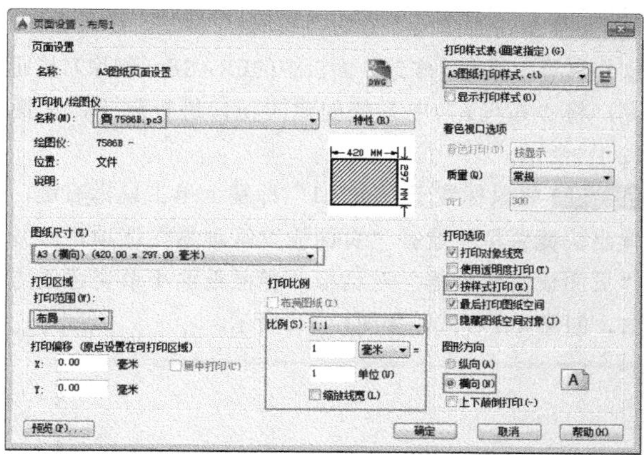

图 12-104 “页面设置 - 布局 1”对话框

Step 07 单击【块】面板中的【插入块】按钮，插入已有的“A3图签”图块，并调整图框位置，如图12-105所示。

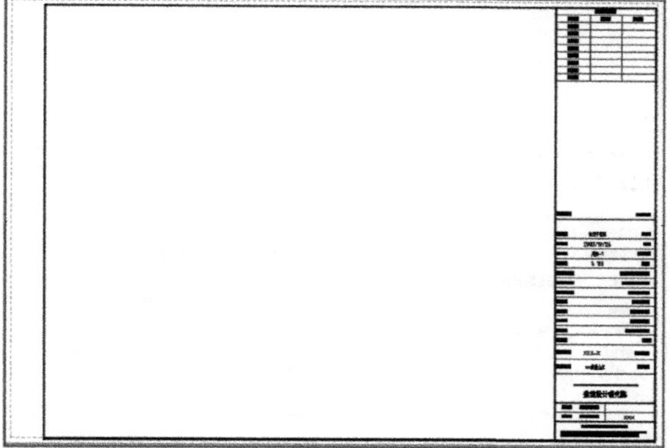

图 12-105 插入 A3 图签

Step 08 新建“VPORTS”图层，设置为不可打印并置为当前图层，如图12-106所示。

Step 09 在命令行中输入“-VPORTS”（视口）命令并回车，分别捕捉内框各角点，创建一个多边形视口，如图12-107所示。

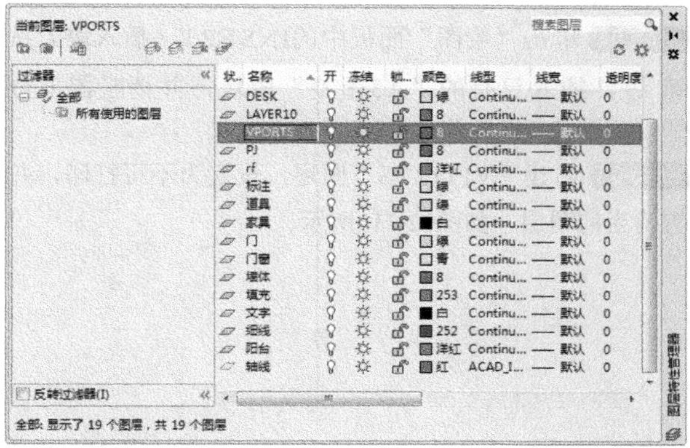

图 12-106 新建图层

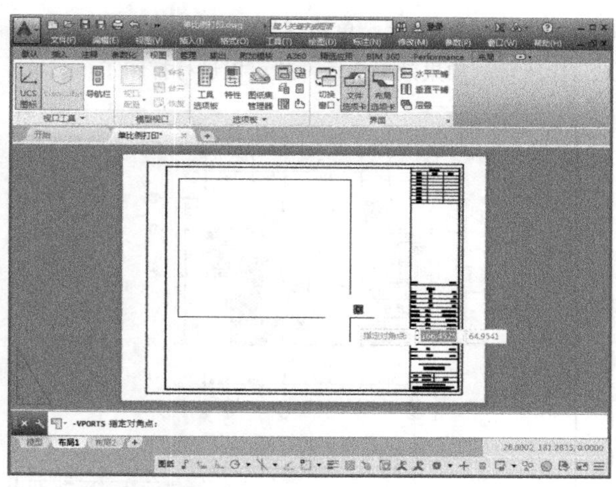

图 12-107 创建多边形视口

Step 10 双击视口区域内激活视口，调整出图比例为1：100；在命令行中输入“PAN”命令并回车，调整平面图在视口中的位置，如图12-108所示。

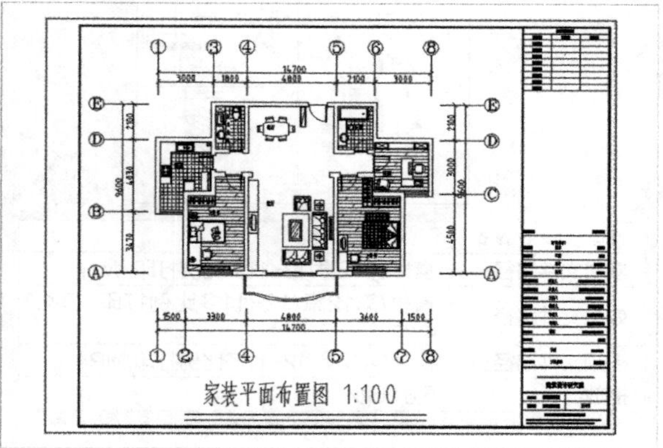

图 12-108 调整出图比例

Step 11 单击“打印”面板中的PLOT（打印）按钮，弹出“打印–布局1”对话框，在其中设置相应的参数，如图12-109所示。

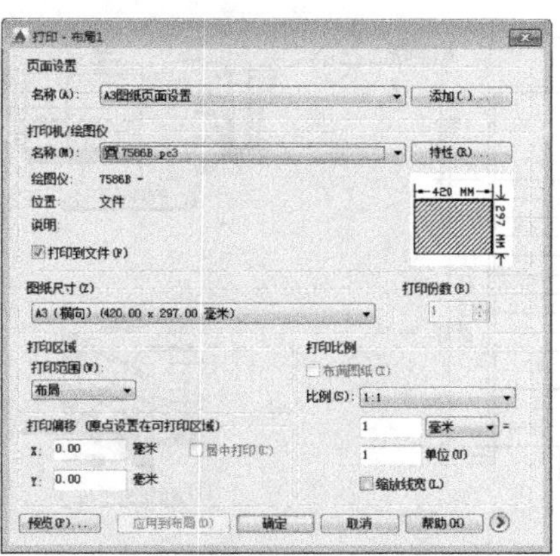

图 12-109 “打印 - 布局 1”对话框

Step 12 设置完成后，单击【预览】按钮，效果如图12-110所示，如果效果合适，就可以进行打印了。

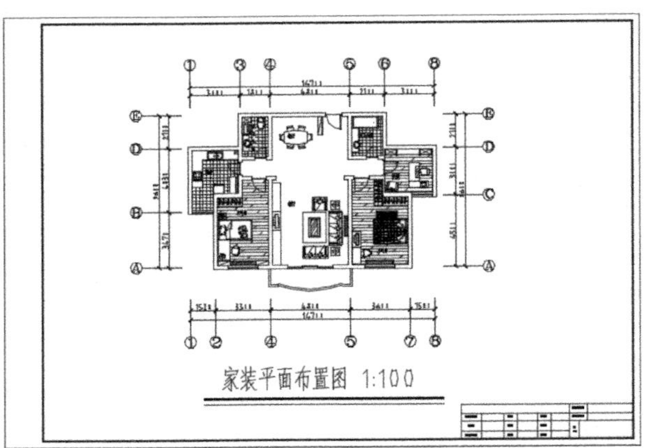

图 12-110 打印预览效果

练习 12-11 多比例打印 ★进阶★

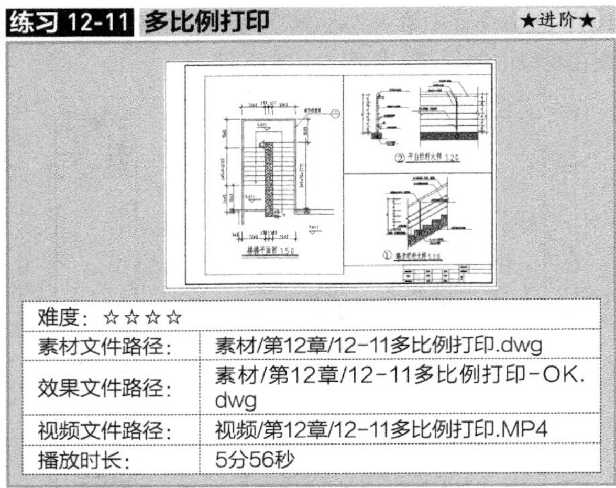

难度:	☆☆☆☆
素材文件路径:	素材/第12章/12-11多比例打印.dwg
效果文件路径:	素材/第12章/12-11多比例打印-OK.dwg
视频文件路径:	视频/第12章/12-11多比例打印.MP4
播放时长:	5分56秒

通过本实战的操作，熟悉布局空间的创建、多视口的创建、视口的调整、打印比例的设置、图形的打印等。

Step 01 打开随书资源中的“第12章/12-11多比例打印.dwg”文件，如图12-111所示。

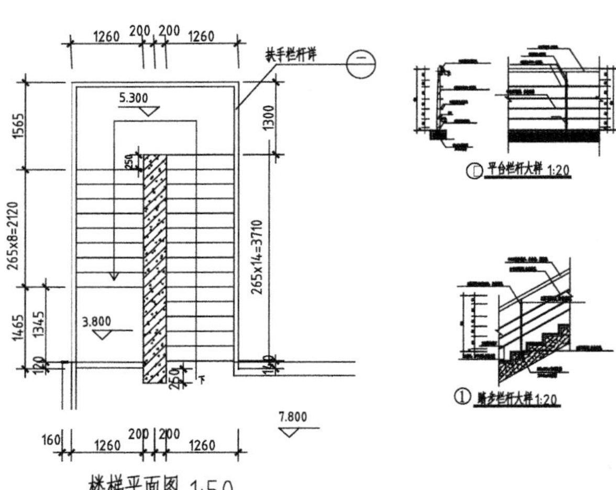

图 12-111 打开文件

Step 02 单击绘图区下方的“布局1”标签，进入布局1操作空间；单击“修改”面板中的ERASE（删除）按钮，将“布局1”中系统创建的视口进行删除，如图12-112所示。

Step 03 将鼠标置于“布局1”标签上单击鼠标右键，弹出快捷菜单，选择“页面设置管理器”选项，打开“页面设置管理器”对话框，参照前面小节讲述的方法，创建页面样式，如图12-113所示。

图 12-112 进入布局空间

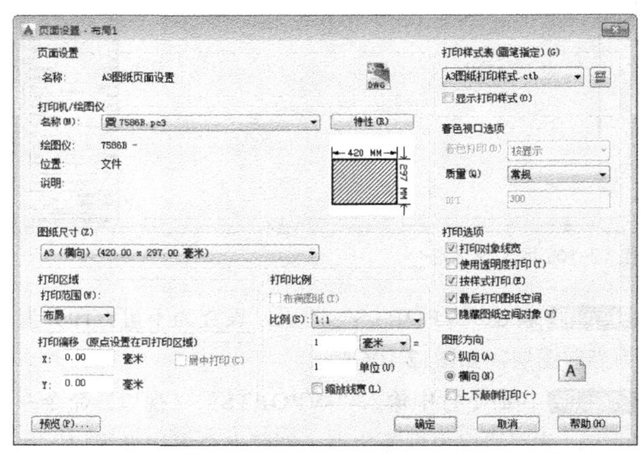

图 12-113 创建页面样式

Step 04 单击“绘图”面板中的INSERT（插入块）按钮，插入已有的“A3图签”图块，并调整图框位置，如图12-114所示。

Step 05 新建“VPORTS”图层，设置为不可打印，并置为当前图层，如图12-115所示。

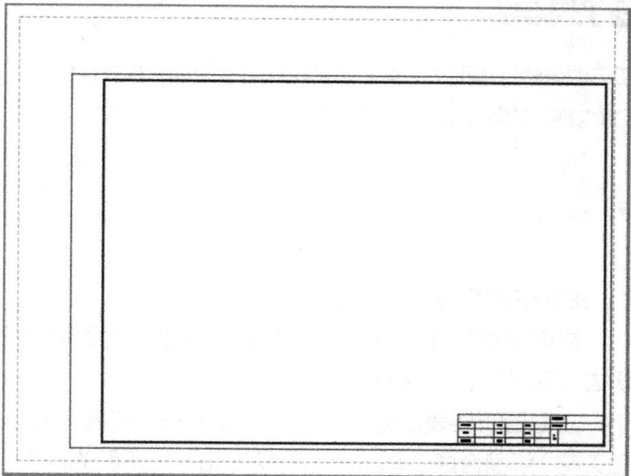

图 12-114 插入 A3 图签

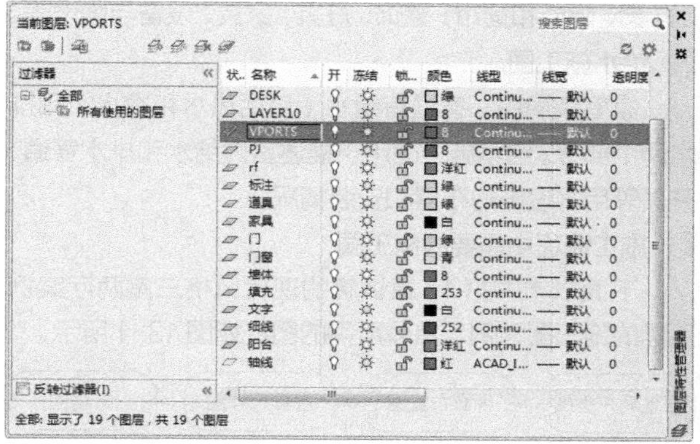

图 12-115 新建图层

Step 06 单击“绘图”面板中的RECTANG（矩形）按钮，配合“对象捕捉”功能，绘制出3个矩形；在命令行中输入“-VPORTS”（视口）命令并回车，将3个矩形转化为3个视口，如图12-116所示。

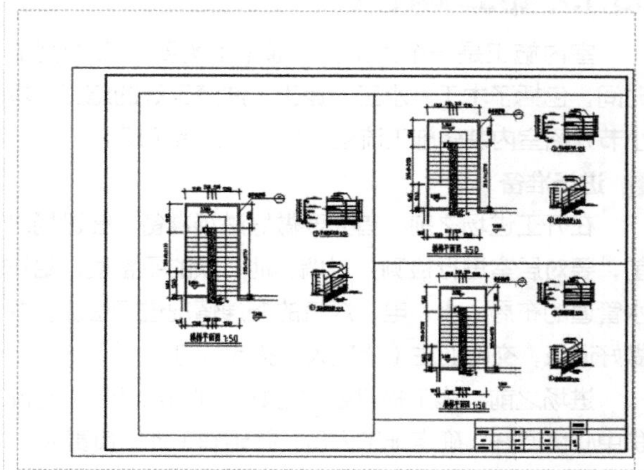

图 12-116 创建视口

Step 07 双击其中一个视口区域内，激活视口，调整相应的出图比例；在命令行中输入“PAN”（实时平移）命令并回车，调整图形的显示位置，如图12-117所示。

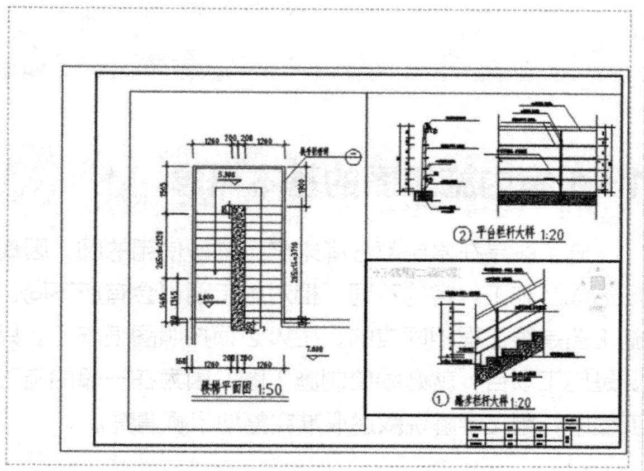

图 12-117 调整出图比例

Step 08 单击PLOT（打印）按钮，在弹出的“打印-布局1”对话框中设置打印机及其他参数后，单击“预览”按钮，效果如图12-118所示，如果不满意，可以返回继续调整参数，直到满意为止，单击“确定”按钮，即可进行打印输出。

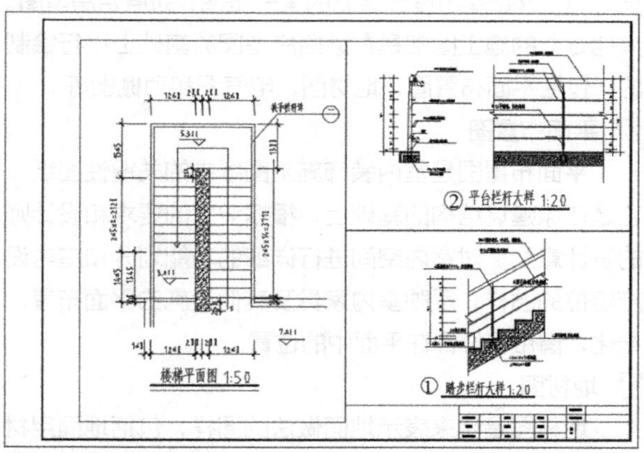

图 12-118 打印预览效果

第 13 章 室内施工的材料与预算

要做好室内施工就得先从室内装修常用材料的选择入手。随着工艺的进步，市面上的室内装修材料与构造越来越多样化，这不禁让本来就对材料不太懂的客户更加茫然。本章节为读者详细介绍室内施工的基本概念和相关的材料与预算。

13.1 室内施工图的基本概念

施工图是在木制部分尚未施工前所使用的图。因现场环境及施工内容的不同，相对施工图也会有所不同。施工图是跟工程相呼应的，工人必须按照图纸施工。只要是施工项目，就必须绘制施工图，因为在一般的施工流程中，用文字解说叙述很难完整地了解清楚。

13.1.1 施工流程所需的施工图

一套完整的室内设计施工图包括原始户型图、平面布置图、地材图、电气图、顶棚图、主要空间和构件立面图、给水施工图等。

1 原始户型图

原始户型图需要绘制的内容有房型结构、空间关系、尺寸等，这是室内设计绘制的第一张图，即原始房型图。其他专业的施工图都是在原始户型图的基础上进行绘制的，包括平面布置图、地材图、电气图和顶棚图等。

2 平面布置图

平面布置图是室内装饰施工图纸中的关键性图纸。它是在原建筑结构的基础上，根据业主的要求和设计师的设计意图，对室内空间进行详细的功能划分和室内设施定位的图样，反映室内家具及其他设施的平面布置、绿化、窗帘和灯饰在平面中的位置。

3 地材图

地材图是用来表示地面做法的图样，包括地面用材和形式。其形成方法与平面布置图相同，所不同的是地材图不需绘制室内家具，只需绘制地面所使用的材料，和固定于地面的设备与设施图形。

4 电气图

电气图包括配电箱规格、型号、配置，以及照明、插座、开关等线路的敷设方式和安装说明等，主要用来反映室内的配电情况。

5 顶棚图

顶棚图是假设室内地坪为整片镜面，并在该镜面上所形成的图像，主要用来表示顶棚的造型和灯具的布置，同时也反映了室内空间组合的标高关系和尺寸等。其内容主要包括各种装饰图形、灯具、说明文字、尺寸和标高。顶棚图也是室内装饰设计图中不可缺少的图样。

6 主要空间和构件立面图

立面图通常是假设——平行室内墙面的切面将前部切去而形成的正投影图。

立面图所要表达的内容为 4 个面（左、右墙，地面和天花）所围合成的垂直界面的轮廓和轮廓里面的内容，包括按正投影原理能够投影到画面上的所有构配件，如门、窗、隔断和窗帘、壁饰、灯具、家具、设备与陈设等。

7 给水施工图

家庭装潢中，管道有给水（包括热水和冷水）和排水两个部分。给水施工图用于描述室内给水和排水管道、开关等用水设施的布置和安装情况。

8 施工流程中需要的施工图

下面以本书第 17 章讲解的现代风格三室两厅案例所需的施工图为例，具体所需的图纸如图 13-1 所示。

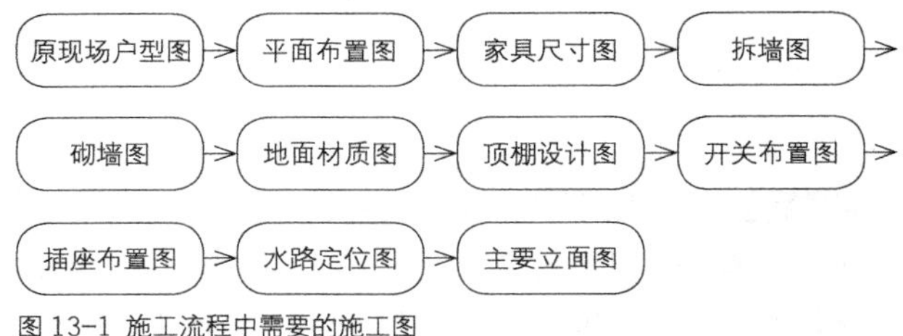

图 13-1 施工流程中需要的施工图

13.1.2 施工流程步骤

室内施工是一个大工程，通常都需要 2~3 个月的时间，包括了木工、水工、泥工、油漆工等的施工。本小节介绍室内装修施工流程，供广大读者了解。

1 进场准备

在开工进场之前，首先要做好进场准备。在进场之前，要对居室进行检测，对墙、地、顶的平整度、给排水管道的布局、水、电、煤气的畅通情况进行检测，并做好记录，交付业主（代理人）签字认可。

进场之前，施工材料要准备好，列材料清单，与配货中心协调好。确定施工人员，并明确工地的负责人。

2 现场设计交底

交底是装修过程中的一个重要步骤，是设计方向施工方交代图纸、确定图纸可施工性的过程。在交底之时，设计师、业主、工长、监理都要求到场，设计师对施工项目进行说明。

3 开工材料准备

先期水电等材料进场，如图 13-2 所示。

图 13-2 水电材料进场

4 土建改造

土建改造在施工中是一个重要的流程，根据设计师的设计进行墙体改造的敲墙环节，如图 13-3 所示，并搬运拆除的垃圾及废旧物资。砌墙则按照图纸砌墙，如图 13-4 所示，并做好施工场地的清扫工作。

图 13-3 敲墙

图 13-4 砌墙

5 水电煤工程

冷热水管的排放及供水设备的安装，如图 13-5 所示。

电源、电器、电讯、照明各线路排放，确定装暗盒位置，线箱开关插座定位安装，如图 13-6 所示。

其中还兼具了煤气管道和煤气器具的排放安装和电线、水管铺设、开关插座底盒安装等。

图 13-5 管道铺设

图 13-6 开关插座定位安装

6 泥工工程

泥工工程包括墙面、地砖、大理石等铺设，如图 13-7 与图 13-8 所示。

图 13-7 铺设地砖

图 13-8 粉刷墙壁

7 木工工程

各种柜体、吊柜、门窗套制的制作与安装，如图 13-9 与图 13-10 所示。

图 13-9 制作柜子

图 13-10 制作门窗套

8 油漆工程

油漆工程包括室内各墙面、柜体等油漆，如图13-11与图13-12所示。

图 13-11 粉刷墙面

图 13-12 粉刷柜子

9 水电扫尾

水电扫尾包括龙头、洁具、灯具、开关面板等安装，如图13-13与图13-14所示。

图 13-13 安装灯具

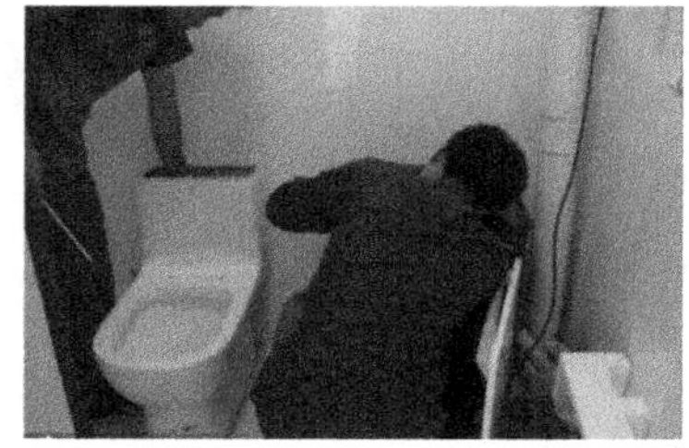
图 13-14 安装洁具

10 工程验收，交付业主

对已装潢的居室逐室逐项进行清理打扫，如图13-15所示。根据相关的装饰装修验收标准进行验收，将装潢工程信誉工程保修卡发给业主，即装修完成，如图13-16所示。

图 13-15 最后清扫

图 13-16 交付业主

13.2 室内设计的常用材料

室内装饰材料是指用于建筑物内部墙面、顶棚、柱面、地面等的罩面材料。严格地说，应当称为室内建筑装饰材料。现代室内装饰材料不仅能改善室内的艺术环境，使人们得到美的享受，同时还兼有绝热、防潮、防火、吸声、隔音等多种功能，起着保护建筑物主体结构，延长其使用寿命及满足某些特殊要求的作用，是现代建筑装饰不可缺少的一类材料。

13.2.1 室内装饰的基本要求和装饰功能

室内装饰的艺术效果主要由材料及做法的质感、线型及颜色3方面因素构成，即常说的建筑物饰面的三要素，也是对装饰材料的基本要求。

1 装饰材料基本要求

◎ 质感

任何饰面材料及其做法都将以不同的质地感觉表现出来，如图13-17所示。

图 13-17 材料的质感

◎ 线型

一定的分格缝、凹凸线条也是构成立面装饰效果的因素。抹灰、刷石、天然石材、混凝土条板等设置分块、分格，除了为了防止开裂及满足施工接茬的需要外，也是装饰立面在比例、尺度感上的需要。图 13-18 所示为地面铺贴图，我们可以看到地砖与地砖之间有一定的缝隙。

图 13-18 地砖铺贴缝隙

◎ 颜色

装饰材料的颜色丰富多彩，改变建筑物的颜色通常要比改变其质感和线型容易得多。因此，颜色是构成各种装饰材料效果的一个重要因素，如图 13-19 所示。

图 13-19 材料的颜色

2 装饰材料对室内的装饰功能

装饰材料主要起到对室内的装饰功能，包括内墙装饰功能、顶棚装饰功能、地面装饰功能等。

◎ 内墙装饰功能

内墙装饰的功能或目的是保护墙体、保证室内使用条件和使室内环境美观、整洁和舒适。墙体的保护一般有抹灰、油漆、贴面等，如浴室、手术室、墙面用瓷砖贴面；厨房、厕所做水泥墙裙或油漆瓷砖贴面等，如图 13-20 所示。

图 13-20 内墙装饰

◎ 顶棚装饰功能

顶棚可以说是内墙的一部分，但由于其所处位置不同，对材料要求也不同，不仅要满足保护顶棚及装饰目的，还需具有一定的防潮、耐脏、容重小等功能。常见的顶棚多为白色，以增强光线反射能力，增加室内亮度。另外，顶棚装饰还应与灯具相协调，除平板式顶棚制品外，还可采用轻质浮雕顶棚装饰材料。图 13-21 所示为顶棚装饰效果图。

图 13-21 顶棚装饰

◎ 地面装饰功能

地面装饰的目的可分为 3 方面：保护楼板及地面，保证使用条件及起装饰作用。一切楼面、地面必须保证必要的强度、耐腐蚀、耐磕碰、表面平整光滑等基本使用条件。此外，一楼地面还要有防潮的性能，浴室、厨房等要有防水性能，其他住室地面要能防止擦洗地面等生活用水的渗漏。地面装饰效果如图 13-22 所示。

图 13-22 地面装饰

13.2.2 室内地面装饰常用材料

广义上讲任何耐磨的装饰材料都可用于室内地面，本节主要对家居空间室内设计中主要流行的地面装饰材料进行讲解。

1 木地板

木地板包括实木地板、复合木地板和竹地板。下面详细讲解各种材质的地板。

◎ 实木地板

实木地板，是木材经烘干、加工后形成的地面装饰材料，其花纹自然，因为施工中实木地板下要安装木龙骨和防潮纸，所有脚感特别好，具有施工简便、使用安全、装饰效果好的特点。实木地板在室内铺贴效果如图 13-23 所示。

图 13-23 实木地板

◎ 复合地板

复合地板是以原木为原料，经过粉碎、添加黏合及防腐材料后，加工制作成为地面铺装的型材。复合地板在室内铺贴效果如图 13-24 所示。

图 13-24 复合地板

◎ 实木复合地板

实木复合地板是实木地板与强化地板之间的新型地材，它具有实木地板的自然纹理、质感与弹性，又具有强化地板的抗变形、易清理等优点。

◎ 竹地板

竹地板是一种新型建筑装饰材料，它以天然优质竹子为原料，经过复杂的工艺脱去竹子原浆汁，经高温高压拼压，再经过 3 层油漆，最后红外线烘干而成。竹地板有竹子的天然纹理和清新文雅，给人一种自然、高雅脱俗的感觉。它具有很多特点，首先竹地板以竹代木，具有木材的原有特色，而且竹在加工过程中，采用符合国家标准的优质胶种，可避免甲醛等物质对人体的危害，兼具原木地板的自然美感和陶瓷地砖的坚固耐用。竹地板在室内铺贴效果如图 13-25 所示。

图 13-25 竹地板

2 地砖

地砖是一种地面装饰材料，也叫地板砖，用黏土烧制而成，具有质坚、耐压、耐磨及防潮的特性。地砖按花色分为仿西班牙砖、玻化抛光砖、釉面砖、防滑砖和渗花抛光砖等；按烧制工艺分为釉面砖和通体砖。

釉面砖由瓷土经高温烧制成坯，并施釉二次烧制而成，其釉面砖分为亮光和哑光，釉面砖是装修中最常见的砖种，由于色彩图案丰富，而且防污能力强，被广泛应用于墙面和地面之中，如图 13-26 所示。但这种砖容易出现龟裂和背渗的现象，而且耐磨系数低。

图 13-26 釉面砖

通体砖顾名思义就是由内到外都是一种材质，是将碎屑经过高压压制而成，表面不上釉，正面和反面的材质和色泽一致，地面材质常用的抛光砖和玻化砖及马赛克都是通体砖的一种，常用的规格有 300mm×300mm、400mm×400mm、500mm×500mm、600mm×600mm、800mm×800mm 等，图 13-27 所示通体砖在室内的应用。

图 13-27 通体砖

3 石材

石材分为天然石材和人造石材，天然石材又分为大理石和花岗石，地面材质大多选用耐磨的花岗石材。

◎ 大理石

大理石又称云石，因产于云南省大理而得名“大理石”，是重结晶的石灰岩，主要成分是 $CaCO_3$。石灰岩在高温高压下变软，并在所含矿物质发生变化时重新结晶形成大理石，如图 13-28 所示。

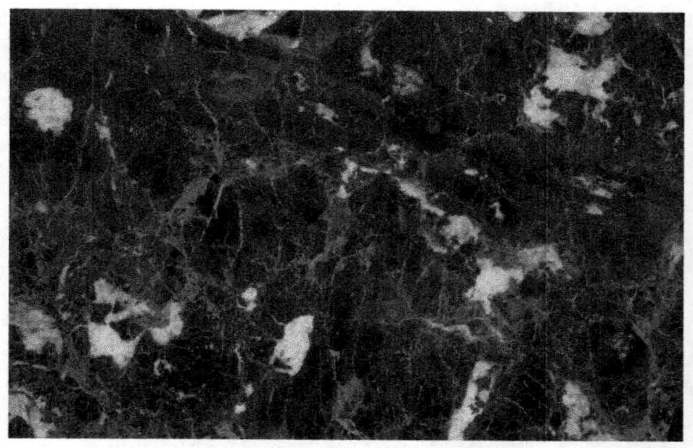

图 13-28 大理石

表 13-1 所示是家居室内设计中常用的大理石介绍。

表 13-1 家居室内设计常用大理石

家居室内设计常用大理石		
名称	产地	备注
汉白玉	中国的北京房山、湖北	玉白色，略有杂点和纹脉
雅士白	希腊	纯度高，大颗粒晶体结构，硬度大，色泽光润，结构致密
爵士白	希腊	曲线纹理、细粒结构、乳白色
大花白	意大利	白底夹杂黑灰色条纹，质地较硬，花纹自然流畅
雪花白	中国的山东莱州	白色相间淡灰色，有均匀中晶，并有较多黄杂点
西班牙米黄	西班牙	色彩沿着晶隙渗透，缠绵交错
金碧辉煌	埃及	纹理自然、质感厚重、庄严雄伟
金线米黄	意大利、法国、伊朗等	比较明显的纹路，给人的整体感觉就像花一样
大花绿	中国的陕西、台湾，印度等	板面呈深绿色，有白色条纹
啡网纹	中国的广西、湖北、江西、土耳其等	细小颗粒，棕褐色底带黄色网状细筋，部分有白色粗筋，分浅啡网和深啡网

◎ 花岗岩

花岗岩属岩浆（火成岩），其主要矿物成分为长石、石英及少量云母和暗色矿物，其中长石含量为40%~60%，石英含量为 20%~40%。磨光花岗石面板花纹呈均粒状斑纹及发光云母微粒，是装修工程中使用的高档材料之一，如图 13-29 所示。

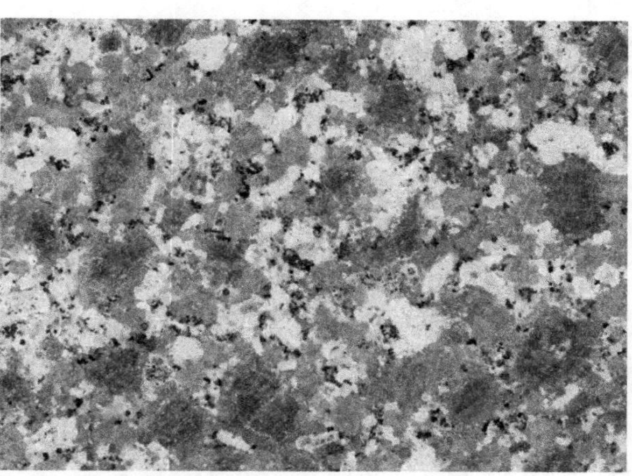

图 13-29 花岗岩

表 13-2 所示是常用的花岗岩分类介绍。

表 13-2 常用花岗岩分类

常用花岗岩分类		
名称	产地	备注
芝麻白	中国的湖北、福建等	晶体颗粒细密，似芝麻状，底色偏黑晶体色白
金钻麻	中国的福建、巴西等	易加工，材质较软，花色有大花和小花之分，底色有黑底、红底和黄底
中国红	中国的四川	由钾长花岗岩制成的花岗石，深红色
印度红	印度	结构致密、质地坚硬、耐酸碱、耐气候性好，多用于室外墙面、地面、柱面的装饰等
将军红	中国的山东	石质稳定，不易掉色、褪色，是装饰装修用的上好石材。常用于广场地铺和户外外墙干挂等石材装饰
啡钻	芬兰、印度等	高承载性，抗压能力及很好的研磨延展性，很容易切割，塑造，可创造出薄板大板等
虎皮石	中国的重庆、印度、巴西等	虎睛石：棕黄、棕至红棕色；鹰眼石：灰蓝、暗灰蓝
蓝底啡钻	印度、巴西等	纹理同啡钻，色彩上啡钻呈黄色、褐色，蓝底啡钻呈蓝色
黑檀木	瑞典	硬度很强，耐久度高，抛光后用锤子敲打可发出金属声
蒙古黑	中国的内蒙古	花岗岩，其颗粒较细密，磨光后板面颜色是黑色但有一点点偏黄的感觉，板面也有带一些白点
黑金砂	中国的山西、印度	国产的称为山西黑

13.2.3 室内立面常用装饰材料

建筑外立面常见的装饰材料有：天然石材干挂、玻璃幕墙、金属幕墙、陶板、瓷砖、铝塑板、清水混凝土等。

1 基础材料

木作造型是室内中最常用的施工手法，几乎每个室内设计立面都离不开木作造型。首先要了解木作造型主要的装饰材料。因为造型中需要有凹凸不平，所以必须要基层材料作为内部结构，常规的基础材料有木工板和木龙骨。

◎ 木工板

木工板也称基层板或大蕊板，固定的尺度为2440mm×1220mm，厚度通常有5mm、9mm、12mm、15mm和18mm等规格，如图13-30所示。在墙面造型中不同造型要求会用到不同厚度的木工板。

图 13-30 木工板

·精益求精 木工板的选择技巧

在整个室内设计施工过程中木工占据核心位置，在此施工环节中木工板的使用与选择尤其关键，如果木工板没有选择好，那整个施工质量将受到严重的影响，在木工板旋转时要注意以下两点。

◆第1点：看外观，好的木工板外观平整，没有凹陷，表面整齐光滑、干净，无死结、挖补、漏胶等现象，同时厚度均匀，标识齐全，如图13-31所示。

◆第2点：看内在质量，首先看横截面，质量上乘的木工板，木条拼接紧密，而质量不好的木工板如图13-32所示。然后可以闻味道，如果木工板散发出刺鼻的气味，说明可能有甲醛释放。

图 13-31 质量好的木工板

图 13-32 质量差的木工板

◎ 木龙骨

木龙骨是装饰材料中比较专业的名词，简单地讲木龙骨即木方或木条，主要在天棚、墙面或地面造型时“搭架子”用的，如图13-33所示。龙骨一般规格有20mm×30mm、25mm×335mm、30mm×40mm、40mm×60mm、60mm×80mm和100mm×100mm等，根据“架子”所承受的重量选用不同的规格，家居造型设计中一般选用40mm以下居多。

图 13-33 木龙骨

2 装饰面板

装饰面材即装饰表面的材料，一般都比较薄，如木质装饰面板常规厚度在3mm左右。

◎ 纤维板

按容重分为硬质纤维板、半硬质纤维板和软质纤维板3种。硬质纤维板主要用于顶棚和隔墙的面板，板面经钻孔形成各种图案，表面经喷漆涂料处理，装饰效果更佳。硬质纤维板吸声、防水性能良好、紧固耐用、施工方便，如图13-34所示。

图 13-34 硬质纤维板

◎ 纸面石膏板

纸面石膏板是以石膏料浆为夹芯，两面用纸作为护面而成的一种轻质板材。纸面石膏板质地轻、强度高、防火、防蛀、易于加工。纸面石膏板作为半基层材料，表面必须经过腻子找平、上乳胶漆等面漆处理。

◎ 饰面板

用天然木材刨切或旋切成的薄片，经拼花后粘贴在胶合板、纤维板或刨花板等基材上制成。这种材料纹理清晰、色泽自然，是一种较高级的装饰材料，如图 13-35 所示。市场上流行的装饰面板有樱桃木、枫木、白榉、红榉、水曲柳、白橡、红橡、柚木、花梨木、胡桃木、白影木和红影木等。

图 13-35 饰面板

◎ 中密度纤维板

密度纤维板是人造板材的一种，它以植物纤维为原料，经削片，纤维分离，板坯成型（拌入树脂胶及加剂铺装），在热压下，使纤维素和半纤维素及木质素塑化形成的一种板材，如图 13-36 所示。

图 13-36 中密度纤维板

◎ 铝塑板

以高压聚乙烯为基材，加入大量的含有氢氧化铝和适量阻燃剂，经塑炼、热压和发泡等工艺制成。这种板材轻质、隔声、隔热、防潮。铝塑几乎可以模仿任何材料，如石材、木材和各类金属材料。主要可用于吊顶和墙面的面材装饰。铝塑板如图 13-37 所示。

图 13-37 铝塑板

◎ 微薄木贴面板

用水曲柳、柳按木、色木和桦木等旋切成 0.1mm~0.5mm 厚的薄片，以胶合板为基材胶合而成，其花纹美丽、装饰性好。

◎ 夹板

也叫胶合板，三层或多层 1mm 厚的单板或薄板胶贴热压制成。其材质轻、强度高，具有良好的弹性和韧性，并且有耐冲击和振动、易加工和涂饰、绝缘等优点。

3 玻璃

玻璃的种类繁多，从装饰效果可以分为普通玻璃和艺术玻璃。

◎ 普通玻璃

普通玻璃也称为白玻，即玻璃为全透明的，表面没有任何装饰，常规厚度有 3mm、5mm、8mm、10mm 和 15mm，普通玻璃如果用作隔断或台面一般都要钢化处理。

◎ 艺术玻璃

普通玻璃经过二次艺术加工，使其具有一定的艺术形态，极具装饰效果，其应用范围有工程装饰、户外装饰及家居装饰等。常规的加工工艺有光嵌、雕刻、彩色聚晶、喷砂、压花、夹丝凹蒙、磨砂乳化和贴片等。艺术玻璃发展速度迅猛，室内设计中玻璃的应用越来越普及，其加工工艺也日趋成熟，图 13-38 和图 13-39 所示为艺术玻璃在室内设计中的应用。

图 13-38 艺术玻璃在室内的应用

图 13-39 艺术玻璃在室内的应用

4 漆

漆也叫涂料，是室内装饰中常用的墙面材料，乳胶漆、真石漆、液体壁纸和硅藻泥都归类为装饰材料。

◎ 乳胶漆

乳胶漆又称为合成树脂乳液涂料，是有机涂料的一种，是以合成树脂乳液为基料加入颜料、填料及各种助剂配制而成的一类水性涂料。根据生产原料的不同，乳胶漆主要有聚醋酸乙烯乳胶漆、乙丙乳胶漆、纯丙烯乳胶漆和苯丙乳胶漆等品种；根据产品适用环境变得不同，分为内墙乳胶漆和外墙乳胶漆两种；根据装饰的光泽效果又可分为无光、哑光、半光、丝光和有光等类型。乳胶漆根据装饰效果的需要可以调制成为任何颜色。另外，需附着在经过打磨的腻子基层上。图 13-40 所示为乳胶漆在室内设计的运用。

图 13-40 乳胶漆在室内设计的运用

◎ 真石漆

真石漆的装饰效果酷似大理石和花岗岩。主要采用各种颜色的天然石粉配制而成，真石漆装修后的建筑物，具有天然真实的自然色泽，给人以高雅、和谐、庄重之美感，适合于各类建筑物的室内外装修。特别是用在曲面建筑物上，可以达到生动逼真、回归自然的功效，如图 13-41 所示。

图 13-41 真石漆在室内设计的运用

◎ 液体壁纸

液体壁纸本质上是涂料，因为可以制作成为各类图案，所以称之为液体壁纸，是家居装饰、宾馆饭店和酒楼茶舍等理想的墙面装饰材料。通过专用模具，经过特殊施工工艺可以形成各种色彩的花型图案，液体壁纸层次丰富、表现力强，甚至可以在紫外线下产生奇幻的夜光效果，如图 13-42 所示。

图 13-42 液态壁纸在室内设计的运用

◎ 硅藻泥

硅藻泥以硅藻土为主要原料，添加多种助剂的粉末装饰涂料，作为一种粉体泥性涂料，区别于传统涂料，可以涂抹成平面，也可以通过不同的工序及工法做出不同的肌理图案。硅藻泥是一种环保的装饰材料，具有呼吸、调湿、吸引降噪、墙面自洁、隔热环保和调节室内光环境等功能。硅藻泥在室内设计的运用如图 13-43 所示。

图 13-43 硅藻泥在室内设计的运用

13.3 室内设计的费用预算

客户与设计师沟通完之后，就进入了量房预算阶段，客户带设计师到新房内进行实地测量，对房屋的各个房间的长、宽、高及门、窗、暖气的位置进行逐一测量，房屋的现状对报价是有影响的，本节讲述室内工程的一些计算方法。

13.3.1 影响工程量计算的因素

装修户的住房状况对装修施工报价也影响甚大，这主要包括几个方面。

◆地面：无论是水泥抹灰还是地砖的地面，都须注意其平整度，包括单间房屋以及各个房间地面的平整度。平整度的优劣对于铺地砖或铺地板等装修施工单价有很大影响。

◆顶面：其平整度可参照地面要求。可用灯光实验来查看是否有较大阴影，以明确其平整度。

◆墙面：墙面平整度要从 3 方面来度量，两面墙与地面或顶面所形成的立体角应顺直，两面墙之间的夹角要垂直，单面墙要平整、无起伏、无弯曲。这 3 方面与地面铺装及墙面装修的施工单价有关。

◆门窗：主要查看门窗扇与柜之间横竖缝是否均匀及密实。

◆厨卫：注意地面是否向地漏方向倾斜；地面防水状况如何；地面管道（上下水及煤、暖气管）周围的防水；墙体或顶面是否有局部裂缝、水迹及霉变；洁具上下水有无滴漏，下水是否通畅；现有洗脸池、坐便器、浴池、洗菜池、灶台等位置是否合理。

13.3.2 楼地面工程量的计算

楼地面工程量的计算包括有整体面层、块料面层、橡塑面积等，下面简要说明如何对其进行计算，图 13-44 所示为某室内装修平面图。

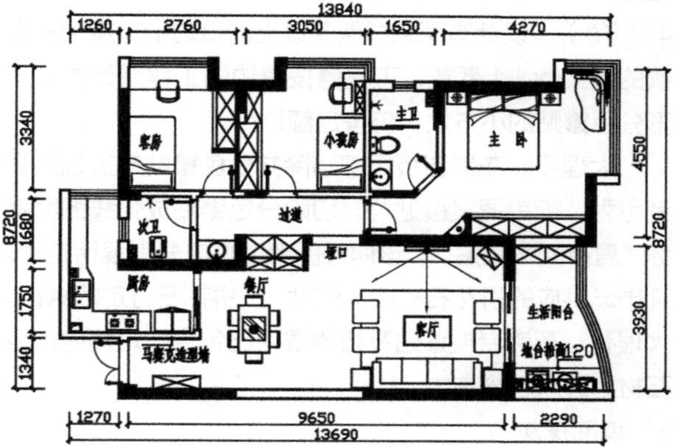

图 13-44 平面设计图

1 整体面层

整体面层包括水泥砂浆地面、现浇水磨石楼地面按设计图样尺寸以面积计算。应扣除凸出地面构筑物、设备基础、地沟等所占面积，不扣除柱、垛、间壁墙、附墙烟囱，以及面积在 0.3m² 以内的空洞所占的面积，但门洞、空圈、暖气包槽的开口部分亦不增加，以平方米为单位。

木地板面积的计算公式是木地板的长度 × 宽度，图 13-45 所示为地面材质图。

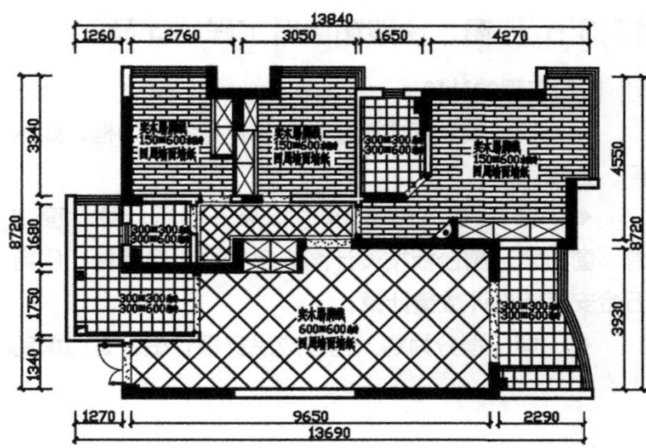

图 13-45 地面材质图

2 块料和橡塑的计算方法

天然石材楼地面、块料楼地面按设计图样尺寸面积计算，不扣除 0.1m² 以内的空洞所占面积。

3 安装踢脚线计算方法

踢脚线（如水泥砂浆踢脚线、石材踢脚线等）按设计图样尺寸面积计算，不扣除 0.1m² 以内的空洞所占面积。楼梯装饰按设计图样尺寸以楼梯（包括踏步、休息平台和 500mm 以内的楼梯井）水平投影面积计算，如楼梯铺设地毯。

设计点拨

踢脚线砂浆打底和墙柱面抹灰不能重复计算。

4 其他零星装饰

其他零星装饰按设计图样尺寸以面积计算，如天然石材零星项目、小面积分散的楼地面装饰等。详细计算方法如图 13-46 所示，并进行表 13-3 所示计算。

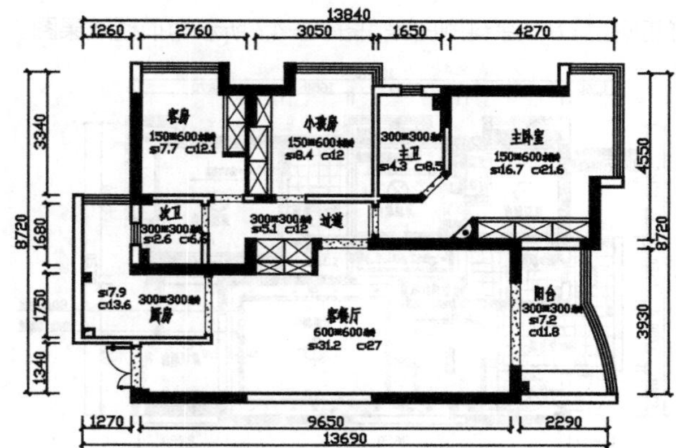

图 13-46 面积统计图

表 13-3 工程量计算表

序号	项目符号	备注	单位	工程量
1	客厅，600×600 仿古砖	铺砖面积为 31.2，耗损 5% 计	m²	31.2×105%=32.76，32.76/［（0.6+0.002）×（0.6+0.002）］=90.39,取 91块
2	阳台，300×300 阳台砖	铺砖面积为 7.2，耗损 5% 计	m²	7.2×105%=7.56，7.56/［（0.3+0.002）×（0.3+0.002）］=83.07，取84块
3	厨房，300×300 防滑砖	铺砖面积为 17.9，耗损 5% 计	m²	17.9×105%=18.795，18.795/［（0.3+0.002）×（0.3+0.002）］=206.5,取 207块

续表

序号	项目符号	备注	单位	工程量
4	卫生间，300×300防滑砖	铺砖面积为6.9，耗损5%计	m²	6.9×105%=7.245， 7.245/（（0.3+0.002）×（0.3+0.002））=79.6，取80块
5	卧室，150×150木纹砖	铺砖面积为32.8，耗损5%计	m²	32.8×105%=34.44， 34.44/0.15×0.15=34.44，取35块
6	过道，300×300地砖	铺砖面积为5.1，耗损5%计	m²	5.1×105%=5.355， 5.355/（（0.3+0.002）×（0.002））=58.84，取59块

13.3.3 顶棚工程量的计算

顶棚包括了有客厅、厨房的顶棚，以及阳台等位置的顶棚抹灰、涂料刷白等，图13-47所示为顶棚效果图。

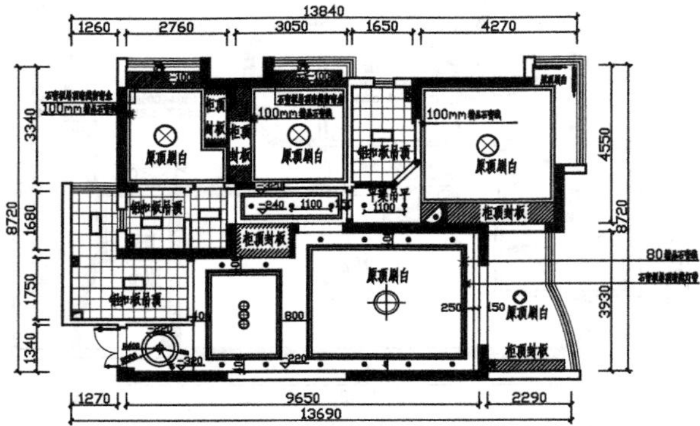

图 13-47 顶棚效果图

1 客厅顶棚

客厅顶棚按设计图样尺寸以面积计算，不扣除间壁墙、垛、柱、附墙烟囱、检查口和管道所占的面积。带梁的顶棚、梁两侧抹灰面积并入顶棚内计算；板式楼梯地面抹灰按斜面积计算；锯齿形楼梯地板按展开面积计算。

2 顶棚装饰

灯带按设计图样尺寸框外围面积计算，送风口、回风口按图示规定数量计算（单位：个）。

3 顶棚

顶棚按所示尺寸以面积计算，顶棚面中的灯槽、跌级、锯齿形等展开增加的面积不另计算。不扣除间壁墙、检查口和管道所占的面积，应扣除 $0.3m^2$ 以上的孔洞、独立柱和顶棚相连的窗帘盒所占的面积。顶棚饰面的面积按净面积计算，但应扣除独立柱、$0.3m^2$ 以上的灯饰面积（石膏板、夹板顶棚面层的灯饰面积不扣除）与顶棚相连接的窗帘盒面积。

13.3.4 墙柱面工程量计算

墙柱面的工程量主要是墙面抹灰、柱面的抹灰计算等。

1 墙面抹灰和镶贴

墙面抹灰和镶贴按设计图样和垂直投影面积计算，以平方米为单位。外墙按外墙面垂直投影面积计算，内墙面抹灰按室内地面大顶棚地面计算，应扣除门窗洞口和 $0.3m^2$ 以上的孔洞所占面积。内墙抹灰不扣除踢脚线、挂镜线和 $0.3m^2$ 以内的孔洞和墙与构件交接处的面积，但门窗洞口、孔洞的侧壁面积也不能增加。

大理石、花岗岩面层镶贴不分品种、拼色均执行相应定额。包括镶贴一道墙四周的镶边线（阴、阳角处含45°角），设计有两条或两条以上的镶边者，按相应定额的人工 ×1.1 系数，工程量按镶边的工程量计算。矩形分色镶贴的小方块，仍按定额执行。

大理石、花岗岩板局部切除并分色镶贴成折线图案者称为“简单图案镶贴”。切除分色镶贴成弧线图案者称“复杂图案镶贴”，该两种图案镶贴应分别套用定额。凡市场供应的拼花石材成品铺贴，按拼花石材定额执行。大理石、花岗岩板镶贴及切割费用已包含在定额内，但石材磨边未包含在内。

2 墙面抹灰

墙面抹灰按设计图样尺寸以面积计算，包括柱面抹灰、柱面装饰抹灰、勾缝等。

3 墙面抹灰、柱面镶贴块料

墙面镶贴块料按设计图样尺寸以面积计算，如天然石材墙面；干挂石材钢骨架以吨计算。镶贴块料按设计图样尺寸以实际面积计算。

4 装饰墙面、柱饰面

装饰墙面、柱饰面的面积按图样设计，以墙净长乘以净高来计算，并扣除门窗洞口和 $0.3m^2$ 以上的孔洞所占面积。

13.3.5 门窗、油漆和涂料工程的计算

1 窗口工程的计算

◆窗口按设计规定数量计算，计量装饰为框，如木门、金属门等。

◆门窗套按设计图样尺寸以展开面积计算；窗帘盒、窗帘轨、窗台板按设计图样尺寸以长度计算；门窗五金安装按设计数量计算。

◆门窗工程分为购入构件成品安装，铝合金门窗制

作安装，木门窗框、扇制作安装，装饰木门扇和门窗五金配件安装等 5 部分。

◆ 购入成品的各种铝合金门窗安装，按门窗洞口面积以平方米计算；购入成品的木门扇安装按购入门扇的净面积计算。

◆ 现场铝合金门窗扇的制作、安装按门窗洞口面积以平方米计算；踢脚线按延长米计算；厨、台、柜工程量按展开面积计算。

◆ 窗帘盒及窗帘轨道按延长米计算，如设计图样未注明尺寸，可按洞口尺寸各加 30cm 计算；窗帘布、窗纱布、垂直窗帘的工程量按展开面积计算；窗水波幔帘按延长米计算。

2 油漆、涂料、糊表工程量计算

◆ 门窗油漆按设计图样数量计算、单位为框（樘）；木扶手油漆按设计图样尺寸以长度计算。

◆ 木材面油漆按设计图样尺寸以面积计算；木地板油漆、烫硬腊面以面积计算，不扣除 0.1m^2 以内孔洞所占面积。

13.3.6 室内面积的测量方法

我们在做预算时，通常都是根据业主的房屋面积来计算的，那么如何测量室内面积呢？本小节讲解室内面积的测量方法。

1 利用 AutoCAD 计算地面面积

当一张平面图的框架完成，或依现场丈量绘制的平面图后，必须知道此平面图的总使用面积为多少。单一空间的面积是多少。对此可以利用 AutoCAD 求得地面面积。具体操作如下。

Step 01 取一张只有框架图的平面图，如图13-48所示。

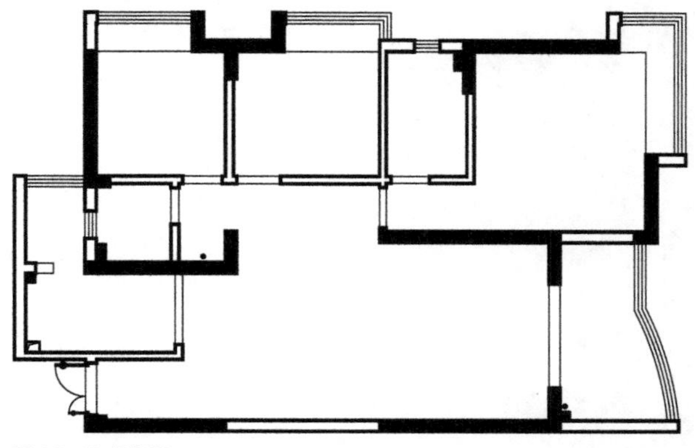

图 13-48 框架图

Step 02 调用PL【多段线】命令，绘制平面图的室内地面范围，如图13-49所示。

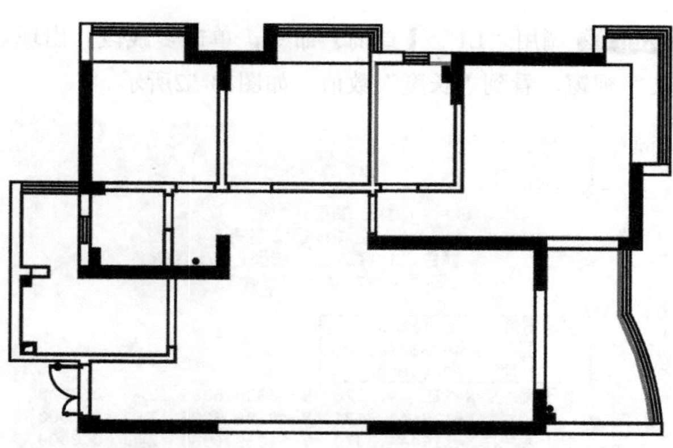

图 13-49 绘制框线

Step 03 调用“LI”【查询】命令，单击多线段，出现文字视窗，看到“面积”数值，如图13-50所示。

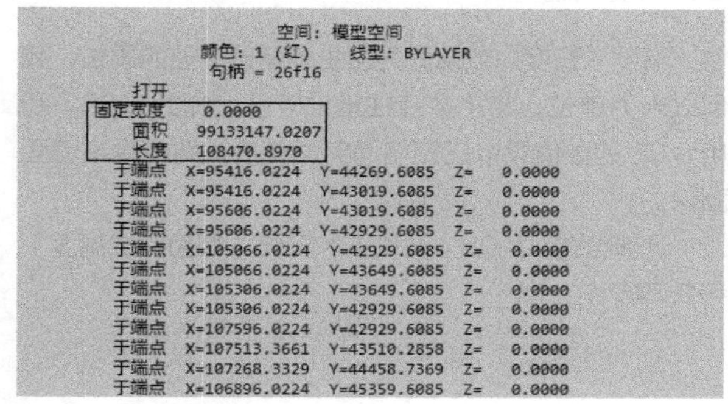

图 13-50 文字视窗

我们看到 CAD 给出的面积数值是 99133147.0207。我们采用平方米作为单位，将小数点往前推 6 位数就是房子的面积，即 99.1m^2。

2 利用 AutoCAD 计算地面面积

当卫生间墙面贴瓷砖时，如何计算面积呢？室内隔间总面积为多少？贴于墙面的壁纸总的使用面积为多少？可利用墙面介绍的方法，计算出墙面面积。其步骤如下。

Step 01 取一张只有框架图的平面图，利用多段线描绘主卫墙面的瓷砖范围，如图13-51所示。

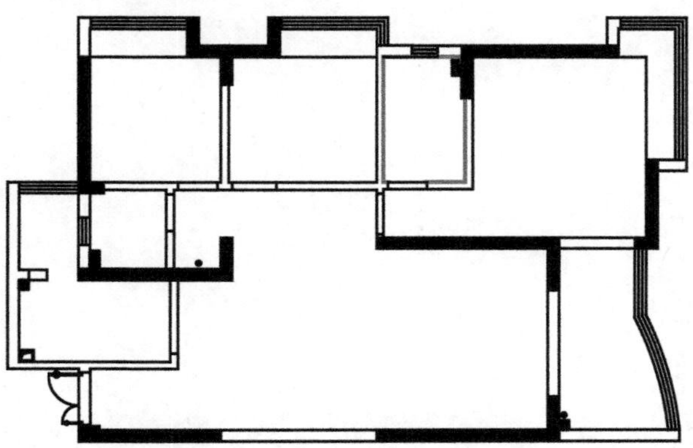

图 13-51 绘制主卫框线

Step 02 调用“LI”【查询】命令，单击多线段，出现文字视窗，看到“长度”数值，如图13-52所示。

```
命令:
命令: LI
LIST 找到 1 个
                LWPOLYLINE 图层: "墙"
                        空间: 模型空间
                颜色: 1 (红)    线型: BYLAYER
                 句柄 = 27010
           打开
       固定宽度     0.0000
           面积    4633300.0000
           长度    8080.0000
         于端点  X=119544.3676  Y=48309.6085  Z=   0.0000
         于端点  X=119444.3676  Y=48309.6085  Z=   0.0000
         于端点  X=119444.3676  Y=51039.6085  Z=   0.0000
         于端点  X=121094.3676  Y=51039.6085  Z=   0.0000
         于端点  X=121094.3676  Y=50149.6085  Z=   0.0000
         于端点  X=121164.3676  Y=50149.6085  Z=   0.0000
         于端点  X=121164.3676  Y=48309.6085  Z=   0.0000
         于端点  X=120364.3676  Y=48309.6085  Z=   0.0000
```

图 13-52 文字视窗

看到“长度”数值即为卫生间贴砖墙面的周长，我们以米为单位，将小数点往前推 3 位，即为 8.08。利用 8.08 的数值乘以已知墙面完成高度，即可算出墙面面积。

计算公式：8.08（周长）×2.45（墙面完成高度）=19.796m²

第 14 章 绘制室内绘图模板

为了避免绘制每一张施工图都重复地设置图层、线型、文字样式和标注样式等内容，我们可以预先将这些相同部分一次性设置好，然后将其保存为样板文件。

创建了样板文件后，在绘制施工图时，就可以在该样板文件基础上创建图形文件，从而加快了绘图速度，提高了工作效率。每张图纸的绘制比例不同，一些文字样式、尺寸标注样式等设置也会不同。下面以1：100的比例为例进行讲解，具体操作步骤如下。

14.1 设置样板文件

样板文件的设置内容包括图形界限、图形单位、文字样式、标注样式等。

14.1.1 创建样板文件

样板文件使用了特殊的文件格式，在保存时需要特别设置。

Step 01 新建文件。单击【快速访问】工具栏中的【新建】按钮，新建空白文件。

Step 02 执行【文件】|【保存】菜单命令，系统弹出【图形另存为】对话框，如图14-1所示。在【文件类型】下拉列表框中选择【AutoCAD图形样板（*.dwt）】选项，输入文件名【室内装潢施工图模板】，单击【保存】按钮保存文件。

Step 03 下次绘图时，即可以该样板文件新建图形，在此基础上进行绘图，如图14-2所示。

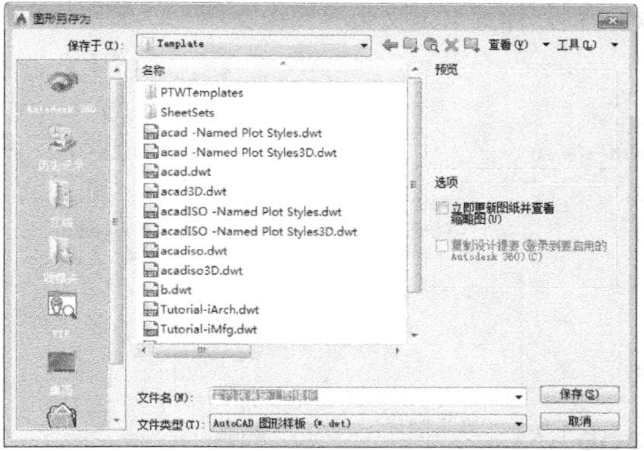

图 14-1 保存样板文件

图 14-2 以样板新建图形

14.1.2 设置图形界限

绘图界限就是AutoCAD的绘图区域，也称图限。通常所用的图纸都有一定的规格尺寸，室内装潢施工图一般调用A3图幅打印输出，打印输出比例通常为1：100，所以图形界限通常设置为42000×29700。为了将绘制的图形方便地打印输出，在绘图前应设置好图形界限。

Step 01 调用“LIMITS”【图形界限】命令，设置图形界限为42000×29700，命令行操作如下。

```
命令: _limits↙
//调用【图形界限】命令
重新设置模型空间界限:
指定左下角点或 [开(ON)/关(OFF)] <0.0,0.0>: 0,0↙
        //指定坐标原点为图形界限左下角点
指定右上角点<42000.0,29700.0>: 42000,29700↙
        //指定右上角点
```

Step 02 右击状态栏上的【栅格】按钮，在弹出的快捷菜单中选择【网格设置】命令，或在命令行输入“SE”并按Enter键，系统弹出【草图设置】对话框，在【捕捉和栅格】选项卡中，取消选中【显示超出界限的栅格】复选框，如图14-3所示。

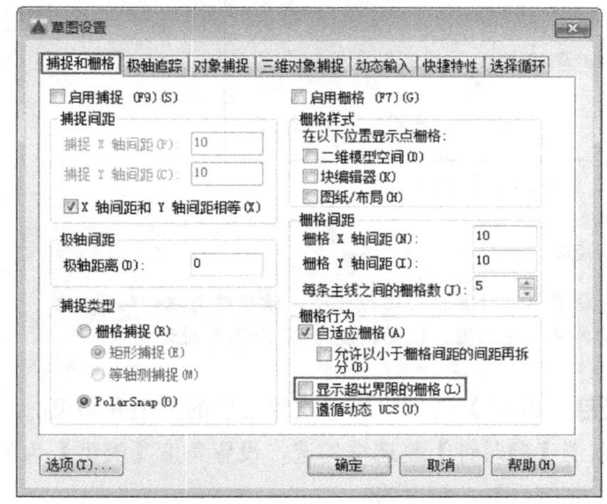

图 14-3 【草图设置】对话框

Step 03 单击【确定】按钮，设置的图形界限以栅格的范围显示，如图14-4所示。

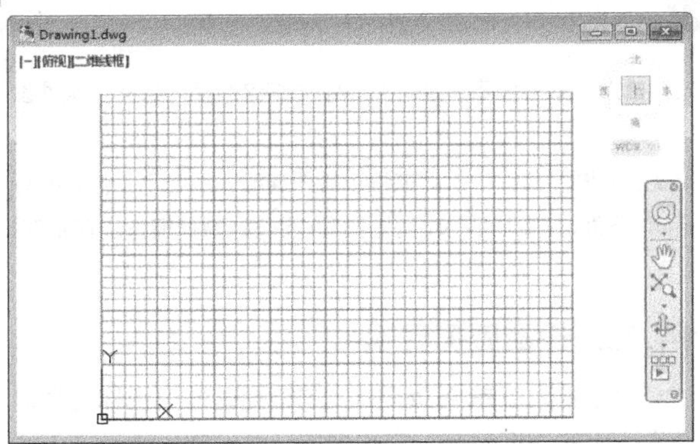

图 14-4 显示图形界限

14.1.3 设置图形单位

室内装潢施工图通常采用【毫米】作为基本单位，即一个图形单位为 1mm，并且采用 1：1 的比例，即按照实际尺寸绘图，在打印时再根据需要设置打印输出比例。

Step 01 在命令行中输入“UN”，打开【图形单位】对话 框。【长度】选项组用于设置线性尺寸类型和精度，这里设置【类型】为【小数】，【精度】为0，如图14-5所示。

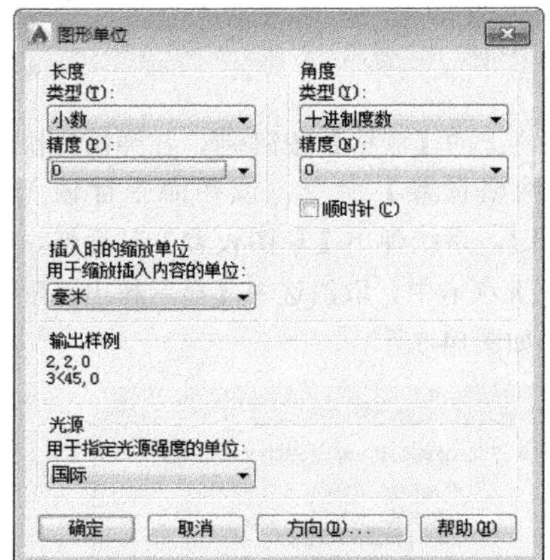

图 14-5 【图形单位】对话框

> **设计点拨**
>
> 图形精度影响计算机的运行效率，精度越高运行越慢，绘制室内装潢施工图，设置精度为0足以满足设计要求。

Step 02 【角度】选项组用于设置角度的类型和精度。这里取消【顺时针】复选框勾选，设置角度【类型】为【十进制度数】，精度为0。

Step 03 在【插入时的缩放比例】选项组中选择【用于缩放插入内容的单位】为【毫米】，这样当调用非毫米单位的图形时，图形能够自动根据单位比例进行缩放。最后单击【确定】按钮关闭对话框，完成单位设置。

14.1.4 创建文字样式

设计图上的文字有尺寸文字、标高文字、图内文字说明、剖切符号文字、图名文字、轴线符号等，打印比例为 1 ： 100，文字样式中的高度为打印到图纸上的文字高度与打印比例倒数的乘积。根据室内制图标准，该平面图文字样式的规划如表 14-1 所示。

表 14-1 文字样式

文字样式名	打印到图纸上的文字高度	图形文字高度（文字样式高度）	宽度因子	字体 | 大字体
图内文字	3.5	350		Gbenor.shx; gbcbig.shx
图名	5	500	0.7	Gbenor.shx; gbcbig.shx
尺寸文字	3.5	0		Gbenor.shx

> **设计点拨**
>
> 图形文字高度的设置、线型的设置、全局比例的设置，根据打印比例的设置更改。

Step 01 选择【格式】|【文字样式】命令，打开【文字样式】对话框，单击【新建】按钮打开【新建文字样式】对话框，样式名定义为“图内文字”，如图 14-6 所示。

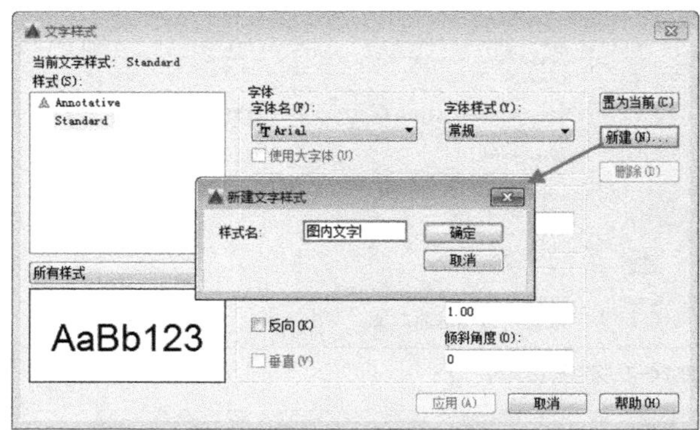

图 14-6 文字样式名称的定义

Step 02 在【字体】下拉列表框中选择字体“Tssdeng.shx”，勾选【使用大字体】选项，并在【大字体】下拉列表框中选择字体“gbcbig.shx”，在【高度】文本框中输入350，【宽度因子】文本框中输入0.7，单击【应用】按钮，从而完成该文字样式的设置，如图 14-7 所示。

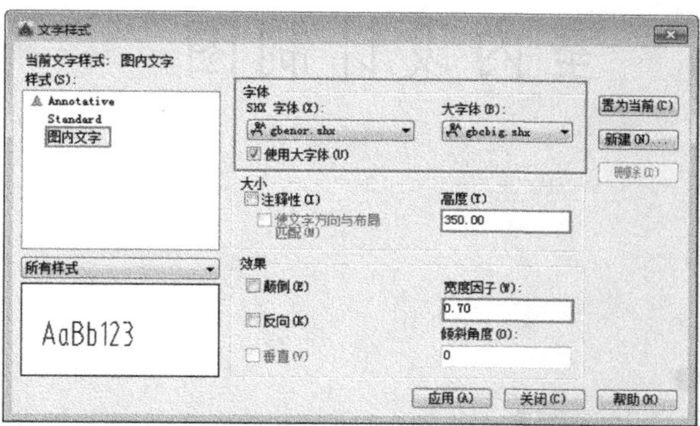

图 14-7 设置“图内文字”文字样式

Step 03 重复前面的步骤，建立表 14-1所示中其他各种文字样式，如图 14-8所示。

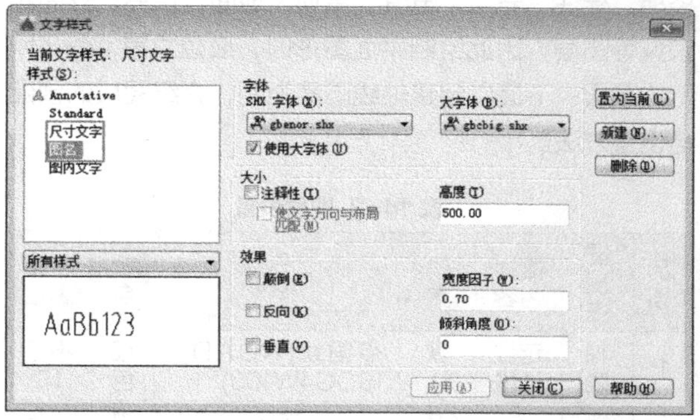

图 14-8 其他文字样式

14.1.5 创建尺寸标注样式

Step 01 选择【格式】|【标注样式】命令，打开【标注样式管理器】对话框，单击【新建】按钮，打开【创建新标注样式】对话框，新建样式名定义为“室内设计标注”，如图14-9所示。

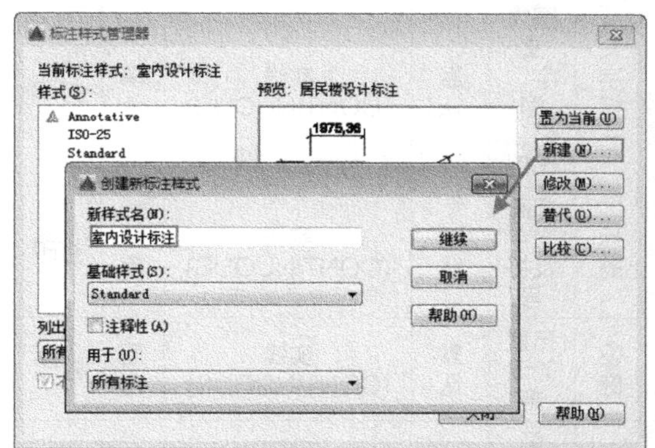

图 14-9 标注样式名称的定义

Step 02 单击【继续】按钮过后，则进入到【新建标注样式】对话框，然后分别在各选项卡中设置相应的参数，其设置后的效果如表 14-2所示。

表 14-2 尺寸标注样式的参数设置

【线】选项卡	【符号和箭头】选项卡	【文字】选项卡	【调整】选项卡

14.1.6 设置引线样式

引线标注用于对指定部分进行文字解释说明，由引线、箭头和引线内容 3 部分组成。引线样式用于对引线的内容进行规范和设置，引出线与水平方向的夹角一般采用 0°、30°、45°、60° 或 90°。下面创建一个名称为【室内标注样式】的引线样式，用于室内施工图的引线标注。

Step 01 执行【格式】|【多重引线样式】命令，打开【多重引线样式管理器】对话框，结果如图14-10所示。

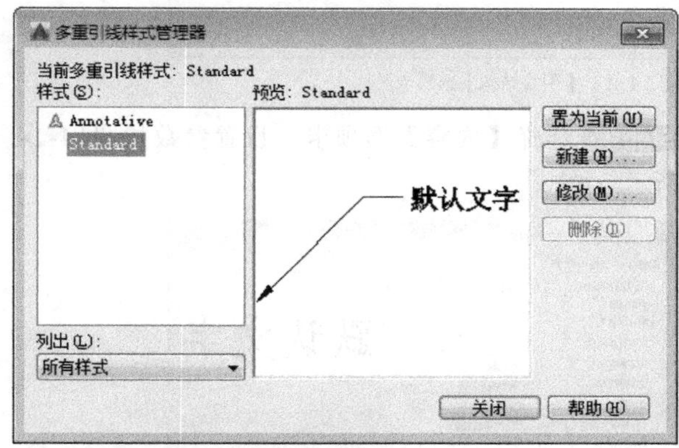

图 14-10 【多重引线样式管理器】对话框

Step 02 在对话框中单击【新建】按钮，弹出【创建新多重引线】对话框，设置新样式名为“室内标注样式”，如图14-11所示。

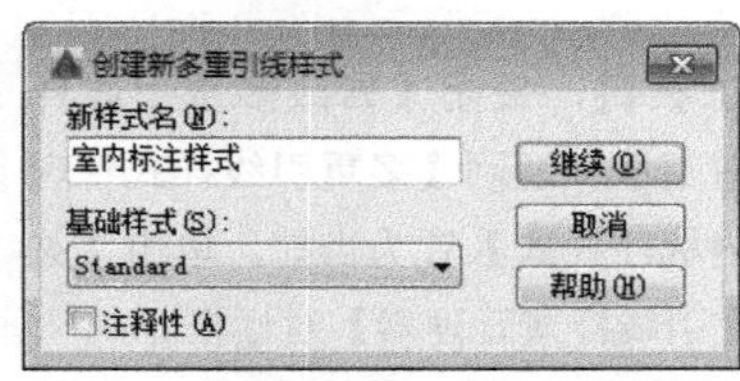

图 14-11 【创建新多重引线样式】对话框

Step 03 在对话框中单击【继续】按钮，弹出【修改多重引线样式：室内标注样式】对话框；选择【引线格式】选项卡，设置参数如图14-12所示。

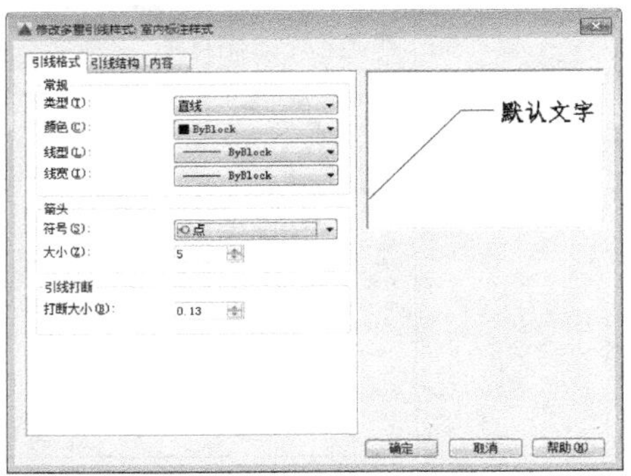

图 14-12 【修改多重引线样式：室内标注样式】对话框

Step 04 选中【引线结构】选项卡，设置参数如图14-13所示。

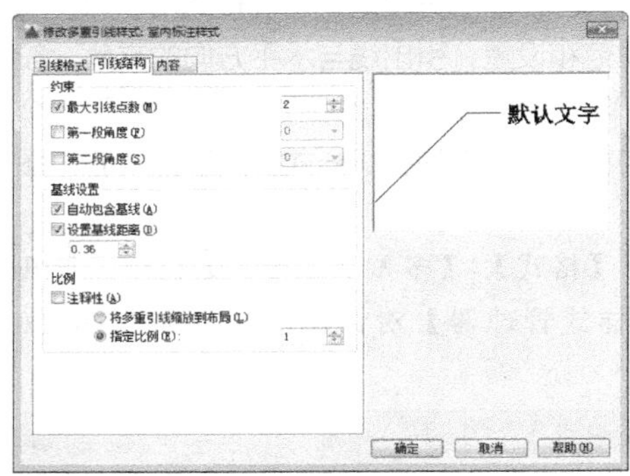

图 14-13 【引线结构】选项卡

Step 05 选择【内容】选项卡，设置参数如图14-14所示。

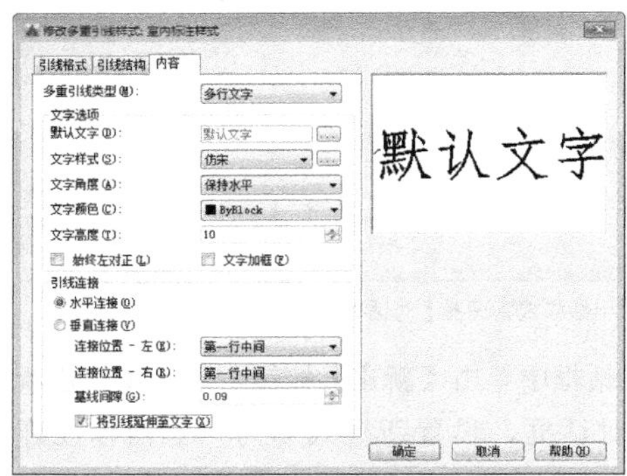

图 14-14 【内容】选项卡

Step 06 单击【确定】按钮，关闭【修改多重引线样式：室内标注样式】对话框；返回【多重引线样式管理器】对话框，将【室内标注样式】置为当前，单击【关闭】按钮，关闭【多重引线样式管理器】对话框。

Step 07 多重引线的创建结果如图14-15所示。

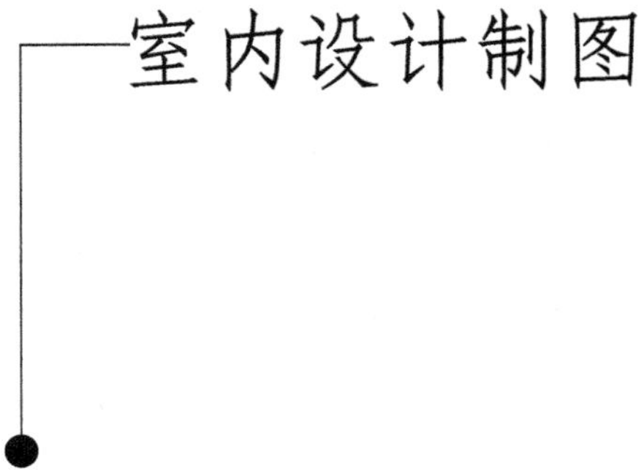

室内设计制图

图 14-15 创建结果

14.1.7 设置图层

绘制室内装潢施工图需要创建轴线、墙体、门、窗、楼梯、标注、节点、电气、吊顶、地面、填充、立面和家具等图层，因此绘制平面图形时，应建立表 14-3 所示的图层。下面以创建轴线图层为例，介绍图层的创建与设置方法。

表 14-3 图层设置

序号	图层名	描述内容	线宽	线型	颜色	打印属性
1	轴线	定位轴线	默认	点画线(ACAD_ISOO4W100)	红色	不打印
2	墙体	墙体	0.30mm	实线(CONTINUOUS)	黑色	打印
3	柱子	墙柱	默认	实线(CONTINUOUS)	8色	打印
4	门窗	门窗	默认	实线(CONTINUOUS)	青色	打印
5	尺寸标注	尺寸标注	默认	实线(CONTINUOUS)	绿色	打印
6	文字标注	图内文字、图名、比例	默认	实线(CONTINUOUS)	黑色	打印
7	标高	标高文字及符号	默认	实线(CONTINUOUS)	绿色	打印
8	设施	布置的设施	默认	实线(CONTINUOUS)	蓝色	打印
9	填充	图案、材料填充	默认	实线(CONTINUOUS)	9色	打印
10	灯具	灯具	默认	实线(CONTINUOUS)	洋红色	打印
11	其他	附属构件	默认	实线(CONTINUOUS)	黑色	打印

Step 01 选择【格式】|【图层】命令，将打开【图层特性管理器】面板，根据表14-3来设置图层的名称、线宽、线型和颜色等，如图 14-16所示。

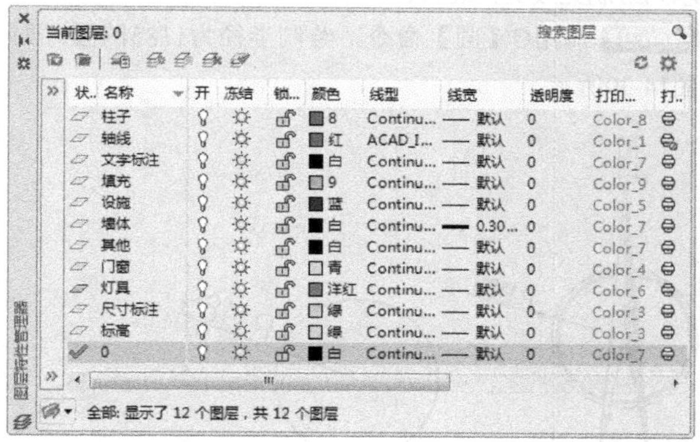

图 14-16 规划的图层

Step 02 选择【格式】|【线型】命令，打开【线型管理器】对话框，单击【显示细节】按钮，打开细节选项组，设置【全局比例因子】为100，然后单击【确定】按钮，如图 14-17所示。

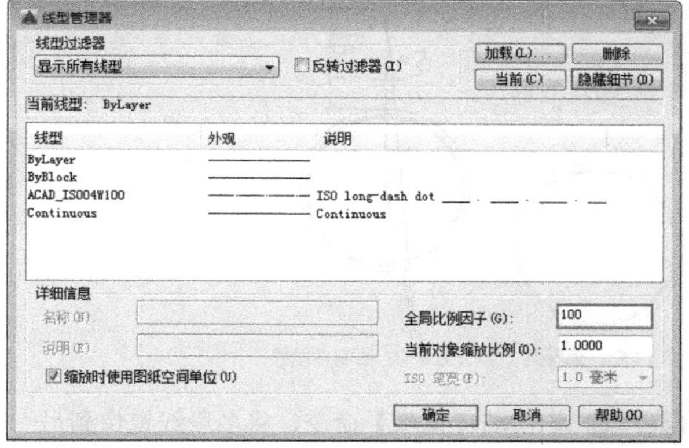

图 14-17 设置线型比例

14.2 绘制室内常用符号

本节讲解室内符号类图形的绘制方法，以便让读者更加了解室内常用符号，以及这些符号的规范和具体尺寸。

14.2.1 绘制立面索引指向符号

立面指向符是室内装修施工图中特有的一种标识符号，主要用于立面图编号。

立面指向符由等边直角三角形、圆和字母组成，其中字母为立面图的编号，黑色的箭头指向立面的方向。图 14-18(a) 所示为单向内视符号，图 14-18(b) 所示为双向内视符号，图 14-18(c) 所示为四向内视符号（按顺时针方向进行编号）。

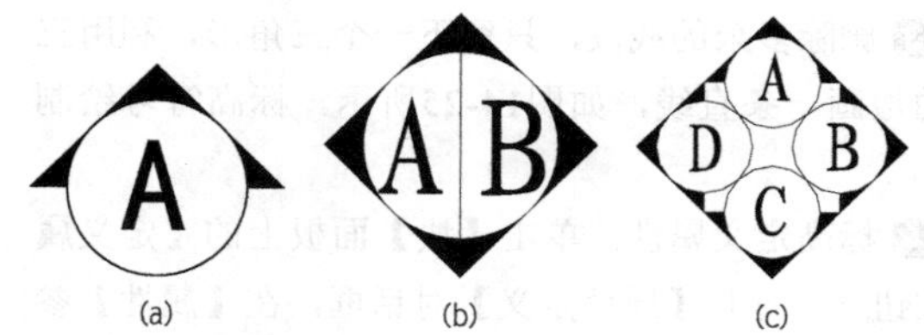

图 14-18 立面索引指向符号

Step 01 调用PL【多段线】命令，绘制等边直角三角形，如图14-19所示。

Step 02 调用C【圆】命令，绘制圆，如图14-20所示。

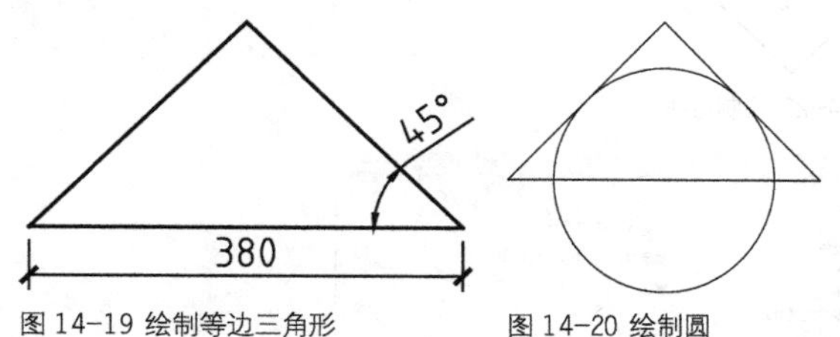

图 14-19 绘制等边三角形　　图 14-20 绘制圆

Step 03 调用TR【修剪】命令，修剪三角形，如图14-21所示。

Step 04 调用H【填充】命令，在三角形内填充SOLID图案，结果如图14-22所示。

Step 05 调用MT【多行文字】命令，在圆内填写字母表示立面图的编号，完成立面指向符的绘制，如图14-18 (a)所示。

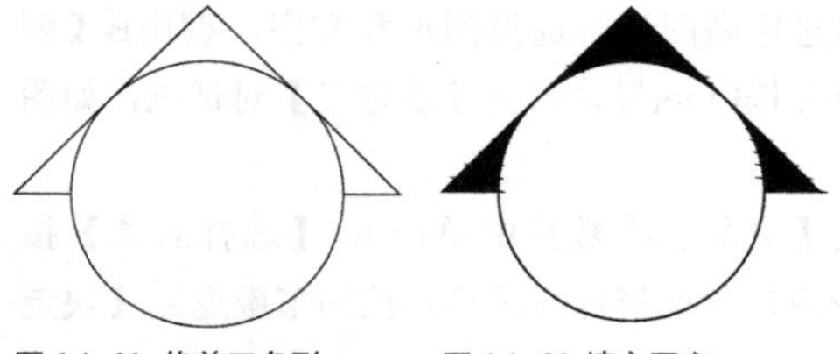
图 14-21 修剪三角形　　图 14-22 填充图案

14.2.2 绘制室内标高

标高用于表示地面装修完成的高度和顶棚造型的高度。

Step 01 绘制标高图形。调用REC【矩形】命令，绘制一个80×40的矩形，效果如图14-23所示。

Step 02 调用L【直线】命令，捕捉矩形的第一个角点，将其与矩形的中点连接，再连接第二个角点，效果如图14-24所示。

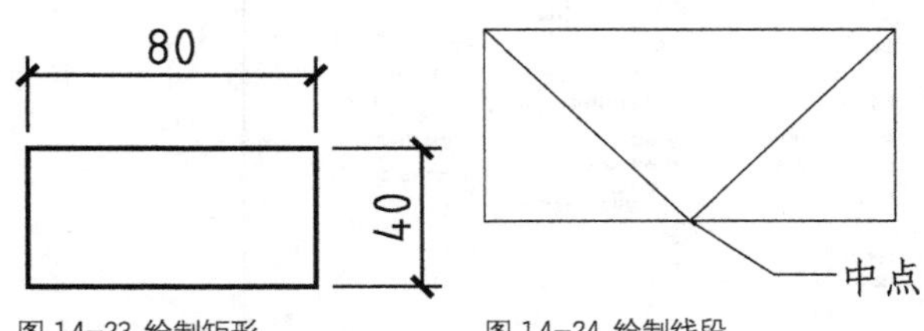

图 14-23 绘制矩形　　图 14-24 绘制线段

Step 03 删除多余的线段，只留下一个三角形，利用三角形的边画一条直线，如图14-25所示，标高符号绘制完成。

Step 04 标高定义属性。单击【块】面板上的【定义属性】按钮，打开【属性定义】对话框，在【属性】参数栏中设置【标记】为【0.000】，设置【提示】为【请输入标高值】，设置【默认】为0.000。

Step 05 在【文字设置】参数栏中设置【文字样式】为【仿宋2】，勾选【注释性】复选框，如图14-26所示。

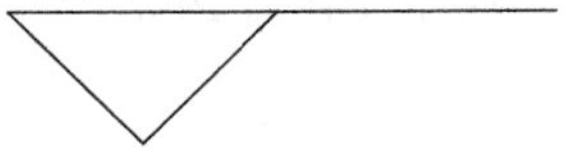

图 14-25 绘制直线

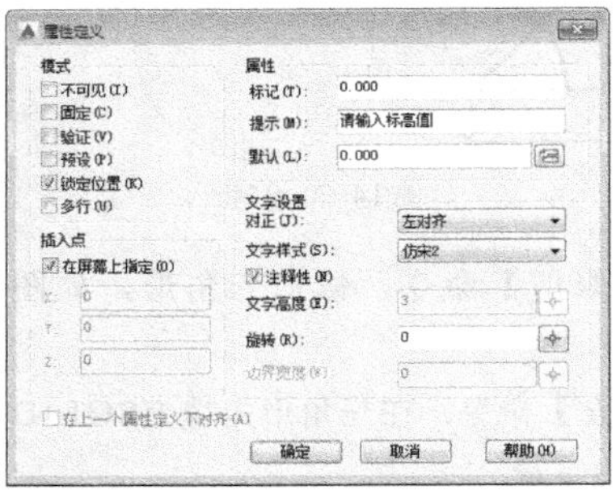

图 14-26 定义属性

Step 06 单击【确定】按钮确认，将文字放置在前面绘制的图形上，如图14-27所示。

Step 07 创建标高图块。选择图形和文字，调用B【创键块】命令并按Enter键，打开【块定义】对话框，如图14-28所示。

Step 08 在【对象】参数栏中单击【选择对象】按钮，在图形窗口中选择标高图形，按回车键返回【块定义】对话框。

Step 09 在【基点】参数栏中单击【拾取点】按钮，捕捉并单击三角形左上角的端点作为图块的插入点。

Step 10 单击【确定】按钮关闭对话框，完成标高图块的创建。

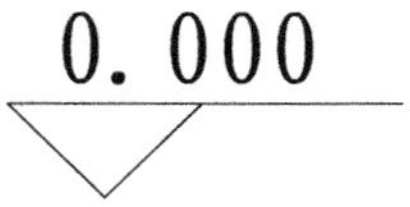

0. 000

图 14-27 指定属性位置

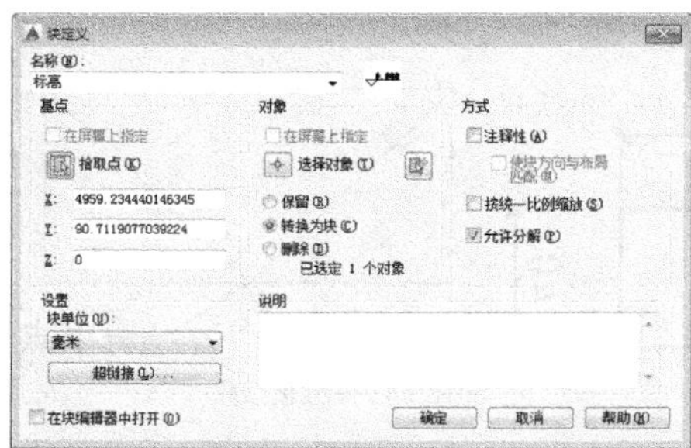

图 14-28 【块定义】对话框

14.2.3 绘制指北针

指北针是一种用于指示方向的工具，图14-29所示为绘制完成的指北针。

Step 01 调用C【圆】命令，绘制半径为1185的圆，如图14-30所示。

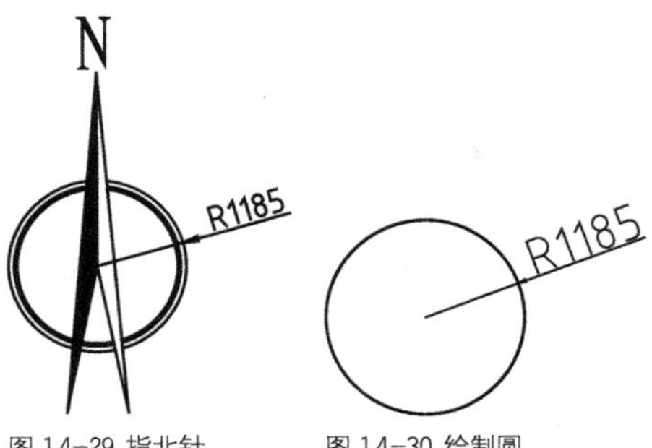

图 14-29 指北针　　图 14-30 绘制圆

Step 02 调用O【偏移】命令，将圆向内偏移80和40，如图14-31所示。

Step 03 调用PL【多段线】命令，绘制多段线，如图14-32所示。

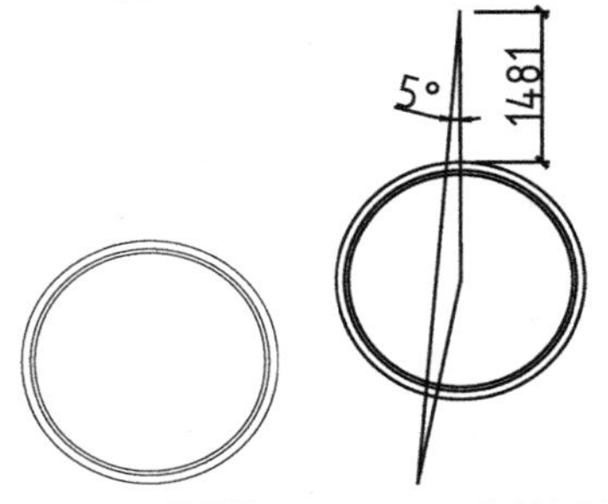

图 14-31 偏移圆　　图 14-32 绘制多段线

Step 04 调用MI【镜像】命令，将多段线镜像到另一侧，如图14-33所示。

Step 05 调用TR【修剪】命令，对图形相交的位置进行修剪，如图14-34所示。

Step 06 调用H【填充】命令，在图形中填充SOLID图案，填充参数设置和效果如图14-35所示。

图 14-33 镜像多段线　　图 14-34 修剪圆　　图 14-35 填充参数设置和效果

Step 07 调用MT【多行文字】命令，在图形上方标注文字，完成指北针的绘制。

14.2.4 绘制 A3 图框

在本节主要介绍 A3 图框的绘制方法，以练习表格和文字的创建和编辑方法，绘制完成的 A3 图框如图 14-36 所示。

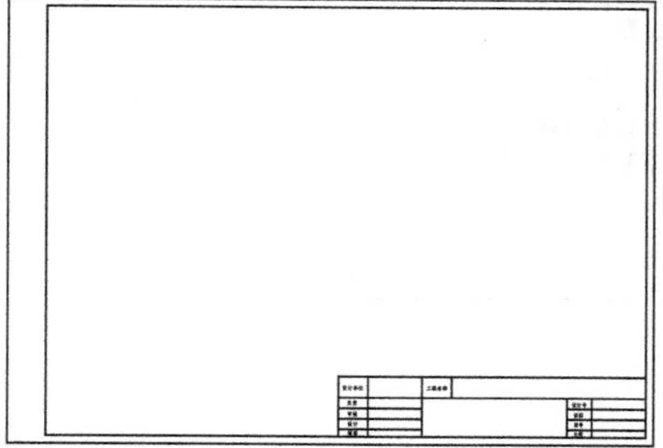

图 14-36 A3 图纸样板图形

Step 01 调用REC【矩形】命令，绘制420×297的矩形，如图14-37所示。

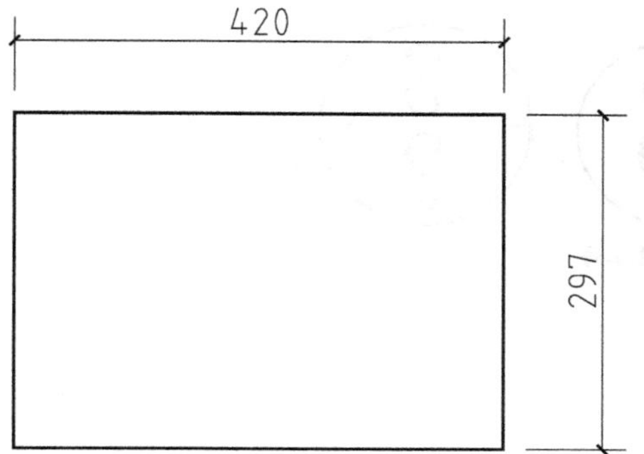

图 14-37 绘制矩形

Step 02 调用O【偏移】命令，将左边的线段向右偏移25，分别将其他3个边长向内偏移5。修剪多余的线条，如图14-38所示。

图 14-38 偏移线段

Step 03 插入表格。调用REC【矩形】命令，绘制一个200×40的矩形，作为标题栏的范围。

Step 04 调用M【移动】命令，将绘制的矩形移动至标题框的相应位置，如图14-39所示。

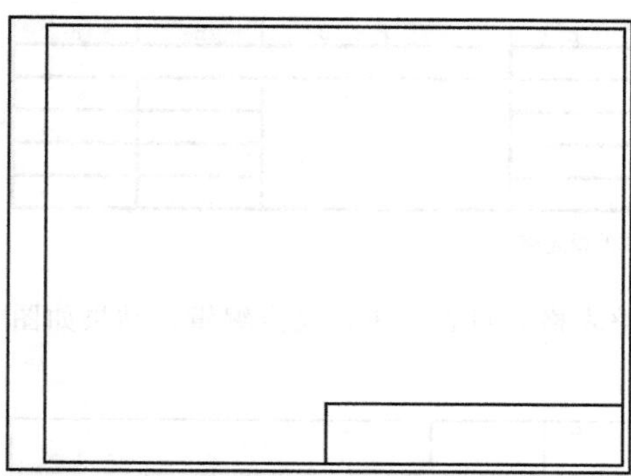

图 14-39 移动标题栏

Step 05 新建表格。在【默认】选项卡中，单击【注释】面板上的【表格】按钮，设置参数，如图14-40所示。

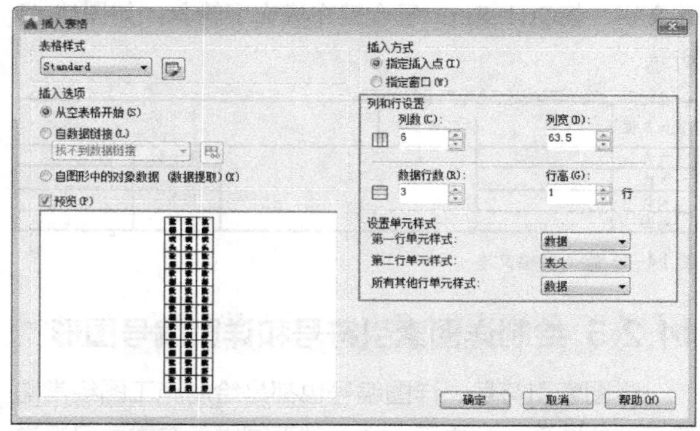

图 14-40 【插入表格】对话框

Step 06 插入表格。在绘图区空白处单击鼠标左键，将表格放置在合适的位置，如图14-41所示。

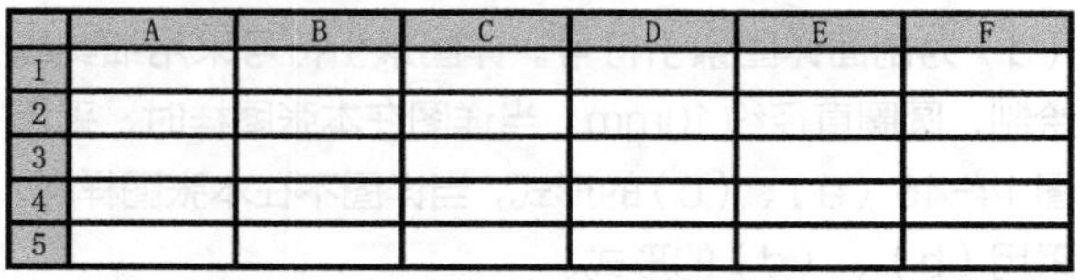

	A	B	C	D	E	F
1						
2						
3						
4						
5						

图 14-41 绘制表格

Step 07 单击C列2单元格，按住Shift键单击序号为D列5的单元格，选中C、D两列，在【表格单元】选项卡中，单击【合并】面板中的【合并全部】按钮，对所选的单元格进行合并，如图14-42所示。

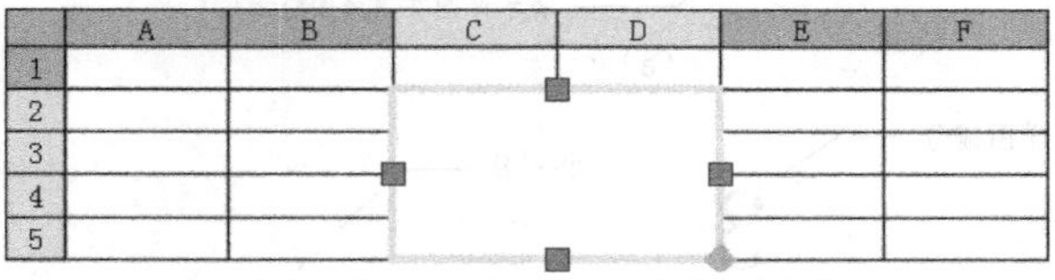

	A	B	C	D	E	F
1						
2						
3						
4						
5						

图 14-42 合并"列"

Step 08 重复操作，对单元格进行合并操作，如图14-43所示。

	A	B	C	D	E	F
1						
2						
3						
4						
5						

图 14-43 合并其他单元格

Step 09 调整表格。对表格进行夹点编辑，结果如图14-44所示。

图 14-44 调整表格

Step 10 输入表格中的文本。双击激活单元格，输入相关文字，按Ctrl+Enter组合键完成文字输入，如图14-45所示。

设计单位		工程名称		
负责			设计号	
审核			图名	
设计			图号	
制图			比例	

图 14-45 输入表格文本

14.2.5 绘制详图索引符号和详图编号图形

详图索引符号、详图编号也都是绘制施工图经常需要用到的图形。室内平、立、剖面图中，在需要另设详图表示的部位，标注一个索引符号，以表明该详图的位置，这个索引符号就是详图索引符号。

图 14-46 所示（a）、（b）为详图索引符号，（c）、（d）为剖面详图索引符号。详图索引符号采用细实线绘制，圆圈直径约 10mm。当详图在本张图样时，采用图 14-46（a）、（c）的形式，当详图不在本张图样时，采用（b）、（d）的形式。

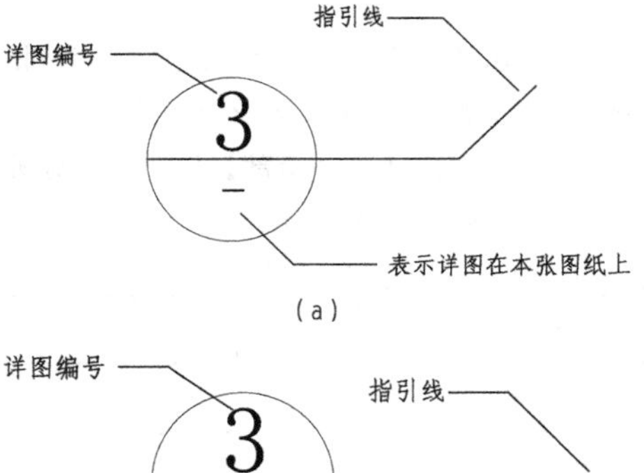

（a）

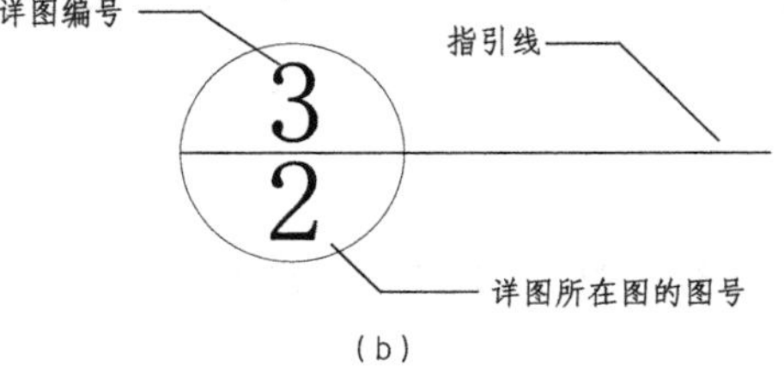

（b）

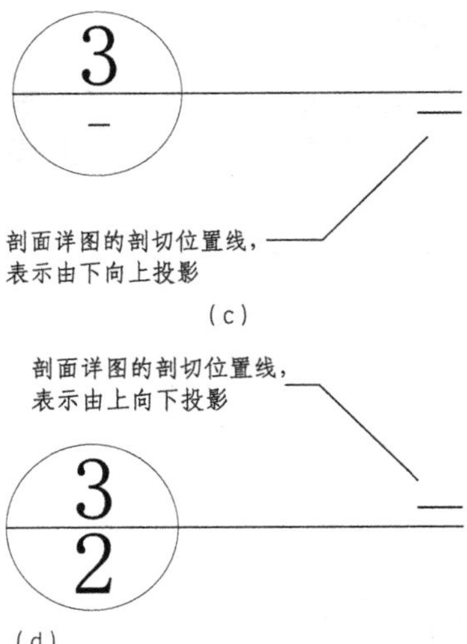

（d）

图 14-46 详图索引符号

详图的编号用粗实线绘制，圆圈直径 14mm 左右，如图 14-47 所示。

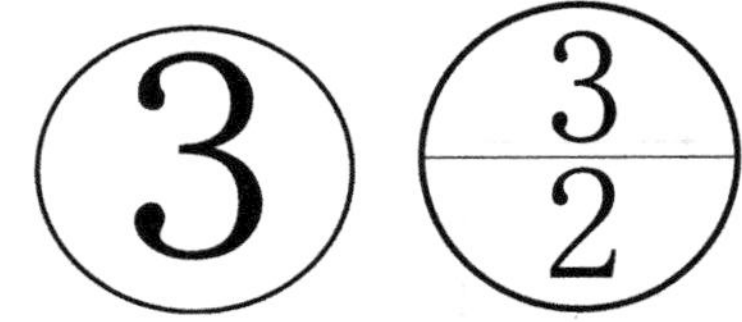

图 14-47 详图编号

第 15 章 量房及原始平面图的绘制

量房是设计的重要依据，也是设计的第一步，本章从初学者的角度——介绍室内设计的工作流程、室内现场测量技巧及注意事项，以及两种不同原始户型图的绘制方法。

15.1 室内设计的工作流程

室内装潢设计是建筑物内部的环境设计，是以一定建筑空间为基础，运用技术和艺术因素制造的一种人工环境，它是一种追求室内环境多种功能的完美结合，充分满足人们生活、工作中的物质需求和精神需求为目标的设计活动。

本节介绍室内设计的工作流程，供读者初步了解本行业的实际工作。

1 沟通

家装设计中，设计师与客户的沟通是一个重要的环节。第一次沟通的成败，很大程度上决定了客户以后是否与设计师签约。在沟通过程中，设计师要向客户展现自己的专业技能，仔细了解客户室内功能分区的基本情况和客户的基本设计思路（设计风格与设计要求），与客户就未来的分区设计做充分沟通，提出一些能够赢得客户认同和信任的设计意见。设计师担负着设计任务，他的责任是满足顾客的设计需求，但同时也兼具提高顾客的欣赏水平的责任。

2 量房

在设计师与客户进行初步的沟通后，与客户预约上门量房。设计师对客户的房屋进行实地勘察，并对房子尺寸进行全面测量。

3 洽谈

设计师做好初步设计和预算表之后，约客户洽谈。对客户解说自己对居室平面布置图的设计，并解答客户的疑问，就设计理念、设计风格与客户进行探讨。设计师可以根据客户所处的行业或个人特点设计居室的风格，客户也可以根据自己的喜好对设计师提出意见和建议。

4 定稿

客户与设计师沟通得很愉快，双方认可。在这一环节，设计师清楚了解客户需求，客户认同设计师的设计与设计师所在的公司。

5 签约

设计师与客户充分沟通，对房子的装修达成认可，签订正式合同。签约时，客户应同时到总部财务部交纳合同总金额的 60% 首期款。签约后，设计师应在规定日期内绘制好施工图纸，预算师应在规定日期内拟定好工程预算表。

6 施工图的确认

设计师绘制好施工图纸和主要功能空间的效果图，预算师拟定好工程预算表之后，客户上门确认施工图与工程预算表，如无问题，则与设计师商定开工日期，签署开工合同。

7 开工

合同签订后，设计师、公司和客户确定开工日期，由工程部统一安排施工队施工。在开工当日，设计师、巡检、工长和客户同时到现场交底。

8 施工

施工队应严格按公司工程质量标准进行施工，严禁在施工工艺上偷工减料，在材料使用上以次充好。每月，公司将对施工工程进行评比，评出最好和最差的工程，奖优罚劣、重奖重罚。施工时，如遇到问题，要及时与设计师和客户沟通。

9 质检

每个在施工程，工程部每周至少进行 1 次巡检，认真检查工程质量、工程进度和现场文明情况，发现问题，及时处理。

10 回访

每个在施工程，公司电话回访员每周至少电话回访 1 次。对于客户反馈意见应认真记录，并于当日转至工程部和质量技经部处理。

11 中期验收

工程在进行到中期时，应由设计师、工长和客户共同到现场进行中期验收。或者，设计师也可提前约请客户到现场进行设计验收。中期验收后，客户应在规定时间内到公司财务部交纳合同总金额的 35% 中期款。

12 竣工验收

工程完工当日，应由工长召集设计师、巡检人员、客户共同到现场进行竣工验收。竣工验收后，客户应在规定日期到公司财务部交纳合同总金额的 5% 尾款，客户凭付款收据在客户服务部填写《客户意见反馈表》，并开具保修单。

13 工程保修

工程竣工后，有一定的保修期：即从工程实际竣工日起算（按照各公司规定的保修期）。

15.2 室内现场测量技巧及注意事项

量房是指由设计师到客户拟装修的居室进行现场勘测，并进行综合的考察，以便更加科学、合理地进行家装设计。本节为读者讲述该怎么量房及一些量房技巧和注意事项等。

15.2.1 室内现场测量前准备工作

量房之前，先要做好充分的量房准备。

1 带好量房工具

量房需要的工具一般有以下各项。

◆卷尺（必不可少）和红外测距仪：卷尺灵活，适用于房屋不同地方尺寸的测量，卷尺如图 15-1 所示。红外测距仪一般用来测量大面积的墙体，既可节省时间，又比较准确，红外测距仪如图 15-2 所示。

◆相机：用于量房时拍照使用，拍摄房屋整体格局与一些容易忽视和遗忘的细节，比如主要房屋结构、管道、漏水口、梁的位置、通风孔等。现在大多用智能手机代替，如图 15-3 所示。

◆笔：量房时需要用笔做尺寸记录，量房者可携带铅笔、圆珠笔、水性笔、橡皮擦、荧光笔等。

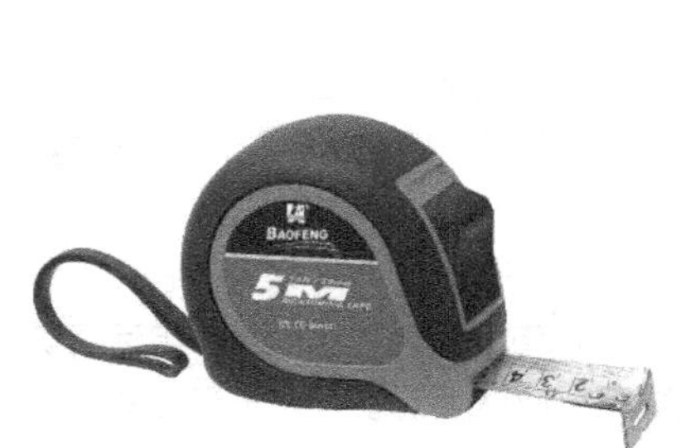

图 15-1 卷尺

图 15-2 红外测距仪

图 15-3 智能手机

2 带好量房图纸

在前去量房之时，可以先查找一下要量房的小区的户型，如能在网上找到相同户型的图纸，则将其打印出来带到量房现场，在上面标注实际量房尺寸即可，小区户型图如图 15-4 所示。

如未能找到相同户型的图纸，则需要量房者手绘。手绘图纸一般原则是要简单明了，能准确表达清楚房屋结构即可，现场量房图如图 15-5 所示。

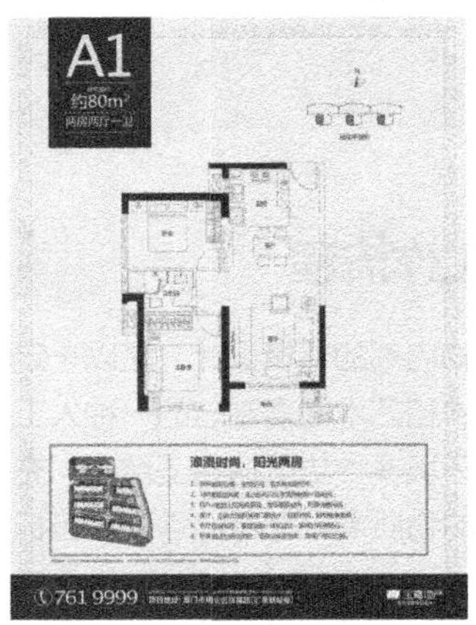

图 15-4 户型图

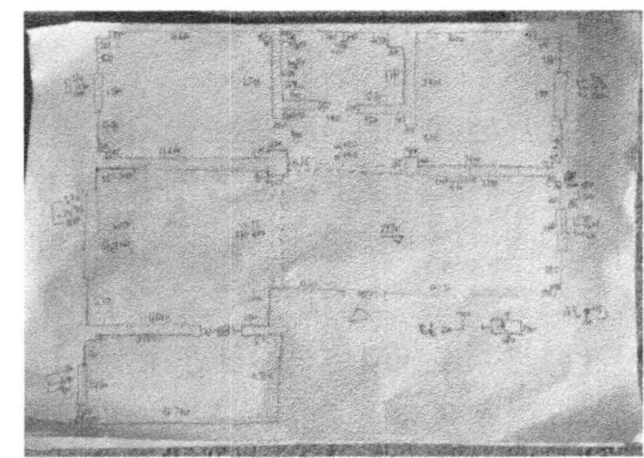

图 15-5 现场量房图

15.2.2 室内现场测绘方法

现场测量房屋时，应该注意哪些问题呢？本小节介绍室内现场测绘方法。

1 观察建筑物形状及四周环境

因建筑物造型及所在地的关系，部分外观会出现斜面、弧形、圆形、金属造型、退缩、挑空等，因此有必要对建筑物外观进行了解并拍照。另外建筑物四周的状况，有时也会影响平面图的配置，所以也要做到心中有数。

2 使用相机拍下门牌号码、记录地址

上门量房时，用相机拍下业主的门牌号码，记录业主的地址是很重要的，可方便与业主交流，也能在开工时准确找到业主的房子，如图 15-6 所示。

图 15-6 拍摄门牌号

3 观察屋内格局、形状及间数

进入到业主的房子里时，不要着急开始测量。可先大致围绕房子转上一圈，了解房子的格局，大致形状、面积、间数和区分主要功能区，做到心中有数，如图 15-7 所示。

图 15-7 了解房屋格局

4 绘制出房屋大致格局

前面提到过，如有同户型的框架图，则可开始测量。如无同户型框架图，在空白纸上绘制房屋框架图之后，再开始测量。

5 开始测量

从大门入口开始测量，最后闭合点（结束面）也是位于大门入口，围绕房子转一圈，如图 15-8 所示。

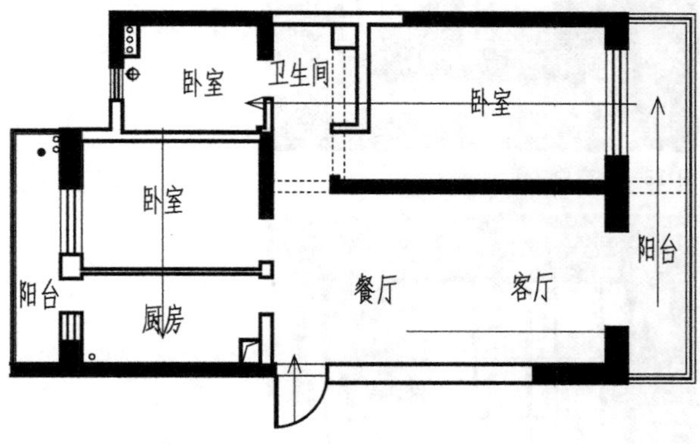

图 15-8 量房顺序

◎ 卷尺的测量方法

卷尺的使用分为几种不同的场合，分别是：宽度的测量、室内净高的测量与梁宽的测量，测量方法如下所述。

◆宽度的测量：大拇指按住卷尺头，平行拉出，拉至欲量的宽度即可，如图 15-9 所示。

◆室内净高的测量：将卷尺头顶到天花板顶，大拇指按住卷尺，用膝盖顶住卷尺往下压，卷尺再往地板延伸即可，如图 15-10 所示。

◆梁宽的测量：卷尺平行拉伸形成一个“冂”字形，往梁底部顶住，梁单边的边缘与卷尺整数值齐，再依此推算梁宽的总值，如图 15-11 所示。

图 15-9 宽度的测量

图 15-10 室内净高的测量

图 15-11 梁宽的测量

◎ 反映、复述

若是两个人去测量，一定是一位拿卷尺测量，另一位绘制格局及标识尺寸，所以，当一位拿卷尺在测量及念出尺寸时，另一位需复述出他所听到的尺寸数值并进行登记，以使测量数值误差减到最低，如图 15-12 所示。

图 15-12 反映、复述

6 仔细测量房屋尺寸

测量房屋时要仔细，认真，头脑清晰，速度快。卷尺要沿着墙角量，要保证每个墙都量到，没有遗漏。

7 测量完毕进行拍照

格局都测量好之后，当进行现场拍照。现场拍照以站在角落身体半蹲拍照，每一个场景均以拍到天花板、墙面、地面为最佳。强弱电、给排水、空调排水孔、原有设备、地面状况等细节都要进行拍照，如图 15-13 所示。

图 15-13 现场图

8 检查图纸并离开

完成了现场量房之后，需仔细检查现场测量的草图与现场有无问题，看是否有遗漏的地方没有测量到。没有问题即可离开现场。

15.2.3 绘草图注意事项

◆ 在空白纸上合理绘制图纸，适中就好，不要太大也不要太小，如图 15-14 所示。

◆ 结构图从进门开始画，画的方向要和你自己站的方向保持一致。

◆ 绘制墙体时，遵循简明、清晰的原则。（墙体可用单线和双线表示，不做硬性规定，可根据自己喜好来，但是一定要将墙体表达清楚），如图 15-15 所示。

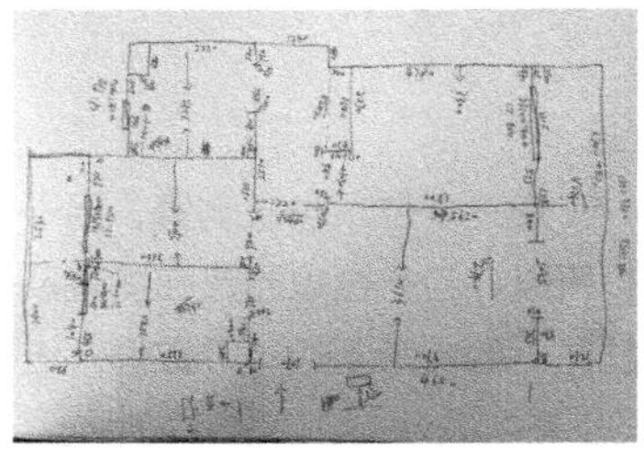

图 15-14 图纸适中

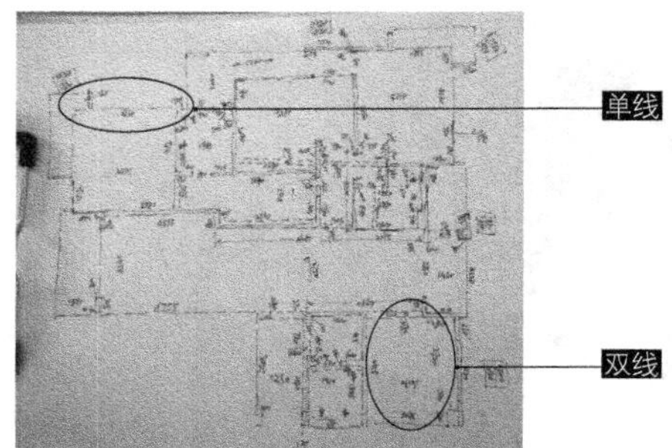

图 15-15 单、双线绘制墙体

◆ 将窗户、管道、烟道、空调孔、地漏、阳台推拉门、梁的方位等细节在图纸上表示清楚，如图 15-16 所示。

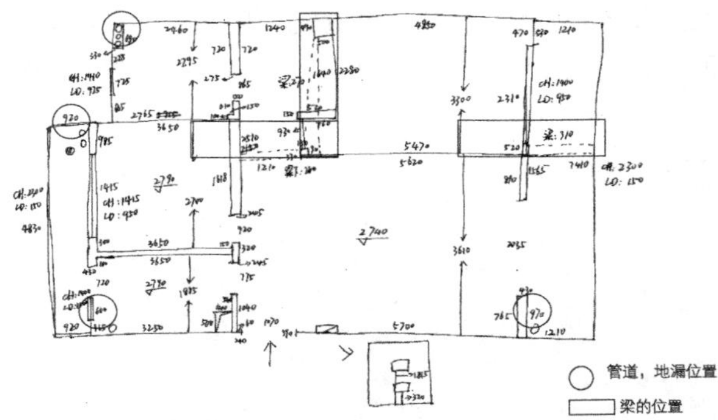

图 15-16 现场测量草图

15.2.4 室内房屋尺寸测量要点

测量房屋是一个细致的工作，那么我们测量时需要注意哪些方面呢？本小节讲解房屋测量要点。

1 需测量房屋细节的辨识

在房屋测量之前，我们先来认识一下需测量的房屋细节。

◆ 窗户和阳台推拉门的辨识，窗户如图 15-17 所示，阳台推拉门如图 15-18 所示。

图 15-17 窗户

图 15-18 阳台推拉门

◆ 管道和地漏的辨识，管道如图 15-19 所示，地漏如图 15-20 所示。

图 15-19 管道

图 15-20 地漏

◆厨房烟道和空调孔的辨识，厨房烟道如图 15-21 所示，空调孔如图 15-22 所示。

图 15-21 厨房烟道

图 15-22 空调孔

◆梁、强弱电箱与可视对讲的辨识，梁如图 15-23 所示，强弱电箱与可视对讲如图 15-24 所示。

图 15-23 梁

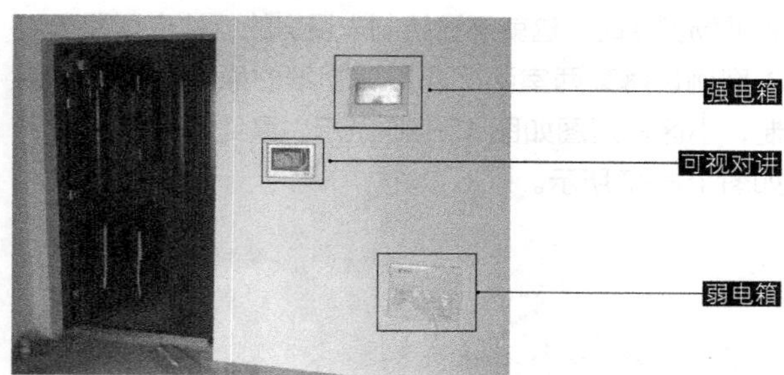

图 15-24 强弱电箱与可视电话

2 房屋尺寸测量要点

除了测量墙体，我们量房时还需测量很多细节问题，只有把握好了细节，在绘制原始结构图和做设计时才能减少问题出现。

◆注意测量墙的厚度，区分承重墙和非承重墙。

◆注意测量门洞的宽度，这对绘制原始结构图时非常重要。

◆测量窗户的长和高与窗户离地的高度，并在图纸上标识。

◆测量地面下沉，阳台、厨房、卫生间一般会有下沉，需要回填，所以在现场量房时，需测量清楚并在图纸上标识。

◆在图纸上标识梁的位置，并测量梁的高度和宽度。

◆测量强、弱电箱的位置，并在图纸上记录（需画出强弱电箱的立面图）。

◆测量房屋层高，并在图纸上标记（客、餐厅和房间的净高度），综上所述如图 15-25 所示。

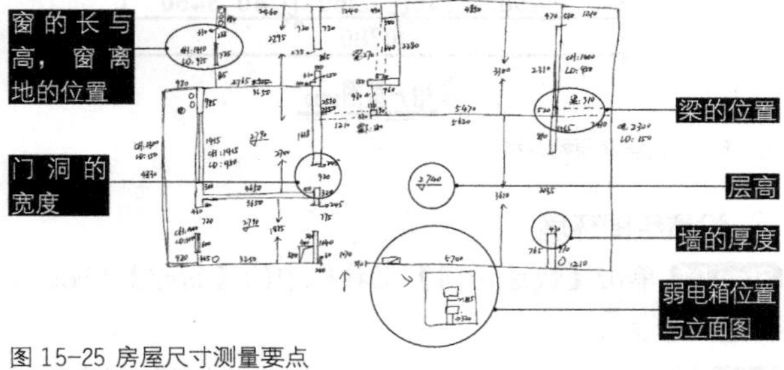

图 15-25 房屋尺寸测量要点

15.3 原始户型图的绘制

原始户型图是指未进行设计改造前房屋的原始建筑结构形状。在对居室进行装饰设计前，需要对房屋的原始建筑尺寸进行丈量并绘制图形，在反应房屋开间、进深尺寸的原始户型图上，绘制居室的平面图、立面图、顶面图等图形，将图形交付施工，最终完成居室的装潢设计。本节讲解非量房图纸和现场量房图纸的绘制。

15.3.1 绘制非量房图纸的原始户型图

非量房图纸的原始户型图是指设计师在有需要的时候从网上找的小区户型图，需要对其户型进行设计又未去现场测量时，这就需要绘制未量房的原始户型图了。本案例讲解某两室两厅非量房图纸的原始户型图的绘制，小区户型图如图 15-26 所示，最终绘制完成结果如图 15-27 所示。

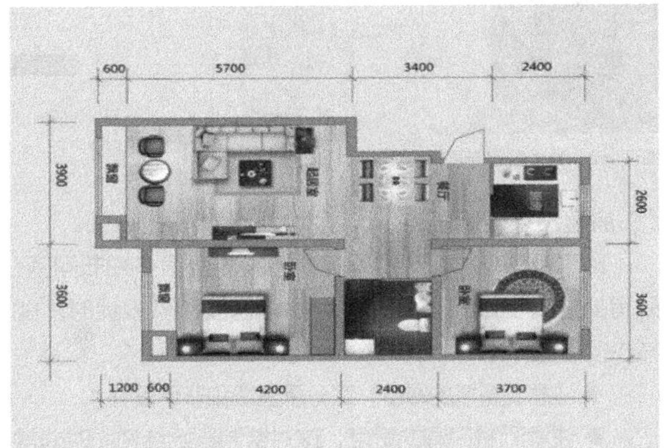

图 15-26 小区户型图

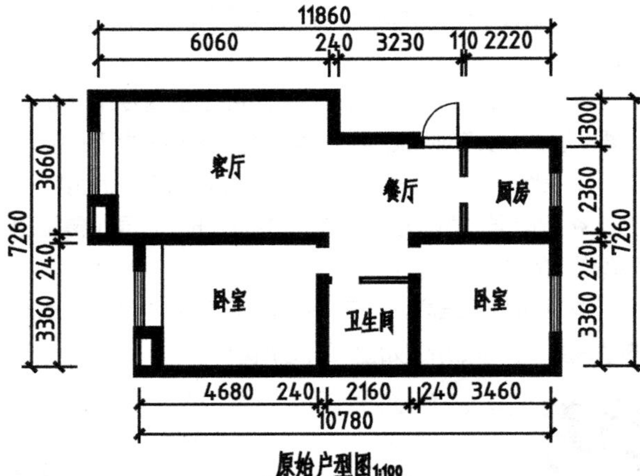

图 15-27 两居室原始户型图

1 设置绘图环境

Step 01 单击【快速访问】工具栏中的【新建】按钮，新建图形文件。

Step 02 调用UN【图形单位】命令，打开【图形单位】对话框，设置单位，如图15-28所示。

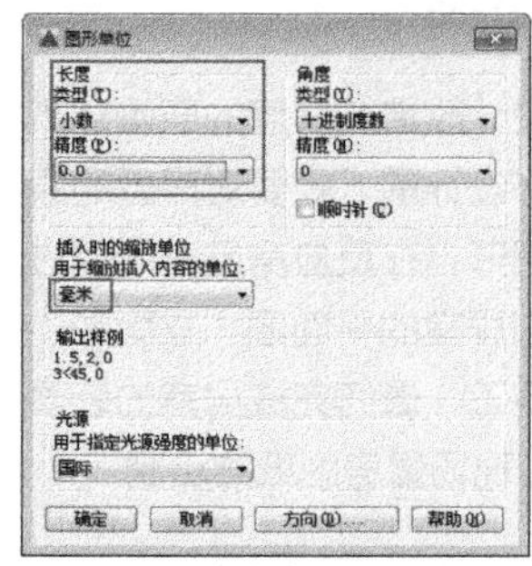

图 15-28 设置单位

Step 03 单击【图层】面板中的【图层特性管理器】按钮，设置图层，如图15-29所示。

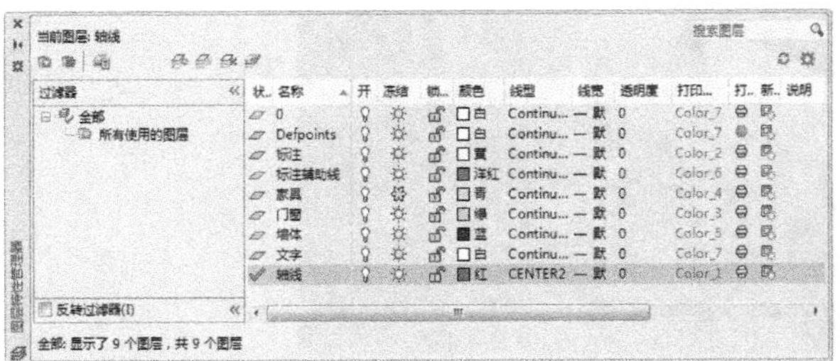

图 15-29 设置图层

Step 04 调用“LIMITS”【图形界限】命令，设置图形界限，命令行提示如下。

```
命令: LIMITS↙                                  //调用【图形界限】命令
重新设置模型空间界限:
指定左下角点或[开(ON)/关(OFF)]<0.0,0.0>:       //按Enter键确定
指定右上角点<420.0,297.0>:42000,29700          //指定界限按Enter键确定
```

2 绘制定位轴线

Step 01 将“轴线”图层置为当前层。

Step 02 调用L【直线】命令，绘制相互垂直的直线，如图 15-30所示。

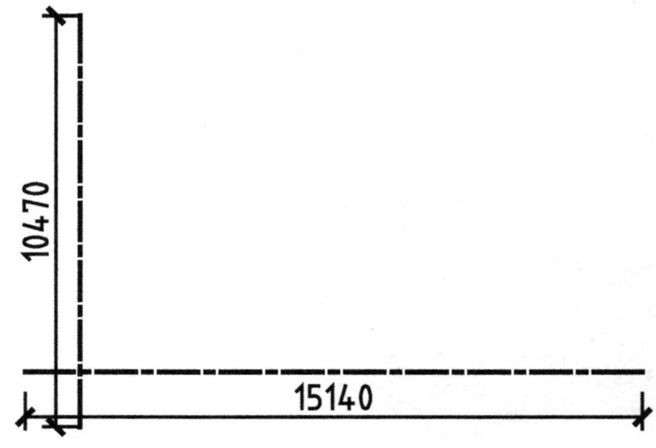

图 15-30 绘制轴线

Step 03 调用O【偏移】命令，依照原始户型图所给的尺寸偏移轴线，如图 15-31所示。

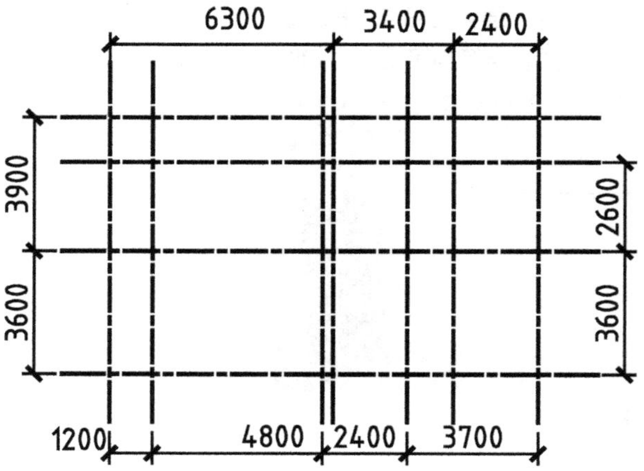

图 15-31 偏移轴线

Step 04 调用TR【修剪】命令，修剪轴线，如图15-32所示。

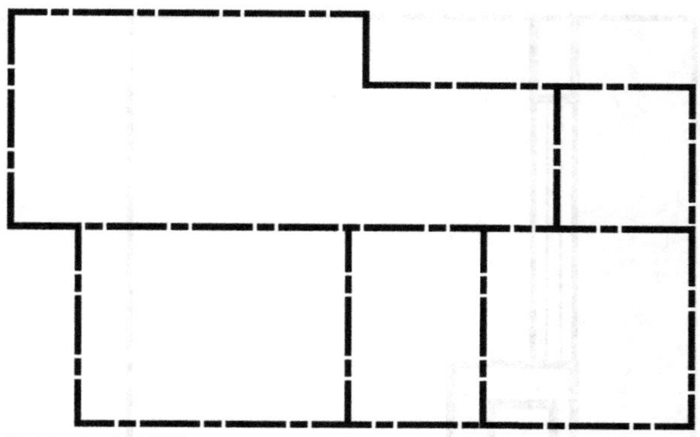

图 15-32 修剪轴线

3 绘制墙体

Step 01 将“墙体”图层置为当前层。

Step 02 绘制墙体。调用ML【多线】命令，设置多线的对正方式为“无”，比例为240，绘制墙体的结果如图 15-33所示。

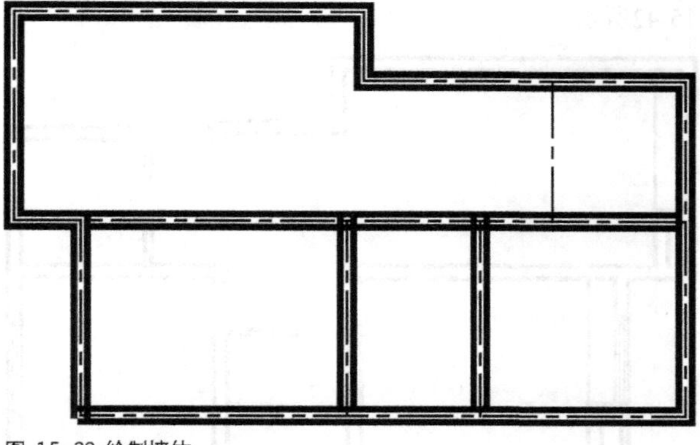

图 15-33 绘制墙体

Step 03 重复调用ML【多线】命令，设置多线对正方式为“无”，比例为120，绘制厨房墙体，如图 15-34所示。

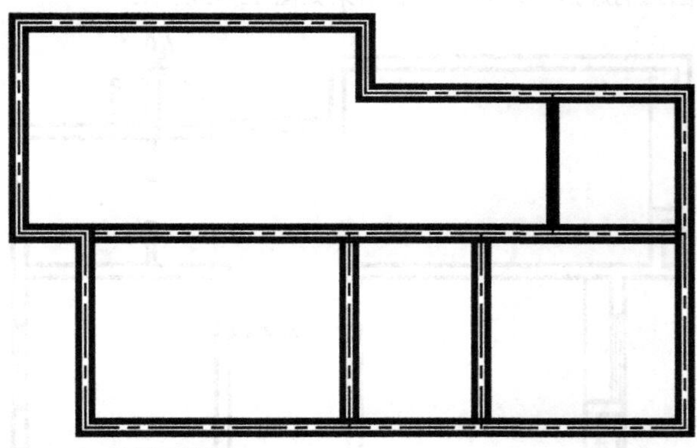

图 15-34 绘制厨房墙体

Step 04 调用X【分解】命令，将多线分解。调用TR【修剪】命令，修剪多余线段，并调用EX【延伸】命令，延伸线段，完善墙体绘制并隐藏“轴线”图层，如图 15-35所示。

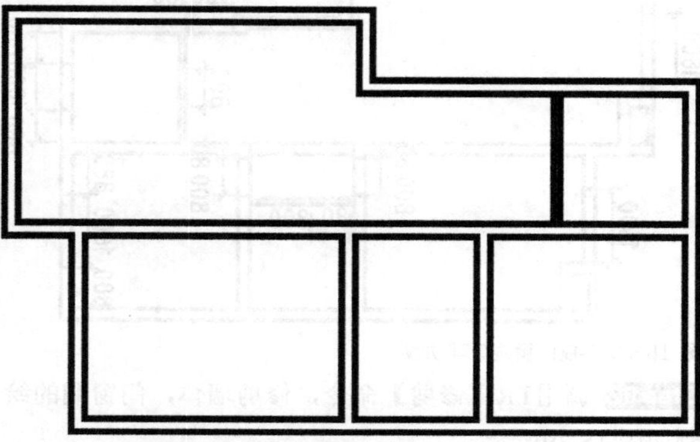

图 15-35 完善墙体绘制并隐藏“轴线”图层

Step 05 绘制空调外机墙体。调用O【偏移】命令，依照图15-36所示的尺寸，偏移线段，绘制放置空调外机墙体。

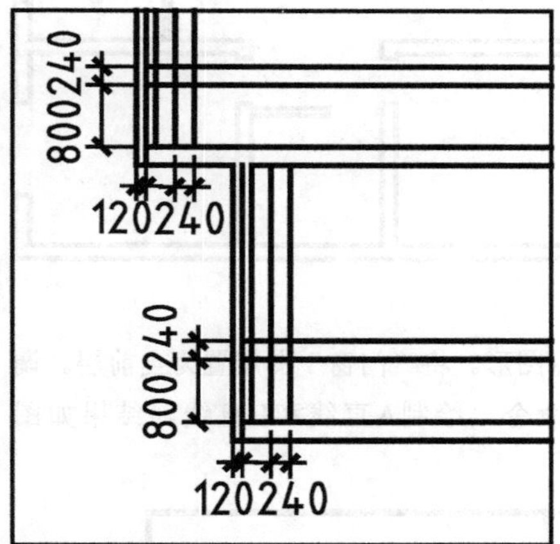

图 15-36 偏移线段

Step 06 调用TR【修剪】命令，修剪多余线段，如图15-37所示。

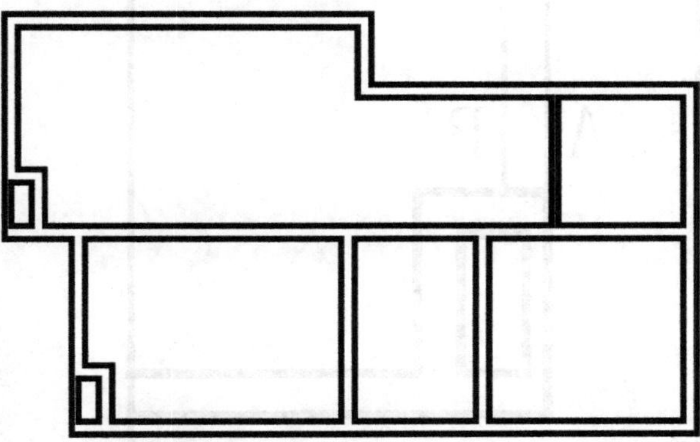

图 15-37 修剪多余线段

4 绘制门窗

Step 01 绘制门窗洞口。调用L【直线】、O【偏移】命令，绘制门窗洞口的辅助线，如图 15-38所示。

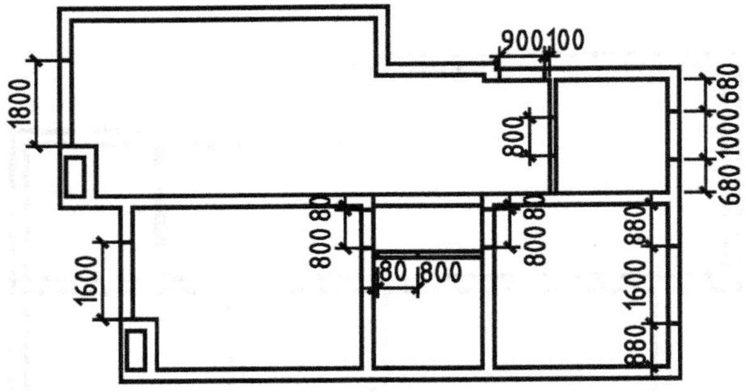

图 15-38 绘制门窗洞口辅助线

Step 02 调用TR【修剪】命令，修剪墙体，门窗洞的绘制如图 15-39所示。

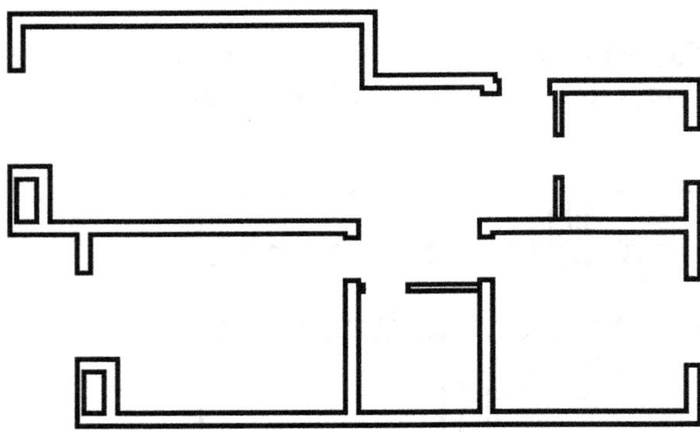
图 15-39 修剪墙体

Step 03 绘制窗图形。将“门窗”图层置为当前层。调用L【直线】命令，绘制A直线和B直线，结果如图 15-40所示。

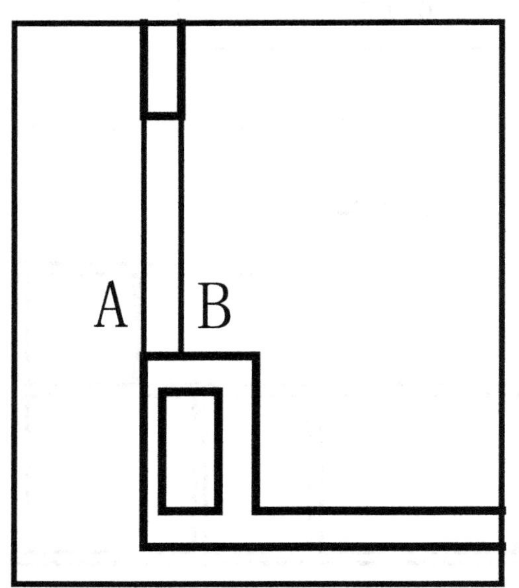

图 15-40 绘制 A、B 直线

Step 04 调用O【偏移】命令，将A、B直线分别向内偏移80，如图 15-41所示。

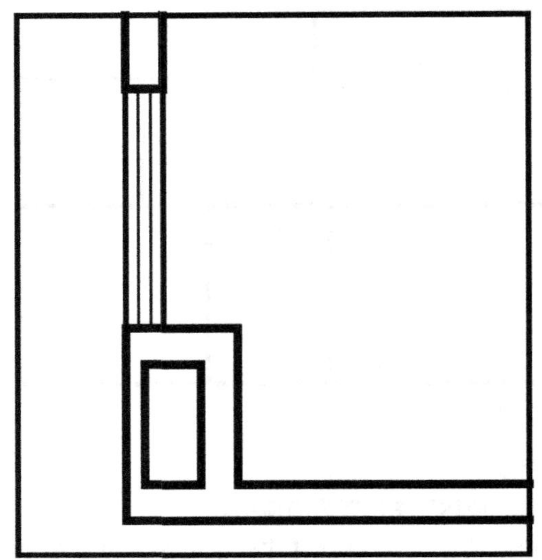
图 15-41 绘制结果

Step 05 重复上述操作，继续绘制窗图形，结果如图 15-42所示。

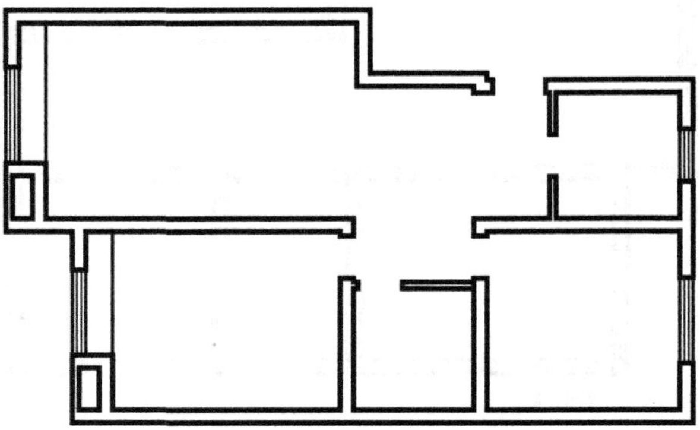
图 15-42 绘制窗图形

Step 06 绘制门图形。调用REC【矩形】命令，绘制一个尺寸为40×950的矩形，并调用A【圆弧】命令，指定圆弧的起点和端点，绘制结果如图 15-43所示。

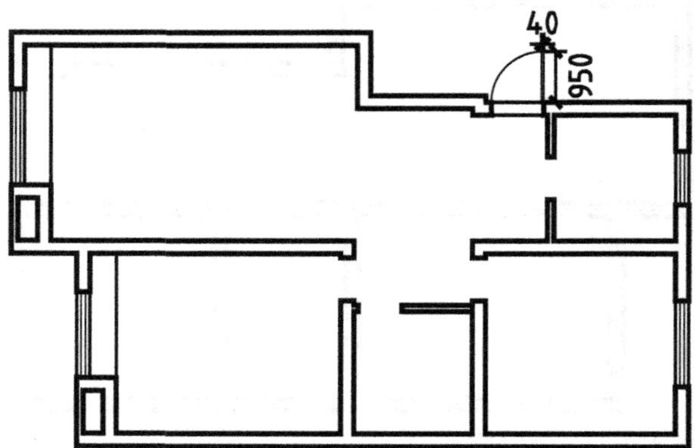

图 15-43 绘门图形

5 填充承重墙

承重墙的填充在家装设计中是非常重要的。承重墙一般是不可改造和拆除的，而非承重墙体则可根据客户和设计需求进行拆改。

调用 H【填充】命令，按照前面所给的原始户型图，对墙体进行 SOLID 图案的填充，填充颜色为 250，如图 15-44 所示。

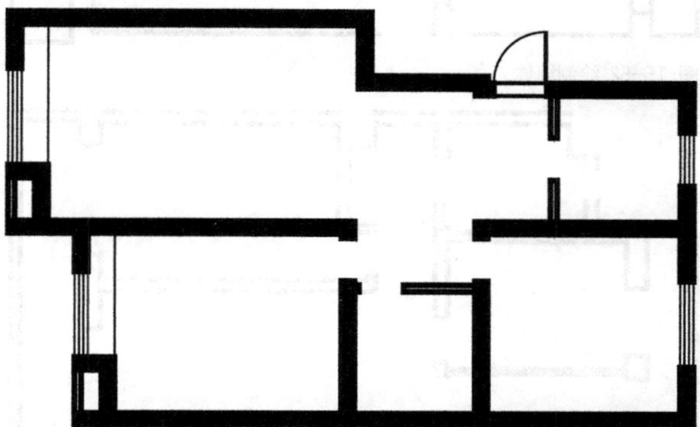

图 15-44 填充承重墙

6 尺寸标注

Step 01 将“标注”图层置为当前层。

Step 02 调用DLI【线性标注】、DCO【连续标注】命令，对原始户型图进行标注，如图15-45所示。

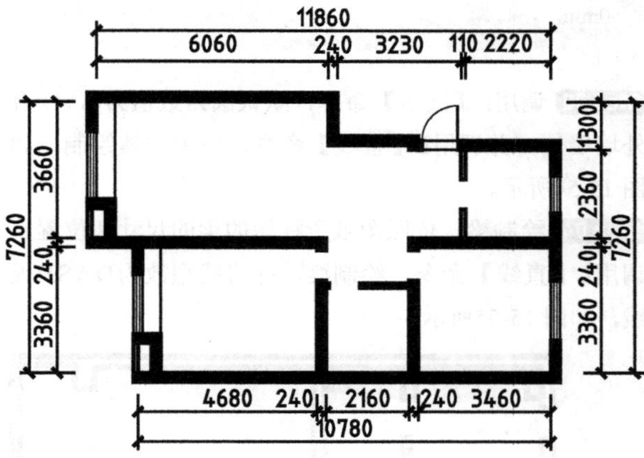

图 15-45 尺寸标注

7 文字标注

为绘制完成的原始户型图标注文字，明确各功能分区的位置，为绘制平面布置图提供方便。

Step 01 将“文字”图层，置为当前层。调用ST【文字样式】命令，打开【文字样式】对话框，单击【新建】按钮，如图15-46所示。

图 15-46 【新建文字样式】对话框

Step 02 新建【标注】文字样式，设置相关参数，如图15-47所示。

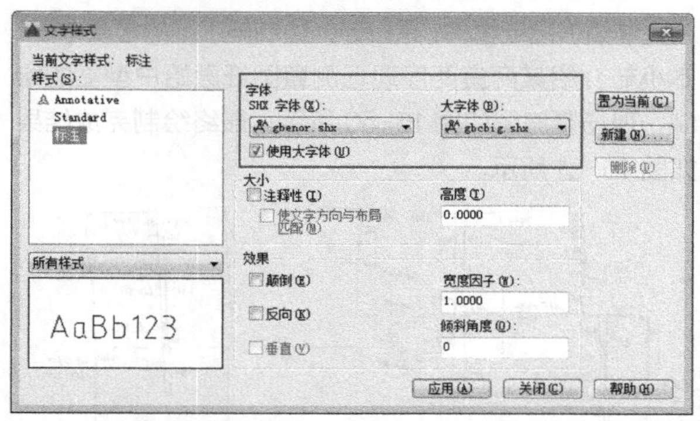

图 15-47 新建文字样式

Step 03 将【文字说明】文字样式置为当前。调用MT【多行文字】命令，在需要进行文字标注的区域输入文字说明，如图15-48所示。

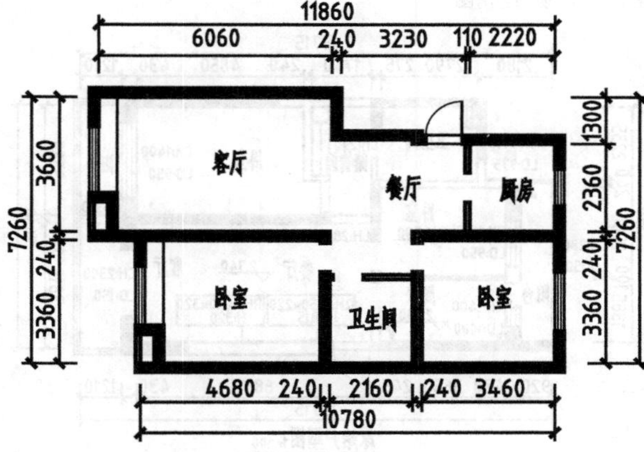

图 15-48 文字标注

8 图名标注

调用 MT【多行】文字，添加图名及比例。并调用 PL【多线段】命令，绘制同名标注下划线，最终结果如图 15-49 所示。

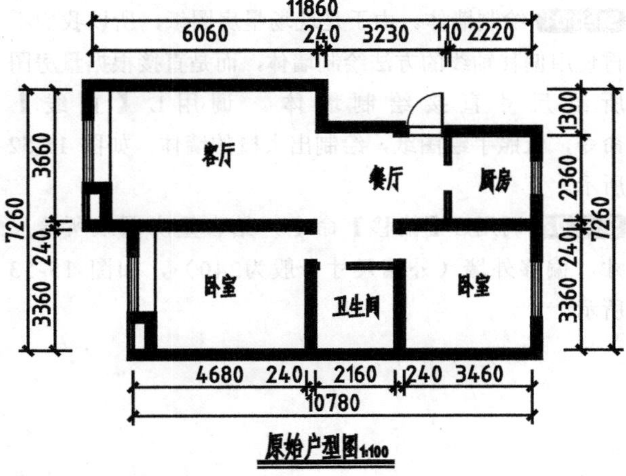

图 15-49 最终结果

15.3.2 绘制现场量房图纸的原始户型图

现场量房图纸指我们在现场测量房屋尺寸的图纸，它比非量房图纸精确，是设计师绘制施工图的重要依据。本小节介绍某两室两厅现场测量图纸原始户型图的绘制，现场量房图如图 15-50 所示。最终绘制完成结果如图 15-51 所示。

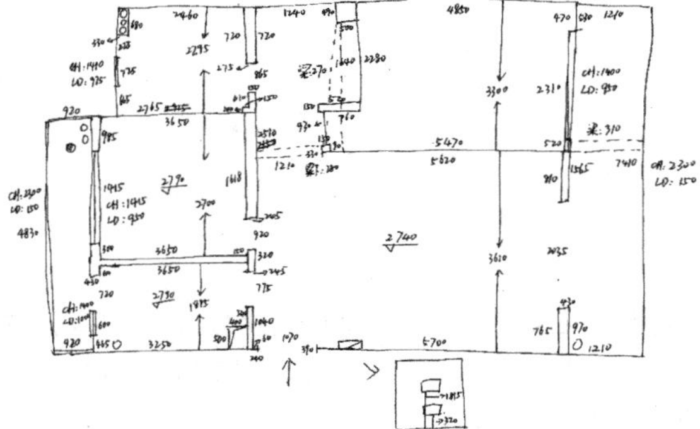

图 15-50 现场量房图

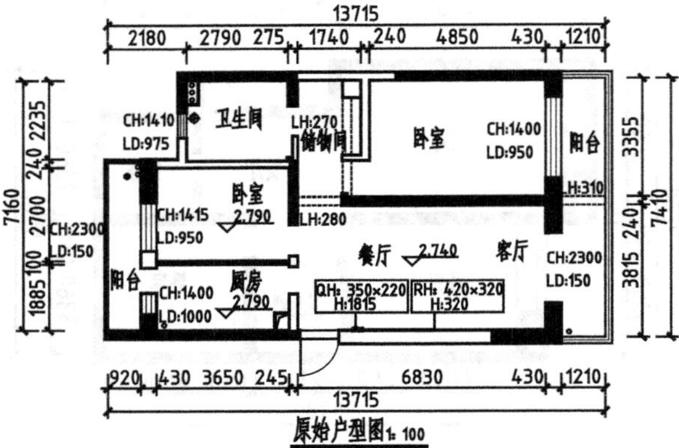

图 15-51 原始户型图

1 绘制墙体

在拿到一张现场手绘量房图纸时，可以先不着急开始画图，大概先计算一下图纸数值是否准确，了解误差数值大小。

Step 01 绘制墙体。由于是现场量房图纸，所以我们不再使用偏移轴线的方法绘制墙体，而是直接根据量房图所给尺寸直接绘制墙体。调用L【直线】命令，依照手绘图纸，绘制出大概的墙体，如图 15-52 所示。

Step 02 调用O【偏移】命令，结合量房图纸所给尺寸，偏移外墙（外墙尺寸一般为240），如图 15-53 所示。

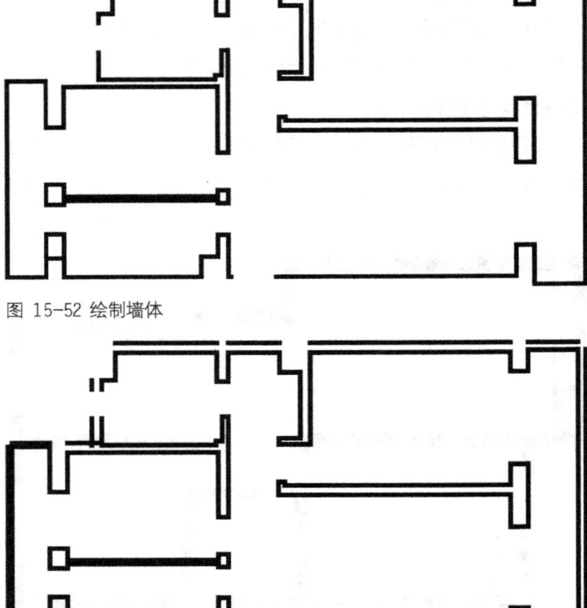

图 15-52 绘制墙体

图 15-53 偏移外墙

> **设计点拨**
>
> 在绘制墙体时，会有一定的误差，绘图者可根据图纸实际情况与绘图情况做相应的调整，但是误差一般不超过50mm。

Step 03 调用F【圆角】命令，默认圆角数值为0，闭合外墙墙体。并调用L【直线】命令，完善墙体绘制，如图 15-54所示。

Step 04 绘制梁。依照图纸所标识的梁的尺寸和位置，调用L【直线】命令，绘制梁，并将线型改为DASH虚线，如图 15-55所示。

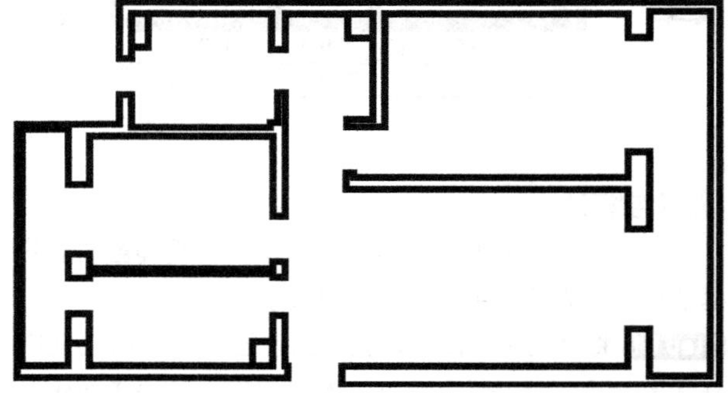

图 15-54 绘制墙体

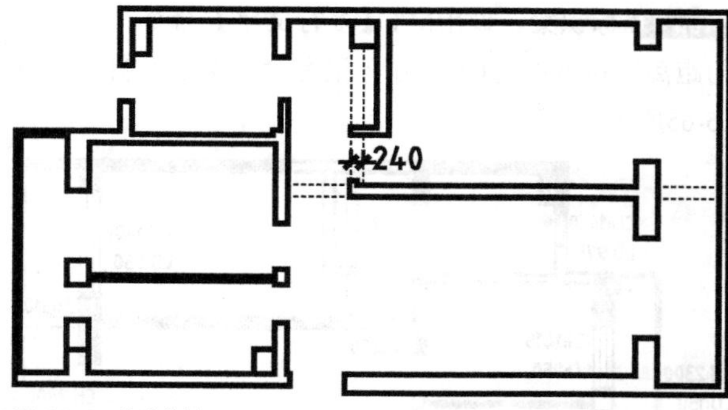

图 15-55 偏移外墙

2 绘制门窗与阳台

Step 01 绘制门窗。调用L【直线】、O【偏移】、A【圆弧】命令，沿用前面介绍的门窗绘制方法，绘制出门窗，如图 15-56所示。

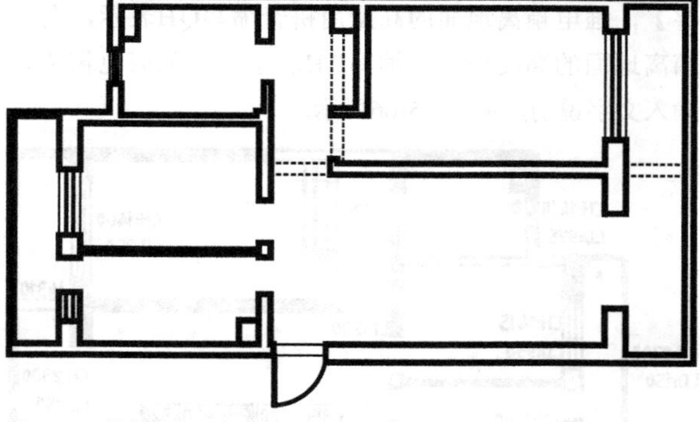

图 15-56 绘制门窗

Step 02 绘制阳台。调用L【直线】命令，在阳台墙体的中心绘制线段，如图 15-57所示。

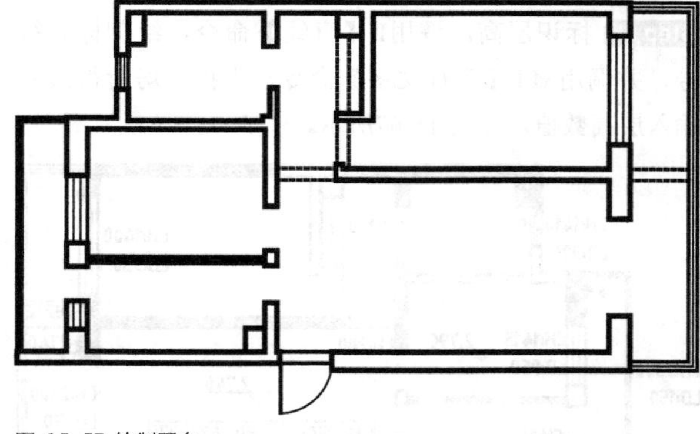

图 15-57 绘制阳台

3 填充承重墙

填充承重墙。调用 L【直线】命令，绘制直线闭合承重墙体，并调用 H【填充】命令，对承重墙区域进行图案为 SOLID 的填充，填充颜色为 250，如图 15-58 所示。

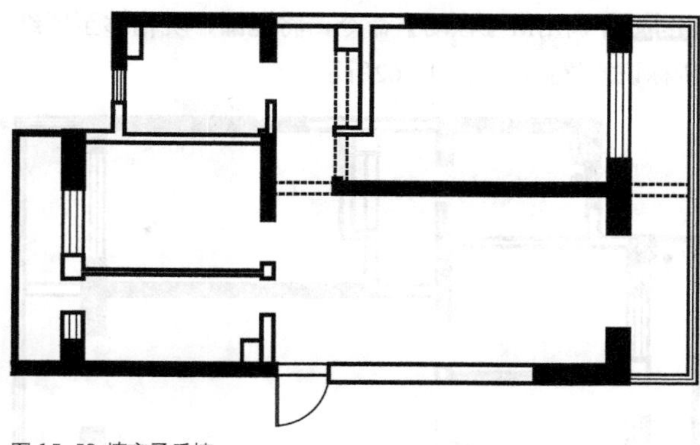

图 15-58 填充承重墙

4 绘制量房图例

量房图例是设计师设计家装空间和各项功能分区的重要依据，所以在原始户型图中都要表示清楚。

Step 01 绘制管道。调用C【圆】命令，绘制直径为110的圆，并调用M【移动】、CO【复制】命令，将圆复制移动至图纸所示位置，如图 15-59所示。

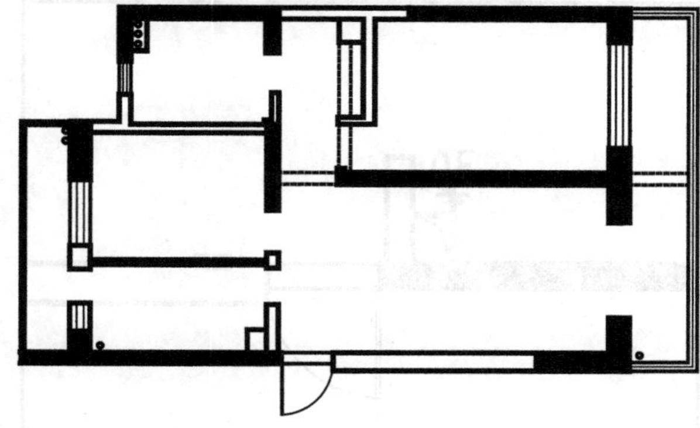

图 15-59 绘制管道

Step 02 绘制地漏。调用C【圆】命令，绘制直径为140的圆，并将线型改为DASH。并调用H【填充】命令，对圆进行图案为LINE的填充，如图 15-60所示。

Step 03 绘制坑槽。调用C【圆】命令，绘制直径为235的圆，并调用L【直线】命令，通过圆中心绘制十字，调用A【圆弧】命令，在圆内侧绘制弧线。将绘制好的坑槽线型改为DASH虚线，如图 15-61所示。

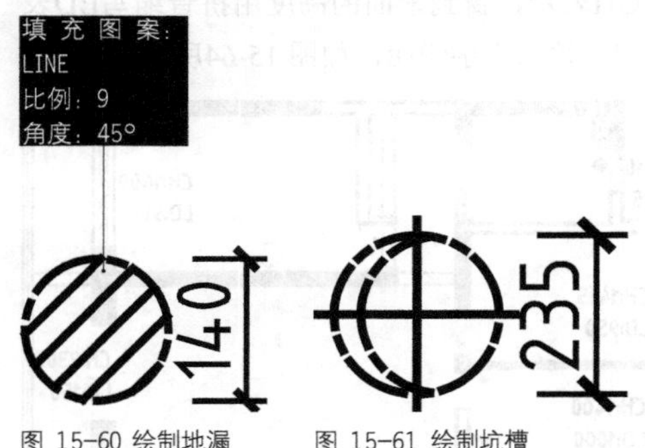

图 15-60 绘制地漏　图 15-61 绘制坑槽

Step 04 调用M【移动】命令，将地漏、坑槽移至图纸所标识的位置，如图 15-62所示。

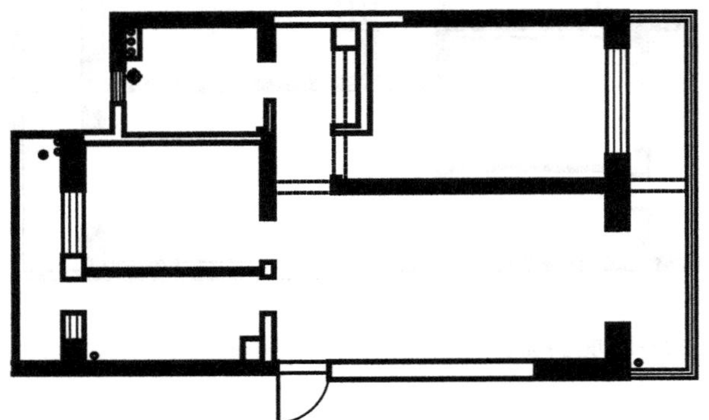

图 15-62 移动地漏与坑槽

Step 05 绘制烟道与强弱电箱。调用O【偏移】命令，将厨房烟道向内偏移30，并调用L【直线】命令，绘制折线。调用I【插入块】命令，将强、弱电箱图块插入到量房图纸所标识的指定位置，如图 15-63所示。

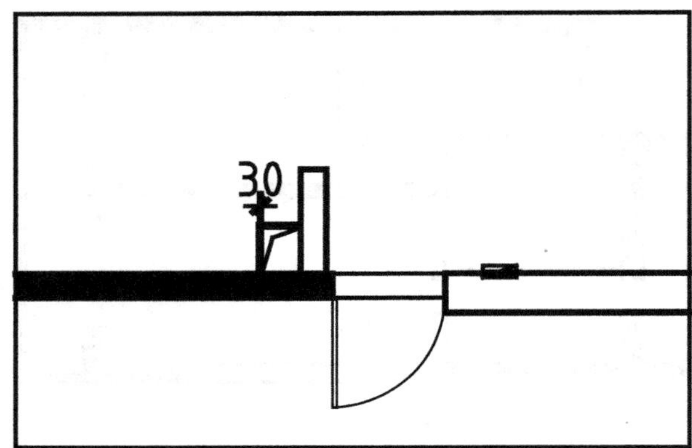

图 15-63 绘制烟道与强弱电箱

5 文字说明

在绘制原始户型图时，需要将原始户型的窗高、窗到地面的高度、梁垂下的高度、强弱电箱到地面的高度、层高等用文字说明清楚。

Step 01 将“文字”图层置为当前层。

Step 02 标识窗高。调用MT【多行文字】命令，窗高用拼音缩写CH表示，窗到地面的高度用拼音缩写LD表示。在各窗户旁输入文字说明，如图 15-64所示。

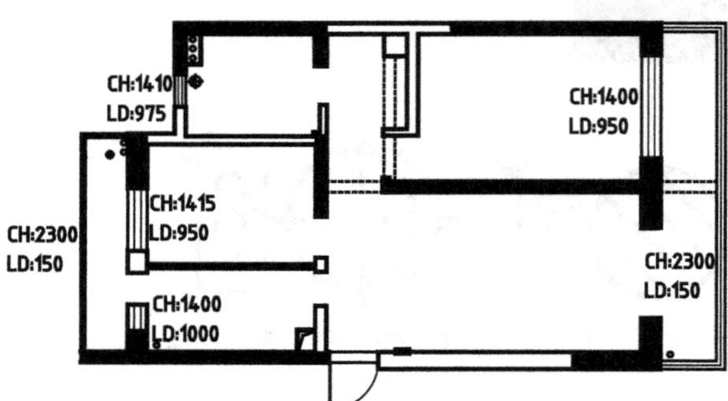

图 15-64 标识窗高

Step 03 标识梁。调用MT【多行文字】命令，梁垂下的距离用拼音缩写LH，在各梁旁输入文字说明，如图 15-65所示。

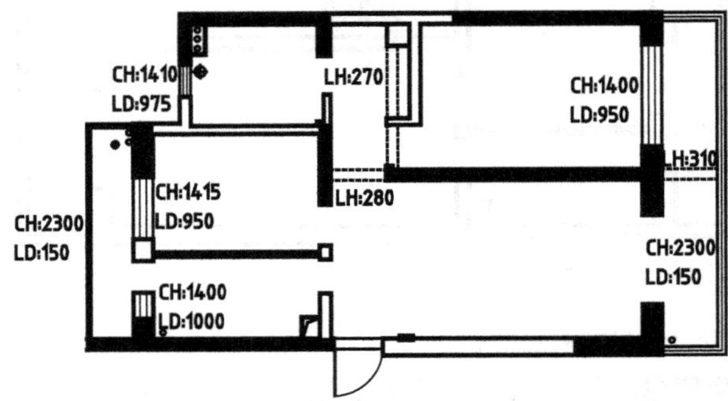

图 15-65 标识梁高

Step 04 标识强弱电箱的高度。调用MT【多行文字】命令，强电箱离地面的高度用拼音缩写QH表示，弱电箱离地面的高度用拼音缩写RH表示，在强弱电箱位置输入文字说明，如图 15-66所示。

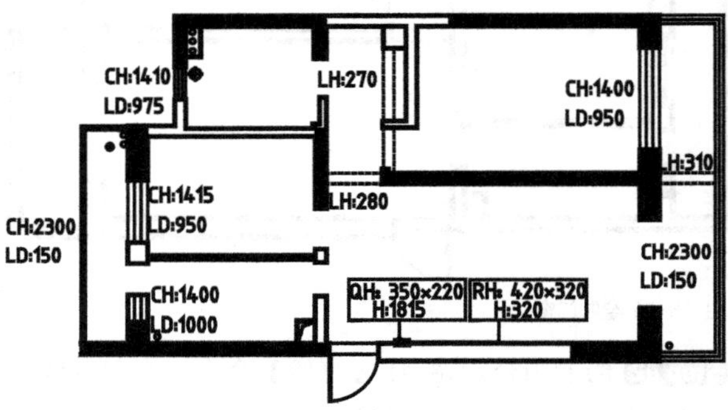

图 15-66 标识强弱电箱的高度

Step 05 标识层高。调用L【直线】命令，绘制标高符号，并调用MT【多行文字】命令，根据量房所得尺寸输入层高数值，如图 15-67所示。

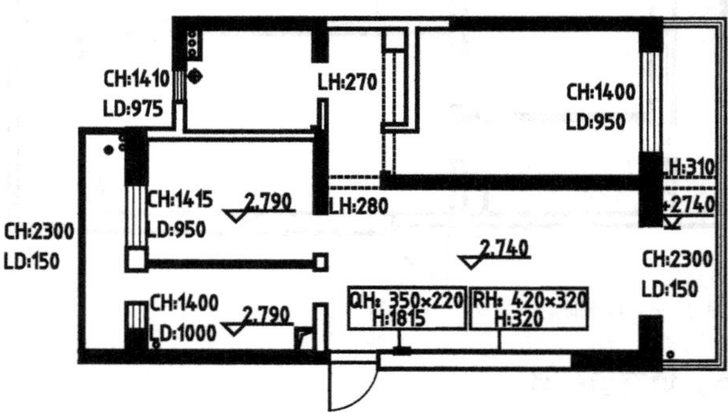

图 15-67 标识层高

6 尺寸标注

Step 01 将“标注”图层置为当前层。

Step 02 调用DLI【线性标注】、DCO【连续标注】命令，对原始户型图进行标注，如图15-68所示。

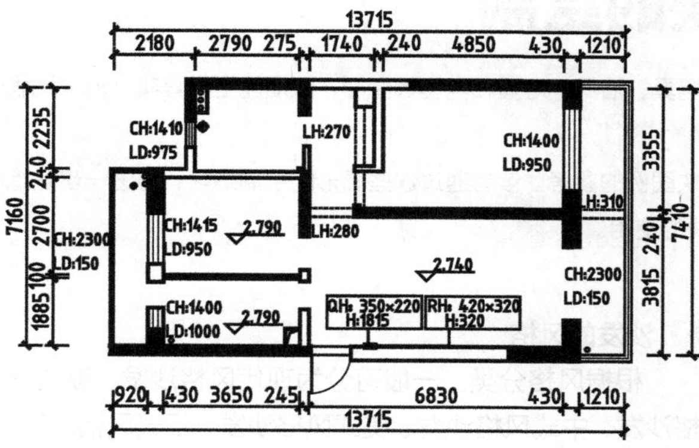

图 15-68 尺寸标注

7 文字标注

为绘制完成的原始户型图标注文字，明确各功能分区的位置，为绘制平面布置图提供方便。

Step 01 将“文字”图层，置为当前层。

Step 02 调用MT【多行文字】命令，在需要进行文字标注的区域，输入文字说明，如图15-69所示。

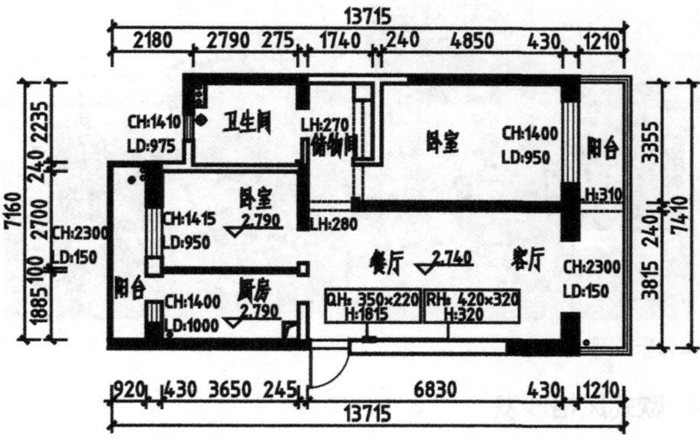

图 15-69 文字标注

8 图名标注

调用 MT【多行文字】命令，添加图名及比例，调用 PL【多线段】命令，绘制同名标注下划线，最终结果如图 15-70 所示。

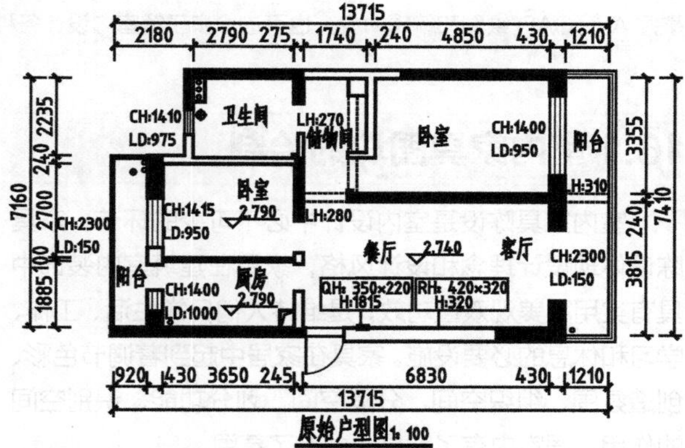

图 15-70 最终结果

第 16 章 室内设计配景图块的绘制

在绘制室内设计平面图和立面图中，常常需要绘制一些家具、厨具、洁具、灯具和电器等图形，以便能更加真实、形象地表示装修的效果。

本章即讲解这些室内常用配景图块的绘制方法，与各种配景图块图例的参考。读者通过这些图形的绘制练习，可进一步熟练掌握 AutoCAD 绘图和编辑命令，也可进一步了解室内设计各种图块的使用。

16.1 室内家具图块的绘制

室内家具陈设是室内设计中必不可少的环节，家具陈设体现设计理念和设计风格，家具在建筑室内装饰中具有实用和美观双重功效，是维持人们日常生活、工作、学习和休息的必要设施。家具在家居中起到着调节色彩、创造氛围、组织空间、分隔空间、划分功能、识别空间的作用。居室内有了家具，才有了氛围。

本节介绍室内绘图中常见家具图块的绘制方法。

16.1.1 沙发概述

“沙发”是个外来词，根据英语单词Sofa音译而来，为一种装有软垫的多座位椅子，装有弹簧或泡沫塑料等的靠背椅，两边有扶手，是软家具的一种。

1 沙发的种类

沙发已是许多家庭必需的家具。按沙发的用料来分类主要由4种：皮沙发、布艺沙发、曲木沙发和藤制沙发。

◎ 皮沙发

皮沙发是采用动物皮，如猪皮、牛皮、羊皮等动物皮，经过特定工艺加工成的皮革做成的座椅，由于制成的皮革，具有透气、柔软性非常好等功能，因而用它来制成座椅，人坐起来就非常舒服，也不容易脏。一套时尚的皮沙发摆在客厅里，还显得美观、高贵、大方等。

◎ 布艺沙发

布艺沙发主要是指主料是布的沙发，经过艺术加工，达到一定的艺术效果，满足人们的生活需求。布艺沙发按材料分为纯布艺沙发和皮布结合沙发。按款式分为：休闲布艺沙发和欧式布艺沙发。

◎ 曲木沙发

曲木沙发最大的特点在于其特有的弯曲弧度，由于在制造的过程中充分考虑了人体的曲线起伏，可以减轻使用者长期卧坐而产生的疲劳感，使人体感到更加舒服，体现了现代人的审美理念，实用性与装饰性也较强。

◎ 藤制沙发

藤制家具具有色泽素雅、光洁凉爽、轻巧灵便等特点。无论置于室内或庭园，都能给人以浓郁的乡土气息和清淡雅致的情趣。藤质家具以其古朴、清爽的特点渐获消费者青睐。

2 沙发的风格

根据风格分类：一般可分为现代风格沙发、欧式风格沙发、中式风格沙发、美式风格沙发、日式风格沙发、田园风格沙发等。

◎ 现代风格沙发

目前家具市场现代沙发样式，多数都是从款式及选面料而定。款式简约而不简单，有转角型的也有组合型的，适合于大众客厅，如图 16-1 所示。

图 16-1 现代沙发

◎ 欧式风格沙发

线条简洁，适合现代家居。欧式沙发的特点是富于现代风格，色彩比较清雅、线条简洁，适合大多数家庭选用。这种沙发适用的范围也很广，置于各种风格的居室感觉都不错。二十一世纪较流行的是浅色的沙发，如白色、米色等，如图 16-2 所示。

图 16-2 欧式沙发

◎ 美式风格沙发

美式沙发主要强调舒适性，让人坐在其中感觉像被温柔地环抱住一般，但占地较多。现在许多沙发制造工艺已经不再用弹簧而是全部由主框架加不同硬度的海绵制成，但许多传统的美式沙发底座不会为了省时省力而放弃弹簧，仍会使用弹簧加海绵的设计，这使得这种沙发十分结实耐用，如图 16-3 所示。

图 16-3 美式沙发

◎ 中式风格沙发

强调冬暖夏凉，四季皆宜。中式沙发的特点在于整个裸露在外的实木框架。上置的海绵椅垫可以根据需要撤换。这种灵活的方式，使中式沙发深受许多人的喜爱：冬暖夏凉，方便实用，适合我国南北温差较大的国情，如图 16-4 所示。

图 16-4 中式沙发

◎ 日式风格沙发

强调自然、朴素。日式沙发最大的特点是成栅栏状的木扶手和矮小的设计，这样的沙发最适合崇尚自然而朴素的居家风格的人士，日式沙发的小巧，透露着严谨的生活态度。因此日式沙发也经常被一些办公场所选用，如图 16-5 所示。

图 16-5 日式沙发

◎ 田园风格沙发

田园风格沙发造型结构多用直线条，款式设计比较大气，倡导回归自然，表现休闲、舒畅、自然的田园生活乐趣，田园风格沙发巧妙的设计，创造自然、简朴、高雅的生活氛围，如图 16-6 所示。

图 16-6 田园沙发

3 沙发尺寸

本小节罗列了沙发常用尺寸，这些尺寸并不是“一定”或者“绝对”适用，而会因住户的房屋户型、习惯或者设计者的尺寸观念的不同而略有不同，因此仅供读者参考。

◆单人式沙发长度为 800~1000mm，深度为 800~1000mm，坐垫高 350~420mm，背高 700~900mm，如图 16-7 所示。

◆双人式沙发的长度为 1500~2000mm，深度 800~1000mm，如图 16-8 所示。

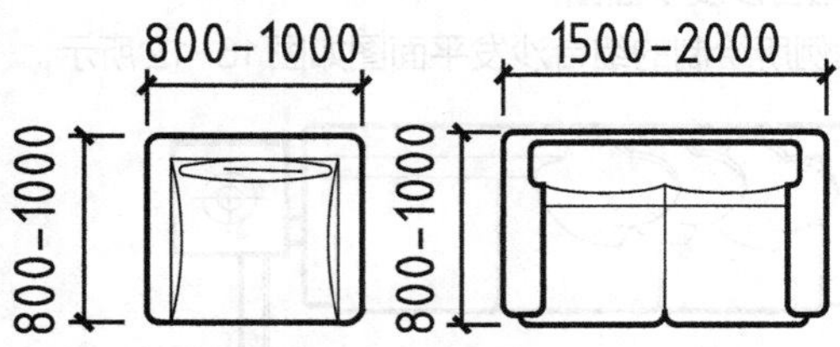

图 16-7 单人式沙发尺寸　图 16-8 双人式沙发尺寸

◆三人式沙发的长度为 2400~3000mm，深度 800~1000mm，如图 16-9 所示。

◆L 形沙发的单座延长深度为 1600~1800mm，如图 16-10 所示。

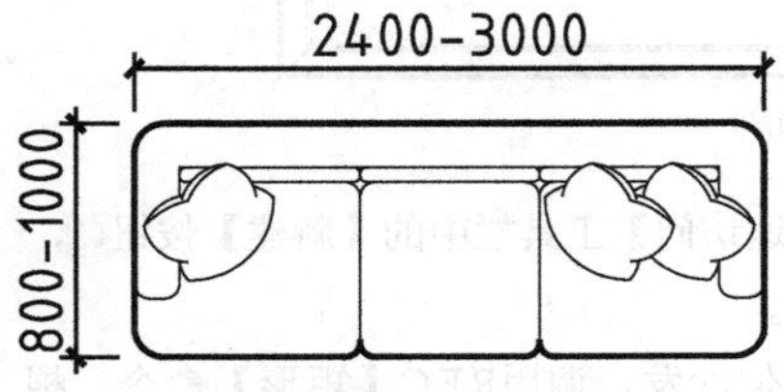

图 16-9 三人式沙发尺寸

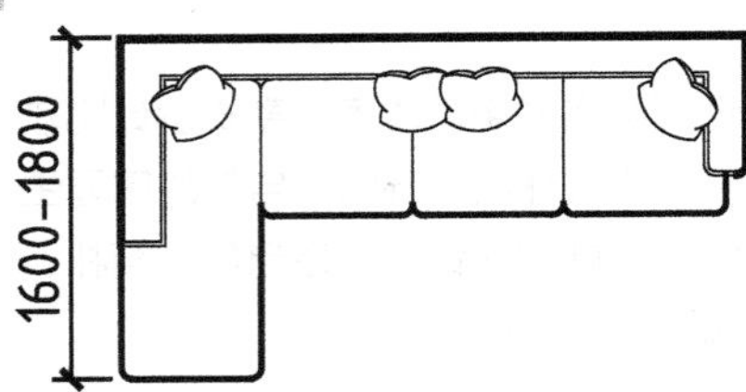

图 16-10 L形沙发尺寸

4 组合沙发结构

组合沙发有多种多样，但一般都由单人位、双人位或者是三人位、贵妃位、脚踏和茶几组成，如图 16-11 所示。

图 16-11 组合沙发结构图

16.1.2 绘制组合沙发

本案例讲解现代组合沙发图形的绘制方法。组合沙发图形绘制主要调用了 REC【矩形】、X【分解】、O【偏移】、TR【修剪】、H【填充】等命令。

1 绘制组合沙发平面图

本案例所绘制的组合沙发平面图如图 16-12 所示。

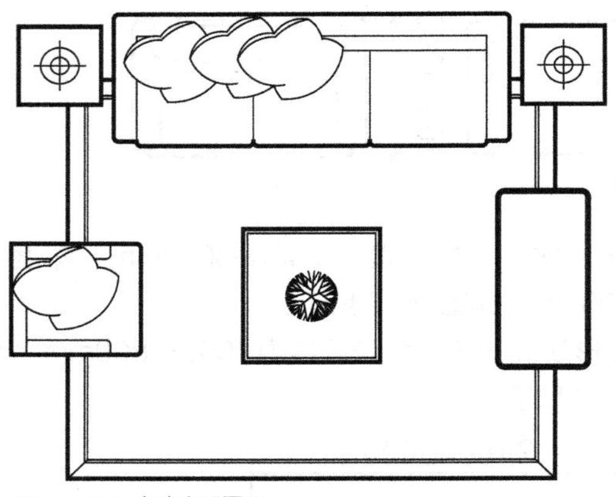

图 16-12 组合沙发平面图

Step 01 单击【快速访问】工具栏中的【新建】按钮，新建空白图形文件。

Step 02 绘制三人位沙发。调用REC【矩形】命令，根据命令提示，指定圆角半径为80，绘制一个尺寸为2600×870的矩形，并调用X【分解】命令，将其分解，如图 16-13所示。

Step 03 调用O【偏移】命令，将矩形上边线向下依次偏移150、100，将矩形下边线向下偏移100，将左右两侧线段向内偏移200，如图 16-14所示。

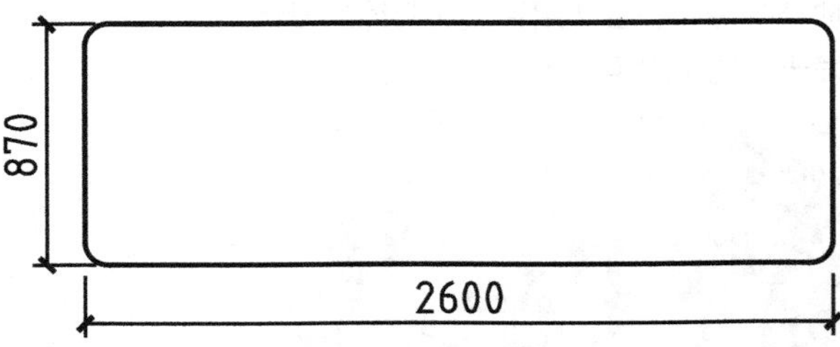

图 16-13 绘制圆角矩形

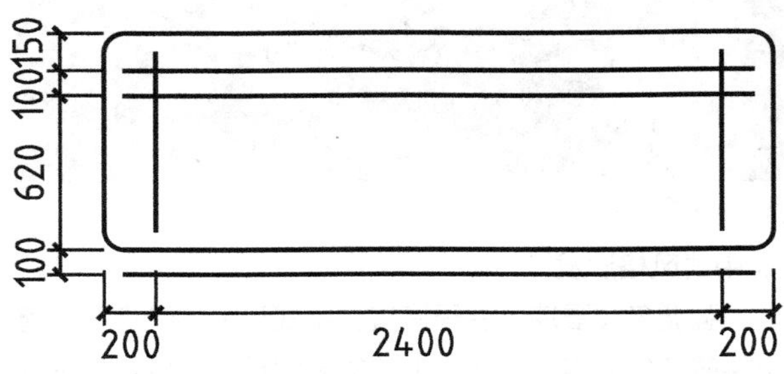

图 16-14 偏移尺寸

Step 04 调用TR【修剪】命令，将多余线段进行修剪；并执行DIV【定数等分】、L【直线】命令，将线段分成3等份绘制出图 16-15所示的线段。

Step 05 调用F【圆角】命令，指定圆角半径为80，圆角沙发轮廓如图 16-16所示。

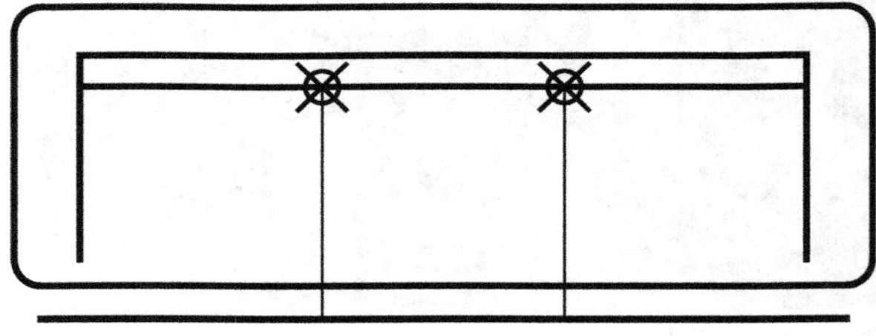

图 16-15 修剪、定数等分

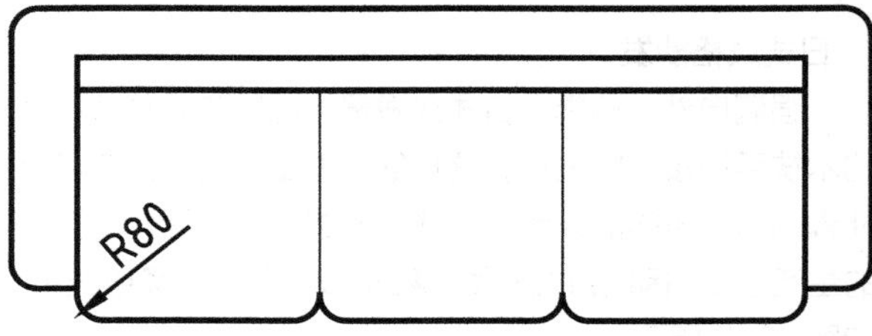

图 16-16 圆角沙发轮廓

Step 06 绘制脚踏。调用REC【矩形】命令，根据命令提示，指定圆角半径为80，绘制一个尺寸为1200×600的矩形，并调用O【偏移】命令，将矩形向内偏移20，如图 16-17所示。

Step 07 绘制单人位沙发。调用REC【矩形】命令，绘制一个尺寸为850×750的矩形，并调用X【分解】命令，将其分解，如图 16-18所示

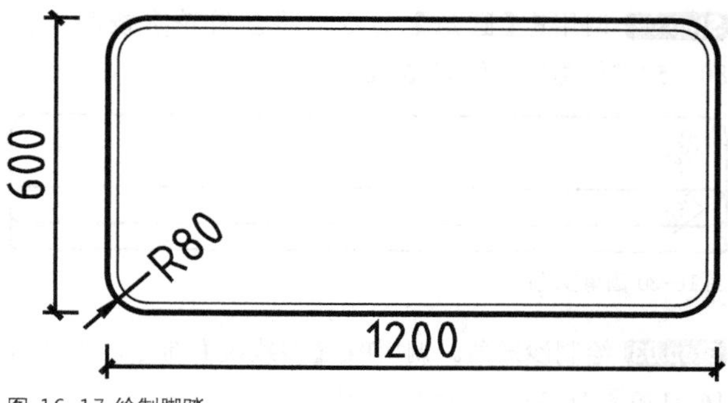

图 16-17 绘制脚踏

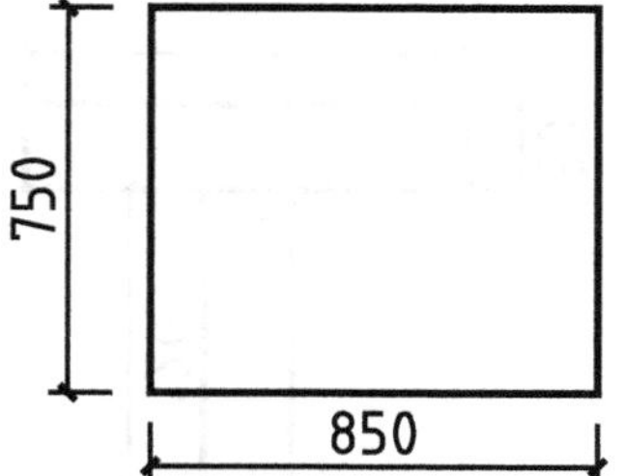

图 16-18 绘制矩形

Step 08 调用O【偏移】命令，将矩形上边线依次向下偏移100、550、100，将矩形左边线依次向右偏移100、550、200，如图 16-19所示。

Step 09 调用F【圆角】命令，将指定位置按照半径为80、50进行圆角操作，且将多余部分修剪删除，如图16-20所示。

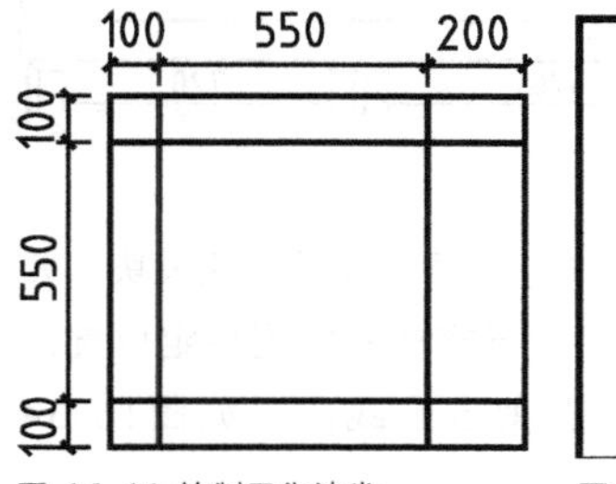

图 16-19 绘制无靠沙发　　图 16-20 绘制矩形

Step 10 绘制沙发柜。调用REC【矩形】命令，绘制一个尺寸为540×540的矩形，如图 16-21所示。

Step 11 绘制台灯。调用C【圆】命令，于沙发柜中心绘制2个半径分别为120、60的同心圆，调用L【直线】命令，过圆心绘制十字，如图 16-22所示。

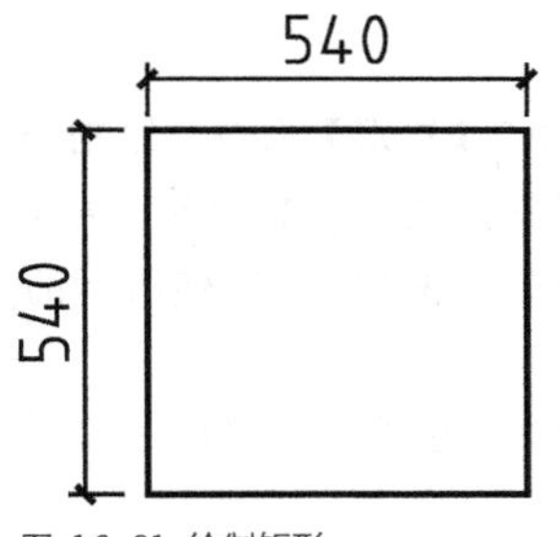

图 16-21 绘制矩形

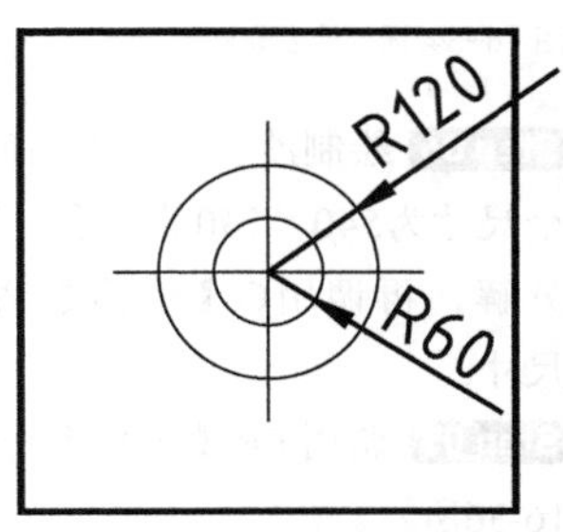

图 16-22 绘制台灯

Step 12 调用M【移动】、CO【复制】、RO【旋转】命令，将上几步所绘制的沙发和沙发柜分别布置指定，如图16-23所示。

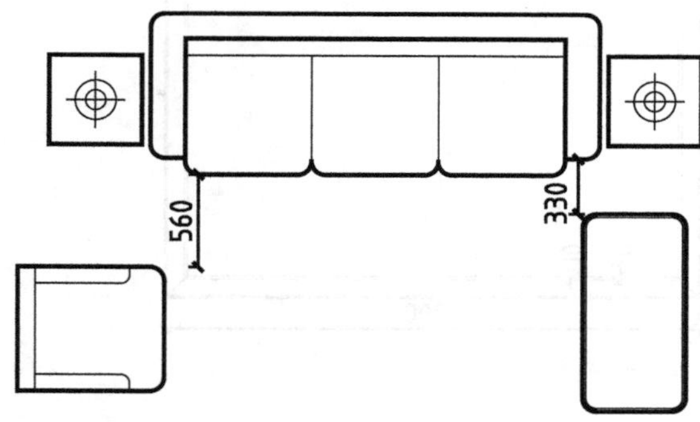

图 16-23 放置沙发

Step 13 调用I【插入块】命令，插入沙发靠枕图块，并调用CO【复制】命令，将沙发靠枕复制到指定位置，调用TR【修剪】命令，修剪多余线段，如图16-24所示。

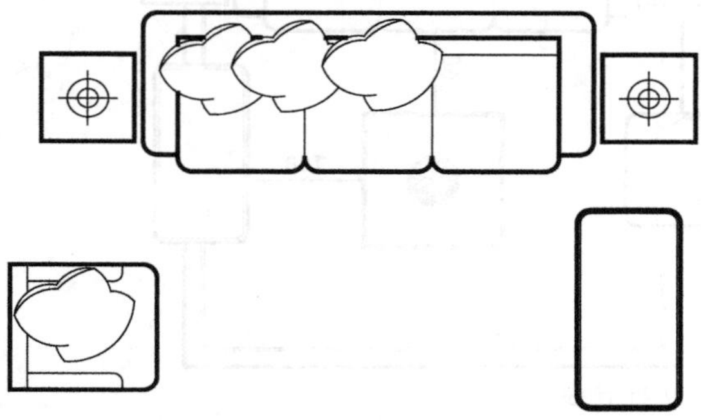

图 16-24 插入沙发靠枕

Step 14 绘制茶几。调用REC【矩形】命令，绘制一个尺寸为900×900的矩形，再执行O【偏移】命令，将矩形向内偏移20，调用I【插入块】命令，插入植物图块，绘制好茶几，如图 16-25所示。

Step 15 绘制地毯。调用REC【矩形】命令，绘制一个尺寸为3200×2700的矩形，再执行O【偏移】命令，将矩形向内分别偏移110、20，如图 16-26所示。

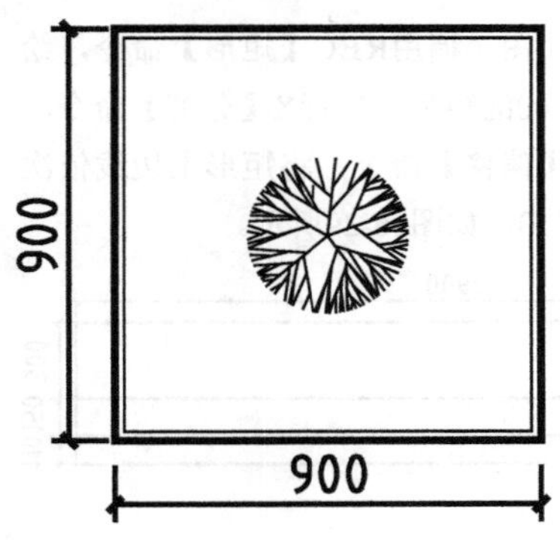

图 16-25 绘制茶几

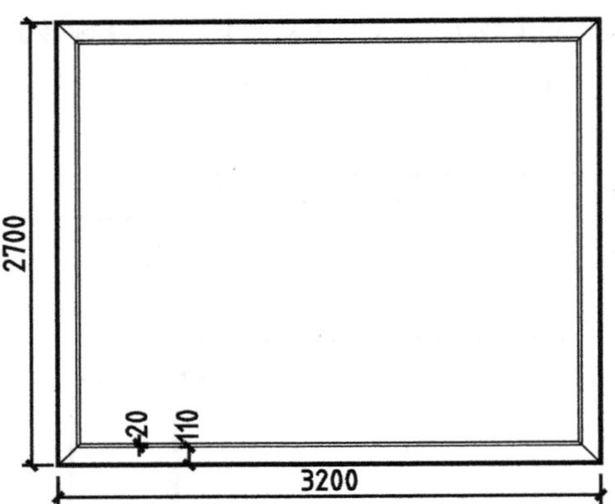

图 16-26 绘制地毯

Step 16 组合沙发。调用M【移动】命令，把绘制好的茶几、地毯移动到沙发指定位置，并修剪多余线段，其结果如图 16-27所示。

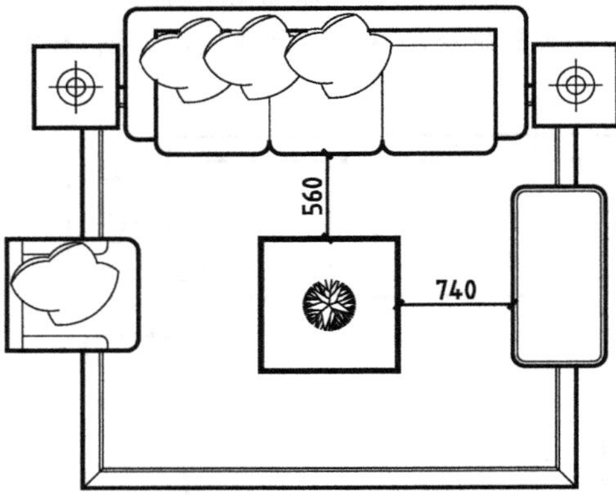

图 16-27 组合沙发

2 绘制组合沙发立面图

本案例所绘制的组合沙发立面图，如图 16-28 所示。

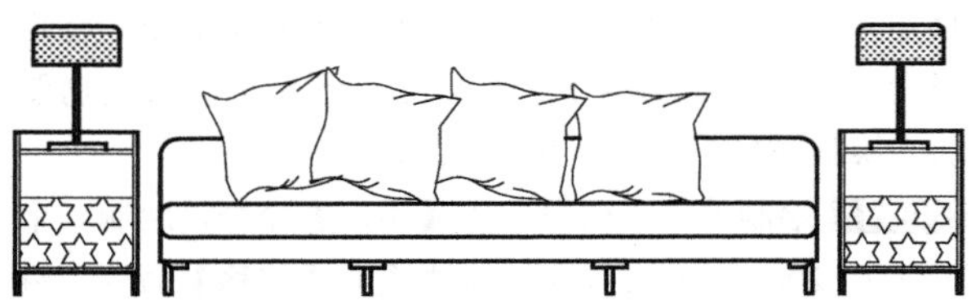
图 16-28 组合沙发立面图

Step 01 绘制沙发立面图。调用REC【矩形】命令，绘制一个尺寸为2900×560的矩形，执行X【分解】命令，将其分解。再调用O【偏移】命令，将矩形上边线依次向下偏移300、150、110，如图16-29所示。

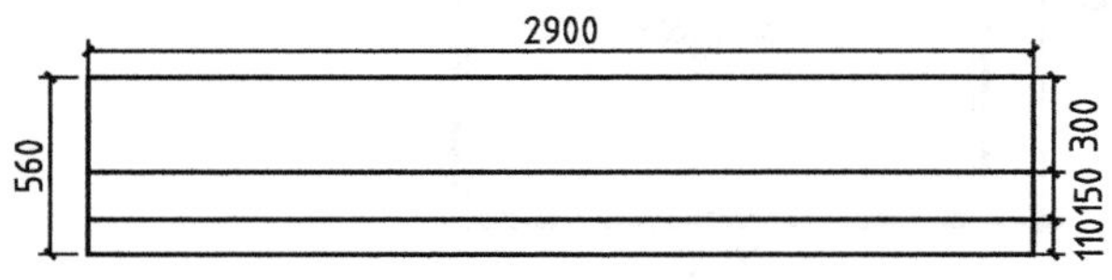

图 16-29 绘制矩形并偏移

Step 02 调用F【圆角】命令，将沙发轮廓按照半径80、50进行圆角，如图16-30所示。

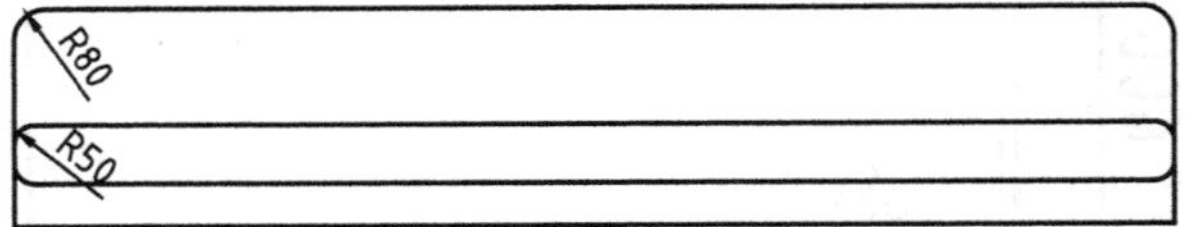

图 16-30 圆角沙发轮廓

Step 03 绘制沙发角。调用PL【多线段】命令，绘制图16-31和图 16-32所示的沙发角图形。

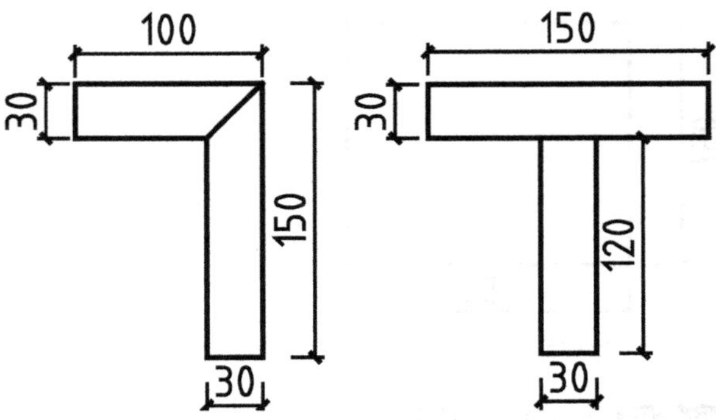

图 16-31 绘制沙发脚　　图 16-32 绘制沙发脚

Step 04 调用M【移动】、CO【复制】命令，将沙发角放置到沙发的合适位置，如图16-33所示。

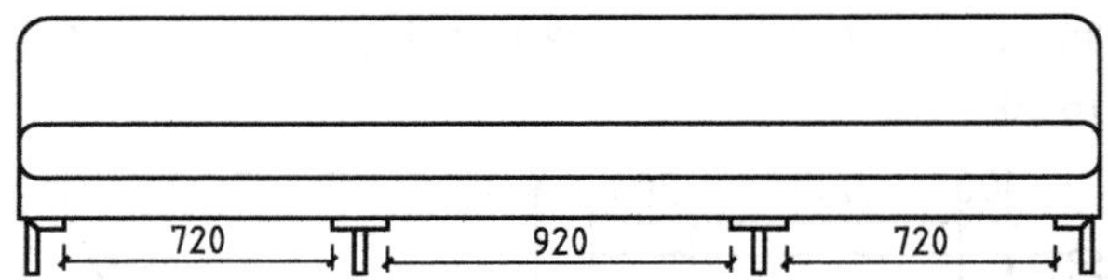

图 16-33 放置沙发脚

Step 05 调用I【插入块】命令，插入沙发靠枕模块，并调用CO【复制】命令，将沙发靠枕复制到指定位置，调用TR【修剪】命令，修剪多余线段，如图16-34所示。

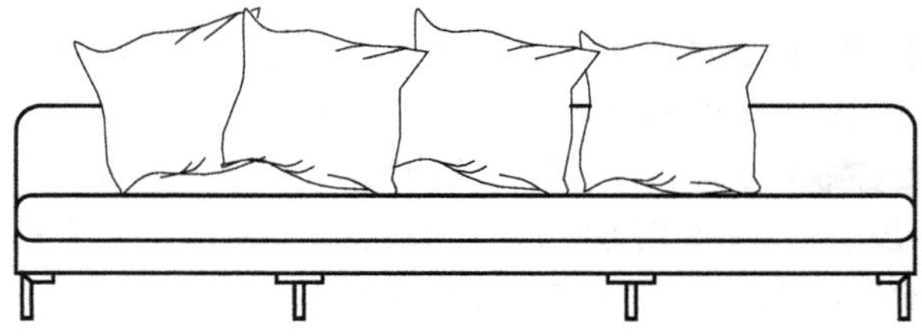
图 16-34 插入沙发靠枕

Step 06 绘制沙发柜。调用REC【矩形】命令，绘制一个尺寸为540×740的矩形，调用X【分解】命令，将其分解，再调用O【偏移】命令，偏移图16-35所示的尺寸。

Step 07 调用TR【修剪】命令，修剪多余线段，如图16-36所示。

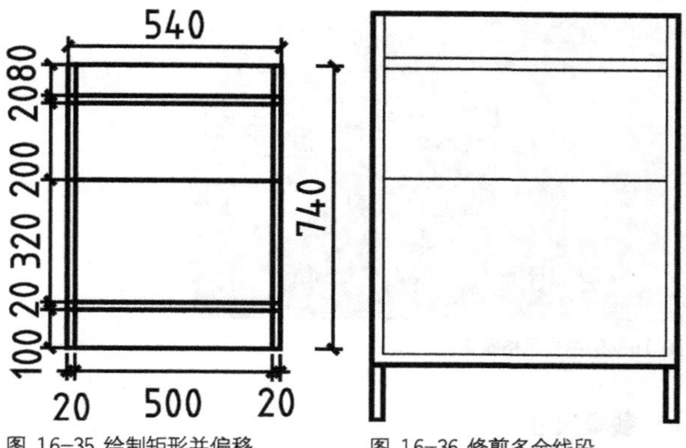

图 16-35 绘制矩形并偏移　　图 16-36 修剪多余线段

Step 08 调用I【插入块】命令，插入台灯图块至沙发柜合适的位置，如图 16-37所示。

Step 09 调用H【填充】命令，分别对沙发柜、台灯的指定区域进行图案为STARS、GRASS的填充，如图16-38所示。

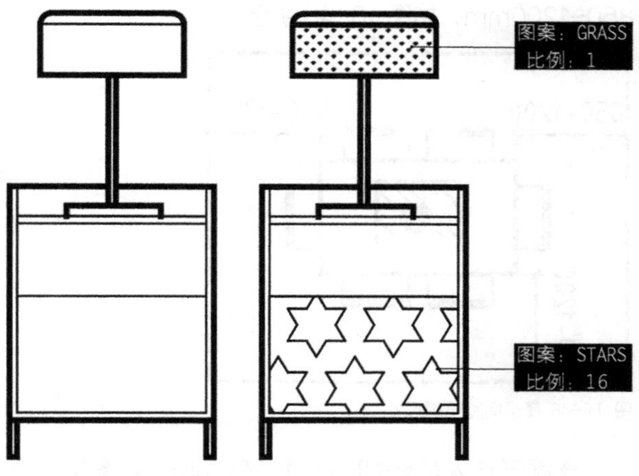

图 16-37 插入台灯模块　　图 16-38 填充图案

Step 10 调用M【移动】命令，将沙发柜和台灯移动至合适的位置，并调用MI【镜像】命令，将沙发柜、台灯镜像到沙发另一端，如图 16-39所示。

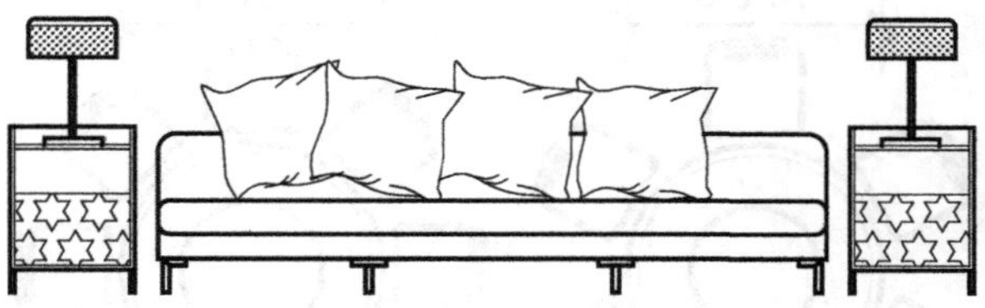

图 16-39 组合沙发立面图

3 其余风格的沙发图形

沿用前面所介绍的方法，可以绘制其他风格样式的沙发组合图块。现代风格沙发线条简明，多以直线为主，如图 16-40 所示。欧式风格沙发多使用曲线，造型复杂，如图 16-41 所示。

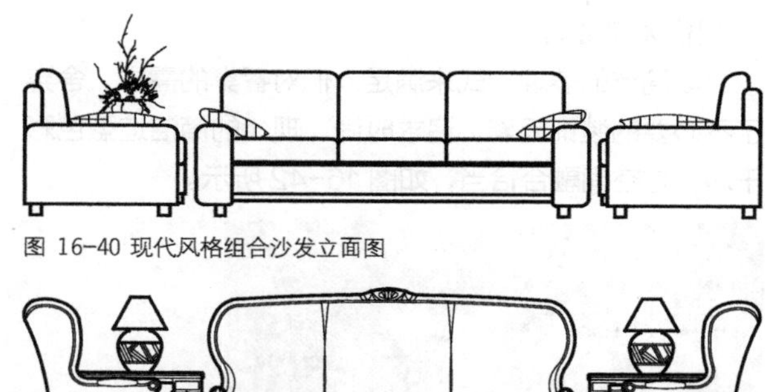

图 16-40 现代风格组合沙发立面图

图 16-41 欧式风格组合沙发立面图

16.1.3 餐桌的概述

餐桌的原意，是指专供吃饭的桌子。

1 餐桌的种类

餐桌在餐厅布局和环境氛围中起到重要作用。按照餐桌的材质分类：大体可以分为实木餐桌、钢木餐桌、大理石餐桌、玉石餐桌、云石餐桌等。

◎ 实木餐桌

实木餐桌是以实木为主要材质制作成的供进餐用的桌子。实木餐桌，其最大优点在于浑然天成的木纹，与多变化的自然色彩，充满古香古色，深受人们喜爱。

◎ 钢木餐桌

一般采用钢管实木支架和配置玻璃台面为主，造型新颖、线条流畅、比较受消费者喜爱。

◎ 大理石餐桌

大理石餐桌分为天然大理石餐桌和人造大理石餐桌，它们各有优缺点。

◆天然大理石餐桌：为天然的大理石所制作而成，高雅美观，但是价格相对较贵，且由于天然的纹路和毛细孔以使污渍和油深入，而不易清洁。

◆人造大理石餐桌：人造大理石是以各种水泥作为黏结剂，砂为细骨料，碎大理石、花岗石、工业废渣等为粗骨料，经配料、搅拌、成型、加压蒸养、磨光、抛光而制成，俗称水磨石，又称环氧地坪。用它制作而成的餐桌，虽然比不上天然大理石精美，但密度高，油污不容易渗入，保洁容易。

◎ 玉石餐桌

玉石餐桌的硬度、刚性、韧性、重量介于天然石和木材之间，具有较高的强度和抗冲击能力，便于设计、加工、安装、翻新、修补等，尤其是加工各种产品能够一体化。

2 餐桌的风格

根据餐桌的风格分类：一般可以分为现代风格餐桌、欧式风格餐桌、美式风格餐桌、中式风格餐桌等。

◎ 现代风格餐桌

以简洁的表现形式来满足人们对餐桌的需求，舍弃了不必要的装饰元素，追求时尚、现代的简洁造型色彩干净，与空间融合恰当，如图 16-42 所示。

图 16-42 现代风格餐桌

◎ 欧式风格餐桌

欧式风格餐桌设计简洁、大方不落俗，造型独特、做工细致考究，细节处理往往非常到位，给家居生活营造出一种时尚典雅的气氛，又渗透出其雍容华贵和温馨舒适，如图 16-43 所示。

图 16-43 欧式风格餐桌

◎ 美式风格餐桌

它在古典中带有一点随意，摒弃了过多的烦琐与奢华，兼具古典主义的优美造型与新古典主义的功能配备，透露着舒适和自由，美式风格餐桌往往能满足人们“回归自然”的愿望，如图 16-44 所示。

图 16-44 美式风格餐桌

◎ 中式风格餐桌

中式风格的餐桌以其高贵、华丽，线条柔美而具有古典气质而受到现代人的青睐，在融合了某些现代元素之后，更符合现代人的审美需求和审美观念，如图 16-45 所示。

图 16-45 中式风格餐桌

3 餐桌尺寸

本小节罗列了餐桌常用尺寸，这些尺寸并不是“一定”或者“绝对”适用，而会因住户的房屋户型、习惯，或者设计者尺寸观念的不同而略有不同，因此仅供读者参考。

◆根据餐厅的实际空间大小及流畅性来决定餐桌的尺寸及形状，一般餐厅的餐桌间距范围尺寸为 850~1200mm，如图 16-46 所示。

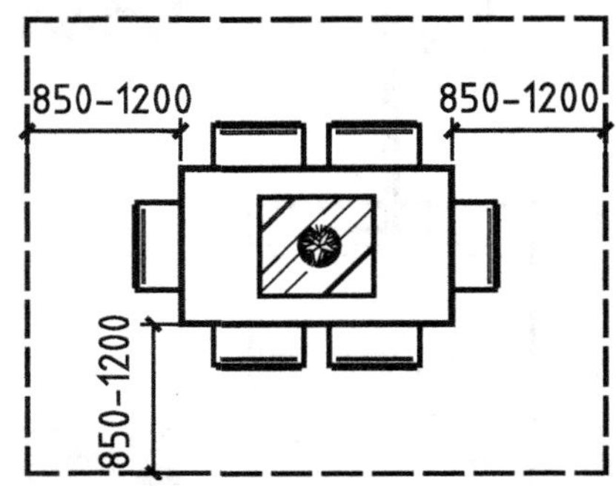

图 16-46 餐桌间距范围尺寸

◆圆形 6 人餐桌的直径为 1000mm，如图 16-47 所示。

◆圆形 8 人餐桌的直径为 1200mm，如图 16-48 所示。

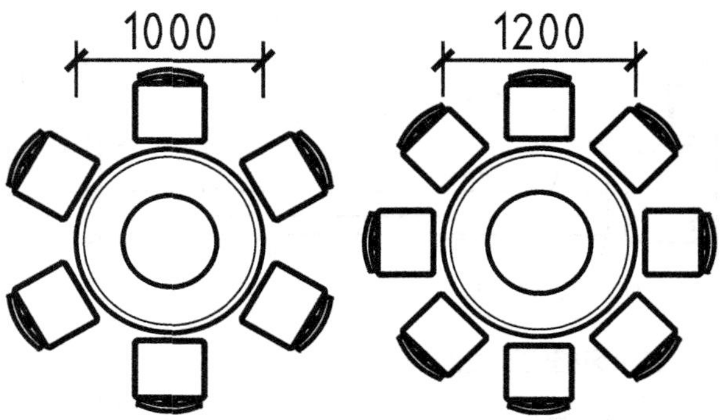

图 16-47 圆形 6 人餐桌尺寸　　图 16-48 圆形 8 人餐桌尺寸

◆圆形 10~12 人餐桌的直径为 1800~1960mm，如图 16-49 所示。

◆方形 4 人餐桌的尺寸为 900×900mm，如图 16-50 所示。

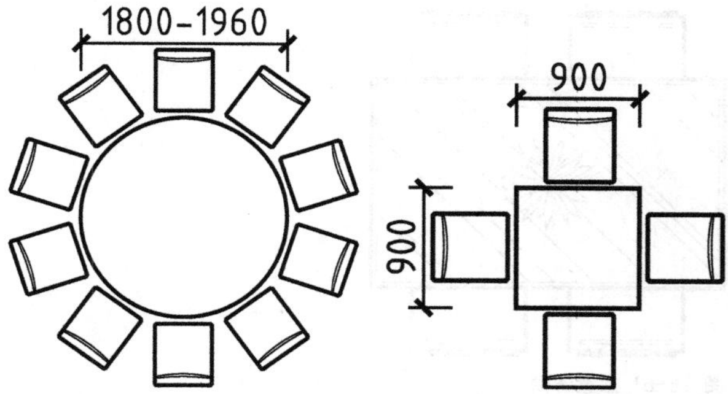

图 16-49 圆形 10~12 人餐桌尺寸　图 16-50 方形 4 人餐桌尺寸

◆长方形 6 人餐桌的尺寸为 900×1500mm，如图 16-51 所示。

◆长方形 8 人餐桌的尺寸为 1000×2200mm，如图 16-52 所示。

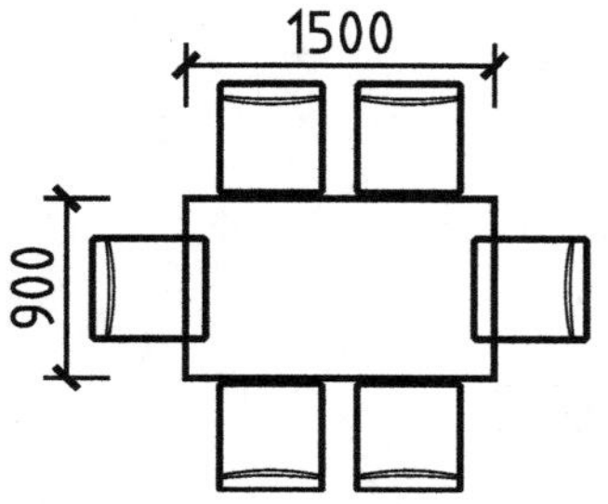

图 16-51 长方形 6 人餐桌尺寸

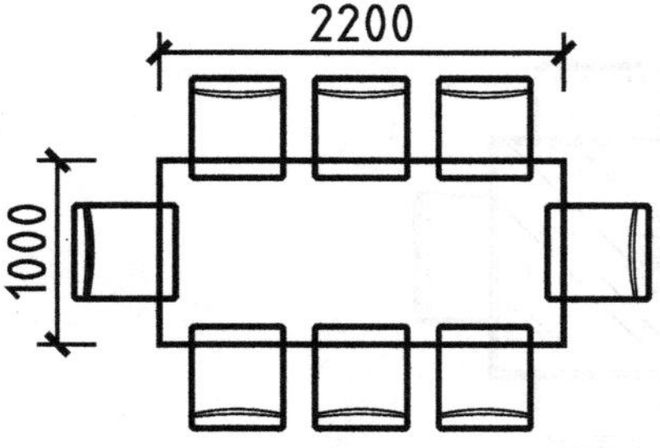

图 16-52 长方形 8 人餐桌尺寸

◆方形 8 人餐桌的尺寸为 1500×1500mm，如图 16-53 所示。

◆椭圆形 6 人餐桌的尺寸为 1000×2400mm，如图 16-54 所示。

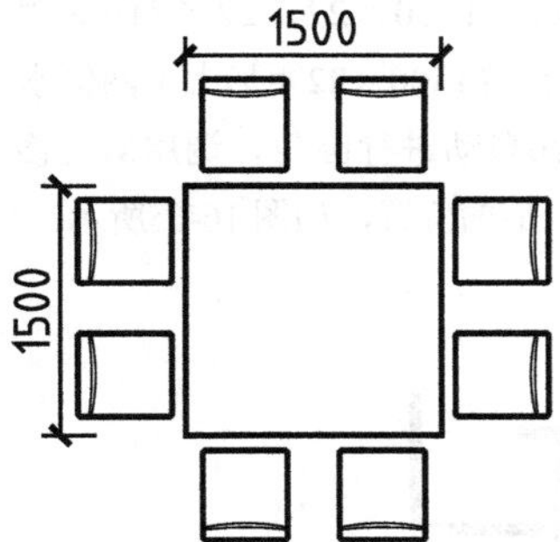

图 16-53 方形 8 人餐桌尺寸

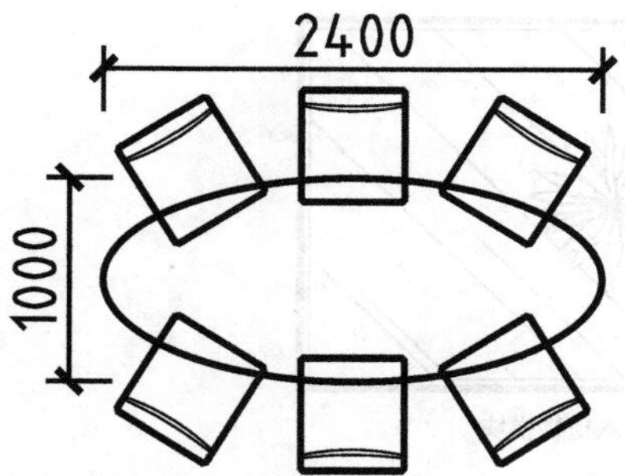

图 16-54 椭圆形 6 人餐桌尺寸

16.1.4 绘制 6 人餐桌

本案例讲解现代风格 6 人餐桌的绘制方法。餐桌图形绘制主要调用了 REC【矩形】、X【分解】、O【偏移】、TR【修剪】等命令。

1 绘制餐桌平面图

本案例所绘制的餐桌平面图如图 16-55 所示。

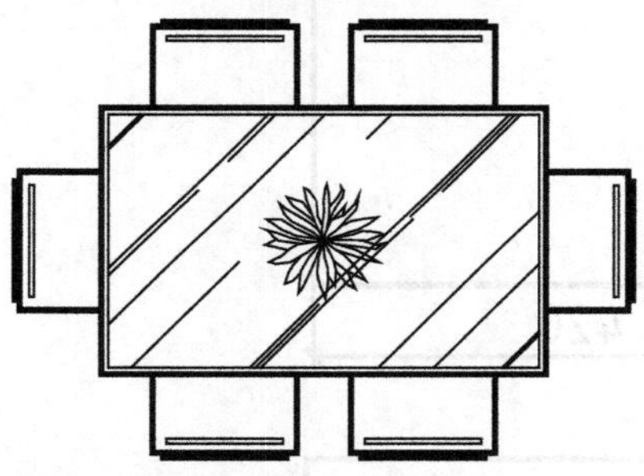

图 16-55 餐桌平面图

Step 01 单击【快速访问】工具栏中的【新建】按钮，新建空白图形文件。

Step 02 绘制桌子。调用REC【矩形】命令，绘制一个尺寸为1300×800的矩形，并调用O【偏移】命令，将矩形向内偏移20，如图 16-56所示。

Step 03 调用H【填充】命令，对内矩形进行“AR-RR00F”图案的填充，角度45，填充比例15。并调用I【插入块】命令，插入植物模块到餐桌合适的位置，如图 16-57所示。

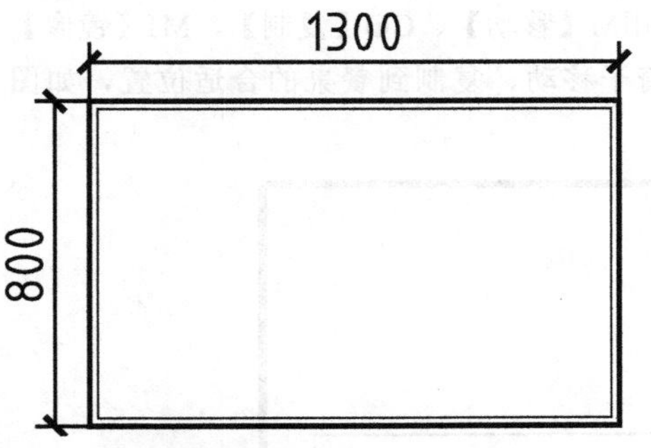

图 16-56 绘制矩形并偏移

图 16-57 填充图案并插入植物模块

Step 04 绘制椅子。调用REC【矩形】命令，绘制一个尺寸为420×240的矩形。并调用X【分解】命令，将其分解，如图 16-58所示。

Step 05 调用O【偏移】命令，将矩形下边线向上依次偏移28、14，向下偏移14。调用L【直线】命令，在最下端线段中点随意绘制一条直线，并调用O【偏移】命令，向左右两侧分别偏移170、180，如图 16-59所示。

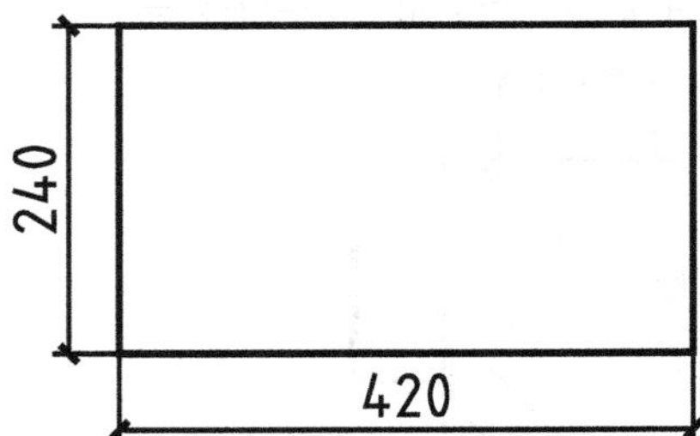

图 16-58 绘制矩形

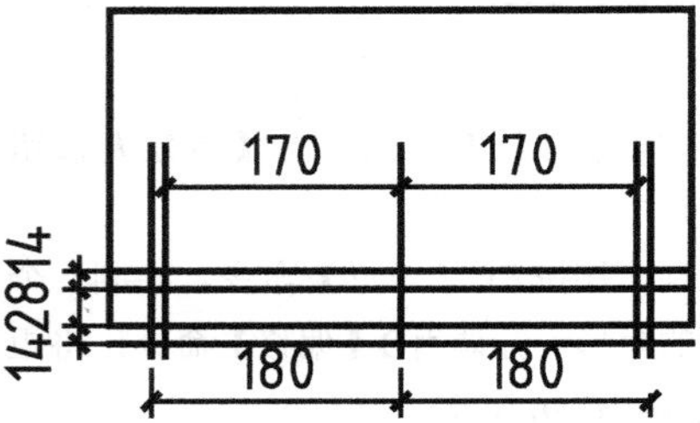

图 16-59 偏移对象

Step 06 调用TR【修剪】命令，修剪多余线段，并调用B【块定义】命令，将修剪好的椅子定义成块，如图 16-60所示。

Step 07 调用M【移动】、CO【复制】、MI【镜像】命令，将椅子移动、复制到餐桌的合适位置，如图 16-61所示。

图 16-60 修剪线段

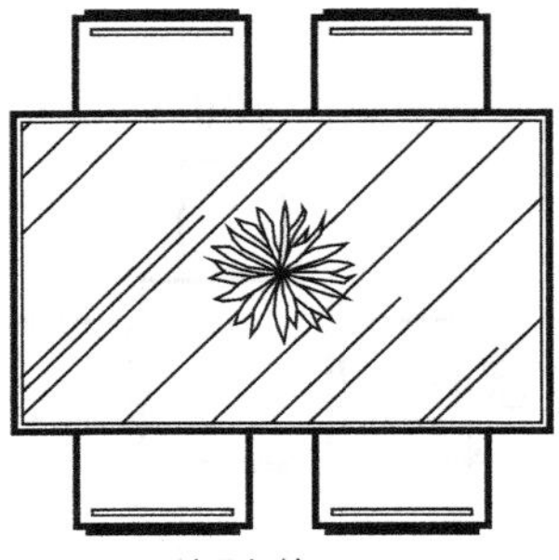
图 16-61 放置餐椅

Step 08 调用CO【复制】命令，对椅子进行复制，并调用RO【旋转】命令，将复制的餐椅进行旋转270°，如图 16-62所示。

Step 09 调用MI【镜像】命令，找到餐桌的中点，将餐椅镜像到餐桌另一端，如图 16-63所示。

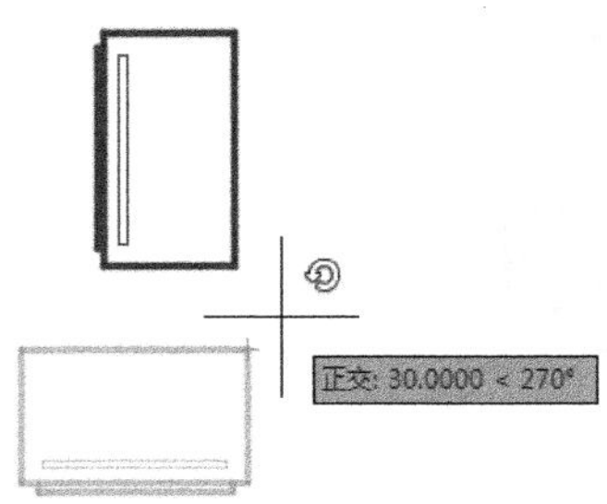

图 16-62 旋转椅子

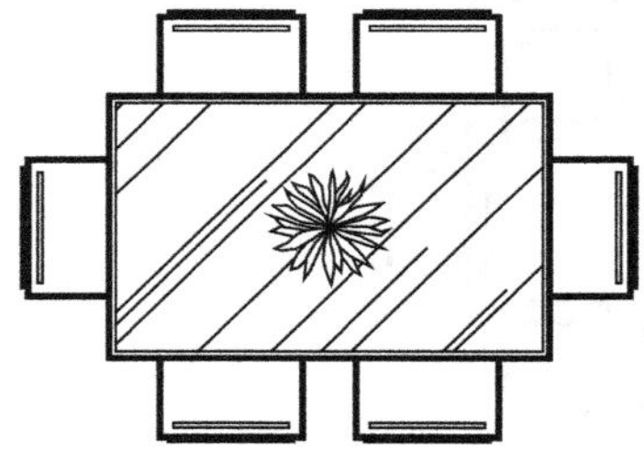
图 16-63 镜像椅子

2 绘制餐桌立面图

本案例所绘制的餐桌立面图如图 16-64 所示。

Step 01 绘制桌子立面。调用REC【矩形】命令，分别绘制出3个尺寸为1300×22、1160×22、22×710的矩形。调用F【圆角】命令，选择1300×22矩形上下两侧水平线段，默认CAD数值为0自动进行圆角，调用M【移动】命令，将矩形移动到合适的位置，如图 16-65所示。

图 16-64 餐桌立面图

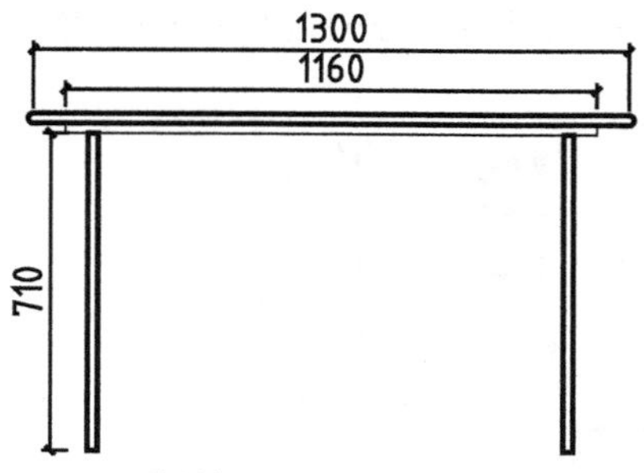

图 16-65 绘制桌子立面图

Step 02 绘制椅子正立面。调用REC【矩形】命令，绘制一个尺寸为440×860的矩形，并调用O【偏移】命令，将矩形向内偏移22，执行X【分解】命令，将其分解，如图 16-66所示。

Step 03 调用O【偏移】命令，按照图 16-67所示给的尺寸，偏移水平线段。

Step 04 调用TR【修剪】命令，修剪多余线段，如图16-68所示。

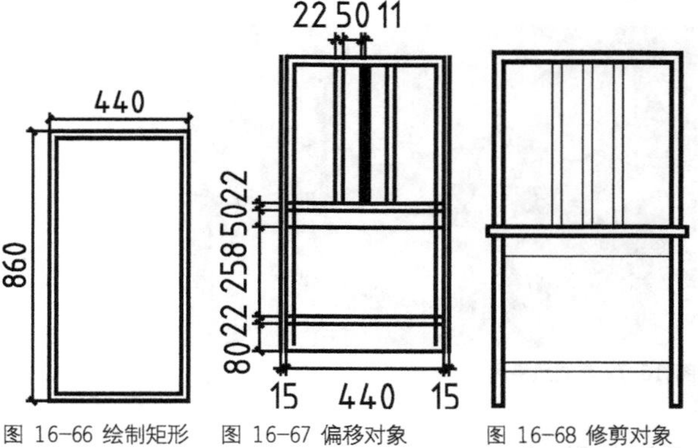

图 16-66 绘制矩形　图 16-67 偏移对象　图 16-68 修剪对象

Step 05 绘制椅子左视图。调用REC【矩形】命令，分别绘制出2个尺寸为22×860、400×440的矩形，并调用M【移动】命令，将矩形移动到图 16-69所示的位置。

Step 06 调用O【偏移】命令，将矩形下边线向下依次偏移80、22、266、50、22，将矩形右边线向左依次偏移15、22，如图 16-70所示。

Step 07 调用TR【修剪】命令，修剪多余线段，如图16-71所示。

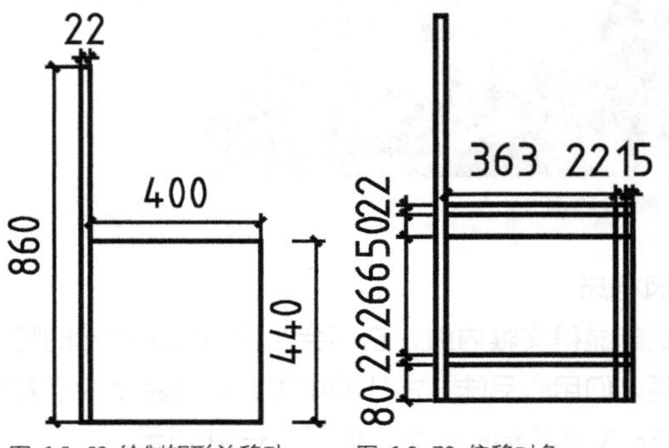

图 16-69 绘制矩形并移动　图 16-70 偏移对象

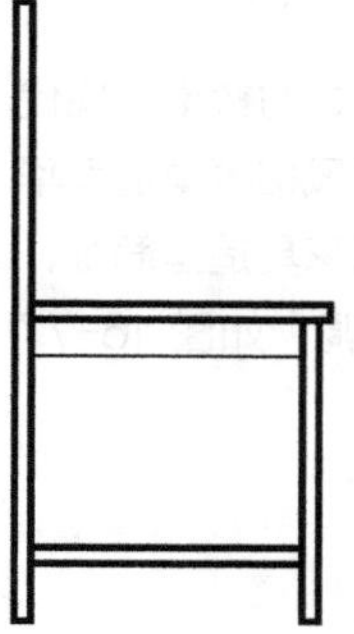
图 16-71 修剪对象

Step 08 调用M【移动】命令，将绘制好的椅子移动到餐桌合适的位置，如图 16-72所示。

Step 09 调用MI【镜像】命令，找到餐桌的中点，将椅子镜像到另一端，如图 16-73所示。

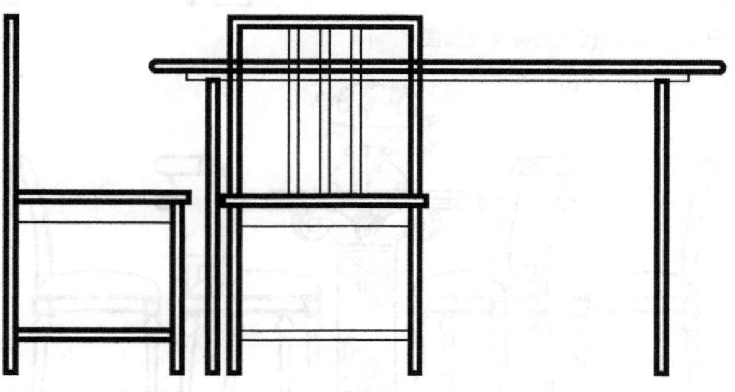
图 16-72 旋转餐椅

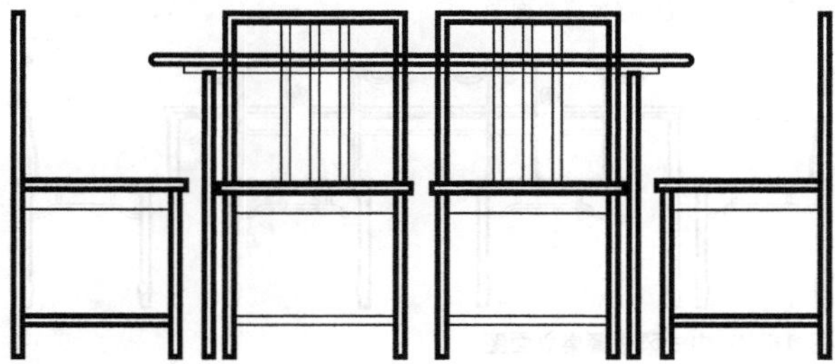
图 16-73 镜像餐椅

Step 10 调用TR【修剪】命令，修剪多余线条，并调用I【插入块】命令，将植物模块插入到餐桌合适的位置，如图 16-74所示。

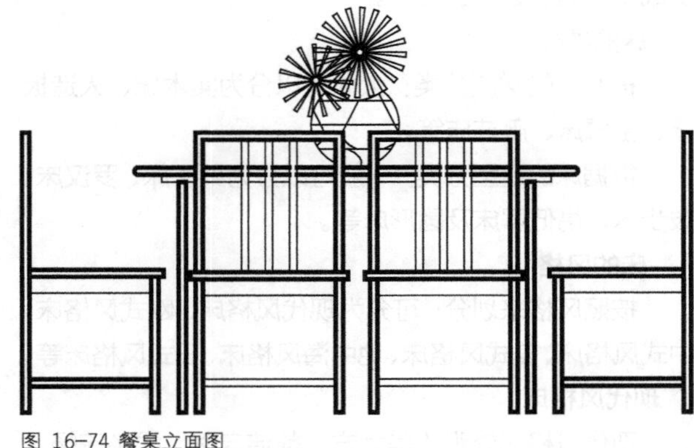
图 16-74 餐桌立面图

3 其余风格的餐桌图形

沿用前面的方法，绘制其他风格样式的餐桌。现代风格比较简约，如图 16-75 所示。欧式风格餐桌造型华丽而美观，如图 16-76 所示。中式风格家具造型简练，装饰与整体形态的比例都极匀称而协调，如图 16-77 所示。

图 16-75 现代风格餐桌立面图

图 16-76 欧式风格餐桌立面图

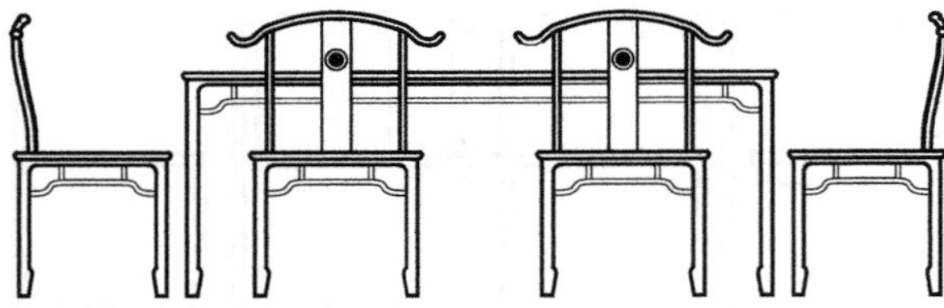

图 16-77 中式风格餐桌立面图

16.1.5 床的概述

床是供人躺在上面睡觉的家具，人生三分之一的时间都是在床上度过的。现在床不仅是睡觉的工具，也演变成了家庭的装饰品之一。

1 床的种类

按照床的材质分类：大体可以分为实木床、人造板床、金属床、藤艺床等。

根据床的造型分类：一般可以分为架子床、罗汉床、拔步床、高低屏床及圆形床等。

2 床的风格

按照风格来划分：可分为现代风格床、欧式风格床、中式风格床、美式风格床、地中海风格床、日式风格床等。

◎ 现代风格床

现代风格床外观优美大方、整洁自然、线条流畅，造型具有科技与时尚感，带给人们一种别样的家居感受，如图 16-78 所示。

图 16-78 现代风格床

◎ 欧式风格床

欧式床线条复杂、重视雕工，“巴洛克式家具”都有复杂而精美的雕刻花纹，“洛可可式家具”虽然也很注重雕工，但线条较为柔和一些，而“新古典家具”的线条则更为明快一些，主要以嵌花贴皮来呈现质感。欧式床偏好鲜艳色系，讲究装饰，这就使得欧式床给人感觉华丽、高贵、典雅、奢华，如图 16-79 所示。

图 16-79 美式风格床

◎ 美式风格床

美式风格床沿袭美式家具的特点，造型简单、明快、实用，多以桃花木、樱桃木、枫木及松木制作，亲近自然，让床变成释放压力和解放心灵的净土，给人一种自由、奔放、粗犷之感，如图 16-80 所示。

图 16-80 欧式风格床

◎ 中式风格床

中式床显得文雅内敛，它不会明显地显露自己的特点，需要人们用心品味，古朴的中国元素诠释了人们对自然及自己文化价值的追求，如图 16-81 所示。

图 16-81 中式风格床

3 床的尺寸

本小节罗列了床的常用尺寸，除罗列的这些尺寸外，市场上还有其他类型尺寸的床，可根据户主需求来定，本尺寸仅供读者参考。

◆单人床尺寸为 1050×1860mm，如图 16-82 所示。

◆双人床床尺寸为 1500×1860mm，如图 16-83 所示。

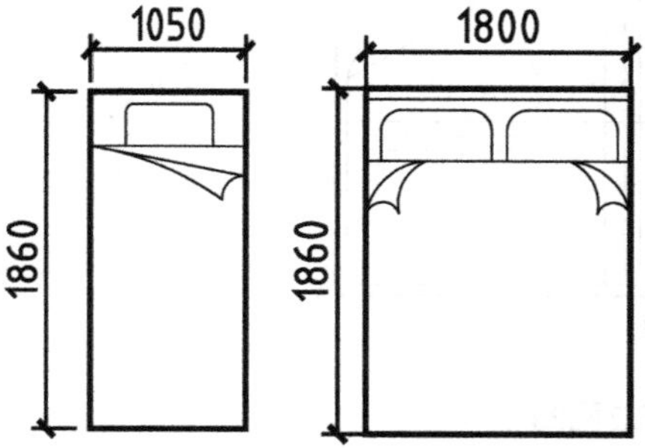

图 16-82 单人床尺寸 图 16-83 双人床尺寸

16.1.6 绘制双人床

本案例讲解现代风格双人床的绘制。床的绘制主要调用了 REC【矩形】、O【偏移】、SPL【样条曲线】等命令。

1 绘制双人床平面图

本案例所绘制的双人床平面图如图 16-84 所示。

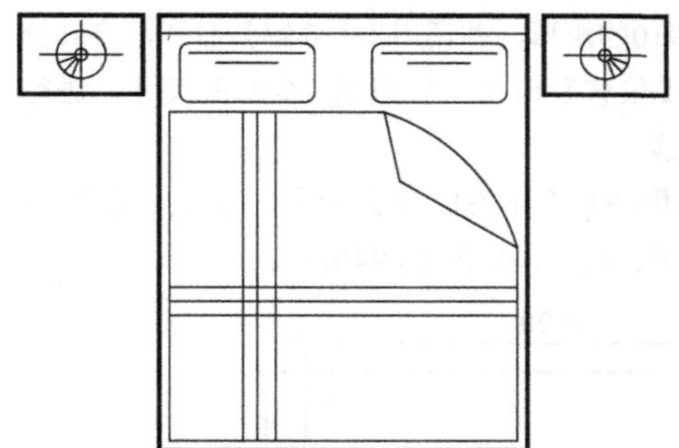

图 16-84 双人床平面图

Step 01 单击【快速访问】工具栏中的【新建】按钮，新建空白图形文件。

Step 02 绘制床。调用REC【矩形】命令，绘制一个尺寸为1800×2200的矩形，并调用X【分解】命令，将其分解，如图 16-85所示。

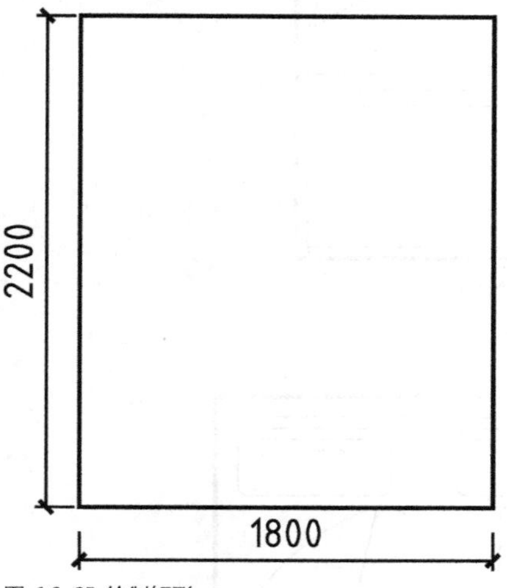

图 16-85 绘制矩形

Step 03 调用O【偏移】命令，按照图 16-86所给尺寸对矩形进行偏移。

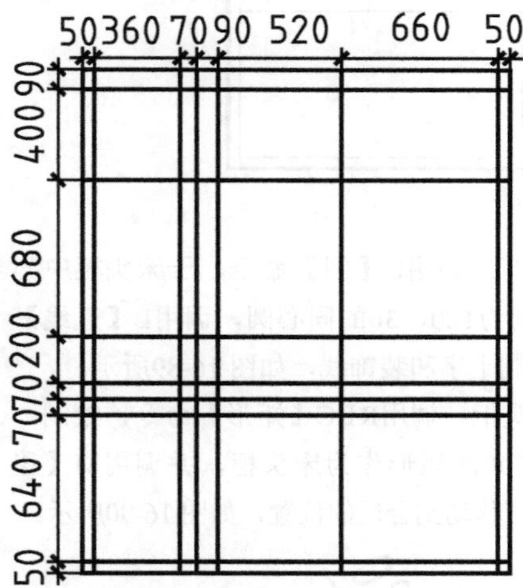

图 16-86 偏移对象

Step 04 调用TR【修剪】工具，修剪多余线条，并调用A【圆弧】、PL【多线】命令，绘制出被子的折角，如图 16-87所示。

Step 05 绘制枕头。调用REC【矩形】命令，制定圆角半径为50，绘制一个尺寸为660×300的矩形，并调用L【直线】命令，绘制枕头装饰线。

Step 06 调用M【移动】、CO【复制】命令，移动、复制枕头到合适的位置，如图 16-88所示。

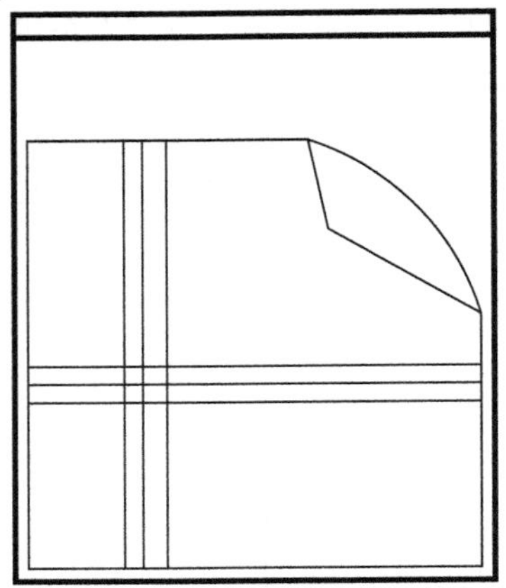
图 16-87 修剪并绘制折角

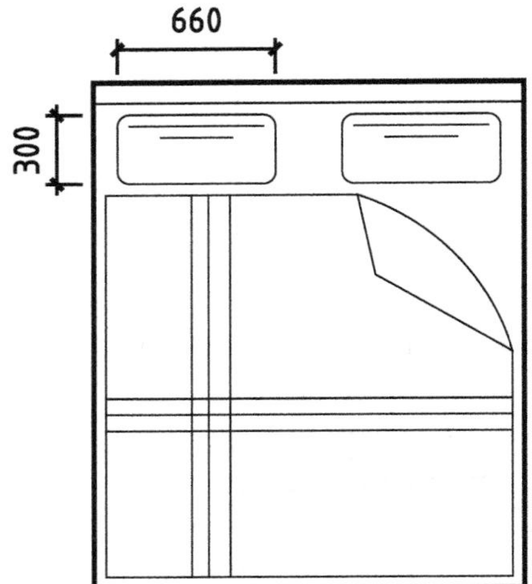

图 16-88 绘制枕头

Step 07 绘制台灯。调用C【圆】命令，于床头柜中心绘制2个半径分别为120、30的同心圆，调用L【直线】命令，过圆心绘制十字和装饰线，如图 16-89所示。

Step 08 绘制床头柜。调用REC【矩形】命令，绘制一个尺寸为500×400的矩形作为床头柜，并调用M【移动】命令，将台灯移动到合适的位置，如图 16-90所示。

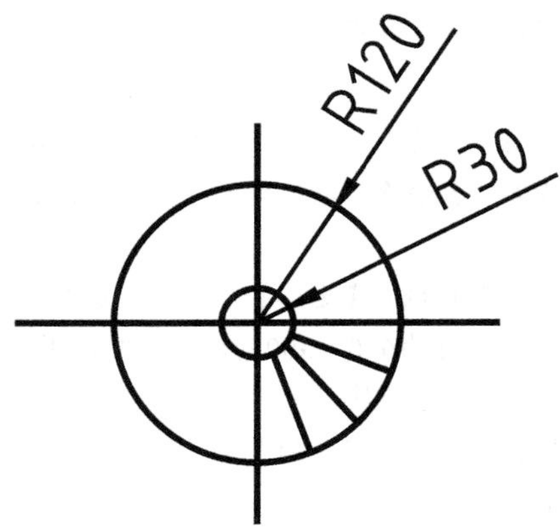

图 16-89 绘制台灯

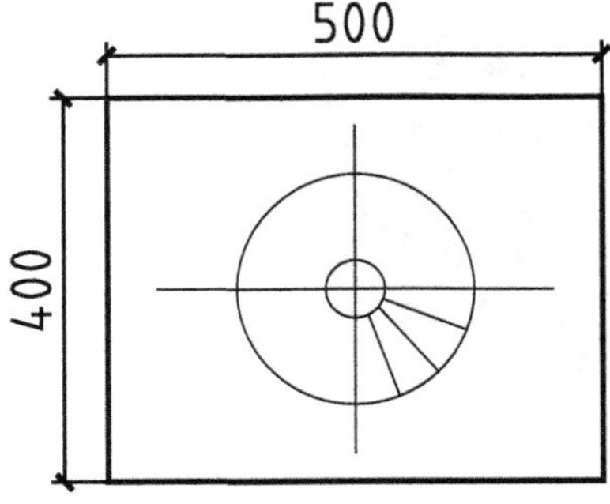

图 16-90 绘制床头柜

Step 09 调用M【移动】命令，将床头柜移动到床的指定位置，并调用MI【镜像】命令，将床头柜水平镜像到右侧，如图 16-91所示。

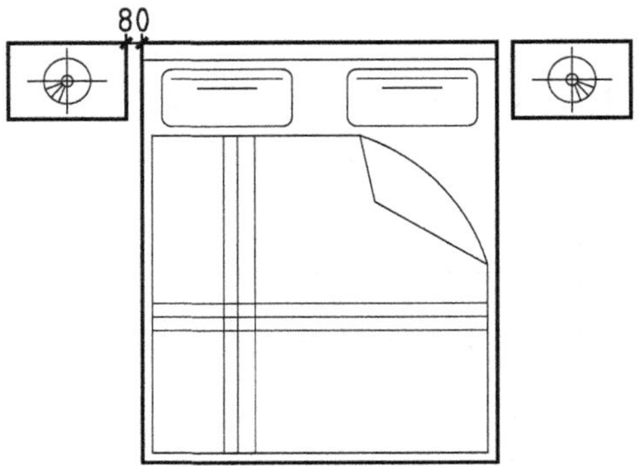

图 16-91 最终结果

2 绘制双人床立面图

本案例所绘制的双人床立面图如图 16-92 所示。

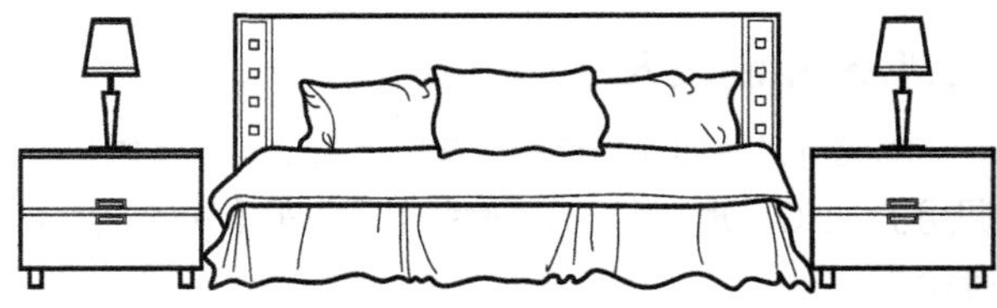
图 16-92 双人床立面图

Step 01 绘制床。调用REC【矩形】命令，绘制一个尺寸为1800×910的矩形，并调用X【分解】命令，将其分解，调用O【偏移】命令，按照图 16-93的尺寸，进行辅助线的偏移。

Step 02 调用SPL【样条曲线】命令，参照辅助线位置，绘制被子、枕头，如图 16-94所示。

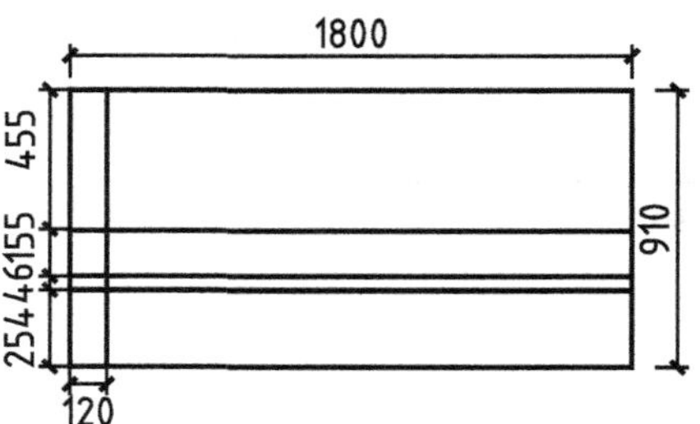

图 16-93 绘制矩形并偏移

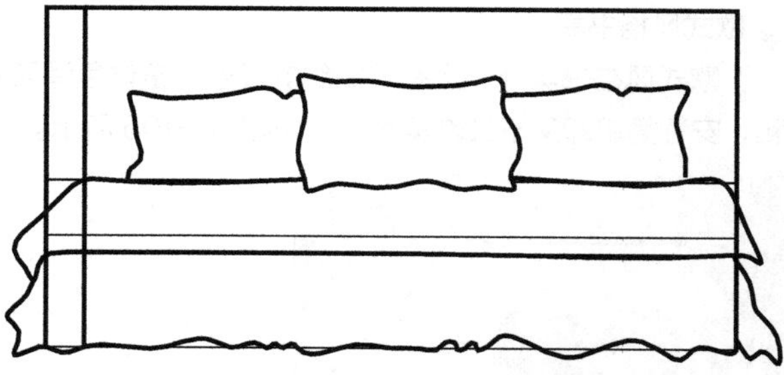

图 16-94 绘制床头柜

Step 03 重复调用SPL【样条曲线】命令，绘制被子、枕头的装饰线，并调用TR【修剪】命令，修剪多余线段，如图 16-95所示。

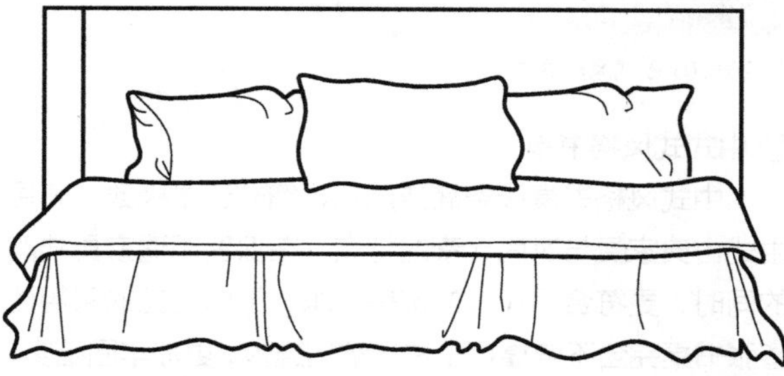

图 16-95 绘制装饰线

Step 04 绘制床靠装饰图案。调用O【偏移】命令，将床左侧水平线向右依次偏移20、100、20，并调用REC【矩形】命令，绘制30×30的小矩形。

Step 05 调用M【移动】、CO【复制】命令，复制矩形到指定位置，如图 16-96所示。

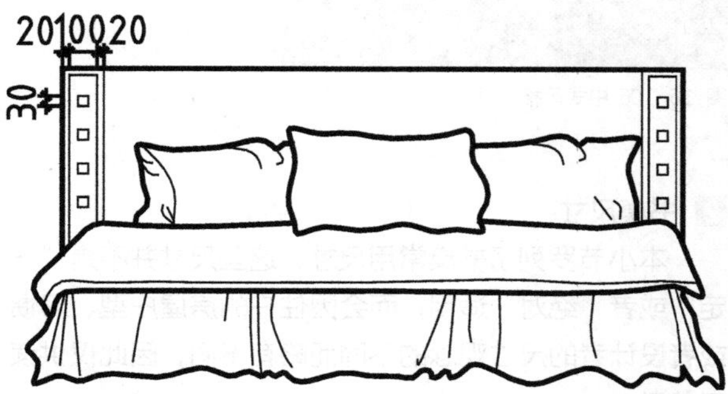

图 16-96 绘制床靠装饰图案

Step 06 绘制立面床头柜。调用REC【矩形】命令，绘制一个尺寸为600×400的矩形，并调用X【分解】命令，将其分解。调用O【偏移】命令，将矩形上边线向下依次偏移20、180、20、180，如图 16-97所示。

Step 07 绘制拉手。调用REC【矩形】命令，绘制一个尺寸为100×30的矩形，向内偏移8，得到拉手图案。调用M【移动】、CO【复制】命令，将拉手图案移动、复制到图形的合适位置。

Step 08 绘制柜角。调用REC【矩形】命令，绘制一个尺寸为40×60的矩形，并调用M【移动】、CO【复制】命令，将矩形移动到合适的位置，如图 16-98所示。

Step 09 调用I【插入块】命令，插入台灯图块到床头柜的合适位置，如图 16-99所示。

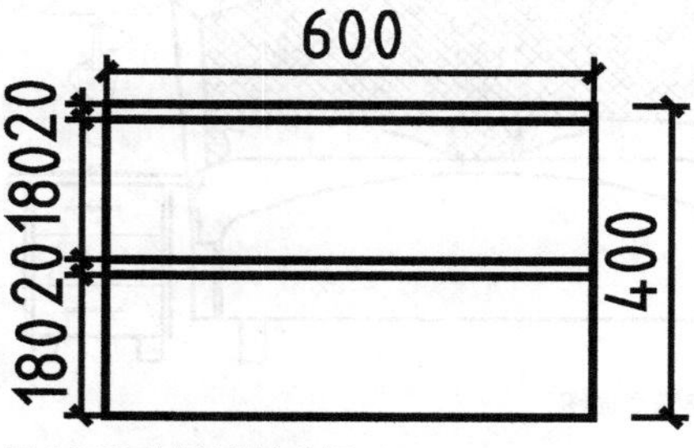

图 16-97 绘制立面床头柜

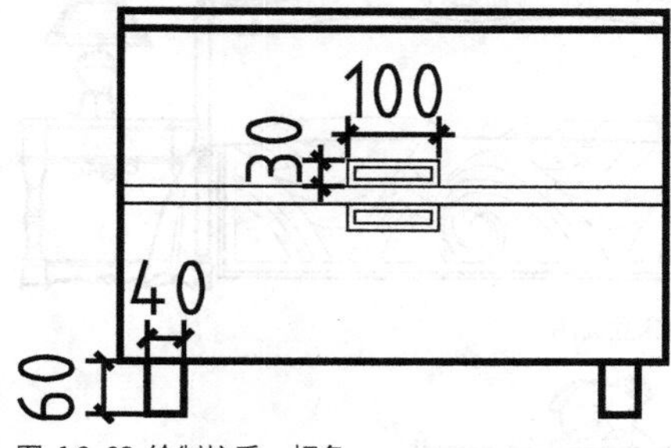

图 16-98 绘制拉手、柜角

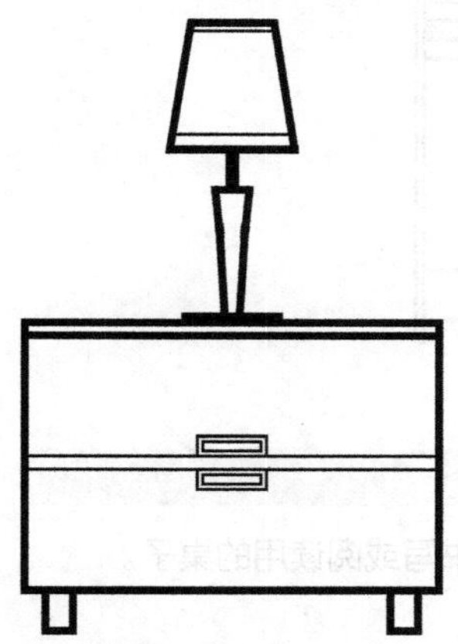

图 16-99 插入台灯图块

Step 10 调用M【移动】命令，移动床头柜至床的合适位置，并调用MI【镜像】命令，向床右侧镜像一个床头柜，如图 16-100所示。

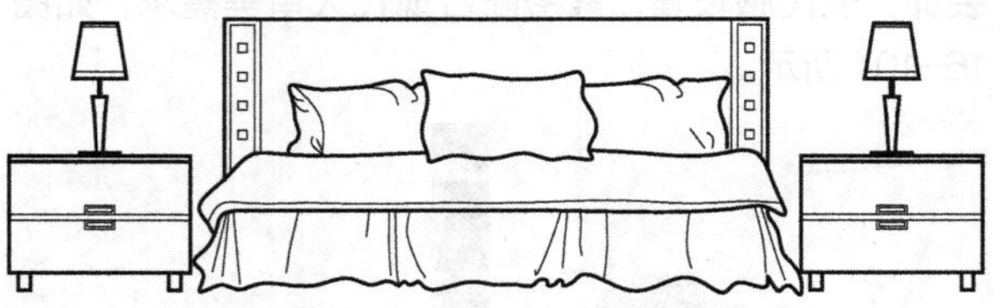

图 16-100 床立面图

3 其余风格的床图形

沿用前面所介绍的方法，绘制其他风格的床。现代风格的床以简约为主，并无过多装饰，如图 16-101 所示。欧式风格的床，多用线条装饰，造型较为复杂，如

图 16-102 所示。组合床的特点，结合了衣柜和床，在一定程度上节省了空间，如图 16-103 所示。

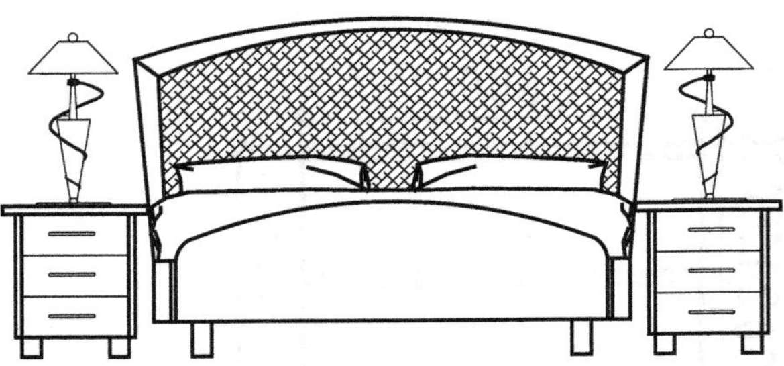
图 16-101 现代风格床立面图

图 16-102 欧式风格床立面图

图 16-103 组合床立面图

16.1.7 书桌的概述

书桌是人们在生活中供书写或阅读用的桌子。

1 书桌风格

按照风格分类，可分为现代风格书桌、欧式风格书桌、中式风格书桌等。

现代风格书桌

现代风格书桌造型简洁明了，实用性强，无过多装饰，现代感较强，紧密配合现代人审美需求，如图 16-104 所示。

图 16-104 现代风格书桌

欧式风格书桌

欧式风格书桌外观上有着简约的线条，整体色泽柔和，安静简单却又不失唯美大气，如图 16-105 所示。

图 16-105 欧式风格书桌

中式式风格书桌

中式风格书桌线条简洁流畅，细节追求极致，兼具中式古典家具与时尚元素的特点，在保留明清家具神韵的同时，更符合现代人的审美要求，榫卯工艺的采用使整张书桌完全不依靠钉子进行结构连接，更加牢固结实、持久耐用，如图 16-106 所示。

图 16-106 中式风格书桌

2 书桌尺寸

本小节罗列了书桌常用尺寸，这些尺寸并不是“一定”或者“绝对”适用，而会因住户的房屋户型、习惯或者设计者的尺寸观念的不同而略有不同，因此仅供读者参考。

◆固定式书桌深度为 450~700mm，高度为 700~800mm，如图 16-107 所示。

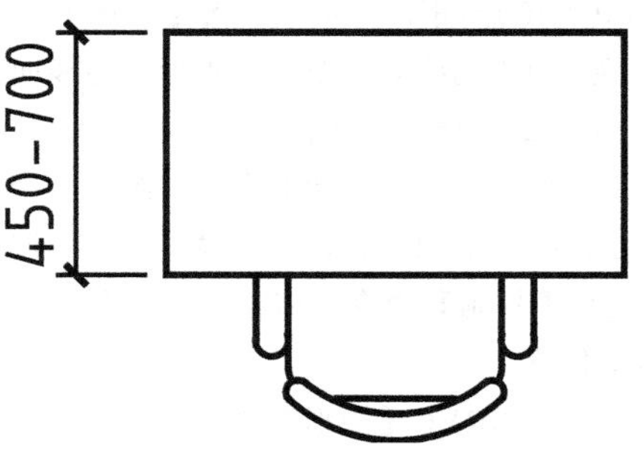

图 16-107 书桌尺寸

◆活动式书桌深度为650~800mm，高度为750~780mm。

◆书桌下缘离地至少580mm，长度最少900mm，以1500~1800mm最佳。

16.1.8 绘制书桌

本案例讲解现代风格书桌的绘制方法。书桌在绘制中主要调用了REC【矩形】、O【偏移】、F【圆角】、TR【修剪】等命令。

1 绘制书桌平面图

本案例所绘制的书桌平面图如图 16-108 所示。

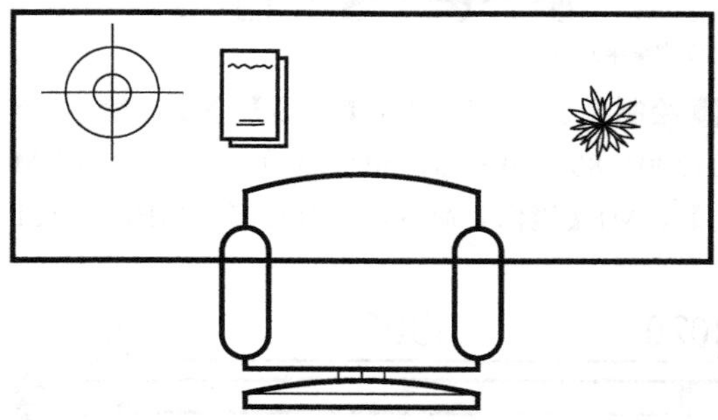

图 16-108 书桌平面图

Step 01 单击【快速访问】工具栏中的【新建】按钮，新建空白图形文件。

Step 02 绘制桌子。调用REC【矩形】命令，绘制一个尺寸为1500×550的矩形作为书桌，如图 16-109所示。

Step 03 绘制台灯，调用C【圆】命令，绘制2个半径为100、40的同心圆，再调用L【直线】命令，过圆心点绘制十字，如图 16-110所示。

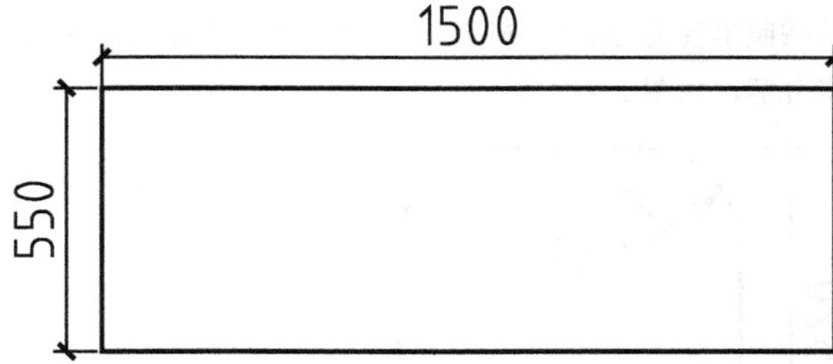

图 16-109 绘制矩形

图 16-110 绘制台灯

Step 04 调用M【移动】命令，将绘制好的台灯移至书桌的指定位置，如图 16-111所示。

Step 05 调用I【插入块】命令，将书本、植物模块插入到书桌的指定位置，如图 16-112所示。

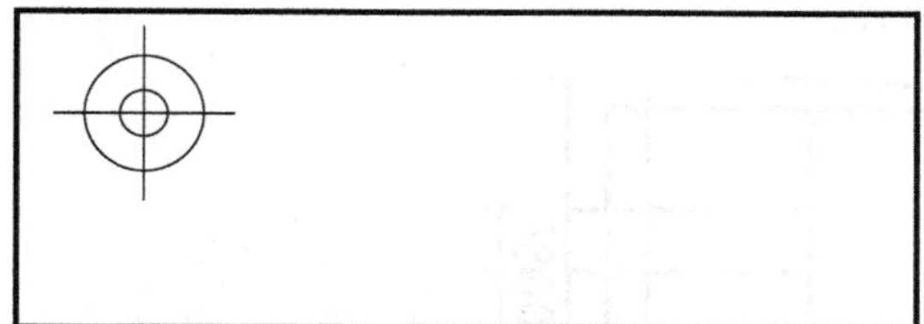

图 16-111 移动台灯

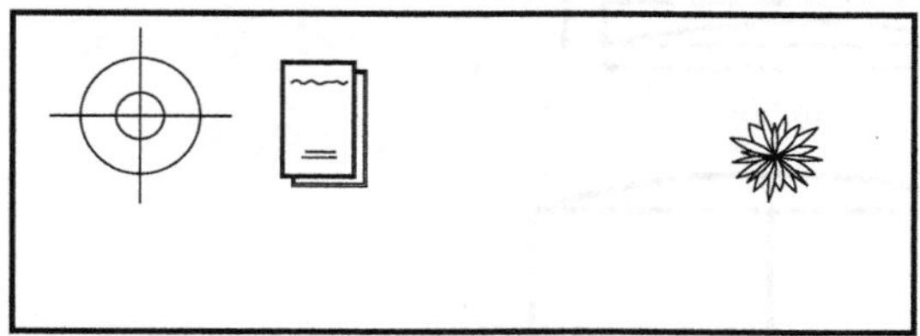

图 16-112 插入书本、植物

Step 06 绘制椅子。调用REC【矩形】命令，绘制一个尺寸为500×520的矩形，并调用X【分解】命令，将其分解，如图 16-113所示。

Step 07 调用O【偏移】命令，将矩形上边线分别向下偏移40、395、26、29、30，将矩形右边线向左右两侧各偏移50，如图 16-114所示。

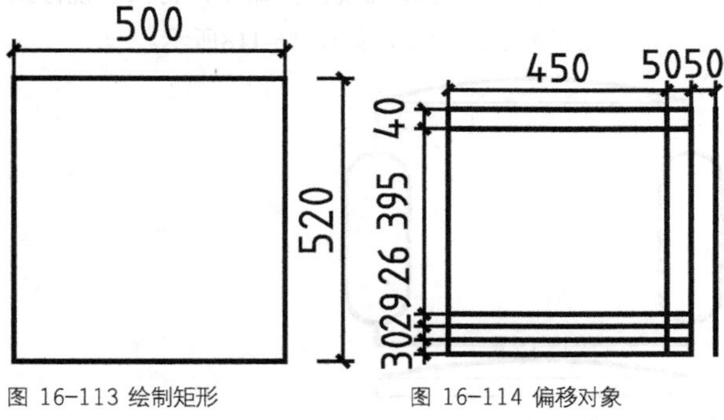

图 16-113 绘制矩形　　图 16-114 偏移对象

Step 08 调用A【圆弧】命令，绘制圆弧，并调用TR【修剪】命令，修剪多余线段，如图 16-115所示。

图 16-115 绘制圆弧并修剪对象

Step 09 调用L【直线】命令，过矩形中点绘制两条辅助中线。并调用O【偏移】命令，将辅助中线向上偏移80，向下偏移100，如图 16-116所示。

Step 10 调用TR【修剪】命令，按照图 16-117所示修剪多余线段。

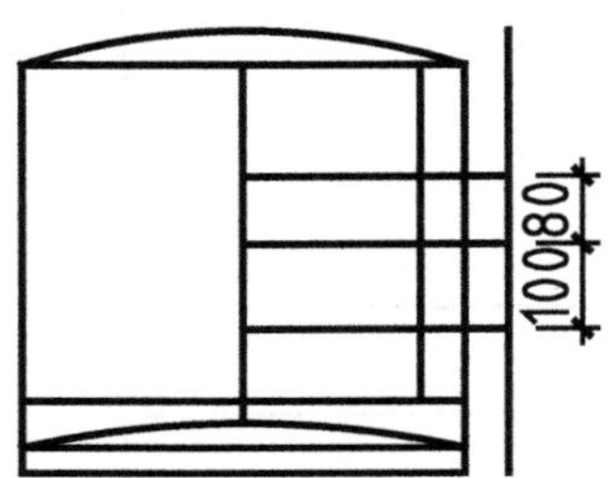

图 16-116 绘制中线

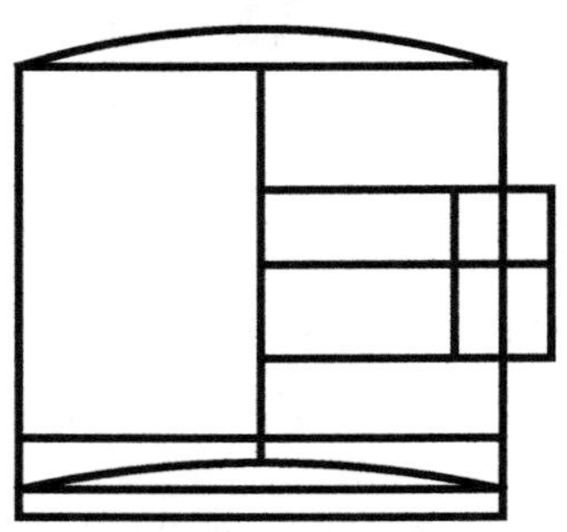

图 16-117 修剪对象

Step 11 调用F【圆角】命令，选择扶手左右两条线段，进行圆角，再调用MI【镜像】命令，将扶手镜像到另一边，完善椅子的绘制，如图 16-118所示。

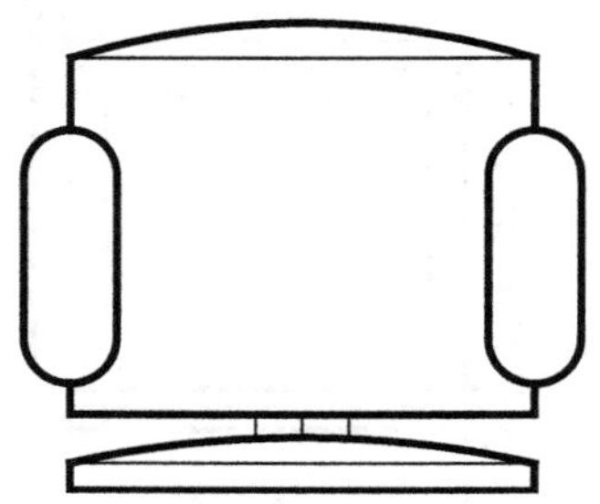

图 16-118 最终结果

Step 12 调用M【移动】命令，移动椅子到书桌合适的位置，如图 16-119所示。

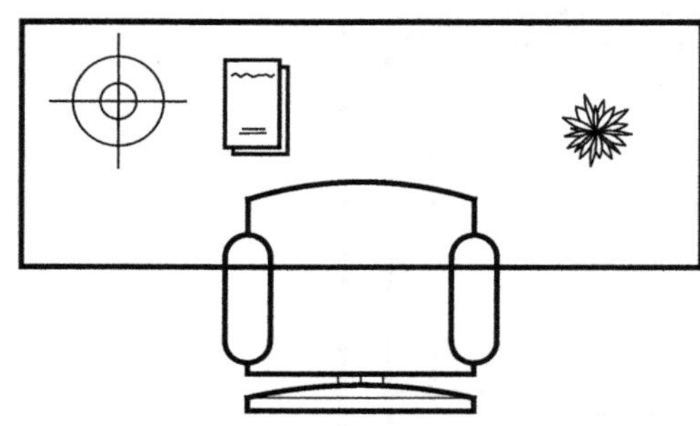

图 16-119 书桌平面图

2 绘制书桌立面图

本案例所绘制的书桌立面图如图 16-120 所示。

图 16-120 书桌平面图

Step 01 绘制桌子。调用REC【矩形】命令，绘制3个尺寸为1300×80、20×40、80×750的矩形，并调用M【移动】、MI【镜像】命令，组合矩形，如图 16-121所示。

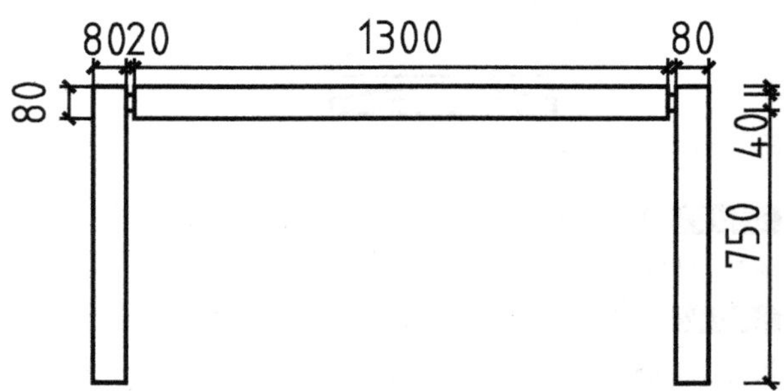

图 16-121 绘制桌子

Step 02 绘制椅背。调用REC【矩形】命令，绘制一个尺寸为500×520的矩形，并调用F【圆角】命令，将椅背按照半径为150进行圆角，执行X【分解】命令，将矩形分解，如图 16-122所示。

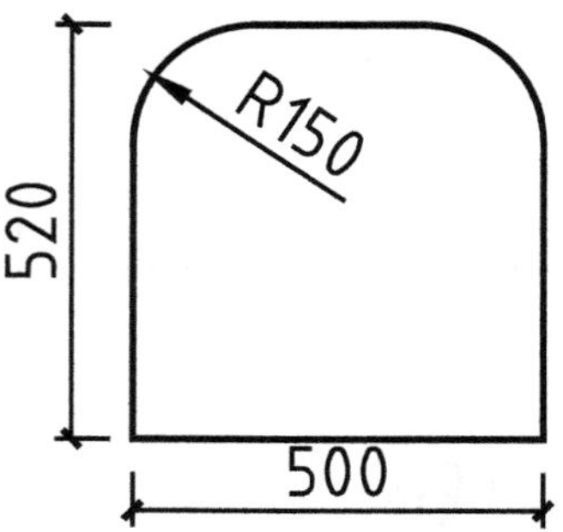

图 16-122 绘制椅背

Step 03 绘制扶手。调用L【直线】、A【圆弧】、MI【镜像】命令，绘制图 16-123所示的扶手图形。

Step 04 调用SPL【样条曲线】绘制椅座，并调用C【圆】命令，绘制半径为18的圆，执行AR【阵列】命令，命令行提示，选择R【矩形】选项，将列数设为5行数设为2，绘制两排装饰圆形，如图 16-124所示。

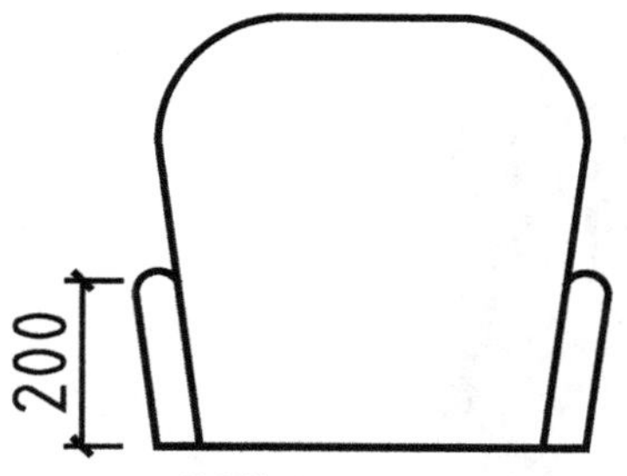

图 16-123 绘制扶手

图 16-124 最终结果

Step 05 绘制底盘。调用REC【矩形】命令，绘制2个尺寸为60×270、70×10的矩形，并调用M【移动】命令，将其组合，如图 16-125所示。

Step 06 调用C【圆】命令，绘制半径为15的圆，并执行MI【镜像】命令，以直线550为中心，镜像一个圆，将其连接。调用TR【修剪】命令，修剪多余半圆，并调用L【直线】命令，绘制出其他线段，如图 16-126所示。

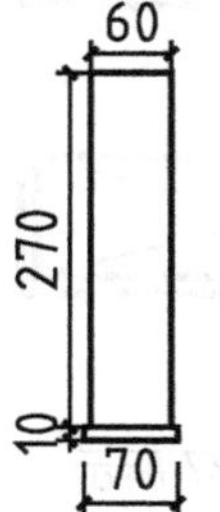

图 16-125 绘制并组合矩形

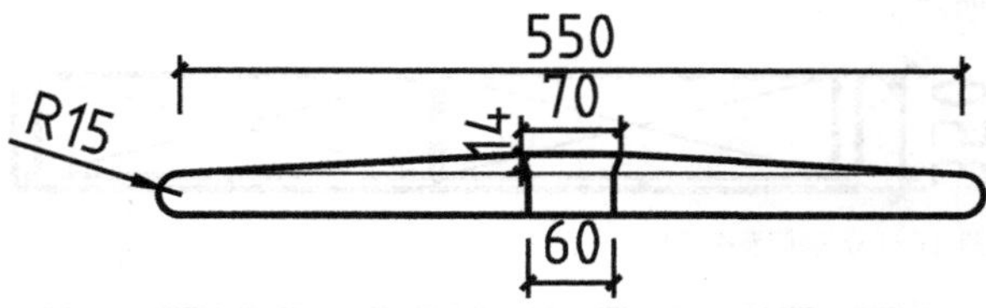

图 16-126 绘制圆和线段

Step 07 绘制滚轮。调用C【圆】命令，绘制3个半径为30、25、15的同心圆，过圆心绘制垂直线段，并调用TR【修剪】命令，修剪多余的半圆，如图 16-127所示。

Step 08 调用M【移动】、CO【复制】命令，组合（5）、（6）、（7）步所绘制图形，其结果如图 16-128所示。

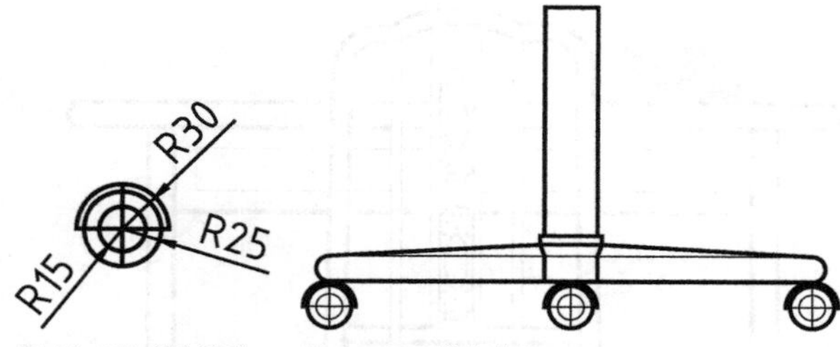

图 16-127 绘制滚轮　图 16-128 最终结果

Step 09 调用M【移动】命令，组合椅背、椅座，并调用L【直线】命令，绘制装饰线，如图 16-129所示。

Step 10 调用M【移动】命令，组合书桌、椅子，并调用I【插入块】命令，插入台灯、书本、盆栽图块至书桌指定位置，如图 16-130所示。

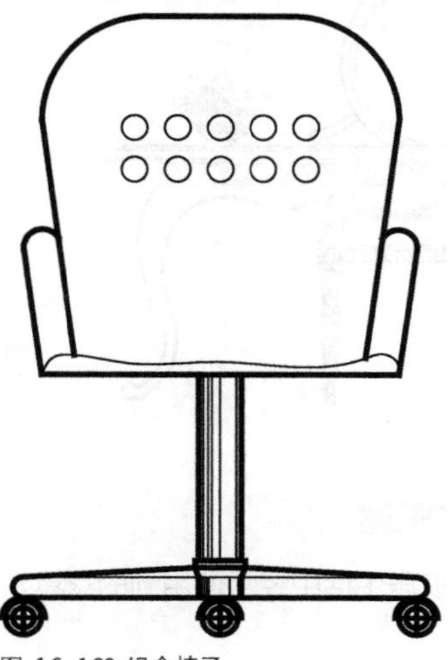
图 16-129 组合椅子

图 16-130 书桌立面图

3 其余风格的书桌图形

沿用前面所介绍的方法，绘制其他风格样式的书桌图块。中式风格书桌线条简明，雕花适当点缀，与室内环境搭配和谐，如图 16-131 所示。欧式风格书桌装饰性强，线条繁复，造型典雅而优美，如图 16-132 所示。

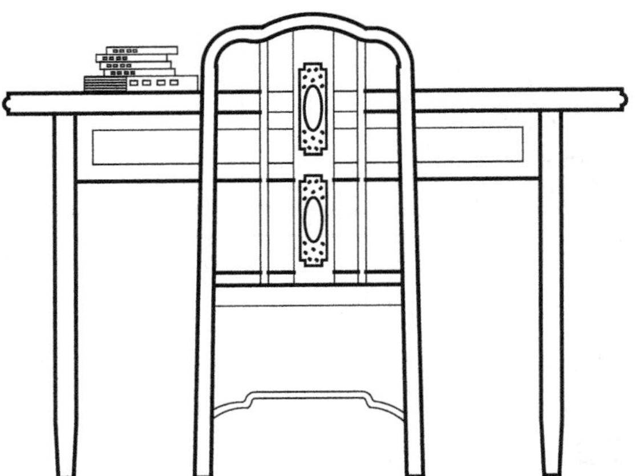

图 16-131 中式书桌

图 16-132 欧式书桌

16.1.9 组合书架的概述

组合书架是人们在家居生活中经常使用到的家具，由书桌和书柜组成。

1 组合书架的介绍

组合书架是兼具书桌和书架功用的组合体。既满足了人们学习、看书的空间需求，又满足了人们归置图书的需求，如图 16-133 与图 16-134 所示。

图 16-133 组合书架

图 16-134 组合书架

2 书架尺寸和平面图的画法

本小节罗列了书架常用尺寸和画法，这些尺寸和画法并不是“一定”或者“绝对”的，而会因住户的房屋户型、习惯或者设计者的尺寸观念和画图手法的不同而略有不同，因此仅供读者参考。

◆一般书柜深度为 240~450mm，书柜因使用功能不同，相对画法略为不同。只要掌握柜深的基本深度，就可衍生出不同的柜面造型。

◆无门及有柜框书柜的画法，如图 16-135 所示。

◆有门及无柜框画法，如图 16-136 所示。

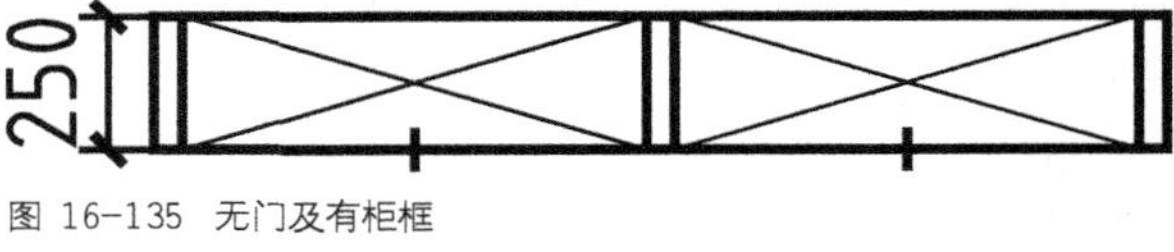

图 16-135 无门及有柜框

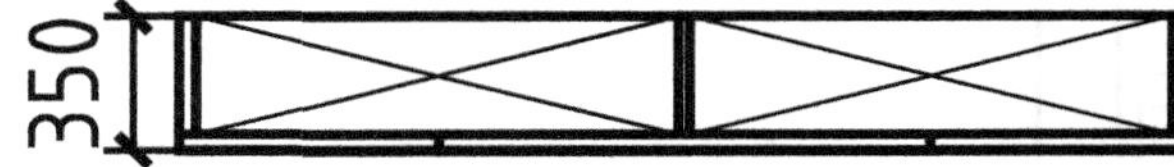

图 16-136 有门及无柜框

◆有门及有柜框书柜的画法，如图 16-137 所示。

◆有门、有柜框的高矮书柜画法，如图 16-138 所示。

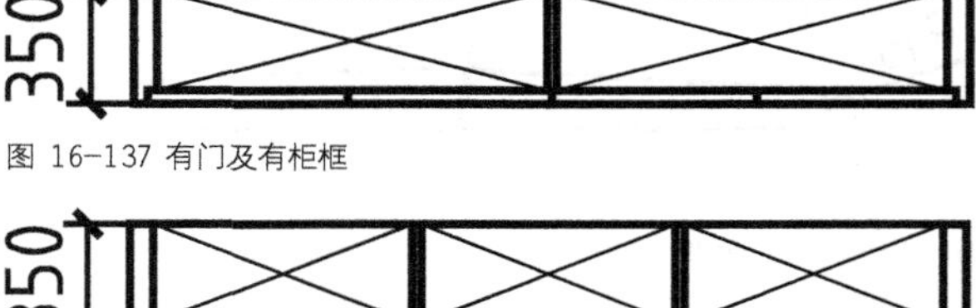

图 16-137 有门及有柜框

图 16-138 有门、有柜框的高矮书柜

◆双层有门柜框画法，如图 16-139 所示。

◆在家居布置中，经常会把书桌和吊柜结合起来，前面已经介绍过书桌的尺寸，吊柜常使用的深度为 250~350mm，如图 16-140 所示。

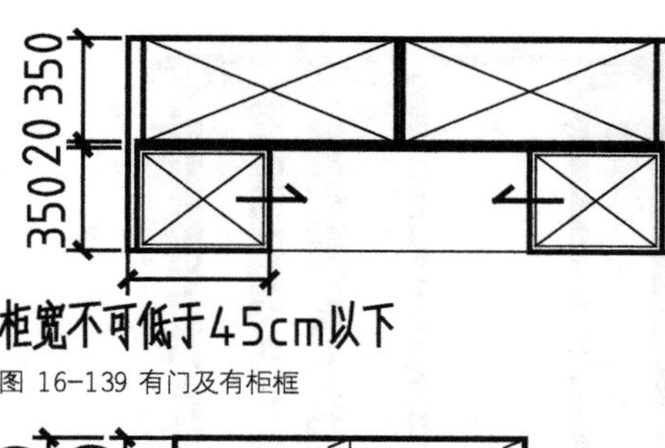

图 16-139 有门及有柜框

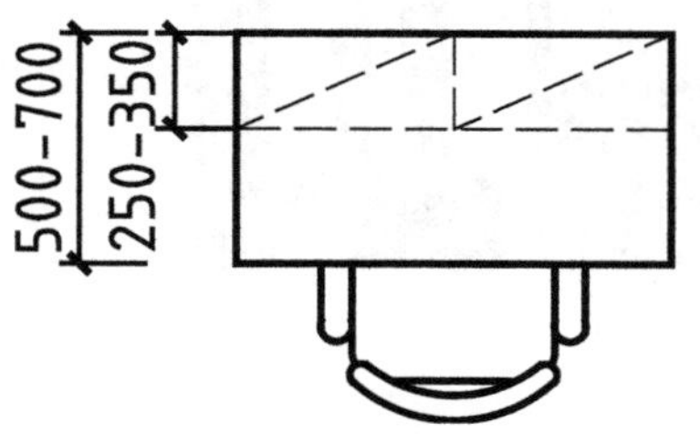

图 16-140 书桌和吊柜尺寸

16.1.10 绘制组合书架

本案例讲解组合书架的绘制方法，绘制组合书架主要调用了 REC【矩形】、O【偏移】、TR【修剪】、I【插入块】等命令。本案例所绘制的组合书架如图 16-141 所示。

图 16-141 组合书架图

Step 01 单击【快速访问】工具栏中的【新建】按钮，新建空白图形文件。

Step 02 绘制组合书架框架。调用REC【矩形】命令，绘制一个尺寸为1470×2830的矩形，并调用O【偏移】命令，将矩形向内偏移40，执行X【分解】命令，将其分解，如图 16-142所示。

Step 03 调用O【偏移】命令，进行尺寸偏移，其结果如图 16-143所示。

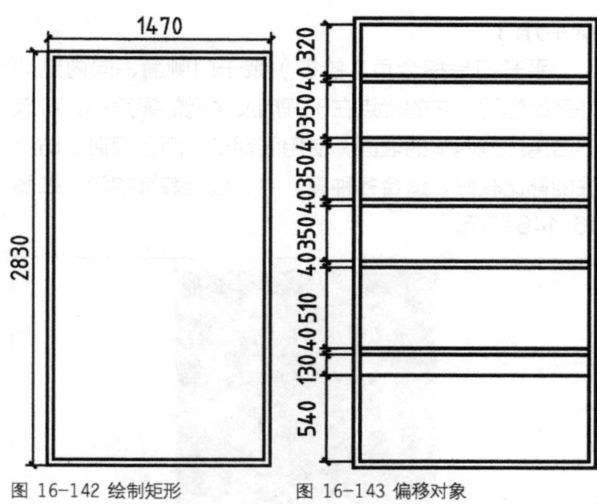

图 16-142 绘制矩形　　图 16-143 偏移对象

Step 04 调用L【直线】命令，依据图 16-144所给尺寸绘制书格和抽屉，并调用REC【矩形】、M【移动】命令，绘制一个尺寸为70×15的矩形，将它移动至抽屉的合适位置。

Step 05 调用I【插入块】命令，将书本、装饰品、电脑、台灯、椅子等图块插入到组合书架的合适位置，如图 16-145所示。

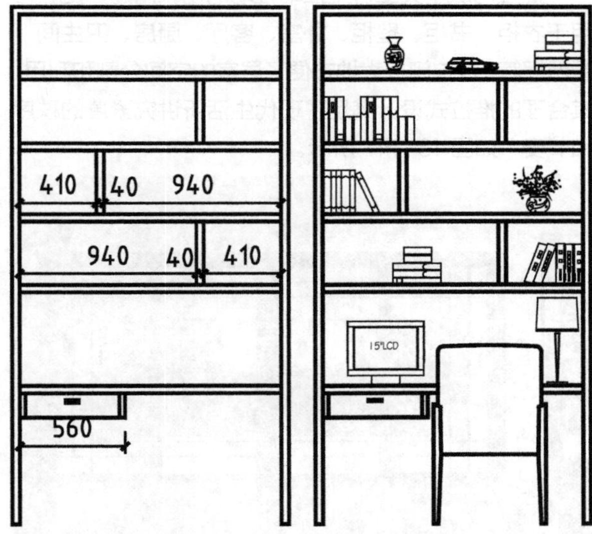

图 16-144 绘制书格、抽屉　　图 16-145 最终结果

16.1.11 门的概述

室内门是指安装在室内入口的门，具有室内、室外交通联系与交通疏散，兼通风采光的作用。

1 门的分类

按常见种类划分：可以分为免漆室内门、烤漆室内门、钢木室内门、实木室内门、生态室内门、木塑室内门、实木复合门、高分子室内门、不锈钢门、钢质室内门等。

室内门按开启方式分类：一般可分为平开门、推拉门、折叠门和弹簧门 4 种。

◎ 平开门

平开门是指合页（铰链）装于门侧面、向内或向外开始的门。它的优点在于开启及关闭的噪声小，可以不占用门洞两侧的墙面，使用周期长，而且保温、防尘性能都比较好，适合各种高、中、低档装饰的门，如图16-146所示。

图 16-146 平开门

◎ 推拉门

推拉门从字义上讲是推动拉动的门，用途广泛，可用于衣柜、书柜、壁柜、卧室、客厅、厨房、卫生间、展示厅等。推拉门极大地方便了居室的空间分割和利用，其合理的推拉式设计满足了现代生活所讲究紧凑的秩序和节奏，如图16-147所示。

图 16-147 推拉门

◎ 折叠门

折叠门为多扇折叠，可推移到侧边，占空间比较少。具有美观大方、样式新颖、花色多样、使用方便、推拉自如、有效节约门的占用空间，它还具有门体质轻、保温隔冷热、防潮、防火阻燃、降噪隔音、耐酸碱、耐腐蚀等化学稳定性，其效果如图16-148所示。

图 16-148 折叠门

◎ 弹簧门

弹簧门，本来是按门的开启方式分类中的一种门。装有弹簧合页，开启后会自动关闭。此门多用于公共场所通道、紧急出口通道，如图16-149所示。

图 16-149 弹簧门

2 门的尺寸和平面图的画法

本小节罗列了门常用尺寸和画法，这些尺寸和画法并不是"一定"或者"绝对"的，而会因住户的房屋户型、习惯或者设计者的尺寸观念和画图手法的不同而略有不同，因此仅供读者参考。

◆室内门一般宽度为800~950mm，高度为1900mm、2000mm、2100mm、2200mm、2400mm。

◆厨房门、厕所门的一般宽度为950mm、800mm，高度为1900mm、2000mm、2100mm。

◆室内单开门的画法，如图16-150所示。

◆一般门（含固定玻璃间隔）的画法，如图16-151所示。

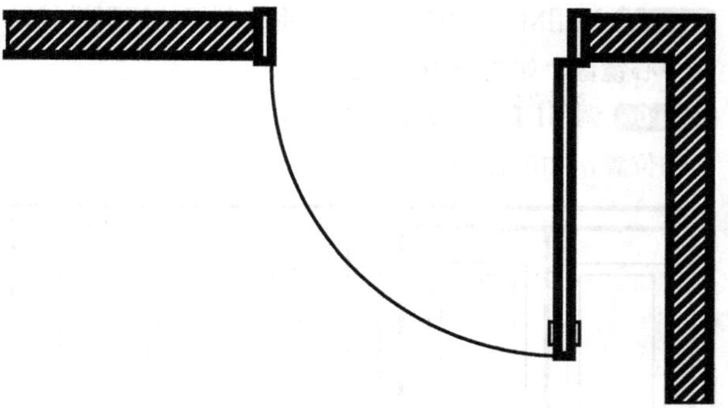
图 16-150 单开门

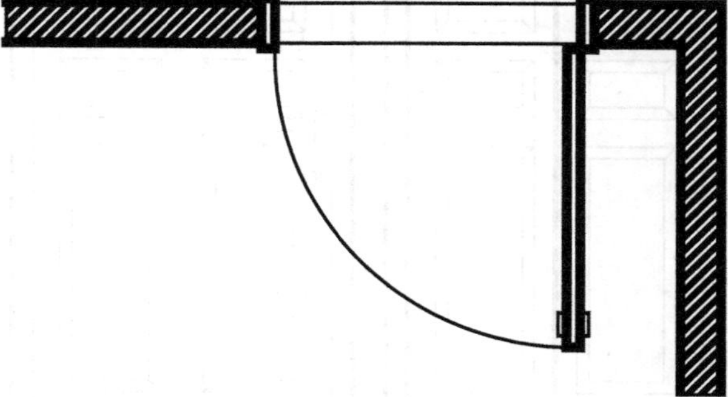
图 16-151 一般门（含固定玻璃间隔）

◆ 玻璃门（含地铰链）的画法，如图 16-152 所示。

◆ 子母门的画法，如图 16-153 所示。

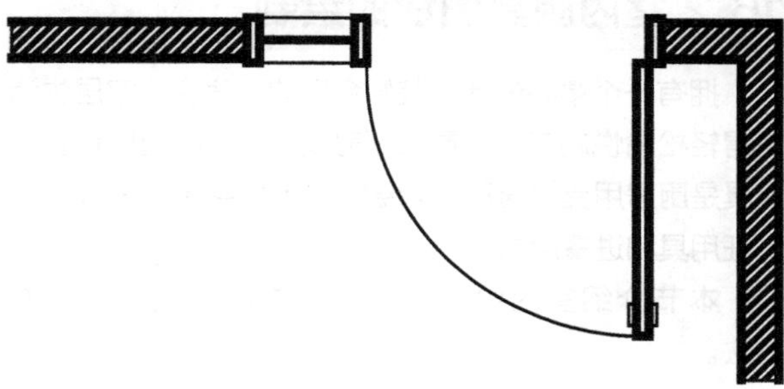
图 16-152 玻璃门（含地铰链）

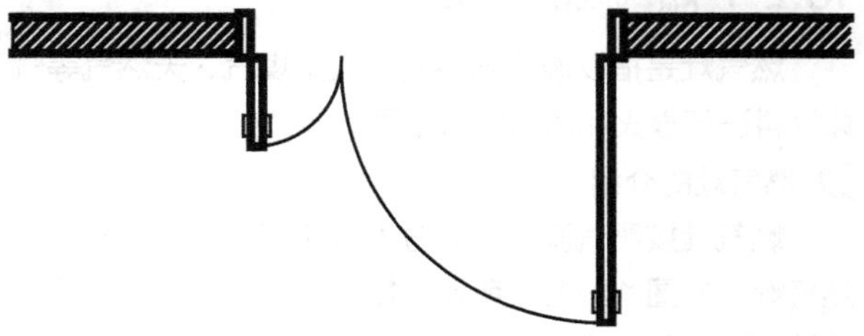
图 16-153 子母门

◆ 双开门的画法，如图 16-154 所示。

◆ 双开双向门的画法，如图 16-155 所示。

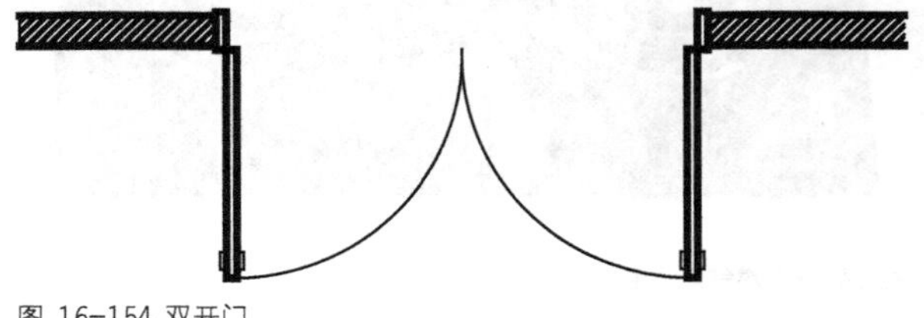
图 16-154 双开门

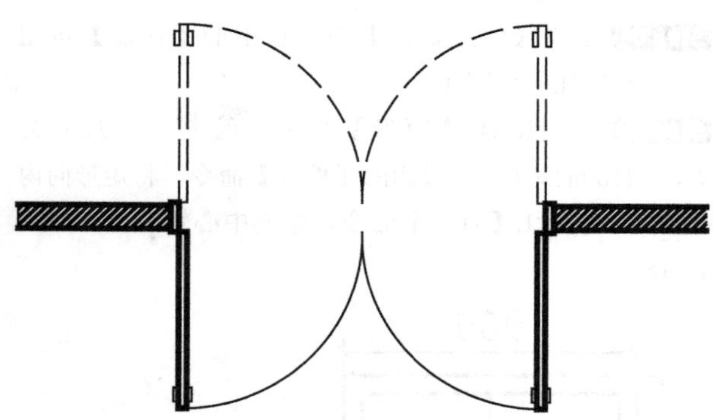
图 16-155 双开双向门

◆ 折门每一个门的宽度为 500~1200mm。

◆ 木制单边折门的画法，如图 16-156 所示。

◆ 木制双边折门的画法，如图 16-157 所示。

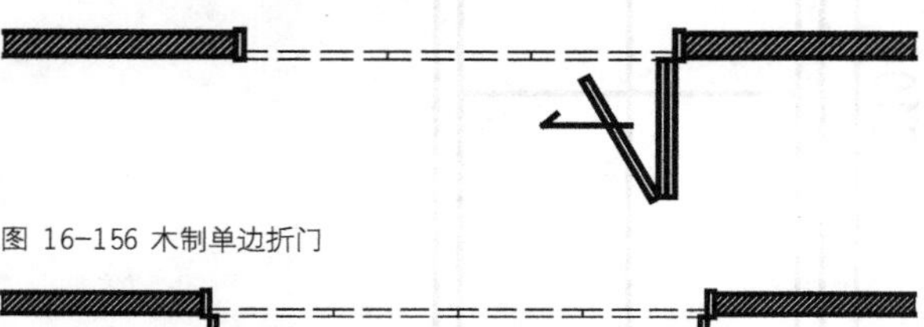
图 16-156 木制单边折门

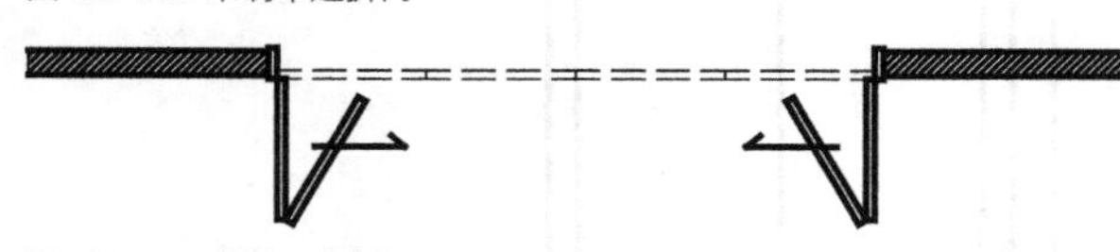
图 16-157 木制双边折门

16.1.12 绘制室内平开门

本案例讲解室内平开门的绘制方法，绘制室内平开门主要调用了 REC【矩形】、O【偏移】、MI【镜像】、I【插入块】等命令。本案例所绘制的室内平开门如图 16-158 所示。

图 16-158 室内平开门

Step 01 单击【快速访问】工具栏中的【新建】按钮，新建空白图形文件。

Step 02 调用REC【矩形】命令，绘制一个尺寸为960×2100的矩形，并调用O【偏移】命令，将矩形向内偏移60，执行L【直线】命令，绘制中心辅助线，如图16-159所示。

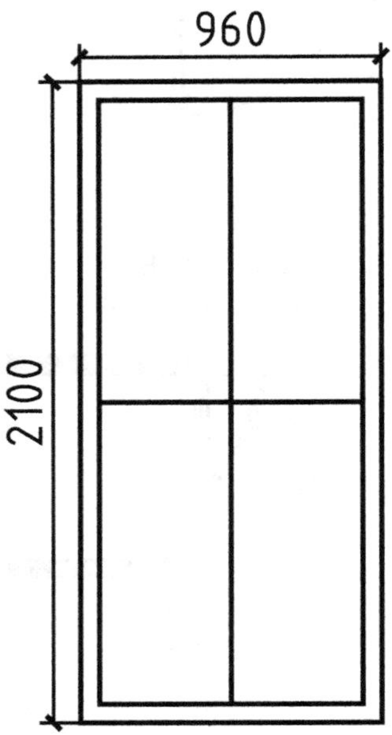

图 16-159 绘制矩形

Step 03 调用O【偏移】命令，按照图 16-160所给的尺寸进行偏移。

Step 04 调用TR【修剪】命令，修剪多余线段，并调用O【偏移】命令，将矩形向内偏移34，执行L【直线】命令，绘制装饰线，如图 16-161所示。

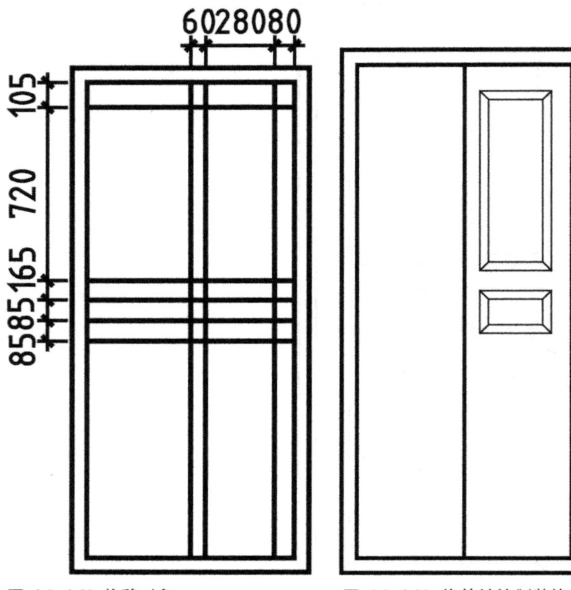

图 16-160 偏移对象　　图 16-161 修剪并绘制装饰线

Step 05 调用MI【镜像】命令，将绘制好的矩形沿辅助线中心镜像，如图16-162所示。

Step 06 调用I【插入块】命令，将门把手图块插入至合适的位置，如图16-163所示。

图 16-162 镜像矩形　　图 16-163 插入门把手图块

16.2 室内厨具图块的绘制

拥有一个精心设计、装修合理的厨房会让家居生活变得轻松愉悦起来。厨具在厨房设计中占有重要位置，厨具是厨房用具的通称，主要包括储藏用具、洗涤用具、烹饪用具和进餐用具。

本节介绍室内绘图中常见室内厨具图块的绘制方法。

16.2.1 燃气灶的概述

燃气灶是指以液化石油气、人工煤气、天然气等气体燃料进行直火加热的厨房用具。

1 燃气灶的介绍

燃气灶按照气源：主要分为液化气灶、煤气灶、天然气灶，如图 16-164 所示。按灶眼划分，一般可分为单灶、双灶和多眼灶。

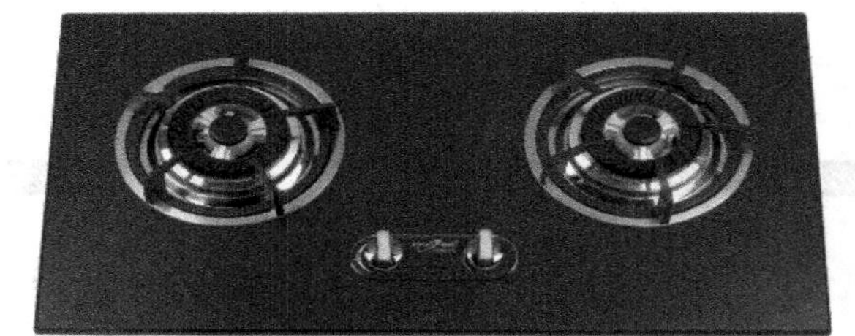
图 16-164 燃气灶效果图

图 16-164 燃气灶效果图（续）

2 燃气灶的尺寸

燃气灶开孔尺寸是灶具安装时的挖空尺寸，比外形尺寸要小得多，本小节介绍燃气灶的一般尺寸，除罗列的这些尺寸外，市场上还有其他类型尺寸的燃气灶，本尺寸仅供读者参考。

◆常见的燃气灶外形尺寸和开孔尺寸：挖孔尺寸680×350mm，外形尺寸 748×405×148mm。

◆挖孔尺寸 674×355mm，外形尺寸740×430× ×140mm。

◆挖孔尺寸 635×350mm，外形尺寸720×400×125mm。

16.2.2 绘制燃气灶

本案例讲解燃气灶的绘制方法，绘制燃气灶主要调用了 REC【矩形】、C【圆】、TR【修剪】等命令。

1 绘制燃气灶平面图

本案例所绘制的燃气灶平面图如图 16-165 所示。

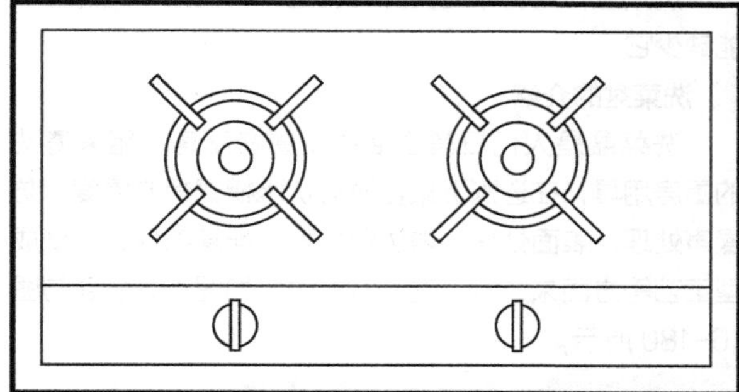

图 16-165 燃气灶平面图

Step 01 单击【快速访问】工具栏中的【新建】按钮，新建空白图形文件。

Step 02 绘制灶身。调用REC【矩形】命令，绘制一个尺寸为1000×550的矩形，并调用O【偏移】命令，将矩形向内偏移40，如图 16-166所示。

Step 03 调用X【分解】命令，分解内矩形，执行O【偏移】命令，将内矩形下边线向上偏移100，如图 16-167所示。

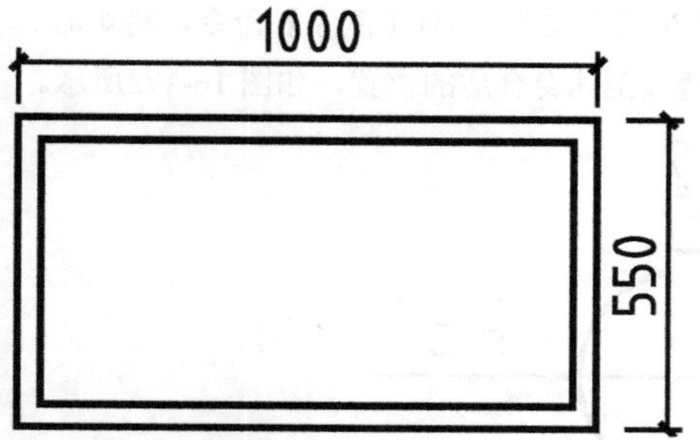

图 16-166 绘制矩形并偏移

图 16-167 分解并偏移对象

Step 04 绘制炉心。调用C【圆】命令，绘制一个半径为96的圆，执行O【偏移】命令，将圆依次向内偏移14、30、30。并调用REC【矩形】命令，在合适的位置绘制一个尺寸为15×94的矩形，如图 16-168所示。

Step 05 调用CO【复制】命令，复制矩形至同心圆合适的位置，如图 16-169所示。

Step 06 调用RO【旋转】命令，将矩形与同心圆一起旋转45°，并调用TR【修剪】命令，修剪多余线段，如图 16-170所示。

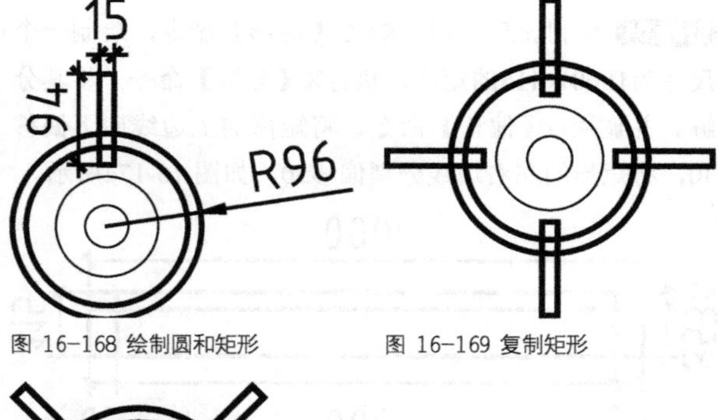

图 16-168 绘制圆和矩形　　图 16-169 复制矩形

图 16-170 旋转并修剪对象

Step 07 绘制开关。调用REC【矩形】命令，绘制一个半径为30的圆，并调用REC【矩形】命令，在圆中心位置绘制一个尺寸为12×70的矩形，并执行TR【修剪】命令，修剪多余的线段，如图 16-171所示。

Step 08 调用M【移动】、MI【镜像】命令，将炉心、开关移动和镜像至灶身合适的位置，如图 16-172所示。

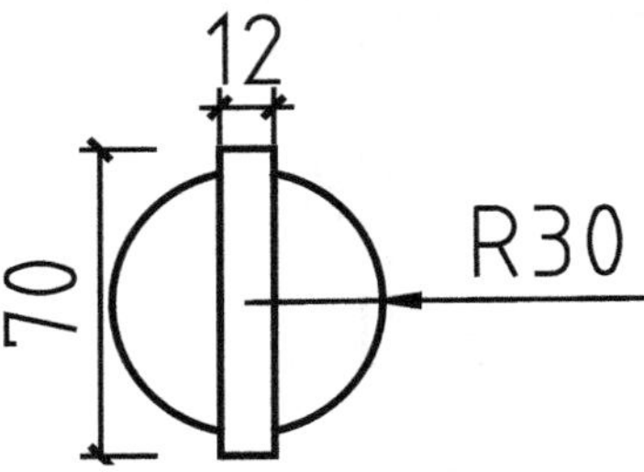

图 16-171 绘制开关

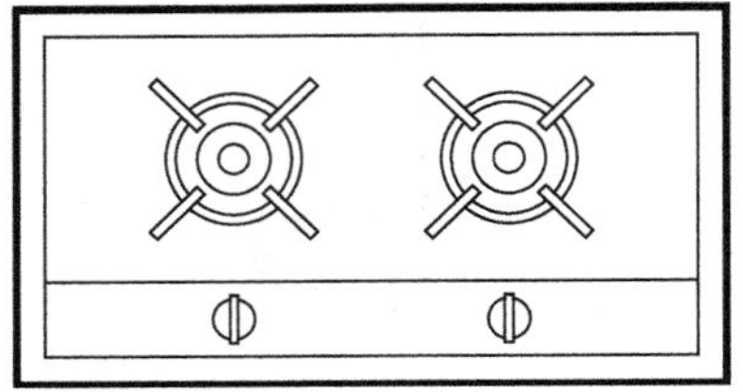
图 16-172 最终结果

2 绘制燃气灶立面图

本案例所绘制的燃气灶立面图如图 16-173 所示。

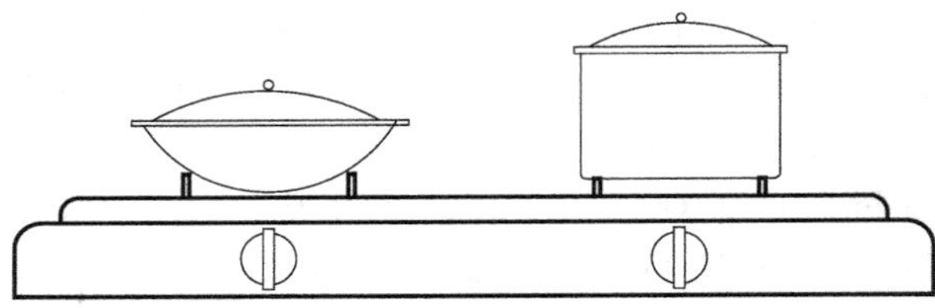
图 16-173 燃气灶立面图

Step 01 绘制灶身。调用REC【矩形】命令，绘制一个尺寸为1000×115的矩形，执行X【分解】命令，将其分解。并调用O【偏移】命令，将矩形的上边线向下偏移30，将矩形的左右边线分别偏移50，如图 16-174所示。

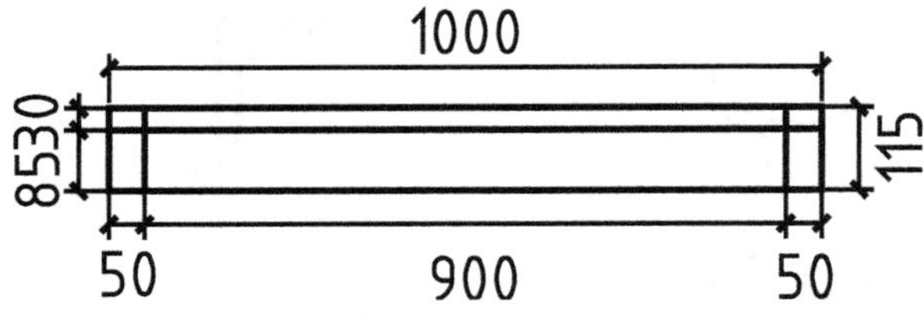

图 16-174 绘制矩形并偏移

Step 02 调用F【圆角】命令，将指定位置按照半径20、30进行圆角，如图 16-175所示。

图 16-175 圆角操作

Step 03 调用REC【矩形】命令，绘制一个尺寸为7×27的矩形，并调用CO【复制】命令，将矩形复制到图 16-176所示的位置。

Step 04 依照前面介绍燃气灶平面图开关的绘制方法绘制燃气灶立面图开关，如图 16-177所示。

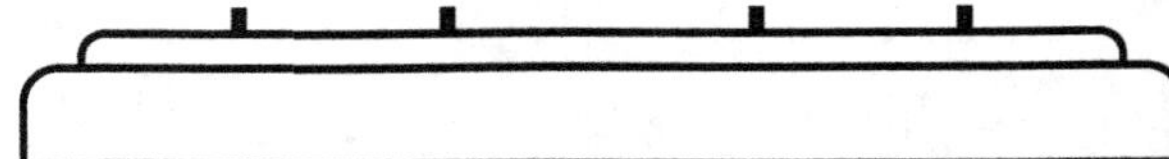
图 16-176 绘制矩形并复制

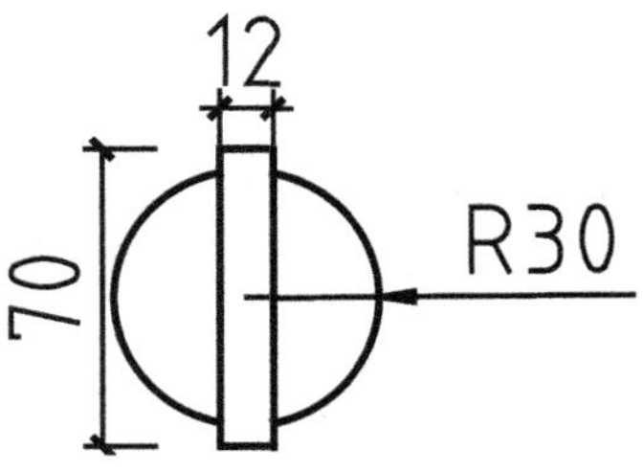

图 16-177 绘制开关

Step 05 调用I【插入块】命令，将锅图块插入至燃气灶合适的位置，如图 16-178所示。

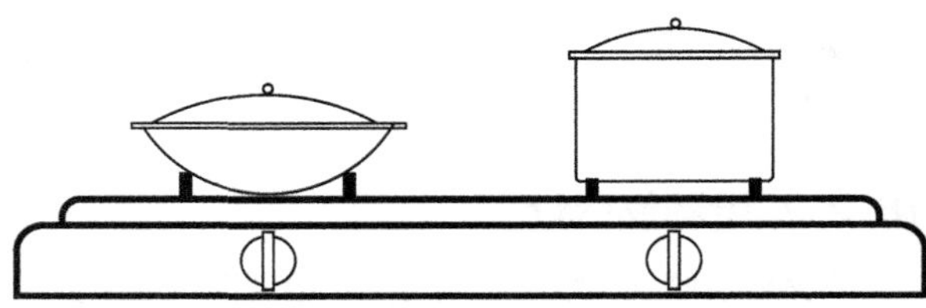
图 16-178 最终结果

16.2.3 洗菜盆的概述

洗菜盆在厨房中占据重要位置，在生活中人们也不能缺少它。

1 洗菜盆的介绍

洗菜盆是人们日常生活中安置在厨房，用来清洗的厨房用具，在选购洗菜盆时可从水槽钢板的厚度、防噪声处理、表面处理、内边角处理、配套部件、水槽成型工艺等方面来选购。洗菜盆的效果如图 16-179 与图 16-180 所示。

图 16-179 洗菜盆效果图

图 16-180 洗菜盆效果图

2 洗菜盆的尺寸

洗菜盆的尺寸分单盆和双盆。本小节介绍洗菜盆的一般尺寸，除罗列的这些尺寸外，市场上还有其他类型尺寸的洗菜盆，本尺寸仅供读者参考。

◆洗菜盆的单盆尺寸：方形槽常用尺寸为500mm，长方形槽常用尺寸宽度为500mm，长度为750~850mm。

◆洗菜盆的双盆尺寸：常用尺寸长度为700~900mm，其中800~850mm比较常见；常用尺寸宽度为400~550mm，其中450~500mm比较常见。

16.2.4 绘制洗菜盆

本案例讲解洗菜盆的绘制方法，绘制洗菜盆主要调用了REC【矩形】、C【圆】、TR【修剪】等命令。

1 绘制洗菜盆平面图

本案例所绘制的洗菜盆平面图如图 16-181 所示。

图 16-181 洗菜盆平面图

Step 01 单击【快速访问】工具栏中的【新建】按钮，新建空白图形文件。

Step 02 绘制盆身。调用REC【矩形】命令，根据命令提示，指定圆角半径为20，绘制一个尺寸为780×450的圆角矩形，并执行X【分解】命令，将其分解。调用O【偏移】命令，按照图 16-182所示尺寸偏移线段。

Step 03 调用TR【修剪】命令，修剪多余线段，如图16-183所示。

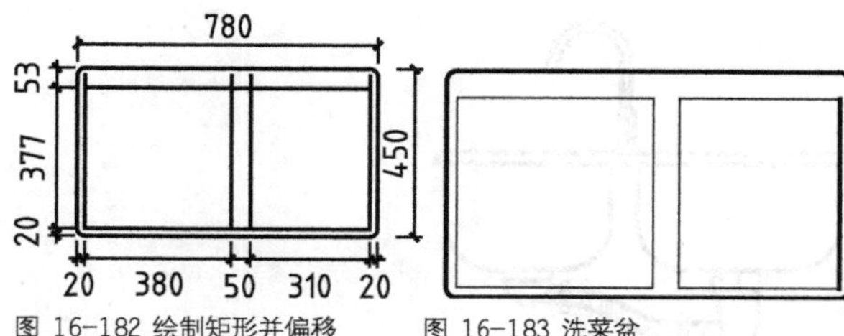

图 16-182 绘制矩形并偏移　图 16-183 洗菜盆

Step 04 绘制漏水口。调用C【圆】命令，绘制2个半径分别为30、20的同心圆，并调用L【直线】命令，过圆心绘制十字，如图 16-184所示。

Step 05 绘制把手。调用C【圆】命令，绘制2个半径分别为27、20的同心圆，并调用REC【矩形】命令，绘制2个尺寸为17×45、27×147的矩形。执行M【移动】命令，将两者移动到合适的位置，如图 16-185所示。

Step 06 调用RO【旋转】命令，将把手旋转 - 45°，并调用TR【修剪】命令，修剪多余的线段，如图 16-186所示。

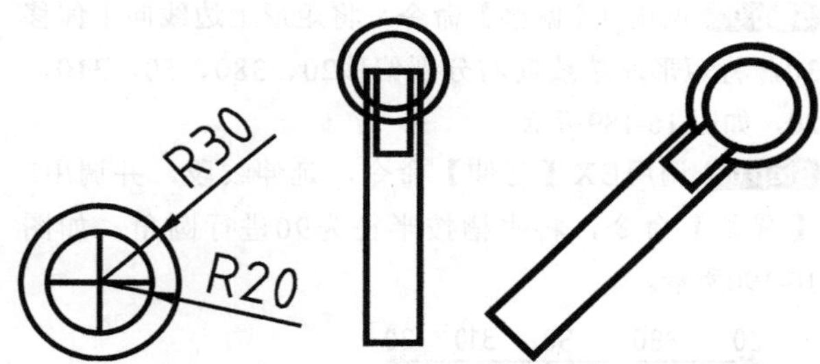

图 16-184 绘制漏水口　图 16-185 绘制把手　图 16-186 最终结果

Step 07 调用M【移动】、CO【复制】命令，将漏水口和把手移动复制至洗菜盆的合适位置，如图 16-187所示。

2 绘制洗菜盆立面图

本案例所绘制的洗菜盆立面图如图 16-188 所示。

图 16-187 最终结果

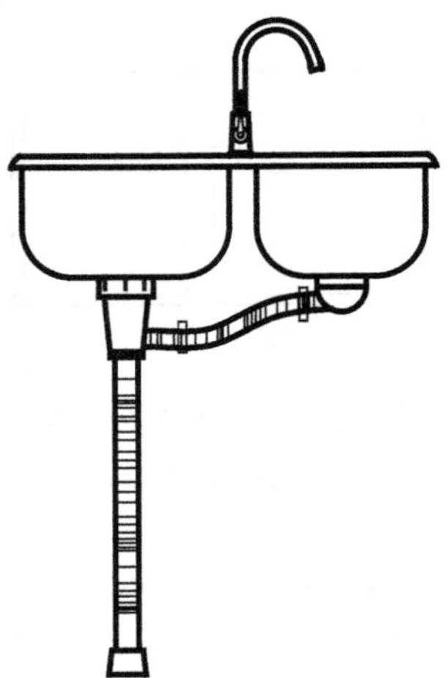

图 16-188 洗菜盆立面图

Step 01 绘制水槽。调用REC【矩形】命令，根据命令提示，指定圆角半径为30，绘制一个尺寸为780×220的矩形，并调用X【分解】命令，将其分解。

Step 02 调用O【偏移】命令，将矩形上边线向下偏移30，将矩形左边线向右分别偏移20、380、50、310、20，如图 16-189所示。

Step 03 调用EX【延伸】命令，延伸线段，并调用F【圆角】命令，将水槽按半径为90进行圆角，如图 16-190所示。

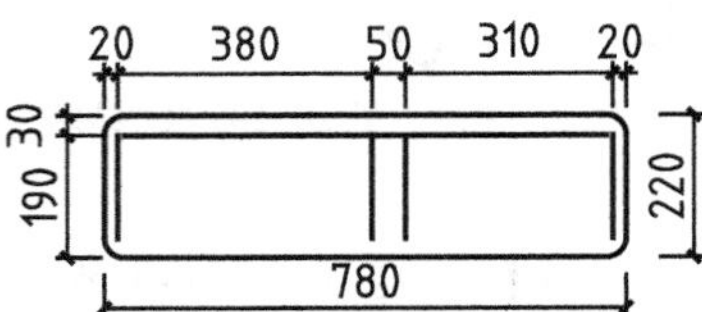

图 16-189 绘制矩形并偏移

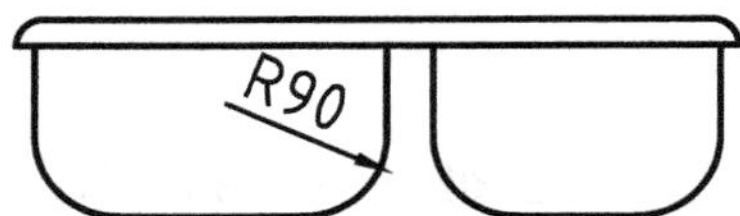

图 16-190 延伸并圆角

Step 04 调用REC【矩形】、L【直线】、C【圆】命令，按照图 16-191所示，完善水槽的绘制。

Step 05 绘制水管。调用REC【矩形】、SPL【样条曲线】绘制水管，并调用L【直线】命令，绘制水管装饰线，如图 16-192所示。

Step 06 调用I【插入块】命令，将水龙头图块插入至水槽合适的位置，如图 16-193所示。

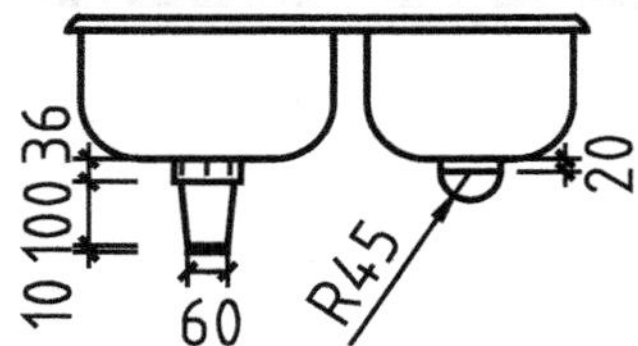

图 16-191 完善水槽绘制

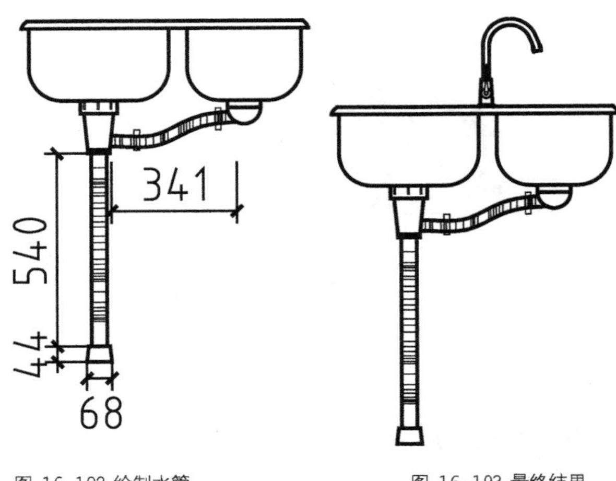

图 16-192 绘制水管

图 16-193 最终结果

16.3 室内洁具图块的绘制

室内洁具是指人们洗涤用具的器具，用于卫生间和厨房，如洗面器、坐便器、浴缸、洗涤槽等，洁具主要由陶瓷、玻璃钢、塑料、人造大理石（玛瑙）、不锈钢等材质制成。

本节介绍室内绘图中常见室内洁具图块的绘制方法。

16.3.1 马桶的概述

马桶正式名称为坐便器，是大小便用的有盖的桶，如图 16-194 所示。它的使用范围在家庭厕所和公共厕所等。

图 16-194 马桶效果图

马桶使用的净宽度为 750~1000mm，如图 16-195 所示。

16.3.2 绘制马桶

本案例讲解马桶的绘制方法，绘制马桶主要调用了 REC【矩形】、EL【椭圆】、O【偏移】等命令。

1 绘制马桶平面图

本案例所绘制的马桶平面图如图 16-196 所示。

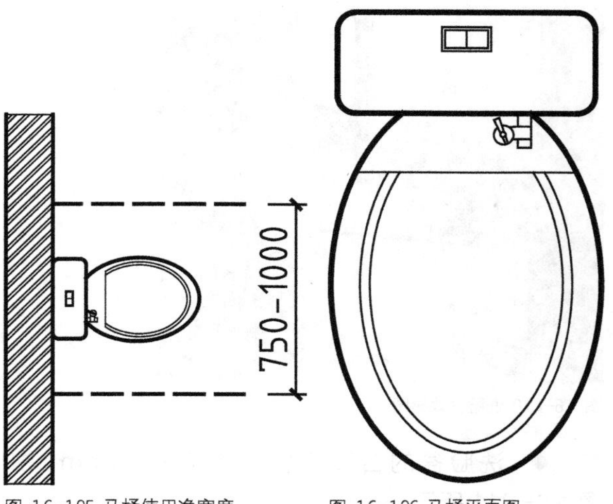

图 16-195 马桶使用净宽度　　图 16-196 马桶平面图

Step 01 单击【快速访问】工具栏中的【新建】按钮，新建空白图形文件。

Step 02 绘制水箱。调用REC【矩形】命令，根据命令提示，指定圆角半径为30，绘制一个尺寸为420×170的圆角矩形，再绘制一个尺寸为80×35的矩形，向内偏移5。并调用L【直线】命令，绘中线，如图 16-197所示。

Step 03 绘制便体。调用EL【椭圆】命令，根据命令提示绘制长轴为330，短轴为220的椭圆，并调用O【偏移】命令，将椭圆向内分别偏移47、16，如图 16-198所示。

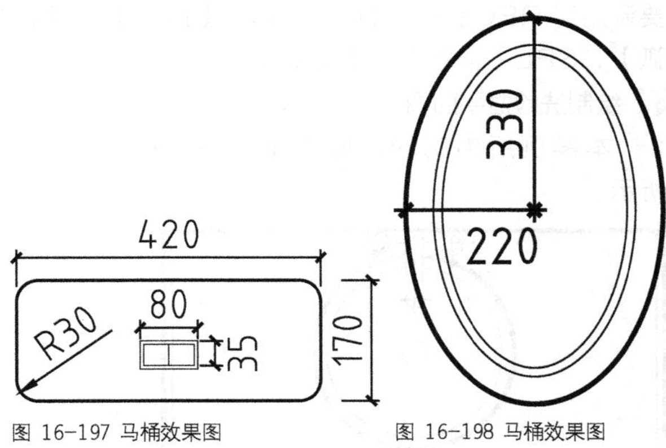

图 16-197 马桶效果图　　图 16-198 马桶效果图

Step 04 调用M【移动】命令，将水箱和便体组合至指定位置，如图 16-199所示。

Step 05 调用TR【修剪】命令，修剪多余线段，并调用L【直线】命令，完善马桶绘制，如图 16-200所示。

Step 06 绘制开关。调用REC【矩形】、C【圆】、L【直线】命令，绘制图 16-201所示的开关。

Step 07 调用M【移动】命令，将开关组合至马桶合适的位置，最终结果如图 16-202所示。

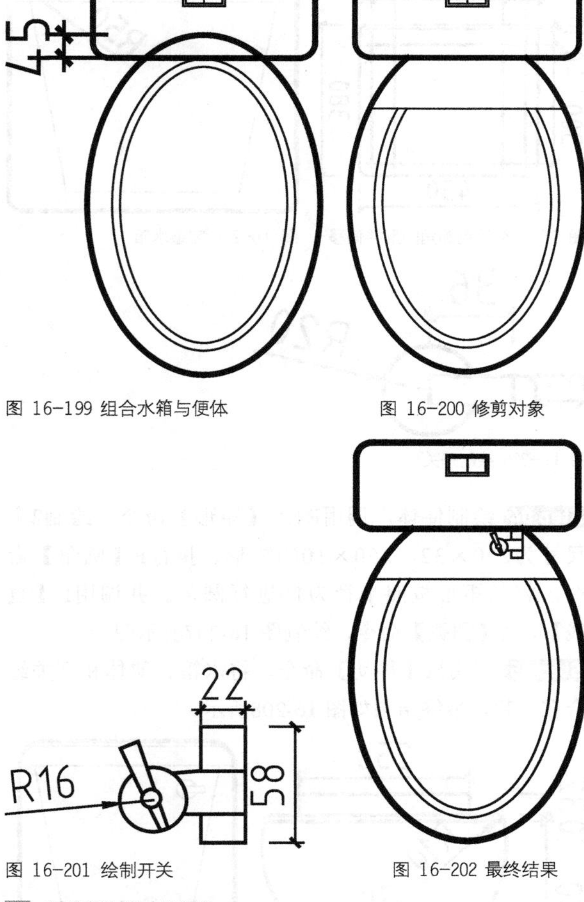

图 16-199 组合水箱与便体　　图 16-200 修剪对象

图 16-201 绘制开关　　图 16-202 最终结果

2 绘制马桶立面图

本案例所绘制的马桶立面图如图 16-203 所示。

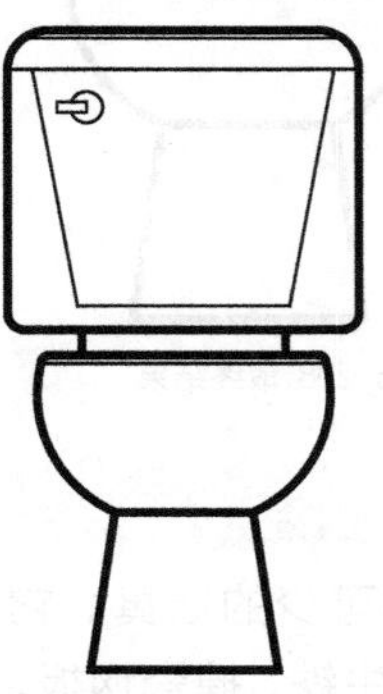
图 16-203 马桶立面图

Step 01 绘制水箱。调用REC【矩形】工具，根据命令提示，指定圆角半径为20，绘制一个尺寸为430×380的圆角矩形，执行X【分解】命令，将其分解，并调用O【偏移】命令，按照图 16-204所示尺寸进行偏移。

Step 02 调用F【圆角】命令，将水箱上轮廓按照半径为50进行圆角，并调用EX【延伸】、TR【修剪】、L【直线】命令，完善水箱的绘制，如图 16-205所示。

Step 03 调用C【圆】、REC【矩形】命令，绘制图 16-206所示开关。

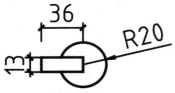

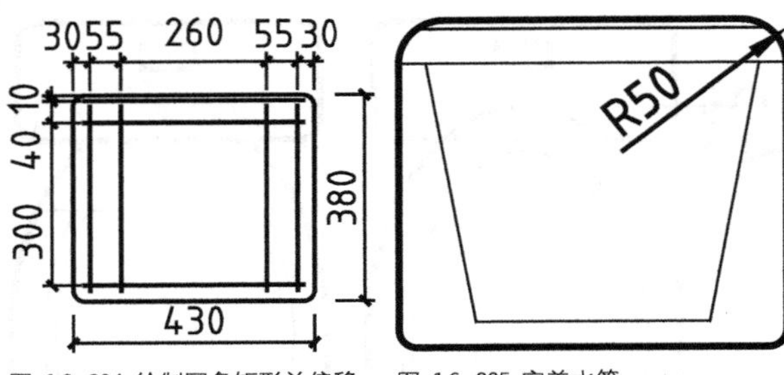

图 16-204 绘制圆角矩形并偏移　图 16-205 完善水箱

36
R20
13

图 16-206 绘制开关

Step 04 绘制便体。调用REC【矩形】命令，绘制2个尺寸为250×32、350×10的矩形，执行F【圆角】命令，将长矩形按照半径为10进行圆角。并调用L【直线】、A【圆弧】命令，绘制图 16-207所示图形。

Step 05 调用M【移动】命令，将水箱、便体和开关组合在一起，最终结果如图 16-208所示。

图 16-207 绘制便体　图 16-208 最终结果

16.3.3 洗脸盆的概述

洗脸盆是人们日常生活中必不可少的洁具。它的材质使用得最多的是陶瓷、搪瓷生铁、搪瓷钢板、水磨石等。洗脸盆种类较多，常用品种有：角型洗脸盆、普通型洗脸盆、立式洗脸盆、有沿台式洗脸盆和无沿台式洗脸盆等，如图 16-209 与图 16-210 所示。

图 16-209 洗脸盆效果图

图 16-210 洗脸盆效果图

◆ 洗脸盆的台面深度为 450~600mm，如图 16-211 所示。

◆ 镜面柜常用深度为 150~200mm，如图 16-212 所示。

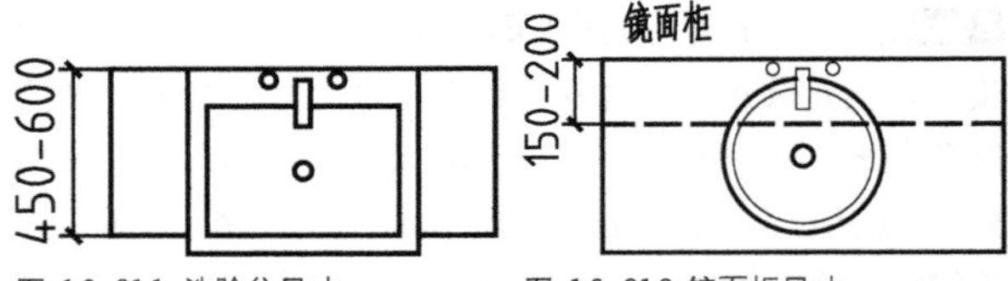

图 16-211 洗脸盆尺寸　图 16-212 镜面柜尺寸

16.3.4 绘制洗脸盆

本案例讲解洗脸盆的绘制方法，绘制洗脸盆主要调用了 REC【矩形】C【圆】、L【直线】、A【圆弧】、SPL【样条曲线】等命令。

1 绘制洗脸盆平面图

本案例所绘制的洗脸盆平面图如图 16-213 所示。

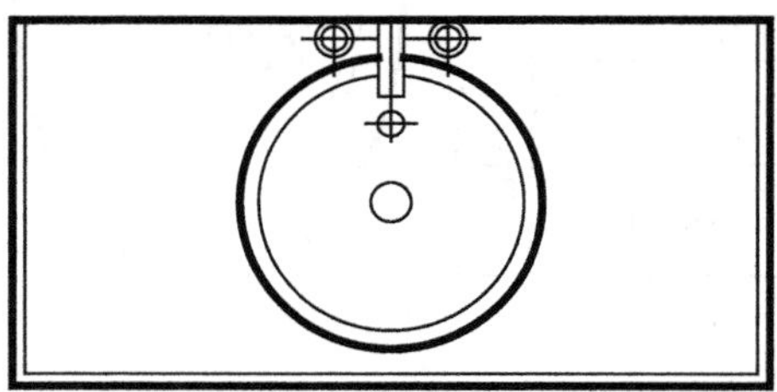

图 16-213 洗脸盆平面图

Step 01 单击【快速访问】工具栏中的【新建】按钮，新建空白图形文件。

Step 02 绘制台盆。调用REC【矩形】命令，绘制一个尺寸为1200×600的矩形，如图 16-214所示。

Step 03 调用O【偏移】命令，将其向内偏移20，删掉上边线，执行EX【延伸】命令，延伸线段到矩形上边线，如图 16-215所示。

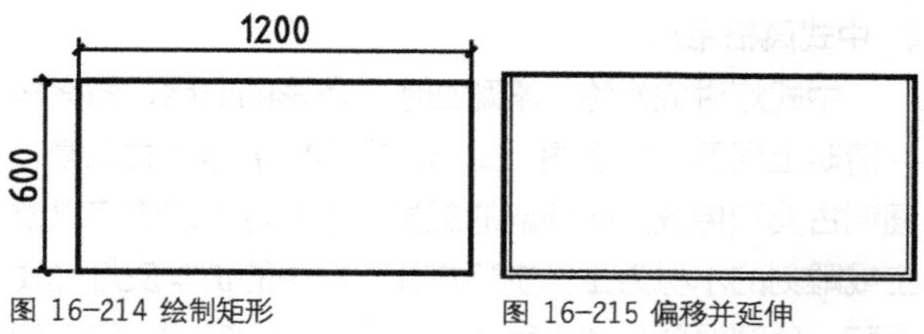

图 16-214 绘制矩形　　图 16-215 偏移并延伸

Step 04 调用C【圆】命令，绘制3个尺寸为240、210、32的同心圆，如图16-216所示。

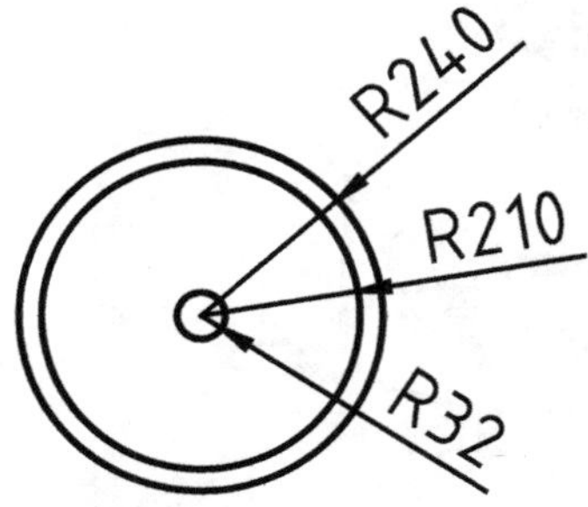

图 16-216 绘制水龙头

Step 05 调用M【移动】命令，将同心圆移至台盆合适位置，如图16-217所示。

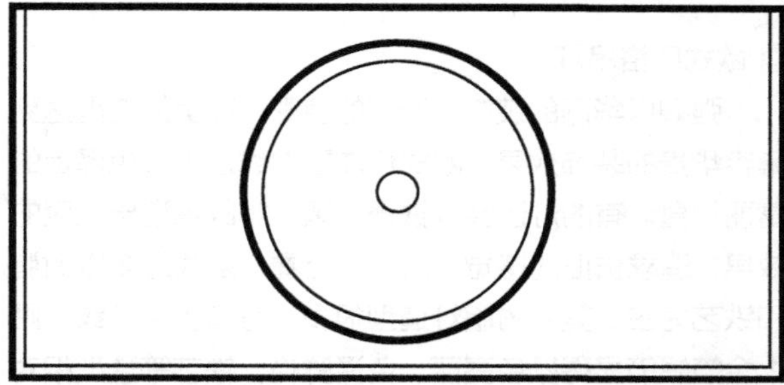

图 16-217 组合同心圆和台盆

Step 06 绘制水龙头。调用REC【矩形】、C【圆】、L【直线】命令，绘制图 16-218所示的水龙头。

Step 07 调用M【移动】命令，将水龙头、台盆移至合适的位置，并调用TR【修剪】命令，修剪多余线段，如图 16-219所示。

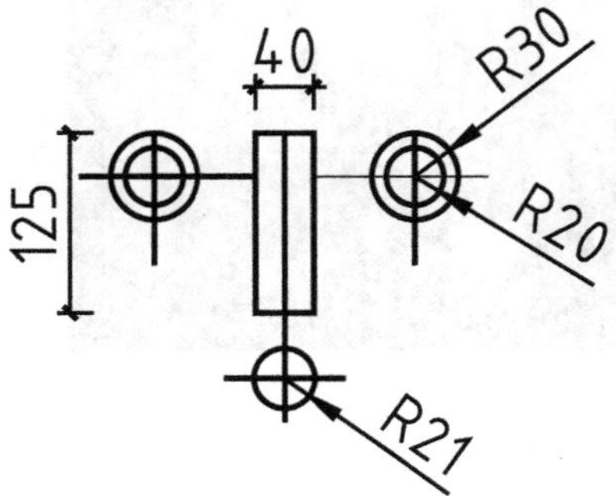

图 16-218 绘制水龙头 C

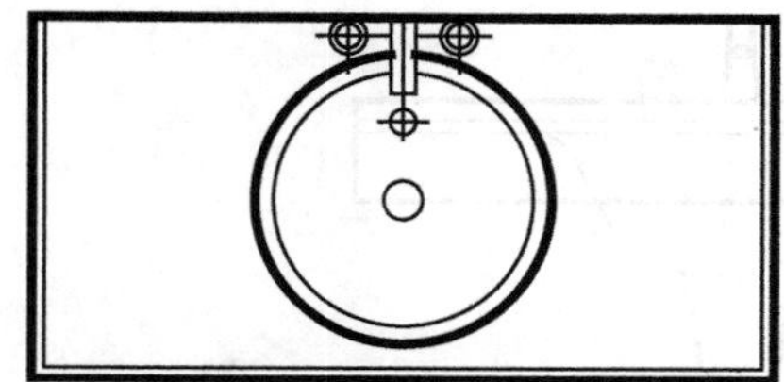

图 16-219 最终结果

2 绘制洗脸盆立面图

本案例所绘制的洗脸盆立面图如图 16-220所示。

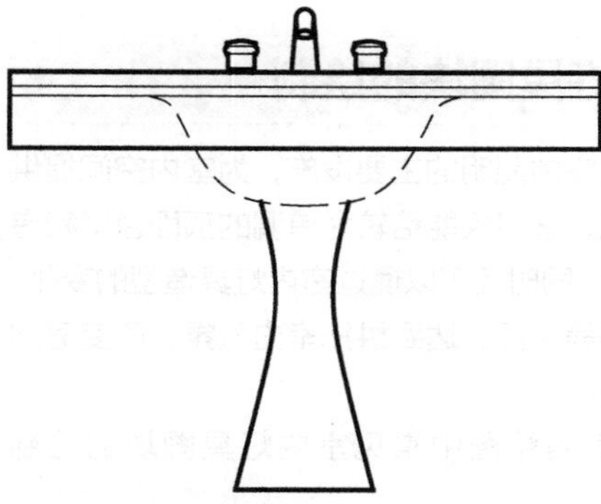

图 16-220 洗脸盆立面图

Step 01 绘制洗脸盆。调用REC【矩形】命令，绘制一个尺寸为1200×160的矩形，执行X【分解】命令，将其分解，并调用O【偏移】命令，将矩形上边线向下依次偏移30、20、110，如图 16-221所示。

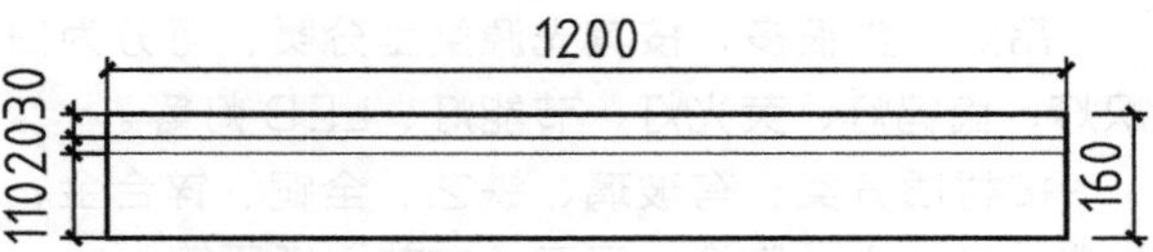

图 16-221 绘制矩形并偏移

Step 02 调用SPL【样条曲线】、L【直线】命令，完善洗脸盆的绘制，并将椭圆线段线型改为DASHED2，如图 16-222所示 。

Step 03 调用I【插入块】命令，将水龙头图块插入至台盆合适的位置，如图 16-223所示。

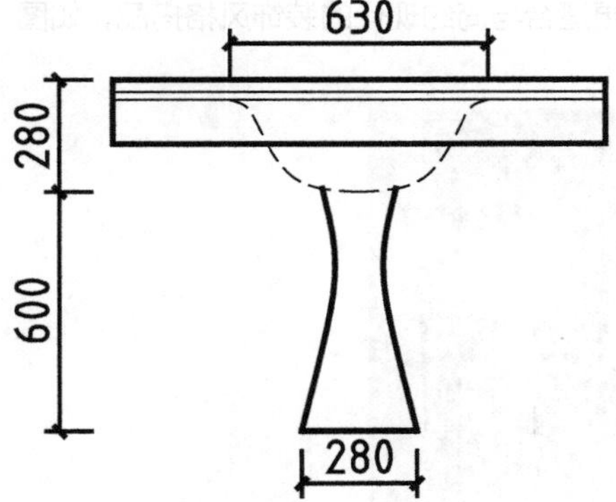

图 16-222 完善洗脸盆

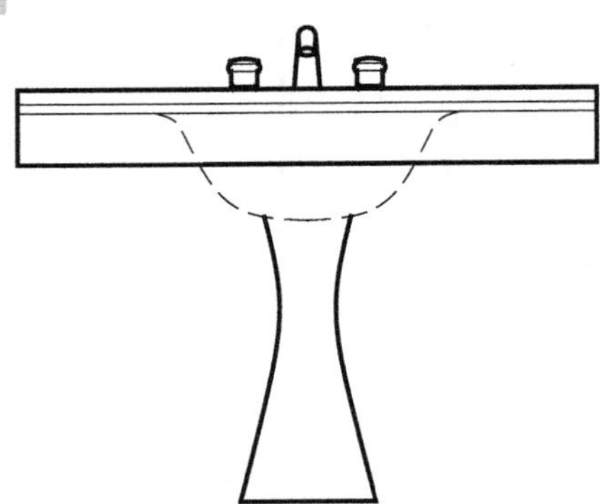

图 16-223 最终结果

16.4 室内灯具图块的绘制

室内灯具是室内照明的主要设施，为室内空间提供装饰及照明功能，它不仅能给较为单调的顶面色彩和造型增加新的内容，同时还可以通过室内灯具造型的变化、灯光强弱的调整等手段，达到烘托室内气氛、改变房间结构感觉的作用。

本节介绍室内绘图中常见室内灯具图块的绘制方法。

16.4.1 吊灯的概述

吊灯是指吊装在室内天花板上的高级装饰用照明灯。

1 吊灯的分类

吊灯种类很多，按其光源类型分类：可分为白炽灯、卤钨灯、荧光灯、节能灯、LED 灯等。

按材质分类：有玻璃、铁艺、全铜、锌合金、树脂、亚克力、陶瓷、云石、布艺、纸质等。

按风格分类：有现代简约、欧式、中式、美式、田园、北欧宜家等风格。

◎ 现代简约风格吊灯

简约、另类、追求时尚是现代灯的最大特点。其材质一般采用具有金属质感的材料或者另类气息的玻璃等，在外观和造型上以另类的表现手法为主，色调上以白色、金属色居多，更适合与简约现代的装饰风格搭配，如图 16-224 所示。

图 16-224 现代风格吊灯

◎ 中式风格吊灯

中式灯讲究对称、精雕细琢、色彩的对比，图案多为清明上河图、如意图、龙凤、京剧脸谱等中式元素，强调古典和传统文化神韵的感觉。中式灯的装饰多以镂空或雕刻的木材为主，宁静古朴。其中的仿羊皮灯光线柔和，色调温馨，装在家里给人温馨、宁静的感觉，如图 16-225 所示。

图 16-225 中式风格吊灯

◎ 欧式风格吊灯

强调以华丽的装饰、浓烈的色彩、精美的造型达到雍容华贵的装饰效果，欧式灯注重曲线造型和色泽上的富丽堂皇。有的灯还会以铁锈、黑漆等故意造出斑驳的效果，追求仿旧的感觉。从材质上看，欧式灯多以树脂和铁艺为主。其中树脂灯造型很多，可有多种花纹，贴上金箔银箔显得颜色亮丽、色泽鲜艳；铁艺等造型相对简单，但更有质感，如图 16-226 所示。

图 16-226 欧式风格吊灯

◎ 美式风格吊灯

与欧式灯相比，美式灯似乎没有太大区别，其用材一致，美式灯依然注重古典情怀，只是风格和造型上相对简约，外观简洁大方，更注重休闲和舒适感。其用材与欧式灯一样，多以树脂和铁艺为主，如图 16-227 所示。

图 16-227 美式风格吊灯

◎ 田园风格吊灯

田园风的灯饰一般以浅色为主，材质上多以铁艺、布艺为主，搭配玻璃、树脂等，注重舒适温馨的氛围营造，较适合居室面积中偏小的空间，如图 16-228 所示。

图 16-228 田园风格吊灯

◎ 北欧 / 宜家风格吊灯

设计上简洁、直接、功能化且贴近自然，一份宁静的北欧风情，绝非是蛊惑人心的虚华。常用的材料主要有布艺、玻璃和铁艺等，以保留这些材质的原始质感为前提，多用明快的中性色，对产品设计比较讲究简洁大方，不需要过多的细节装饰，如图 16-229 所示。

图 16-229 北欧 / 宜家风格吊灯

2 灯的尺寸

本小节罗列了灯的常用尺寸，这些尺寸并不是“一定”或者“绝对”的，而会因住户的房屋户型、习惯或者设计者的尺寸观念和画图手法的不同而略有不同，因此仅供读者参考。

- ◆大吊灯最小高度为 2400mm。
- ◆壁灯的高度在 1500~1800mm。
- ◆壁式床头灯高度在 1200~1400mm。
- ◆照明开关高 1000mm。

16.4.2 绘制吊灯

本案例讲解花枝吊灯的绘制方法，绘制花枝吊灯主要调用了 C【圆形】、AR【阵列】、L【直线】、SPL【样条曲线】等命令。

1 绘制吊灯平面图

本案例所绘制的吊灯平面图如图 16-230 所示。

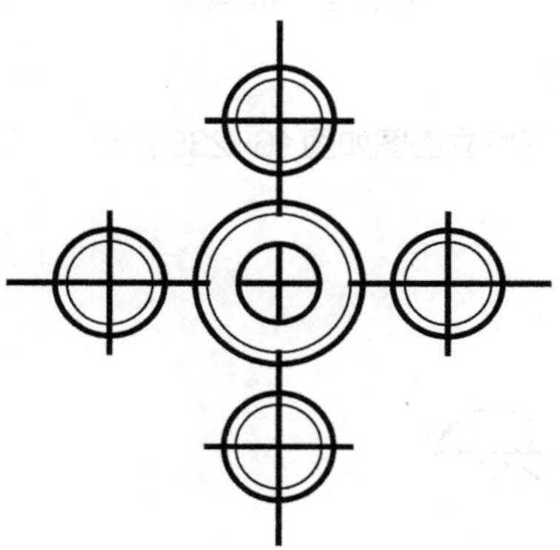

图 16-230 吊灯平面图

Step 01 单击【快速访问】工具栏中的【新建】按钮，新建空白图形文件。

Step 02 调用C【圆】命令，绘制3个半径为140、120、68的同心圆，并调用L【直线】命令，过圆心绘制一条长900的直线，如图 16-231所示。

Step 03 调用L【直线】命令，在圆心位置282处绘制一条240长的直线，并调用C【圆】命令，绘制2个半径为92、72的同心圆，如图 16-232所示。

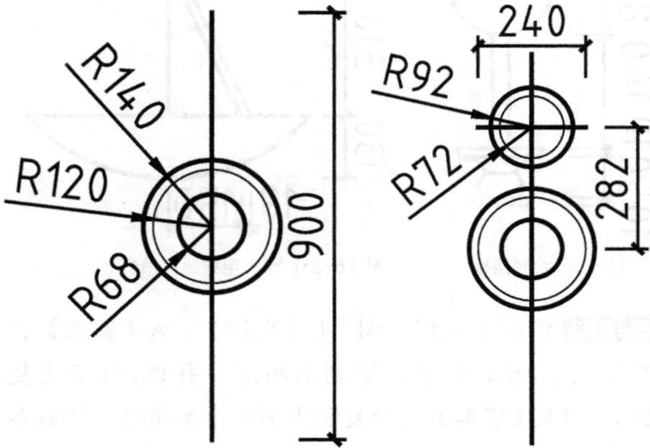

图 16-231 绘制同心圆与直线　　图 16-232 绘制小同心圆与直线

Step 04 调用AR【阵列】命令，选择小同心圆与直线，根据命令行提示，选择PO【极轴】选项，点击大同心圆圆心，设置项目数为4，角度为90，阵列出其他同心圆，如图 16-233所示。

Step 05 调用TR【修剪】命令，修剪多余的线段，如图16-234所示。

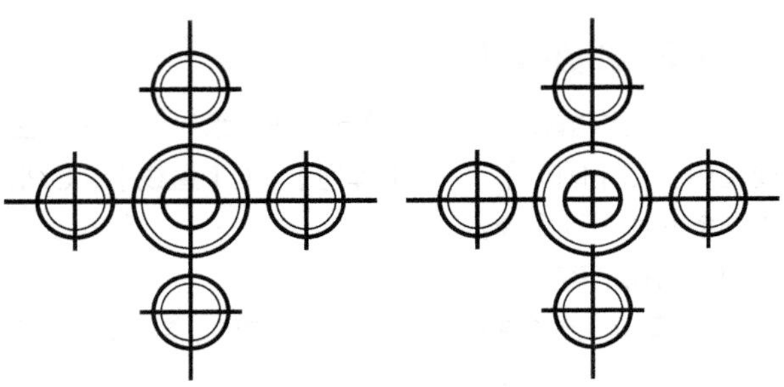

图 16-233 阵列对象　　图 16-234 最终结果

2 绘制吊灯立面图

本案例所绘制的吊灯立面图如图 16-235 所示。

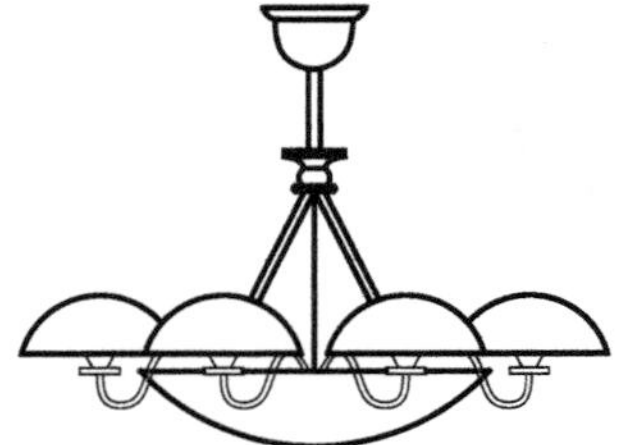

图 16-235 吊灯平面图

Step 01 绘制挂板。调用REC【矩形】、A【圆弧】、L【直线】命令，绘制图 16-236所示图形。

Step 02 绘制电线、大吊灯。调用L【直线】、A【圆弧】、O【偏移】命令，绘制图 16-237所示的图形。

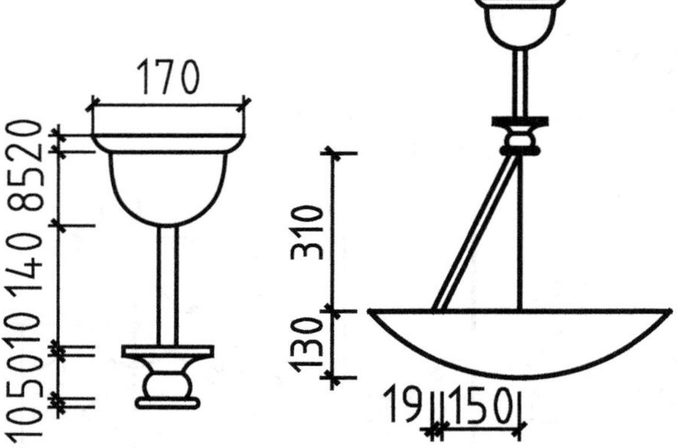

图 16-236 绘制挂板　　图 16-237 绘制电线、大吊灯

Step 03 绘制小吊灯。调用L【直线】、A【圆弧】、REC【矩形】命令，绘制小吊灯，并调用CO【复制】、TR【修剪】命令复制出另一个小吊灯，修剪多余的线段，如图 16-238所示。

Step 04 调用MI【镜像】命令，将绘制好的小吊灯镜像至另一侧，其结果如图 16-239所示。

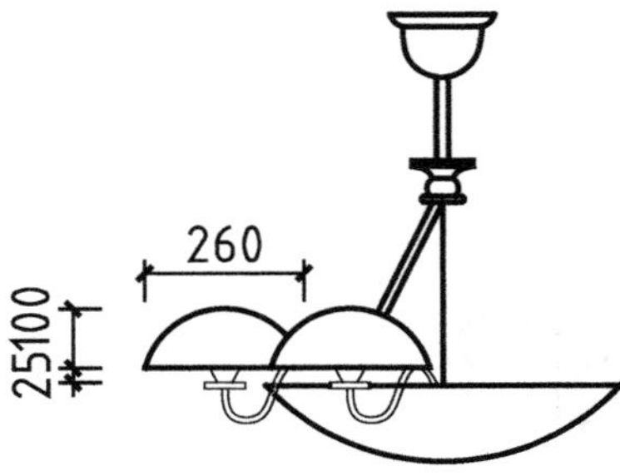

图 16-238 绘制小吊灯

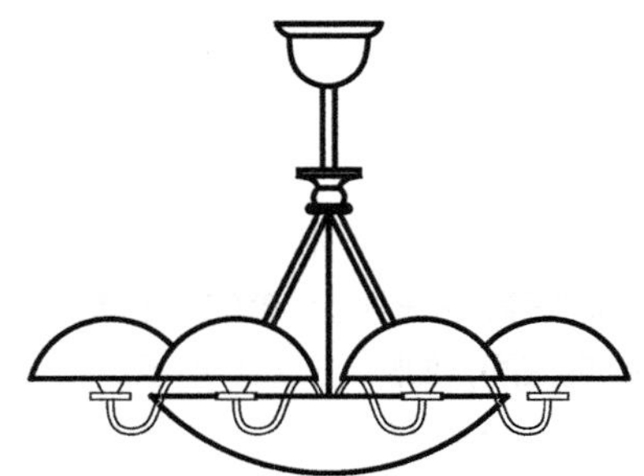

图 16-239 最终结果

16.4.3 绘制台灯

台灯是人们生活中用来照明的一种家用电器，居室台灯已经超过了台灯本身的价值，变成了一个不可多得的艺术品。装饰台灯外观豪华，材质与款式多样，灯体结构复杂，用于点缀空间效果，如图 16-240 所示。阅读台灯，灯体外形简洁轻便，可调整灯杆高度、光照方向和亮度，用于照明阅读，如图 16-241 所示。

图 16-240 装饰台灯

图 16-241 阅读台灯

本案例讲解装饰台灯立面图的绘制方法，绘制台灯主要调用了L【直线】、REC【矩形】、C【圆】、H【填充】等命令。本案例所绘制的台灯立面图如图 16-242 所示。

图 16-242 台灯立面图

Step 01 单击【快速访问】工具栏中的【新建】按钮，新建空白图形文件。

Step 02 绘制灯罩。调用REC【矩形】命令，绘制一个尺寸为300×200的矩形，执行X【分解】命令，将其分解。再调用O【偏移】命令，将矩形上边线向下偏移30、10、120、10，将矩形左边线向右偏移75、150、75，如图 16-243所示。

Step 03 调用L【直线】命令，按偏移尺寸绘制斜线，并调用TR【修剪】命令，修剪多余的线条，如图 16-244所示。

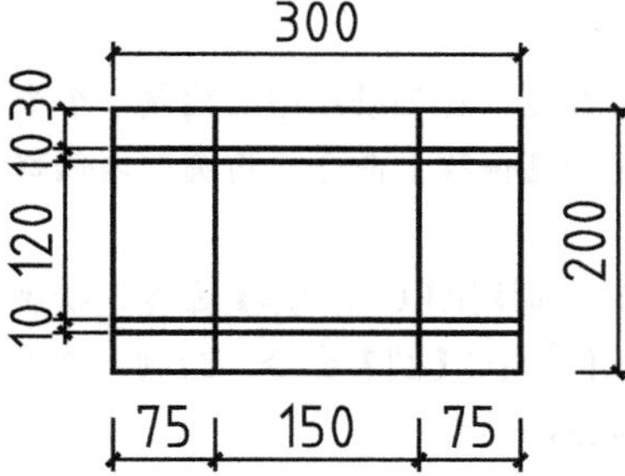

图 16-243 绘制矩形并偏移

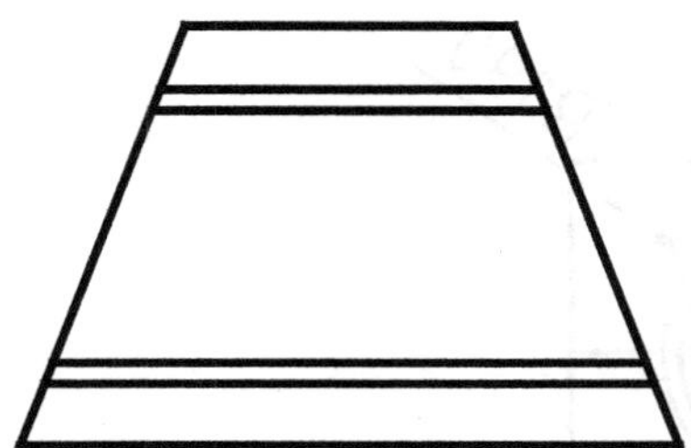

图 16-244 绘制直线并修剪

Step 04 调用C【圆】命令，绘制一个半径为25的圆，继续执行M【移动】、CO【复制】、TR【修剪】命令，绘制出图 16-245所示的图形。

Step 05 绘制底座。调用REC【矩形】，绘制3个尺寸为13×36、9×64、9×64的矩形，并调用M【移动】命令，将其依照图 16-246所示进行尺寸组合。

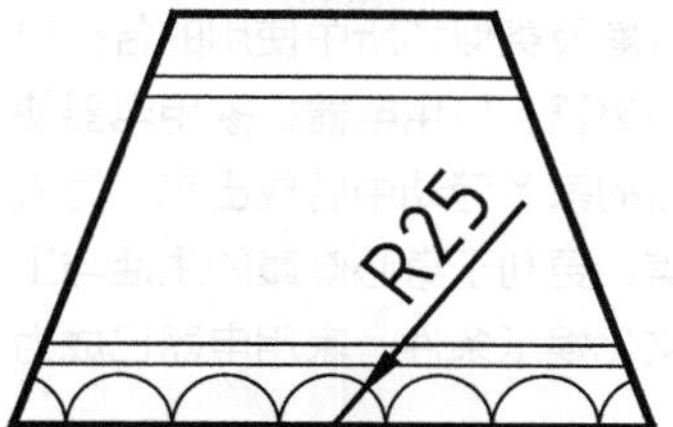

图 16-245 绘制圆并修剪

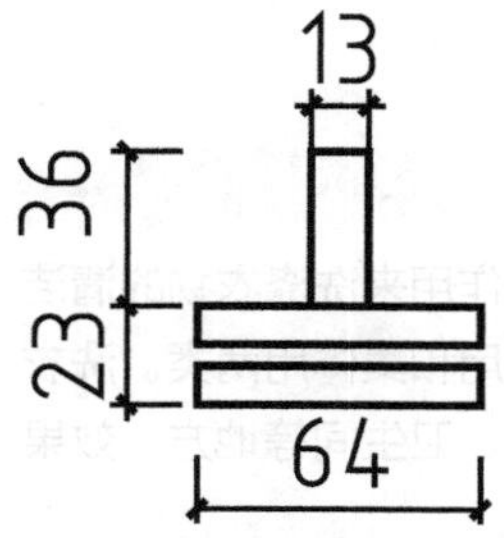

图 16-246 绘制矩形并组合

Step 06 调用REC【矩形】、L【直线】命令，绘制图 16-247所示的图形。

Step 07 调用M【移动】命令，将（4）、（5）步所绘图形进行组合，如图 16-248所示。

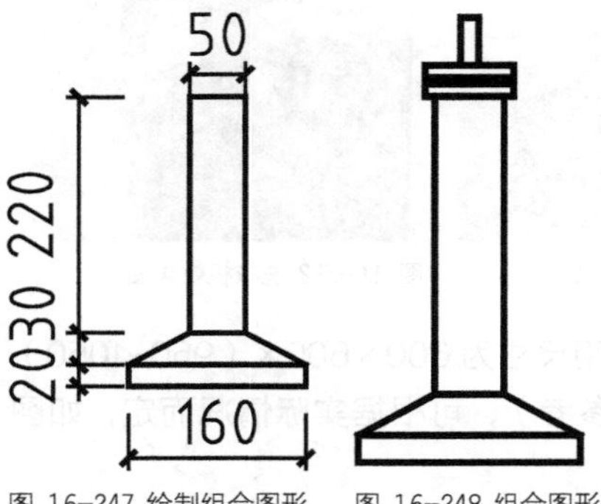

图 16-247 绘制组合图形　图 16-248 组合图形

Step 08 调用M【移动】命令，组合灯罩和底座，如图 16-249所示 。

Step 09 调用H【填充】命令，对台灯指定区域进行AR-CONC、EARTH的图案填充，如图 16-250所示。

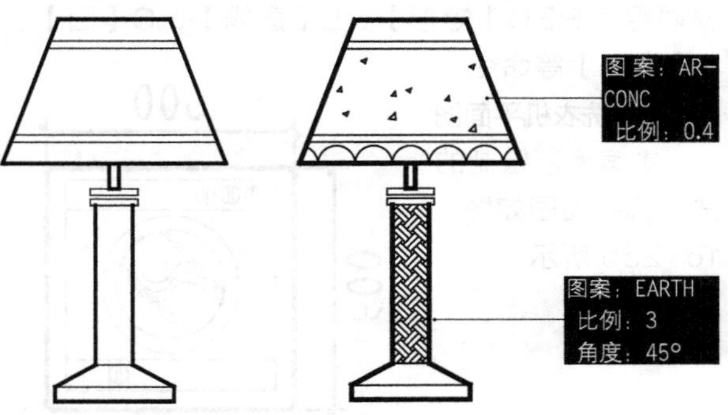

图 16-249 组合灯罩和底座　图 16-250 最终结果

16.5 室内电器图块的绘制

家用电器主要指在家庭及类似场所中使用的各种电气和电子器具，又称民用电器、日用电器。家用电器使人们从繁重、琐碎、费时的家务劳动中解放出来，为人类创造了更为舒适、优美、更利于身心健康的生活与工作环境，提供了丰富的文化娱乐条件，家用电器已成为现代家庭生活的必需品。

本节介绍室内绘图中常见室内电器图块的绘制方法。

16.5.1 洗衣机的概述

洗衣机是利用电能产生机械作用来洗涤衣物的清洁电器。按其额定洗涤容量分为家用和集体用两类。洗衣机在家装布置中一般放置在阳台、卫生间等地方，效果如图 16-251 与图 16-252 所示。

图 16-251 洗衣机效果图

图 16-252 洗衣机效果图

洗衣机的常用尺寸为 600×600×（950~1050）mm（尺寸仅供参考），可根据实际情况而定，如图 16-253 所示。

烘衣机的常用尺寸为 600×600×860mm（尺寸仅供参考，可根据实际情况而定），如图 16-254 所示。

16.5.2 绘制洗衣机

本案例讲解洗衣机的绘制方法，绘制洗衣机主要调用了 REC【矩形】、L【直线】、C【圆】、H【填充】等命令。

1 绘制洗衣机平面图

本案例所绘制的洗衣机平面图如图 16-255 所示。

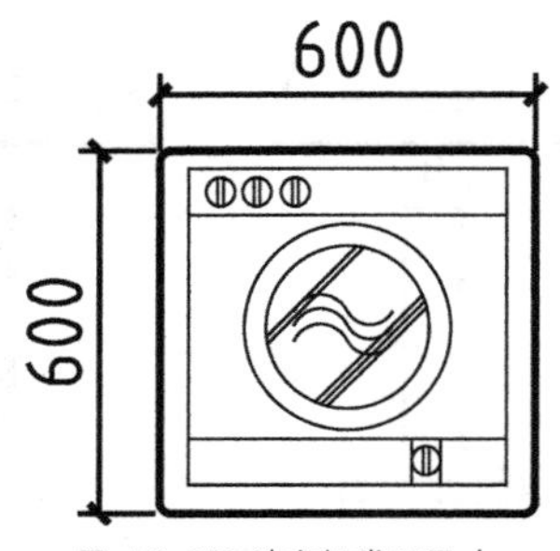

图 16-253 洗衣机常用尺寸

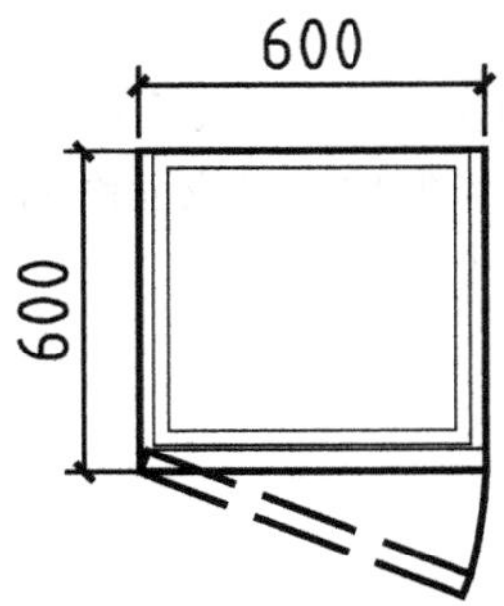

图 16-254 烘衣机常用尺寸

图 16-255 洗衣机平面图

Step 01 单击【快速访问】工具栏中的【新建】按钮，新建空白图形文件。

Step 02 绘制洗衣机机身。调用REC【矩形】命令，绘制一个尺寸为600×550的矩形，执行X【分解】命令，将其分解，如图 16-256所示。

Step 03 调用O【偏移】命令，将矩形上边线向上偏移60、20，并调用L【直线】命令，在矩形中间绘制十字，如图 16-257所示。

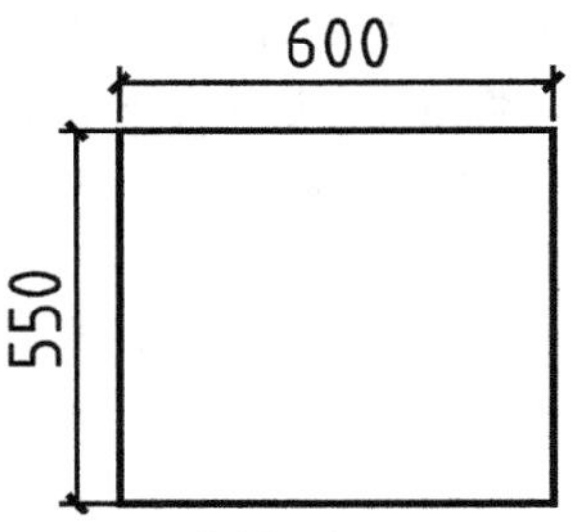

图 16-256 绘制矩形

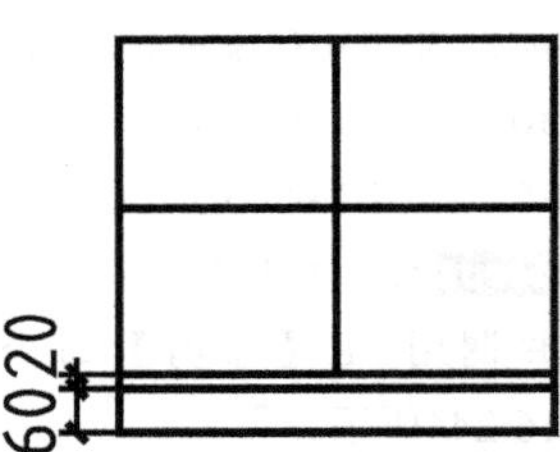

图 16-257 偏移并绘制辅助线

Step 04 调用C【圆】命令，在辅助线中心绘制一个半径为190的圆，并执行O【偏移】命令，将圆向内偏移20，如图 16-258所示。

Step 05 绘制开关按钮。调用REC【矩形】命令，绘制一个90×13的矩形，并调用C【圆】命令，绘制一个半径为12的圆，如图 16-259所示。

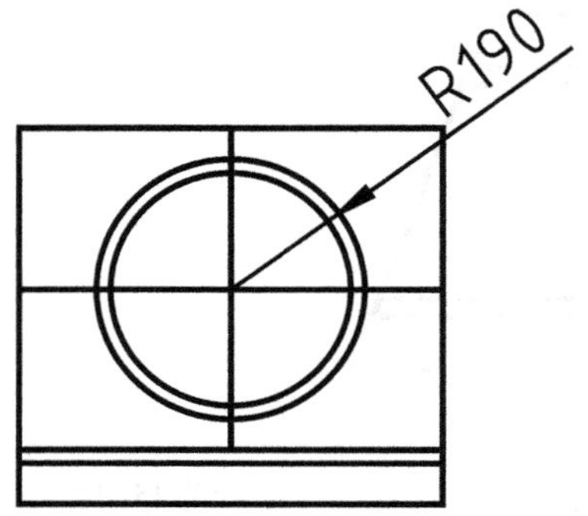

图 16-258 绘制圆

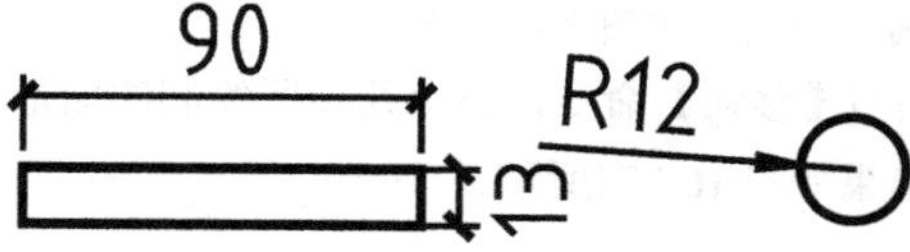

图 16-259 绘制开关按钮

Step 06 调用M【移动】命令，将开关按钮移动至冰箱的合适位置，并调用CO【复制】命令，复制圆形按钮，如图 16-260所示。

Step 07 调用E【删除】命令，删掉辅助线，最终结果如图 16-261所示。

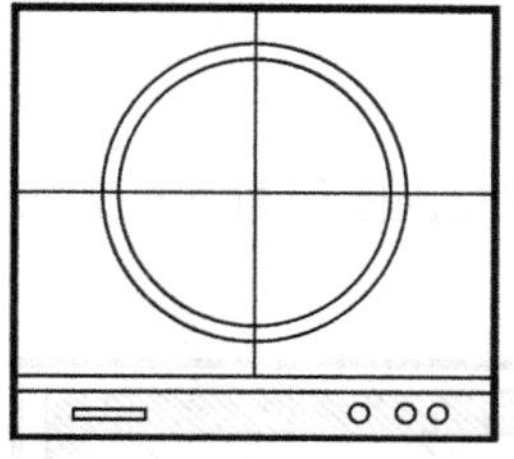

图 16-260 组合开关按钮

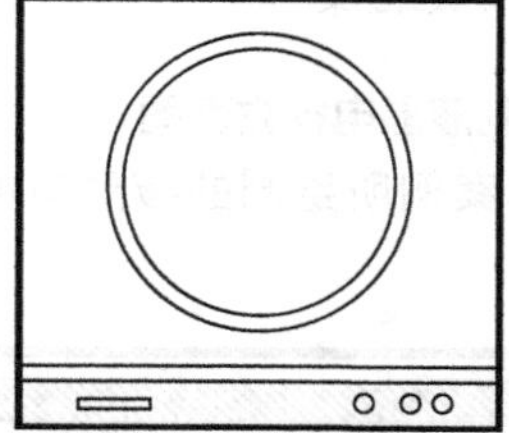

图 16-261 最终结果

2 绘制洗衣机立面图

本案例所绘制的洗衣机立面图如图 16-262所示。

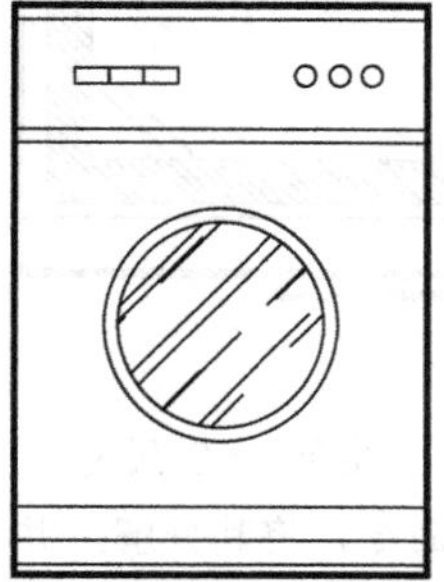

图 16-262 洗衣机立面图

Step 01 绘制洗衣机机身。调用REC【矩形】命令，绘制一个尺寸为600×830的矩形，执行X【分解】命令，将其分解，如图 16-263所示。

Step 02 调用O【偏移】命令，将矩形上边线向下偏移20、160、20、530、50、35、15，并调用L【直线】命令，绘制中心辅助线，如图 16-264所示。

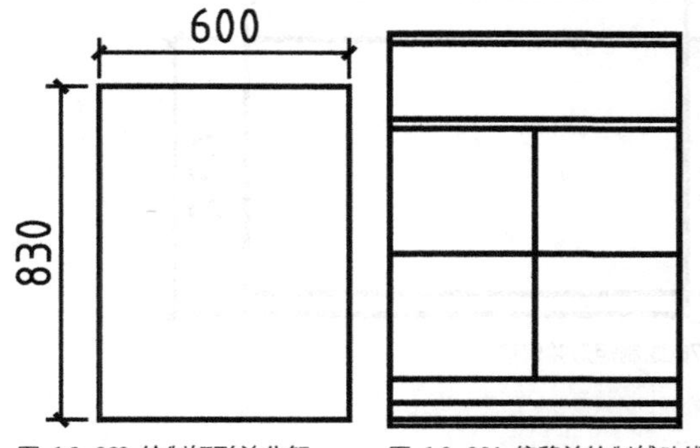

图 16-263 绘制矩形并分解　　图 16-264 偏移并绘制辅助线

Step 03 调用C【圆】命令，过辅助线的中心绘制一个半径为170的圆，执行O【偏移】命令，将矩形向内偏移20，如图 16-165所示。

Step 04 绘制开关按钮。调用REC【矩形】命令，绘制一个尺寸为150×23的矩形，执行L【直线】命令，将其分为三等份。并调用C【圆】命令，绘制一个半径为15的圆，如图 16-166所示。

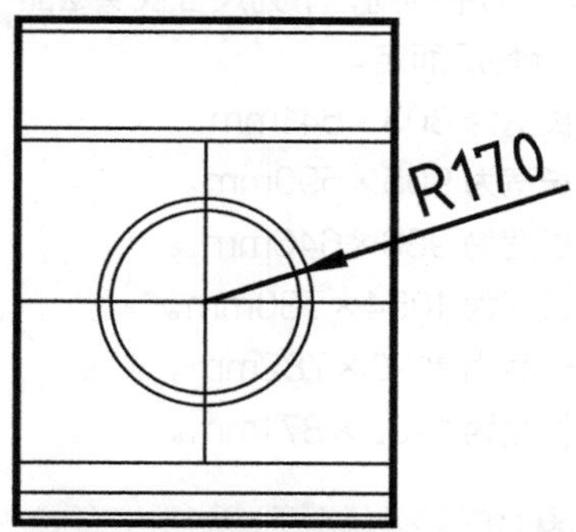

图 16-265 绘制矩形并分解

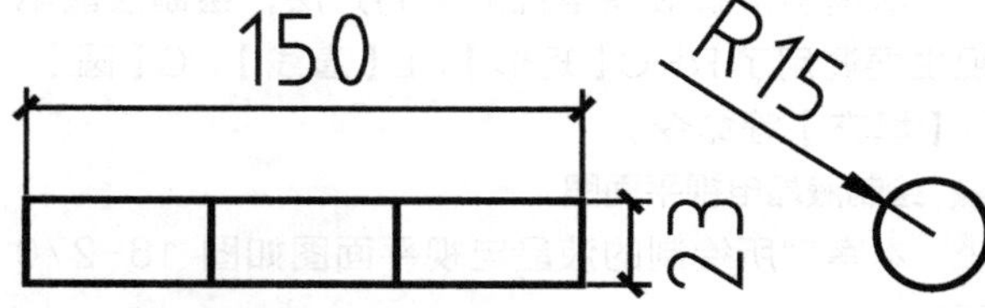

图 16-266 绘制开关按钮

Step 05 调用M【移动】命令，将开关按钮移动至洗衣机的合适位置，并调用CO【复制】命令，复制圆形按钮，删掉辅助线，如图 16-267所示。

Step 06 调用H【填充】命令，对洗衣机的指定区域进行AR-RROOF图案的填充，最终结果如图 16-268所示。

图 16-267 组合开关按钮　　图 16-268 最终结果

16.5.3 液晶电视的概述

电视指利用电子技术及设备传送活动的图像画面和音频信号，是人们生活和娱乐的重要工具，电视在家居中必不可少，通常电视放置在客厅中，会有相应的电视背景墙，如图 16-269 所示。

图 16-269 电视效果图

每个品牌的电视尺寸都不相同，下列尺寸仅供绘图时参考，读者可依据实际情况而定。

◆ 32 寸电视机的长宽为 803×541mm。
◆ 37 寸电视机的长宽为 905×590mm。
◆ 40 寸电视机的长宽为 986×646mm。
◆ 42 寸电视机的长宽为 1054×730mm。
◆ 46 寸电视机的长宽为 1120×782mm。
◆ 52 寸电视机的长宽为 1262×871mm。

16.5.4 绘制液晶电视

本案例讲解液晶电视的绘制方法，绘制液晶电视主要调用了 REC【矩形】、L【直线】、C【圆】、H【填充】等命令。

1 绘制液晶电视平面图

本案例所绘制的液晶电视平面图如图 16-270 所示。

图 16-270 电视机平面图

Step 01 单击【快速访问】工具栏中的【新建】按钮，新建空白图形文件。

Step 02 调用REC【矩形】命令，绘制一个尺寸为800×100的矩形，并执行X【分解】命令，将其分解，如图 16-271所示。

Step 03 调用O【偏移】命令，将矩形上边线向下偏移20，如图 16-272所示。

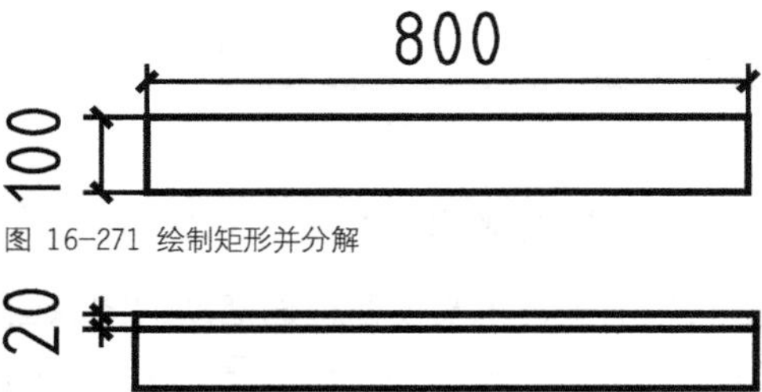

图 16-271 绘制矩形并分解

图 16-272 偏移对象

Step 04 调用REC【矩形】命令，分别绘制2个尺寸为50×50、500×40的矩形，并调用MI【镜像】命令，将小矩形镜像到另一侧，如图 16-273所示。

Step 05 调用M【移动】命令，将上几步所绘制的图形组合，最终结果如图 16-274所示。

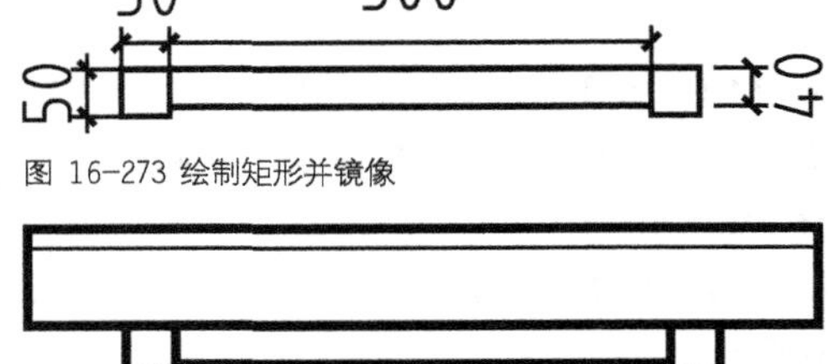

图 16-273 绘制矩形并镜像

图 16-274 最终结果

2 绘制液晶电视立面图

本案例所绘制的液晶电视立面图如图 16-275 所示。

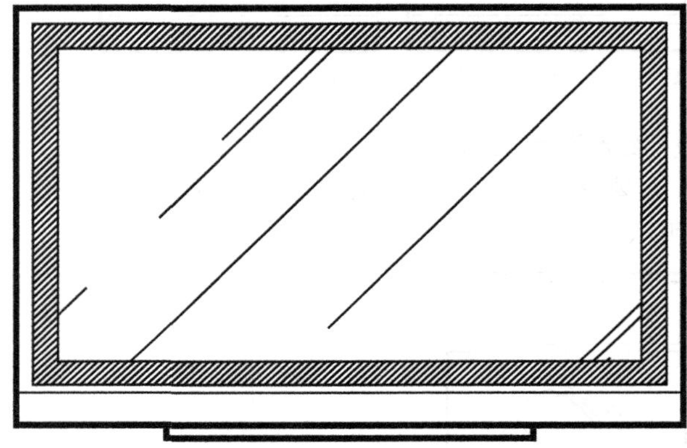
图 16-275 电视机立面图

Step 01 调用REC【矩形】命令，绘制一个尺寸为800×520的矩形，执行X【分解】命令，将其分解，并调用O【偏移】命令，将矩形下边线向下偏移480，如图 16-276所示。

Step 02 调用REC【矩形】命令，捕捉绘制同一矩形，并调用O【偏移】命令，将矩形向内偏移20、30。调用C【圆】命令，绘制半径为12的圆，并复制，如图 16-277所示。

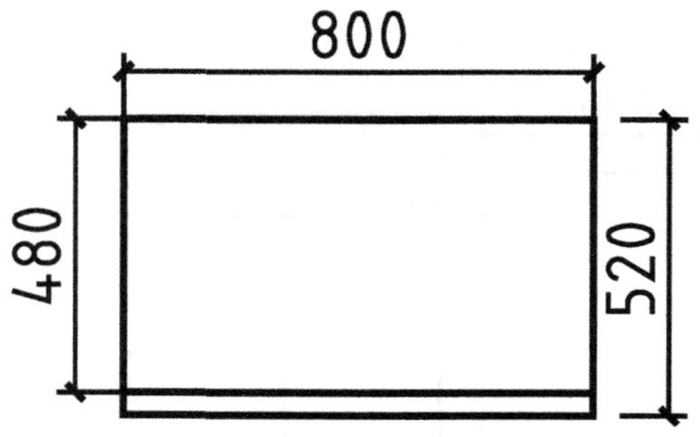

图 16-276 绘制矩形并偏移

图 16-277 捕捉绘制矩形并偏移

Step 03 调用REC【矩形】命令，绘制一个尺寸为440×16的矩形，并调用M【移动】命令，将矩形移动至合适的位置，如图 16-278所示。

Step 04 调用H【填充】命令，对电视指定区域进行JIS_LC_8、AR-RROOF图案的填充，最终结果如图16-279所示。

图 16-278 绘制矩形并移动

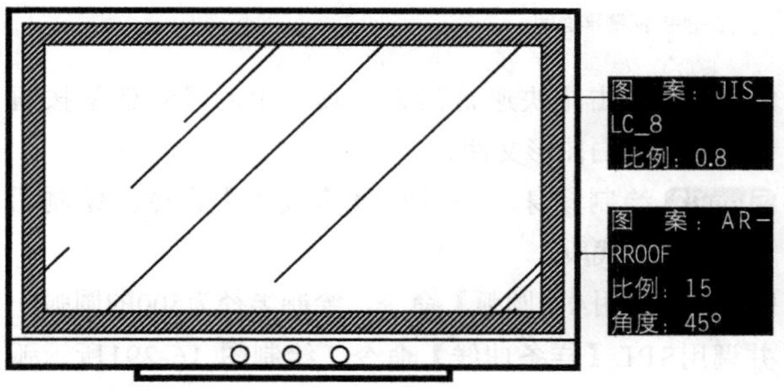

图 16-279 最终结果

16.6 室内陈设图块的绘制

在室内陈设设计中，按照陈设品的性质可以将陈设品分为实用性陈设品和装饰性陈设品两大类。陈设品的选择需遵循以人为本，兼顾经济、习俗、文化等多方面因素综合考虑原则。

本节介绍室内绘图中常见陈设图块的绘制方法。

16.6.1 绘制装饰画

装饰画是一种并不强调很高的艺术性，但非常讲究与环境协调和美化效果的特殊艺术类型作品。依照装饰画的制作材质可大致划分为：油画装饰画、动感画、木制画、金箔画、摄影画、丝绸画、编制画、烙画等。按地域风格可分为：中式装饰画、新中式装饰画、欧式装饰画、英式装饰画、法式装饰画等。装饰画在家居布置中起到着至关重要的作用，能体现主人品位，提升家居格调，如图 16-280 所示。

图 16-280 装饰画效果图

本案例讲解装饰画的绘制方法，绘制装饰画主要调用了 REC【矩形】、O【偏移】、SPL【样条曲线】、H【填充】等命令。本案例所绘制的装饰画如图 16-281 所示。

图 16-281 装饰画

Step 01 单击【快速访问】工具栏中的【新建】按钮，新建空白图形文件。

Step 02 绘制画框。调用REC【矩形】命令，绘制一个尺寸为430×450的矩形，如图 16-282所示。

Step 03 调用O【偏移】命令，将矩形分别向内偏移20、100，如图 16-283所示。

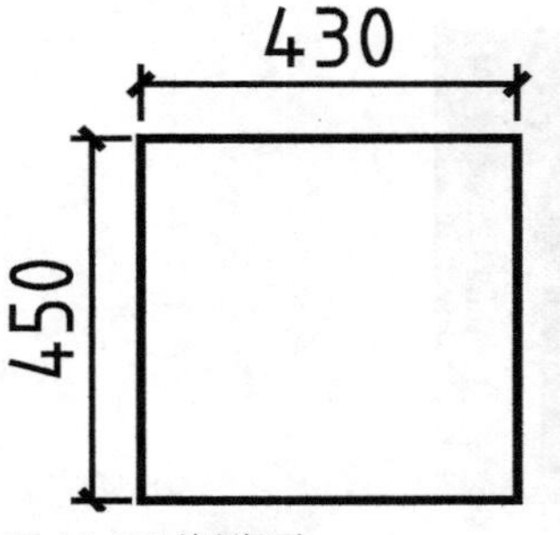

图 16-282 绘制矩形

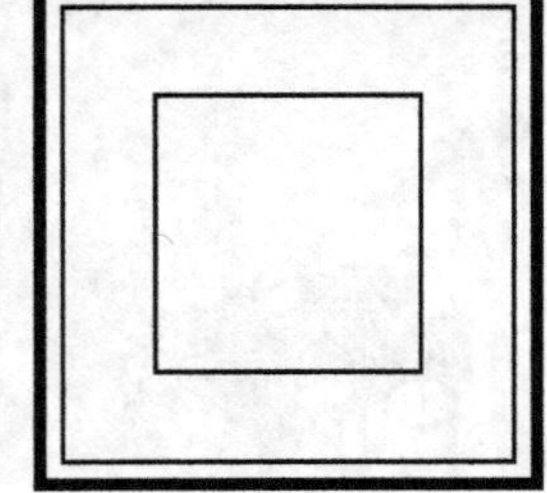

图 16-283 偏移矩形

Step 04 绘制瓶子。调用L【直线】命令，绘制2条20、42的横线，绘制一条140的竖线。并调用SPL【样条曲线】命令，结合ML【镜像】命令绘制瓶身，如图16-284所示 。

Step 05 调用O【偏移】命令，将瓶子下端横线向上偏移28、12，执行EX【延伸】命令，延伸线段。并调用SPL【样条曲线】命令，绘制瓶子装饰线，如图 16-285所示。

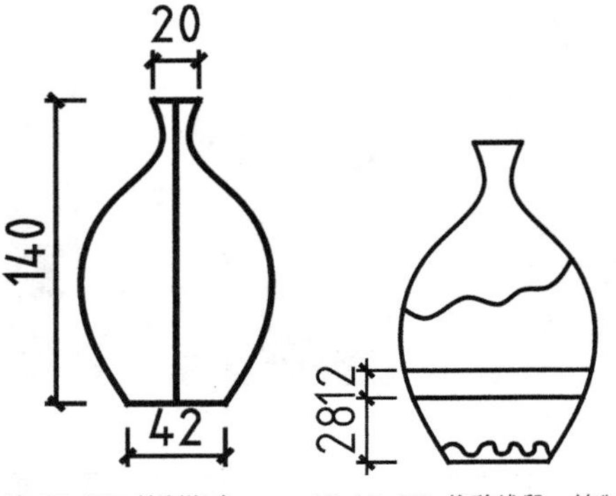

图 16-284 绘制瓶身

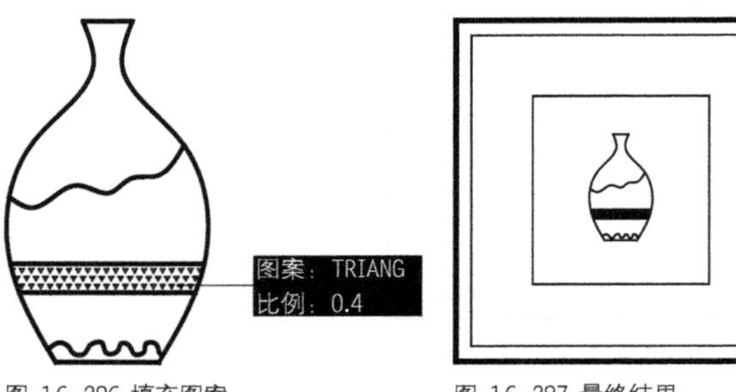

图 16-285 偏移线段、绘制装饰线

Step 06 调用H【填充】命令，对瓶子指定区域进行TRIANG图案的填充，如图 16-286所示。

Step 07 调用M【移动】命令，将瓶子移至画框的合适位置，最终结果如图 16-287所示。

图 16-286 填充图案

图 16-287 最终结果

16.6.2 绘制钢琴

钢琴是西洋古典音乐中的一种键盘乐器，而随着中国人收入水平的不断提高，钢琴作为重要的文化娱乐消费品越来越受到重视，也有越来越多的人把钢琴应用到了家庭中，如图 16-288 所示。

图 16-288 钢琴室内效果图

图 16-288 钢琴室内效果图（续）

本案例讲解钢琴的绘制方法，绘制装饰画主要调用了REC【矩形】、O【偏移】、SPL【样条曲线】、H【填充】等命令。

1 绘制钢琴平面图

本案例所绘制的钢琴平面图如图 16-289所示。

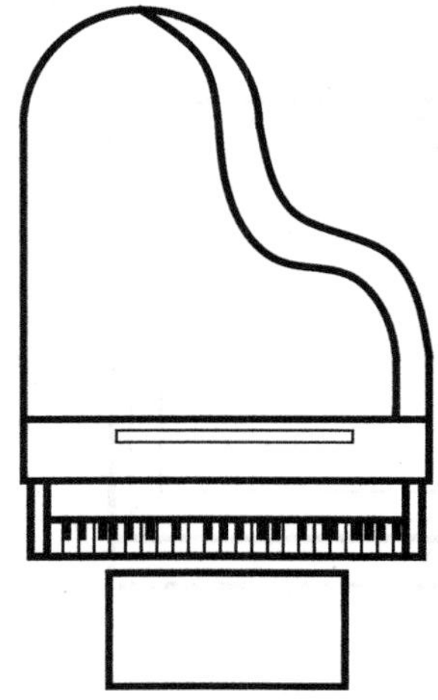

图 16-289 钢琴平面图

Step 01 单击【快速访问】工具栏中的【新建】按钮，新建空白图形文件。

Step 02 绘制琴身。调用PL【多线段】命令，绘制图16-290所示线段。

Step 03 调用A【圆弧】命令，绘制半径为500的圆弧，并调用SPL【样条曲线】命令，绘制图 16-291所示弧线，执行O【偏移】命令，将弧线向内偏移140。

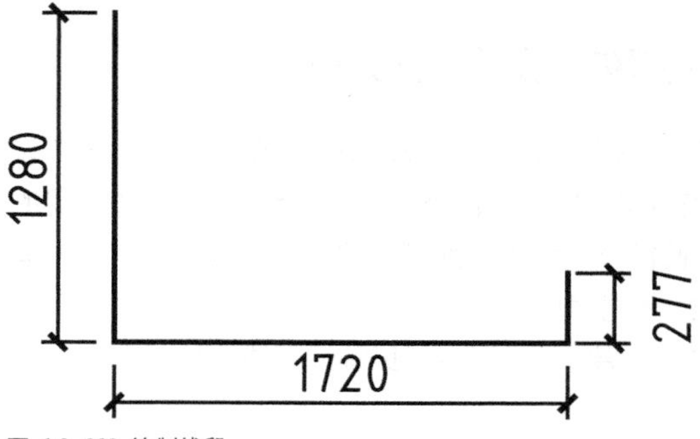

图 16-290 绘制线段

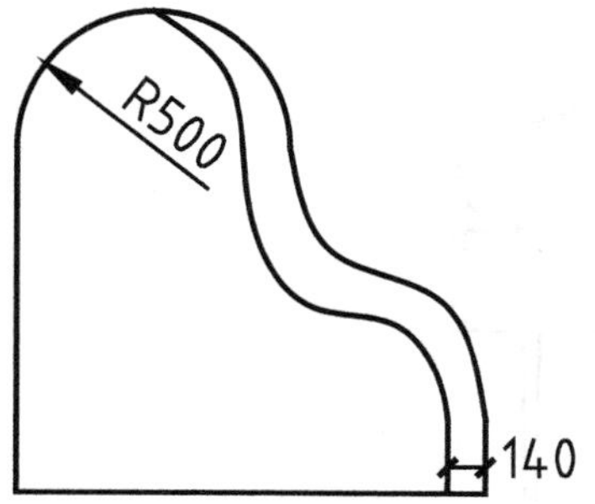

图 16-291 绘制弧线

Step 04 调用REC【矩形】命令，绘制2个尺寸为1720×280、1000×55的矩形，并调用M【移动】命令，移至合适的位置，如图 16-292所示。

Step 05 调用M【移动】命令，将矩形移至琴身合适的位置，如图 16-293所示。

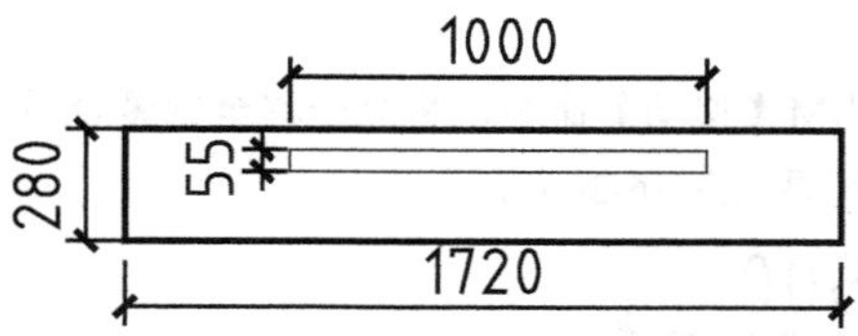

图 16-292 绘制矩形并移动

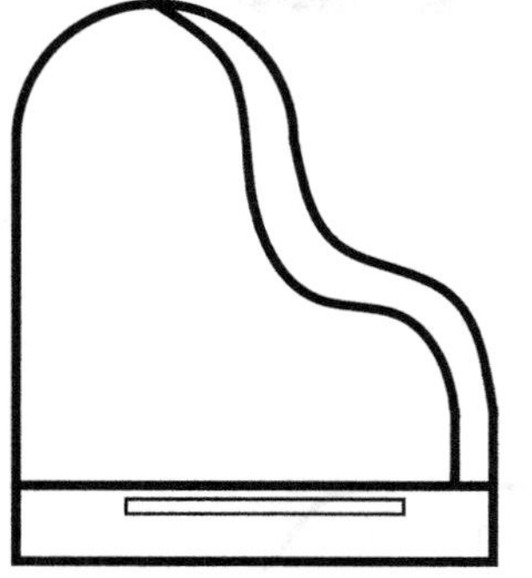

图 16-293 移动对象

Step 06 绘制键盘。调用REC【矩形】命令，绘制一个尺寸为1660×330的矩形，将其分解，并调用O【偏移】命令，将矩形上边线向下偏移170，左边线向右偏移70、1520，修剪多余的线段，如图 16-294所示。

Step 07 调用H【填充】命令，对矩形指定位置进行LINE图案填充，如图 16-295所示。

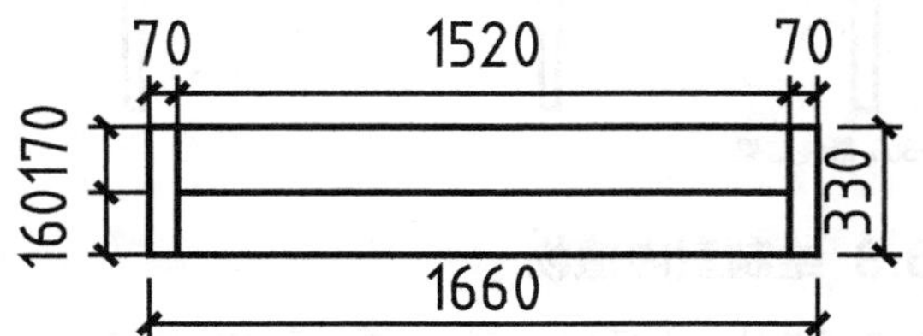

图 16-294 绘制矩形并偏移

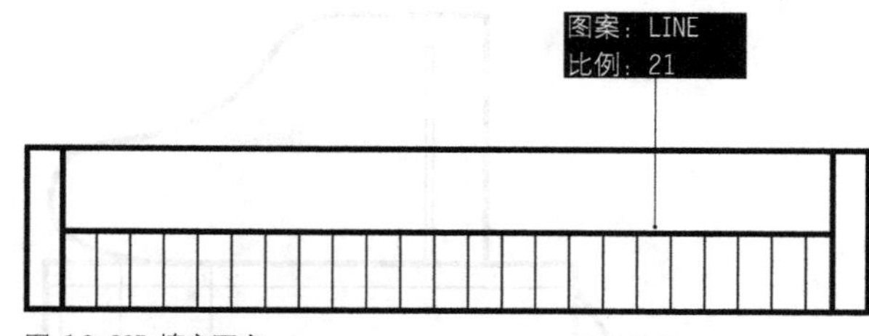

图 16-295 填充图案

Step 08 绘制琴键。调用REC【矩形】命令，绘制一个尺寸为28×83的矩形，并调用H【填充】命令，对矩形进行SOLID图案的填充，如图 16-296所示。

Step 09 调用M【移动】、CO【复制】命令，将琴键复制并移动至图 16-297所示位置。

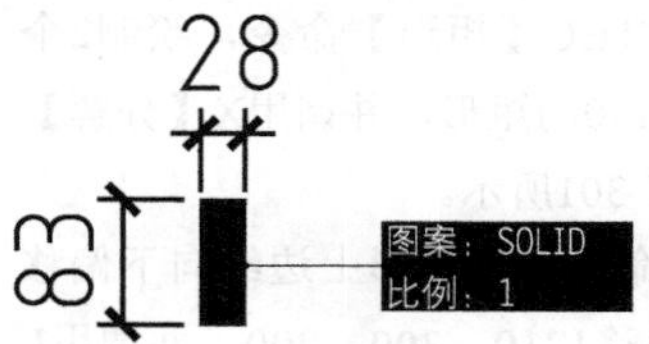

图 16-296 绘制琴键

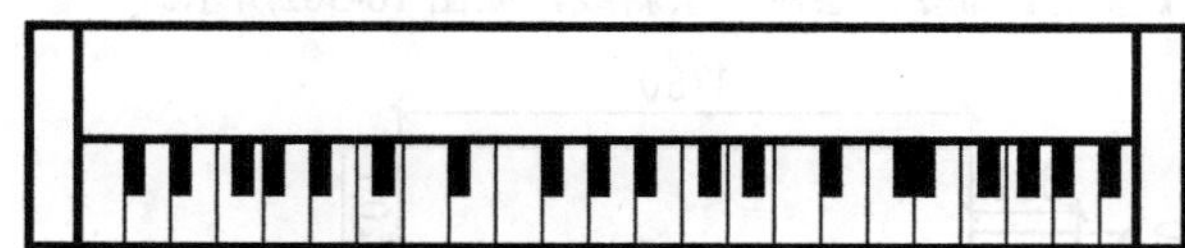

图 16-297 移动、复制琴键

Step 10 绘制座椅。调用REC【矩形】命令，绘制一个尺寸为1000×500的矩形，如图 16-198所示。

Step 11 调用M【移动】命令，将上几步所绘制图形移至合适的位置，最终结果如图 16-299所示。

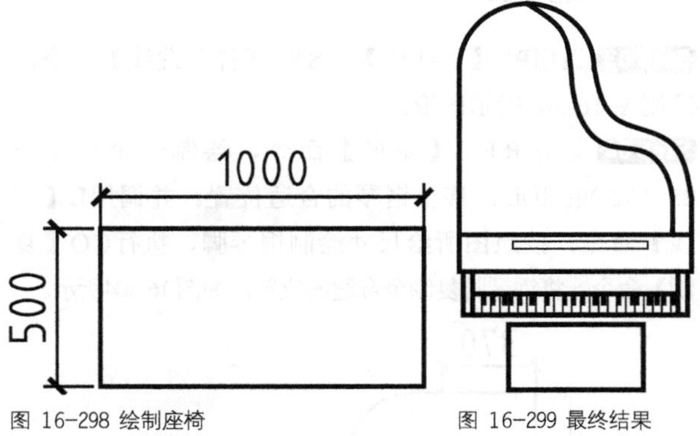

图 16-298 绘制座椅　　图 16-299 最终结果

2 绘制钢琴立面图

本案例所绘制的钢琴立面图如图 16-300所示。

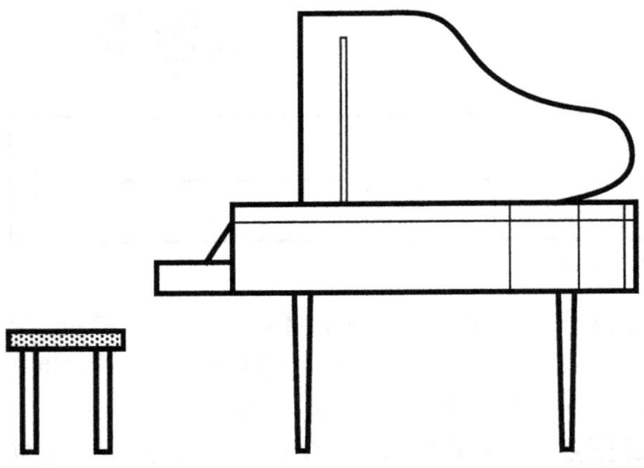

图 16-300 钢琴立面图

Step 01 绘制琴身。调用REC【矩形】命令，绘制2个尺寸为1760×400、330×140的矩形，并调用X【分解】命令，将其分解，如图 16-301所示。

Step 02 调用O【偏移】命令，将矩形上边线向下偏移80，将矩形左边线向右偏移1210、300、200，并调用L【直线】命令，绘制一条斜线，如图 16-302所示。

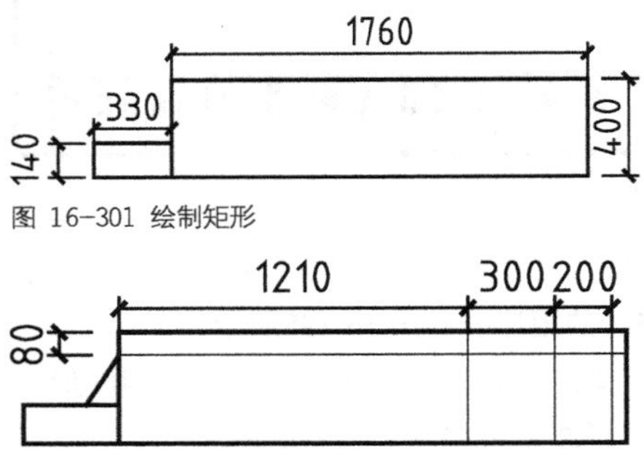

图 16-301 绘制矩形

图 16-302 偏移与绘制斜线

Step 03 调用PL【多线段】、SPL【样条曲线】命令，绘制图 16-303所示图形。

Step 04 调用REC【矩形】命令，绘制一个尺寸为25×750的矩形，移至钢琴的合适位置。并调用L【直线】命令，按照图所给尺寸绘制钢琴脚，执行CO【复制】命令，将钢琴脚复制至合适的位置，如图 16-304所示。

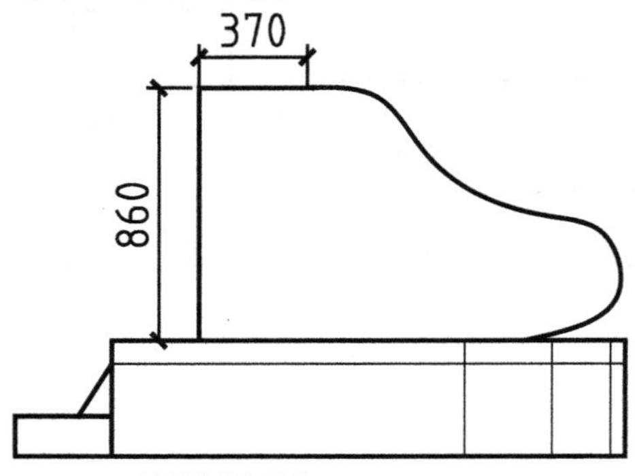

图 16-303 绘制线段与弧线

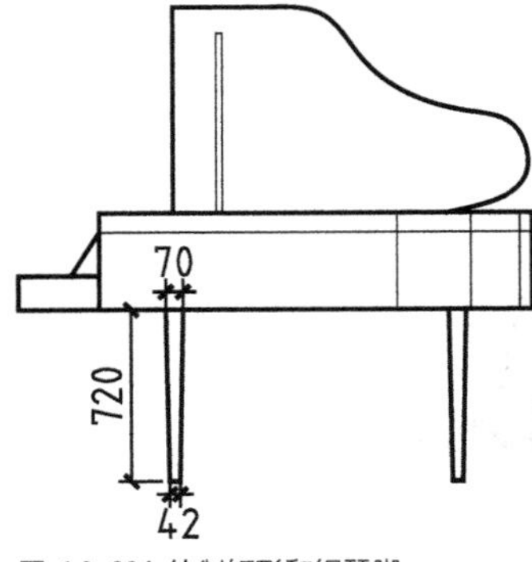

图 16-304 绘制矩形和钢琴脚

Step 05 绘制凳子。调用REC【矩形】命令，绘制2个尺寸为500×80、60×470的矩形，执行M【移动】、CO【复制】命令，完成凳子的绘制。并调用H【填充】命令，对凳子指定区域进行SWAMP的图案填充，如图 16-305所示。

Step 06 并调用M【移动】命令，将凳子移至钢琴合适的位置，最终结果如图 16-306所示。

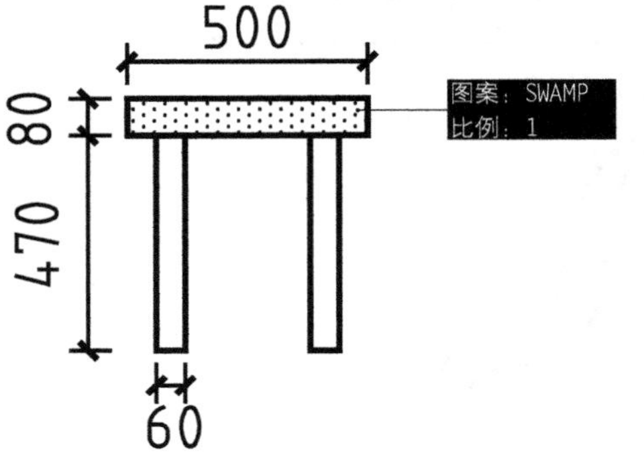

图 16-305 绘制凳子

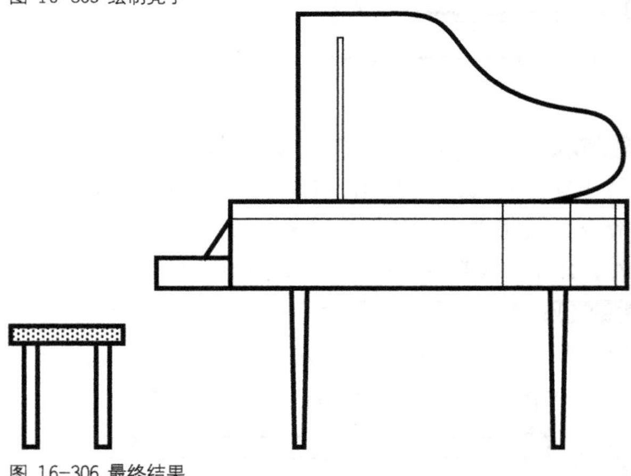

图 16-306 最终结果

16.6.3 绘制室内植物

室内植物比其他任何室内装饰更具有生机和魅力，它可丰富室内剩余空间，给人带来全新的视觉感受；同时它还可与灯具、家具结合，增加其艺术装饰效果。绿色植物那摇曳多姿的形态和鲜明生动的色彩，使它经常成为人们目光流连的焦点。植物在家装中的效果如图 16-307 所示。

图 16-307 客厅绿植效果图

本案例讲解植物的绘制方法，绘制植物主要调用了 REC【矩形】、SPL【样条曲线】、PL【多线】、TR【修剪】等命令。

1 绘制植物平面图

本案例所绘制的植物平面图如图 16-308 所示。

图 16-308 植物平面图

Step 01 单击【快速访问】工具栏中的【新建】按钮，新建空白图形文件。

Step 02 调用SPL【样条曲线】命令，绘制出一片叶子，如图 16-309所示。

Step 03 调用C【圆】命令，绘制一个半径等同叶子长度的圆，如图 16-310所示。

图 16-309 绘制叶子

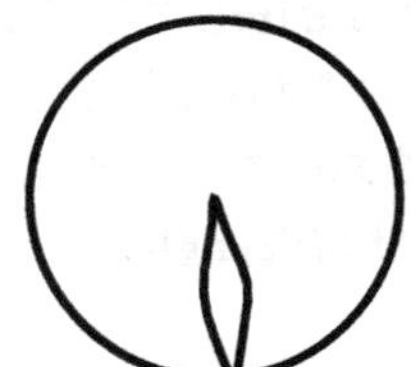

图 16-310 绘制圆

Step 04 调用AR【阵列】命令，选中叶子，根据命令行提示，选择PO【极轴】选项，点击圆心，设置项目数为10，其他数值为默认数值，阵列出其他叶子，如图 16-311所示。

Step 05 调用E【删除】命令，删除圆，并调用SPL【样条曲线】命令，在合适的位置绘制其他叶子，如图 16-312所示。

图 16-311 阵列叶子

图 16-312 最终结果

2 绘制植物立面图

本案例所绘制的植物立面图如图 16-313 所示。

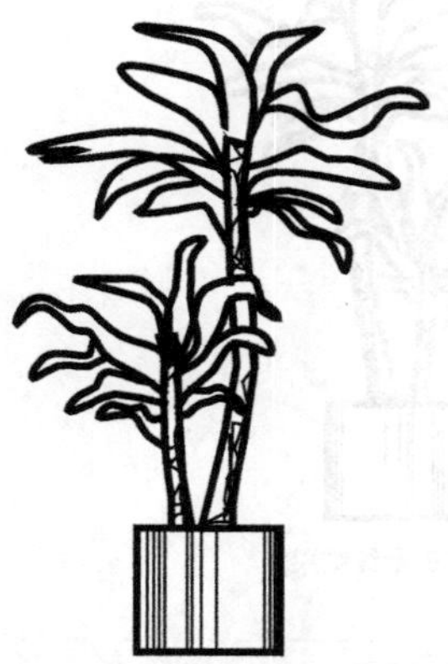

图 16-313 植物立面图

Step 01 绘制花盆。调用REC【矩形】命令，绘制一个尺寸为320×360的矩形，如图 16-314所示。

Step 02 调用【直线】、CO【复制】命令，绘制图16-315所示花盆装饰线。

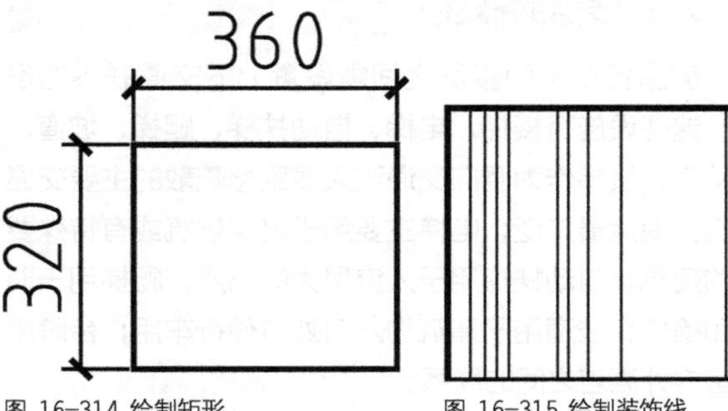

图 16-314 绘制矩形　　图 16-315 绘制装饰线

Step 03 绘制植物。调用PL【多线】命令，绘制树干，如图 16-316所示。

Step 04 调用SPL【样条曲线】命令，绘制长树干枝叶，如图 16-317所示。

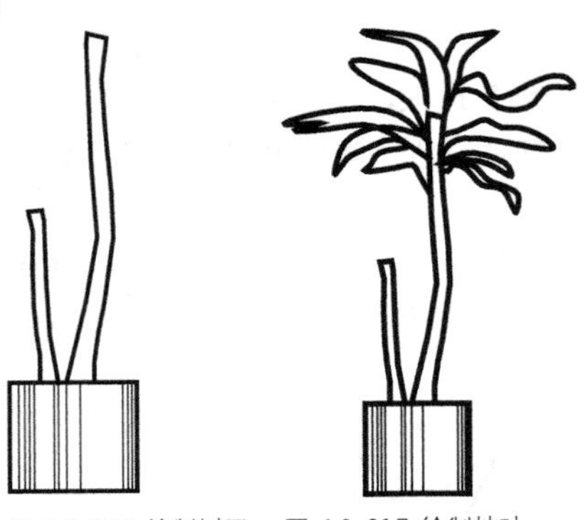

图 16-316 绘制树干　图 16-317 绘制枝叶

Step 05 调用SPL【样条曲线】命令，绘制短树干枝叶，如图 16-318所示。

Step 06 调用SPL【样条曲线】、PL【多线段】命令，绘制树干细节，并调用TR【修剪】命令，修剪多余线段，最终结果如图 16-319所示。

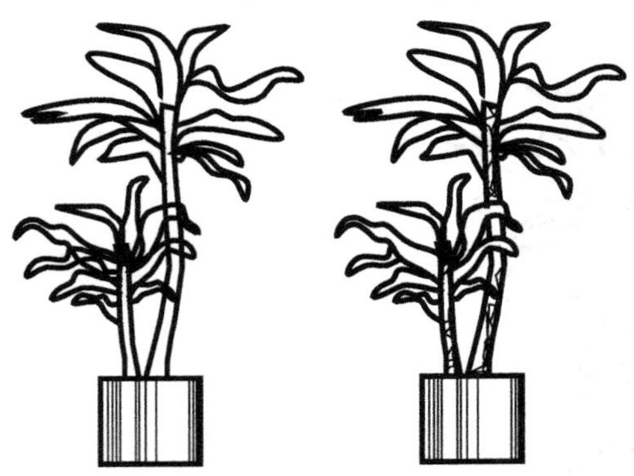

图 16-318 绘制枝叶　图 16-319 最终结果

16.7 其他室内图例参考

除了前面所介绍的图例之外，室内还会应用到其他图例，本章介绍室内楼梯图块的绘制方法，并介绍室内常用设备图例和常用开关、插座图例供读者参考。

16.7.1 楼梯的概述

房屋各个不同楼层之间需设置上下交通联系的设施，这些设施有楼梯、电梯、自动扶梯、爬梯、坡道、台阶等。楼梯作为竖向交通和人员紧急疏散的主要交通设施，使用最广泛；电梯主要用于高层建筑或有特殊要求的建筑；自动扶梯用于人流量大的场所；爬梯用于消防和检修；坡道用于建筑物入口处方便行车用；台阶用于室内外高差之间的联系。

1 楼梯的作用

楼梯作为建筑物垂直交通设施之一，首要的作用是联系上下交通通行；其次，楼梯作为建筑物主体结构还起着承重的作用，除此之外，楼梯有安全疏散、美观装饰等功能。

设有电梯或自动扶梯等垂直交通设施的建筑物业必须同时设有楼梯。在设计中要求楼梯坚固、耐久、安全、防火，做到上下通行方便，便于搬运家具物品，有足够的通行宽度和疏散能力。

2 楼梯的分类

对于现代家庭装修来说，楼梯是一种既具有功能、又可使居室生辉的产品，以业主的要求为基础，造型设计多姿多彩。它不仅关系到家居环境的安全与美观，为家居环境增色，更能看出主人的品位、个性和情操。室内装修常用的楼梯可分为：螺旋式楼梯、直线楼梯、平台楼梯、折线楼梯、阁楼楼梯等。

螺旋式楼梯

螺旋式楼梯通常是围绕一根单柱布置，平面呈圆形。其平台和踏步均为扇形平面，踏步内侧宽度很小，并形成较陡的坡度，行走时不安全，且构造较复杂。这种楼梯不能作为人流交通和疏散楼梯，但由于其流线造型美观、优美、典雅，空间上比较节省，常用于楼层数不多的写字楼、居民楼或作为建筑小品在庭院或室内使用，其室内效果如图 16-320 所示。

图 16-320 螺旋楼梯

直线楼梯

直线行进楼梯空隙的长度并不总是像楼梯进程那么大，重要的是通道的“净高度”至少应为 2000mm。直线楼梯比螺旋楼梯需要的空间更大，因此如果楼梯的设计空间较大时，就可选择直楼梯，其室内效果如图 16-321 所示。

图 16-321 直线楼梯

平台楼梯

平台楼梯既可以起空间分隔的作用，也可以将空间相互连接，为了保持和谐，楼梯的坡度应该保持相同，台阶的长度也应是相同的。平台楼梯虽说比较费空间，但是深受空间爱好者的喜爱，如图 16-322 所示。

图 16-322 平台楼梯

折线楼梯

折线楼梯的建造方式具有造型好，节约场地的优点。拐弯大多数出现在楼梯进口处，也有可能在楼梯出口处，这类楼梯的行走节奏不完全像直楼梯或螺旋楼梯那么均匀，如图 16-323 所示。

图 16-323 折线楼梯

阁楼楼梯

阁楼楼梯别致而漂亮，可以临时放东西，如果不想要普通的伸缩梯子，而是想要较舒适的话，就可采用阁楼楼梯，如图 16-324 所示。

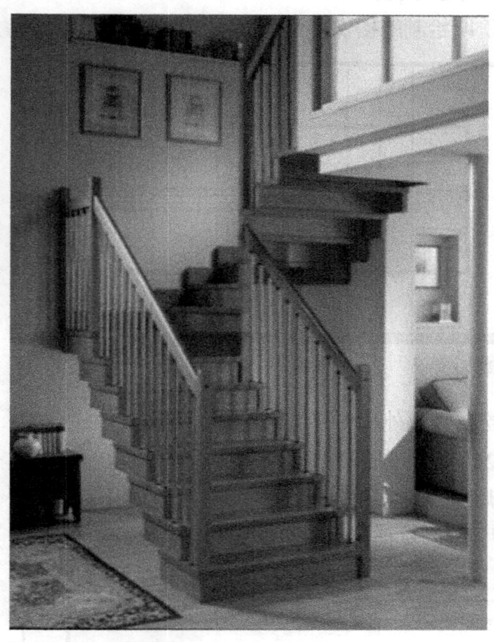
图 16-324 阁楼楼梯

3 楼梯尺寸

本小节罗列了介绍楼梯的常用尺寸，这些尺寸并不是“一定”或者“绝对”的，而会因住户的房屋户型、习惯或者设计者的尺寸观念的不同而略有不同，因此仅供读者参考。

◆楼梯梯段净（指墙面至扶手中心之间的水平距离）宽不应小于 1100mm，六层及六层以下住宅，一边设有栏杆的梯段净宽应不小于 1000mm。

◆楼梯踏步宽度不应小于 260mm，踏步高度适宜在 150~180mm。

◆楼梯扶手高度不应小于 900mm，楼梯水平段栏杆长度大于 500mm 时，其扶手高度不应小于 1050mm，两根栏杆中心距离以 800mm 为宜，不应大于 1250mm，以免小孩将头伸出去。

◆楼梯平台净宽不应小于楼梯梯段净宽，且不得小于 1200mm，楼梯平台的结构下缘至人行通道的垂直高度不应低于 2000mm，入口处地坪与室外地面应有高差并不应小于 100mm。

◆楼梯井净宽大于 110mm 时，必须采取防止儿童攀滑的措施。

16.7.2 室内楼梯的绘制

本案例讲解楼梯的绘制方法，绘制植物主要调用了PL【多线段】、L【直线】、O【偏移】等命令。

1 楼梯平面图的绘制

本案例所绘制的楼梯平面图如图 16-325 所示。

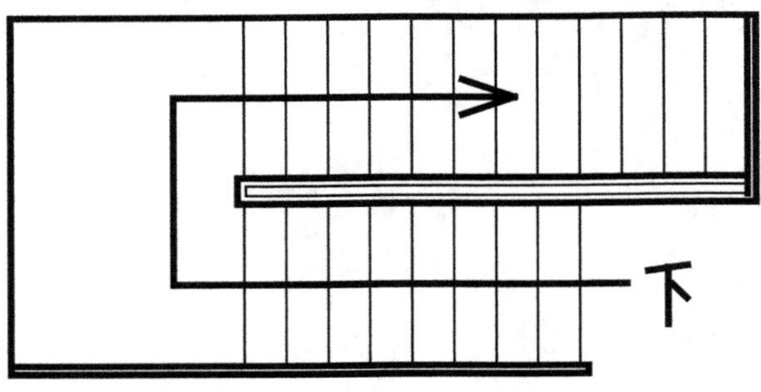

图 16-325 楼梯平面图

Step 01 绘制楼梯外轮廓。调用PL【多线段】命令，绘制图 16-326所示的图形。

Step 02 调用O【偏移】命令，按图 16-327所示偏移50，并调用TR【修剪】命令，修剪多余的线段。

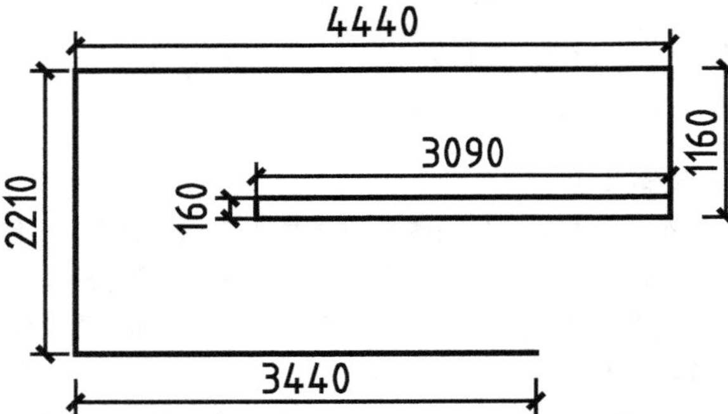

图 16-326 绘制线段

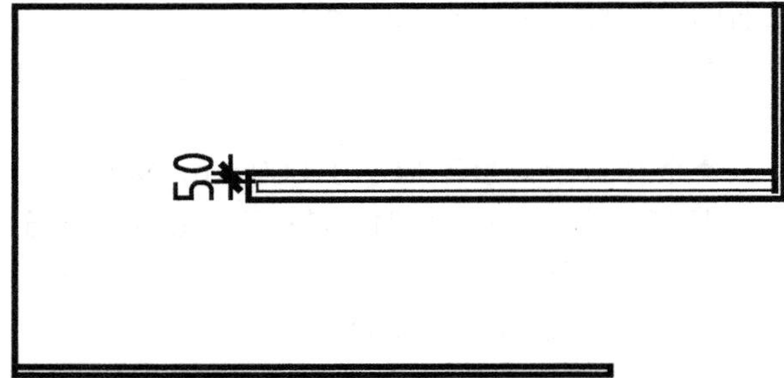

图 16-327 偏移对象

Step 03 绘制楼梯步。调用L【直线】命令，在指定线段50处绘制一条垂直线，并调用O【偏移】命令，将线段向左偏移，偏移间隔为250。上面楼梯步同理绘制，如图 16-328所示。

Step 04 调用L【直线】命令，绘制楼梯指引号，并调用MT【单行文字】命令，插入文字，如图 16-329所示。

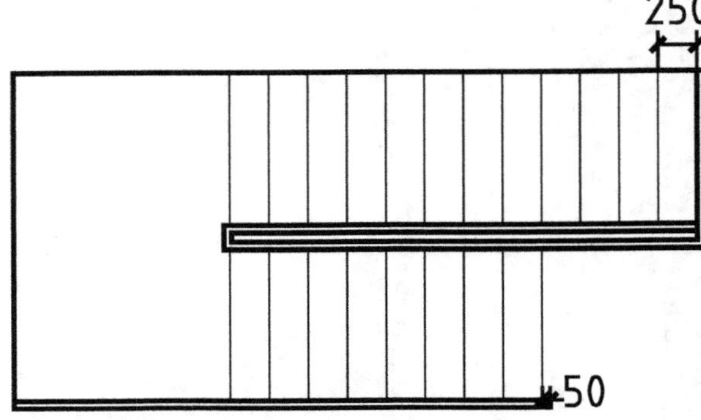

图 16-328 偏移楼梯步

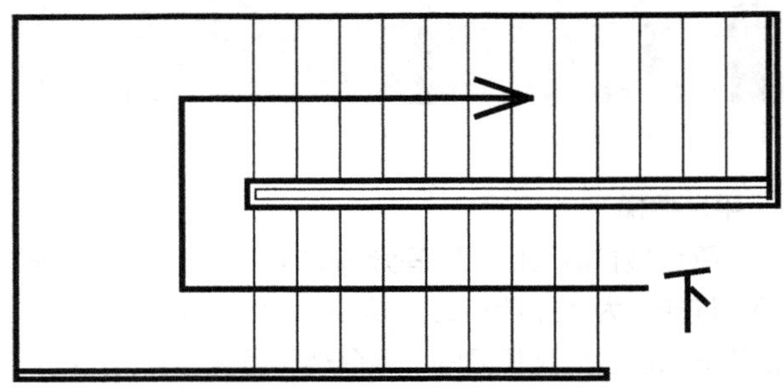

图 16-329 最终结果

2 楼梯立面图的绘制

本案例所绘制的楼梯立面图如图 16-330 所示。

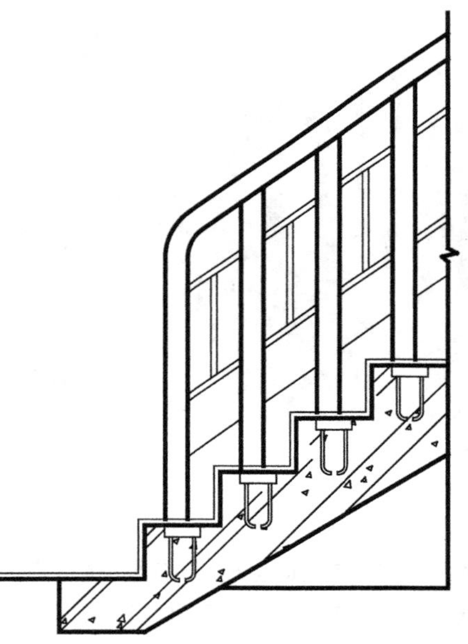

图 16-330 楼梯立面图

Step 01 绘制楼梯。调用PL【多线段】命令，绘制楼梯步数，如图 16-331所示（只绘制楼梯的一部分作为参考）。

Step 02 调用L【直线】命令，绘制图16-332所示的图形。

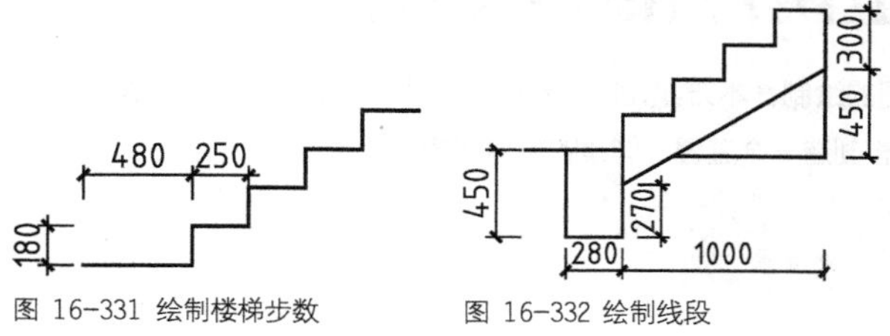

图 16-331 绘制楼梯步数　　图 16-332 绘制线段

Step 03 调用O【偏移】命令，将楼梯步向上偏移20，如图 16-333所示。

Step 04 绘制楼梯扶手。调用L【直线】命令，按照图 16-334所示的尺寸绘制长950的扶手，并调用CO【复制】命令，复制其他扶手。

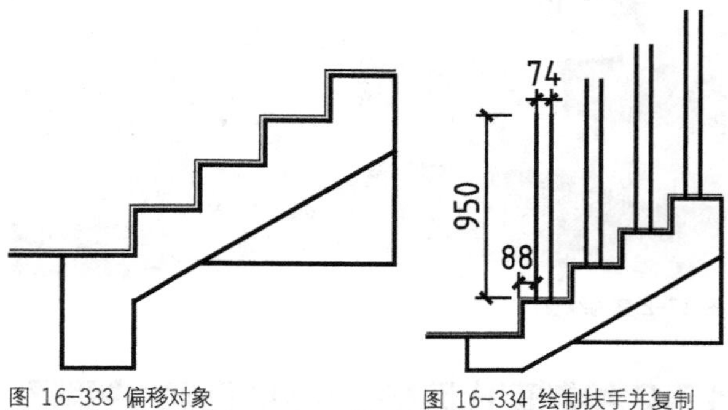

图 16-333 偏移对象　　图 16-334 绘制扶手并复制

Step 05 调用L【直线】命令，绘制图 16-335所示的斜线，并调用O【偏移】命令，将斜线向下偏移74，执行F【圆角】命令，设置圆角半径为120。

Step 06 调用O【偏移】命令，按图 16-336尺寸将斜线偏移。并调用L【直线】、TR【修剪】、EX【延伸】命令，完善楼梯扶手的绘制。

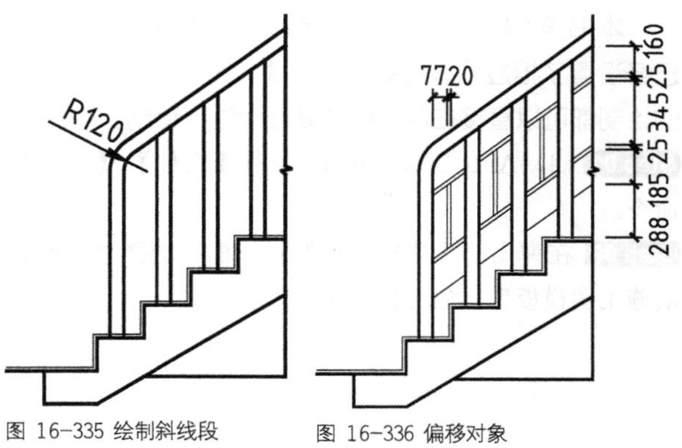

图 16-335 绘制斜线段　　图 16-336 偏移对象

Step 07 绘制地脚螺钉。调用REC【矩形】、L【直线】、F【圆角】命令，将圆角值设置为20，绘制图 16-337所示的图形。

Step 08 调用M【移动】、CO【复制】命令，将上一步所绘制地脚螺钉移动、复制到楼梯合适的位置，如图 16-338所示。

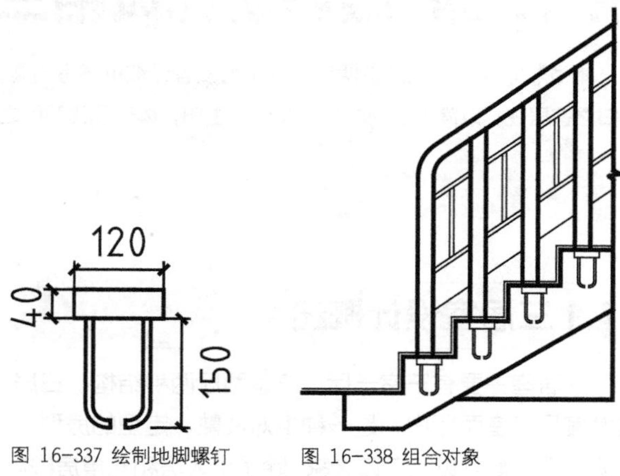

图 16-337 绘制地脚螺钉　　图 16-338 组合对象

Step 09 调用H【填充】命令，对楼梯的指定区域进行AR-CONC图案的填充，如图 16-339所示。

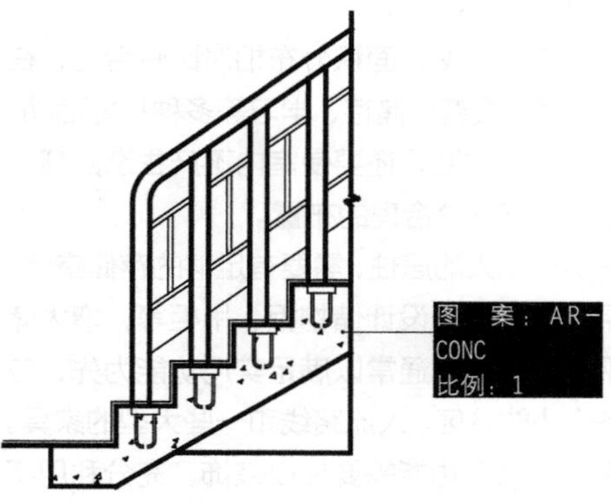

图 16-339 填充图案

Step 10 调用H【填充】命令，对楼梯的指定区域进行AR-RROOF图案的填充，其最终结果如图 16-340所示。

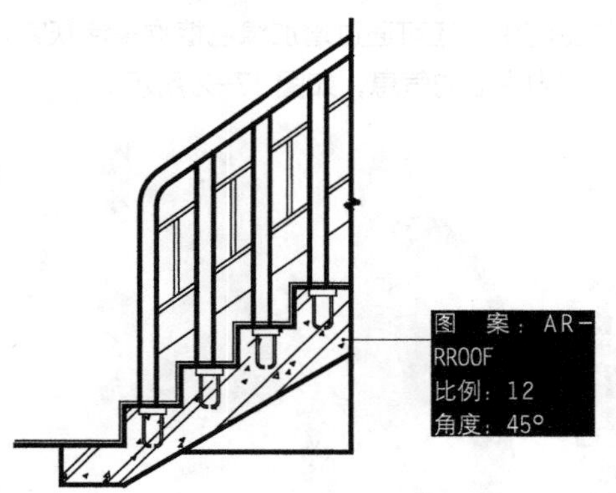

图 16-340 最终结果

第 17 章 绘制现代风格三室两厅的施工图

本章节以现代风格三室两厅为案例为读者详细讲述室内施工图的绘制。本方案是围绕现代简约为主题，适合于 30 岁左右的三口之家居住，以简洁明快的设计风格为主调，体现现代简约之感，创造一个温馨、健康的家庭环境。

17.1 三居室设计概述

三居室主要有三室一厅、三室两厅两种结构。三居室尤其是三室两厅房，是一种相对成熟、定型的房型，最适合国内最常见的三口之家，除了主人房和儿童房（次卧）之外的第三个房间，既可以作为客人房或老人房，也可以作为书房使用，自由度较大，完全能够满足普通家庭的居住需求。

三居室由于户型成熟，面积分布相对比较合理，在设计中要包含起居、会客、储存、学习等多种功能活动。既要满足人们的生活需要，还要使室内不产生杂乱感，需要对居室空间进行充分合理的布置。

三居室满足一家人的居住，需要有足够的存储空间，可合理地利用房屋的面积设计储物柜、吊柜等，增大储藏空间；在平面布局上，通常以满足实用功能为先，应合理地布置各个功能分区、人流路线和一些大型的家具。

在三居室中，结合功能需要加以装饰，充分利用不同装饰材料的质地特征，可完善室内艺术效果，增加室内美感，或者生活与审美的高度结合，室内摆件效果如图 17-1 所示。

在有限的空间中，还可通过增加绿色植物来活跃家居气氛，增加室内生活的气息，如图 17-2 所示。

图 17-1 室内装饰摆件

图 17-2 室内绿植

17.2 绘制现代风格三室两厅原始户型图

经过实地测量尺寸之后，绘制原始户型图，实地测量草图如图 17-3 所示，经过实地考察业主家新房，发现卫生间有下沉的情况，在装修的时候需考虑回填。下面按照现场量房图，绘制原始户型图。

17.2.1 调用样板新建文件

本书第 14 章创建了室内装潢施工图样板，该样板已经设置了相应的图形单位、样式、图层等，后面图纸的绘制都可以直接在此样板的基础上进行绘制。

Step 01 启动AutoCAD 2016，执行【文件】|【新建】命令。

Step 02 在弹出的【选择样板】对话框中选择“室内装潢施工图模板”，如图17-4所示。

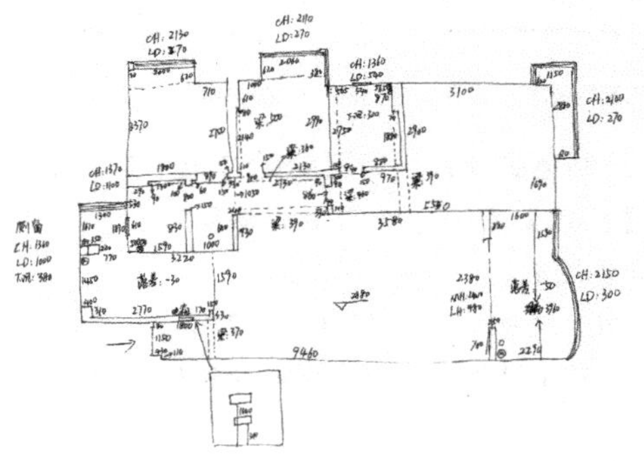

图 17-3 现场测量草图

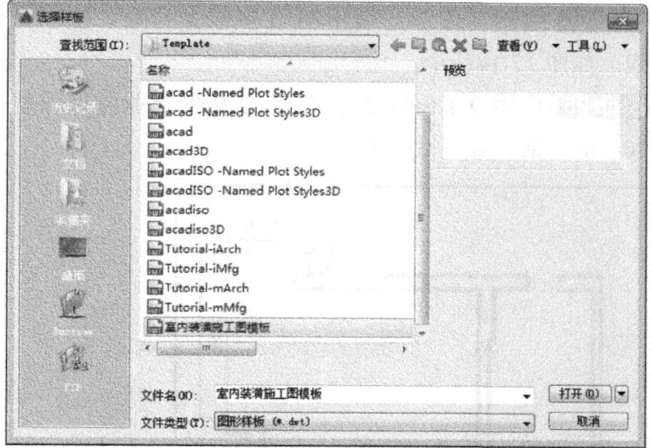

图 17-4 【选择样板】对话框

17.2.2 绘制墙体

绘制原始户型图的墙体主要使用了L【直线】、O【偏移】命令。

Step 01 设置【墙体】图层为当前图层，调用L【直线】命令，按照量房草图所示尺寸，绘制出门厅和客厅的墙体，如图 17-5所示。

Step 02 调用L【直线】命令，依据量房草图所示尺寸，绘制阳台墙体，如图 17-6所示。

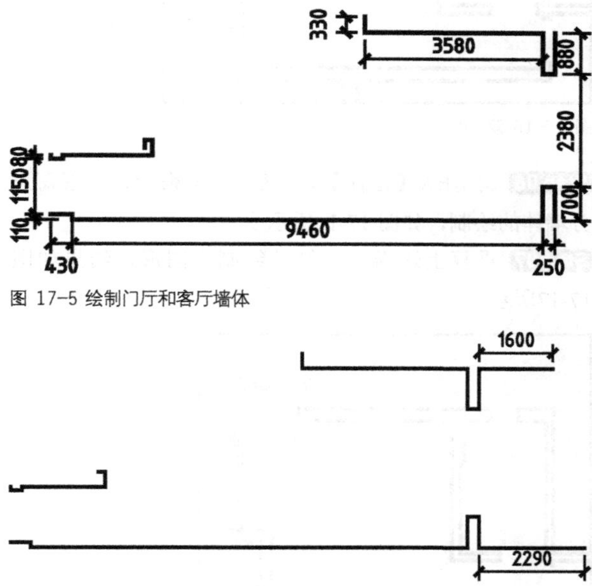

图 17-5 绘制门厅和客厅墙体

图 17-6 绘制阳台墙体

Step 03 调用L【直线】命令，依据量房草图所示尺寸，绘制主卧墙体，如图 17-7所示。

Step 04 重复上诉操作，继续绘制其他墙体，最终墙体结果如图 17-8所示。

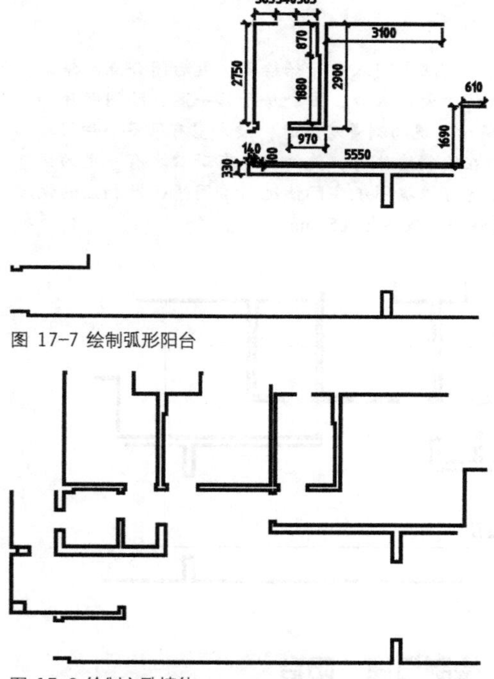

图 17-7 绘制弧形阳台

图 17-8 绘制主卧墙体

Step 05 调用O【偏移】命令，结合量房图纸所给尺寸，偏移外墙（外墙尺寸一般为240），如图 17-9所示。

Step 06 调用F【圆角】命令，默认圆角数值为0，闭合外墙墙体。并调用L【直线】命令，完善墙体绘制，如图 17-10所示。

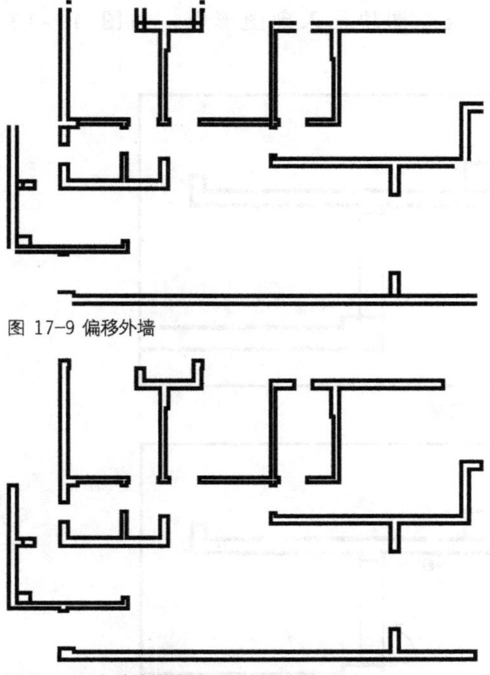

图 17-9 偏移外墙

图 17-10 完善墙体绘制

设计点拨

绘图方向一般从大门入口开始绘画，最后闭合点（结束面）也是位于大门入口，围绕房子转一圈，绘图顺序如图17-11所示。现场测量房屋时，该户型有很多小细节墙体，所以在绘制墙体时，要细心且有耐心。有一定的误差，绘图者可根据图纸实际情况与绘图情况做相应的调整，但是误差一般不超过50mm。

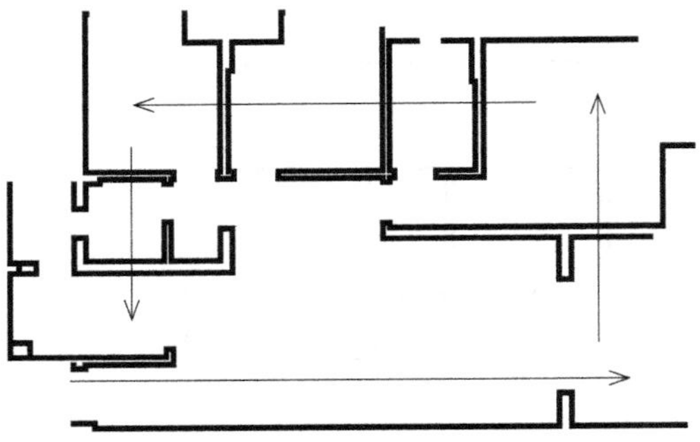

图 17-11 绘图顺序

17.2.3 绘制门窗、阳台

在原始户型图中要绘制原建筑的门、窗和阳台图形，为后面的设计改造提供参考。绘制门、窗、阳台图形主要调用了L【直线】、O【偏移】、TR【修剪】等命令。

Step 01 设置【门窗】图层为当前图层。

Step 02 绘制门洞。调用L【直线】命令，绘制直线，如图 17-12所示。

Step 03 插入子母门。调用I【插入】命令，将“第17章\7.4.2 子母门.dwg”图块插入到图形中，如图 17-13所示。

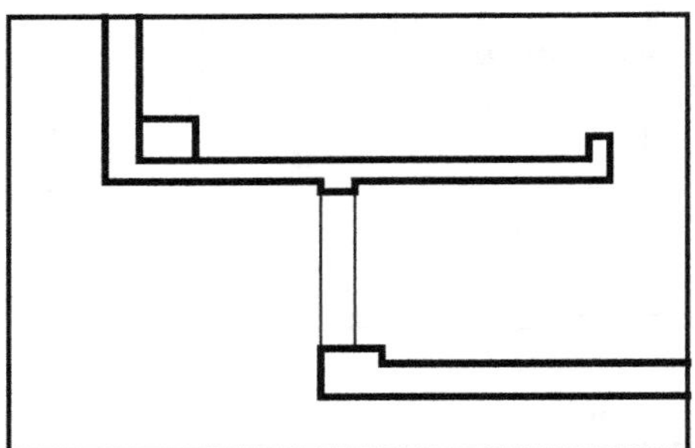

图 17-12 绘制门洞

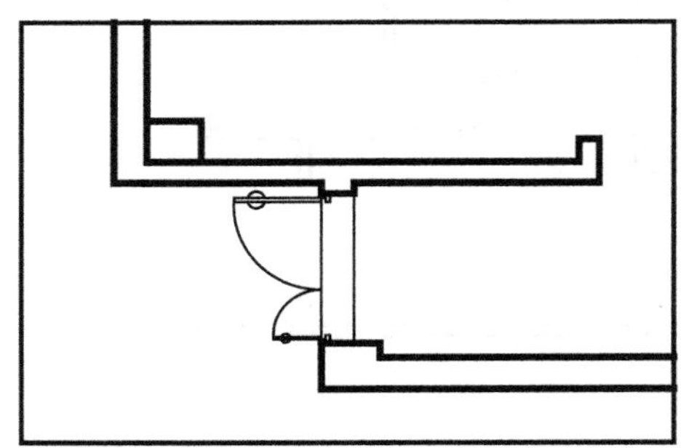

图 17-13 插入子母门

Step 04 绘制窗图形。调用PL【多线】命令，绘制窗线，如图 17-14所示。

Step 05 调用O【偏移】命令，将窗线分别向外偏移80、80、80，如图 17-15所示。

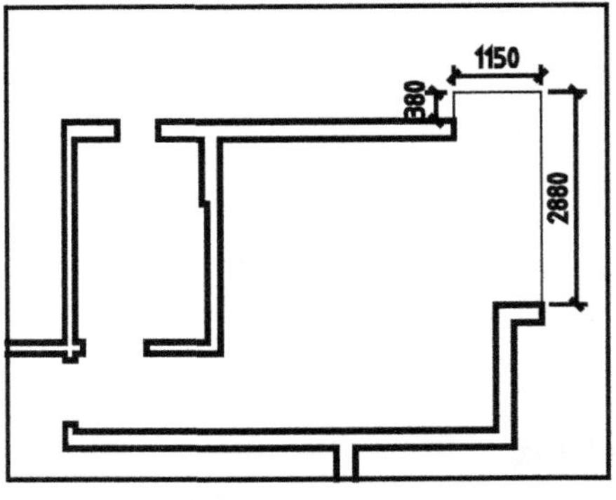

图 17-14 绘制窗线

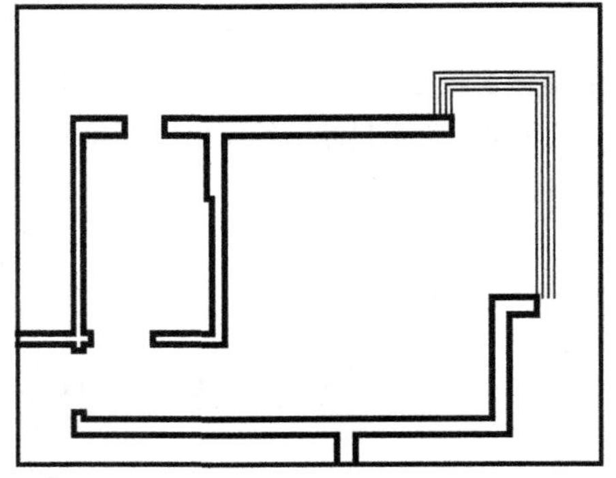

图 17-15 偏移窗线

Step 06 调用EX【延伸】、L【直线】命令，完善窗户旁墙体的绘制，如图 17-16所示 。

Step 07 重复上述操作，继续绘制窗图形，结果如图 17-17所示。

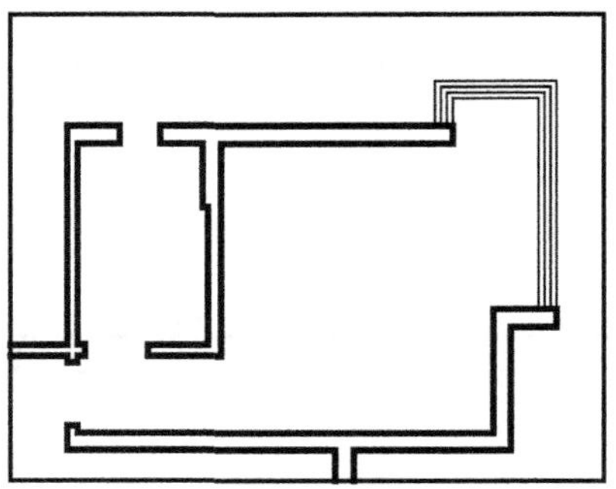

图 17-16 完善窗户旁墙体

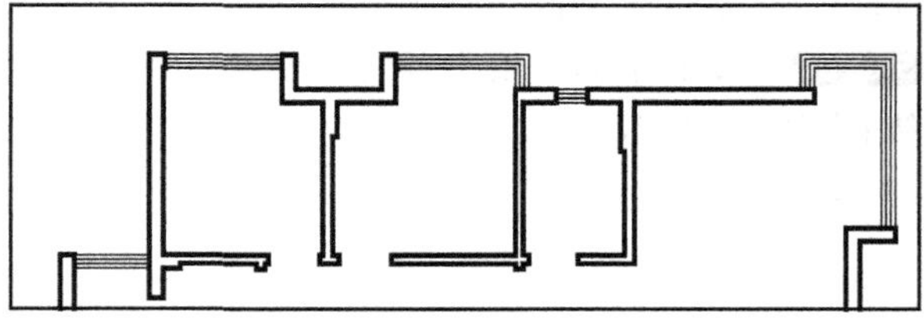

图 17-17 窗户绘制结果

Step 08 绘制阳台。调用L【直线】命令，绘制阳台图形，如图 17-18所示。

Step 09 绘制阳台弧形。调用A【圆弧】命令，连接阳台两端点和中间随意一点，绘制弧形，并将弧形调试到最合适的状态，如图 17-19所示。

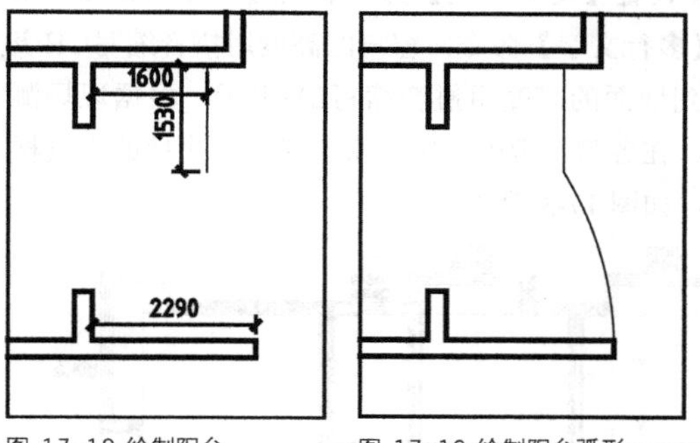

图 17-18 绘制阳台　　图 17-19 绘制阳台弧形

Step 10 调用O【偏移】命令，将阳台线段向外分别偏移80、80、80，如图 17-20所示。

Step 11 调用TR【修剪】命令，修剪多余线段，并调用L【直线】命令，完善阳台墙体的绘制，如图 17-21所示。

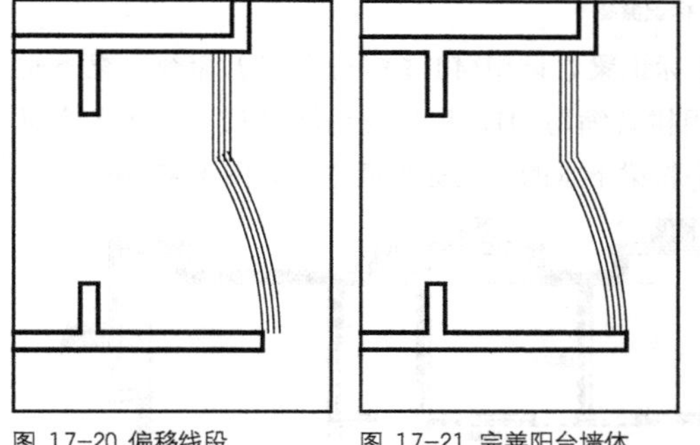

图 17-20 偏移线段　　图 17-21 完善阳台墙体

17.2.4 绘制梁和填充承重墙

梁和承重墙在设计中起着重要的作用，在绘制原始户型图时要将它们标明，绘制梁和承重墙主要调用了 L【直线】、O【偏移】、H【填充】等命令。

Step 01 设置【梁】图层为当前图层，依照现场测量所标识的梁的尺寸和位置，调用L【直线】命令，绘制梁，并改线型为DASH虚线，如图17-22所示。

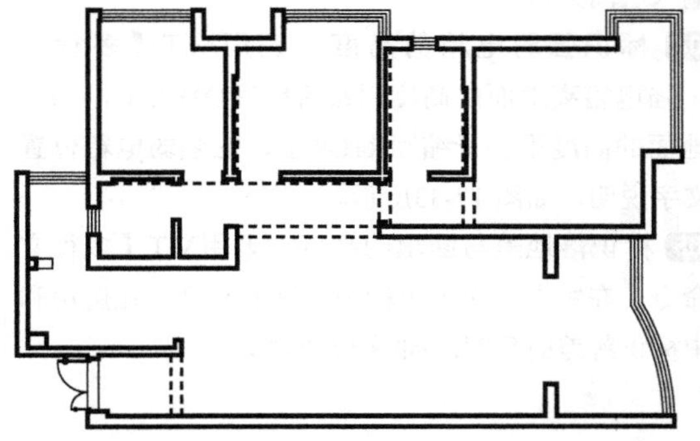

图 17-22 绘制梁

Step 02 设置【填充】图层为当前图层。调用L【直线】命令，绘制承重墙区域，闭合承重墙体，如图 17-23所示。

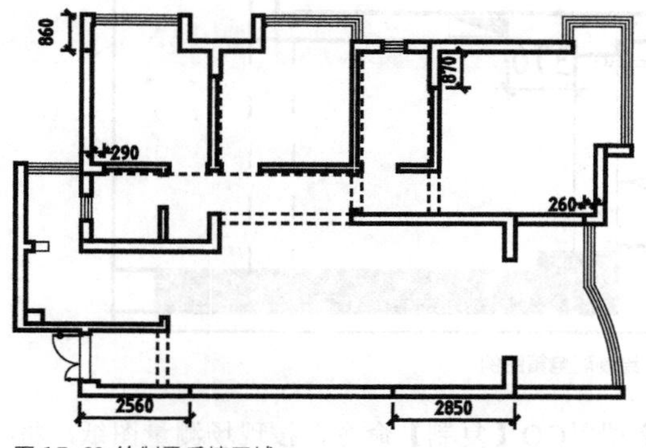

图 17-23 绘制承重墙区域

Step 03 调用H【填充】命令，对承重墙区域进行图案为SOLID的填充，填充颜色为250，如图17-24所示。

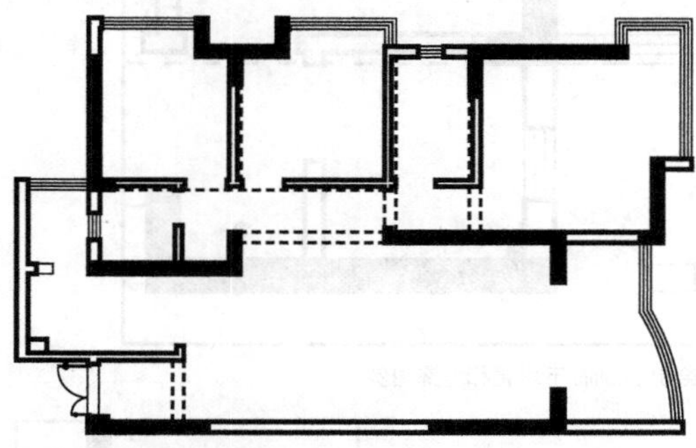

图 17-24 填充承重墙

17.2.5 绘制量房图例

在绘制原始户型图时，要清楚标识量房图例，为后续设计提供依据。绘制量房图例主要调用了CO【复制】、M【移动】等命令。

Step 01 设置【量房图例】图层为当前图层，由于第12章已经详细介绍过量房图例的绘制，所以不再重复介绍，量房图例如图 17-25所示。

Step 02 按Ctrl+O组合键，打开配套资源提供的“第17章\17.2.5量房图例.dwg”文件，将量房图例粘贴至当前图形中。

图例	名称
	50mm下水管
	100mm下水管
	80mm下水管
	地漏
	污水管
	水表
	煤气表
	配电箱
	空调孔

图 17-25 量房图例

Step 03 调用CO【复制】命令，按现场测量图纸，将配电箱图例复制移动至门厅合适的位置，如图 17-26所示。

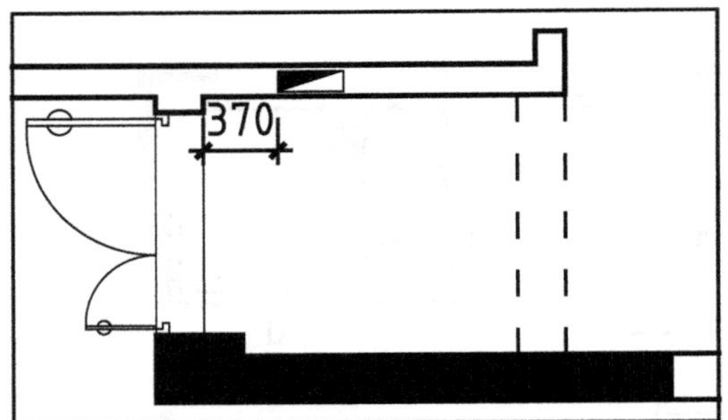

图 17-26 绘制配电箱图例

Step 04 调用CO【复制】命令，按现场测量图纸，将100mm下水管和地漏图例复制移动至厨房、卫生间和阳台区域，如图 17-27~图17-29所示。

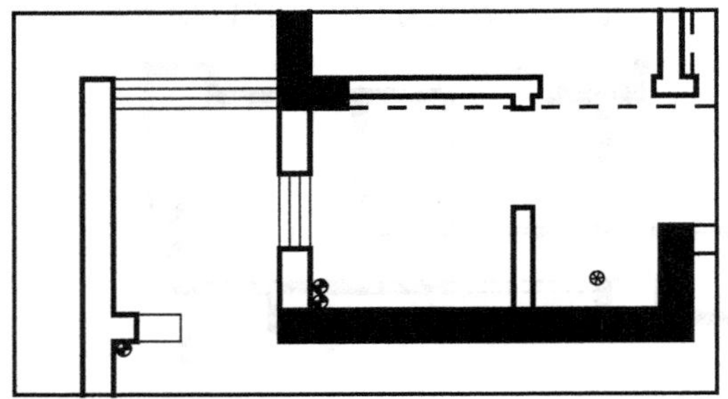

图 17-27 绘制 100mm 下水管和地漏图例

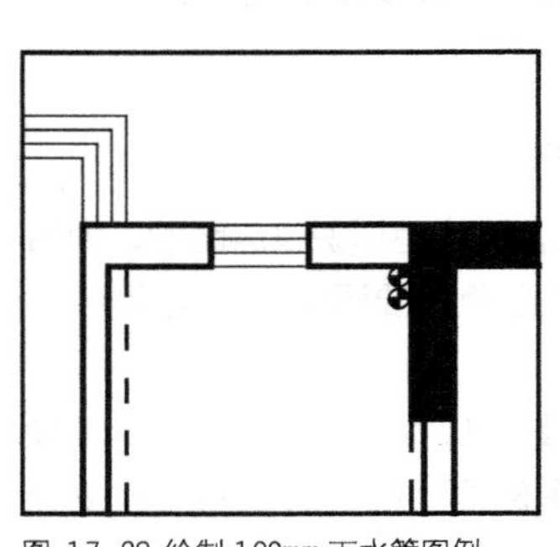

图 17-28 绘制 100mm 下水管图例

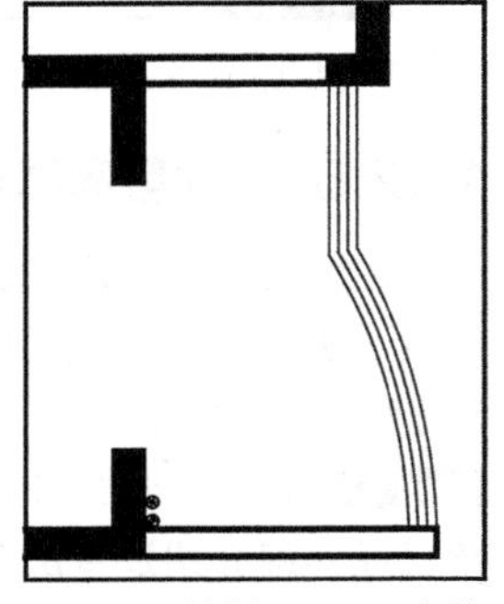

图 17-29 绘制 100mm 下水管和地漏图例

Step 05 绘制量房图例，最终结果如图17-30所示。

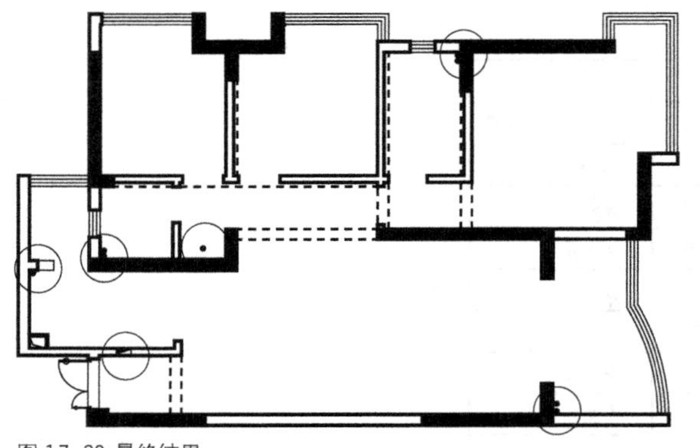

图 17-30 最终结果

17.2.6 文字说明

绘制完原始户型图后，要进行窗、梁、层高等主要结构的文字说明，主要调用了MT【多行文字】、CO【复制】等命令。

Step 01 设置【文字标注】为当前图层，标识窗高。调用MT【多行文字】命令，窗户的高度用拼音缩写CH表示，窗到地面的高度用拼音缩写LD表示，根据现场测量尺寸，在各窗户旁用文字将窗户和窗户离地的高度标识清楚，如图 17-31所示。

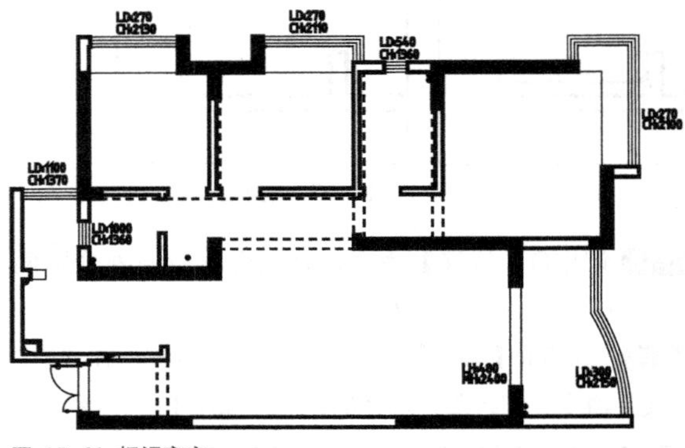

图 17-31 标识窗高

Step 02 标识梁。调用MT【多行文字】命令，梁下垂的距离用拼音缩写LH，根据现场测量尺寸，在各个梁旁用文字将梁下垂的距离标识清楚，如图 17-32所示。

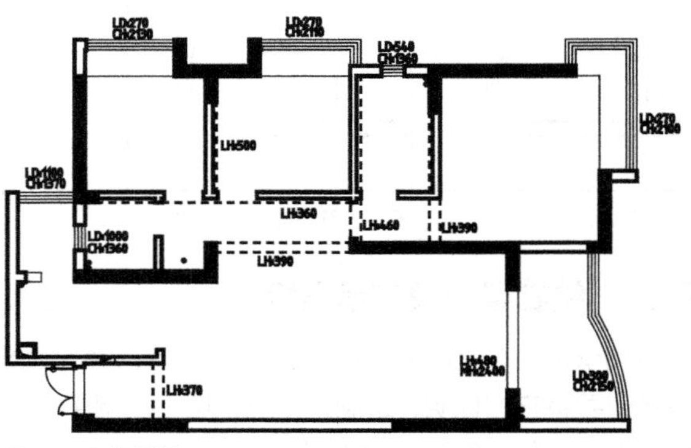

图 17-32 标识梁

Step 03 标识层高。调用L【直线】命令，绘制标高符号，并调用MT【多行文字】命令，根据量房所得尺寸，输入层高数值。

Step 04 标识强弱电箱的高度。调用MT【多行文字】，强电箱离地面的高度用拼音缩写QH表示，弱电箱离地面的高度用拼音缩写RH表示，在强弱电箱位置输入文字说明，如图 17-33所示。

Step 05 标识落地差与回填的高度。调用MT【多行文字】命令，在主卫、次卫中标识下沉的高度，在厨房和阳台中标识落差的高度，如图 17-34所示。

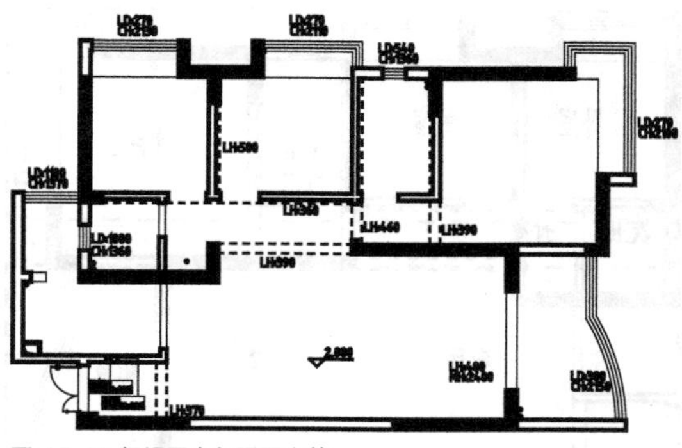

图 17-33 标识层高与强弱电箱

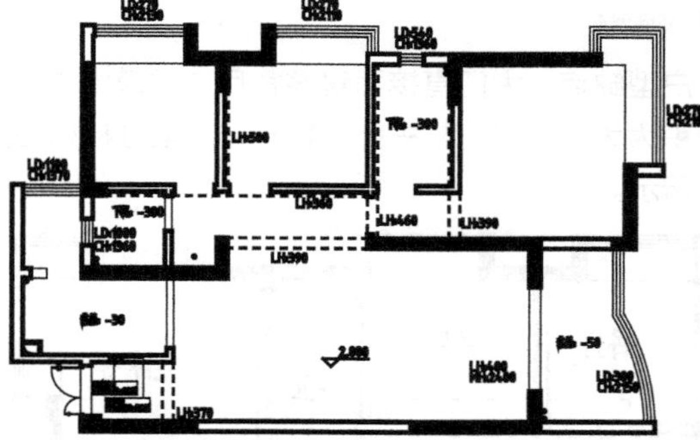

图 17-34 标识落地差与回填

17.2.7 标注文字和尺寸

文字和尺寸标注有助于了解各功能区和各功能区的长、宽尺寸，以及居室的总开间和总进深尺寸。标注文字和尺寸主要调用了MT【多行文字】、DLI【线性标注】、DCO【连续标注】等命令。

Step 01 设置【尺寸标注】图层为当前图层，调用DLI【线性标注】、DCO【连续标注】命令，对原始户型图进行标注，如图17-35所示。

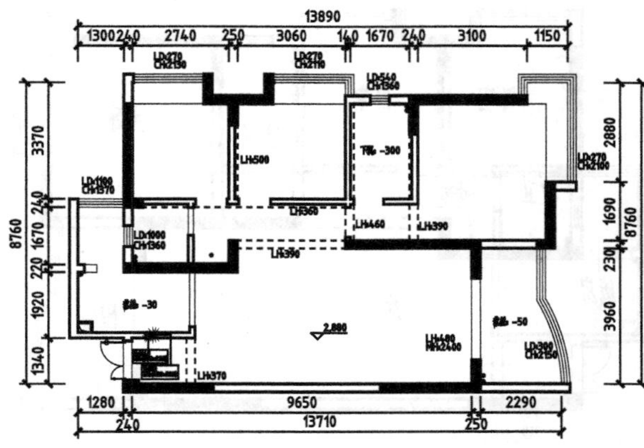

图 17-35 尺寸标注

Step 02 文字标注。设置【文字标注】为当前图层，调用MT【多行文字】命令，在需要进行文字标注的区域，输入文字说明表示房屋的大概各功能分区，如图17-36所示。

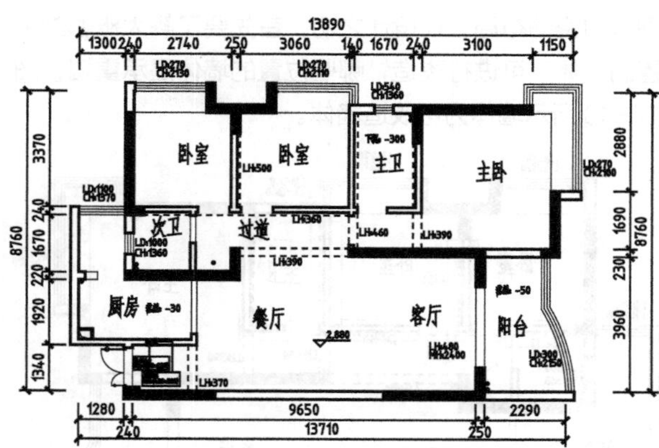

图 17-36 文字标注

Step 03 图名标注。调用MT【多行文字】命令，添加图名及比例，调用PL【多线段】命令，绘制同名标注下划线，最终结果如图17-37所示。

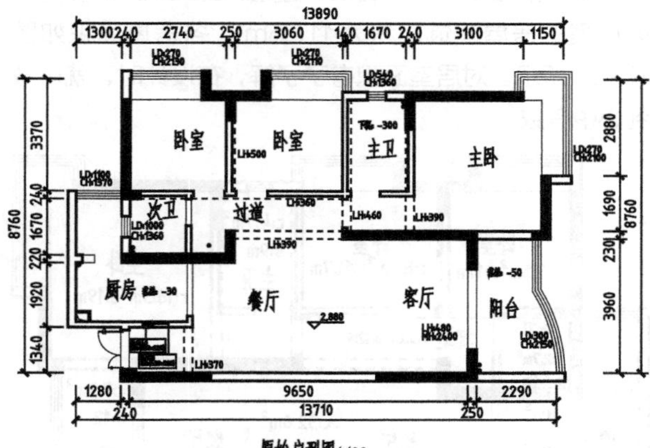

图 17-37 最终结果

17.3 户型分析

选择一种户型，选择一个生活空间。好户型是能充分尊重人们居家生活天伦本质、亲情本质的户型；是能给人们身体的、心理的舒适享受的户型；是能满足现在与未来生活变化需要的户型；是与室外自然、人文环境协调且将环境引入室内的户型。下面以三室两厅户型案例进行户型分析介绍。

1 设计前提

设计是为了满足功能需求和审美需求。

该户型的家庭人员构成为夫妻和两个小孩，分别为4岁和6岁，中产阶级。业主要求：主要以实用性为主，需满足家庭居住的正常储存空间。两个卧室，一间小孩房，另一间卧室预留客房使用。

2 户型分析

户型分析的目的是为了更好地了解、设计房子。

◆ 了解墙体。墙体作为居室最基本的构成，关系到室内空间布局，在设计之初，首先要了解大概哪些位置的墙体是可进行改造，哪些位置的墙体是承重墙，图 17-38 所示墙体为可改造墙体。

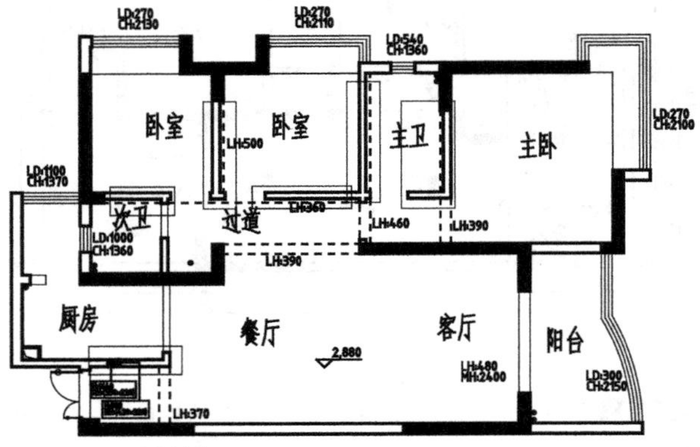

图 17-38 可改造墙体

◆了解居室的使用面积。通过 AutoCAD 的测量，该户型的房屋建筑面积为 117.5m²，各房屋面积如图 17-39 所示。对居室面积有了了解，在设计时，就可做到心中有数。

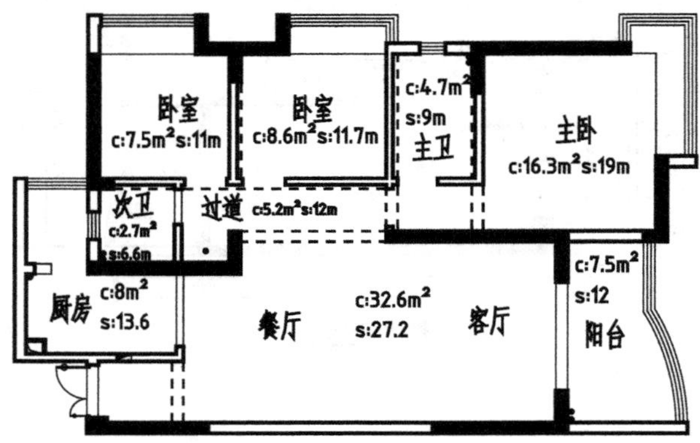

图 17-39 各空间面积

◆户型优点。该户型整体来说比较周正，南北通透，通风、通光条件比较好，如图 17-40 所示空气流动图。整体布局上动静分开，前半部分为客餐厅和厨房，是一家人活动、聚会之所。后半部分为卧室，为家人休息之处，如图 17-41 所示。

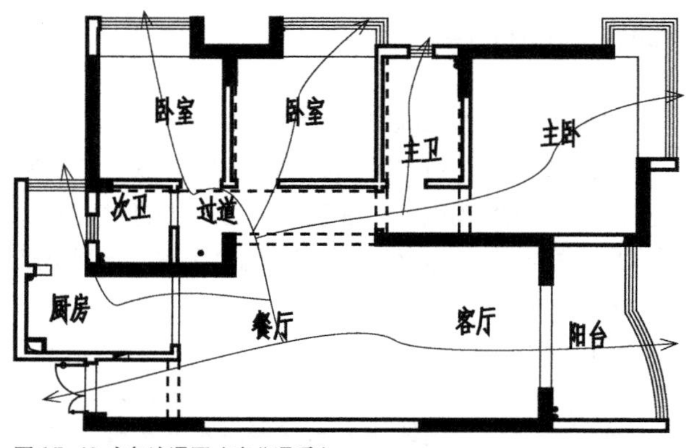

图 17-40 空气流通图（南北通透）

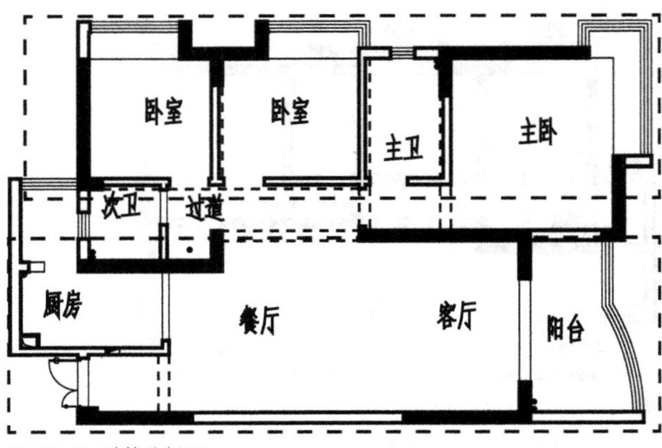

图 17-41 动静分析图

◆户型缺点。大门直接面对客餐厅。过道太长，占用面积太大。次卫门与主卧门相对，户型分析如图 17-42 所示。

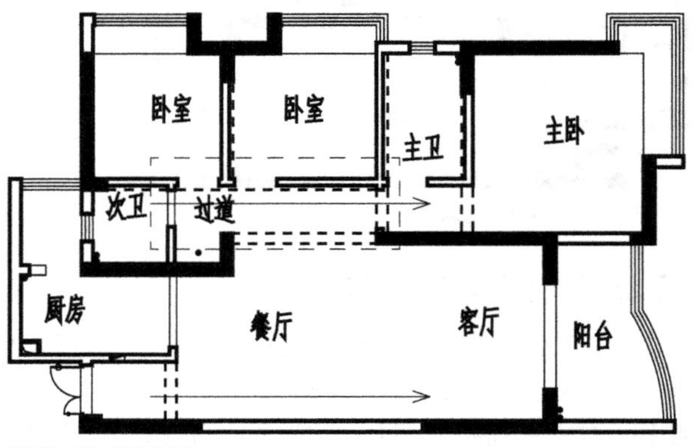

图 17-42 户型分析

◆其他。厨房与小阳台间有小垛子，如想增大厨房使用面积可直接敲掉。阳台有下水管道和地漏，可在阳台放置洗衣机，如图 17-43 所示。

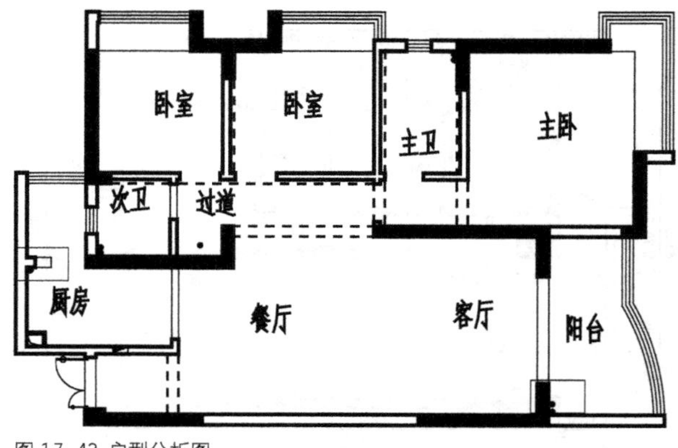

图 17-43 户型分析图

户型总结，此三室两厅是良好的户型，但是还需要设计者依据业主需求和发挥专业水准，将此户型改造得更加完美。

17.4 绘制三室两厅平面布置图

现代风格的居室重视个性和创造性的表现，不主张追求高档豪华，而着力表现区别于其他住宅的东西。住宅小、空间多功能是现在室内设计的重要特征，是与主人兴趣爱好相关联的功能空间，这些个性化功能空间完全可以按主人的喜好进行设计，从而表现出与众不同的效果。

分析完原始户型图，开始着手户型的设计与绘制。绘制平面布置图时应结合业主要求与自己对该户型的设计想法。绘制完成的平面布置图如图 17-44 所示。下面讲解其绘制方法和绘制思路。

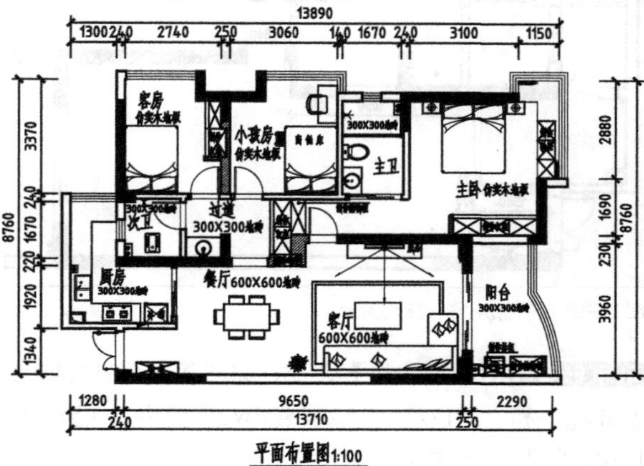

图 17-44 平面布置图

17.4.1 绘制门厅平面布置图

门厅为进门大厅，一般在进门地方的缓冲区，作为小公共活动区域，起过渡作用。在三居室实例中，设计鞋柜，可为生活提供便利。当然，在鞋柜和门厅中也可摆放一些装饰物，丰富其装饰功能。

针对本案例户型特点，强电箱、弱电箱所在位置的墙面放置鞋柜会遮挡住强电箱和弱电箱的使用，将其改造则花费的成本较高，且不易进行改造。所以将鞋柜设计在进门右手一侧，鞋柜一般进深 350mm，长度可根据业主需要自定。

鞋柜放置在进门右手一侧，不仅方便业主使用，一定程度上增加了客厅的私密性，同时也破除了大门正对客厅的这一风水缺点。

绘制门厅鞋柜。将【家具】图层置为当前图层。调用 O【偏移】、L【直线】命令，绘制图 17-45 所示尺寸的鞋柜，并调用 MT【多行文字】插入文字说明，鞋柜参考效果如图 17-46 所示。

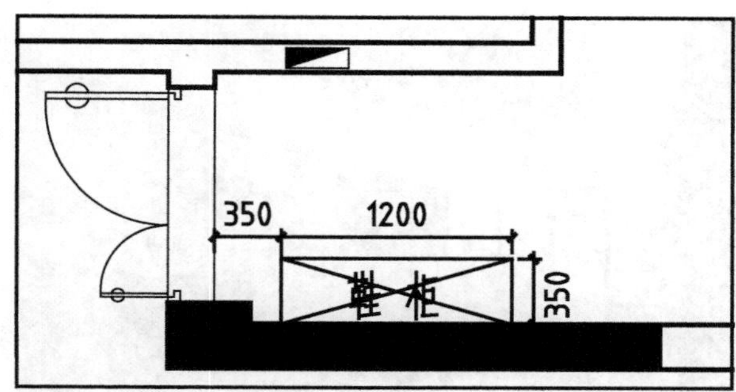

图 17-45 绘制鞋柜

图 17-46 鞋柜参考效果图

17.4.2 绘制客餐厅平面布置图

客厅是家庭中主要的公共活动区域，也是款待亲朋好友的场所。彰显主人气质的装饰、开敞的空间、宜人的氛围，都能给人带来良好的感受。客厅主要摆放的家具有沙发、茶几、电视、电视柜等。餐厅是一家人进餐的地方，一般与客厅相连，主要摆放的家具有餐桌，有需要时可加上餐边柜等。

针对本案例户型特点，客餐厅的原户型为公共开放区域，所以依从原始户型将客餐厅设计为一体开放式。在空间上给人通透又大气的感觉。厨房和餐厅相连，通过改造厨房墙体增大餐厅的面积，原户型的电视背景墙只有 3.58 米，通过改造过道，将主卧室门设计成隐形门，增加电视背景墙的面积，使之与沙发宽度匹配，提升整个客厅大气的气质。电视背景墙作为整个家居中的重点，主要凸显其大气、个性的设计，自然不能太过狭小。

客餐厅参考效果如图 17-47 与图 17-48 所示。

图 17-47 客餐厅参考效果图

图 17-48 客餐厅参考效果图

Step 01 绘制阳台推拉门。调用L【直线】命令，绘制直线，如图 17-49所示。

Step 02 调用REC【矩形】命令，绘制一个尺寸为40×595的矩形，并调用CO【复制】、M【移动】命令，绘制阳台推拉门，如图 17-50所示。

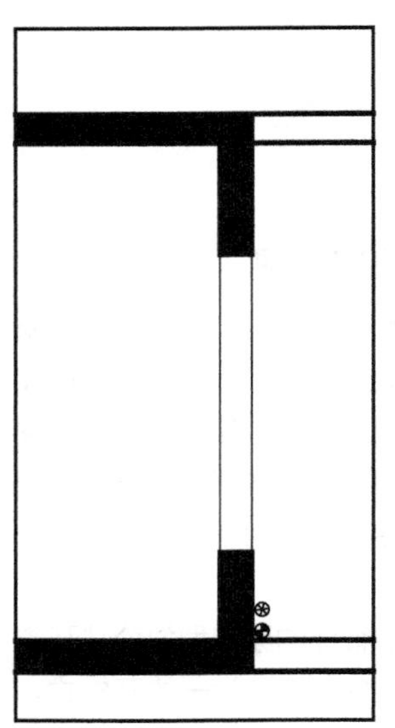

图 17-49 绘制直线

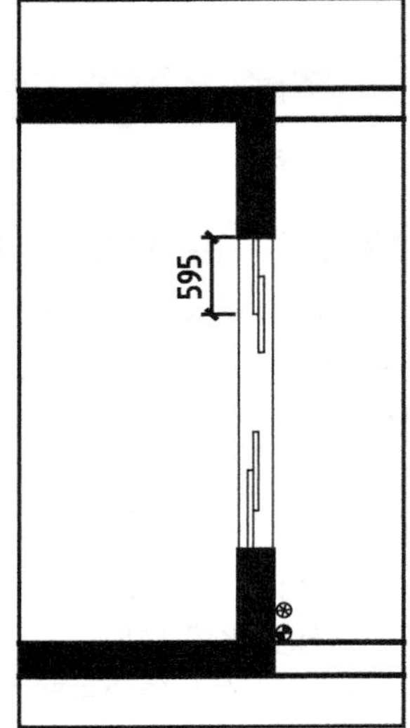

图 17-50 绘制阳台推拉门

Step 03 调用I【插入】命令，将“第17章\17.4.2沙发.dwg”和“第17章\17.4.2餐桌.dwg”图块插入到客餐厅中，如图17-51所示。丈量尺寸，发现餐厅和电视背景墙面积偏小。

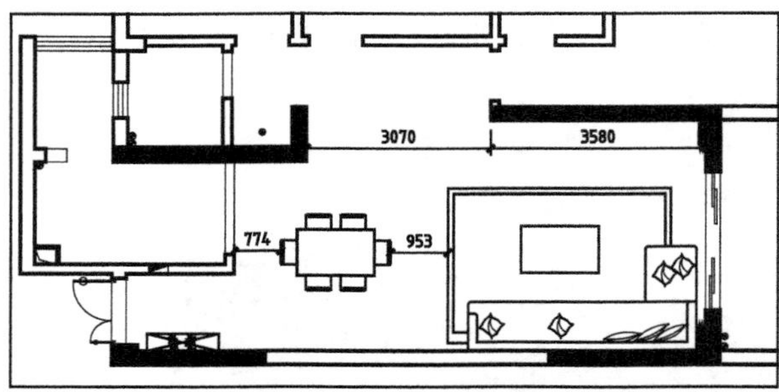

图 17-51 插入客餐厅图块

设计点拨

解决客餐厅面积偏小的方法，就是通过墙体进行空间重组。在户型分析中，提到厨房墙体是可拆改的，过道面积太长。正好利用这两处空间，进行客餐厅面积的改造。

Step 04 绘制客餐厅平面图。经分析，将厨房墙体拆掉一部分，以增大餐厅面积，通过砌墙，增大客厅电视背景墙的面积，同时也改变主卧门与卫生间门相对的风水格局。

Step 05 调用O【偏移】、L【直线】、H【填充】等命令，绘制厨房和过道的拆改墙体，如图17-52所示。

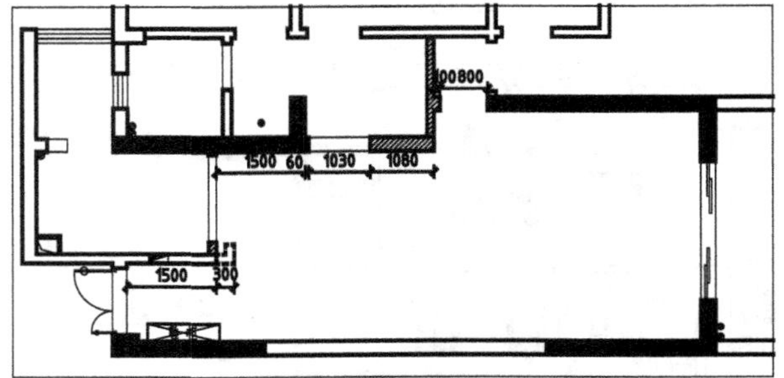

图 17-52 绘制厨房、过道拆改墙体

Step 06 调用I【插入块】命令，将“第17章\17.4.2沙发.dwg”和“第17章\17.4.2餐桌.dwg”图块插入至客餐厅中，如图17-53所示。

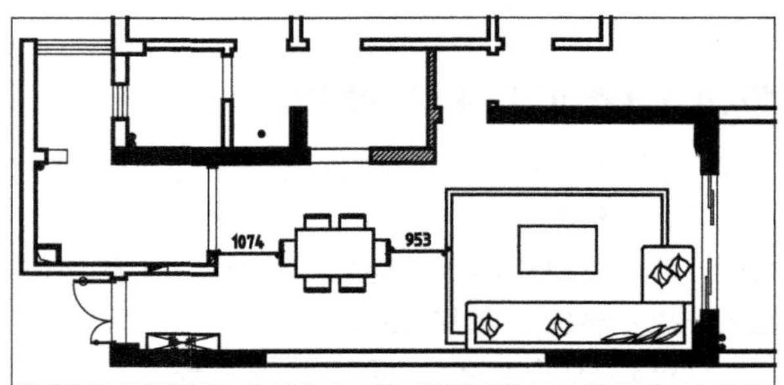

图 17-53 插入沙发、餐桌图块

Step 07 调用L【直线】、O【偏移】命令，绘制电视柜，并调用I【插入块】命令，将“第17章\17.6.2电视机.dwg”图块插入至电视柜中，客餐厅平面布置图最终结果如图17-54所示。

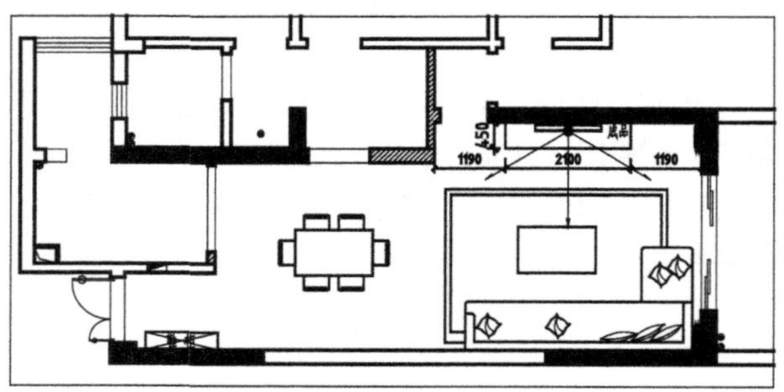

图 17-54 客餐厅平面布置图

17.4.3 绘制厨房平面布置图

厨房是指可在内准备食物并进行烹饪的房间，厨房通常有的设备包括炉具（瓦斯炉、电炉、微波炉或烤箱）、流理台（洗碗槽或是洗碗机）及储存食物的设备（冰箱）。

针对本案例户型特点，通过拆除厨房和小阳台之间的墙体，增大厨房的使用面积。根据户型特点，设计 U 字形厨房。“U”字形厨房将洗涤区、烹饪区、操作区、贮藏区划分得很明确，可以提高厨房工作的使用效率，且不会觉得拥挤。厨房工作台面要考虑预留放置冰箱的位置。冰箱不可挡住窗户，所以将其放置在厨房进门处，目的也是为了方便业主使用。

厨房参考效果如图 17-55 所示。

图 17-55 厨房参考效果图

Step 01 调用E【删除】命令，拆除厨房与原小阳台的墙体，并调用L【直线】命令，绘制水管包管，如图 17-56与图 17-57所示。

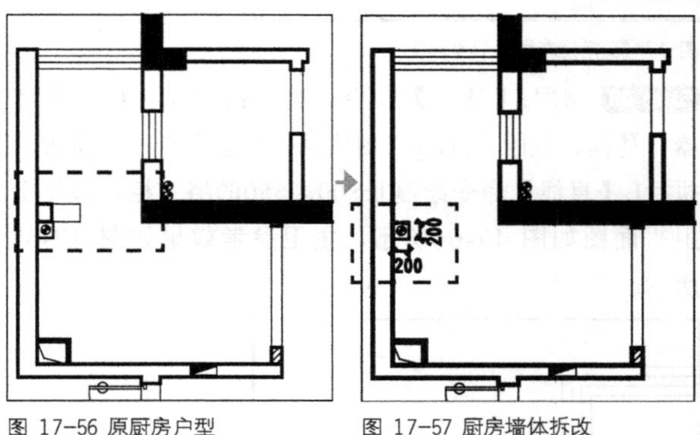

图 17-56 原厨房户型　　图 17-57 厨房墙体拆改

设计点拨

遇到水管，要考虑包管的问题。

Step 02 绘制厨房工作台面和推拉门。调用REC【矩形】、O【偏移】和L【直线】命令，绘制图 17-58所示的工作台面和厨房推拉门。

Step 03 插入厨房图块。调用I【插入块】命令，将“第17章\17.6.3燃气灶、洗菜盆、冰箱.dwg”图块插入至厨房的合适位置，如图 17-59所示。

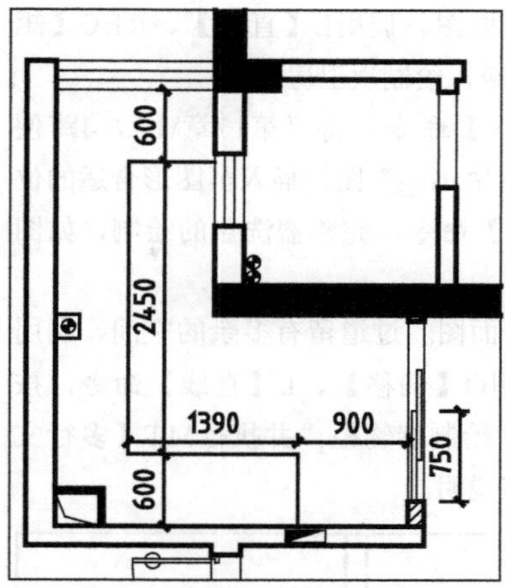

图 17-58 绘制厨房台面和推拉门

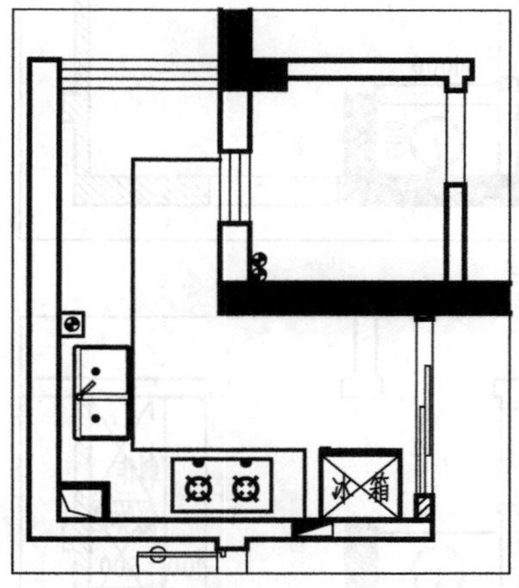

图 17-59 插入厨房图块

17.4.4 绘制次卫和过道平面图

卫生间主要配备有淋浴房、蹲便器或者马桶、盥洗盆等设施。

本案例的次卫属于公卫，针对本案例户型特点，将盥洗盆设计在卫生间外侧，既合理地利用空间，亦不影响卫生间的使用，也可将卫生间进行干湿分区。为避免进门踩坑的风水格局，所以淋浴器布置在房门一侧。

合理利用过道空间，设计储物柜，增加收纳空间。洗漱盆效果图参考如图 17-60 所示。

图 17-60 洗漱盆参考效果图

Step 01 绘制次卫平面图。调用L【直线】、REC【矩形】和A【圆弧】命令，绘制次卫房门。

Step 02 调用I【插入】命令，将“第17章\17.6.4蹲便器、淋浴龙头、洗脸盆.dwg”图块插入至图形合适的位置，并调用L【直线】命令，完善盥洗盆的绘制，如图17-61所示。

Step 03 绘制过道平面图。过道留有多余的空间，利用其制作储存柜，调用O【偏移】、L【直线】命令，按照图 17-62所示尺寸绘制储物柜，并执行MT【多行文字】命令，插入文字说明。

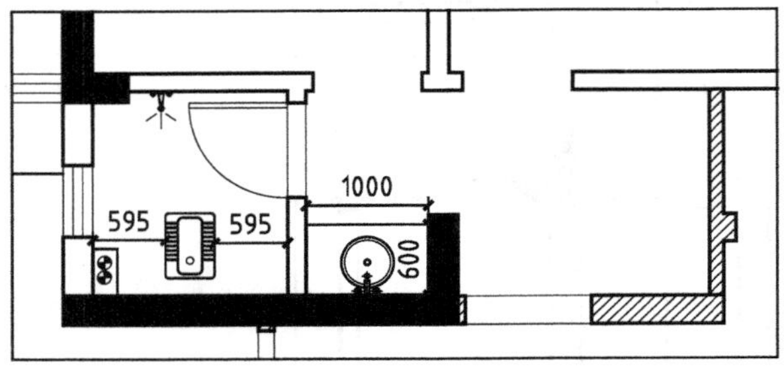

图 17-61 绘制次卫平面图

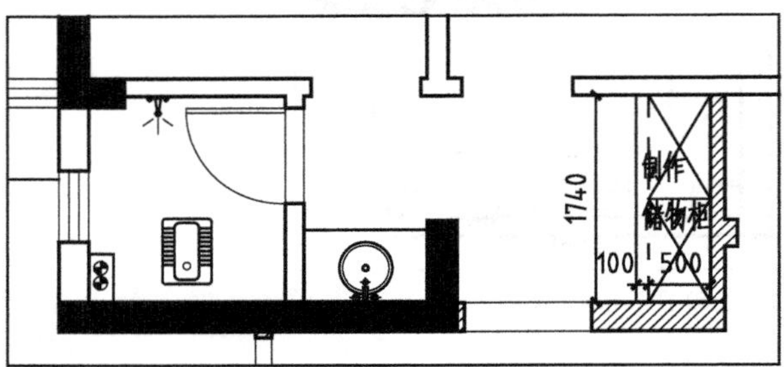

图 17-62 绘制过道平面图

17.4.5 绘制主卧平面图

主卧室一般是房屋主人用来休息的场所，在设计上要满足一般需求，主要配备有床、床头柜、衣柜等家具，在需要时还有梳妆台、书桌或者电视和电视柜等家具。

针对本案例户型特点，为主人房设计了大床、大衣柜，还在飘窗增加了抽屉，增大了收纳面积，使房间更规整。主卧有单独的卫浴，可减轻次卫使用压力，改蹲便器为马桶，增加业主使用舒适度。淋浴房设置推拉门，进行干湿分区，还能增加实用性（淋浴房和淋浴房外的使用空间互不冲突）。

主卧室效果参考图如图 17-63 与图 17-64 所示。

图 17-63 主卧参考效果图

图 17-64 主卧参考效果图

Step 01 绘制主卫平面图。先不改变主卫墙体，按照常理布置主卫，如图 17-65所示。发现平开门较占用空间，使得主卫感觉狭小，遂改造成推拉门。

Step 02 调用O【偏移】、L【直线】、H【填充】等命令，绘制主卧新建墙体和推拉门，并调用F【圆角】命令，设圆角值为60，圆角主卫外墙。

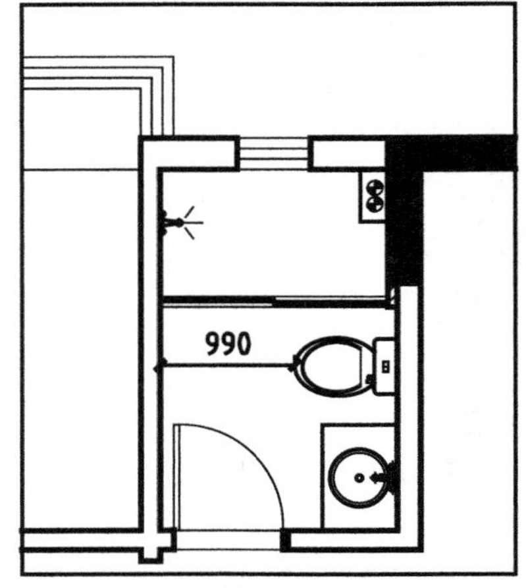

图 17-65 常理布置主卫平面图

Step 03 调用I【插入】命令，将“第17章\17.6.5淋浴器、马桶、洗脸盆.dwg”图块插入至主卫合适的位置，执行L【直线】命令绘制长800×550的浴室柜，最终主卫平面图如图 17-66所示，主卫参考效果如图 17-67所示。

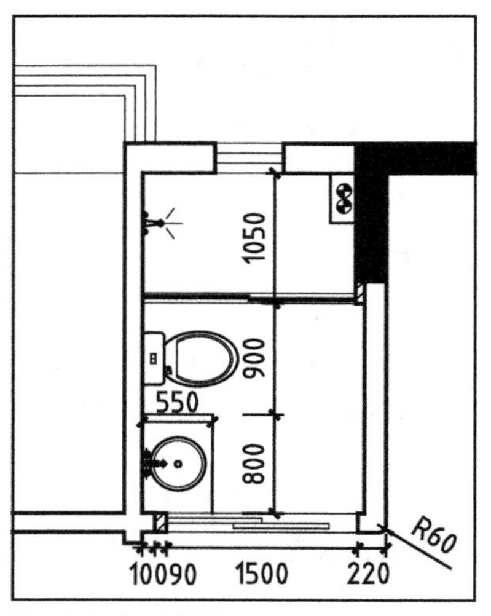

图 17-66 主卫平面图

图 17-67 主卫效果参考图

Step 04 绘制主卧房门。调用L【直线】、REC【矩形】和A【圆弧】命令，绘制主卧房门，如图17-68所示。

Step 05 调用E【删除】命令，删除原有门垛，执行EX【延伸】命令，补齐墙体，如图17-69所示。

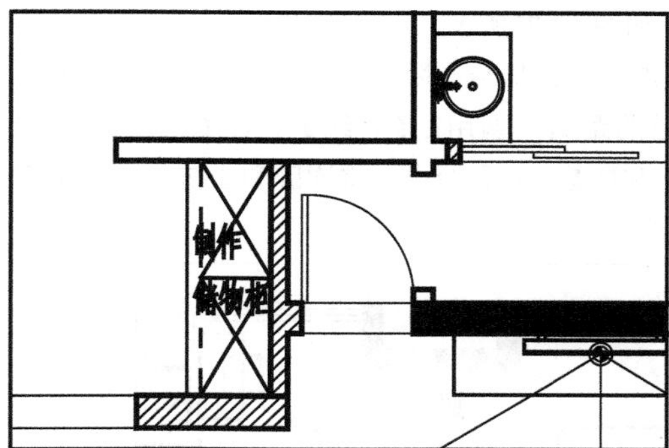

图 17-68 绘制主卧门

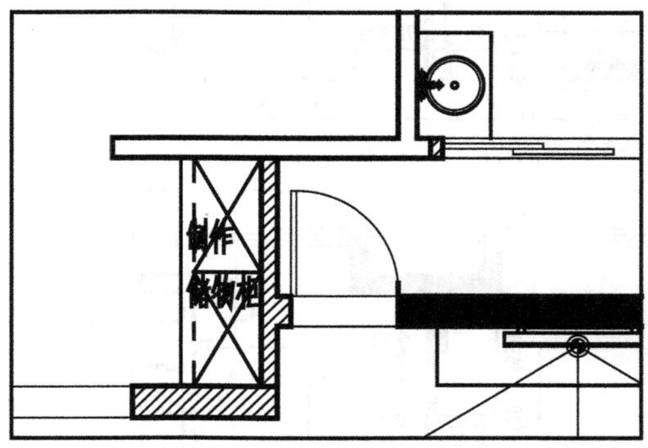

图 17-69 删减墙体

Step 06 调用I【插入】命令，将“第17章\17.6.5床.dwg”图块插入至主卧合适的位置，如图 17-70所示。

Step 07 调用L【直线】、F【圆角】、H【填充】等命令绘制推拉门衣柜，并调用MT【多行文字】命令，插入文字说明，如图 17-71所示。

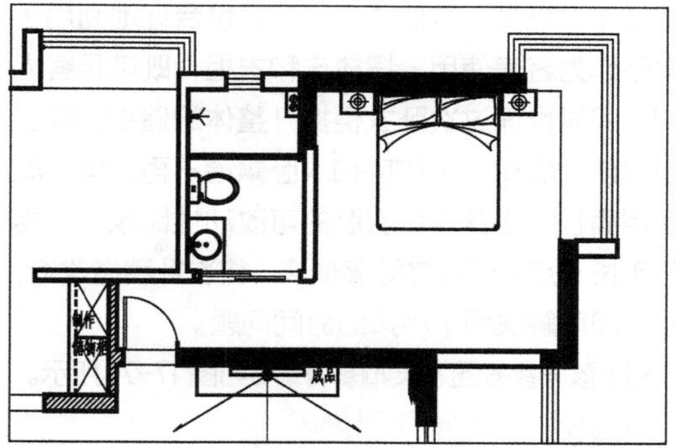

图 17-70 插入床图块

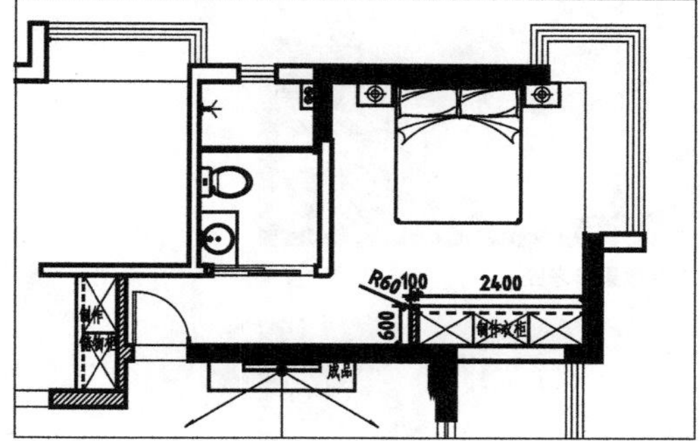

图 17-71 绘制推拉门衣柜

Step 08 调用L【直线】命令，绘制飘窗抽屉，并将线型改为DASH虚线，调用MT【多行文字】命令，插入文字说明，最终主卧平面布置图如图17-72所示。

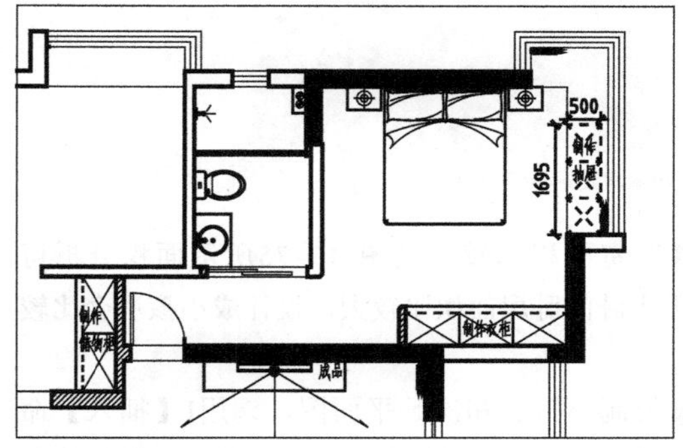

图 17-72 最终结果

设计点拨

主卧房门经改造，原有开门处垛子功能被废除，应拆除。衣柜处新建石膏板隔墙，可使衣柜藏在墙体中，减轻视觉带来的突兀感。

17.4.6 绘制小孩房和次卧平面图

小孩房不同于其他房间设计，除了必要的床、收纳空间之外，还应留有空间供小孩玩耍，在设计风格上，可偏向活泼、趣味。次卧主要配备家具有床和衣柜，设计风格须与整个居室风格相匹配，不宜设计过于复杂。

针对本案例户型特点，考虑到业主家需求，在小孩

房设计高低床、书桌，方便儿童学习，也合理地利用了空间。次卧作为客房使用，摆放床和衣柜，既满足客人居住条件，同时也通过次卧衣柜提升整体的储物空间。为增大卧室使用面积，小孩房和次卧飘窗不再保留，改为卧室使用面积。小孩房和次卧的可改动性比较大，当两个小孩年长一点，即可撤除高低床，将次卧稍微改造，摆放书桌，即可解决两个小孩的房间问题。

次卧和小孩房参考图效果如图17-73与图17-74所示。

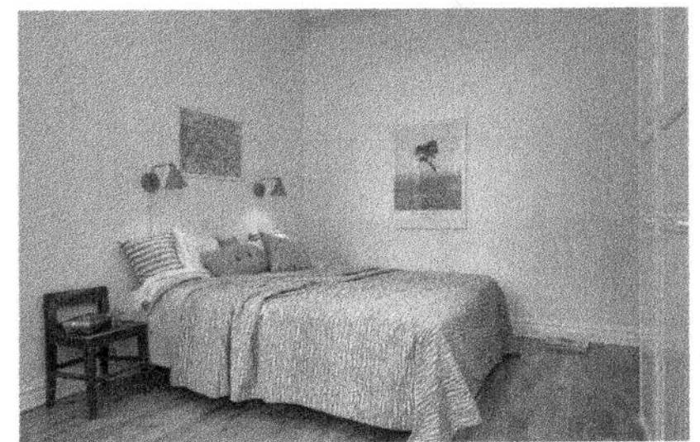

图 17-73 次卧效果参考图

图 17-74 小孩房效果参考图

Step 01 卧室面积比较。从图 17-75所示面积分析可看，靠近主卧的卧房面积比较大，设计成小孩房会比较合适。

Step 02 绘制小孩房和次卧平面图。调用I【插入】命令，将“第17章\17.6.6高低床、床、书桌.dwg”图块分别插入至次卧和小孩房中。

Step 03 调用L【直线】命令，绘制衣柜，执行DLI【线性标注】命令，丈量尺寸，如图 17-76所示。

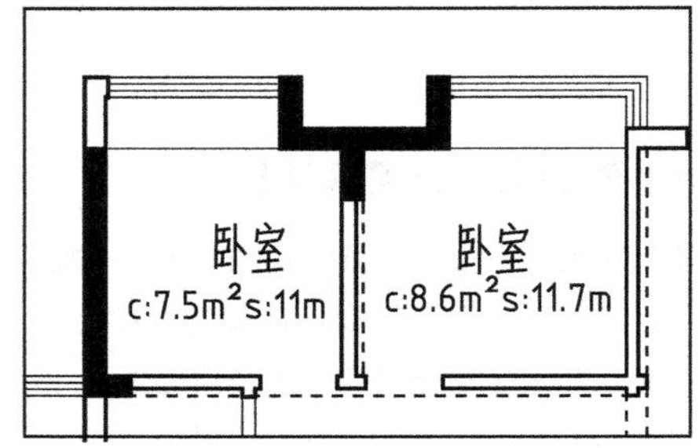

图 17-75 卧室面积比较

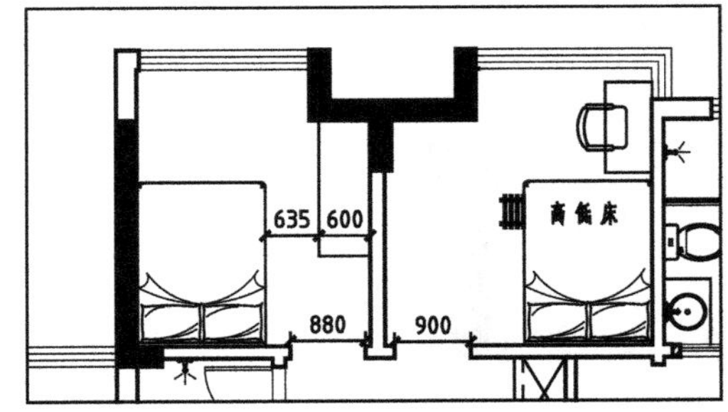

图 17-76 初步布置图

设计点拨

通过分析发现次卧床离衣柜距离略显拥挤，小孩房因房屋原有墙体结构不平整，使用和视觉上不舒适，结合两者，将次卧和小孩房墙体改造。如果业主有两个孩子，可将使用面积较大的房间设计为小孩房，增大小孩的活动区域和玩耍空间，使用比较舒适。而且如果业主家小孩年纪尚小，则可将小孩房放置在主卧旁，方便业主照顾。

Step 04 调用O【偏移】、L【直线】、H【填充】命令，将次卧和小孩房门洞补齐至800mm，并补齐小孩房的墙体，如图 17-77所示。

Step 05 改造小孩房与次卧墙体。考虑到次卧衣柜的制作和过道的距离，调用L【直线】、O【偏移】、TR【修剪】和H【填充】命令，将次卧和小孩房墙体进行图 17-78所示的改造。

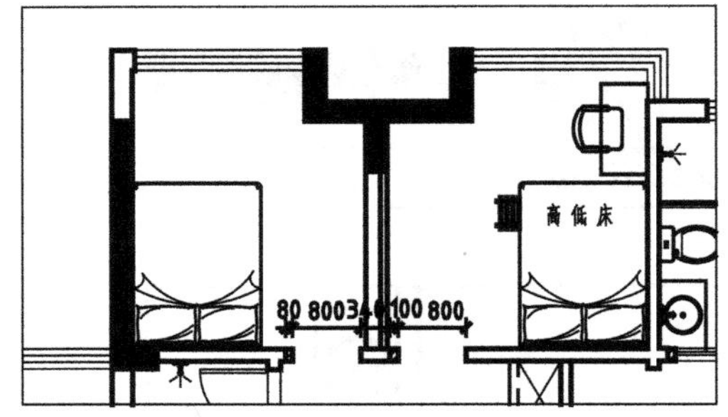

图 17-77 补齐门洞和墙体

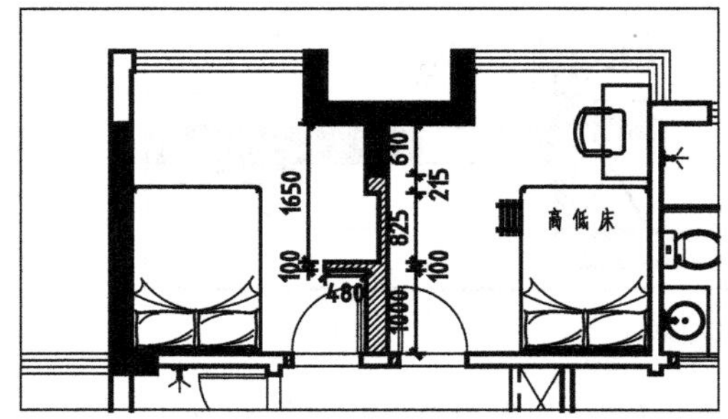

图 17-78 改造小孩房与次卧墙体

Step 06 调用L【直线】命令，绘制推拉门衣柜，并调用MT【多行文字】命令，插入文字说明，最终小孩房和次卧平面图如图17-79所示。

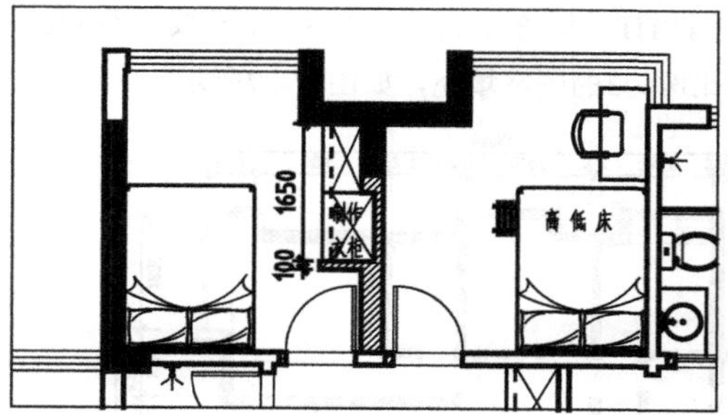
图 17-79 最终结果

17.4.7 绘制阳台布置图

阳台是建筑室内的延伸，是居住者呼吸新鲜空气、晾晒衣物、摆放盆栽的场所，其设计需要兼顾实用与美观的原则。

针对本案例户型特点，阳台主要是当作生活阳台使用，在阳台设计了洗衣机、储物柜，以满足居住的生活要求。

Step 01 调用I【插入】命令，将“第17章\17.6.7洗衣机.dwg”图块插入至阳台中。

Step 02 调用O【偏移】、L【直线】、TR【修剪】命令，绘制吊柜和储物柜，吊柜进深为350mm，平开门储物柜进深为550mm，阳台最终平面布置图如图 17-80所示，阳台参考效果图如图 17-81所示。

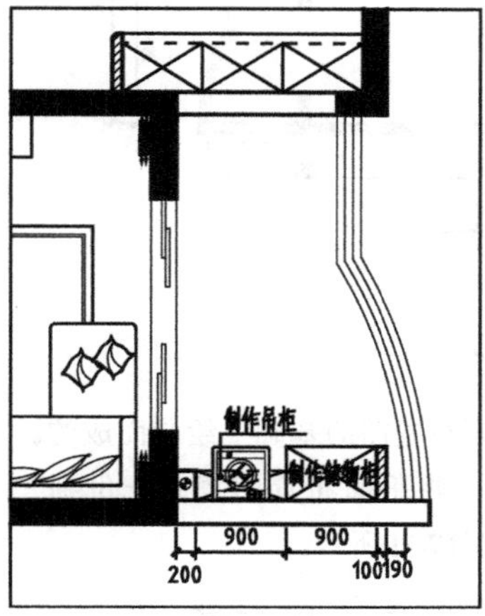

图 17-80 阳台平面图

图 17-81 阳台效果图参考

17.4.8 整理优化平面布置图

Step 01 初步平面布置图完成如图17-82所示。结合业主四口之家的需求和实际居住需求，分析方案，只有一个鞋柜，储藏空间不多，所以我们将方案优化一下。

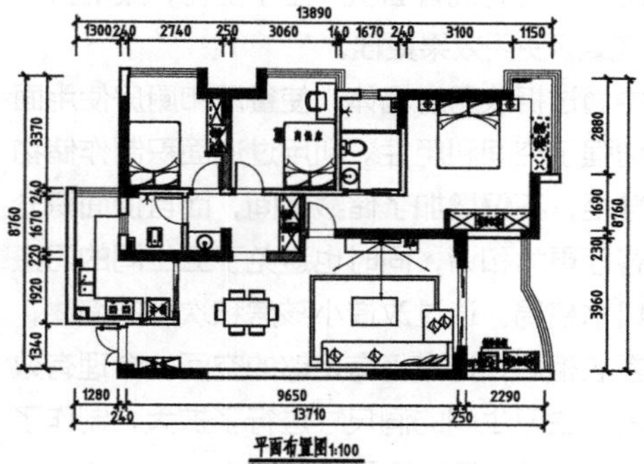

图 17-82 初步平面布置图

Step 02 按前面介绍绘制平面布置图的方法，优化方案如图17-83所示。通过改动墙体，在客餐厅的过道间增加一个鞋柜，在主卧间增加一个储物柜，考虑到小孩房因空间问题未设计衣柜，所以将原有的储物柜改成衣柜，这样就增大了储物空间，使用也更合理。

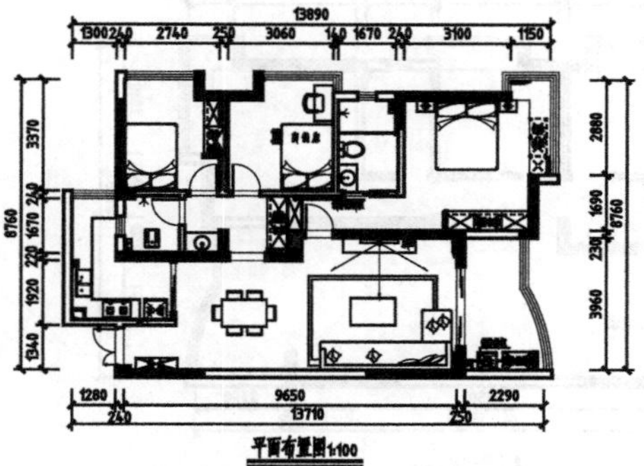

图 17-83 优化方案

17.4.9 文字说明

将【文字说明】图层置为当前图层，调用 MT【多行文字】命令，对平面布置图进行文字注释（包括贴砖），如图 17-84 所示。

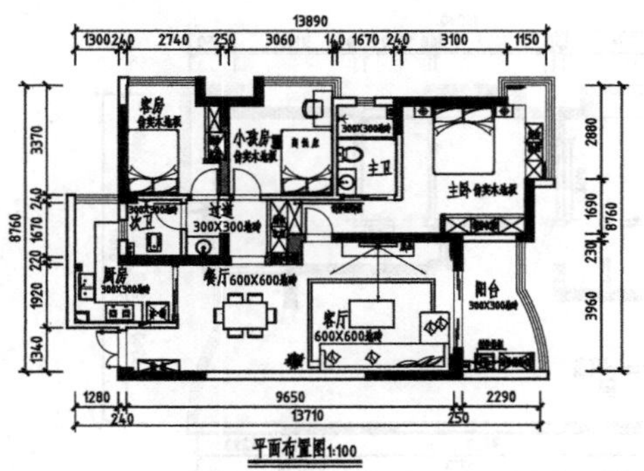

图 17-84 最终结果

17.5 绘制三室两厅墙体拆改图

墙体拆改图是施工时的重要图纸，工人要根据墙体拆改图所示尺寸进行敲墙、砌墙。通过对墙体的改造，使某些功能区域的门洞或者面积产生了变化，或增大、或缩小，使其实际使用效果更佳。

本案例中通过拆改厨房墙体，使餐厅和厨房使用面积都增大，增强了空间利用性。利用过道面积制作储物柜、衣柜和鞋柜，不仅增加了储藏空间，而且使面积分布更合理，客厅更为和谐，同时也避免了卫生间的门直对主卧门的风水格局。通过改造小孩房和次卧的墙体，使次卧在放置衣柜后，过道仍有足够的空间，合理有效地利用了空间。主卫生间的洞尺寸进行了扩大，制作了双扇推拉门，增大了主卫的使用面积。

17.5.1 绘制拆墙图

Step 01 拆墙图是在原始户型图的基础上绘制的，调用CO【复制】命令，复制一份原始户型图，删掉多余图形，如图17-85所示。

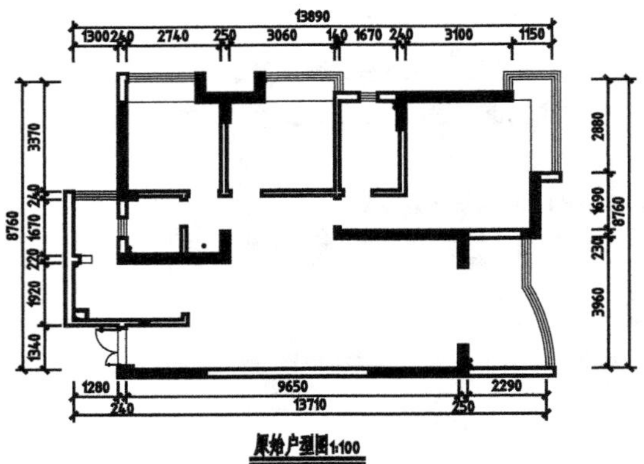

图 17-85 整理图形

Step 02 设置【拆墙】图层为当前图层。按照平面布置图的拆墙尺寸，在复制的原始户型图上绘制拆墙。调用O【偏移】、L【直线】、TR【修剪】等命令绘制拆墙区域，如图17-86所示。

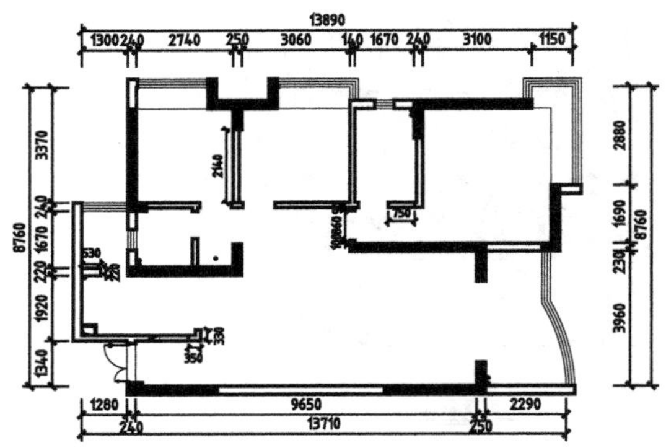

图 17-86 绘制拆墙

Step 03 调用H【填充】命令，对拆墙区域进行JIS_LC_20、比例为3的图案填充，如图17-87所示。

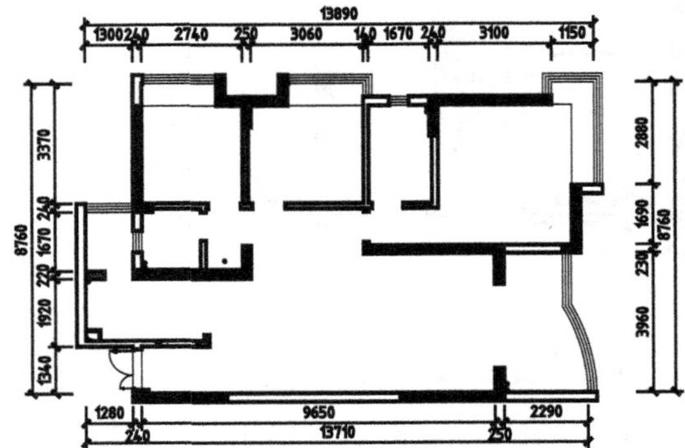

图 17-87 绘制拆墙图

Step 04 标注拆墙尺寸。调用DLI【尺寸标注】命令，标注拆除墙体尺寸，并修改同名标注和绘制拆墙图例，如图17-88所示。

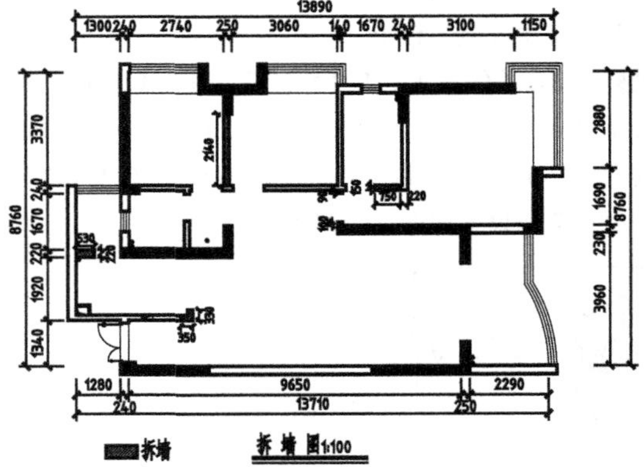

图 17-88 拆墙图

17.5.2 绘制砌墙图

Step 01 砌墙图是在平面布置图的基础上绘制而成的。调用CO【复制】命令，将平面布置图复制一份到一旁，删除多余图形，如图17-89所示。

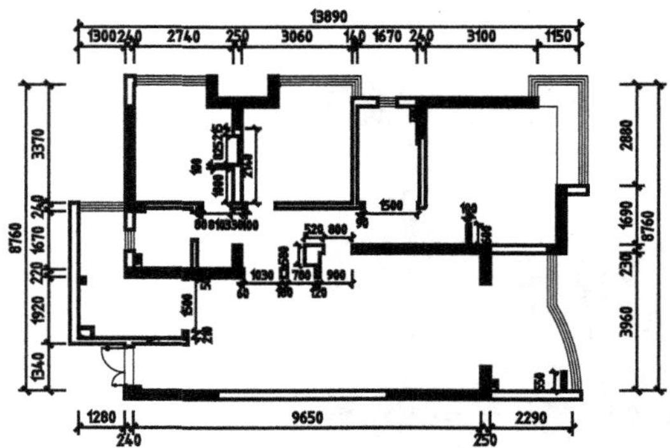

图 17-89 整理图形

Step 02 为了与拆墙图区分，调用H【填充】命令，将砌墙区域用NET3图案填充，填充比例为20，如图17-90所示。

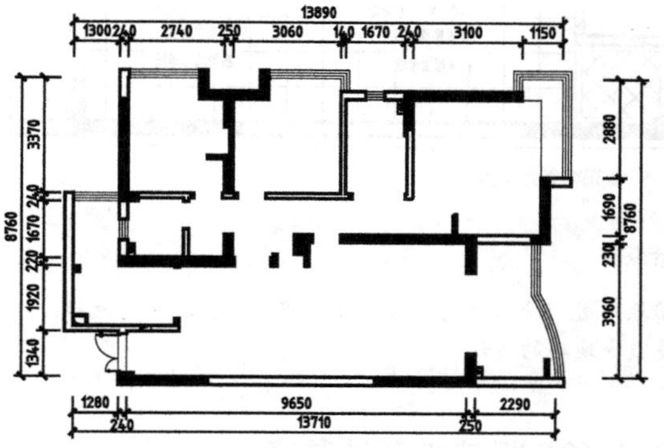

图 17-90 填充砌墙区域

Step 03 调用DLI【线性标注】命令，对砌墙尺寸进行标注，并修改同名标注和绘制拆墙图例，如图17-91所示。

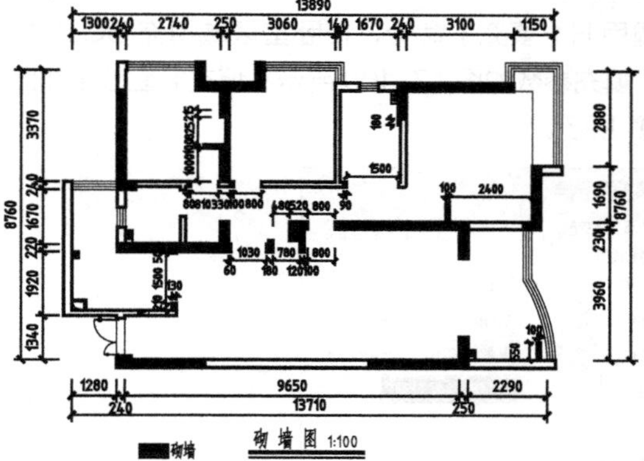

图 17-91 砌墙图

17.6 绘制三室两厅地面铺装图

三室两厅地材图的绘制主要是为了明确表示房间的贴砖材质，图 17-92 所示为三室两厅地材图，下面讲解绘制方法。

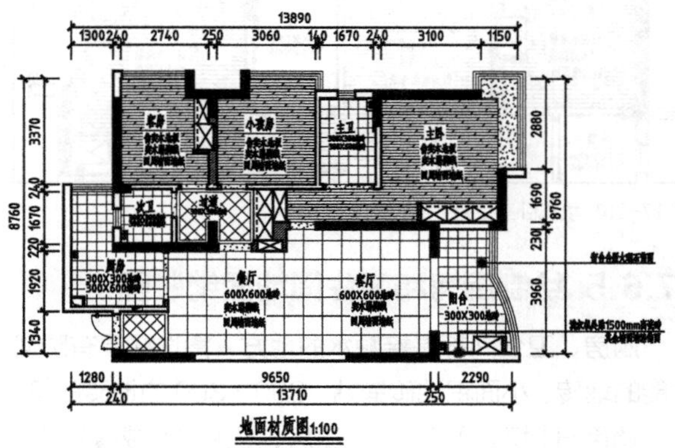

图 17-92 地面材质图

17.6.1 整理图形

Step 01 复制图形。地面铺装图可在平面布置图的基础上进行绘制，调用CO【复制】命令，将平面布置图复制一份到图形空白处。

Step 02 调用E【删除】命令，删除平面布置图中与地面铺装图无关的图形，结果如图17-93所示。

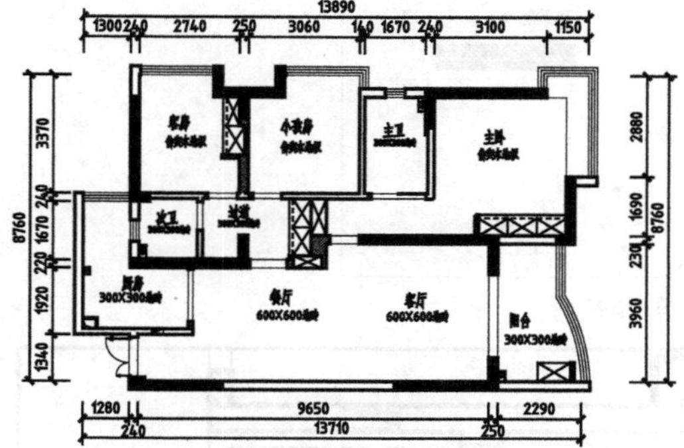

图 17-93 整理图形

Step 03 调用MT【多行文字】命令，完善地材图的墙面说明，如图17-94所示。

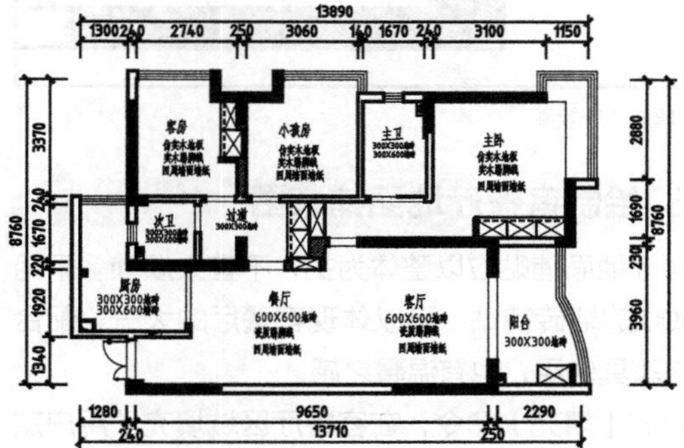

图 17-94 完善地材墙面说明

17.6.2 绘制门厅地面铺装图

门厅，开门见厅，采用斜拼地砖，一进门就吸引人们的注意力，亦可与客餐厅区分，采用波导线分隔，作为过渡，既丰富了地面铺贴，又不失与客餐厅地砖的和谐性。

Step 01 设置【地材图】图层为当前图层，调用O【偏移】命令，门厅四周线段向内偏移100，表示波导线，如图17-95所示。

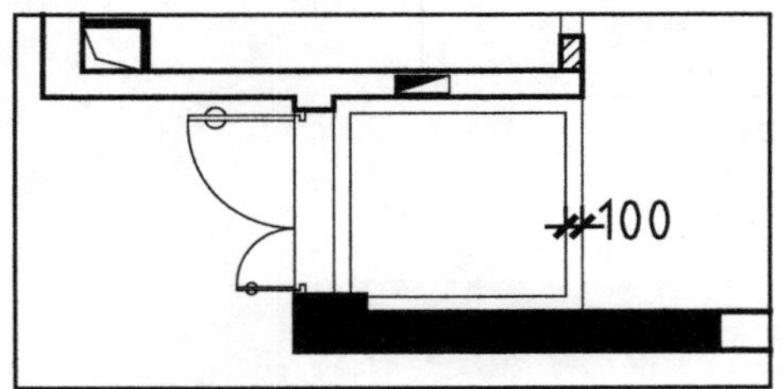

图 17-95 绘制门厅波导线

Step 02 调用H【填充】命令，在门厅区域填充“用户定义”图案，填充参数如图 17-96所示，填充门厅效果如图 17-97所示。

图 17-96 填充参数

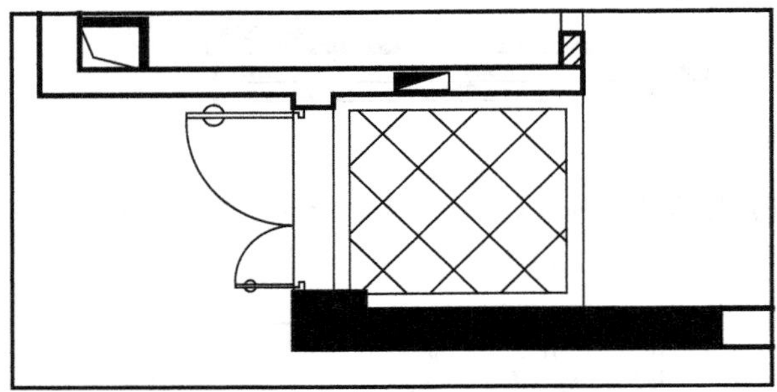

图 17-97 填充门厅效果

17.6.3 绘制客餐厅地面铺装图

客餐厅地面铺贴应以整体为主，不宜太烦琐。采用600×600 的地砖铺贴，可以体现客餐厅的大气，配合现代风格家具使用，也有温馨之感。

调用 H【填充】命令，在客餐厅区域填充“用户定义”图案，填充参数如图 17-98 所示，填充客餐厅效果如图 17-99 所示。

图案填充和渐变色
图案填充 渐变色
类型和图案
类型(Y): 用户定义
图案(P): SOLID
颜色(C): 颜色 250
样例:
自定义图案(M):
角度和比例
角度(G): 0
比例(S): 600
双向(U) 相对图纸空间(E)
间距(C): 600

图 17-98 填充参数

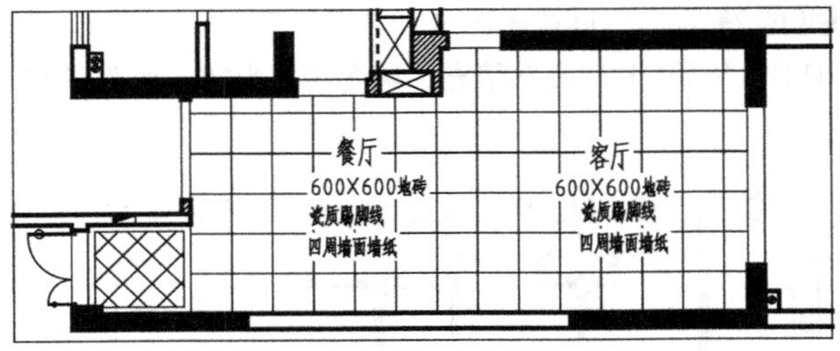

图 17-99 填充客餐厅效果

设计点拨

铺砖原则进门处为整砖，铺贴最大程度上合理利用地砖，尽量减少地砖的裁切。

17.6.4 绘制卧室地面铺装图

木材总给人一种回归自然、返璞归真的感觉，它具有保温性好、调节温度等功能。卧室铺贴木地板不但使人脚感觉舒适，而且可大大降低对楼板的撞击噪声，使居室更温馨、安宁。

调用 H【填充】命令，在卧室区域填充 DOLMIT 图案，填充参数如图 17-100 所示，填充卧室效果如图 17-101 所示。

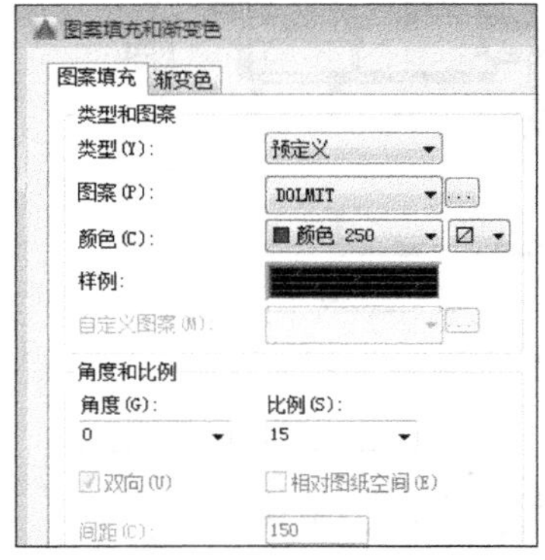

图 17-100 填充参数

图 17-101 填充卧室效果

17.6.5 绘制厨房和卫生间地面铺装图

厨房、卫生间都是接触水的地方，需选择具有防滑性能的地砖。小面积地砖铺贴，300×300 的地砖即可。

调用 H【填充】命令，在厨房、卫生间区域填充“用户定义”图案，填充参数如图 17-102 所示，填充效果如图 17-103 所示。

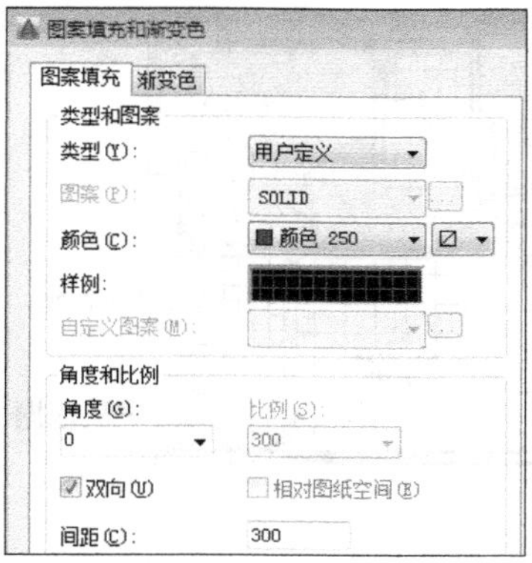

图案填充和渐变色
图案填充
渐变色
类型和图案
类型(Y):
用户定义
图案(P):
SOLID
颜色(C):
颜色 250
样例:
自定义图案(M):
角度和比例
角度(G):
比例(S):
0
300
双向(U)
相对图纸空间(E)
间距(C):
300

图 17-102 填充参数

客房
小孩房
主卫
主卧
次卫
过道
厨房
300X300地砖
300X600地砖
餐厅
600X600地砖
客厅
600X600地砖
阳台
300X300地砖

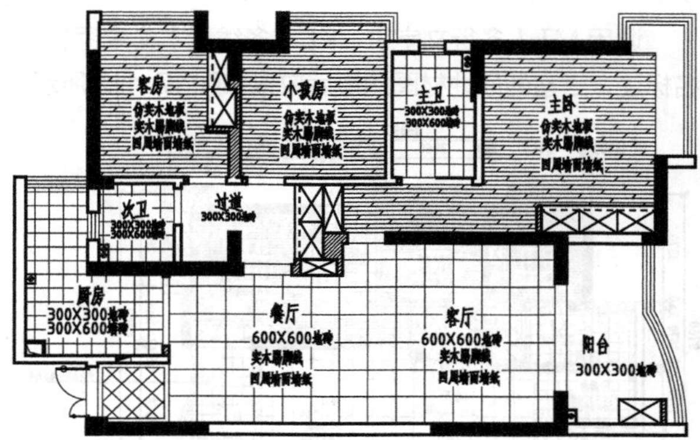

图 17-103 填充厨房和卫生间效果

17.6.6 绘制过道地面铺装图

过道也属于小面积地砖铺贴，为了更好地区分卫生间与过道，运用波导线和地砖斜贴，使整体的地面更富有层次感，不会显得单调乏味。

Step 01 调用O【偏移】命令，将过道四周线段向内偏移100，表示波导线，如图17-104所示。

过道
300X300地砖

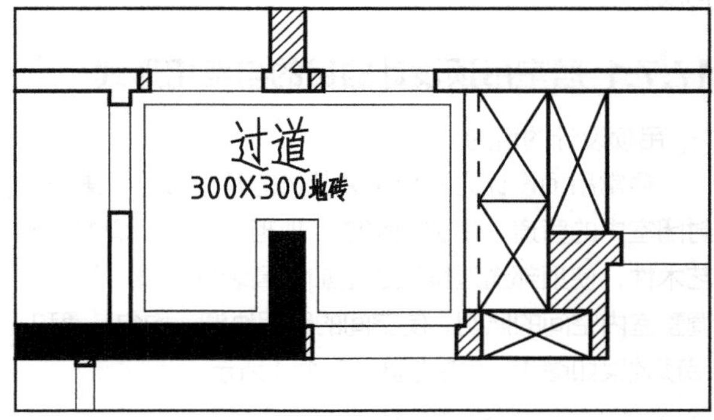

图 17-104 绘制过道波导线

Step 02 调用H【填充】命令，在过道区域填充“用户定义”图案，填充参数如图 17-105所示，填充过道效果如图 17-106所示。

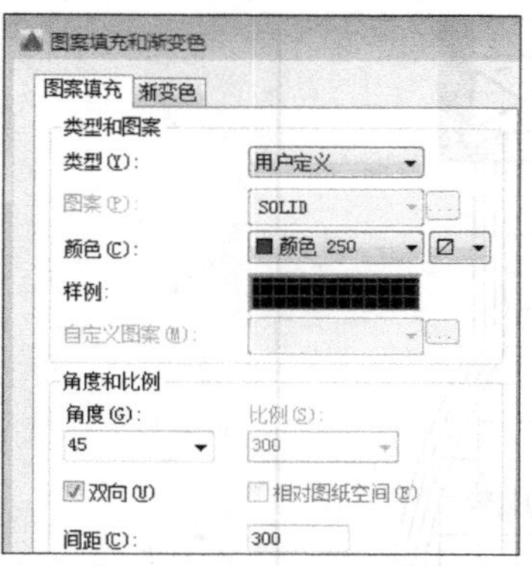

图案填充和渐变色
图案填充
渐变色
类型和图案
类型(Y):
用户定义
图案(P):
SOLID
颜色(C):
颜色 250
样例:
自定义图案(M):
角度和比例
角度(G):
比例(S):
45
300
双向(U)
相对图纸空间(E)
间距(C):
300

图 17-105 填充参数

过道
300X300地砖

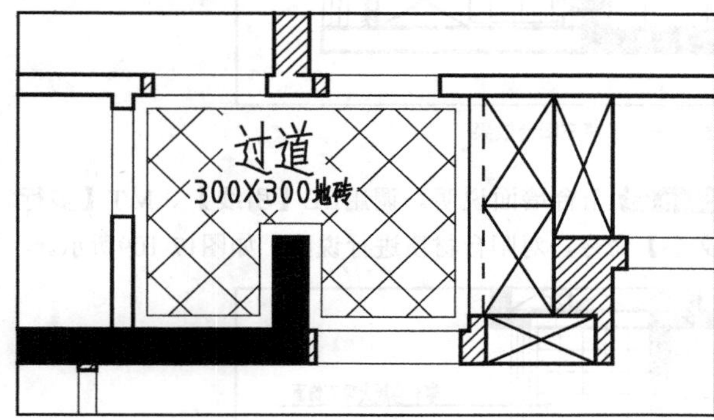

图 17-106 填充过道效果

17.6.7 绘制阳台地面铺装图

阳台放置了洗衣机，为了防止下雨天雨水飘打到居室内，最好也是选择防滑地砖。

Step 01 由于洗衣机放置在阳台，墙面需做防水处理。调用O【偏移】命令，将放置洗衣机一侧墙体向内偏移50，如图 17-107所示。

Step 02 调用H【填充】命令，参照厨房填充参数，填充阳台，如图 17-108所示。

阳台
300X300地砖
50

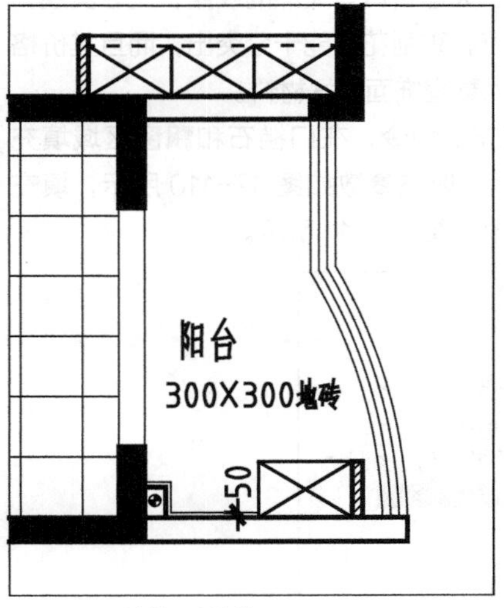

图 17-107 绘制阳台墙体

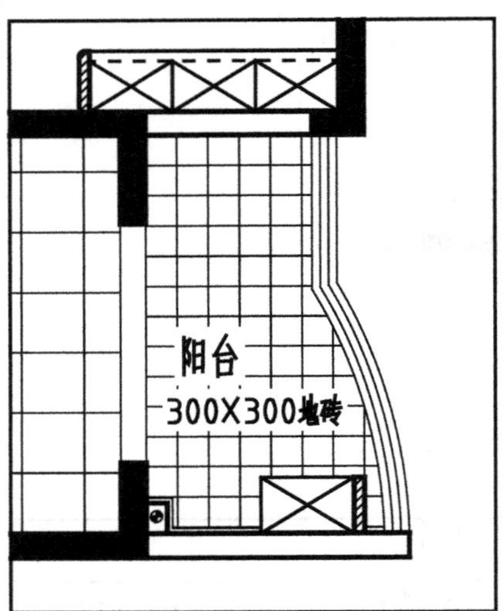

图 17-108 填充阳台效果

Step 03 阳台墙面说明。调用LE【引线】、MT【多行文字】命令，对阳台材质进行说明，如图17-109所示。

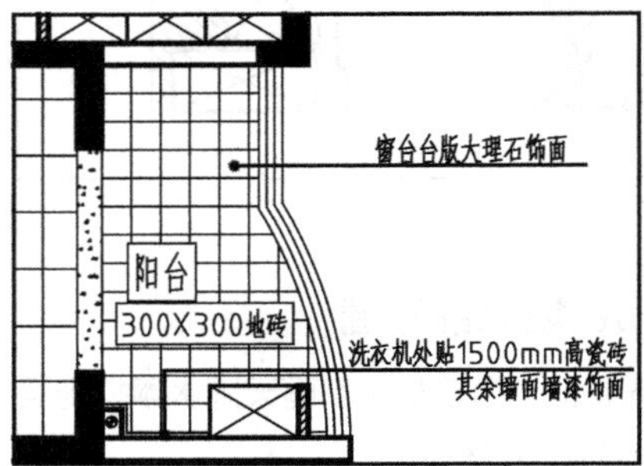

图 17-109 阳台材质说明

17.6.8 绘制门槛石和飘窗地面铺装图

门槛石是指用来分割不同材质或者区分不同功能的一块石头。用于区分客餐厅和厨房、过道和卫生间、过道和卧室的石头。大理石具有天然的纹路，比较美观，其质地坚硬、耐磨，防刮花性能十分突出，而且其价格比较实惠，是作为飘窗饰面的好材料。

调用 H【填充】命令，在门槛石和飘窗区域填充 AR-CONC 图案，填充参数如图 17-110 所示，填充门槛石和飘窗效果如图 17-111 所示。

图 17-110 填充参数

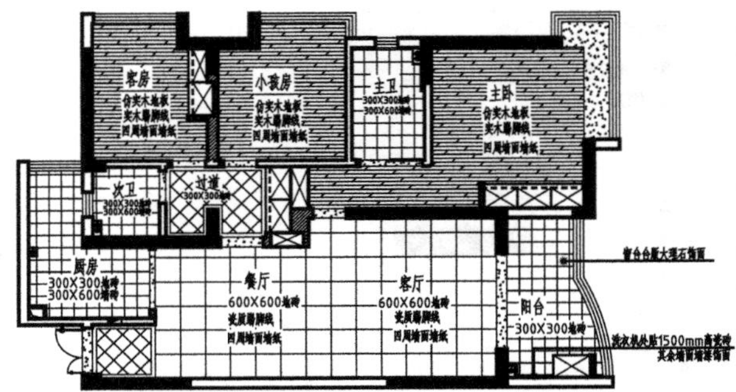

图 17-111 填充效果

17.6.9 添加图名标注

调用 MT【多行文字】、PL【多线段】命令添加图名标注，三室两厅地材图的最后效果如图 17-112 所示。

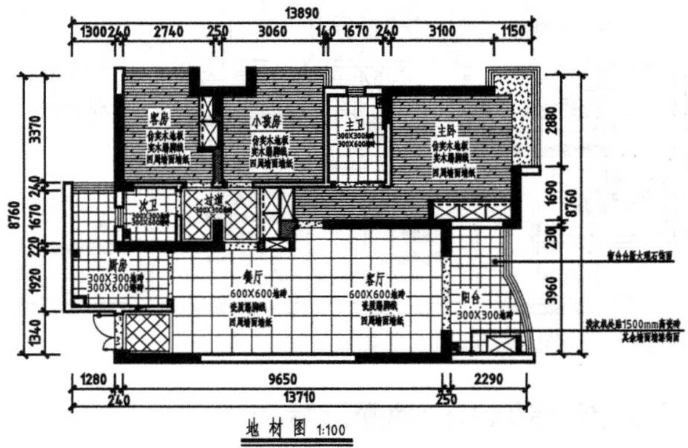

图 17-112 地面材质图

17.7 绘制三室两厅顶棚平面图

在绘制吊顶图之前，我们先介绍一下吊顶的功用与构成。

17.7.1 居室吊顶设计的目的与常用形式

1 吊顶设计的目的

通常吊顶设计为满足家装装饰的几个目的：第一，封闭室内的管道，使空间整洁、规矩；第二，增加顶部艺术性，使顶部通过层次的增加提高装修效果；第三，调整室内空间的照明，使空间的照明协调、均匀、柔和，吊顶效果如图 17-113 与图 17-114 所示。

图 17-113 吊顶效果图

图 17-114 吊顶效果图

2 吊顶设计的常用形式

吊顶工程主要通过吊顶造型、花饰工程、照明灯及装饰灯的安装、饰面的涂刷和裱糊、饰面板的粘贴等来达到装修要求。

吊顶做在室内空间的顶面，是室内装饰的重要部分之一。顶面装饰在整个居室装饰中占有相当重要的地位，对居室顶面做适当的装饰，不仅能美化室内环境，还能营造出丰富多彩的室内空间艺术形象。在选择吊顶装饰材料与设计方案时，要遵循既省材、牢固、安全，又美观、实用的原则。常用形式有以下各项。

◎ 用石膏线在天花顶四周造型

它具有价格便宜、施工简单的特点，尤其适合低矮的房间，只要和房间的装饰风格相协调，效果不错。但严格来说，这不是真正意义上的吊顶，有人称之为假吊顶，如图 17-115 所示。

图 17-115 石膏线吊顶效果图

◎ 平面式

平面式吊顶是指表面没有任何造型和层次，这种顶面构造平整、简洁、利落大方，材料也较其他的吊顶形式为省，适用于各种居室的吊顶装饰。它常用各种类型的装饰板材拼接而成，也可以表面刷浆、喷涂，裱糊壁纸、墙布等（刷乳胶漆推荐石膏板拼接，便于处理接缝开裂）。用木板拼接要严格处理接口，一定要用水性胶或环氧树脂处理。平面式吊顶效果如图 17-116 所示。

图 17-116 平面式吊顶效果图

◎ 凹凸式（通常叫造型顶）

凹凸式吊顶是指表面具有凹入或凸出构造处理的一种吊顶形式，这种吊顶造型复杂，富于变化，层次感强，适用于客厅、门厅、餐厅等顶面装饰。它常常与灯具（吊灯、吸顶灯、筒灯、射灯等）搭接使用，如图 17-117 所示效果图。

图 17-117 凹凸式吊顶效果图

◎ 悬吊式

悬吊式是将各种板材、金属、玻璃等悬挂在结构层上的一种吊顶形式。这种吊顶富于变化，给人一种耳目一新的美感，常用于宾馆、音乐厅、展馆、影视厅等吊顶装饰。常通过各种灯光照射产生出别致的造型，使整个顶面流光溢彩，富有艺术趣味，图 17-118 所示为酒店大堂效果图。

图 17-118 悬吊式吊顶效果图

◎ 井格式

井格式吊顶是利用井字梁因形利导或为了顶面的造型所制作的假隔梁的一种吊顶形式。配合灯具及单层或多种装饰线条进行装饰，丰富顶面的造型或对居室进行合理分区，图 17-119 所示为客厅井格式效果图。

图 17-119 井格式吊顶效果图

◎ 玻璃式

玻璃顶面是利用透明、半透明或彩绘玻璃作为室内顶面的一种形式。这种吊顶主要是为了采光、观赏和美化环境，可以做成圆顶、平顶、折面顶等形式，给人以明亮、清新、室内见天的神奇感觉，如图 17-120 所示。

图 17-120 玻璃式吊顶效果图

本例绘制的顶棚平面图如图 17-121 所示，下面讲解绘制的方法。

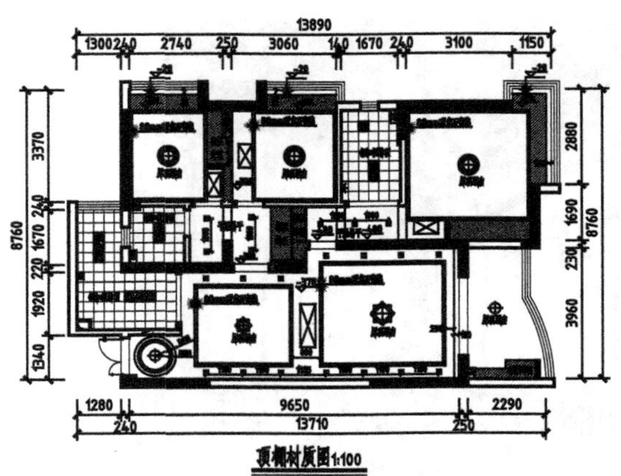

图 17-121 顶棚平面图

17.7.2 整理图形

顶棚图可在地材图的基础上进行绘制，调用 CO【复制】命令，将地材图复制一份到图形空白处，删除与顶棚图无关的图形，如图 17-122 所示。

按 Ctrl+O 组合键，打开配套资源提供的“第 17 章\17.9.2 常用灯具图例 .dwg”文件，将常用灯具图例粘贴至当前图形中。常用到的灯具图例如图 17-123 所示。

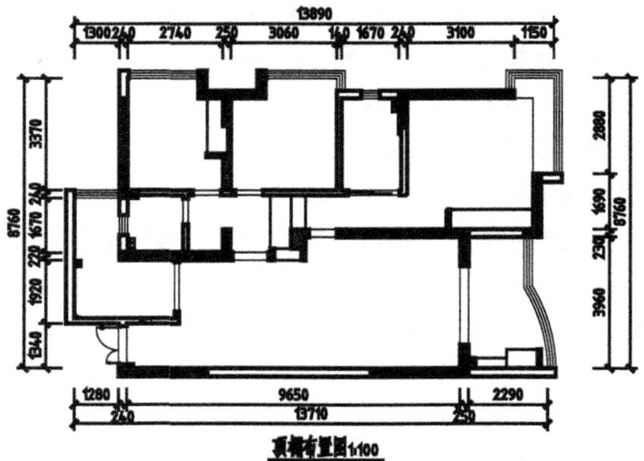

图 17-122 整理图形

图例	名称
	艺术吊灯
	射灯
	筒灯
	石英地灯
	斗胆灯
	吊灯
	镜前灯或壁灯
	300X300浴霸
	300X300换气扇
	防水防油烟灯
	软管灯带
	吸顶灯

图 17-123 常用灯具图例

设计点拨

在绘制吊顶图时，必须参考原始户型图所标注的梁的结构和梁下吊的高度，以及业主是否安装中央空调。

17.7.3 绘制门厅顶棚平面图

门厅设计应简单而精致，给人进门眼前一亮的感觉，在吊顶设计上采用圆形层级吊顶，加上灯带的衬托，可以很好地达到效果。

Step 01 设置【吊顶】图层为当前图层，调用L【直线】命令，绘制吊顶辅助线，如图 17-124所示。

Step 02 调用C【圆】命令，沿辅助线中心点，绘制600的圆，执行O【偏移】命令，把圆向内分别偏移100、20、40、20绘制石膏线，如图 17-125所示。

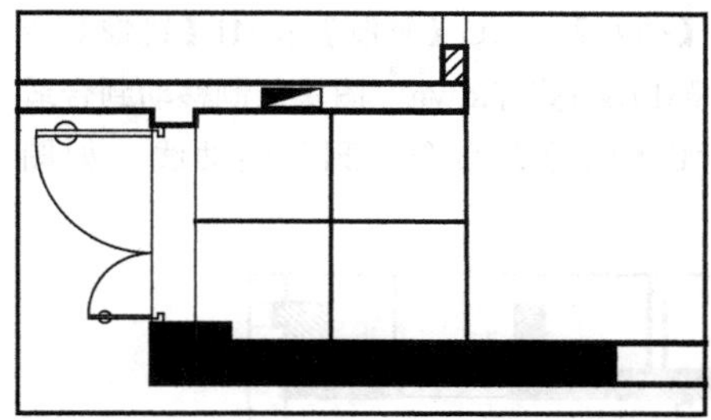

图 17-124 绘制辅助线

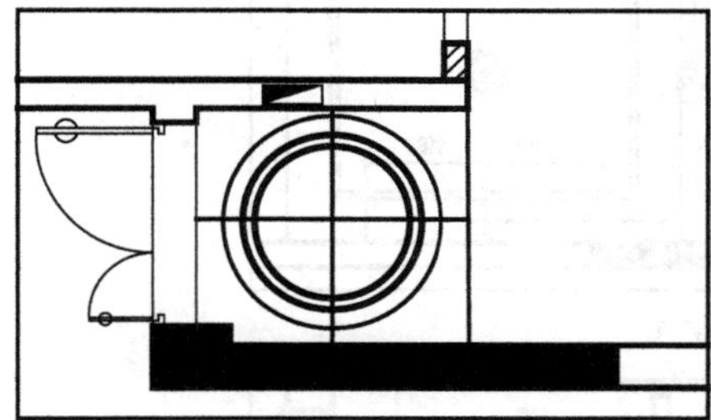

图 17-125 绘制吊顶

Step 03 调用I【插入】命令，将“第17章\17.9.3吸顶灯.dwg”图块插入至门厅吊顶中心，将最外圆线型改为DASH表示灯带，删除辅助线，门厅最终吊顶效果如图 17-126所示。

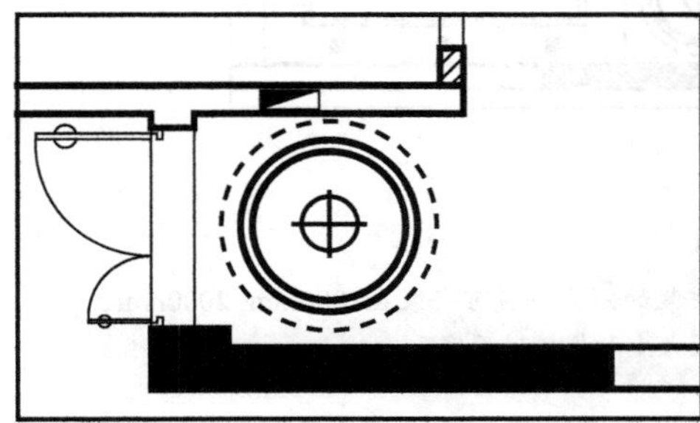

图 17-126 门厅顶棚平面图

17.7.4 绘制客餐厅顶棚平面图

客餐厅是一个整体的区域，根据本户型周正的特点，采用方形吊顶，可与地面设计更和谐，与方形地砖相呼应带给人简单大气的感觉，与门厅的圆形吊顶进行区分，使之简单而不单调。筒灯的设计丰富了吊顶，也弥补了主光源的不足。

业主所需求的是现代风格的设计，所以在吊顶上也是相应的简单现代风格，用石膏顶角线既可弥补墙面的不足，又丰富了吊顶的造型。

Step 01 绘制辅助线。调用L【直线】命令，绘制餐厅吊顶辅助线，执行O【偏移】命令，将餐厅四周线段向内偏移400，如图 17-127所示。

Step 02 填充餐厅鞋柜。调用H【填充】命令，对餐厅鞋柜进行JIS_LC_20、填充比例为3的图案填充，并调用MT【多行文字】命令，进行文字说明为柜板封顶，如图 17-128所示。

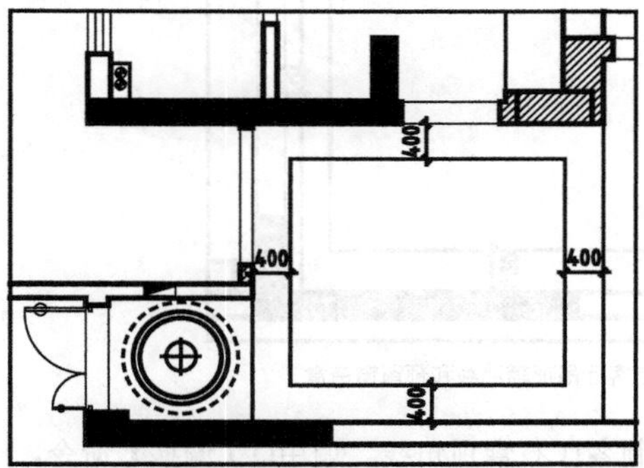

图 17-127 绘制辅助线

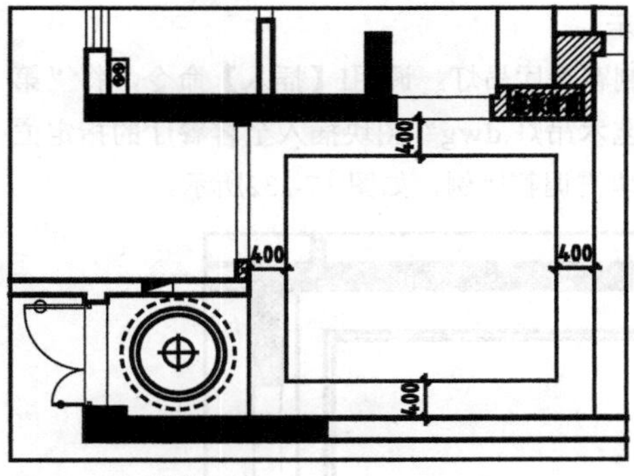

图 17-128 绘制柜顶

设计点拨

在该户型中所有现场制作的柜子，都进行柜板封顶处理，目的使整个家居看起来更和谐统一。

Step 03 绘制餐厅石膏顶角线。调用O【偏移】命令，将矩形向内分别偏移20、40、20，绘制好石膏顶角线，如图 17-129所示。

Step 04 绘制客厅吊顶辅助线和预留窗帘盒。调用O【偏移】命令，将客厅线段依图17-30所示尺寸偏移，阳台窗帘盒要预留150mm宽度。

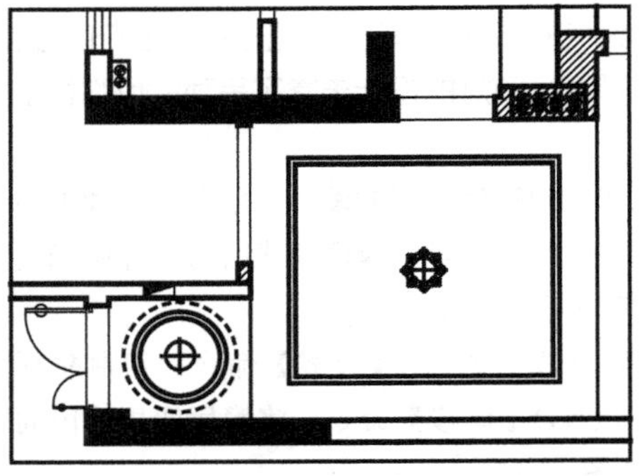

图 17-129 绘制餐厅石膏顶角线

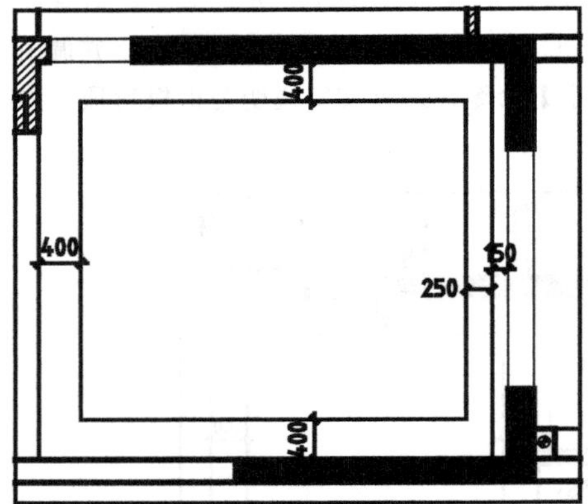

图 17-130 绘制客厅吊顶辅助线和预留窗帘盒

Step 05 绘制客厅石膏顶角线。调用O【偏移】命令，将矩形向内分别偏移20、40、20，绘制好石膏顶角线如图 17-131所示。

Step 06 绘制客餐厅吊灯。调用I【插入】命令，将"第17章\17.9.4艺术吊灯.dwg"图块插入至客餐厅的指定位置，灯具图块需调整比例，如图 17-132所示。

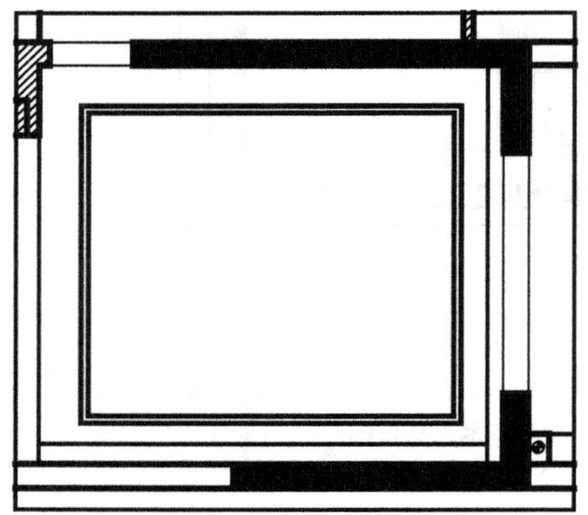

图 17-131 绘制客厅石膏顶角线

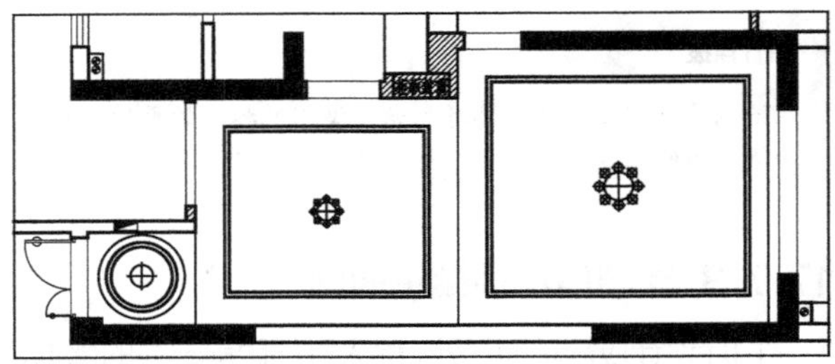

图 17-132 绘制客餐厅吊灯

Step 07 初步绘制完成客餐厅吊顶图，只有两盏主光源，为调节室内亮度，可增加一些筒灯照明和作装饰美化作用。

Step 08 绘制餐厅筒灯。调用L【直线】命令，绘制辅助线，并执行O【偏移】命令，将辅助线分别向左右两边偏移1100，如图 17-133所示。

Step 09 调用I【插入】、CO【复制】和MI【镜像】命令，将"第17章\17.9.4筒灯.dwg"图块复制移动到合适的位置，执行E【删除】命令，删除辅助线。如图17-134所示。

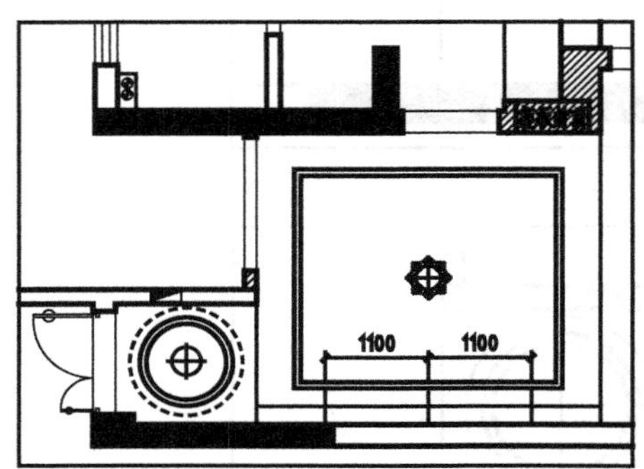

图 17-133 绘制辅助线

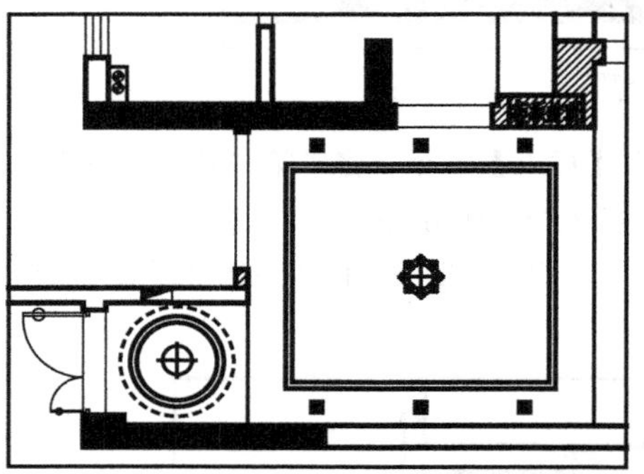

图 17-134 绘制筒灯

> **设计点拨**
>
> 室内筒灯安装的距离一般可安装在1000mm~2000mm，根据室内空间大小和视情况而定。

Step 10 绘制客厅筒灯。调用L【直线】命令，绘制辅助线，并执行O【偏移】命令，将辅助线分别向左右两边偏移1100，如图 17-135所示。

Step 11 调用CO【复制】和MI【镜像】命令，将筒灯复制移动到合适的位置，如图 17-136所示。

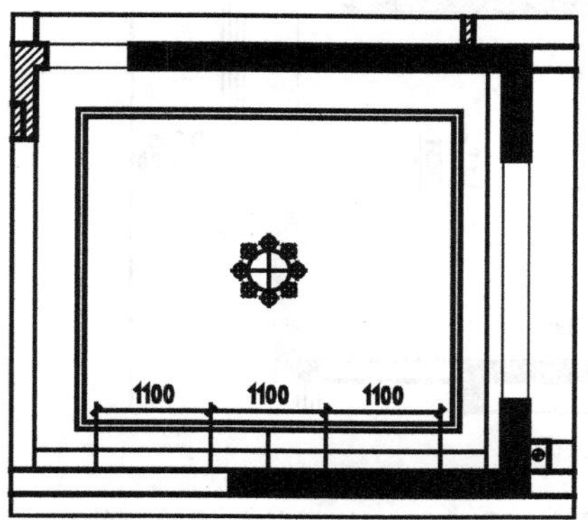

图 17-135 绘制辅助线

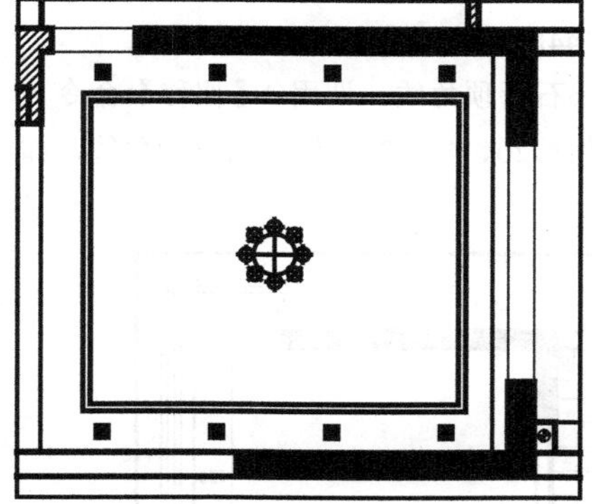

图 17-136 绘制筒灯

Step 12 绘制中央空调。调用REC【矩形】命令，绘制一个尺寸为450×1310的矩形，执行L【直线】命令，在矩形中心绘制对角线，表示中央空调，并调用M【移动】命令，将中央空调移动至客餐厅吊顶合适的位置，如图17-137所示。

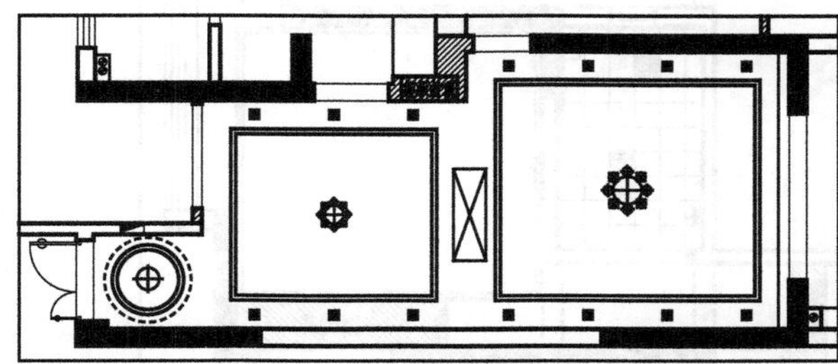

图 17-137 绘制中央空调

17.7.5 绘制厨房顶棚平面图

铝扣板是最适合于厨房和卫生间吊顶用途的装饰材料，它有良好的防潮、防油污、阻燃特性，美观大方，运输及使用方便，是厨房和卫生间吊顶的必备良品。

Step 01 绘制厨房吊顶。厨房一般使用300mm×300mm铝扣板吊顶，调用H【填充】命令，对厨房区域进行"用户自定义"，设置比例为300，进行双向的图案填充，如图 17-138所示。

Step 02 绘制厨房灯具。调用X【分解】命令，将填充图案分解，并调用I【插入】命令，将"第17章\17.9.5防水防油烟灯、换气扇.dwg"图块插入厨房合适的位置，删除多余线段，如图 17-139所示。

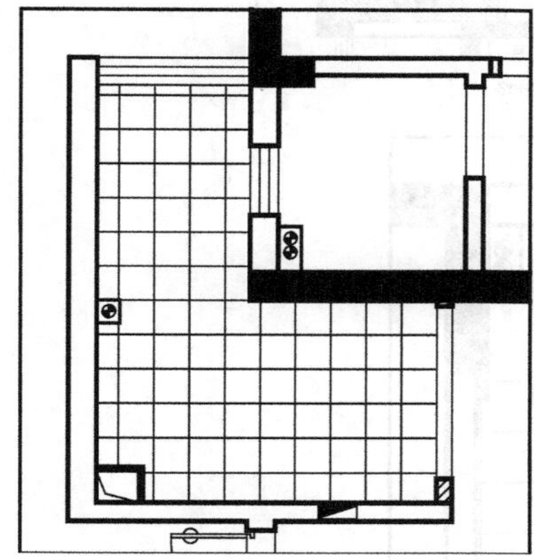

图 17-138 绘制厨房吊顶

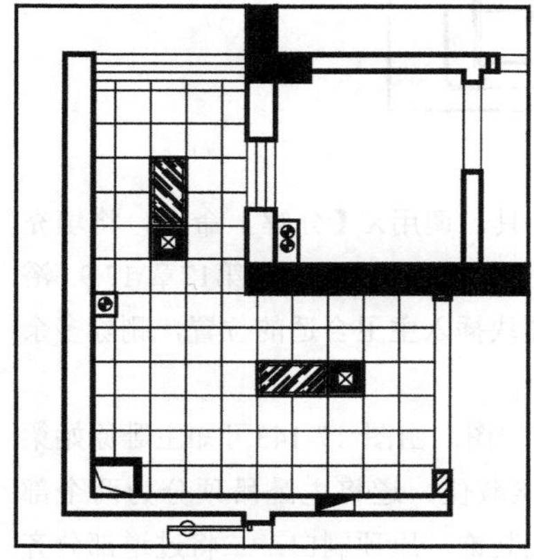

图 17-139 绘制厨房灯具

17.7.6 绘制主卧室顶棚平面图

主卧室是业主休息的地方，吊顶一般不宜过于复杂，所以在该户型中，凭梁吊顶，分为两部分，一部分只用顶角石膏线装饰四周，原顶刷白；另一部分，凭梁吊平，装筒灯。

Step 01 填充主卧衣柜。调用H【填充】命令，对主卧柜子进行JIS_LC_20、比例为3的图案填充，并调用MT【多行文字】命令，进行文字说明为柜板封顶，如图 17-140所示。

Step 02 绘制主卫吊顶。卫生间一般使用300mm×300mm铝扣板吊顶，沿用厨房吊顶的方法，对主卫进行"用户自定义"、比例为300、双向的图案填充，如图 17-141所示。

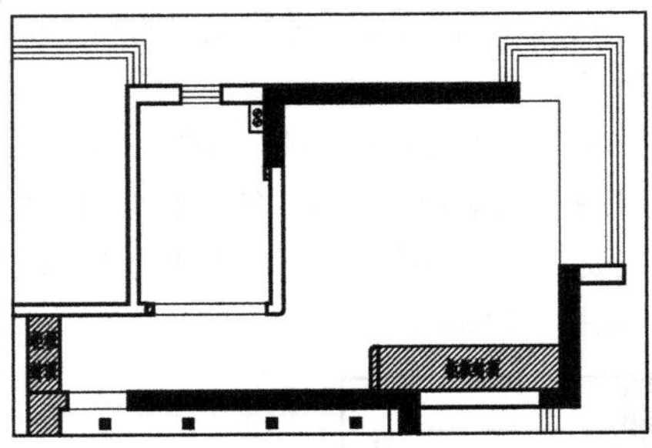

图 17-140 主卧柜子柜板封顶

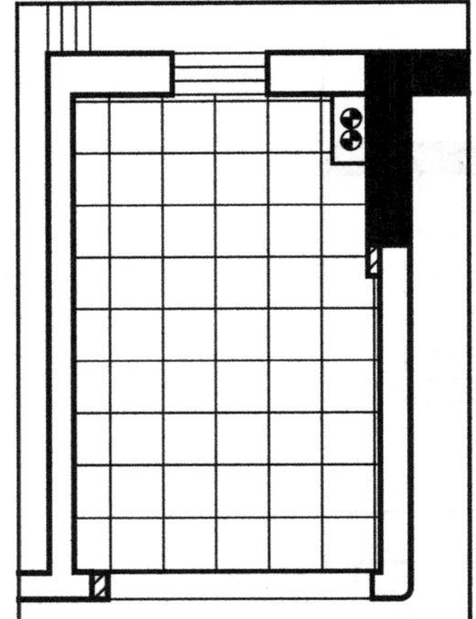

图 17-141 绘制主卫吊顶

Step 03 绘制主卫灯具。调用X【分解】命令，将填充图案分解，并调用I【插入】命令，将“第17章\17.9.6浴霸、换气扇.dwg”图块插入主卫合适的位置，删除多余线段，如图 17-142所示。

Step 04 绘制主卧吊顶图。由图 17-143可知主卧原始梁的位置，为将主卧梁藏住，遂将主卧吊顶分为两个部分，一四周贴顶角线装饰，原顶刷白；二将过道部分齐梁吊平。

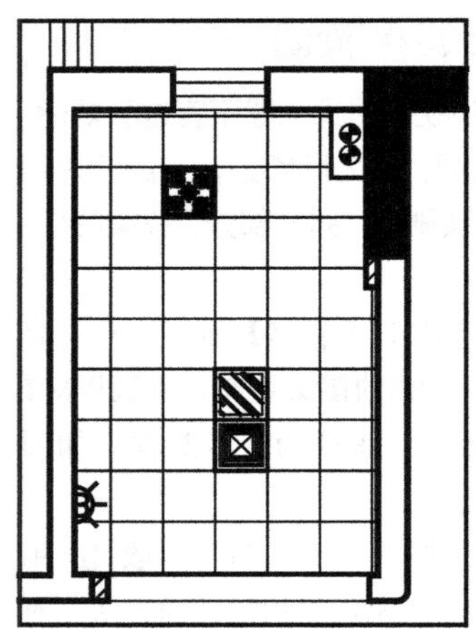

图 17-142 绘制主卫灯具

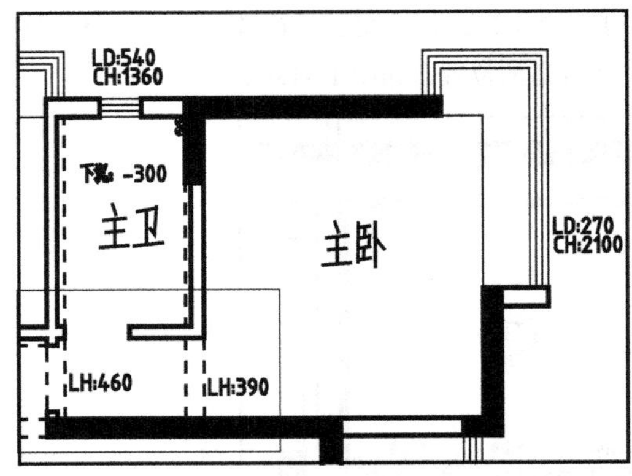

图 17-143 主卧顶面分析图

Step 05 调用L【直线】命令，依梁的位置绘制线段，将线型改为DASH，并调用O【偏移】命令，将窗线偏移150，如图 17-144所示。

Step 06 绘制主卧石膏顶角线。调用O【偏移】命令，将矩形向内分别偏移20、40、20，绘制石膏顶角线，如图 17-145所示。

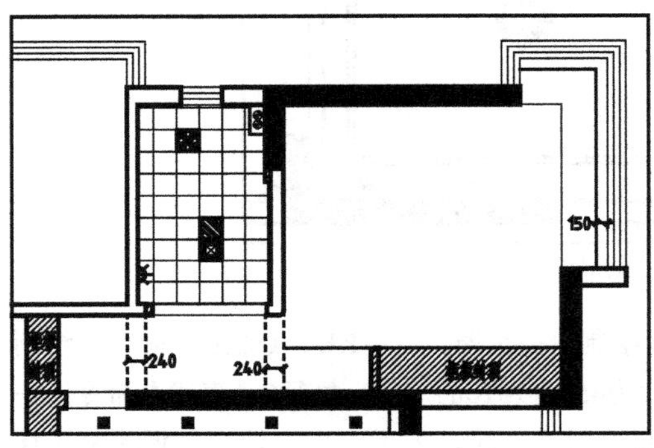

图 17-144 绘制线段

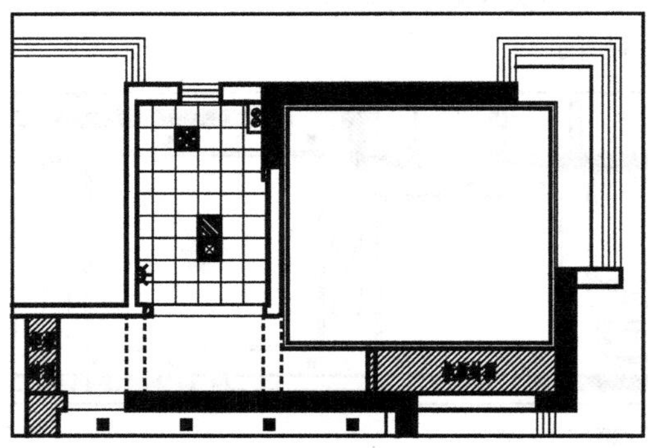

图 17-145 绘制主卧顶角石膏线

Step 07 绘制主卧灯具。调用L【直线】、O【偏移】命令，绘制主卧灯具辅助线，如图 17-146所示。

Step 08 调用I【插入】命令，将“第17章\17.9.6吊灯.dwg”图块插入至主卧吊顶指定位置，执行CO【复制】命令，将客厅吊顶筒灯复制到主卧室，如图 17-147所示。

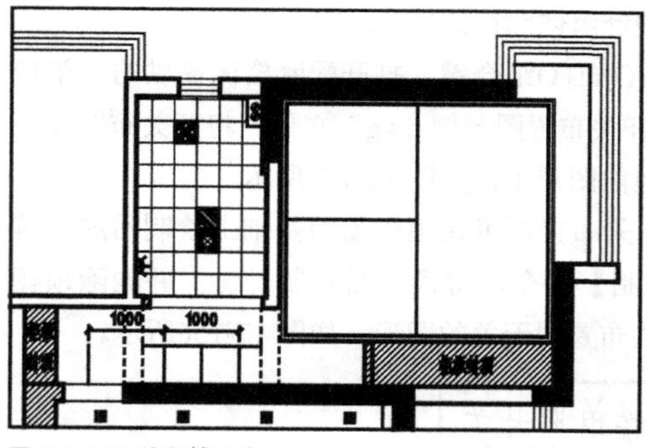

图 17-146 绘制辅助线

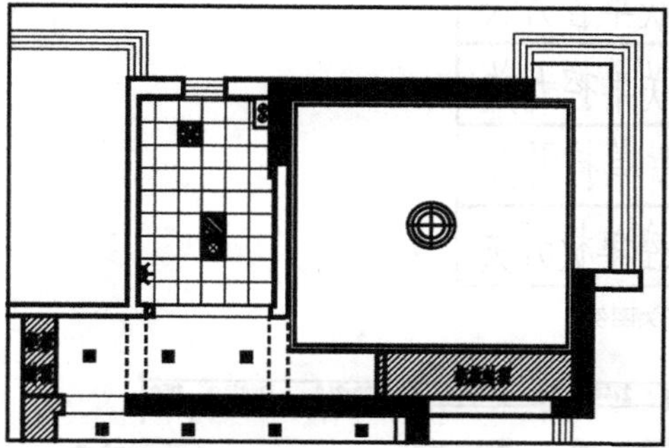
图 17-147 绘制主卧灯具

Step 09 绘制主卧中央空调出风口。调用REC【矩形】命令，绘制一个尺寸为710×400的矩形，执行L【直线】命令，绘制矩形对角线，并调用M【移动】命令，将空调出风口移动到合适的位置，如图 17-148所示。

Step 10 绘制窗吊顶。调用H【填充】命令，对主卧窗区域进行JIS_LC_20、填充比例为3的图案填充，主卧顶棚图最终效果如图 17-149所示。

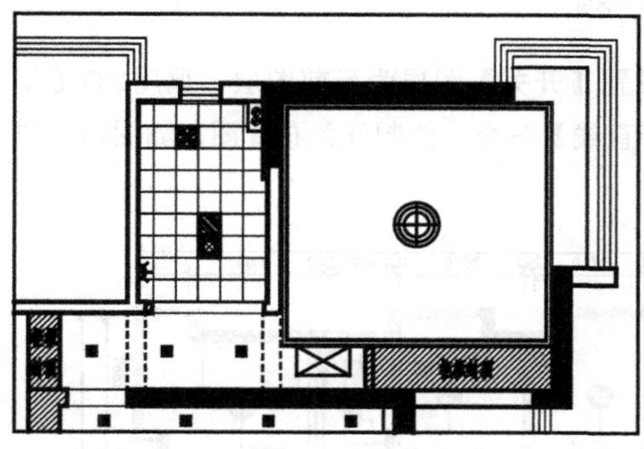
图 17-148 绘制主卧风管机

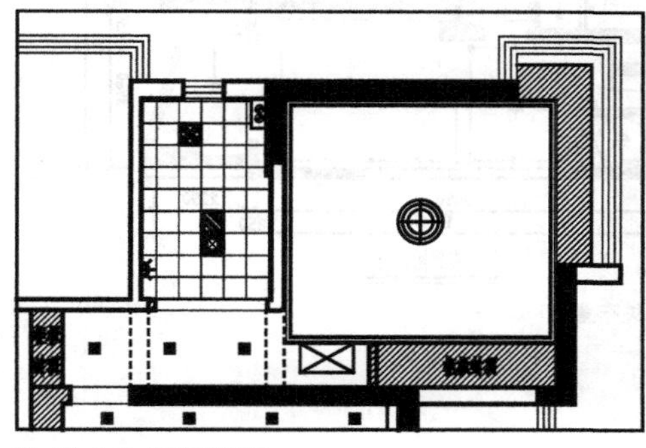
图 17-149 主卧顶棚图

17.7.7 绘制其他顶棚平面图

小孩房和次卧的吊顶都不宜过于复杂，在四周用石膏顶角线装饰，原顶刷白。

过道吊顶风格应该与整个居室吊顶风格相统一，平梁吊平，安装筒灯，设计简单，既满足照明，又不会使过道过于简单而显单调。

阳台作为生活阳台使用，只需简单装饰，原顶刷白，再安装吸顶灯。

Step 01 按照前面介绍绘制主卧室顶棚图的方法，绘制次卧和小孩房顶棚图，其结果如图 17-150所示。

Step 02 依照前面介绍主卫顶棚图和主卧过道顶棚图的方法，绘制次卫和过道的顶棚图，其结果如图 17-151所示。

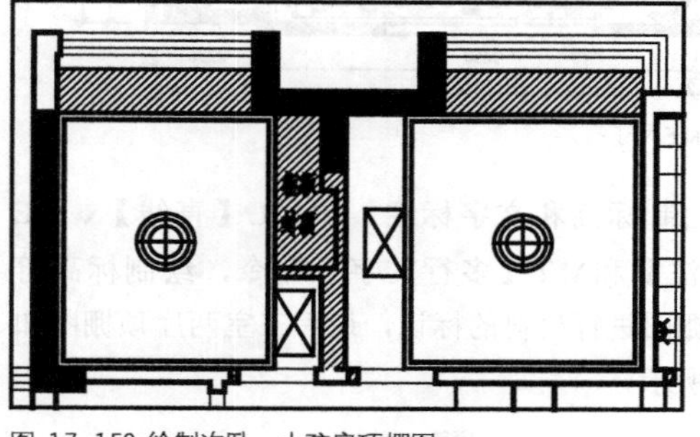
图 17-150 绘制次卧、小孩房顶棚图

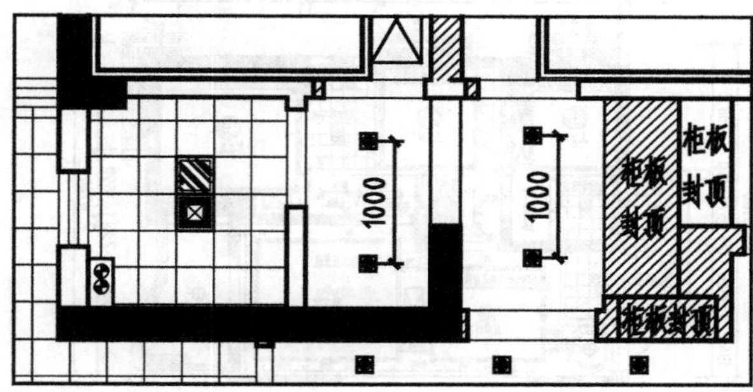

图 17-151 绘制次卫、过道顶棚图

Step 03 绘制阳台顶棚图。先将阳台柜子封顶，并调用I【插入】命令，将“第17章\17.9.7吸顶灯.dwg”图块插入至阳台的合适位置，如图17-152所示。

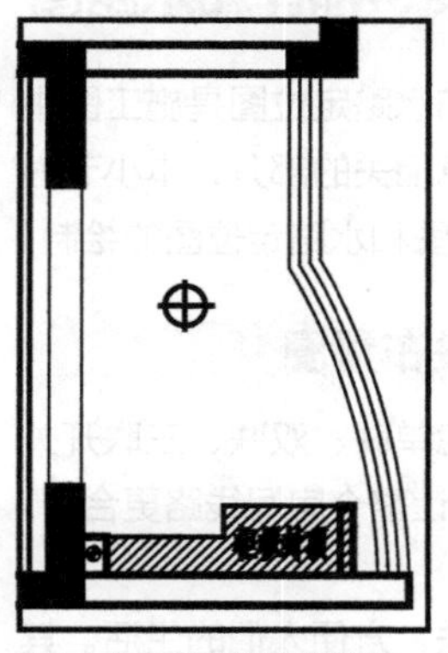
图 17-152 绘制阳台顶棚图

17.7.8 整理顶棚平面图

绘制好顶棚平面图之后，需对顶棚平面图进行尺寸标注，对吊顶进行标高和吊顶材料进行说明。

Step 01 标注尺寸。调用DLI【线性标注】命令，对顶棚图进行尺寸标注，如图17-153所示。

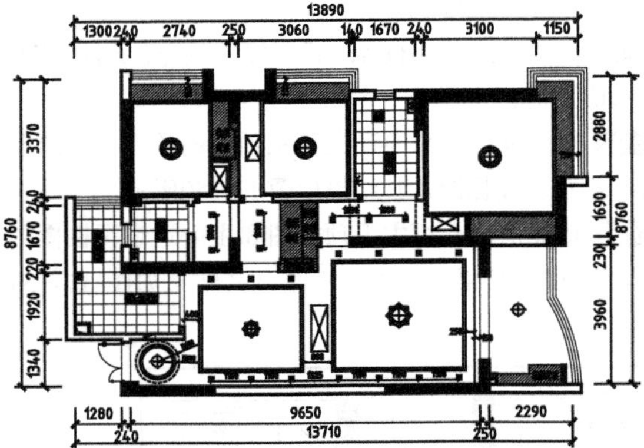

图 17-153 标注尺寸

Step 02 绘制标高和文字标注。调用L【直线】、LE【引线标注】和MT【多行文字】命令，绘制标高符号，对顶棚图进行材料的标识，最后三室两厅顶棚图如图17-154 所示。

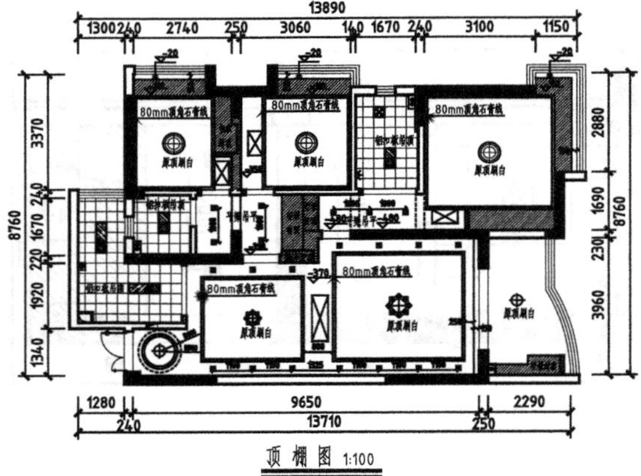

图 17-154 顶棚平面图

17.8 绘制三室两厅开关、插座和水路图

开关布置图、插座布置图和水路定位图是施工图中重要的部分，是与人们生活息息相关的部分，本小节为大家讲解开关布置图、插座布置图和水路定位图的绘制。

17.8.1 绘制三室两厅开关布置图

绘制开关布置图时，要考虑单联、双联、三联开关的使用，遵循实用、方便的原则，让整个房间线路更合理，更人性化。

卧室一般使用双联单控开关，方便人们的生活。其他区域，设计者依照具体情况而定。

Step 01 按Ctrl+O组合键，打开配套资源提供的“第17章\17.10.1开关布置图图例.dwg”文件，将开关布置图图例粘贴至当前图形中，如图 17-155所示。

Step 02 开关布置图可在顶棚图的基础上绘制而成，调用CO【复制】命令，将顶棚图复制一份，并删除顶棚图中与开关布置图无关的图形，如图 17-156所示。

图 17-155 开关图例

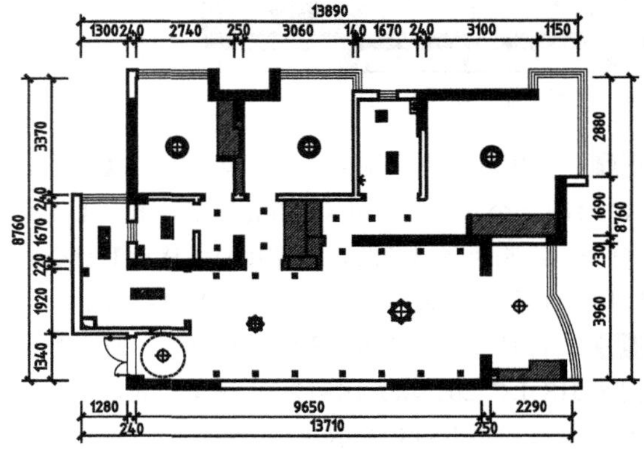

图 17-156 整理图形

Step 03 设置【开关】图层为当前图层，调用CO【复制】、L【直线】命令，绘制开关布置图，如图17-157所示。

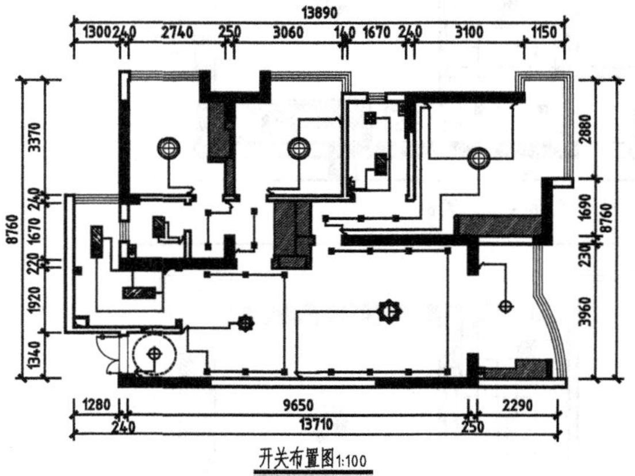

图 17-157 开关布置图

17.8.2 绘制三室两厅插座布置图

绘制插座布置图关系到人们平时生活中的用电，下面为大家介绍插座布置图的绘制。

插座布置所考虑的问题主要有 3 个方面：第一，各个自然间将来扮演的角色。比如，要先确定主卧、次卧、书房等不同功用的房间；第二，主要电器、家具的摆放。比如，电视、冰箱、厨柜、书架等；第三，家人的生活习惯。比如，喜欢边吃饭边看电视的，应考虑在饭厅安装有线插座。

Step 01 按Ctrl+O组合键，打开配套资源提供的“第17章\17.10.2插座图例.dwg”文件，将插座图例粘贴至当前图形中，插座图例如图17-158所示。

（五孔插座符号）	五孔插座
（电话插座符号）	电话插座
（有线电视插座符号）	有线电视插座
（网线插座符号）	网线插座

图 17-158 插座图例

Step 02 插座布置图可在平面布置图的基础上绘制而成，调用CO【复制】命令，将平面布置图复制一份，并调用CO【复制】、M【移动】命令，将插座插入图中合适的位置，如图17-159所示。

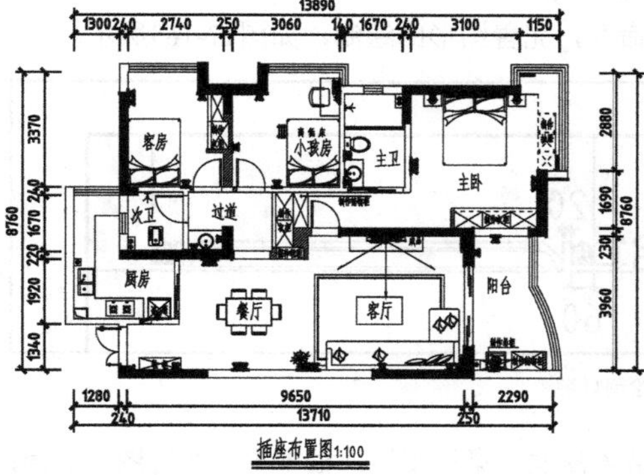

图 17-159 插座布置图

> **设计点拨**
>
> 在整体插座定位图中，冰箱单独走专线，不进总开关。厨房水电由整体厨柜定位，全房网络采用无线网络，电脑插座需五孔带开关。

17.8.3 绘制三室两厅水路定位图

绘制水路定位图主要关系生活中冷热水的使用问题，下面为大家介绍水路定位的绘制。

冷热水的位置一般是左热右冷。厨房、淋浴和盥洗盆会用到热水，而抽水马桶、洗衣机等只需冷水即可。

Step 01 按Ctrl+O组合键，打开配套资源提供的“第17章\17.10.3冷热水图例.dwg”文件，将冷热水图例粘贴至当前图形中，冷热水图例如图 17-160所示。

Step 02 水路定位图可在平面布置图的基础上绘制而成，调用CO【复制】命令，将平面布置图复制一份，并调用CO【复制】、M【移动】命令，将冷热水图例插入图中合适的位置，如图 17-161所示。

 热水

 冷水

图 17-160 冷热水图例

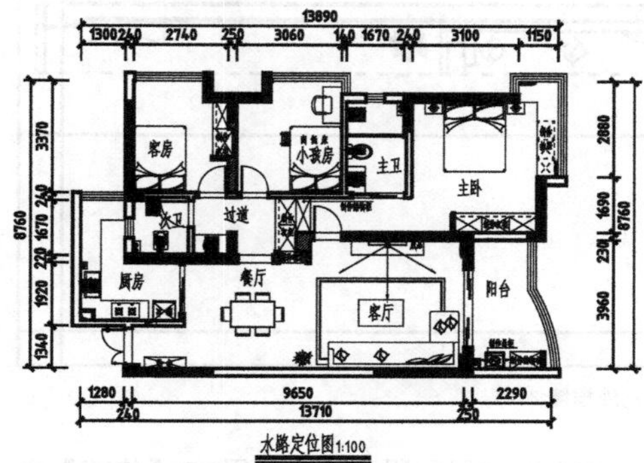

图 17-161 水路定位图

17.9 绘制三室两厅立面图

一座建筑物是否美观，很大程度上取决于它在主要立面上的艺术处理，包括造型与装修是否优美。在设计阶段，立面图主要是用来研究这种艺术处理的。在施工图中，它主要反映房屋的外貌和立面装修的做法。

17.9.1 绘制客、餐厅立面图

在绘制客餐厅平面图之前，先将“第 17 章 \17.11.1 索引符号”图块插入至平面布置图中，用于指示被索引的图所在的位置，便于看图时查找相互有关的图纸，如图 17-162 所示。

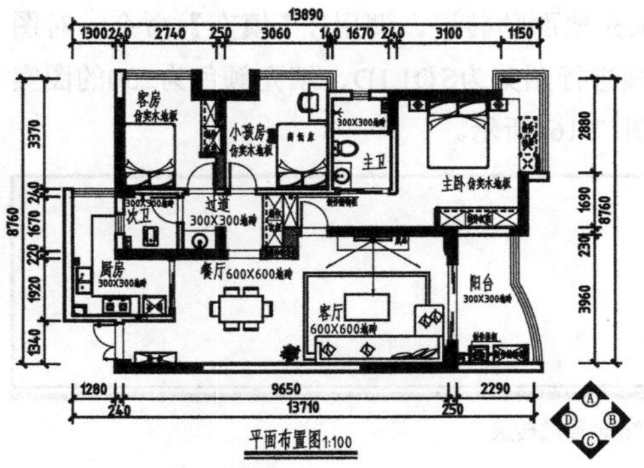

图 17-162 插入索引符号

1 绘制客餐厅C立面图

Step 01 设置【其他】图层为当前图层。调用CO【复制】命令，移动复制客餐厅的平面部分到一旁，整理结果，如图17-163所示。

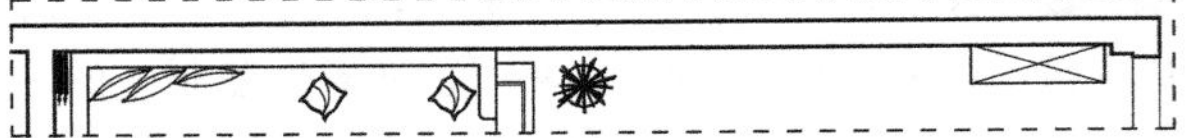

图 17-163 客餐厅C面平面图

Step 02 绘制外框墙体。调用XL【构造线】命令，沿截面图绘制构造线，并调用O【偏移】命令，按照该户型层高将下边线向上偏移2880，如图17-164所示。

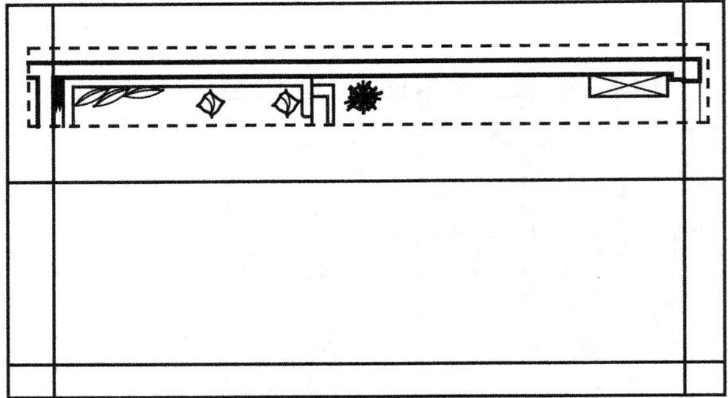

图 17-164 绘制外框墙体

Step 03 绘制地面贴砖层和踢脚线。调用TR【修剪】命令，修剪线段，并调用O【偏移】命令，将矩形下边线依次向下偏50、100，如图17-165所示。

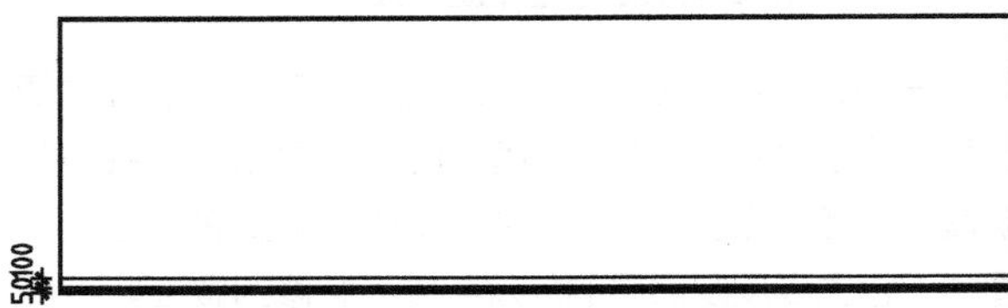

图 17-165 偏移线段

设计点拨

在立面图中，地面贴砖层为50mm的厚度，踢脚线的一般厚度为100mm，吊顶则依据顶棚图所绘制的吊顶数值来绘制。

Step 04 填充地面贴砖层。调用H【填充】命令，对图形指定区域进行图案为SOLID、填充颜色为250的图案填充，如图17-166所示。

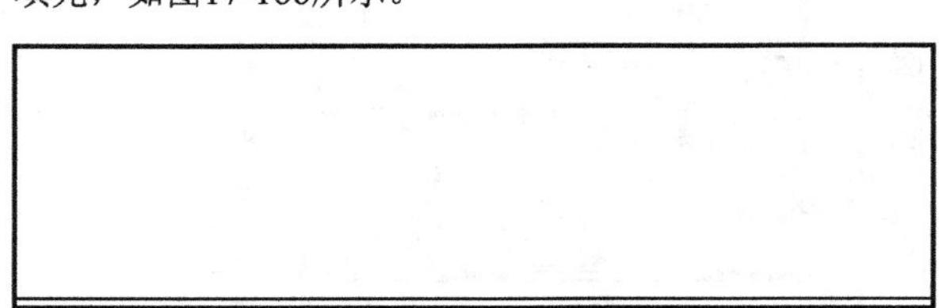

图 17-166 填充地面贴砖层

Step 05 绘制客餐厅立面图吊顶。按照顶棚平面图，调用O【偏移】、L【直线】命令，绘制客餐厅吊顶。

Step 06 绘制中央空调出口。调用REC【矩形】命令，绘制一个尺寸为450×200的矩形，执行L【直线】命令，绘制矩形对角线，并将图形移动至吊顶合适的位置，如图17-167所示。

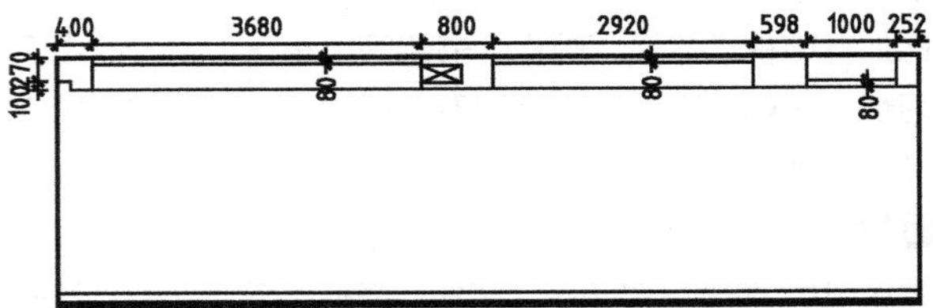

图 17-167 绘制客餐厅吊顶和中央空调出口

Step 07 绘制石膏顶角线。调用I【插入】命令，将“第17章\17.11.1石膏顶角线.dwg”图块插入立面吊顶图中，执行L【直线】命令，完善石膏顶角线的绘制，如图17-168所示。

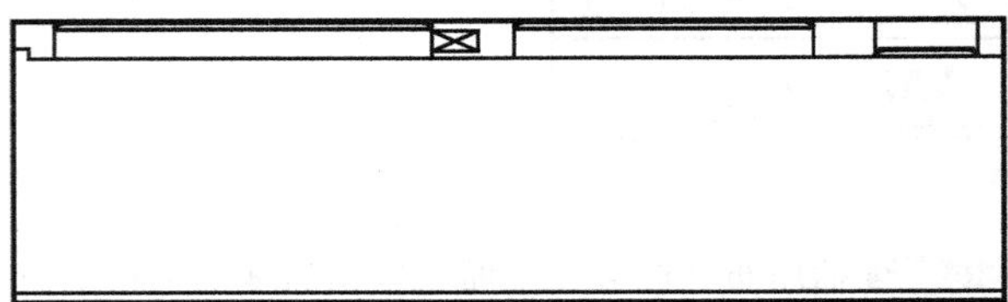

图 17-168 绘制客餐厅吊顶和中央空调出口

Step 08 绘制灯带。调用I【插入】命令，将“第17章\17.11.1吊灯.dwg”图块插入图形合适的位置，并调用L【直线】命令，完善图形的绘制，如图17-169所示。

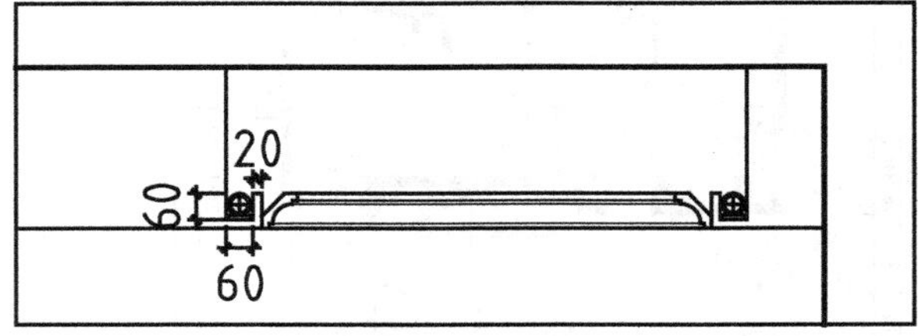

图 17-169 绘制灯带

Step 09 插入沙发、桌椅图块。根据平面布置图，调用I【插入】命令，将“第17章\17.11.1立面沙发、桌椅.dwg”图块插入至客餐厅立面图中合适的位置，如图17-170所示。

图 17-170 插入沙发、桌椅图块

Step 10 绘制鞋柜内架图。调用XL【构造线】命令，沿平面图绘制构造线，并调用O【偏移】命令，将贴砖层线段向上偏移1220，如图17-171所示。

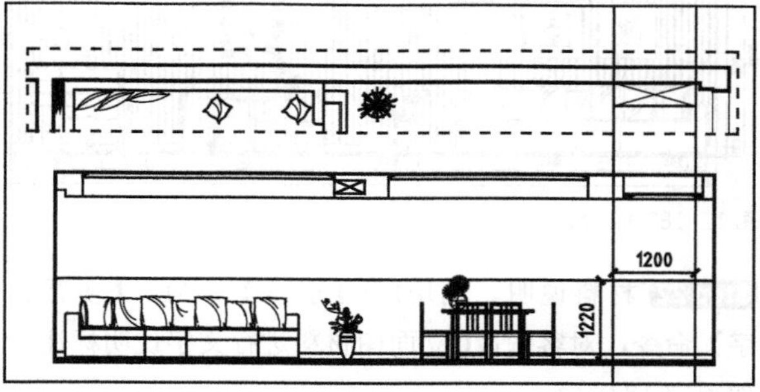

图 17-171 绘制构造线、偏移线段

Step 11 调用TR【修剪】命令，修剪多余的线段，并执行O【偏移】命令，按图 17-172所示尺寸偏移线段。

Step 12 调用TR【修剪】命令，修剪多余的线段，如图17-173所示。

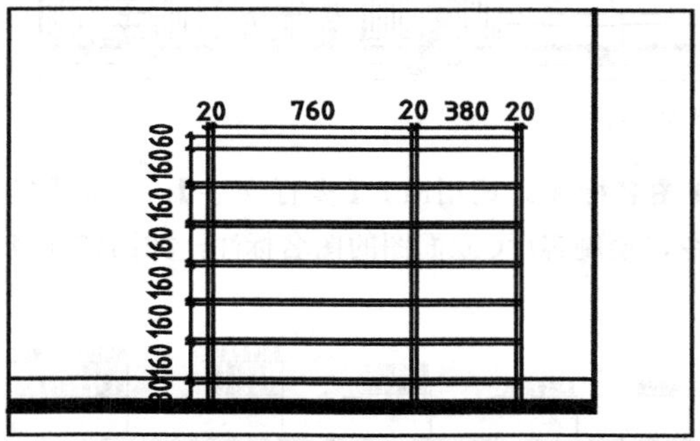

图 17-172 偏移线段

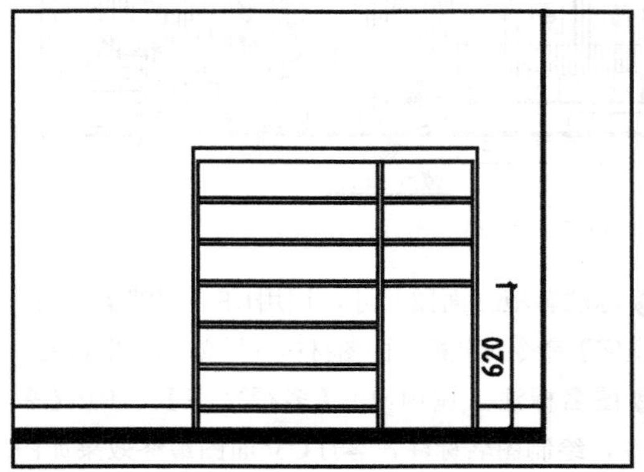

图 17-173 修剪线段

设计点拨

绘制鞋柜内架图，要将柜内结构表示清楚，鞋柜层高要依据常规鞋子尺寸绘制。

Step 13 绘制鞋柜大理石台版。调用O【偏移】命令，将鞋柜上边线向上偏移20，向下偏移40，执行F【圆角】命令，默认圆角数值，分别点击偏移线段，进行圆角操作，鞋柜内架图最终绘制结果如图 17-174所示。

Step 14 绘制鞋柜立面图。鞋柜立面图可在内架图的基础上进行绘制，调用CO【复制】命令，将内架图复制一份，删除多余的鞋柜内架构造线，执行EX【延伸】命令，延伸线段，如图 17-175所示。

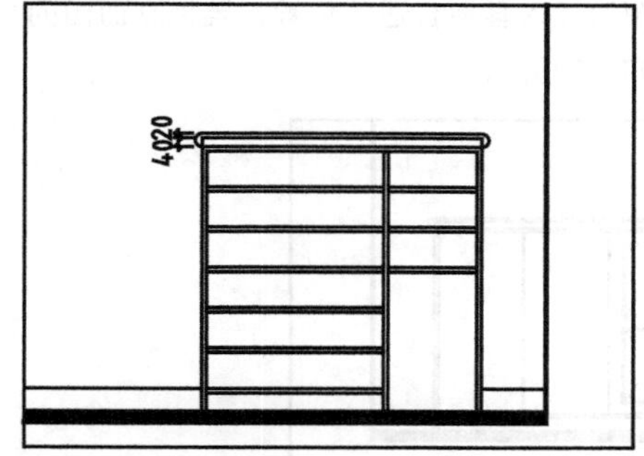

图 17-174 鞋柜内架图

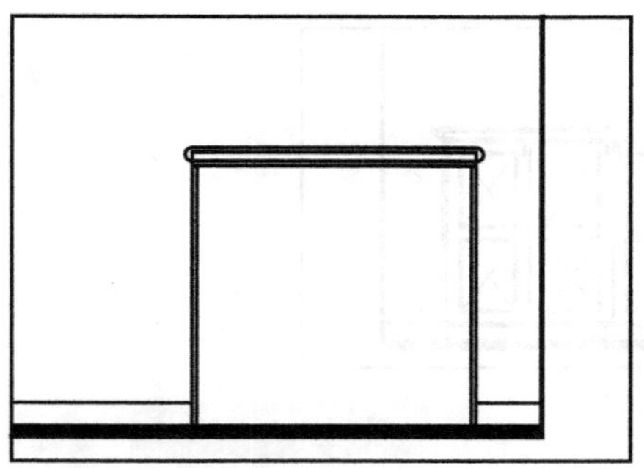

图 17-175 复制并整理图形

Step 15 调用O【偏移】命令，按照图17-176所示，偏移线段。

Step 16 绘制柜门。调用O【偏移】命令，按照图17-177所示尺寸偏移线段。

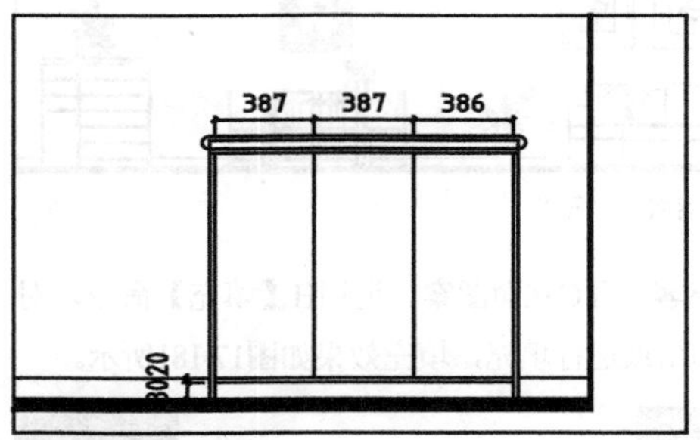

图 17-176 偏移线段

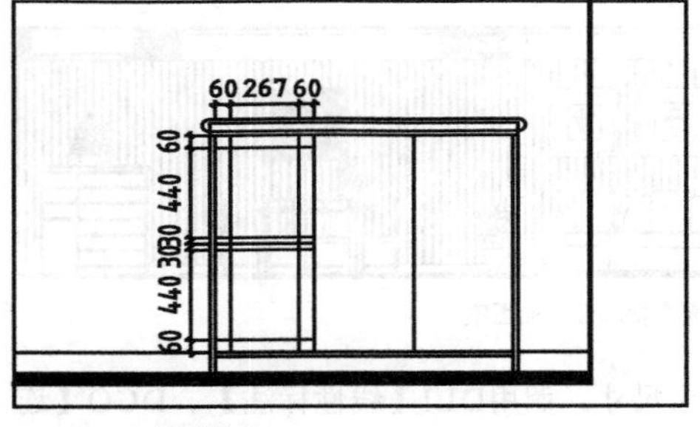

图 17-177 偏移线段

Step 17 调用TR【修剪】命令，将多余的线段修剪掉，执行O【偏移】命令，将矩形向内偏移12，并调用L【直线】命令，绘制矩形对角线，如图 17-178所示。

Step 18 调用MI【镜像】命令，将鞋柜门分别复制到图形所指定位置。并调用I【插入】命令，将“第17章\17.11.1门把手.dwg”图块插入鞋柜合适的位置，鞋柜立面图的最后效果如图 17-179所示。

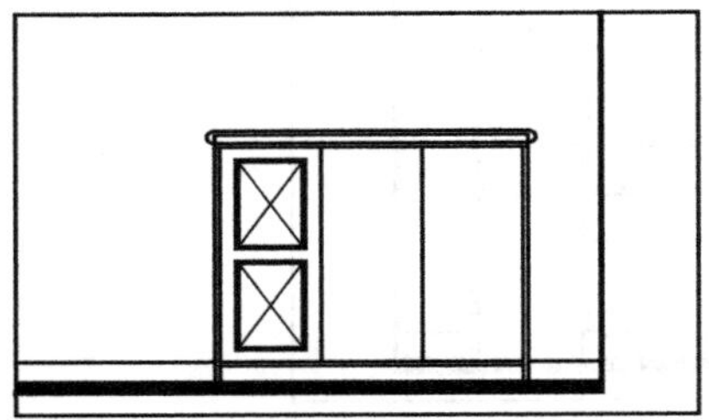

图 17-178 绘制柜门

图 17-179 鞋柜立面图

Step 19 完善客餐厅立面图。调用I【插入】命令，将“第17章\17.11.1挂画.dwg”图块分别插入到客餐厅中，将第17章\17.11.1盆栽.dwg”图块插入至鞋柜合适的位置，增加美观性，如图17-180所示。

图 17-180 完善客餐厅立面图

Step 20 填充客餐厅C立面图案。调用H【填充】命令，对客餐厅墙面和吊顶进行填充，填充效果如图17-181所示。

图 17-181 填充客餐厅 C 立面图案

Step 21 标注尺寸。调用DLI【线性标注】、DCO【连续标注】命令，对客餐厅C立面图进行标注（清楚标注鞋柜结构尺寸），如图17-182所示。

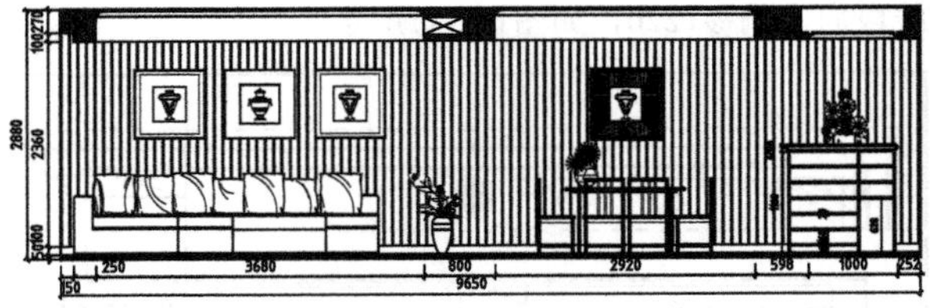

图 17-182 标注尺寸

Step 22 材料说明。调用LE【引线】、MT【多行文字】命令，对客餐厅C立面图材料进行文字说明标注，如图17-183所示。

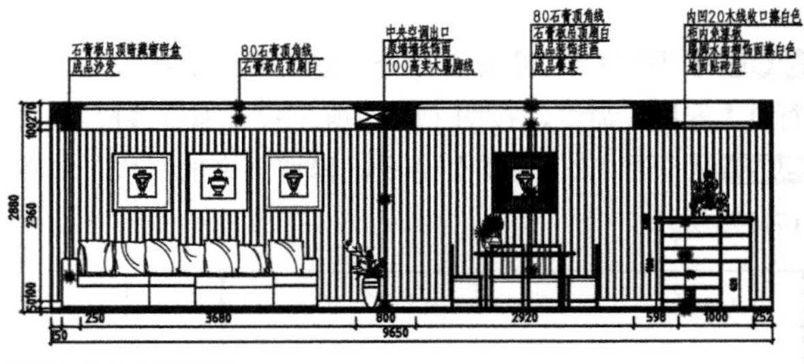

图 17-183 材料说明

Step 23 图名标注。调用MT【多行文字】、PL【多线】命令，绘制客厅C立面图的图名标注，如图17-184所示。

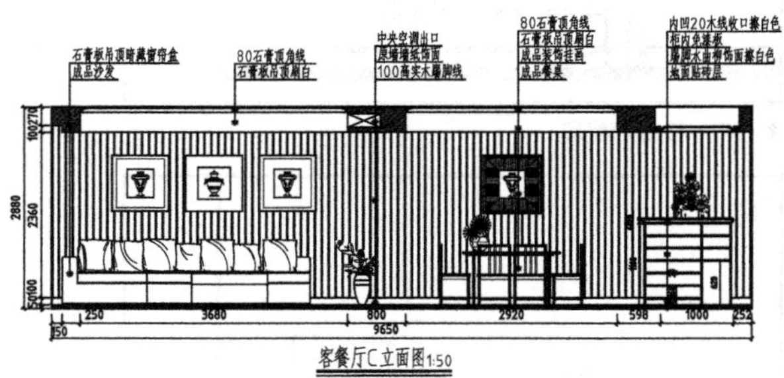

图 17-184 客餐厅 C 立面图

Step 24 标注鞋柜立面图尺寸，调用LE【引线】、MT【多行文字】命令对鞋柜立面图材料进行文字说明标注。

Step 25 图名标注。调用MT【多行文字】、PL【多线】命令，绘制图名标注，客厅C立面图最终效果如图17-185所示。

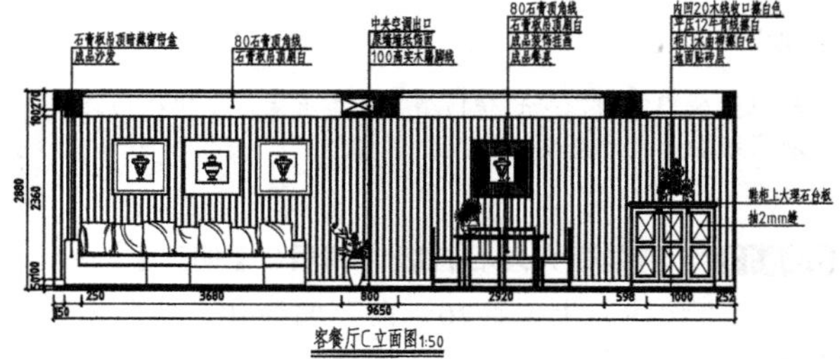

图 17-185 客餐厅 C 立面图

设计点拨

客餐厅C立面图中包含了鞋柜内架图和立面图，在绘制时要分别表示清楚。

2 绘制客餐厅 A 立面图（电视背景墙）

Step 01 设置【其他】图层为当前图层。调用CO【复制】命令，移动复制客厅平面图到一旁，整理结果如图17-186所示。

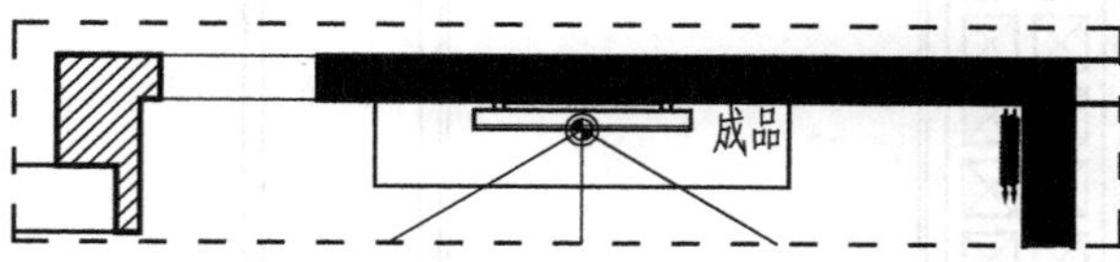

图 17-186 整理图形

Step 02 调用L【直线】命令，绘制图17-187所示图形，表示电视背景墙顶面图形。

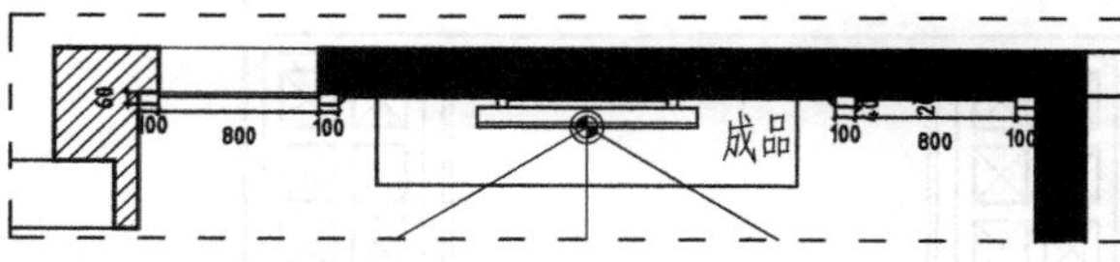

图 17-187 绘制电视背景墙顶面图形

Step 03 绘制外框墙体。调用XL【构造线】命令，沿截面图绘制构造线，并调用O【偏移】命令，按照该户型层高将下边线向上偏移2880，如图 17-188所示。

Step 04 绘制地面贴砖层。调用TR【修剪】命令，修剪线段，调用O【偏移】命令，将矩形下边线向上偏移50，执行H【填充】命令，对地面贴砖层进行图案为SOLID、填充颜色为250的图案填充，如图 17-189所示。

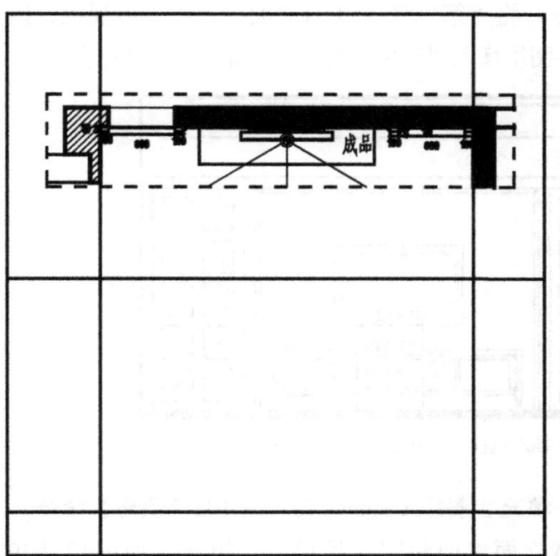

图 17-188 绘制外框墙体

图 17-189 绘制地面贴砖层

Step 05 绘制客餐厅立面图吊顶。按照顶棚图，调用O【偏移】、L【直线】命令，绘制客厅A立面吊顶，如图17-190所示。

Step 06 绘制石膏顶角线。调用O【偏移】命令，将线段向下偏移80，并调用CO【复制】命令，复制石膏顶角线插入立面吊顶图中，执行L【直线】命令，完善石膏顶角线的绘制，如图 17-191所示。

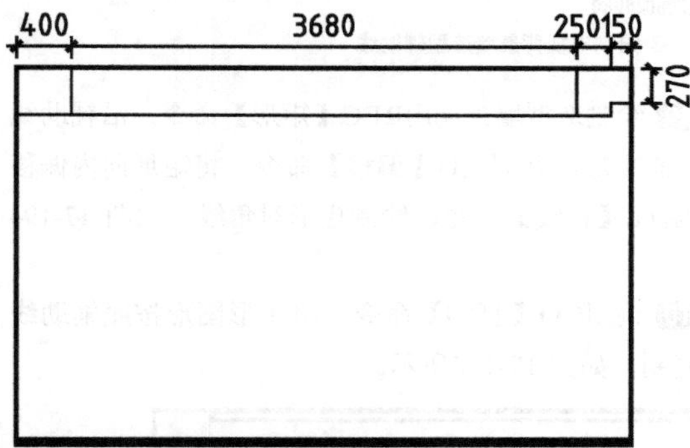

图 17-190 绘制客餐厅立面图吊顶

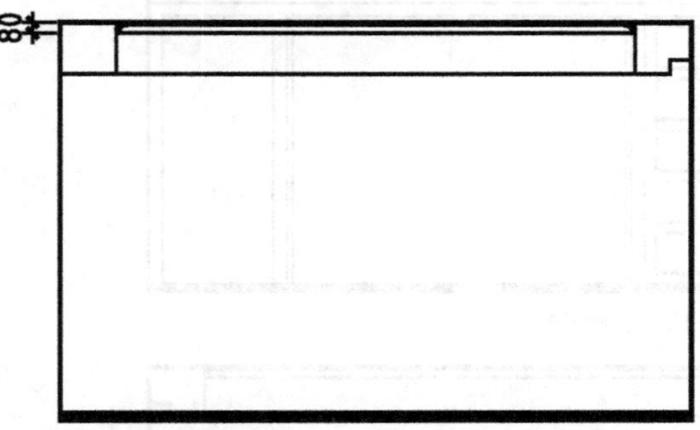

图 17-191 绘制石膏顶角线

Step 07 绘制电视背景墙。调用O【偏移】、L【直线】命令，按照图 17-192所示尺寸绘制电视背景墙。

Step 08 绘制电视背景墙造型辅助线。调用O【偏移】命令，按图 17-193所示尺寸偏移。

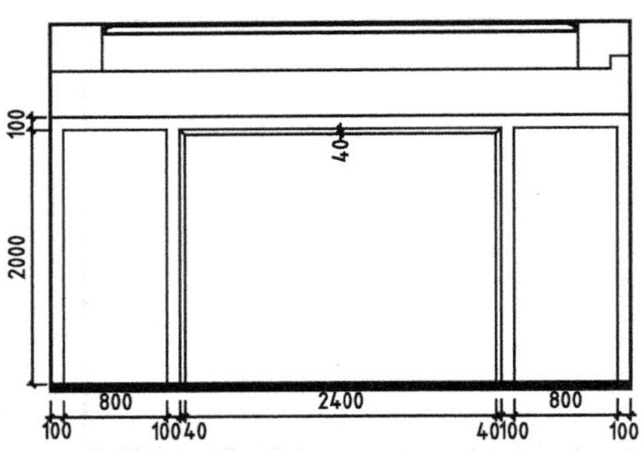

图 17-192 绘制电视背景墙

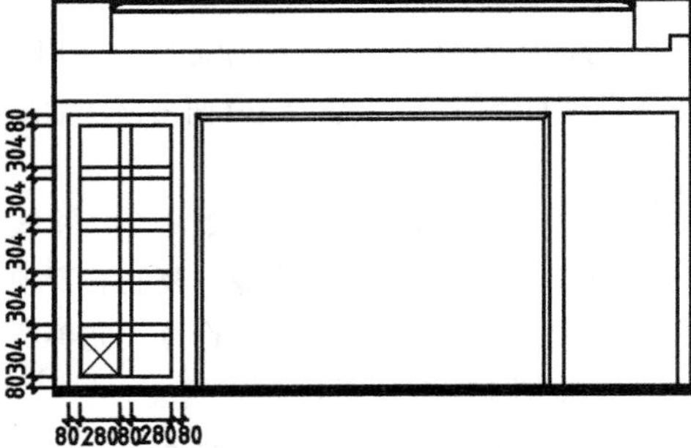

图 17-193 绘制电视背景墙造型辅助线

Step 09 绘制造型墙。调用REC【矩形】命令，沿辅助线捕捉绘制矩形，并调用O【偏移】命令，将矩形向内偏移12，执行L【直线】命令，绘制矩形对角线，如图 17-194所示。

Step 10 调用CO【复制】命令，将矩形图形按照辅助线进行复制，如图 17-195所示。

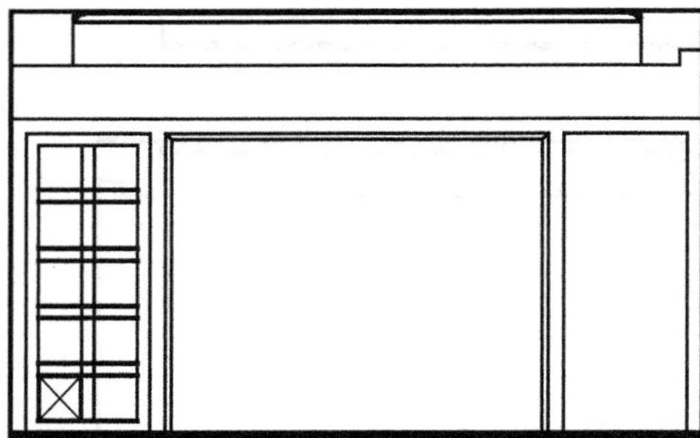
图 17-194 绘制矩形

图 17-195 复制矩形

Step 11 调用E【删除】命令，删除辅助线，如图 17-196所示。

Step 12 调用MI【镜像】命令，将绘制好的造型墙镜像复制到另一边，完成电视造型墙的绘制，如图 17-197所示。

图 17-196 删除辅助线

图 17-197 镜像造型墙

> **设计点拨**
>
> 由于将主卧室的门改动，与电视背景墙融为一体，所以卧室门设置成与背景墙相同的隐形门。

Step 13 插入电视机、电视柜插座等图块。调用I【插入】命令，将“第17章\17.11.1立面电视机、电视柜、插座.dwg”图块插入图形指定的位置，如图17-198所示。

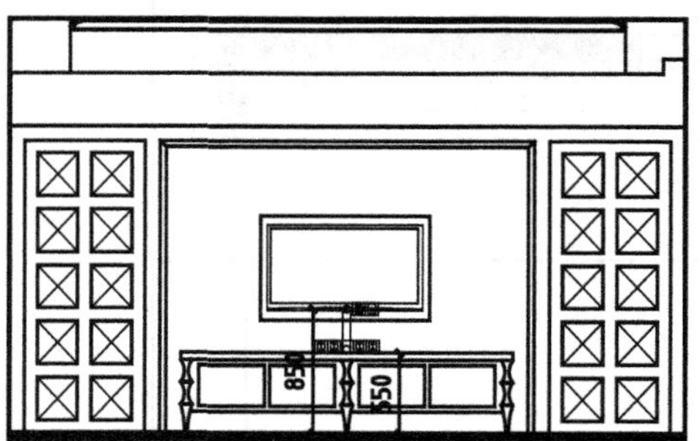

图 17-198 插入电视机、电视柜插座等图块

Step 14 填充客餐厅A立面图案。调用H【填充】命令，对客厅A立面墙面和客厅吊顶进行填充，如图17-199所示。

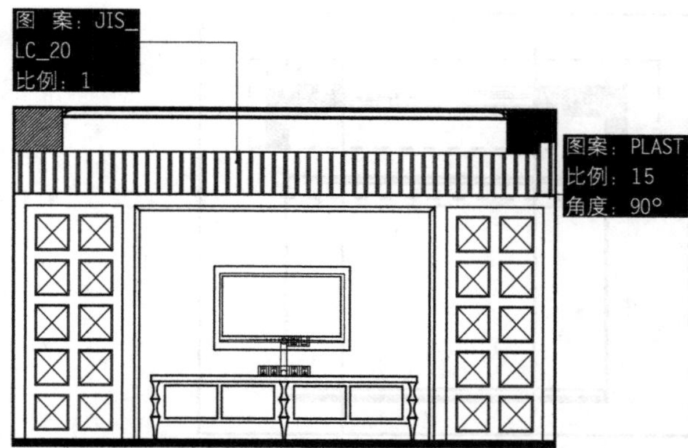

图 17-199 填充客餐厅 A 立面图案

Step 15 尺寸标注。调用DLI【线性标注】、DCO【连续标注】命令，对客厅A立面图进行尺寸标注，如图17-200所示。

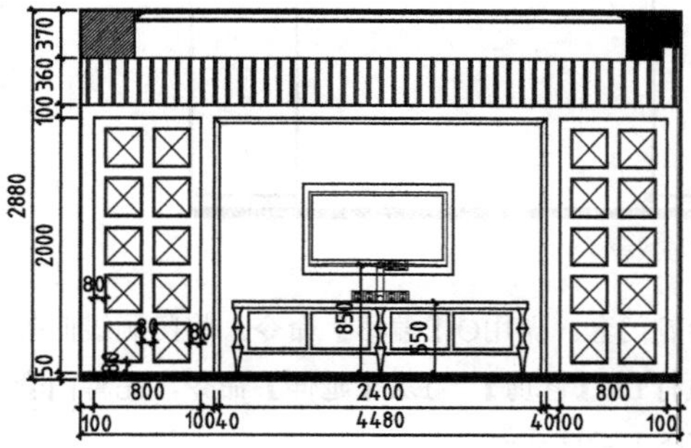

图 17-200 尺寸标注

Step 16 材料说明。调用LE【引线】、MT【多行文字】命令对客厅A立面图材料进行文字说明标注，如图17-201所示。

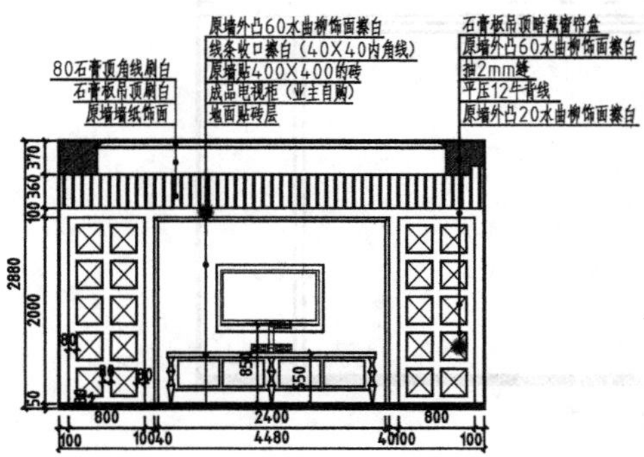

图 17-201 材料说明

Step 17 图名标注。调用MT【多行文字】、PL【多线】命令，绘制图名标注，客厅C立面图最终效果如图17-202所示。

Step 18 绘制电视背景墙的贴砖层，调用CO【复制】命令，将绘制好的客厅A立面图复制一份，删除电视、插座和电视柜图块。

Step 19 调用O【偏移】命令，偏移电视背景墙贴专线，并修改材料说明，最终结果如图17-203所示。

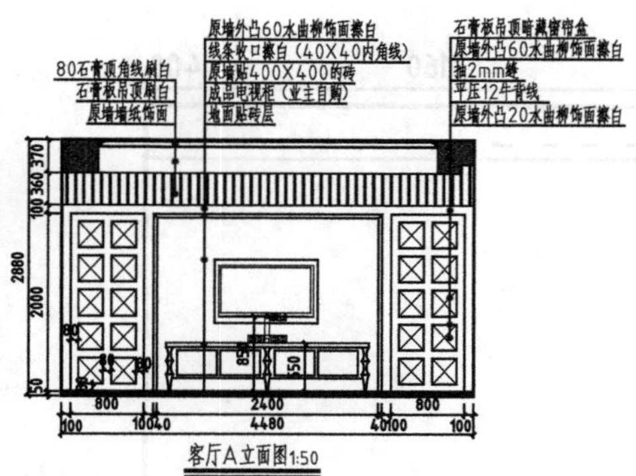

图 17-202 客厅 A 立面图

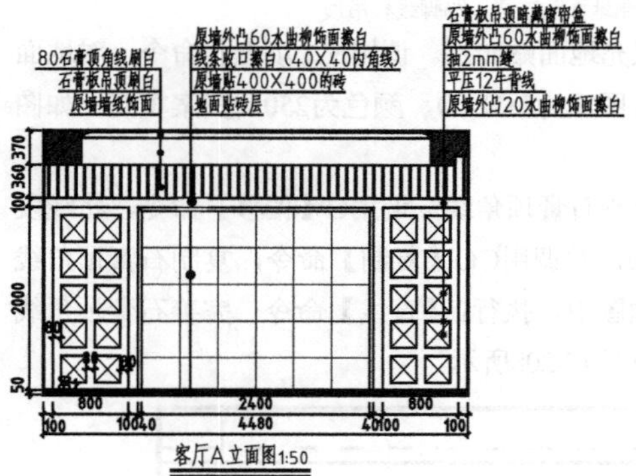

图 17-203 最终结果

3 绘制客厅 B 立面图

Step 01 设置【其他】图层为当前图层。调用CO【复制】命令，移动复制客厅平面图到一旁，整理结果，如图17-204所示。

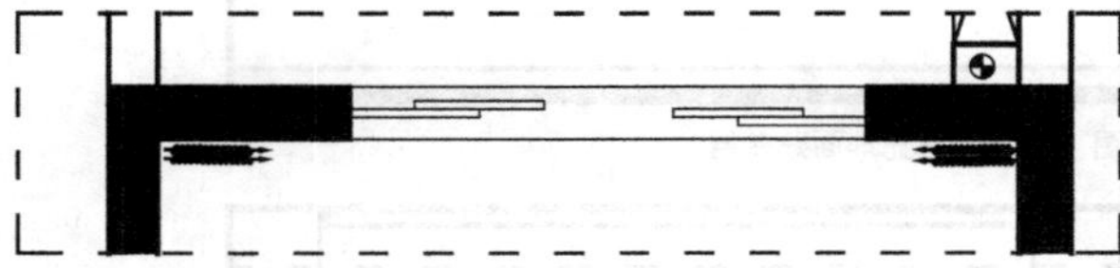

图 17-204 整体图形

Step 02 绘制外框墙体。调用XL【构造线】命令，沿截面图绘制构造线，并调用O【偏移】命令，按照该户型层高将下边线向上偏移2880，如图 17-205所示。

Step 03 绘制地面贴砖层、踢脚线和吊顶。调用TR【修剪】命令，修剪线段，并调用O【偏移】、L【直线】命令，绘制地面贴砖层、踢脚线和吊顶，如图 17-206所示。

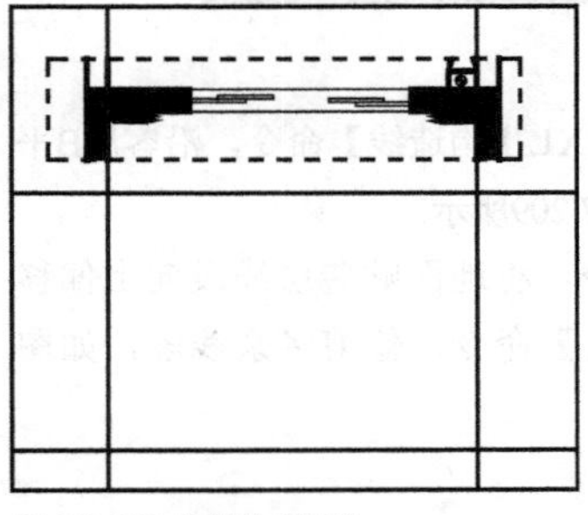

图 17-205 绘制外框墙体

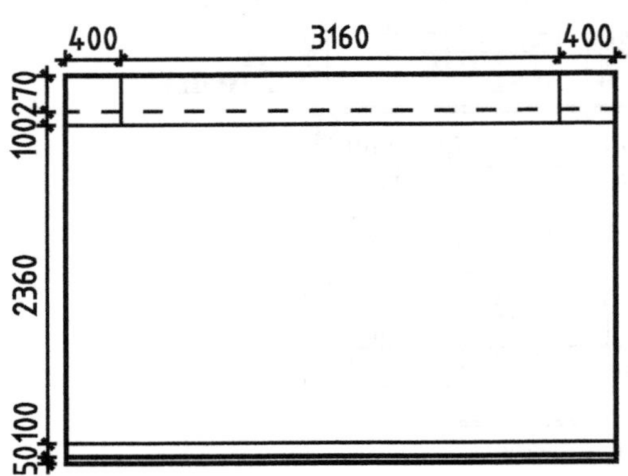

图 17-206 绘制地面贴砖层、踢脚线和吊顶

Step 04 填充地面贴砖层。调用H【填充】命令，对地面贴砖层进行图案为SOLID、颜色为250的图案填充，如图17-207所示。

Step 05 绘制石膏顶角线。调用O【偏移】命令，将线段向下偏移80，并调用CO【复制】命令，复制石膏顶角线到立面吊顶图中，执行L【直线】命令，完善石膏顶角线的绘制，如图17-208所示。

图 17-207 填充地面贴砖层

图 17-208 绘制石膏顶角线

Step 06 绘制门洞。调用XL【构造线】命令，沿客厅B平面图绘制构造线，如图17-209所示。

Step 07 调用O偏移命令，将地面贴砖层线段向上偏移2350，并调用TR【修剪】命令，修剪多余线段，如图17-210所示。

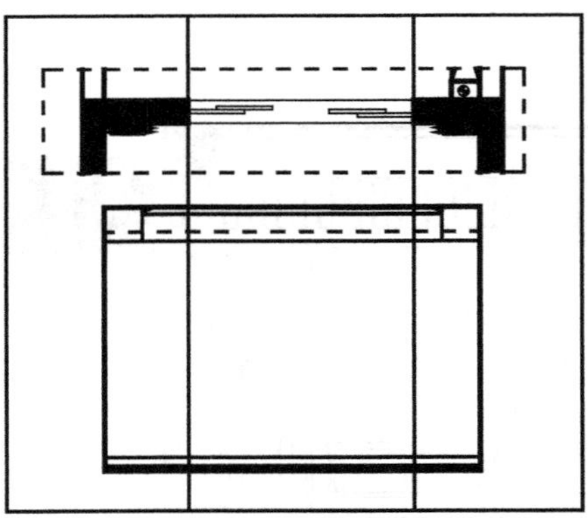
图 17-209 绘制辅助线

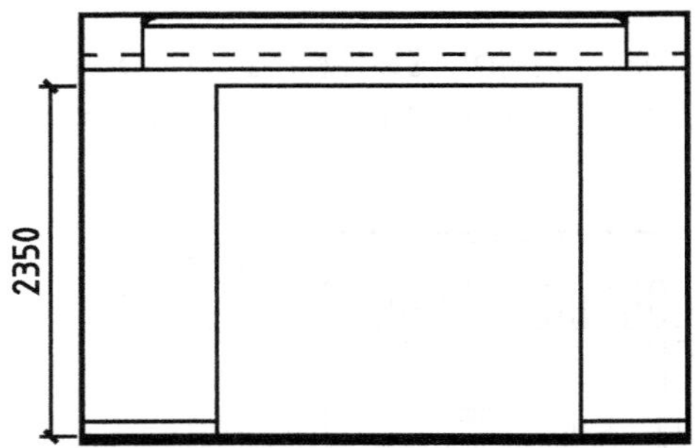

图 17-210 偏移线段

Step 08 绘制门套。调用O【偏移】命令，将门洞线向外偏移60，执行TR【修剪】、EX【延伸】命令，完善门套的绘制，如图17-211所示。

Step 09 绘制阳台推拉门。调用DIV【定数等分】命令，将门洞内线分为4等份，执行L【直线】命令，绘制线段，如图17-212所示。

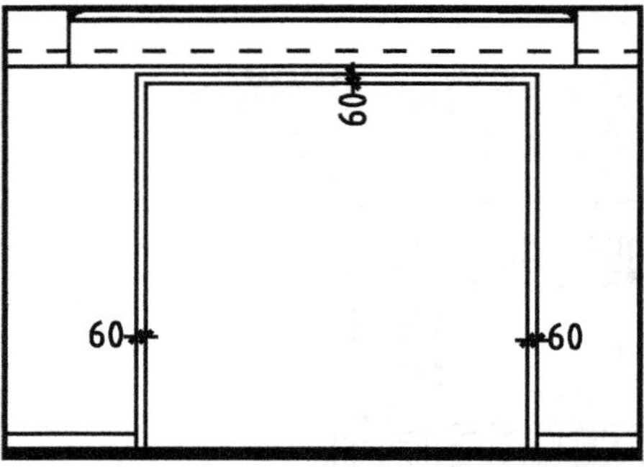

图 17-211 绘制门套

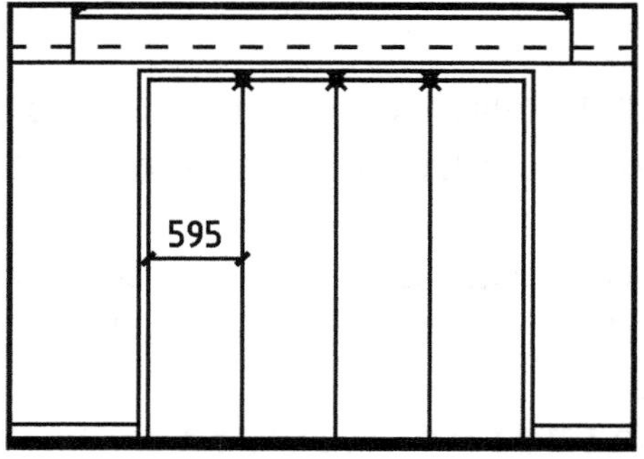

图 17-212 绘制线段

Step 10 调用REC【矩形】命令，捕捉绘制矩形，执行O【偏移】命令，将矩形向内偏移40。并调用H【填充】命令，对矩形区域进行AR-RROOF、比例为11的图案填充，如图 17-213所示。

Step 11 调用CO【复制】命令，将绘制好的阳台推拉门复制到其他位置，如图 17-214所示。

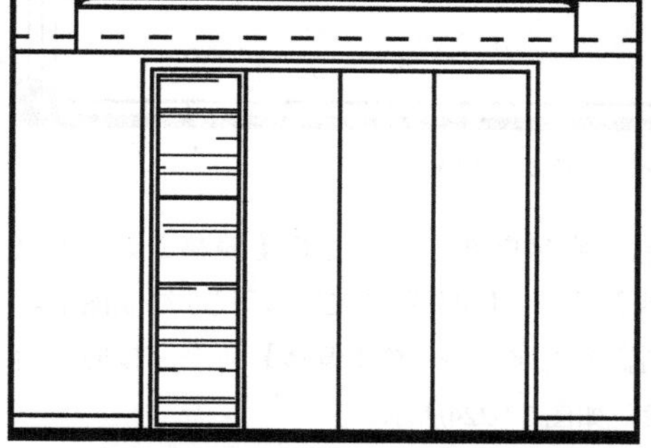

图 17-213 填充图案

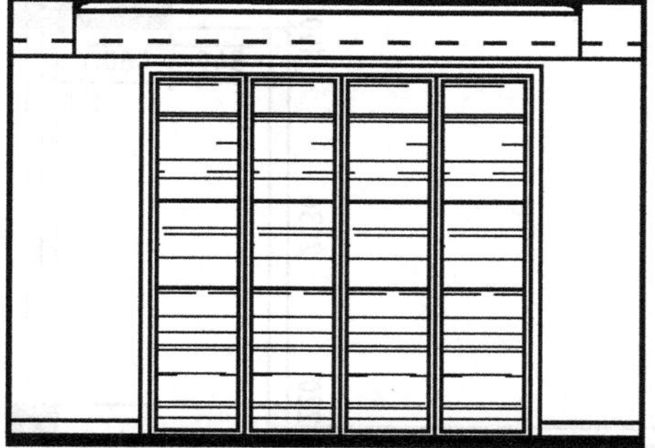

图 17-214 复制图形

Step 12 填充客厅B立面图案。调用H【填充】命令，对客厅B立面墙面和客厅吊顶进行填充，如图 17-215所示。

Step 13 尺寸标注。调用DLI【线性标注】、DCO【连续标注】命令，对客厅B立面图进行尺寸标注，如图 17-216所示。

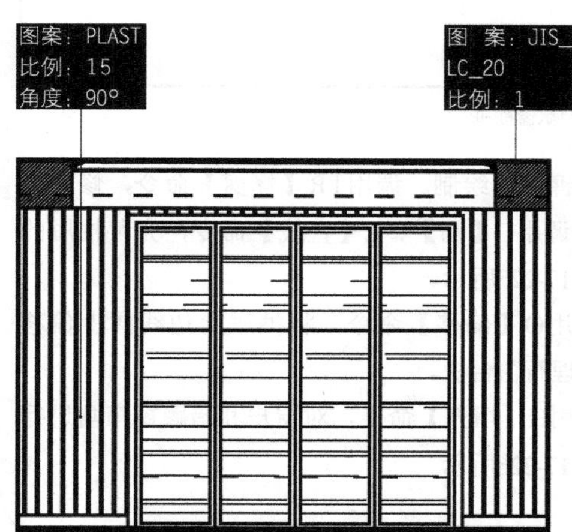

图 17-215 填充图案

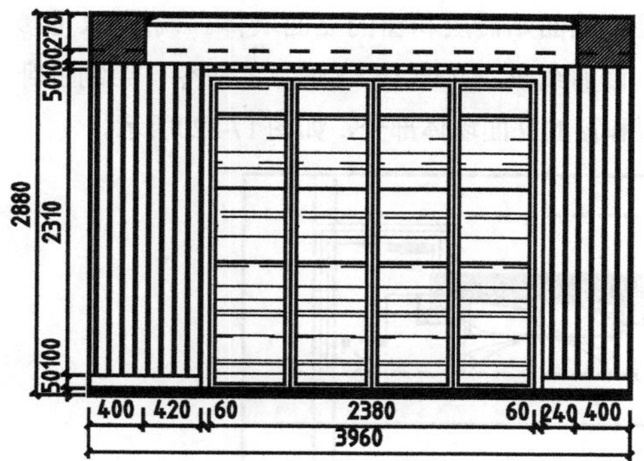

图 17-216 尺寸标注

Step 14 材料说明。调用LE【引线】、MT【多行文字】命令对客厅B立面图进行材料文字说明。

Step 15 图名标注。调用MT【多行文字】、PL【多线】命令，绘制图名标注，客厅B立面图最终效果如图17-217所示。

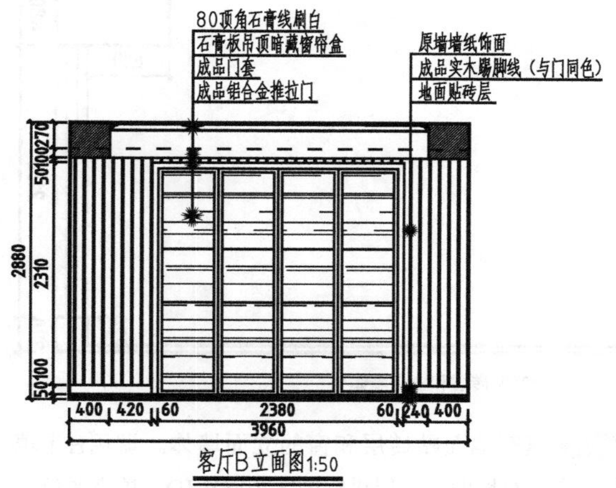

图 17-217 客厅 B 立面图

17.9.2 绘制主卧立面图

1 绘制主卧 A 立面图

Step 01 设置【其他】图层为当前图层。调用CO【复制】命令，移动复制主卧平面图到一旁，整理结果，如图17-218所示。

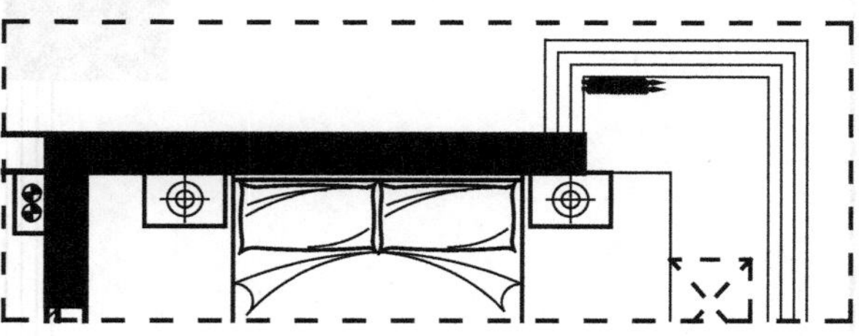

图 17-218 整理图形

Step 02 绘制外框墙体。调用XL【构造线】命令，沿截面图绘制构造线，并调用O【偏移】命令，按照该户型层高将下边线向上偏移2880，如图 17-219所示。

Step 03 绘制地面贴砖层和窗的立面墙体。调用TR【修剪】命令，修剪线段，并调用O【偏移】命令，绘制主卧地面贴砖层和窗的立面墙体部分，如图17-220所示。

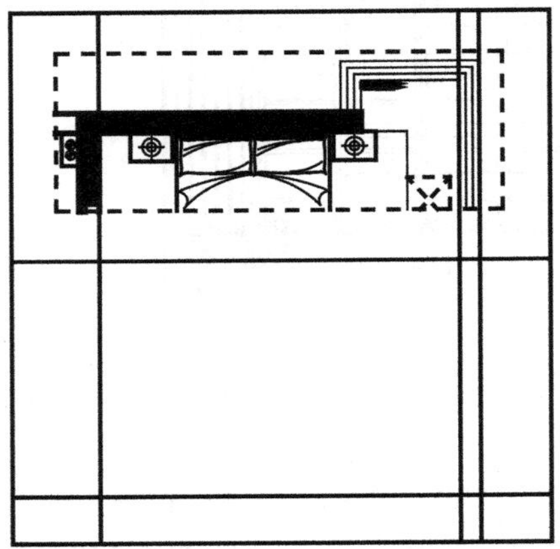

图 17-219 绘制外框墙体

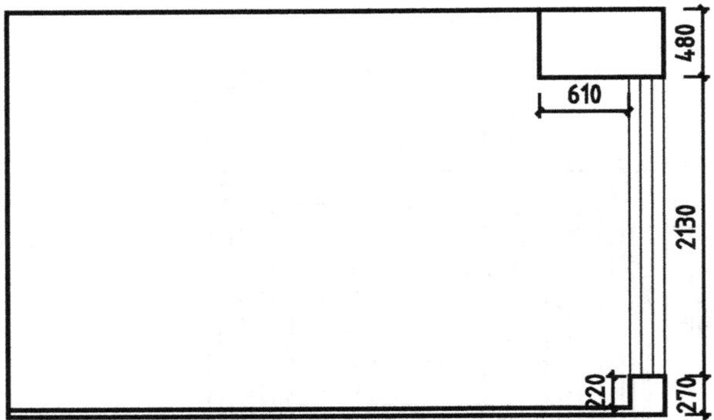

图 17-220 绘制贴砖层和立面墙体

Step 04 填充地面贴砖层和窗的立面墙体。调用H【填充】命令，对地面贴砖层进行图案为SOLID、填充颜色为250的图案填充，如图17-221所示。

Step 05 绘制石膏顶角线和踢脚线。调用O【偏移】命令，将矩形上边线向下偏移80，矩形下边线向上偏移100。并调用CO【复制】命令，复制石膏顶角线到立面吊顶图中，执行L【直线】命令，完善石膏顶角线的绘制，如图17-222所示。

图 17-221 填充图案

图 17-222 绘制石膏顶角线和踢脚线

Step 06 绘制主卧窗户部分。调用O【偏移】、L【直线】TR【修剪】命令，按照图17-223所示尺寸绘制图形。

Step 07 绘制飘窗抽屉。调用O【偏移】命令，按照所给尺寸偏移线段，如图17-224所示。

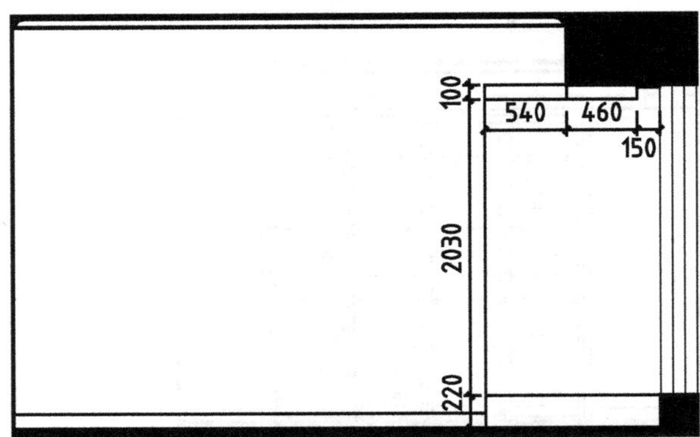

图 17-223 绘制主卧窗户部分

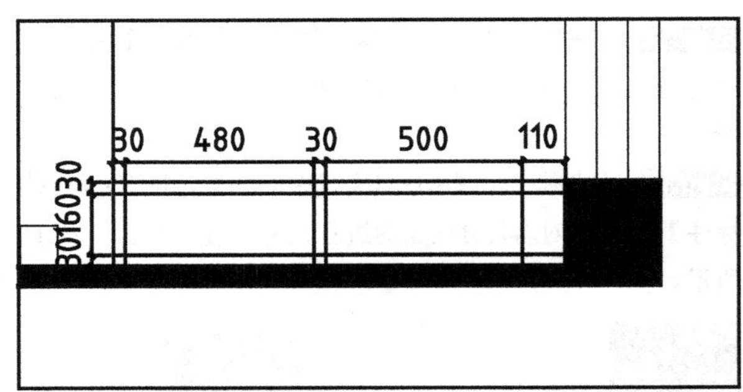

图 17-224 绘制飘窗抽屉

Step 08 完善抽屉绘制。调用TR【修剪】命令，修剪多余线段，并调用C【圆】、L【直线】命令，完善抽屉的绘制，如图17-225所示。

Step 09 调用O【偏移】命令，将抽屉上边线向上偏移20，表示大理石窗台板。

Step 10 调用H【填充】命令，对窗户和暗藏窗帘盒进行填充，如图17-226所示。

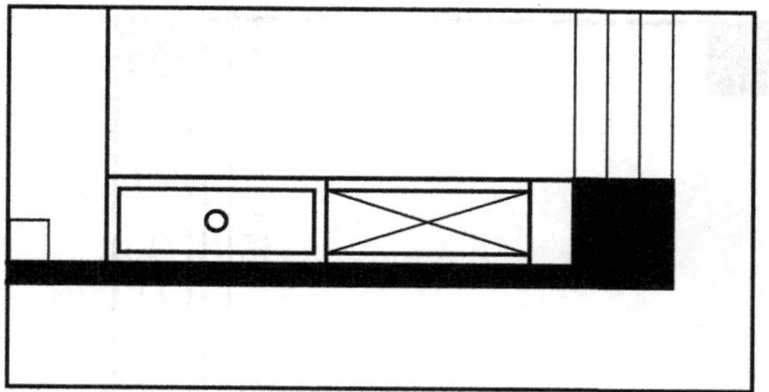

图 17-225 完善抽屉绘制

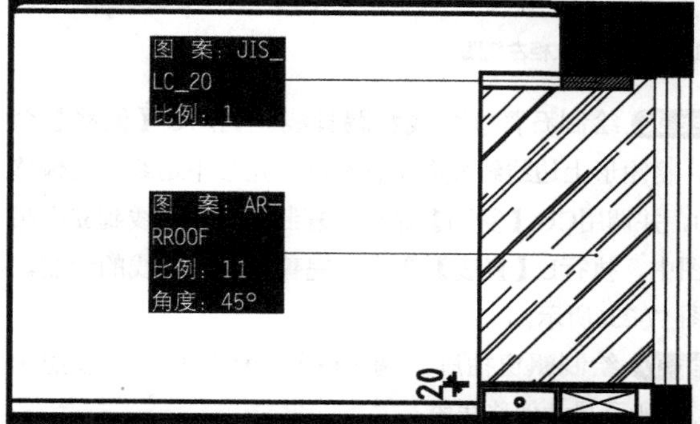

图 17-226 填充窗户和暗藏窗帘盒

Step 11 插入图块。调用I【插入】命令，将“第17章\17.11.2立面床、挂画.dwg”图块插入主卧立面图中，如图 17-227所示。

Step 12 填充墙面。调用H【填充】命令，对主卧墙面进行PLAST、比例20、角度90°的图案填充，如图 17-228所示。

图 17-227 插入图块

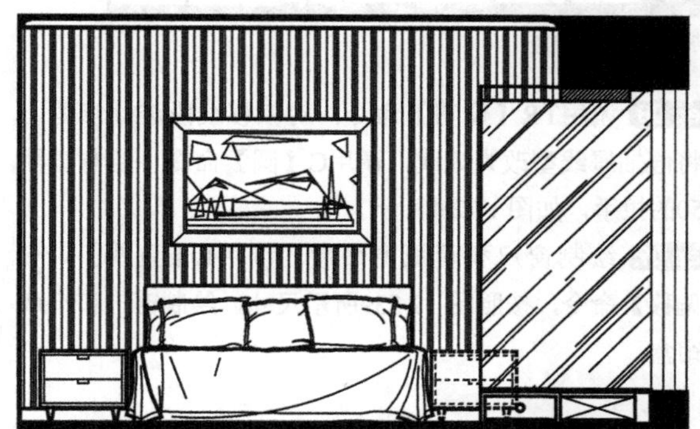

图 17-228 填充墙面

Step 13 尺寸标注。调用DLI【线性标注】、DCO【连续标注】命令，对主卧A立面图进行尺寸标注，如图17-229所示。

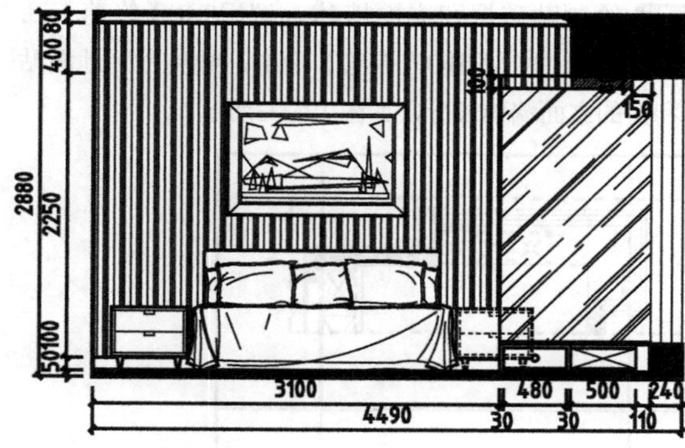

图 17-229 尺寸标注

Step 14 材料说明。调用LE【引线】、MT【多行文字】命令对主卧A立面图进行文字材料说明标注。

Step 15 图名标注。调用MT【多行文字】、PL【多线】命令，绘制图名标注，客厅B立面图最终效果如图17-230所示。

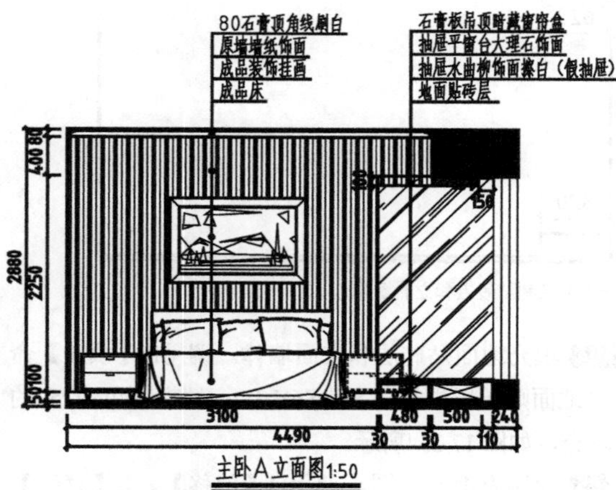

图 17-230 主卧 A 立面图

2 绘制主卧 B 立面图

Step 01 设置【其他】图层为当前图层。调用CO【复制】命令，移动复制主卧平面图到一旁，整理结果，如图17-231所示。

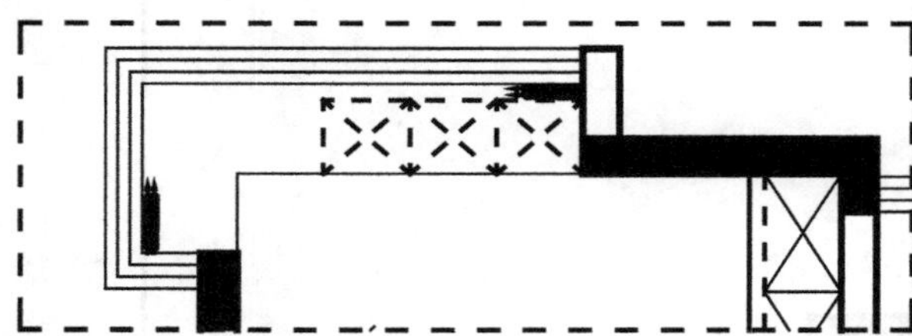

图 17-231 整理图形

Step 02 绘制外框墙体。用XL【构造线】命令，沿截面图绘制构造线，并调用O【偏移】命令，按照该户型层高将下边线向上偏移2880，如图 17-232所示。

Step 03 绘制贴砖层和立面墙体。调用TR【修剪】命令，修剪线段，并调用O【偏移】命令，绘制主卧地面贴砖层和窗的立面墙体部分，如图 17-233所示。

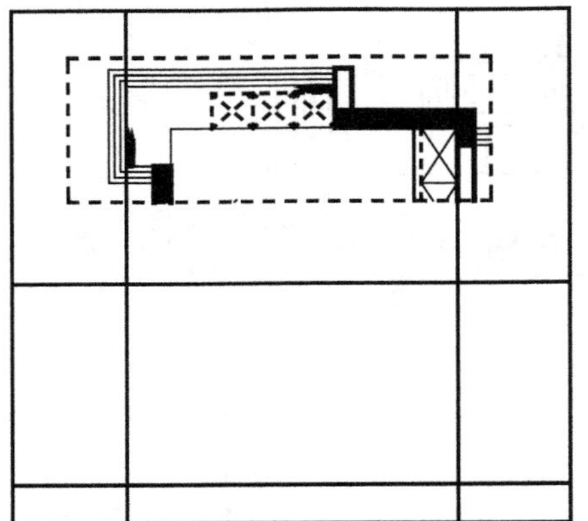

图 17-232 绘制外框墙体

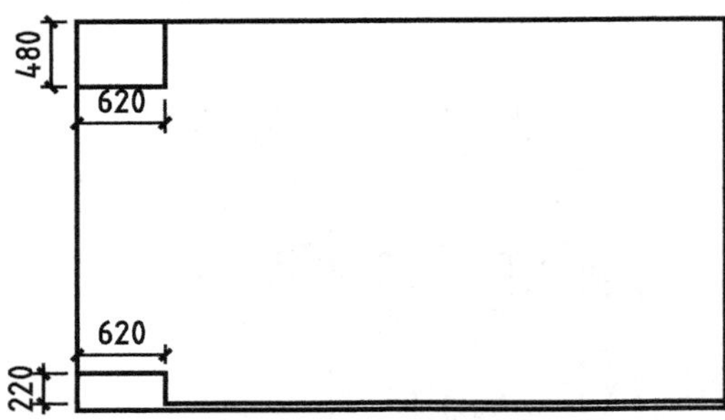

图 17-233 绘制贴砖层和立面墙体

Step 04 填充地面贴砖层和立面墙体。调用H【填充】命令，对地面贴砖层进行图案为SOLID、填充颜色为250的图案填充，如图 17-234所示。

Step 05 绘制衣柜左侧图。调用O【偏移】、L【直线】命令，绘制图所示衣柜左侧图，并调用H【填充】命令对指定区域进行JIS_LC_20、比例为1的图案填充，如图 17-235所示。

图 17-234 填充地面贴砖层和立面墙体

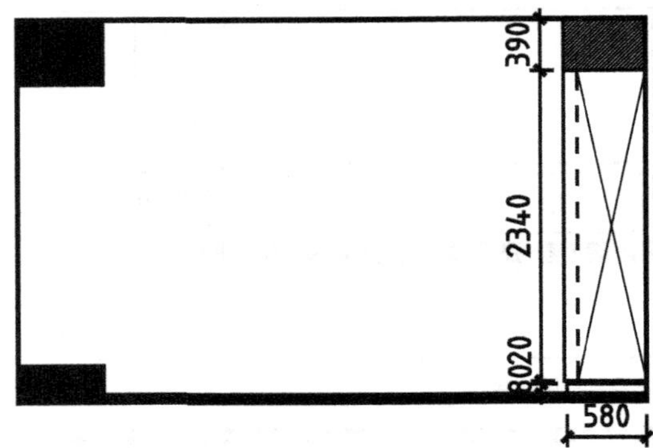

图 17-235 绘制衣柜左侧图

Step 06 绘制石膏顶角线和踢脚线。调用O【偏移】命令，将矩形上边线线段向下偏移80，矩形下边线向上偏移100。并调用CO【复制】命令，复制石膏顶角线到立面吊顶图中，执行L【直线】命令，完善石膏顶角线的绘制，如图 17-236所示。

Step 07 绘制飘窗抽屉。调用O【偏移】命令，按照图 17-237所示尺寸偏移线段。

图 17-236 绘制石膏顶角线和踢脚线

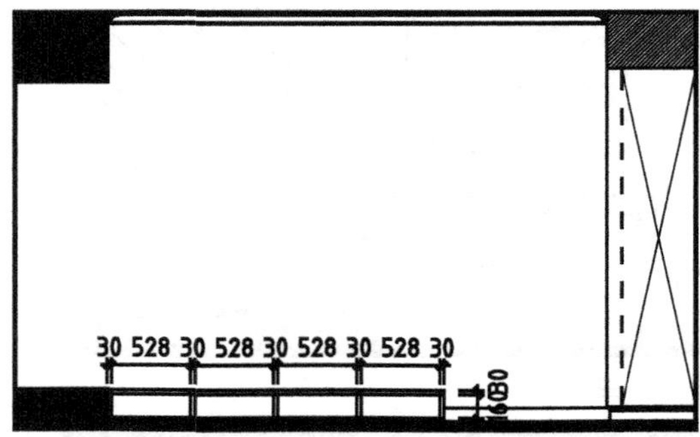

图 17-237 偏移线段

Step 08 调用TR【修剪】命令，对偏移线段进行修剪，并将假抽屉线型改为虚线，调用C【圆】命令，绘制直径为50的拉手，如图 17-238所示。

Step 09 绘制窗户和暗藏窗帘盒。调用L【直线】、O【偏移】命令，按照图 17-239所示尺寸，绘制窗户和暗藏窗帘盒。

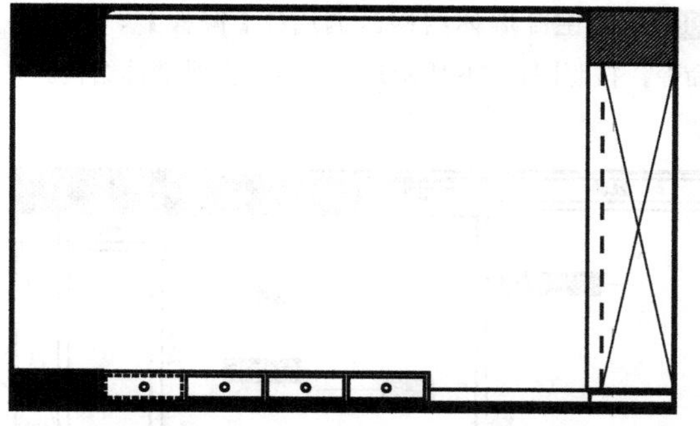

图 17-238 绘制飘窗抽屉

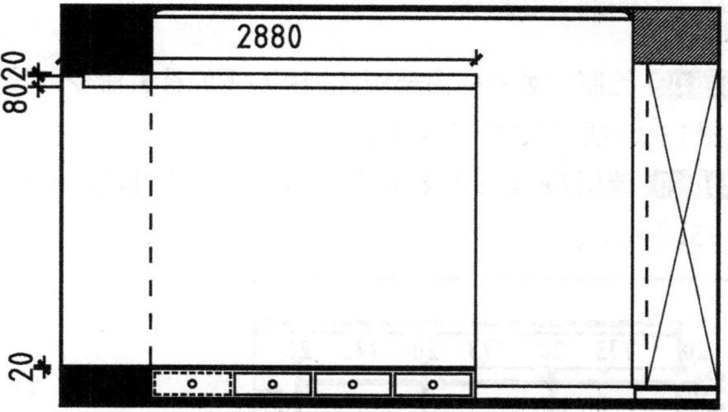

图 17-239 绘制窗户和暗藏窗帘盒

Step 10 填充窗户、暗藏窗帘盒和墙面。调用H【填充】命令，对窗户、暗藏窗帘盒和主卧墙面进行图案填充，如图17-240所示。

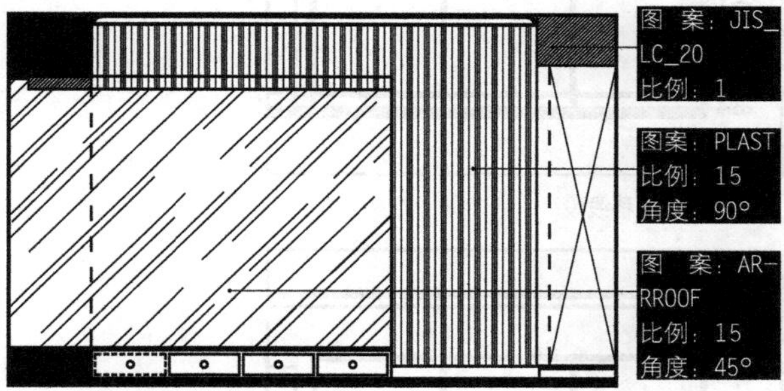

图 17-240 填充图案

Step 11 尺寸标注。调用DLI【线性标注】、DCO【连续标注】命令，对主卧A立面图进行尺寸标注，如图17-241所示。

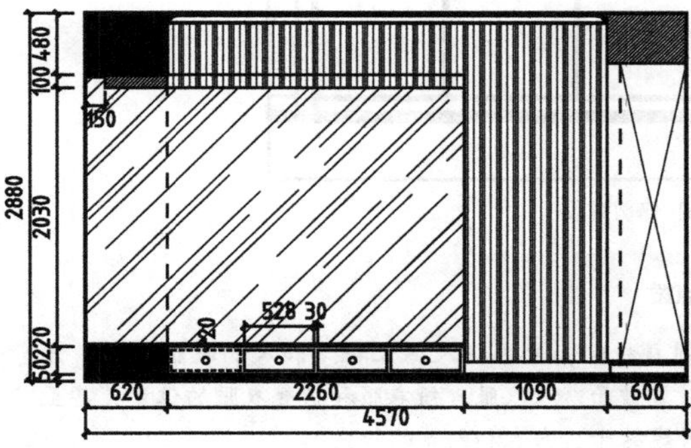

图 17-241 尺寸标注

Step 12 材料说明。调用LE【引线】、MT【多行文字】命令对主卧B立面图材料进行文字说明标注。

Step 13 图名标注。调用MT【多行文字】、PL【多线】命令，绘制图名标注，主卧B立面图最终效果如图17-242所示。

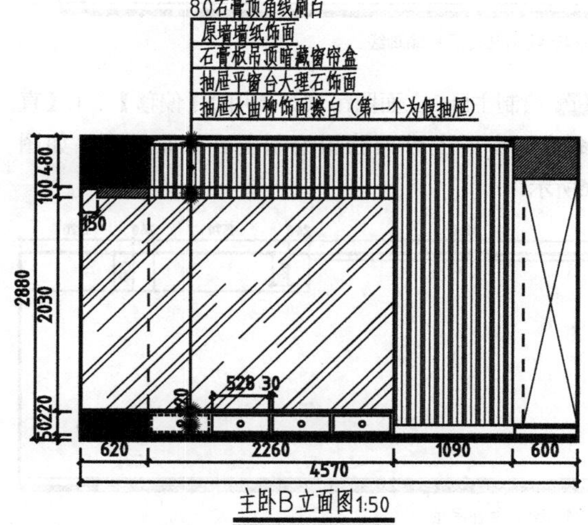

图 17-242 主卧 B 立面图

3 绘制主卧 C 立面图

Step 01 设置【其他】图层为当前图层。调用CO【复制】命令，移动复制主卧平面图到一旁，整理结果如图17-243所示。

图 17-243 整理图形

Step 02 绘制外框墙体。调用XL【延伸】命令，沿平面图绘制构造线，并调用O【偏移】命令，按照该户型层高将下边线向上偏移2880，如图 17-244所示。

Step 03 绘制地面贴砖层和踢脚线。调用TR【修剪】命令，修剪线段，并调用O【偏移】、H【填充】命令，绘制地面贴砖层、踢脚线，如图 17-245所示。

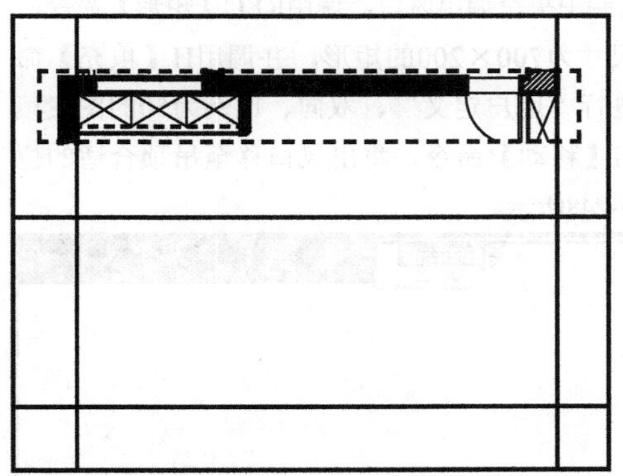

图 17-244 绘制外框墙体

图 17-245 绘制贴砖层和踢脚线

Step 04 绘制主卧C立面图吊顶。调用O【偏移】、L【直线】命令，参照主卧顶棚图绘制主卧立面吊顶，如图17-246所示。

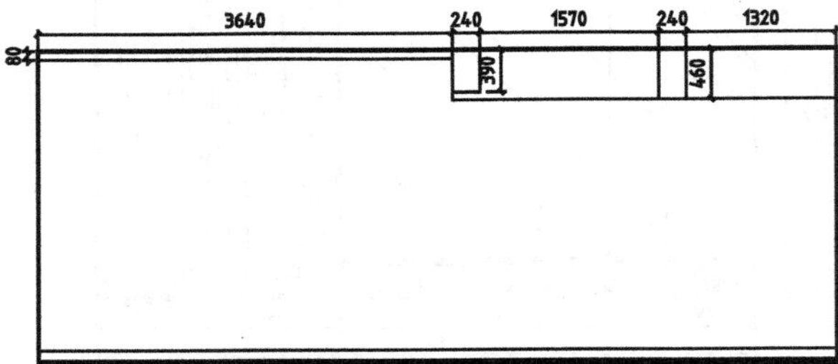

图 17-246 绘制主卧吊顶

Step 05 绘制石膏顶角线。调用CO【复制】命令，复制石膏顶角线到立面吊顶图中，执行L【直线】命令，完善石膏顶角线的绘制。

Step 06 填充主卧C立面吊顶图案。调用H【填充】命令，分别对梁和石膏板平梁吊平区域进行填充，如图17-247所示。

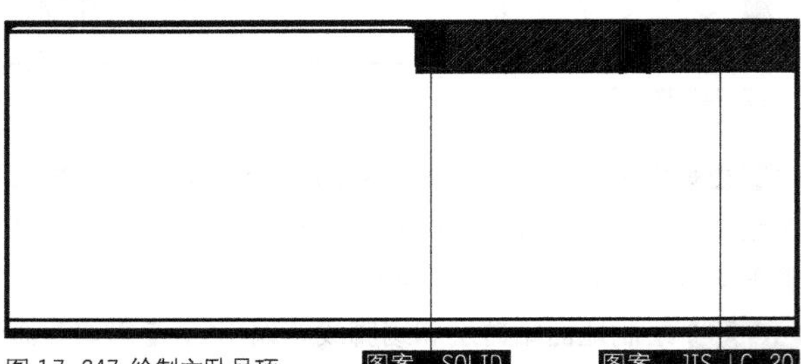
图 17-247 绘制主卧吊顶

Step 07 绘制中央空调出风口，调用REC【矩形】命令，绘制一个尺寸为700×200的矩形，并调用H【填充】命令，对其进行“用户定义”、双向、比例为50的图案填充，执行M【移动】命令，将出风口移至吊顶合适的位置，如图17-248所示。

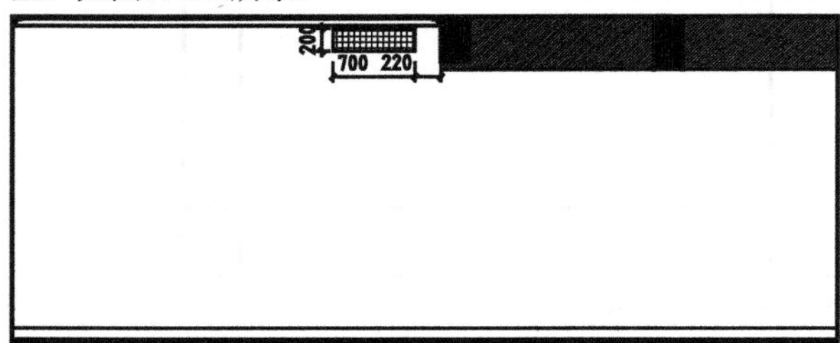

图 17-248 绘制中央空调出风口

Step 08 绘制主卧墙体结构。调用O【偏移】、L【直线】命令，按照图17-249所示尺寸，绘制主卧墙体结构。

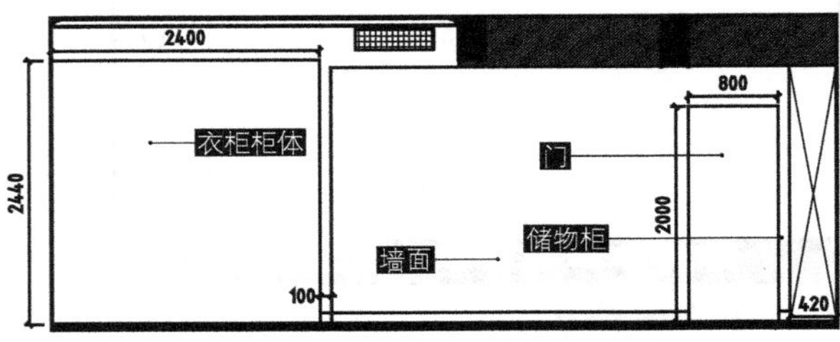

图 17-249 绘制主卧墙体结构

Step 09 绘制主卧衣柜内架图。调用O【偏移】命令，按照图 17-250所示尺寸偏移线段。

Step 10 调用TR【修剪】命令，修剪多余的线段，如图17-251所示。

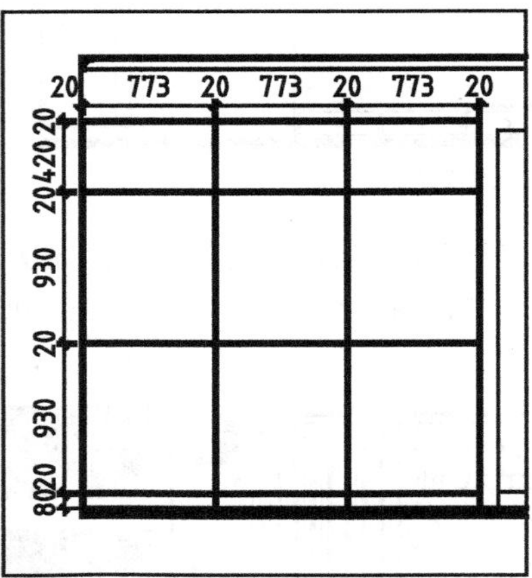

图 17-250 偏移线段

图 17-251 修剪线段

设计点拨

在绘制衣柜时，要根据人体工程学和人的收纳习惯，比如：放置被子，长衣服、短衣服和折叠衣服的位置（甚至可以考虑袜子、内衣和包等的归置）。

Step 11 绘制主卧衣柜抽屉。调用O【偏移】、L【直线】、TR【修剪】命令，按照图 17-252所示尺寸绘制主卧抽屉。

Step 12 绘制主卧抽屉拉手。调用REC【矩形】命令，绘制一个尺寸为90×30的矩形，执行O【偏移】命令，将矩形向内偏移5。并调用M【移动】、CO【复制】命令，将把手复制到抽屉合适的位置，如图 17-253所示。

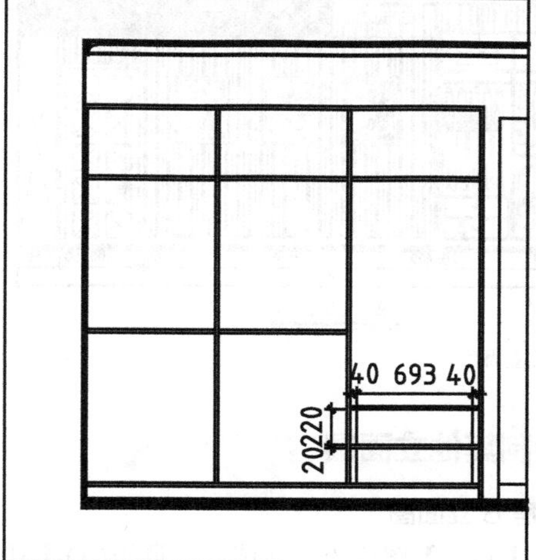

图 17-252 绘制主卧衣柜抽屉

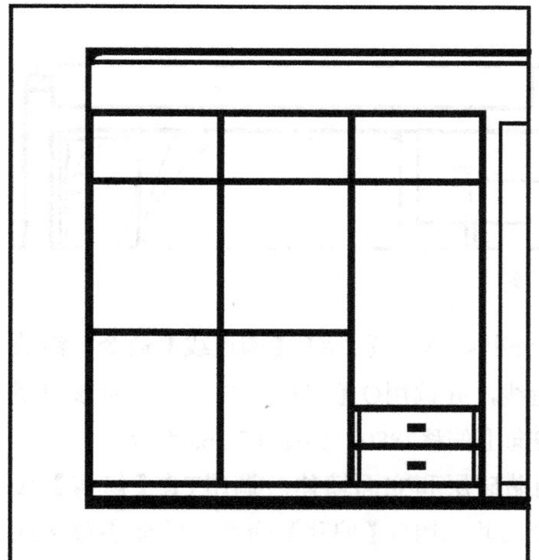

图 17-253 绘制主卧抽屉拉手

Step 13 绘制挂衣杆。由于前面章节已经详细介绍过挂衣杆的绘制了，所以本章节不再做重复介绍，绘制挂衣杆效果如图 17-254所示。

Step 14 插入衣物、被子等图块。调用I【插入】命令，将“第17章\17.11.2被子、长衣物/短衣物.dwg”图块插入至衣柜合适的位置，如图 17-255所示。

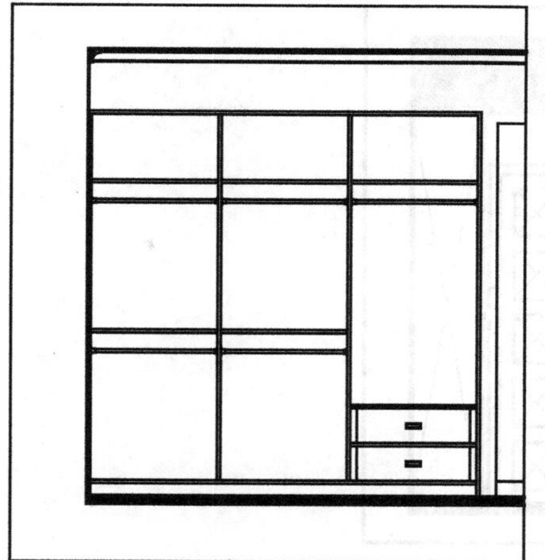

图 17-254 绘制挂衣杆

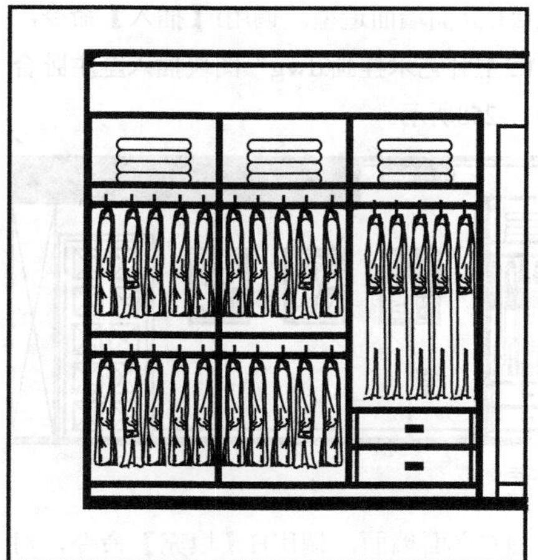

图 17-255 插入图块

Step 15 绘制主卧门套。调用O【偏移】命令，将主卧门线段分别向外偏移60，执行TR【修剪】、EX【延伸】命令，完善门套的绘制，如图 17-256所示。

Step 16 绘制门造型。由于主卧门是客厅的隐形门，在前面已经详细介绍了其绘制方法，所以不再做重复介绍，门造型效果如图 17-257所示。

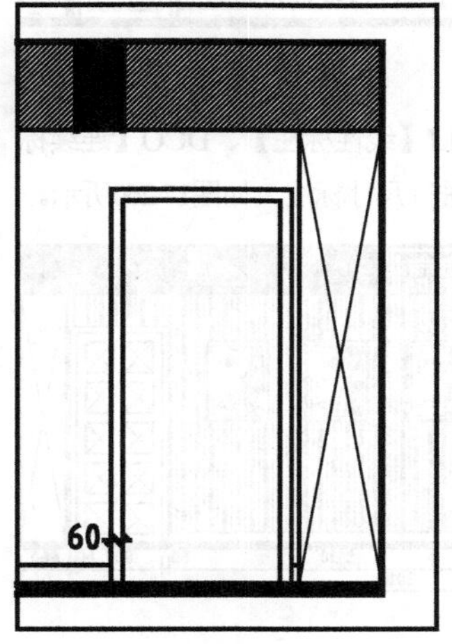

图 17-256 绘制门套

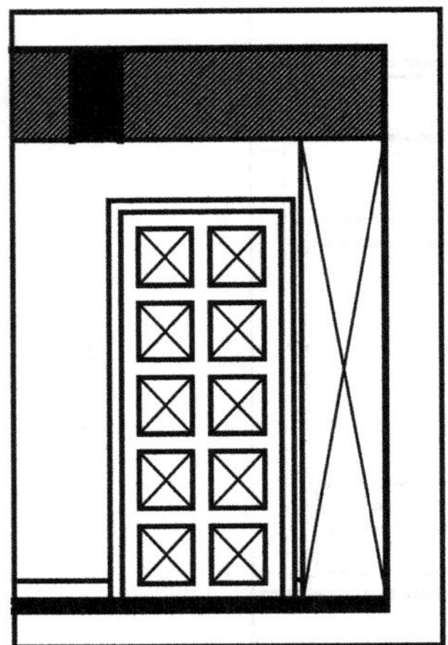

图 17-257 绘制门造型

Step 17 绘制主卧C立面墙面造型。调用I【插入】命令，将“第17章\17.11.2主卧艺术挂画.dwg”图块插入至主卧合适的位置，如图17-258所示。

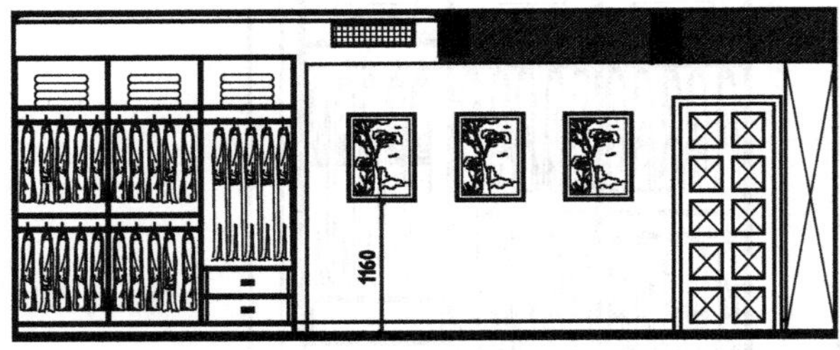

图 17-258 插入艺术挂画

Step 18 填充主卧C立面墙面。调用H【填充】命令，对主卧墙面进行PLASTI、比例20、角度90的图案填充，如图17-259所示。

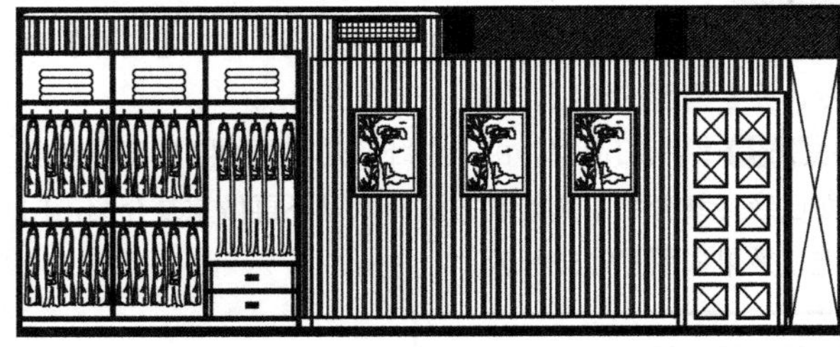

图 17-259 填充墙面

Step 19 尺寸标注。调用DLI【线性标注】、DCO【连续标注】命令，对主卧C立面图进行尺寸标注，如图17-260所示。

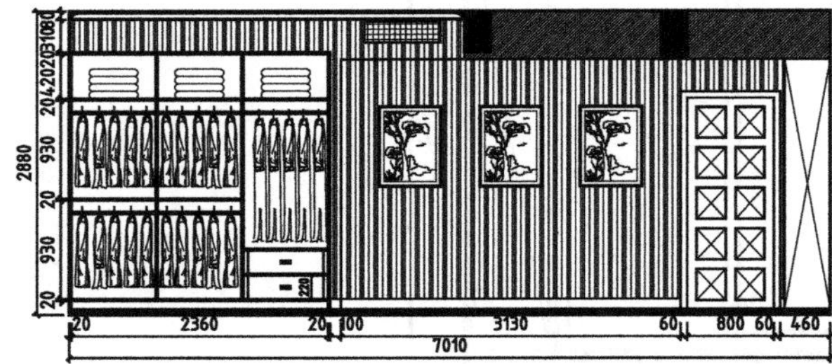

图 17-260 尺寸标注

Step 20 材料说明。调用LE【引线】、MT【多行文字】命令对主卧C立面图材料进行文字说明标注。

Step 21 图名标注。调用MT【多行文字】、PL【多线】命令，绘制图名标注，主卧C立面图最终效果如图17-261所示。

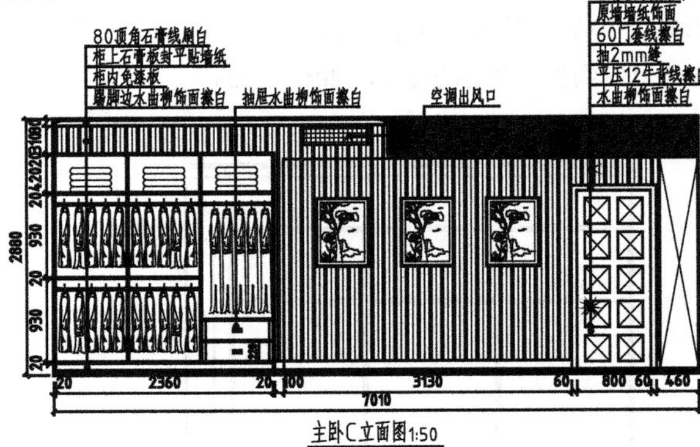

图 17-261 主卧 C 立面图

17.9.3 绘制其他立面图

1 绘制小孩房 B 立面图

Step 01 设置【其他】图层为当前图层。调用CO【复制】命令，移动复制主卧平面图到一旁，整理结果，如图17-262所示。

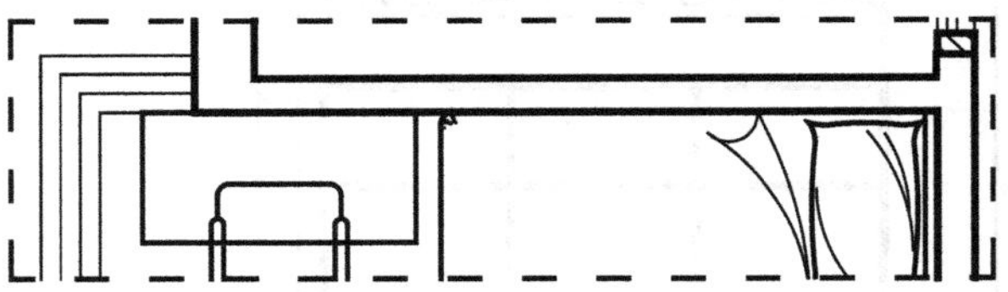

图 17-262 整理图形

Step 02 绘制外框墙体。调用XL【构造线】命令，沿截面图绘制构造线，并调用O【偏移】命令，按照该户型层高将下边线向上偏移2880，如图 17-263所示。

Step 03 绘制贴砖层和立面墙体。调用TR【修剪】命令，修剪线段，并调用O【偏移】命令，绘制小孩房地面贴砖层和立面墙体部分，如图 17-264所示。

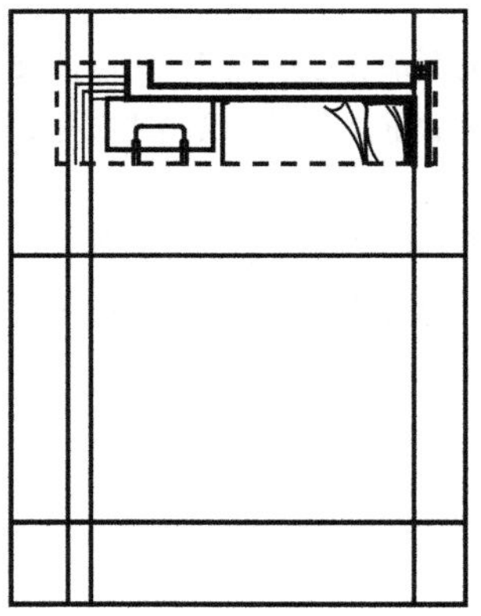

图 17-263 绘制外框墙体

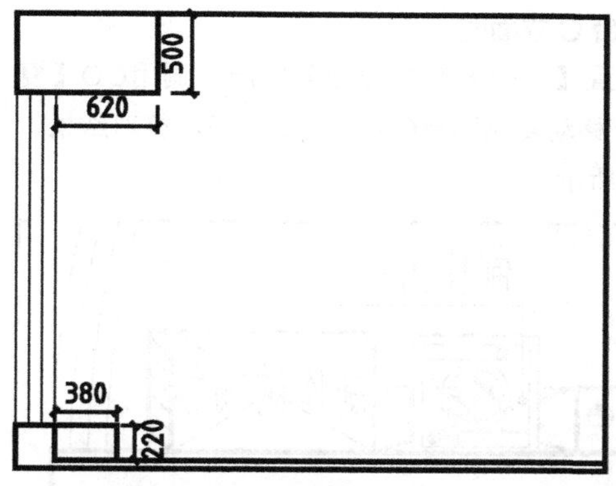

图 17-264 绘制贴砖层和立面墙体

Step 04 填充地面贴砖层和立面墙体。调用H【填充】命令，对地面贴砖层进行图案为SOLID、填充颜色为250的图案填充，如图 17-265所示。

Step 05 绘制石膏顶角线和踢脚线。调用O【偏移】命令，将矩形上边线线段向下偏移80，矩形下边线向上偏移100。并调用CO【复制】命令，复制石膏顶角线到立面吊顶图中，执行L【直线】命令，完善石膏顶角线的绘制，如图 17-266所示。

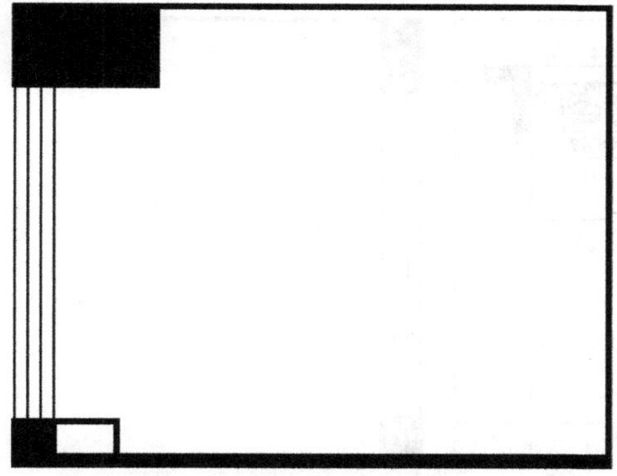
图 17-265 填充地面贴砖层和立面墙体

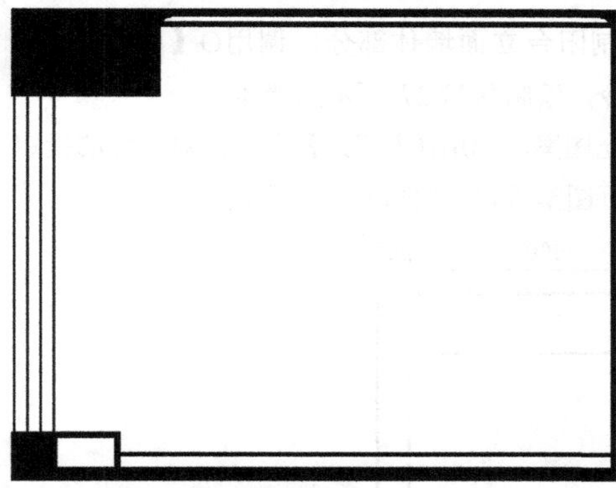
图 17-266 绘制石膏顶角线和踢脚线

Step 06 绘制小孩房窗户部分。调用O【偏移】、L【直线】TR【修剪】命令，按照图 17-267所示尺寸绘制图形。

Step 07 绘填充图案。调用H【填充】命令，对窗户、暗藏窗帘盒和大理石台版进行填充，如图 17-268所示。

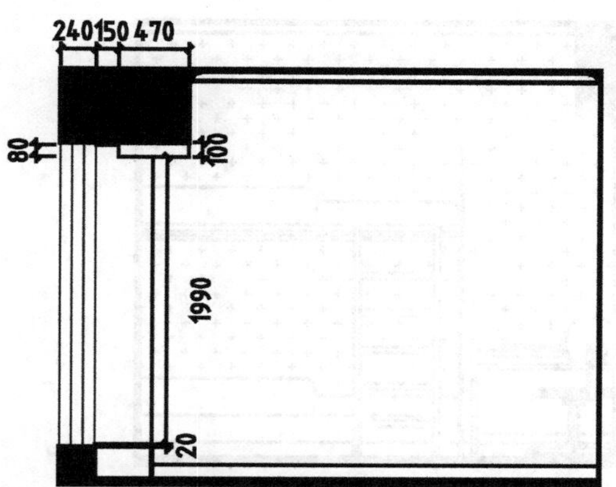

图 17-267 绘制小孩房窗户部分

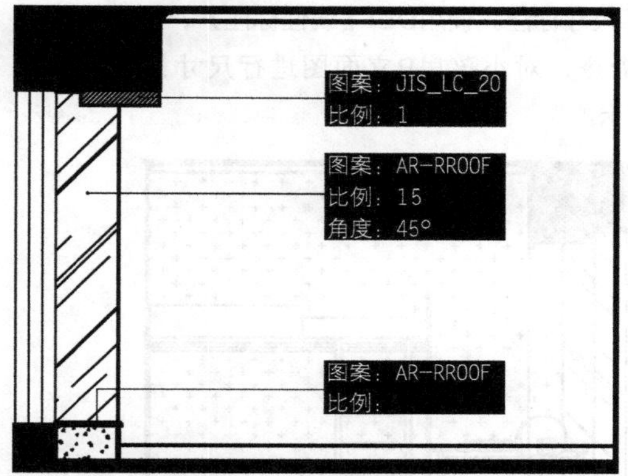

图 17-268 填充图案

Step 08 插入图块。调用I【插入】命令，将“第17章\17.11.3立面书桌、高低床.dwg”图块插入至小孩房B立面图中的合适位置，并调用TR【修剪】命令，修剪多余的线段，如图 17-269所示。

Step 09 填充墙面。调用H【填充】命令，对小孩房B立面墙面进行CROSS、比例15图案填充，如图 17-270所示。

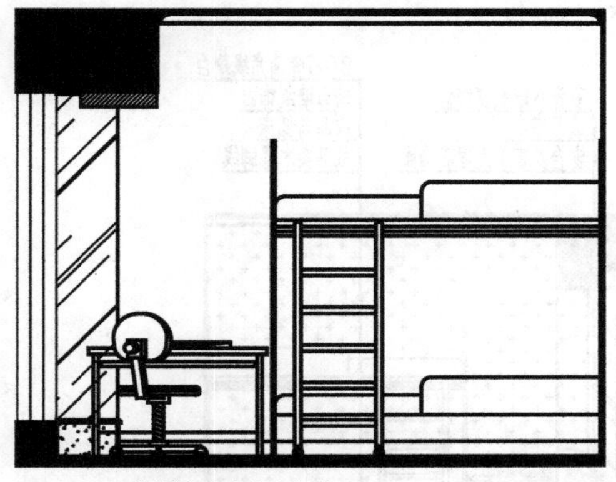
图 17-269 绘制小孩房窗户部分

图 17-270 填充图案

Step 10 尺寸标注。调用DLI【线性标注】、DCO【连续标注】命令，对小孩房B立面图进行尺寸标注，如图17-271所示。

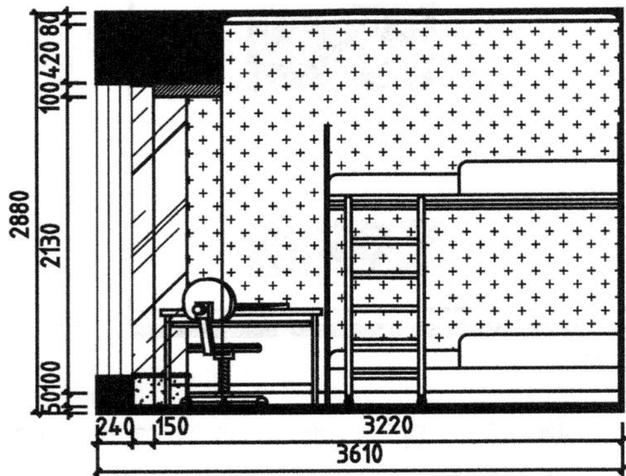

图 17-271 尺寸标注

Step 11 材料说明。调用LE【引线】、MT【多行文字】命令对小孩房B立面图进行文字材料说明标注。

Step 12 图名标注。调用MT【多行文字】、PL【多线】命令，绘制图名标注，小孩房B立面图最终效果如图17-272所示。

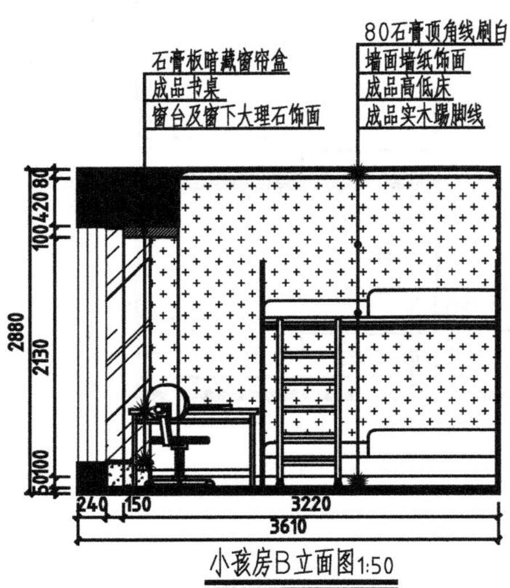

图 17-272 小孩房 B 立面图

2 绘制阳台 C 立面图

Step 01 设置【其他】图层为当前图层。调用CO【复制】命令，移动复制阳台C平面图到一旁，整理结果，如图17-273所示。

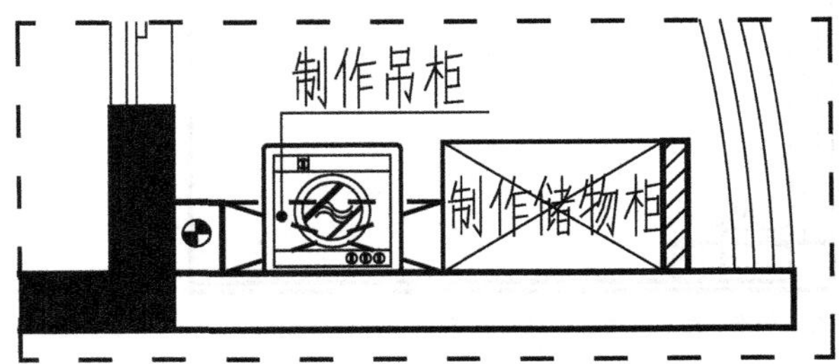

图 17-273 整理图形

Step 02 绘制外框墙体。调用XL【构造线】命令，沿截面图绘制构造线，并调用O【偏移】命令，按照该户型层高将下边线向上偏移2880，如图 17-274所示。

Step 03 绘制地面贴砖层和立面墙体。调用TR【修剪】命令，修剪线段，并调用O【偏移】命令，绘制阳台地面贴砖层和立面墙体部分，并调用H【填充】命令，对指定区域进行SOLID、颜色为250图案填充，如图 17-275所示。

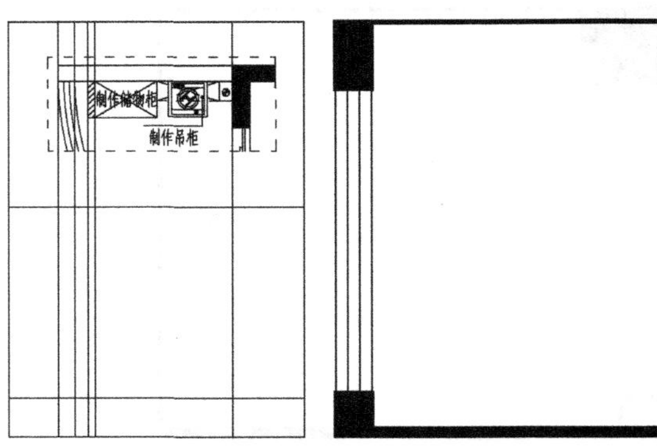
图 17-274 绘制外框墙体　　图 17-275 填充图案

Step 04 绘制阳台立面墙体部分。调用O【偏移】、L【直线】命令，绘制图 17-276所示的墙体。

Step 05 填充图案。调用H【填充】命令，对墙体的指定区域分别进行图案填充，如图 17-277所示。

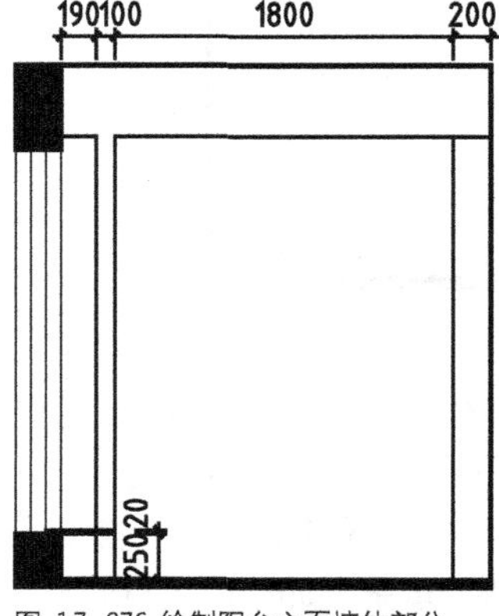

图 17-276 绘制阳台立面墙体部分

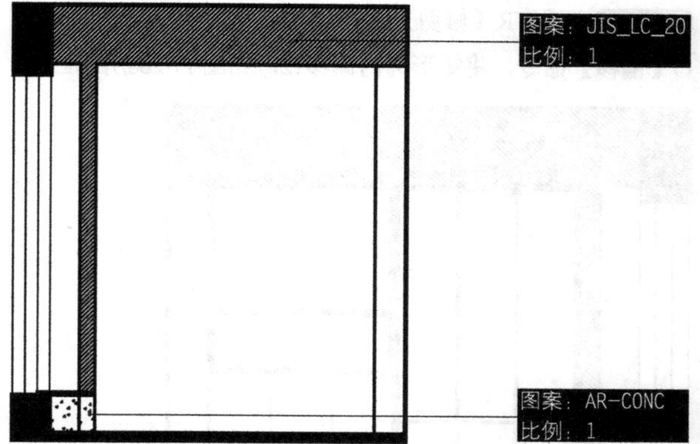

图 17-277 填充图案

Step 06 绘制储物柜和吊柜外框线。调用O【偏移】、L【直线】、TR【修剪】命令，绘制储物柜和吊柜外框线，如图17-278所示。

Step 07 绘制储物柜内架图。调用O【偏移】、L【直线】、TR【修剪】等命令，绘制储物柜内架图，如图17-279所示。

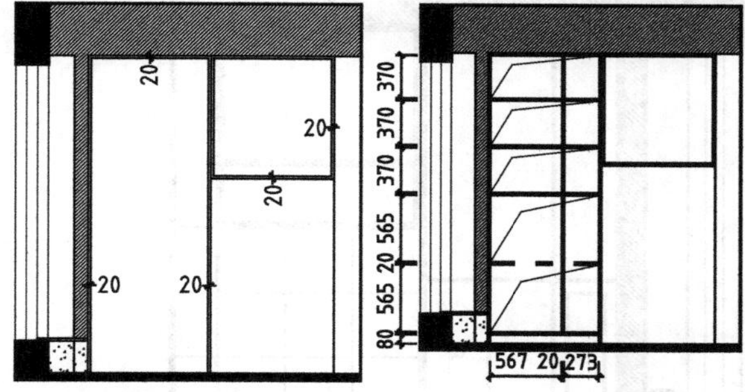

图 17-278 绘制储物柜和吊柜外框线图 17-279 绘制储物柜内架图

Step 08 绘制吊柜内架图。调用O【偏移】、L【直线】、TR【修剪】命令，绘制吊柜内架图，如图 17-280所示。

Step 09 绘制阳台贴砖层。调用H【填充】命令，对阳台指定区域进行"用户自定义"、双向、比例为300的图案填充，如图17-281所示。

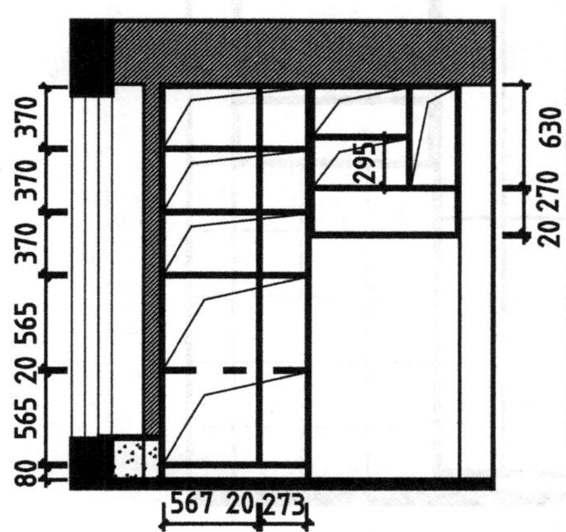

图 17-280 绘制吊柜内架图

图 17-281 绘制阳台贴砖层

设计点拨

在绘制储物柜时，要根据人体工程学和人的收纳习惯，由于储物柜可能要收纳大件物品，所以最下层设计了可活动层板。阳台通常贴1500mm高墙砖防水。

Step 10 尺寸标注。调用DLI【线性标注】、DCO【连续标注】命令，对阳台C立面内架图进行尺寸标注，如图17-282所示。

Step 11 材料说明。调用LE【引线】、MT【多行文字】命令，对阳台C立面图材料进行文字材料说明标注，如图17-283所示。

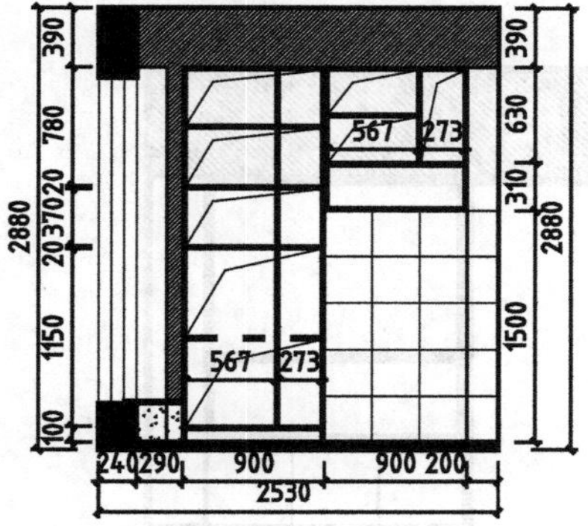

图 17-282 尺寸标注

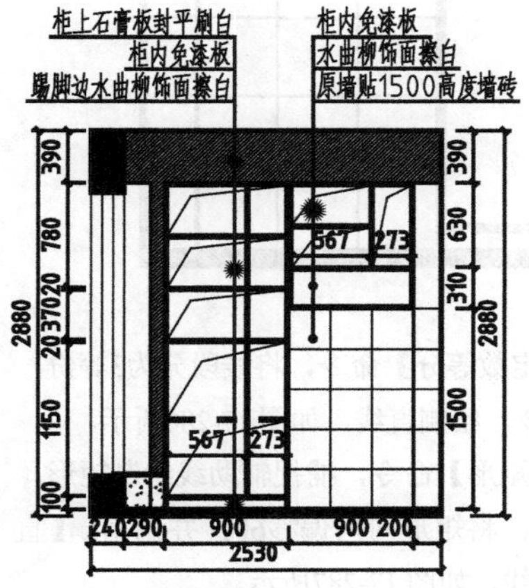

图 17-283 材料说明

Step 12 图名标注。调用MT【多行文字】、PL【多线】命令，绘制图名标注，阳台C立面图内架图最终效果如图17-284所示。

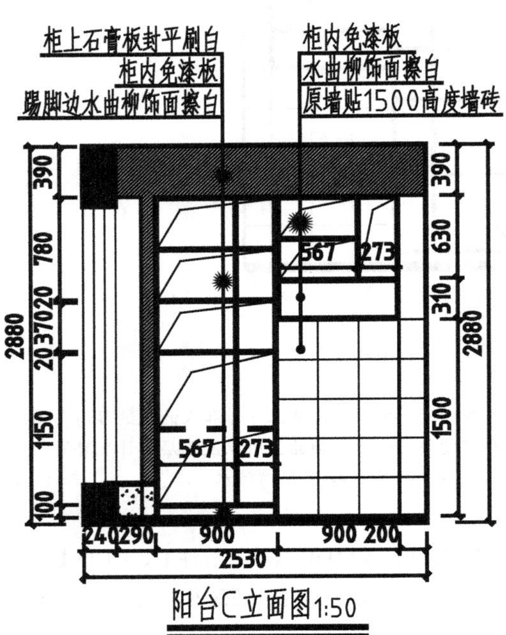

图 17-284 阳台C立面图内架图

Step 13 绘制储物柜立面图。调用CO【复制】命令，将内架图复制一份，并删除内架图中多余的图形，如图17-285所示。

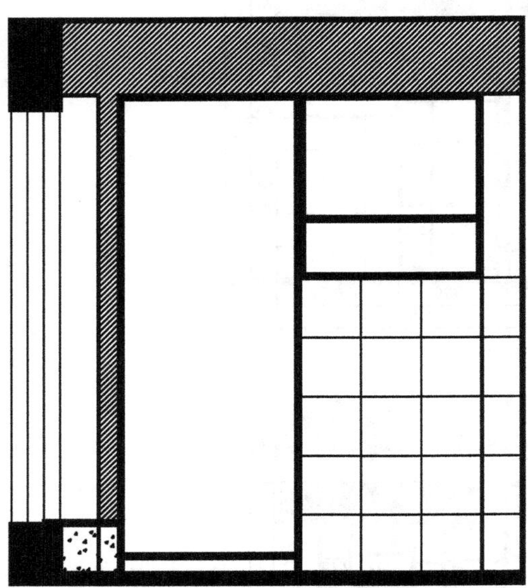

图 17-285 整理图形

Step 14 调用DIV【定数等分】命令，将线段分为3等份，并调用L【直线】命令，绘制直线，如图17-286所示。

Step 15 调用REC【矩形】命令，捕捉辅助线绘制矩形，调用O【偏移】命令，将矩形向内偏移60，并调用L【直线】命令，绘制辅助线，如图17-287所示。

Step 16 调用TR【修剪】命令，修剪多余的线段，并调用O【偏移】命令，将矩形向内偏移12，如图17-288所示。

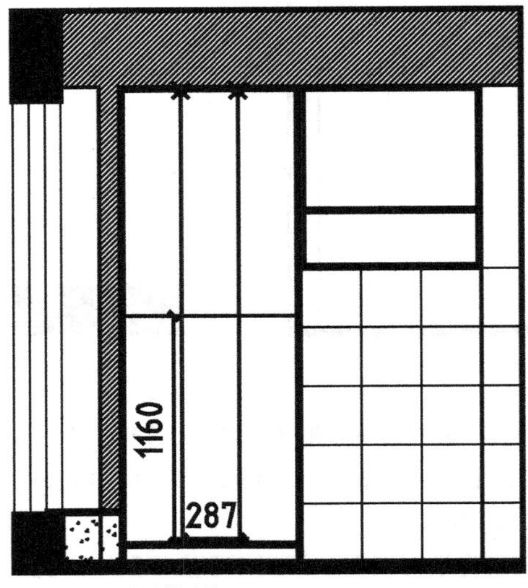

图 17-286 绘制辅助线

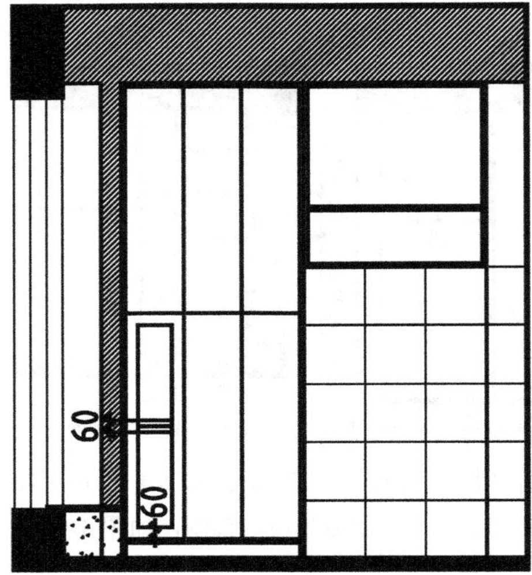

图 17-287 绘制辅助线

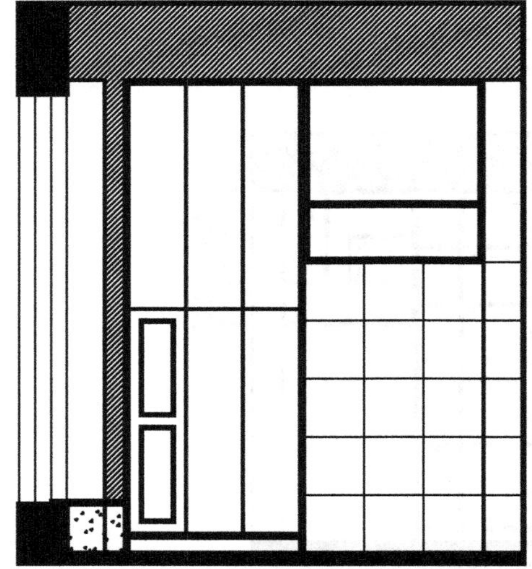

图 17-288 偏移矩形

Step 17 调用L【直线】命令，绘制矩形对角线，并调用CO【复制】命令，将柜门复制至合适的位置，如图17-289所示。

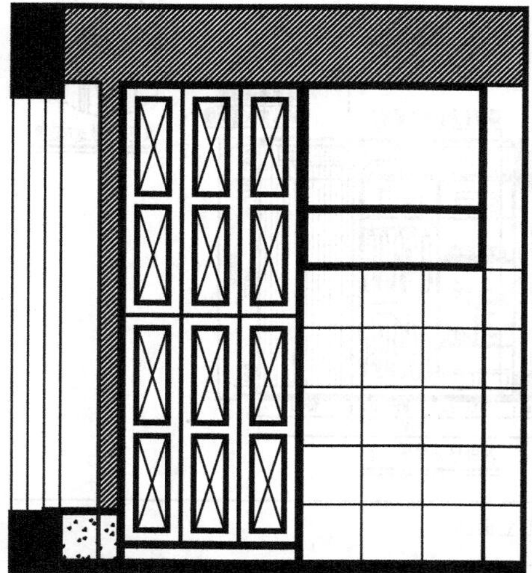

图 17-289 复制图形

Step 18 调用CO【复制】命令，将鞋柜拉手图块复制至储物柜合适的位置，如图 17-290所示。

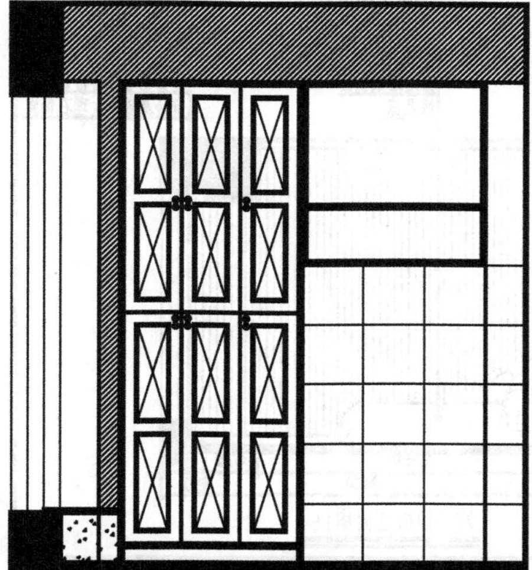

图 17-290 插入拉手图块

Step 19 绘制吊柜立面图。同理可绘制吊柜柜门，如图17-291所示。

Step 20 尺寸标注。调用DLI【线性标注】、DCO【连续标注】命令，对阳台C立面内架图进行尺寸标注，如图17-292所示。

Step 21 材料说明。调用LE【引线】、MT【多行文字】命令，对阳台C立面图进行文字材料说明标注。

Step 22 图名标注。调用MT【多行文字】、PL【多线】命令，绘制图名标注，阳台C立面图最终效果如图17-293所示。

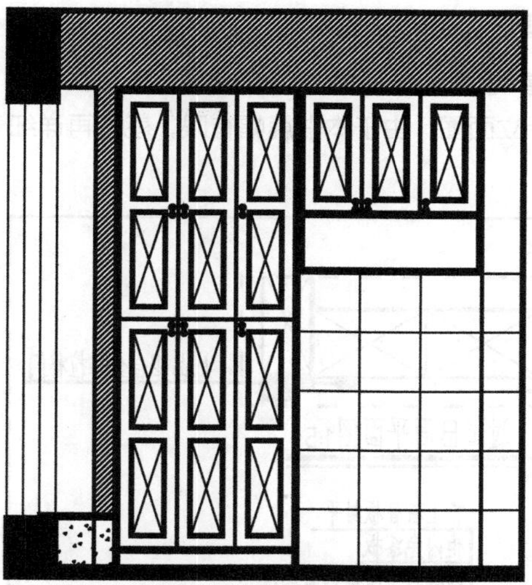

图 17-291 绘制吊柜立面图

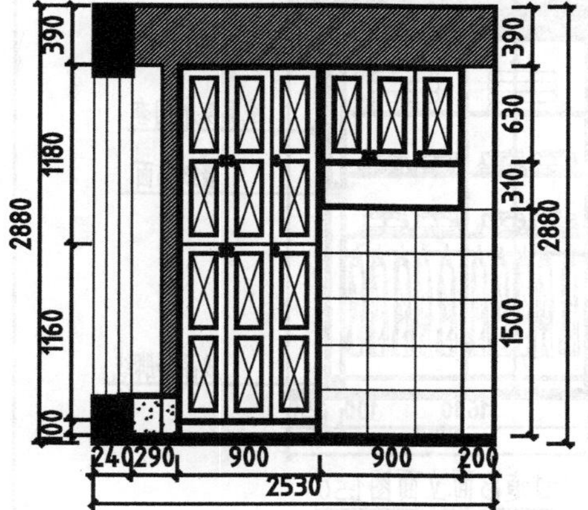

图 17-292 尺寸标注

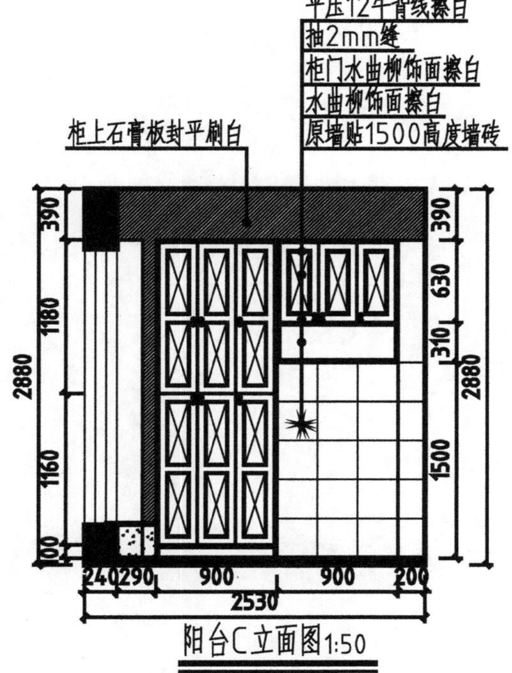

图 17-293 阳台 C 立面图

17.9.4 参考立面图绘制

请读者参考前面讲解的方法绘制图 17-294~ 图 17-296 所示立面图，由于本书篇幅有限，就不再详细讲解。

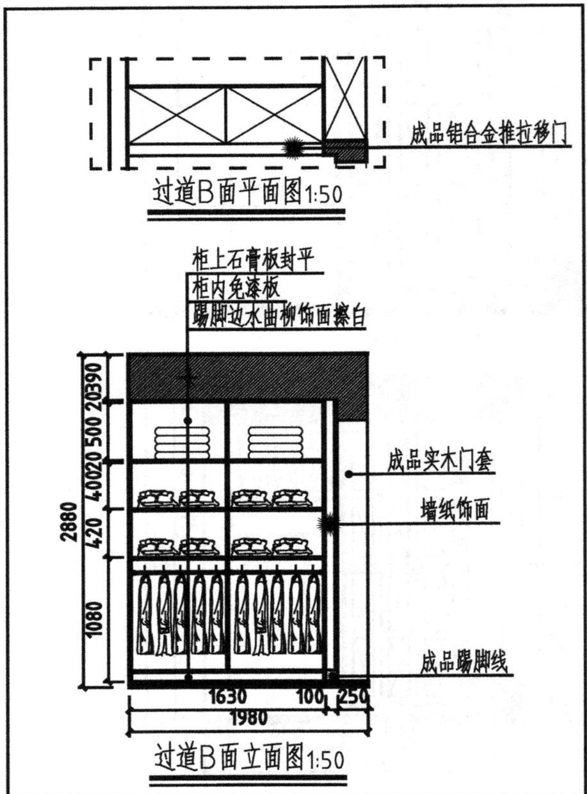

图 17-294 过道 B 立面图

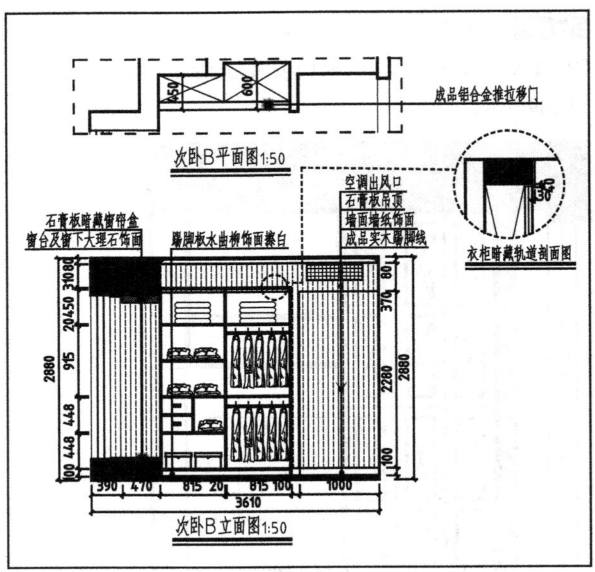

图 17-295 次卧 B 立面图

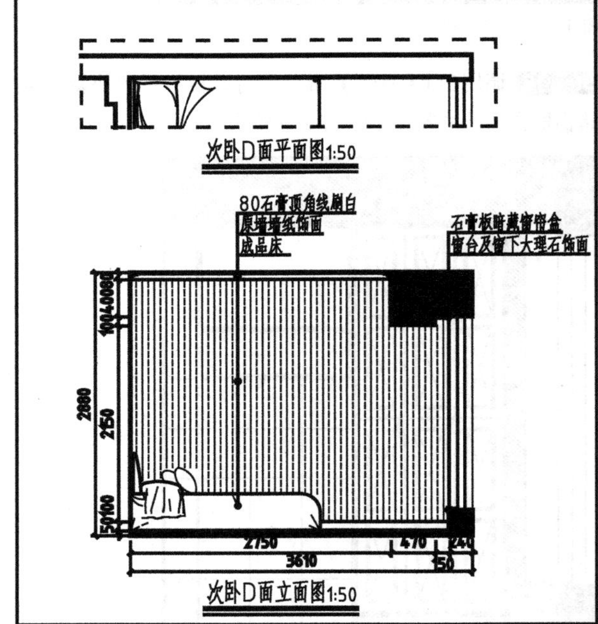

图 17-296 次卧 D 立面图

第 18 章 欧式别墅室内设计

欧式室内风格是常见的室内设计风格，因其宽敞、大气、华丽而广受人们的喜爱，它强调华丽的装饰、浓烈的色彩、精美的造型达到雍容华贵的装饰效果。入厅口处多竖起两根豪华的罗马柱，室内则有真正的壁炉或假的壁炉造型；墙面用壁纸，或选用优质乳胶漆，以烘托豪华效果；欧式客厅顶部喜用大型灯池，并用华丽的枝形吊灯营造气氛；门窗上半部多做成圆弧形，并用带有花纹的石膏线勾边；客厅用家具和软装饰来营造整体效果，深色的橡木或枫木家具、色彩鲜艳的布艺沙发，都是欧式客厅里的主角。还有浪漫的罗马帘、精美的油画、制作精良的雕塑工艺品，这些都是点染欧式风格不可缺少的元素。

本章以欧式风格别墅为例，介绍绘制欧式风格别墅室内设计施工图的方法。

18.1 别墅室内设计概述

别墅建筑室内设计并不只是对别墅建筑室内的形式和风格的设计，更是一种文化语言的表达。而这种表达的传递，需要通过别墅的整体设计，以此体现对生活品位和生活方式的诉求。

18.1.1 别墅设计基本介绍

别墅是一种带有诗意的住宅、一种身份的象征。它代表着人类居住的理想环境。别墅室内设计体现的是具有极致细节的美好家居，是专业设计师的用心之作。在于空间比例的把握，稳重大气，高雅，不浮华，是主人身份的象征。别墅作为一个独特的设计作品，可以说是独一无二，就像主人的性格一样，具有一种高品质的生活典范。

别墅设计力求通过把握、处理别墅外观、间距、绿化、景观和外立面与周边环境的整体别墅关系，发掘出别墅的个性需求和人性的需求，并与自身品位相符。个性需求不再仅仅是功能上的需求，更为注重的是精神上的需求，是被价值认同的层面上的需求。因此，别墅产品需要能够彰显主人的艺术品位及个性。在别墅的整体设计解决方案中，设计师的艺术形式能表达彰显客户所需要的风格，设计师更应该通过对别墅建筑室内的设计来改造人，创造新的生活方式。

◎ 别墅空间形态

拥有自由、延伸、开放的空间才能满足人类最重要的需求——空间感。别墅空间的处理是可以被感知的、符合一定形式美规律的。但如何把形式美的东西上升为具有艺术性的事物，不仅需要了解别墅空间形态的可塑性，更需要我们对空间进行缜密细致的分析和推敲。图 18-1 所示为别墅室内效果图。

◎ 别墅景观设计

园林景观是别墅建筑室内设计中必须考量的项目，园林景观讲究形式与风格、造园材料、功能、色彩、线条等从整体到局部的贯穿性。园林景观的意境简单、和谐、韵律是设计师要遵循的原则。天然的装饰品、自然木材、绿植、自然山石、池、流水等也都是园林景观空间装饰的元素。图 18-2 所示为别墅园林景观。

图 18-1 别墅空间形态

图 18-2 别墅园林景观

18.1.2 别墅各功能区的设计

别墅空间主要划分为五大功能区。

◆ 礼仪区：入口（玄关）、起居室、过廊、餐厅等。

◆ 交往区：早餐室、厨房、家庭室、阳光室等。

◆ 私密区：主卧、次卧、儿童房、客人房、卫生间、书房等。

◆ 生活区：洗衣间、储藏室、壁橱、步入式衣橱、车库、地下室、阁楼、健身房、佣人房等。

◆ 室外区：外立面、前院、后院、平台等。

下面，介绍各功能区的设计要点。

1 礼仪区——客厅和起居室

现代的一般性住宅设计都要求“三大一小”，即大起居室、大厨房、大卫生间和小卧室，说明起居室在现代生活中的地位越来越重要。在别墅和中高档住宅中，起居室或客厅更能彰显主人的身份与文化。面积不大的

别墅和住宅的起居室与客厅是合二为一的，统称为生活起居室，作为家庭活动及会客交往的空间。中档以上的别墅或住宅往往设有两套日常活动的空间：一套是用于会客和家庭活动的客厅，另一套是用于家庭内部生活聚会的空间——家庭起居室。

客厅或生活起居室应有充裕的空间、良好的朝向。独院住宅客厅应朝向花园，并力求使室内外环境相互渗透。当只有一个生活起居室时，其位置多靠近门厅部位。若另有家庭活动室，则多设在靠近后面比较隐蔽的地方并接近厨房，利于家庭内部活动并方便餐饮。面积较小的住宅，为了扩大起居空间，往往把起居室与餐厅合二为一，或者是二者空间相互渗透。

图 18-3 与图 18-4 所示为别墅客厅和起居室的设计效果。

图 18-3 客厅

图 18-4 起居室

2 交往区——厨房和餐厅

厨房在现代住宅中的地位越来越受到重视，厨房对于中式烹饪的重要意义是不言而喻的。西餐厨房与餐厅空间的连通方式可分、可连、可合。

中餐厨房因油烟较大，一般是以分隔为好，可以用透明的橱窗或厨柜分隔。就餐空间随着住宅档次和面积的不同有多种形式。

◆形式一：就餐空间与厨房合二为一。

◆形式二：就餐空间与生活起居室合二为一，占据起居室的一个角落。

◆形式三：设独立的餐厅。

◆形式四：设两套就餐空间：一套为正式餐厅，靠近客厅，其家具摆设比较讲究；另一套为早餐室，与厨房连通，平常的家庭用餐多在此进行，以减少整理房间的麻烦。

◆形式五：在起居室或餐厅附近另设吧台，既可作为独立的冷热饮空间，又是室内环境一个引人注目的亮点。

图 18-5 与图 18-6 所示为别墅厨房和餐厅的设计效果图。

图 18-5 厨房

图 18-6 餐厅

3 私密区——卧室及卫生间

卧室主要有主卧室和次卧室，随着规模和档次的提高相应增设佣人房、客人卧室等。大多数住宅设有 3~4 间卧室。如住宅是二层楼房，则卧室多设于二层。佣人房则宜设于底层，并与厨房靠近或连通。无论是否有佣人，在条件可能时，底层至少设一间卧室，既可作为客人卧室，也可供家中老人或其他成员上楼不方便时使用。

除了客厅、起居室，别墅或住宅的档次主要还反映在主卧上。主卧的面积应比较宽裕，有条件的还可在卧室中增加起居空间。主卧室一般应有独立的、设施完善的卫生间（一般包括坐式便池、洗脸台、淋浴器及浴盆 4 件基本设备）。浴室应力求天然采光，可采用天窗采光，也可将浴池布置在可以看到外景的地方。底层的浴室窗户可开向私人的内院。主卧室还应有较多的衣橱或衣柜，有些还带步入式衣橱。

两个或三个卧室可以共用一个卫生间，为了提高卫生间的使用效率，还可以将浴盆、洗脸台和卫生间分隔成 3 个空间，同时供 3 个人使用。客房应有独立的卫生间，其中有浴盆、洗脸台、坐便器 3 件设备。佣人房也应有独立的卫生间，一般设脸盆和坐便器两件设备，或者再加一个淋浴器。盥洗室内往往设置化妆台，有的布置两个洗脸台，夫妇可以同时使用。

图 18-7 与图 18-8 所示分别为别墅卧室和卫生间的设计效果。

图 18-7 卧室

图 18-8 卫生间

4 生活区——楼梯间和佣人房

有的别墅或住宅设有辅助出入口，并多与厨房、佣人房、洗衣房等相连，这样一来，佣人的出入、杂务操作可避开前厅和客厅。楼梯的布置也因主人的习惯、爱好不同而有不同的模式。国外多数独立住宅的楼梯间相对独立，上下楼的客人出入不穿越客厅或起居室，可保障起居室或客厅的安宁。

还有的设计是将楼梯置于起居室或客厅之中，使之成为亮点，别有一番情趣。楼梯间的位置固然应考虑楼层上、下出入的交通方便，但也需注意少占朝向好的空间，保障主要房间（如起居室、主要卧室等）有良好的朝向。由于别墅或独立住宅层高多在 3 米左右，往往采用一跑楼梯。这样的处理，既可节省交通面积，又可从入口门厅直上到二层的中心部位，很方便地通向四周的使用房间，是采用较多的一种方式。有时还采用弧形的一跑楼梯。

图 18-9 所示为别墅楼梯间的设计效果。

5 室外区——门厅

南方的小型别墅或住宅往往不单设门厅，多数是与楼梯间结合，也有的是与起居室结合。但不管是否专设门厅，均需考虑外出时外衣更换、雨具存放、拖鞋更换，以及整衣镜等有关设施的安置问题。

日本及北美的一些住宅往往在进门处的室内有一小块地面低一些、供换鞋之后再上一步台阶进入干净的地面。北方地区冬季寒冷，朝北的入口应设两道门。

图 18-10 所示为别墅门厅的设计效果。

图 18-9 楼梯间

图 18-10 门厅

18.2 调用样板新建文件

本书第 14 章创建了室内装潢施工图样板，该样板已经设置了相应的图形单位、样式、图层等，后面图纸的绘制都可以直接在此样板的基础上进行会绘制。

Step 01 执行【文件】|【新建】命令，在弹出的【选择样板】对话框中选择“室内装潢施工图模板”，如图18-11所示。

图 18-11 【选择样板】对话框

Step 02 单击【打开】按钮，以样板创建图形，新图形中包含了样板中创建的图层、样式等内容。

Step 03 选择【文件】|【保存】命令，打开【图形另存为】对话框，在“文件名”文本框中输入文件名，单击【保存】按钮保存图形。

18.3 绘制别墅原始户型图

别墅原始户型图主要表达房屋的框架结构，以及门窗洞口的位置、尺寸、房屋的开间和进深、各功能区的大概划分情况等。设计师现场量完别墅后所绘制的原始户型图是对房屋进行设计、改造的重要依据。墙体的拆除和重建，功能区的重新划分，门窗洞口位置，以及尺寸的更改等重要信息，都需要在原始户型图上进行标识，以为别墅施工制定依据。图 18-12 与图 18-13 分别为别墅一、二层原始结构图，下面详细讲解绘制方法。

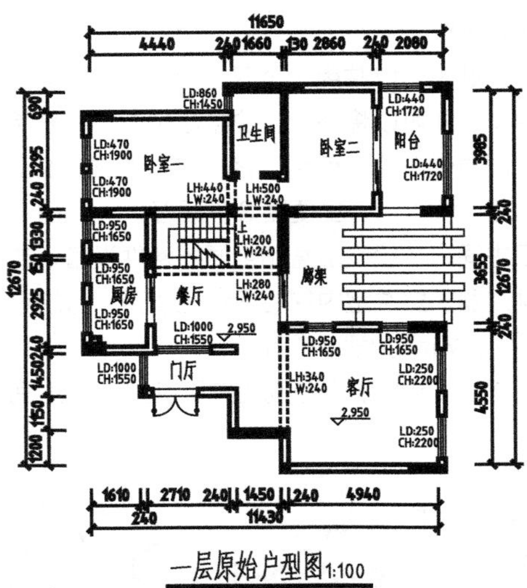

图 18-12 别墅一层原始户型图

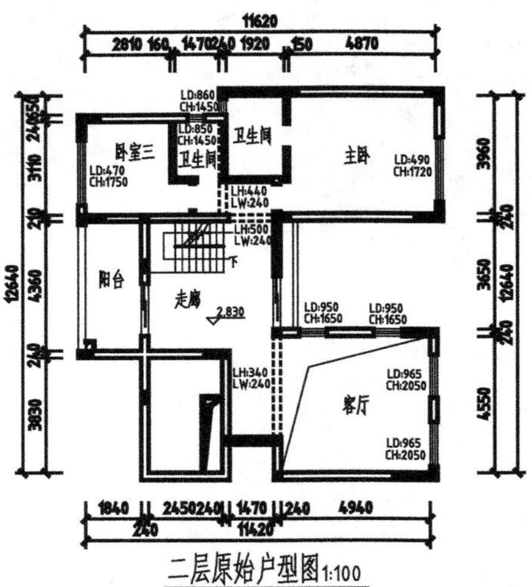

图 18-13 别墅二层原始户型图

18.3.1 绘制别墅一层轴线

轴线为墙体定位提供了重要的依据。绘制轴线主要调用 L【直线】、O【偏移】等命令。

Step 01 将“轴线”图层置为当前层。绘制轴线。调用L【直线】命令，绘制相互垂直的直线，如图 18-14所示。

Step 02 偏移轴线。调用O【偏移】命令，偏移垂直直线和水平直线，如图 18-15所示。

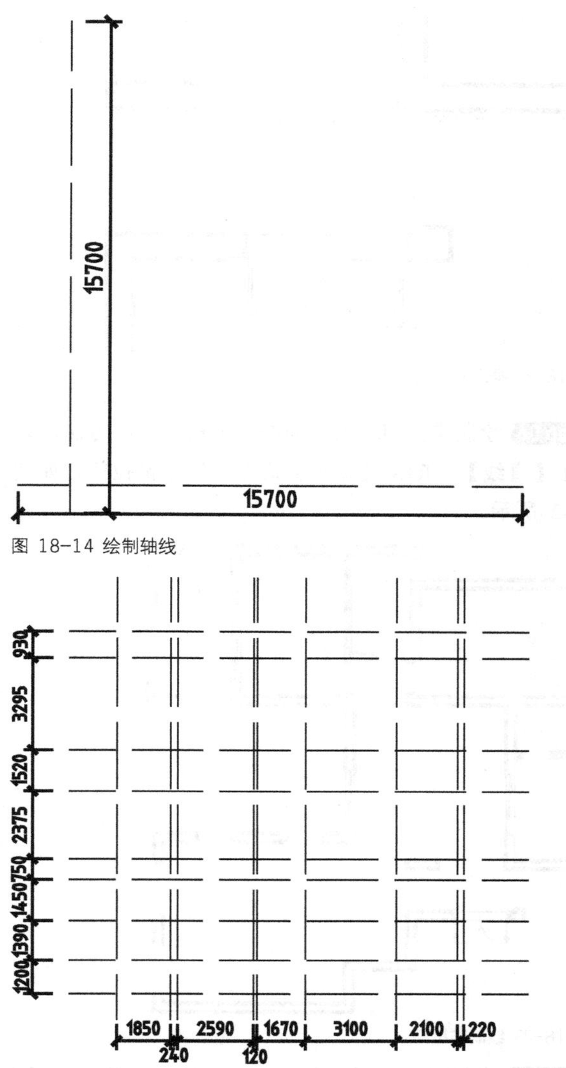

图 18-14 绘制轴线

图 18-15 偏移轴线

18.3.2 绘制别墅一层墙体

墙体组成房屋的框架，使之具有遮风避雨的功效。绘制墙体图形主要调用 ML【多线】、TR【修剪】、O【偏移】等命令。

Step 01 将“墙体”图层置为当前层。调用ML【多线】命令，设置多线的对正方式为“无”，比例为240，按照原始户型图绘制墙体，结果如图 18-16 所示。

Step 02 完善墙体绘制。调用X【分解】命令，分解多线。调用F【圆角】命令，默认圆角数值为0，闭合墙体，并调用TR【修剪】命令，修剪多余的线段，完善墙体绘制。并隐藏“轴线”图层，如图 18-17所示。

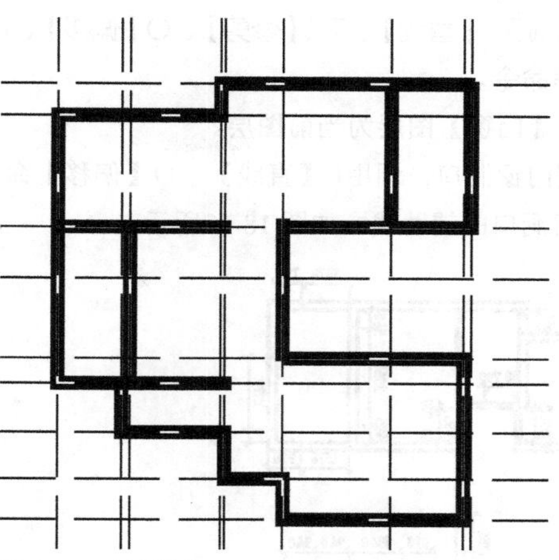

图 18-16 绘制墙体

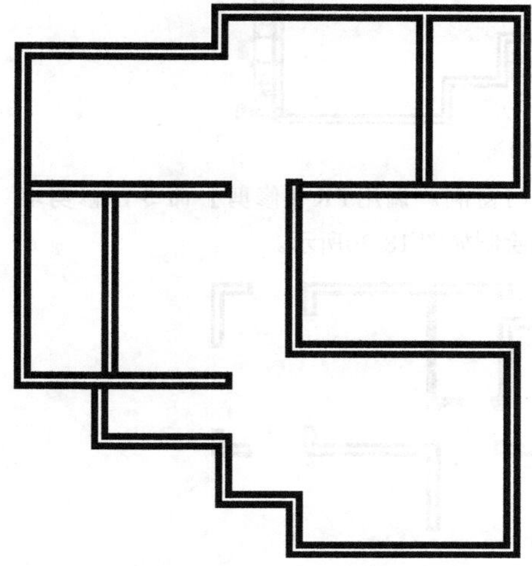

图 18-17 完善墙体绘制

Step 03 绘制其他墙体。调用O【偏移】、L【直线】命令，按照图18-18所示尺寸绘制墙体。

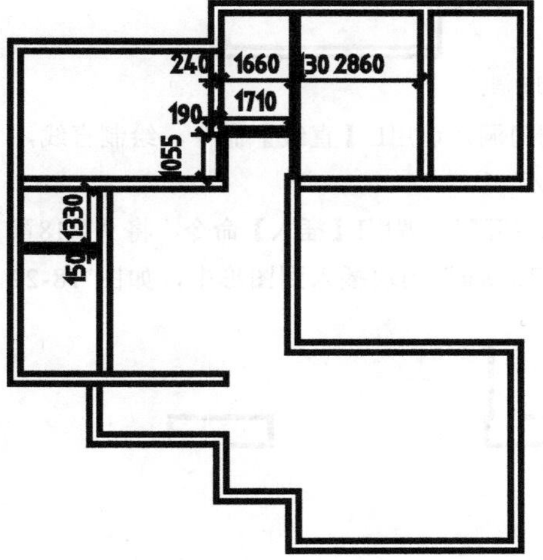

图 18-18 绘制其他墙体

18.3.3 绘制别墅一层门窗

门窗是房屋采光、通风必不可少的建筑构件。绘制门窗图形主要调用L【直线】、TR【修剪】、O【偏移】、I【插入块】等命令。

Step 01 设置【门窗】图层为当前图层。

Step 02 绘制门窗洞口。调用L【直线】、O【偏移】命令，绘制门窗洞口的辅助线，如图 18-19所示。

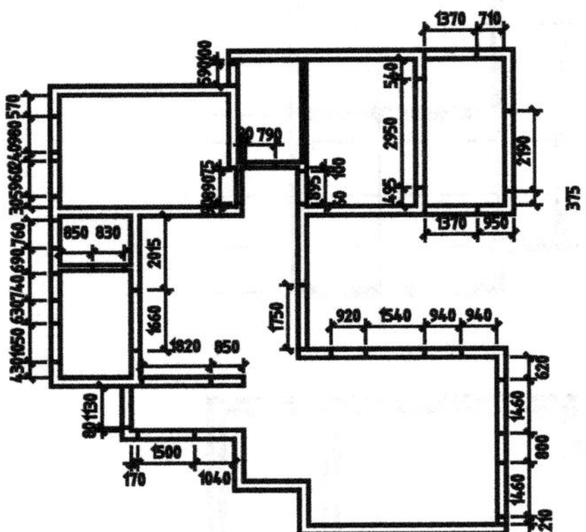

图 18-19 绘制门窗洞

Step 03 修剪门窗洞。调用TR【修剪】命令，修剪墙体，门窗洞的绘制如图 18-20所示。

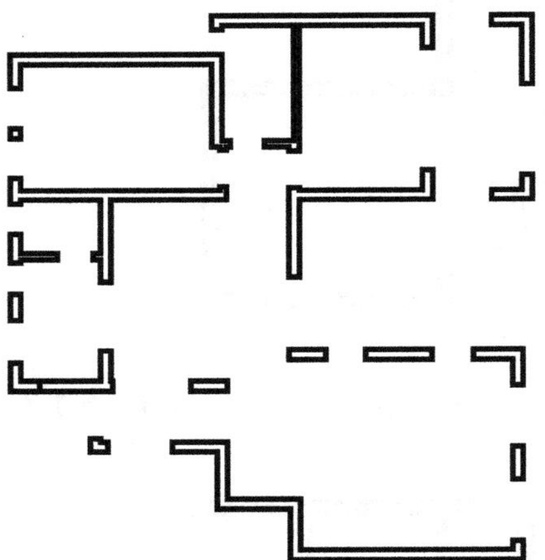

图 18-20 修剪门窗洞

Step 04 绘制门洞。调用L【直线】命令，绘制直线，如图 18-21所示。

Step 05 插入双开门。调用I【插入】命令，将“第18章\18.3.3双开门.dwg”图块插入到图形中，如图 18-22所示。

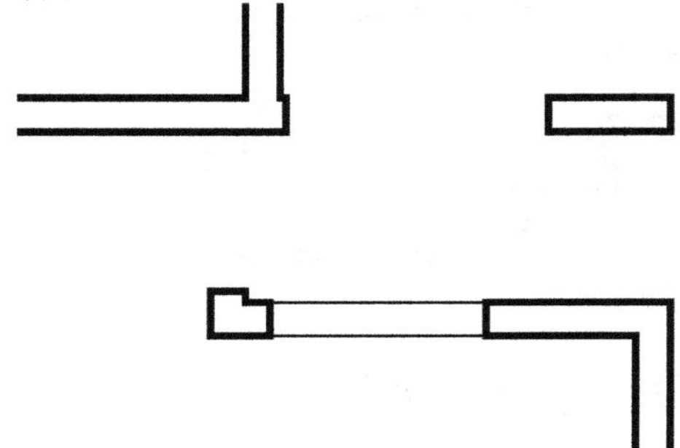

图 18-21 绘制门洞

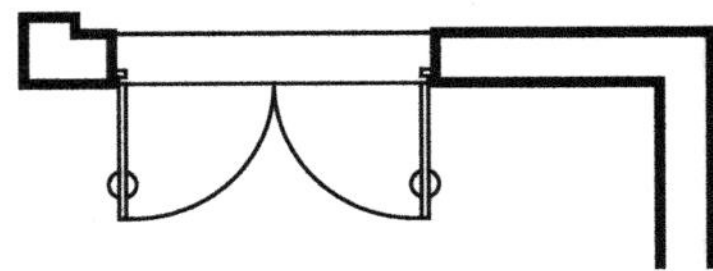

图 18-22 插入双开门

Step 06 绘制推拉门。沿用前面章节所介绍的方法，调用L【直线】、REC【矩形】命令，绘制推拉门，如图 18-23所示。

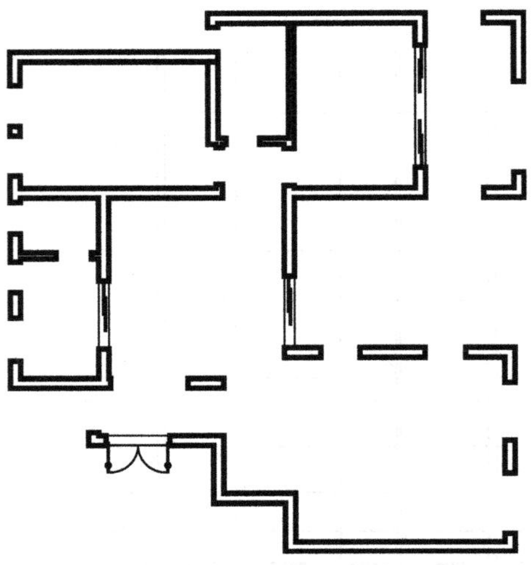

图 18-23 绘制推拉门

Step 07 绘制窗。沿用前面章节所介绍的方法，调用L【直线】、O【偏移】命令，绘制窗图形，如图 18-24所示。

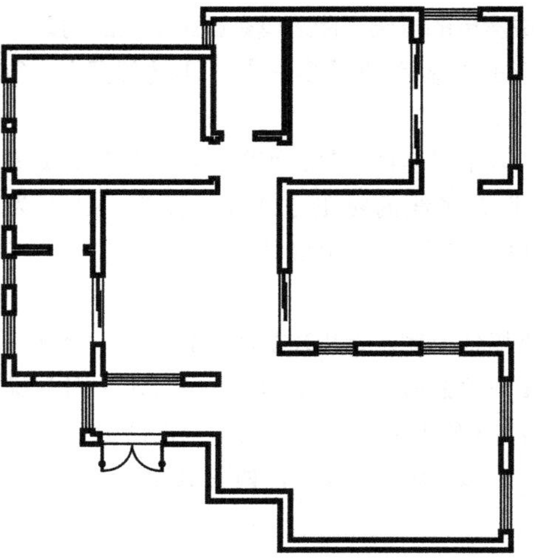

图 18-24 绘制窗

18.3.4 绘制别墅一层楼梯

别墅中设置了双跑楼梯，兼有休息平台和栏杆扶手。绘制楼梯图形主要调用O【偏移】、TR【修剪】、PL【多段线】、LE【引线】、DT【单行文字】等命令。

Step 01 设置【楼梯】图层为当前层。

Step 02 绘制栏杆。调用O【偏移】命令，偏移墙线，结果如图 18-25所示。

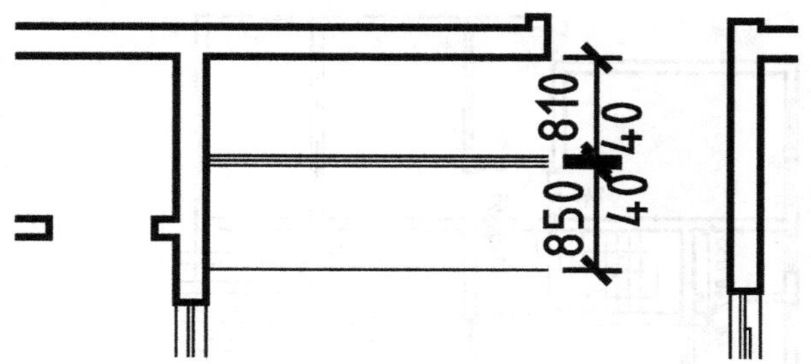

图 18-25 绘制栏杆

Step 03 绘制踏步。重复调用O【偏移】命令，偏移墙线，如图 18-26所示。

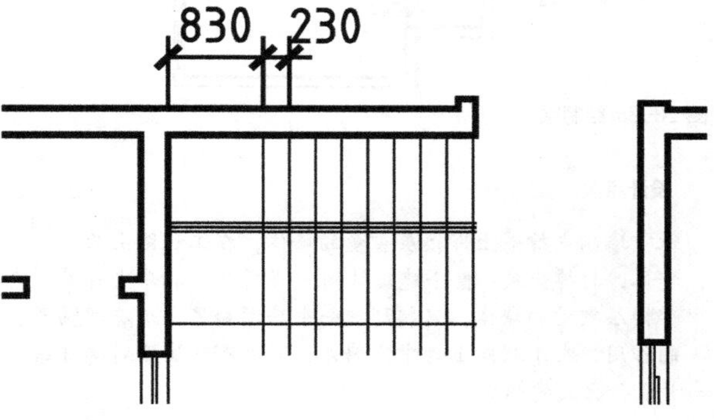

图 18-26 绘制踏步

Step 04 调用O【偏移】命令，将栏杆线段外各偏移40，如图 18-27所示。

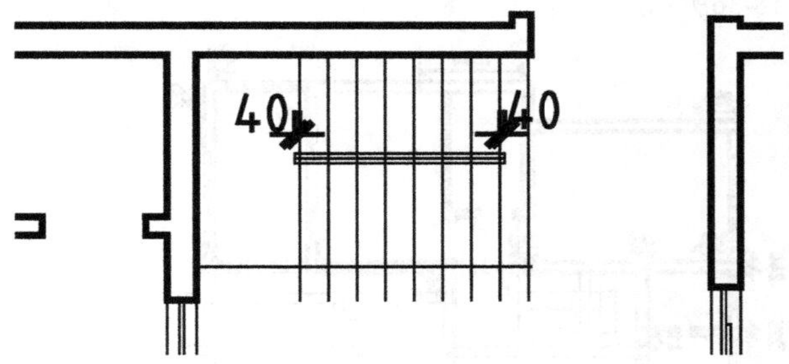

图 18-27 偏移线段

Step 05 调用F【圆角】命令，默认圆角数值为0，分别双击栏杆上下线段，默认圆角，并删除辅助线，延伸栏杆线段，如图 18-28所示。

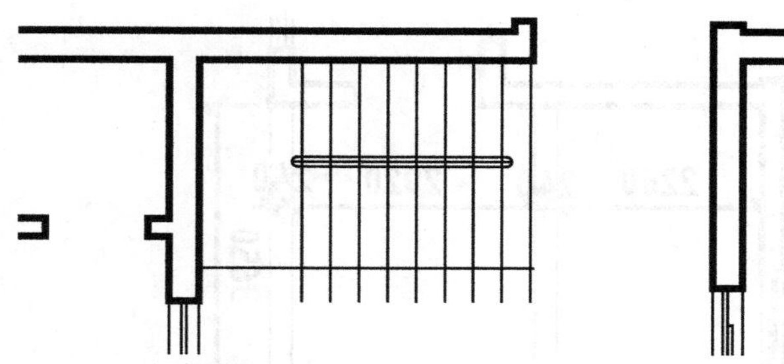
图 18-28 绘圆角栏杆线段

Step 06 调用PL【多线段】命令，绘制折线，并调用TR【修剪】命令，修剪多余线段，如图 18-29所示。

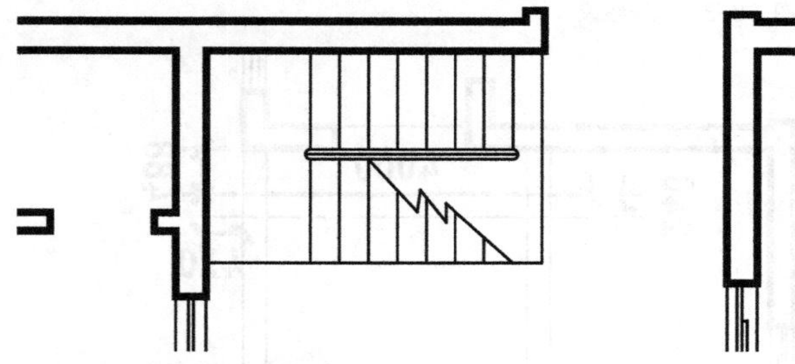
图 18-29 绘制折线并修剪线段

Step 07 调用LE【引线】命令，绘制楼梯引线示意图，并调用DT【单行文字】命令，标注文字，如所图 18-30所示。

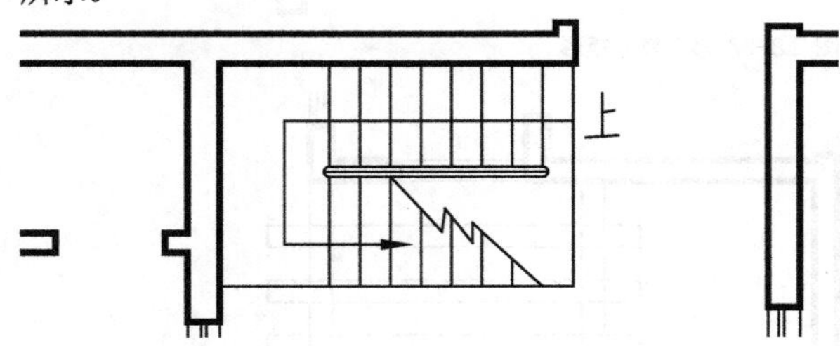

图 18-30 绘制楼梯引线

18.3.5 绘制别墅一层廊架

该户型别墅建筑中包含了廊架。廊架是供休息、景观点缀之用的建筑体，与自然生态环境和谐，又起到了美化景观与建筑作用。绘制廊架图形主要调用O【偏移】、REC【矩形】、CO【复制】等命令。

Step 01 调用O【偏移】命令，偏移墙线，如图 18-31所示。

Step 02 绘调用REC【矩形】命令，绘制一个尺寸为4000×240的矩形，并调用M【移动】命令，将矩形移动至图形指定位置，如图 18-32所示。

Step 03 调用AR【阵列】命令，选择矩形，根据命令行提示，选择R【矩形】选项，项目数为1，行数为5，角度为-608，绘制廊架，如图 18-33所示。

Step 04 调用TR【修剪】命令，修剪多余的线段，完善廊架的绘制，最终廊架绘制结果如图 18-34所示。

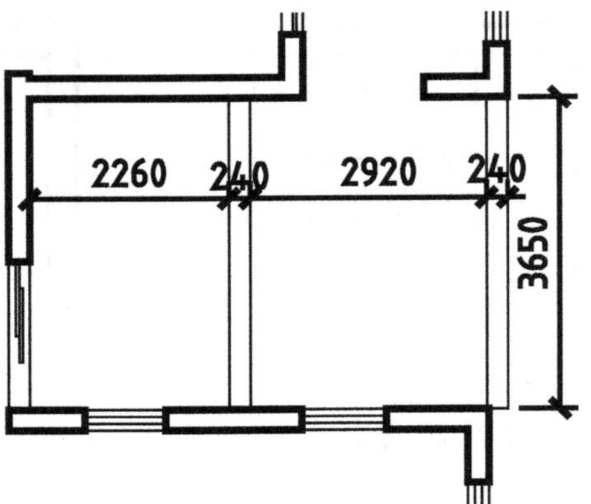

图 18-31 偏移线段

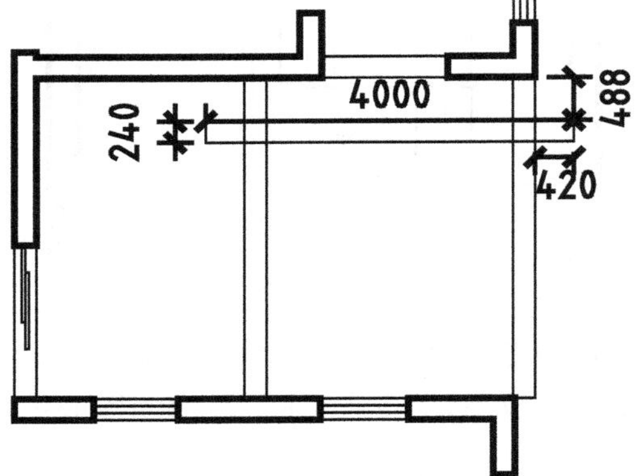

图 18-32 移动复制矩形

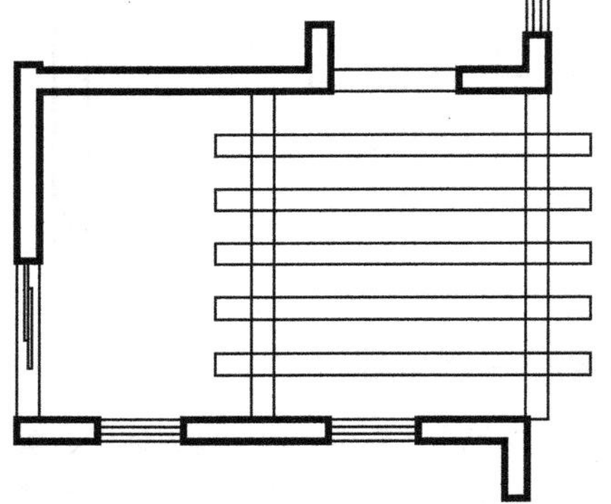

图 18-33 绘制廊架图形

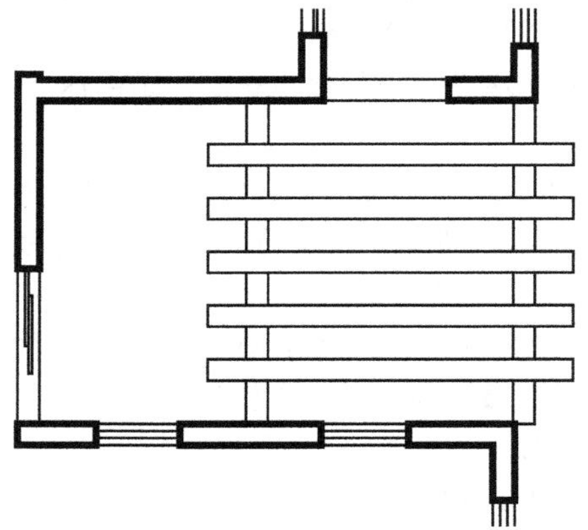

图 18-34 廊架最终绘制结果

18.3.6 绘制别墅一层梁和承重墙

梁作为房屋承重的一部分，也是顶棚平面图绘制的重要依据，绘制梁图形主要调用L【直线】、O【偏移】命令。

Step 01 设置【梁】图层为当前图层。调用L【直线】、O【偏移】命令，绘制梁，并改线型为DASH虚线，如图18-35所示。

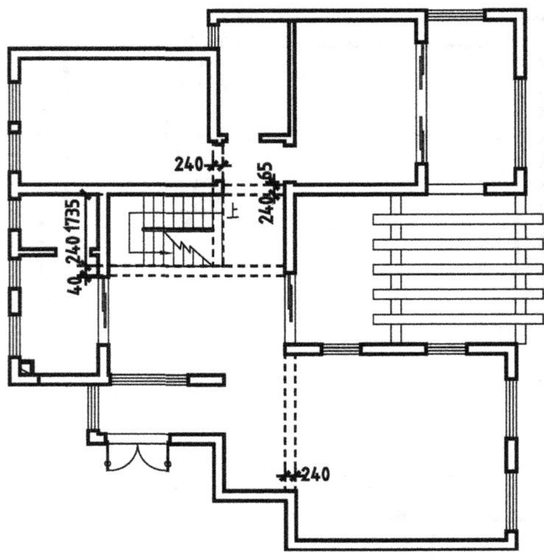

图 18-35 绘制梁

设计点拨

承重墙指支撑着上部楼层重量的墙体，在工程图上为黑色墙体，打掉会破坏整个建筑结构;非承重墙是指不支撑着上部楼层重量的墙体，只起到把一个房间和另一个房间隔开的作用，在工程图上为中空墙体，有没有这堵墙对建筑结构没什么大的影响。

Step 02 设置【填充】图层为当前图层。调用L【直线】命令，绘制承重墙区域，闭合承重墙体，如图18-36所示。

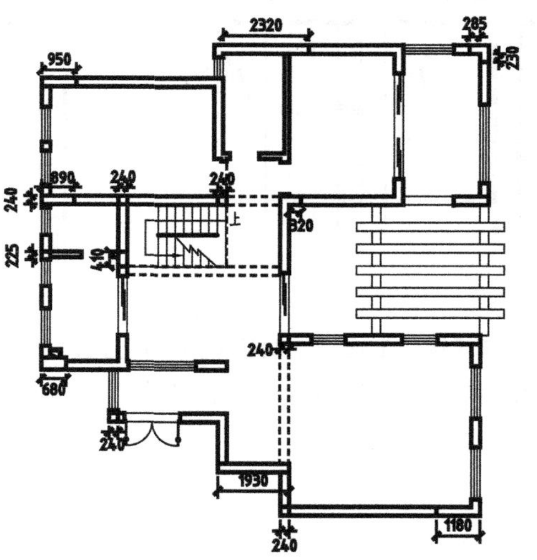

图 18-36 绘制承重墙区域

Step 03 调用H【填充】命令，对承重墙区域进行图案为SOLID的填充，设置填充颜色为250，如图18-37所示。

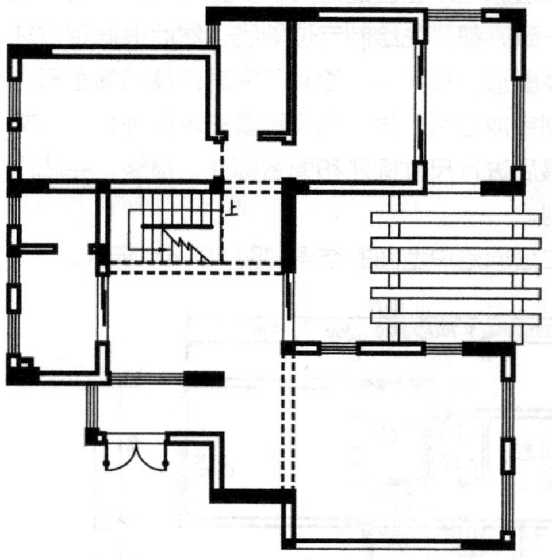

图 18-37 填充承重墙

18.3.7 文字说明

文字说明为明确表示房屋细节的尺寸，比如窗户、梁、层高等，还明确各功能区的划分。文字说明主要调用 MT【多行】文字命令。

Step 01 设置【文字标注】为当前图层，标识窗高。调用MT【多行文字】命令，窗户的高度用拼音缩写CH表示，窗到地面的高度用拼音缩写LD表示，在各窗户旁用文字将窗户和窗户离地的高度标识，如图 18-38 所示。

Step 02 标识梁。调用MT【多行文字】命令，梁下垂的距离用拼音缩写LH表示，梁的宽度用拼音缩写LW表示，在梁旁边用文字将梁下垂的距离标识，如图 18-39 所示。

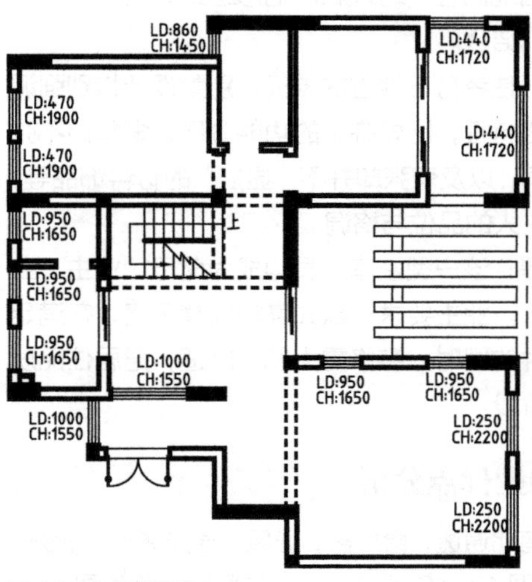

图 18-38 标识窗高

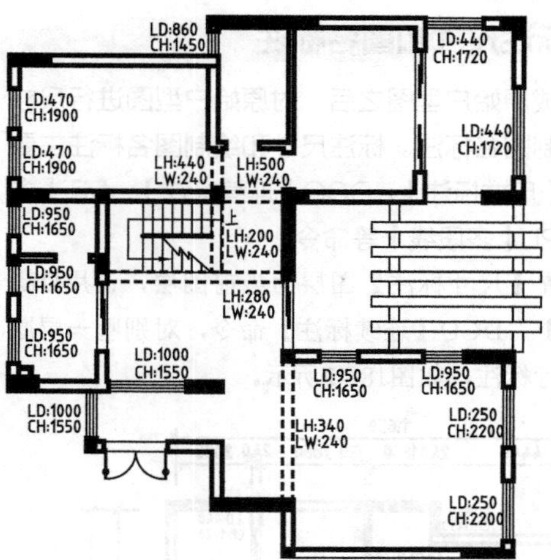

图 18-39 标识梁

Step 03 标识层高。调用L【直线】命令，绘制标高符号，并调用MT【多行文字】命令，根据量房所得尺寸，输入层高数值，如图 18-40所示。

Step 04 文字标注。调用MT【多行文字】命令，在需要进行文字标注的区域输入文字说明，表示房屋的大概各功能分区，如图 18-41所示。

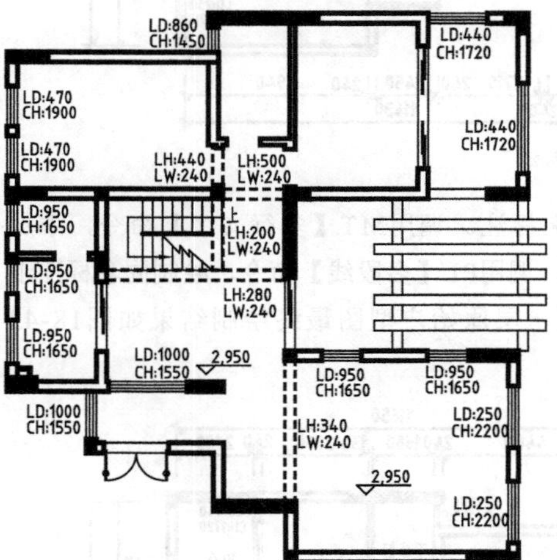

图 18-40 标识层高

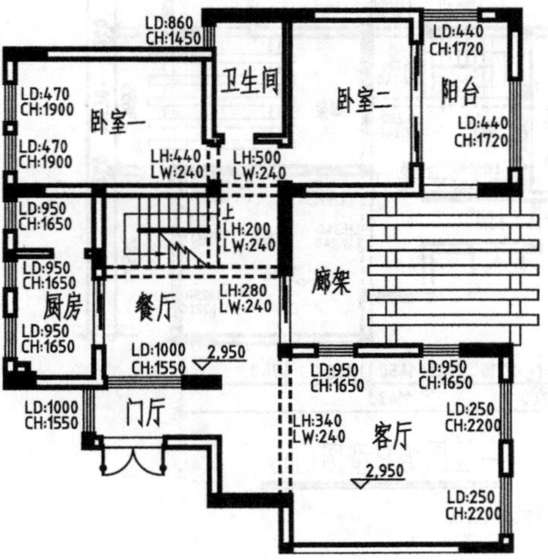

图 18-41 文字标注

18.3.8 标注尺寸和图名标注

绘制完成原始户型图之后，对原始户型图进行尺寸标注，并绘制图名标注。标注尺寸和绘制图名标注主要调用了 DLI【尺寸标注】、DCO【连续标注】、MT【多行文字】、PL【多段线】等命令。

Step 01 设置【尺寸标注】图层为当前图层，调用DLI【线性标注】、DCO【连续标注】命令，对别墅一层原始户型图进行标注，如图18-42所示。

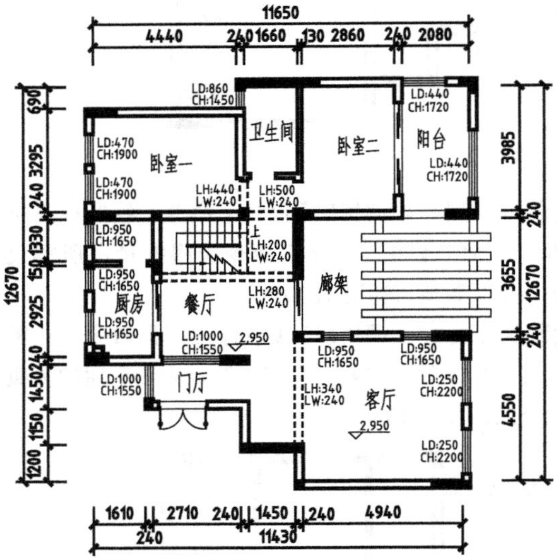

图 18-42 尺寸标注

Step 02 图名标注。调用MT【多行文字】命令，添加图名及比例，调用PL【多段线】命令，绘制同名标注下划线，别墅一层原始户型图最终绘制结果如图18-43所示。

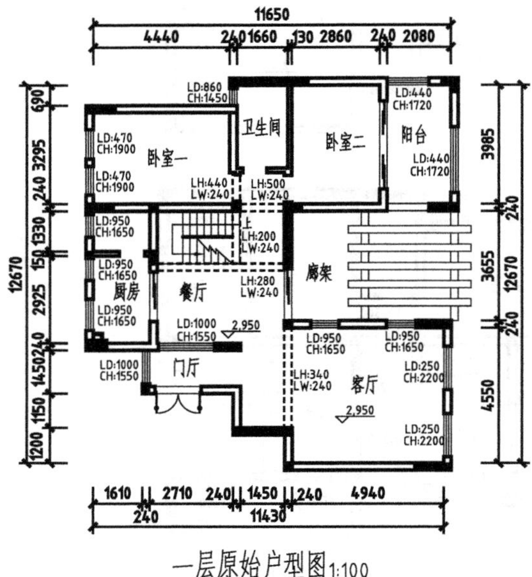

图 18-43 一层原始户型图

18.3.9 绘制二层原始户型图

绘制二层原始户型图的方法、步骤与绘制一层原始户型图相一致，都是先绘制定位轴线，然后根据定位轴线绘制墙体图形；接下来，绘制门窗洞口及门窗图形；楼梯的绘制完成之后，再绘制梁和填充承重墙；进行文字标注，最后进行尺寸标注和图名标注；最终，完成户型图的绘制。

绘制二层原始户型图的结果如图 18-44 所示。

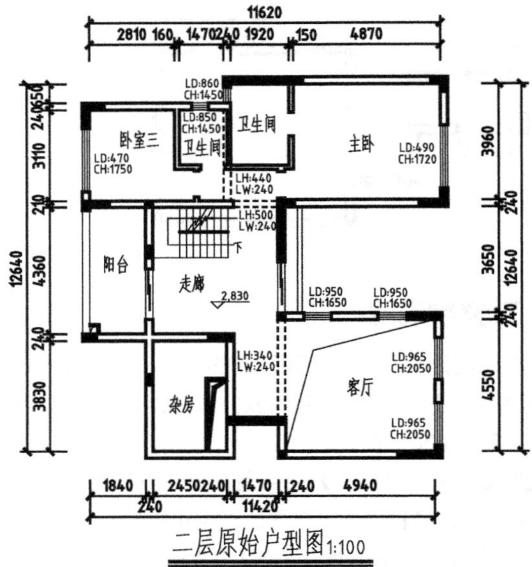

图 18-44 二层原始户型图

18.4 户型分析

别墅区别于一般意义上的居住空间，别墅属于小型建筑，一般为 2~3 层，分为独立建筑和毗连建筑。别墅建筑通常因地制宜，巧妙利用地形组织室内外空间与自然景色有机结合。

别墅是居住者身份地位的象征，别墅设计特别强调个性化的风格特征，比如齐全的功能分区，奢华但不张扬的卫浴空间，以及夸张却并不“显摆”的材料饰品等，无一不体现主人的品位与格调。

设计前提：该户型家庭人员构成为父母、业主、业主小孩、佣人。业主要求：欧式豪华别墅风格，在满足居住生活条件的同时，装修需大气、舒适，把居住品质提高到享受阶段。

18.4.1 户型优点分析

该户型南北通透，窗户多，通风、通光条件比较好，图 18-45 与图 18-46 所示为一、二层空气流动图。

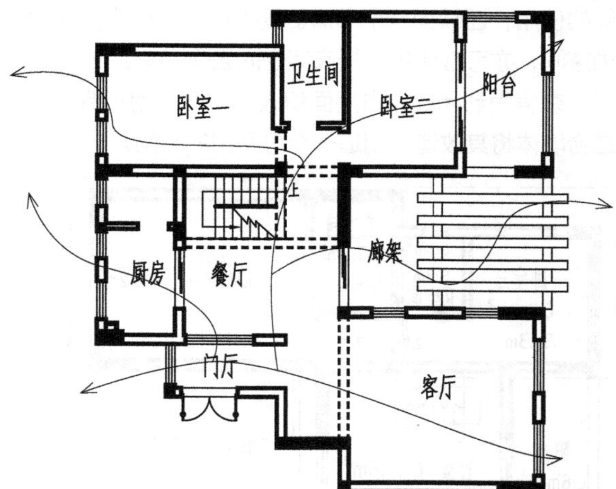

图 18-45 一层空气流动图

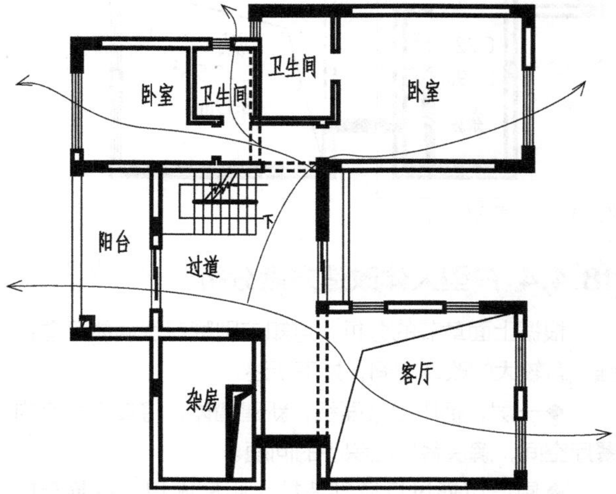

图 18-46 二层空气流动图

一层整体布局上动静分开，前半部分为客餐厅和厨房，是一家人活动、聚会之所；后半部分为卧室，为家人休息之处，如图 18-47 所示。

二层功能分区亦与一层相似，前半部分多为公共活动区域，后半分为卧室，如图 18-48 所示。动静区域的相对分离，会提高居住者的舒适度，提升生活品质。

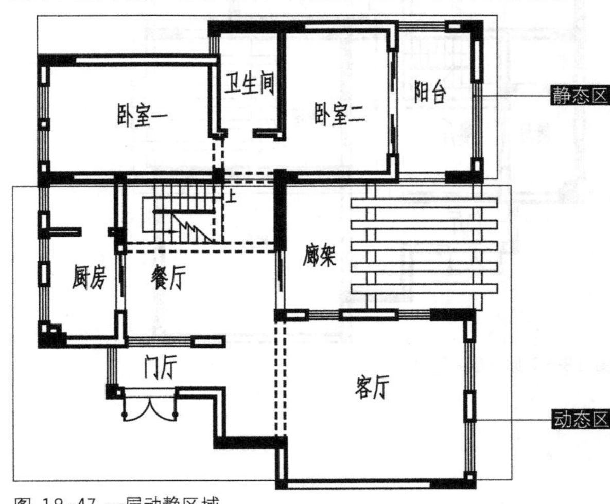

图 18-47 一层动静区域

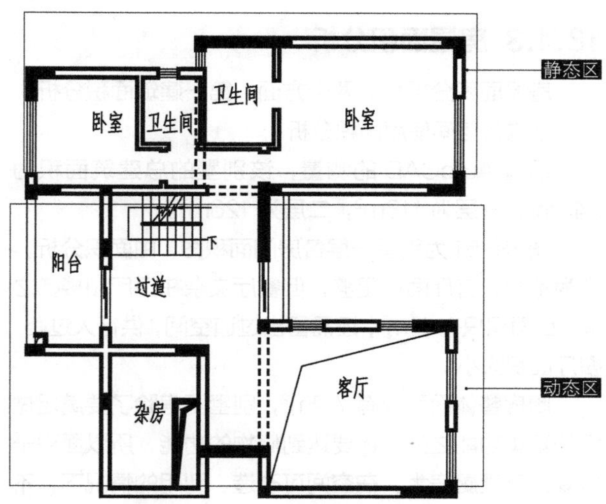

图 18-48 二层动静区域

18.4.2 墙体分析

在上章节三居室的室内设计中提到，了解居室的承重墙和可拆改墙体，在设计时可做到心中有数，图 18-49 与图 18-50 所示为别墅一二层可拆改墙体。

图 18-49 一层可拆改墙体

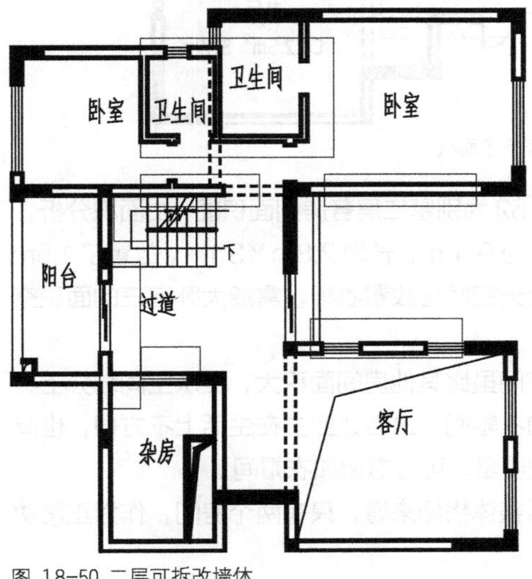

图 18-50 二层可拆改墙体

18.4.3 房屋面积分析

房屋面积分析分为两个方面，第一建筑面积分析，第二室内各房间使用面积分析。

通过 AutoCAD 的测量，该别墅的总建筑面积为 243m²，一层为 118m²，二层为 126m²。

图 18-51 为别墅一层各房间面积图，由面积分析，作为别墅，客厅面积足够，但餐厅夹杂在门厅和楼梯之间，且面积只有 11m²，还需留出过道空间，供行人过路，餐厅面积太小。

厨房整体面积只有 7.9m²，别墅厨房除了要满足做饭的基本功能之外，还要达到储物的功能，所以面积一般要比普通厨房大，在空间可改造、利用的情况下，不妨把该别墅厨房增大。

卧室二与阳台面积分布不合理，阳台占据了卧室二的大部分空间，给人主次不分的感觉，可以考虑拆除卧室二与阳台的墙体，封闭阳台，使阳台成为室内空间，用以增大卧室二的面积。

廊架作为室外面积使用，三面背墙围绕，采光效果不怎么好，为了不将廊架区域成为户外阴冷死角，可结合户型特点，将其作为室内区域利用，以增大房屋使用面积。

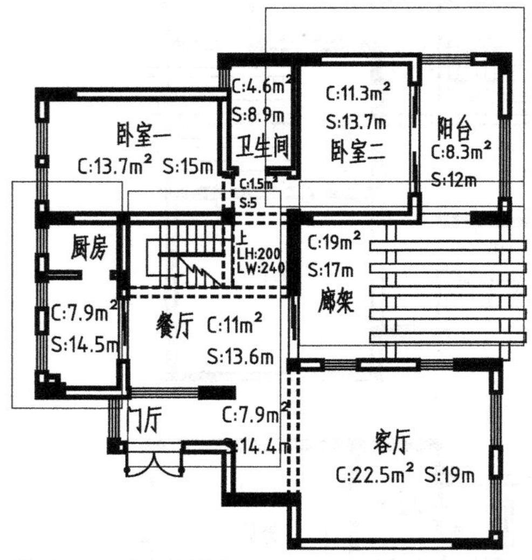

图 18-51 一层房屋面积

图 18-52 为别墅二层各房间面积图，由面积分析，卧室三面积为 9.4m²，长为 2.8m × 3.1m。放置了 1.5m 床之后，已无空间可放置衣柜，需增大卧室三的面积空间。

主卧空间虽比其他房间面积大，但从空间划分上，没有独立的衣帽间，这会让业主在生活上不方便，也降低了别墅的质量，可考虑增加衣帽间。

从二层整体格局来看，只有两个房间，作为正常功能的使用，还缺少一个书房。既考虑将廊架空间作为室内空间，亦可考虑将二楼廊架空间当作书房。

杂房为封闭式，占用面积大，空间利用不合理，可结合墙体将其改造，创造一个可利用的空间。

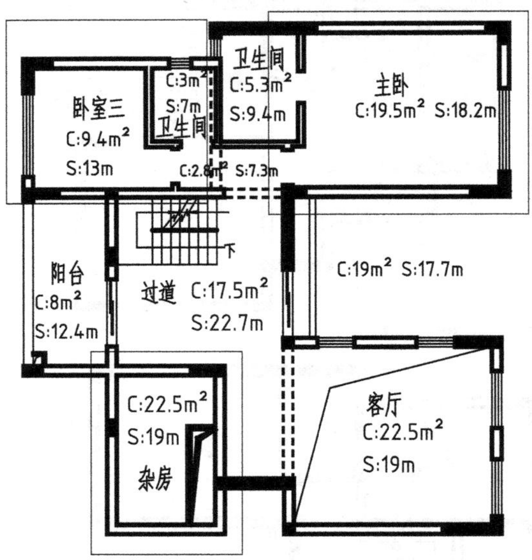

图 18-52 二层房屋面积

18.4.4 户型大体改造方案分析

根据上面章节的分析，可知该别墅户型墙体可塑性强，有较大的改动空间，如下所述。

◆一层，征用廊架面积，新建墙体，将其作为室内餐厅空间，解决餐厅面积小的问题。

◆厨房可通过拆墙砌墙扩大厨房面积，完善厨房功能。

◆拆除卧室二与阳台之间的墙体，增大卧室二的室内使用面积。综上所述如图 18-53 与图 18-54 所示。

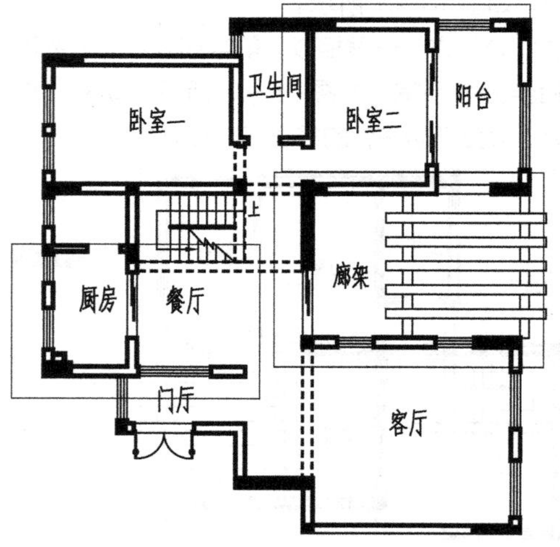

图 18-53 原一层户型图

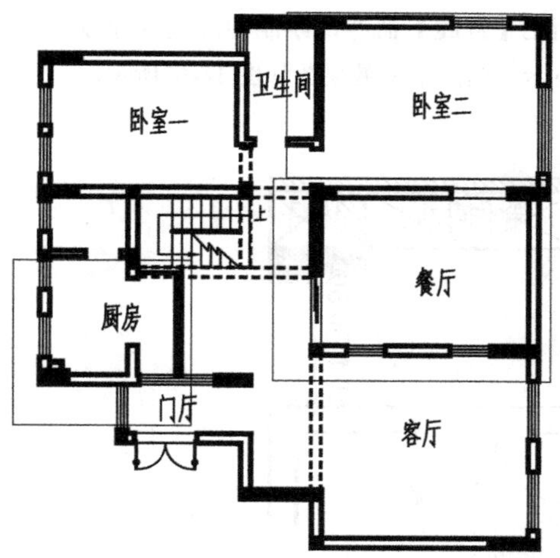

图 18-54 一层墙体改动图

◆二层，征用廊架面积，新建墙体，将其作为室内书房空间，为二层增加一个书房。

◆通过缩小二层阳台面积，新建墙体，为卧室三增加一个储物空间。

◆考虑到将杂房合理利用，拆除原有一部分墙体，新建门洞和窗户，可作为佣人房使用。综上所述如图 18-55 与图 18-56 所示。

图 18-55 原二层户型图

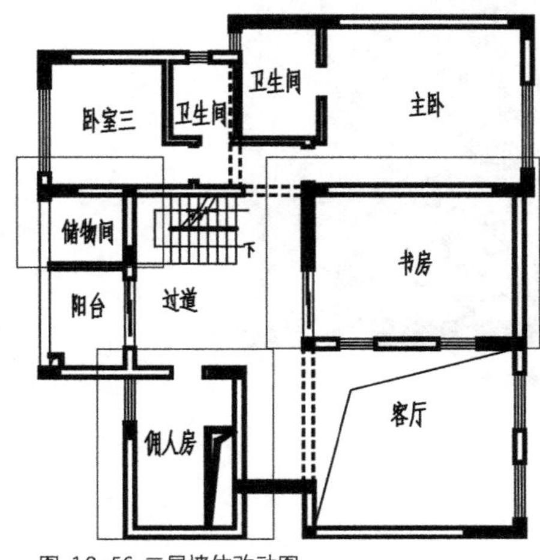

图 18-56 二层墙体改动图

18.5 绘制一层别墅平面布置图

别墅的平面布置图主要体现了设计师对房屋的重新设计规划，及对功能区的重新合理划分，达到动静分离、干湿分离，从大的规划到小的细部处理，都完整地体现了设计理念。同时，设计理念所营造的房屋氛围，也彰显了主人的气度。

图 18-57 所示为别墅一层平面布置图，下面详细讲解绘制方法。

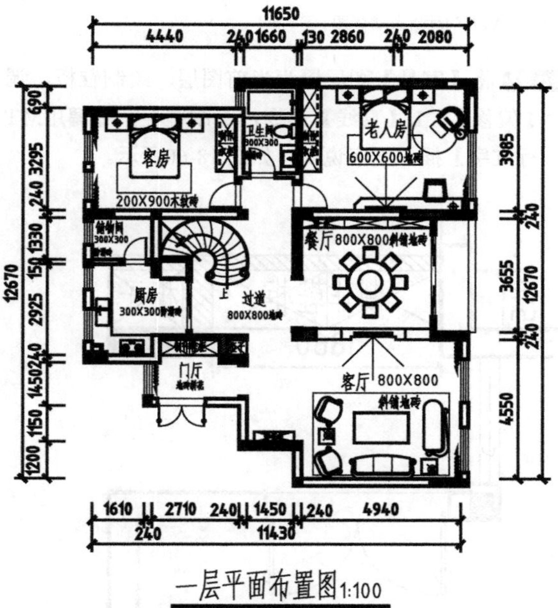

图 18-57 别墅一层平面布置图

18.5.1 绘制一层门厅平面布置图

本案例中，作为别墅门厅，一定要彰显其大气的风格。原有门厅只有 1.21m 宽（见图 18-58），为增大门厅面积，拆掉原有门厅墙体，将其面积扩大。设计矮鞋柜，方便进出门换鞋，平时收纳也有足够空间。

Step 01 绘制门厅拆改墙体图。调用L【直线】、O【偏移】命令，绘制新建墙体，并调用H【填充】命令，对新建墙体进行JIS_LC_20、比例为3的图案填充，如图18-59所示。

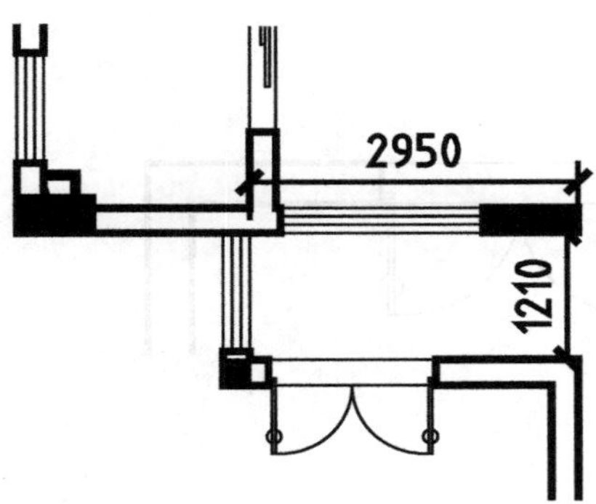

图 18-58 原门厅结构图

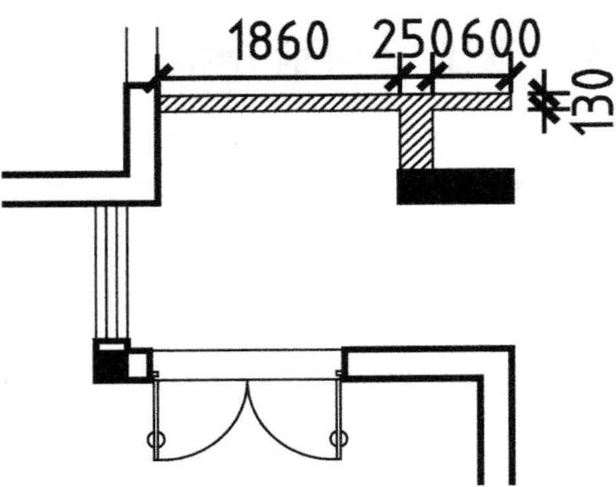

图 18-59 绘制门厅拆改墙体图

Step 02 将【家具】图层置为当前图层。绘制鞋柜，调用O【偏移】、L【直线】命令，绘制鞋柜，并调用MT【多行文字】插入文字说明，如图 18-60所示。

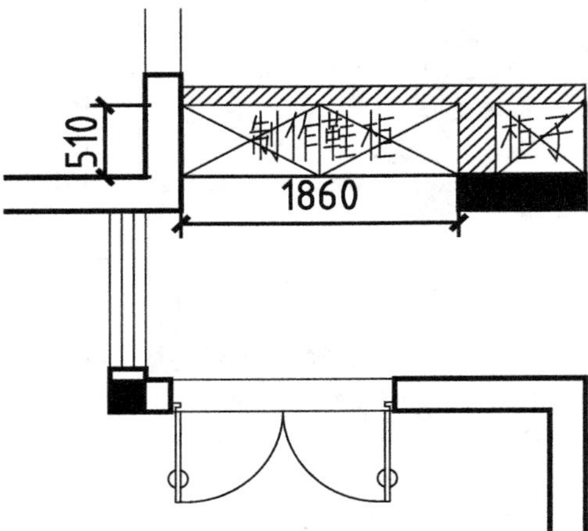

图 18-60 绘制鞋柜和柜子

Step 03 插入窗帘，为保证空间的私密性，调用I【插入】命令，将“第18章\18.5.1窗帘.dwg”图块插入至门厅合适位置，如图 18-61所示。

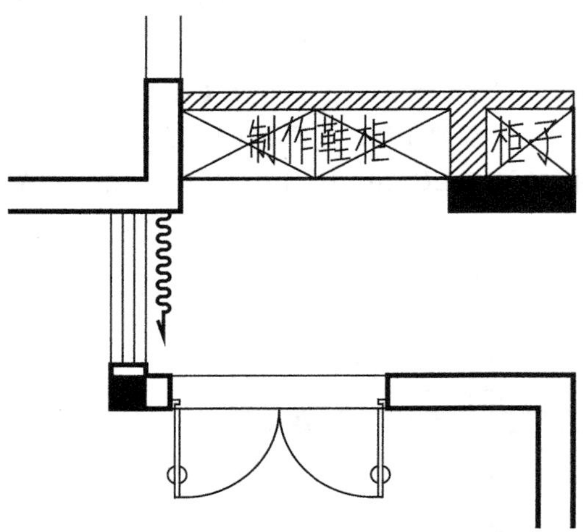

图 18-61 插入窗帘

Step 04 调用L【直线】命令，绘制门厅到客厅垭口，如图 18-62所示。门厅参考效果图如图 18-63所示。

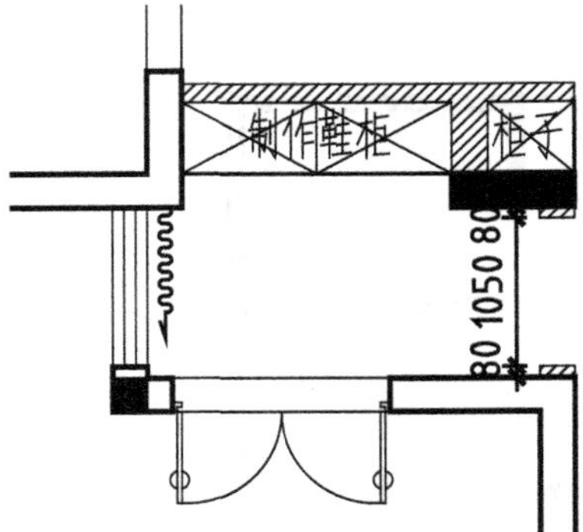

图 18-62 绘制门厅垭口

图 18-63 门厅效果图

18.5.2 绘制客餐厅平面布置图

针对本案例户型特点，将廊架空间改为室内餐厅空间，客餐厅之间用壁炉分隔，不仅体现了欧式风情，还恰当地分隔了客餐厅的区域，又不致使空间封闭，开阔了空间，彰显了大气之感。

客厅和餐厅效果参考图如图 18-64 与图 18-65 所示。

图 18-64 客厅效果参考图

图 18-65 餐厅效果参考图

Step 01 删除墙体。调用E【删除】命令，删掉客厅与廊架之间多余的墙体，如图 18-66与图 18-67所示。

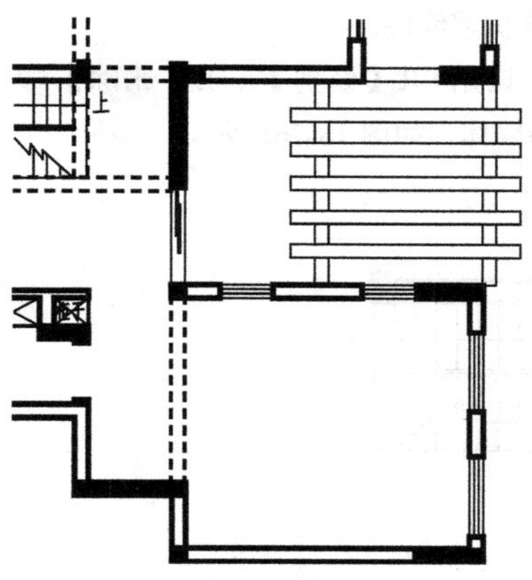

图 18-66 原客餐厅户型图

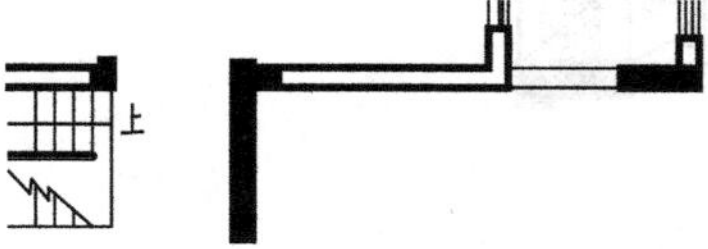

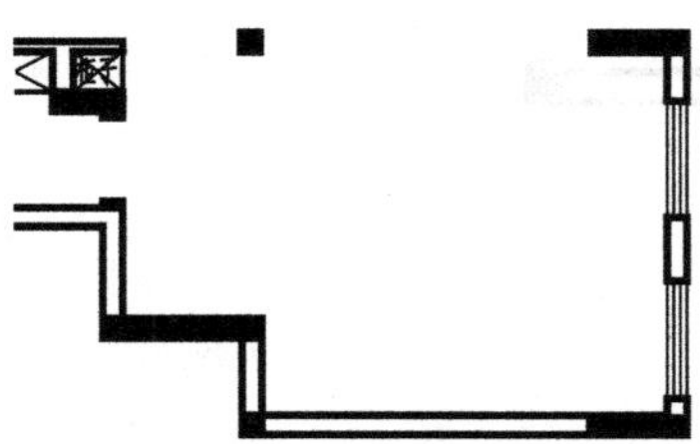

图 18-67 删除墙体

Step 02 绘制客餐厅平面布置图。调用I【插入】命令，将“第18章\18.5.2客厅沙发、八人圆餐桌.dwg”图块插入到客餐厅中，并调用CO【复制】命令，将门厅窗帘图块复制到客厅，丈量尺寸，如图 18-68所示。

Step 03 通过丈量尺寸，餐厅面积足够大，所以除餐厅面积之外，还留有阳台面积与室外的过渡空间，供呼吸新鲜空气、摆放盆栽，欣赏风景。

Step 04 绘制客餐厅墙体。调用L【直线】、O【偏移】、REC【矩形】、H【填充】命令，绘制客餐厅新建墙体和阳台推拉门，如图 18-69所示

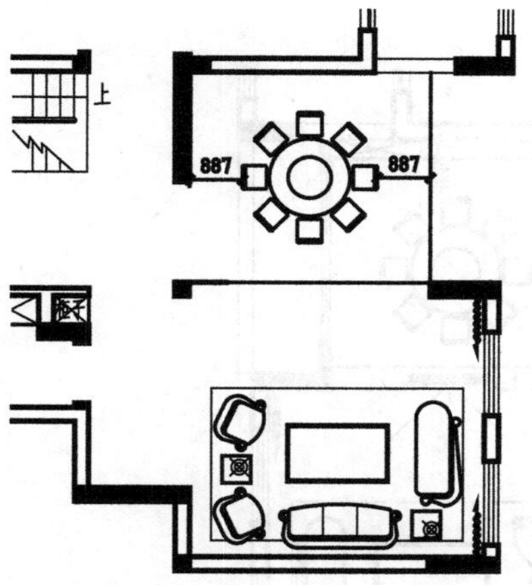

图 18-68 插入图块

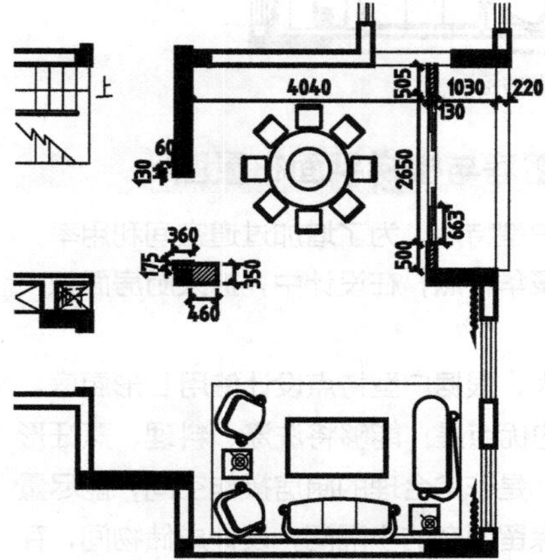

图 18-69 绘制新建墙体

Step 05 绘制电视柜。调用O【偏移】、L【命令】绘制图 18-70所示图形，业主所装修为欧式风格，电视柜绘制应也是欧式风格。

Step 06 调用I【插入】命令，将“第18章\18.5.2电视机.dwg”图块插入到电视柜中，如图 18-71所示。

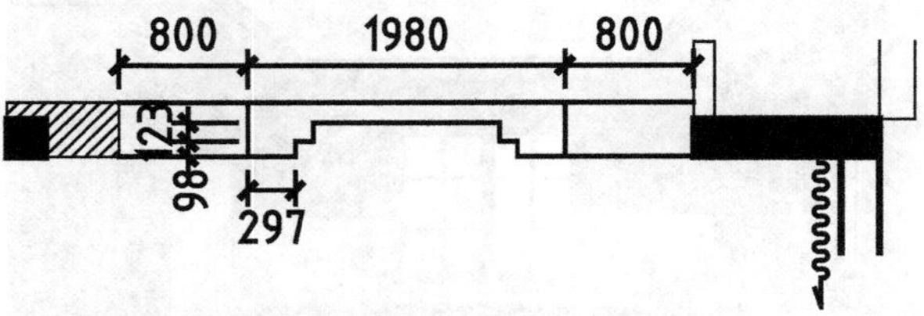

图 18-70 绘制电视柜

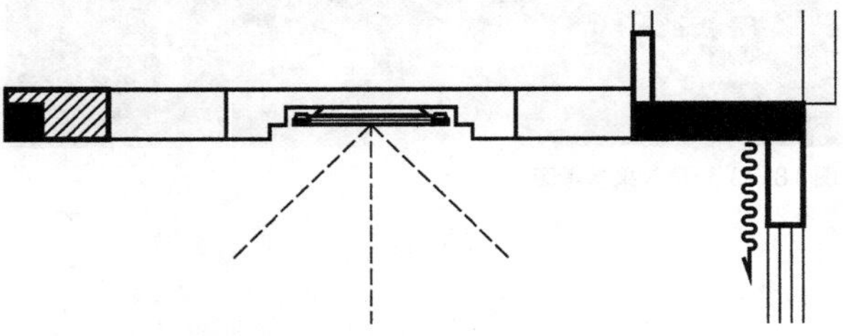

图 18-71 插入电视机

Step 07 调用O【偏移】、L【直线】命令，绘制餐厅酒柜和过道装饰柜，酒柜进深为300，装饰柜进深为320，如图18-72所示。

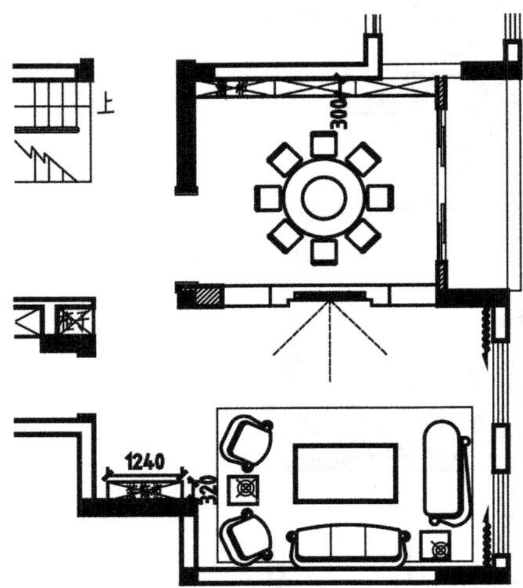

图 18-72 绘制酒柜和装饰柜

18.5.3 绘制厨房与楼梯平面布置图

针对本案例户型特点，为了增加过道空间利用率，设计更符合欧式豪华特点，在设计中，扩大厨房面积，彻底改造楼梯。

厨房面积扩大，根据户型特点设计使用L形厨房。L型的厨柜布局的优点是：能够将洗涤、料理、烹饪形成一个三角区域，是非常合理的厨房操作空间，能尽量利用中间地带，保留原有的小隔间，设计成储物间，存放杂物。

改原有的双跑楼梯为弧形楼梯，弧形楼梯有着优美的造型，符合欧式风格的优美典雅，相对于双跑楼梯，它还在一定程度上节省了空间。

厨房与弧形楼梯的效果参考图如图18-73和图18-74所示。

图 18-73 厨房效果参考图

图 18-74 弧形楼梯效果参考图

Step 01 绘制拆改墙体。调用O【偏移】命令，按图18-75所示尺寸，偏移拆墙线段。

Step 02 删除墙体。调用TR【修剪】、E【删除】命令，删除厨房与楼梯墙体，如图 18-76所示。

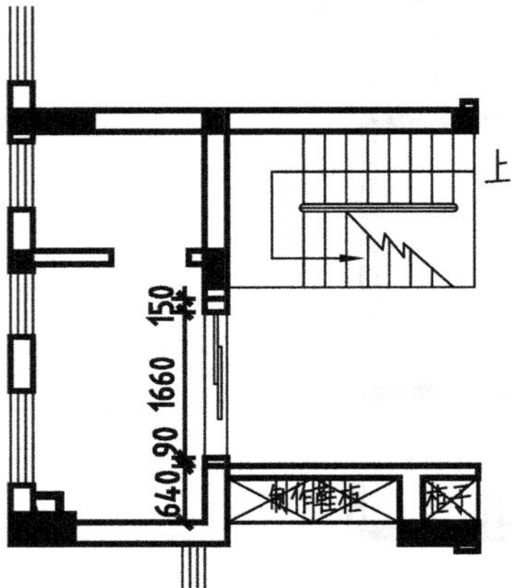

图 18-75 偏移拆墙线段

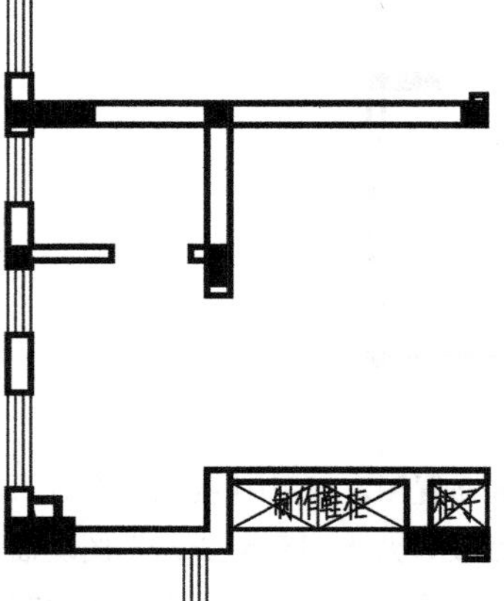

图 18-76 删除墙体

Step 03 绘制新建墙体。调用L【直线】、O【偏移】命令，绘制厨房新建墙体，如图 18-77所示。

Step 04 绘制厨房工作台面。调用L【直线】命令，绘制工作台面，如图 18-78所示。

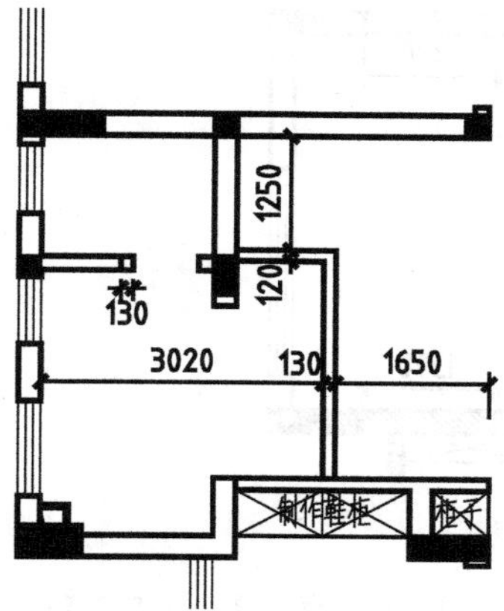

图 18-77 绘制新建墙体

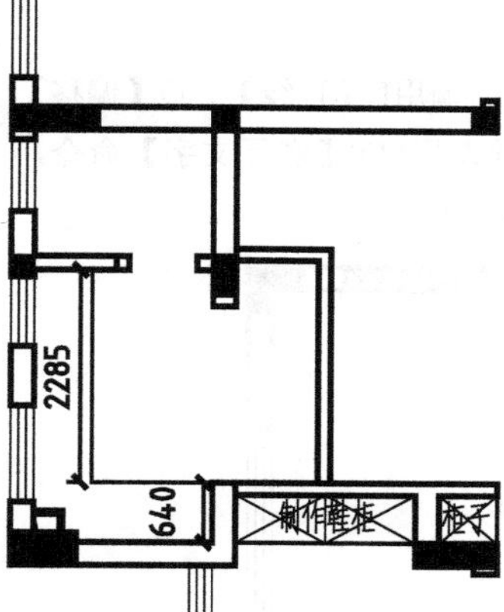

图 18-78 绘制厨房工作台面

Step 05 插入厨房图块。调用I【插入块】命令，将“第18章\18.5.3燃气灶、洗菜盆、冰箱.dwg”图块插入至厨房合适的位置，如图 18-79所示。

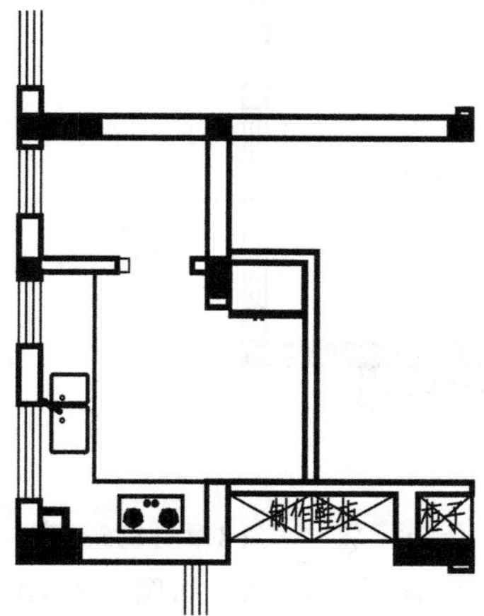

图 18-79 插入厨房图块

Step 06 调用O【偏移】、L【直线】、REC【矩形】、A【圆弧】命令，绘制厨房推拉门和储物间房门（厨房推拉门应遮挡住冰箱）。

Step 07 调用H【填充】命令，对厨房新建墙体进行JIS_LC_20、比例为3的图案填充，图 18-80所示为厨房最终平面布置图。

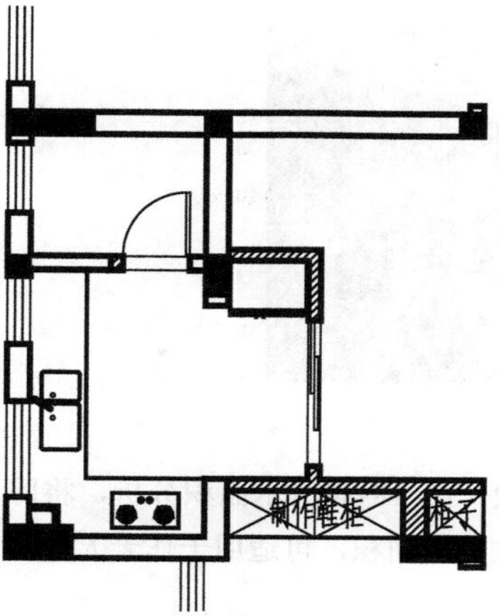

图 18-80 厨房平面布置图

Step 08 绘制楼梯平面布置图。调用I【插入】命令，将“第18章\18.5.3一层弧形楼梯.dwg”图块插入至图中指定位置，如图18-81所示。

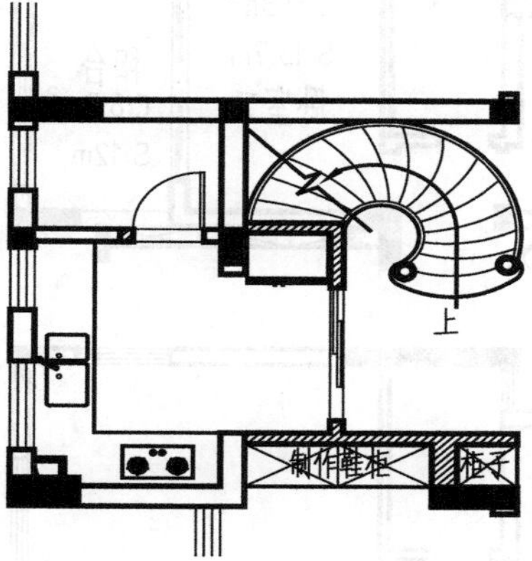

图 18-81 弧形楼梯

18.5.4 绘制老人房和客房平面布置图

针对本案例户型，将卧室二阳台去掉，划分为卧室二面积，设计为老人房，老人房除了一些生活必要的家具之外，还设计了电视和休闲椅，在使用上更为舒适。二层相对于一层隐私性较大，所以将卧室二放置床、衣柜等家具作为客房使用。

老人房和客房效果参考图如图18-82与图18-83所示。

图 18-82 老人房效果参考图

图 18-83 客房效果参考图

Step 01 卧室面积比较。图 18-84所示面积分析，将卧室二中阳台拆除，增大卧室面积，可适用于作老人房，将卧室一设计成客房。

Step 02 删除阳台墙体。调用E【删除】命令，删除多余墙体，并调用EX【延伸】命令，补齐墙体，如图 18-85所示。

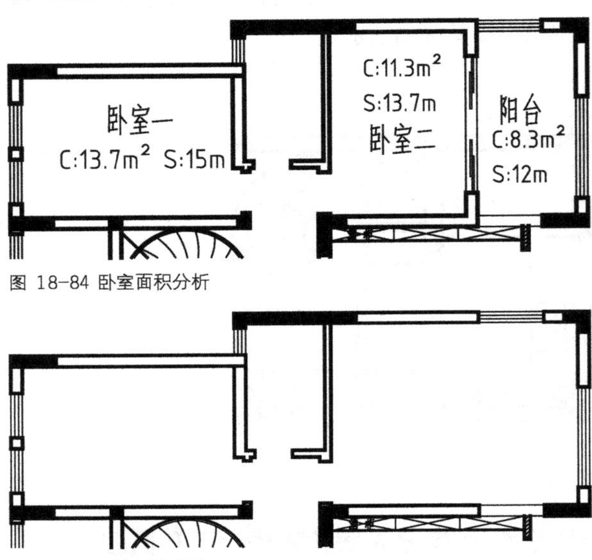

图 18-84 卧室面积分析

图 18-85 删除阳台墙体

Step 03 绘制老人房平面图。如图 18-86所示，卧室二经过改造之后，房间里多窗户，多门，这在风水上是禁忌，两种情况皆会影响睡眠。

Step 04 补齐墙体。调用L【直线】、H【填充】命令，补齐卧室窗、门和门洞，如图 18-87所示。

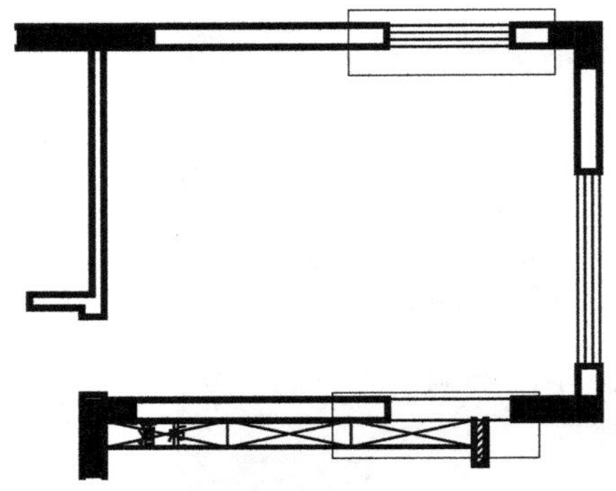
图 18-86 卧室多余门、窗

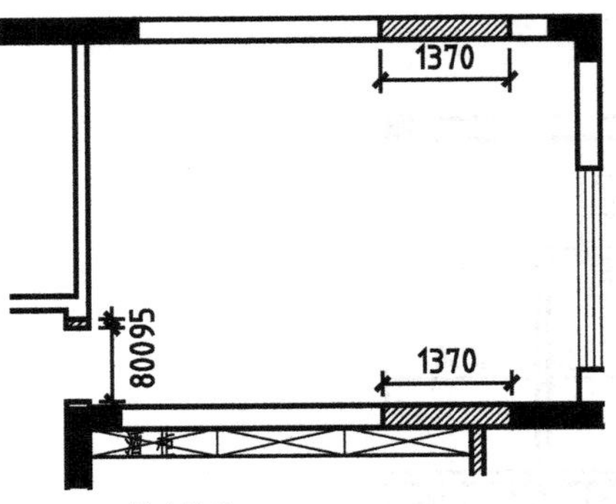

图 18-87 补齐墙体

Step 05 绘制老人房门。调用L【直线】、REC【矩形】和A【圆弧】命令，绘制老人房房门，如图 18-88所示。

Step 06 绘制推拉门衣柜。调用L【直线】、O【偏移】命令绘制推拉门衣柜，并调用MT【多行文字】命令，插入文字说明，如图 18-89所示。

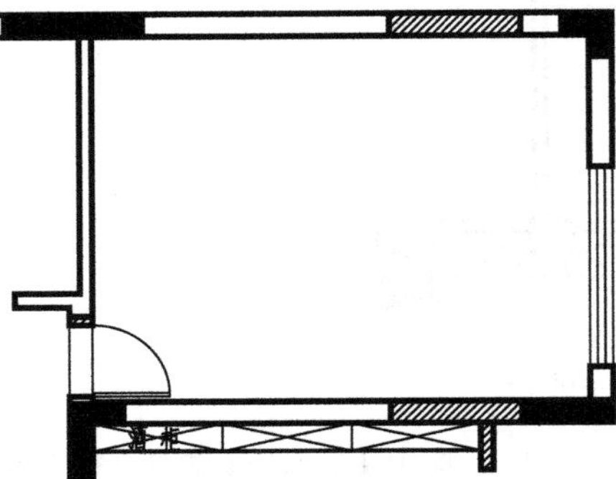
图 18-88 绘制老人房门

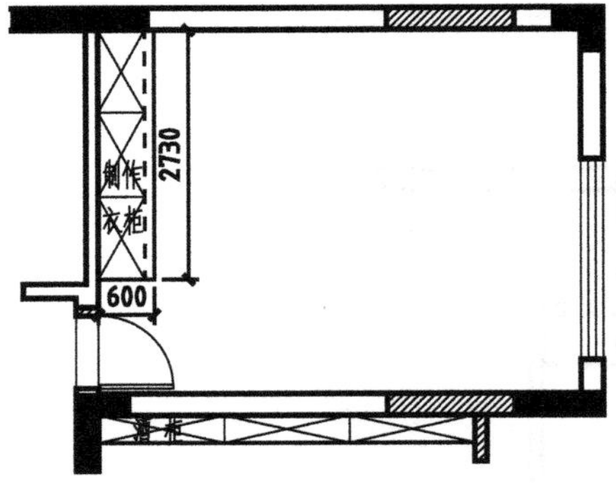

图 18-89 绘制推拉门衣柜

Step 07 调用I【插入】命令，将“第18章\18.5.4床.dwg”图块插入至老人房合适的位置，如图 18-90所示。

Step 08 考虑到老人和年轻人喜欢观看的电视节目有所不同，所以单独在老人房安装电视机，方便老人使用。调用CO【复制】命令，将客厅电视机图块复制插入至老人房合适的位置，如图 18-91所示。

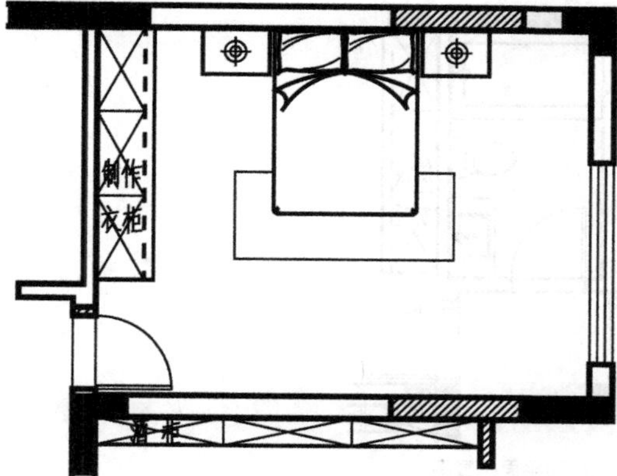

图 18-90 插入床图块

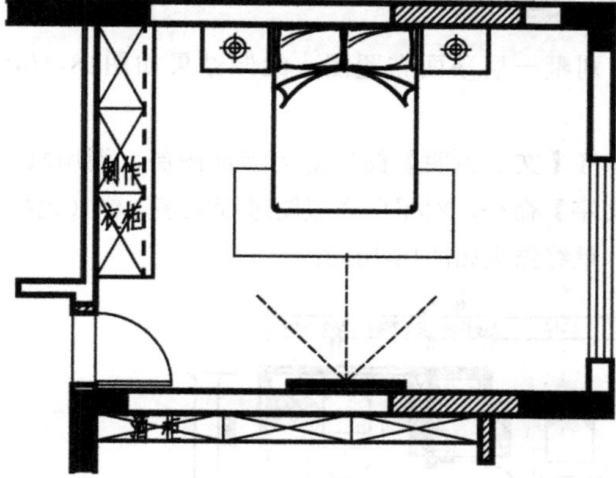

图 18-91 插入电视机图块

Step 09 调用L【直线】、O【偏移】命令，绘制电视柜，如图 18-92所示。

Step 10 调用I【插入】命令，将“第18章\18.5.4休闲椅、椅子.dwg”图块插入至老人房合适的位置，并调用CO【复制】命令，复制客厅窗帘至老人房，老人房平面布置图最终结果如图 18-93所示。

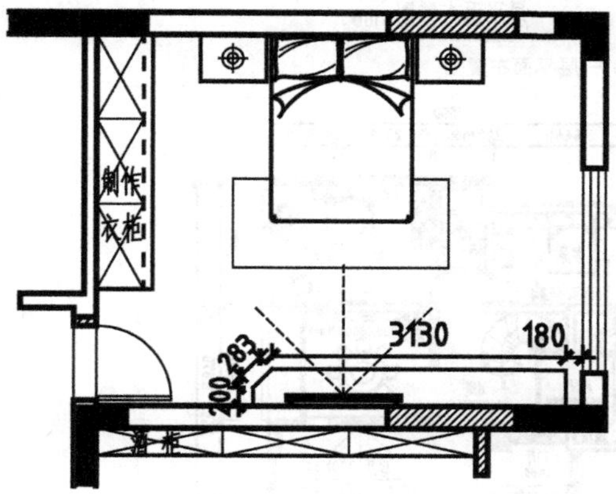

图 18-92 绘制电视柜

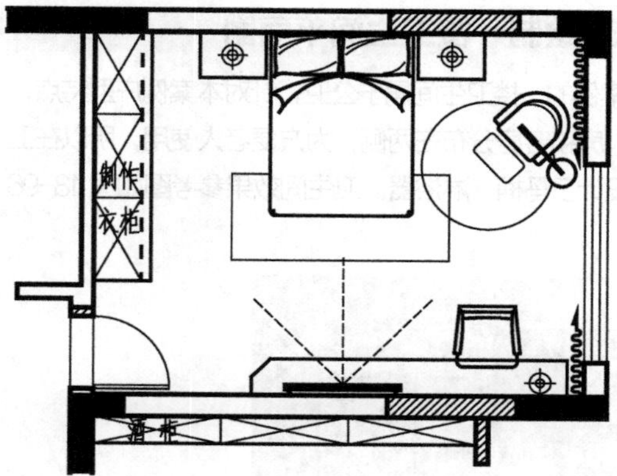

图 18-93 最终结果

Step 11 绘制客房平面布置图。为了使客房墙体整体上更和谐，少菱角，调用L【直线】、O【偏移】、H【填充】命令，绘制拆改墙体，如图 18-94所示。

Step 12 按照绘制老人房平面布置图方法，绘制客房平面图。客房主要家具有床、衣柜。客房绘制结果如图 18-95所示。

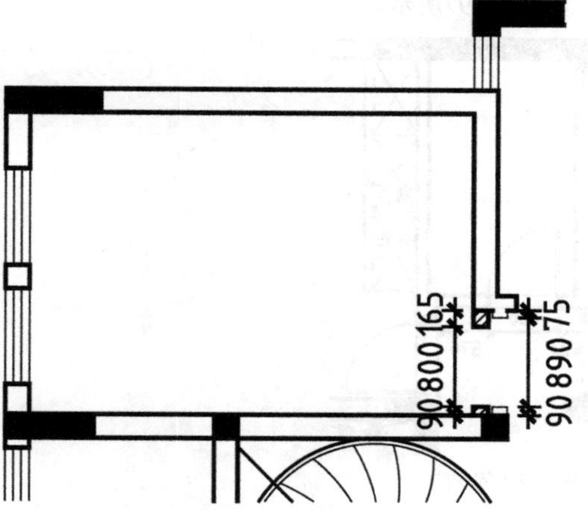

图 18-94 绘制客房拆改墙体

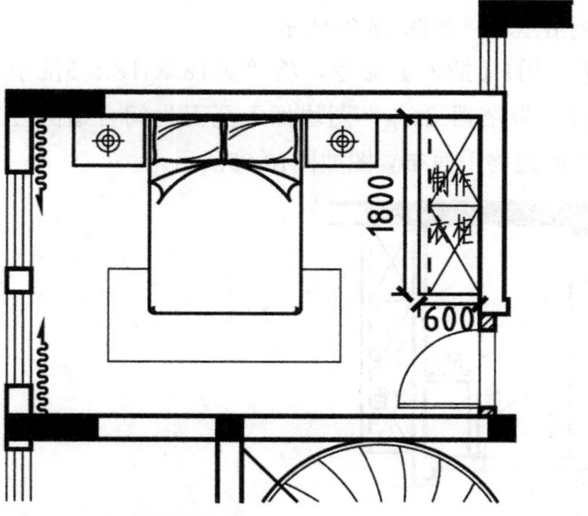

图 18-95 客房平面布置图

18.5.5 绘制一楼卫生间平面图

本案例的一楼卫生间属于公卫，针对本案例户型特点，考虑老人房和客房分布在两侧，为方便老人使用，所以在卫生间中设计了马桶、淋浴器。卫生间效果参考图如图 18-96 所示。

图 18-96 卫生间效果参考图

Step 01 绘制卫生间房门。调用L【直线】、REC【矩形】和A【圆弧】命令，绘制卫生间房门，门洞为800mm，如图 18-97所示。

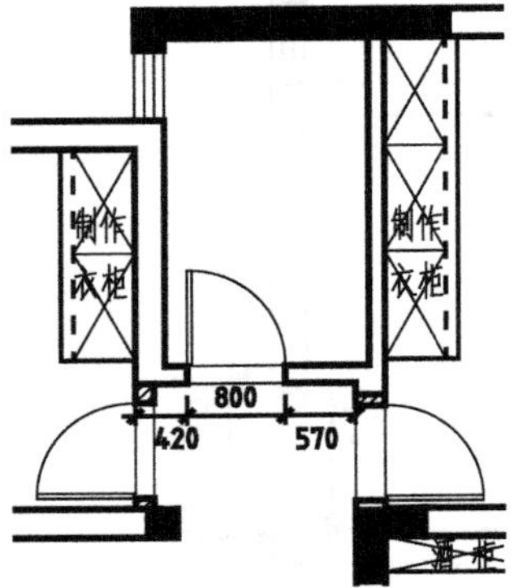

图 18-97 绘制卫生间房门

Step 02 绘制浴室柜。调用L【直线】、O【偏移】命令，绘制浴室柜，如图 18-98所示。

Step 03 调用I【插入】命令，将“第18章\18.5.5洗手盆、马桶、淋浴器.dwg”图块插入至卫生间合适的位置，卫生间最终平面布置图如图18-99所示。

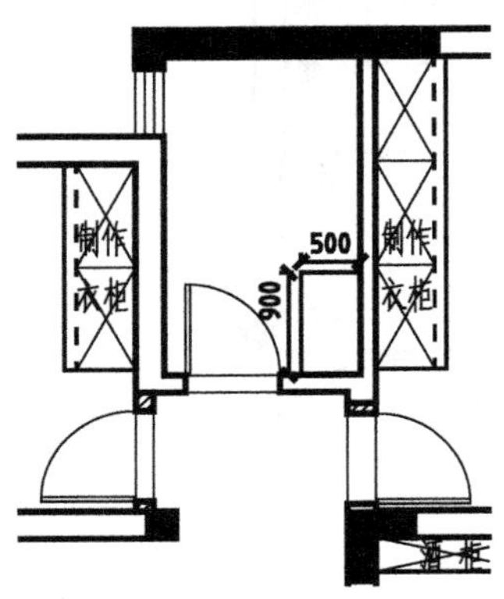

图 18-98 绘制浴室柜

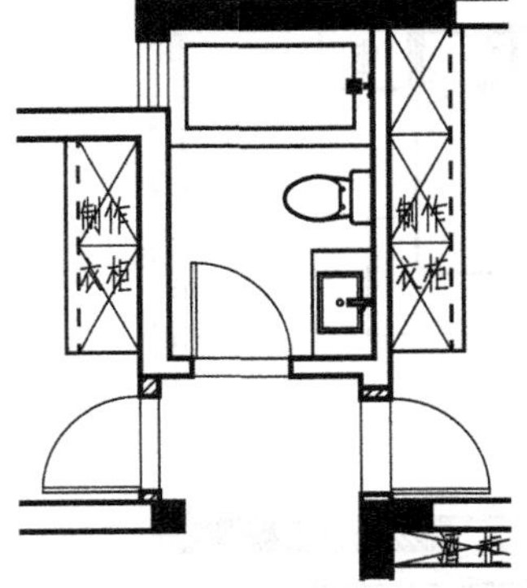

图 18-99 卫生间平面布置图

18.5.6 文字说明

Step 01 别墅一层平面布置图，绘制结果如图18-100所示。

Step 02 将【文字说明】图层置为当前图层，调用MT【多行文字】命令，对平面布置图进行文字注释（包括贴砖），最终结果如图18-101所示。

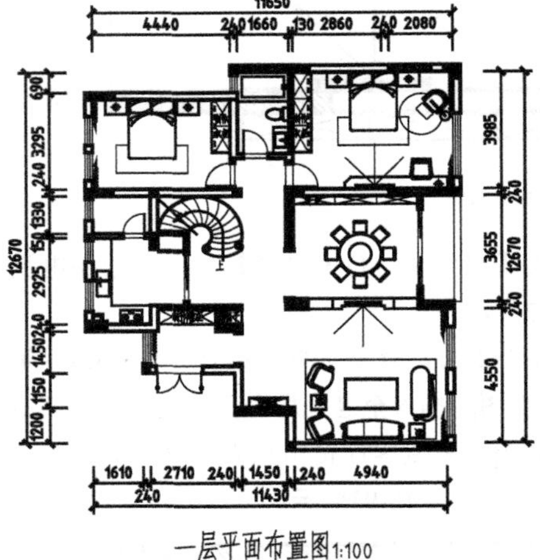

图 18-100 一层平面布置图

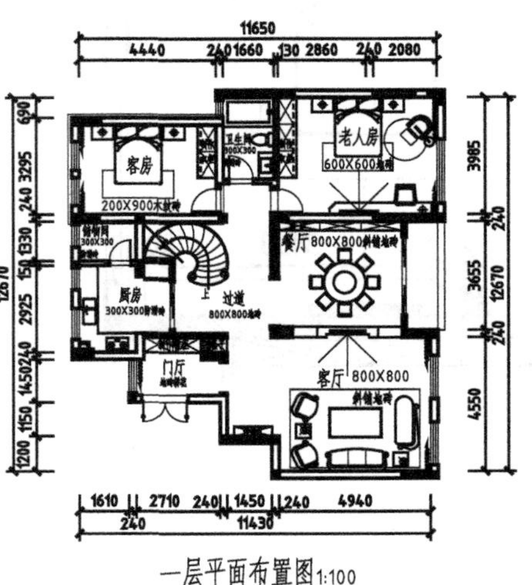

图 18-101 最终结果

18.6 绘制二层别墅平面布置图

该户型别墅二层为私密性空间，主要包括卧室、书房和卫生间等空间。通过户型分析，将二层改造，新建楼板，增加书房和衣帽间。为合理利用空间，将杂房改成佣人房。通过合理的改造墙体，增大卧房三的面积变成小孩房，占用一部分阳台的空间，增加一个衣帽间，增加实用性。

18.6.1 绘制二层楼梯

别墅一层双跑楼梯改造成弧形楼梯，二层也要随之改动。

Step 01 调用E【删除】命令，将原有楼梯删除，并调用O【偏移】命令，将墙线偏移，确定新建楼梯的大致位置，如图 18-102与图 18-103所示。

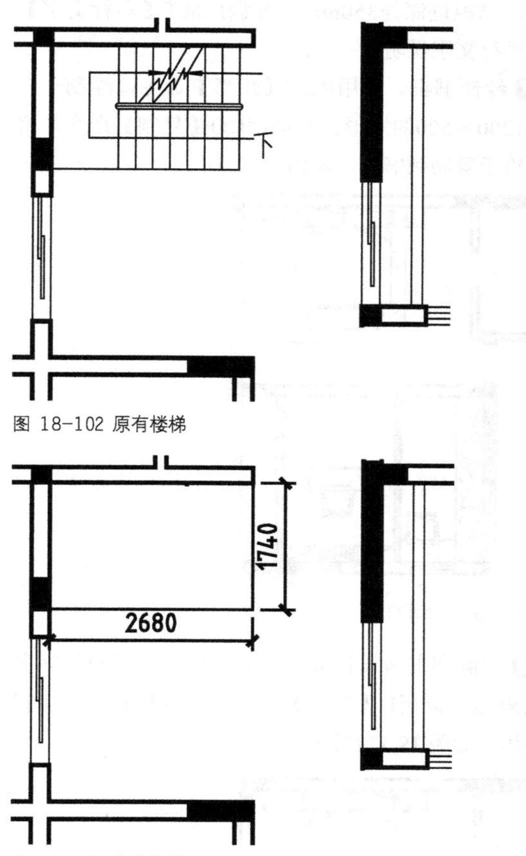

图 18-102 原有楼梯

图 18-103 偏移墙线

Step 02 绘制楼梯弧形。调用I【插入】命令，将“第18章\18.5.3一层弧形楼梯.dwg”图块插入至图中指定位置，如图 18-104所示。二层弧形楼梯效果参考图如图 18-105所示。

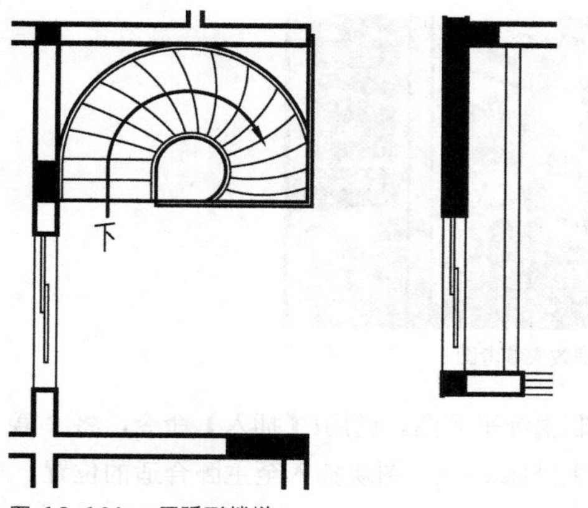

图 18-104 二层弧形楼梯

图 18-105 二层弧形楼梯效果参考图

18.6.2 绘制二层主卧平面布置图

针对本案例的户型特点，将原有廊架空间新建楼板，改造为二层与主卧相连的衣帽间与书房，在使用上更符合人性化。主卧单独设计衣帽间，保证了主卧房间使用面积，提高了生活档次，整体看起来更大气和高端。书房为平时工作或收藏藏品、书籍，这也大大提高了主人的生活品位与生活情趣。

主卧和书房效果参考图如图 18-106 与图 18-107 所示。

图 18-106 主卧效果参考图

图 18-107 书房效果参考图

Step 01 绘制主卧平面图。调用I【插入】命令，将“第18章\18.6.2主卧床.dwg”图块插入至主卧合适的位置，调用DLI【线性标注】丈量尺寸，如图 18-108所示。

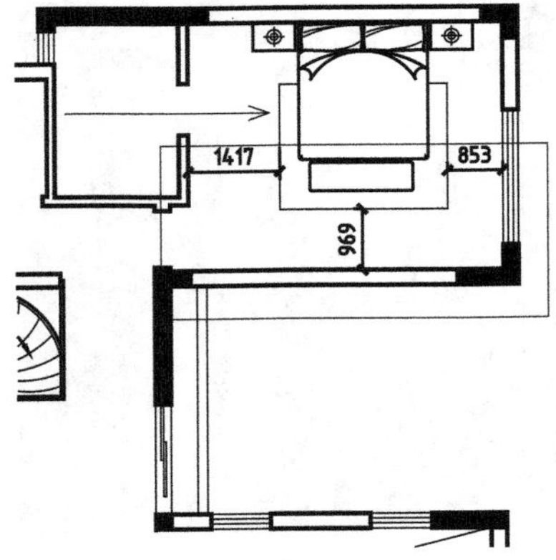

图 18-108 插入床图块

Step 02 观察所绘制图，发现主卫门正对着床，为风水禁忌。摆放床之后，显然没有主卧衣柜的摆放空间，结合户型分析，原一层廊架空间改为书房空间，可增加一个衣帽间。

Step 03 绘制衣帽间。调用O【偏移】、L【直线】命令绘制推拉门衣柜，并调用MT【多行文字】命令，进行文字说明。

Step 04 主卧缺少化妆台，调用REC【矩形】命令，绘制一个尺寸为1200×500的矩形，并调用CO【复制】命令，将老人房椅子复制到主卧。调用O【偏移】命令，偏移衣帽间墙体，如图 18-109所示。

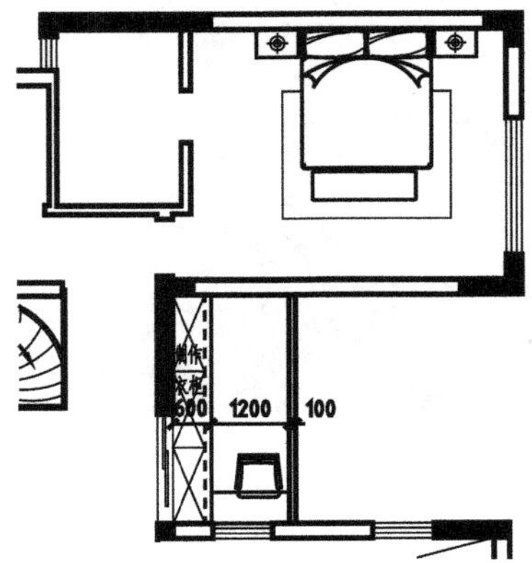

图 18-109 绘制衣帽间

Step 05 绘制书房平面图。调用O【偏移】命令，偏移线段，划分书房和阳台空间，如图 18-110所示。

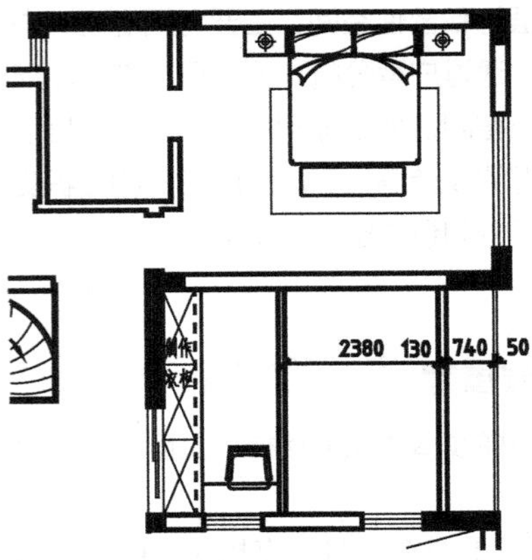

图 18-110 划分书房和阳台空间

Step 06 绘制书架。调用O【偏移】、L【直线】命令绘制书柜，书柜进深为350mm，并调用MT【多行文字】命令，进行文字说明。

Step 07 绘制书桌。调用REC【矩形】命令，绘制一个尺寸为1200×500的矩形，并调用CO【复制】命令，将衣帽间椅子复制到书房，如图 18-111所示。

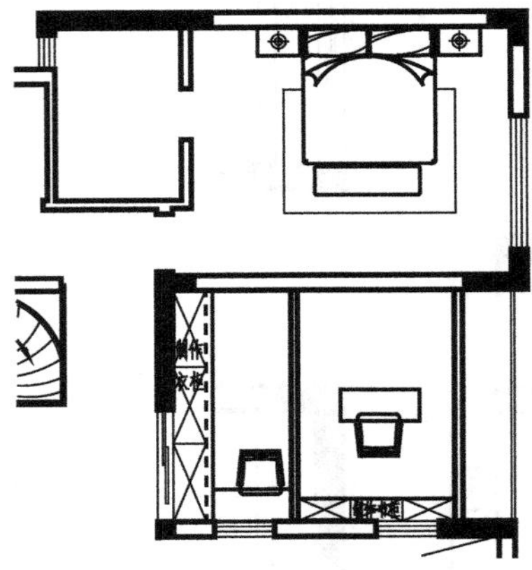

图 18-111 绘制书架和书桌

Step 08 主卧和书房设计玻璃墙体阻隔，衣帽间与书房为玻璃隔墙。调用L【直线】、O【偏移】命令，绘制玻璃墙体，如图 18-112所示。

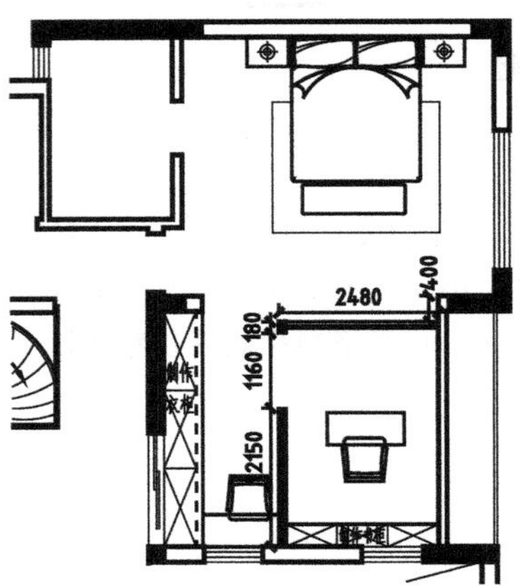

图 18-112 绘制玻璃隔墙

Step 09 调用L【直线】、CO【复制】命令，绘制主卧电视柜，并将老人房电视机图块复制移动至主卧，如图18-113所示。

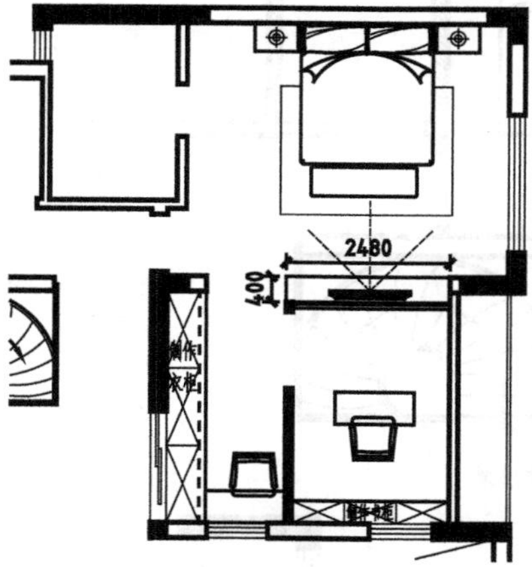

图 18-113 绘制电视柜

Step 10 绘制书房阳台推拉门。调用O【偏移】、TR【修剪】、H【填充】命令，绘制阳台门洞，如图18-114所示。

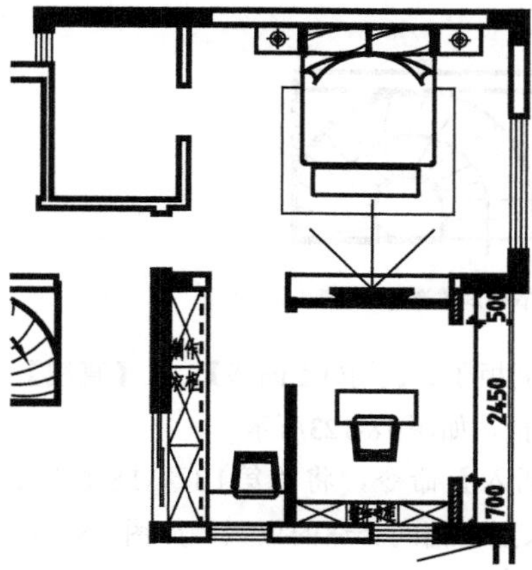

图 18-114 绘制阳台门洞

Step 11 调用REC【矩形】、CO【复制】命令，绘制阳台推拉门，如图 18-115所示。

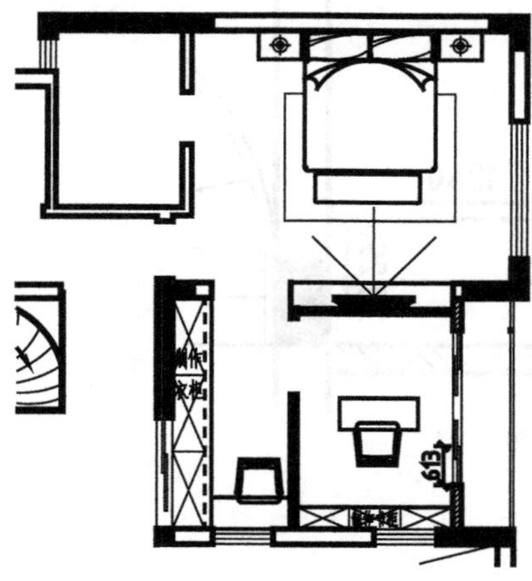

图 18-115 绘制阳台推拉门

Step 12 绘制衣帽间与书房新建墙体。由于已将原有空间改造为衣帽间和书房，所以原有门洞、窗洞均需封闭。调用E【删除】、H【填充】命令，对原有门、窗洞进行封闭，如图 18-116所示。

Step 13 绘制主卧窗帘。调用CO【复制】命令，将客厅窗帘复制移动至主卧，如图 18-117所示。

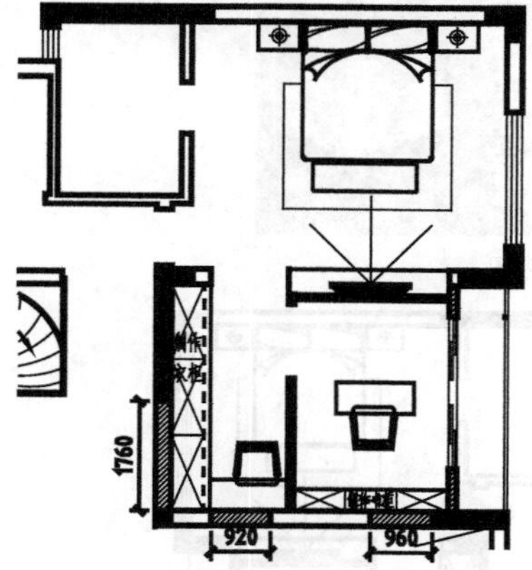

图 18-116 绘制衣帽间与书房新建墙体

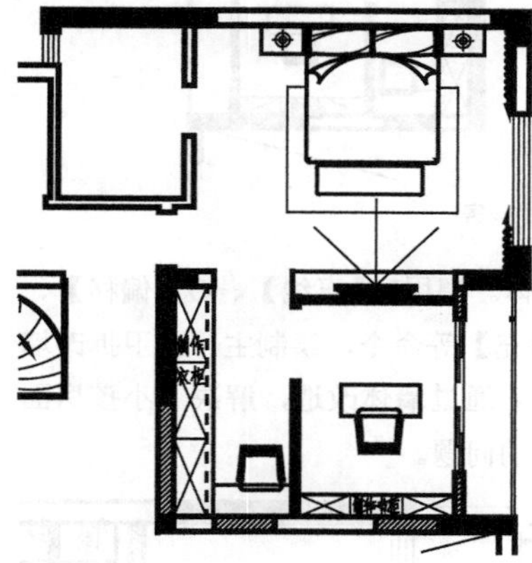
图 18-117 绘制窗帘

18.6.3 绘制二层小孩房平面布置图

针对本案例户型特点，对卧室三进行改造，改造为小孩房。小孩房除了满足基本睡眠需求之外，还需增加书桌、衣柜等。小孩房效果参考图如图 18-118所示。

Step 01 调用I【插入】命令，将“第18章\18.6.3床（1.5m）.dwg”图块插入至小孩房，如图18-119所示。

Step 02 由图18-119可知，小孩房宽2810mm，摆不下1500mm的床，可通过改造次卫和主卫墙体增加小孩房空间，也可改变主卫对床的风水格局。

图 18-118 小孩房效果参考图

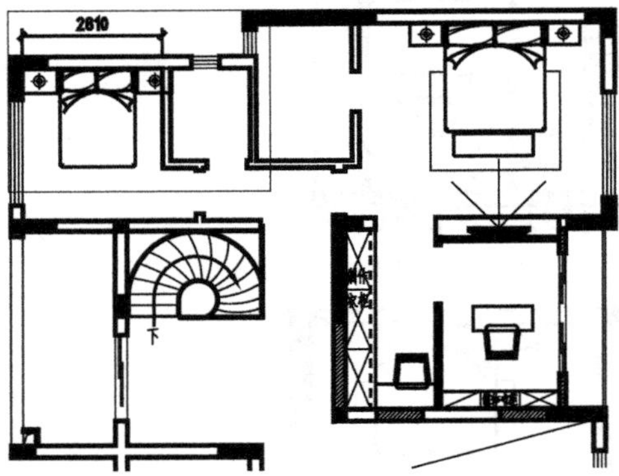

图 18-119 插入床图块至小孩房

Step 03 绘制拆改墙体。调用L【直线】、O【偏移】、TR【修剪】、H【填充】等命令，绘制主、次卫拆改墙体，如图18-120所示。通过墙体改造，解决了小孩房面积窄小、主卫正对床的问题。

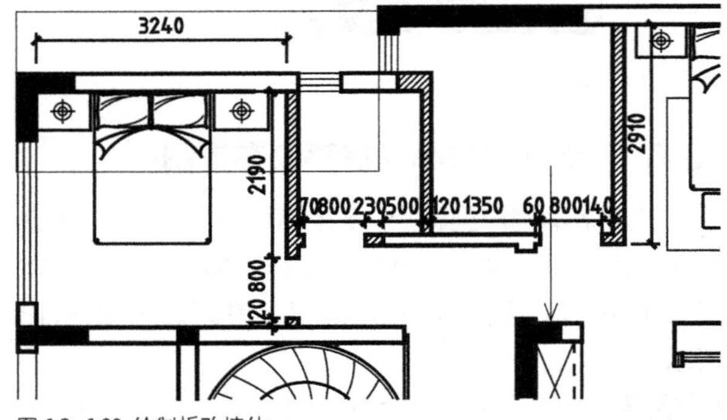

图 18-120 绘制拆改墙体

Step 04 绘制小孩房书桌。调用X【分解】命令，将床图块分解，删除一个床头柜，并调用REC【矩形】命令，绘制长1000×500的书桌，移动复制椅子至小孩房，如图 18-121所示。

Step 05 按照户型分析，小孩房增加衣帽间。调用O【偏移】、L【直线】命令，绘制小孩房衣帽间改造墙体，如图 18-122所示。

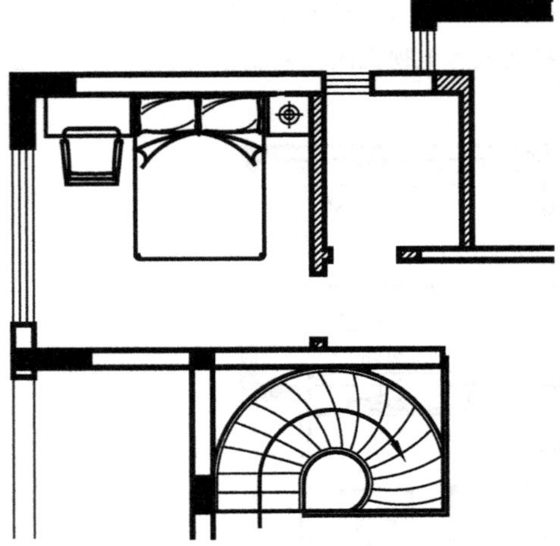

图 18-121 绘制小孩房书桌

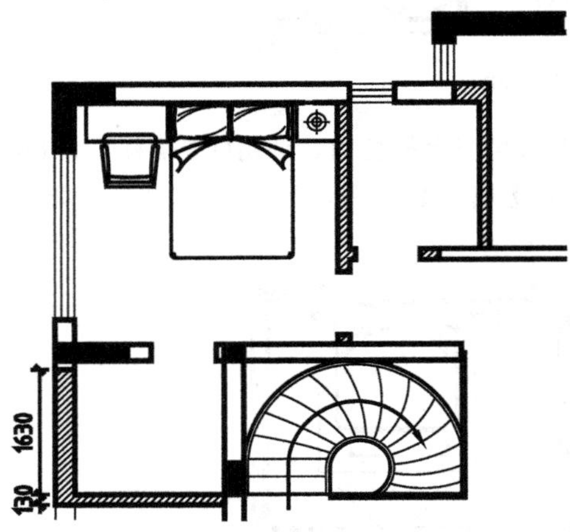

图 18-122 绘制小孩房衣帽间改造墙体

Step 06 绘制衣帽间柜子。调用O【偏移】、L【直线】命令绘制衣帽间衣柜，如图 18-123所示。

Step 07 调用I【插入】命令，将“第18章\18.6.3衣架.dwg”图块插入至衣帽间合适的位置，如图 18-124所示。

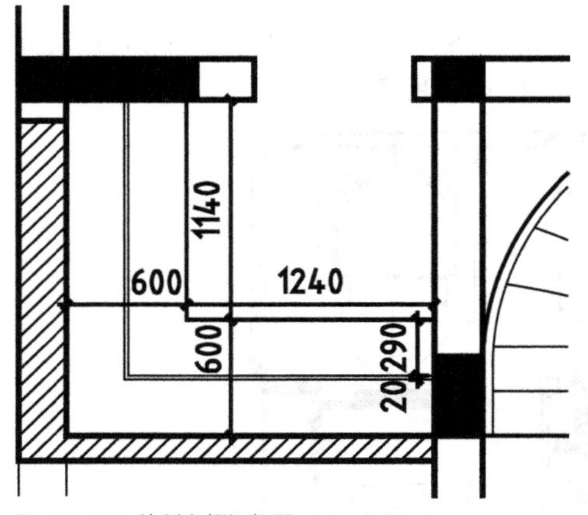

图 18-123 绘制衣帽间柜子

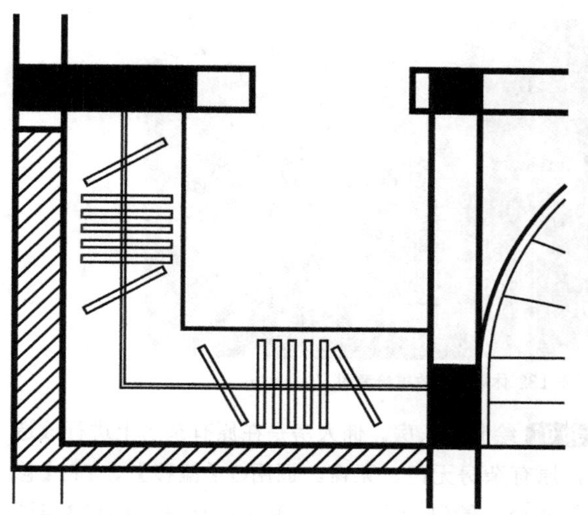

图 18-124 最终结果

Step 08 绘制房门。调用L【直线】、REC【矩形】和A【圆弧】命令，绘制小孩房和衣帽间房门，并调用CO【复制】命令，将主卧窗帘复制移动至小孩房，小孩房最终绘制效果如图 18-125所示。

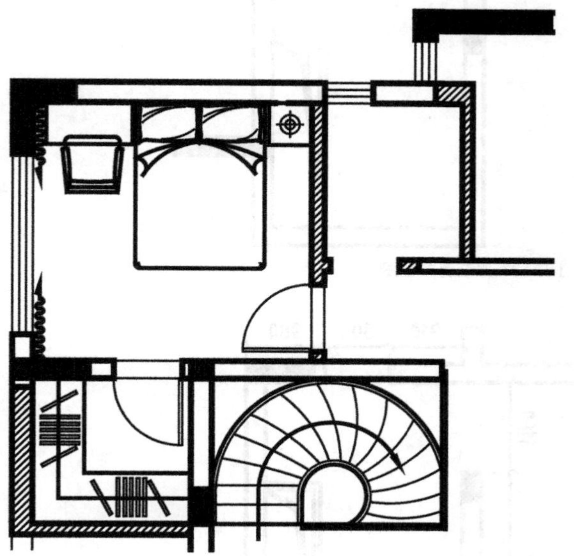

图 18-125 小孩房平面布置图

18.6.4 绘制二层卫生间

别墅二层卫生间包括主卫和次卫。主卫主要是供业主使用，而次卫主要是供小孩还有佣人使用。使用功能不同，设施也会有所不同。在次卫配备设施有马桶、淋浴龙头、盥洗盆等设施。为增加业主使用舒适度，主卫配备有浴缸、淋浴器、马桶、双人盥洗盆等设施。

针对本案例户型特点，根据门开的朝向，将盥洗盆统一设计在与门相对应的一侧，为避免进门踩坑的风水格局，所以次卫淋浴器布置与房门同一侧。主卫效果参考图如图 18-126 所示。

图 18-126 主卫效果参考图

Step 01 绘制房门。调用L【直线】、REC【矩形】和A【圆弧】命令，绘制主、次卫生间房门，如图18-127所示。

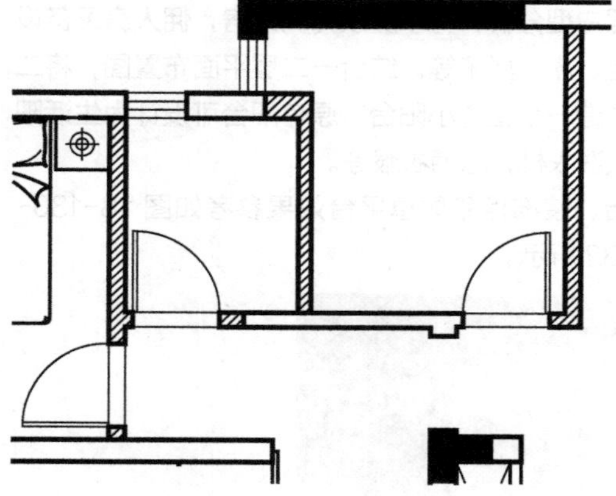

图 18-127 绘制房门

Step 02 绘制浴室柜。调用L【直线】、O【偏移】命令，绘制浴室柜，并调用I【插入】命令，将“第18章\18.6.4洗漱盆.dwg”图块插入至卫生间合适的位置，如图 18-128所示。

Step 03 调用I【插入】命令，将“第18章\18.6.4马桶、浴缸、淋浴器.dwg”图块插入至卫生间合适的位置，最终主卫和次卫平面布置图绘制完成，结果如图 18-129所示。

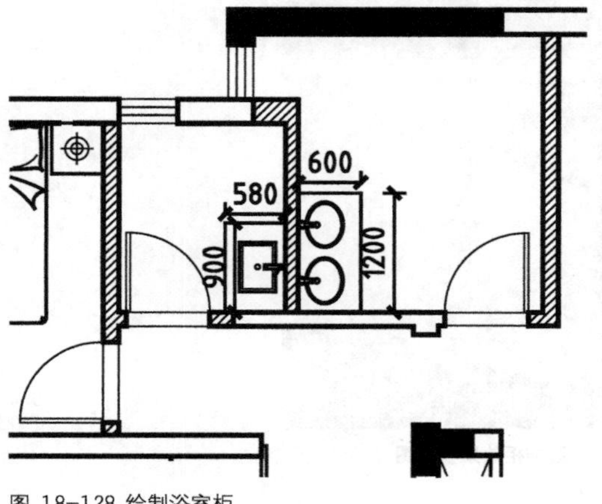

图 18-128 绘制浴室柜

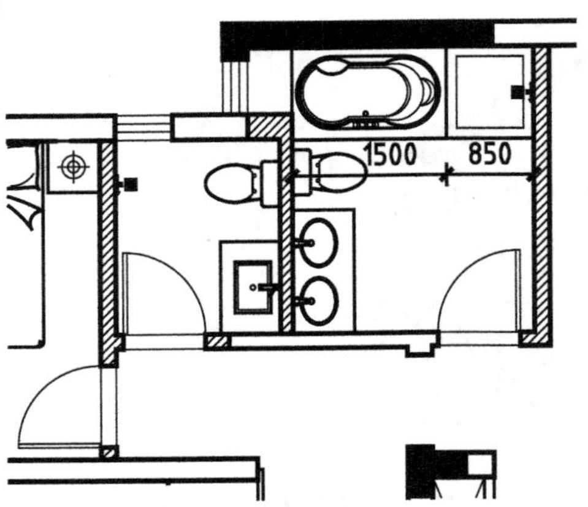

图 18-129 主卫、次卫平面布置图

18.6.5 其他平面布置图的绘制

按照户型分析，将杂房改为佣人房，佣人房配备设施有衣柜、床、桌子等。结合一二层平面布置图，将二层过道改造一个室内小阳台，原有阳台可设计为生活阳台，摆放洗衣机，晾晒衣服等。

阳台、装饰柜和休息平台效果参考如图 18-130~图 18-132 所示。

图 18-130 阳台效果参考图

图 18-131 装饰柜效果参考图

图 18-132 休息平台效果参考图

Step 01 绘制佣人房。佣人房是在原有杂房上进行改造的，原有杂房无门、无窗。调用O【偏移】、TR【修剪】命令，绘制佣人房门、窗洞，如图 18-133与图 18-134所示。

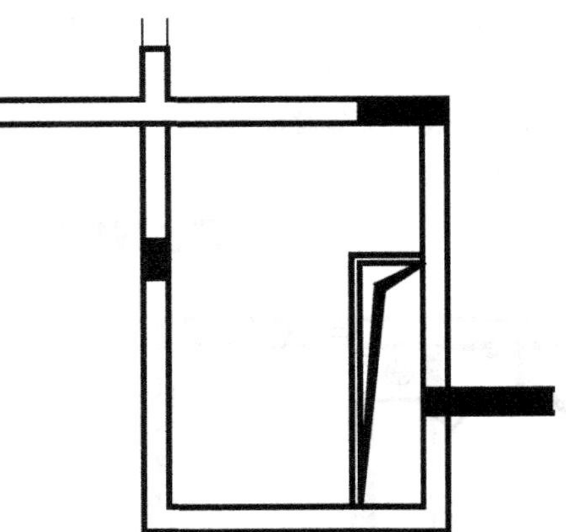

图 18-133 原杂房户型图

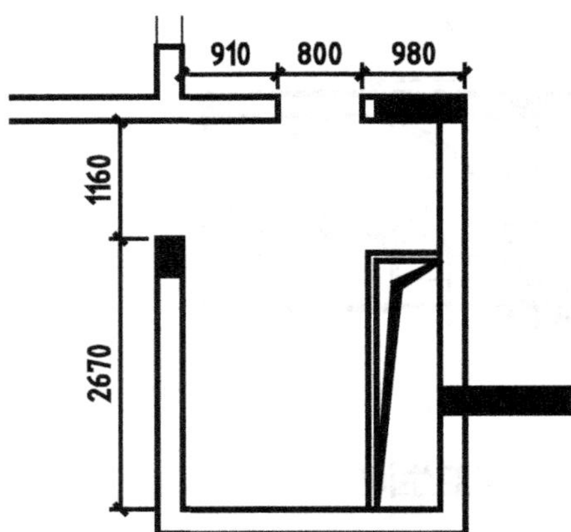

图 18-134 绘制门、窗洞

Step 02 绘制房门和窗户。调用L【直线】、REC【矩形】和A【圆弧】、O【偏移】命令，绘制佣人房房门和窗户，如图 18-135所示。

Step 03 插入床图块。调用I【插入】命令，将“第18章\18.6.5床（1.2m）.dwg”图块插入至佣人房合适的位置，如图 18-136所示。

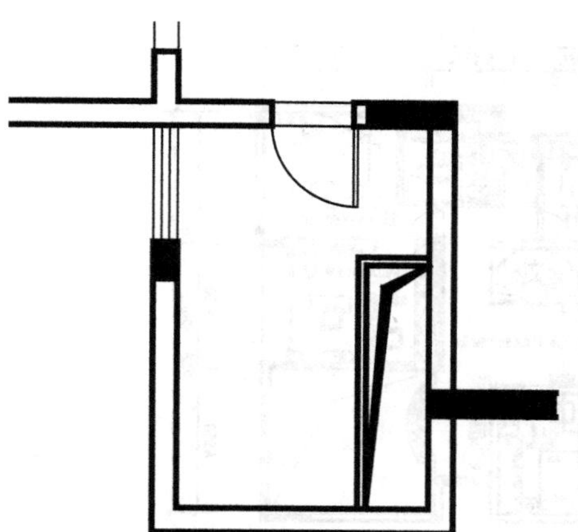

图 18-135 绘制房门和窗户

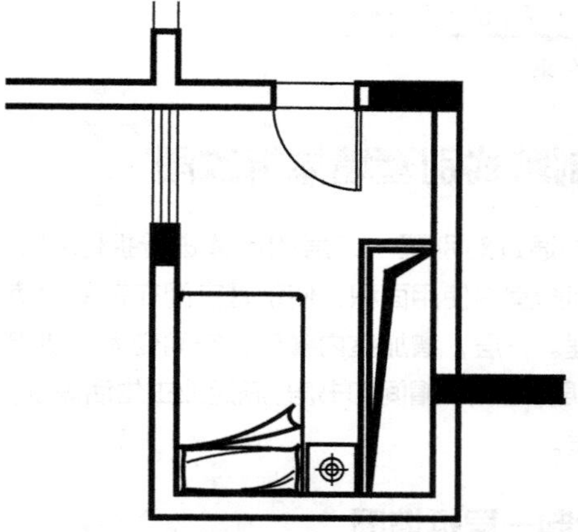

图 18-136 插入床图块

Step 04 绘制柜子。调用O【偏移】、L【直线】命令绘制衣柜（平开门），并调用MT【多行文字】命令，进行文字说明，如图 18-137所示。

Step 05 绘制书桌。调用REC【矩形】命令，绘制长500×1200的书桌，移动复制椅子至佣人房，佣人房平面图最终绘制结果如图 18-138所示。

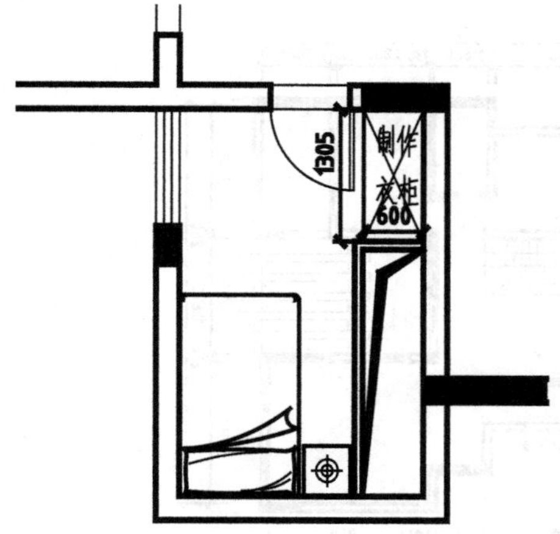

图 18-137 绘制柜子

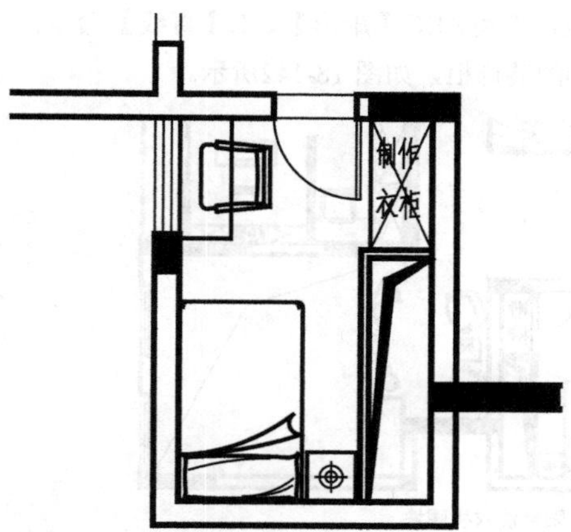

图 18-138 佣人房平面图

Step 06 新建二楼休息平台。一二层为中空设计，在二楼过道新建楼板，修建一个弧形休息平台，增加空间趣味性，增强设计感。

Step 07 绘制弧形休息平台。调用O【偏移】、L【直线】、A【圆弧】命令，绘制二楼休息平台，如图 18-139所示。

Step 08 插入图块。调用I【插入】命令，将“第18章\18.6.5休闲桌椅、盆栽.dwg”图块插入至弧形休息平台合适的位置，如图 18-140所示。

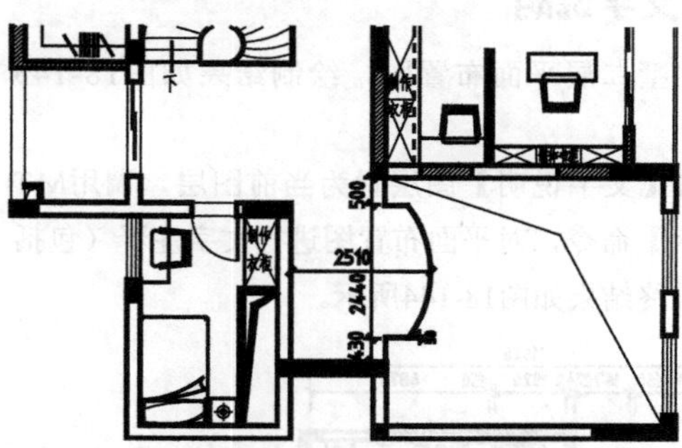

图 18-139 绘制弧形休息平台

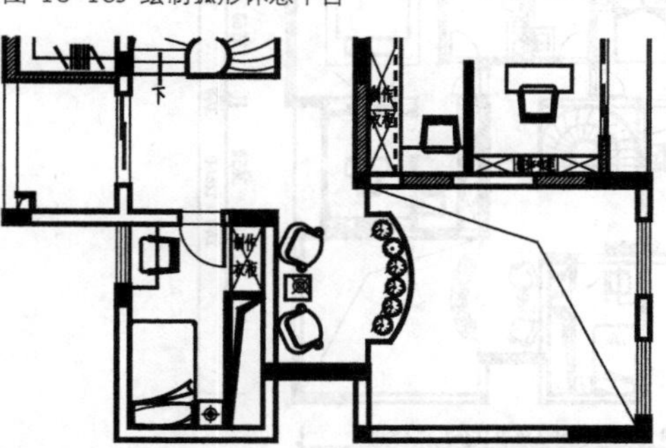

图 18-140 插入图块

Step 09 插入阳台洗衣机图块。二层阳台当作生活阳台使用，供家人晾晒衣服。调用I【插入】命令，将“第18章\18.6.5洗衣机、植物.dwg”图块插入至阳台合适的位置，如图 18-141所示。

Step 10 绘制过道装饰柜。为丰富过道内容，在过道设计欧式装饰柜，调用REC【矩形】、L【直线】命令，绘制900×350的装饰柜，如图 18-142所示。

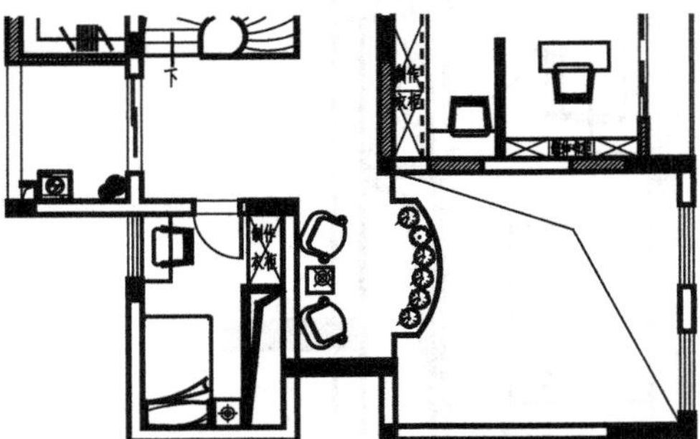

图 18-141 插入阳台洗衣机图块

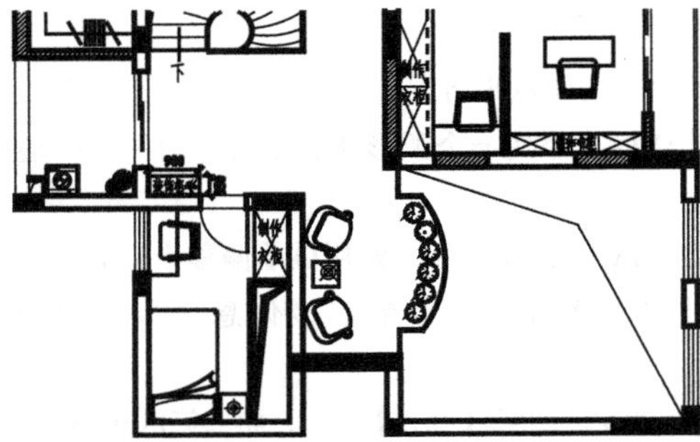

图 18-142 绘制过道装饰柜

18.6.6 文字说明

Step 01 别墅二层平面布置图，绘制结果如图18-143所示。

Step 02 将【文字说明】图层置为当前图层，调用MT【多行文字】命令，对平面布置图进行文字注释（包括贴砖），最终结果如图18-144所示。

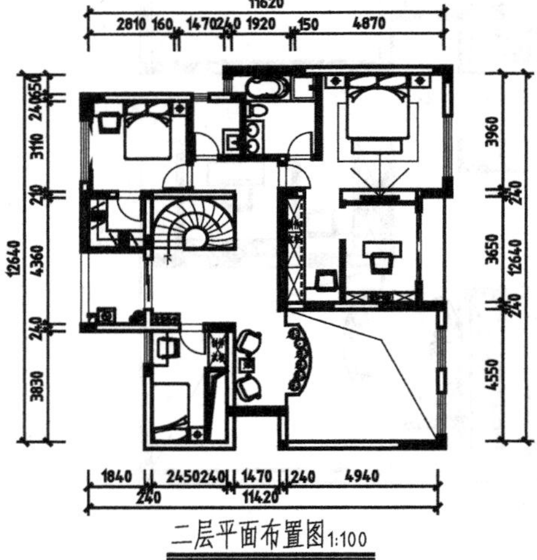

图 18-143 二层平面布置图

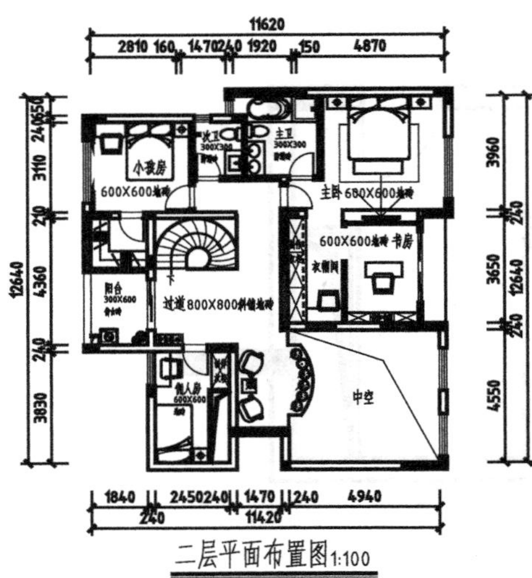

图 18-144 最终结果

18.7 绘制欧式别墅墙体拆改图

本案例中通过对别墅一二层的墙体进行拆除和改造，扩大了别墅室内使用面积，使别墅空间在布局和使用上更为合理。一层，增加室内餐厅，空间变大，使用更为顺畅。二层，增加衣帽间和书房，满足业主生活需求，提高生活品质。

18.7.1 绘制一层拆墙图

Step 01 拆墙图是在原始户型图的基础上绘制的，调用CO【复制】命令，复制一份一层原始户型图，删掉多余图形，如图18-145所示。

Step 02 设置【拆墙】图层为当前图层。按照平面布置图的拆墙尺寸，在复制的原始户型图上绘制拆墙。调用O【偏移】、L【直线】、TR【修剪】等命令绘制拆墙区域，如图18-146所示。

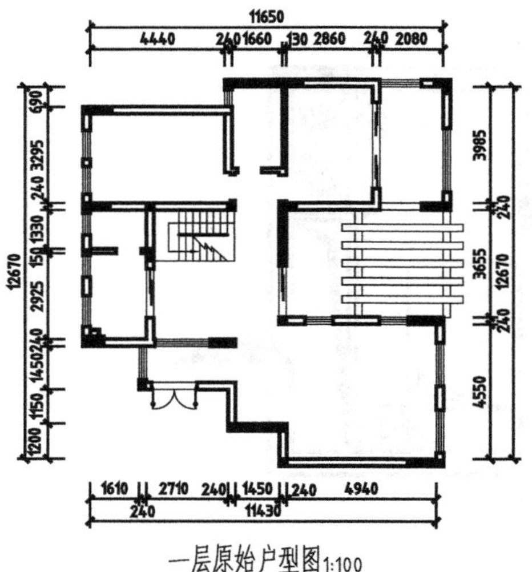

图 18-145 整理图形

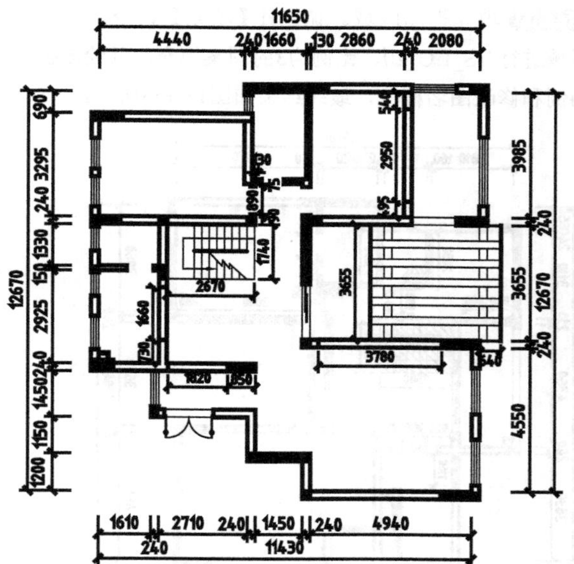

图 18-146 绘制拆墙

Step 03 填充拆墙区域。调用H【填充】命令，对拆墙区域进行JIS_LC_20、比例为3的图案填充，并绘制拆墙图例和修改图名标注，最终结果如图18-147所示。

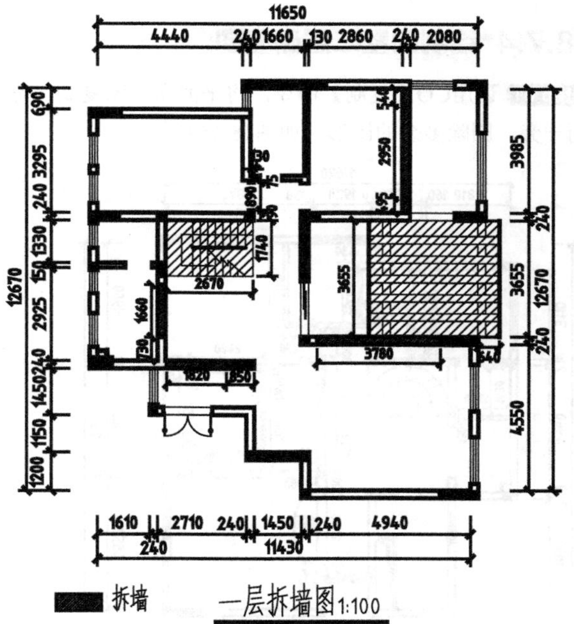

图 18-147 别墅一层拆墙图

18.7.2 绘制别墅一层砌墙图

Step 01 砌墙图是在平面布置图的基础上绘制而成的。调用CO【复制】命令，将平面布置图复制一份到一旁，删除多余的图形，如图18-148所示。

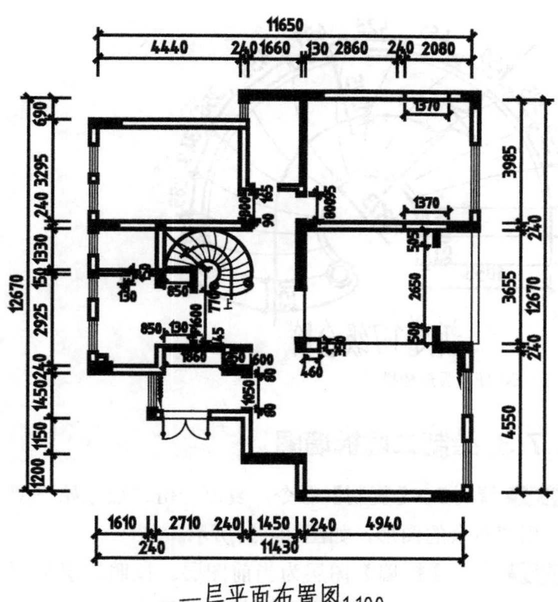

图 18-148 整理图形

Step 02 填充砌墙区域。为了与拆墙图区分，调用H【填充】命令，将砌墙区域用NET3图案填充，填充比例为20，新建楼板和楼梯区域用AR-CONC图案填充，填充比例为10，并绘制砌墙图例和修改图名标注，最终结果如图 18-149所示。

Step 03 新建弧形楼梯要在图纸中单独表示，并标识尺寸，如图 18-150所示。

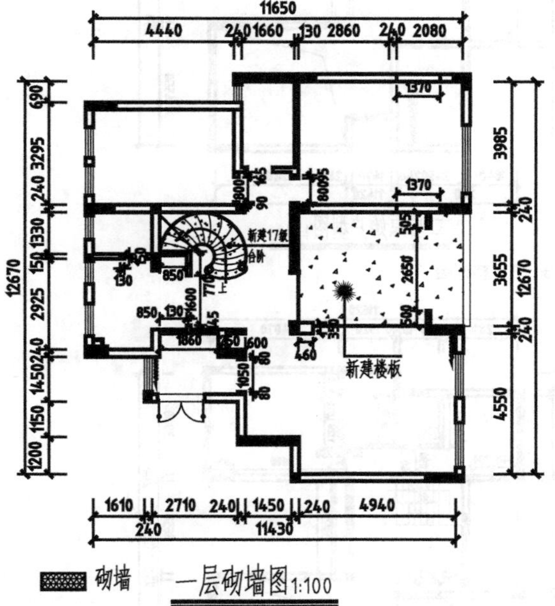

图 18-149 别墅一层砌墙图

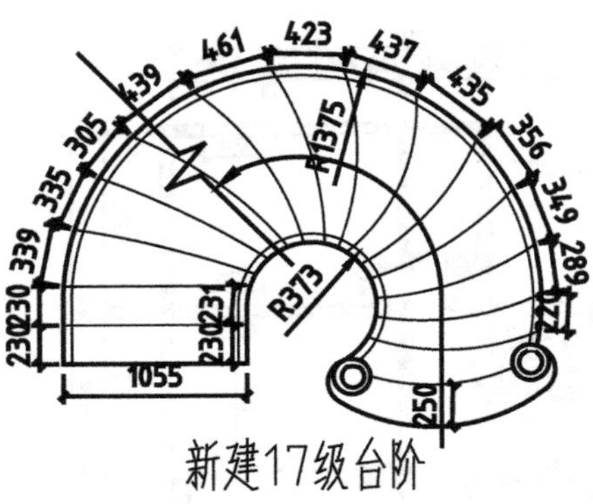

图 18-150 新建弧形楼梯

18.7.3 绘制二层拆墙图

Step 01 调用CO【复制】命令，复制一份二层原始户型图，删掉多余的图形，如图18-151所示。

Step 02 设置【拆墙】图层为当前图层。按照二层平面布置图的拆墙尺寸，在复制的原始户型图上绘制拆墙。调用O【偏移】、L【直线】、TR【修剪】等命令绘制拆墙区域，如图18-152所示。

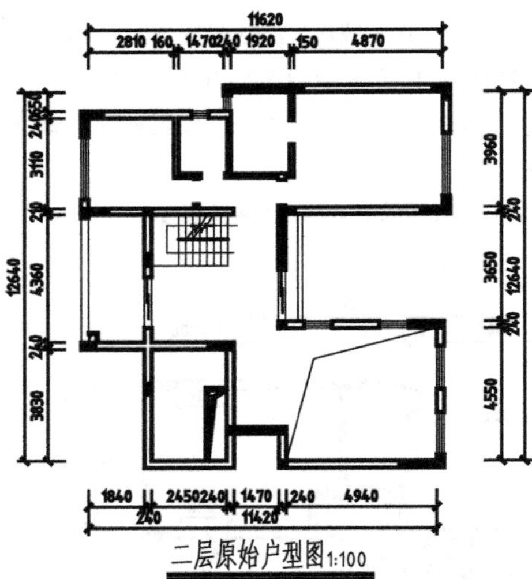

图 18-151 整理图形

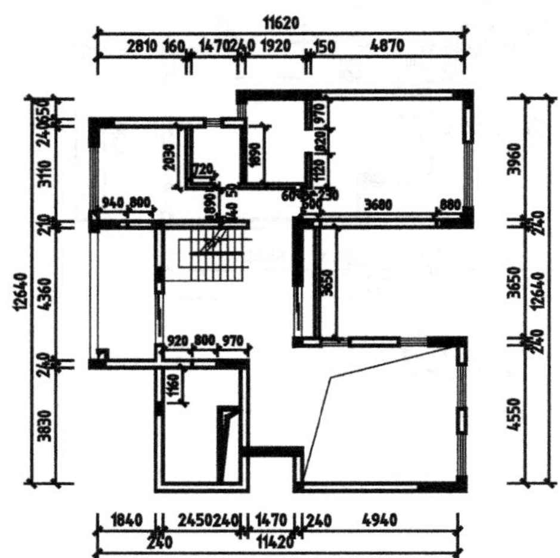

图 18-152 绘制拆墙

Step 03 填充拆墙区域。调用H【填充】命令，对拆墙区域进行JIS_LC_20、比例为3的图案填充，并绘制拆墙图例和修改图名标注，最终结果如图18-153所示。

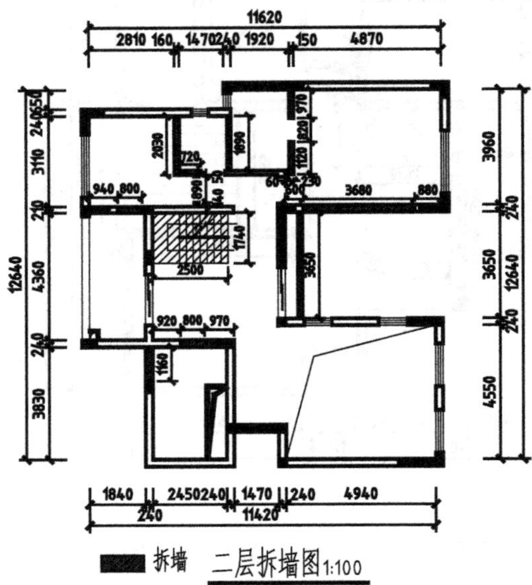

图 18-153 别墅二层拆墙图

18.7.4 绘制别墅二层砌墙图

Step 01 调用CO【复制】命令，将平面布置图复制一份到一旁，删除多余的图形，如图18-154所示。

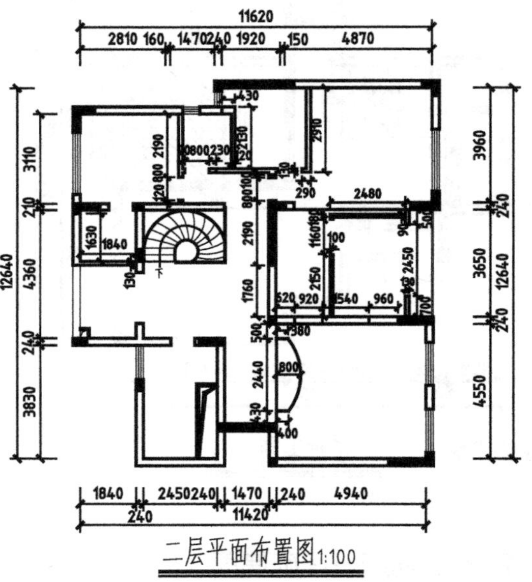

图 18-154 整理图形

Step 02 填充砌墙区域。为了与拆墙图区分，调用H【填充】命令，将砌墙区域用NET3图案填充，填充比例为20，新建楼板和楼梯区域用AR-CONC图案填充，填充比例为10，并绘制砌墙图例和修改图名标注，最终结果如图18-155所示。

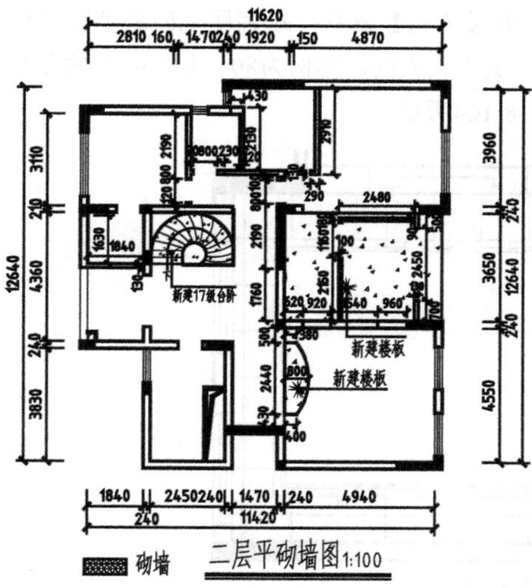

图 18-155 别墅二层砌墙图

18.8 绘制别墅地面铺装图

别墅的地材图主要表达了别墅地面铺装的用料、规格，以及拼花图案等信息。别墅中各功能区之间都采用了门槛石来进行划分，简单又不失大气。门厅使用拼花，客餐厅都使用地砖斜拼，体现了欧式风格雍容大气，卫生间、厨房区域铺贴防滑地砖，兼顾其实用性。卧室采用仿古地砖铺贴，更能体现其欧式风格。图 18-156 与图 18-157 是别墅一、二层地面铺装图，下面介绍绘制方法。

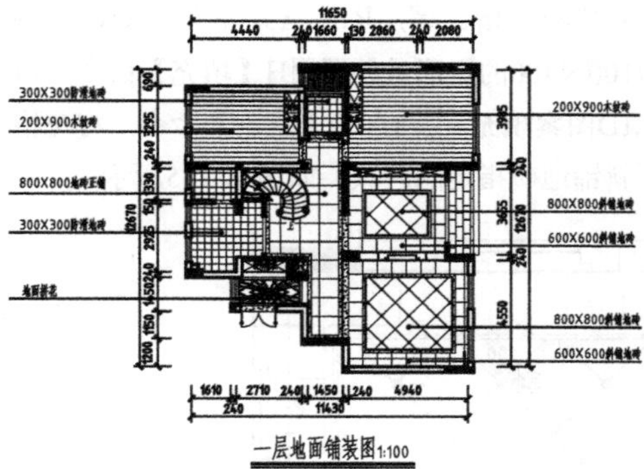

图 18-156 别墅一层地面铺装图

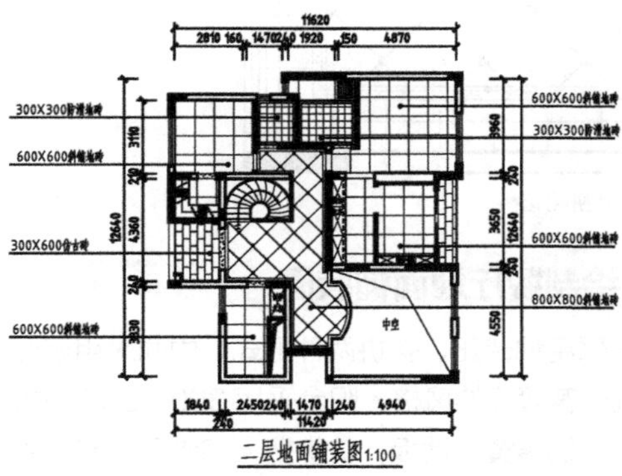

图 18-157 别墅二层地面铺装图

18.8.1 整理图形

复制图形。地面铺装图可在平面布置图的基础上进行绘制，调用 CO【复制】命令，将平面布置图复制一份到图形空白处。调用 E【删除】命令，删除平面布置图中与地面铺装图无关的图形，如图 18-158 所示。

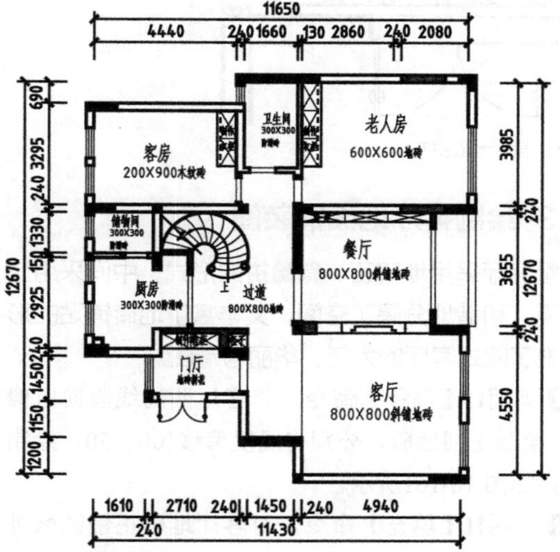

图 18-158 整理图形

18.8.2 绘制门厅地面铺装图

别墅装修中，门厅的设计极为重要，打开大门的一瞬间所见的入门之景便能让客人给主人的身份和喜好定位。在该案例中采用复杂地面拼花，体现欧式风格门厅精致、典雅之感。

Step 01 设置【地面铺装】图层为当前图层，调用O【偏移】命令，门厅四周线段向内偏移100，表示波导线，如图 18-159所示。

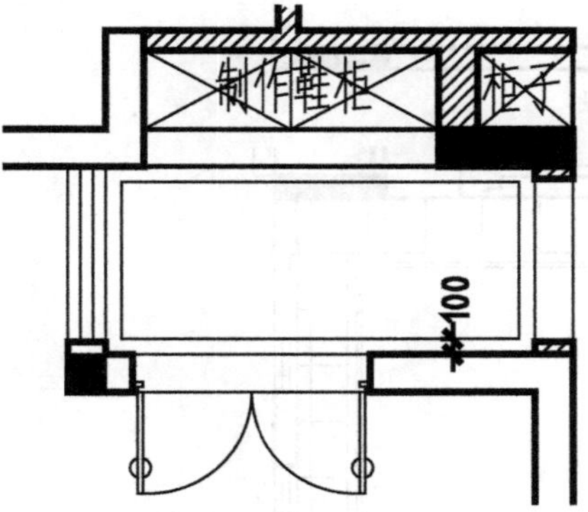

图 18-159 绘制门厅波导线

Step 02 调用I【插入】命令，将“第18章\18.8.2地面拼花.dwg”图块插入到门厅中，如图 18-160所示，完成门厅地面铺装图的绘制。

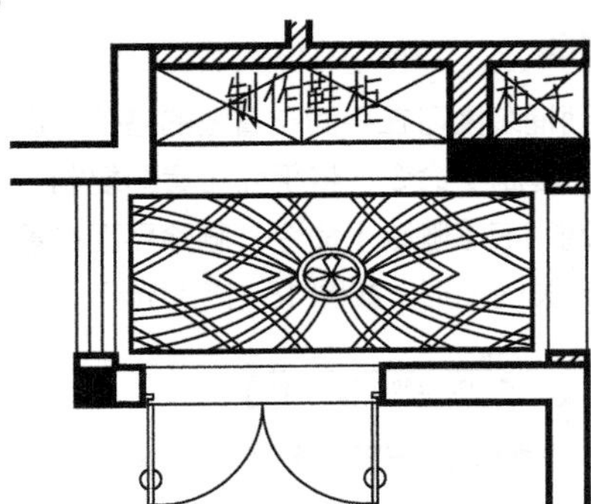

图 18-160 插入地面拼花

18.8.3 绘制客厅地面铺装图

别墅客厅采用地砖正、斜量拼的形式，中间采用波导线分隔，和谐地分隔了空间，又丰富了地砖铺贴的形式，体现了欧式客厅的大气、华丽与端庄。

Step 01 调用O【偏移】命令，将客厅四周线段向内偏移600，绘制正铺地砖，分别将线段偏移100、50，绘制波导线，如图 18-161所示。

Step 02 调用H【填充】命令，对客厅地砖正铺区域进行"用户自定义"、双向、比例为600的图案填充，如图 18-162所示。

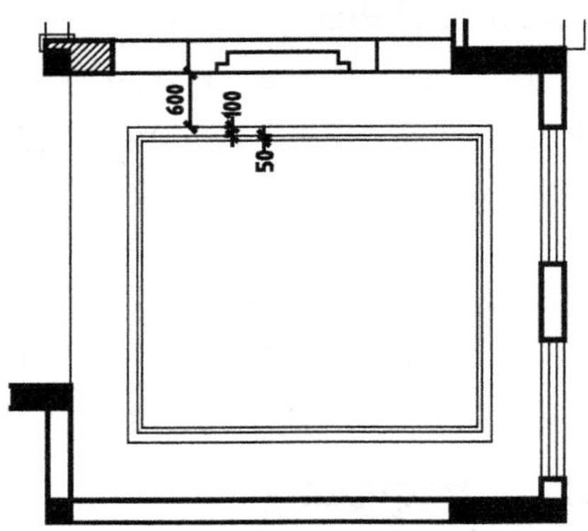

图 18-161 偏移线段

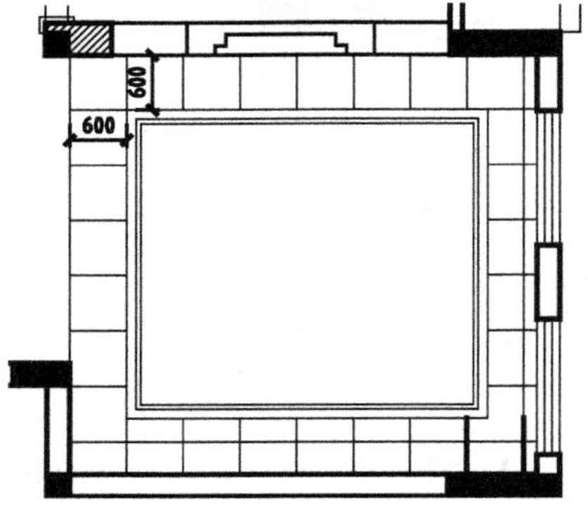

图 18-162 绘制客厅正铺地砖

Step 03 调用H【填充】命令，对客厅波导线区域进行AR-CONC、比例为1的图案填充，如图 18-163所示。

Step 04 调用H【填充】命令，对客厅地砖斜铺区域进行"用户自定义"、双向、比例为80、角度45°的图案填充，如图 18-164所示。

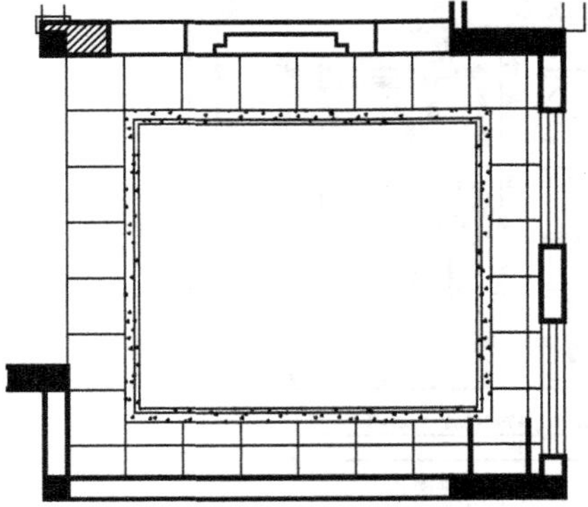

图 18-163 填充波导线

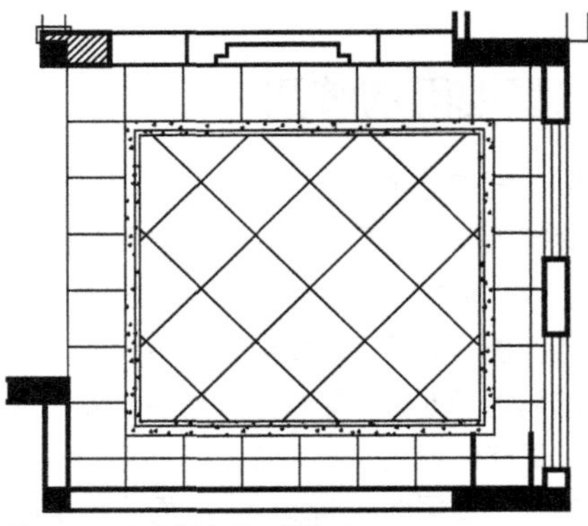

图 18-164 绘制客厅正铺地砖

Step 05 绘制拼花花格。调用REC【矩形】命令，绘制一个尺寸为100×100的矩形，并调用H【填充】命令，对其进行SOLID图案填充。执行CO【复制】命令，将花格移动复制到斜铺地砖指定的区域，如图18-165所示。

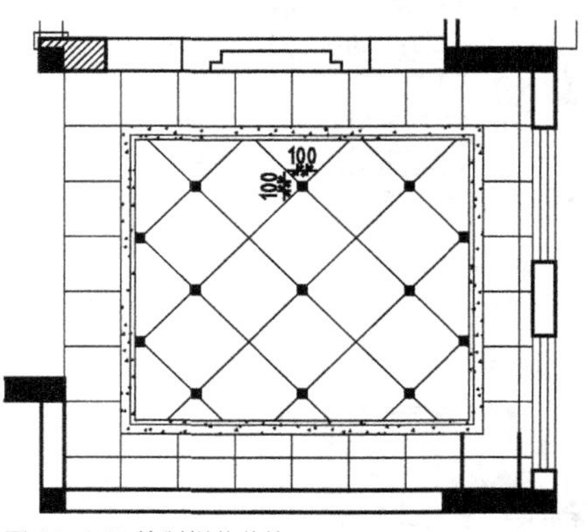

图 18-165 绘制拼花花格

18.8.4 绘制餐厅地面铺装图

餐厅也采用地砖正、斜拼两种形式，中间采用波导线分隔。统一客餐厅的风格，阳台采用 300×600 仿古砖，通过复古的暖黄色地板，仿佛把人们带到了欧洲中世纪时期，连地砖都泛着古旧的味道。

Step 01 调用O【偏移】命令，将客厅四周线段向内偏移600，绘制正铺地砖，分别将线段偏移100、50，绘制波导线，如图 18-166所示。

Step 02 调用H【填充】命令，对客厅地砖正铺区域进行“用户自定义”，双向，比例为600的图案填充，如图 18-167所示。

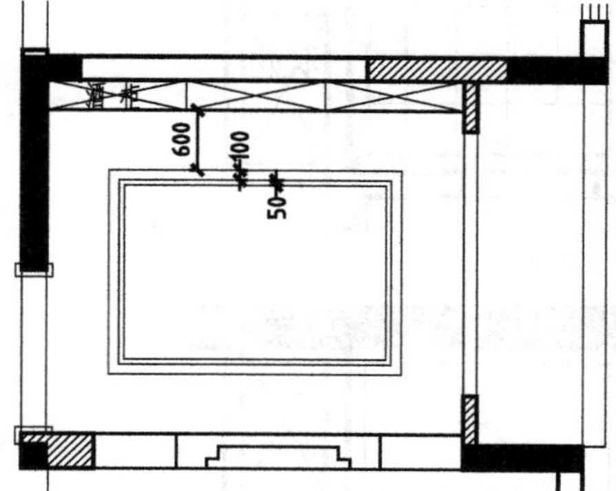

图 18-166 偏移线段

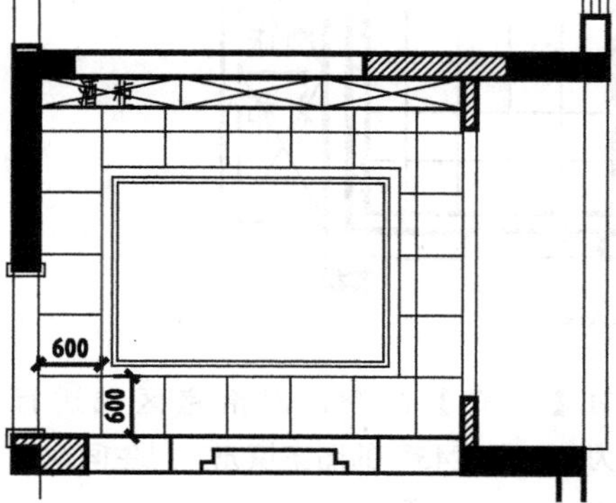

图 18-167 绘制客厅正铺地砖

Step 03 采用前面介绍绘制客厅地面铺装图的方法绘制餐厅波导线和地砖斜铺，如图 18-168所示。

Step 04 绘制阳台地砖。由于AutoCAD中没有符合的填充图案，调用O【偏移】、L【直线】命令，绘制阳台300×600的仿古地砖，如图 18-169所示。

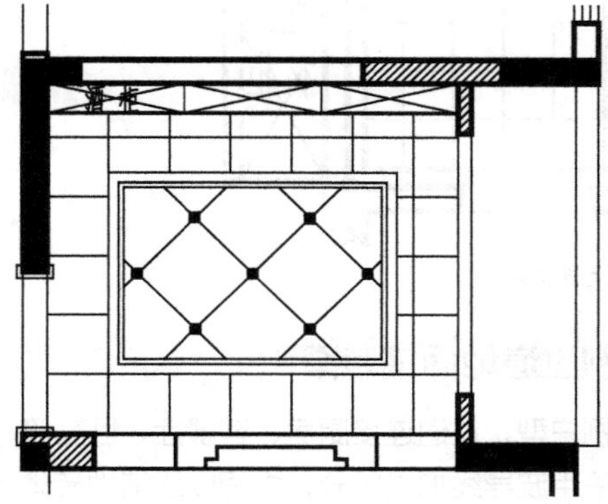

图 18-168 偏移线段

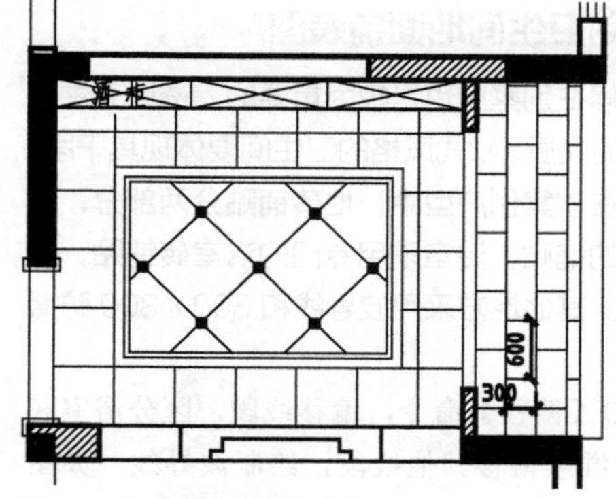

图 18-169 绘制客厅正铺地砖

18.8.5 绘制卧室地面铺装图

木纹砖具有木地板的温馨和舒适感，又比木地板更容易打理，它是陶瓷砖的一种，具有易于清洗，可直接用水擦拭特点。卧室铺贴木纹砖不但使人脚感舒适，相对于营造欧式风格，比木地板更能突出欧式风情。

调用 H【填充】命令，对卧室区域进行 “用户自定义”图案、单向、比例为 100 的图案，填充卧室效果如图 18-170 所示。

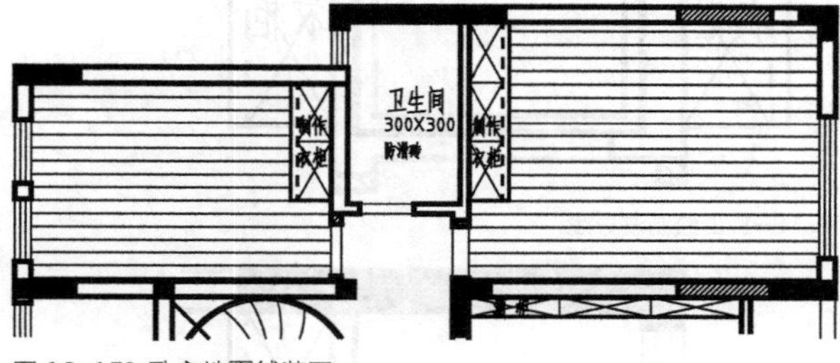

图 18-170 卧室地面铺装图

18.8.6 绘制厨房和储物间地面铺装图

厨房是接触水的地方，需选择具有防滑性能的地砖，地砖铺贴 300×300 的防滑地砖即可。储物间与厨房相连，所以铺贴同样的地砖。调用 H【填充】命令，在厨房、储物间区域进行双向、比例为 300 的图案填充，如图 18-171 所示。

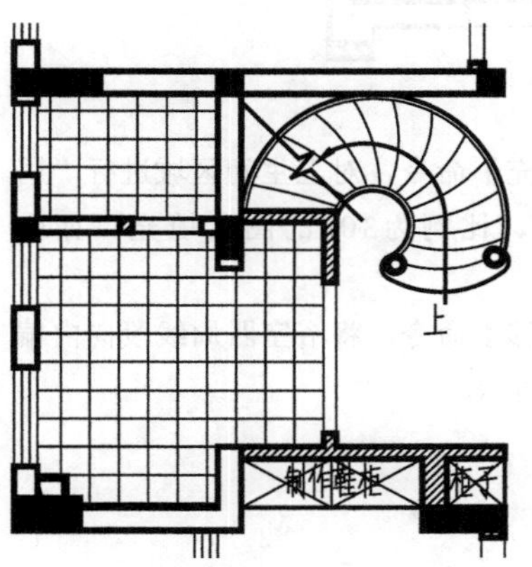

图 18-171 厨房、储物间地面铺装图

18.8.7 绘制卫生间地面铺装图

卫生间装修在别墅中也是极为重要的，透过卫生间可看整个装修的品质。欧式风格的卫生间要体现其干净、整洁的特点，在该案例户型中，地砖铺贴分两部分，浴室和其他地方的铺贴，浴室采用专门的浴室砖铺贴，防滑到，漏水快。其他地方采用波导线和 300×300 防滑砖铺贴。

Step 01 调用O【偏移】命令，偏移线段，区分浴室和其他区域，并继续偏移其他线段，绘制波导线，如图18-172所示。

Step 02 调用H【填充】命令，对卫生间波导线区域进行AR-CONC、比例为1的图案填充，如图 18-173所示。

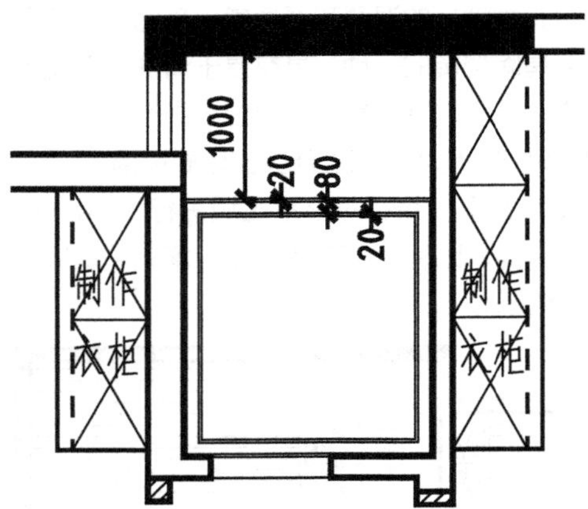

图 18-172 绘制波导线

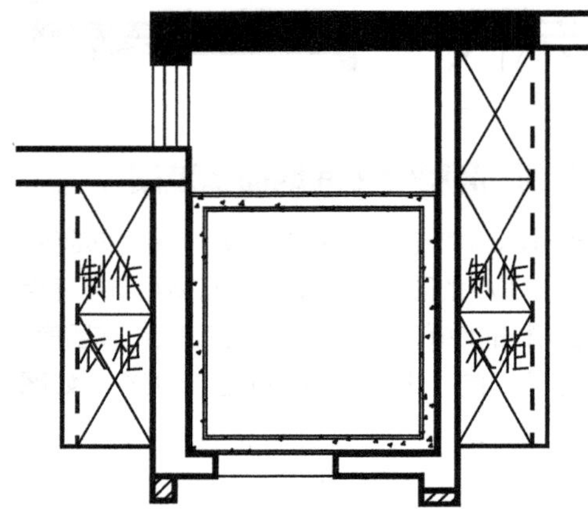

图 18-173 填充波导线

Step 03 调用H【填充】命令，对卫生间区域进行“用户自定义”、双向、比例为300的图案填充，如图 18-174所示。

Step 04 调用O【偏移】命令，将浴室四周线段向内偏移100，如图 18-175所示。

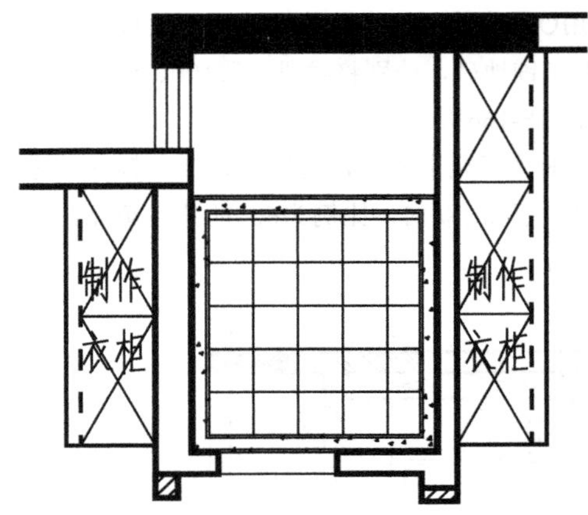

图 18-174 填充防滑地砖

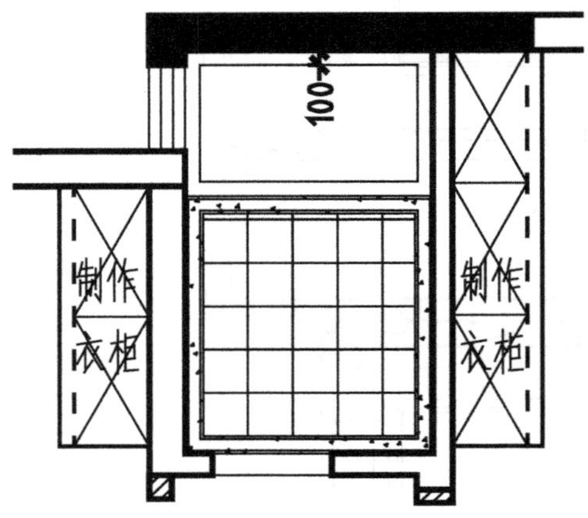

图 18-175 偏移浴室线段

Step 05 调用H【填充】命令，对浴室区域进行STEEL、比例为45、角度45°的图案填充，卫生间地面铺装图最终结果如图18-176所示。

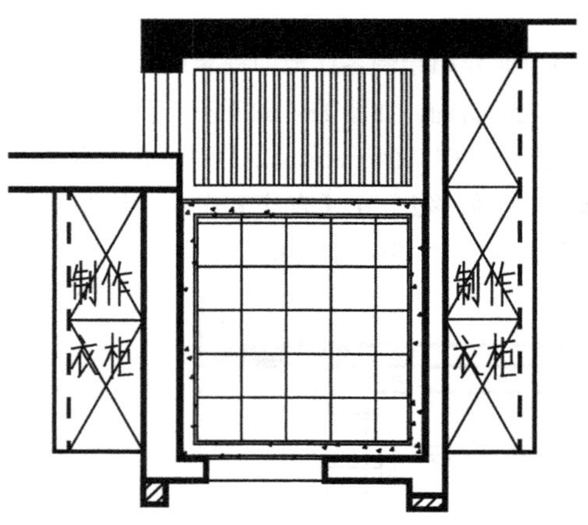

图 18-176 卫生间地面铺装图

18.8.8 绘制过道地面铺装图

针对本案例户型，过道连接厨房、客餐厅、卧室等各区域，四周采用波导线加以区分，中间以正铺地砖体现整体的大气整洁之感。

Step 01 调用O【偏移】命令，偏移线段，绘制过道波导线，如图 18-177所示。

Step 02 调用H【填充】命令，对过道波导线区域进行AR-CONC，比例为1的图案填充，如图 18-178所示。

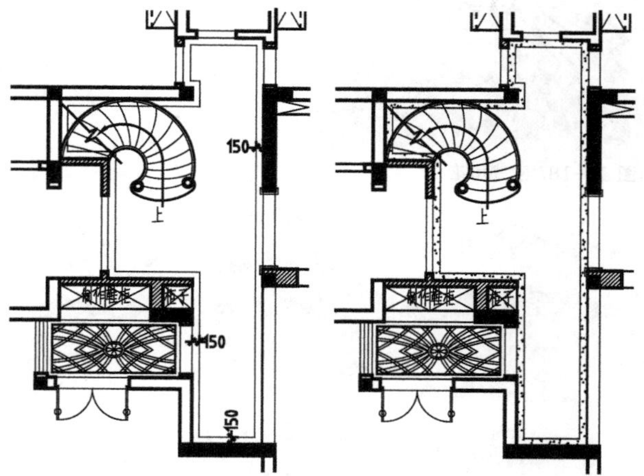

图 18-177 绘制过道波导线　　图 18-178 填充过道波导线

Step 03 调用H【填充】命令，对过道区域进行“用户自定义”、双向、比例为800的图案填充，过道地面铺装图最终结果如图 18-179所示。

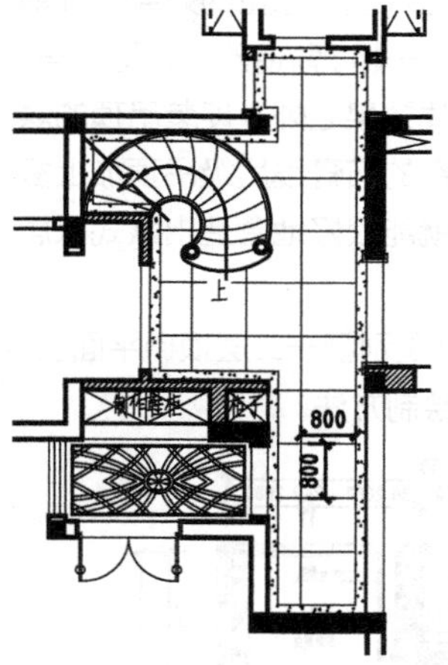

图 18-179 最终结果

18.8.9 完善别墅一层地面铺装图

各个房间地面铺装图绘制完成之后，对门槛石区域进行填充，并进行地面材质的文字说明。

Step 01 调用H【填充】命令，对门槛石区域进行AR-CONC图案、比例为1的图案填充，完善别墅一层地面铺装图的绘制，如图18-180所示。

Step 02 文字说明。调用LE【引线】、MT【多行文字】命令，对地面铺装图的材质进行文字说明，最终一层地面铺装图完成，如图18-181所示。

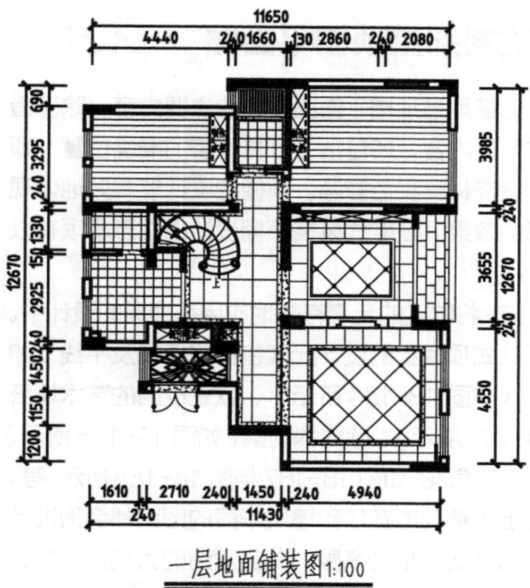

图 18-180 填充门槛石

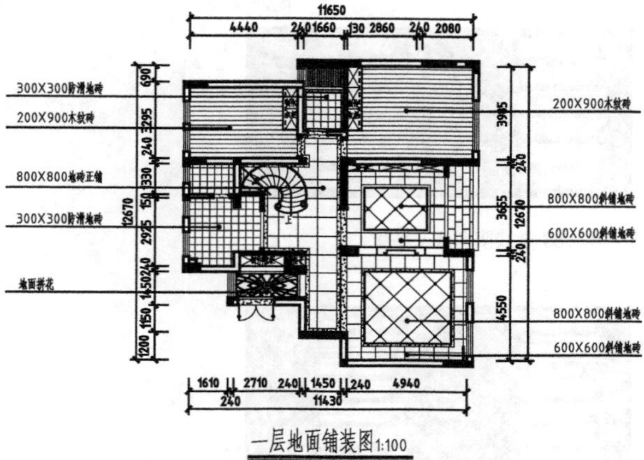

图 18-181 别墅一层地面铺装图

18.8.10 绘制别墅二层地面铺装图

绘制二层地面铺装图的方法与绘制一层地面铺装图相一致。为了营造欧式氛围，卧室采用地砖铺贴，阳台采用仿古砖铺贴，过道采用斜铺地砖，绘制二层地面铺装图的结果如图 18-182 所示。

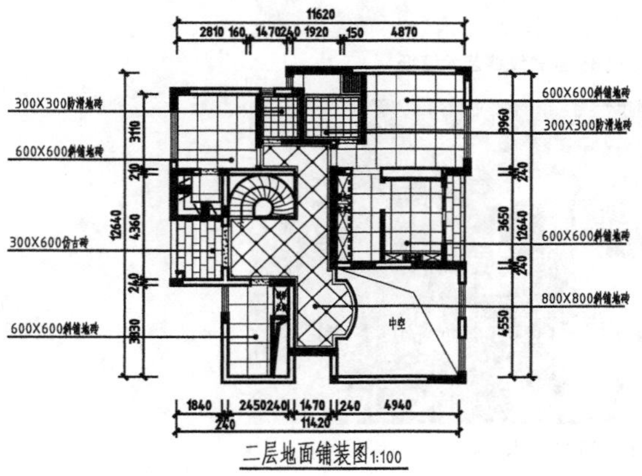

图 18-182 别墅二层地面铺装图

18.9 绘制别墅顶棚平面图

顶棚的造型是顶棚平面图设计的主要内容，除了造型以外的设计内容，还包括了灯具安装的准确位置、顶棚使用的装饰材料和色彩等。顶棚的设计能有效地体现对应风格的效果。在欧式风格顶棚设计中注意事项有以下两点。

第一点：将欧式的元素有效地应用在顶棚的设计中。可以使用欧式顶棚上的设计元素包括阴角线及平线（如图 18-183 与图 18-184 所示）、欧式纹路的艺术墙纸（如图 18-185 所示）、欧式木制梁（如图 18-186 所示）和装饰精美的角花（如图 18-187 与图 18-188 所示）等。石膏角线上边精美的花纹和墙纸华丽的图案都会为设计的空间增加欧式风格的氛围，并且营造的大气、华丽、端庄的氛围也完全符合欧式风格的要求。

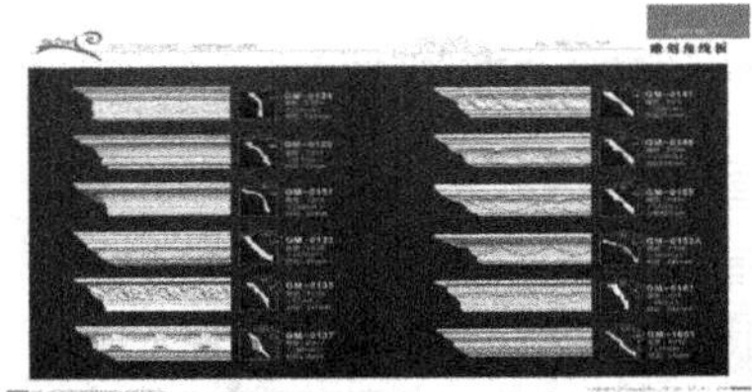

图 18-183 欧式阴角线及平线

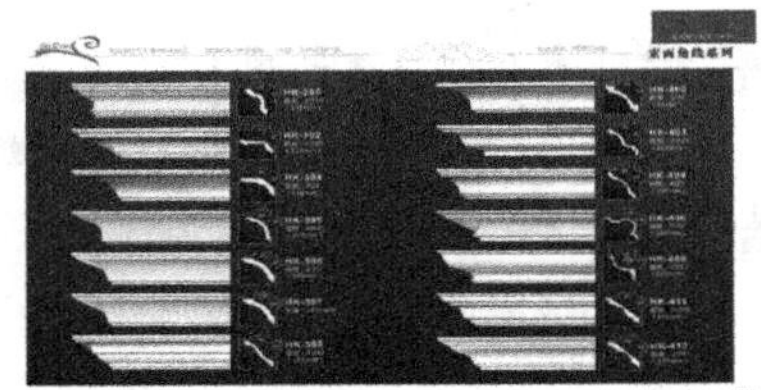

图 18-184 欧式阴角线及平线

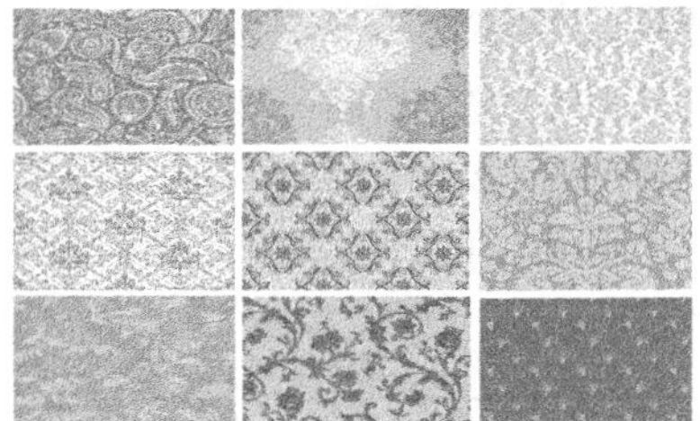

图 18-185 欧式纹路艺术墙纸

图 18-186 欧式木制梁

图 18-187 欧式角花

图 18-188 欧式角花

第二点：顶棚的设计造型应该和平面布置图的功能位置相对应，这样才能体现出端庄、稳重的效果。才能很好地将家居整体风格融合在一起。营造欧式风格家居，需要用家具和软装来营造整体效果之外，硬装吊顶的烘托也是极为重要的。造型复杂的石膏线层级吊顶加上复古、精美的欧式水晶吊灯，就能很好地营造出欧式家居风格的宽敞、大气、华丽。

图 18-189 与图 18-190 是别墅一二层顶棚平面图，下面讲解本案例欧式吊顶的绘制方法。

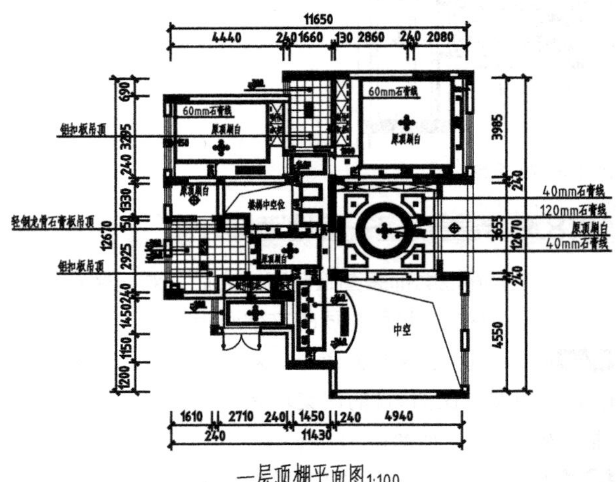

图 18-189 别墅一层顶棚平面图

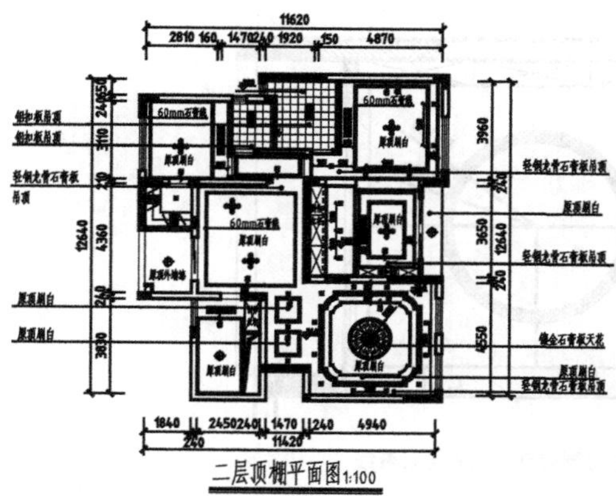

图 18-190 别墅二层顶棚平面图

18.9.1 整理图形

顶棚图可在地材图的基础进行绘制，调用 CO【复制】命令，将地材图复制一份到图形空白处，删除与顶棚图无关的图形，如图 18-191 所示。

按 Ctrl+O 组合键，打开配套资源提供的“第 18 章\18.9.1 常用灯具图例 .dwg”文件，将常用灯具图例粘贴至当前的图形中。常用灯具图例如图 18-192 所示。

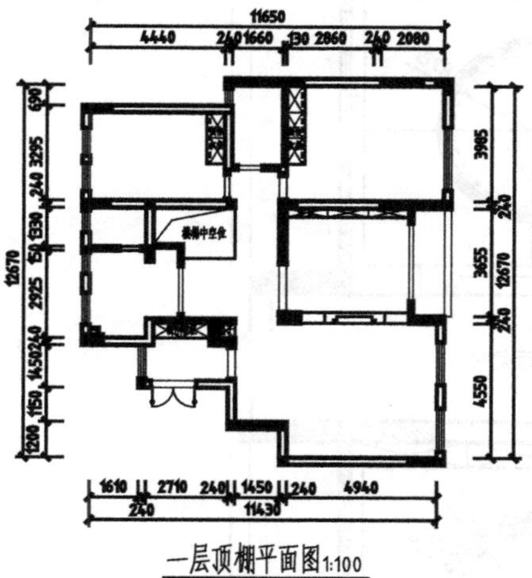

图 18-191 整理图形

图例	名称
	豪华吊灯
	射灯
	筒灯
	石英地灯
	斗胆灯
	吊灯
	镜前灯或壁灯
	300X300浴霸
	300X300换气扇
	防水防油烟灯
-----	软管灯带
	吸顶灯

图 18-192 常用灯具图例

设计点拨

在绘制吊顶图时，必须参考原始户型图所标注的梁的结构，以及梁下吊的高度和业主是否安装中央空调。

18.9.2 绘制门厅顶棚平面图

门厅设计应简单而精致，进门给人眼前一亮的感觉，在吊顶设计上，针对本案例户型采用方形层级吊顶，加上灯带和石膏线的烘托，达到温馨、典雅的效果。

Step 01 设置【吊顶】图层为当前图层，调用L【直线】命令，绘制吊顶辅助线，如图 18-193所示。

Step 02 绘制门厅灯带。调用REC【矩形】命令，捕捉辅助线绘制矩形，并调用O【偏移】命令，将矩形向内偏移120，将线型改为DASH虚线，绘制门厅灯带，如图18-194所示。

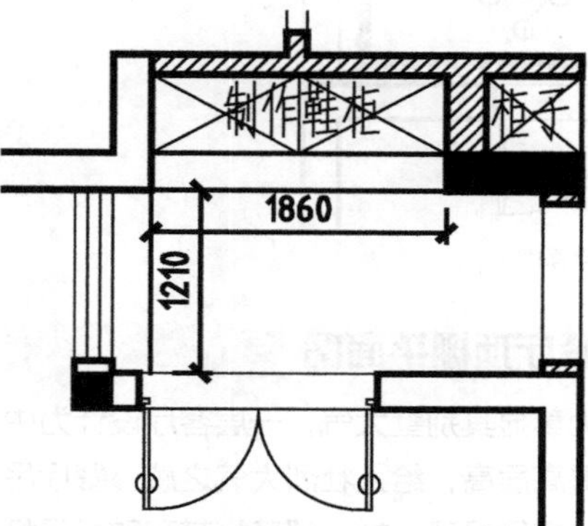

图 18-193 绘制辅助线

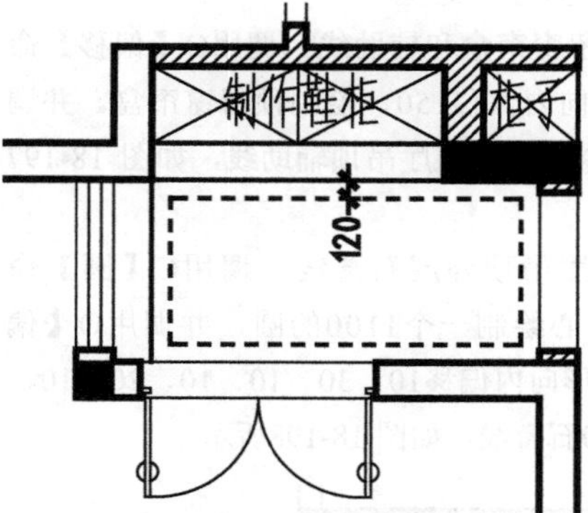

图 18-194 绘制门厅灯带

Step 03 绘制门厅石膏线。调用O【偏移】命令，将矩形向内偏移20、20、20，绘制60mm石膏线，如图18-195所示。

Step 04 绘制门厅吊灯。调用CO【复制】命令，将常用灯具图例中的吊灯复制移动至门厅吊顶中，并调用SC【缩放】命令，调整吊灯大小，门厅最终吊顶效果如图18-196所示。

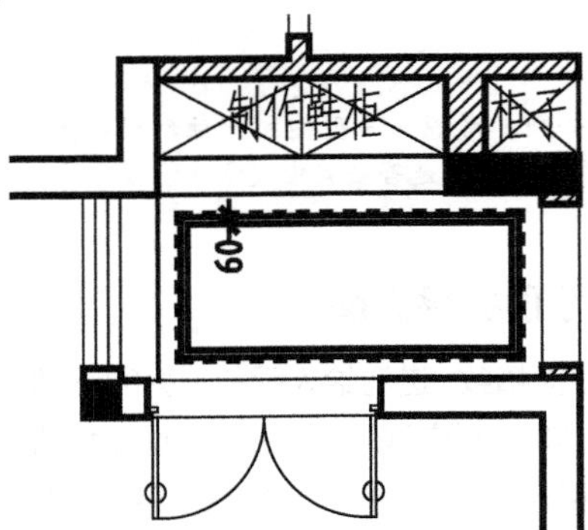

图 18-195 绘制石膏线

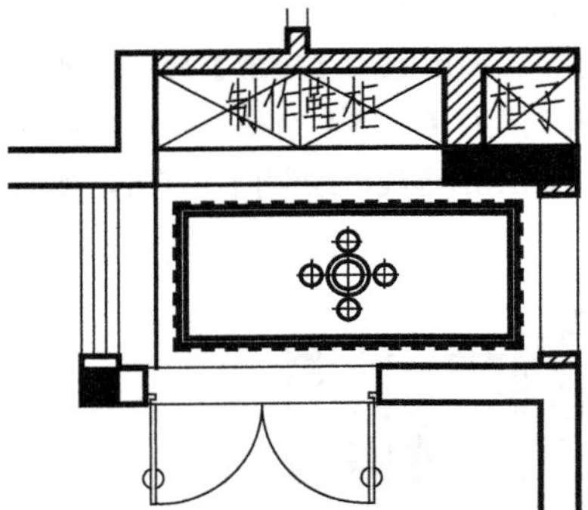

图 18-196 门厅顶棚平面图

18.9.3 绘制餐厅顶棚平面图

该别墅案例为彰显其别墅大气，一层客厅设计为中空，连通二层，提高层高，给人壮烈大气之感。餐厅吊顶采用欧式石膏线层级吊顶，加上暖黄灯带和欧式吊灯的烘托，营造欧式华丽的感觉。

Step 01 绘制预留窗帘盒和辅助线。调用O【偏移】命令，将阳台线段向内偏移150，绘制预留窗帘盒。并调用L【直线】命令，绘制餐厅吊顶辅助线，如图 18-197所示。

Step 02 绘制餐厅吊顶外层石膏线。调用C【圆】命令，沿辅助线中心绘制一个1100的圆，并调用O【偏移】命令，将圆形向内偏移10、30、10、10、20、10、20、10，绘制120石膏线，如图 18-198所示。

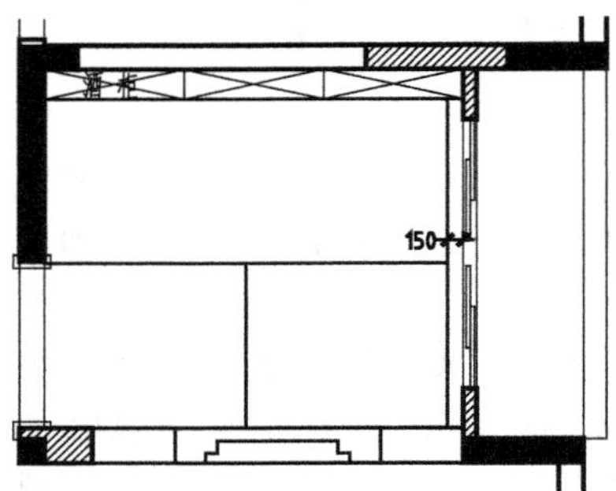

图 18-197 绘制预留窗帘盒和辅助线

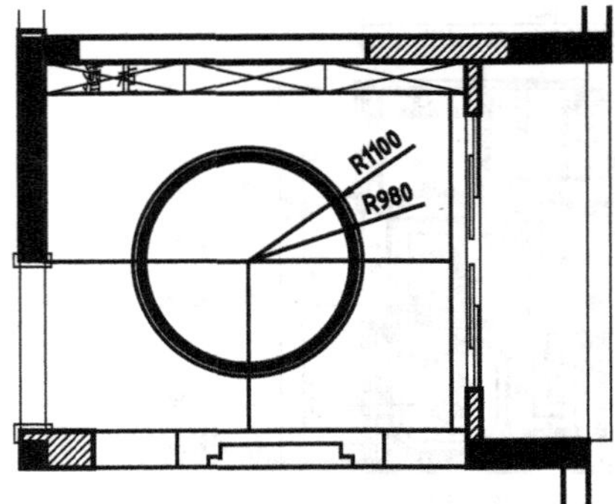

图 18-198 绘制餐厅吊顶外层石膏线

Step 03 绘制餐厅灯带。调用C【圆】命令，沿辅助线中心绘制一个915的圆，并将线型改为DASH虚线，完成餐厅灯带的绘制，如图 18-199所示。

Step 04 绘制餐厅吊顶内层石膏线。调用C【圆】命令，沿辅助线中心绘制一个855的圆，并调用O【偏移】命令，将圆形向内偏移10、20、10，绘制40石膏线，如图 18-200所示。

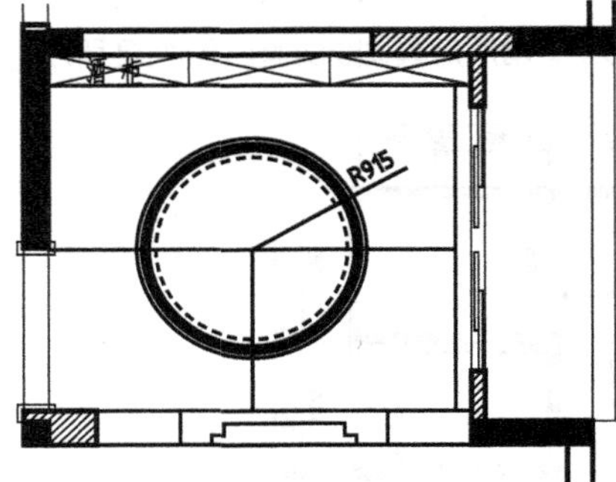

图 18-199 绘制餐厅灯带

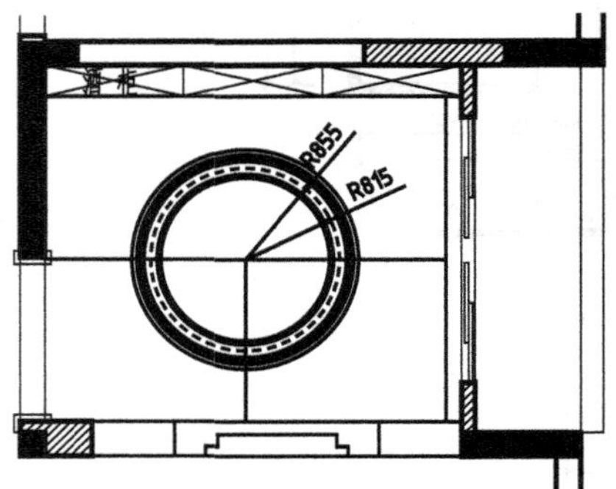

图 18-200 绘制餐厅吊顶内层石膏线

Step 05 为丰富餐厅吊顶，在餐厅四周添加层级石膏线吊顶。绘制辅助线，调用O【偏移】命令，将线段分别偏移180、400，并调用C【圆】命令，绘制尺寸为1326的圆，如图 18-201所示。

Step 06 调用O【偏移】命令，将线段分别偏移870、870，如图 18-202所示。

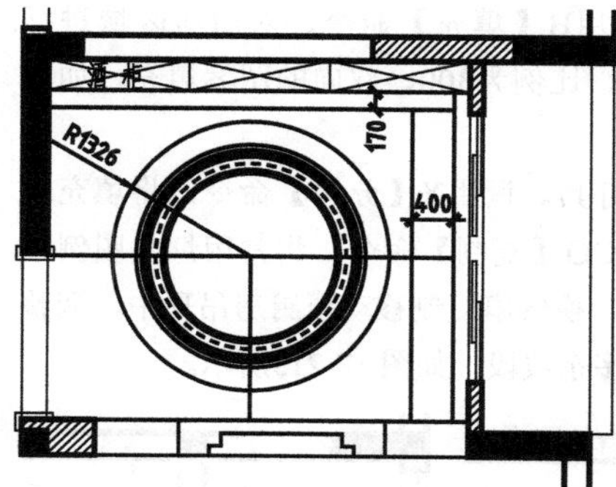

图 18-201 绘制辅助线和圆

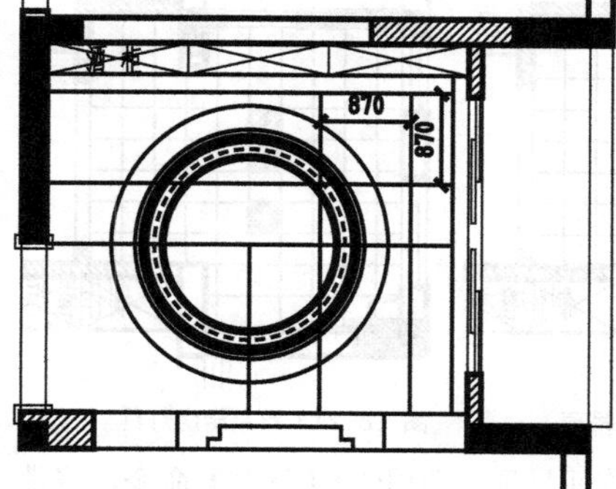

图 18-202 绘制辅助线

Step 07 绘制石膏线。调用TR【修剪】命令，修剪辅助线，修剪结果如图 18-203所示。

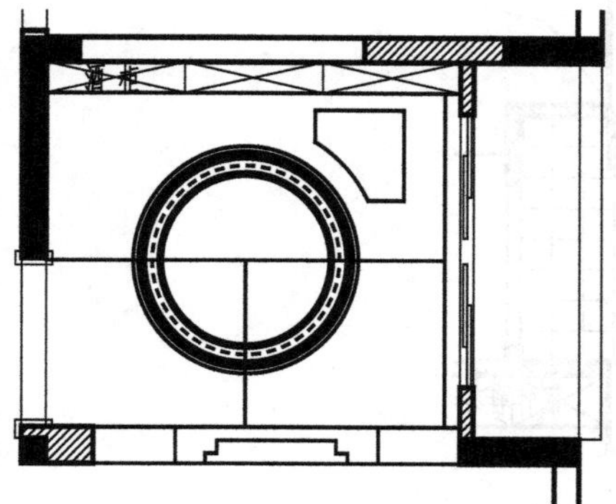

图 18-203 绘制石膏线

Step 08 调用O【偏移】命令，将石膏线图形分别向内偏移10、30、10，并调用TR【修剪】命令，修剪图形，完善石膏线的绘制，如图 18-204所示。

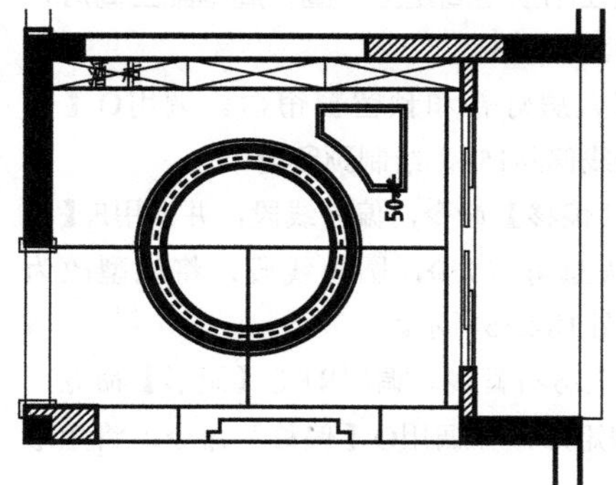

图 18-204 完善石膏线绘制

Step 09 调用MI【镜像】命令，将绘制好的石膏线图形沿中心辅助线镜像，如图 18-205所示。

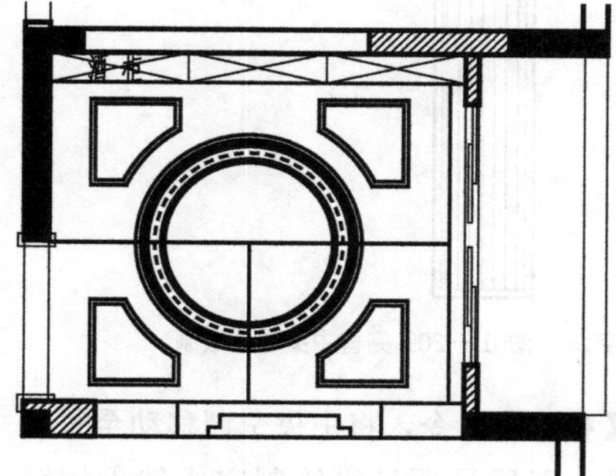

图 18-205 镜像石膏线

Step 10 绘制餐厅吊灯。调用CO【复制】命令，将门厅吊灯复制移动至餐厅吊顶中，并调用SC【缩放】命令，调整吊灯大小，使其大小与餐厅相符，如图 18-206所示。

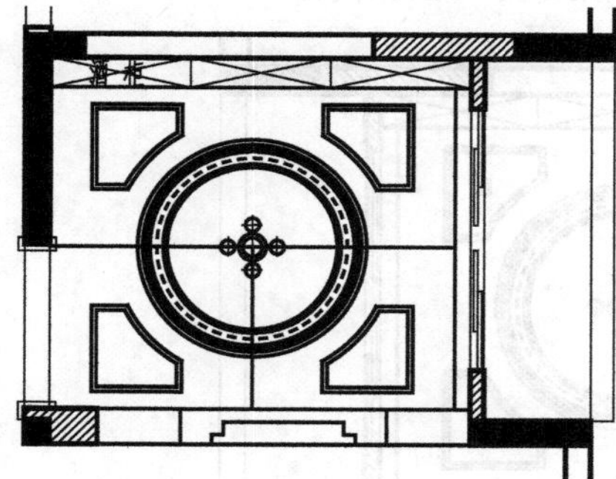

图 18-206 绘制餐厅吊灯

Step 11 绘制餐厅筒灯。调用CO【复制】命令，将常用灯具图例中的筒灯复制移动至餐厅吊顶中，并调用SC【缩放】命令，调整吊灯大小，如图 18-207所示。

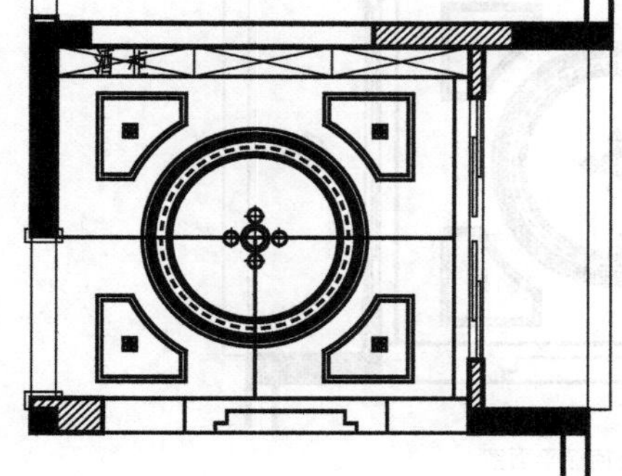

图 18-207 绘制餐厅筒灯

Step 12 绘制中央空调。调用REC【矩形】命令，绘制一个尺寸为250×1100的矩形，并调用O【偏移】命令，将矩形向内偏移20，如图 18-208所示。

Step 13 调用H【填充】命令，对中央空调进行“用户自定义”、单向、比例为30、角度90°的图案填充，完善中央空调的绘制，如图 18-209所示。

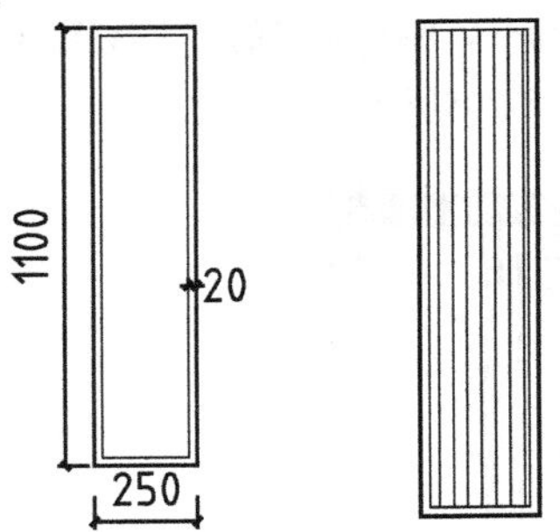

图 18-208 绘制中央空调　图 18-209 完善中央空调绘制

Step 14 调用M【移动】命令，将中央空调移动至餐厅吊顶的合适位置，餐厅吊顶最终绘制完成结果如图18-210所示。

Step 15 绘制餐厅阳台吊顶。调用CO【复制】命令，将常用灯具图例中的吸顶灯复制移动至餐厅阳台吊顶中，并调用SC【缩放】命令，调整吊灯的大小，餐厅阳台吊顶最终绘制完成结果如图 18-211所示。

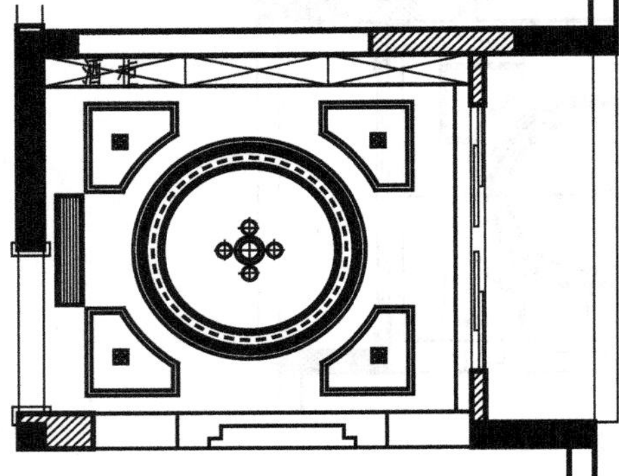

图 18-210 餐厅顶棚平面图

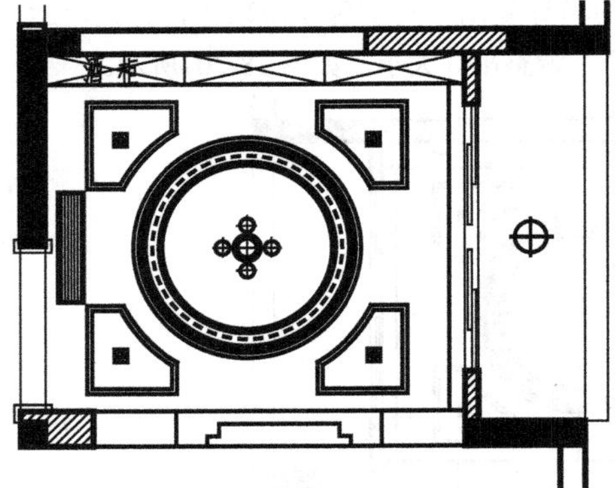

图 18-211 餐厅阳台顶棚平面图

18.9.4 绘制厨房顶棚平面图

厨房使用铝扣板吊顶，铝扣板是最适合于厨房吊顶用途的装饰材料，它有良好的防潮、防油污、阻燃特性，美观大方，运输及使用方便，选择符合欧式风格的铝扣板吊顶也能为厨房增色。

Step 01 绘制厨房吊顶。厨房一般使用300mm×300mm铝扣板吊顶，调用H【填充】命令，对厨房区域进行“用户自定义”、比例为300、双向的图案填充，如图18-212所示。

Step 02 制厨房灯具。调用X【分解】命令，将填充图案分解，并调用CO【复制】命令，将常用灯具图例中的防水防油烟灯、换气扇复制移动至厨房吊顶中，调整吊灯大小，删除多余线段，如图 18-213所示。

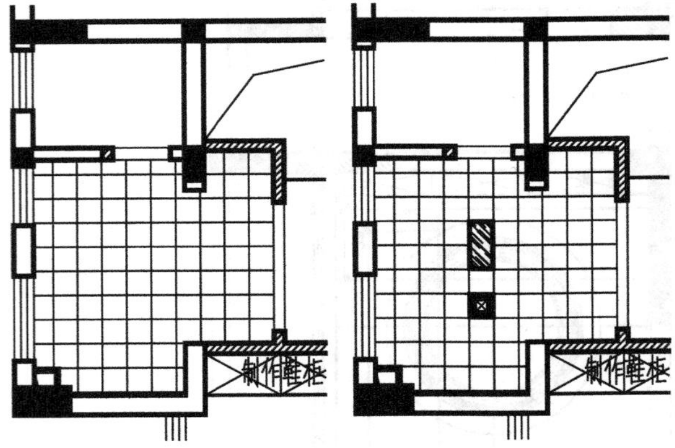

图 18-212 绘制厨房吊顶　图 18-213 绘制厨房灯具

Step 03 绘制储物间吊顶。调用CO【复制】命令，将常用灯具图例中的吸顶灯复制移动至厨房储物间吊顶中，调整吊灯大小，如图 18-214所示。

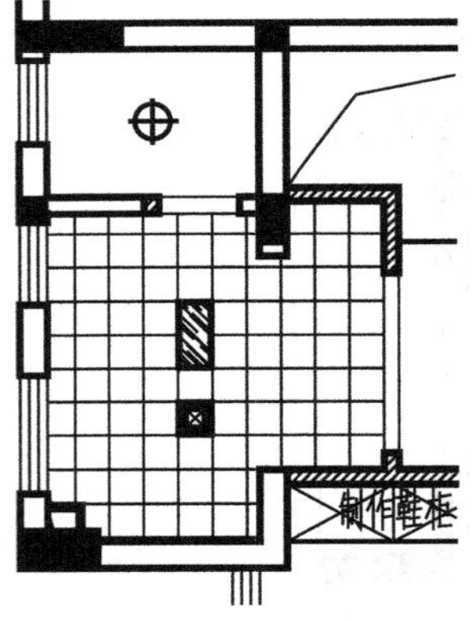

图 18-214 绘制储物间吊顶

18.9.5 绘制老人房顶棚平面图

老人房是老人休息的地方，吊顶应以简洁大气为主，采用欧式石膏线在吊顶四周走上一圈，周围配上筒灯，营造温馨舒适的欧式氛围。

Step 01 绘制老人房灯带和预留窗帘盒。调用O【偏移】命令，将墙线偏移150，绘制预留窗帘盒。

Step 02 调用O【偏移】命令，偏移线段，并调用F【圆角】命令，默认圆角值为0，圆角线段，将线型改为DASH虚线，如图 18-215所示。

Step 03 绘制老人房石膏线。调用REC【矩形】命令，捕捉辅助线绘制矩形，并调用O【偏移】命令，将矩形向内偏移20、20、20，绘制60石膏线，如图 18-216所示。

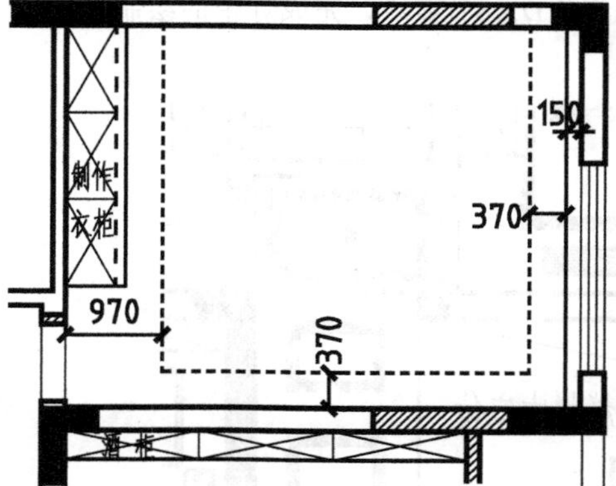

图 18-215 绘制老人房灯带和预留窗帘盒

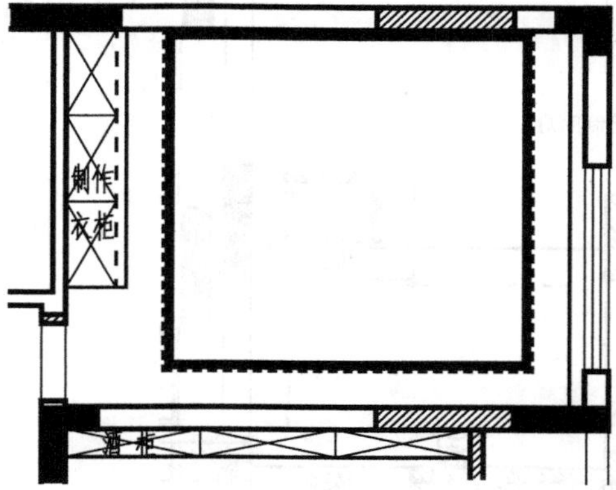

图 18-216 绘制老人房石膏线

Step 04 绘制老人房灯具。调用CO【复制】命令，将餐厅吊灯复制移动至老人房合适的位置，并调用O【偏移】、L【直线】命令，绘制筒灯辅助线，如图 18-217所示。

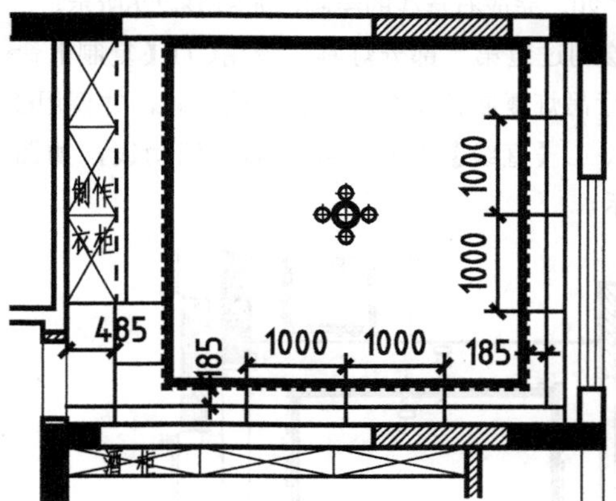

图 18-217 插入吊灯和绘制辅助线

Step 05 绘制筒灯。调用CO【复制】命令，将餐厅筒灯放至老人房，按照辅助线所绘制的位置，插入筒灯，老人房顶棚平面图最终绘制结果如图 18-218所示。

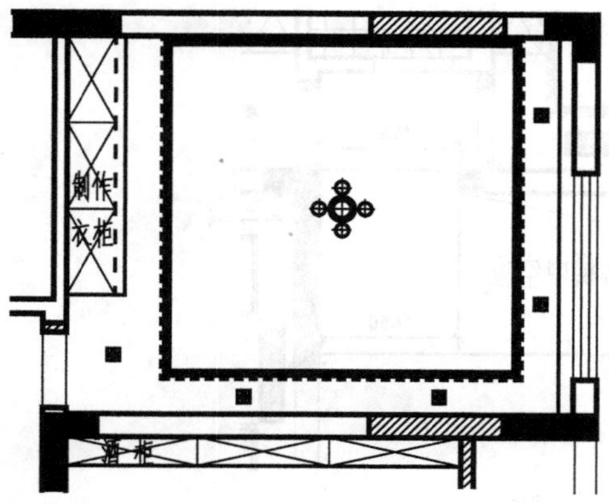

图 18-218 绘制筒灯

18.9.6 绘制其他区域顶棚平面图

Step 01 沿用前面所介绍的方法，绘制客房和卫生间顶棚平面图，绘制结果如图18-219所示。

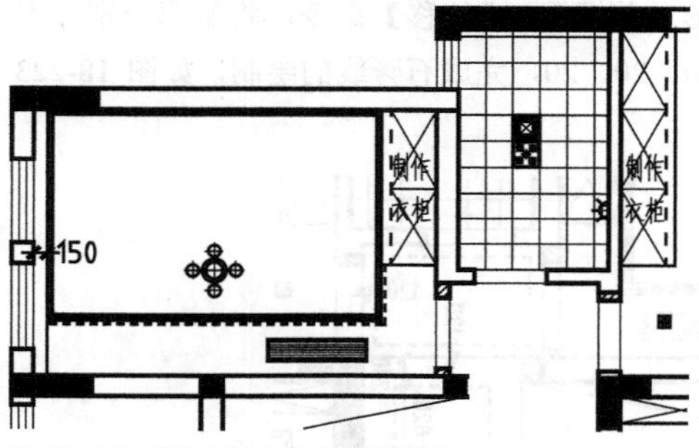

图 18-219 客房和卫生间顶棚平面图

Step 02 绘制过道吊顶。按照户型特点，过道面积分布较散，将其分为3个部分吊顶绘制，如图 18-220所示。

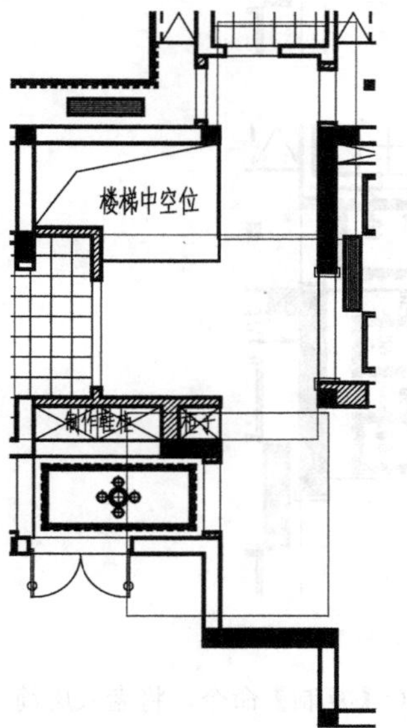

图 18-220 过道吊顶分布

Step 03 绘制第一部分吊顶。调用L【直线】命令，绘制辅助线，划分吊顶区域，如图 18-221所示。

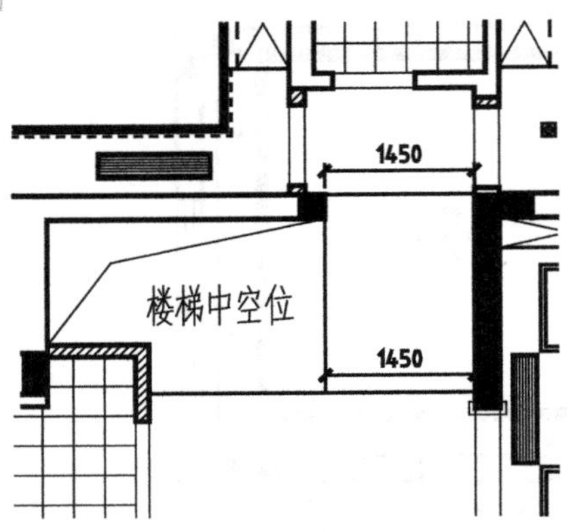

图 18-221 绘制辅助线

Step 04 绘制灯带。调用O【偏移】命令，按图 18-222 所示尺寸，偏移线段并修剪，将线型改为DASH虚线，完成灯带的绘制。

Step 05 绘制石膏线。调用REC【矩形】命令，捕捉灯带绘制矩形，并调用O【偏移】命令，将矩形分别向内偏移30、20、20、20，完成石膏线的绘制，如图 18-223 所示。

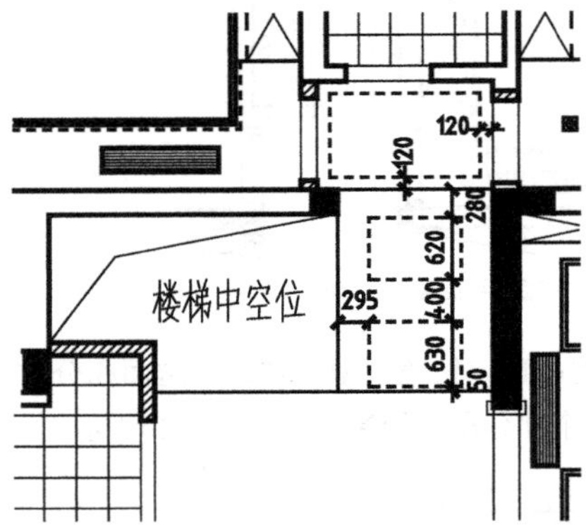

图 18-222 绘制灯带

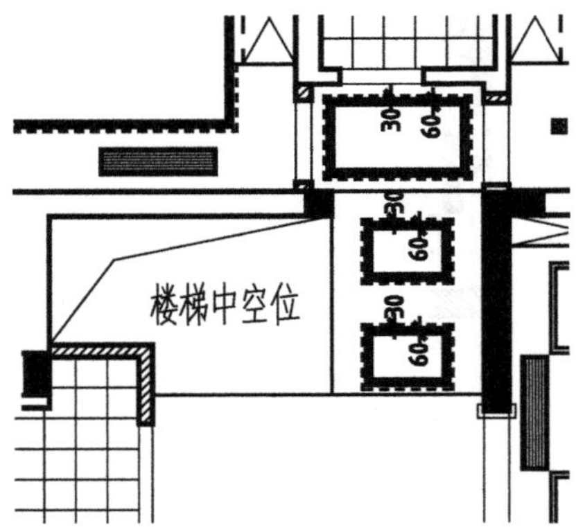

图 18-223 绘制石膏线

Step 06 绘制筒灯。调用CO【复制】命令，将老人房筒灯复制移动至过道吊顶合适的位置，如图 18-224所示。灯带足够照明，又可渲染气氛，小吊顶不用绘制筒灯。

Step 07 绘制第二部分吊顶。调用L【直线】命令，绘制辅助线，划分吊顶区域。

Step 08 绘制灯带。调用REC【矩形】命令，捕捉辅助线绘制矩形，并调用O【偏移】命令，将矩形向内偏移340，改线型为DASH虚线，完成灯带的绘制，如图 18-225所示。

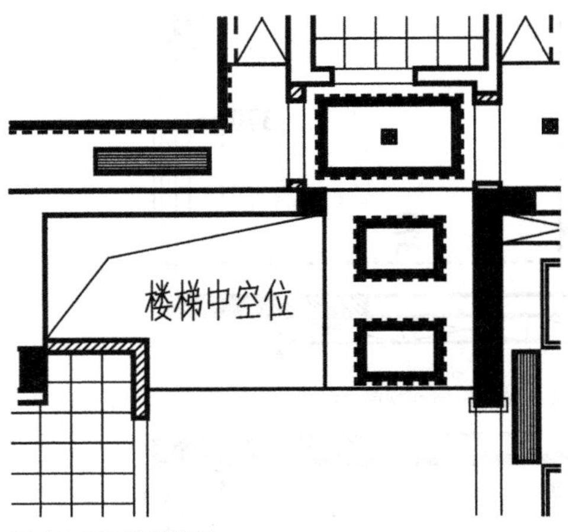

图 18-224 绘制筒灯

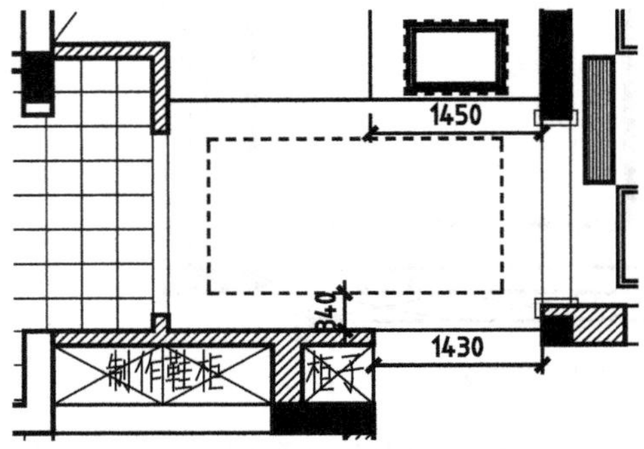

图 18-225 绘制辅助线和灯带

Step 09 绘制石膏线。调用REC【矩形】命令，捕捉灯带绘制矩形，并调用O【偏移】命令，将矩形分别向内偏移20、20、20，完成石膏线的绘制，如图 18-226所示。

Step 10 绘制过道第二部分灯具。调用CO【复制】命令，将餐厅吊灯复制移动至过道合适的位置，并调用O【偏移】、L【直线】命令，绘制筒灯辅助线，如图 18-227所示。

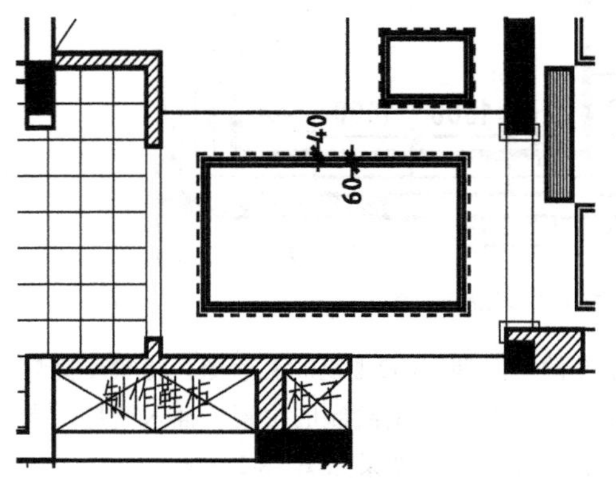

图 18-226 绘制石膏线

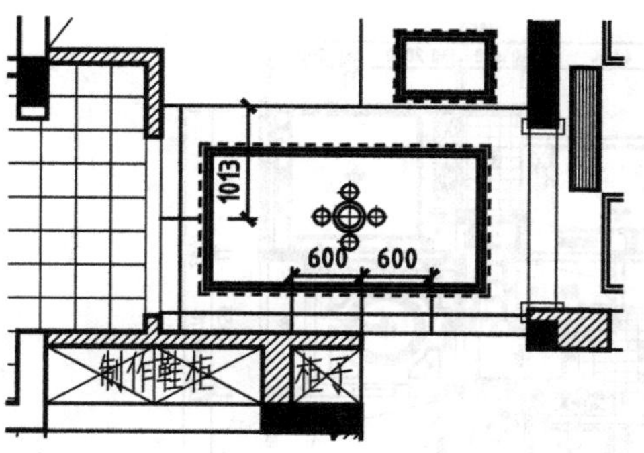

图 18-227 插入过道吊灯

Step 11 调用CO【复制】命令，将过道筒灯按照辅助线位置，插入筒灯，并删除辅助线。最终绘制结果如图 18-228所示。

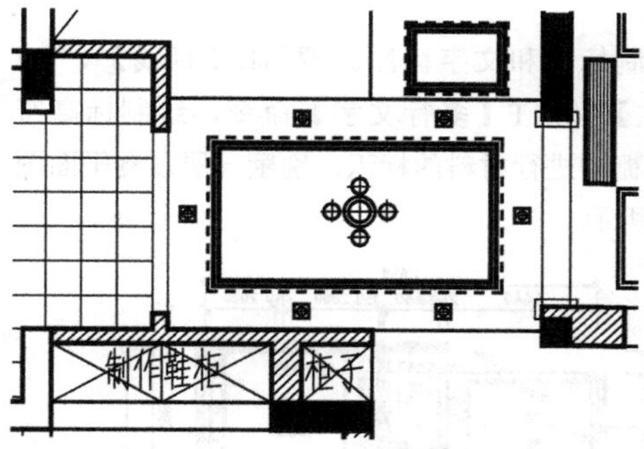

图 18-228 绘制筒灯

Step 12 绘制第三部分吊顶。第三部分吊顶为客厅之间的过道，有新建楼板。调用L【直线】、O【偏移】命令，绘制新建楼板，如图 18-229所示。

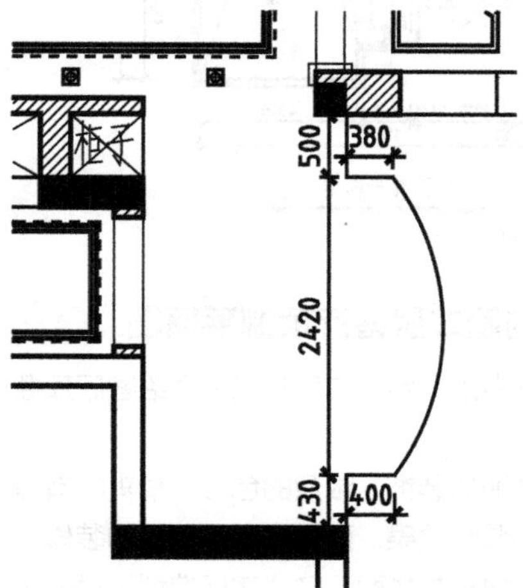

图 18-229 绘制新建楼板

Step 13 调用L【直线】命令，绘制辅助线，划分吊顶区域，如图 18-230所示。

Step 14 绘制灯带。调用O【偏移】命令，按照图中所示尺寸，偏移线段并修剪，将线型改为DASH虚线，完成灯带的绘制，如图 18-231所示。

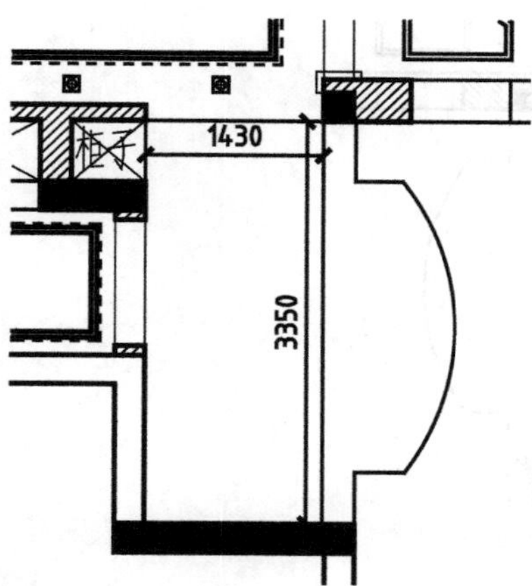

图 18-230 绘制辅助线

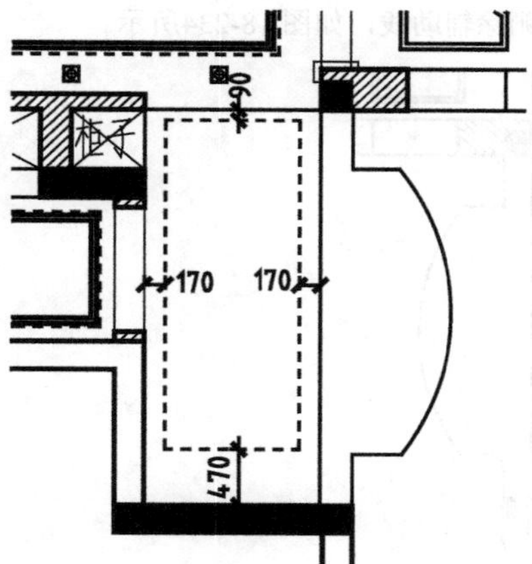

图 18-231 绘制灯带

Step 15 绘制石膏线。调用REC【矩形】命令，捕捉灯带绘制矩形，并调用O【偏移】命令，将矩形分别向内偏移30、20、20、20，完成石膏线绘制，如图 18-232所示。

Step 16 调用L【直线】命令，绘制辅助线，并调用DIV【定数等分】命令，将辅助线划分为4等分，如图 18-233所示。

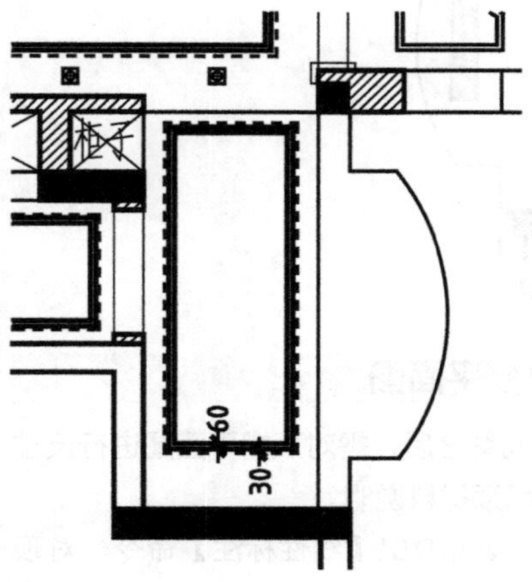

图 18-232 绘制石膏线

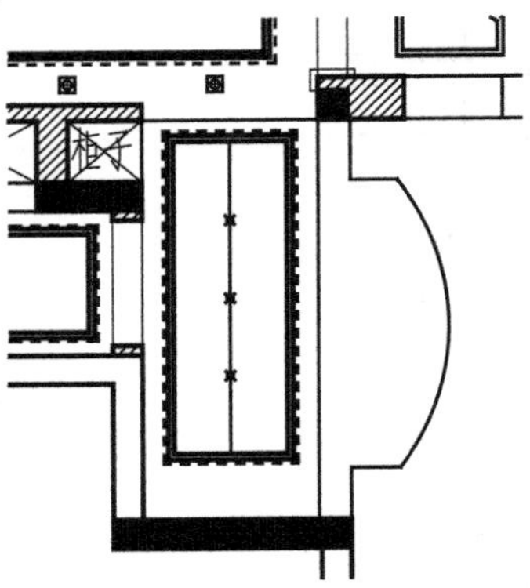

图 18-233 绘制筒灯辅助线

Step 17 调用CO【复制】命令，将过道筒灯按照点的位置，插入筒灯，并删除辅助线，如图 18-234所示。

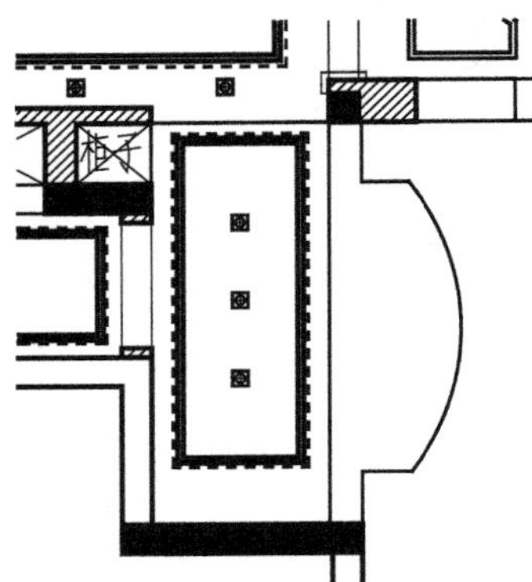

图 18-234 绘制筒灯

Step 18 绘制中央空调。调用CO【复制】命令，将老人房中央空调移动至过道吊顶合适位置，过道吊顶完成结果如图 18-235所示。

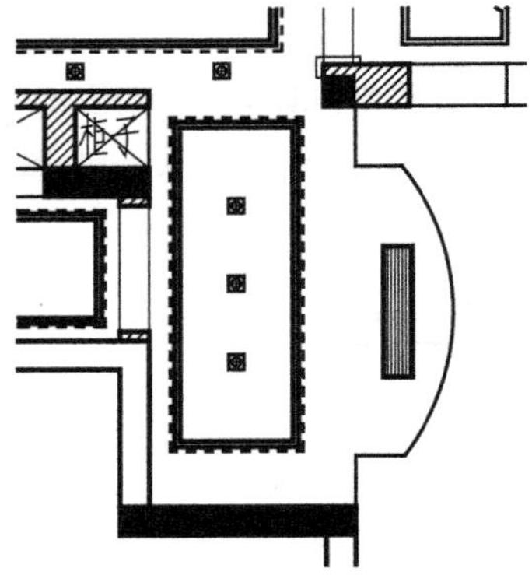

图 18-235 绘制中央空调

18.9.7 整理顶棚平面图

绘制好顶棚平面图之后，需对顶棚平面图进行尺寸标注、吊顶标高和吊顶材料说明。

Step 01 标注尺寸。调用DLI【线性标注】命令，对顶棚图进行尺寸标注，如图18-236所示。

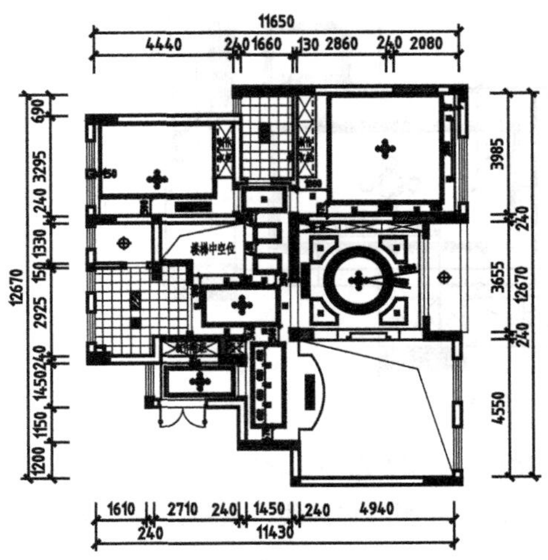

图 18-236 标注尺寸

Step 02 绘制标高和文字标注。调用L【直线】、LE【引线标注】和MT【多行文字】命令，绘制标高符号，并对顶棚图进行材料的标识，别墅一层顶棚平面图如图18-237所示。

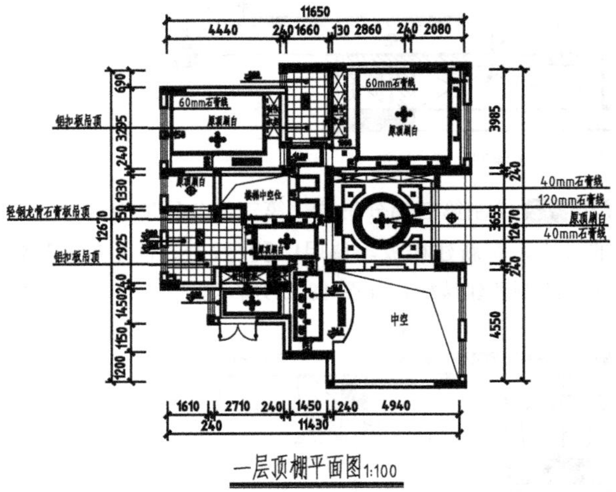

图 18-237 别墅一层顶棚平面图

18.9.8 绘制别墅二层客厅顶棚平面图

由于本书章节有限，别墅二层我们只介绍客厅顶棚平面图的绘制。

欧式风格从华丽的装饰、浓烈的色彩、精美的造型来达到雍容华贵的装饰效果。而欧式客厅吊顶的装修，就更突显了欧式的典雅与华丽。欧式客厅造型吊顶一般以大气、高贵、华丽为主，使之完全能体现出居住者生活文化品位与地位。本案例客厅吊顶中摒弃欧式繁复的装饰花纹点缀，采用层级欧式石膏线吊顶，中间设计镶金石膏板天花，加上华丽的水晶吊灯，营造出欧式大气、高端的风格。

Step 01 绘制预留窗帘盒和辅助线。调用O【偏移】命令，将窗线向内偏移200，绘制客厅预留窗帘盒。并调用L【直线】命令，绘制客厅吊顶辅助线，如图 18-238 所示。

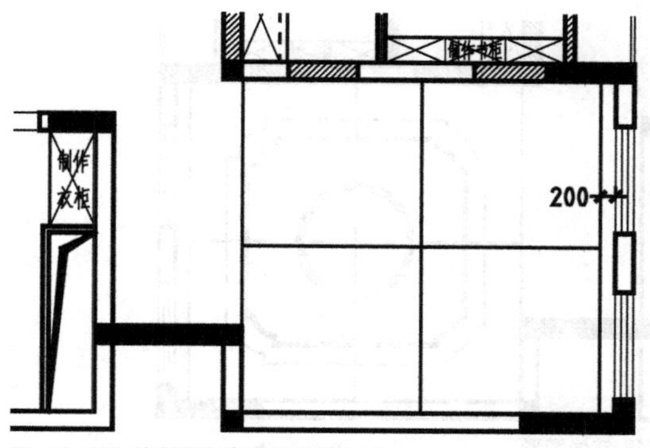

图 18-238 绘制预留窗帘盒和辅助线

Step 02 绘制客厅吊顶内层石膏线。调用C【圆】命令，沿辅助线中心绘制一个750的圆，并调用O【偏移】命令，将圆形向外偏移16、33、16、20，绘制石膏线，如图 18-239所示。

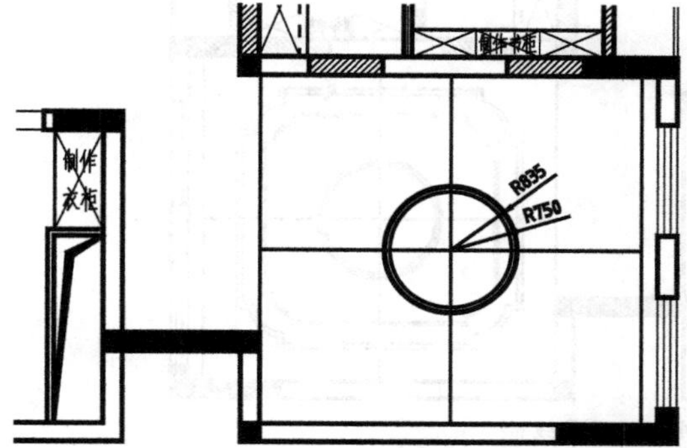

图 18-239 绘制客厅吊顶内层石膏线

Step 03 绘制客厅吊顶中层石膏线。调用REC【矩形】命令，捕捉辅助线绘制矩形，并调用O【偏移】命令，将矩形向内偏移830，绘制辅助线，如图 18-240所示。

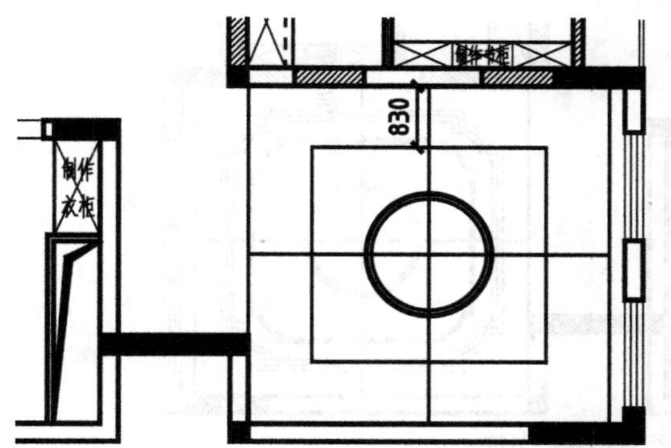

图 18-240 绘制辅助线

Step 04 调用O【偏移】命令，将矩形分别向内偏移100、300，并调用A【圆弧】命令，根据辅助线绘制圆弧，如图 18-241所示。

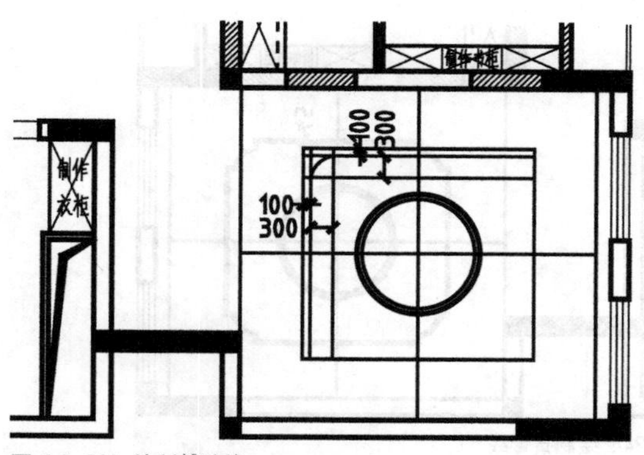

图 18-241 绘制辅助线

Step 05 调用TR【修剪】命令，修剪辅助线，得到石膏线图形，如图 18-242所示。

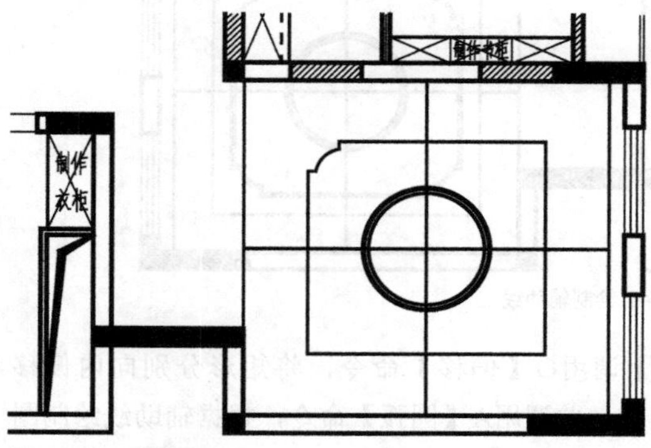

图 18-242 修剪线段

Step 06 调用MI【镜像】命令，将石膏线图形沿着中心辅助线镜像，得到图 18-243所示的图形。

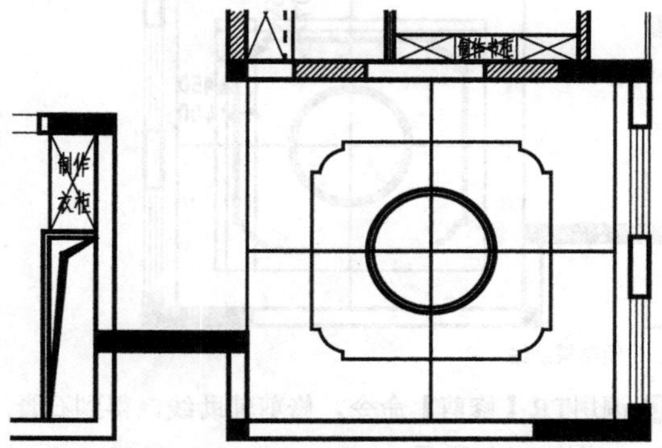

图 18-243 修剪线段

Step 07 绘制石膏线，调用O【偏移】命令，将客厅石膏线图形分别向外偏移10、25、10，并调用F【圆角】命令，默认圆角数值为0，完善石膏线绘制，如图 18-244所示。

Step 08 绘制客厅吊顶外层石膏线。绘制辅助线，调用REC【矩形】命令，捕捉辅助线绘制矩形，并调用O【偏移】命令，将矩形向内偏移530，如图 18-245 所示。

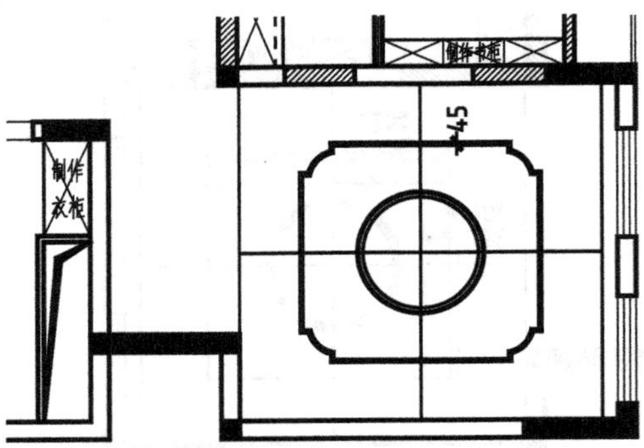

图 18-244 绘制石膏线

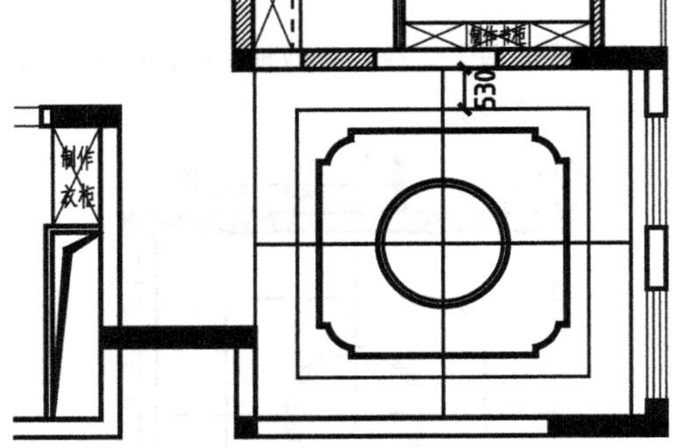

图 18-245 绘制辅助线

Step 09 调用O【偏移】命令，将矩形分别向内偏移150、400，并调用A【圆弧】命令，根据辅助线绘制圆弧，如图 18-246所示。

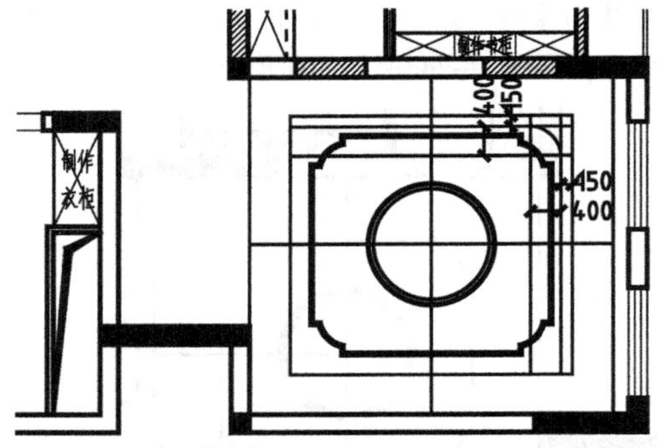

图 18-246 绘制辅助线

Step 10 调用TR【修剪】命令，修剪辅助线，得到石膏线图形，如图 18-247所示。

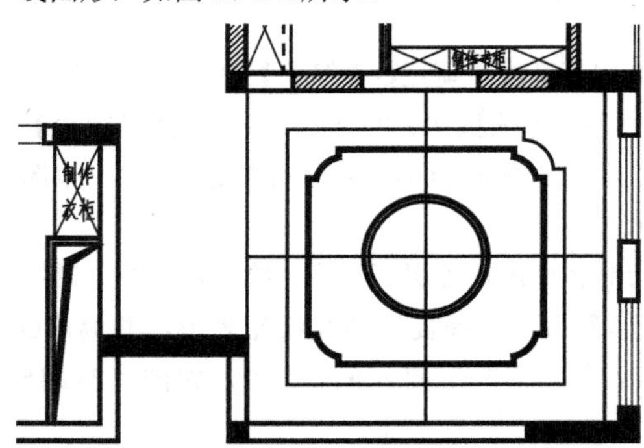

图 18-247 修剪线段

Step 11 调用MI【镜像】命令，将石膏线图形沿着中心辅助线镜像，得到图 18-248所示的图形。

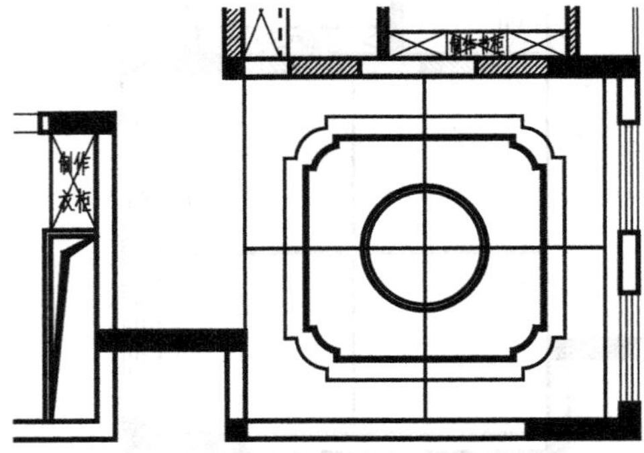

图 18-248 镜像图形

Step 12 绘制石膏线，调用O【偏移】命令，将石膏线图形分别向外偏移15、50、15，并调用F【圆角】命令，默认圆角数值为0，完善石膏线绘制，如图 18-249所示。

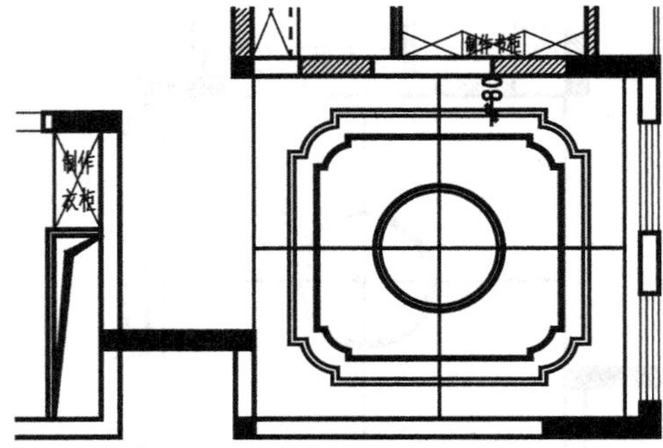

图 18-249 绘制石膏线

Step 13 绘制客厅灯带。调用O【偏移】命令，将石膏线图形分别向外偏移80，并调用F【圆角】命令，默认圆角数值为0，圆角灯带，改线型为DASH虚线，如图 18-250所示。

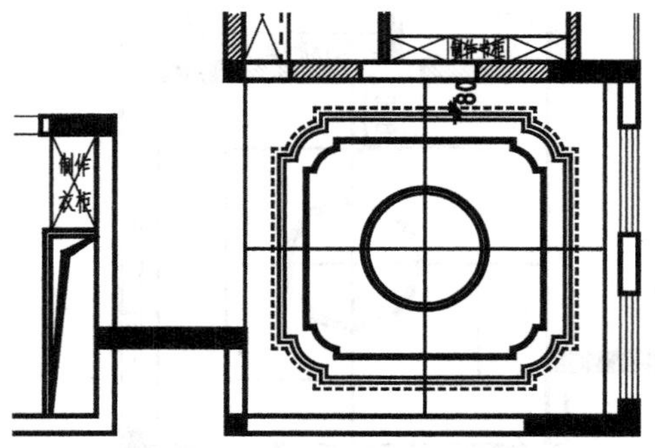

图 18-250 绘制客厅灯带

Step 14 绘制客厅吊顶雕花。为体现欧式风情，采用吊顶做镶金石膏板雕花。调用I【插入】命令，将“第18章\18.9.8客厅雕花.dwg”图块插入至圆形吊顶中，如图 18-251所示。

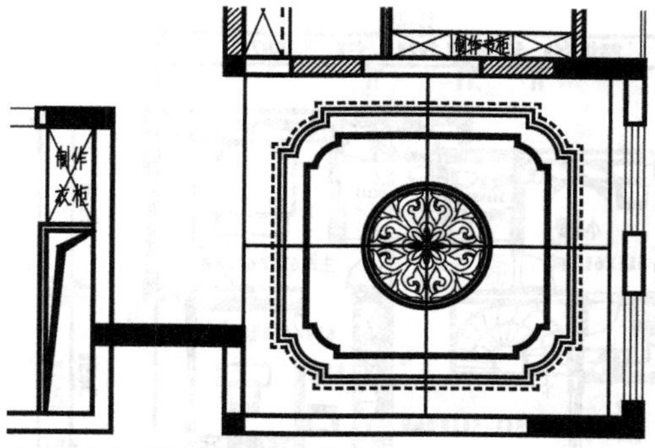

图 18-251 绘制客厅吊顶雕花

Step 15 绘制客厅灯具。调用CO【复制】命令，将常用灯具图例中豪华吊灯复制移动至客厅吊顶中，并调用SC【缩放】命令，调整吊灯大小，使其大小与客厅相符，如图 18-252所示。

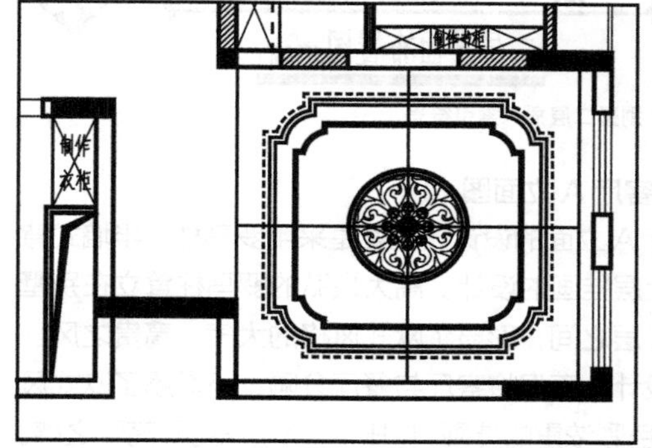

图 18-252 插入客厅吊灯

Step 16 调用O【偏移】、L【直线】命令，绘制筒灯辅助线，如图 18-253所示。

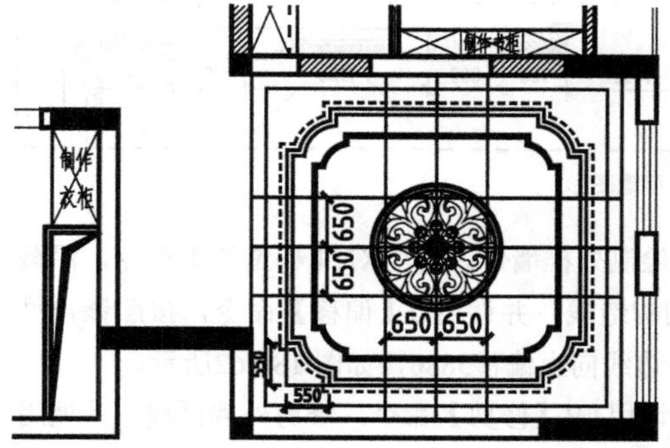

图 18-253 绘制筒灯辅助线

Step 17 调用CO【复制】命令，将常用灯具图例中的筒灯复制移动至客厅吊顶中，按照辅助线绘制筒灯，绘制完成后删除辅助线，如图 18-254所示。

Step 18 绘制客厅过道灯带。调用O【偏移】命令，按照图中所示尺寸，偏移线段并修剪，将线型改为DASH虚线，完成灯带的绘制，如图 18-255所示。

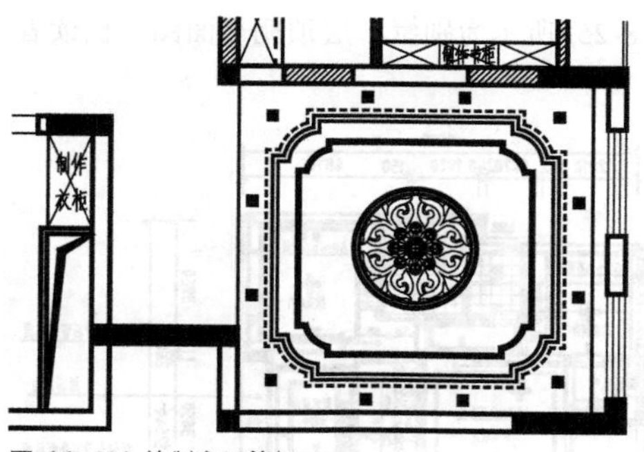

图 18-254 绘制客厅筒灯

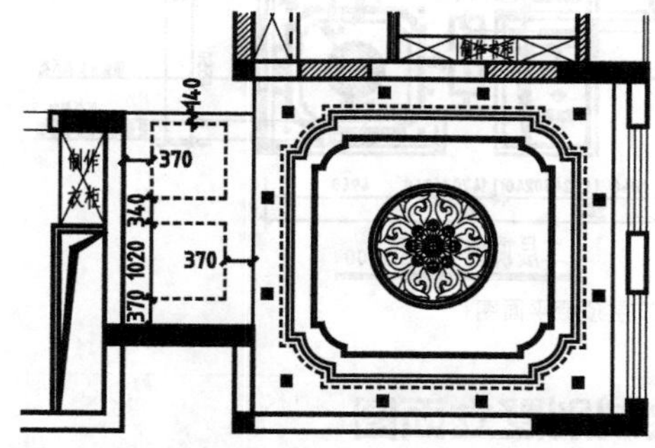

图 18-255 绘制客厅过道灯带

Step 19 绘制过道石膏线。调用REC【矩形】命令，捕捉灯带绘制矩形，并调用O【偏移】命令，将矩形分别向内偏移30、20、20、20，完成石膏线绘制，如图 18-256所示。

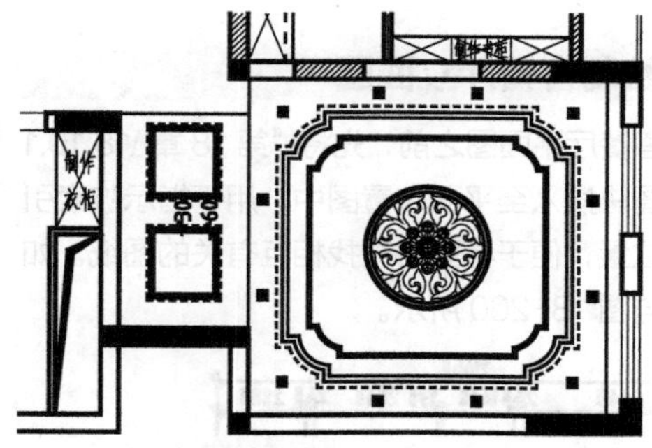

图 18-256 绘制过道石膏线

Step 20 绘制过道筒灯。调用CO【复制】命令，将客厅筒灯复制移动至过道吊顶合适的位置，绘制完成后删除辅助线。客厅顶棚平面图绘制完成，效果如图 18-257所示。

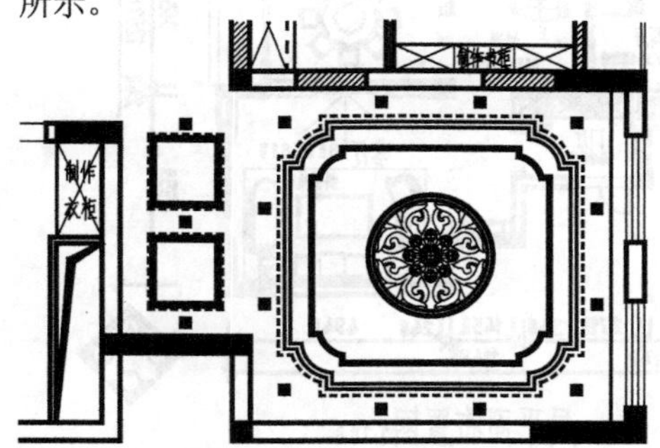

图 18-257 客厅顶棚平面图

Step 21 图18-258所示为别墅二层顶棚平面图，供读者参考绘制。

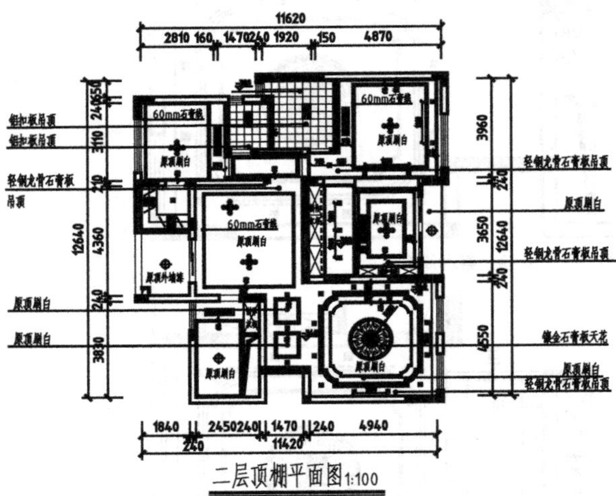

图 18-258 别墅二层顶棚平面图

18.10 绘制别墅立面图

别墅立面图主要体现了别墅的立面装饰设计。罗马柱、大理石等常见的欧式配件是必不可少的。但是，如何运用这些元素来最大限度地表达居室的风格，一直是设计界主要探讨的课题之一。

本节介绍别墅主要功能区立面图的绘制方法。

18.10.1 绘制客餐厅立面图

在绘制客餐厅平面图之前，先将"第 18 章\18.10.1 索引符号"图块插入至平面布置图中，用于指示被索引的图所在的位置，便于看图时查找相互有关的图纸。如图 18-259 与图 18-260 所示。

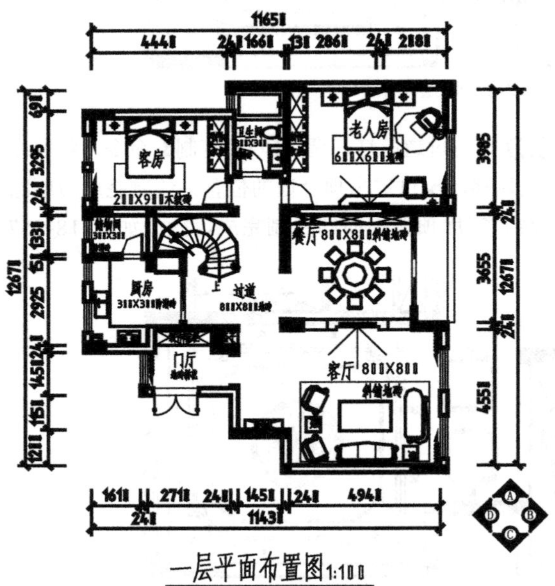

图 18-259 别墅一层插入索引符号

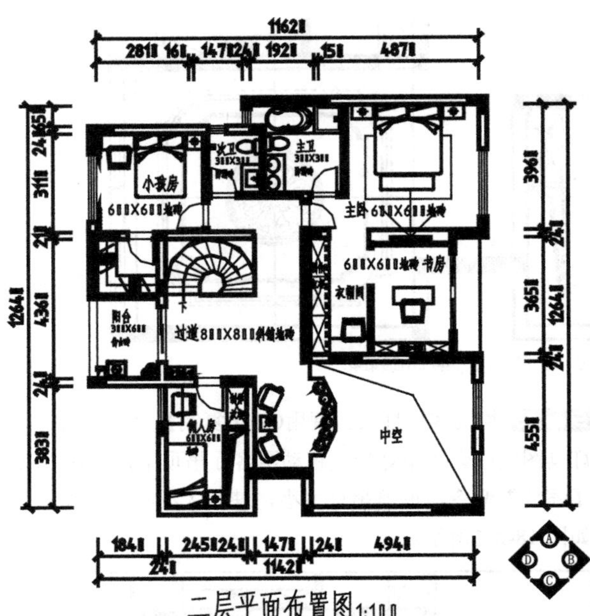

图 18-260 别墅二层插入索引符号

1 绘制客厅 A 立面图

客厅 A 立面的设计，主要是采用罗马柱、半墙式背景墙、上层挂画的设计。高大恢弘的罗马柱耸立在别墅一层到二层之间，彰显了欧式风格的大气、高贵之风。壁炉的设计，不仅将客厅与餐厅分隔，还增添了欧式风情，一幅色彩浓重的挂画，衬托整个客厅富丽、高雅之感。

Step 01 设置【其他】图层为当前图层。调用CO【复制】命令，移动复制客餐厅的平面部分到一旁，整理结果如图18-261所示。

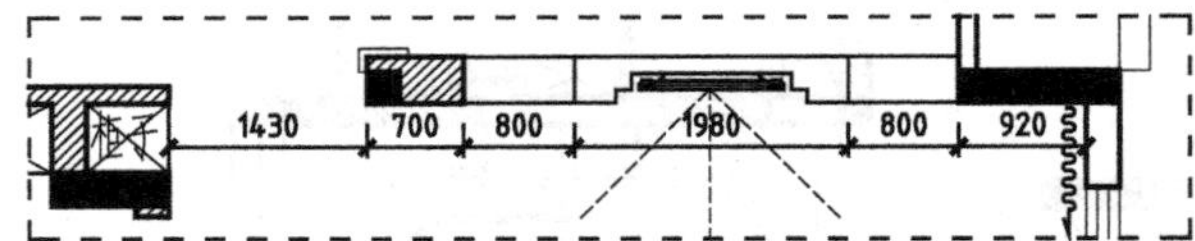

图 18-261 整理图形

Step 02 绘制外框墙体。调用XL【构造线】命令，沿截面图绘制构造线，并调用O【偏移】命令，按照该户型层高将下边线向上偏移5880，如图 18-262所示。

Step 03 调用TR【修剪】命令，修剪外墙框线。并调用O【偏移】命令，将矩形下边线向上偏移50、150，绘制地面贴砖层和大理石踢脚线。

Step 04 绘制窗、墙。调用L【直线】、O【偏移】命令，绘制立面窗户和立面墙体，并调用H【填充】命令，绘制别墅一、二层墙体和地面贴砖层，指定区域图案填充为SOLID、颜色250，如图 18-263所示。

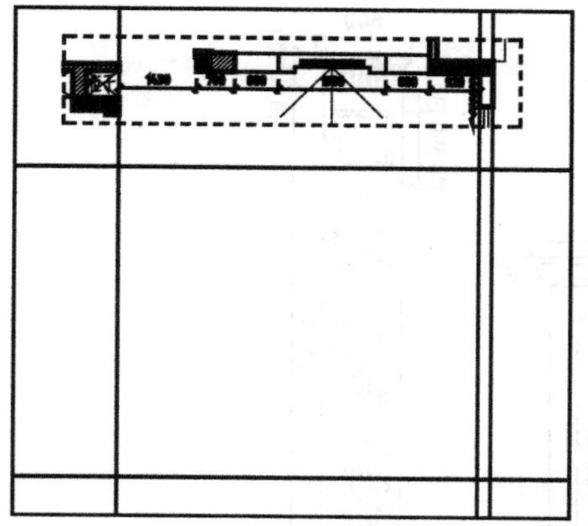

图 18-262 绘制外框墙体

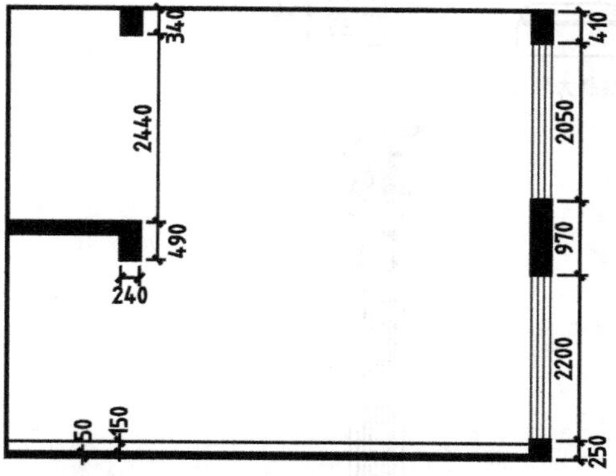

图 18-263 绘制窗、墙和地填充墙体

设计点拨

在立面图中，地面贴砖层为50mm的厚度，踢脚线厚度为150mm，吊顶则依据顶棚图所绘制的吊顶数值来绘制。

Step 05 绘制客厅立面图吊顶。按照顶棚平面图调用O【偏移】、L【直线】命令，绘制客厅吊顶，如图18-264所示。

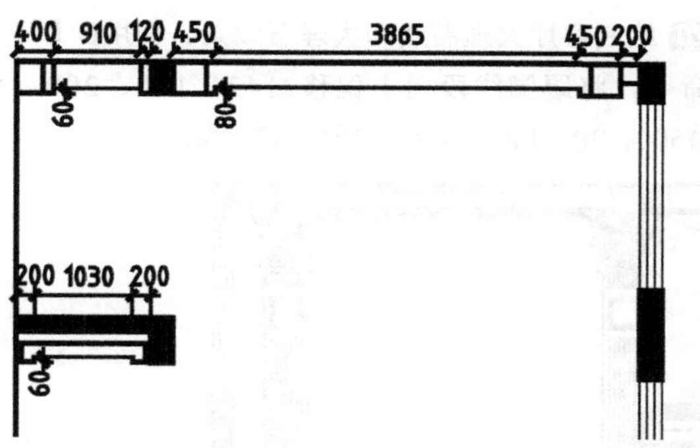

图 18-264 绘制客厅立面图吊顶

Step 06 绘制石膏线。调用I【插入】命令，将“第18章\18.10.1欧式石膏线.dwg”图块插入立面吊顶图中，执行L【直线】命令，完善石膏顶角线的绘制，如图18-265所示。

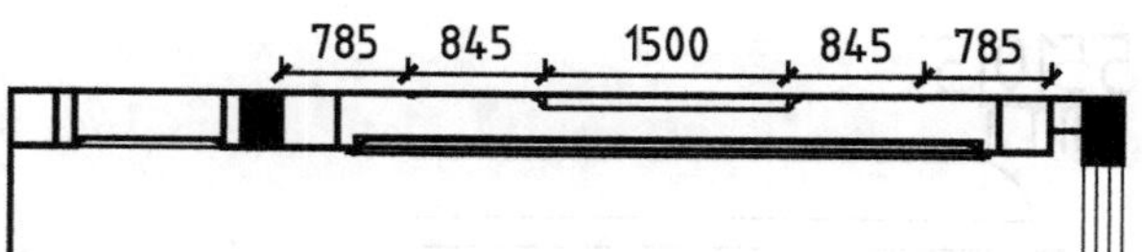

图 18-265 绘制石膏线

Step 07 绘制灯带和筒灯。调用I【插入】命令，将“第18章\18.10.1灯带、筒灯.dwg”图块插入图形合适的位置，如图18-266所示。

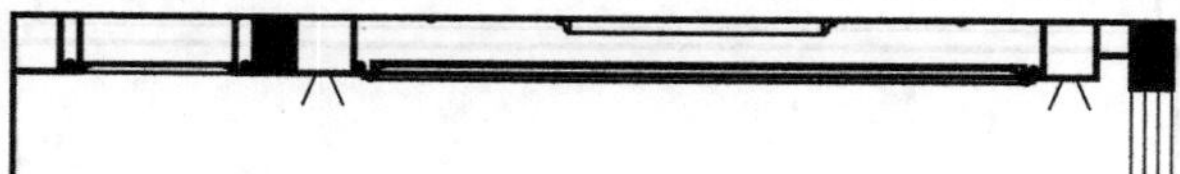

图 18-266 绘制灯带和筒灯

Step 08 绘制过道立面图，调用O【偏移】命令，将线段向上偏移50，绘制地面贴砖层。并调用L【直线】命令，绘制门洞折线，完善过道立面图的绘制，如图18-267所示。

Step 09 绘制罗马柱。罗马柱由柱础、柱身和柱头3部分构成。罗马柱体现着欧式的华丽与高贵。

Step 10 绘制柱础。调用REC【矩形】、L【直线】、O【偏移】命令，绘制一个尺寸为610×90的矩形并分解，将矩形上边线分别偏移10、20、10、20，将矩形左边线向右偏移5、5、10、15，如图 18-268所示。

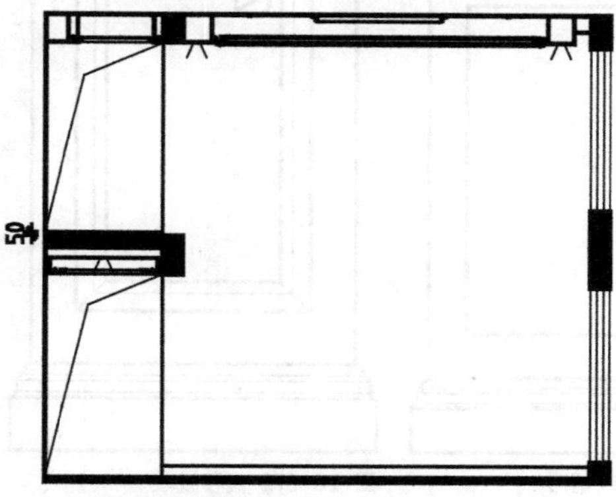

图 18-267 绘制过道立面图

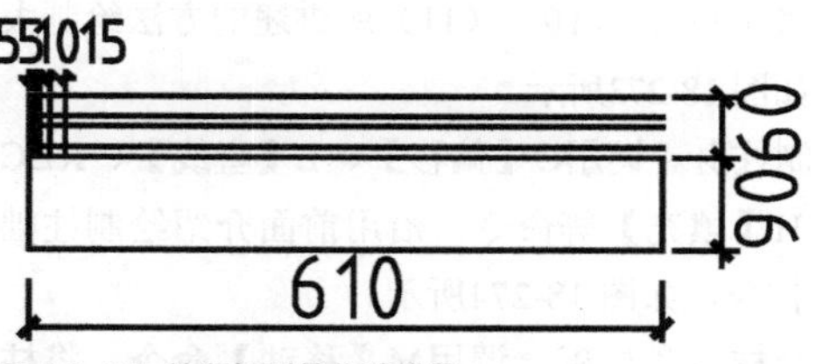

图 18-268 绘制矩形并偏移线段

Step 11 调用A【圆弧】命令，沿辅助线绘制曲线，并调用TR【修剪】命令，修剪多余线段，如图 18-269所示。

Step 12 调用MI【镜像】命令，将绘制好的曲线镜像到另一侧，并调用TR【修剪】命令，修剪多余线段，如图 18-270所示。

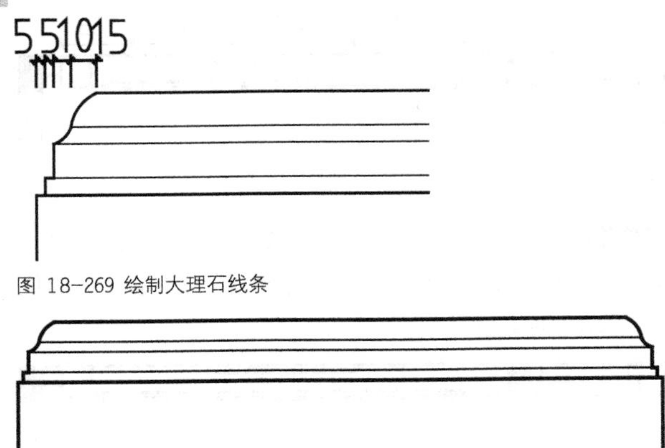

图 18-269 绘制大理石线条

图 18-270 镜像曲线

Step 13 调用REC【矩形】、O【偏移】命令，绘制一个尺寸为540×840的矩形，将其向内偏移75，并利用夹点偏移方式将内矩形上下两端向内偏移15，得到图 18-271所示结果。

Step 14 调用O【偏移】命令，将绘制好的矩形向内偏移20、30，并调用L【直线】命令，完善矩形绘制，如图 18-272所示。

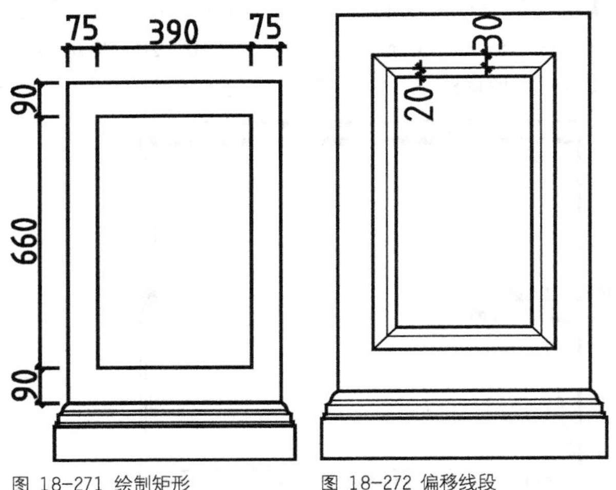

图 18-271 绘制矩形　　图 18-272 偏移线段

Step 15 沿用（9）、（10、（11）所讲述的方法绘制大理石线条，如图 18-273所示。

Step 16 绘制柱身。调用O【偏移】、L【直线】、REC【矩形】、H【填充】等命令，沿用前面介绍绘制柱础的方法绘制柱身，如图 18-274所示。

Step 17 组合柱身和柱础。调用M【移动】命令，将柱身和柱础图形移动组合，如图 18-275所示。

Step 18 插入柱头。调用I【插入】命令，将“第18章\18.10.1柱头.dwg”图块插入至罗马柱中，完成罗马柱的绘制，如图 18-276所示。

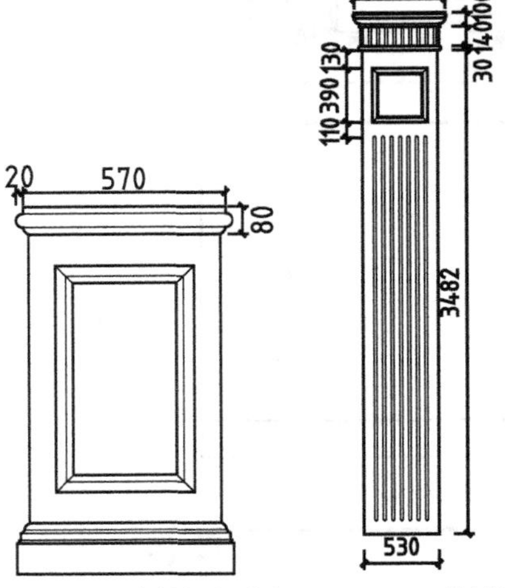

图 18-273 绘制大理石线条　　图 18-274 绘制柱身

图 18-275 组合柱身和柱础　　图 18-276 插入柱头

Step 19 绘制罗马柱到客厅立面。调用M【移动】、CO【复制】命令，将罗马柱移动、复制至客厅A立面图合适的位置，如图 18-277所示。

Step 20 绘制客厅大理石线和大理石线条。调用O【偏移】命令，将踢脚线段向上偏移2142、140、200、150、1500、30、140、100，如图 18-278所示。

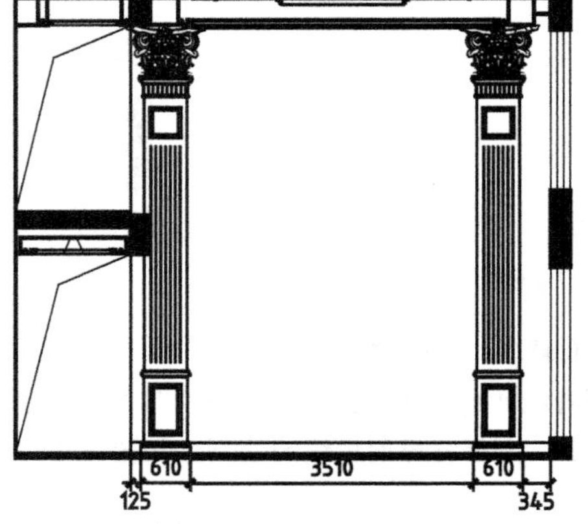

图 18-277 移动、复制罗马柱至客厅立面

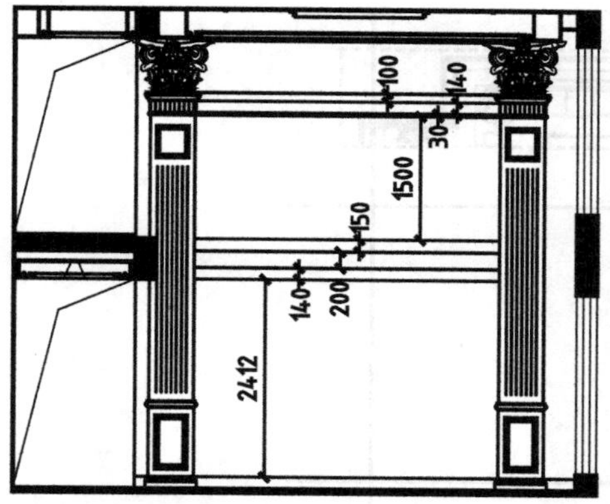

图 18-278 偏移线段

Step 21 调用L【直线】命令，绘制大理石线。调用H【填充】命令，对大理石线条区域进行ANSI32、比例6、角度45°的图案填充，如图 18-279所示。

Step 22 绘制壁炉。调用I【插入】命令将“第18章\18.10.1欧式壁炉.dwg”图块插入至客厅合适的位置，如图 18-280所示。

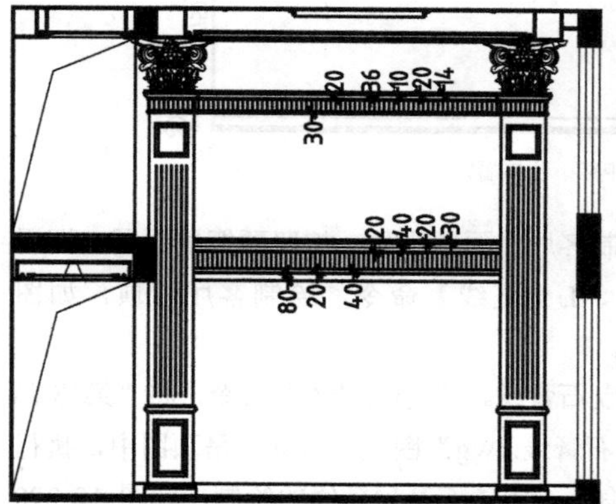

图 18-279 绘制客厅大理石线和大理石线条

图 18-280 绘制壁炉

Step 23 插入客厅挂画、电视机和吊灯。调用I【插入】命令，将“第18章\18.10.1客厅挂画、电视机、吊灯.dwg”图块插入至客厅合适的位置，如图 18-281所示。

Step 24 绘制客厅墙砖。调用O【偏移】、EX【延伸】、TR【修剪】命令，绘制500×1000的墙砖，并调用L【直线】命令，绘制折线，表示中空，如图 18-282所示。

图 18-281 插入客厅挂画、电视机和吊灯

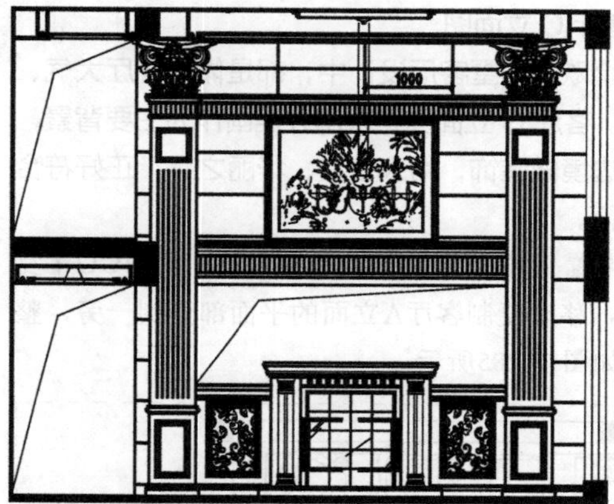

图 18-282 绘制客厅墙砖

Step 25 尺寸标注。调用DLI【线性标注】、DCO【连续标注】命令，对客厅A立面图进行尺寸标注，如图18-283所示。

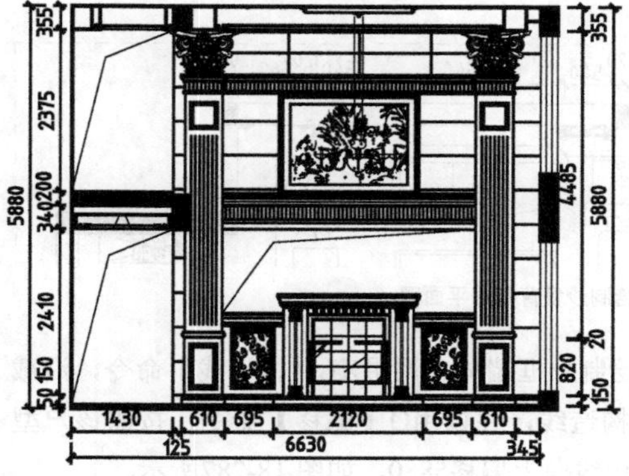

图 18-283 尺寸标注

Step 26 材料说明和图名标注。调用LE【引线】、MT【多行文字】、PL【多段线】命令，对客厅A立面图材料进行文字说明，并绘制图名标注，最后结果如图 18-284所示。

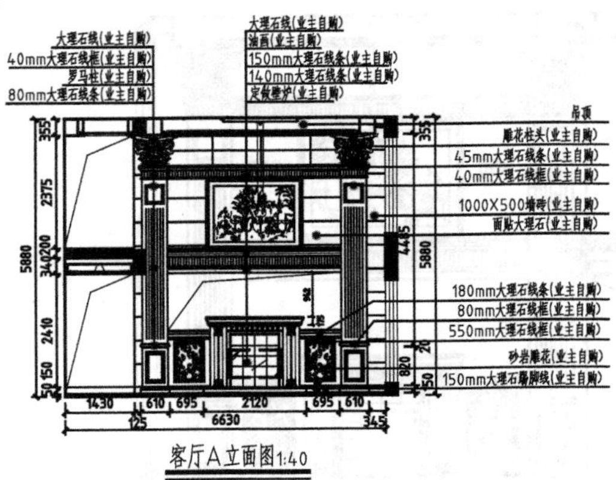

图 18-284 客厅 A 立面图

2 绘制客厅 C 立面图

在整个欧式别墅客厅设计中，都是体现客厅大气、华丽之感。客厅 C 立面图，采用大挂画作为主要背景，周围以车边境做装饰，给人善良、华丽之感，正好符合了欧式主题。

Step 01 设置【其他】图层为当前图层。调用CO【复制】命令，移动复制客厅A立面的平面部分到一旁，整理结果，如图18-285所示。

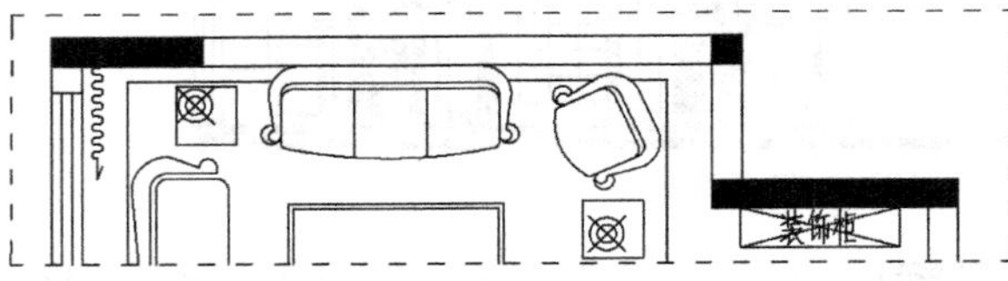

图 18-285 整理图形

Step 02 绘制客厅沙发背景墙平面图，如图18-286所示。

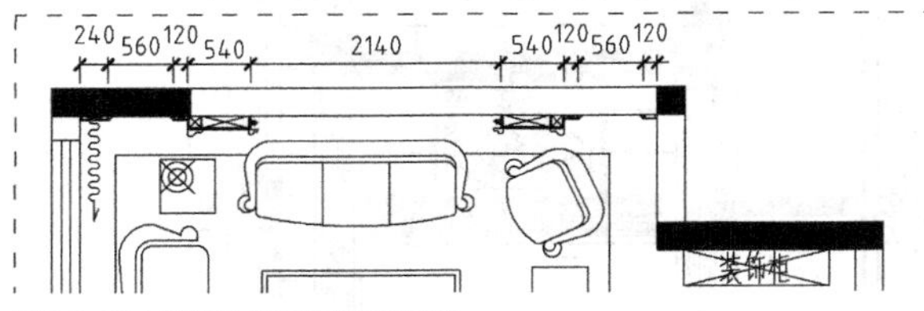

图 18-286 绘制沙发背景墙平面图

Step 03 绘制外框墙体。调用XL【构造线】命令，沿截面图绘制构造线，并调用O【偏移】命令，按照该户型层高将下边线向上偏移5880，如图 18-287所示。

Step 04 调用TR【修剪】命令，修剪外墙框线。并调用O【偏移】命令，将矩形下边线向上偏移50、150，绘制地面贴砖层和大理石踢脚线。

Step 05 绘制窗、墙。调用L【直线】、O【偏移】命令，绘制立面窗户和立面墙体，并调用H【填充】命令，绘制别墅一、二层墙体和地面贴砖层，指定区域图案填充为SOLID、颜色250，如图 18-288所示。

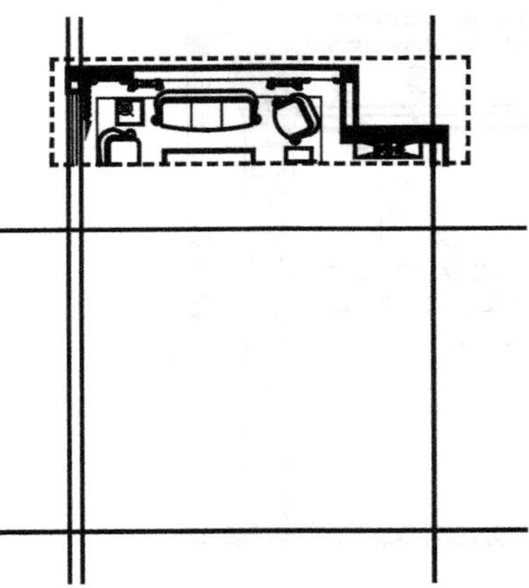

图 18-287 绘制外框墙体

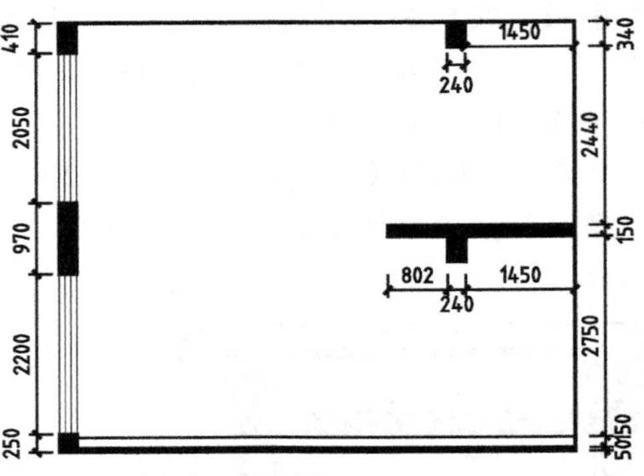

图 18-288 绘制窗、立面墙体

Step 06 绘制客厅立面图吊顶。按照顶棚平面图，调用O【偏移】、L【直线】命令，绘制客厅吊顶，如图18-289所示。

Step 07 绘制石膏线。调用I【插入】命令，将“第18章\18.10.1欧式石膏线.dwg”图块插入立面吊顶图中，执行L【直线】命令，完善石膏顶角线的绘制，如图 18-290所示。

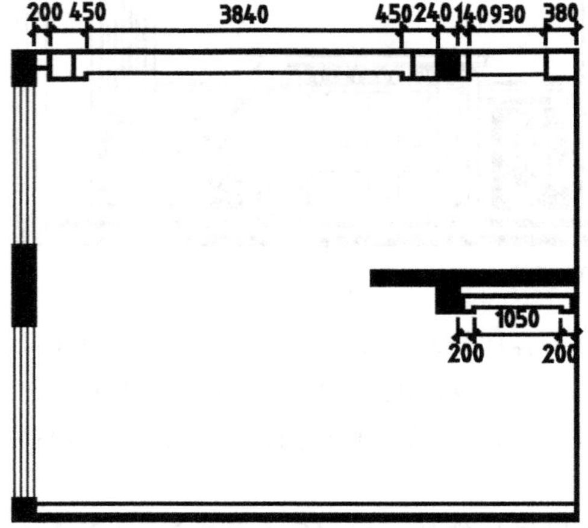

图 18-289 绘制客厅立面图吊顶

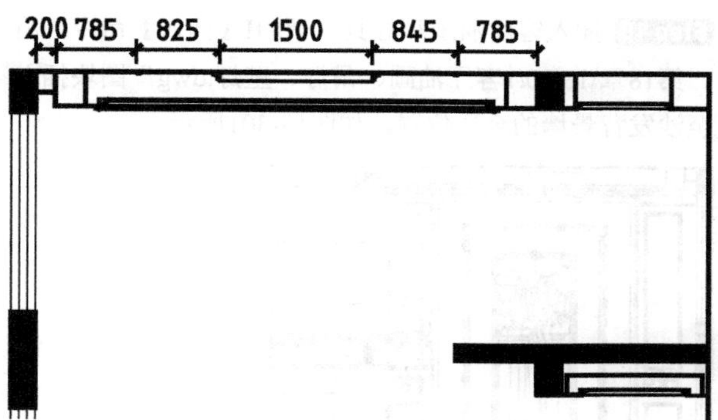

图 18-290 绘制石膏线

Step 08 绘制灯带和筒灯。调用I【插入】命令，将“第18章\18.10.1灯带、筒灯.dwg”图块插入图形合适的位置，如图 18-291所示。

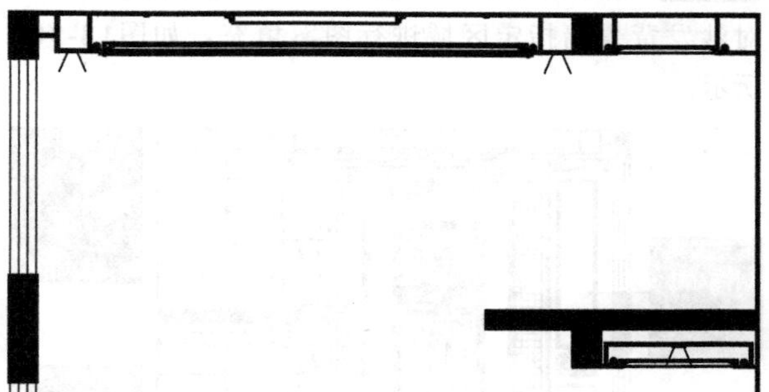

图 18-291 绘制灯带和筒灯

Step 09 绘制大理石踢脚线。调用O【偏移】命令，将踢脚线向下偏移20、10、20、10，如图 18-292所示。

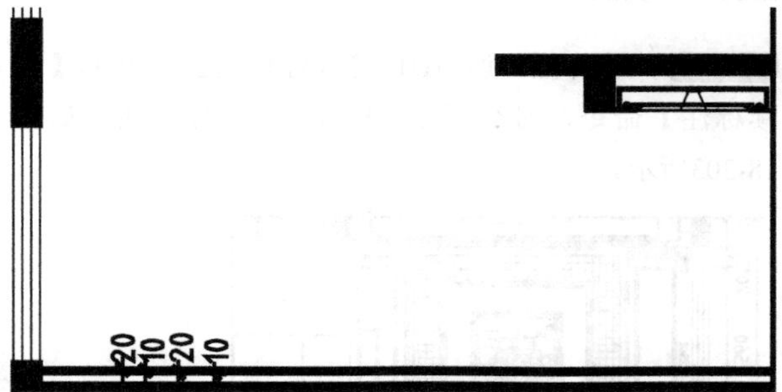

图 18-292 绘制大理石踢脚线

Step 10 绘制过道立面图，调用O【偏移】、L【直线】命令，绘制过道立面1000×500的墙砖，如图 18-293所示。

Step 11 绘制客厅立面图，调用O【偏移】命令，将窗线分别向内偏移920、120、2980、120、800，将地面贴砖层线段向上偏移5410，如图 18-294所示。

Step 12 调用O【偏移】命令，将偏移的矩形分别向内偏移20、30、60、10，绘制120mm大理石线条，如图 18-295所示。

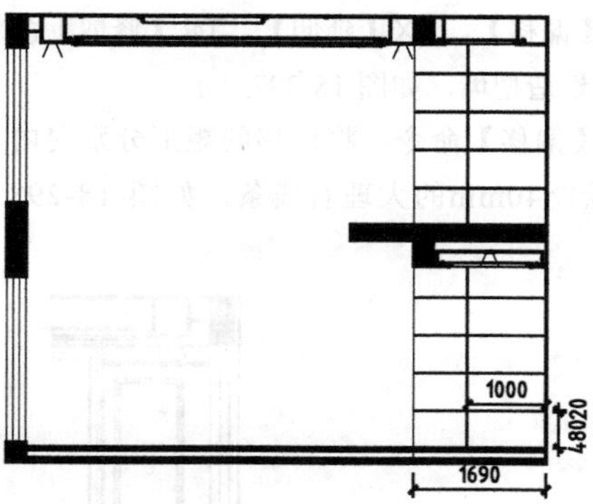

图 18-293 绘制过道立面图

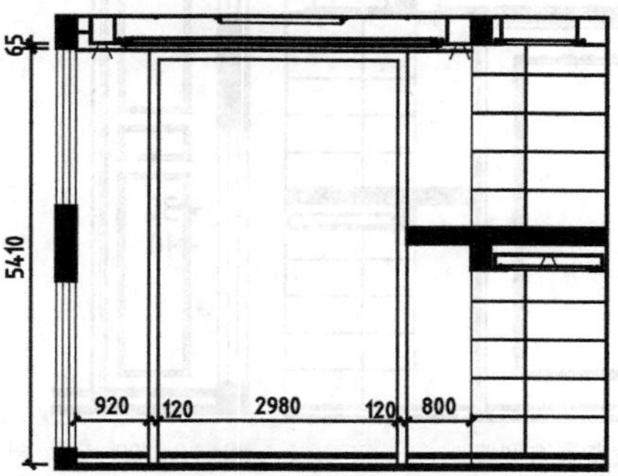

图 18-294 偏移线段

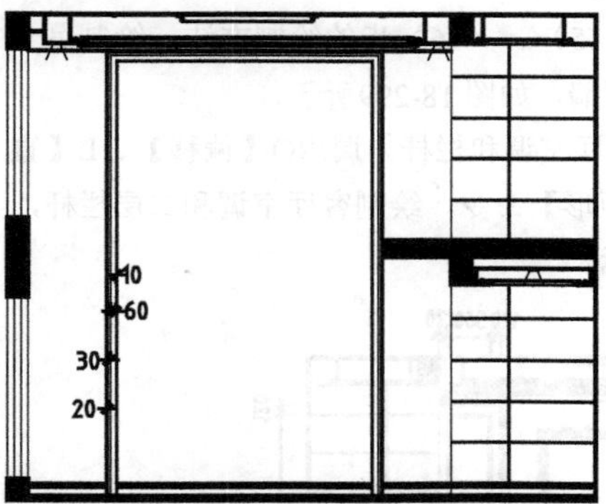

图 18-295 绘制 120mm 大理石线条

Step 13 调用REC【矩形】命令，捕捉绘制矩形，调用O【偏移】命令，将矩形向内偏移370，改线型为 DASH虚线，绘制灯带。重复调用O【偏移】命令，将矩形分别向内偏移20、30、60、10，绘制80mm大理石线条，如图 18-296所示。

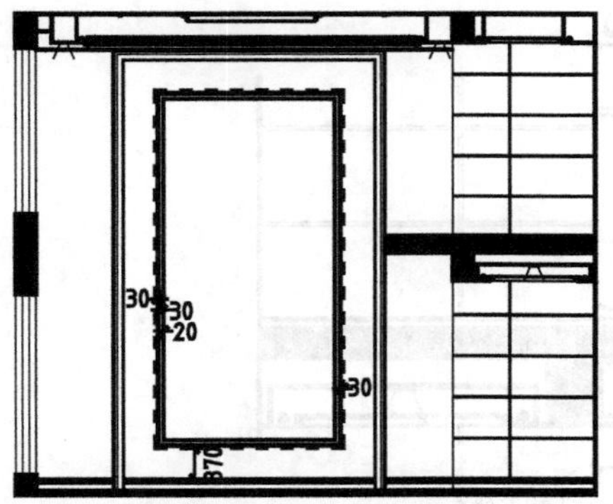

图 18-296 绘制灯带和 80mm 大理石线条

Step 14 调用O【偏移】、EX【延伸】、TR【修剪】命令，绘制沙发背景造型墙，如图 18-297所示。

Step 15 调用O【偏移】命令，将偏移的矩形分别向内偏移30、10，绘制40mm的大理石线条，如图 18-298所示。

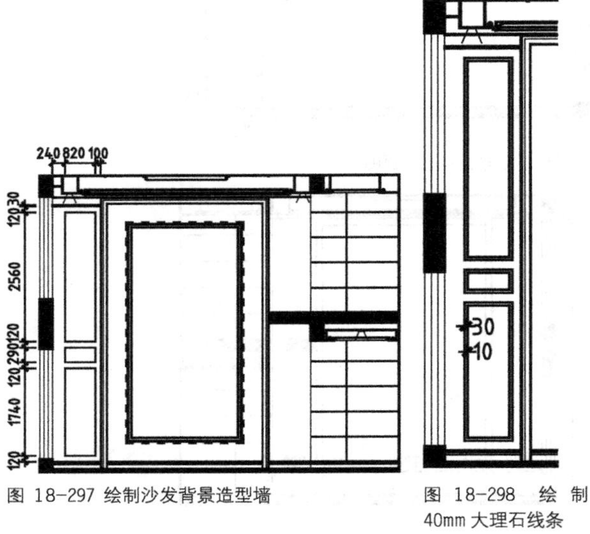

图 18-297 绘制沙发背景造型墙

图 18-298 绘制40mm 大理石线条

Step 16 沿用（15）、（16）步的绘制方法，绘制另一边沙发背景造型墙，如图 18-299所示。

Step 17 绘制客厅空调和栏杆。调用O【偏移】、L【直线】、REC【矩形】命令，绘制客厅空调和二层栏杆，如图 18-300所示。

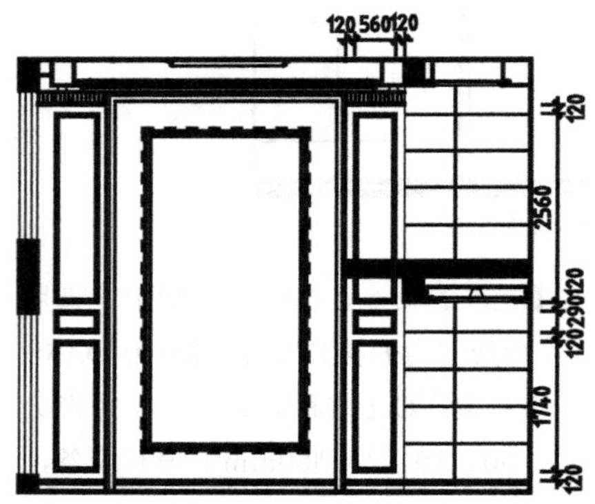

图 18-299 绘制沙发背景造型墙

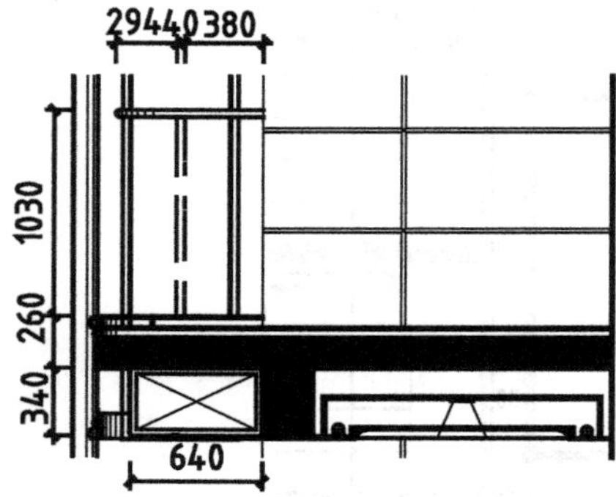

图 18-300 绘制 40mm 大理石线条

Step 18 插入客厅油画和灯具。调用I【插入】命令，将“第18章\18.10.1客厅油画、吊灯、壁灯.dwg”图块插入至沙发背景墙的合适位置，如图18-301所示

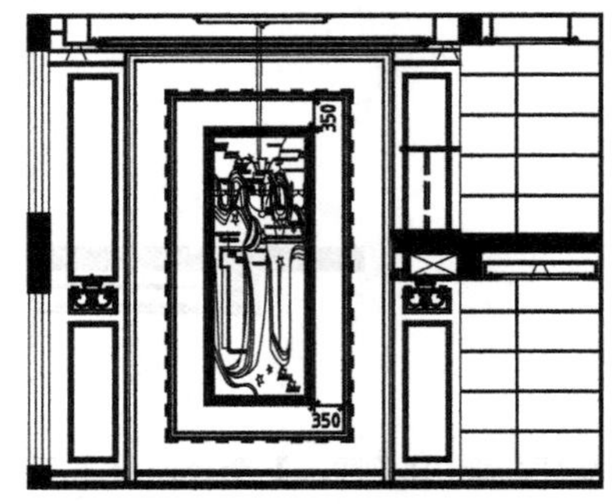

图 18-301 插入客厅油画和灯具

Step 19 填充沙发背景墙图案。调用H【填充】命令，对沙发背景墙指定区域进行图案填充，如图18-302所示。

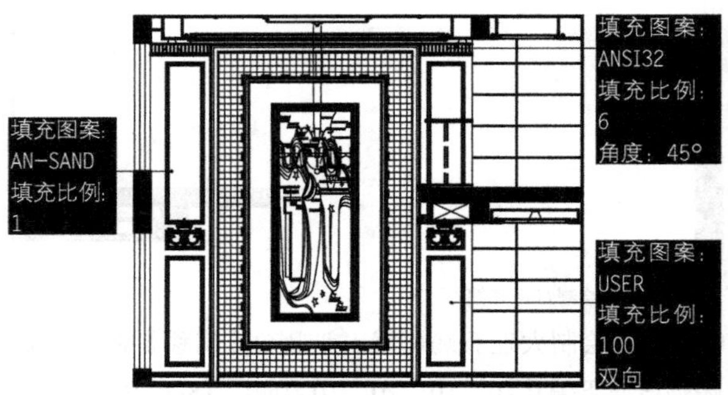

图 18-302 填充沙发背景墙图案

Step 20 尺寸标注。调用DLI【线性标注】、DCO【连续标注】命令，对客厅A立面图进行尺寸标注，如图 18-303所示。

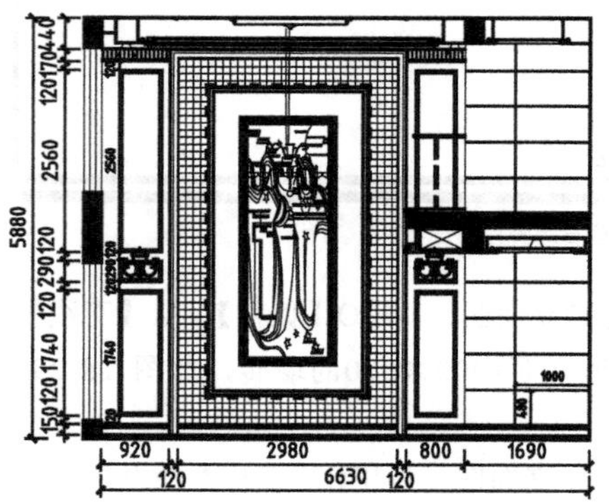

图 18-303 尺寸标注

Step 21 材料说明和图名标注。调用LE【引线】、MT【多行文字】、PL【多段线】命令对客厅C立面图材料进行文字说明，并绘制图名标注，最后结果如图18-304所示。

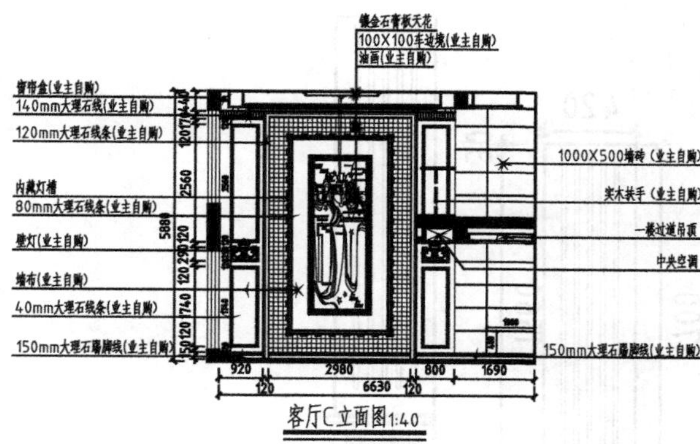

图 18-304 客厅 C 立面图

图 18-307 绘制大理石踢脚线

Step 05 绘制餐厅立面图吊顶。按照顶棚平面图，调用O【偏移】、L【直线】命令，绘制客厅吊顶，如图18-308所示。

Step 06 绘制石膏线。调用I【插入】命令，将“第18章\18.10.1欧式石膏线.dwg”图块插入立面吊顶图中，执行L【直线】命令，完善石膏顶角线的绘制，如图 18-309所示。

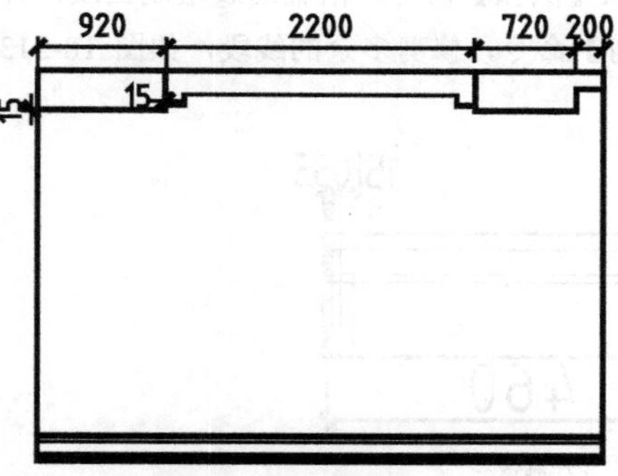

图 18-308 绘制餐厅立面图吊顶

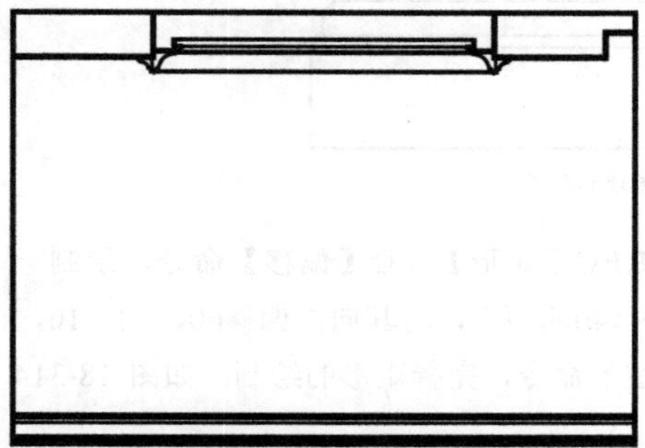

图 18-309 绘制石膏线

Step 07 绘制灯带、筒灯和中央空调。调用I【插入】命令，将“第18章\18.10.1灯带、筒灯、餐厅中央空调.dwg”图块插入图形合适的位置，如图18-310所示。

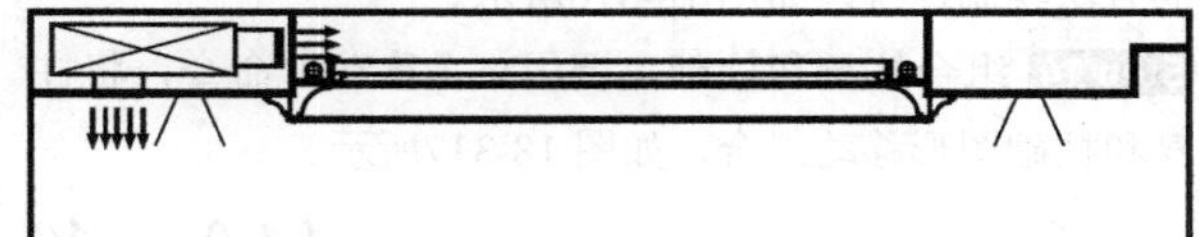

图 18-310 绘制灯带、筒灯和中央空调

Step 08 绘制大理石线条和大理石线。调用O【偏移】命令，将吊顶线段分别向下偏移14、20、10、56、20、100，并调用H【填充】命令，对指定区域进行ANSI32、比例6、角度45°的图案填充，如图18-311所示。

3 绘制餐厅 A 立面图

餐厅 A 立面图，餐厅罗马柱较客厅的比较简洁、大方，并无过多造型，采用比客厅简单的罗马柱，使整个家居中有轻重之分，整体更加和谐，搭配简洁、高雅的欧式酒柜，整个家居立马就增色起来。

Step 01 设置【其他】图层为当前图层。调用CO【复制】命令，移动复制餐厅A立面的平面部分到一旁，整理结果，如图18-305所示。

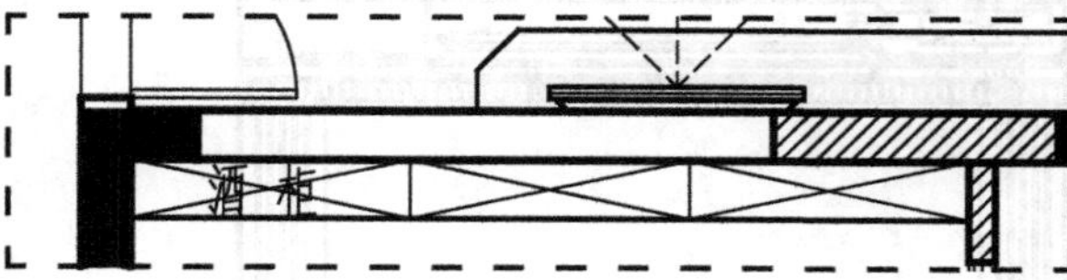

图 18-305 整理图形

Step 02 绘制外框墙体。调用XL【构造线】命令，沿截面图绘制构造线，并调用O【偏移】命令，按照该户型层高将下边线向上偏移2900。

Step 03 绘制地面贴砖层。调用TR【修剪】命令，修剪外墙框线。并调用O【偏移】命令，将矩形下边线向上偏移50，并调用H【填充】命令，对地面贴砖层进行SOLID图案的填充，如图 18-306所示。

Step 04 绘制大理石踢脚线。调用O【偏移】命令，将地面贴砖层线分别向上偏移20、30、60、10，如图18-307所示。

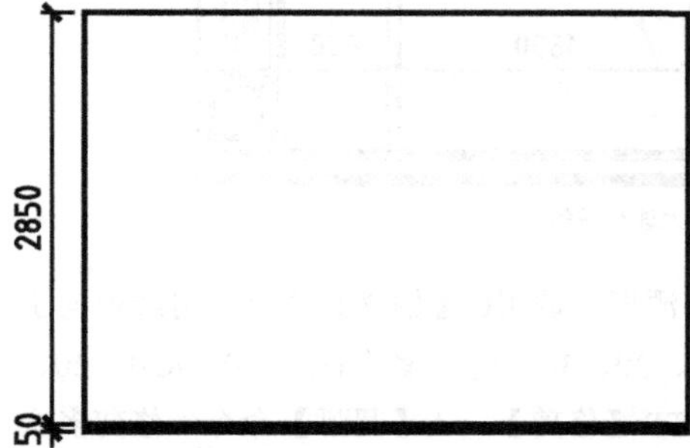

图 18-306 绘制地面贴砖层

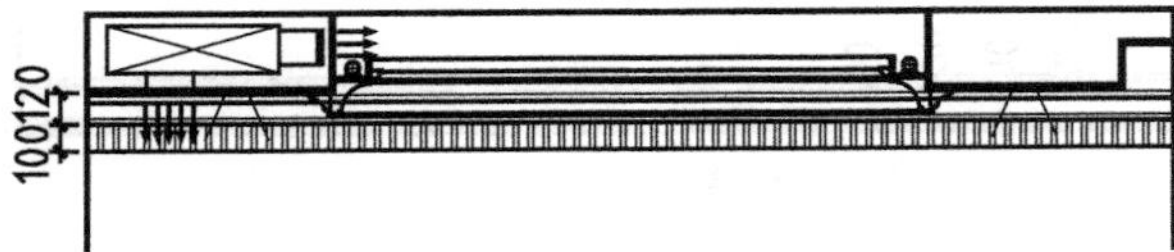

图 18-311 绘制大理石线条和大理石线

Step 09 绘制餐厅罗马柱。绘制柱础，调用REC【矩形】、L【直线】、O【偏移】命令，绘制一个尺寸为460×1的矩形并分解，将矩形上边线分别向下偏移20、30、10，将矩形左边线向右偏移5、5、10、15，如图 18-312所示。

Step 10 调用A【圆弧】命令，沿辅助线绘制曲线，并调用TR【修剪】命令，修剪多余的线段，如图 18-313所示。

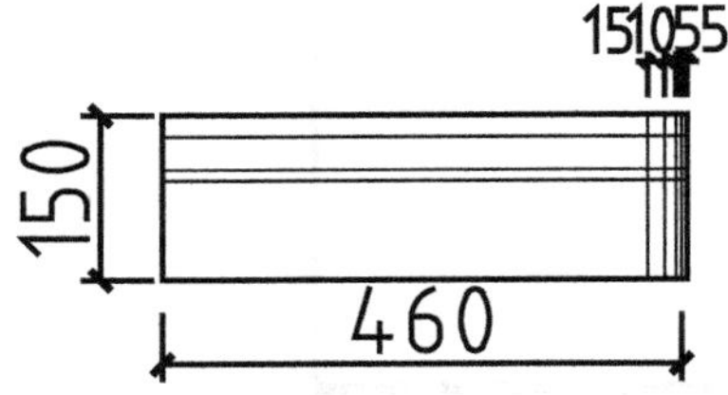

图 18-312 绘制矩形并偏移

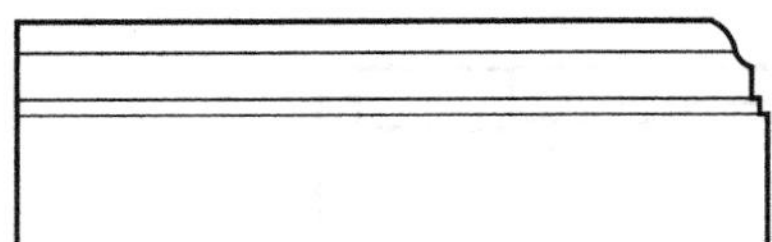

图 18-313 绘制大理石线条

Step 11 调用REC【矩形】、O【偏移】命令，绘制一个尺寸为430×440的矩形，将其向内偏移60、20、10，并调用L【直线】命令，完善矩形的绘制，如图 18-314所示。

Step 12 沿用（9）、（10）所讲述的方法绘制大理石线条，如图 18-315所示。

Step 13 绘制柱身。调用O【偏移】、L【直线】、REC【矩形】、H【填充】等命令，沿用前面介绍绘制柱础的方法绘制柱身，如图 18-316所示。

Step 14 组合柱身和柱础。调用M【移动】命令，将柱身和柱础图形移动组合，如图 18-317所示。

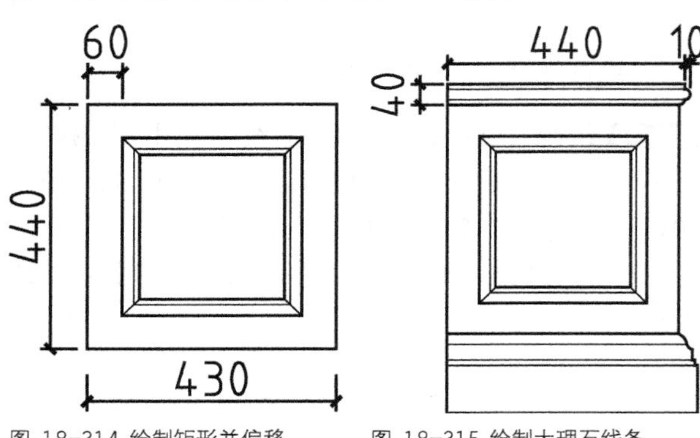

图 18-314 绘制矩形并偏移　　图 18-315 绘制大理石线条

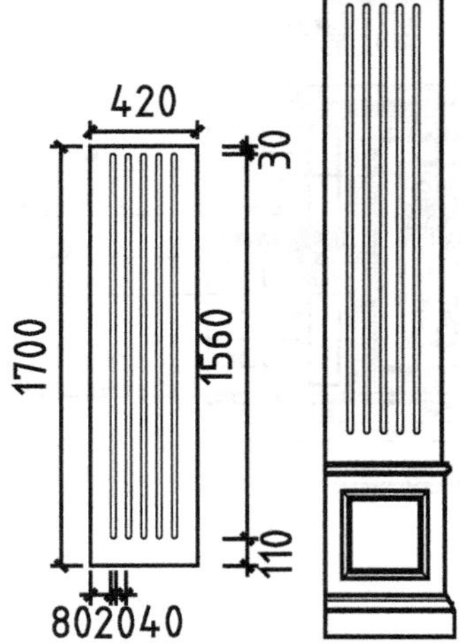

图 18-316 绘制柱身　　图 18-317 组合柱身和柱础

Step 15 绘制罗马柱到客厅立面。调用M【移动】、CO【复制】命令，将罗马柱移动、复制至客厅A立面图合适的位置，如图 18-318所示。

Step 16 绘制餐厅A立面图。调用O【偏移】命令，按图 18-319所示尺寸偏移绘制大理石线条。

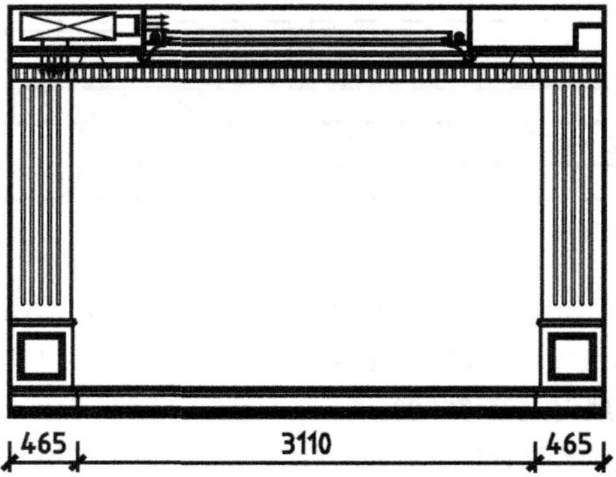

图 18-318 绘制矩形并偏移

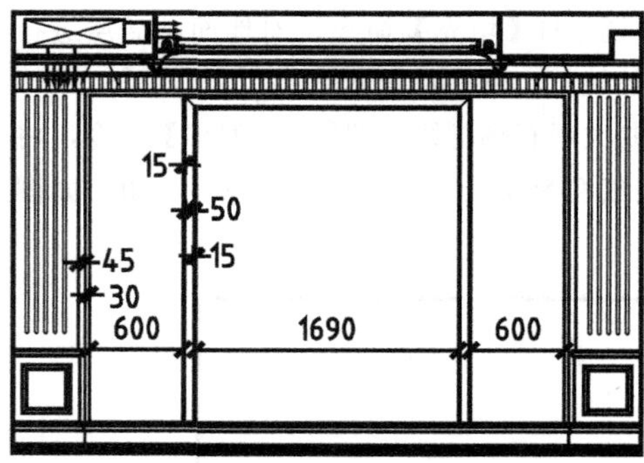

图 18-319 绘制大理石线条

Step 17 绘制酒柜。调用O【偏移】命令，将线段向上偏移670、30、20、30，向左偏移415、20、820、20、415，并调用TR【修剪】、A【圆弧】命令，修剪多余的线条，绘制圆弧，如图 18-320所示。

Step 18 调用REC【矩形】命令，捕捉图形中心内侧绘制矩形，并调用O【偏移】命令，将矩形向内偏移20，执行L【直线】命令，绘制矩形中心线，如图 18-321所示。

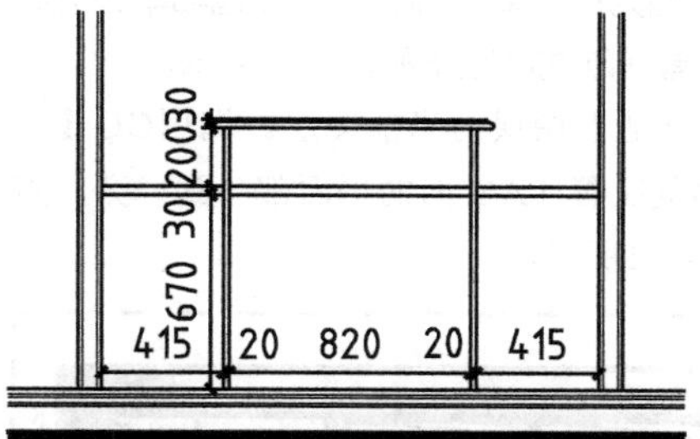

图 18-320 偏移并修剪线段

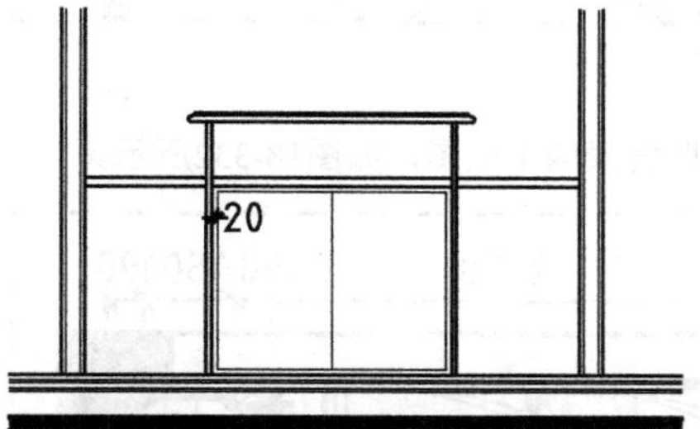

图 18-321 偏移矩形并绘制中心线

Step 19 绘制酒柜柜门。调用REC【矩形】、O【偏移】命令，沿上一步所绘制的矩形中心线捕捉绘制矩形，将矩形向内偏移60、10、5，执行L【直线】命令，沿矩形四边中心点绘制柜门开门方向，并将线型改为DASH虚线，如图 18-322所示。

Step 20 绘制红酒柜。调用I【插入】命令，将“第18章\18.10.1红酒柜.dwg”图块插入立面酒柜合适的位置，如图 18-323所示。

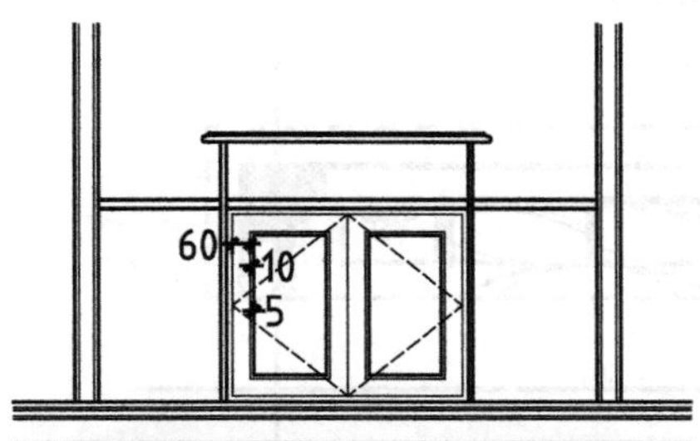

图 18-322 绘制酒柜柜门

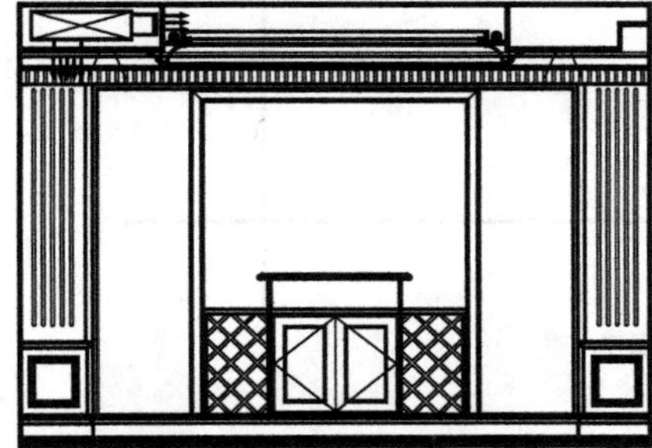

图 18-323 绘制红酒柜

Step 21 沿用（18）、（18、（19）所介绍的方法，继续绘制酒柜，如图 18-324所示。

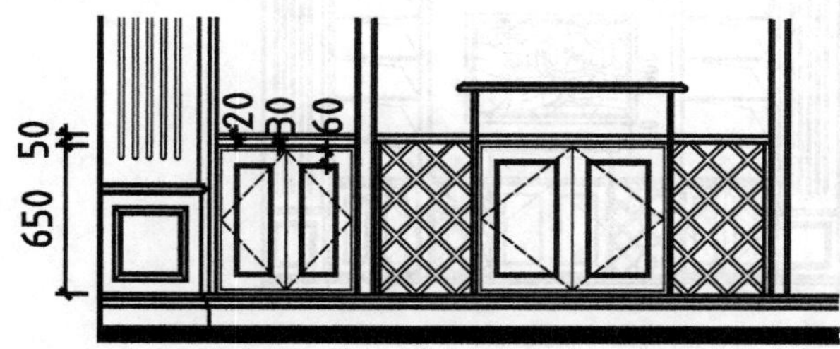

图 18-324 绘制酒柜

Step 22 调用O【偏移】命令，按照图 18-325所示尺寸偏移线段，绘制上层酒柜，并调用L【直线】命令，绘制折线，表示中空。

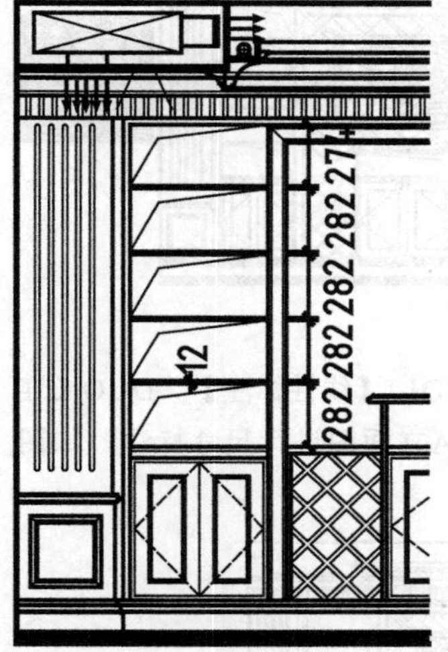

图 18-325 绘制上层酒柜

Step 23 调用MI【镜像】命令，将酒柜沿图形中心，镜像到另一边，完成另一边酒柜的绘制，如图 18-326所示。

Step 24 插入挂画和红酒瓶。调用I【插入】命令，将“第18章\18.10.1餐厅挂画、红酒瓶.dwg”图块插入立面酒柜合适的位置，如图 18-327所示。

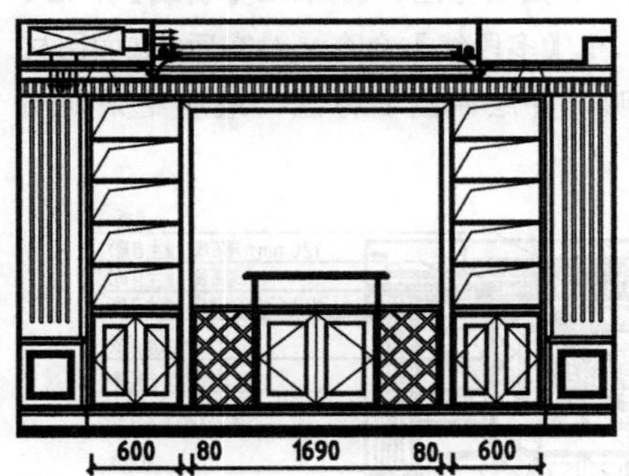

图 18-326 镜像酒柜

图 18-327 插入挂画和红酒瓶

Step 25 完善酒柜的绘制。调用H【填充】命令，对餐厅A立面图指定区域进行图案填充，如图18-328所示。

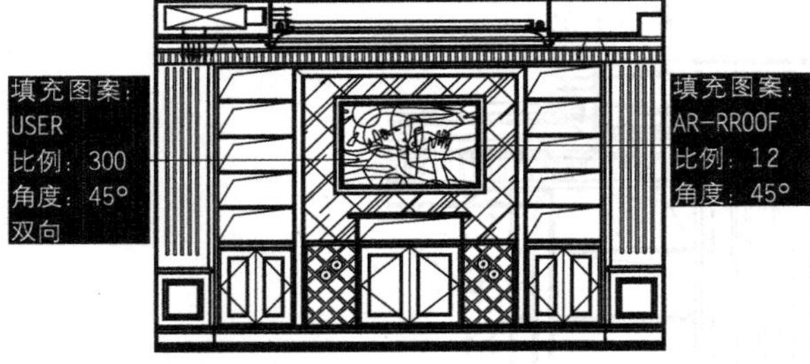

图 18-328 完善酒柜绘制

Step 26 尺寸标注。调用DLI【线性标注】、DCO【连续标注】命令，对客厅A立面图进行尺寸标注，如图18-329所示。

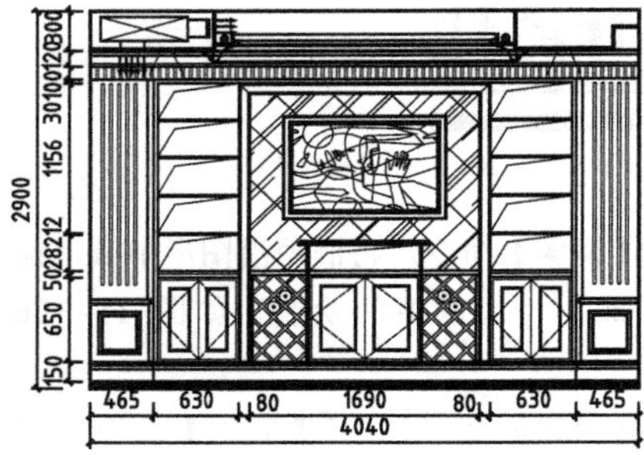

图 18-329 尺寸标注

Step 27 材料说明和图名标注。调用LE【引线】、MT【多行文字】、PL【多段线】命令，对客厅C立面图材料进行文字说明，并绘制图名标注，最后结果如图18-330所示。

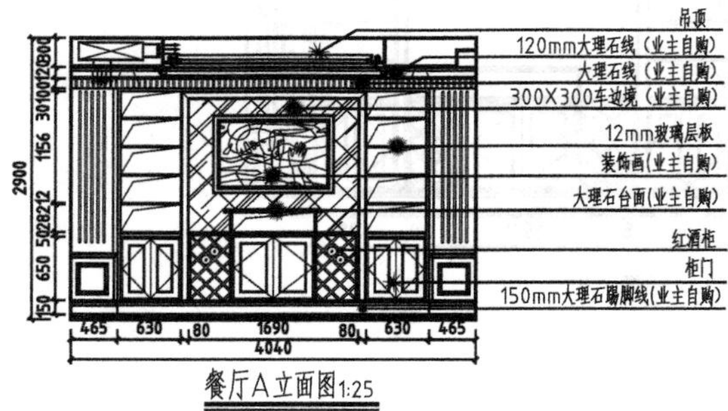

图 18-330 餐厅A立面图

18.10.2 绘制卧室立面图

1 绘制主卧A立面图

卧室A立面图为床头背景墙，采用硬包和车边境结合设计的方式，营造欧式卧室华丽、精美之感。

Step 01 设置【其他】图层为当前图层。调用CO【复制】命令，移动复制餐厅A立面的平面部分到一旁，整理结果，如图18-331所示。

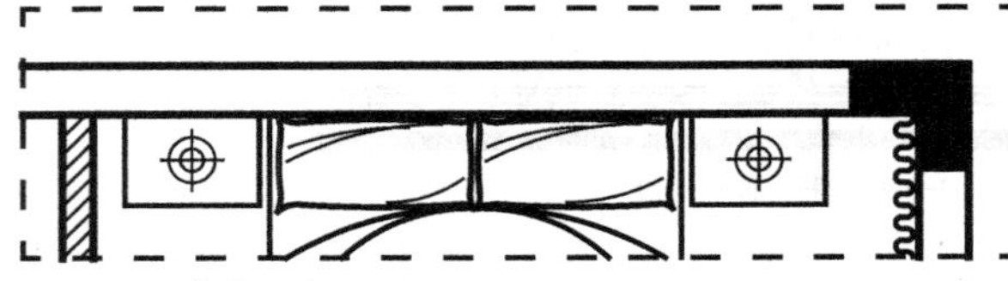

图 18-331 整理图形

Step 02 绘制主卧背景墙平面图，如图18-332所示。

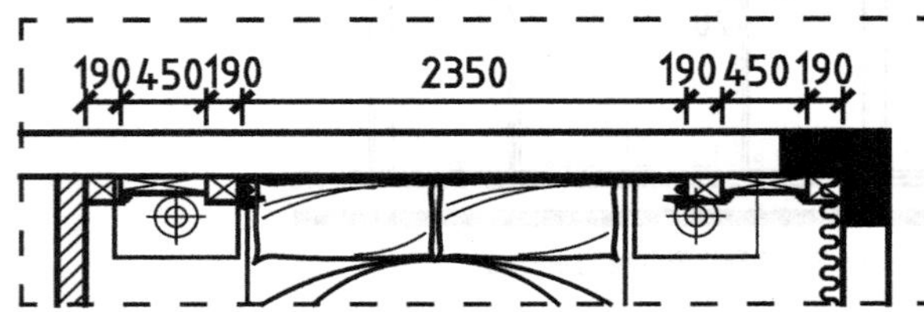

图 18-332 绘制主卧背景墙平面图

Step 03 绘制外框墙体。调用XL【构造线】命令，沿截面图绘制构造线，并调用O【偏移】命令，按照该户型层高将下边线向上偏移2840，如图 18-333所示。

Step 04 绘制地面贴砖层。调用TR【修剪】命令，修剪外墙框线。并调用O【偏移】命令，将矩形下边线向上偏移50，执行H【填充】命令，对地面贴砖层进行SOLID图案的填充，如图 18-334所示。

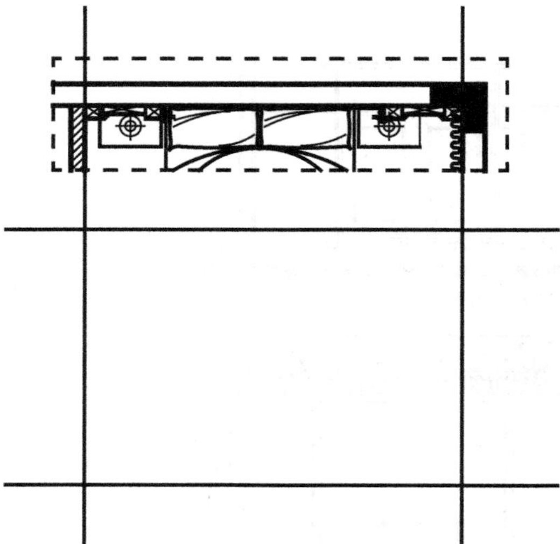

图 18-333 绘制外框墙体

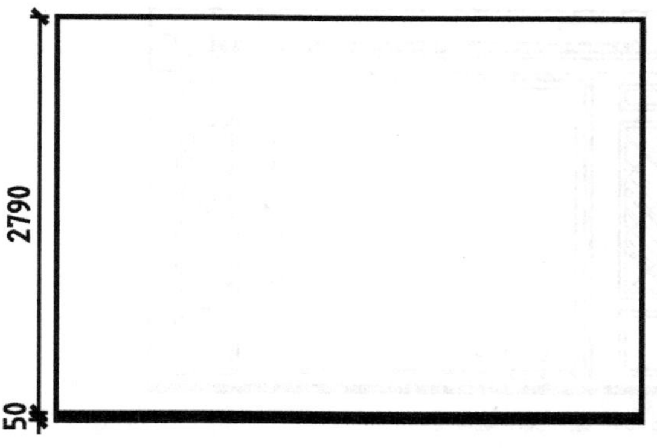

图 18-334 绘制地面贴砖层

Step 05 绘制主卧立面图吊顶。按照顶棚平面图，调用O【偏移】、L【直线】命令，绘制客厅吊顶，如图18-335所示。

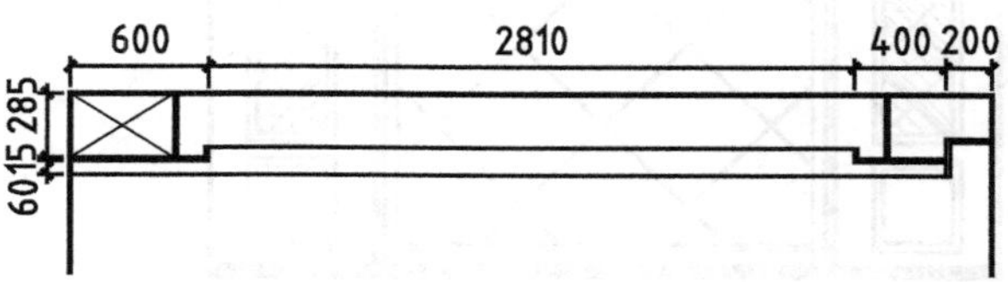

图 18-335 绘制主卧立面图吊顶

Step 06 绘制石膏线。调用I【插入】命令，将"第18章\18.10.2欧式石膏线.dwg"图块插入立面吊顶图中，执行L【直线】命令，完善石膏顶角线的绘制，如图18-336所示。

图 18-336 绘制石膏线

Step 07 绘制灯带、筒灯和中央空调。调用I【插入】命令，将"第18章\18.10.2灯带、筒灯.dwg"图块插入图形合适的位置，并调用REC【矩形】命令，绘制中央空调，如图18-337所示。

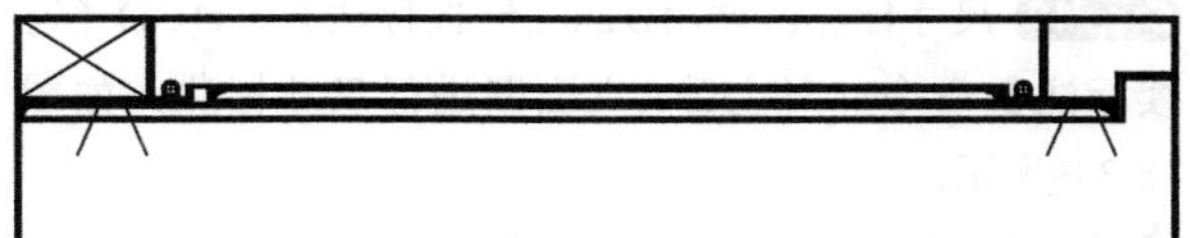
图 18-337 绘制灯带、筒灯和中央空调

Step 08 绘主卧A立面图。调用O【偏移】命令，将墙线向内分别偏移830、2350、830，如图 18-338所示。

Step 09 调用O【偏移】、EX【延伸】、TR【修剪】命令，绘制主卧造型墙，如图 18-339所示。

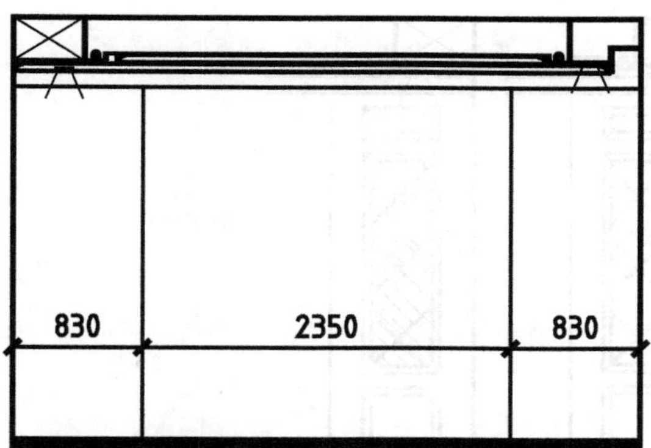

图 18-338 偏移墙线

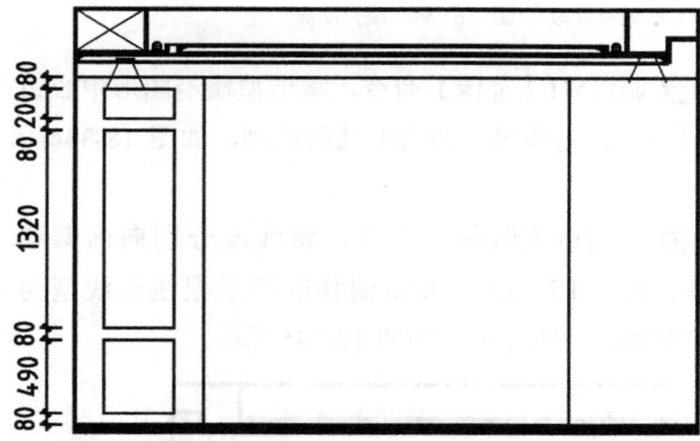

图 18-339 绘制主卧造型墙

Step 10 调用O【偏移】命令，将偏移的矩形分别向内偏移10、30、10，绘制50mm实木线条，如图 18-340所示。

Step 11 调用H【填充】命令，对矩形指定区域进行USER、比例300、角度45°、双向的图案填充，如图18-341所示。

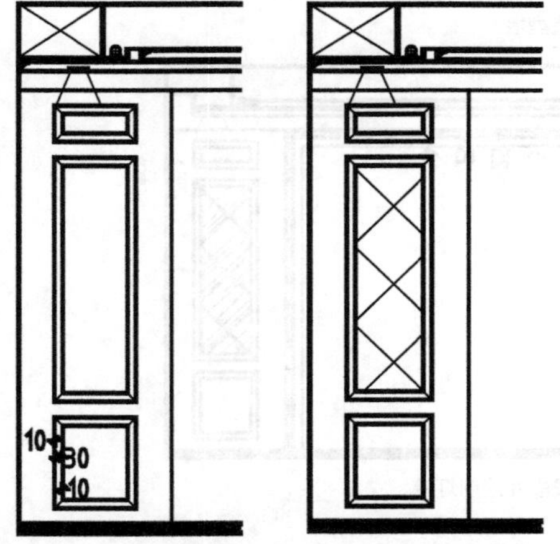

图 18-340 绘制实木线条　图 18-341 填充图案

Step 12 调用X【分解】命令，将填充图案分解，并调用O【偏移】命令，以填充线段为中心线，分别外偏移7，删除中心线，绘制结果如图 18-342所示。

Step 13 调用H【填充】命令，对矩形指定区域进行AR-RROOF、比例8、角度45°的图案填充，如图18-343所示。

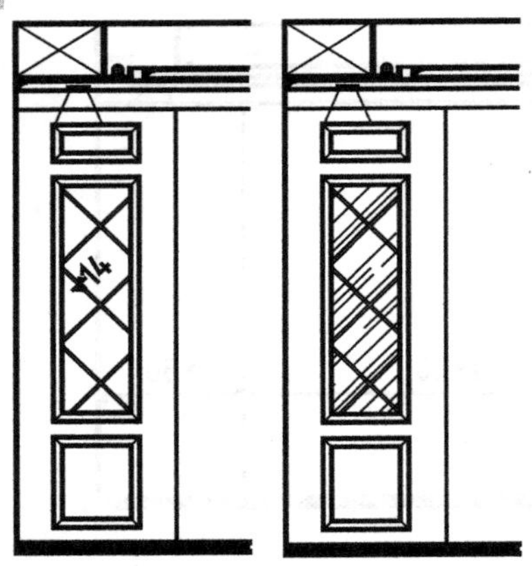

图 18-342 偏移线段　图 18-343 填充图案

Step 14 调用MI【镜像】命令，将造型墙沿图形中心镜像到另一边，完成另一边造型墙的绘制，如图 18-344所示。

Step 15 调用O【偏移】命令，将线段分别向内偏移15、5、25、15、60，并将偏移的第三根线改线型为DASH虚线，绘制灯带，如图 18-345所示。

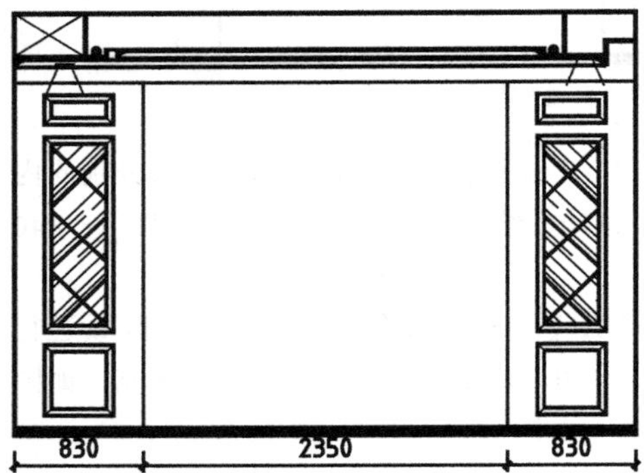

图 18-344 镜像造型墙

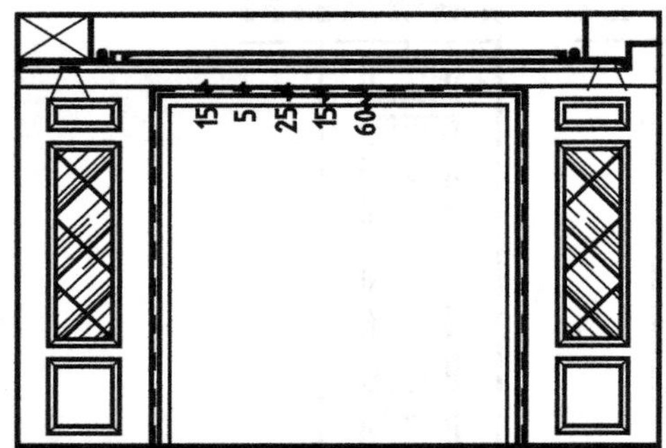

图 18-345 偏移线段并绘制灯带

Step 16 调用O【偏移】命令，将地面贴砖层线段分别向上偏移90、20、10，绘制实木踢脚线，如图 18-346所示。

Step 17 沿用（11）、（12）步所介绍的方法，调用H【填充】、O【偏移】命令，绘制主卧墙体，如图18-347所示。

图 18-346 绘制实木踢脚线

图 18-347 绘制主卧墙体

Step 18 插入壁灯。调用I【插入】命令，将“第18章\18.10.1主卧壁灯.dwg”图块插入主卧A立面合适的位置，如图18-348所示。

图 18-348 插入壁灯

Step 19 尺寸标注。调用DLI【线性标注】、DCO【连续标注】命令，对主卧A立面图进行尺寸标注，如图18-349所示。

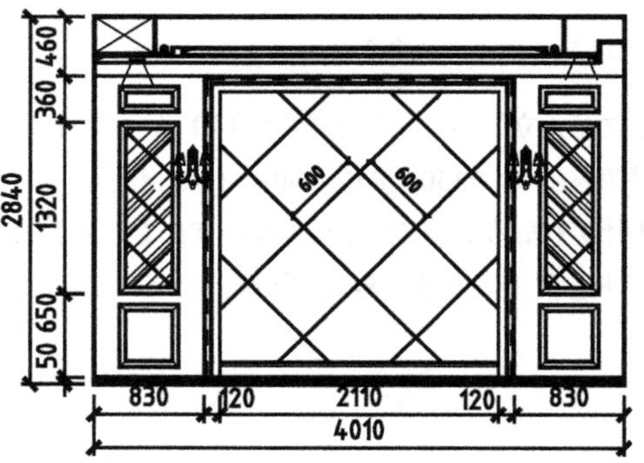

图 18-349 尺寸标注

Step 20 材料说明和图名标注。调用LE【引线】、MT【多行文字】、PL【多段线】命令对主卧A立面图材料进行文字说明，并绘制图名标注，最后结果如图18-350所示。

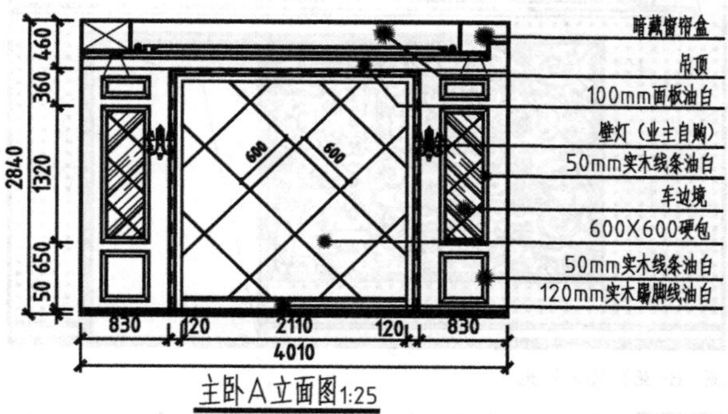

图 18-350 主卧 A 立面图

2 绘制主卧 C 立面图

主卧 C 立面为电视背景墙，既为卧室休息之所，不宜营造太过复杂的背景，采用欧式高端、精美的墙纸，搭配通花夹钢化玻璃和实木线条，做一个简单、大方的背景墙，打造一个舒适优雅的卧室空间。

Step 01 设置【其他】图层为当前图层。调用CO【复制】命令，移动复制餐厅A立面的平面部分到一旁，整理结果，如图18-351所示。

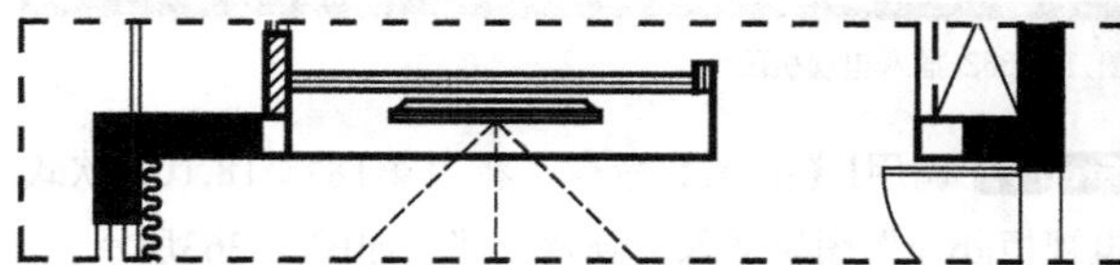

图 18-351 整理图形

Step 02 绘制外框墙体。调用XL【构造线】命令，沿截面图绘制构造线，并调用O【偏移】命令，按照该户型层高将下边线向上偏移2840，如图18-352所示。

Step 03 绘制地面贴砖层。调用TR【修剪】命令，修剪外墙框线。并调用O【偏移】命令，将矩形下边线向上偏移50，执行H【填充】命令，对地面贴砖层进行SOLID图案的填充，如图 18-353所示。

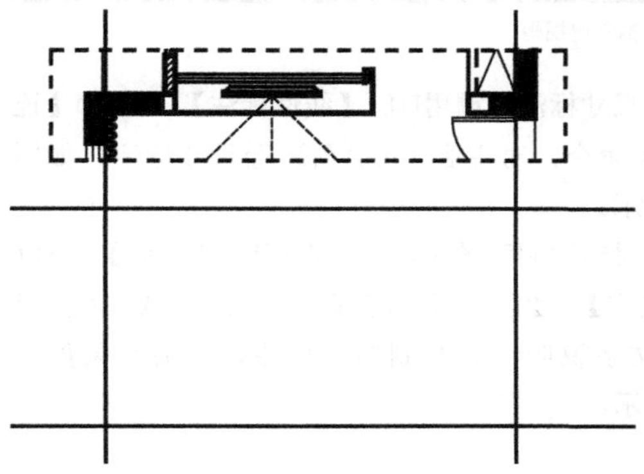

图 18-352 绘制外框墙体

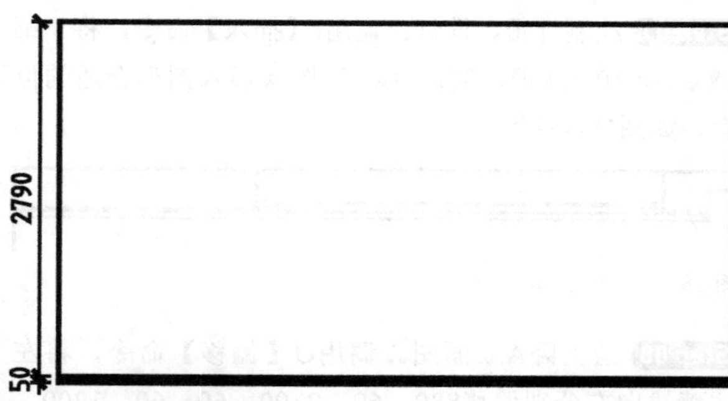

图 18-353 绘制地面贴砖层

Step 04 绘制实木踢脚线，调用O【偏移】命令，将地面贴砖层分别向内偏移80、10、20、10，如图18-354所示。

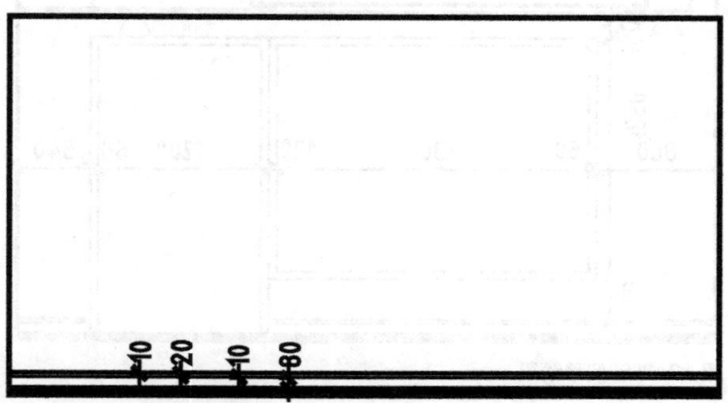

图 18-354 绘制实木踢脚线

Step 05 绘制主卧立面图吊顶。按照顶棚平面图，调用O【偏移】、L【直线】命令，绘制客厅吊顶，如图18-355所示。

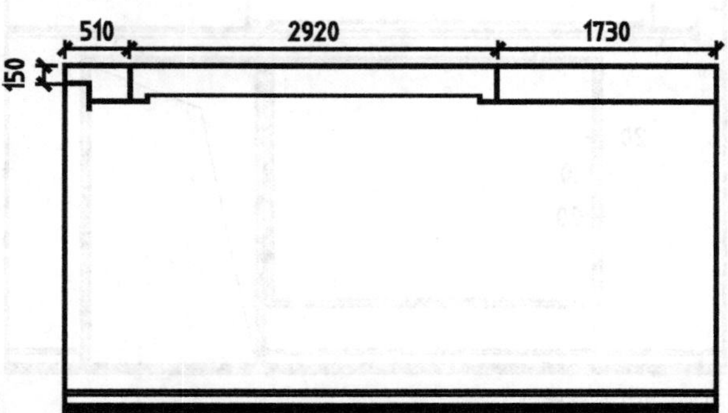

图 18-355 绘制主卧立面图吊顶

Step 06 绘制石膏线。调用I【插入】命令，将"第18章\18.10.2欧式石膏线.dwg"图块插入立面吊顶图中，执行L【直线】命令，完善石膏顶角线的绘制，如图18-356所示。

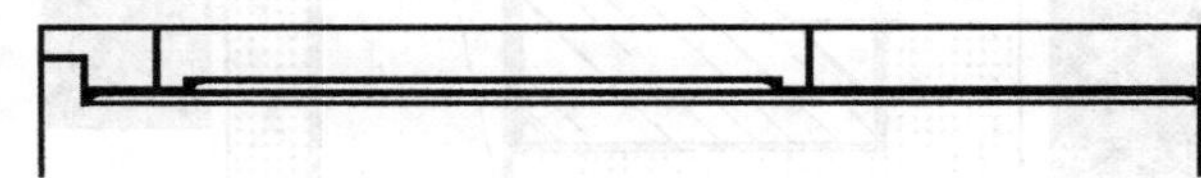

图 18-356 绘制石膏线

Step 07 绘制灯带、筒灯。调用I【插入】命令，将“第18章\18.10.2灯带、筒灯.dwg”图块插入图形合适的位置，如图18-357所示。

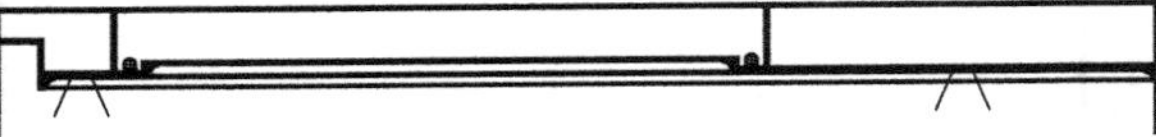

图 18-357 绘制灯带、筒灯

Step 08 绘主卧A立面图。调用O【偏移】命令，将左边墙线向右分别偏移880、60、2300、60、60、1200、60、540，将地面贴砖层线段向上偏移320、1850、140，并调用TR【修剪】命令，修剪线段，如图18-358所示。

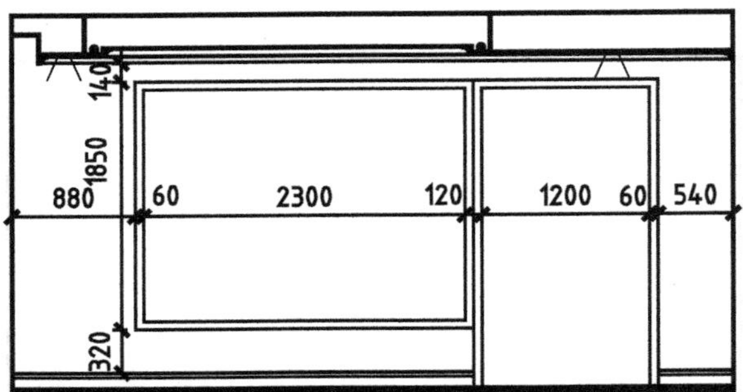

图 18-358 偏移线段

Step 09 调用O【偏移】命令，将线段分别偏移20、20、20，并调用L【直线】命令，绘制门洞折线，如图18-359所示。

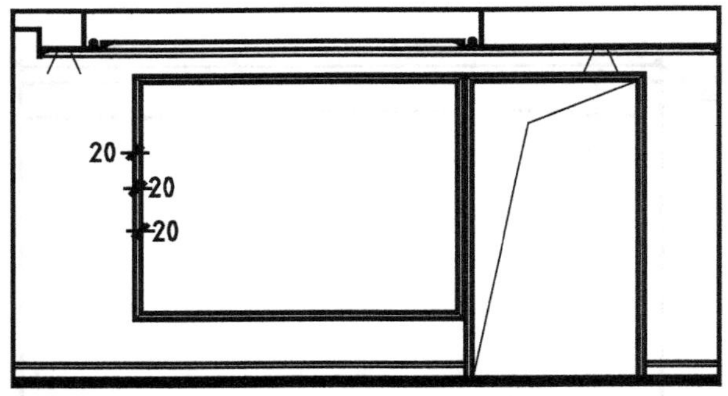

图 18-359 偏移线段

Step 10 调用H【填充】命令，对矩形指定区域进行图案填充，如图18-360所示。

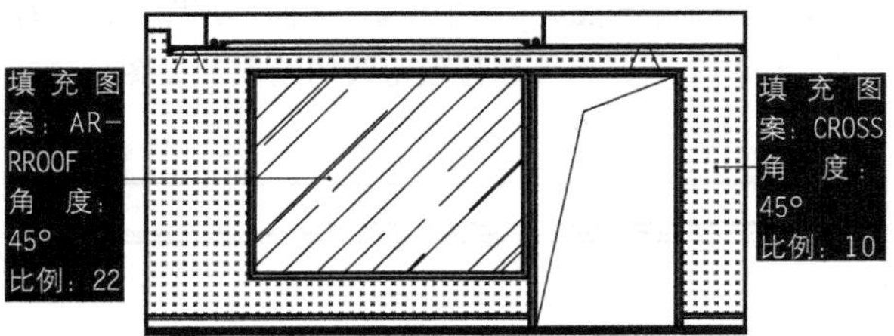

图 18-360 填充图案

Step 11 调用I【插入】命令，将“第18章\18.10.2欧式背景图块.dwg”图块插入主卧背景墙，如图18-361所示。

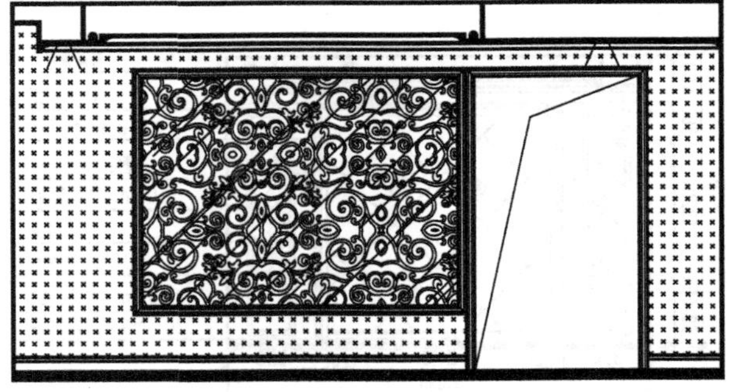

图 18-361 插入图形

Step 12 调用CO【复制】命令，将客厅电视机图块复制插入主卧背景墙，如图 18-362所示。

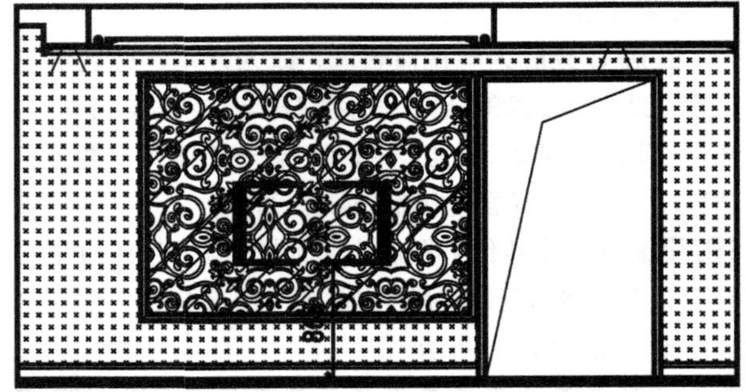

图 18-362 插入电视机图块

Step 13 调用I【插入】命令，将“第18章\18.10.2欧式电视柜.dwg”图块插入主卧背景墙，如图18-363所示。

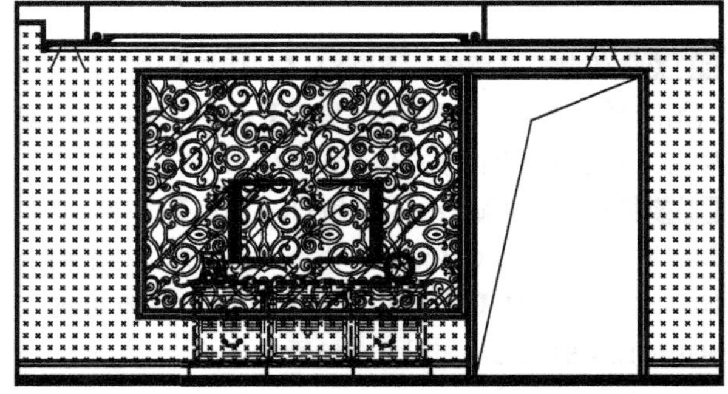

图 18-363 插入电视柜

Step 14 尺寸标注。调用DLI【线性标注】、DCO【连续标注】命令，对主卧C立面图进行尺寸标注，如图18-364所示。

Step 15 材料说明和图名标注。调用LE【引线】、MT【多行文字】、PL【多段线】命令，对主卧A立面图材料进行文字说明，并绘制图名标注，最后结果如图18-365所示。

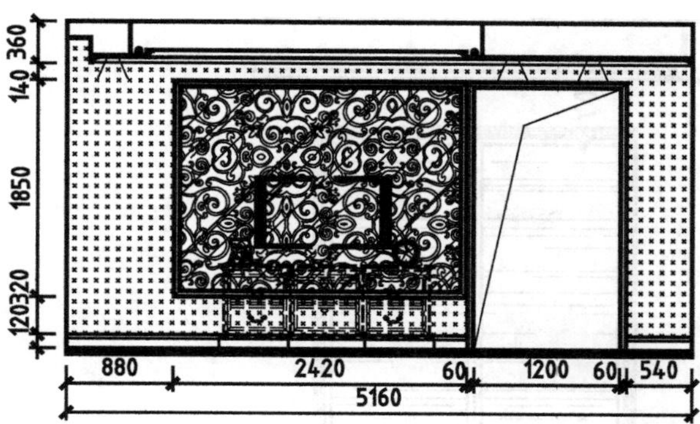

图 18-364 尺寸标注

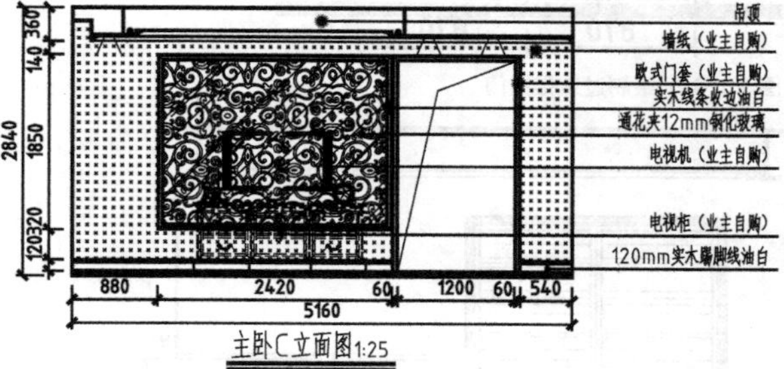

图 18-365 主卧 C 立面图

18.10.3 绘制其他立面图

1 绘制二层过道 D 立面图

为打造欧式高端、大气之感，整个家居中全房贴暖色系的大理石墙砖。在过道挂上几幅装饰画作为点缀，顿时使整个过道有了颜色。

Step 01 设置【其他】图层为当前图层。调用CO【复制】命令，移动复制二层过道D立面的平面部分到一旁，整理结果，如图18-366所示。

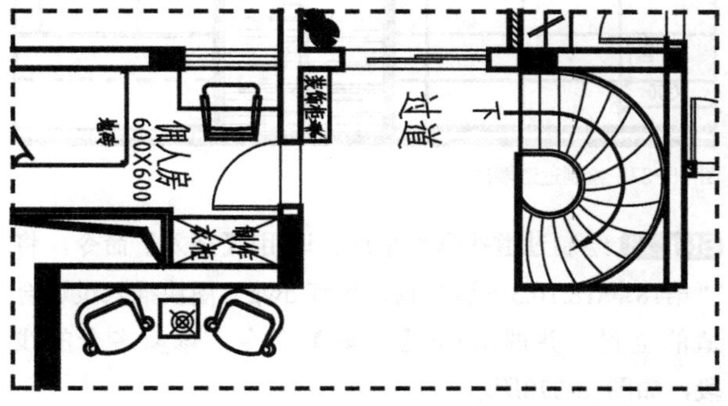

图 18-366 整理图形

Step 02 绘制外框墙体。调用XL【构造线】命令，沿截面图绘制构造线，并调用O【偏移】命令，按照该户型层高将下边线向上偏移2850，如图18-367所示。

Step 03 绘制地面贴砖层。调用TR【修剪】命令，修剪外墙框线。并调用O【偏移】命令，将矩形下边线向上偏移50，执行H【填充】命令，对地面贴砖层进行SOLID图案的填充，如图 18-368所示。

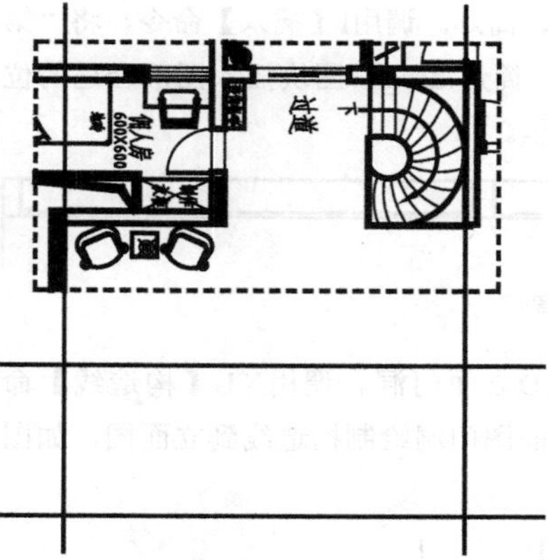

图 18-367 绘制外框墙体

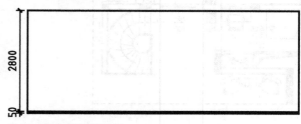

图 18-368 绘制地面贴砖层

Step 04 绘制过道踢脚线，过道踢脚线分为墙面和楼梯部分。调用O【偏移】、L【直线】命令，将绘制墙面和楼梯踢脚线，如图18-369所示。

图 18-369 绘制过道踢脚线

Step 05 绘制过道立面图吊顶。按照顶棚平面图，调用O【偏移】、L【直线】命令，绘制客厅吊顶，如图18-370所示。

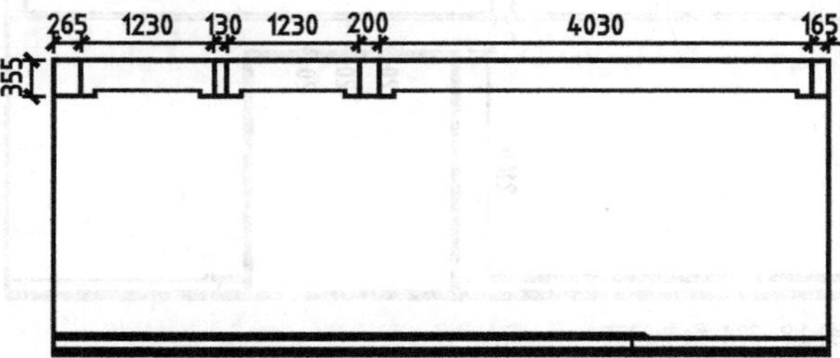

图 18-370 绘制过道立面图吊顶

Step 06 绘制石膏线。调用I【插入】命令，将“第18章\18.10.3欧式石膏线.dwg”图块插入立面吊顶图中，执行L【直线】命令，完善石膏顶角线的绘制，如图18-371所示。

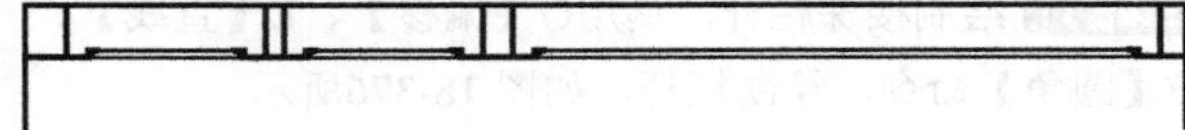

图 18-371 绘制石膏线

Step 07 绘制灯带、筒灯。调用I【插入】命令，将“第18章\18.10.2灯带、筒灯.dwg”图块插入图形合适的位置，如图18-372所示。

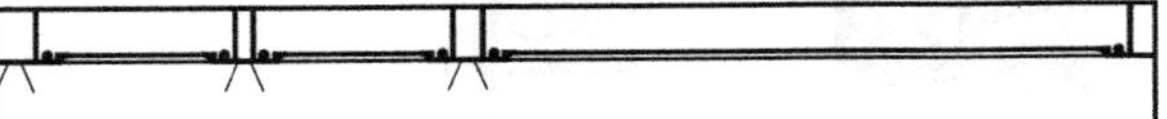

图 18-372 绘制灯带、筒灯

Step 08 绘制过道D立面门洞。调用XL【构造线】命令，捕捉过道D平面图门洞绘制构造线到立面图，如图18-373所示。

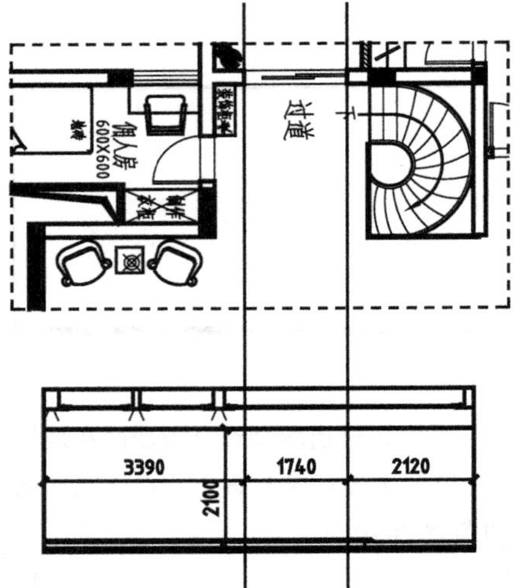

图 18-373 绘制门洞构造线

Step 09 绘制过道D立面门套。调用O【偏移】命令，将地面贴砖层线段向上偏移2160，修剪出门洞，继续调用O【偏移】命令，将门洞向内分别偏移20、20、20，绘制门套，如图18-374所示。

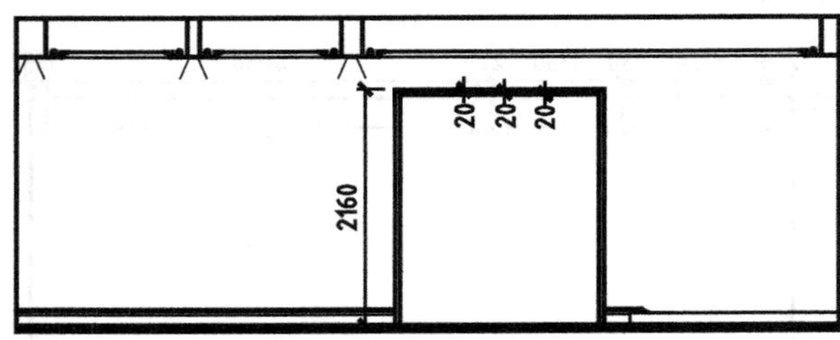

图 18-374 绘制门套

Step 10 绘制过道推拉门。调用L【直线】命令，绘制门洞中心线，并调用REC【矩形】命令，捕捉绘制矩形，将矩形向内偏移40，执行H【填充】命令，对矩形进行AR-RROOF、比例10的图案填充，如图18-375所示。

Step 11 绘制楼梯栏杆。调用O【偏移】、L【直线】、F【圆角】命令，绘制栏杆，如图 18-376所示。

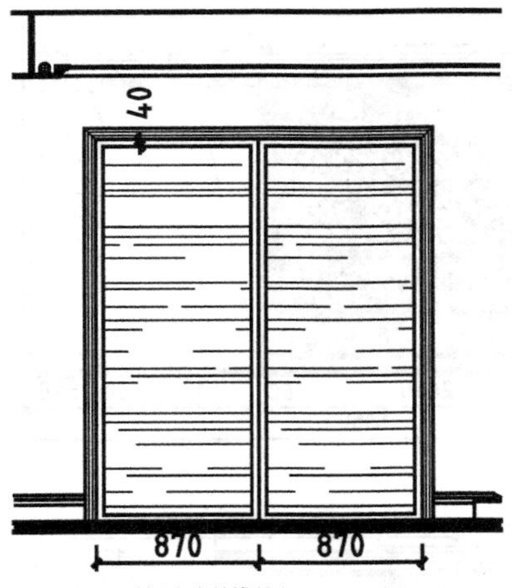

图 18-375 绘制过道推拉门

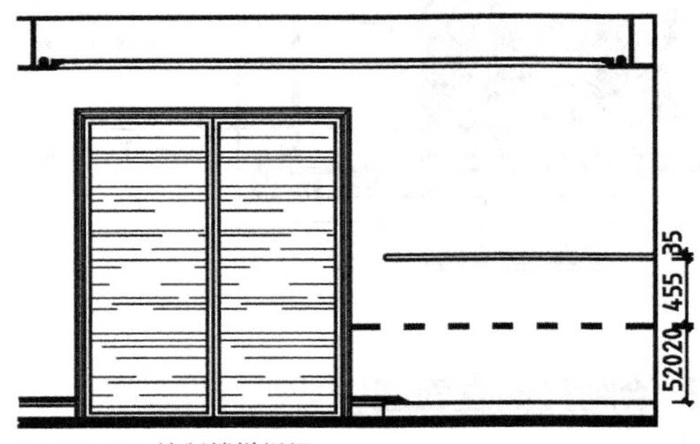

图 18-376 绘制楼梯栏杆

Step 12 绘制过道墙砖，调用O【偏移】、L【直线】命令，绘制过道立面1000×500的墙砖，如图18-377所示。

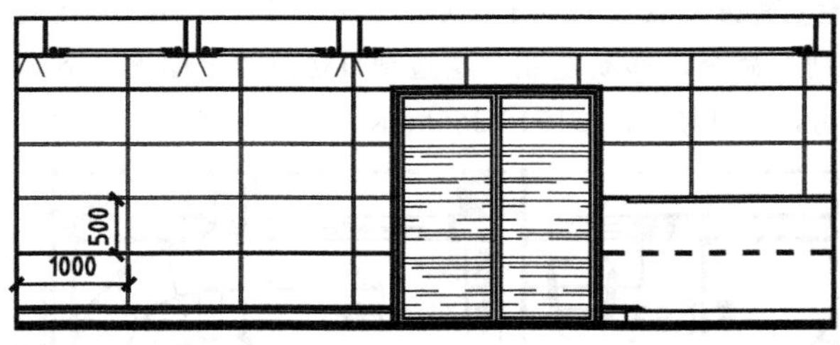

图 18-377 绘制过道墙砖

Step 13 绘制过道挂画和吊灯。调用I【插入】命令，将“第18章\18.10.3过道挂画、吊灯.dwg”图块插入过道合适的位置，并调用TR【修剪】命令，修剪多余的线段，如图18-378所示。

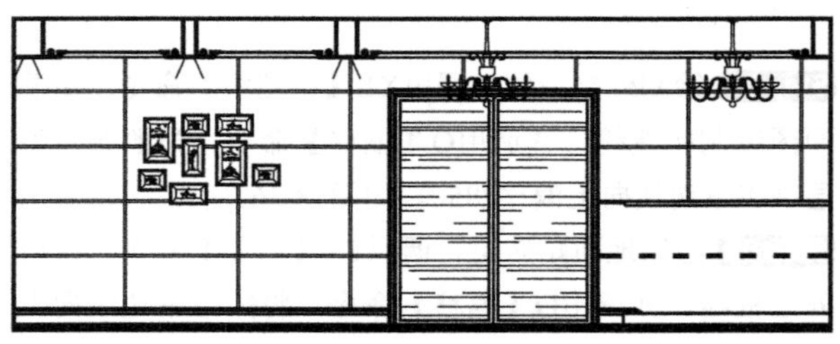

图 18-378 绘制过道挂画

Step 14 尺寸标注。调用DLI【线性标注】、DCO【连续标注】命令，对过道D立面图进行尺寸标注，如图18-379所示。

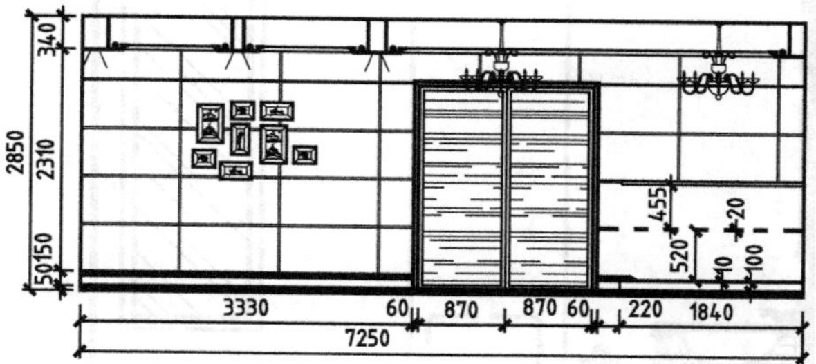

图 18-379 尺寸标注

Step 15 材料说明和图名标注。调用LE【引线】、MT【多行文字】、PL【多段线】命令对过道D立面图材料进行文字说明，并绘制图名标注，最后结果如图18-380所示。

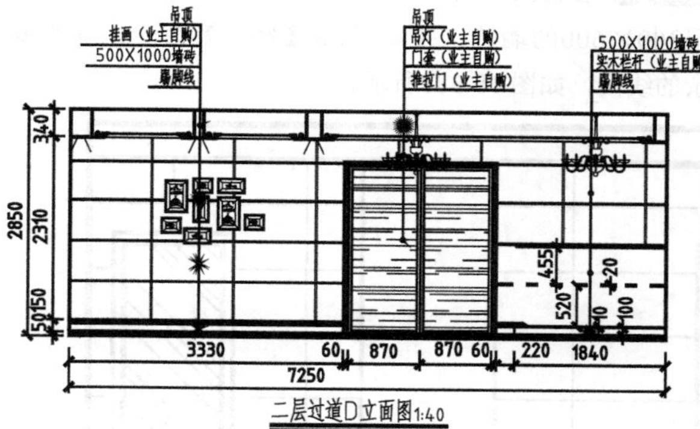

图 18-380 过道 D 立面图

2 绘制二层主卫 D 立面图

主卫D立面的设计，主要是在墙砖，单独贴600×300的墙砖太单调，在墙砖中加入马赛克造型墙，使整个主卫顿时就生色、活泼了不少。

Step 01 设置【其他】图层为当前图层。调用CO【复制】命令，移动复制二层过道D立面的平面部分到一旁，整理结果，如图18-381所示。

Step 02 绘制外框墙体。调用XL【构造线】命令，沿截面图绘制构造线，并调用O【偏移】命令，按照该户型层高将下边线向上偏移2830，如图 18-382所示

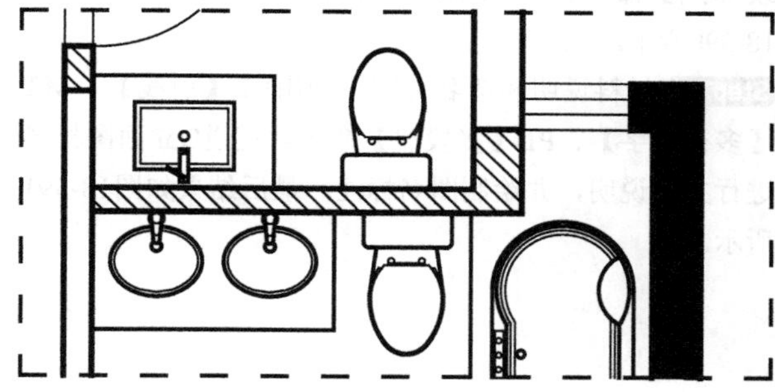

图 18-381 整理图形

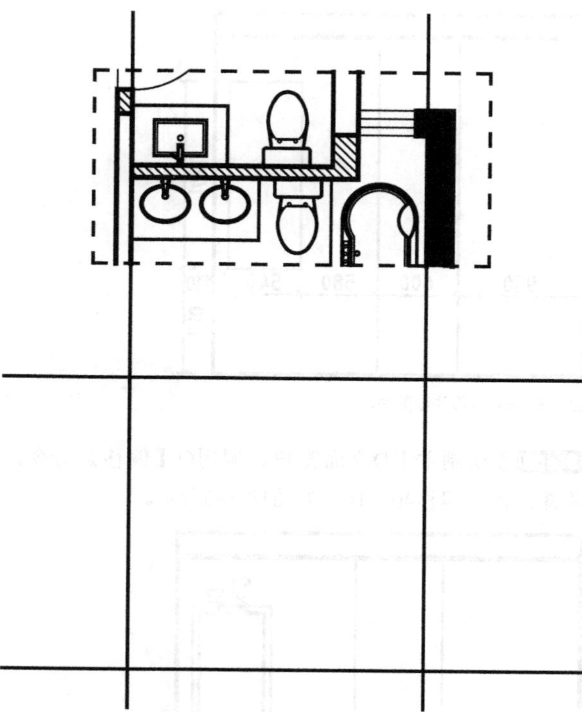

图 18-382 绘制外框墙体

Step 03 绘制地面贴砖层和吊顶。调用TR【修剪】命令，修剪外墙框线。并调用O【偏移】命令，将矩形下边线向上偏移50、2600、20，执行H【填充】命令，对地面贴砖层进行SOLID图案的填充，如图18-383所示。

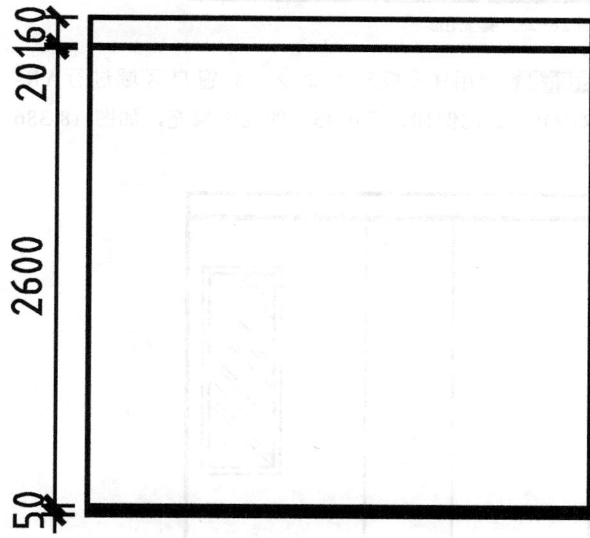

图 18-383 绘制地面贴砖层和吊顶

Step 04 绘制主卫D立面。调用O【偏移】命令，将地面贴砖层线段向上偏移810、1450，将墙线向内分别偏移950、580、540、110，并调用TR【修剪】命令，修剪多余的线段，如图 18-384所示。

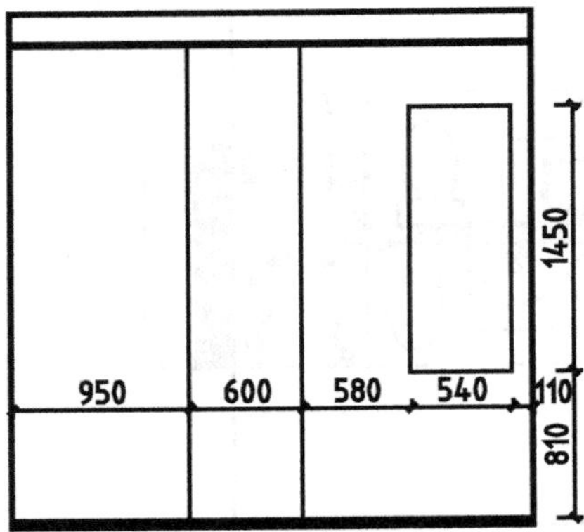

图 18-384 偏移并修剪线段

Step 05 绘制主卫D立面窗户。调用O【偏移】命令，将矩形向内偏移40、10，如图18-385所示。

图 18-385 偏移矩形

Step 06 调用H【填充】命令，对窗户区域进行AR-RROOF、比例10、角度45°的图案填充，如图 18-386所示。

图 18-386 填充窗户

Step 07 绘制主卫洗手台、马桶和浴缸。调用I【插入】命令，将“第18章\18.10.3洗手台、马桶、浴缸.dwg”图块插入主卫合适位置，如图18-387所示。

图 18-387 绘制主卫洗手台、马桶和浴缸

Step 08 绘制主卫墙砖。调用O【偏移】命令，绘制主卫300×600的墙砖，并调用TR【修剪】命令，修剪多余的线段，如图 18-388所示。

图 18-388 绘制主卫墙砖

Step 09 调用H【填充】命令，对指定区域进行USER、比例50、双向的图案填充，如图18-389所示。

Step 10 尺寸标注。调用DLI【线性标注】、DCO【连续标注】命令，对主卫D立面图进行尺寸标注，如图18-390所示。

Step 11 材料说明和图名标注。调用LE【引线】、MT【多行文字】、PL【多段线】命令对过道D立面图材料进行文字说明，并绘制图名标注，最后结果如图18-391所示。

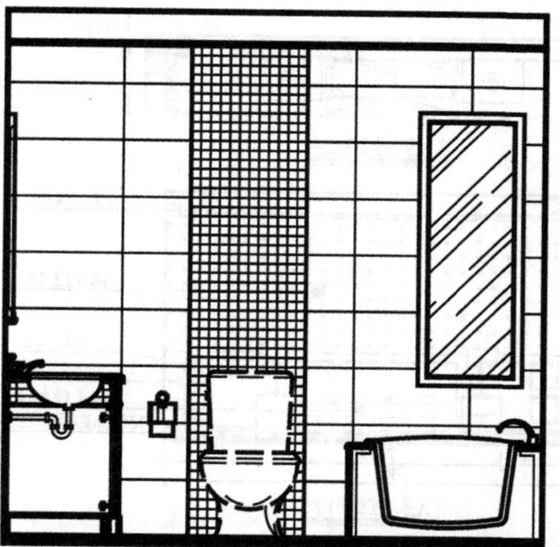

图 18-389 填充图案

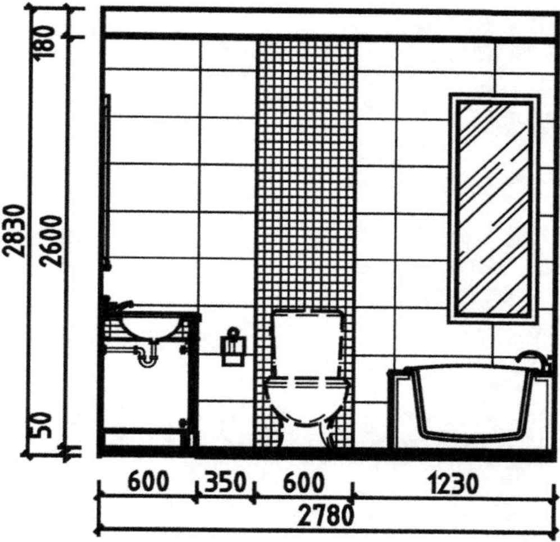

图 18-390 尺寸标注

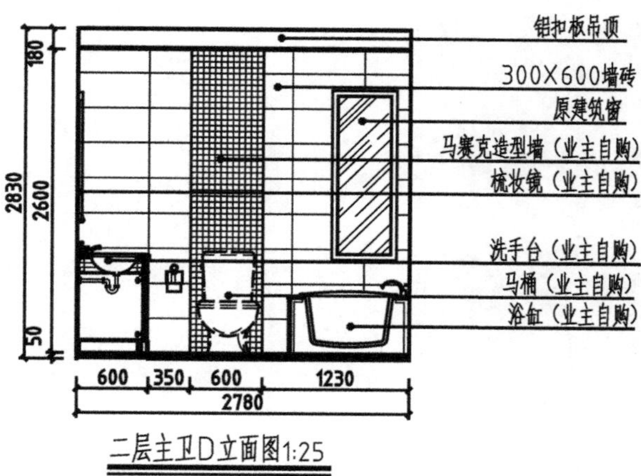

图 18-391 二层主卫 D 立面图

18.10.4 参考立面图绘制

请读者参考前面讲解的方法绘制图 18-392~ 图 18-395 所示立面图，由于本书篇幅有限，就不再详细讲解。

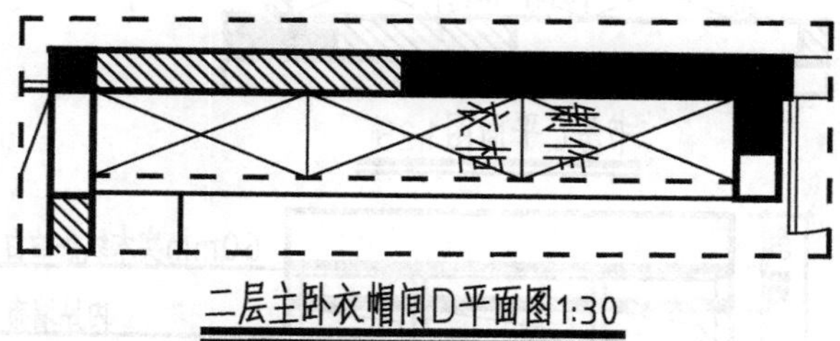

饰面板饰面
木线条收边
推拉门（业主自购）

二层主卧衣帽间D立面图1:30

图 18-392 二层主卧衣帽间 D 立面图

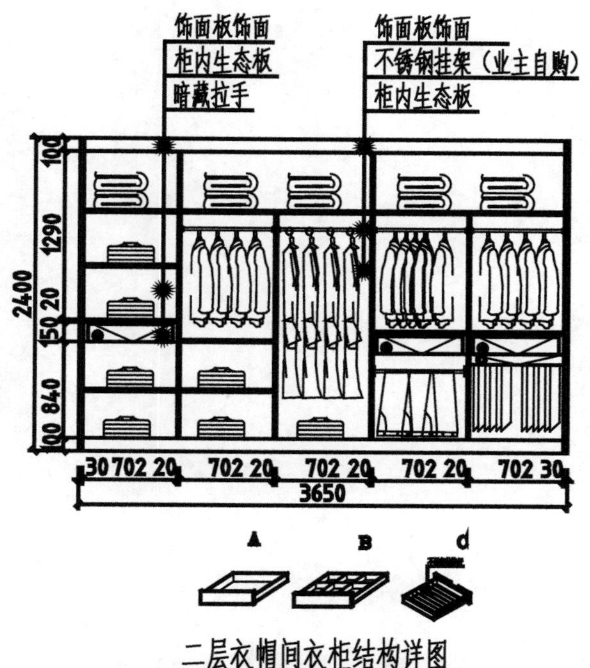

图 18-393 二层衣帽间衣柜结构详图

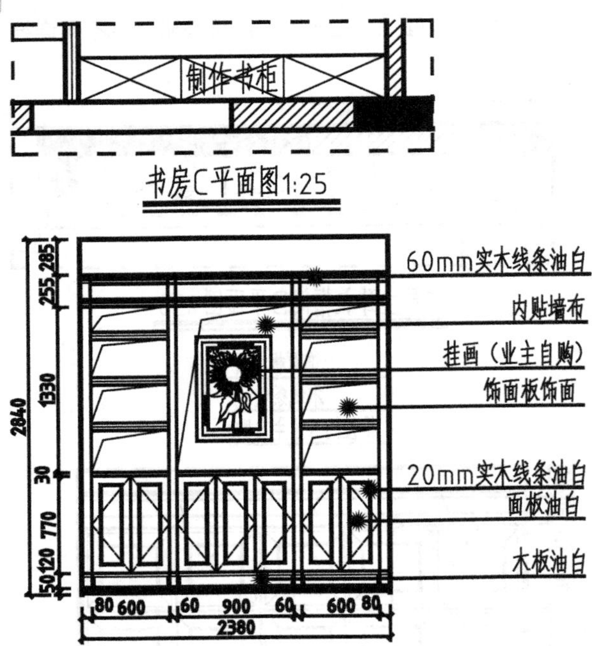

图 18-394 书房 C 立面图

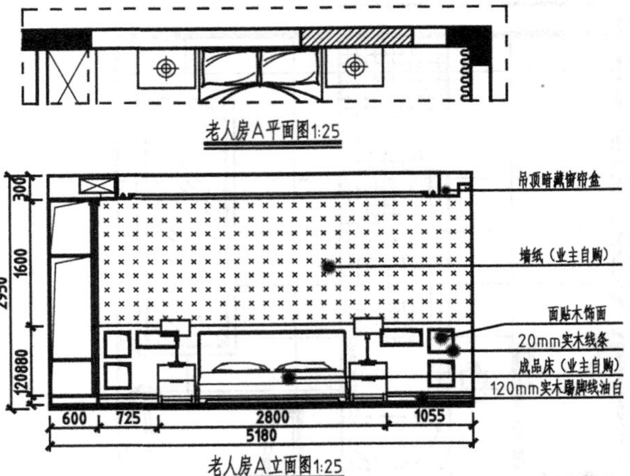

图 18-395 老人房 A 立面图

附录1——AutoCAD常见问题索引

文件管理类

1 样板文件要怎样建立并应用?

见第 3 章 3.4.1 小节，以及**练习 3-8**。

2 如何减少文件大小?

将图形转换为图块，并清除多余的样式（如图层、标注、文字的样式）可以有效减少文件大小。见第 10 章 10.1.1 与 10.1.2 小节，**练习 10-1** 与**练习 10-2**，以及第 9 章的 9.3.9 小节。

3 DXF 是什么文件格式?

见第 3 章 3.1.1 小节。

4 DWL 是什么文件格式?

见第 3 章 3.1.1 小节。

5 图形如何局部打开或局部加载?

见第 3 章 3.1.3 小节，以及**练习 3-1**。

6 什么是 AutoCAD 的自动保存功能?

见第 3 章 3.2.1 小节。

7 自动保存的备份文件如何应用?

见第 3 章 3.2.2 小节，以及**练习 3-4**。

8 如何使图形只能看而不能修改?

可将图形输出为 DWF 或者 PDF，见第 3 章的**练习 3-6**与**练习 3-7**。也可以通过常规文件设置为“只读”的方式来完成。

9 怎样直接保存为低版本图形格式?

见第 4 章 4.6.6 小节。

10 如何核查和修复图形文件?

见第 3 章 3.2.3 小节。

11 如何让 AutoCAD 只能打开一个文件?

见第 4 章的 4.6.4 小节。

12 误保存覆盖了原图时如何恢复数据?

可使用【撤销】工具或 .bak 文件来恢复。见第 3 章的 3.1.1 小节。

13 打开旧图遇到异常错误而中断退出怎么办?

见第 3 章的 3.2.3 小节。

14 打开 dwg 文件时，系统弹出对话框提示【图形文件无效】?

图形可能被损坏，也可能是由更高版本的 AutoCAD 创建。可参考本书第 3 章的 3.1.4 小节与 3.2.4 小节处理。

15 如何恢复 AutoCAD 2005 及 2008 版本的经典工作空间?

见第 2 章的 2.5.5 小节与**练习 2-6**。

绘图编辑类

16 什么是对象捕捉?

见第 4 章的 4.3 节。

17 对象捕捉有什么方法与技巧?

见第 4 章的**练习 4-7**、**练习 4-8**、**练习 4-9**、**练习 4-10**与**练习 4-11**。

18 加选无效时怎么办?

使用其他方法进行选取，见第 4 章的 4.5 节。

19 怎样按指定条件选择对象?

通过快速选择命令进行选取，见第 4 章的 4.5.8 小节。

20 在 AutoCAD 中 Shift 键有什么使用技巧?

见第 4 章的 4.4.3 小节。

21 在 AutoCAD 中 TAB 键有什么使用技巧?

见第 3 章 3.3.2 小节的操作技巧。

22 AutoCAD 中的夹点要如何编辑与使用?

见第 6 章的 6.6.2~6.6.7 小节。

23 为什么拖动图形时不显示对象?

见第 5 章 5.3.1 小节的初学解答。

24 多段线有什么操作技巧?

见第 5 章的 5.4.2 与 5.4.3 小节，以及**练习 5-11**、**练习 4-12**。

25 如何使变得粗糙的图形恢复平滑?

输入 RE 即可，见第 2 章的 2.4.5 小节。

26 复制图形粘贴后总是离得很远怎么办?

可使用带基点复制（Ctrl+Shift+C）命令。

27 如何测量带弧线的多线段长度?

可以使用 LIST 或其他测量命令，见第 11 章的 11.2.1 小节。

28 **如何用 Break 命令在一点处打断对象?**

见第 6 章的 6.5.5 小节的初学解答。

29 **直线(Line)命令有哪些操作技巧?**

见第 5 章 5.2.1 小节中的熟能生巧。

30 **如何快速绘制直线?**

见第 5 章 5.2.1 小节中的初学解答。

31 **偏移(Offset)命令有哪些操作技巧?**

见第 6 章 6.3.2 小节的选项说明。

32 **镜像(Mirror)命令有哪些操作技巧?**

见第 6 章 6.3.3 小节的选项说明与初学解答。

33 **修剪(Trim)命令有哪些操作技巧?**

见第 6 章 6.1.1 小节的熟能生巧。

34 **设计中心(Design Center)有哪些操作技巧?**

见第 10 章的 10.3.2 与 10.3.3 小节。

35 **OOPS 命令与 UNDO 命令有什么区别?**

见第 6 章 6.1.3 小节的初学解答。

36 **为什么有些图形无法分解?**

见第 6 章 6.5.4 小节的"精益求精"。

37 **在 AutoCAD 中如何统计图块数量?**

见第 10 章 10.1.1 小节的"熟能生巧",以及**练习 10-2**。

38 **内部图块与外部图块的区别?**

见第 10 章的 10.1.1 小节与 10.1.2 小节。

39 **如何让图块的特性与被插入图层一样?**

见第 10 章的 10.1.5 小节。

40 **图案填充(HATCH)时找不到范围怎么解决?**

见第 5 章 5.8.1 小节的初学解答。

41 **填充时未提示错误且填充不了?**

见第 5 章 5.8.1 小节的"熟能生巧"。

42 **如何创建无边界的图案填充?**

见第 5 章 5.8.1 小节的"精益求精"与**练习 5-19**。

43 **怎样使用 MTP 修饰符?**

见第 4 章的 4.4.4 小节,与**练习 4-8**。

44 **怎样使用 FROM 修饰符?**

见第 4 章的 4.4.3 小节,与**练习 4-7**。

45 **如何测量某个图元的长度?**

使用查询命令来完成,见第 11 章的 11.2.1 小节。

46 **如何查询二维图形的面积?**

使用查询命令来完成,见第 11 章的 11.2.4 小节,与**练习 11-1**。

图形标注类

47 **字体无法正确显示?**

文字样式问题,见第 8 章的 8.1.1 小节与**练习 8-1**。

48 **为什么修改了文字样式,但文字没发生改变?**

见第 8 章 8.1.1 小节的初学解答。

49 **怎样查找和替换文字?**

见第 8 章 8.1.6 小节和**练习 8-6**。

50 **控制镜像文字以镜像方式显示文字?**

见第 6 章 6.3.3 小节的初学解答。

51 **如何快速调出特殊符号?**

见第 8 章 8.1.5 小节的第 2 部分。

52 **如何快速标注零件序号?**

可先创建一个多重引线,然后使用【阵列】、【复制】等命令创建大量副本。

53 **如何快速对齐多重引线?**

见第 7 章 7.4.10 小节的第 3 部分,以及**练习 7-12**。

54 **图形单位从英寸转换为毫米?**

见第 7 章 7.2.2 小节的第 6 部分,以及**练习 7-2**。

55 **如何编辑标注?**

双击标注文字即可进行编辑,也可查阅第 7 章的 7.4 节。

56 **如何修改尺寸标注的关联性?**

见第 7 章的 7.4.6 小节。

57 **复制图形时标注出现异常?**

把图形连同标注从一张图复制到另一张图,标注尺寸线移位,标注文字数值变化。这是标注关联性的问题,见第 7 章 7.4.6 小节。

系统设置类

58 **绘图时没有虚线框显示怎么办?**

见第 5 章 5.3.1 小节的初学解答。

59 **为什么鼠标中键不能用作平移了?**

将系统变量 MBUTTONPAN 的值重新指定为 1 即可。

60 **如何控制坐标格式?**

直角坐标与极轴坐标见第 4 章的 4.1.2 与 4.1.3 小节;十字光标的动态输入框坐标见第 4 章的 4.6.10 小节。

61 **如何自定义快捷键?**

见第 2 章的 2.3.4 小节。

62 **如何往功能区中添加命令按钮?**

见第 2 章的 2.3.4 小节,以及**练习 2-4**。

63 **如何灵活使用动态输入功能?**

见第 4 章 4.2.1 小节。

64 **选择的对象不显示夹点?**

可能是限制了夹点的显示数量，见第 4 章的 4.2.23 小节。

65 **如何设置经典的工作空间?**

见第 2 章的 2.5.5 小节，以及**练习 2-6**。

66 **如何设置自定义的个性工作空间?**

见第 2 章的 2.5.4 小节，以及**练习 2-5**。

67 **怎样在标题栏中显示出文件的完整保存路径?**

见第 2 章的 2.2.5 小节，以及**练习 2-1**。

68 **怎样调整 AutoCAD 的界面颜色?**

见第 4 章的 4.2.2 与 4.2.5 小节。

69 **模型和布局选项卡不见了怎么办?**

见第 4 章 4.2.6 小节中的第 1 部分。

70 **如何将图形全部显示在绘图区窗口?**

单击状态栏中的【全屏显示】按钮即可，见第 2 章 2.2.11 小节中的第 5 部分。

视图与打印类

71 **为什么找不到视口边界?**

视口边界与矩形、直线一样，都是图形对象，如果没有显示的话，可以考虑是对应图层被关闭或冻结，开启方式见第 9 章的 9.3.1 小节与 9.3.2 小节，以及**练习 9-3**、**练习 9-4**。

72 **如何在布局中创建非矩形视口?**

见第 12 章 12.4.2 小节，以及**练习 12-6**。

73 **如何删除顽固图层?**

见第 9 章的 9.3.8 与 9.3.9 小节。

74 **AutoCAD 的图层到底有什么用处?**

图层可以用来更好地控制图形，见第 9 章的 9.1.1 小节。

75 **设置图层时有哪些注意事项?**

设置图层时要理解它的分类原则，见第 9 章的 9.1.2 小节。

76 **Bylayer（随层）与 Byblock（随块）的区别?**

见第 9 章 9.4.1 小节的初学解答。

77 **如何快速控制图层状态?**

可在【图层特性管理器】中进行统一控制，见第 9 章的 9.2.1 小节。

78 **如何使用向导创建布局?**

见第 12 章 12.3.1 小节的“熟能生巧”，以及**练习 12-5**。

79 **如何输出高清的 JPG 图片?**

见第 12 章 12.5.2 小节的熟能生巧，以及**练习 12-8**。

80 **如何将 AutoCAD 文件导入 Photoshop？**

见第 12 章 12.5.2 小节的“精益求精”。

81 **如何批处理打印图纸?**

批处理打印图纸的方法与 DWF 文件的发布方法一致，只需更换打印设备即可输出其他格式的文件。可以参考第 3 章的 3.3.2 小节，与**练习 3-6**。

82 **文本打印时显示为空心?**

将 TEXTFILL 变量设置为 1。

83 **有些图形能显示却打印不出来?**

图层作为图形有效管理的工具，对每个图层有是否打印的设置。而且系统自行创建的图层，如 Defpoints 图层就不能被打印也无法更改。详见第 9 章的 9.2 节。

程序与应用类

84 **如何处理复杂表格?**

可通过 Excel 导入 AutoCAD 的方法来处理复杂的表格，详见第 8 章 8.2.2 小节的“精益求精”，以及**练习 8-9**。

85 **重新加载外部参照后图层特性改变。**

将 VISRETAIN 的值重置为 1。

86 **图纸导入显示不正常?**

可能是参照图形的保存路径发生了变更，详见第 10 章 10.3.4 小节。

87 **怎样让图像边框不打印?**

可将边框对象移动至 Defpoints 层，或设置所属图层为不打印样式，见第 9 章的 9.2 节。

88 **附加工具 Express Tools 和 AutoLISP 实例安装。**

在安装 AutoCAD 2016 软件时勾选即可。

89 **AutoCAD 图形导入 Word 的方法。**

直接粘贴、复制即可，但要注意将 AutoCAD 中的背景设置为白色。也可以使用 BetterWMF 小软件来处理。

90 **AutoCAD 图形导入 CorelDRAW 的方法。**

见第 12 章 12.5.2 小节的“精益求精”。

附录2——AutoCAD行业知识索引

1 什么是室内设计？

室内设计就是根据建筑物的使用性质、所处环境和相应标准，综合运用现代物质手段、技术手段和艺术手段，创造出功能合理、舒适优美、满足人们物质和精神生活需要的理想室内环境的设计，详见本书第 1 章第 1.1 小节。

2 室内设计的工作内容？

根据建筑物的使用性质、所处环境和相应标准，运用物质技术手段和建筑设计原理，创造功能合理、舒适优美、满足人们物质和精神生活需要的室内环境，详见第 1 章第 1.1.2 小节。

3 室内设计与人的关系？

室内设计要根据人的体能结构、心理形态和活动需要等综合因素，充分运用科学的方法，通过合理的室内空间和设施家具的设计，使室内环境因素适合人类生活活动的需要，进而达到提高室内环境质量，使人在室内的活动高效、安全和舒适的目的，详见第 1 章第 1.1.3 小节。

4 从事室内设计的正确工作方法？

要学习室内方案设计，首先要了解设计和构思的过程，从设计师的思考方法来分析入手，详见第 1 章第 1.1.5 小节。

5 室内制图有哪些需要注意的制图规范？

见第 1 章的第 1.3 节。

6 空间布局和室内设计的关系？

见第 1 章的第 1.2 节。

7 室内空间的布局有哪些原则？

见第 1 章的第 1.2.2 小节。

8 入户花园的设计技巧？

见本书第 1 章 1.2.3 小节下的第 1 小节。

9 玄关处的设计技巧？

见本书第 1 章 1.2.3 小节下的第 2 小节。

10 客厅的设计技巧？

见本书第 1 章 1.2.3 小节下的第 3 小节。

11 餐厅的设计技巧？

见本书第 1 章 1.2.3 小节下的第 4 小节。

12 书房的设计技巧？

见本书第 1 章 1.2.3 小节下的第 5 小节。

13 卧室的设计技巧？

见本书第 1 章 1.2.3 小节下的第 6 小节。

14 卫生间的设计技巧？

见本书第 1 章 1.2.3 小节下的第 7 小节。

15 客厅的家具配置有哪些方法？

见本书第 1 章 1.2.4 小节下的第 1 小节。

16 厨房的空间配置有哪些方法？

见本书第 1 章 1.2.4 小节下的第 2 小节。

17 厕所的空间配置有哪些方法？

见本书第 1 章 1.2.4 小节下的第 3 小节。

18 卧室的空间配置有哪些方法？

见本书第 1 章 1.2.4 小节下的第 4 小节。

19 什么是平面布置图，有哪些绘制技巧？

平面布置图是室内设计工程图的主要图样，是根据装饰设计原理、人体工程学，以及业主的需求画出的用于反映建筑平面布局、装饰空间及功能区域的划分、家具设备的布置、绿化及陈设的布局等内容的图样。画法详见第 1 章第 1.4.1 小节。

20 什么是地面材质图，有哪些绘制技巧？

地面材质图同平面布置图的形成一样，有区别的是地面材质图不需要绘制家具及绿化等布置，只需画出地面的装饰风格，标注地面材质、尺寸和颜色、地面标高等。画法详见第 1 章第 1.4.2 小节。

21 什么是顶棚平面图，有哪些绘制技巧？

顶棚平面图是以镜像投影法画出反映顶棚平面形状、灯具位置、材料选用、尺寸标高及构造做法等内容的水平镜像投影图，是装饰施工图的主要图样之一。画法详见第 1 章第 1.4.3 小节。

22 什么是立面图，有哪些绘制技巧？

立面图是将房屋的室内墙面按内视投影符号的指向，向直立投影面所做的正投影图。用于反映室内空间垂直方向的装饰设计形式、尺寸与做法、材料与色彩的选用等内容，是装饰施工图中的主要图样之一，是确定墙面做法的依据。画法详见第 1 章第 1.4.4 小节。

23 什么是剖面图，有哪些绘制技巧？

剖面图是指假想将建筑物剖开，使其内部构造显露出来；让看不见的形体部分变成了看得见的部分，然后用实线画出这些内部构造的投影图。画法详见第 1 章第 1.4.5 小节。

24 什么是详图，有哪些绘制技巧？

详图的图示内容主要包括：装饰形体的建筑做法、造型样式、材料选用、尺寸标高; 所依附的建筑结构材料、连接做法的连接图示。画法详见第 1 章第 1.4.6 小节。

25 室内设计中的地中海风格有何特点？

地中海的建筑犹如从大地与山坡上生长出来的，无论是材料还是色彩都与自然达到了某种共契，详见第 1 章的 1.5.1 节。

26 室内设计中的欧洲田园风格有何特点？

田园风格是指采用具有“田园”风格的建材进行装修的一种方式。简单地说就是以田地和园圃特有的自然特征为形式手段，带有一定程度的农村生活或乡间艺术特色，表现出自然闲适内容的作品或流派，详见第 1 章的 1.5.2 节。

27 室内设计中的美式乡村风格有何特点？

美式乡村风格摒弃了烦琐和奢华，并将不同风格中的优秀元素汇集融合，以舒适机能为导向，强调“回归自然”，突出了生活的舒适和自由，详见第1章的1.5.3节。

28 室内设计中的中式风格有何特点？

中国传统的室内设计融合了庄重与优雅双重气质，通过对传统文化的理解和提炼，将现代元素与传统元素相结合，以现代人的审美需求来打造富有传统韵味的空间，让传统艺术在当今社会得以体现。详见第 1 章的 1.5.4 节。

29 室内设计中的中式风格有何特点？

中国传统的室内设计融合了庄重与优雅双重气质，通过对传统文化的理解和提炼将现代元素与传统元素相结合，以现代人的审美需求来打造富有传统韵味的空间，让传统艺术在当今社会得以体现。详见第1章的1.5.4节。

30 室内设计中的简欧风格有何特点？

简欧风格在形式上以浪漫主义为基础，其特征是强调线型流动的变化，将室内雕刻工艺集中在装饰和陈设艺术上，常用大理石、华丽多彩的织物、精美的地毯、多姿曲线的家具，让室内显示出豪华、富丽的特点，充满强烈的动感效果。详见第 1 章 1.5.5 节的第 1 小节。

31 什么叫巴洛克风格？有何特点？

巴洛克风格是 17~18 世纪在意大利文艺复兴建筑基础上发展起来的一种建筑和装饰风格。详见第 1 章 1.5.5 节的第 2 小节。

32 什么叫洛可可风格？有何特点？

洛可可风格是在巴洛克风格的基础上发展而来的，纤弱娇媚、华丽精巧、甜腻温柔、纷繁琐细，室内应用明快的色彩和纤巧的装饰，家具也非常精致而偏于烦琐。详见第 1 章 1.5.5 节的第 3 小节。

33 室内设计中的日式风格有何特点？

日式风格追求一种悠闲、随意的生活意境，空间造型极为简洁，在设计上采用清晰的线条，而且在空间划分中摒弃曲线，具有较强的几何感。详见第 1 章的 1.5.6 节。

34 室内设计中的北欧风格有何特点？

北欧风格将艺术与实用结合起来形成了一种更舒适、更富有人情味的设计风格，它改变了纯北欧风格过于理性和刻板的形象，融入了现代文化理念，加入了新材质的运用，更加符合国际化社会的需求。详见第 1 章的 1.5.7 节。

35 室内设计中的北欧风格有何特点？

北欧风格将艺术与实用结合起来形成了一种更舒适、更富有人情味的设计风格，它改变了纯北欧风格过于理性和刻板的形象，融入了现代文化理念，加入了新材质的运用，更加符合国际化社会的需求。详见第 1 章的 1.5.7 节。

36 室内设计中的 Loft 风格有何特点？

Loft 的内涵是高大而敞开的空间，具有流动性、开发性、透明性、艺术性等特征。它对现代城市有关工作、居住分区的概念提出挑战，工作和居住不必分离，可以发生在同一个大空间中，厂房和住宅之间出现了部分重叠。详见第 1 章的 1.5.10 节。

37 室内设计中有哪些要掌握的风水知识？

设计者需具备一定的风水知识，以避免不良的格局，但不需沉迷，而应理性去看待及适度调整达到合理居住空间的目的。详见第 1 章的 1.6 节。

38 室内施工需要哪些施工图？

一套完整的室内设计施工图包括原始户型图、平面布置图、地材图、电气图、顶棚图、主要空间和构件立面图、给水施工图等。详见第 13 章的 13.1.1 节。

39 室内施工有哪几个工作环节？

室内施工是一个大工程，通常都需要 2~3 个月的时间，包括了木工、水工、泥工、油漆工等的施工。详见本书第 13 章的 13.1.1 节。

40 室内地面装饰有哪些材料？

广义上讲任何耐磨的装饰材料都可用于室内地面，详见本书第 13 章 13.2.2 节。

41 室内立面装饰有哪些材料？

建筑外立面常见的装饰材料有：天然石材干挂、玻璃幕墙、金属幕墙、陶板、瓷砖、铝塑板、清水混凝土等。详见本书第 13 章 13.2.3 节。

42 影响工程量计算的因素有哪些？

请参见本书第 13 章 13.3.1 小节。

43 楼面工程量要如何计算？

楼地面工程量的计算包括有整体面层、块料面层、橡塑面积等，计算方法请见本书第 13 章 13.3.2 小节。

44 顶棚工程量要如何计算？

顶棚包括了有客厅、厨房的顶棚，以及阳台等位置的顶棚抹灰、涂料刷白等，计算方法请见本书第 13 章 13.3.3 小节。

45 墙柱面工程量要如何计算？

墙柱面的工程量主要是墙面抹灰、柱面的抹灰计算等，计算方法请见本书第 13 章 13.3.4 小节。

46 门窗、油漆和涂料工程量要如何计算？

详见本书第 13 章 13.3.5 小节。

47 在进行现场测量前要做哪些准备工作？

详见本书第 15 章 15.2.2 小节。

48 在进行现场测量时有哪些注意事项？

详见本书第 15 章 15.2.4 小节。

49 在绘制草图时有哪些注意事项？

详见本书第 15 章 15.2.3 小节。

50 沙发的绘制方法？

见第 16 章 16.1.1 小节及 16.1.2 小节。

51 餐桌的绘制方法？

见第 16 章 16.1.3 小节及 16.1.4 小节。

52 床的绘制方法？

见第 16 章 16.1.5 小节及 16.1.6 小节。

53 书桌的绘制方法？

见第 16 章 16.1.7 小节及 16.1.8 小节。

54 组合书架的绘制方法？

见第 16 章 16.1.9 小节及 16.1.10 小节。

55 室内门的绘制方法？

见第 16 章 16.1.11 小节及 16.1.12 小节。

56 厨房用具的绘制方法？

见第 16 章的 16.2 节。

57 室内洁具的绘制方法？

见第 16 章的 16.3 节。

58 室内灯具图块的绘制方法？

见第 16 章的 16.4 节。

59 室内电器图块的绘制方法？

见第 16 章的 16.5 节。

60 室内陈设图块的绘制方法？

见第 16 章的 16.6 节。

附录3——AutoCAD命令快捷键索引

CAD常用快捷键命令

L	直线	A	圆弧
C	圆	T	多行文字
XL	射线	B	块定义
E	删除	I	块插入
H	填充	W	定义块文件
TR	修剪	CO	复制
EX	延伸	MI	镜像
PO	点	O	偏移
S	拉伸	F	倒圆角
U	返回	D	标注样式
DDI	直径标注	DLI	线性标注
DAN	角度标注	DRA	半径标注
OP	系统选项设置	OS	对象捕捉设置
OP	系统选项设置	OS	对象捕捉设置
M	MOVE（移动）	SC	比例缩放
P	PAN（平移）	Z	局部放大
Z+E	显示全图	Z+A	显示全屏
MA	属性匹配	AL	对齐
Ctrl+1	修改特性	Ctrl+S	保存文件
Ctrl+Z	放弃	Ctrl+C Ctrl+V	复制 粘贴
F3	对象捕捉开关	F8	正交开关

1 绘图命令

PO, *POINT（点）

L, *LINE（直线）

XL, *XLINE（射线）

PL, *PLINE（多段线）

ML, *MLINE（多线）

SPL, *SPLINE（样条曲线）

POL, *POLYGON（正多边形）

REC, *RECTANGLE（矩形）

C, *CIRCLE(圆)

A, *ARC(圆弧)

DO, *DONUT（圆环）

EL, *ELLIPSE（椭圆）

REG, *REGION（面域）

MT, *MTEXT（多行文本）

T, *MTEXT（多行文本）

B, *BLOCK（块定义）

I, *INSERT（插入块）

W, *WBLOCK（定义块文件）

DIV, *DIVIDE（等分）

ME,*MEASURE(定距等分)

H, *BHATCH（填充）

2 修改命令

CO, *COPY（复制）

MI, *MIRROR（镜像）

AR, *ARRAY（阵列）

O, *OFFSET（偏移）

RO, *ROTATE（旋转）

M, *MOVE（移动）

E, DEL 键 *ERASE（删除）

X, *EXPLODE（分解）
TR, *TRIM（修剪）
EX, *EXTEND（延伸）
S, *STRETCH（拉伸）
LEN, *LENGTHEN（直线拉长）
SC, *SCALE（比例缩放）
BR, *BREAK（打断）
CHA, *CHAMFER(倒角）
F, *FILLET（倒圆角）
PE, *PEDIT（多段线编辑）
ED, *DDEDIT（修改文本）

3 视窗缩放

P, *PAN（平移）
Z＋空格＋空格，* 实时缩放
Z, * 局部放大
Z+P, * 返回上一视图
Z ＋ E, 显示全图
Z+W, 显示窗选部分

4 尺寸标注

DLI, *DIMLINEAR（直线标注）
DAL, *DIMALIGNED（对齐标注）
DRA, *DIMRADIUS（半径标注）
DDI, *DIMDIAMETER（直径标注）
DAN, *DIMANGULAR（角度标注）
DCE, *DIMCENTER（中心标注）
DOR, *DIMORDINATE（点标注）
LE, *QLEADER（快速引出标注）
DBA, *DIMBASELINE（基线标注）
DCO, *DIMCONTINUE（连续标注）
D, *DIMSTYLE（标注样式）
DED, *DIMEDIT（编辑标注）
DOV, *DIMOVERRIDE(替换标注系统变量）
DAR,(弧度标注，CAD2006)
DJO，（折弯标注，CAD2006）

5 对象特性

ADC, *ADCENTER（设计中心“Ctrl ＋ 2”）
CH, MO *PROPERTIES(修改特性“Ctrl ＋ 1”）
MA, *MATCHPROP（属性匹配）
ST, *STYLE（文字样式）
COL, *COLOR（设置颜色）
LA, *LAYER（图层操作）
LT, *LINETYPE（线形）
LTS, *LTSCALE（线形比例）
LW, *LWEIGHT （线宽）
UN, *UNITS（图形单位）
ATT, *ATTDEF（属性定义）
ATE, *ATTEDIT（编辑属性）
BO, *BOUNDARY（边界创建，包括创建闭合多段线和面域）
AL, *ALIGN（对齐）
EXIT, *QUIT（退出）
EXP, *EXPORT（输出其他格式文件）
IMP, *IMPORT（输入文件）
OP,PR *OPTIONS（自定义 CAD 设置）
PRINT, *PLOT（打印）
PU, *PURGE（清除垃圾）
RE, *REDRAW（重新生成）
REN, *RENAME（重命名）
SN, *SNAP（捕捉栅格）
DS, *DSETTINGS（设置极轴追踪）
OS, *OSNAP（设置捕捉模式）
PRE, *PREVIEW（打印预览）
TO, *TOOLBAR（工具栏）
V, *VIEW（命名视图）
AA, *AREA（面积）
DI, *DIST（距离）
LI, *LIST（显示图形数据信息）

6 常用 Ctrl 快捷键

Ctrl ＋ 1 *PROPERTIES(修改特性）
Ctrl ＋ 2 *ADCENTER（设计中心）
Ctrl ＋ O *OPEN（打开文件）
Ctrl ＋ N、M *NEW（新建文件）
Ctrl ＋ P *PRINT（打印文件）
Ctrl ＋ S *SAVE（保存文件）
Ctrl ＋ Z *UNDO（放弃）
Ctrl ＋ X *CUTCLIP（剪切）
Ctrl ＋ C *COPYCLIP（复制）
Ctrl ＋ V *PASTECLIP（粘贴）
Ctrl ＋ B *SNAP（栅格捕捉）
Ctrl ＋ F *OSNAP（对象捕捉）
Ctrl ＋ G *GRID（栅格）
Ctrl ＋ L *ORTHO（正交）
Ctrl ＋ W *（对象追踪）
Ctrl ＋ U *（极轴）

7 常用功能键

F1 *HELP（帮助）
F2 *（文本窗口）
F3 *OSNAP（对象捕捉）
F7 *GRIP（栅格）
F8 正交